中国轻工业"十三五"规划立项教材
高分子材料与工程专业系列教材

聚合物流变学及其应用

Polymer Rheology and Its Applications

陈晋南　何吉宇　编著

中国轻工业出版社

图书在版编目（CIP）数据

聚合物流变学及其应用/陈晋南，何吉宇编著. —北京：中国轻工业出版社，2018. 11

中国轻工业“十三五”规划立项教材. 高分子材料与工程专业系列教材

ISBN 978-7-5184-2076-6

Ⅰ. ①聚… Ⅱ. ①陈…②何… Ⅲ. ①聚合物-高分子材料-流变学-高等学校-教材 Ⅳ. ①TB324

中国版本图书馆 CIP 数据核字（2018）第 194742 号

内容简介

本书以外文原著为主组织内容，面对高分子材料及相关专业的本科生、研究生和工程技术人员，从流变学的数学物理和流体力学的基础知识、聚合物流体的流变特征和流动的控制方程、流变性能的测量和表征、聚合物流变学的应用共四大部分，系统地介绍聚合物流变学及其应用。用编著者的科研实例介绍聚合物流变学的具体应用。

本书选材合理、结构严谨，符合认知规律，尊重知识产权。具有一定理论深度，公式推导和分析问题的步骤清晰便于自学，每章有练习题。本书每章内容伸缩性很大，每节内容相对独立便于筛选，可以用于本科生或研究生的教学，可供高分子材料及相关专业的教师、研究生和工程技术人员参考。

责任编辑：林 媛

策划编辑：林 媛　　责任终审：滕炎福　　封面设计：锋尚设计

版式设计：王超男　　责任校对：吴大鹏　　责任监印：张 可

出版发行：中国轻工业出版社（北京东长安街 6 号，邮编：100740）

印　　刷：河北鑫兆源印刷有限公司

经　　销：各地新华书店

版　　次：2018 年 11 月第 1 版第 1 次印刷

开　　本：787 × 1092　1/16　印张：28

字　　数：820 千字

书　　号：ISBN 978-7-5184-2076-6　定价：69. 00 元

邮购电话：010-65241695

发行电话：010-85119835　传真：85113293

网　　址：http://www. chlip. com. cn

Email：club@ chlip. com. cn

如发现图书残缺请与我社邮购联系调换

171511J1X101ZBW

前　言

本书是中国轻工业"十三五"规划立项教材，面对高分子材料及相关专业的本科生、研究生和工程技术人员，从流变学的数学物理和流体力学的基础知识、聚合物流体的流变特征和流动的控制方程、流变性能的测量和表征、聚合物流变学的应用四大部分，系统地介绍聚合物流变学及其应用。本书也为缺乏聚合物流变学基础知识的工程技术人员提供一本便于自学的科技书，为工作在行业第一线的工程技术人员提供一本专业的参考书。

首先感谢中国轻工业出版社的林媛编辑推荐我编著这本教材。2017 年 5 月，在广州我参加第三届中国塑料/化工研究院所发展论坛。林媛动员我编写流变学的教材。我以年纪大、写教材难度大和太耗精力为由拒绝了。林媛一再动员我，6 月 1 日发给我《教材编写选题表》，我同意先学习相关教材和确定合伙者后再做决定。

我阅读聚合物流变学的相关书籍时，回忆自己的学习和工作经历，于 1980 年和 1981 年两次考研。第二次考研时，我是报考专业的第一名，由于我不是 77 级、78 级毕业生和大龄问题而名落孙山，为了当个好老师，1986 年 5 月，38 岁的我辞掉北京理工大学的公职自费到美国留学。由于我是工农兵大学生没有学士学位，我补了本科生的课，打工交学费和养活自己，过了一段非常艰苦的"洋插队"生活。

1988 年，我 40 岁以优异成绩获得硕士学位和奖学金开始攻读博士。1994 年我获得物理学硕士和博士学位，到美国约翰·霍普金斯大学化学工程系做博士后，研究化工过程的动量、热量和质量传递过程和机理。1995 年年底，我被引进北京理工大学回国工作，直至 2013 年退休。在这期间，先后承担国家自然基金和聚合物行业纵向和横向的科研项目，研究聚合物材料加工成型技术和单聚合物复合材料。如果没有聚合物流变学相关知识，我们无法完成任务。聚合物流变学知识使我们课题组受益匪浅。

博士毕业与女儿傅悦合影

我决定利用这次编著工作，系统地学习聚合物流变学，认真总结留学回国以来的科研工作，为国家高等教育贡献余热。我邀请我校材料学院何吉宇教授与我共同编写本书。由于聚合物流变学是外来引进的学科，我们以我校本科生使用 10 多年的内部讲义为基础，以国外原著为主认真组织了本书的内容。我们一起制订了编写工作的计划，讨论确定了编写教材必须坚持的原则。我们将整个编写过程分为 4 个阶段：

第一个阶段学习聚合物材料和流变学的专著，编写教材的大纲和目录。我阅读了第一章所列的国内外聚合物流变学的专著、研究生和本科生的教科书，我和何吉宇讨论编写大纲和目录。本书分为 4 部分，包括聚合物加工和数学物理及流体力学的基础知识、聚合物流变学、流变仪测试的基本原理及其应用、用实例介绍聚合物流变学的具体应用。2017 年 10 月 16 日，林媛、何吉宇和我开会确定了大纲和目录。

第二阶段编写教材的初稿。每天早上 5 点起床，我就伏案在计算机上写作，亲力亲为写书忙到半夜。在编写过程中，我认真推导了流变学的控制方程、典型加工成型过程的流动求解，比较聚合物流变学与典型黏性流体力学的不同，也比较了国外几个著名专著数学模型和描述的不同。我们详细分析讨论问题，一起决定如何筛选内容。何吉宇花了不少时间落实本书引用的所有实验数据图的出处，以避免误引。

第三阶段修改调整教材的初稿。2018 年 3 月 1 日，我们三人开会讨论了教材的初稿。我介绍教材初稿的详情。何吉宇分析了该专业学生基础。林媛介绍国内大学的相关专业的教学情况和对本教材的要求。按照会议的讨论，我全面修改初稿整合内容。2018 年 4 月 10 日，我和何吉宇向林媛编辑提供纸质版和电子版书稿。

第四阶段编辑修改定稿。林媛编辑认真编辑核对书稿。我们使用微信、电话和邮件一起核对修改完善全书的描述和推导过程，编辑修改发现的编写问题，统一使用国标，方便读者阅读和学习。

在编写这本教材中，我们一直坚持了以下编写原则：

（1）符合人的认知规律，有利于教学使用。根据国内相关专业大学本科生的课程设置情况，有针对性地组织教材内容。本书按照数学物理—流体力学—聚合物流变性质—流变本构方程—聚合物加工过程流动分析—流变测量—流变学应用的顺序编写。

（2）在内容叙述上，本书尽量做到基本概念解释详尽，数学理论和传递过程的经典定律力求简明扼要、条理清晰，不进行严密的推导和证明。对于各种问题的讨论，本书立足于介绍如何将工程问题简化成数学物理模型，如何精简现有的控制方程描述具体的工程问题。每章第一个问题的推导过程尽量详尽，便于读者自学。

（3）本书公式推导步骤清晰，方便读者学习。本书中间推导过程的公式给出小序号，重要公式给出二级标题的序号。为了留给读者自学和思考的空间，我们有意将书中的有些问题留给读者在练习中完成，不少练习题是学习内容的延续。根据每章学习要求，给出自编和引用的练习题。附录 2 中给出计算题答案，以供读者核对自己练习的结果。

（4）本书保留部分英文原著的内容，在练习题中安排英文作业，增加学生在专业课中用英语和学习专业词汇的空间，以利于学生提高阅读外文文献和国际交流能力。

（5）本书紧密联系实际，有利于工程技术人员参考使用。最后两章总结了我们课题组聚合物加工过程的数值模拟、单聚合物复合材料的研究工作。用大量科研实例介绍聚合物流变学的具体应用。

（6）本书每一章精选的参考文献分别列在每章后面，并标注相应的页码。我们学习国外专著给出所有实验数据图出处的做法，本书给出引用的绝大多数实验数据图的第一出处。一是尊重保护知识产权，二是方便读者的学习。

今年我们申请《中国轻工业“十三五”规划教材》，整个课程大致需要 48 学时。为了实现本书的多种用途，我们有意使每章内容伸缩性很大，每节内容相对独立便于筛选，可以用于本科生或研究生的教学。不同类型层次的大学可以根据学生基础，决定如何讲授该课程。

在即将完成书稿的核对修改工作之际，我学习了 2018 年 5 月 28 日，在中国科学院第十九次院士大会、中国工程院第十四次院士大会上习近平主席的讲话。习主席指出：“实现建成社会主义现代化强国的伟大目标，实现中华民族伟大复兴的中国梦，我们必须具有强大的科技实力和创新能力。”我学习了国家标准委签发的《2018 年国家标准立项指南》，该指南确定了服务经济社会发展、实施重大战略规划、扎实推进改革任务、推动创新成果转化、瞄准国际提高水平 5 个立项重点。

在国民经济发展中，聚合物材料处于重要的地位，我国已成为世界塑料制品的生产、消费和出口大国。但是，我国塑料制品存在低端产品过剩、高端产品依赖进口等问题，亟须加快塑料加工业的转型升级，提高自主创新能力，努力缩小与发达国家的差距。正如习主席强调指出：“中国要强盛、要复兴，就一定要大力发展科学技术，努力成为世界主要科学中心和创新高地。”“基础研究是整个科学体系的源头。”我国要从塑料大国发展成为塑料强国，必须创新发展、攻克聚合物领域的种种技术难关。从事聚合物材料科研和工程技术开发的科研人员，掌握有关现代聚合物材料流变学的理论，才能适应聚合物新材料、新技术、新装备、新工艺研究发展的需要。

习近平主席的讲话：“一代人有一代人的奋斗，一个时代有一个时代的担当”，使我受到极大鼓舞和鞭策。编著者期望，这本教材为祖国的高等教育和行业的发展添砖加瓦。我们每一个有理想有抱负的科技工作者和未来的科技工作者，投身国家科学技术和经济建设中，为实现中国强国梦添砖加瓦，奉献人生。

在出版之际，我由衷感谢何吉宇教授认真工作和林媛编辑出色、专业地审核编辑工作，以减少书的疏漏和错误。感谢中国轻工业出版社编审认真审核提出的终审修改意见。

由衷地感谢从 Virginia Polytechnic Institute and State University 大学退休，从事流变学研究近 40 年的美籍华人陈栋荣博士的帮助和解惑。我很遗憾，他由于身体原因拒绝了审核本书的邀请。他寄给我外文原著。每当我遇到疑问时，我请教他。他带病与我一起推导公式，确认比较外文和中文书中的公式。让我十分感动。

致谢所有对本书做出贡献的人。课题组彭炯和王建两位博士、副教授分别认真核对了第 9 章和第 10 章，代攀和赵增华两位博士核对了第 10 章，认真提出了修改建议。王建的硕士在美国 Texas Tech University 读博士的陈东杰落实早期外文参考文献的具体信息，杜自然硕士落实单聚合物复合材料应用实例的出处。

我衷心感谢北京理工大学胡海岩院士修改了本书的前言。

我衷心感谢国家和人民对我的培养和给我的荣誉。感谢我的父亲核潜艇元勋陈右铭在天之灵激励我为国家和人民多做奉献。谢谢 90 岁高龄的抗日老战士我的母亲胡志江和女儿傅悦博士对我多年来工作的全力支持。

编著者深感水平有限，不免有疏漏或不妥之处，真诚地恳请广大读者批评指正。

北京理工大学　陈晋南

2018 年 6 月底

目　录

第1章 绪　　论

在20世纪20年代，随着土木建筑工程、机械工程和化学工业的发展，开发和应用了油漆、塑料、润滑剂和橡胶等很多聚合物材料。由于聚合物制品具有成本低、可塑性强等优点，在当今世界上占有极为重要的地位。随着聚合物材料的发展，相应发展了聚合物加工成型的不同方法和各种设备。

在聚合物加工成型过程中，大多数聚合物材料要被熔化成黏流态，即材料处于流动温度和分解温度之间的一种凝聚态。聚合物流体（熔体和溶液）流动体系兼有液、固双重性质，表现出比经典力学复杂得多的性质。一是聚合物流体体系受外力作用后，既有黏性流动，又有高弹变形。当外力释去时，仅有弹性变形可恢复，而黏性流动造成的永久变形不能恢复。二是聚合物流体流动表现出的黏弹性，偏离由虎克定律和牛顿黏性定律所描述的线性规律，模量和黏度均强烈地依赖于外力的作用速率，而不是恒定的常数。此时应力与应变之间的响应，不是瞬时响应，即黏性流体流动的力学响应不是唯一的决定于变形速率的瞬时值，弹性变形中的力学相应也不是唯一决定于变形量的瞬时值。

材料的多样性和流变现象的普遍性，使流变学在当代材料科学技术的发展中成为一门重要的学科。英国伦敦南班克工学院伦克[1]教授指出，虽然流变学是一门新兴的学科。但是，发展十分迅速，分支日益具体，研究日趋深入。

中国科学院颜德岳院士指出[2]：“材料是现代科学技术和社会发展的物质基础，聚合物材料具有许多其他建筑材料不可比拟的突出性能。在尖端技术、国防建设和国民经济领域已成为不可缺少的支柱材料之一。”聚合物材料的发展需要新技术、新装备、新工艺，需要科技人员掌握和运用聚合物流变学的基本知识。从事聚合物材料工程的科学工作者，如果不掌握有关现代聚合物材料流变学的理论，必将在日后聚合物工程科学化和新材料开发激烈的科技竞争中处于被动的地位。

聚合物流变学是非牛顿流体力学在聚合物领域的应用科学。聚合物流变学研究聚合物熔体流动状态的非线性黏弹行为，以及这种行为与聚合物结构、物理和化学性质的关系。从聚合物材料问世以来，流变学科学家发行出版了大量的专著，科技工作者发表了大量的论文，其中不少专著多次再版，增添新的内容。本章仅给出了部分代表作的文献目录[1-29]。除第1章引用的［1-7］文献外，其他按照出版时间排序。

本书面对高分子材料及相关专业的本科生、研究生和工程技术人员，从流变学的数学物理和流体力学的基础知识、聚合物流体的流变特征和流动的控制方程、流变性能的测量和表征、聚合物流变学的应用四大部分，系统地介绍聚合物流变学及其应用。为未来和现职工程技术人员进行聚合物材料及其制品的设计优化、加工工艺和加工设备的选择改良提供必要的基础知识。本章分为3节，包括聚合物流变学的发展和基本概念、流变学研究的意义和内容、本书的内容框架和学习方法。

1.1 聚合物流变学的发展和基本概念

古中国和古希腊的哲人们早已有“万物皆流（Everything flows）”的思想萌芽。为了新材料发展的需要，1928 年，美国化学会专门组织了“塑性讨论会”，美国物理化学家 E. C. Bingham 宾汉倡议正式命名“流变学（rheology）”的概念，字头取自于古希腊哲学家 Heraclitus 所说的“παυταρετ”，意即万物皆流。以便在广泛的意义下研究材料的变形和流动问题。1929 年成立了流变学会，创办了流变学报（*Journal of Rheology*），被公认为流变学诞生日。按照创始人 Bingham 的定义，**“流变学是研究材料变形和流动的科学”**。1985 年 11 月隶属于中国力学学会和中国化学会的中国流变学专业委员会（Chinese Society of Rheology）成立，对外称中国流变学学会。流变学科学自诞生至今接近一个世纪的时间，国内外定期举行流变学的学术会议。

本节分为 2 小节，包括聚合物流变学的发展史、聚合物流变学的基本概念。

1.1.1 聚合物流变学的发展史

古大治[3]介绍了流变学发展的历史。20 世纪 40 年代，化学工业的发展提供了大量新材料，尤其是聚合物材料工业的兴起，几个经典本构模型已不能解释新材料科学面临的复杂力学响应。一则由于工业发展的迫切需要，二则由于科学理论的日趋成熟，几十年来聚合物流变学得以突飞猛进的发展。

在科学理论方面，现代连续介质流变学理论是从 M. Reiner 开始的。1945 年，M. Reiner 研究流体的非线性黏弹性理论和有限弹性形变理论指出，施以正比于转速平方的压力，可以不出现爬杆现象的 Weissenberg 效应。1947 年，Weissenberg 收集了发表的复杂流体非线性力学响应的一些实验结果。时隔不久，R. S. Rivlin 解决了著名历史难题 Poynting 效应，得到了不可压缩弹性圆柱体扭转时会沿轴向伸长的精确解。这两方面成就鼓舞流变学家开始深入研究聚合物材料的非线性黏弹性和流变本构理论，取得了巨大进展。1947—1949 年，Rivlin 唯象处理了高弹性橡胶的形变问题，系统展开了不可压缩 Reiner 流体的动力学，开创了有限弹性应变的现代理论。20 世纪 50 年代，非牛顿本构模型的研究是流变学的现代连续介质力学理论发展的重要阶段。1950 年，Oldroyd 发表的重要论文是这个阶段的一个里程碑，在方法论上奠定本构理论的基础。20 世纪 50 年代中后期，Rivlin，Erickson 和 Green 为代表与 Truesdell，Noil 等为代表的两个学派，差不多同时独立地对现代连续介质流变学理论体系的形成做出了巨大贡献。

在工业发展方面，20 世纪中叶以来，地质勘探领域、化学工业、食品加工、生物医学、国防航天、石油工业，以及大规模地上和地下建筑工程，特别是聚合物材料合成和加工工业的大规模发展，为流变学研究带来丰富的的内容和素材，提供了广阔的研究领域，使流变学成为 20 世纪中叶以来发展最快的新科学之一。

1991 年，在研究聚合物浓厚体系的非线性黏弹性理论方面，诺贝尔物理学奖得主法国科学家 de Gennes 以“软物质”（soft matter）为题作为颁奖仪式的演讲题目。他以天然橡胶树汁为例，在树汁分子中平均每200个碳原子中有一个与硫发生反应，就会使流动的橡胶树汁变成固态的橡胶。他首次提出在固体和液体之间存在着一类“软物质”的概念，提出大分子链的蛇行蠕动模型，讨论了“缠结”（entanglement）对聚合物浓厚体系黏弹性的影响，揭示了聚合物这类物质因弱外力作用而发生明显状态变化的软物质特性。**软物质是指施加给物质瞬间的或微弱的刺激，都能做出相当显著响应和变化的那类凝聚态物质。流变学研究的主要对象就是这类“软物质”，尤其是聚合物溶液和熔体。**

近30年来，**结构流变学**（分子流变学）研究获得了长足的进步，可以根据分子结构参数定量预测溶液的流变性质。由于de Gennes和Doi-Edwards对聚合物浓厚体系和亚浓体系的出色研究工作，将多链体系简化为一条受限制的单链体系，熔体中分子链的运动视为限制在管形空间的蛇行蠕动，得到较符合实际的本构方程。结构流变学的进展对流变学和聚合物凝聚态物理基础理论研究具有重要的价值。

2004年，Denn[4]在“非牛顿流体力学五十年”的综述文章中，介绍了非牛顿流体力学发展和工作，包括非线性流体、弹性数、湍流减阻、熔体细丝破裂、入口收敛流动、流动不稳定性、壁面滑移、接触表面黏结破坏和空化现象以及各向异性流体。由于多数生物流体是非牛顿流体，流变学正在向生物领域渗透。随着科学技术的发展，聚合物材料的迅猛发展，使非牛顿流体力学成为流体力学的领域一个活跃重要的分支。

1.1.2 聚合物流变学的基本概念

经典力学中，流动与变形是属于两个范畴的概念，流动是液体材料的属性，而变形是固体（晶体）材料的属性。一般液体流动时遵从牛顿流动定律——材料所受的剪切应力与剪切速率成正比（$\tau = \mu\dot{\gamma}$），且流动过程总是一个时间过程，只有在一段时间内才能观察到材料的流动。一般固体变形时遵从虎克定律——材料所受的应力与形变量成正比（$\tau = E\varepsilon$），其应力和应变之间的响应为瞬时响应。**在经典连续介质力学中，牛顿流体和虎克弹性体是占统治地位的两种本构模型。遵从牛顿流动定律的液体称为牛顿流体，遵从虎克定律的固体称虎克弹性体。**

牛顿流体与虎克弹性体是两类性质被简化的抽象物体，实际材料往往表现出远为复杂的力学性质。例如沥青、黏土、橡胶、石油、蛋清、血浆、食品、化工原材料、泥石流、地壳，尤其是形形色色的聚合物材料及其制品，它们既能流动又能变形，既有黏性又有弹性。变形中会发生黏性损耗，流动时又有弹性记忆效应，黏、弹性结合，流动和变形的性质并存。所谓“流变性”实质就是“固-液两相性”同存，是一种“黏弹性”表现。但是，这种黏弹性不是在小变形下的线性黏弹性，而是材料在大变形、长时间应力作用下呈现的非线性黏弹性。**流动可视为广义的变形，而变形也可视为广义的流动**。流动与变形又是两个紧密相关的概念。**某一种物质对外力表现为黏性和弹性双重特性，这种黏弹性性质称为流变性质，对这种现象定量解析的学问称为流变学。**

流变学家的研究聚合物材料是非牛顿流体。非牛顿流体是那些使用古典弹性理论、塑性理论和牛顿流体理论不能描述其复杂力学特性的材料。流变学自诞生以来就是一门实践性强、理论深邃的实验科学，是一门涉及多学科交叉的边缘科学。2009年，伦敦皇家协会（Royal Society）会员澳大利亚悉尼大学Tanner教授[5]用一个图给出聚合物流变学的定位，他认为流变学是跨越“高分子科学”“材料科学”和“应用力学”的边缘学科，如图1.1.1所示。

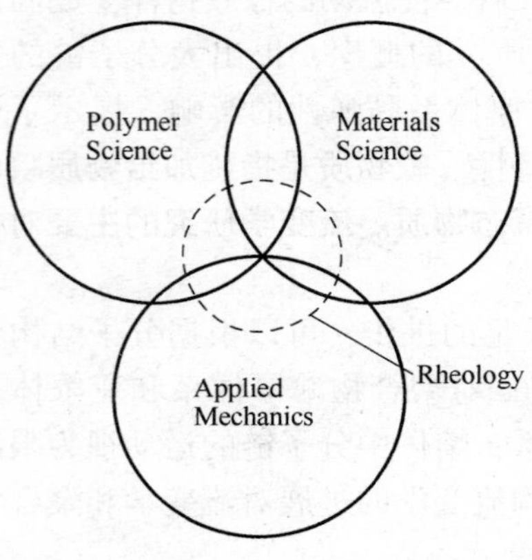

图 1.1.1 聚合物流变学的定位[5]

随着聚合物材料和聚合物加工成型设备的发展，聚合物流变学得以突飞猛进的发展。2007 年，Han[6]用图示意地描述了聚合物产品的反应变量、流变特性、加工变量和物理/机械特性之间存在的密切相互关系，如图 1.1.2 所示。

必须控制反应器变量以在聚合物中产生一致的质量，因此需要研究聚合反应器。由反应器生产的聚合物必须根据其流变性质来表征，因此需要研究聚合物材料的流变性能。由于聚合物的流变性质取决于它们的分子参数，所以非常希望将聚合物的流变学性质与其分子参数联系起来，因此必须了解聚合物材料的分子黏弹性理论。由于聚合物的流变行为取决于温度和压力以及流动装置的几何形状，所以需要研究聚合物加工成型设备和装置，其与材料的流变特性密切相关。在研究过程中发现聚合物反应器、流变性能、聚合物加工、性能评估的模拟之间密切相关。

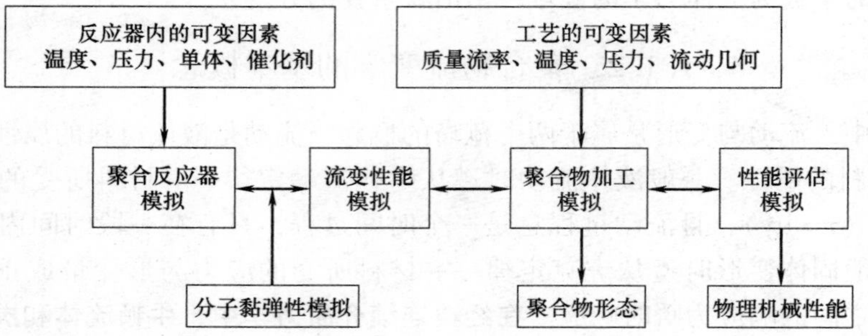

图 1.1.2 聚合物产品的反应变量、流变特性、加工变量和物理/机械特性之间相互关系[6]

Han[6]专著第一章《聚合物流变学与聚合物加工的关系》中指出：“流变学是处理物质变形和流动的科学。因此，聚合物流变学是处理聚合物材料变形和流动的科学。由于有各种聚合物材料，我们可以根据聚合物材料的性质将聚合物流变学分为不同的类别：①均相聚合物的流变性；②混溶性聚合物共混物的流变性；③不相容聚合物共混物的流变性；④颗粒填充聚合物的流变性；⑤玻璃纤维的流变性；⑥有机黏土纳米复合材料的流变学；⑦聚合物泡沫的流变学；⑧热固性材料的流变学；⑨嵌段共聚物的流变学；⑩液晶聚合物的流变性。这些聚合物材料中的每一种均表现出其独特的流变特性。因此，需要不同的理论来解释不同聚合物材料流变行为的实验结果。”

综上所述，聚合物材料领域必须研究聚合反应、材料的流变性能、加工成型过程的设备和工艺。聚合物流变学有很多类别，本书局限于用连续介质力学处理聚合物流体流动问题，重点介绍聚合物加工流变学及其应用。

1.2 流变学研究的意义和内容

与聚合物科学的任一分支均有密切关系。聚合物材料流变学的研究内容与聚合物物理学、聚合物化学、聚合物材料加工原理、聚合物材料工程、黏性流体力学、非线性传热理论均联系密切。用经典流体力学和固体力学的理论研究聚合物黏弹性行为显得苍白无力。新的问题给聚合物流变学带来了丰富的研究课题和广阔的发展空间。聚合物流变学及其应用的研究特别活跃，国内外流变学会议定期举行，内容十分丰富。

针对学生不具备聚合物加工成型过程知识的情况，本小节重点介绍聚合物现代典型加工过程，读者自学这部分内容，以便于了解聚合物流变学研究的内容。

本节分为两小节，包括聚合物现代加工成型过程、流变学研究的具体内容。

1.2.1　聚合物现代加工成型过程

英国伦敦科学研究委员会聚合物工程理事会理事 A. A. L 查利斯[1] 指出："聚合物流变学是一个与聚合物加工成制品或元件有关的领域，是一个关系到使聚合物制品的设计符合使用要求的领域，是与聚合物制品或元件的长期和短期特性有关的领域。"聚合物流变学是研究聚合物材料结构和性能关系的核心环节之一。聚合物流变学已成为材料分子设计、材料设计、制品设计和加工设备设计的重要组成部分。聚合物流变学作为一门新兴的研究材料结构与性能关系的科学，与聚合物科学的任一分支均有密切关系。Han[6] 指出："聚合物材料的流变性质随其化学结构而变化。"在聚合物的聚合阶段，流变学与化学结合在一起，而在后续的所有加工阶段，流变学主要是与聚合物加工成型工程相结合。

聚合物材料中，合成树脂和塑料的产量占80%以上，加工聚合物材料的方法就有30多种。挤出、压延、吹塑、注塑的成型等大多数加工方法是以熔体加工为基础，先将固体塑料加热、融化、混合、熔体输送和赋形，再经固化而制成制品。在这种加工过程中，聚合物材料所经受的加热和变形直接影响制品的微观结构，最终决定制品的性能。这里简单介绍现代聚合物加工成型的典型过程，作为读者的入门知识。

Tadmor 和 Gogos[7] 专著的第1章详细介绍了聚合物典型加工成型过程的流程图，便于读者理解聚合物加工成型的过程。图1.2.1给出气相聚合反应工艺流程。由图1.2.1可知，气相聚合反应产物经分离和干燥获得纯聚合物粉末。然后将其与各种稳定剂混合，得到包覆有稳定剂聚合物粉末料。经同向双螺杆挤出机或连续混料器的塑炼、熔融、混合，加压输送到

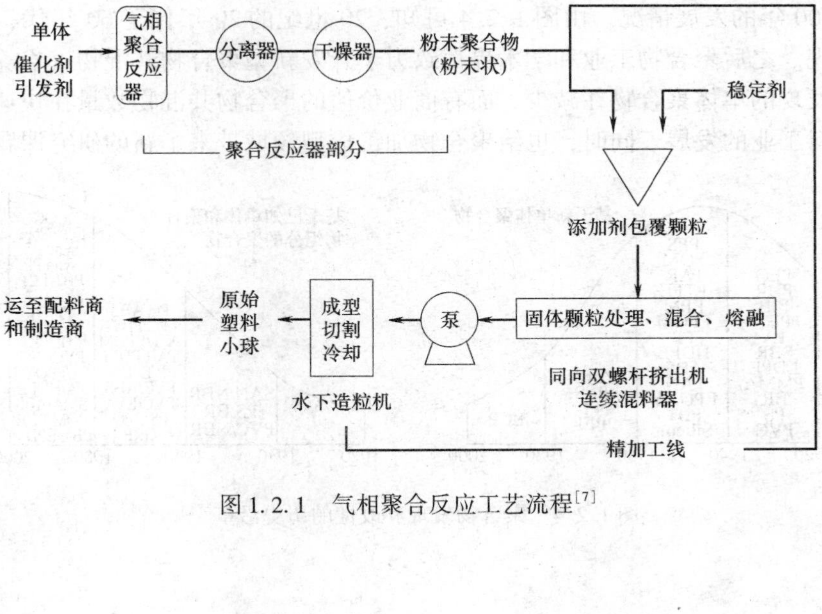

图1.2.1　气相聚合反应工艺流程[7]

口模成型，经冷却、切割，获得初始的塑料粒子，提供给配料或制造厂家使用。由此可以很好地理解，聚合物加工成型的因果关系。

图 1.2.2 给出聚合物复合工艺流程。由图 1.2.2 可知，来源于树脂厂商的初始塑料粒子与颜料、填料、补强剂一起，经单（双）螺杆挤出机塑炼、熔融、混合和加压，经齿轮泵加压输送到口模成型，冷却后经造粒机切割，获得复合颗粒，提供给制造商。

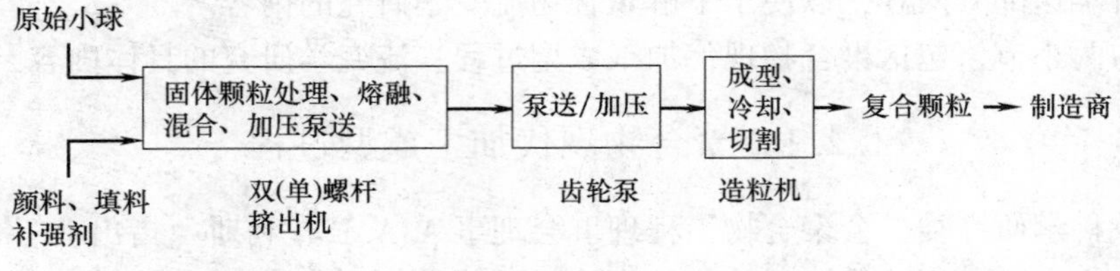

图 1.2.2 聚合物复合工艺流程[7]

图 1.2.3 给出反应聚合物加工工艺流程。由图 1.2.3 可知，初始塑料粒子与反应物一起，经双螺杆挤出机或连续混合器（单螺杆挤出机）塑炼、熔融、混合、反应，脱除挥发组分后，进入齿轮泵加压输送到口模成型，由水下造粒机完成切割、冷却，获得反应改性/功能化的颗粒，提供给制造商或混料商。

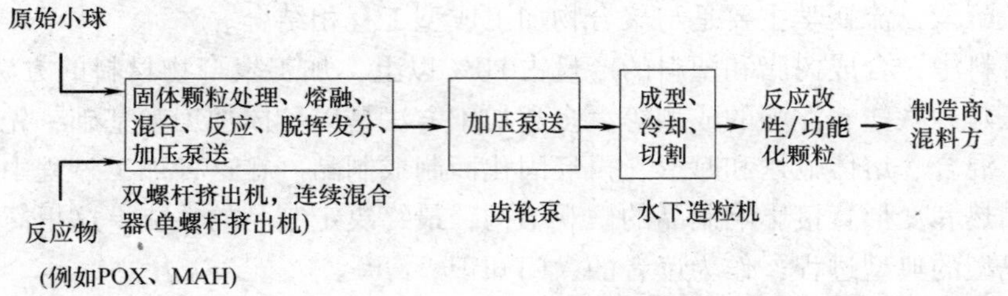

图 1.2.3 反应聚合物加工工艺流程[7]

图 1.2.4 给出聚合物发现和改性的历史沿革。图 1.2.4 的左图给出基于新单体的聚合物从 1920 年至 2000 年的发展情况；图 1.2.4 的右图给出基于已知单体和聚合物组分的聚合物 1920 年至 2000 年的发展情况。由图 1.2.4 可知，20 世纪的 20 年代至 60 年代，大部分聚合物都已被发现。之后聚合物工业和学术界都致力于开发新型聚合物共混物（合金）。自 1960 年以来，新发现的单体聚合物在减少，而有商业价值的聚合物共混物数量在快速增加，有力地推动了塑料工业的发展。同时，也给聚合物加工成型领域带来了新的研究课题。

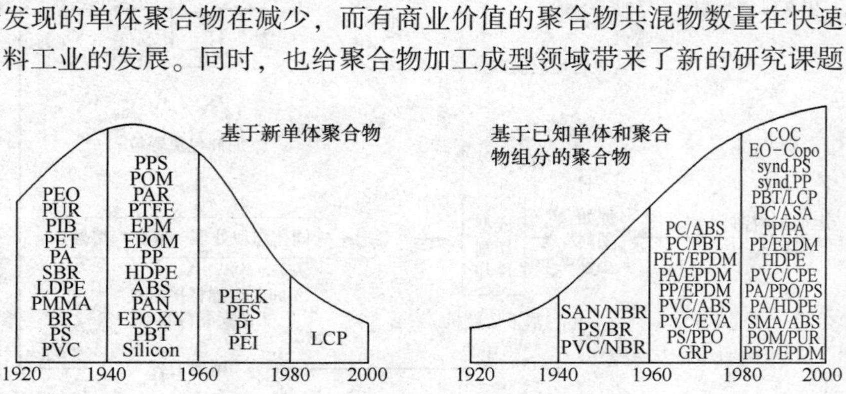

图 1.2.4 聚合物发现和改性的历史沿革[7]

图 1. 2. 5 给出聚合物合金制备工艺。由图 1. 2. 5 可知，两种聚合物粒子与相容剂、添加剂等一起，经双螺杆挤出机塑炼、熔融、混合、反应，脱除挥发分后，经齿轮泵加压送到口模成型，冷却后由造粒机切割，获得聚合物合金颗粒，提供给制造商。

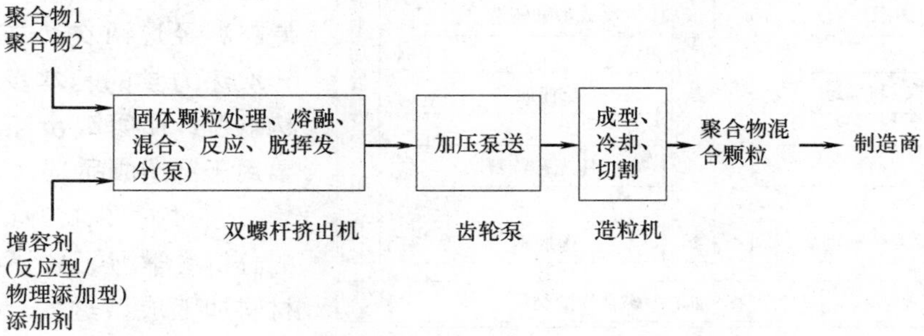

图 1. 2. 5　聚合物合金制备工艺[7]

图 1. 2. 6 给出塑料产品制备工艺。由图 1. 2. 6 可知，初始塑料粒子与少量添加剂一起，经单螺杆挤出机或注塑机塑炼、熔融、混合，加压输送到单螺杆挤出机的口模/或模具进行成型、排列、冷却后，再经修整、焊接、热成型等下游/后处理，获得聚合物混合颗粒，最后制成塑料制品。

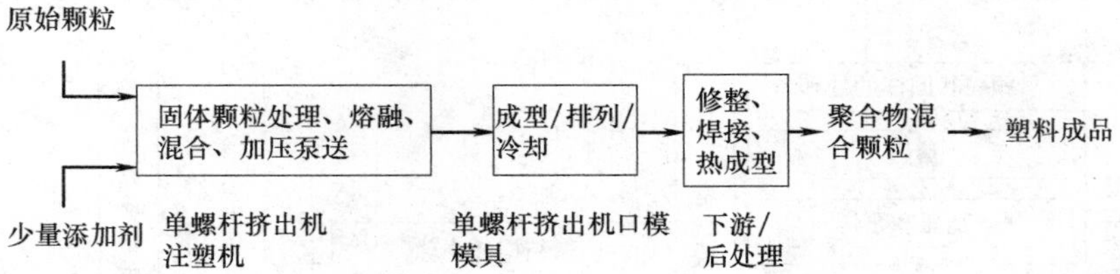

图 1. 2. 6　塑料产品制备工艺[7]

图 1. 2. 7 给出在线（原位）聚合物加工工艺。由图 1. 2. 7 可知，树脂与反应物、添加剂、相容剂一起进入设备，在同一操作工艺中完成复合、微结构、反应和成型过程，最后获得制品。

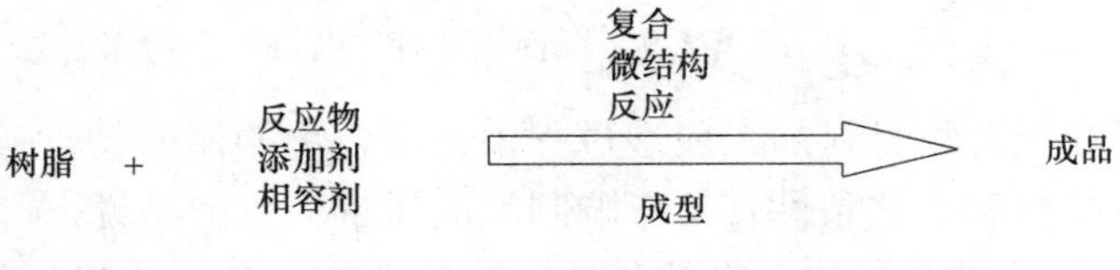

图 1. 2. 7　在线（原位）聚合物加工工艺[7]

图 1. 2. 8 给出聚合物加工成型过程的概念分解示意图。由图 1. 2. 8 可知，聚合物原料到成品经历基本步骤、成型和成型后处理等三个阶段。基本步骤准备加工成型的原材料，其过程包括颗粒状固体的处理、熔融、加压和泵送、混合、脱挥发分和剥离。成型阶段包括模具成型、成型铸造、拉伸成型、压光和涂覆和涂膜料等。成型基本阶段可以先于成型或与成型同时进行，贯穿这些过程的始终或在这些过程之后聚合物结构化。最后，在聚合物结构化的后面是印刷、装饰等成型后处理阶段。

图 1. 2. 9 给出聚合物复合、共混和反应聚合物工艺概念的分解。由图 1. 2. 9 可知，一种或多种聚合物、添加剂、反应物经过基本步骤和造粒模具被加工成小球。基本步骤包括颗粒状固体的处理、熔融、加压泵送、混合、熔融反应、脱挥发分和剥离，进而在造粒模具形成

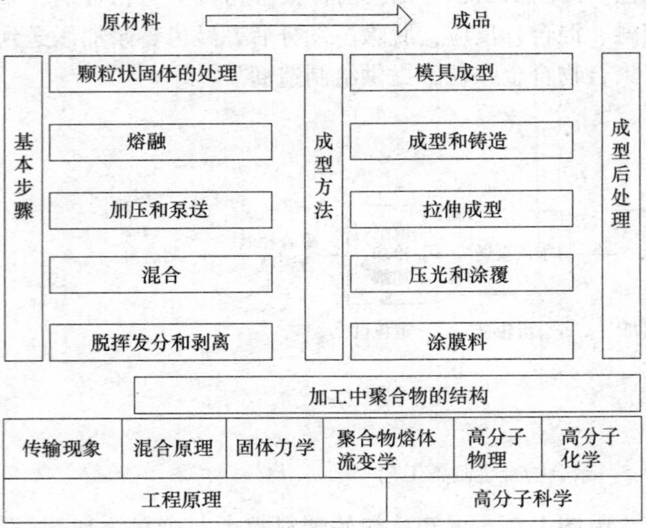

图 1.2.8 聚合物加工成型过程的概念分解示意图[7]

微结构。微结构化的小球经过第二步机械处理，获得初步产品或最终产品。**在聚合物复合、共混和反应加工工艺中，基础聚合物原材料经过两次热力学经历，第一次热力学的基本步骤获得微结构颗粒，而第二步热力学经历主要用于制造成品。**

通过对图 1.2.1 至图 1.2.9 的分析，学习了解了典型聚合物材料加工成型过程。一般由合成树脂厂提供不同牌号的聚合物。但是，为了开发新产品，大多数企业采用增塑、增强、共混、阻燃、稳定、发泡、复合等工艺，改性工业化的聚合物，以制备具有不同性能的材料。在开发新材料的过程中，必须研究聚合物的流变性能。每种过程材料经历了两次热力学过程。每一次热力学经历的基本步骤对制品有着不同影响。

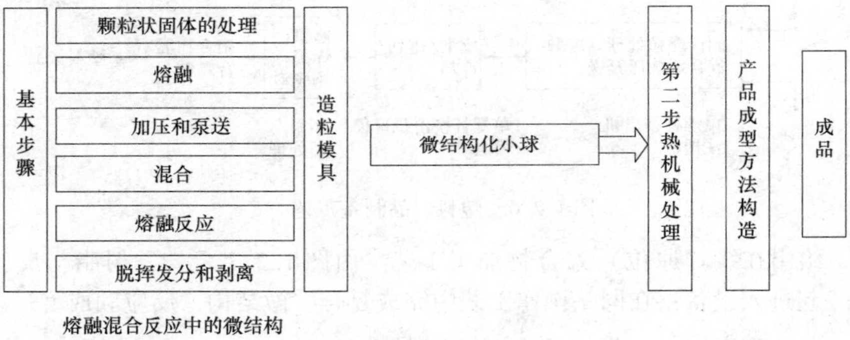

图 1.2.9 聚合物复合、共混和反应聚合物工艺概念的分解[7]

在聚合物材料加工成型过程中，聚合物的流变特性起着很重要的作用，材料物性参数、设备结构和工艺条件直接影响制品的质量，也就是说：

① 在设备结构一定的条件下，研究物性参数和工艺条件影响制品的质量；

② 在物性参数一定的条件下，研究加工设备和工艺条件影响制品的质量。

在材料物性参数、设备结构和工艺条件相互关系之间，聚合物流变学起着核心的主要作用，已经成为聚合物工程极为重要的基础理论，是聚合物工程领域中工程技术人员不可缺少的专门知识。

Tadmor[7] 还特别强调："随着这些领域的进步和可用计算能力的指数级增长，已经在实现特定的加工产品性能方面取得重大进展，而不是通过反复试验，而是通过过程模拟"**可见，在信息化时代，掌握数值模拟技术的重要性和必要性**。工程技术人员掌握了聚合物流变学的知识，研究掌握材料的物性参数，在设备结构一定的条件下，使用数值模拟技术，优化合理的加工工艺条件，减少盲目试验的成本，可以制出性能良好的制品，减少废品率；也可应用聚合物流变数据，优化设计加工设备，局部改进设计加工成型设备的工艺部分。

1.2.2　流变学研究的具体内容

流变学（Rheology）是研究材料变形与流动的科学。**聚合物流变学是研究聚合物材料流动和变形的科学。** Tanner[5] 指出，流变学的主要目标在于：①在从微观到宏观的多尺度上了解材料的特性；②建立符合实际的介观和宏观的本构模型，并且进行实验验证；③发展可靠的经济的实验方法和计算方法来应用这些知识。

聚合物流变学的定义没有考虑到材料活动的差别性和变形的差别性，也没有限定材料的本征特性，所以上述的定义是广义的、范围非常大。由于聚合物结构的多样性及其对力学响应的复杂性，聚合物流变学又分为结构流变学和加工流变学。结构流变学和加工流变学两方面的研究相互之间联系十分紧密，结构流变学提供的流变模型将为材料、模具和设备设计、优化工艺条件提供理论基础，而加工流变学研究的问题又为结构流变学的深化发展提供丰富的实践内容。

结构流变学又称微观流变学或分子流变学，用分子力学的方法研究材料微观结构，使用非平衡态热力学方法，确定流体黏度、法向应力和拉伸黏度等宏观测定量，确定大分子力学模型的各种参数之间的关系。主要研究聚合物材料奇异的流变性质与其微观结构——分子链结构、聚集态结构——之间的联系，以期通过设计大分子流动模型，获得正确描述聚合物材料复杂流变性的本构方程，沟通材料宏观流变性质与微观结构参数之间的联系，深刻理解聚合物材料流动的微观物理本质。

聚合物加工流变学属宏观流变学或唯象性流变学，主要研究与聚合物材料加工工程有关的理论与技术问题。 具体研究加工工艺条件与材料黏弹流动性的关系，以及产品力学性质之间的关系，研究材料流动性质与分子结构和组分结构之间的关系、挤出胀大和熔体破裂等异常的流变现象发生的原因和克服办法，分析聚合物材料各种典型加工成型过程聚合物熔体的流变性能，分析研究多相聚合物体系的流变性规律，以及设备设计中遇到的种种与材料流动性和传热性有关的问题等。

在聚合物材料加工成型过程中，加工力场与温度场的作用不仅决定了材料制品的外观形状和质量，而且对材料链结构、超分子结构和织态结构的形成和变化有极其重要的影响，是决定聚合物制品最终结构和性能的中心环节。从这个意义上讲，应用数学的场论和应用流体力学是学习聚合物流变学必备的基础，没有一定的数学物理和非牛顿流体力学的基础无法学习流变学；分析聚合物材料流变行为成为研究聚合物材料结构和性能关系的核心环节之一，聚合物流变学已成为材料分子设计、材料设计、制品设计和加工设备设计的重要组成部分。

聚合物流变学作为一门新兴的研究材料结构与性能关系的科学，与聚合物科学的任一分支均有密切关系。对聚合物材料合成而言，流变学与聚合物化学结合在一起，流变性质通过与分子结构参数的联系成为控制合成产物品质的重要参数。对聚合物材料成型加工而言，流变学与高分子科学、材料科学结合在一起，成为设计和控制材料配方和加工工艺条件，以获取制品最佳的外观和内在质量的重要手段。对聚合物加工设备设计而言，聚合物流变学为设计提供了必需的数学模型和被加工材料的流动性质，是进行计算机辅助设计（CAD）的重要理论基础之一。随着聚合物材料领域的进步，特别是可用计算能力的指数级增长，已经在实现特定的加工产品性能方面取得重大进展，而不是通过反复试验，而是通过加工成型过程的数值模拟。

聚合物加工流变学的研究内容分为基础研究和应用研究两大类，前者侧重研究聚合物流变行为，后者侧重研究加工成型工艺的调控和优化加工设备。这两者相互之间的联系十分紧密，基础研究提供流变模型，为优化设备设计和工艺条件提供了理论基础；应用研究为基础研究提供了丰富的素材。**基础研究是整个聚合物流变学体系的源头**。与这两部分均有联系并自成体系的还有流变测量的问题，流变测量发展成为一门实验科学。

由于聚合物材料复杂的流动行为，在实验技术上和测量理论方面，流变测量都有许多值得研究的课题。在测量理论上，要建立不可直接测量的流变量与可测量的物理量之间恰当的数学关系。设计实验以保证测量的信息正确地可靠地反映材料在流动过程中黏弹性质的变化，并正确地分析测量误差并加以校正。使用测量的实验数据，合理地确定流体的本构关系。在确定物料本构方程时，基础研究、应用研究和流变测量这三种方法是互相补充的。

综上所述，聚合物流变学具体研究的内容可归纳为三大方面。

(1）聚合物流变行为与物性参数的关系——流变本构方程

聚合物变形和流动用应力与应变的关系或应力与应变速率的数学式——本构方程来表示。聚合物材料参数影响聚合物的流变性能。因为聚合物的相对分子质量、分子结构、添加剂的性能和浓度直接影响聚合物流变性能，需要研究建立描述聚合物流变行为的数学模型，即建立描述聚合物物性的本构方程。考虑到不具备数学物理方程和流体力学基础的读者，本书将介绍流变学的数学物理基础、黏性流体动力学的数学表述，介绍聚合物流体流动的影响因素、流动特性和流变模型。

(2）聚合物流变行为与加工设备、加工工艺条件的关系

聚合物加工过程中，聚合物分子结构发生变化，其流变行为直接受压力、温度、转速、流量和化学环境的影响，需要研究聚合物流变行为与加工工艺条件的关系，优化加工工艺条件。因为不同的设备、不同的加工方法都直接影响聚合物流变性能。当聚合物材料的物性参数已经确定，需要研究聚合物材料流变行为与加工设备之间的关系，优化设备结构和模具的尺寸。本书篇幅有限，仅分析聚合物典型加工成型过程流体的流变行为，介绍聚合物加工成型过程流体流动的数值模拟的基础知识，为深入研究聚合物流变行为与加工设备、加工工艺条件的关系奠定必要的基础。

(3）聚合物流变性能的表征和测定方法

为了确定聚合物材料的物性参数，需要研究聚合物流变性能的表征和测定方法，学习各种流变仪的测量原理，制造或合理选择合适的测试仪器，学习使用流变测试仪器和正确的处理流变测试的数据。本书介绍流变仪测量的基本原理、选择和使用。

在实际工程中，上面介绍的几项研究的结果互相影响，不是孤立的，必须将几项研究内容有机结合，才能解决聚合物加工工程具体问题。经过多年的发展，我国已成为世界塑料制品的生产大国、消费大国和出口大国。统计数据显示，在世界排名中，我国塑料制品产量始终位于前列，其中多种的塑料制品已经位于全球首位。预计到 2020 年，我国将从塑料大国转向塑料强国。工程塑料行业是聚合物材料加工行业的子行业，属国家重点发展的新材料技术领域。与通用塑料相比，工程塑料在机械性能、耐热性、耐久性、耐腐蚀性等方面表现更优，而且加工方便并可替代金属材料，广泛应用于各个不同的领域。工程技术人员必须具备聚合物流变学的基本知识，才能攻克这些领域的技术难关，得以创新发展。

虽然我国塑料制品发展迅速，但是面临低端产能过剩、高端产品依赖进口等问题，亟须加快塑料加工业的转型升级，提高自主创新能力，努力缩小与发达国家高新生产技术之间的差距。一个聚合物科学工作者，尤其是从事聚合物材料工程的科技工作者，必须掌握有关现代聚合物材料流变学的基础理论知识，才能在日后激烈的科技竞争中立于不败之地。作为一门活跃的蓬勃发展的既有理论价值，又有实践意义的新兴学科，在聚合物材料科学中聚合物流变学的地位日趋重要。在聚合物科学和工业的飞速发展中，聚合物流变学知识的普及与深化已成必然之势。

1.3　本书的内容框架和学习方法

本书是在聚合物化学、聚合物合成工艺原理、聚合物物理和工程力学等课程的基础上，介绍聚合物流变学的基本知识和应用。本书是为本科生写的教科书。但是，本书伸缩性很大，如果往深里讲，介绍本书的所有内容，也可以用于研究生的教学。本书也为工程科技人员聚合物材料及其制品的设计优化、加工的工艺和设备的优化提供必要的基础知识。本书共包括4部分。

第一部分包括第1章至第3章。考虑到学生不了解聚合物加工过程，大部分学生没有应用数学和黏性流体力学的基础。这部分介绍聚合物加工成型过程，重点介绍学习流变学必备的数学物理知识和流体力学的知识。根据学生性质和基础，教师确定讲授第2章至第3章的内容和授课的学时数。**聚合物流变学是交叉边缘学科，必须具备一定数学物理基础和黏性流体动力学基础知识，才能学习后面的章节。**

第二部分包括第4章至第7章。考虑认知规律，将复杂的聚合物流变学问题，拆分成独立的简单问题，便于读者循序渐进地学习。这部分介绍聚合物流体的流动特性和影响因素、流变本构方程、简单截面流道聚合物流体的流动和聚合物材料典型加工成型过程的流动分析。

第三部分第8章介绍流变仪测量的基本原理及其应用，为工程技术人员正确地使用流变仪，处理流变测试的数据打下必要的基础。

最后一部分包括第9章和第10章，综述了陈晋南课题组聚合物加工成型过程流体流动的数值分析和单聚合物复合材料成型制备新技术，用大量科研实例介绍聚合物流变学的具体应用。

下面介绍的授课和学习方法是为本科生教学设计的。如果没有特别强调就需要学习每章的具体内容。按照48学时分配每章的授课学时数。

第1章　绪论　分为3节，**授课2学时**。第1.1节聚合物流变学的发展和基本概念，简介聚合物流变学发展史和基本概念；第1.2节流变学研究的意义和内容，介绍聚合物现代加工成型过程和流变学研究的具体内容；第1.3节本书的内容框架和学习方法。教师重点讲授第1.1节和1.2.2节，学生自学1.2.1节聚合物现代加工成型过程和1.3节内容，以完成本章的相关作业考核学生学习情况。

第2章　流变学的数学物理基础　分为4节，**授课6学时**。第2.1节矢量分析，介绍矢量函数概念和矢量函数的基本运算；第2.2节二阶张量，介绍二阶张量的性质和张量的基本运算；第2.3节流体运动的描述和基本定律，介绍描述流体运动的基本知识、传递过程的重要定律和通量、物理量的质点导数；第2.4节场论概述，介绍数量场、矢量场、张量场、正交曲线坐标系中场的变化率。根据学生具体的数学基础，选择讲课的重点，为后面学习聚合物流变学打下必要的基础。

第 3 章　黏性流体动力学问题的数学表述　分为 3 节，**授课 6 学时**。第 3.1 节流体运动的形式和本构方程，介绍流体运动的分类和分解、力的分类和应力张量、表述应力与变形关系的本构方程；第 3.2 节黏性流体流动的控制方程，介绍工程问题数理模型建立的步骤，分别推导建立连续性方程、运动方程、能量方程；第 3.3 节控制方程组与定解条件，归纳汇总介绍黏性流体传递过程的控制方程组、工程问题的初始条件和边界条件。根据学生具体的流体力学基础，选择讲课的重点，重点介绍连续性方程、运动方程和能量方程的一种推导方法。

第 4 章　聚合物流体的流动特性和影响因素　分为 3 节，**授课 6 学时**。第 4.1 节流体的流动特性和分类，分别介绍牛顿流体、非牛顿流体、黏弹性流体的弹性参数；第 4.2 节聚合物分子参数和配合剂对熔体流变性的影响，介绍聚合物相对分子质量及其分布对流体黏度的影响、分子结构对流体黏度的影响、配合剂对聚合物流体黏度的影响；第 4.3 节聚合物加工工艺条件对材料流变性的影响，介绍温度对流体黏度的影响、剪切速率对流体黏度的影响、压力对流体黏度的影响。本章每小节授课 2 学时。

第 5 章　流变本构方程　分为 3 节，**授课 4 学时**。第 5.1 节黏性流体本构方程的概述，介绍本构方程的定义和分类、本构方程的确定和判断；第 5.2 节黏性流体的本构方程，介绍广义牛顿流体的本构方程、黏弹性流体的本构方程；第 5.3 节本构方程的比较和选择，介绍本构方程选择的方法和原则、本构方程特性的比较。教师授课重点是本构方程的特性比较、选择的方法和原则。

第 6 章　简单截面流道聚合物流体的流动分析　分为 4 节，**授课 8 学时**。第 6.1 流体的压力流动，介绍平行平板流道流体的压力流、圆管流道流体的压力流；第 6.2 节流体的拖曳流动，介绍两平行板流道流体的拖曳流动、圆管流道流体的拖曳流动；第 6.3 节流体的非等温流动，介绍平行平板流道流体的非等温拖曳流动、圆柱管流道流体的非等温压力流；第 6.4 节流体的非稳态流动，介绍两平行平板流道流体的非定常流动、流体非稳态流动的斯托克斯问题。教师重点讲授第 6.1 和 6.2 节，重点介绍流动问题的假设体条件，如何简化控制方程和确立具体流体流动的控制方程，学生自己学习具体求解方程的过程。根据学生基础，确定是否讲授 6.3 节和 6.4 节。

第 7 章　聚合物材料典型加工成型过程的流动分析　分为 4 节，**授课 6 学时**。第 7.1 节挤出成型过程，具体分析单螺杆挤出过程流体的流动、机头口模流道物料的流动、挤出加工熔体流动的不稳定性、稳定挤出过程的方法；第 7.2 节注塑成型过程，介绍注塑成型设备工作原理、充模压力和制品残余应力的分析；第 7.3 节压延成型过程，介绍压延机的基本结构、辊筒缝隙黏性流体的流动；第 7.4 节纺丝成型过程，介绍纺丝成型工艺、稳态单轴拉伸聚合物的流动、单轴拉伸黏度的实验测定、物料的可纺性与分子参数的关系、拉伸流动的不稳定现象。本章可以根据学生的具体情况和学时数，取舍具体讲授的内容。教师仅讲授 7.1 节单螺杆挤出过程流体的流动。根据学生人数拆分其他小节的内容，分给每个学生。让每个学生到讲台用 4 ~6 分钟 ppt 介绍自学心得，让学生互评打分。这种学生参与性互动的“教与学”方法，激发学生主动学习的积极性，让学生运用前面学习的知识，分析一个具体的聚合物材料加工成型过程和流动问题，提高学生学习和分析问题的能力，并不需要学生掌握每种聚合物典型加工过程的流动分析。有了基本知识和学习能力，今后根据工作需要，未来的科技工作者会自己学习。

第8章 流变仪测量的基本原理及其应用 分为4节，**授课6学时**。第8.1节流变测量学导论，介绍流变测量的意义、流变测量的原理和分类；第8.2节毛细管流变仪，介绍毛细管流变仪工作原理、完全发展区流场的分析、入口区流场的分析和Bagley修正、出口区流体流动的分析；第8.3节其他类型流变仪的测量原理，介绍旋转黏度计、落球式黏度计、混炼机型转矩流变仪、聚合物液体的动态黏弹性测量；第8.4节流变测量仪的选择使用和数据处理，介绍流变测量仪选择使用的基本原则、流变测试数据的拟合和本构方程的确立、聚合物的流变主曲线。教师授课的重点是8.1，8.2和8.4节，学生自学8.3节，以完成本章的相关作业考核学生学习情况。

第9章 聚合物加工成型过程流体流动的数值分析 分为5节，**授课2学时**。第9.1数值模拟聚合物加工成型过程的基础知识，介绍聚合物常用商业软件和基本结构、数值模拟聚合物加工成型过程的基本方法。第9.2节聚合物螺杆挤出加工成型过程的数值模拟给出4个典型案例，第9.3节聚合物模具挤出成型过程的数值模拟给出4个典型案例，第9.4节聚合物挤出注塑成型过程的数值模拟给出2个典型案例，第9.5节聚合物挤出吹塑成型过程的数值模拟给出3个典型案例。老师重点介绍第9.1节数值模拟的基础知识，后面部分由学生自己阅读和学习。每个学生提交一份阅读本章提供的英文文献的综述报告，计入期末考试的成绩10%。详见第9章练习题。

第10章 单聚合物复合材料成型制备新技术 分为3节，**授课2学时**。第10.1节单聚合物复合材料的研究进展，第10.2节单聚合物复合材料的研发与聚合物流变性能给出3个典型案例，第10.3节单聚合物复合材料注塑成型制备与其性能给出2个典型案例，第10.4节单聚合物复合材料挤出成型制备与其性能给出1个典型案例。老师重点讲授第10.1节单聚合物复合材料的研究进展，后面部分由学生自己阅读和学习。每个学生提交一份阅读本章提供的英文文献的综述报告，计入期末考试的成绩10%。详见第10章练习题。

本书仅入门地介绍聚合物流变学的数学物理基础和流体动力学基础，对于各种数学、流体动力学理论和方法的讨论，立足于应用，保留了部分定理、性质证明，大多没有进行严密的推导和证明，着重培养和训练如何将聚合加工成型的工程问题抽象成数学物理模型和黏弹性流体力学的问题，如何应用各种数学方法求解问题的能力，阐述解的物理意义的能力。因为建立数学物理模型不仅需要数学和流体力学的知识，而且需要聚合物工程的知识，依靠对试验和工程问题认识的水平。通过本教材的学习为应用聚合物流变学打下必要的基础。为了方便读者自学，详细推导一些求解具体问题的控制方程，仅给出中间过程每个步骤的阿拉伯数字的简单序号，按照章节排序给出重要公式的编号，用a，b等变化区分同一性质公式不同表示的公式。

在本书第1章，编著者给出许多参考文献。每一章引用的参考文献列在每章后面，并标注了相应的页码，以方便读者使用。编著者“恪守科学道德准则，遵守科研活动规范，践行科研诚信要求，…”[30]，学习国外专著给出所有公式和实验数据图的出处。编著者花了很多时间落实本书引用的所有实验数据图的第一出处或间接出处，一是尊重保护知识产权，二是方便读者的学习。以避免发生把以Tanner的学生PhanThien和他的名字命名著名本构模型PTT误写成PPT的类似错误。读者可查阅标注的参考文献进行深入学习和研究。

在内容叙述上，编著者尽量做到基本概念解释详尽、解题推导步骤清晰，便于读者自学。在讲解重点和难点理论时，附有不少例题以便于自学，部分例题给了参考文献。有的例题仅给了解题的主要思路，没有给出最后的结果，有意识地将书中的有些问题留给读者在练习中完成，不少练习题是书中内容学习的延续。根据每章的学习要求，编者自编和从参考书中选择一定数量的练习题。绝大部分计算题给出了答案，以供读者学习和核对自己学习的结果。书中直接引用英文专著的部分英文图和练习题，书中附录4索引给出每个物理量的英文，期望读者通过专业学习，提高专业英语阅读水平，也方便读者查阅外文的专业书籍。

1986年，陈晋南辞掉公职自费到美国攻读硕士和博士学位。1988年，陈晋南获得硕士学位和讲师奖学金攻读博士学位，给大学本科生讲授计算机辅助设计课程，一年级学生学习计算机制图，三年级本科生学习软件I-DEAS设计零件和用有限单元法分析设备的强度。在20世纪80年代后期，美国大学本科生已经学习数值模拟技术。随着信息技术的发展，每个工程科技人员必须学习应用数学和数值计算的知识，提高应用信息技术的能力，使用聚合物材料的模拟软件提高材料的自主创新能力。通过本课程的学习，了解数值计算的基本知识。

编著者期望，读者认真阅读教科书基本内容，学习演算每道例题，完成每章的习题。尽可能多做练习题，这是吸收和消化理论知识的最好方法。在美国攻读博士的学习过程中，陈晋南体会到，不动手做数学和流体力学的练习题，就无法掌握任何数学和流体力学知识。通过演算每道例题和完成练习题，可以加深对书中内容的理解，培养学习、思考和解决问题的能力，才能从本书的学习中学到所需的知识。

编著者期望，在大学学习阶段，教师和学生都要努力实践国际高等教育的质量观“学会认知、学习做事、学会合作、学会生存”，通过大学每门课程的学习，提高自己的四会能力，走上工作岗位时，能学以致用地把大学学的知识用到工作实践中去。

2018年5月28日[30]，在中国科学院第十九次院士大会、中国工程院第十四次院士大会上的讲话中，习近平主席指出：**“中国要强盛、要复兴，就一定要大力发展科学技术，努力成为世界主要科学中心和创新高地。”** 习近平主席深切地说：**“一代人有一代人的奋斗，一个时代有一个时代的担当。”“青年是祖国的前途、民族的希望、创新的未来。青年一代有理想、有本领、有担当，科技就有前途，创新就有希望。”** 期望同学们毕业后，做有理想有抱负的科技工作者，投身国家科学技术和经济建设中，为实现中国强国梦添砖加瓦，奉献人生。

第1章练习题

1.1 什么是流变学？请阅读相关文献，简述聚合物流变学的发展历史。

1.2 请阅读英文参考文献［5］的全文、［6］和［7］的第一章，简述聚合物流变学研究的内容和意义。

1.3 简述聚合物流变学的分类。

1.4 分别简述气相聚合反应工艺流程、聚合物复合工艺流程、反应聚合物加工工艺流程、聚合物合金制备工艺、塑料产品制备工艺、在线（原位）聚合物加工工艺。

1.5 简述聚合物加工成型过程的几个阶段步骤，每个阶段的作用和目的。

1.6 在聚合物加工成型过程中，原材料经历了几次热力学过程？为什么热力学过程影响最终制品的质量和性能？

1.7 简述你为什么选择本专业。如果本专业不是你的第一选择，如何调整自己的心态，学好本专业的课程和基础知识。

1.8 阅读本书第1.3节本书的内容框架和学习方法，分析自己的数学基础，需要复习高等数学的哪些有关知识，制订自己的切实可行的学习计划。

参考文献

[1] R. S. 伦克．宋家琪，徐支祥，戴耀松译．戴健吾校．聚合物流变学［M］．北京：国防工业出版社，1983：1-4.

[2] 金日光，马秀清．高聚物流变学［M］．上海：华东理工大学出版社，2012：1-3.

[3] 古大治．聚合物流体动力学［M］．成都：四川教育出版社，1985：1-24.

[4] Denn M. Fifty years of non-Newtonian fluid dynamics，AIChE J.，2004，Vol. 50：2335-2345.

[5] Tanner R. I. The changing face of rheology［J］．Non-Newtonian Fluid Mechanics，2009，Vol. 157：141-144.

[6] ［美］C. D. Han. Rheology and Processing of Polymeric Materials［M］．Vol. 1 Polymer Rheology. Oxford University Press Inc，2007：3-11.

[7] ［美］Z. Tadmor，Costas G. Gogos，Principles of Polymer Processing（Second Edition）［M］．A John Wiley & Sons，Inc. 2006：1-24.

[8] White J. L.．Science and Technology of Rubber［M］．Chap. 6. Eirich. F. R.（Ed.）. New York：Academic Press，1978.

[9] ［美］尼尔生（L. E. Neilsin，L. E.）．范庆荣，宋家琪，译．聚合物流变学［M］．北京：科学出版社，1983.

[10] ［美］C. D. Han．徐僖，吴大诚，等译．聚合物加工流变学［M］．北京：科学出版社，1985.

[11] ［澳］R. I. Tanner. Engineering Rheology［M］．Clarendon Press，OxFord，1985.

[12] 周彦豪．聚合物加工流变学基础［M］．西安：西安交通大学出版社，1988.

[13] ［美］F. M. White. Heat and Mass Transfer［M］．Addison-Wesiley Publishing Company，1988.

[14] ［美］H. A. Barnes，J. F. Hutton & K. Walters. An Introduction to Rheology［M］．Elsevier Science Publishers B. V. 1989.

[15] 沈崇棠，刘鹤年．非牛顿流体力学及其应用［M］．北京：高等教育出版社，1989.

[16] ［美］塔德莫尔 Z.，戈戈斯 C. G.．耿孝正，阎琦，许澎华，等译．聚合物加工原理［M］．北京：化工出版社，1990.

[17] ［美］L. Gary Leal. Laminar Flow and Convective Transport Processes：Scaling Principles and Asymptotic Analysis［M］．Butterworth-Heinemann Series in Chemical Engineering，1992.

[18] 耿孝正，张沛．塑料混合及设备［M］．北京：中国轻工业出版社，1992.

[19] ［美］C. W. Macosko. Rheology Principles Measurements and Applications［M］．Wiley-VCH，Inc. 1994.

[20] Gebhard Schramm. 李晓辉译．朱怀江校．实用流变测量学［M］．北京：石油工业出版社，1998.

[21] 顾国芳，浦鸿汀．聚合物流变学基础［M］．上海：同济大学出版社，2000.

[22] 朱复华. 挤出理论及应用［M］．北京：中国轻工业出版社，2001.

[23] ［美］David B. Todd，P. G. Andersen. 詹茂盛，等译．塑料混合工艺及设备［M］．北京：化学工业出版社，2002.

[24] 耿孝正. 双螺杆挤出机及其应用［M］．北京：中国轻工业出版社，2003.

[25] 林师沛，赵洪，刘芳．塑料加工流变学及其应用［M］．北京：国防工业出版社，2007.

[26] 梁基照. 聚合物材料加工流变学［M］．北京：国防工业出版社，2008.

[27] 史铁钧，吴德峰．聚合物流变学基础［M］．北京：化学工业出版社，2009.

[28] 徐佩弦. 高聚物流变学及其应用［M］．北京：化学工业出版社，2009.

[29] 吴其晔，巫静安．聚合物材料流变学（第二版）［M］．北京：高等教育出版社，2012.

[30] 中共中央办公厅、国务院办公厅，关于进一步加强科研诚信建设的若干意见. 2018. 5. 30.

第 2 章　流变学的数学物理基础

人类认识物质世界的历史是相当悠久的，对物性——物质对光、声、热、力和电等作用的响应——的理解和利用是自身进步和社会发展的根本因素。其中人类感知并运用得最早的无疑应当是力学性质了[1]。1827 年就建立了黏性流体力学运动方程，系统地建立了黏性流体力学的学科。

聚合物流动与变形的黏性流体动力学响应完全与经典流体力学的线性流动相背离。**聚合物液体流动体系兼有液、固双重性质，表现出比经典力学复杂得多的性质。一是体系受外力作用后，既有黏性流动，又有高弹形变。当外力释去时，仅有弹性形变可恢复，而黏性流动造成的永久形变不能恢复。二是聚合物液体流动中表现出的黏弹性，偏离由胡克定律和牛顿黏性定律所描述的线性规律，模量和黏度均强烈地依赖于外力的作用速率，而不是恒定的常数**。更重要的，此时应力与应变之间的响应，不是瞬时响应，即黏性流动中的力学响应不是唯一的决定于形变速率的瞬时值，弹性形变中的力学相应也不是唯一地决定于形变量的瞬时值。由于聚合物的力学松弛行为，以往历史上的应力（或应变）对现实状态的应变（或应力）仍产生影响，聚合物材料自身表现出对形变的“记忆”能力。另外，遥远“过去时”的应力（或应变）比新近不久时的应力（或应变）对现在时刻的应变（或应力）的影响要小得多，即材料的“记忆”有“衰退”效应。因此经典力学线性理论中基于无限小形变定义的任何形变度量在聚合物的流动中均失去了度量意义。

为了研究流体的非线性黏弹行为产生了流变学。流变学的目的不仅是探索一种正确的认识论，而且重要的是寻求一套完整的方法以便用严谨的数学描述材料流动和变形的力学响应。**在材料观上，流变学对经典的力学理论有两个方面的突破，一是打破了固体响应和流体响应之间的死限；二是打破了力学响应的线性模式**。聚合物流变学是非牛顿流体力学在聚合物流体流动的应用，学习聚合物流变学必须具备一定的数学物理基础和流体力学知识，才可能正确地研究聚合物液体的非线性黏弹行为。建议数学基础较差的读者认真学习本章内容，认真推导本章的例题和完成所有的练习题，提高认知和运算能力。

聚合物流变学的数学物理和流体力学的基础涉及许多物理概念和复杂的数学运算方法，考虑到读者的基础和学习便利，本章尽量采用形象简明、深入浅出的方法，借助于线性理论的概念介绍流变学的数学物理基础[1-10]。

本章首先介绍矢量分析的数学知识，再用矢量分析的工具介绍二阶张量的性质和运算；在此基础上，介绍流体运动的描述和传递过程的重要定律，最后介绍场论基本知识。本章分为 4 节，包括矢量分析、二阶张量、流体运动的描述和基本定律、场论概述。

2.1　矢量分析

聚合物加工成型过程中，存在着动量、质量和能量传递过程，而研究一个系统中的传递现象时，矢量分析和场论的知识是必不可少的。矢量分析是研究其他学科的一个重要的数学工具，也是场论的基础知识。数量场和矢量场的数学性质是研究聚合物加工过程必不可少的基本知识。借助于矢量分析和场论的重要工具，可将描述聚合物加工设备中三维空间传递过程的控制方程写成既简单又有意义的形式。

针对没有接触或学习过这方面知识的读者，本节概括地介绍矢量函数、二阶张量和场论的基础知识，为后面章节的学习打下必要的基础。本节分为两小节，包括矢量函数概念、矢量函数的基本运算。

2.1.1　矢量函数概念

在工程实际中，经常遇到既有大小又有方向的量，例如一个物体运动的速度。数学上用矢量 $\boldsymbol{A}$ 表示既有大小又有方向的量。为了研究变矢量与某个数量的关系，引入矢量函数。矢量函数是随自变量变化的向量，自变量可以是一个，也可以是多个。

本小节介绍矢量函数的基本概念，包括矢量函数的定义、矢量函数的几何描述两部分。

(1) 矢量函数的定义

定义：如果对于数量 t 在某个范围 Ω 内的每一个数值，变矢量 $\boldsymbol{A}$ 都有一个确定的矢量与它对应，则称 $\boldsymbol{A}$ 为自变量 t 的**矢量函数**。记作

$$\boldsymbol{A}=\boldsymbol{A}(t)① \tag{2.1.1}$$

并称 Ω 为函数 $\boldsymbol{A}(t)$ 的**定义域**。

矢量函数 $\boldsymbol{A}(t)$ 的直角坐标表达式为

$$\boldsymbol{A}=\boldsymbol{A}(t)=A_x(t)\boldsymbol{i}+A_y(t)\boldsymbol{j}+A_z(t)\boldsymbol{k} \tag{2.1.2}$$

式中，$A_x(t)$，$A_y(t)$ 和 $A_z(t)$ 为 $\boldsymbol{A}(t)$ 在 $Oxyz$ 坐标系中的三个坐标，$\boldsymbol{i}$，$\boldsymbol{j}$，$\boldsymbol{k}$ 为沿三个坐标轴正向的单位矢量。

一个矢量函数和三个有序的数量函数构成一一对应的关系。本书介绍的矢量均为自由矢量。当两矢量的模和方向都相同时，就认为两矢量是相等的。

由于一个矢量函数和三个有序的数量函数构成一一对应的关系。由此可知，矢量函数的极限定义与数量函数的极限定义相类似，可将数量函数中的一些极限运算的法则用于矢量函数极限的运算。这里不作详细介绍，仅给出矢量函数连续性的定义。

矢量函数连续性的定义：若矢量函数 $\boldsymbol{A}(t)$ 在点 t_0 的某个邻域内有定义，而且有 $\lim\limits_{t\to t_0}\boldsymbol{A}(t)=\boldsymbol{A}(t_0)$，则称 $\boldsymbol{A}(t)$ 在 $t=t_0$ 处连续。若矢量函数 $\boldsymbol{A}(t)$ 在某个区间内每一点处连续，则称它在该区间内连续。矢量函数 $\boldsymbol{A}(t)$ 在点 t_0 处连续的充要条件是它的三个数量函数 $A_x(t)$，$A_y(t)$ 和 $A_z(t)$ 都在 t_0 处连续。

(2) 矢量函数的几何描述

矢量函数的几何描述是用图形来描述矢量函数 $\boldsymbol{A}(t)$ 的变化状态。把 $\boldsymbol{A}(t)$ 起点取在坐标原点，当 t 变化时，矢量 $\boldsymbol{A}(t)$ 的终点 M 就描绘出一条曲线 l，如图 2.1.1 所示，这条曲线称为矢量函数 $\boldsymbol{A}(t)$ 的**矢端曲线**。式 (2.1.2) 为此曲线的矢量方程。当 t 变化时，矢量 $\boldsymbol{A}(t)$ 实际上就成为其终点 $M(x, y, z)$ 的矢径。因此，$\boldsymbol{A}(t)$ 的三个坐标就对应地等于其终点 M 的三个坐标 x，y，z，即

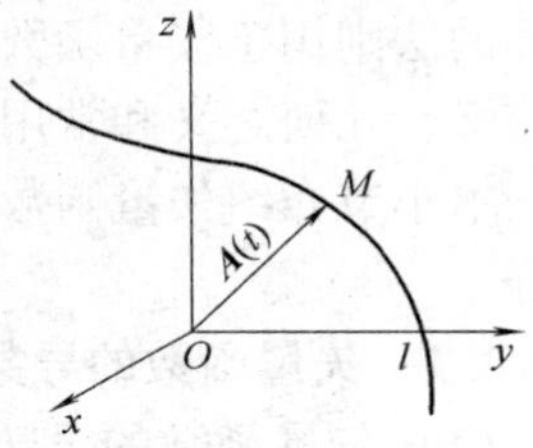

图 2.1.1　矢端曲线

① 全书主要物理量符号说明见附录 3，无特殊情况不再注释。

$$x = A_x(t), \quad y = A_y(t), \quad z = A_z(t) \tag{2.1.3}$$

式（2.1.3）是曲线 l 以 t 为参数的参数方程。

由上式可知，$\boldsymbol{A}(t) = x\boldsymbol{i} + y\boldsymbol{j} + z\boldsymbol{k}$，矢量 $\boldsymbol{A}(t)$ 的模为

$$|\boldsymbol{A}(t)| = \sqrt{x^2(t) + y^2(t) + z^2(t)} = \sqrt{A_x^2(t) + A_y^2(t) + A_z^2(t)} \tag{2.1.4}$$

在矢量代数中，模和方向都保持不变的矢量称为**常矢量**。**零矢量**的方向为任意，可作为一个特殊的常矢量。模和方向或其中之一不断变化的矢量称为**变矢量**。

例题 2.1.1 高等数学中给出①图 2.1.2（a）螺旋线圆柱螺旋线的参数方程为 $x = R\cos\alpha$，$y = R\sin\alpha$，$z = b\alpha$ 和②图 2.1.2（b）摆线的参数方程为 $x = R(\alpha - \sin\alpha)$，$y = R(1 - \cos\alpha)$，分别确定这两条曲线的矢量方程。

解：①设有直角三角形的纸片，它的一锐角为 α，将此纸片卷在一正圆柱面上，正圆柱的半径为 R，使角 α 的一边与圆柱的底圆周重合，角 α 的顶点 L 在圆柱底圆周上的位置为 A，而 A 为底圆周与 x 轴的交点，取坐标系如图 2.1.2（a）所示。设角的另一边在圆柱面上盘旋上升形成的一条圆柱螺旋空间曲线。圆柱螺旋线的参数方程为 $x = R\cos\alpha$，$y = R\sin\alpha$，$z = b\alpha$，则其矢量方程可写为

$$\boldsymbol{r} = R\cos\alpha\boldsymbol{i} + R\sin\alpha\boldsymbol{j} + b\alpha\boldsymbol{k}$$

② 一圆沿定直线滚动时，圆周上一定点所描述的轨迹称为摆线，如图 2.1.2（b）所示。摆线的参数方程为 $x = R(\alpha - \sin\alpha)$，$y = R(1 - \cos\alpha)$，则其矢量方程可写为

$$\boldsymbol{r} = R(\alpha - \sin\alpha)\boldsymbol{i} + R(1 - \cos\alpha)\boldsymbol{j}$$

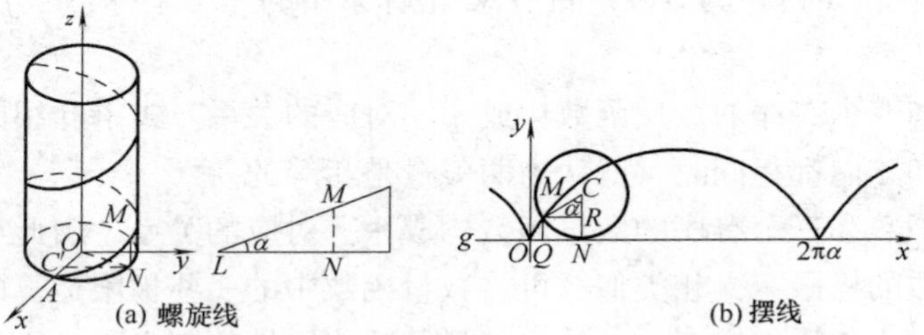

图 2.1.2 螺旋线和摆线

2.1.2 矢量函数的基本运算

由于一个矢量函数和三个有序的数量函数构成一一对应的关系。由此可知，矢量函数导数和积分的定义与数量函数的导数和积分的定义相类似，可将数量函数中的一些导数和积分运算的法则用于矢量函数导数和积分的运算。本小节不详细地讨论，仅给出导数和积分的基本定义、几何意义和常用的运算公式。

本小节介绍矢量函数的基本运算，包括矢量函数的导数和积分、数量和矢量的变换两部分。

2.1.2.1 矢量函数的导数和积分

（1）矢量函数的导数

矢量函数 $\boldsymbol{A}(t)$ 对数量 t 导数定义：矢量 $\boldsymbol{A}(t)$ 在点 t 的某一邻域内有定义，并设 $t + \Delta t$ 也在这邻域内，若 $\boldsymbol{A}(t)$ 对应于 Δt 的增量 $\Delta\boldsymbol{A}$ 与 Δt 之比，在 $\Delta t \to 0$ 时，其极限存在，则称此极限为**矢量函数 $\boldsymbol{A}(t)$ 在点 t 处的导数**，简称**导矢量**，记作 $\frac{\mathrm{d}\boldsymbol{A}}{\mathrm{d}t}$ 或 $\boldsymbol{A}'(t)$，即

$$\frac{\mathrm{d}\boldsymbol{A}}{\mathrm{d}t}=\boldsymbol{A}'(t)=\lim_{\Delta t\to 0}\frac{\Delta\boldsymbol{A}}{\Delta t}=\lim_{\Delta t\to 0}\frac{\boldsymbol{A}(t+\Delta t)-\boldsymbol{A}(t)}{\Delta t} \tag{2.1.5}$$

在直角坐标系中，若矢量函数 $\boldsymbol{A}(t)=A_x(t)\boldsymbol{i}+A_y(t)\boldsymbol{j}+A_z(t)\boldsymbol{k}$，且函数 $A_x(t)$，$A_y(t)$ 和 $A_z(t)$ 在点 t 可导，则求矢量函数的导数归结为求三个数量函数的导数，即有

$$\frac{\mathrm{d}\boldsymbol{A}}{\mathrm{d}t}=\lim_{\Delta t\to 0}\frac{\Delta\boldsymbol{A}}{\Delta t}=\lim_{\Delta t\to 0}\left(\frac{\Delta A_x}{\Delta t}\boldsymbol{i}+\frac{\Delta A_y}{\Delta t}\boldsymbol{j}+\frac{\Delta A_z}{\Delta t}\boldsymbol{k}\right)=\frac{\mathrm{d}A_x}{\mathrm{d}t}\boldsymbol{i}+\frac{\mathrm{d}A_y}{\mathrm{d}t}\boldsymbol{j}+\frac{\mathrm{d}A_z}{\mathrm{d}t}\boldsymbol{k} \tag{2.1.6}$$

或写为

$$A'(t)=A_x'(t)\boldsymbol{i}+A_y'(t)\boldsymbol{j}+A_z'(t)\boldsymbol{k} \tag{2.1.7}$$

导矢量的模为

$$\left|\frac{\mathrm{d}\boldsymbol{A}}{\mathrm{d}t}\right|=\sqrt{\left(\frac{\mathrm{d}A_x}{\mathrm{d}t}\right)^2+\left(\frac{\mathrm{d}A_y}{\mathrm{d}t}\right)^2+\left(\frac{\mathrm{d}A_z}{\mathrm{d}t}\right)^2} \tag{2.1.8}$$

如图2.1.3所示，曲线 l 为矢量函数 $\boldsymbol{A}(t)$ 的**矢端曲线**，$\frac{\Delta\boldsymbol{A}}{\Delta t}$是在 l 的割线上的一个矢量。当 $\Delta t>0$ 时，其指向与 $\Delta\boldsymbol{A}$ 一致，指向对应 t 值增大的一方；当 $\Delta t<0$，其指向与 $\Delta\boldsymbol{A}$ 相反，指向对应 t 值减少的一方。在 $\Delta t\to 0$ 时，割线 MN 绕点 M 转动，割线上的矢量$\frac{\Delta\boldsymbol{A}}{\Delta t}$的极限位置是在以点 M 处的切线上。

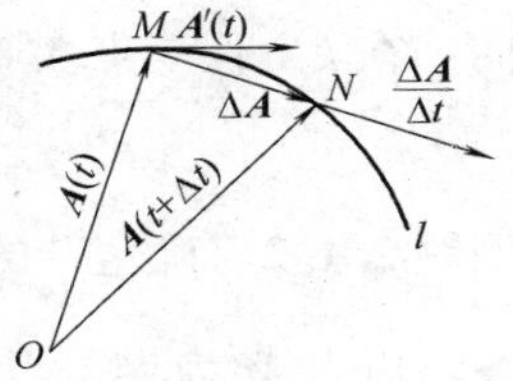

图2.1.3　导矢量的几何意义

导矢量 $\boldsymbol{A}'(t)$ 不为零时，**导矢量的几何意义**是在点 M 处矢端曲线的有向切线，其方向恒指向对应 t 值增大的一方，如图2.1.3所示。

如果导矢量 $\boldsymbol{A}'(t)$ 可导，再求它的导数，便得到矢量函数 $A(t)$ 的二阶导数。可以推广到高阶。对于二阶以上的高阶导数，也有类似于式（2.1.7）的公式。例如

$$\boldsymbol{A}''(t)=A_x''(t)\boldsymbol{i}+A_y''(t)\boldsymbol{j}+A_z''(t)\boldsymbol{k}$$

若在 t 的某个范围内，矢量函数 $\boldsymbol{A}=\boldsymbol{A}(t)$，$\boldsymbol{B}=\boldsymbol{B}(t)$ 和数量函数 $u=u(t)$ 可导，可用类似于微分中数量函数证明方法和矢量的基本运算来证明下列公式成立。

① $\frac{\mathrm{d}}{\mathrm{d}t}(C\boldsymbol{A})=C\frac{\mathrm{d}\boldsymbol{A}}{\mathrm{d}t}$（$C$ 为常数），特例$\frac{\mathrm{d}}{\mathrm{d}t}\boldsymbol{C}=0$　（$\boldsymbol{C}$ 为常数矢量）

② $\frac{\mathrm{d}}{\mathrm{d}t}(\boldsymbol{A}\pm\boldsymbol{B})=\frac{\mathrm{d}\boldsymbol{A}}{\mathrm{d}t}\pm\frac{\mathrm{d}\boldsymbol{B}}{\mathrm{d}t}$

③ $\frac{\mathrm{d}}{\mathrm{d}t}(u\boldsymbol{A})=\frac{\mathrm{d}u}{\mathrm{d}t}\boldsymbol{A}+u\frac{\mathrm{d}\boldsymbol{A}}{\mathrm{d}t}$

④ $\frac{\mathrm{d}}{\mathrm{d}t}(\boldsymbol{A}\cdot\boldsymbol{B})=\boldsymbol{A}\cdot\frac{\mathrm{d}\boldsymbol{B}}{\mathrm{d}t}+\frac{\mathrm{d}\boldsymbol{A}}{\mathrm{d}t}\cdot\boldsymbol{B}$，特例$\frac{\mathrm{d}}{\mathrm{d}t}\boldsymbol{A}^2=2\boldsymbol{A}\cdot\frac{\mathrm{d}\boldsymbol{A}}{\mathrm{d}t}$，式中，$\boldsymbol{A}^2=\boldsymbol{A}\cdot\boldsymbol{A}$

⑤ $\frac{\mathrm{d}}{\mathrm{d}t}(\boldsymbol{A}\times\boldsymbol{B})=\boldsymbol{A}\times\frac{\mathrm{d}\boldsymbol{B}}{dt}+\frac{dA}{\mathrm{d}t}\times\boldsymbol{B}$

⑥ 若 $\boldsymbol{A}=\boldsymbol{A}(u)$，$u=u(t)$，则$\frac{\mathrm{d}\boldsymbol{A}}{\mathrm{d}t}=\frac{\mathrm{d}\boldsymbol{A}}{\mathrm{d}u}\frac{\mathrm{d}u}{\mathrm{d}t}$

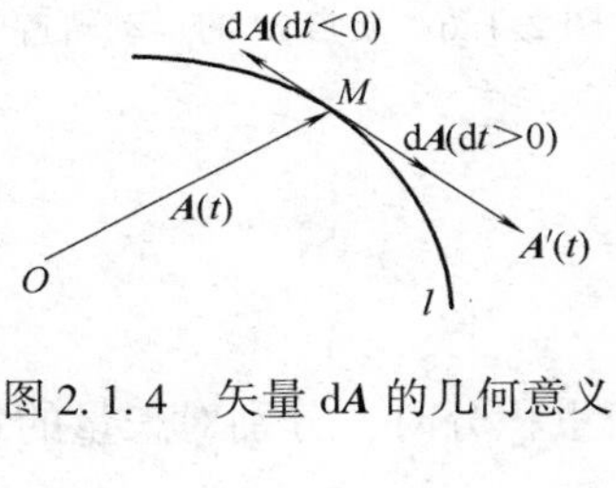

图2.1.4　矢量 d$\boldsymbol{A}$ 的几何意义

用矢量函数 $\boldsymbol{A}(t)$ 的导数 $\boldsymbol{A}'(t)$，可确定矢量函数 $\boldsymbol{A}(t)$ 在 t 处的微分 d$\boldsymbol{A}$ 也是矢量，而且和导矢量 $\boldsymbol{A}'(t)$ 一样，也在点 M 处与 $\boldsymbol{A}(t)$ 的矢端曲线 l 相切。当 d$t>0$，d$\boldsymbol{A}$ 与 $\boldsymbol{A}'(t)$ 方向一致；当 d$t<0$，d$\boldsymbol{A}$ 与 $\boldsymbol{A}'(t)$ 方向相反，如图2.1.4所示。

微分 d$\boldsymbol{A}$ 的表达式为

$$dA = A'(t)\,dt \tag{2.1.9}$$

微分 dA 模为 $$|dA| = \sqrt{(dA_x)^2 + (dA_y)^2 + (dA_z)^2}$$

直角坐标表达式为

$$dA = A_x'(t)\,dt\,i + A_y'(t)\,dt\,j + A_z'(t)\,dt\,k = dA_x i + dA_y j + dA_z k \tag{2.1.10}$$

矢量函数 $A(t)$ 看作其终点 $M(x, y, z)$ 的矢径函数 $x = A_x(t), y = A_y(t), z = A_z(t)$

$$r = x(t)i + y(t)j + z(t)k$$

其微分为 $$dr = dx\,i + dy\,j + dz\,k$$

其模为

$$|dr| = \sqrt{(dx)^2 + (dy)^2 + (dz)^2} \tag{2.1.11}$$

在规定了正向的曲线 l 上，取定一点 M_0 作为计算弧长 s 的起点，将 l 的正向取作 s 增大的方向，在 l 上任一点 M 处，弧长的微分是

$$ds = \pm\sqrt{(dx)^2 + (dy)^2 + (dz)^2} \tag{2.1.12}$$

例题 2.1.2 确定$\dfrac{dr}{ds}$的几何意义[3]。

解：以点 M 为界，当 ds 位于 s 增大一方时取正号；反之取负号，如图 2.1.5 所示。

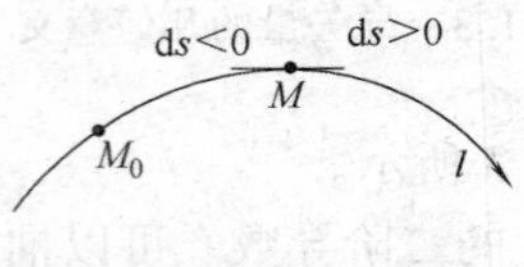

图 2.1.5 曲线 l 的弧微分

$$|dr| = |ds|$$

就是说，矢径函数 r 微分的模等于其矢端曲线弧微分的绝对值，因此有

$$|dr| = \left|\frac{dr}{ds}ds\right| = \left|\frac{dr}{ds}\right| \cdot |ds|$$

整理上式，即得 $$\frac{|dr|}{|ds|} = \left|\frac{dr}{ds}\right| = 1$$

由上式可知$\dfrac{dr}{ds}$导矢量的几何意义，即矢径函数对其矢端曲线弧长 s 的导数$\dfrac{dr}{ds}$在几何上为**一切向单位矢量**，恒指向 s 增大的一方。

例题 2.1.3 说明导矢量$\dfrac{dr}{dt}$的物理意义[3]。

假定质点在时刻 $t=0$ 时位于点 M_0处，经过时间 t 后到达点 M，其间质点在曲线 l 上所经过的路程为 s。图 2.1.6 给出质点 M 的运动轨迹。点 $M(x, y, z)$ 的矢径 r 显然是路径 s 的函数，而 s 又是时间的函数，矢径 $r(s) = r[s(t)]$是 t 的复合函数。

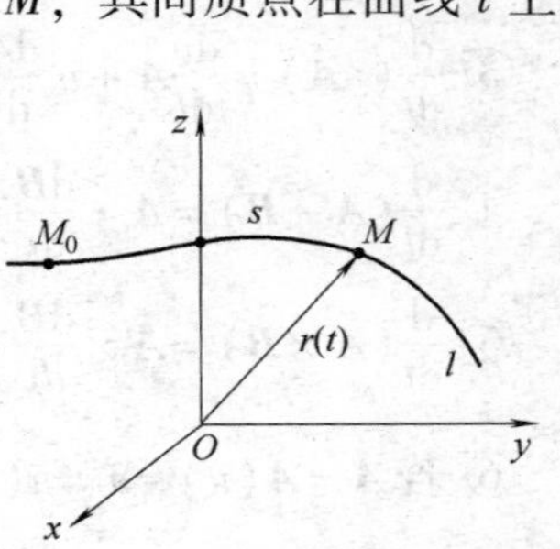

图 2.1.6 质点 M 的运动轨迹

由复合函数求导公式可得

$$\frac{dr}{dt} = \frac{dr}{ds} \cdot \frac{ds}{dt} = u\tau = u$$

式中，$\dfrac{dr}{ds} = \tau$ 的几何意义是点 M 处一个切向矢量，指向 s 增大的一方；$\dfrac{ds}{dt} = u$，是路程 s 对时间 t 的变化率 u，即表示在点 M 处质点运动的速度大小，u 为质点 M 运动的速度矢量。

矢径的二阶导矢量 $a = r'' = u'$是质点 M 运动的加速度矢量。

（2） **矢量函数的积分**

数量函数积分的基本性质和运算法则对矢量函数仍成立。矢量积分时，分别对矢量的每

个分量积分。本小节不作详细介绍，仅分别给出矢量函数的定积分和不定积分的基本运算公式

$$\int \boldsymbol{A}(t)\mathrm{d}t = \left[\int A_x(t)\mathrm{d}t\right]\boldsymbol{i} + \left[\int A_y(t)\mathrm{d}t\right]\boldsymbol{j} + \left[\int A_z(t)\mathrm{d}t\right]\boldsymbol{k} \tag{2.1.13}$$

$$\int_{T_1}^{T_2} \boldsymbol{A}(t)\mathrm{d}t = \left[\int_{T_1}^{T_2} A_x(t)\mathrm{d}t\right]\boldsymbol{i} + \left[\int_{T_1}^{T_2} A_y(t)\mathrm{d}t\right]\boldsymbol{j} + \left[\int_{T_1}^{T_2} A_z(t)\mathrm{d}t\right]\boldsymbol{k} \tag{2.1.14}$$

2.1.2.2　数量和矢量的变换

数量是在空间没有取向的物理量。它的基本特征是，只需要一个数表示，当坐标系转动时，这个数保持不变。例如质量、密度、温度和电荷等当坐标系转动时，它们的数量保持不变。**矢量是在空间有一定取向的物理量**。它的基本特征是，需要 3 个数量分量来表示，当坐标系转动时，这 3 个数量按一定的规律变换。例如压力和速度等矢量，当坐标系转动时，其矢量的 3 个数量随之变化。但是，任何矢量的模和方向在坐标变换时保持不变。下面介绍矢量变换的规律。

例题 2.1.4　如图 2.1.7 所示，$Ox_1x_2x_3$ 为原来的坐标系 Σ，$Ox_1'x_2'x_3'$ 为转动后的坐标系 Σ'。推导描述矢量变换规律的数学表达式。

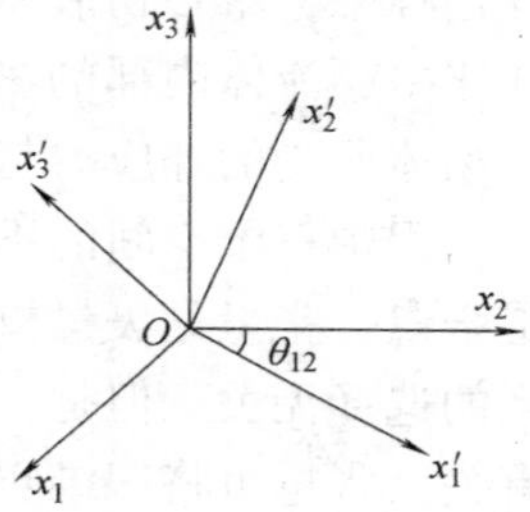

图 2.1.7　坐标的变换

解：把直角坐标轴记为 x_1，x_2，x_3 轴，把矢量的角码记为 1，2，3，把单位矢量写为 $\boldsymbol{e}_1$，$\boldsymbol{e}_2$，$\boldsymbol{e}_3$。用 β_{ij} 表示 x_i' 轴相对于 x_j 轴的方向余弦，θ_{ij} 表示 x_i' 轴与 x_j 轴的夹角，则 $\cos\theta_{ij} = \beta_{ij}$。

设矢量 $\boldsymbol{a}$ 在 Σ 系的分量为 a_1，a_2，a_3，在 Σ' 系的分量为 a_1'，a_2'，a_3'，则

$$\boldsymbol{a} = a_1\boldsymbol{e}_1 + a_2\boldsymbol{e}_2 + a_3\boldsymbol{e}_3, \boldsymbol{a}' = a_1'\boldsymbol{e}_1' + a_2'\boldsymbol{e}_2' + a_3'\boldsymbol{e}_3'$$

式中，$a_1' = \boldsymbol{a}\cdot\boldsymbol{e}_1' = (a_1\boldsymbol{e}_1 + a_2\boldsymbol{e}_2 + a_3\boldsymbol{e}_3)\cdot\boldsymbol{e}_1' = a_1\boldsymbol{e}_1\cdot\boldsymbol{e}_1' + a_2\boldsymbol{e}_2\cdot\boldsymbol{e}_1' + a_3\boldsymbol{e}_3\cdot\boldsymbol{e}_1' = \beta_{11}a_1 + \beta_{12}a_2 + \beta_{13}a_3$

同理可得　$a_2' = \beta_{21}a_1 + \beta_{22}a_2 + \beta_{23}a_3$，　$a_3' = \beta_{31}a_1 + \beta_{32}a_2 + \beta_{33}a_3$

将上述三个变换式统一写为

$$a'_i = \sum_j \beta_{ij}a_j \quad (i,j = 1,2,3) \tag{2.1.15}$$

如果约定以重复的角码作为求和的标志，可以省去求和符号，简写上式为

$$a_i' = \beta_{ij}a_j \tag{2.1.16}$$

式中，$\beta_{ij} = \boldsymbol{e}_i'\cdot\boldsymbol{e}_j$ 是两个坐标系中不同坐标轴夹角的余弦，即方向余弦，称为**变换系数，其第一个指标表示新坐标，第二个指标表示旧坐标。即 i 为自由标，j 为哑标**。

运用空间解析几何知识可以证明式（2.1.15）的变换系数 β_{ij} 满足如下的条件

$$\sum_k \beta_{ik}\beta_{jk} = \delta_{ij} \quad 或 \quad \sum_k \beta_{ki}\beta_{kj} = \delta_{ij} \tag{2.1.17}$$

式中

$$\delta_{ij} = \begin{cases} 1 & i = j \\ 0 & i \neq j \end{cases}$$

δ_{ij} 称为**克罗内克符号**，即 **δ 符号**。

如果假设 Σ' 系为原来的坐标系，Σ 系为转动后的坐标系，可得类似的推理

$$a_i = \sum_j \beta_{ji}a'_j \quad (i = 1,2,3) \tag{2.1.18}$$

式（2.1.18）称为变换式（2.1.16）的**反变换**。事实上，变换与反变换是相对的。

式（2.1.18）也可以写成矩阵形式

$$\begin{bmatrix} a_1 \\ a_2 \\ a_3 \end{bmatrix} = \begin{bmatrix} \beta_{11} & \beta_{12} & \beta_{13} \\ \beta_{21} & \beta_{22} & \beta_{23} \\ \beta_{31} & \beta_{32} & \beta_{33} \end{bmatrix} \begin{bmatrix} a_1' \\ a_2' \\ a_3' \end{bmatrix} \tag{2.1.19}$$

式（2.1.19）称为三维笛卡尔基的**旋转矩阵**，它描述了从一个笛卡尔基变换到另一个笛卡尔基的结果。

2.2 二阶张量

在外力或外力矩作用下，聚合物流体会流动和（或）形变，同时为抵抗流动或形变，物体内部产生相应的应力。应力通常定义为材料内部单位面积上的响应力，单位为 Pa（$1\text{Pa}=1\text{N/m}^2$）或 MPa（$1\text{MPa}=10^6\text{Pa}$）。牛顿流体的应力状态比较简单。但是，在聚合物流变过程中，聚合物液体既有黏性形变，又有弹性形变，其内部应力状态相当复杂。要全面描述非牛顿流体内部的黏弹性应力及其变化情形，需要引入应力张量的概念。在平衡状态下，物体所受的外应力与内应力数值相等。

工程中三维空间的不少物理量有三个方向，需要用三个矢量，即**九个数量来表示这种量就是张量**。张量是矢量概念的推广。张量的一个重要特点是它所表示的物理量和几何量与坐标系的选择无关。但是，在某些坐标系中，张量就由其分量的集合确定，而这些分量与坐标系有关。张量可将三维空间工程传递过程的控制方程写成有意义的简单形式。

在矢量分析的基础上，本节首先介绍二阶张量概念，从三维空间的正交变换介绍二阶张量的代数运算和二阶张量。本节分为 2 小节，包括二阶张量的性质、基本运算[4-9]。

2.2.1 二阶张量的性质

全面描述聚合物流体内部的黏弹性应力及其变化情形，需要学习掌握应力张量的基本知识。本小节介绍二阶张量的基本知识[4,7]，包括二阶张量的定义、二阶张量的性质两部分。

2.2.1.1 二阶张量的定义

二阶张量由 3 个矢量来表示，由 9 个数的分量组成。在坐标系中，张量由其 9 个分量的集合确定，当坐标系转动时这 9 个数量按一定的规律变换，张量所表示的物理量和几何量与坐标系的选择无关。首先以并矢量的概念引入二阶张量。

例题 2.2.1 已知矢量 $\boldsymbol{a}=a_1\boldsymbol{e}_1+a_2\boldsymbol{e}_2+a_3\boldsymbol{e}_3$ 和 $\boldsymbol{b}=b_1\boldsymbol{e}_1+b_2\boldsymbol{e}_2+b_3\boldsymbol{e}_3$。试证明矢量 a_ib_j（i，$j=1$，2，3）有 9 个分量[4]。

证明： 将坐标系 $Ox_1x_2x_3$ 转动成为 $Ox_1'x_2'x_3'$ 后，有变换式

$$a_i' = \sum_{k=1}^{3}\beta_{ik}a_k \ (i=1,2,3) \quad 和 \quad b_j' = \sum_{l=1}^{3}\beta_{jl}b_l \quad (j=1,2,3)$$

且有

$$a_i'b_j' = \sum_k \beta_{ik}a_k \sum_l \beta_{jl}b_l = \sum_{k,l}\beta_{ik}\beta_{jl}a_kb_l \tag{2.2.1}$$

由上式可见，a_ib_j 按（2.2.1）变换规律式变换，$\boldsymbol{ab}$ 由三个矢量按照一定规律组成，有 9 个数量的分量。矢量 $\boldsymbol{ab}$ 的方阵式可写为

$$\boldsymbol{ab} = \begin{bmatrix} a_1b_1 & a_1b_2 & a_1b_3 \\ a_2b_1 & a_2b_2 & a_2b_3 \\ a_3b_1 & a_3b_2 & a_3b_3 \end{bmatrix} \tag{2.2.2}$$

必须注意到，一般 $\boldsymbol{ab} \neq \boldsymbol{ba}$。由并矢量引入新的量

$$\begin{aligned}\boldsymbol{T} &= T_{11}\boldsymbol{e}_1\boldsymbol{e}_1 + T_{12}\boldsymbol{e}_1\boldsymbol{e}_2 + T_{13}\boldsymbol{e}_1\boldsymbol{e}_3 + T_{21}\boldsymbol{e}_2\boldsymbol{e}_1 + T_{22}\boldsymbol{e}_2\boldsymbol{e}_2 + T_{23}\boldsymbol{e}_2\boldsymbol{e}_3 + T_{31}\boldsymbol{e}_3\boldsymbol{e}_1 + T_{32}\boldsymbol{e}_3\boldsymbol{e}_2 + T_{33}\boldsymbol{e}_3\boldsymbol{e}_3 \\ &= \sum_{i,j} T_{ij}\boldsymbol{e}_i\boldsymbol{e}_j\end{aligned} \tag{2.2.3}$$

式中，$\boldsymbol{e}_i\boldsymbol{e}_j$ 是并矢量，不能写为 $\boldsymbol{e}_j\boldsymbol{e}_i$。该并矢量称为**二阶张量**。

例题 2.2.2　当坐标系 $Ox_1x_2x_3$ 转动为 $Ox_1'x_2'x_3'$，二阶张量的 9 个分量就要发生变化，运用坐标变换的矢量变换式，推导二阶张量 T_{ij} 和 T_{ij}' 的变换关系式[4]。

解：现将以矢量坐标变换知识加以推广。

① 首先找出朝 x_i' 轴的正方向通过新的侧面上单位面积的力 $\boldsymbol{T}_i'$ 与原来的力 $\boldsymbol{T}_i$ 之间的关系。由式（2.2.3）分别可得

$$\begin{cases}\boldsymbol{T}_1' = \beta_{11}\boldsymbol{T}_1 + \beta_{12}\boldsymbol{T}_2 + \beta_{13}\boldsymbol{T}_3 \\ \boldsymbol{T}_2' = \beta_{21}\boldsymbol{T}_1 + \beta_{22}\boldsymbol{T}_2 + \beta_{23}\boldsymbol{T}_3 \\ \boldsymbol{T}_3' = \beta_{31}\boldsymbol{T}_1 + \beta_{32}\boldsymbol{T}_2 + \beta_{33}\boldsymbol{T}_3\end{cases} \tag{2.2.4}$$

② 利用矢量的变换式 $a_1' = \beta_{11}a_1 + \beta_{12}a_2 + \beta_{13}a_3$，把 $\boldsymbol{T}_1'$ 分别向 x_1'，x_2'，x_3' 轴投影，把 $\beta_{11}\boldsymbol{T}_1 + \beta_{12}\boldsymbol{T}_2 + \beta_{13}\boldsymbol{T}_3$ 分别向 x_1，x_2，x_3 轴投影，可得到 T_{11}' 的变换式

$$\begin{aligned}T_{11}' &= \beta_{11}(\beta_{11}T_{11} + \beta_{12}T_{21} + \beta_{13}T_{31}) + \beta_{12}(\beta_{11}T_{12} + \beta_{12}T_{22} + \beta_{13}T_{32}) + \beta_{13}(\beta_{11}T_{13} + \beta_{12}T_{23} + \beta_{13}T_{33}) \\ &= \sum_{k,l}\beta_{1k}\beta_{1l}T_{kl}\end{aligned}$$

用同样的方法可找到其余 8 个分量的变换式。以上过程也可以统一推导如下。把式（2.2.4）写成统一的形式

$$\boldsymbol{T}_i' = \sum_k \beta_{ik}\boldsymbol{T}_k$$

把上式两边都看作矢量 $\boldsymbol{a}$，分别代入式 $a_j' = \sum_l \beta_{jl}a_l$ 的两边，得

$$T_{ij}' = \sum_{k,l}\beta_{ik}\beta_{jl}T_{kl} \tag{2.2.5a}$$

可删除求和符号 $\sum_{k,l}$，直接用循环下标表示求和，缩写为

$$T_{ij}' = \beta_{ik}\beta_{jl}T_{kl} \tag{2.2.5b}$$

式（2.2.5a）和式（2.2.5b）就是**二阶张量的变换关系式**。请读者注意式中循环下标的写法。

二阶张量的变换关系式表明，如果三维空间的某个物理量要 9 个数量表示，当坐标系转动后，这 9 个数量按照式（2.2.5）的规律变换，该物理量就是二阶张量。现在以坐标变换为基础的矢量定义加以推广，来定义张量。

张量定义：设某量 $\boldsymbol{T}$ 是由 9 个分量 T_{kl} 构成的有序总体，如果从一个直角坐标系 $Ox_1x_2x_3$ 按照式（2.2.5）变换规律变换到另一个直角坐标系 $Ox_1'x_2'x_3'$ 中的 9 个分量 T_{ij}'，则该量 $\boldsymbol{T}$ 称为**笛卡尔二阶张量**，简称**二阶张量**。T_{kl} 和 T_{ij}' 称为**笛卡尔二阶张量的分量**。

推广：如果三维空间的物理量需用 3^n 个数量表达，当正交坐标系转动后，这些数量按以下规律变换

$$T_{i_1i_2\cdots i_n}' = \beta_{i_1j_1}\beta_{i_2j_2}\cdots\beta_{i_nj_n}T_{j_1j_2\cdots j_n} \qquad (i_1 = 1,2,3; i_2 = 1,2,3,\cdots; i_n = 1,2,3) \tag{2.2.6}$$

这样的 3^n 个数量的有序集合就是三维空间的一个 **n 阶张量**。在这种定义下，**标量（数量）是零阶张量，矢量是一阶张量**。

二阶张量可简称为张量，常用大写字母 $\boldsymbol{T}$，$\boldsymbol{P}$，$\boldsymbol{J}$ 等符号表示。张量的分量形式常用解析式（2.2.3）或方阵来表示。张量 $\boldsymbol{T}$ 方阵表示式

$$\boldsymbol{T}=\begin{bmatrix} T_{11} & T_{12} & T_{13} \\ T_{21} & T_{22} & T_{23} \\ T_{31} & T_{32} & T_{33} \end{bmatrix} \tag{2.2.7}$$

两个相等的张量，这两个张量的分量必须分别对应相等。

张量 $\boldsymbol{T}$ 由 3 个矢量组成，张量 $\boldsymbol{T}$ 的矢量表示式为

$$\boldsymbol{T}=\boldsymbol{e}_1\boldsymbol{T}_1+\boldsymbol{e}_2\boldsymbol{T}_2+\boldsymbol{e}_3\boldsymbol{T}_3 \tag{2.2.8}$$

2.2.1.2 二阶张量的性质

设 $\boldsymbol{T}=T_{ij}$是 1 个二阶张量，若 $\boldsymbol{T}_c=T_{ji}$也是一个二阶张量，$\boldsymbol{T}_c$ 称为 $\boldsymbol{T}$ 的**共轭张量**或**转置张量**。张量 $\boldsymbol{T}$ 和 $\boldsymbol{T}_c$ 的表达式分别为

$$\boldsymbol{T}=\begin{bmatrix} T_{11} & T_{12} & T_{13} \\ T_{21} & T_{22} & T_{23} \\ T_{31} & T_{32} & T_{33} \end{bmatrix},\quad \boldsymbol{T}_c=\begin{bmatrix} T_{11} & T_{21} & T_{31} \\ T_{12} & T_{22} & T_{32} \\ T_{13} & T_{23} & T_{33} \end{bmatrix} \tag{2.2.9}$$

显然共轭是相互的，将 $\boldsymbol{T}_c$ 再转置，有

$$(\boldsymbol{T}_c)_c=\boldsymbol{T} \tag{2.2.10}$$

二阶张量 $\boldsymbol{T}$ 的分量满足 $T_{ij}=T_{ji}$的关系，该张量称为二阶**对称张量**。对称张量式为

$$T_{ij}=\begin{bmatrix} T_{11} & T_{12} & T_{13} \\ T_{12} & T_{22} & T_{23} \\ T_{13} & T_{23} & T_{33} \end{bmatrix} \tag{2.2.11}$$

由式（2.2.11）可知，二阶对称张量只有 6 个独立的分量，且满足 $\boldsymbol{T}=\boldsymbol{T}_c$的关系。流变学、流体力学、弹性力学中的应力张量和应变张量都是二阶对称张量，δ_{ij}**克罗内克符号也是二阶对称张量**。

请读者注意张量 $\boldsymbol{T}$ 方阵表示式中每一项下标的不同之处和规律。

如果张量 $\boldsymbol{T}$ 的分量满足 $T_{ij}=-T_{ji}$的关系，该张量称为二阶**反对称张量**或**斜对称张量**。反对称张量主对角线元素均为零，只有 3 个独立分量，且满足 $\boldsymbol{T}=-\boldsymbol{T}_c$的关系。反对称张量可表示为

$$\boldsymbol{T}=\begin{bmatrix} 0 & T_{12} & T_{13} \\ -T_{12} & 0 & T_{23} \\ -T_{13} & -T_{23} & 0 \end{bmatrix} \tag{2.2.12}$$

单位张量 $\boldsymbol{I}$ 的分量为 δ_{ij}，其表达式为

$$\boldsymbol{I}=\begin{bmatrix} 1 & 0 & 0 \\ 0 & 1 & 0 \\ 0 & 0 & 1 \end{bmatrix}=\boldsymbol{e}_1\boldsymbol{e}_1+\boldsymbol{e}_2\boldsymbol{e}_2+\boldsymbol{e}_3\boldsymbol{e}_3 \tag{2.2.13}$$

例题 2.2.3 当坐标系转动时，如果一个张量的分量保持不变，那么称此张量为对这种变换的不变张量。试证明**单位张量**为不变张量[4]。

证明：将坐标系 $Ox_1x_2x_3$转动成为 $Ox_1'x_2'x_3'$后，单位张量的分量 δ_{ij}用 δ_{ij}'表示，有

$$\delta'_{ij}=\sum_{k,l}\beta_{ik}\beta_{jl}\delta_{kl}=\sum_{k}\beta_{ik}\beta_{jk}=\delta_{ij}$$

由上式可见，单位张量的分量保持不变，因此**单位张量为不变张量**。

2.2.2 张量的基本运算

第 3 章将介绍流变学中应力张量和应变张量，要运用张量的基本运算。本小节没有具体

推导张量运算的公式，仅给出了张量基本运算的定义[7]。张量的基本运算包括张量相加减、数量与张量相乘、矢量与张量点积、张量与矢量点积、张量与张量点积 5 部分。

（1）张量相加减

定义：张量 $\boldsymbol{T}$ 与张量 $\boldsymbol{S}$ 之和或差是以 $(T_{ij} \pm S_{ij})$ 为分量的张量，即

$$\boldsymbol{T} \pm \boldsymbol{S} = \sum_{i,j} (T_{ij} \pm S_{ij}) \boldsymbol{e}_i \boldsymbol{e}_j \tag{2.2.14}$$

由定义可知，张量的加法服从交换律和结合律。上述定义可推广到多个张量的相加减。

（2）数量与张量相乘

定义：数量 u 与张量 $\boldsymbol{T}$ 的乘积为以 uT_{ij} 为分量的张量，即

$$u\boldsymbol{T} = \sum_{i,j} uT_{ij} \boldsymbol{e}_i \boldsymbol{e}_j \tag{2.2.15}$$

例题 2.2.4　证明任一张量可分解为对称张量与反对称张量之和，该分解是唯一的[4]。

证明：设有任一张量 $\boldsymbol{T}$、$\boldsymbol{T}_c$ 为其共轭张量，按照 $\boldsymbol{T}=\boldsymbol{S}+\boldsymbol{A}$ 分别作张量 $\boldsymbol{S}$、$\boldsymbol{A}$ 为

$$\boldsymbol{S} = (\boldsymbol{T}+\boldsymbol{T}_c)/2, \quad \boldsymbol{A} = (\boldsymbol{T}-\boldsymbol{T}_c)/2$$

则

$$\boldsymbol{S} = \boldsymbol{S}_c, \quad \boldsymbol{A}_c = -\boldsymbol{A}$$

这说明 $\boldsymbol{S}$ 为对称张量，$\boldsymbol{A}$ 为反对称张量。这就证明了这种分解的可能性。

再证这种分解的唯一性。假设 $\boldsymbol{T}=\boldsymbol{S}'+\boldsymbol{A}'$，式中，$\boldsymbol{S}'$ 为新的对称张量，$\boldsymbol{A}'$ 为新的反对称张量。取上式两边的共轭张量，得

$$\boldsymbol{T}_c = \boldsymbol{S}'_c + \boldsymbol{A}'_c = \boldsymbol{S}' - \boldsymbol{A}'$$

则

$$\boldsymbol{S}' = \frac{1}{2}(\boldsymbol{T}+\boldsymbol{T}_c), \quad \boldsymbol{A}' = \frac{1}{2}(\boldsymbol{T}-\boldsymbol{T}_c)$$

这与假设相矛盾，可见按命题要求的分解是唯一的。

（3）矢量对张量点积

定义：矢量 $\boldsymbol{a}$ 对张量 $\boldsymbol{T}$ 的点积为矢量

$$\boldsymbol{a} \cdot \boldsymbol{T} = a_1 \boldsymbol{T}_1 + a_2 \boldsymbol{T}_2 + a_3 \boldsymbol{T}_3 = \sum_{i,j} a_i T_{ij} \boldsymbol{e}_j \tag{2.2.16}$$

现在证明 $\boldsymbol{a} \cdot \boldsymbol{T}$ 为矢量。将坐标系 $Ox_1x_2x_3$ 转动成为 $Ox'_1x'_2x'_3$ 后，将矢量 $\boldsymbol{a}$ 和张量 $\boldsymbol{T}$ 的变化式代入式（2.2.16）的变换式中，有

$$\begin{aligned}\sum_i a'_i T'_{ij} &= \sum_i \Big(\sum_k \beta_{ik} a_k\Big)\Big(\sum_{l,m} \beta_{il}\beta_{jm} T_{lm}\Big) = \sum_{k,l,m}\Big(\sum_i \beta_{ik}\beta_{il}\Big)(\beta_{jm} a_k T_{lm}) \\ &= \sum_{k,l,m} \delta_{kl} a_k \beta_{jm} T_{lm} = \sum_m \beta_{jm}\Big(\sum_k a_k T_{km}\Big) = \sum_m \beta_{jm} \boldsymbol{a} \cdot \boldsymbol{T}\end{aligned}$$

上面的结果符合矢量的变换规律，故 $\boldsymbol{a} \cdot \boldsymbol{T}$ 是矢量。从定义可知矢量对张量的点积服从结合律。矢量对张量的点积常用来表示通过面元的矢量，下一节将介绍。

（4）张量对矢量点积

定义：张量 $\boldsymbol{T}$ 对矢量 $\boldsymbol{a}$ 的点积为矢量

$$\boldsymbol{T} \cdot \boldsymbol{a} = (\boldsymbol{T}_1 \cdot \boldsymbol{a})\boldsymbol{e}_1 + (\boldsymbol{T}_2 \cdot \boldsymbol{a})\boldsymbol{e}_2 + (\boldsymbol{T}_3 \cdot \boldsymbol{a})\boldsymbol{e}_3 = \sum_{i,j} a_i T_{ji} \boldsymbol{e}_j \tag{2.2.17}$$

同样可以证明，$\boldsymbol{T} \cdot \boldsymbol{a}$ 为矢量。从定义可知张量对矢量的点积服从结合律。

（5）张量对张量点积

定义：张量 $\boldsymbol{T}$ 与张量 $\boldsymbol{R}$ 的一次点积为张量

$$\boldsymbol{T} \cdot \boldsymbol{R} = \sum_{i,j}\Big(\sum_k T_{ik} R_{kj}\Big) \boldsymbol{e}_i \boldsymbol{e}_j \tag{2.2.18}$$

读者自己可以证明 $\boldsymbol{T} \cdot \boldsymbol{R}$ 服从张量变换规律。从定义可知张量与张量的一次点积服从结

合律，不服从交换律。

定义：张量 $\boldsymbol{T}$ 与张量 $\boldsymbol{R}$ 的二次点积为数量

$$\boldsymbol{T}:\boldsymbol{R} = \sum_{i,j} T_{ij}R_{ji} \tag{2.2.19}$$

用张量的定义可证明 $\boldsymbol{T}:\boldsymbol{R}$ 为坐标系变换的不变量，即为数量。本节没有介绍矢量对张量的叉乘、张量对矢量的叉乘。有兴趣的读者可参考有关书籍。

2.3 流体运动的描述和基本定律

聚合物材料加工过程中，聚合物流体在加工成型设备中流动和变形，需要学习如何从物理和数学上定性和定量地描述流体的运动。本节介绍如何描述流体的运动和基本定律[1-10]，分为 3 小节，包括描述流体运动的基本知识、传递过程的重要定律和通量、物理量的质点导数。

2.3.1 描述流体运动的基本知识

本小节介绍描述流体运动的基本概念，包括连续介质的假设、流体的性质及其分类、描述流体运动的两种方法 3 部分。

2.3.1.1 连续介质的假设

实际流体由大量有空隙并进行复杂微观运动的大量分子组成，每个分子作无休止不规则的运动，分子之间交换动量和能量。在时间和空间上，流体的微观结构和运动是不均匀、离散和随机的。用仪器测量观测到流体的宏观结构以及流体运动具有均匀性、连续性和确定性。因此研究流体的宏观机械运动时，**流体力学一般采用连续介质的假设，当流体系统的特征长度远远大于流体分子运动自由程，即≫，流体流动的系统可看成是连续系统。**

连续介质假设是流体力学中第一个根本性的假设。认为流体微团连续地充满流体所在的整个空间。**所谓的流体微团指的是微观上充分大，宏观上充分小的分子团**。也就是说，一方面在微观上流体微团的尺度足够大，大到包含大量的分子，使得统计平均后能得到其物理量的确定值；另一方面在宏观上流体微团的尺度又足够的小，远小于所研究问题的特征尺度，使得其平均物理量可看成是均匀不变的，因而可将它近似看成几何上没有维度的一个质点。

当流体力学引进了连续介质假设，大量离散分子运动将近似为连续充满整个空间流体微团的运动问题，不再考虑流体的分子结构，流体被看成是宏观均匀连续体，而不是微观的包含大量分子的离散体。流体质点的位移，不是指个别分子的位移。而是指包含大量分子的流体微团的位移。这样就可以把流体的物理量作为空间和时间的连续函数，利用数学分析工具研究流体流动的问题。即流体微团所具有的质量、速度、压力和温度等宏观物理量满足一切应该遵循的物理定律和性质，例如牛顿定律、质量、能量守恒定律、热力学定律，以及扩散、黏性、热传导等输运性质。

描述流体运动状态的物理量主要是速度，与流体运动密切相关的流体特性有压强、密度、浓度、温度和能量，可统称为流动的基本特性参数。由前一节可知，其中速度和压力是矢量，密度、浓度、温度和能量是数量。

2.3.1.2 流体的性质及其分类

这里简要介绍流体的易流动性、黏性和压缩性等宏观性质，并介绍基于流体性质的流体分类[6]。

（1）易流动性

流体是液体和气体的总称，是由大量的不断地作热运动而且无固定平衡位置的分子构成的，它的基本特征是没有一定的形状和具有流动性。流体与固体不同，静止的流体不能承受切向应力，只要连续施加不管多小的切向应力，都能使流体流动发生任意大的变形。这是流体区别于固体的主要特性。在静止时，流体只有法向应力而没有切向应力，而静止的固体可以承受切向应力。**液体的这个宏观性质称为易流动性**。固体中分子间的作用力较强，有固定的平衡位置，因而固体不但具有一定的体积，而且具有一定的形状。固体承受外界力作用时，它可作微小的变形，然后承受住剪切应力不再变形。与其相反，**流体和气体中分子间的作用力较弱或很弱，很小的剪切应力都可能使其产生任意大的变形发生流动**。

需要注意到，有些物质的性质介于固体和流体之间，例如胶状物、沥青等一类触变物质在不同的条件下有不同的特性，浓缩的聚合物同时存在着类似固体和流体的性质，第 4 章和第 5 章将分别详细介绍聚合物流体的流动特性和流变模型。

（2）理想流体和黏性流体

黏度为零的流体称为**理想流体**，有时也称为“完全流体”。实际上自然界并不存在理想流体，真实流体运动时都会表现出黏性。黏性是流体的固有属性。但是，考虑流体的黏性，将使流体运动的分析变得非常复杂。在流体力学中，为了简化理论分析，通常引入不考虑黏性的“理想流体模型”。引入理想流体的概念，对研究实际流体起着很重要的作用。理想流体运动的基本方程是欧拉方程。**在运动时，流体相邻两层流体之间存在相对运动，流体抵抗相对滑动的速度，这种抵抗力称为黏性应力**。**流体所具有的这种抵抗两层流体相对滑动速度，或普遍来说抵抗变形的性质称为黏度**。黏度大小依赖于流体的性质，且显著地随温度而改变。除了黏性外，流体还有热传导和扩散等性质。可以说，**理想流体是不考虑黏性、热传导、质量扩散等扩散特性的流体**。

（3）不可压缩流体和可压缩流体

当运动流体微团的质量一定时，由于压力、温度等因素的改变，流体微团的体积或密度多少有所改变。**在一定压力差或温度差的条件下，运动流体微团的体积或密度可以改变的性质称为压缩性**。**按照流体的压缩性将流体分成不可压缩流体和可压缩流体两大类**。

实际流体都是可以压缩的，其压缩程度依赖于流体的性质和外界条件。在通常压力或温度条件下，液体的压缩性很小。在液体中分子之间存在着一定的作用力，它使分子不分散远离，保持一定的体积，因此要使液体改变体积是较难的。在通常的压力和温度下，液体压缩性很小，例如水在 100 个大气压下，体积缩小 0.5%，温度从 20℃升高到 100℃，体积降低 4%。因此在一般情况下，通常液体可近似看成不可压缩的流体。对于某些压力非常大的特殊情况，如水中爆炸或水击等问题，水是可压缩的流体。

对气体而言，分子间作用十分小，它不能保持固定的形状及大小。因此，在同样外界条件作用下，气体可较大改变其体积。但是，对低速运动而温度差又不大的气体也可近似视为不可压缩的流体，而高速运动的气体是可压缩流体。由此可见，实际流体都具有压缩性，**不可压缩流体是在某种条件下实际流体的近似模型**。

2.3.1.3　描述流体运动的两种方法

描述流体的运动要表示空间点的位置、速度和加速度，已经建立了描述流体运动的拉格朗日法和欧拉法两种基本研究方法[6, 7]。本小节介绍这两种方法，包括拉格朗日法、欧拉

法、欧拉变数和拉格朗日变数的相互转换 3 部分。

(1) 拉格朗日法（Lagrange）

这种方法是质点力学系研究方法的自然延续。着眼点是流体质点，以流场中个别质点的运动作为研究的出发点，从而进一步研究整个流体的运动。通过两个方面来描述整个流动的情况：

① 某一运动的流体质点的密度、速度等各种物理量随时间的变化；

② 相邻质点间这些物理量的变化。

由于流体质点是连续分布的，在每一时刻每一质点都占有唯一确定的空间位置，点的矢径 $\boldsymbol{r}=f(M,t)=\boldsymbol{r}(M, t)$ 是点的标志和时间的函数，在 $t=t_0$ 时刻，流体质点所在坐标系的位置 a，b，c 作为质点的标志。任意流体质点（a，b，c）在空间运动时，各质点在任意时刻的空间位置，将是 a，b，c 和时间 t 的函数，在直角坐标系中位置表示为

$$\begin{cases} x=x(a,b,c,t) \\ y=y(a,b,c,t) \\ z=z(a,b,c,t) \end{cases} \tag{2.3.1}$$

式中，a，b，c，t 称为**拉格朗日变数**。

在 $\boldsymbol{r}=\boldsymbol{r}(a, b, c, t)$ 中，不同的质点将有不同的（a，b，c）值：

① 当 a，b，c 固定时，t 变化，此式表示某一流体质点的运动轨迹；

② 当 t 不变，a，b，c 变化，表示 t 时刻不同流体质点的位置分布函数。

式（2.3.1）可以描述所有质点的运动。因为矢径函数 $\boldsymbol{r}$ 不是空间坐标的函数，而是质点标志的函数。不同的 a，b，c 代表不同的质点。若用矢径 $\boldsymbol{r}=x\boldsymbol{i}+y\boldsymbol{j}+z\boldsymbol{k}$ 表示质点位置，各质点在任意时刻的空间位置 $\boldsymbol{r}=\boldsymbol{r}(a, b, c, t)$，将是 a，b，c，t 这 4 个量的函数。显然，在 $t=t_0$ 时刻，各质点的坐标值等于 a，b，c，即

$$\begin{cases} x_0=x(a,b,c,t_0)=a \\ y_0=y(a,b,c,t_0)=b \\ z_0=z(a,b,c,t_0)=c \end{cases} \tag{2.3.2}$$

同理，其他物理量也表示为拉格朗日变数 a，b，c，t 的函数。在直角坐标系中，用拉格朗日法表示流体的速度、加速度分别为

$$\boldsymbol{u}=\lim_{\Delta t\to 0}\frac{\boldsymbol{r}(a,b,c,t+\Delta t)-\boldsymbol{r}(a,b,c,t)}{\Delta t}=\frac{\partial \boldsymbol{r}}{\partial t} \tag{2.3.3}$$

即

$$\boldsymbol{u}=u_x\boldsymbol{i}+u_y\boldsymbol{j}+u_z\boldsymbol{k}=\frac{\partial x}{\partial t}\boldsymbol{i}+\frac{\partial y}{\partial t}\boldsymbol{j}+\frac{\partial z}{\partial t}\boldsymbol{k} \tag{2.3.4}$$

$$\boldsymbol{a}=a_x\boldsymbol{i}+a_y\boldsymbol{j}+a_z\boldsymbol{k}=\frac{\partial^2 x}{\partial t^2}\boldsymbol{i}+\frac{\partial^2 y}{\partial t^2}\boldsymbol{j}+\frac{\partial^2 z}{\partial t^2}\boldsymbol{k} \tag{2.3.5}$$

流体的密度、压力、温度也可表示为拉格朗日变数 a，b，c，t 的函数

$$\rho=\rho(a,b,c,t)$$
$$p=p(a,b,c,t)$$
$$T=T(a,b,c,t)$$

举一个例子说明拉格朗日法和拉格朗日变数在工程中的应用。

例题 2.3.1[7]　已知用拉格朗日变数表示流体的速度为

$$\begin{cases} u_x=(a+1)\mathrm{e}^t-1 \\ u_y=(b+1)\mathrm{e}^t-1 \end{cases} \tag{1}$$

式中，a，b 是 $t=0$ 时刻流体质点的直角坐标值。试求：

① $t=2$ 时刻流场中质点的分布规律；

② $a=1$，$b=2$ 这个质点的运动规律；

③ 确定流体运动的加速度。

解：将已知速度代入式（2.3.4），得

$$\begin{cases} u_x = \dfrac{\partial x}{\partial t} = (a+1)e^t - 1 \\ u_y = \dfrac{\partial y}{\partial t} = (b+1)e^t - 1 \end{cases}$$

积分上式，得

$$\begin{cases} x = \int [(a+1)e^t - 1]dt = (a+1)e^t - t + C_1 \\ y = \int [(b+1)e^t - 1]dt = (b+1)e^t - t + C_2 \end{cases} \tag{2}$$

将初始条件，$t=0$ 时刻 $x=a$，$y=b$ 代入式（2），得

$$\begin{cases} a = (a+1)e^0 + C_1 \\ b = (b+1)e^0 + C_2 \end{cases}$$

求解上式确定积分常数 $C_1=-1$ 和 $C_2=-1$，将积分常数再代入式（2），得各流体质点的一般分布规律

$$\begin{cases} x = (a+1)e^t - t - 1 \\ y = (b+1)e^t - t - 1 \end{cases} \tag{3}$$

① $t=2$ 时刻，流场中质点的分布规律，由式（3）得

$$\begin{cases} x = (a+1)e^2 - 3 \\ y = (b+1)e^2 - 3 \end{cases}$$

② 确定 $a=1$，$b=2$ 质点的运动规律，由式（3）得

$$\begin{cases} x = 2e^t - t - 1 \\ y = 3e^t - t - 1 \end{cases}$$

③ 确定流体加速度，使用式（2.3.5）对式（3）求二阶导数，或对速度式（1）求导得

$$\begin{cases} a_x = \dfrac{\partial u_x}{\partial t} = (a+1)e^t \\ a_y = \dfrac{\partial u_y}{\partial t} = (b+1)e^t \end{cases}$$

在任意曲线坐标中可以使用拉格朗日（Lagrange）法。例如，在任意正交曲线坐标 q_1，q_2，q_3 中，流体质点的分布规律可写成

$$q_i = q_i(a,b,c,t) \quad (i=1,2,3)$$

式中，a，b，c 为 $t=t_0$ 时刻的 q_i 坐标值，可写成

$$\begin{cases} a = q_1(a,b,c,t_0) \\ b = q_2(a,b,c,t_0) \\ c = q_3(a,b,c,t_0) \end{cases} \tag{2.3.6}$$

（2）欧拉法（Euler）

它不着眼于研究个别质点的运动特性，而是以流体流过空间某点时的运动特性作为研究

的出发点，从而研究流体在整个空间里的运动情况。**欧拉法着眼点是空间的点，用场论研究物理量的变化，在空间中每一点上描绘出流体运动随时间的变化状况。**欧拉法通过两个方面来描述整个流场的情况：

① 在空间固定点上流体的各种物理量随时间的变化；

② 在相邻的空间点上这些物理量的变化。

流体运动时，同一空间点在不同的时刻由不同的质点所占据。在欧拉法中，各物理量将是空间点坐标 q_1，q_2，q_3和时间 t 的函数。例如，流体的速度、压力和密度可分别表示为

$$\boldsymbol{u}=\boldsymbol{u}(q_1,q_2,q_3,t) \tag{2.3.7}$$

$$p=p(q_1,q_2,q_3,t) \tag{2.3.8}$$

$$\rho=\rho(q_1,q_2,q_3,t) \tag{2.3.9}$$

式中，用以识别空间点的坐标值 q_1，q_2，q_3和时间 t 称为**欧拉变数**。

在直角坐标系中速度场可表示为

$$\boldsymbol{u}=\boldsymbol{u}(x,y,z;t)=u_x(x,y,z;t)\boldsymbol{i}+u_y(x,y,z;t)\boldsymbol{j}+u_z(x,y,z;t)\boldsymbol{k} \tag{2.3.10}$$

按照欧拉法的观点，整个流动问题的研究从数学上看就是研究一些含有时间 t 的矢量场和数（标）量场。如用 N 代表流体的某个物理量，则表达式为

$$N=N(q_1,q_2,q_3,t)$$

此式表述了两个含义：

① 当 t 变化，q_1，q_2，q_3固定，它代表了空间中某固定点上，某物理量函数随时间的变化规律；

② 当 t 固定，q_1，q_2，q_3变化，它代表某一时刻中，在空间中，某物理量函数的分布规律。

(3) 欧拉变数和拉格朗日变数的相互转换

同一个物理现象用两种不同的方法描述，这两种方法一定是等价的。对于同一个流动问题，既可用拉格朗日法也可用欧拉法来描述，在数学上这两种方法可以互相转换。

① 拉格朗日变数变换为欧拉变数

若已知用拉格朗日变数表示的函数 $N=N(a,b,c,t)$，将 $a=a(x,y,z,t)$，$b=b(x,y,z,t)$，$c=c(x,y,z,t)$ 代入 $N=N(a,b,c,t)$ 中，可得到用欧拉变数表示的函数

$$N=N[a(x,y,z,t),\ b(x,y,z,t),\ c(x,y,z,t),t]$$

如速度可表示为

$$\boldsymbol{u}=\boldsymbol{u}(a,b,c,t)=\frac{\partial \boldsymbol{r}}{\partial t}(a,b,c,t)=\boldsymbol{u}[a(\boldsymbol{r},t),b(\boldsymbol{r},t),c(\boldsymbol{r},t),t]$$

即 $\boldsymbol{u}(\boldsymbol{r},t)=\boldsymbol{u}(x,y,z,t)$ 为欧拉变数表示的速度函数。

② 欧拉变数变换为拉格朗日变数

若已知 $\boldsymbol{u}(\boldsymbol{r},t)=u_x\boldsymbol{i}+u_y\boldsymbol{j}+u_z\boldsymbol{k}$ 是由三个方程组成的确定 $\boldsymbol{r}(t)$ 的常微分方程组，有

$$\begin{cases}\dfrac{\mathrm{d}x}{\mathrm{d}t}=u_x(x,y,z,t)\\[2ex]\dfrac{\mathrm{d}y}{\mathrm{d}t}=u_y(x,y,z,t)\\[2ex]\dfrac{\mathrm{d}z}{\mathrm{d}t}=u_z(x,y,z,t)\end{cases}$$

积分此式，可得

$$\begin{cases} x = x(C_1, C_2, C_3, t) \\ y = y(C_1, C_2, C_3, t) \\ z = z(C_1, C_2, C_3, t) \end{cases}$$

式中，C_1，C_2，C_3为积分常数，它们与 $t = t_0$时刻的拉格朗日变数 a，b，c 有关，于是有

$$\begin{cases} x = x(a, b, c, t) \\ y = y(a, b, c, t) \\ z = z(a, b, c, t) \end{cases}$$

当 $t = t_0$，$\boldsymbol{r} = \boldsymbol{r}_0$，反解之得，$\boldsymbol{r}_0 = \boldsymbol{r}(C_1, C_2, C_3)$，则 $C_1 = C_1(\boldsymbol{r}_0), C_2 = C_2(\boldsymbol{r}_0), C_3 = C_3(\boldsymbol{r}_0)$。为确定曲线坐标 C_1，C_2，C_3的方程，将 C_i 取为区别不同质点的曲线坐标 a，b，c，这样得到 $\boldsymbol{r} = \boldsymbol{r}(a, b, c, t)$，即欧拉变数变换为拉格朗日变数。

用拉格朗日法的观点讨论质点的运动，是通过描述不同流体质点运动规律的途径来描述整个运动，流体质点的运动规律表示为 $\boldsymbol{r} = \boldsymbol{r}(a, b, c, t)$，它的几何表示是轨迹，即流体质点在不同时刻所形成的曲线为质点运动的**迹线或轨迹**。由物理学知识可知，质点运动**迹线或轨迹方程**为

$$\frac{\mathrm{d}x}{u_x(x, y, z, t)} = \frac{\mathrm{d}y}{u_y(x, y, z, t)} = \frac{\mathrm{d}z}{u_z(x, y, z, t)} = \mathrm{d}t \tag{2.3.11}$$

式中，t 为自变量，x，y，z 是 t 的函数，对时间 t 积分，积分后在所得的表达式消去时间 t 后，即得到质点运动的迹线或轨迹。

用欧拉法描述流体运动，矢量场为流速场，矢量线就是流线。对于三维流动瞬时速度为 $\boldsymbol{u}(\boldsymbol{r}, t) = u_x\boldsymbol{i} + u_y\boldsymbol{j} + u_z\boldsymbol{k}$，在给定的某一瞬时 t，取流场流线上的点 M，又在点 M 处沿流线取一微分线段 $\mathrm{d}\boldsymbol{r}$，由于 $\mathrm{d}\boldsymbol{r}$ 无限小，故它与点 M 处的切线重合，即与 $\boldsymbol{u}$ 方向一致。微分线段 $\mathrm{d}\boldsymbol{r}$ 的表述

$$\mathrm{d}\boldsymbol{r} = \mathrm{d}x\boldsymbol{i} + \mathrm{d}y\boldsymbol{j} + \mathrm{d}z\boldsymbol{k}$$

得流线方程为

$$\mathrm{d}\boldsymbol{r} \times \boldsymbol{u} = 0$$

即

$$\begin{vmatrix} \boldsymbol{i} & \boldsymbol{j} & \boldsymbol{k} \\ \mathrm{d}x & \mathrm{d}y & \mathrm{d}z \\ u_x & u_y & u_z \end{vmatrix} = 0$$

从上式可得到流线方程为

$$\frac{\mathrm{d}x}{u_x} = \frac{\mathrm{d}y}{u_y}, \qquad \frac{\mathrm{d}z}{u_z} = \frac{\mathrm{d}y}{u_y} \tag{2.3.12}$$

用一例题说明欧拉法和拉格朗日这两种方法的转换。

例题 2.3.2[7]　已知直角坐标系速度场，其欧拉法表达式为 $u_x = x + t$，$u_y = y + t$。求：

① 一般的迹线方程，令 $t = 0$，$x = a$，$y = b$；

② 在 $t = 1$ 时刻，过 $x = 1$，$y = 2$ 点的质点迹线；

③ 在 $t = 1$ 时刻，$x = 1$，$y = 2$ 的流线，并求其方向；

④ 以拉格朗日变数表示速度分布 $\boldsymbol{u} = \boldsymbol{u}(a, b, t)$。

解：① 由迹线方程式（2.3.11），得

$$\begin{cases} \dfrac{\mathrm{d}x}{x + t} = \mathrm{d}t \\ \dfrac{\mathrm{d}y}{y + t} = \mathrm{d}t \end{cases}, \qquad \begin{cases} \dfrac{\mathrm{d}x}{\mathrm{d}t} = x + t \\ \dfrac{\mathrm{d}y}{\mathrm{d}t} = y + t \end{cases}$$

注意求迹线是对时间积分。对时间积分上式，得

$$\begin{cases} x = C_1 e^t - t - 1 \\ y = C_2 e^t - t - 1 \end{cases} \tag{1}$$

确定积分常数，当 $t=0$，$\begin{cases} x = a \\ y = b \end{cases}$，解出$\begin{cases} a = C_1 - 1 \\ b = C_2 - 1 \end{cases}$，得积分常数为

$$\begin{cases} C_1 = a + 1 \\ C_2 = b + 1 \end{cases}$$

将上式代入式（1），得到随时间变化的一般迹线方程

$$\begin{cases} x = (a+1)e^t - t - 1 \\ y = (b+1)e^t - t - 1 \end{cases} \tag{2}$$

② 在 $t=1$，在点（1，2）上，即质点在

$$\begin{cases} 1 = (a+1)e - 1 - 1 \\ 2 = (b+1)e - 1 - 1 \end{cases}$$

求出

$$\begin{cases} a = 3/e - 1 \\ b = 4/e - 1 \end{cases}$$

将上式代入式（2），得到过点（1，2）的质点迹线为

$$\begin{cases} x = (3/e + 1 - 1)e^t - t - 1 = 3e^{t-1} - t - 1 \\ y = (4/e - 1 + 1)e^t - t - 1 = 4e^{t-1} - t - 1 \end{cases}$$

③ 确定在 $t=1$，过点（1，2）的流线。由流线方程式（2.3.12），得

$$\frac{dx}{x+t} = \frac{dy}{y+t} \quad (t\text{ 是常数})$$

积分此式，得

$$\ln(x+t) = \ln(y+t) + \ln C$$

即

$$x + t = C(y+t)$$

由初始条件 $t=1$，过点（1，2），代入上式，定出常数 $C=2/3$，再代入上式，得

$$x + t = 2(y+t)/3$$

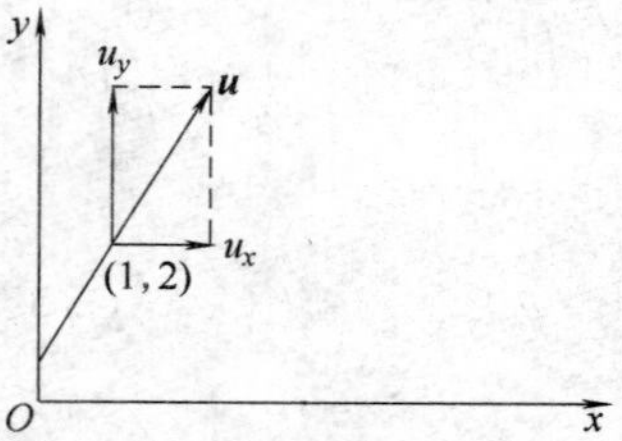

图 2.3.1 $t=1$ 时流线方向

因此，在 $t=1$ 时刻，过 $x=1$，$y=2$ 点的流线方程为

$$x + 1 = 2(y+1)/3$$

整理后，即

$$y = 3x/2 + 1/2$$

定出一点 u_x，u_y 的方向可知流线的方向。因为 $u_x = x + t$，$u_y = y + t$，当 $t=1$ 时，$u_x > 0$，$u_y > 0$，$t=1$ 时刻的流线方向，如图 2.3.1 所示。**注意流线不是时间的函数**。

④ 因为 $\boldsymbol{u} = \dfrac{\partial \boldsymbol{r}}{\partial t}$，由拉格朗日变数表示的速度为

$$\begin{cases} u_x = \partial x/\partial t = (a+1)e^t - 1 \\ u_y = \partial y/\partial t = (b+1)e^t - 1 \end{cases} \tag{3}$$

把迹线方程（2）代入以欧拉变数表示的速度分布线，也可得到式（3）。

2.3.2 传递过程的重要定律和通量

传递现象是自然界和工程技术中普遍存在的现象。传递过程特指物理量朝平衡转移的过程。在传递过程中，传递的物理量有动量、能量、质量和电量等。平衡状态是指物系内具有

强度性质的物理量不存在梯度，例如平衡状态的流体温度、组分浓度是相等的。对于任何处于不平衡状态的物系，一定会有某些物理量由高强度区向低强度区转移。例如，热物体向冷物体传递热量，最后两物体温度趋于一致达到温度平衡。动量、热量与质量的传递既可以由分子的微观运动引起，也可由旋涡混合造成的流体微团的宏观运动引起。前者称为**分子传递**，后者称为**涡流传递**。

由于分子的不规则运动，在各层流体间将交换着动量、质量和能量，使不同流体层内的平均物理量均匀化，这种性质称为分子运动的传递性质。动量传递在宏观上表现为黏性现象，能量传递则表现为热传导现象，质量传递表现为扩散现象。流体的宏观性质，如黏性、热传导、扩散等是分子输运性质的统计平均。

本小节介绍描述动量传递、能量传递和质量传递三种现象的定律和通量[5,6,8,9]，包括三个重要的定律、传递的通量两部分。

2.3.2.1　三个重要的定律

(1) 牛顿黏性定律

对于任何处于不平衡状态的流体物系，一定会有某些物理量由高强度区向低强度区转移。用牛顿黏性定律（Newton's Viscosity Law）描述由分子运动引起的动量传递。

动量传递（Momentum Transfer）——在垂直于实际流体流动方向上，动量由高速度区向低速度区转移。

动量传递在宏观上表现为黏性现象。1687 年，牛顿第一个做了一个著名的流体平面剪切运动的实验，建立了切向应力和剪切变形之间的关系。如图 2.3.2 所示，在无限大的两平行平板之间进行流体运动的实验。两块相互平行两板之间距离大大小于板的长度和宽度。两板之间有静止的流体，当下板静止，上板以不大的恒速 U_0 向右运动。由于流体的黏性，紧黏在板上的一层流体随平板一起运动，获得沿 x 方向的动量，并将其动量传递给与之邻近的流体层，两板间的流体作层流流动，建立了速度分布。由于动量传递而使两流体层之间产生剪应力。该流体的剪切流动是平面问题，由图 2.3.2 可见，流体微片面上的一对大小相等、方向相反的剪切应力 τ_{xy} 和 τ_{yx}。

实验证明，剪应力与黏度和相对速度成正比，动量通量的方向与速度梯度的方向相反，得到**牛顿黏性公式**为

$$\tau_{yx} = \pm\mu \frac{\partial u_x}{\partial y} \tag{2.3.13}$$

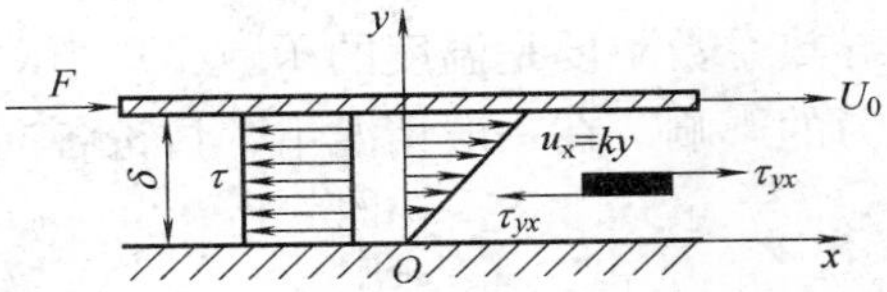

图 2.3.2　黏性与动量传递

式中，在小片上下表面 τ_{yx} 为剪切应力，它们是一对大小相等方向相反的力，N/m²；$\frac{\partial u_x}{\partial y}$ 为**速度梯度或剪切速率**；μ 为**动力黏度系数（黏度系数）**，kg/(m·s)；“±”号表示动量朝着速度降低的方向传递。

张也影[5]强调指出，牛顿摩擦定律的剪切应力的“±”号是为了保持剪切应力的正值。

当 $\frac{\partial u_x}{\partial y}>0$ 时，式中取“+”号；当 $\frac{\partial u_x}{\partial y}<0$ 时，式中取“-”号，以保持剪切应力的正值。

黏度系数是流体的一种物理常数，是流体抵抗变形的内摩擦的度量。黏度系数 μ 依赖于流体的性质，它是流体组成、压力和温度的状态函数，与速度梯度无关。对于黏性很小的流体，μ 的值很小。对于黏性很大的流体，μ 的值很大，可以是水黏性系数的几千倍。实际气体和液体的黏度一般随压力的升高而增加，理想气体的黏度与压力无关。黏度系数 μ 显著地依赖于温度，液体的黏度随温度的升高而降低，气体的黏度随温度升高反而上升。对于气体，黏度系数 μ 和温度的关系用索士兰特（Sutherland）公式表示[6]，为

$$\mu = 常数\frac{T^{3/2}}{T+C} \tag{2.3.14}$$

式中，$C \approx 110.4\text{K}$。

该式在相当大的范围（$T < 2000\text{K}$）对空气是适用的。由于其复杂性，在实际中常采用幂次的公式[6]

$$\frac{\mu}{\mu_0} = \left(\frac{T}{T_0}\right)^n \tag{2.3.15}$$

来表达近似真实的黏性关系，其中幂次的范围为 $1/2 \leqslant n \leqslant 1$。在 $T > 3000\text{K}$ 的高温时，$n \approx 1/2$；在低温时可取为 1。在 $90\text{K} < T < 300\text{K}$ 的温度范围，$n \approx 8 \sim 9$，它与索士兰特公式的计算误差不超过 5%。可从工程手册查到大多数流体的黏度系数，也可用专门的黏度仪器实验测量。第 7 章将介绍流变测量仪的基本原理和应用。

牛顿流体是遵循牛顿黏性定律的流体，包括气体、水和低相对分子质量的大多数液体。

非牛顿流体是不遵循牛顿黏性定律的流体，包括泥浆、污水、聚合物溶液、油漆等。流变学（Rheology）主要研究非牛顿型流体。本书重点讨论非牛顿型聚合物流体。

（2）傅立叶定律

能量传递表现为热传导现象。用傅立叶定律（Fourie's Law）描述由分子运动引起的热量传递，即描述导热现象。

能量传递（Energy transfer）——热量由高温度区向低温度区的转移。热物体向冷物体传递热量，最后两物体温度趋于一致达到温度平衡。

傅立叶定律：“在场中任一点处，沿任一方向的热流强度（即在该点处单位时间内垂直流过单位面积的热量）与该方向上的温度变化率成正比”。在场中之任一点处，沿 $\boldsymbol{n}$ 方向的热流强度记为

$$\boldsymbol{q} = -\kappa\frac{\mathrm{d}T}{\mathrm{d}\boldsymbol{n}} = -\kappa \operatorname{grad} T = -\kappa \nabla T \tag{2.3.16}$$

式中，$\boldsymbol{q}$ 为单位面积的热流通量（热流矢量或热流密度），$\text{J}/(\text{m}^2 \cdot \text{s})$；$\kappa$ 为物质导热系数，$\kappa > 0$，$\text{W}/(\text{m} \cdot \text{K})$；$\mathrm{d}T/\mathrm{d}\boldsymbol{n} = \nabla T$ 为温度梯度，K/m；式中负号表示热通量方向与温度梯度方向相反，即热量朝着温度降低的方向传递。

导热系数 κ 是物质的物理性质。对于同一物质，导热系数主要是温度的函数，压力对它的影响不大。在高压或真空下，气体的导热系数受压力的影响。在一般情况下，讨论各向同性导热，导热系数与方向无关。

（3）费克定律

质量传递表现为扩散现象。在混合物中，若各组分存在浓度梯度时，发生分子扩散，浓度高的地方向浓度低的地方输送该组元的物质。分子质量扩散传递同分子的动量扩散传递一样，是分子无规则运动的结果。用费克定律（Fick's Law）描述分子运动引起的质量传递。

质量传递（Mass transfer）——流体物系中一个或几个组分由高浓度区向低浓度区的转移。

1855 年，费克首先提出了质量分子扩散的基本关系式——**费克定律**：“对于两组分系统，在单位时间内组分 A 通过与扩散分子扩散 y 方向相垂直方向上单位面积的质量与该方向上的浓度变化率成正比”。所产生的质量通量表示为

$$j_A = -D_{AB}\frac{d\rho_A}{dy} \tag{2.3.17}$$

式中，j_A 为组分 A 的扩散质量通量，kg/(m^2 · s)；D_{AB}为组分 A 在组分 B 中的扩散系数，与组分的种类、组成和温度有关；$\frac{d\rho_A}{dy}$为组分 A 的质量浓度（密度）梯度；式中负号表示质量通量的方向与浓度梯度方向相反，即组分 A 总是朝着浓度降低的方向传递。扩散系数 D_{AB} 与组分的种类、温度和组成等因素有关。

2.3.2.2　传递的通量

动量、热量与质量的传递之所以发生，是由于物系内部存在着速度梯度、温度梯度和浓度梯度的缘故。动量、热量与质量传递是一种探讨速率的科学，三者之间具有许多类似之处，它们不但可以用类似的数学模型来描述，而且描述三者的一些物理量之间还存在着某些定量关系。这些类似关系和变量关系使研究三种传递过程的问题得以简化。比较牛顿黏性、傅立叶传热和费克传质这三个著名定律的数学表达式，不难发现动量、热量与质量输运传递过程的规律有类似性。

各传递过程中的物理量都与其相应的强度因素成正比，并且都沿着负梯度的方向传递。各式中的输运系数只是状态的函数，输运传递的物理量与相应的梯度之间存在着线性关系。有必要分别介绍动量通量、热量通量与质量通量的普遍表达式。

（1）动量通量

假设被研究的流体为不可压缩流体，其密度 ρ 为常数，在 x 方向上作一维流动，将牛顿黏性定律式改写为

$$\tau = -\frac{\mu}{\rho}\frac{d(\rho u_x)}{dy} = -\nu\frac{d(\rho u_x)}{dy} \tag{2.3.18}$$

其中，

$$\nu = \frac{\mu}{\rho} \tag{2.3.19}$$

式中，ν 为运动黏度或动量扩散系数，m^2/s；τ 为剪应力或动量通量，$\mathrm{N/m^2} = \frac{\mathrm{kg \cdot m/s}}{\mathrm{m^2 \cdot s}}$；$\rho u_x$ 为动量浓度，$\frac{\mathrm{kg}}{\mathrm{m^3}} \cdot \frac{m}{\mathrm{s}} = \frac{\mathrm{kg \cdot m/s}}{\mathrm{m^3}}$；$\frac{d(\rho u_x)}{dy}$为动量浓度梯度，$\frac{\mathrm{kg \cdot m/s}}{\mathrm{m^3 \cdot m}}$。

由式（2.3.18）和各量的单位可以看出，剪应力 τ 即单位时间（s）通过单位面积（m^2）的动量（kg · m/s），亦可表示为动量通量 τ 等于运动黏度（动量扩散系数）ν（m^2/s）乘以动量浓度梯度$\frac{d(\rho u_x)}{dy}$，$\left(\frac{\mathrm{kg \cdot m/s}}{\mathrm{m^3 \cdot m}}\right)$的负值。该式的物理意义用文字方程可表示为

（y 方向上的动量通量）=－（动量扩散系数）×（y 方向上的动量浓度梯度）

（2）热量通量

对于物系常数 k，c_p，ρ 均为恒值的导热问题，将傅立叶定律式改写为

$$q = -\frac{k}{\rho c_p}\frac{d(\rho c_p t)}{dy} = -\alpha\frac{d(\rho c_p t)}{dy} \tag{2.3.20}$$

其中，

$$\alpha=\frac{k}{\rho c_p} \tag{2.3.21}$$

式中，q 为热量通量，J/(m² · s)；α 为导热系数，可称为热量扩散系数，m²/s；$\rho c_p t$ 为热量浓度，J/m³；$\frac{d(\rho c_p t)}{dy}$为热量浓度梯度，J/(m³ · m)。

由式（2.3.20）和各量的单位可以看出，傅立叶定律说明了热量通量 q [J/(m² · s)] 等于热量扩散系数 α（m²/s）与热量浓度梯度$\frac{d(\rho c_p t)}{dy}$ [J/(m³ · m)] 乘积的负值。该式的物理意义用文字方程可表示为

(温度梯度引起 y 方向上的热量通量) = -(热量扩散系数) × (y 方向上的热量浓度梯度)

(3) 质量通量

流体物系中一个或几个组分由高浓度区向低浓度区的转移。直接分析费克定律表达式（2.3.17）和各量的物理意义，有

$$j_A=-D_{AB}\frac{d\rho_A}{dy}$$

式中，j_A 为组分 A 的质量通量，kg/(m² · s)；D_{AB}为组分 A 的质量扩散系数，m²/s；ρ_A 为组分 A 的密度或质量浓度，kg/m³；$\frac{d\rho_A}{dy}$为质量浓度梯度，kg/(m³ · m)。

由式（2.3.17）和各量的单位可看出，费克定律说明了组分 A 的质量通量 j_A [kg/(m² · s)] 等于质量扩散系数 D_{AB}（m²/s）与质量浓度梯度$\frac{d\rho_A}{dy}$ [kg/(m³ · m)] 乘积的负值。该式的物理意义用文字方程可表示为

(浓度梯度引起组分 A 在 y 方向上的质量通量) = -(质量扩散系数) × (y 方向上组分 A 的质量浓度梯度)

通过对三种传递现象的分析，可得到如下结论：

① 由于动量、热量和质量传递的通量，均等于各自的扩散系数与各自量浓度梯度乘积的负值。3 种分子传递过程可以用一个普遍表达式现象方程表示为

(通量) = -(扩散系数) × (浓度梯度)

现象方程中的“负号”表示传递方向与坐标轴方向相同，而梯度与坐标轴方向相反。

② 动量、热量和质量扩散系数 ν，α，D_{AB}具有相同的因次，其单位均为 m²/s，可分别用式（2.3.19）、式（2.3.21）和式（2.2.17）的定义。可见，三者的定义式均为微分方程。而动量、热量和质量浓度梯度分别表示该量传递的推动力。

③ 通量为单位时间内通过与传递方向相垂直的单位面积上的动量、热量和质量，**各量的传递方向均与该量的浓度梯度方向相反。**

2.3.3 物理量的质点导数

在工程中，常常需要研究速度场、压力场、密度场等物理量随时间和空间位置的变化。若场内函数不依赖于矢径 $\boldsymbol{r}$ 则称为**均匀场**；反之称为**不均匀场**。若场内函数不依赖于时间 t 则称为**定常（稳定）场**；反之称为**不定常（非稳定）场**。工程中必须进一步考察运动中的流体质点所具有的物理量 N 对时间的变化率，例如速度、压强、密度、温度、质量、动量、动能等对时间的变化率为

$$\frac{\mathrm{d}N}{\mathrm{d}t}=\lim_{\Delta t\to 0}\frac{\Delta N}{\Delta t} \tag{2.3.22}$$

该变化率称为物理量的**质点导数**或**随体导数**。

本小节介绍物理量的质点导数[6,7]，包括拉格朗日法和欧拉法的质点导数、流场各物理量的质点导数、物质积分的随体导数3部分。

2.3.3.1　拉格朗日法和欧拉法的质点导数

(1) 拉格朗日法的质点导数

在拉格朗日法中，任一流体质点（a，b，c）的速度对于时间变化率就是这个质点的加速度

$$\frac{\mathrm{d}\boldsymbol{u}(a,b,c,t)}{\mathrm{d}t}=\boldsymbol{a}(a,b,c,t) \tag{2.3.23}$$

(2) 欧拉法的质点导数

在欧拉法中，物理量是空间坐标 q_1，q_2，q_3和时间 t 的函数，以速度 $\boldsymbol{u}=\boldsymbol{u}(q_1,q_2,q_3,t)$ 为例，它对于时间的导数$\frac{\mathrm{d}\boldsymbol{u}}{\mathrm{d}t}$只表示在固定空间点 q_1，q_2，q_3上流体的速度对时间的变化率，而不是某个确定的流体质点的速度对于时间的变化率。

例题 2.3.3　用欧拉法来确定流体质点的速度对于时间的变化率。

解：设在 t 时刻空间点 $P(x,\ y,\ z)$ 上，流体质点速度为 $\boldsymbol{u}_P=\boldsymbol{u}(x,\ y,\ z,\ t)$，经过时间间隔 Δt 之后，此流体质点位移一段距离后 $\boldsymbol{u}\Delta t$，从而占据了 $P'(x+u_x\Delta t,\ y+u_y\Delta t,\ z+u_z\Delta t)$ 点。P'点上这个流体质点速度应为

$$\boldsymbol{u}_{P'}=\boldsymbol{u}(x+u_x\Delta t,y+u_y\Delta t,z+u_z\Delta t,t+\Delta t)$$

经过 Δt 时间间隔后，这个流体质点的速度变化了 $\Delta\boldsymbol{u}$，计算如下

$$\Delta\boldsymbol{u}=\boldsymbol{u}_{P'}-\boldsymbol{u}_P=\boldsymbol{u}(x+u_x\Delta t,y+u_y\Delta t,z+u_z\Delta t,t+\Delta t)-\boldsymbol{u}(x,y,z,t)$$

用泰勒公式展开上式右侧，并略去高阶小量，得

$$\Delta\boldsymbol{u}=\frac{\partial\boldsymbol{u}}{\partial t}\Delta t+\frac{\partial\boldsymbol{u}}{\partial x}u_x\Delta t+\frac{\partial\boldsymbol{u}}{\partial y}u_y\Delta t+\frac{\partial\boldsymbol{u}}{\partial z}u_z\Delta t+o(\Delta t^2)$$

对速度的增量与时间增量比值求极限，得到该质点的加速度为

$$\boldsymbol{a}=\lim_{\Delta t\to 0}\frac{\Delta\boldsymbol{u}}{\Delta t}=\frac{\mathrm{D}\boldsymbol{u}}{\mathrm{D}t}=\frac{\partial\boldsymbol{u}}{\partial t}+u_x\frac{\partial\boldsymbol{u}}{\partial x}+u_y\frac{\partial\boldsymbol{u}}{\partial y}+u_z\frac{\partial\boldsymbol{u}}{\partial z}$$

用矢量运算符，上式可表示为

$$\boldsymbol{a}=\frac{\mathrm{D}\boldsymbol{u}}{\mathrm{D}t}=\frac{\partial\boldsymbol{u}}{\partial t}+(\boldsymbol{u}\cdot\nabla)\boldsymbol{u} \tag{2.3.24}$$

欧拉法表示流体质点的物理量对于时间变化率的物理意义。在 t 时刻流体质点 M，从点 $A(x,\ y,\ z)$ 以速度 $\boldsymbol{u}(x)=u_x(t)\boldsymbol{i}+u_y(t)\boldsymbol{j}+u_z(t)\boldsymbol{k}$ 携带着某个物理量 $N(x,\ y,\ z)$ 在流场中运动。$t+\Delta t$ 时刻流体质点 M 到达点 B（$x+\Delta x$，$y+\Delta y$，$z+\Delta z$）。

因为流场的不定常性和非均匀性，质点 M 所具有的物理量 N 有以下两种变化：

① 时间过去了 Δt，由于场的不定常性，速度将发生变化；

② 与此同时 M 点在场内沿迹线移动了 MM'，即空间距离 $\Delta s=\Delta x\boldsymbol{i}+\Delta y\boldsymbol{j}+\Delta z\boldsymbol{k}$，由于场的不均匀性也将引起速度的变化。

2.3.3.2　流场各物理量的质点导数

介绍用多元函数求导法则确定质点导数的方法。由于物理量 $N[x(t),y(t),z(t),t]$ 是

多元函数，可以直接运用高等数学的多元函数求导法则，得到质点导数的公式

$$\frac{DN}{Dt}=\frac{\partial N}{\partial t}+\frac{\partial N}{\partial x}\frac{dx}{dt}+\frac{\partial N}{\partial y}\frac{dy}{dt}+\frac{\partial N}{\partial z}\frac{dz}{dt} \tag{2.3.25}$$

写成矢量形式

$$\frac{DN}{Dt}=\frac{\partial N}{\partial t}+(\boldsymbol{u}\cdot\nabla)N \tag{2.3.26}$$

式中，$\frac{DN}{Dt}$称为物理量 N 的**质点导数（随体导数）**。

① $\frac{\partial N}{\partial t}$称为**当地导数（局部导数或时变导数）**，其反映了流场不定常性，表示了质点无空间变位时，物理量对时间的变化率。

② $(\boldsymbol{u}\cdot\nabla)N$ 称为**迁移导数（位变导数）**，其反映了流场的不均匀性。表示了质点处于不同位置时，物理量对时间的变化率；

式（2.3.26）对任何矢量和任何数量都是成立的。对压力场，压力的质点导数为

$$\frac{Dp}{Dt}=\frac{\partial p}{\partial t}+u_x\frac{\partial p}{\partial x}+u_y\frac{\partial p}{\partial y}+u_z\frac{\partial p}{\partial z}=\frac{\partial p}{\partial t}+(\boldsymbol{u}\cdot\nabla)p \tag{2.3.27}$$

对密度场，密度的质点导数为

$$\frac{D\rho}{Dt}=\frac{\partial \rho}{\partial t}+u_x\frac{\partial \rho}{\partial x}+u_y\frac{\partial \rho}{\partial y}+u_z\frac{\partial \rho}{\partial z}=\frac{\partial \rho}{\partial t}+(\boldsymbol{u}\cdot\nabla)\rho \tag{2.3.28}$$

对速度场，速度的加速度是质点导数式

$$\frac{D\boldsymbol{u}}{Dt}=\frac{\partial \boldsymbol{u}}{\partial t}+(\boldsymbol{u}\cdot\nabla)\boldsymbol{u}=\left(\frac{\partial}{\partial t}+\boldsymbol{u}\cdot\nabla\right)\boldsymbol{u} \tag{2.3.29}$$

上式实际上就是欧拉法表示的质点加速度的矢量式。

由上两式可见，用一个公式表示数量场的质点导数，而矢量场的质点导数有 3 个分量。以直角坐标系中速度场 $\boldsymbol{u}(x)=u_x\boldsymbol{i}+u_y\boldsymbol{j}+u_z\boldsymbol{k}$ 为例，确定质点导数的算符为

$$\frac{D}{Dt}=\frac{\partial}{\partial t}+u_x\frac{\partial}{\partial x}+u_y\frac{\partial}{\partial y}+u_z\frac{\partial}{\partial z}$$

得到速度质点导数（随体导数）的三个分量

$$\begin{aligned}
\frac{Du_x}{Dt}&=\frac{\partial u_x}{\partial t}+u_x\frac{\partial u_x}{\partial x}+u_y\frac{\partial u_x}{\partial y}+u_z\frac{\partial u_x}{\partial z}=\frac{\partial u_x}{\partial t}+(\boldsymbol{u}\cdot\nabla)u_x\\
\frac{Du_y}{Dt}&=\frac{\partial u_y}{\partial t}+u_x\frac{\partial u_y}{\partial x}+u_y\frac{\partial u_y}{\partial y}+u_z\frac{\partial u_y}{\partial z}=\frac{\partial u_y}{\partial t}+(\boldsymbol{u}\cdot\nabla)u_y\\
\frac{Du_z}{Dt}&=\frac{\partial u_z}{\partial t}+u_x\frac{\partial u_z}{\partial x}+u_y\frac{\partial u_z}{\partial y}+u_z\frac{\partial u_z}{\partial z}=\frac{\partial u_z}{\partial t}+(\boldsymbol{u}\cdot\nabla)u_z
\end{aligned} \tag{2.3.30}$$

在任意正交曲线坐标系中，得到柱坐标系确定质点导数的算符为

$$\frac{D}{Dt}=\frac{\partial}{\partial t}+u_r\frac{\partial}{\partial r}+u_\theta\frac{1}{r}\frac{\partial}{\partial \theta}+u_z\frac{\partial}{\partial z} \tag{2.3.31}$$

在球坐标系确定质点导数的算符为

$$\frac{D}{Dt}=\frac{\partial}{\partial t}+u_r\frac{\partial}{\partial r}+u_\theta\frac{1}{r}\frac{\partial}{\partial \theta}+u_\varphi\frac{1}{r\sin\theta}\frac{\partial}{\partial \varphi} \tag{2.3.32}$$

在下一节介绍任意正交曲线坐标系的相关知识。

2.3.3.3 物质积分的随体导数

在欧拉法的流场中，常常需要考察由流体微团组成的物质线、物质面和物质体上物理量的变化。在场论和张量中，曾介绍了一些由流体微团组成的物质线、物质面和物质体上的物

理量。例如，在物质线上定义的速度环量，在物质面上定义的速度通量，在物质体上定义的质量、动量等。它们也都是空间和时间的函数，随着时间的变化，连续介质的物质线、物质面和物质体不断改变自己的位置和形状，并维持其连续性。因而，在这些流动的几何体上，定义的物理量也在不断的改变其数值。时间和空间改变的两种因素都将使速度环量、速度通量、质量、动量等物理量随时间不断改变其值。描述这些物理量变化的量就是物质积分的随体导数.

聚合物流变学描述聚合物流体的变形要用到物质积分的随体导数。有必要介绍线积分、面积分和体积分的随体导数。学习了流体微团运动速度的分解有关知识，比较容易讨论线积分、面积分和体积分的随体导数，这里没有严格的推导，读者可参阅有关文献［6］。

本小节介绍物质积分的随体导数，包括线段元、面积元和体积元的随体导数与线积分、面积分和体积分的随体导数两部分。

（1）线段元、面积元和体积元的随体导数

为了和随体导数、偏导数的符号区分，下面用线段元 $\delta\boldsymbol{r}$、面积元 $\delta\boldsymbol{S}$ 和体积元 δV 讨论随体导数，其中 δ 是对空间的微分。取一由流体微团组成的线段元 $\delta\boldsymbol{r}=\boldsymbol{r}-\boldsymbol{r}_0$，它的随体导数为

$$\frac{\mathrm{D}}{\mathrm{D}t}\delta\boldsymbol{r}=\frac{\mathrm{D}}{\mathrm{D}t}(\boldsymbol{r}-\boldsymbol{r}_0)=\boldsymbol{u}-\boldsymbol{u}_0=\delta\boldsymbol{u} \tag{1}$$

由式（1）可见，线段元 $\delta\boldsymbol{r}$ 的随体导数等于同一时刻内两点间速度之差。若速度 $\boldsymbol{u}$ 是 x，y，z 的函数，有

$$\delta\boldsymbol{u}=\frac{\partial\boldsymbol{u}}{\partial x}\delta x+\frac{\partial\boldsymbol{u}}{\partial y}\delta y+\frac{\partial\boldsymbol{u}}{\partial z}\delta z \tag{2}$$

将式（2）代入式（1），得到**线段元 $\delta\boldsymbol{r}$ 的随体导数**为

$$\frac{\mathrm{D}}{\mathrm{D}t}\delta\boldsymbol{r}=\frac{\partial\boldsymbol{u}}{\partial x}\delta x+\frac{\partial\boldsymbol{u}}{\partial y}\delta y+\frac{\partial\boldsymbol{u}}{\partial z}\delta z=\delta\boldsymbol{r}\cdot\nabla\boldsymbol{u} \tag{2.3.33}$$

通过封闭曲面 S 的速度通量 $\oiint \boldsymbol{u}\cdot\mathrm{d}S$ 等于体积 ∂V 的变化率，有

$$\mathrm{div}\boldsymbol{u}=\nabla\cdot\boldsymbol{u}=\frac{1}{\partial V}\frac{\mathrm{d}}{\mathrm{d}t}\partial V$$

得到**体积元的随体导数为**

$$\frac{\mathrm{D}}{\mathrm{D}t}\delta V=\nabla\cdot\boldsymbol{u}\delta V \tag{2.3.34}$$

推导面积元的随体导数。任取面积元 $\delta\boldsymbol{S}$，选不与垂直的物质线段元 $\delta\boldsymbol{r}$ 为母线，并与 $\delta\boldsymbol{S}$ 组成体积为 δV 的柱体，于是

$$\delta V=\delta\boldsymbol{r}\cdot\delta\boldsymbol{S} \tag{2.3.35}$$

对式（2.3.35）的两边取随体导数，得

$$\frac{\mathrm{D}}{\mathrm{D}t}\delta V=\frac{\mathrm{D}\delta\boldsymbol{r}}{\mathrm{D}t}\cdot\delta\boldsymbol{S}+\delta\boldsymbol{r}\cdot\frac{\mathrm{D}\delta\boldsymbol{S}}{\mathrm{D}t}$$

或

$$\frac{\mathrm{D}\delta\boldsymbol{r}}{\mathrm{D}t}\cdot\delta\boldsymbol{S}+\delta\boldsymbol{r}\cdot\frac{\mathrm{D}\delta\boldsymbol{S}}{\mathrm{D}t}-\frac{\mathrm{D}}{\mathrm{D}t}(\delta\boldsymbol{r}\cdot\delta\boldsymbol{S})=0 \tag{3}$$

利用式（2.3.33）、式（2.3.34）和式（2.3.35）改写式（3），得到

$$\delta r_i\left(\delta S_j\frac{\partial u_j}{\partial x_i}+\frac{\mathrm{D}\delta S_i}{\mathrm{D}t}-\delta S_j\frac{\mathrm{D}u_j}{\mathrm{D}x_j}\right)=0 \tag{4}$$

由于 $\delta\boldsymbol{r}$ 是任取的，式（4）括号中的式子可等于零，得到用张量表示的公式

$$\delta S_j\frac{\partial u_j}{\partial x_i}+\frac{\mathrm{D}\delta S_i}{\mathrm{D}t}-\delta S_j\frac{\mathrm{D}u_j}{\mathrm{D}x_j}=0$$

再整理上式后，得到用**张量**和矢量**表示面积元的随体导数**，分别为

$$\frac{\mathrm{D}\delta S_i}{\mathrm{D}t}=\delta S_j\frac{\mathrm{D}u_j}{\mathrm{D}x_j}-\delta S_j\frac{\partial u_j}{\partial x_i}\tag{2.3.36a}$$

$$\frac{\mathrm{D}\delta \boldsymbol{S}}{\mathrm{D}t}=\delta \boldsymbol{S}\cdot \mathrm{div}\boldsymbol{u}-\delta \boldsymbol{S}\cdot\nabla\boldsymbol{u}\tag{2.3.36b}$$

（2）线积分、面积分和体积分的随体导数

利用矢量运算的知识，将物质线积分直接求随体导数，同时考虑线积分的随体导数的两个变化，其一，当时间改变时，速度矢量发生变化；其二由流体微团组成的流动封闭曲线在运动规程中也不断地改变其形状，用下式表示变化

$$\frac{\mathrm{D}}{\mathrm{D}t}\oint_l\boldsymbol{u}\cdot\delta\boldsymbol{r}=\oint_l\frac{\mathrm{D}\boldsymbol{u}}{\mathrm{D}t}\cdot\delta\boldsymbol{r}+\oint_l\boldsymbol{u}\cdot\frac{\mathrm{D}\delta\boldsymbol{r}}{\mathrm{D}t}=\oint_l\frac{\mathrm{D}\boldsymbol{u}}{\mathrm{D}t}\cdot\delta\boldsymbol{r}+\oint_l\boldsymbol{u}\cdot\delta\boldsymbol{u}$$

$$=\oint_l\frac{\mathrm{D}\boldsymbol{u}}{\mathrm{D}t}\cdot\delta\boldsymbol{r}+\oint_l\delta\cdot\frac{u^2}{2}\tag{1}$$

考虑式（1）中速度是单值函数，有 $\oint_l\delta\cdot u^2/2=0$，将它代入到式（1），得到**物质线积分的随体导数**为

$$\frac{\mathrm{D}}{\mathrm{D}t}\oint_l\boldsymbol{u}\cdot\delta\boldsymbol{r}=\oint_l\frac{\mathrm{D}\boldsymbol{u}}{\mathrm{D}t}\cdot\delta\boldsymbol{r}\tag{2.3.37}$$

对面积分求随体导数，同理得到物质面积分的随体导数，有

$$\frac{\mathrm{D}}{\mathrm{D}t}\iint_S\boldsymbol{u}\cdot\delta\boldsymbol{S}=\iint_S\frac{\mathrm{D}\boldsymbol{u}}{\mathrm{D}t}\cdot\delta\boldsymbol{S}+\iint_S\boldsymbol{u}\cdot\frac{\mathrm{D}\delta\boldsymbol{S}}{\mathrm{D}t}\tag{2}$$

运用奥—高将面积分化为体积分的公式 $\iiint_\Omega\nabla\cdot\boldsymbol{A}\mathrm{d}V=\oiint_S\boldsymbol{A}\cdot\mathrm{d}\boldsymbol{S}$，将面积元的随体导数式（2.3.36b）代入式（2）的第2项，得到用矢量表示的面积分的随体导数

$$\frac{\mathrm{D}}{\mathrm{D}t}\iint_S\boldsymbol{u}\cdot\delta\boldsymbol{S}=-\iint_S\left(\frac{\mathrm{D}\boldsymbol{u}}{\mathrm{D}t}+\boldsymbol{u}\mathrm{div}\boldsymbol{u}-\boldsymbol{u}\cdot\nabla\boldsymbol{u}\right)\cdot\delta\boldsymbol{S}\tag{2.3.38}$$

参照式（2），对于任一数量函数 φ 的物质体积分的随体导数

$$\frac{\mathrm{D}}{\mathrm{D}t}\iiint_\Omega\varphi\mathrm{d}V=\iiint_\Omega\frac{\mathrm{D}\varphi}{\mathrm{D}t}\mathrm{d}V+\iiint_\Omega\varphi\frac{\mathrm{D}}{\mathrm{D}t}\mathrm{d}V=\iiint_\Omega\left(\frac{\mathrm{D}\varphi}{\mathrm{D}t}+\varphi\mathrm{div}\boldsymbol{u}\right)\mathrm{d}V\tag{3}$$

将定义物理量质点导数（随体导数）公式（2.3.26）

$$\frac{\mathrm{D}N}{\mathrm{D}t}=\frac{\partial N}{\partial t}+(\boldsymbol{u}\cdot\nabla)N$$

定义任一数量函数 φ，有 $\frac{\mathrm{D}\varphi}{\mathrm{D}t}=\frac{\partial\varphi}{\partial t}+(\boldsymbol{u}\cdot\nabla)\varphi$，将其代入式（3）的被积函数中，有

$$\frac{\mathrm{D}\varphi}{\mathrm{D}t}+\varphi\mathrm{div}\boldsymbol{u}=\frac{\partial\varphi}{\partial t}+(\boldsymbol{u}\cdot\nabla)\varphi+\varphi\mathrm{div}\boldsymbol{u}=\frac{\partial\varphi}{\partial t}+\mathrm{div}(\varphi\boldsymbol{u})$$

得到**物质体积分的随体导数**

$$\frac{\mathrm{D}}{\mathrm{D}t}\iiint_\Omega\varphi\mathrm{d}V=\iiint_\Omega\left(\frac{\mathrm{D}\varphi}{\mathrm{D}t}+\varphi\mathrm{div}\boldsymbol{u}\right)\mathrm{d}V=\iiint_\Omega\left(\frac{\partial\varphi}{\partial t}+\mathrm{div}(\varphi\boldsymbol{u})\right)\mathrm{d}V\tag{2.3.39a}$$

也称物质体积分的随体导数为输运公式。

使用奥—高公式，将式（2.3.39a）被积函数体积分的第二项化为面积分，得到物质体积分的随体导数的另一种形式

$$\frac{\mathrm{D}}{\mathrm{D}t}\iiint_\Omega\varphi\mathrm{d}V=\iiint_\Omega\left(\frac{\partial\varphi}{\partial t}+\mathrm{div}(\varphi\boldsymbol{u})\right)\mathrm{d}V=\iiint_\Omega\frac{\partial\varphi}{\partial t}\mathrm{d}V+\oiint_S\varphi\boldsymbol{u}\cdot\mathrm{d}\boldsymbol{S}\tag{2.3.39b}$$

对于任一矢量 $\boldsymbol{A}$ 体积分的随体导数，有

$$\frac{\mathrm{D}}{\mathrm{D}t}\iiint_{\Omega}\boldsymbol{A}\mathrm{d}V=\iiint_{\Omega}\left(\frac{\mathrm{D}\boldsymbol{A}}{\mathrm{D}t}+\boldsymbol{A}\mathrm{div}\boldsymbol{u}\right)\mathrm{d}V=\iiint_{\Omega}\frac{\partial\boldsymbol{A}}{\partial t}\mathrm{d}V+\oint_{S}\boldsymbol{u}\cdot\boldsymbol{A}\mathrm{d}\boldsymbol{S}\tag{2.3.40}$$

2.4　场论概述

在科学技术和工程问题中，研究的物理量有多个自变量，常常要研究某种物理量在空间的分布和变化规律，数学上引进了场的概念。若空间某个域内每一点都对应有一个或几个确定的物理量，这些量值可表示为空间点位置的连续函数，则称此**空间域为场**。如果一个物理量具有数量、矢量或张量的性质，那么这个物理量所形成的场就分别称为**数量场、矢量场、张量场**。聚合物工程中研究温度、压力、浓度、流速、应力、应变等物理量在空间的分布及其变化规律，都要用到“场”的数学处理办法——场论。研究聚合物加工成型的问题，必须使用场论的知识。**场除了是位置的函数以外若与时间有关，则该场称为非定常场或非稳定场，与时间无关的称为定常场或稳定场**。本节重点介绍稳定场，所得结果适用于非稳定场的每一瞬间情况。

本节从场的数学表达、几何描述和特性等几方面来介绍数量场、矢量场和张量场[1-10]，分为 4 小节，包括数量场、矢量场、张量场、正交曲线坐标系中场的变化率。

2.4.1　数量场

如果在全部空间或部分空间里的每一点，都对应着某个物理量的一个确定的数量值，就说在这个空间里确定了该物理量的一个数量场或标量场。

本小节介绍数量场的几何描述、数学表达和基本运算，包括数量场的域和等值面、数量场的梯度和哈密顿算子两部分。

2.4.1.1　数量场的域和等值面

这里介绍数量场的单连域、复连域和等值面等数学描述。

(1) 单连域和复连域

空间域为场，在介绍数量场之前先介绍在三维空间里单连域与复连域的概念。

① 如果在一个空间区域 Ω 内，任何一条简单闭曲线 l，都可以作出一个以 Σ 为边界且全部位于区域 Ω 内的曲面 S，则称此区域 Ω 为**线单连域**；否则，称为**线复连域**。例如图 2.4.1 (a) 空心球体是线单连域，而图 2.4.1 (b) 环面体则为线复连域。

② 如果在一个空间区域 Ω 内，任一简单闭曲面 S 所包围的全部点，都在区域 Ω 内（即 S 内没有洞），则称此区域 Ω 为**面单连域**；否则，称为**面复连域**。例如图 2.4.1 (b) 环面体是面单连域，而图 2.3.1 (a) 空心球体是面复连域。

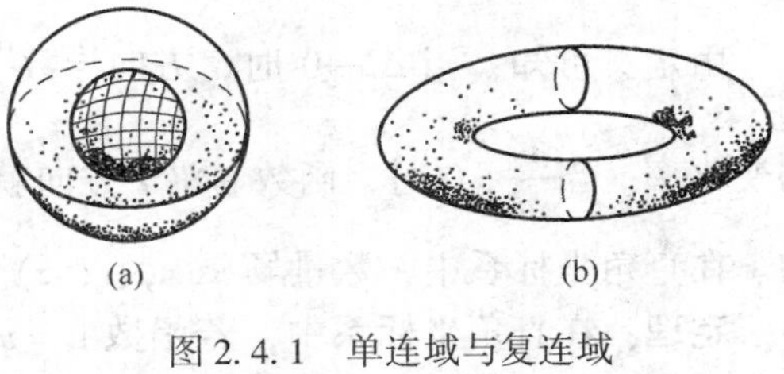

(a)　(b)

图 2.4.1　单连域与复连域

(a) 空心球体　(b) 环面体

显然，有许多空间区域既是线单连域，同时又是面单连域，例如实心球体、椭球体、圆柱体和平行六面体等。

一个稳定数量场 u 是场中点 M 的函数 $u=u(M)$，当确定了直角坐标系 $Oxyz$ 后，它是点

M（x，y，z）的坐标函数，一个稳定数量场表示为

$$u = u(x,y,z) \tag{2.4.1}$$

式中，假定数量函数 $u = u(x, y, z)$ 是一个单值、连续函数，且有一阶连续偏导数。

在工程实际中，常用到的数量场有密度场 $\rho(x, y, z)$、温度场 $T(x, y, z, t)$，前者表示某空间中某物质的密度不均匀，后者表示该空间里温度不一致，并且随时间变化。

（2）数量场的等值面

为了直观地研究数量 u 在场中的分布状况，引入了等值面、等值线的概念。由隐函数存在定理可知，当函数 $u = u(x, y, z)$ 为单值，且各连续偏导数 u'_x，u'_y，u'_z 不全为零时，这种等值面或等值线一定存在。**等值面**是由场中使函数 u 取相同数值的点所组成的曲面，其方程为

$$u(x,y,z) = C \tag{2.4.2}$$

在平面数量场 $u(x, y)$ 中，具有相同数值的点组成该数量场的**等值线**

$$u(x,y) = C \tag{2.4.3}$$

式中，C 为常数。C 取不同的数值，可得到不同的等值面或等值线。

等值面或等值线充满了数量场所在的空间，而且互不相交。数量场中的每一点都有一等值面或等值线通过。数量场的等值面或等值线用图直观地表示物理量在场中的分布状况。例如聚合物加工成型的温度场中，由温度相同的点所组成的等温面。在平面问题中，例如地形图上等高线、等温线，可以了解到该地区温度的分布情况，还可根据等温线的稀密程度来大致判定该地区在各个方向上温度变化的趋势，较密的地方温度变化较大。

2.4.1.2 数量场的梯度和哈密顿算子

这里介绍数量场的数学物理意义和哈密顿算子，以及梯度的基本运算公式。

（1）数量场的方向导数和梯度

数量场的等值面或等值线描述了场中数量的整体分布情况，不能对其作局部分析。一个函数的变化率可以用该函数的导数表示。为了考察数量场 u 在场中各个点处的邻域内沿每一方向的变化情况，引入方向导数的概念。数量场 u 的方向导数表示 u 沿某个方向的变化率。

定义： 设 M_0 为数量场 $u = u(M)$ 中的一点，从点 M_0 出发引一条射线 l，在 l 上的点 M_0 的邻近取一动点 M，Δl 为 M_0 和 M 的距离。若当 $M \to M_0$ 时，下列极限

$$\left.\frac{\partial u}{\partial \boldsymbol{l}}\right|_{M_0} = \lim_{\Delta l \to 0} \frac{u(M') - u(M)}{\Delta l}$$

存在，则称它为数量场 $u(M)$ 在点 M_0 处**沿这个 $\boldsymbol{l}$ 方向的方向导数**。

由定义可知，当 $\Delta l \to 0$ 时，方向导数 $\frac{\partial u}{\partial \boldsymbol{l}}$ 是在一个点 M 处沿方向 $\boldsymbol{l}$ 的函数 $u(M)$ 对距离的变化率。当 $\frac{\partial u}{\partial \boldsymbol{l}} > 0$ 时，函数 u 沿 $\boldsymbol{l}$ 方向就是增加的；当 $\frac{\partial u}{\partial \boldsymbol{l}} < 0$ 时，函数 u 沿 $\boldsymbol{l}$ 方向是减少的。在直角坐标系中，数量场 $u(x, y, z)$ 的方向导数由以下定理给出计算公式。

定理： 在直角坐标系中，若函数 $u = u(x, y, z)$ 在点 $M_0(x_0, y_0, z_0)$ 处可微，$\cos\alpha$，$\cos\beta$ 和 $\cos\gamma$ 为 $\boldsymbol{l}$ 方向的方向余弦，则函数 u 在点 M_0 处沿 $\boldsymbol{l}$ 方向的方向导数必存在，由下面的公式给出

$$\frac{\partial u}{\partial \boldsymbol{l}} = \frac{\partial u}{\partial x}\cos\alpha + \frac{\partial u}{\partial y}\cos\beta + \frac{\partial u}{\partial z}\cos\gamma \tag{2.4.4}$$

式中，$\frac{\partial u}{\partial x}$，$\frac{\partial u}{\partial y}$ 和 $\frac{\partial u}{\partial z}$ 是在点 M_0 处的偏导数。

推论：若在有向曲线 C 上取定点 M_0 作为计算弧长 s 的起点，取 C 之正向为 s 增大的方向，点 M 为 C 上一点，在 M 处沿 C 正向作与 C 相切的射线，如图 2.4.2 所示，则在点 M 处 u 可微，曲线 C 光滑，则有

$$\frac{\partial u}{\partial s}=\frac{\partial u}{\partial l} \tag{2.4.5}$$

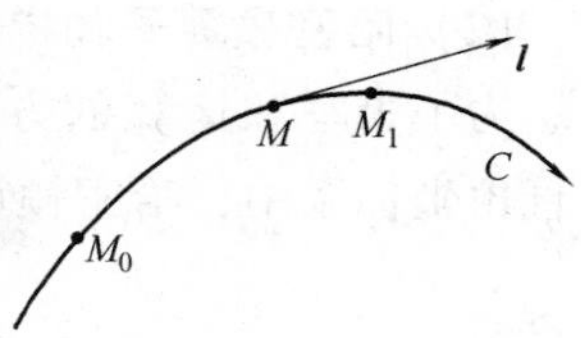

图2.4.2　沿 C 正向作与 C 相切的射线

这就是说，**函数 u 在点 M 处沿曲线 C（正向）的方向导数$\frac{\partial u}{\partial s}$与函数 u 在点 M 处沿切线方向（指向 C 的正向一侧）的方向导数$\frac{\partial u}{\partial l}$相等。**

详细证明可参看相关文献[3]。在数量场定义的区域内，从一个给定点出发，有无穷多个方向。显然，沿各个方向的变化率可能不同。函数 $u(M)$ 沿其中哪个方向的变化率最大，最大变化率是多少？需要引入梯度的概念。方向导数式（2.4.4）中 $\cos\alpha$，$\cos\beta$ 和 $\cos\gamma$ 为 $\boldsymbol{l}$ 方向的方向余弦，即 $\boldsymbol{l}$ 方向的单位矢量 $\boldsymbol{l}^0=\cos\alpha\boldsymbol{i}+\cos\beta\boldsymbol{j}+\cos\gamma\boldsymbol{k}$，令

$$\boldsymbol{G}=\frac{\partial u}{\partial x}\boldsymbol{i}+\frac{\partial u}{\partial y}\boldsymbol{j}+\frac{\partial u}{\partial z}\boldsymbol{k}$$

可将方向导数写成 $\boldsymbol{G}$ 与单位矢量 $\boldsymbol{l}^0$ 的数量积，得

$$\frac{\partial u}{\partial l}=\boldsymbol{G}\cdot\boldsymbol{l}^0=|\boldsymbol{G}|\cos(\boldsymbol{G},\boldsymbol{l}^0) \tag{2.4.6}$$

式中，$\cos(\boldsymbol{G},\ \boldsymbol{l}^0)$ 为矢量 $\boldsymbol{G}$ 与 $\boldsymbol{l}^0$ 夹角的余弦。

由数量积的定义和式（2.4.6）可知，当 $\boldsymbol{l}^0$ 方向与 $\boldsymbol{G}$ 方向一致时，$\cos(\boldsymbol{G},\ \boldsymbol{l}^0)=1$，方向导数取得最大值，其值为$\frac{\partial u}{\partial l}=|\boldsymbol{G}|$，$\boldsymbol{G}$ 的方向就是 $u(M)$ 变化率最大的方向，其模是这个最大变化率的数值。称 $\boldsymbol{G}$ 为函数 $u(M)$ 在给定点处的梯度。一般有如下定义。

梯度的定义：若在数量场 $u(M)$ 中的一点 M 处，存在这样的矢量 $\boldsymbol{G}$，其方向是函数 $u(M)$ 在点 M 处变化率最大的方向，其模是这个最大变化率的数值，则称矢量 $\boldsymbol{G}$ 为 $u(M)$ 在点 M 处梯度，记作 $\mathrm{grad}u=\boldsymbol{G}$。

可见，梯度的定义与坐标系的选择无关，它仅由数量函数 $u(M)$ 的分布决定。在直角坐标系中，可表示为

$$\mathrm{grad}u=\frac{\partial u}{\partial x}\boldsymbol{i}+\frac{\partial u}{\partial y}\boldsymbol{j}+\frac{\partial u}{\partial z}\boldsymbol{k} \tag{2.4.7}$$

因此，只要求出 $u(M)$ 在三个正交方向的变化率，就完全确定了梯度。

梯度 grad$u$ 本身又是一个矢量场，有两个重要的性质。

① 任意方向导数等于梯度在该方向上的投影，写作$\frac{\partial u}{\partial l}=\mathrm{grad}_l u$。

② 数量场中每一点 M 处的梯度，垂直于过该点的等值面，且指向函数 $u(M)$ 增大的一方。由式（2.4.7）可知，在直角坐标系中点 M 处 $\mathrm{grad}u$ 的坐标$\frac{\partial u}{\partial x}$，$\frac{\partial u}{\partial y}$，$\frac{\partial u}{\partial z}$正好是过 M 点的等值面 $u(x,y,z)=C$ 的法线方向数，也就是说**梯度是等值面的法矢量，即它垂直于等值面。**

梯度是数量场中一个重要概念，在科学技术问题中广泛的应用。若把数量场中每一点梯度与场中的每一点对应起来得到一个矢量场，称为由此数量场产生的**梯度场**。

(2) 哈密顿算子和梯度运算公式

为了书写和运算的方便，**哈密顿（Hamilton）**引入了劈形算符 ∇，称为**哈密顿算子**。在直角坐标系中，哈密顿算子为

$$\nabla=\frac{\partial}{\partial x}\boldsymbol{i}+\frac{\partial}{\partial y}\boldsymbol{j}+\frac{\partial}{\partial z}\boldsymbol{k} \tag{2.4.8}$$

式中，∇为微分运算符号的矢量，是矢量微分算子。在运算中，它具有矢量和微分的双重性质。

梯度的基本运算公式：

若设 C 为常数，u，v 为数量函数，用梯度定义和函数运算规则可证明以下运算公式[4]。

① $\nabla Cu = C\nabla u$

② $\nabla(u \pm v) = \nabla u \pm \nabla v$

③ $\nabla(uv) = u\nabla v + v\nabla u$

④ $\nabla\left(\frac{u}{v}\right) = \frac{v\nabla u - u\nabla v}{v^2}$

⑤ $\nabla f(u) = f'(u)\nabla u$

⑥ $\nabla f(u,v) = \frac{\partial f}{\partial u}\nabla u + \frac{\partial f}{\partial v}\nabla v$

若 u 为数量函数，$\boldsymbol{A}$ 为矢量函数，有以下运算规则

① $\mathrm{grad}u = \nabla u = \left(\frac{\partial}{\partial x}\boldsymbol{i}+\frac{\partial}{\partial y}\boldsymbol{j}+\frac{\partial}{\partial z}\boldsymbol{k}\right)u = \frac{\partial u}{\partial x}\boldsymbol{i}+\frac{\partial u}{\partial y}\boldsymbol{j}+\frac{\partial u}{\partial z}\boldsymbol{k}$

② $\nabla\cdot\boldsymbol{A} = \left(\frac{\partial}{\partial x}\boldsymbol{i}+\frac{\partial}{\partial y}\boldsymbol{j}+\frac{\partial}{\partial z}\boldsymbol{k}\right)\cdot(A_x\boldsymbol{i}+A_y\boldsymbol{j}+A_z\boldsymbol{k}) = \frac{\partial A_x}{\partial x}+\frac{\partial A_y}{\partial y}+\frac{\partial A_z}{\partial z}$

③ $\nabla\times\boldsymbol{A} = \begin{vmatrix} \boldsymbol{i} & \boldsymbol{j} & \boldsymbol{k} \\ \frac{\partial}{\partial x} & \frac{\partial}{\partial y} & \frac{\partial}{\partial z} \\ A_x & A_y & A_z \end{vmatrix} = \left(\frac{\partial A_z}{\partial y}-\frac{\partial A_y}{\partial z}\right)\boldsymbol{i}+\left(\frac{\partial A_x}{\partial z}-\frac{\partial A_z}{\partial x}\right)\boldsymbol{j}+\left(\frac{\partial A_y}{\partial x}-\frac{\partial A_x}{\partial y}\right)\boldsymbol{k}$

例题 2.4.1[7]　求函数 $u=xy^2+yz^3$ 在点 $M(2,-1,1)$ 处的梯度和在矢量 $\boldsymbol{l}=2\boldsymbol{i}+2\boldsymbol{j}-\boldsymbol{k}$ 方向的方向导数。

解：应用式(2.4.7)，有　$\mathrm{grad}u\,|_M=[y^2\boldsymbol{i}+(2xy+z^3)\boldsymbol{j}+3yz^2\boldsymbol{k}]_M=\boldsymbol{i}-3\boldsymbol{j}-3\boldsymbol{k}$

$\boldsymbol{l}$ 方向的单位矢量为

$$\boldsymbol{l}^0=\frac{\boldsymbol{l}}{|\boldsymbol{l}|}=\frac{2}{3}\boldsymbol{i}+\frac{2}{3}\boldsymbol{j}-\frac{1}{3}\boldsymbol{k}$$

得到方向导数为

$$\left.\frac{\partial u}{\partial l}\right|_M=\mathrm{grad}_l\,u\,|_M=[\mathrm{grad}u\cdot\boldsymbol{l}^0]_M=1\times\frac{2}{3}+(-3)\times\frac{2}{3}+(-3)\times\left(-\frac{1}{3}\right)=-\frac{1}{3}$$

2.4.2 矢量场

如果在全部空间或部分空间里的每一点，都对应着某个物理矢量的一个确定的值，就说在这个空间里确定了该物理量的一个**矢量场**。矢量场是用矢量函数表示的三维矢量。聚合物工程中常用的矢量场有力场 $\boldsymbol{F}(x,\ y,\ z,\ t)$，流体运动速度 $\boldsymbol{u}(x,\ y,\ z,\ t)$，热流速率 $\boldsymbol{q}(x,$

y，z，t）和传质速率等。

本小节从矢量场的几何描述、数学表达和基本运算等几方面来介绍矢量场[7]，包括矢量线与矢量面、矢量场的通量和散度、矢量场的环量和旋度、三个重要的矢量场 4 部分。

2.4.2.1　矢量线与矢量面

这里介绍矢量场的数学描述和图形表示。

在矢量场中，分布各点处的矢量 $\boldsymbol{A}$ 是场中点 M 的函数 $\boldsymbol{A}=\boldsymbol{A}(M)$，当取定直角坐标系后，它就成为点 $M(x, y, z)$ 的坐标函数 $\boldsymbol{A}=\boldsymbol{A}(x, y, z)$，它的直角坐标表达式为

$$\boldsymbol{A}=A_x(x,y,z)\boldsymbol{i}+A_y(x,y,z)\boldsymbol{j}+A_z(x,y,z)\boldsymbol{k} \tag{2.4.9}$$

式中，函数 A_x，A_y，A_z 为矢量 $\boldsymbol{A}$ 的三个坐标。假定 A_x，A_y，A_z 为单值、连续且有一阶连续偏导数的函数。

为了直观地描述矢量场中矢量的分布状态，引入矢量线和矢量面的概念。**在矢量线上每一点处，场中每一个点的矢量都位于该点处的切线上。**矢量场中每一点均有一条矢量线通过，如图 2.4.3 所示。例如流速场中的流线，电场中的电力线和磁力线。

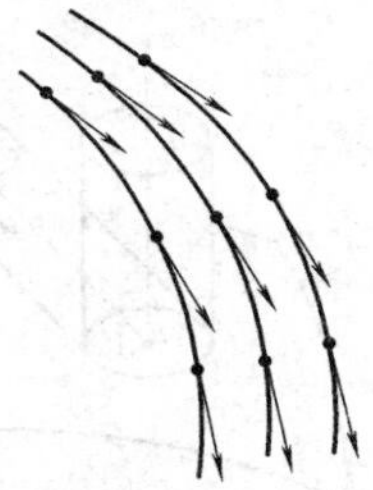

图 2.4.3　矢量线

例题 2.4.2　已知矢量场 $\boldsymbol{A}(x, y, z)$，确定其矢量线的微分方程。

解：设点 $M(x, y, z)$ 为矢量线上任一点，其矢径为 $\boldsymbol{r}=x\boldsymbol{i}+y\boldsymbol{j}+z\boldsymbol{k}$，其微分为

$$\mathrm{d}\boldsymbol{r}=\mathrm{d}x\boldsymbol{i}+\mathrm{d}y\boldsymbol{j}+\mathrm{d}z\boldsymbol{k}$$

矢径的微分按其几何意义是在点 M 处与矢量线相切的矢量。根据矢量线的定义，由于 $\mathrm{d}\boldsymbol{r}$ 无限小，故它必定在点 M 处与场矢量 $\boldsymbol{A}=A_x(x, y, z)\boldsymbol{i}+A_y(x, y, z)\boldsymbol{j}+A_z(x, y, z)\boldsymbol{k}$ 共线，即与矢量 $\boldsymbol{A}(x, y, z)$ 方向一致，有 $\mathrm{d}\boldsymbol{r}\times\boldsymbol{A}=0$，即

$$\begin{vmatrix} \boldsymbol{i} & \boldsymbol{j} & \boldsymbol{k} \\ \mathrm{d}x & \mathrm{d}y & \mathrm{d}z \\ A_x & A_y & A_z \end{vmatrix}=(A_z\mathrm{d}y-A_y\mathrm{d}z)\boldsymbol{i}+(A_x\mathrm{d}z-A_z\mathrm{d}x)\boldsymbol{j}+(A_y\mathrm{d}x-A_x\mathrm{d}y)\boldsymbol{k}=0$$

因此，得矢量场 $\boldsymbol{A}$ 的**矢量线方程**

$$\frac{\mathrm{d}x}{A_x}=\frac{\mathrm{d}y}{A_y}=\frac{\mathrm{d}z}{A_z} \tag{2.4.10}$$

这就是矢量线所应满足的微分方程。求解该方程，可以得到矢量线族。

例题 2.4.3　在三维瞬时流动中，速度为 $\boldsymbol{u}=u_x\boldsymbol{i}+u_y\boldsymbol{j}+u_z\boldsymbol{k}$，确定流速的流线方程。

解：在给定的某一瞬时 t，取流场流线上的任一点 M，流场中流线上的每一个流体质点的流速方向必定在该点 M 处与该曲线的切线相重合。由矢量线方程式（2.4.10），可得流速的流线微分方程

$$\frac{\mathrm{d}x}{u_x}=\frac{\mathrm{d}y}{u_y},\quad \frac{\mathrm{d}z}{u_z}=\frac{\mathrm{d}y}{u_y} \tag{2.4.11}$$

当矢量 $\boldsymbol{A}$ 的三个坐标函数 A_x，A_y，A_z 为单值、连续且有一阶连续偏导数时，这族矢量线充满了矢量场所在的空间，而且互不相交。

对于场中任一条非矢量曲线 C 上的每一点处仅有一条矢量线通过，这些矢量线的全体构成一个通过非矢量曲线 C 的称为**矢量面**的曲面，如图 2.4.4 所示。在矢量面上的任一点 M 处，场的对应矢量 $\boldsymbol{A}(M)$ 都位于该**矢量面**在该点的切平面内。通过一封闭曲线 C 的矢量面构成一管形曲面，称之为**矢量管**，如图 2.4.5 所示。

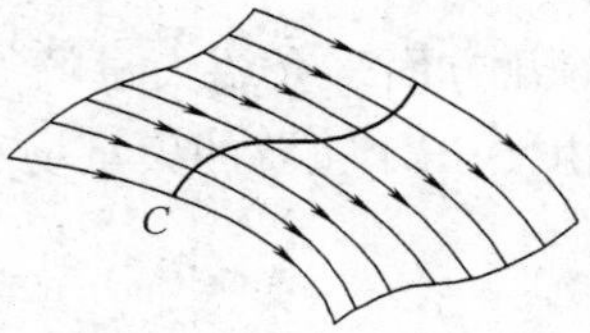

图 2.4.4　矢量面

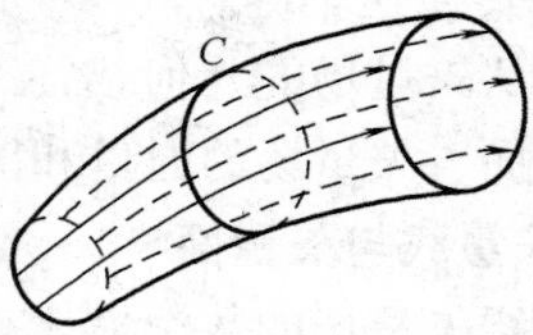

图 2.4.5　矢量管

2.4.2.2　矢量场的通量和散度

这里介绍矢量场的通量和散度数学物理意义，以及散度的基本运算公式。

讨论一个实际的例子，介绍矢量场通量的概念。

例题 2.4.4　设有不可压缩流体的流速场 $\boldsymbol{u}(M)=\boldsymbol{u}(x,\ y,\ z)$，求在单位时间内流体向正向穿过 S 的流量 q，即单位时间内穿过此曲面的流体体积流量为 q_V = 体积/时间。

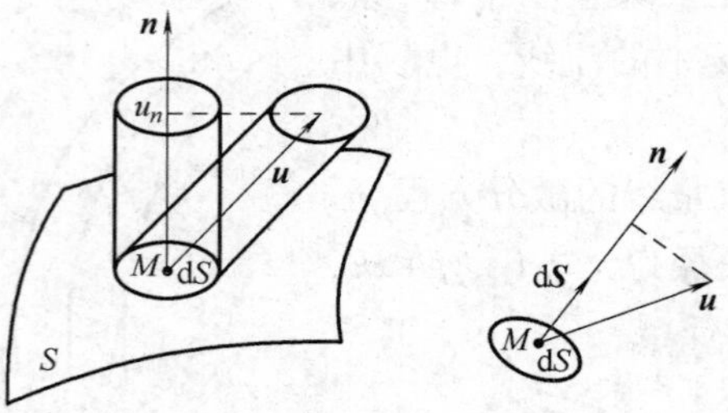

图 2.4.6　曲面元素上的流量

解： 为了简化问题，假定流速场相对密度为 1，如图 2.4.6 所示，在流场取有一有向封闭曲面 S，规定法矢量 $\boldsymbol{n}$ 指向正向，按习惯总是取其外侧为正向。在 S 上取曲面元素 $\mathrm{d}S$，M 为 $\mathrm{d}S$ 上任一点，当 $\mathrm{d}S\to 0$ 时，速度矢量 $\boldsymbol{u}$ 和法矢量 $\boldsymbol{n}$ 近似地不变化，这样单位时间 $\mathrm{d}t$ 内穿过 $\mathrm{d}S$ 流体的流量等于

$$\mathrm{d}q_{V1}=\frac{\mathrm{d}V}{\mathrm{d}t}=\frac{h\mathrm{d}S}{\mathrm{d}t}=u_n\mathrm{d}S$$

式中，$\mathrm{d}V$ 为斜体体积，其为柱体高与底面积的乘积。

若以 $\boldsymbol{n}$ 表示点 M 处的单位法矢量，$\mathrm{d}\boldsymbol{S}$ 是点 M 处的一个矢量，其方向与 $\boldsymbol{n}$ 一样，其模等于面积 $\mathrm{d}S$，有 $\mathrm{d}\boldsymbol{S}=\boldsymbol{n}\mathrm{d}S$。用 u_n 表示速度 $\boldsymbol{u}$ 在 $\boldsymbol{n}$ 上投影，这样单位时间 $\mathrm{d}t$ 内穿过 $\mathrm{d}S$ 流体的流量近似地等于以 $\mathrm{d}S$ 为底面积，u_n 为高的柱体体积，流量表示为

$$\mathrm{d}q_{V1}=u_n\mathrm{d}S=\boldsymbol{u}\cdot\mathrm{d}\boldsymbol{S}$$

在单位时间内向正侧通过整个曲面 S 的流量用曲面积分表示为

$$q_{V1}=\iint_S u_n\mathrm{d}S=\iint_S\boldsymbol{u}\cdot\mathrm{d}\boldsymbol{S} \tag{2.4.12}$$

式（2.4.12）的面积分称为流体流动的**流量通量**，其为数量。

许多学科都使用通量，如物理学中电场的电通量 Φ_e 和磁场的磁通量 Φ_m 分别为

$$\Phi_e=\iint_S D_n\mathrm{d}S=\iint_S\boldsymbol{D}\cdot\mathrm{d}\boldsymbol{S},\quad \Phi_m=\iint_S B_n\mathrm{d}S=\iint_S\boldsymbol{B}\cdot\mathrm{d}\boldsymbol{S}$$

式中，$\boldsymbol{D}$ 为电场中的电位移矢量，$\boldsymbol{B}$ 为磁场中的磁感应强度矢量。数学上把这类积分概括为通量。

（1）通量

通量的定义： 设有矢量场 $\boldsymbol{A}(x,\ y,\ z)$，沿其中某一有向曲面 S 的曲面积分

$$\Phi=\iint_S A_n\mathrm{d}S=\iint_S\boldsymbol{A}\cdot\mathrm{d}\boldsymbol{S} \tag{2.4.13}$$

称为矢量 $\boldsymbol{A}(x,\ y,\ z)$ 向法矢量 $\boldsymbol{n}$ 的方向穿过曲面 S 的**通量**。

若矢量场中，有 n 个矢量，则矢量为 $\boldsymbol{A}=\boldsymbol{A}_1+\boldsymbol{A}_2+\boldsymbol{A}_3+\cdots\boldsymbol{A}_n=\sum_{i=1}^{n}\boldsymbol{A}_i$（$i=1,\ 2,\ \cdots,\ n$），

则通量是可叠加的数量，矢量 $\boldsymbol{A}(x, y, z)$ 向法矢量 $\boldsymbol{n}$ 的方向穿过曲面 S 的总通量

$$\Phi = \iint_S \boldsymbol{A} \cdot \mathrm{d}\boldsymbol{S} = \iint_S \left(\sum_{i=1}^{n} \boldsymbol{A}_i\right) \cdot \mathrm{d}\boldsymbol{S} = \sum_{i=1}^{n} \iint_S \boldsymbol{A}_i \cdot \mathrm{d}\boldsymbol{S} = \sum_{i=1}^{n} \Phi_i \tag{2.4.14}$$

以流体流动的流速场 $\boldsymbol{u}$ 为例说明**正通量、负通量和零通量的物理意义**。单位时间 $\mathrm{d}t$ 内穿过 $\mathrm{d}S$ 流体的流量等于 $\mathrm{d}q_{V1} = \boldsymbol{u} \cdot \mathrm{d}\boldsymbol{S}$，如图 2.4.7 所示。$\mathrm{d}q_{V1} = \boldsymbol{u} \cdot \mathrm{d}\boldsymbol{S} > 0$ 为正流量，$\boldsymbol{u}$ 是从 $\mathrm{d}S$ 的负侧穿到 $\mathrm{d}S$ 的正侧，$\boldsymbol{u}$ 与 $\boldsymbol{n}$ 相交成锐角；$\mathrm{d}q_{V1} = \boldsymbol{u} \cdot \mathrm{d}\boldsymbol{S} < 0$ 为**负流量**，$\boldsymbol{u}$ 是从 $\mathrm{d}S$ 的正侧穿到 dS 的负侧，$\boldsymbol{u}$ 与 $\boldsymbol{n}$ 相交成钝角。

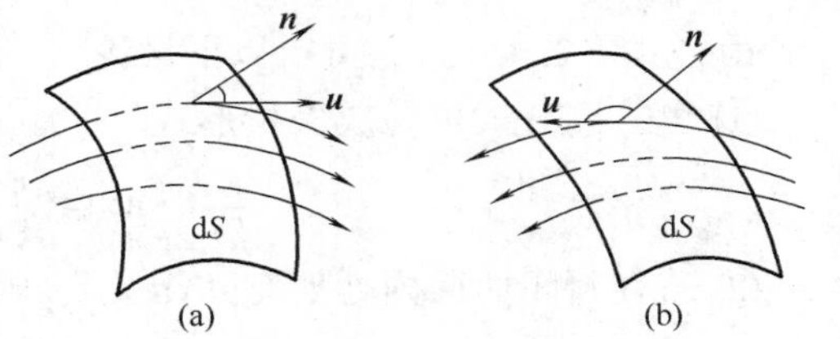

(a)　(b)

图 2.4.7　流量

（a）正流量　（b）负流量

对于总流量 $q_V = \oint_S \mathrm{d}q_V$，$q_V > 0$ 流出多于流入，如 S 为一闭合曲面，在 S 内必有产生流体的**泉源（源）**。$q_V < 0$ 流出少于流入，在 S 内有吸入流体的**汇（涵）**。$q_V = 0$ 流出等于流入，闭合曲面 S 内的源和汇二者相互抵消，即**无源又无汇**。

例题 2.4.5　用高等数学面积分知识，计算直角坐标系速度矢量 $\boldsymbol{u}$ 的通量，即流量。

在直角坐标系中，若矢量 $\boldsymbol{u} = u_x(x,y,z)\boldsymbol{i} + u_y(x,y,z)\boldsymbol{j} + u_z(x,y,z)\boldsymbol{k}$，面积矢量为

$$\mathrm{d}\boldsymbol{S} = \boldsymbol{n}\mathrm{d}S = \mathrm{d}S\cos(\boldsymbol{n},x)\boldsymbol{i} + \mathrm{d}S\cos(\boldsymbol{n},y)\boldsymbol{j} + \mathrm{d}S\cos(\boldsymbol{n},z)\boldsymbol{k} = \mathrm{d}y\mathrm{d}z\boldsymbol{i} + \mathrm{d}x\mathrm{d}z\boldsymbol{j} + \mathrm{d}x\mathrm{d}y\boldsymbol{k}$$

则通量为矢量与面积矢量的面积分，得到

$$q_V = \iint_S \boldsymbol{u} \cdot \mathrm{d}\boldsymbol{S} = \iint_S (u_x \mathrm{d}y\mathrm{d}z + u_y \mathrm{d}x\mathrm{d}z + u_z \mathrm{d}x\mathrm{d}y) \tag{2.4.15}$$

式中，$\mathrm{d}S\cos(\boldsymbol{n}, x)$，$\mathrm{d}S\cos(\boldsymbol{n}, y)$ 和 $\mathrm{d}S\cos(\boldsymbol{n}, z)$ 分别是 $\mathrm{d}\boldsymbol{S}$ 在 Oyz，Oxz 和 Oxy 的平面上投影，即分别是 Oyz，Oxz 和 Oxy 平面上的面积元。

因此，通量（流量）可具体写成

$$q_V = \iint_S \boldsymbol{u} \cdot \mathrm{d}\boldsymbol{S} = \iint_S (u_x \mathrm{d}y\mathrm{d}z + u_y \mathrm{d}x\mathrm{d}z + u_z \mathrm{d}x\mathrm{d}y) = \iint_S (P\cos\alpha + Q\cos\beta + R\cos\gamma)\mathrm{d}S \tag{2.4.16}$$

（2）散度

由（2.4.16）可以计算速度矢量场 $\boldsymbol{u}(x, y, z)$ 向正侧穿过闭合曲面 S 流量 q_V 的大小和正负值。该式可宏观地描述该流量。但是，无法了解在闭合曲面 S 通量的分布情况和变化的强弱程度。为了进一步了解源或汇在 S 内的分布情况及其强弱程度，需要确定闭曲面通量对体积的变化率，引入矢量场散度的概念和计算方法。

散度的定义：若闭曲面 S 向其围成的空间区域 Ω 中某点 M 无限缩小时，速度矢量场 $\boldsymbol{u}$ 在这个闭曲面上的通量与该曲面所包围空间 Ω 的体积之比的极限存在，则称此极限为速度矢量 $\boldsymbol{u}$ 在点 M 处的**散度**，记为

$$\mathrm{div}\boldsymbol{u} = \lim_{\Omega \to M} \frac{\Delta q_V}{\Delta V} = \lim_{\Omega \to M} \frac{\oint \boldsymbol{u} \cdot \mathrm{d}S}{\Delta V} \tag{2.4.17}$$

由定义式（2.4.17）可知，速度矢量场的散度是一个数量场，它不依赖于坐标系的选择。散度表示在场中一 M 点处闭曲面通量对体积的变化率，亦即在 M 点处对单位体积边界上所穿越的通量，其物理意义表示矢量场在 M 点处**源（汇）的强度**。

$\mathrm{div}\boldsymbol{u} = 0$ 的矢量场 $\boldsymbol{u}$ 为无源场，$\mathrm{div}\boldsymbol{u} > 0$ **的矢量场 $\boldsymbol{u}$ 为散发通量之正源场**，$\mathrm{div}\boldsymbol{u} < 0$ **的矢量场 $\boldsymbol{u}$ 为吸收通量之负源场**。如果把速度场 $\boldsymbol{u}$ 中每一点的散度与场中的每一点一一对应起

来，就得到一个数量场，称为由此**矢量场产生的散度场**。

在直角坐标系中，矢量场 $\boldsymbol{u}=u_x(x,y,z)\boldsymbol{i}+u_y(x,y,z)\boldsymbol{j}+u_z(x,y,z)\boldsymbol{k}$ 在任一点 $M(x, y, z)$ 处的散度为

$$\mathrm{div}\boldsymbol{u}=\nabla\cdot\boldsymbol{u}=\frac{\partial u_x}{\partial x}+\frac{\partial u_y}{\partial y}+\frac{\partial u_z}{\partial z} \tag{2.4.18}$$

由公式（2.4.18），可得以下**推论**：

① 奥—高公式可写成矢量形式

$$\oint\!\!\!\oint_S \boldsymbol{u}\cdot\mathrm{d}\boldsymbol{S}=\iiint_\Omega \mathrm{div}\boldsymbol{u}\mathrm{d}V=\iiint_\Omega \nabla\cdot\boldsymbol{u}\mathrm{d}V \tag{2.4.19}$$

② 若在封闭曲面内处处有 $\mathrm{div}\boldsymbol{u}=0$，则

$$\oint\!\!\!\oint_S \boldsymbol{u}\cdot\mathrm{d}\boldsymbol{S}=0 \tag{2.4.20}$$

③ 若在场内某些点或区域上有 $\mathrm{div}\boldsymbol{u}\neq0$ 或 $\mathrm{div}\boldsymbol{u}$ 不存在，而在其他点上都有 $\mathrm{div}\boldsymbol{u}=0$，则穿出包围这些点或区域的任一封闭曲面的流量都相等，即为一常数。

利用高等数学中学习过的奥—高公式可以证明式（2.4.19）。这里略去证明。

(3) 散度的基本运算公式

若 $\boldsymbol{C}$ 为常矢量，C 为常数，u 为数量函数，$\boldsymbol{A}$，$\boldsymbol{B}$ 为矢量函数，可用散度定义和函数的运算规则证明以下运算公式[4]。

① $\nabla\cdot(\boldsymbol{C})=0$

② $\nabla\cdot(C\boldsymbol{A})=C\nabla\cdot\boldsymbol{A}$

③ $\nabla\cdot(\boldsymbol{A}\pm\boldsymbol{B})=\nabla\cdot\boldsymbol{A}\pm\nabla\cdot\boldsymbol{B}$

④ $\nabla\cdot(u\boldsymbol{A})=u\nabla\cdot\boldsymbol{A}+\nabla u\cdot\boldsymbol{A}$

⑤ $\oint\!\!\!\oint_S \boldsymbol{A}\cdot\mathrm{d}\boldsymbol{S}=\oint\!\!\!\oint_S A_x\mathrm{d}y\mathrm{d}z+A_y\mathrm{d}x\mathrm{d}z+A_z\mathrm{d}x\mathrm{d}y=\iiint_\Omega\left(\frac{\partial A_x}{\partial x}+\frac{\partial A_y}{\partial y}+\frac{\partial A_z}{\partial z}\right)\mathrm{d}x\mathrm{d}y\mathrm{d}z=\iiint_\Omega(\nabla\cdot\boldsymbol{A})\mathrm{d}V$

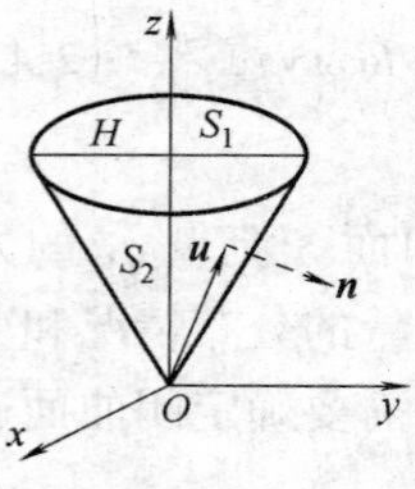

图 2.4.8 圆锥面和平面围成的封闭曲面

例题 2.4.6 有一由圆锥面 $x^2+y^2=z^2$ 和平面 $z=H(H>0)$ 围成的封闭曲面 S，如图 2.4.8 所示。设速度矢量 $\boldsymbol{u}=u_x\boldsymbol{i}+u_y\boldsymbol{j}+u_z\boldsymbol{k}=x\boldsymbol{i}+y\boldsymbol{j}+z\boldsymbol{k}$ 组成速度场，分别使用面积分和散度公式计算从 S 内流出 S 的流量[3]。

解：① 封闭曲面 S 由 $z=H(H>0)$ 的平面 S_1 和圆锥面 S_2 组成，使用面积分公式计算流量

$$q_V=\oint\!\!\!\oint \boldsymbol{u}\cdot\mathrm{d}\boldsymbol{S}=\iint_{S_1}\boldsymbol{u}\cdot\mathrm{d}\boldsymbol{S}+\iint_{S_2}\boldsymbol{u}\cdot\mathrm{d}\boldsymbol{S}$$

在平面 S_1 上，有

$$\iint_{S_1}\boldsymbol{u}\cdot\mathrm{d}\boldsymbol{S}=\iint_{S_1}(x\mathrm{d}y\mathrm{d}z+y\mathrm{d}x\mathrm{d}z+z\mathrm{d}x\mathrm{d}y)=\iint_{\sigma_1}H\mathrm{d}x\mathrm{d}y=H\iint_{\sigma_1}\mathrm{d}x\mathrm{d}y=\pi H^2\times H=\pi H^3$$

式中，σ_1 为 S_1 在 Oxy 平面上投影区域。

在圆锥面上，因为 $\boldsymbol{u}\perp\boldsymbol{n}$，有

$$\iint_{S_2}\boldsymbol{u}\cdot\mathrm{d}\boldsymbol{S}=\iint_{S_2}u_n\mathrm{d}S=0$$

因此，得到流量

$$q_V=\pi H^3$$

② 用速度场的散度计算流量，因为散度为

$$\nabla\cdot\boldsymbol{u}=\frac{\partial u}{\partial x}+\frac{\partial v}{\partial y}+\frac{\partial w}{\partial z}=1+1+1=3$$

所以，使用体积分计算流量，得

$$q_V = \iiint_\Omega \nabla\cdot \boldsymbol{u} = \iiint_\Omega \left(\frac{\partial u_x}{\partial x} + \frac{\partial u_y}{\partial y} + \frac{\partial u_z}{\partial z}\right)\mathrm{d}x\mathrm{d}y\mathrm{d}z = 3\iiint_v \mathrm{d}V = 3\times\frac{1}{3}\pi H^2 \times H = \pi H^3$$

2.4.2.3　矢量场的环量和旋度

这里介绍矢量场的环量和旋度的数学物理意义，以及旋度的基本运算公式。

设力场 $\boldsymbol{F}(M)$，$\boldsymbol{l}$ 为场中的一条封闭的有向曲线，$\boldsymbol{\tau}$ 为 $\boldsymbol{l}$ 的单位切向矢量，曲线的微分 $\mathrm{d}\boldsymbol{l} = \boldsymbol{\tau}\mathrm{d}l$ 是一个方向与 $\boldsymbol{\tau}$ 一致，模等于弧长 $\mathrm{d}l$ 的矢量，如图 2.4.9 所示。在场力 $\boldsymbol{F}$ 的作用下，一个质点 M 沿封闭曲线 $\boldsymbol{l}$ 运转一周时场力 $\boldsymbol{F}$ 所做的功，可用闭曲线积分表示为

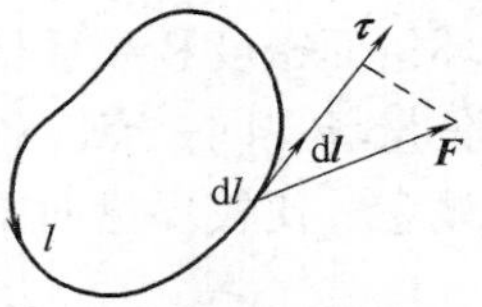

图 2.4.9　环量的几何表示

$$W = \oint_l F_\tau \mathrm{d}l = \oint_l \boldsymbol{F}\cdot \mathrm{d}\boldsymbol{l}$$

数学上把形如上述的一类曲线积分概括成环量的概念。由上式可知，环量是个数量。例如在流速场 $\boldsymbol{u}(M)$ 中，积分 $\oint_l \boldsymbol{u}\cdot\mathrm{d}\boldsymbol{l}$ 表示在单位时间内沿闭路正向流动的环流。

(1) 环量

环量的定义： 设有矢量场 $\boldsymbol{A}(x, y, z)$ 沿场中某一封闭的有向曲线 $\boldsymbol{l}$ 的曲线积分

$$\Gamma = \oint_l \boldsymbol{A}\cdot \mathrm{d}\boldsymbol{l} \tag{2.4.21}$$

称为此矢量场按积分所取方向沿曲线 $\boldsymbol{l}$ 的**环量**。一般规定逆时针方向积分为正。

在直角坐标系中，设速度矢量 $\boldsymbol{u} = u_x(x,y,z)\boldsymbol{i} + u_y(x,y,z)\boldsymbol{j} + u_z(x,y,z)\boldsymbol{k}$，有弧长

$$\mathrm{d}\boldsymbol{l} = \mathrm{d}l\cos(\boldsymbol{\tau},x)\boldsymbol{i} + \mathrm{d}l\cos(\boldsymbol{\tau},y)\boldsymbol{j} + \mathrm{d}l\cos(\boldsymbol{\tau},z)\boldsymbol{k} = \mathrm{d}x\boldsymbol{i} + \mathrm{d}y\boldsymbol{j} + \mathrm{d}z\boldsymbol{k}$$

式中，$\cos(\boldsymbol{\tau}, x)$，$\cos(\boldsymbol{\tau}, y)$ 和 $\cos(\boldsymbol{\tau}, z)$ 为 $\boldsymbol{l}$ 的切向矢量 $\boldsymbol{\tau}$ 的方向余弦，则环量可写成

$$\Gamma = \oint_l \boldsymbol{u}\cdot \mathrm{d}\boldsymbol{l} = \oint_l u_x \mathrm{d}x + u_y\mathrm{d}y + u_z\mathrm{d}z \tag{2.4.22}$$

为了研究环量的强度，引入**环量面密度**的概念，以速度场为例讨论环量对面积的变化率。在速度场 $\boldsymbol{u}$ 中一点 M 处，任取一面积为 ΔS 的微小曲面 ΔS，$\boldsymbol{n}$ 为其在点 M 处的法矢量，**曲面 ΔS 边界线 Δl 的正向与法矢量 $\boldsymbol{n}$ 构成右手螺旋关系**，如图 2.4.10 所示。

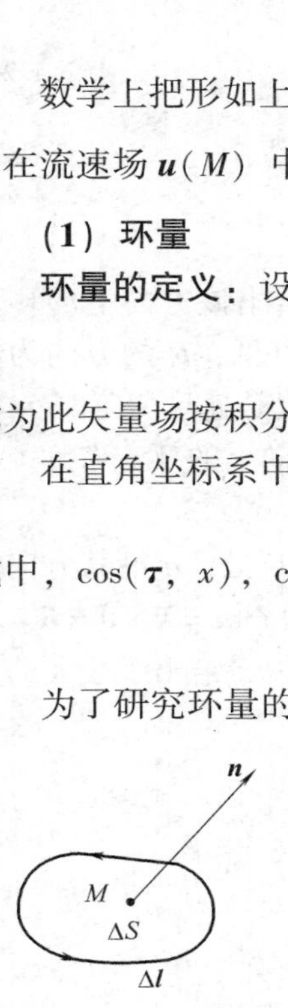

图 2.4.10　边界线的正向与法矢量构成右手螺旋关系

速度场 $\boldsymbol{u}$ 沿它边界线 Δl 的正向的环量 $\Delta\Gamma$ 与面积 ΔS 之比，当曲面 ΔS 在保持 M 点于其上的条件下，沿着自身缩向 M 点时，若 $\Delta\Gamma/\Delta S$ 的极限存在，则称其为速度场 $\boldsymbol{u}$ 在点 M 处沿方向 $\boldsymbol{n}$ 的**环量面密度**，即**环量强度**，记为

$$\mathrm{rot}_n \boldsymbol{u} = \lim_{\Delta S\to 0}\frac{\oint_{\Delta l}\boldsymbol{u}\cdot\mathrm{d}\boldsymbol{l}}{\Delta S}$$

在直角坐标系中，设矢量 $\boldsymbol{u} = u_x(x,y,z)\boldsymbol{i} + u_y(x,y,z)\boldsymbol{j} + u_z(x,y,z)\boldsymbol{k}$，运用高等数学的斯托克斯公式，将曲线积分转化为曲面积分

$$\oint_l \boldsymbol{u}\cdot\mathrm{d}\boldsymbol{l} = \iint_S \left(\frac{\partial u_z}{\partial y} - \frac{\partial u_y}{\partial z}\right)\mathrm{d}y\mathrm{d}z + \left(\frac{\partial u_x}{\partial z} - \frac{\partial u_z}{\partial x}\right)\mathrm{d}x\mathrm{d}z + \left(\frac{\partial u_y}{\partial x} - \frac{\partial u_x}{\partial y}\right)\mathrm{d}x\mathrm{d}y$$

$$= \iint_S\left[\left(\frac{\partial u_z}{\partial y} - \frac{\partial u_y}{\partial z}\right)\cos(\boldsymbol{n},x) + \left(\frac{\partial u_x}{\partial z} - \frac{\partial u_z}{\partial x}\right)\cos(\boldsymbol{n},y) + \left(\frac{\partial u_y}{\partial x} - \frac{\partial u_x}{\partial y}\right)\cos(\boldsymbol{n},z)\right]\mathrm{d}S$$

将上式代入环量面密度定义式（2.4.22），得到在直角坐标系下**环量面密度公式**

$$\mathrm{rot}_n\boldsymbol{u}=\left(\frac{\partial u_z}{\partial y}-\frac{\partial u_y}{\partial z}\right)\cos\alpha+\left(\frac{\partial u_x}{\partial z}-\frac{\partial u_z}{\partial x}\right)\cos\beta+\left(\frac{\partial u_y}{\partial x}-\frac{\partial u_x}{\partial y}\right)\cos\gamma \tag{2.4.23}$$

式中，$\cos\alpha$，$\cos\beta$，$\cos\gamma$ 为 ΔS 在点 M 处的法矢量 $\boldsymbol{n}$ 的方向余弦。

例如，在流速场 $\boldsymbol{u}$ 中，$\mathrm{rot}_n\boldsymbol{u}=\dfrac{\mathrm{d}q_l}{\mathrm{d}S}$为在 M 点处与法矢量 $\boldsymbol{n}$ 成右手螺旋方向的环流对面积的变化率，称为**环流密度或环流强度**。

环量面密度和数量场的方向导数一样，与方向有关。从场中任一点出发有无穷多个方向，矢量场在同一点对各个方向的环量面密度可能会不同。为了确定其中最大的一个，引入旋度概念。比较环量面密度和方向导数的计算公式，可以看出这两个公式很类似。若令式（2.4.23）中的三个数量$\left(\frac{\partial u_z}{\partial y}-\frac{\partial u_y}{\partial z}\right)$，$\left(\frac{\partial u_x}{\partial z}-\frac{\partial u_z}{\partial x}\right)$和$\left(\frac{\partial u_y}{\partial x}-\frac{\partial u_x}{\partial y}\right)$构成矢量 $\boldsymbol{R}$，其表达式为

$$\boldsymbol{R}=\left(\frac{\partial u_z}{\partial y}-\frac{\partial u_y}{\partial z}\right)\boldsymbol{i}+\left(\frac{\partial u_x}{\partial z}-\frac{\partial u_z}{\partial x}\right)\boldsymbol{j}+\left(\frac{\partial u_y}{\partial x}-\frac{\partial u_x}{\partial y}\right)\boldsymbol{k} \tag{2.4.24}$$

且在给定处，$\boldsymbol{R}$ 为固定矢量，则式（2.3.23）可写成

$$\mathrm{rot}_n\boldsymbol{u}=\boldsymbol{R}\cdot\boldsymbol{n}=|\boldsymbol{R}|\cdot\cos(\boldsymbol{R},\boldsymbol{n}) \tag{2.4.25}$$

式中，$\boldsymbol{n}=\cos\alpha\boldsymbol{i}+\cos\beta\boldsymbol{j}+\cos\gamma\boldsymbol{k}$。

式（2.4.25）表明，在给定点处，$\boldsymbol{R}$ 在任一方向 $\boldsymbol{n}$ 上的投影，就给出该方向上的环量面密度。当 $\boldsymbol{R}$ 的方向与 $\boldsymbol{n}$ 方向一致时，环量面密度取最大数值。由此可见，$\boldsymbol{R}$ 的方向为环量面密度最大的方向，其模为最大环量面密度的数值。此时称矢量 $\boldsymbol{R}$ 就是速度矢量场 $\boldsymbol{u}$ 的**旋度**。旋度是一个矢量场，旋度矢量在任一方向 $\boldsymbol{n}$ 上的投影，等于该方向上的环流密度。

（2）旋度

旋度定义：若在矢量场 $\boldsymbol{u}$ 中一点 M 处存在这样的一个矢量 $\boldsymbol{R}$，在点 M 处，$\boldsymbol{u}$ 沿其方向的环量密度的最大数值正好是$|\boldsymbol{R}|$，矢量 $\boldsymbol{R}$ 为矢量 $\boldsymbol{u}$ 在点 M 处的**旋度**，记为 $\mathrm{rot}\boldsymbol{u}=\nabla\times\boldsymbol{u}=\boldsymbol{R}$。

旋度矢量的上述定义与坐标系的选择无关。在数值和方向上，旋度矢量给出了最大的环量面密度。在直角坐标系中，旋度计算式为

$$\boldsymbol{R}=\mathrm{rot}\boldsymbol{u}=\nabla\times\boldsymbol{u}=\begin{vmatrix}\boldsymbol{i} & \boldsymbol{j} & \boldsymbol{k}\\ \frac{\partial}{\partial x} & \frac{\partial}{\partial y} & \frac{\partial}{\partial z}\\ u_x & u_y & u_z\end{vmatrix}=\left(\frac{\partial u_z}{\partial y}-\frac{\partial u_y}{\partial z}\right)\boldsymbol{i}+\left(\frac{\partial u_x}{\partial z}-\frac{\partial u_z}{\partial x}\right)\boldsymbol{j}+\left(\frac{\partial u_y}{\partial x}-\frac{\partial u_x}{\partial y}\right)\boldsymbol{k} \tag{2.4.26}$$

使用式（2.4.26），将速度场的斯托克斯公式可写成速度矢量形式，有

$$\oint_l\boldsymbol{u}\cdot\mathrm{d}\boldsymbol{l}=\iint_S(\mathrm{rot}\boldsymbol{u})\cdot\mathrm{d}\boldsymbol{S}=\iint_S(\nabla\times\boldsymbol{u})\cdot\mathrm{d}\boldsymbol{S} \tag{2.4.27}$$

对于二维平面，速度场中格林定理表达式为

$$\oint_l\boldsymbol{u}\cdot\mathrm{d}\boldsymbol{l}=\int_l(u_x\mathrm{d}x+u_y\mathrm{d}y)=\iint_S\left(\frac{\partial u_y}{\partial x}-\frac{\partial u_x}{\partial y}\right)\mathrm{d}x\mathrm{d}y \tag{2.4.28}$$

（3）旋度的基本运算公式：

若 $\boldsymbol{C}$ 为常矢量，C 为常数，u 为数量函数，$\boldsymbol{A}$，$\boldsymbol{B}$ 为矢量，可用旋度定义和函数的运算规则证明以下运算公式[4]。

① $\nabla\times\boldsymbol{C}=0$

② $\nabla\times(C\boldsymbol{A})=C\,\nabla\times\boldsymbol{A}$

③ $\nabla\times(\boldsymbol{A}\pm\boldsymbol{B})=\nabla\times\boldsymbol{A}\pm\nabla\times\boldsymbol{B}$

④ $\nabla\times(u\boldsymbol{A})=u\nabla\times\boldsymbol{A}+\nabla u\times\boldsymbol{A}$

⑤ $\nabla\cdot(\boldsymbol{A}\times\boldsymbol{B})=\boldsymbol{B}\cdot(\nabla\times\boldsymbol{A})-\boldsymbol{A}\cdot(\nabla\times\boldsymbol{B})$

⑥ $\nabla\times(\boldsymbol{A}\times\boldsymbol{B})=(\boldsymbol{B}\cdot\nabla)\boldsymbol{A}-(\boldsymbol{A}\cdot\nabla)\boldsymbol{B}+\boldsymbol{A}(\nabla\cdot\boldsymbol{B})-\boldsymbol{B}(\nabla\cdot\boldsymbol{A})$

⑦ $\nabla(\boldsymbol{A}\cdot\boldsymbol{B})=(\boldsymbol{A}\cdot\nabla)\boldsymbol{B}+(\boldsymbol{B}\cdot\nabla)\boldsymbol{A}+\boldsymbol{A}\times(\nabla\times\boldsymbol{B})+\boldsymbol{B}\times(\boldsymbol{A}\times\nabla)$

⑧ $\nabla\times(\nabla\times\boldsymbol{A})=\nabla(\nabla\cdot\boldsymbol{A})-(\nabla\cdot\nabla)\boldsymbol{A}=\nabla(\nabla\cdot\boldsymbol{A})-\nabla^2\boldsymbol{A}$

⑨ $\mathrm{rot}(\mathrm{grad}u)=\nabla\times(\nabla u)=0$

⑩ $\mathrm{div}(\mathrm{rot}\boldsymbol{A})=\nabla\cdot(\nabla\times\boldsymbol{A})=0$

2.4.2.4　三个重要的矢量场

工程中常用无旋场、无源场和调和场来描述流体流动的动量、传热和扩散等问题。这里仅介绍这三个场的定义和相关知识，不展开介绍。有兴趣的读者可参看有关文献[7,8]。

(1) **无旋场**

定义：若有速度矢量场 $\boldsymbol{u}(M)$，在其所定义的区域里的各点的旋度都等于零，即 $\mathrm{rot}\boldsymbol{u}=\nabla\times\boldsymbol{u}=0$，则该矢量场称为**无旋场**，也称为**有势场**或**保守力场**。

由斯托克斯公式的矢量式（2.4.27），将曲线积分化为面积分，得到

$$\oint_l \boldsymbol{u}\cdot\mathrm{d}\boldsymbol{l}=\iint_S(\mathrm{rot}\boldsymbol{u})\cdot\mathrm{d}\boldsymbol{S}=0 \tag{2.4.29}$$

这个事实等价于曲线积分 $\int_{M_0M}\boldsymbol{u}\cdot\mathrm{d}\boldsymbol{l}$ 与路径无关，其积分值只取决于积分的起点 $M_0(x_0, y_0, z_0)$ 和终点 $M(x, y, z)$ 的位置。大多数聚合物加工成型过程，聚合物流体流动是层流，因此流场是无旋场。

(2) **无源场**

定义：设有矢量场 $\boldsymbol{u}(M)$，在其所定义的区域里各点的散度都等于零，即 $\mathrm{div}\boldsymbol{u}=0$，该矢量场称为**无源场**，也称为**管形场**。

由矢量场的旋度定义很容易证明任何矢量场的旋度所构成的矢量场都是无源场，有 $\nabla\cdot(\nabla\times\boldsymbol{u})\equiv0$。矢量场为无源场的充要条件，即在其所定义的区域里对任何闭合曲面的通量等于零。由**奥—高**公式可知

$$\iiint_\Omega \nabla\cdot\boldsymbol{u}\mathrm{d}V=\oiint_S\boldsymbol{u}\cdot\mathrm{d}\boldsymbol{S}=0 \tag{2.4.30}$$

此式表明无源场在其所定义的区域里，对任何闭合曲面的流量都等于零。例如当不可压缩流体流过管子时，通过任何截面流体的流量都应相等。

例题 2.4.7　设管形速度场 $\boldsymbol{u}$ 所在的空间区域是面单连域，在场中任取一个矢量流管，由流线所组成管形曲面如图 2.4.11 所示。假定 S_1 与 S_2 是它的任意两个横断面，其法矢量 $\boldsymbol{n}_1$ 与 $\boldsymbol{n}_2$ 都朝向速度矢量 $\boldsymbol{u}$ 所指的一侧，则有

$$\iint_{S_1}\boldsymbol{u}\cdot\boldsymbol{n}_1\mathrm{d}S=\iint_{S_2}\boldsymbol{u}\cdot\boldsymbol{n}_2\mathrm{d}S$$

上式表明，在无源场所定义的区域里取定任意的有向闭合曲面，无源场的面积分只取决于曲面的边界，与曲面的形状无关。在讨论聚合物口模流动时，用到这个概念。

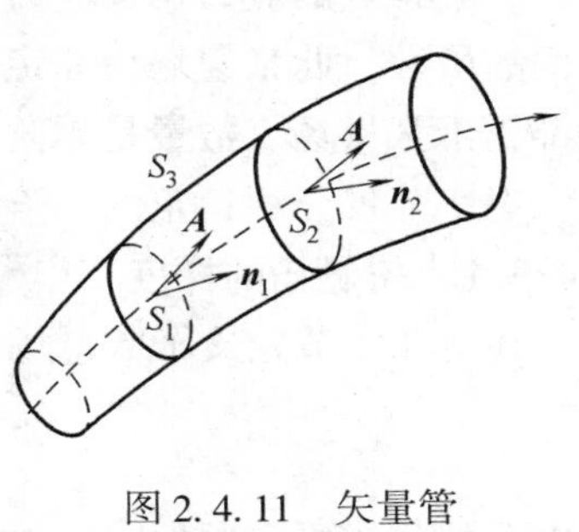

图 2.4.11　矢量管

(3) **调和场**

定义：如果在速度矢量场同时有 $\mathrm{div}\boldsymbol{u}=0$ 和 $\mathrm{rot}\boldsymbol{u}=0$，则称此速度矢量场 $\boldsymbol{u}$ 为**调和场**。亦即**调和场是既无源又无旋的速度矢量场**。

平面调和场是指既无源又无旋的平面矢量场。与空间调和场相比，它具有某些特殊性质。当研究对象在某一维尺度特别的大，大于另外二维的尺度，也可以说，当研究对象某一维边界的影响可忽略不用考虑时，该问题可简化为平面问题。由于工程中很多问题可以简化为二维问题，在工程中常用到平面调和场。

以一个二维不可压缩流体的平面流动为例，$\boldsymbol{u}=u_x\boldsymbol{i}+u_y\boldsymbol{j}$ 为无源无旋的调和场。由于 $\mathrm{rot}\boldsymbol{u}=\left(\frac{\partial u_y}{\partial x}-\frac{\partial u_x}{\partial y}\right)\boldsymbol{k}=0$，即有$\frac{\partial u_y}{\partial x}-\frac{\partial u_x}{\partial y}=0$。由此式得到**流线微分方程**（stream line equation）式（2.4.11）

$$\frac{\mathrm{d}x}{u_x}=\frac{\mathrm{d}y}{u_y}$$

流线是同一时刻不同质点所组成的曲线，它给出该时刻不同流体质点的运动方向。**流线有以下特点**：

① 在某一给定时刻 t，流场中任一空间点都有一条流线流过，流场中的流线是曲线族。**流线不相交，即流体不能穿过流线流动；**

② 非稳定场中任一空间点的流速大小和方向都随时间改变，流线和迹线不重合。但是，**稳定场中任一空间点处只能有一条流线通过，流线和迹线重合；**

③ 流线疏密表示流速大小，流线密处流速度大。绘出流线图，即表示了流速场。

流体力学中，求解不可压缩流体平面调和速度场 $\boldsymbol{u}$ 的问题可以转化为求解流函数 $\Psi(x, y)$ 和速度势 $\Phi(x, y)$，$\boldsymbol{u}$ 未知数的数目由 3 个减少到一个 $\Psi(x, y)$ 或 $\Phi(x, y)$。由于在数学物理方程中，拉普拉斯方程研究得比较透彻，给出确定的边界条件，函数 $\Psi(x, y)$ 和 $\Phi(x, y)$ 是可解的。这里不展开介绍。有兴趣的读者可阅读参考文献，学习拉普拉斯方程的求解方法[7]。在聚合物加工成型过程中，描述聚合物熔体的流动将用到速度场和流线的数学描述。

2.4.3 张 量 场

聚合物流动和变形要用张量来描述。在全部空间或部分空间里，如果每一点都有一个确定的张量与之对应，就称这个空间里确定了一个**张量场**。例如聚合物流体运动的不均匀形变，其中各点的应力构成应力张量场 $\boldsymbol{T}(x, y, z, t)$。**若应力张量场既是位置的函数，又是时间的函数，此张量场为非定常张量场；与时间无关的张量场为定常张量场**。数量场和矢量场都属于张量场。**数量是零阶张量，矢量是一阶张量**。

本小节仅介绍稳定的二阶张量场，包括矢量场的梯度、张量场的散度两部分。

2.4.3.1 矢量场的梯度

在 2.3.1 节定义了数量场 $u(x_1, x_2, x_3)$ 的梯度

$$\nabla u=\boldsymbol{e}_1\frac{\partial u}{\partial x_1}+\boldsymbol{e}_2\frac{\partial u}{\partial x_2}+\boldsymbol{e}_3\frac{\partial u}{\partial x_3}$$

且由下列公式可方便地求出数量场对任一方向的方向导数

$$\frac{\partial u}{\partial l}=\boldsymbol{l}^0\cdot\nabla u$$

类似地，可定义矢量场的梯度为

$$\nabla\boldsymbol{A}=\boldsymbol{e}_1\frac{\partial\boldsymbol{A}}{\partial x_1}+\boldsymbol{e}_2\frac{\partial\boldsymbol{A}}{\partial x_2}+\boldsymbol{e}_3\frac{\partial\boldsymbol{A}}{\partial x_3}\tag{2.4.31}$$

式（2.4.31）所示的是张量。因此在确定了矢量场的梯度 $\nabla \boldsymbol{A}$ 以后，就能运用上式求出矢量场对任一方向的方向导数，有

$$\frac{\partial \boldsymbol{A}}{\partial \boldsymbol{l}} = \boldsymbol{l}^0 \cdot \nabla \boldsymbol{A} = \frac{\partial \boldsymbol{A}}{\partial x_1}\cos\alpha + \frac{\partial \boldsymbol{A}}{\partial x_2}\cos\beta + \frac{\partial \boldsymbol{A}}{\partial x_3}\cos\gamma \tag{2.4.32}$$

式中，$\cos\alpha$，$\cos\beta$，$\cos\gamma$ 为 l 的方向余弦，即为单位矢量 $\boldsymbol{l}^0$ 的分量。

矢量场 $\boldsymbol{A}$ 的梯度也可表示为

$$\nabla \boldsymbol{A} = \sum_i \boldsymbol{e}_i \frac{\partial \boldsymbol{A}}{\partial x_i} = \sum_{i,j} \frac{\partial \boldsymbol{A}_j}{\partial x_i} \boldsymbol{e}_i \boldsymbol{e}_j \tag{2.4.33}$$

或表示为矩阵形式

$$\nabla \boldsymbol{A} = \begin{bmatrix} \frac{\partial A_1}{\partial x_1} & \frac{\partial A_2}{\partial x_1} & \frac{\partial A_3}{\partial x_1} \\ \frac{\partial A_1}{\partial x_2} & \frac{\partial A_2}{\partial x_2} & \frac{\partial A_3}{\partial x_2} \\ \frac{\partial A_1}{\partial x_3} & \frac{\partial A_2}{\partial x_3} & \frac{\partial A_3}{\partial x_3} \end{bmatrix} \tag{2.4.34}$$

由矢量场梯度的定义可得运算式

$$\nabla(\boldsymbol{A} \pm \boldsymbol{B}) = \nabla \boldsymbol{A} \pm \nabla \boldsymbol{B} \tag{2.4.35}$$

例题 2.4.8　证明矢量场的全微分 $\mathrm{d}\boldsymbol{A} = \mathrm{d}\boldsymbol{r} \cdot \nabla \boldsymbol{A}$。

证明：因为矢径的微分为 $\mathrm{d}\boldsymbol{r} = \mathrm{d}x_1 \boldsymbol{e}_1 + \mathrm{d}x_2 \boldsymbol{e}_2 + \mathrm{d}x_3 \boldsymbol{e}_3$，且矢量 $\boldsymbol{A}$ 的梯度为

$$\nabla \boldsymbol{A} = \boldsymbol{e}_1 \frac{\partial \boldsymbol{A}}{\partial x_1} + \boldsymbol{e}_2 \frac{\partial \boldsymbol{A}}{\partial x_2} + \boldsymbol{e}_3 \frac{\partial \boldsymbol{A}}{\partial x_3}$$

故等式两边相等

$$\mathrm{d}\boldsymbol{A} = \mathrm{d}\boldsymbol{r} \cdot \nabla \boldsymbol{A} = \frac{\partial \boldsymbol{A}}{\partial x_1}\mathrm{d}x_1 + \frac{\partial \mathrm{A}}{\partial x_2}\mathrm{d}x_2 + \frac{\partial \boldsymbol{A}}{\partial x_3}\mathrm{d}x_3$$

例题 2.4.9　若 u 为数量和 $\boldsymbol{A}$ 为矢量，证明运算式 $\nabla(u\boldsymbol{A}) = u\nabla\boldsymbol{A} + \nabla u\boldsymbol{A}$。

证明：按照定义计算

$$[\nabla(u\boldsymbol{A})]_{ij} = \frac{\partial}{\partial x_i}(uA_j) = u\frac{\partial A_j}{\partial x_i} + \frac{\partial u}{\partial x_i}A_j = u(\nabla\boldsymbol{A})_{ij} + (\nabla u\boldsymbol{A})_{ij}$$

上式两边相等，有

$$\nabla(u\boldsymbol{A}) = u\,\nabla\boldsymbol{A} + \nabla u\boldsymbol{A}$$

2.4.3.2　张量场的散度

前面已经介绍，面元矢量 $\mathrm{d}\boldsymbol{S}$ 与该面元处矢量场点积表示该面元上通过的某种数量。例如 $\mathrm{d}\boldsymbol{S} \cdot \boldsymbol{u}$ 表示通过 $\mathrm{d}\boldsymbol{S}$ 的流量；$\mathrm{d}\boldsymbol{S} \cdot \boldsymbol{\varepsilon}$ 表示单位时间内通过 $\mathrm{d}\boldsymbol{S}$ 的能量。

面元矢量对该面元处张量场的点积表示该面元上通过的某种矢量。例如 $\mathrm{d}\boldsymbol{S} \cdot \boldsymbol{T}$ 表示通过 $\mathrm{d}\boldsymbol{S}$ 的弹性力；$\boldsymbol{dS} \cdot \boldsymbol{P}$ 表示单位时间内通过 $\mathrm{d}\boldsymbol{S}$ 的动量。

在 2.4.2 节介绍了矢量场 $\boldsymbol{A}$ 在有向曲面 S 上的通量 $\iint_S \mathrm{d}\boldsymbol{S} \cdot \boldsymbol{A}$。定义矢量场的散度为

$$\nabla \cdot \boldsymbol{A} = \lim_{\Delta V \to 0} \frac{\oiint_S \mathrm{d}\boldsymbol{S} \cdot \boldsymbol{A}}{\Delta V}$$

用张量运算符表示为　$\mathrm{div}\boldsymbol{A} = \nabla \cdot \boldsymbol{A} = \frac{\partial A_i}{\partial x_i}$

类似地，定义张量场 $\boldsymbol{T}$ 在有向曲面 S 上的矢通量为

$$\iint_S d\boldsymbol{S}\cdot\boldsymbol{T} \tag{2.4.36}$$

同理，为了描述闭合曲面矢通量的变化率，引进张量场的散度概念。

张量场散度的定义：在闭合曲面上，张量场的矢通量与该曲面所包围空间的体积之比的极限（当曲面向一点无限缩小时）为**张量场的散度**，记为 div$\boldsymbol{T}$ 或 $\nabla\cdot\boldsymbol{T}$，即

$$\nabla\cdot\boldsymbol{T}=\lim_{\Delta V\to 0}\frac{\oint_S d\boldsymbol{S}\cdot\boldsymbol{T}}{\Delta V}=\oint_S d\boldsymbol{S}\cdot\boldsymbol{T} \tag{2.4.37}$$

式（2.4.37）是**奥—高**公式的另一种表示形式。由矢量变换关系式可证明，$\nabla\cdot\boldsymbol{T}$ 为矢量。若 $\boldsymbol{R}$，$\boldsymbol{S}$ 都为张量，有运算式

$$\nabla\cdot(\boldsymbol{R}\pm\boldsymbol{S})=\nabla\cdot\boldsymbol{R}\pm\nabla\cdot\boldsymbol{S} \tag{2.4.38}$$

拉普拉斯引入了一个数性微分算子 Δ，称为**拉普拉斯算子**，它与哈密顿算子 ∇的关系为 $\Delta=\nabla\cdot\nabla=\nabla^2$。矢量场 $\boldsymbol{A}$ 的拉普拉斯表示式被定义为矢量 $\boldsymbol{A}$ 梯度场的散度，即

$$\nabla\cdot(\nabla\boldsymbol{A})=\Delta\boldsymbol{A}=\nabla^2\boldsymbol{A} \tag{2.4.39}$$

式中，矢量场 $\boldsymbol{A}$ 的梯度是张量。

矢量场的拉普拉斯算子，其结果为矢量，可以用矢量定义证明，有

$$\Delta\boldsymbol{A}=\nabla^2\boldsymbol{A}=\nabla(\nabla\cdot\boldsymbol{A})-\nabla\times(\nabla\times\boldsymbol{A}) \tag{2.4.40}$$

在直角坐标系中的表达式

$$\Delta=\frac{\partial^2}{\partial x^2}+\frac{\partial^2}{\partial y^2}+\frac{\partial^2}{\partial z^2} \tag{2.4.41}$$

在直角坐标系中，若速度场矢量 $\boldsymbol{u}=u_x\boldsymbol{i}+u_y\boldsymbol{j}+u_z\boldsymbol{k}$ 为调和场，用式（2.4.40）计算得到速度矢量拉普拉斯算子的形式

$$\begin{aligned}\Delta\boldsymbol{u}&=\nabla^2\boldsymbol{u}=\left(\frac{\partial^2 u_x}{\partial x^2}+\frac{\partial^2 u_x}{\partial y^2}+\frac{\partial^2 u_x}{\partial z^2}\right)\boldsymbol{i}+\left(\frac{\partial^2 u_y}{\partial x^2}+\frac{\partial^2 u_y}{\partial y^2}+\frac{\partial^2 u_y}{\partial z^2}\right)\boldsymbol{j}+\left(\frac{\partial^2 u_z}{\partial x^2}+\frac{\partial^2 u_z}{\partial y^2}+\frac{\partial^2 u_z}{\partial z^2}\right)\boldsymbol{k}\\&=\nabla^2u_x\boldsymbol{i}+\nabla^2u_y\boldsymbol{j}+\nabla^2u_z\boldsymbol{k}=\Delta u_x\boldsymbol{i}+\Delta u_y\boldsymbol{j}+\Delta u_z\boldsymbol{k}\end{aligned} \tag{2.4.42}$$

该二阶偏微分方程称为三维**拉普拉斯（Laplace）**方程，满足拉普拉斯方程的函数称为**调和函数**。方程式（2.4.31）中可写成 Δu_x，Δu_y，Δu_z 称为调和量。数量场的拉普拉斯算子的结果是数量。

2.4.4 正交曲线坐标系中场的变化率

为了减少流体流动的阻力，提高设备使用的寿命，工程中常常使用管形和球形设备。数学上就要使用正交曲线坐标系来描述这类问题，使用正交曲线坐标系中物理量的梯度、散度和旋度研究问题。工程中最常用的是柱坐标系和球坐标系。

本小节首先介绍柱坐标和球坐标系，然后介绍场的梯度、散度和旋度的表达式[7]，包括正交曲线坐标系、正交曲面坐标系场的梯度、散度和旋度两部分。

如果考虑学时数的问题，这部分内容可以不详细讲解，学会直接使用正交曲面坐标系数量场的梯度、矢量场的散度和散度计算公式。

2.4.4.1 正交曲线坐标系

在空间里的任一点 M 处，各坐标曲线在该点的切线互相正交，相应地各坐标曲面在相交点处的法线互相正交，即各坐标曲面互相正交，这种**曲线**坐标系称为**正交曲线坐标系**。如图 2.4.12 所示的柱坐标系和球坐标系的三条坐标轴不全是直线。

图 2.4.12 中的三条坐标轴是互相正交的曲线坐标，属于正交曲线坐标系。下面介绍柱

坐标系和球坐标系这两种正交曲线坐标系。以 q_1，q_2，q_3表示正交曲线坐标，它与直角坐标系有如下关系

$$x=x(q_1,q_2,q_3),\ y=y(q_1,q_2,q_3),\ z=z(q_1,q_2,q_3) \tag{2.4.43}$$

$$q_1=q_1(x,y,z),\quad q_2=q_2(x,y,z),\quad q_3=q_3(x,y,z) \tag{2.4.44}$$

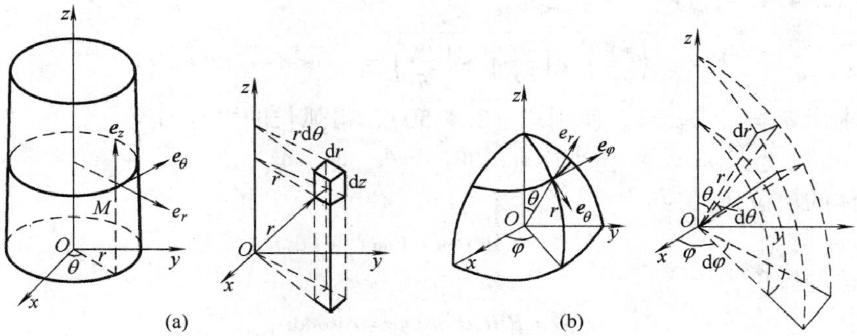

图 2.4.12　正交曲线坐标系

（a）柱坐标　（b）球坐标

讨论正交曲线坐标的弧微分。空间曲线的弧微分用直角坐标表示为

$$\mathrm{d}s=\pm\sqrt{(\mathrm{d}x)^2+(\mathrm{d}y)^2+(\mathrm{d}z)^2} \tag{2.4.45}$$

设空间两点有相同的坐标 q_2，q_3，而另一坐标 q_1相差微量 $\mathrm{d}q_1$，两点的距离为

$$\mathrm{d}s_1=\pm\sqrt{(\mathrm{d}x)^2+(\mathrm{d}y)^2+(\mathrm{d}z)^2}=\sqrt{\left(\frac{\partial x}{\partial q_1}\right)^2+\left(\frac{\partial y}{\partial q_1}\right)^2+\left(\frac{\partial z}{\partial q_1}\right)^2}\mathrm{d}q_1$$

令

$$h_1=\sqrt{\left(\frac{\partial x}{\partial q_1}\right)^2+\left(\frac{\partial y}{\partial q_1}\right)^2+\left(\frac{\partial z}{\partial q_1}\right)^2}$$

代入上式，两点的距离写为

$$\mathrm{d}s_1=h_1\mathrm{d}q_1 \tag{2.4.46}$$

假设有相同的坐标 q_3，q_1，而另一坐标 q_2两点相差微量的距离 $\mathrm{d}q_2$，两点的距离为

$$\mathrm{d}s_2=h_2\mathrm{d}q_2,\quad h_2=\sqrt{\left(\frac{\partial x}{\partial q_2}\right)^2+\left(\frac{\partial y}{\partial q_2}\right)^2+\left(\frac{\partial z}{\partial q_2}\right)^2} \tag{2.4.47}$$

假设有相同坐标 q_1，q_2，而另一坐标 q_3两点相差微量的距离 $\mathrm{d}q_3$，两点的距离为

$$\mathrm{d}s_3=h_3\mathrm{d}q_3,\quad h_3=\sqrt{\left(\frac{\partial x}{\partial q_3}\right)^2+\left(\frac{\partial y}{\partial q_3}\right)^2+\left(\frac{\partial z}{\partial q_3}\right)^2} \tag{2.4.48}$$

比较式（2.4.46）、式（2.4.47）和式（2.4.48），写成统一的表达形式

$$h_i=\sqrt{\left(\frac{\partial x}{\partial q_i}\right)^2+\left(\frac{\partial y}{\partial q_i}\right)^2+\left(\frac{\partial z}{\partial q_i}\right)^2}\qquad(i=1,2,3) \tag{2.4.49}$$

$$\mathrm{d}s_i=h_i\mathrm{d}q_i \tag{2.4.50}$$

式中，$h_i=h_i(q_1,\ q_2,\ q_3)$ 称为**拉梅（G. Lame）系数或度规系数**。

例题 2.4.10　分别确定**柱坐标系**和**球坐标系**的拉梅系数、弧长和体积分。

解： 利用柱坐标系、球坐标系与直角坐标系的数学关系求解，如图 2.4.12 所示。

① 柱坐标系的曲线坐标为

$$q_1=r,\quad q_2=\theta,\quad q_3=z$$

与直角坐标系坐标 x，y，z 的关系为

$$x = r\cos\theta, \quad y = r\sin\theta, z = z \tag{2.4.51}$$

r，θ，z 的变化范围分别是

$$0 \leqslant r < \infty, \quad 0 \leqslant \theta < 2\pi, \quad -\infty < z < \infty \tag{2.4.52}$$

使用式（2.4.49），得

$$h_1 = \sqrt{\left(\frac{\partial x}{\partial q_1}\right)^2 + \left(\frac{\partial y}{\partial q_1}\right)^2 + \left(\frac{\partial z}{\partial q_1}\right)^2} = \sqrt{\cos^2\theta + \sin^2\theta + 0} = 1$$

同理可求出 $h_2 = r$，$h_3 = 1$。使用式（2.4.50），得弧长的微分为

$$\mathrm{d}s_1 = \mathrm{d}r, \quad \mathrm{d}s_2 = r\mathrm{d}\theta, \quad \mathrm{d}s_3 = \mathrm{d}z \tag{2.4.53}$$

柱单元体的单位弧长为

$$(\mathrm{d}s)^2 = (\mathrm{d}r)^2 + r^2(\mathrm{d}\theta)^2 + (\mathrm{d}z)^2 \tag{2.4.54}$$

柱单元体的体积为

$$\mathrm{d}V = H_r H_\theta H_z \mathrm{d}r\mathrm{d}\theta\mathrm{d}z = r\mathrm{d}r\mathrm{d}\theta\mathrm{d}z \tag{2.4.55}$$

② 球坐标系的曲线坐标

$$q_1 = r, \quad q_2 = \theta, \quad q_3 = \varphi$$

与直角坐标系的关系为

$$x = r\sin\theta\cos\varphi, \quad y = r\sin\theta\sin\varphi, \quad z = r\cos\theta \tag{2.4.56}$$

r，θ，φ 的变化范围分别是

$$0 \leqslant r < \infty, \quad 0 \leqslant \theta \leqslant \pi, \quad 0 \leqslant \varphi < 2\pi \tag{2.4.57}$$

使用式（2.4.49），可求出

$$h_1 = 1, \quad h_2 = r, \quad h_3 = r\sin\theta$$

使用式（2.4.50），得弧长的微分为

$$\mathrm{d}s_1 = \mathrm{d}r, \quad \mathrm{d}s_2 = r\mathrm{d}\theta, \quad \mathrm{d}s_3 = r\sin\theta\mathrm{d}\varphi \tag{2.4.58}$$

球单元体的弧长为

$$(\mathrm{d}s)^2 = (\mathrm{d}r)^2 + r^2(\mathrm{d}\theta)^2 + r^2\sin^2\theta(\mathrm{d}\varphi)^2 \tag{2.4.59}$$

球单元体的体积为

$$\mathrm{d}V = H_r H_\theta H_\varphi \mathrm{d}r\mathrm{d}\theta\mathrm{d}\varphi = r^2\sin\theta\mathrm{d}r\mathrm{d}\theta\mathrm{d}\varphi \tag{2.4.60}$$

2.4.4.2 在正交曲面坐标系中场的梯度、散度、旋度和物理量的随体导数

(1) 正交曲面坐标系中数量场的梯度

用上面的知识确定曲线坐标梯度的表达式，假设 $\mathrm{d}q_2 = \mathrm{d}q_3 = 0$，在坐标曲线 q_1 上数量函数 $u(q_1, q_2, q_3)$ 的微分为

$$\mathrm{d}u = \frac{\partial u}{\partial q_1}\mathrm{d}q_1$$

而

$$\mathrm{d}s_1 = h_1\mathrm{d}q_1, \quad \frac{\mathrm{d}u}{\mathrm{d}s_1} = \frac{1}{h_1}\frac{\partial u}{\partial q_1}$$

即

$$(\nabla u)_1 = \frac{1}{h_1}\frac{\partial u}{\partial q_1}$$

同理

$$(\nabla u)_2 = \frac{1}{h_2}\frac{\partial u}{\partial q_2}, \quad (\nabla u)_3 = \frac{1}{h_3}\frac{\partial u}{\partial q_3}$$

可见，数量场 $u(q_1, q_2, q_3)$ 的梯度在 q_1，q_2 和 q_3 增长方向的分量分别等于 u 在这些方向的变化率，计算变化率时考虑距离的度规系数，得到正交曲线坐标系中哈密顿算子 ∇ 表

示为

$$\nabla=\boldsymbol{e}_1\frac{1}{h_1}\frac{\partial}{\partial q_1}+\boldsymbol{e}_2\frac{1}{h_2}\frac{\partial}{\partial q_2}+\boldsymbol{e}_3\frac{1}{h_3}\frac{\partial}{\partial q_3} \tag{2.4.61}$$

$$\nabla u=\mathrm{grad}u=\frac{1}{h_1}\frac{\partial u}{\partial q_1}\boldsymbol{e}_1+\frac{1}{h_2}\frac{\partial u}{\partial q_2}\boldsymbol{e}_2+\frac{1}{h_3}\frac{\partial u}{\partial q_3}\boldsymbol{e}_3 \tag{2.4.62}$$

将柱坐标系的度规系数代入式（2.4.62），得到柱坐标系中数量 u 梯度表达式为

$$\nabla u=\frac{\partial u}{\partial r}\boldsymbol{e}_r+\frac{1}{r}\frac{\partial u}{\partial\theta}\boldsymbol{e}_\theta+\frac{\partial u}{\partial z}\boldsymbol{e}_z \tag{2.4.63}$$

同理得到球坐标系中数量 u 的梯度表达式

$$\nabla u=\frac{\partial u}{\partial r}\boldsymbol{e}_r+\frac{1}{r}\frac{\partial u}{\partial\theta}\boldsymbol{e}_\theta+\frac{1}{r\sin\theta}\frac{\partial u}{\partial\varphi}\boldsymbol{e}_\varphi \tag{2.4.64}$$

(2) 正交曲线坐标系中矢量场的散度

在正交曲线坐标系中，矢量 $\boldsymbol{A}$ 的散度为

$$\nabla\cdot\boldsymbol{A}=\frac{1}{h_1h_2h_3}\left[\frac{\partial}{\partial q_1}(h_2h_3A_1)+\frac{\partial}{\partial q_2}(h_3h_1A_2)+\frac{\partial}{\partial q_3}(h_1h_2A_3)\right] \tag{2.4.65}$$

应用上式，得到柱坐标系中矢量 $\boldsymbol{A}$ 的散度表达式为

$$\nabla\cdot\boldsymbol{A}=\frac{1}{r}\frac{\partial}{\partial r}(rA_r)+\frac{1}{r}\frac{\partial A_\theta}{\partial\theta}+\frac{\partial A_z}{\partial z} \tag{2.4.66}$$

在球坐标系中，矢量 $\boldsymbol{A}$ 的散度表达式为

$$\nabla\cdot\boldsymbol{A}=\frac{1}{r^2}\frac{\partial}{\partial r}(r^2A_r)+\frac{1}{r\sin\theta}\frac{\partial}{\partial\theta}(A_\theta\sin\theta)+\frac{1}{r\sin\theta}\frac{\partial A_\varphi}{\partial\varphi} \tag{2.4.67}$$

(3) 正交曲线坐标系矢量场的旋度

在正交曲线坐标系中，矢量 $\boldsymbol{A}$ 的旋度公式为

$$\nabla\times\boldsymbol{A}=\frac{1}{h_2h_3}\left[\frac{\partial}{\partial q_2}(h_3A_3)-\frac{\partial}{\partial q_3}(h_2A_2)\right]\boldsymbol{e}_1+\frac{1}{h_3h_1}\left[\frac{\partial}{\partial q_3}(h_1A_1)-\frac{\partial}{\partial q_1}(h_3A_3)\right]\boldsymbol{e}_2$$
$$+\frac{1}{h_1h_2}\left[\frac{\partial}{\partial q_1}(h_2A_2)-\frac{\partial}{\partial q_2}(h_1A_1)\right]\boldsymbol{e}_3=\frac{1}{h_1h_2h_3}\begin{vmatrix}h_1e_1 & h_2e_2 & h_3e_3\\ \frac{\partial}{\partial q_1} & \frac{\partial}{\partial q_2} & \frac{\partial}{\partial q_3}\\ h_1A_1 & h_2A_2 & h_3A_3\end{vmatrix} \tag{2.4.68}$$

将式（2.3.68）应用到柱坐标系中，矢量 $\boldsymbol{A}$ 旋度为

$$\nabla\times\boldsymbol{A}=\left(\frac{\partial A_r}{r\partial\theta}-\frac{\partial A_\theta}{\partial z}\right)\boldsymbol{e}_r+\left(\frac{\partial A_r}{\partial z}-\frac{\partial A_z}{\partial r}\right)\boldsymbol{e}_\theta+\frac{1}{r}\left(\frac{\partial(rA_\theta)}{\partial r}-\frac{\partial A_z}{\partial\theta}\right)\boldsymbol{e}_z \tag{2.4.69}$$

在球坐标系中，矢量 $\boldsymbol{A}$ 的旋度为

$$\nabla\times\boldsymbol{A}=\frac{1}{r\sin\theta}\left[\frac{\partial}{\partial\theta}(A_\varphi\sin\theta)-\frac{\partial A_\theta}{\partial\varphi}\right]\boldsymbol{e}_r+\frac{1}{r}\left[\frac{\partial A_r}{\sin\theta\partial\varphi}-\frac{\partial}{\partial r}(rA_\varphi)\right]\boldsymbol{e}_\theta$$
$$+\frac{1}{r}\left[\frac{\partial}{\partial r}(rA_\varphi)-\frac{\partial A_r}{\partial\theta}\right]\boldsymbol{e}_\varphi \tag{2.4.70}$$

利用柱坐标系和球坐标系中散度和旋度的表示式（2.4.66）、式（2.4.67）、式（2.4.69）和式（2.4.70），分别得到柱坐标系和球坐标系中矢量场 $\boldsymbol{A}$ 的拉普拉斯表达式

在柱坐标系中，矢量场 $\boldsymbol{A}$ 的拉普拉斯表达式

$$\nabla^2\boldsymbol{A}=\nabla^2A_r-\frac{A_r}{r^2}-\frac{2}{r^2}\frac{\partial A_\theta}{\partial\theta}+\nabla^2A_\theta-\frac{A_\theta}{r^2}+\frac{2}{r^2}\frac{\partial A_r}{\partial\theta}+\nabla^2A_z \tag{2.4.71}$$

在球坐标系中，矢量场 $\boldsymbol{A}$ 的拉普拉斯表达式

$$\nabla^2\boldsymbol{A}=\nabla^2A_r-\frac{2}{r^2}A_r-\frac{2}{r^2\sin\theta}\frac{\partial}{\partial\theta}(A_\theta\sin\theta)-\frac{2}{r^2\sin\theta}\frac{\partial A_\varphi}{\partial\varphi}$$

$$+\nabla^2 A_\theta - \frac{1}{r^2\sin^2\theta}A_\theta + \frac{2}{r^2}\frac{\partial A_r}{\partial\theta} - \frac{2\cos\theta}{r^2\sin^2\theta}\frac{\partial A_\varphi}{\partial\varphi}$$

$$+\nabla^2 A_\varphi - \frac{2}{r^2\sin^2\theta}A_\varphi + \frac{2}{r^2\sin\theta}\frac{\partial A_r}{\partial\varphi} + \frac{2\cos\theta}{r^2\sin^2\theta}\frac{\partial A_\theta}{\partial\varphi} \tag{2.4.72}$$

对于曲线坐标系中，对数量函数 u 求梯度后再求散度，得调和量

$$\Delta u = \frac{1}{q_1q_2q_3}\left[\frac{\partial}{\partial q_1}\left(\frac{h_2h_3}{h_1}\frac{\partial u}{\partial q_1}\right)+\frac{\partial}{\partial q_2}\left(\frac{h_1h_3}{h_2}\frac{\partial u}{\partial q_2}\right)+\frac{\partial}{\partial q_3}\left(\frac{h_1h_2}{h_3}\frac{\partial u}{\partial q_3}\right)\right]$$

运用上式得到柱坐标系中调和量

$$\nabla^2 u = \frac{1}{r}\frac{\partial}{\partial r}\left(r\frac{\partial u}{\partial r}\right)+\frac{1}{r^2}\frac{\partial^2 u}{\partial\theta^2}+\frac{\partial^2 u}{\partial z^2} \tag{2.4.73}$$

在球坐标系中调和量

$$\nabla^2 u = \frac{1}{r^2}\frac{\partial}{\partial r}\left(r^2\frac{\partial u}{\partial r}\right)+\frac{1}{r^2\sin\theta}\frac{\partial}{\partial\theta}\left(\sin\theta\frac{\partial u}{\partial\theta}\right)+\frac{1}{r^2\sin^2\theta}\frac{\partial^2 u}{\partial\varphi^2} \tag{2.4.74}$$

（4）正交曲线坐标系物理量的随体导数

在任意正交曲线坐标系中，给出确定物理量随体导数的算符为

$$\frac{\mathrm{D}}{\mathrm{D}t} = \frac{\partial}{\partial t}+u_1\frac{\partial}{h_1\partial q_1}+u_2\frac{\partial}{h_2\partial q_2}+u_3\frac{\partial}{h_3\partial q_3} \tag{2.4.75}$$

由上式，可确定柱坐标系随体导数的算符式（2.3.31），为

$$\frac{\mathrm{D}}{\mathrm{D}t} = \frac{\partial}{\partial t}+u_r\frac{\partial}{\partial r}+u_\theta\frac{1}{r}\frac{\partial}{\partial\theta}+u_z\frac{\partial}{\partial z}$$

确定球坐标系随体导数的算符式（2.3.32），为

$$\frac{\mathrm{D}}{\mathrm{D}t} = \frac{\partial}{\partial t}+u_r\frac{\partial}{\partial r}+u_\theta\frac{1}{r}\frac{\partial}{\partial\theta}+u_\varphi\frac{1}{r\sin\theta}\frac{\partial}{\partial\varphi}$$

第 2 章练习题

本章的部分练习题出自参考文献［7］和［8］。

2.1　基本概念题

（1）将流体看作连续介质的条件是什么？

（2）描述流体运动的拉格朗日法（Lagrange）和欧拉法（Euler）这两种研究方法的区别，给出这两种方法的数学表达式。试写出不可缩流体在拉格朗日和欧拉观点下的数学表达式。

2.2　若 $\boldsymbol{A} = x^2\sin y\boldsymbol{i} + z^2\cos y\boldsymbol{j} - xy^2\boldsymbol{k}$，求 $\mathrm{d}\boldsymbol{A}$。

2.3　当 $\Phi = x^2yz^3$ 和 $\boldsymbol{A} = xz\boldsymbol{i} - y^2\boldsymbol{j} + 2x^2y\boldsymbol{k}$，请完成下列运算：

（1）$\nabla\Phi$

（2）$\nabla\cdot\boldsymbol{A}$

（3）$\nabla\times\boldsymbol{A}$

（4）$\mathrm{div}(\Phi\boldsymbol{A})$

（5）$\mathrm{rot}(\Phi\boldsymbol{A})$

2.4　（1）证明矢径 $\boldsymbol{r}$ 的模为数量；

（2）证明张量与矢量的点积为矢量，即证明 $\boldsymbol{T}\cdot\boldsymbol{a}$ 为矢量。

2.5　运用二阶张量的变换式，写出 T'_{32} 的变换式。

2.6　通过证明等式 $T'_{ji} = T'_{ij}$ 来证明对称张量在坐标系转动时保持其对称性不变。

2.7 写出矢量对张量点乘的结合律和张量对矢量点乘的结合律的表达式。

2.8　已知 $\boldsymbol{T}$，$\boldsymbol{R}$ 为张量，$\boldsymbol{I}$ 为单位张量，$\boldsymbol{A}$，$\boldsymbol{B}$ 为矢量，u 为数量，证明以下等式。

（1）$\boldsymbol{TA}$ 为矢量

(2) $\boldsymbol{T} \cdot \boldsymbol{R}$ 为张量

(3) $\boldsymbol{A} \cdot \boldsymbol{I} = \boldsymbol{I} \cdot \boldsymbol{A} = \boldsymbol{A}$

(4) $\boldsymbol{A} \cdot \boldsymbol{T} = \boldsymbol{T}_c \cdot \boldsymbol{A}$

(5) $\boldsymbol{A} \cdot \boldsymbol{T} = \boldsymbol{T} \cdot \boldsymbol{A}$ 的充要条件是 $\boldsymbol{T}$ 为对称张量

(6) $(u\boldsymbol{T}) \cdot \boldsymbol{R} = \boldsymbol{T} \cdot (u\boldsymbol{R}) = u(\boldsymbol{T} \cdot \boldsymbol{R})$

2.9 已知 $\boldsymbol{T}$ 为张量，$\boldsymbol{I}$ 为单位张量，$\boldsymbol{A}$，$\boldsymbol{B}$ 为矢量，u 为数量，证明以下等式。

(1) $\boldsymbol{B} \cdot \nabla \boldsymbol{A} = (\boldsymbol{B} \cdot \nabla)\boldsymbol{A}$

(2) $\nabla \cdot \boldsymbol{T}$ 为矢量

(3) $\nabla \cdot (u\boldsymbol{I}) = \nabla u$

(4) $\nabla \cdot (\boldsymbol{AB}) = (\nabla \cdot \boldsymbol{A})\boldsymbol{B} + (\boldsymbol{A} \cdot \nabla)\boldsymbol{B}$

(5) $\nabla \cdot (u\boldsymbol{T}) = u\ \nabla \cdot \boldsymbol{T} + \nabla u \cdot \boldsymbol{T}$

2.10 在球坐标系中和在柱坐标系中，分别求体积元素 dV 和面积元素 dS，并作图。

2.11 线积分 $\int_{(1,2)}^{(3,4)} (6xy^2 - y^3)\,dx + (6x^2y - 3xy^2)\,dy$ 与连接点（1，2）和（3，4）的路径无关，计算此积分。

2.12 计算 $\boldsymbol{A} = xz^2\boldsymbol{i} + (x^2y - z^3)\boldsymbol{j} + (2xy + y^2z)\boldsymbol{k}$，其中 S 是由 $z = \sqrt{a^2 - x^2 - y^2}$ 和 $z = 0$ 所围成半球区域整个边界的通量。

(1) 应用散度定理；

(2) 直接计算。

2.13 计算矢量场 $\boldsymbol{A} = xyz(\boldsymbol{i} + \boldsymbol{j} + \boldsymbol{k})$ 在点M（1，2，3）处的旋度和在这点沿 $\boldsymbol{n} = \boldsymbol{i} + 2\boldsymbol{j} + 2\boldsymbol{k}$ 的环量面密度。

2.14 已知流速 $\boldsymbol{u} = (x+t)\boldsymbol{i} + (y+t)\boldsymbol{j}$。令 $t=0$ 时的坐标值为 a，b，求用拉格朗日法表示的速度分布。

2.15 已知以下不可压缩流场的速度分量，其中 C 是常数。判断流体的流动是有旋流动还是无旋流动，求出流线方程和画出流线的形状。

(1) $u_x = Cy$，$u_y = u_z = 0$

(2) $u_x = C$，$u_y = u_z = 0$

(3) $u_x = -Cy$，$u_y = Cx$，$u_z = 0$

(4) $u_x = \dfrac{Cx}{x^2 + y^2}$，$u_y = \dfrac{Cy}{x^2 + y^2}$，$u_z = 0$

(5) $u_x = \dfrac{Cy}{x^2 + y^2}$，$u_y = \dfrac{Cx}{x^2 + y^2}$，$u_z = 0$

(6) $u_x = \dfrac{-Cy}{x^2 + y^2}$，$u_y = \dfrac{Cx}{x^2 + y^2}$

(7) $u_r = \dfrac{\cos\theta}{r^2}$，$u_\theta = \dfrac{\sin\theta}{r^2}$，$u_z = 0$

2.16 概念题

(1) 简述分子传递线性现象的三个重要定律，给出数学表达式。

(2) 简述流体力学中三个重要通量的物理意义和具体表达式。

2.17 简述数量场的定义，写出相应的数学表达式。

2.18 简述矢量场的定义，写出相应的数学表达式。

2.19 简述张量场的定义，写出相应的数学表达式。

参考文献

[1] 古大治. 高分子流体动力学 [M]. 成都：四川教育出版社，1985：76-91.

[2] Francis B. Hildebrand. Advanced Calculus for Applications. 2nd Edition [M]. Englewood Cliffs, New Jersey: Prentice-

Hall Inc，1976：269-341.

[3] 谢树艺．矢量分析与场论（第4版）［M］．北京：高等教育出版社，2012.

[4] 盛镇华．矢量分析与数学物理方法［M］．长沙：湖南科学技术出版社，1982：1-64.

[5] 张也影．流体力学（第2版）［M］．北京：高等教育出版社，1999：1-212.

[6] 吴望一．流体力学 上册［M］．北京：北京大学出版社，1998：1-80.

[7] 陈晋南，彭炯．高等化工数学（第2版）［M］．北京：北京理工大学出版社，2015：92-153.

[8] 陈晋南．传递过程原理［M］．北京：化学工业出版社，2004：3-140，166-261.

[9] ［美］White F. M.. Heat and Mass Transfer［M］. Addison-Wesiley Publishing Company，1988：2-47.

[10] ［美］C. W. Macosko. Rheology Principles Measurements and Applications［M］. Wiley-VCH，Inc. 1994：1-174.

第 3 章　黏性流体动力学问题的数学表述

聚合物流体流动包括流体的运动和变形，其内部的应力状态十分复杂，存在剪切应力和法向应力，各个不同法向上的应力值不等。第 2 章对这种复杂的应力状态和有限变形的度量给出恰当的定义和严格的数学描述。流体运动由物体空间位置的变化描述，流体变形的由物体几何形状的变化描述。可见，流体流动的数学描述除了规定运动的空间几何化地定义流体，还必须建立力、运动空间和流体之间的一一对应关系。工程技术人员学习掌握了聚合物黏性流体流动的数学表述，才能研究解决聚合物的工程问题。

在工程中，主要是研究聚合物加工成型过程的流体动量、热量和质量的传递过程和机理。考虑到部分读者以前没有学习过流体力学的知识，本章将系统地介绍黏性流体运动的基本概念和方程，运用第 2 章学习的场论和张量的知识详尽地讨论如何建立描述黏性流体流动的控制方程。为了让读者熟悉使用第 2 章的知识，本章使用不同的方法建立控制方程，为后面学习确定聚合物流体的流变模型和求解工程问题打下扎实的基础。如果没有必需的数学物理和流体力学的基础，想学习聚合物流变学是不可能的。如果想学习掌握聚合物流变学基本的知识，读者一定要认真阅读教材、学习例题和多做练习题。

本章首先介绍流体运动的形式，借助于流体力学线性理论的概念，定义流变学中速度梯度张量、应变张量、应力张量、偏应力张量、变形速度张量、应变速率张量等基本物理量；进而运用场论知识详细推导建立用哈密顿算子描述黏性流体的动量、热量和质量传递的控制方程，即连续性方程、运动方程和能量方程；最后归纳传递过程的控制方程组，介绍了传递方程组的初始条件和边界条件[1-11]。

本章分为 3 节，包括流体运动的形式和本构方程、黏性流体流动的控制方程、控制方程组与定解条件。

3.1　流体运动的形式和本构方程

当流体运动时，由于速度场的不均匀性，流体产生变形，流体内部存在应力。黏性流体应力与变形速度之间的关系十分复杂。应力与变形的关系是分析流体流动的一个重要问题。本节将在讨论流体运动分类和运动的分解基础上，建立应力与变形速度之间的关系式，即本构方程[1-10]。

本节分为 3 小节，包括流体运动的分类和分解、力的分类和应力张量、表述应力与应变关系的本构方程。

3.1.1　流体运动的分类和分解

为了研究问题和建立工程问题数理模型的方便，将流体运动进行分类。流体运动要比刚体复杂，因为它除了平动和转动外，由于流体的易流动性，流体微团还要变形。为了描述流体的复杂运动，需分解流体的复杂运动。

本小节介绍流体运动的分类和流体流动的分解[2]~[4]，包括流体运动的分类、亥姆霍兹速度分解定理、流体微团运动的三种形式3部分。

3.1.1.1 流体运动的分类

在流体力学中，以雷诺数 Re（Reynold number）来判别流体流动性质，聚合物流体大多数流动是小雷诺数流动。流体运动有三种分类形式，包括以流体运动的形式为标准分类、以时间为标准进行分类、以空间为标准分类。首先介绍雷诺准数，再介绍流体运动的分类。

在黏性流体的流动中，一般用雷诺数 Re 判别流体流动的性质。**雷诺数 Re** 代表了惯性力与黏性力之比。当 Re 很小时，可忽略惯性力。以管中流体流动为例，**定义雷诺数 Re**，为

$$Re = \frac{ud}{\nu} \tag{3.1.1}$$

式中，u 流体流动的速度，ν 为流体运动黏度，d 管的直径。

(1) 以流体运动的形式为标准分类

设 q_1，q_2，q_3 三维正交坐标系，流体运动的所有物理量用欧拉法描述，速度场为

$$\boldsymbol{u} = \boldsymbol{u}(q_1, q_2, q_3, t) = \boldsymbol{u}(r, t) \tag{3.1.2}$$

若场内物理量不依赖于矢径 $\boldsymbol{r}$ 则称之为均匀场，反之称之为不均匀场。黏性流体流动中，研究的大多数问题是不均匀场。**若在整个流场中**，速度旋度为零 $\mathrm{rot}\boldsymbol{u} = 0$，则此**流动为无旋流动，反之为有旋流动**。因为，绝大多数流体运动都具有平动和变形，因此对于这两种运动形式不加分类。于是流体运动以运动形式为标准进行分类，分为**无旋流动和有旋流动**两种。

如果需要考虑温度的影响，就分别有等温流速场和非等温流速场

$$\boldsymbol{u} = \boldsymbol{u}(q_1, q_2, q_3) \tag{3.1.3a}$$

$$\boldsymbol{u} = \boldsymbol{u}(q_1, q_2, q_3, T) \tag{3.1.3b}$$

(2) 以时间为标准进行分类

若场内函数依赖于时间 t 称为**非定常（不稳定）场**，如式（3.1.2）所示；反之如式（3.1.3）所示为**定常（稳定）场**。流体运动以时间为标准进行分类，分为**定常场和不定常场两种**。

(3) 以空间坐标为标准分类

设流场所有有关的物理量依赖于一维正交坐标 $\boldsymbol{u} = \boldsymbol{u}(q_1)$、二维正交坐标 $\boldsymbol{u} = \boldsymbol{u}(q_1, q_2)$ 和三维正交坐标 $\boldsymbol{u} = \boldsymbol{u}(q_1, q_2, q_3)$ 的运动，分别称为一维、二维和三维的运动。**流体运动以空间坐标分类**，分为**一维、二维和三维运动**3种。

运用流体流动的分类简化实际流体的流动，便于数学上表达求解简化的传递方程组和相应的边界条件。从简单的运动形式着手，研究流体流动的内在规律，在此基础上再进一步处理更复杂的流体流动。在后面章节学习中，要运用分类的方法简化聚合物工程的问题。

3.1.1.2 亥姆霍兹速度分解定理

从物理学和理论力学中得知，任何一个刚体运动可分解成平动和转动之和，其速度可表示为

$$\boldsymbol{u} = \boldsymbol{u}_0 + \boldsymbol{\omega} \times \boldsymbol{r} \tag{3.1.4a}$$

式中，$\boldsymbol{u}_0$ 是刚体选定点的平动的速度，$\boldsymbol{r}$ 是刚体选定点到点 O 的矢径，$\boldsymbol{\omega}$ 是刚体围绕定点 O 转动的瞬时角速度，在同一时刻 $\boldsymbol{\omega} = \mathrm{rot}\boldsymbol{u}/2$，将其代入式（3.1.4a），得到

$$\boldsymbol{u} = \boldsymbol{u}_0 + \frac{1}{2}\mathrm{rot}\boldsymbol{u} \times \boldsymbol{r} \tag{3.1.4b}$$

该式为**刚体的速度分解公式**。

流体运动要比刚体复杂。由于流体的易流动性，流体微团除了平动和转动外，还要变形。为了描述流体的复杂运动，需将流体的复杂运动分解。

在流场中取流体微团平行六面单元体 $\mathrm{d}x\mathrm{d}y\mathrm{d}z$，如图 3.1.1 所示，设微团质量中心点 $A(x,y,z)$ 在瞬时的速度为 $\boldsymbol{u}(x)=u_x\boldsymbol{i}+u_y\boldsymbol{j}+u_z\boldsymbol{k}$，与点 A 相距极近的 C 点为 $C(x+\mathrm{d}x,y+\mathrm{d}y,z+\mathrm{d}z)$，在同一瞬时，速度近似式为略去二阶以上无穷小量的泰勒公式

$$u_x'=u_x+\frac{\partial u_x}{\partial x}\mathrm{d}x+\frac{\partial u_x}{\partial y}\mathrm{d}y+\frac{\partial u_x}{\partial z}\mathrm{d}z$$

$$u_y'=u_y+\frac{\partial u_y}{\partial x}\mathrm{d}x+\frac{\partial u_y}{\partial y}\mathrm{d}y+\frac{\partial u_y}{\partial z}\mathrm{d}z$$

$$u_z'=u_z+\frac{\partial u_z}{\partial x}\mathrm{d}x+\frac{\partial u_z}{\partial y}\mathrm{d}y+\frac{\partial u_z}{\partial z}\mathrm{d}z$$

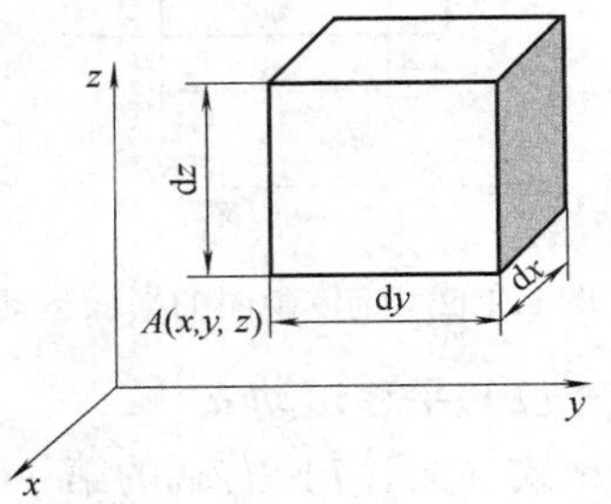

图 3.1.1　流体微团的单元体

因此，**速度梯度张量 $\boldsymbol{L}$** 的表达式为

$$\boldsymbol{L}=\frac{\partial\boldsymbol{u}}{\partial\boldsymbol{x}}\tag{3.1.5a}$$

用注记符号表示的矩阵分量表达式为

$$L_{ij}=\frac{\partial u_i}{\partial x_j}=\begin{bmatrix}\dfrac{\partial u_1}{\partial x_1} & \dfrac{\partial u_1}{\partial x_2} & \dfrac{\partial u_1}{\partial x_3}\\[2mm] \dfrac{\partial u_2}{\partial x_1} & \dfrac{\partial u_2}{\partial x_2} & \dfrac{\partial u_2}{\partial x_3}\\[2mm] \dfrac{\partial u_3}{\partial x_1} & \dfrac{\partial u_3}{\partial x_2} & \dfrac{\partial u_3}{\partial x_3}\end{bmatrix}\tag{3.1.5b}$$

对速度近似式 u_x' 作恒等变形，在式 u_x' 的第一项中人为地增加 $\pm\dfrac{1}{2}\dfrac{\partial u_y}{\partial x}\mathrm{d}y\pm\dfrac{\partial u_z}{\partial x}\mathrm{d}z$ 4 项，并将式中的最末两项也改写成带 1/2 系数的 4 项，于是式 u_x' 变为

$$u_x'=u_x+\frac{\partial u_x}{\partial x}\mathrm{d}x+\frac{1}{2}\left(\frac{\partial u_x}{\partial y}+\frac{\partial u_y}{\partial x}\right)\mathrm{d}y+\frac{1}{2}\left(\frac{\partial u_x}{\partial z}+\frac{\partial u_z}{\partial x}\right)\mathrm{d}z$$
$$+\frac{1}{2}\left(\frac{\partial u_x}{\partial z}-\frac{\partial u_z}{\partial x}\right)\mathrm{d}z-\frac{1}{2}\left(\frac{\partial u_y}{\partial x}-\frac{\partial u_x}{\partial y}\right)\mathrm{d}y$$

按此方法将 u_y'，u_z' 写成类似的形式，使用表 3.1.1 中的符号将速度近似式改写成为

$$\left.\begin{aligned}u_x'&=u_x+\theta_{xx}\mathrm{d}x+\varepsilon_{xy}\mathrm{d}y+\varepsilon_{xz}\mathrm{d}z+\omega_y\mathrm{d}z-\omega_z\mathrm{d}y\\ u_y'&=u_y+\theta_{yy}\mathrm{d}y+\varepsilon_{yz}\mathrm{d}z+\varepsilon_{yx}\mathrm{d}x+\omega_z\mathrm{d}x-\omega_x\mathrm{d}z\\ u_z'&=u_z+\theta_{zz}\mathrm{d}z+\varepsilon_{zx}\mathrm{d}x+\varepsilon_{zy}\mathrm{d}y+\omega_x\mathrm{d}y-\omega_y\mathrm{d}x\end{aligned}\right\}\tag{3.1.6}$$

式（3.1.6）是流体微团的速度分解公式，称为**亥姆霍兹速度分解定理**。

表 3.1.1　流体微团速度分解公式的物理意义和符号

直线应变速度 θ	剪切变形(角变形) ε	转动角速度 ω
$\theta_{xx}=\dfrac{\partial u_x}{\partial x}$	$\varepsilon_{xy}=\varepsilon_{yx}=\dfrac{1}{2}\left(\dfrac{\partial u_x}{\partial y}+\dfrac{\partial u_y}{\partial x}\right)$	$\omega_x=\dfrac{1}{2}\left(\dfrac{\partial u_z}{\partial y}-\dfrac{\partial u_y}{\partial z}\right)$
$\theta_{yy}=\dfrac{\partial u_y}{\partial y}$	$\varepsilon_{yz}=\varepsilon_{zy}=\dfrac{1}{2}\left(\dfrac{\partial u_y}{\partial z}+\dfrac{\partial u_z}{\partial y}\right)$	$\omega_y=\dfrac{1}{2}\left(\dfrac{\partial u_x}{\partial z}-\dfrac{\partial u_z}{\partial x}\right)$
$\theta_{zz}=\dfrac{\partial u_z}{\partial z}$	$\varepsilon_{zx}=\varepsilon_{xz}=\dfrac{1}{2}\left(\dfrac{\partial u_z}{\partial x}+\dfrac{\partial u_x}{\partial z}\right)$	$\omega_z=\dfrac{1}{2}\left(\dfrac{\partial u_y}{\partial x}-\dfrac{\partial u_x}{\partial y}\right)$

3.1.1.3 流体微团运动的3种形式

若在整个流场中，流体运动若以空间坐标分类，流体运动可分为一维、二维和三维流动。为了说明式（3.1.6）中各项符号的含义，将流体空间流动的复杂情况加以分解。为了讨论的方便，首先分析图3.1.2是平面流动，即二维流动的情况，将式（3.1.6）简化为平面流动速度分解公式

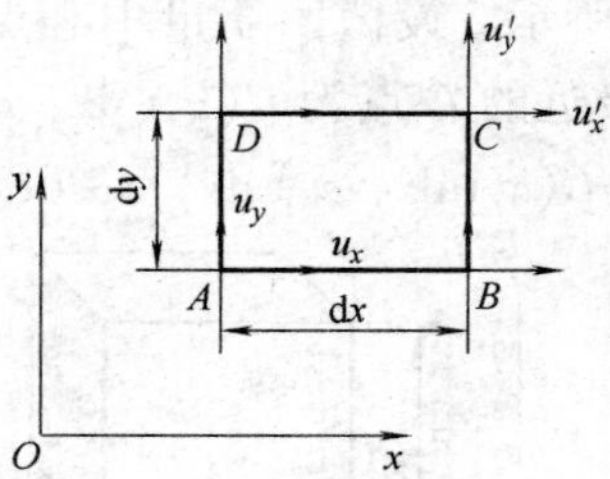

图3.1.2 流体微团的平面运动

$$\left.\begin{aligned}u_x' &= u_x + \theta_{xx}\mathrm{d}x + \varepsilon_{xy}\mathrm{d}y - \omega_z\mathrm{d}y\\ u_y' &= u_y + \theta_{yy}\mathrm{d}y + \varepsilon_{yx}\mathrm{d}x + \omega_z\mathrm{d}x\end{aligned}\right\} \tag{3.1.7}$$

此式包含了表3.1.1中的各种不同的符号，不影响对问题的分析。流体微团的运动可以分解为下面几种形式。

（1）平移运动 u

式（3.1.7）右端的第一项 u_x，u_y，说明流体微团中的任一点 C 点有随流体微团质量中心 A 一起作平移运动的成分。如果 $\theta_{xx}=\theta_{yy}=\varepsilon_{xy}=\varepsilon_{yx}=\omega_z=0$，则如图3.1.3（a）所示，经过 $\mathrm{d}t$ 时间后，$ABCD$ 平移到 $A'B'C'D'$ 位置，微团形状不变。u_x，u_y 称为微团的平移速度。

（2）直线和剪切变形运动

由于流体的易流动性，运动流体流动，流体微团发生直线变形，流体微团线性伸长或缩短，用下式表示

$$\theta_{xx}=\frac{\partial u_x}{\partial x},\quad \theta_{yy}=\frac{\partial u_y}{\partial y},\quad \theta_{zz}=\frac{\partial u_z}{\partial z}$$

$\theta_{xx}=\dfrac{\partial u_x}{\partial x}$的物理意义是 u_x 沿 x 方向的变化率，$\theta_{xx}\mathrm{d}x$ 是 C、A 两点（也代表 CB、DA 两条线）的 x 方向分速度的变化量。$\theta_{yy}dy$ 是 C、A 两点（也代表 CD、BA 两条线）的 y 方向分速度的变化量。不可压缩流体的$\dfrac{\partial u_x}{\partial x}+\dfrac{\partial u_y}{\partial y}=0$，如果 $u_x=u_y=\varepsilon_{xy}=\varepsilon_{yx}=\omega_z=0$，则变成如图3.1.3（b）所示的 $A'B'C'D'$ 形状。这种运动称为流体微团的直线变形运动。其中 θ_{xx}，θ_{yy}，θ_{zz} 称为**直线应变速度**，$\theta_{xx}\mathrm{d}x$，$\theta_{yy}\mathrm{d}y$，$\theta_{zz}\mathrm{d}z$ 则称为流体微团的**直线变形速度**。

在流体运动中，流体微团发生**剪切变形**，即**角变形**。分析表3.1.1中第二列的项

$$\varepsilon_{xy}=\varepsilon_{yx}=\frac{1}{2}\left(\frac{\partial u_x}{\partial y}+\frac{\partial u_y}{\partial x}\right)$$

式中，$\dfrac{\partial u_x}{\partial y}$是 u_x 沿 y 方向的变化率，也叫作 u_x 沿 y 方向的速度梯度，$\dfrac{\partial u_x}{\partial y}\mathrm{d}y$ 是 C、A 两点（也代表 CD、AB 两条线）的 x 方向分速度的变化量；$\dfrac{\partial u_y}{\partial x}$是 u_y 沿 x

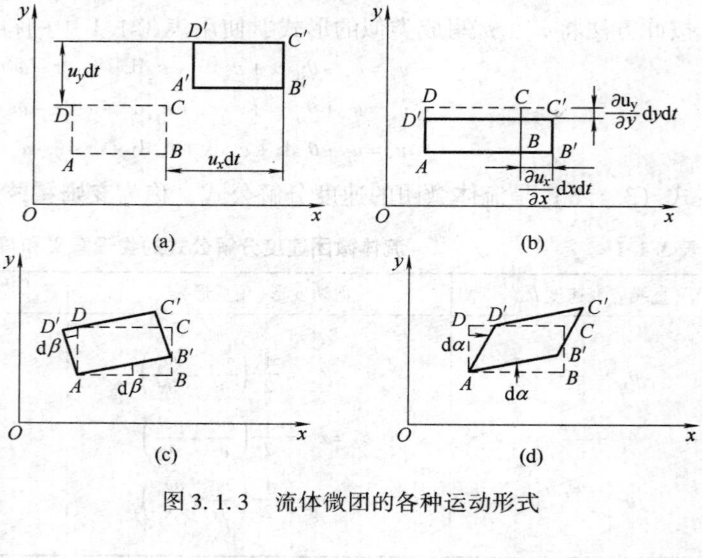

图3.1.3 流体微团的各种运动形式

方向的变化率，也叫作 u_y 沿 x 方向的速度梯度；$\frac{\partial u_y}{\partial x}dx$ 是 C、A 两点（也代表 CB、AD 两条线）的 y 方向分速度的变化量。由于这两个速度梯度的存在，如果 $u_x=u_y=\theta_{xx}=\theta_{yy}=0$，则经过 dt 后，如图 3.1.4 所示，$ABCD$ 要变成 $AB''C''D''$的形状，分别得到

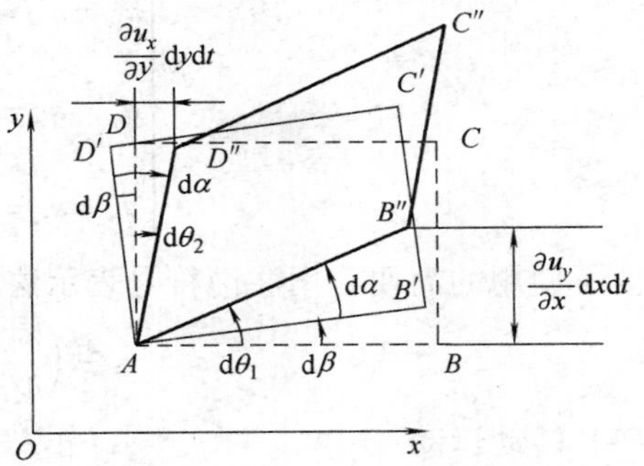

图 3.1.4　流体微团的旋转与剪切变形

$$d\theta_1\approx \tan d\theta_1=\frac{BB''}{AB}=\frac{\frac{\partial u_y}{\partial x}dxdt}{dx}=\frac{\partial u_y}{\partial x}dt$$

$$d\theta_2\approx \tan d\theta_2=\frac{DD''}{AD}=\frac{\frac{\partial u_x}{\partial y}dydt}{dy}=\frac{\partial u_x}{\partial y}dt$$

一般情况下，$\frac{\partial u_y}{\partial x}\neq\frac{\partial u_x}{\partial y}$，则 $d\theta_1\neq d\theta_2$。假定 $d\theta_1>d\theta_2$，则令

$$\left.\begin{aligned}\frac{1}{2}(d\theta_1+d\theta_2)=d\alpha\\ \frac{1}{2}(d\theta_1-d\theta_2)=d\beta\end{aligned}\right\}\tag{1}$$

于是

$$\left.\begin{aligned}d\theta_1=d\alpha+d\beta\\ d\theta_2=d\alpha-d\beta\end{aligned}\right\}\tag{2}$$

上式说明，总可用式（2）所示的另外两个角度 $d\alpha$ 与 $d\beta$ 的和与差来表示两个不相等的角度 $d\theta_1$ 和 $d\theta_2$。可以设想 $ABCD$ 先整体同向旋转一个 $d\beta$ 角变成 $AB'C'D'$，然后互相垂直的两边再反向各自剪切一个 $d\alpha$ 角，于是 $AB'C'D'$最终就会变成原来由 $d\theta_1$ 和 $d\theta_2$ 所决定的 $AB''C''D''$的形状了。

流体微团一个边的剪切角为

$$d\alpha=\frac{1}{2}(d\theta_1+d\theta_2)=\frac{1}{2}\left(\frac{\partial u_y}{\partial x}+\frac{\partial u_x}{\partial y}\right)dt\tag{3}$$

由式（3）得到流体微团一个边的剪切角速度为

$$\frac{d\alpha}{dt}=\frac{1}{2}\left(\frac{\partial u_y}{\partial x}+\frac{\partial u_x}{\partial y}\right)=\varepsilon_{yx}\tag{4}$$

流体微团整体的剪切角为

$$d\gamma=2d\alpha=d\theta_1+d\theta_2=\left(\frac{\partial u_y}{\partial x}+\frac{\partial u_x}{\partial y}\right)dt\tag{5}$$

由式（5）得到流体微团整体的剪切角速度为

$$\frac{d\gamma}{dt}=2\frac{d\alpha}{dt}=\left(\frac{\partial u_y}{\partial x}+\frac{\partial u_x}{\partial y}\right)=2\varepsilon_{yx}\tag{6}$$

当 $u_x=u_y=\theta_{xx}=\theta_{yy}=\omega_z=0$，即$\frac{\partial u_y}{\partial x}=\frac{\partial u_x}{\partial y}$，$d\theta_1=d\theta_2$ 的特殊情况时，经过 dt 时间，$ABCD$ 发生剪切运动变成如图 3.1.3（d）所示的 $AB'C'D'$形状。使用式（1）至式（6）的推导方法，同理得到**三维剪切变形（角变形）公式**为

$$\begin{cases}\varepsilon_{xy}=\varepsilon_{yx}=\dfrac{1}{2}\left(\dfrac{\partial u_x}{\partial y}+\dfrac{\partial u_y}{\partial x}\right)\\ \varepsilon_{yz}=\varepsilon_{zy}=\dfrac{1}{2}\left(\dfrac{\partial u_y}{\partial z}+\dfrac{\partial u_z}{\partial y}\right)\\ \varepsilon_{zx}=\varepsilon_{xz}=\dfrac{1}{2}\left(\dfrac{\partial u_z}{\partial x}+\dfrac{\partial u_x}{\partial z}\right)\end{cases} \tag{3.1.8a}$$

为了使用的简便，用注记符号表示法，即循环下标号表示**剪切变形（角变形）**为

$$\varepsilon_{ij}=\frac{1}{2}\left(\frac{\partial u_j}{\partial x_i}+\frac{\partial u_i}{\partial x_j}\right)\quad (i,j=1,2,3) \tag{3.1.8b}$$

(3) 转动运动

流体微团像刚体转动一个角度。从式（1）可解出，流体微团整体的旋转角为

$$\mathrm{d}\beta=\frac{1}{2}(\mathrm{d}\theta_1-\mathrm{d}\theta_2)=\frac{1}{2}\left(\frac{\partial u_y}{\partial x}-\frac{\partial u_x}{\partial y}\right)\mathrm{d}t \tag{7}$$

由式（7）可得流体微团整体的旋转角速度为

$$\frac{\mathrm{d}\beta}{\mathrm{d}t}=\frac{1}{2}\left(\frac{\partial u_y}{\partial x}-\frac{\partial u_x}{\partial y}\right)=\omega_z \tag{8}$$

ω_z的物理意义是流体微团整体绕通过 A 点之 z 轴的转动角速度，ε_{xy}的物理意义是流体微团一个边绕通过 A 点之 z 轴的剪切变形角速度。式（3.1.6）第一式中的 $\omega_z\mathrm{d}y$ 和 $\varepsilon_{xy}\mathrm{d}y$ 两项自然是代表由于这两个角速度而引起的 C 点之 x 轴方向上的线速度。同样第二式中的 $\omega_z\mathrm{d}x$ 和 $\varepsilon_{yx}\mathrm{d}x$ 则是这两个角速度所引起的 C 点在 y 方向上的线速度。由此可见，当 $u_x=u_y=\theta_{xx}=\theta_{yy}=\varepsilon_{xy}=\varepsilon_{yx}=0$ 时，经过 $\mathrm{d}t$ 时间，$ABCD$ 发生旋转运动变成如图 3.1.3（c）所示的 $AB'C'D'$ 形状。

用流体平面运动的推导方法，得到流体空间运动的表 3.1.1 所示的 ω_x 和 ω_y，得到**旋度矢量 $\boldsymbol{\omega}$** 为

$$\begin{aligned}\boldsymbol{\omega}&=\frac{1}{2}\mathrm{rot}\boldsymbol{u}=\omega_x\boldsymbol{i}+\omega_y\boldsymbol{j}+\omega_z\boldsymbol{k}\\&=\frac{1}{2}\left(\frac{\partial u_z}{\partial y}-\frac{\partial u_y}{\partial z}\right)\boldsymbol{i}+\frac{1}{2}\left(\frac{\partial u_x}{\partial z}-\frac{\partial u_z}{\partial x}\right)\boldsymbol{j}+\frac{1}{2}\left(\frac{\partial u_y}{\partial x}-\frac{\partial u_x}{\partial y}\right)\boldsymbol{k}\end{aligned} \tag{3.1.9a}$$

用注记符号表达上式，有

$$\omega_{ij}=\frac{1}{2}\left(\frac{\partial u_i}{\partial x_j}-\frac{\partial u_j}{\partial x_i}\right) \tag{3.1.9b}$$

将流体变形运动的符号的物理意义也列在表 3.1.1 中。表 3.1.1 中代表变形运动的符号称为流体微团的**变形速度**，它的 9 个元素组成一个沿主对角线成对称的**变形速度张量 $\boldsymbol{S}$**，也称为**应变速度矩阵**，直角坐标系的表达式为

$$\boldsymbol{S}=\begin{bmatrix}\theta_{xx}\varepsilon_{xy}\varepsilon_{xz}\\ \varepsilon_{yx}\theta_{yy}\varepsilon_{yz}\\ \varepsilon_{zx}\varepsilon_{zy}\theta_{zz}\end{bmatrix}=\begin{bmatrix}\dfrac{\partial u_x}{\partial x} & \dfrac{1}{2}\left(\dfrac{\partial u_x}{\partial y}+\dfrac{\partial u_y}{\partial x}\right) & \dfrac{1}{2}\left(\dfrac{\partial u_x}{\partial z}+\dfrac{\partial u_z}{\partial x}\right)\\ \dfrac{1}{2}\left(\dfrac{\partial u_y}{\partial x}+\dfrac{\partial u_x}{\partial y}\right) & \dfrac{\partial u_y}{\partial y} & \dfrac{1}{2}\left(\dfrac{\partial u_y}{\partial z}+\dfrac{\partial u_z}{\partial y}\right)\\ \dfrac{1}{2}\left(\dfrac{\partial u_z}{\partial x}+\dfrac{\partial u_x}{\partial z}\right) & \dfrac{1}{2}\left(\dfrac{\partial u_z}{\partial y}+\dfrac{\partial u_y}{\partial z}\right) & \dfrac{\partial u_z}{\partial z}\end{bmatrix} \tag{3.1.10a}$$

用注记符号表达**变形速度张量** $S_{ij}=\boldsymbol{S}$，有

$$S_{ij}=\frac{1}{2}\left(\frac{\partial u_i}{\partial x_j}+\frac{\partial u_j}{\partial x_i}\right) \tag{3.1.10b}$$

通过上面详细分解式（3.1.6）的含义，得到亥姆霍兹（Helmholtz）速度分解定理。

亥姆霍兹速度分解定理　一般情况下流体微团运动可以分解为平动、直线与剪切变形、转动三种运动之和。

亥姆霍兹的重要贡献是找到了这三种运动的数学表达式，为确定应力与变形速度的关系奠定了数学分析的基础。比较式（3.1.4）和式（3.1.6）可知，刚体和流体微团运动的主要区别在于流体微团运动多了变形速度的部分。**还要注意的是，刚体速度分解定理对整个刚体而言是成立的，流体速度分解定理只在流体微团内成立，它是局部性的定理。**

例题 3.1.1　速度梯度张量 $\boldsymbol{L}$ 一般为非对称张量，请将 $\boldsymbol{L}$ 分解成直角坐标系的一个对称张量 $\boldsymbol{S}$ 与一个反对称张量 $\boldsymbol{\omega}$，并说明对称张量 $\boldsymbol{S}$ 与反对称张量 $\boldsymbol{\omega}$ 的物理意义。

解： 按照第二章介绍张量的性质，一个二阶张量可以分解成一个对称张量与一个反对称张量之和。将速度梯度张量式（3.1.5b）恒等变形，有

$$\boldsymbol{L}=L_{ij}=\frac{\partial u_i}{\partial x_j}=\begin{bmatrix}\frac{\partial u_1}{\partial x_1} & \frac{\partial u_1}{\partial x_2} & \frac{\partial u_1}{\partial x_3}\\ \frac{\partial u_2}{\partial x_1} & \frac{\partial u_2}{\partial x_2} & \frac{\partial u_2}{\partial x_3}\\ \frac{\partial u_3}{\partial x_1} & \frac{\partial u_3}{\partial x_2} & \frac{\partial u_3}{\partial x_3}\end{bmatrix}=\begin{bmatrix}\frac{\partial u_1}{\partial x_1} & \frac{1}{2}\left(\frac{\partial u_1}{\partial x_2}+\frac{\partial u_2}{\partial x_1}\right) & \frac{1}{2}\left(\frac{\partial u_1}{\partial x_3}+\frac{\partial u_3}{\partial x_1}\right)\\ \frac{1}{2}\left(\frac{\partial u_2}{\partial x_1}+\frac{\partial u_1}{\partial x_2}\right) & \frac{\partial u_2}{\partial x_2} & \frac{1}{2}\left(\frac{\partial u_2}{\partial x_3}+\frac{\partial u_3}{\partial x_2}\right)\\ \frac{1}{2}\left(\frac{\partial u_3}{\partial x_1}+\frac{\partial u_1}{\partial x_3}\right) & \frac{1}{2}\left(\frac{\partial u_3}{\partial x_2}+\frac{\partial u_2}{\partial x_3}\right) & \frac{\partial u_3}{\partial x_3}\end{bmatrix}$$

$$+\begin{bmatrix}0 & \frac{1}{2}\left(\frac{\partial u_1}{\partial x_2}-\frac{\partial u_2}{\partial x_1}\right) & \frac{1}{2}\left(\frac{\partial u_1}{\partial x_3}-\frac{\partial u_3}{\partial x_1}\right)\\ \frac{1}{2}\left(\frac{\partial u_2}{\partial x_1}-\frac{\partial u_1}{\partial x_2}\right) & 0 & \frac{1}{2}\left(\frac{\partial u_2}{\partial x_3}-\frac{\partial u_3}{\partial x_2}\right)\\ \frac{1}{2}\left(\frac{\partial u_3}{\partial x_1}-\frac{\partial u_1}{\partial x_3}\right) & \frac{1}{2}\left(\frac{\partial u_3}{\partial x_2}-\frac{\partial u_2}{\partial x_3}\right) & 0\end{bmatrix}$$

将上式写成注记符号表达式

$$\boldsymbol{L}=L_{ij}=\frac{\partial u_i}{\partial x_j}=\frac{1}{2}\left(\frac{\partial u_i}{\partial x_j}+\frac{\partial u_j}{\partial x_i}\right)+\frac{1}{2}\left(\frac{\partial u_i}{\partial x_j}-\frac{\partial u_j}{\partial x_i}\right)=S_{ij}+\omega_{ij}=\boldsymbol{S}+\boldsymbol{\omega} \tag{3.1.11}$$

分析式（3.1.11）可见，等式右边第一个式子是一个二阶对称张量，与式（3.1.10）相同，物理意义是**变形速度张量** $\boldsymbol{S}$，表征了材料变形的速率；右边第二式子就是反对称张量，与式（3.1.9）相同，物理意义是**旋转速率张量** $\boldsymbol{\omega}$，与材料的变形无关。

例题 3.1.2　任一张量可分解为对称张量与反对称张量之和，证明该分解是唯一的。

证明： 假设速度梯度张量为 $\boldsymbol{L}=\boldsymbol{S}+\boldsymbol{\omega}$，令

$$\boldsymbol{S}=\frac{1}{2}(\boldsymbol{L}+\boldsymbol{L}_c),\quad \boldsymbol{\omega}=\frac{1}{2}(\boldsymbol{L}-\boldsymbol{L}_c)$$

用注记符号表达上式，分别有

$$s_{ij}=\frac{1}{2}\left(\frac{\partial u_i}{\partial x_j}+\frac{\partial u_j}{\partial x_i}\right),\quad \omega_{ij}=\frac{1}{2}\left(\frac{\partial u_i}{\partial x_j}-\frac{\partial u_j}{\partial x_i}\right)$$

可见该分解是唯一的。

在场论的学习中，已经了解了流体运动以运动形式为标准分类时，若在整个流场中 $\mathrm{rot}\boldsymbol{u}=\nabla\times\boldsymbol{u}=0$，则此流动为无旋流动，反之为有旋流动。于是流体运动可分无旋流动和有旋流动两种。因为绝大多数流体运动都具有平动和变形，因此对于这两种运动形式不加分类。

变形速度张量 S 具有二阶对称张量的性质。

① **变形速度张量** $\boldsymbol{S}$ 恒有三个互相垂直的主轴，以这三个主轴为正交直角坐标系，变形

速度张量 **S** 可写成下列标准形式

$$\boldsymbol{S}=\begin{bmatrix}\theta_{xx} & 0 & 0\\ 0 & \theta_{yy} & 0\\ 0 & 0 & \theta_{zz}\end{bmatrix} \tag{3.1.12}$$

由此可见，变形速度张量 **S** 完全由三个主相对拉伸速度决定，也就是说流体微团在主轴上的线元以 θ'_{ii} 的相对拉伸速度变形，变形后仍在主轴方向。

② 变形速度张量有三个不变量

$$\begin{cases}I_S=\theta_{11}+\theta_{22}+\theta_{33}=\dfrac{\partial u_x}{\partial x}+\dfrac{\partial u_y}{\partial y}+\dfrac{\partial u_z}{\partial z}=\mathrm{div}\boldsymbol{u}\\ II_S=\theta_{22}\theta_{33}+\theta_{33}\theta_{11}+\theta_{11}\theta_{22}-\dfrac{1}{4}(\varepsilon_{23}^2+\varepsilon_{31}^2+\varepsilon_{12}^2)\\ III_S=\theta_{11}\theta_{22}\theta_{33}+\dfrac{1}{4}\varepsilon_{12}\varepsilon_{23}\varepsilon_{31}-\dfrac{1}{4}(\theta_{11}\varepsilon_{23}^2+\theta_{22}\varepsilon_{31}^2+\theta_{33}\varepsilon_{12}^2)\end{cases} \tag{3.1.13}$$

式中：I_S，II_S，III_S分别为**变形速度张量的第一、第二和第三不变量**。

例题 3.1.3[2]　现考察 I_S的物理意义。

解：根据场论散度的定义

$$\mathrm{div}\boldsymbol{u}=\lim_{\Omega\to M}\frac{\oiint \boldsymbol{u}\cdot \mathrm{d}\boldsymbol{S}}{\Delta V}=\lim_{\partial V\to 0}\frac{\oiint \boldsymbol{u}\cdot \mathrm{d}\boldsymbol{S}}{\partial V}$$

通过封闭曲面 S 的速度通量 $\oiint \boldsymbol{u}\cdot \mathrm{d}\boldsymbol{S}$ 等于体积∂V 的变化率，于是

$$\mathrm{div}\boldsymbol{u}=\frac{1}{\partial V}\frac{\mathrm{d}}{\mathrm{d}t}\partial V$$

取直角坐标系的单位体积元$\partial x,\partial y,\partial z,\partial V=\partial x\partial y\partial z$，将其代入到上式中，有

$$\begin{aligned}\mathrm{div}\boldsymbol{u}&=\frac{1}{\partial V}\frac{\mathrm{d}}{\mathrm{d}t}\partial V=\frac{1}{\partial x\partial y\partial z}\frac{\mathrm{d}}{\mathrm{d}t}(\partial x\partial y\partial z)=\frac{1}{\partial x}\frac{\mathrm{d}}{\mathrm{d}t}\partial x+\frac{1}{\partial y}\frac{\mathrm{d}}{\mathrm{d}t}\partial y+\frac{1}{\partial z}\frac{\mathrm{d}}{\mathrm{d}t}\partial z\\ &=\frac{\partial u_x}{\partial x}+\frac{\partial u_y}{\partial y}+\frac{\partial u_z}{\partial z}=\nabla\cdot\boldsymbol{u}\end{aligned} \tag{3.1.14}$$

由此可见，不变量 I_S等于速度场的散度 div$\boldsymbol{u}$，其物理意义是流体的相对体积膨胀率。当 $I_S>0$ 流体体积膨胀；$I_S=0$ 流体无体积变化，$I_S<0$ 流体体积收缩。

可用速度散度的公式来判断流体压缩性质。当 $\mathrm{div}\boldsymbol{u}=0$，流体的相对体积膨胀率为零，即该流体为不可压缩流体。当 $\mathrm{div}\boldsymbol{u}\neq0$，流体的相对体积膨胀率不为零，即该流体为可压缩流体。$\mathrm{div}\boldsymbol{u}=\nabla\cdot\boldsymbol{u}=0$ **是不可压缩流体的一种数学表示**。

3.1.2　力的分类和应力张量

本小节简单介绍流体流动时所受的力及其性质。在流体中取一封闭曲面 S 为界面的体积元 V 的流体，在控制体上作用的力有两类，一类是作用在体积内所有流体微团上的体积力，如质量力。另一类是控制体外部流体和固体对控制体内流体的作用力，即作用在流体表面的表面力，包含压应力和剪切应力（摩擦阻力）。这些力可能是已知量，也可能是未知量，可能是流体固有的，可能是由于动量变化而产生的。这些力的作用情况有时相当复杂，将在下一章针对具体情况做详细的分析讨论。为了使问题简化，在此只讨论作用在控制体上诸力的积分。

本小节介绍力的分类和二阶应力张量[2]，包括质量力和表面力、二阶应力张量 2 部分。

3.1.2.1　质量力和表面力

这里分别介绍质量力和表面力的物理意义和数学表达式。

（1）质量力

首先引入密度的定义。

密度的定义　在连续介质中，在流体中取一点 M，围绕 M 点作体积元素 ΔV，它的质量为 Δm，当 ΔV 向 M 点无限收缩，若极限值

$$\rho = \lim_{\Delta V \to 0} \frac{\Delta m}{\Delta V} = \frac{\mathrm{d}m}{\mathrm{d}V} \tag{1}$$

存在，则称此极限为流体在 M 点的密度，以 $\rho = \rho(x, y, z, t)$ 表之，$\mathrm{kg/m^3}$。**密度的物理意义就是单位体积内流体的质量。**

由式（1）得出

$$\mathrm{d}m = \rho \mathrm{d}V \tag{2}$$

流体的总质量为式（2）的体积分

$$m = \iiint_V \rho \mathrm{d}V \tag{3.1.15}$$

可见，质量与密度和体积成正比。

质量力是一种体力。质量力是指作用在所考察的流体整体上的外力。作用在体积 V 各个流体微团上的力称为**质量力。质量力包括直线运动惯性力和离心惯性力**。它与流体微团的质量大小有关，并且集中作用在流体微团的质量中心，用同样的方法作用在每个分子上。

质量力用空间的分布密度 $\boldsymbol{f}$ 表示。在体积 V 内取一点 M，围绕 M 点作体积元素 ΔV，它的质量为 Δm，当 ΔV 向 M 点无限收缩，若极限值

$$\boldsymbol{f} = \lim_{\Delta m \to 0} \frac{\Delta \boldsymbol{F}}{\Delta m} = \frac{\mathrm{d}\boldsymbol{F}}{\mathrm{d}m} = \frac{1}{\rho} \frac{\mathrm{d}\boldsymbol{F}}{\mathrm{d}V} \tag{3}$$

的极限存在，这极限值 $\boldsymbol{f}$ 代表 M 点上单位质量流体所受到的质量力。$\boldsymbol{f} = \boldsymbol{f}(x, y, z, t)$ 是空间坐标和时间的函数，称为在空间中的质量力分布密度函数。由式（3）得到作用在体积元上的质量力为

$$\mathrm{d}\boldsymbol{F} = \rho \boldsymbol{f} \mathrm{d}V$$

积分上式，得到作用在有限体积上的质量力

$$\boldsymbol{F} = \iiint_V \rho \boldsymbol{f} \mathrm{d}V \tag{3.1.16}$$

式中，$\boldsymbol{F}$ 为单位质量流体微团所受的质量力。若 $\mathrm{d}V$ 是体积元，$\boldsymbol{F}$ 的大小很有限，则作用在 $\mathrm{d}V$ 上的质量力 $\mathrm{d}\boldsymbol{F}$ 是三阶无穷小量，量纲为 $\left[\frac{L}{T^2}\right]$。

作用在流体微团的质量力包括重力和惯性力。**在聚合物流变学中，仅限于考察处于重力场作用下的流体**，用**重力加速度 $\boldsymbol{g}$** 代替式（3.1.16）中的 $\boldsymbol{f}$，得到质量力为

$$\boldsymbol{F}_g = \iiint_V \rho \boldsymbol{g} \mathrm{d}V \tag{3.1.17}$$

式中，$\boldsymbol{g}$ 为重力加速度，等于 $9.81\mathrm{m/s^2}$。

（2）表面力

与界面 S 接触的流体或固体作用于流体团表面 S 上的力称为表面力，简称**面力 $\boldsymbol{T}$**。例如压力、摩擦力都是面力。此种力由与该流体微团毗邻的外部流体而来的，由静压力和黏性力所提供。

面力用表面上的分布密度来表示。在连续介质中，在流体中取一点 M，围绕 M 点作面积元素 ΔS，设 ΔS 的法线方向为 $\boldsymbol{n}$，$\boldsymbol{n}$ 所指向的流体或固体作用在 ΔS 面上的面力为 $\Delta \boldsymbol{T}$，当 ΔS 向 M 点无限收缩，若极限值

$$\boldsymbol{T}_n = \lim_{\Delta S \to 0} \frac{\Delta \boldsymbol{T}}{\Delta S} = \frac{\mathrm{d}\boldsymbol{T}}{\mathrm{d}S} \tag{3.1.18}$$

存在，则它代表 M 点上以 $\boldsymbol{n}$ 为法线的单位面积上所受的面力，也称为表面力。$\boldsymbol{T}_n$ 不仅是 x，y，z，t 的函数，而且依赖于作用面的方向。一般来说，作用面的方向不同，$\boldsymbol{T}_n$ 也不同。$\boldsymbol{T}_n$ **被称为面力在 S 面上的分布密度，或称为应力**。由式（3.1.18）作用在 dS 面上的面力为

$$\mathrm{d}\boldsymbol{T} = \boldsymbol{n} \cdot \boldsymbol{T}\mathrm{d}S = \boldsymbol{T}_n \mathrm{d}S \tag{3.1.19}$$

积分上式，得到作用在有限面积 S 上的面力为

$$\oiint_S \boldsymbol{T}_n \mathrm{d}S \tag{3.1.20}$$

显然面力和面积呈正比。若 dS 是面积元素，$\boldsymbol{T}_n$ 的大小有限，则作用在 dS 上的面力 d$\boldsymbol{T}$ 是二阶无穷小量，量纲为$\left[\frac{M}{LT^2}\right]$。

过任一点 M 可作无数个不同方向的表面，作用在这些不同表面上的面力一般是互不相等的，$\boldsymbol{T}_n$ 是矢径 $\boldsymbol{r}$ 和表面法向单位矢量 $\boldsymbol{n}$ 两个矢量的函数。从第 1 章张量的学习中可知，只要知道 3 个坐标面上的应力，则任一以 $\boldsymbol{n}$ 为法线方向的表面应力都通过它们和 $\boldsymbol{n}$ 表示出来，也就是说 3 个矢量或 9 个数量分量描述了一点的应力状态，即可用应力张量描述一点的应力状态。

3.1.2.2 二阶应力张量

这里介绍二阶应力张力的物理意义和各种数学表达式。

在外力或外力矩作用下，物体会产生流动或（和）形变，同时为抵抗流动或形变，物体内部产生相应的应力。应力通常定义为材料内部单位面积上的响应力，单位为 Pa（1Pa = 1N · m^{-2}）或 MPa（1MPa = 10^{6}Pa）。在黏性不起作用的平衡流体和理想运动流体中，作用在流体微团表面的表面力只有与表面相垂直的压应力，而且压应力又具有一点上各向同性的性质。也就是说，在流体微团表面上，作用的表面力只有与表面相垂直的压应力（压强）。在平衡状态下，物体所受的外应力与内应力数值相等。在实际流体的运动中，由于流体的黏性，作用在流体微团体上不仅有压应力，而且还有剪切应力。

在黏性流体的流动或形变中，由于黏性的作用，流体微团的平移、旋转和剪切变形运动使流体微团内部存在相互挤压或拉伸和剪切的作用，存在压应力和剪切应力。黏性流体流动时，在流体微团的同一位置，通过面积相等取向不同面元的力也是不相同的。也就是说，作用力与截面的取向有关，用数量无法表示。必须用二阶张量来描述黏性流体流动所受的力。在流变过程中，聚合物液体既有黏性形变又有弹性形变，其内部应力状态相当复杂。要全面描述非牛顿流体内部的黏弹性应力及其变化情形，需要引入应力张量的概念。

如果在流体内某点通过任意取向的单位面积的力能够计算出来，就可以完全清楚该点的相互挤压或拉伸和剪切的作用。下面用例题引入流体应力张量的概念。

例题 3.1.4 求解描述黏性流体流动的流体形变应力。

解： 在流体内取定一点 M，包围 M 作一个四面体元 $ABCD$，如图 3.1.5 所示。ABC 面取任意方向，其余三面分别垂直于 x_1，x_2，x_3 轴。规定 ABC 面以外侧为正，$\boldsymbol{n}$ 是它的外法线。其余 3 个侧面分别以 x_1，x_2，x_3 轴的正方向为正。设 ABC 面元矢量 $\mathrm{d}\boldsymbol{S}_n = \mathrm{d}S_1\boldsymbol{e}_1 + \mathrm{d}\boldsymbol{S}_2 e_2 +$

$dS_3\boldsymbol{e}_3$，则

$$\begin{cases} dS_1 = \beta_{n1} d\boldsymbol{S}_n \\ dS_2 = \beta_{n2} d\boldsymbol{S}_n \\ dS_3 = \beta_{n3} d\boldsymbol{S}_n \end{cases} \tag{1}$$

式中，β_{ni}为 $\boldsymbol{n}$ 与 x_i轴夹角的余弦。在 $\boldsymbol{n}$ 与 x_i轴呈锐角的情况下，dS_i就是垂直于 x_i轴的那个侧面的面积；在呈钝角的情况下，二者有一符号之差。

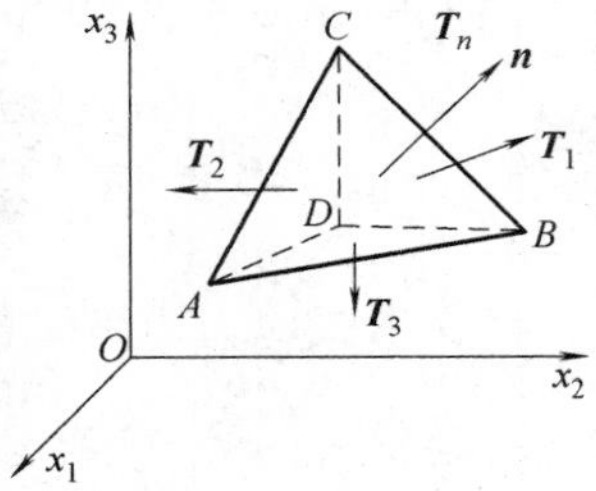

图 3.1.5　四面体元

设矢量 $\boldsymbol{T}_1$，$\boldsymbol{T}_2$，$\boldsymbol{T}_3$ 分别为朝坐标轴正方向通过三个侧面的单位面积的力，$\boldsymbol{T}_n$为朝 $\boldsymbol{n}$ 方向通过 ABC 面单位面积的力。四面体元通过三个侧面所受到的力分别是 $dS_1\boldsymbol{T}_1$，$dS_2\boldsymbol{T}_2$，$dS_3\boldsymbol{T}_3$。略去自重等体力比侧面力高一阶的无穷小量。

朝 $\boldsymbol{n}$ 方向通过面元 ABC 的力

$$d\boldsymbol{F}_n = dS_n\boldsymbol{T}_n = dS_1\boldsymbol{T}_1 + dS_2\boldsymbol{T}_2 + dS_3\boldsymbol{T}_3 = d\boldsymbol{S}\cdot\boldsymbol{T} \tag{2}$$

由四面体元力的平衡条件，由式（2）得

$$dS_1\boldsymbol{T}_1 + dS_2\boldsymbol{T}_2 + dS_3\boldsymbol{T}_3 - d\boldsymbol{S}_n\boldsymbol{T}_n = 0 \tag{3}$$

将式（1）代入上式（3），得

$$\boldsymbol{T}_n = \beta_{n1}\boldsymbol{T}_1 + \beta_{n2}\boldsymbol{T}_2 + \beta_{n3}\boldsymbol{T}_3 \tag{4}$$

设矢量 $\boldsymbol{T}_1$，$\boldsymbol{T}_2$，$\boldsymbol{T}_3$ 的分量分别为 T_{11}，T_{12}，T_{13}；T_{21}，T_{22}，T_{23}；T_{31}，T_{32}，T_{33}，代入式（4）得

$$\begin{aligned}\boldsymbol{T}_n &= \beta_{n1}(T_{11}\boldsymbol{e}_1 + T_{12}\boldsymbol{e}_2 + T_{13}\boldsymbol{e}_3) + \beta_{n2}(T_{21}\boldsymbol{e}_1 + T_{22}\boldsymbol{e}_2 + T_{23}\boldsymbol{e}_3) + \beta_{n3}(T_{31}\boldsymbol{e}_1 + T_{32}\boldsymbol{e}_2 + T_{33}\boldsymbol{e}_3) \\ &= \sum_{i,j}\beta_{ni}T_{ij}\boldsymbol{e}_j \end{aligned} \tag{3.1.21}$$

由式（3.1.21）可知，通过任意给定取向面元上单位面积的力由上式中的 9 个数量 T_{ij} 确定，即**流体形变应力——应力张量为二阶张量**。

通过上面的讨论可知，**当考察通过黏性流体内任一面元的力时，既要考虑这个面元的方向，还要考虑通过这个面元上力的方向。这种二重取向的特殊性使得这类物理量在三维空间中要用 9 个数量表示。**

在黏性不起作用的平衡流体和理想运动流体中，在流体微团表面上，作用的表面力只有与表面相垂直的压应力（压强）。在实际流体的运动中，由于流体的黏性，作用在流体微团体上不仅有压应力，而且有剪切应力。

例题 3.1.5　在实际运动流体的直角坐标系中，确定流体流动应力张量的表达式。

解：在直角坐标系中，取出流体边长 dx，dy，dz 的六面体微团 $A(x, y, z)$。由于黏性的影响，作用在微元体 $ABCDEFGH$ 上的表面力就不仅有压应力 $\boldsymbol{p}$，而且也有切应力 $\boldsymbol{\tau}$。一点上的压应力也不再具有各向同性的性质。流体微团每个表面上的表面力都有 3 个分量，共有 9 个数量。将 9 个应力分量分别标注在包含 $A(x, y, z)$ 点在内的三个微元表面上，矩阵 $\boldsymbol{T}$ 中对角线分量是法向应力，非对角线分量是切向应力，如图 3.1.6 所示。

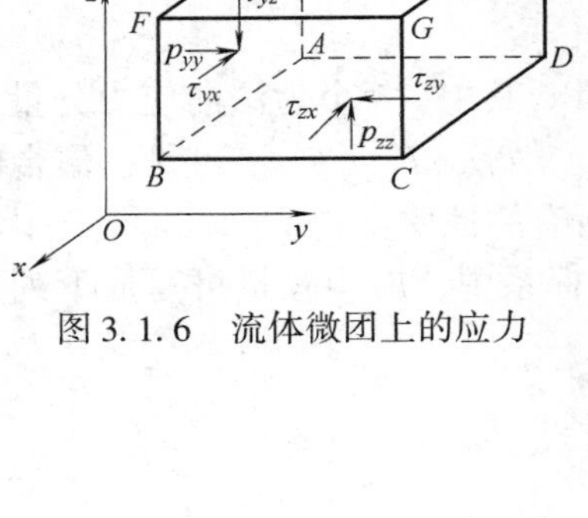

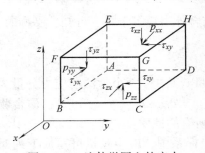

图 3.1.6　流体微团上的应力

实际流体中—点，$A(x, y, z)$ 点上的应力可用 9 个

元素组成的一个应力矩阵，即直角坐标系的二阶应力张量 $\boldsymbol{T}$ 表示为

$$\boldsymbol{T}=\begin{bmatrix} p_{xx} & \tau_{xy} & \tau_{xz} \\ \tau_{yx} & p_{yy} & \tau_{yz} \\ \tau_{zx} & \tau_{zy} & p_{zz} \end{bmatrix} \tag{3.1.22}$$

广义形式应力矩阵张量 $\boldsymbol{T}$ 方阵表示式（2.2.9）

$$T_{ij}=\boldsymbol{T}=\begin{bmatrix} T_{11} & T_{12} & T_{13} \\ T_{21} & T_{22} & T_{23} \\ T_{31} & T_{32} & T_{33} \end{bmatrix}$$

式中，**应力的第一个下标表示应力作用面的法向方向，第二个下标表示应力的方向。**

应力张量 T_{ij} 描述任意一流体微团 $A(x,\ y,\ z)$ 处相互挤压或拉伸和剪切的作用。其中所有 $T_{ii}(i=1,\ 2,\ 3)$ 分量都作用在相应面元的法线方向上，称为应力张量的法向分量。**法向力的物理实质是弹性力，即拉力或压力**。所有 $T_{ij}(i\neq j;\ i,\ j=1,\ 2,\ 3)$ 分量都作用在相应面元的切线方向上，称为应力张量的剪切分量。**剪切应力的物理实质是黏滞力（内摩擦力）**。

这里观察到一个问题，在力学中一般把与各个坐标正向方向的力和加速度作为正的。但是，根据作用力和反作用相等的牛顿定律，必须会想到一个问题。如果在某面的一侧施加了一个力，那么在该面的另一侧也就施加了一个大小相等、方向相反的力。如何约定应力分量的正负号？

特别强调指出，关于应力的正负号，国外聚合物流变学领域的专著使用不同的约定。米德尔曼[8]应力的正负号约定：在某面正侧的材料向该面负侧的材料施加应力 T_{ij}，如果力的作用力线沿着 x_i 的正方向，它就是正的；反之，某面负侧的材料向该面正侧的材料施加的应力，如作用线沿着 x_i 的负方向，这一应力也是正的。如图 3.1.6 所示，剪切应力都是从 3 个平面负侧材料产生的，图中指示出的方向是应力各分量的正方向。Macosko[9]第 47 页提请读者注意，他的书使用拉伸应力是正的符号约定。其他一些专著，特别是 1987 年 Birder 的书中选择张力是负的（**tension as negative**）。

本书使用米德尔曼[8]应力的正负号约定。在求解工程问题时，不同应力正负号的约定求解同一问题得到的解是一样的。**前提是在求解一个问题时，自始至终使用一种约定。使用中非常容易发生混用的情况，不可能得到正确的解。**

还需要注意，dS 面法线方向的定义，**如果 dS 是封闭曲面的一部分，则取外法线方向为 dS 的正方向。如果 dS 所在的曲面不封闭，则约定取一方向为法线的正方向，法线 $\boldsymbol{n}$ 指向的那一边流体作用在面上的应力以 $\boldsymbol{T}_n$ 表之，而位于与 $\boldsymbol{n}$ 相反方向的流体微团作用于 dS 面上的应力以 $-\boldsymbol{T}_n$ 表之。**

按 Cauchy 应力定律，在平衡时，物体所受的合外力与合外力矩等于零。可知，平衡时，应力张量中沿主对角线对称的剪切分量应相等，即

$$T_{ij}=T_{ji}\quad (i,j=1,2,3)$$

此式表明，在物体平衡时，应力张量只有 6 个独立分量。其中，3 个为法向应力分量为 $T_{ii}(i=1,\ 2,\ 3)$，3 个为剪切应力分量分别为 $T_{12}=T_{21}$，$T_{13}=T_{31}$，$T_{23}=T_{32}$。可见，**聚合物流变的应力张量是二阶对称张量**。因此，它具有对称张量所有的性质：

① 应力张量具有三个互相垂直的主轴方向。在主轴坐标系中，应力张量可写成下列对角线形式

$$T=\begin{bmatrix} p_{11} & 0 & 0 \\ 0 & p_{22} & 0 \\ 0 & 0 & p_{33} \end{bmatrix} \tag{3.1.23}$$

式中，p_{11}，p_{22}，p_{33}称为法向主应力。于是在与主轴方向垂直的面上，只有法向应力。切向应力等于零。

② 应力张量的 3 个不变量

$$\begin{cases} I_T = p_{11} + p_{22} + p_{33} \\ II_T = p_{22}p_{33} + p_{33}p_{11} + p_{11}p_{22} - \tau_{12}^2 - \tau_{23}^2 - \tau_{31}^2 \\ III_T = p_{11}p_{22}p_{33} + 2\tau_{12}\tau_{23}\tau_{31} - p_{11}\tau_{23}^2 - p_{22}\tau_{31}^2 - p_{33}\tau_{12}^2 \end{cases} \tag{3.1.24}$$

通过学习可知，在无黏性理想流体流动中，在流体微团表面上，流体表面力只有与表面相垂直的压应力（压强），而且压应力又具有一点上各向同性的性质。令法向应力的共同值以 $-p$ 表示，则

$$p_{11} = p_{22} = p_{33} = -p(x_1, x_2, x_3, t)$$

p 称为理想流体的压强，它是 x，y，z，t 的函数，压强的方向与作用面的法线方向恰好相反。由此可见，在理想流体中，应力张量变为 $\boldsymbol{T} = -p\boldsymbol{I}$，只要用一个数量便完全描述任一点的应力状态。理想流体同一点上各个不同方向的法向应力是相等的。

在静止流体中，不论是黏性还是理想流体，根据流体的易流动性，静止的流体不能承受剪切应力，因此同样有 $\boldsymbol{T} = -p\boldsymbol{I}$，$-p$ 代表的是静力学压应力函数，它表征静止流体每一点上的应力状态。

3.1.3　表述应力与应变关系的本构方程

不同种类的流体其应力和变形的关系不同。可按应力与变形的关系来区分流体的类型。这一节利用流体本身具有黏性这一特性，讨论牛顿性流体应力与变形速度之间的关系，导出应力与变形速度关系的方程——本构方程。建立牛顿流体本构方程的依据是牛顿内摩擦定律。

本小节介绍表述应力与变形关系本构方程的基础知识[2]，包括应力与变形速度张量的关系、偏应力张量和膨胀黏性系数、正交曲线坐标系的应变速率张量 3 部分。

3.1.3.1　应力与变形速度张量的关系

这里分别介绍剪切应力、法向应力与变形速度张量的关系。

(1) 剪切应力与变形速度张量的关系

由 2.3.2 节知道，牛顿内摩擦定律二维表达式（2.3.13）为

$$\tau_{yx} = \pm\mu\frac{\partial u_x}{\partial y}$$

由 3.1.1 节流体微团速度的分解得知，由于速度梯度存在，经过 dt 时间后，原来的矩形流体微团发生剪切变形成为平行四边形，其剪切角为 $\mathrm{d}\gamma \approx \tan\mathrm{d}\gamma = \frac{\mathrm{d}u_x \mathrm{d}t}{\mathrm{d}y}$，即速度梯度等于剪切变形的角速度$\frac{\mathrm{d}\gamma}{\mathrm{d}t} = \frac{\mathrm{d}u_x}{\mathrm{d}y}$。

牛顿内摩擦定律可改写为

$$\tau_{yx} = \mu\frac{\partial u_x}{\partial y} = \mu\frac{\mathrm{d}\gamma}{\mathrm{d}t} \tag{1}$$

由 3.1.1 节已知，流体微团一个边的剪切角速度如图 3.1.4 所示，为

$$\frac{d\alpha}{dt}=\frac{1}{2}\left(\frac{\partial u_y}{\partial x}+\frac{\partial u_x}{\partial y}\right)=\varepsilon_{xy}$$

流体微团整体的剪切角速度

$$\frac{d\gamma}{dt}=2\frac{d\alpha}{dt}=\left(\frac{\partial u_y}{\partial x}+\frac{\partial u_x}{\partial y}\right)=2\varepsilon_{xy} \tag{2}$$

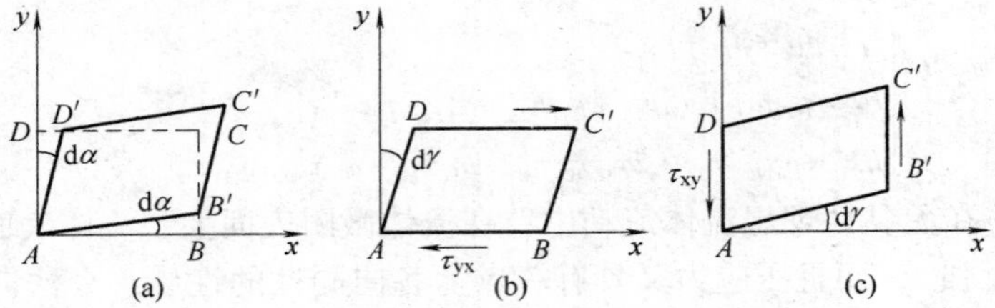

图 3.1.7　流体微团的剪切变形与切应力

将图 3.1.7（a）绕 A 点旋转成图 3.1.7（b）或图 3.1.7（c），则形成与图 3.1.4 相同的剪切运动形式。将式（2）代入式（1），再根据 Cauchy 应力定律得

$$\tau_{xy}=\tau_{yx}=2\mu\varepsilon_{xy}=\mu\left(\frac{\partial u_x}{\partial y}+\frac{\partial u_y}{\partial x}\right)$$

斯托克斯假设流体各向同性，应力与变形速度成线性关系。将切向应力与角变形率的线性关系推广到三维空间流动，在三个正交平面上得到流体微团**剪切应力与剪切应变速度的关系式**，即在流体三维运动情况下牛顿内摩擦定律的推广式

$$\begin{cases}\tau_{xy}=\tau_{yx}=2\mu\varepsilon_{xy}=\mu\left(\dfrac{\partial u_x}{\partial y}+\dfrac{\partial u_y}{\partial x}\right)\\ \tau_{xz}=\tau_{zx}=2\mu\varepsilon_{xz}=\mu\left(\dfrac{\partial u_x}{\partial z}+\dfrac{\partial u_z}{\partial x}\right)\\ \tau_{yz}=\tau_{zy}=2\mu\varepsilon_{yz}=\mu\left(\dfrac{\partial u_y}{\partial z}+\dfrac{\partial u_z}{\partial y}\right)\end{cases} \tag{3.1.25}$$

按照 Tadmor[10] 应力正负号的约定，剪切应力与剪切应变速度的关系式，即牛顿内摩擦定律的推广式为

$$\begin{cases}\tau_{xy}=\tau_{yx}=-2\mu\varepsilon_{xy}=-\mu\left(\dfrac{\partial u_x}{\partial y}+\dfrac{\partial u_y}{\partial x}\right)\\ \tau_{xz}=\tau_{zx}=-2\mu\varepsilon_{xz}=-\mu\left(\dfrac{\partial u_x}{\partial z}+\dfrac{\partial u_z}{\partial x}\right)\\ \tau_{yz}=\tau_{zy}=-2\mu\varepsilon_{yz}=-\mu\left(\dfrac{\partial u_y}{\partial z}+\dfrac{\partial u_z}{\partial y}\right)\end{cases}$$

特别强调，使用本书关于应力正负号的约定，牛顿内摩擦定律的推广式为（3.1.25）。在求解工程问题时，两种约定求解同一问题使用不同的用应力表示的运动方程，得到的解是一样的。前提是在求解一个问题时，自始至终使用一种约定。

（2）法向应力与变形速度张量的关系

流体黏性也阻碍流体微团运动中的直线变形。分析法向应力与直线变形速度之间的关系。当 $ABCD$ 经过发生 dt 时间变成如图 3.1.7（a）所示的 $AB'C'D'$时，流体微团单元体在 x 方向拉长，在 x 方向的黏性阻力阻止其伸长，反之相反，流体微团单元体在 x 方向缩短 在 x 方向的黏性阻力阻止其缩短。由于黏性而引起的沿流体微团表面法向作用的应力大小必然与

各该方向的直线变形速度有关，而与直线变形的方向相反。因而按照剪切应力与剪切应变速度的关系可以类似地写出，为

$$p'_{xx} = -2\mu\frac{\partial u_x}{\partial x} + \frac{2}{3}\mu\left(\frac{\partial u_x}{\partial x} + \frac{\partial u_y}{\partial y} + \frac{\partial u_z}{\partial z}\right) = -2\mu\frac{\partial u_x}{\partial x} + \frac{2}{3}\mu\mathrm{div}\boldsymbol{u}$$

由上式可以看出，由于各个方向的直线变形速度不相等，因此黏性阻碍作用所产生的法向应力也是各向不等；p'_{xx}，p'_{yy}，p'_{zz}统称为一点上的各向异性压强。于是在实际流体运动时，一点上的法向应力除了由于分子运动统计平均的各向同性压强 p 之外，还需加上由于黏性影响而与直线变形有关的各向异性压强。法向应力由两部分组成：

① 由流体静压力产生，流体微团承受压缩应力，发生体积变形；

② 由流体流动时黏性应力的作用产生，使流体微团在法线方向上承受拉伸或压缩应力，发生线性变形。

最后，可得到法向应力与直线变形速度之间的关系为

$$\begin{cases} p_{xx} = -p + 2\mu\dfrac{\partial u_x}{\partial x} - \dfrac{2}{3}\mu\left(\dfrac{\partial u_x}{\partial x} + \dfrac{\partial u_y}{\partial y} + \dfrac{\partial u_z}{\partial z}\right) \\ p_{yy} = -p + 2\mu\dfrac{\partial u_y}{\partial y} - \dfrac{2}{3}\mu\left(\dfrac{\partial u_x}{\partial x} + \dfrac{\partial u_y}{\partial y} + \dfrac{\partial u_z}{\partial z}\right) \\ p_{zz} = -p + 2\mu\dfrac{\partial u_z}{\partial z} - \dfrac{2}{3}\mu\left(\dfrac{\partial u_x}{\partial x} + \dfrac{\partial u_y}{\partial y} + \dfrac{\partial u_z}{\partial z}\right) \end{cases} \tag{3.1.26}$$

式中，附加应力为

$$\begin{cases} p'_{xx} = 2\mu\dfrac{\partial u_x}{\partial x} - \dfrac{2}{3}\mu\mathrm{div}\boldsymbol{u} \\ p'_{yy} = 2\mu\dfrac{\partial u_y}{\partial y} - \dfrac{2}{3}\mu\mathrm{div}\boldsymbol{u} \\ p'_{zz} = 2\mu\dfrac{\partial u_z}{\partial z} - \dfrac{2}{3}\mu\mathrm{div}\boldsymbol{u} \end{cases} \tag{3.1.27a}$$

对于不可压缩流体，有速度散度为零，即 $\mathrm{div}\boldsymbol{u} = 0$，式（3.1.26）简化为

$$\begin{cases} p_{xx} = -p + 2\mu\dfrac{\partial u_x}{\partial x} \\ p_{yy} = -p + 2\mu\dfrac{\partial u_y}{\partial y} \\ p_{zz} = -p + 2\mu\dfrac{\partial u_z}{\partial z} \end{cases} \tag{3.1.27b}$$

将式（3.1.25）与式（3.1.27b）代入式（3.1.22），得到应力矩阵，为

$$\boldsymbol{T} = \begin{bmatrix} p_{xx} & \tau_{xy} & \tau_{xz} \\ \tau_{yx} & p_{yy} & \tau_{yz} \\ \tau_{zx} & \tau_{zy} & p_{zz} \end{bmatrix} = -p\begin{bmatrix} I & 0 & 0 \\ 0 & I & 0 \\ 0 & 0 & I \end{bmatrix} + 2\mu\begin{bmatrix} \theta_{xx} & \varepsilon_{xy} & \varepsilon_{xz} \\ \varepsilon_{yx} & \theta_{yy} & \varepsilon_{yz} \\ \varepsilon_{zx} & \varepsilon_{zy} & \theta_{zz} \end{bmatrix} \tag{3.1.28a}$$

即

$$\boldsymbol{T} = -p\boldsymbol{I} + 2\mu\boldsymbol{\varepsilon} \tag{3.1.28b}$$

式（3.1.28a）和式（3.1.28b）就是全面反映各向同性不可压缩牛顿流体应力与变形速度关系的**本构方程**。

对于可压缩流体，将式（3.1.28b）写成三维应力张量 $\boldsymbol{T}$——**本构方程**的表达式

$$\boldsymbol{T} = -\left(p + \frac{2}{3}\mu\mathrm{div}\boldsymbol{u}\right)\boldsymbol{I} + 2\mu\boldsymbol{\varepsilon} \tag{3.1.29}$$

应力张量和变形速度张量之间的关系满足牛顿内摩擦定律的流体称为牛顿流体，否则称

为非牛顿流体。例如工程中常用的油漆、颜料、橡胶、塑料等为非牛顿流体。实践证明，牛顿内摩擦定律的适用范围远远超出人们所能预料的，它不仅适用于超音速气流，甚至适用于高超音速气流，只有在物理量变化极端剧烈的激波层内，它的适用性才存在问题。

3.1.3.2 偏应力张量和膨胀黏性系数[2,6,9]

利用张量代数运算，分解应力张量。讨论偏应力张量和膨胀黏性系数。

(1) 偏应力张量

若流体微团的应力状态由应力张量 $\boldsymbol{T}$ 描述，根据力的性质不同，应力张量可以分解为各向同性压力和偏应力张量两部分，有

$$\boldsymbol{T}=\begin{bmatrix}T_{11} & T_{12} & T_{11}\\ T_{21} & T_{22} & T_{23}\\ T_{31} & T_{32} & T_{33}\end{bmatrix}=\left(\frac{T_{11}+T_{22}+T_{33}}{3}\right)\begin{bmatrix}1 & 0 & 0\\ 0 & 1 & 0\\ 0 & 0 & 1\end{bmatrix}+\begin{bmatrix}\frac{2T_{11}-(T_{22}+T_{33})}{3} & T_{12} & T_{11}\\ T_{21} & \frac{2T_{22}-(T_{11}+T_{33})}{3}T_{22} & T_{23}\\ T_{31} & T_{32} & \frac{2T_{33}-(T_{11}+T_{22})}{3}\end{bmatrix} \tag{3.1.30a}$$

用注记符号表达上式，有

$$\boldsymbol{T}=\frac{T_{ij}}{3}\delta_{ij}+\tau_{ij} \tag{3.1.30b}$$

由上式得到，最常见的一种应力张量 $\boldsymbol{T}$ 的分解形式为

$$\boldsymbol{T}=\frac{1}{3}(\mathrm{tr}\boldsymbol{T})\boldsymbol{I}+\boldsymbol{\tau} \tag{3.1.31}$$

$$\mathrm{tr}\boldsymbol{T}=T_{11}+T_{22}+T_{33}$$

式中，$\mathrm{tr}\boldsymbol{T}$ 为张量 $\boldsymbol{T}$ 的迹，$\boldsymbol{I}$ 为单位张量；$\boldsymbol{\tau}$ 为偏应力张量。

若定义

$$-p\boldsymbol{I}=\frac{1}{3}\mathrm{tr}\boldsymbol{T} \tag{3.1.32}$$

则 $\boldsymbol{T}$ 分解成

$$\boldsymbol{T}=-p\boldsymbol{I}+\boldsymbol{\tau} \tag{3.1.33a}$$

或写成注记符号分量式

$$T_{ij}=-p\delta_{ij}+\tau_{ij} \tag{3.1.33b}$$

式中，p 为各向同性压力（静水压力）；$\delta_{ij}=\begin{cases}0 & i\neq j\\ 1 & i=j\end{cases}$ 称为 Kroneckerδ，是单位张量 $\boldsymbol{I}$ 的一种表示法。式（2.2.13）曾给出 $\boldsymbol{I}$ 的表达式

$$\boldsymbol{I}=\begin{bmatrix}1 & 0 & 0\\ 0 & 1 & 0\\ 0 & 0 & 1\end{bmatrix}$$

在任何状态下，牛顿流体内部都具有各向同性压力。它作用在曲面法向上，且沿曲面任何法向的值相等，**负号表示压力方向指向封闭曲面的内部**。

由分量 τ_{ij} 组成的**应力张量 $\boldsymbol{\tau}$** 称为应力偏量，或偏应力张量，其值等于全应力张量减去代表均载荷的分量。偏应力张量是应力张量中最重要的部分，直接关系到流体流动、黏性和弹

性的变形的描写，是流变学研究的重点。

注意式（3.1.28）定义的各向同性压力 $-p$ 具有一定的任意性，它并不一定真正等于液体内部的真实静水压力，由此，它将影响到偏应力张量法向分量 $\tau_{ii}(i=1,2,3)$ 的值。

下面将证明，偏应力张量中法向分量的绝对值 τ_{ii} 并无很大意义，重要的是沿不同方向的法向应力分量的差值，它们对于描述非牛顿流体的弹性行为十分重要。分析式(3.1.33a)，按照 Cauchy 应力定律，平衡时，物体所受的合外力与合外力矩均等于零。因此可知，全应力张量和它的偏应力张量的剪切分量都是相等的，即

$$T_{12}=\tau_{12},T_{13}=\tau_{13},T_{23}=\tau_{23} \tag{1}$$

$$\begin{cases}\tau_{11}=\dfrac{2T_{11}-(T_{22}+T_{33})}{3}\\ \tau_{22}=\dfrac{2T_{22}-(T_{11}+T_{33})}{3}\\ \tau_{33}=\dfrac{2T_{33}-(T_{11}+T_{22})}{3}\end{cases} \tag{2}$$

由上两式，得到应力偏量的主要特征，它的第一不变量等于零

$$\tau_{11}+\tau_{22}+\tau_{33}=0 \tag{3.1.34}$$

当各向同性压力 $-p$ 按式（3.1.33b）定义时，应力偏量为

$$\tau_{ij}=T_{ij}+p\delta_{ij} \tag{3.1.35}$$

平衡时，应力张量中沿主对角线对称的剪切应力应相等。与应力张量相似，偏应力张量也是对称张量，仅有 6 个独立分量。有偏应力张量的 3 个法向应力 $\tau_{ii}(i=1,2,3)$，3 个剪切应力分量 $\tau_{ij}(i,j=1,2,3)$。

下面用几个例题讨论牛顿流体特殊流动的内应力。

例题 3.1.6　确定静止液体或流体的内应力。

解：静止液体或流体内只有法向应力，实际上就是各向同性压力，应力张量只有各向同性压力；无剪切应力，即偏应力张量为零张量。由广义形式应力张量为

$$\tau_{ij}=\begin{bmatrix}\tau_{11} & \tau_{12} & \tau_{13}\\ \tau_{21} & \tau_{22} & \tau_{23}\\ \tau_{31} & \tau_{32} & \tau_{33}\end{bmatrix}$$

得到各应力分量为

$$\tau_{11}=\tau_{22}=\tau_{33}=-p,\text{即}\boldsymbol{\tau}=-p\boldsymbol{I},\tau_{ij}=0(i\neq j) \tag{3.1.36}$$

任何静止的平衡液体，或是静止或流动的无黏流体都处于这种应力状态。

例题 3.1.7　设流体流动时只受到一个方向的拉力或压力，除此之外不再有任何其他作用力，由流体应力张量式，确定流体流动时均匀拉伸或压缩的应力。

解：根据该流体流动时的受力状态，分析应力张量 $\boldsymbol{T}$ 的各应力分量为

$$\tau_{11}=\tau\quad \tau_{22}=\tau_{33}=\tau_{12}=\tau_{23}=\tau_{31}=0(\tau\text{ 为常数}) \tag{3.1.37}$$

此时流体体系处于沿 x_1 方向的均匀拉伸或压缩状态。$\tau>0$ 为拉伸，$\tau<0$ 为压缩。纺丝过程中，在单轴拉伸流场中，材料处于这种应力状态。

例题 3.1.8　设流体流动时流体微团仅受到均匀剪应力，由流体应力张量确定流体流动的剪切应力。

解：流体微团仅受到均匀剪切应力，设流体应力只有剪切分量 $\tau_{12}=\tau_{21}=\tau=$ 常数，而所有其他剪切分量为零。这表示流体体系在 x_2 等于常数的平面上沿 x_1 方向受到剪切应力 τ_{21}；

按剪切应力对等原则，在 x_1 = 常数的平面上沿 x_2 方向也有剪切应力 τ_{12} 存在。这种剪切应力称均匀剪切应力。在许多仪器、设备、模具内的材料流动场中，可用简单剪切流场来分析。

(2) 膨胀黏性系数[2]

当流体运动消失时，τ_{ij} 等于零，它只和流体变形有关。$\tau_{ij}=\lambda\varepsilon_{kk}\delta_{ij}+2\mu\varepsilon_{ij}$，将其代入式(3.1.33b)，有

$$T_{ij}=-p\delta_{ij}+\tau_{ij}=(-p+\lambda\varepsilon_{kk})\delta_{ij}+2\mu\varepsilon_{ij} \tag{1}$$

引进第二黏性系数，即膨胀黏性系数

$$\mu'=\lambda+2\mu/3 \tag{3.1.38}$$

于是式（1）可写成

$$T_{ij}=-p\delta_{ij}+2\mu(\varepsilon_{ij}-\varepsilon_{kk}\delta_{ij}/3)+\mu'\varepsilon_{kk}\delta_{ij} \tag{3.1.39}$$

需要说明，流体微团所有方向上法应力的平均值等于 x，y，x 三个方向上法应力的平均值，它是不随坐标系改变的不变量。

$$\frac{1}{3}(p_{xx}+p_{yy}+p_{zz})=-p+\mu'\mathrm{div}\boldsymbol{u} \tag{3.1.40}$$

对于不可压缩流体 $\mathrm{div}\boldsymbol{u}=0$，通常的液体、低速运动的气体都是不可压缩流体，其平均法应力等于运动流体的压力 p，第二黏性系数 μ' 自动不出现，本构方程中只出现动力黏性系数 μ；对于可压缩流体，$\mathrm{div}\boldsymbol{u}\neq0$，高速运动的气体是可压缩流体。在运动过程中，液体的体积发生膨胀或收缩，它将引起平均法应力的值发生 $\mu'\mathrm{div}\boldsymbol{u}$ 的变化，因此称 μ' 为**膨胀黏性系数**。除了高温和高频声波这些极端的情况，对一般情况下运动的气体，斯托克斯提出假设在分子运动理论中得到证实，近似地认为

$$\mu'=0$$

对于聚合物流体的流动，由式（3.1.40）得到**斯托克斯假设**

$$p=-\frac{1}{3}(p_{xx}+p_{yy}+p_{zz}) \tag{3.1.41}$$

式（3.1.41）说明流体一点上的各向同性压强也就是不可压缩实际流体中不同方向压强的算术平均值，因此它代表一点上的流体动压强。在平衡流体中，它代表一点上的流体静压强。它作用在曲面法向上，且沿曲面任何法向的值相等，**负号表示压力方向指向封闭曲面的内部**。

斯托克斯假设给具体计算实际流体中的压强带来很大的方便，无须进一步研究各向异性压强，只要找出各同性压强与其他流动参数之间的关系，则可据此算出各向同性压缩实际运动流体一点上的流体动压强。由此可知，压强 p 有三种不同的含义：

① 在平衡流体中，代表一点上的流体静压强；

② 在理想流体中，它代表一点上的流体动压强；

③ 在不可压缩实际运动流体中，它代表一点上流体动压强的算术平均值，因此它也代表一点上的流体动压强。

现在考察在简单剪切流场中材料所受的法向应力的情况。这里重点强调牛顿流体与聚合物流体在简单剪切流场中不同的应力状态。

牛顿流体只有黏性而无弹性，因此在应力张量 $\boldsymbol{T}$ 中与弹性变形联系的各法向应力分量相等，均可归于各向同性压力，$T_{ii}=-p$。而偏应力张量 τ_{ij} 中，各法向应力分量等于零，$\tau_{ii}=0$。应力张量分解为

$$\begin{bmatrix}-p & \tau & 0\\ \tau & -p & 0\\ 0 & 0 & -p\end{bmatrix}=-p\begin{bmatrix}1 & 0 & 0\\ 0 & 1 & 0\\ 0 & 0 & 1\end{bmatrix}+\begin{bmatrix}0 & \tau & 0\\ \tau & 0 & 0\\ 0 & 0 & 0\end{bmatrix} \tag{3.1.42}$$

由此可见，偏应力张量中只有一个独立分量——剪切应力分量 τ，故只需定义一个黏度函数，就可以完全描述其力学状态。

聚合物熔体或液体是黏弹性流体，在剪切场中既有黏性流动又有弹性变形，一般情况下三个坐标轴方向的法向应力分量不相等，$\tau_{11} \neq \tau_{22} \neq \tau_{33} \neq 0$。因此要完整描述聚合物液体的应力状态，偏应力张量 τ_{ij} 中至少需要有 4 个应力分量 τ_{12}，τ_{11}，τ_{22}，τ_{33}，有

$$\begin{bmatrix} T_{11} & \tau & 0 \\ \tau & T_{22} & 0 \\ 0 & 0 & T_{33} \end{bmatrix} = -p\begin{bmatrix} 1 & 0 & 0 \\ 0 & 1 & 0 \\ 0 & 0 & 1 \end{bmatrix} + \begin{bmatrix} T_{11}+p & \tau & 0 \\ \tau & T_{22}+p & 0 \\ 0 & 0 & T_{33}+p \end{bmatrix}$$

$$= -p\begin{bmatrix} 1 & 0 & 0 \\ 0 & 1 & 0 \\ 0 & 0 & 1 \end{bmatrix} + \begin{bmatrix} \tau_{11} & \tau_{12} & 0 \\ \tau_{21} & \tau_{22} & 0 \\ 0 & 0 & \tau_{33} \end{bmatrix} \tag{3.1.43}$$

流变函数除了黏度函数外，还要定义与法向应力分量相关的函数。

偏应力张量中法向应力分量的值与各向同性压力的大小有关。注意到式（3.1.28）给出的各向同性压力的定义有一定任意性，这就使得应力张量的分解方法有多种结果。下面用一例题说明，同一应力张量的有多种分解方法。

例题 3.1.9　有一个应力张量$\begin{bmatrix} 3 & 1 & 0 \\ 1 & 1 & 0 \\ 0 & 0 & 2 \end{bmatrix}$，给出两种不同的分解方法。

解： 按照张量加法的运算法则，将应力张量分解成两个应力张量的和，有

$$\begin{bmatrix} 3 & 1 & 0 \\ 1 & 1 & 0 \\ 0 & 0 & 2 \end{bmatrix} = \begin{bmatrix} 2 & 0 & 0 \\ 0 & 2 & 0 \\ 0 & 0 & 2 \end{bmatrix} + \begin{bmatrix} 1 & 1 & 0 \\ 1 & -1 & 0 \\ 0 & 0 & 0 \end{bmatrix} \tag{1}$$

或者

$$\begin{bmatrix} 3 & 1 & 0 \\ 1 & 1 & 0 \\ 0 & 0 & 2 \end{bmatrix} = \begin{bmatrix} 1 & 0 & 0 \\ 0 & 1 & 0 \\ 0 & 0 & 1 \end{bmatrix} + \begin{bmatrix} 2 & 1 & 0 \\ 1 & 0 & 0 \\ 0 & 0 & 1 \end{bmatrix} \tag{2}$$

两种结果中各向同性压力的值不同，由此导致偏应力张量中法向应力分量 τ_{ii} 的值不同。用这叠加原理，分析平行平面的相对平行移动产生的简单剪切流动，该稳态剪切流动中，$T_{13} = T_{31} = 0$，$T_{23} = T_{32} = 0$，黏弹性流体应力张量可表示为

$$T_{ij} = \begin{bmatrix} T_{11} & T_{12} & 0 \\ T_{21} & T_{22} & 0 \\ 0 & 0 & T_{33} \end{bmatrix} = p\delta_{ij} + \begin{bmatrix} \tau_{11} & \tau_{12} & 0 \\ \tau_{21} & \tau_{22} & 0 \\ 0 & 0 & \tau_{33} \end{bmatrix}$$

由上式可知，在不可压缩材料中，只有假设各向同性压力才能由应变或应变历史确定出应力状态。可见，应力张量中的任一法向分量的绝对值没有流变意义。但是，法向应力差不会由于任何各向同性压力的加入而改变，主要依靠材料的流变性质。可以看出，不管应力张量如何分解，偏应力张量中两个法向应力分量的差值 $\tau_{11} - \tau_{22}$，$\tau_{22} - \tau_{33}$，始终保持不变。这给予重要的启示，在聚合物液体流变过程中，单独去追求法向应力分量绝对值没有多大意义。于是，定义两个法向应力差函数来描写材料弹性形变行为。

第一法向应力差函数为　$$N_1 = \tau_{11} - \tau_{22} \tag{3.1.44}$$

第二法向应力差函数为　$$N_2 = \tau_{22} - \tau_{33} \tag{3.1.45}$$

用 N_1、N_2 和黏度函数这 3 个函数就可以完整描写简单剪切流场的聚合物流体的应力状

态和黏弹性。

3.1.3.3 正交坐标系的应变速率张量 $\dot{\boldsymbol{\gamma}}$

变形速度的数学描写与选择的参考坐标系紧密相关。工程中常使用柱坐标系和球坐标系。读者可以使用第 2.4.4 节正交曲线坐标系场的变化率一节介绍的拉梅系数和张量运算公式，确定正交曲线坐标系的应力与变形速度梯度关系。这里不详细推导。

由于工程中常用**应变速率张量** $\dot{\boldsymbol{\gamma}}$ 的分量表示剪切应力与变形的关系。因此，这里直接给出切变速率张量 $\dot{\boldsymbol{\gamma}}$ 不同坐标系的分量公式。

（1）直角坐标系应变速率张量的分量

$$\begin{cases}\dot{\gamma}_{xx}=2\dfrac{\partial u_x}{\partial x},\dot{\gamma}_{xy}=\dot{\gamma}_{yx}=\left(\dfrac{\partial u_x}{\partial y}+\dfrac{\partial u_y}{\partial x}\right)\\ \dot{\gamma}_{yy}=2\dfrac{\partial u_y}{\partial x},\dot{\gamma}_{xz}=\dot{\gamma}_{zx}=\left(\dfrac{\partial u_x}{\partial z}+\dfrac{\partial u_z}{\partial x}\right)\\ \dot{\gamma}_{zz}=2\dfrac{\partial u_z}{\partial z},\dot{\gamma}_{yz}=\dot{\gamma}_{zy}=\left(\dfrac{\partial u_y}{\partial z}+\dfrac{\partial u_z}{\partial y}\right)\end{cases} \tag{3.1.46}$$

（2）柱坐标系应变速率张量的分量

$$\begin{cases}\dot{\gamma}_{rr}=2\dfrac{\partial u_r}{\partial r},\dot{\gamma}_{r\theta}=\dot{\gamma}_{\theta r}=r\dfrac{\partial}{\partial r}\left(\dfrac{u_\theta}{r}\right)+\dfrac{1}{r}\dfrac{\partial u_r}{\partial\theta}\\ \dot{\gamma}_{\theta\theta}=2\left(\dfrac{\partial u_\theta}{r\partial\theta}+\dfrac{u_r}{r}\right),\dot{\gamma}_{z\theta}=\dot{\gamma}_{z\theta}=\dfrac{\partial u_\theta}{\partial z}+\dfrac{1}{r}\dfrac{\partial u_z}{\partial\theta}\\ \dot{\gamma}_{zz}=2\dfrac{\partial u_z}{\partial z},\dot{\gamma}_{zr}=\dot{\gamma}_{rz}=\dfrac{\partial u_z}{\partial r}+\dfrac{\partial u_r}{\partial z}\end{cases} \tag{3.1.47}$$

（3）球坐标系应变速率张量的分量

$$\begin{cases}\dot{\gamma}_{rr}=2\dfrac{\partial u_r}{\partial r},\dot{\gamma}_{r\theta}=\dot{\gamma}_{\theta r}=r\dfrac{\partial}{\partial r}\left(\dfrac{u_\theta}{r}\right)+\dfrac{1}{r}\dfrac{\partial u_r}{\partial\theta}\\ \dot{\gamma}_{\theta\theta}=2\left(\dfrac{1}{r}\dfrac{\partial u_\theta}{\partial\theta}+\dfrac{u_r}{r}\right),\dot{\gamma}_{\theta\varphi}=\dot{\gamma}_{\varphi\theta}=\dfrac{\sin\theta}{r}\dfrac{\partial}{\partial\theta}\left(\dfrac{u_\varphi}{\sin\theta}\right)+\dfrac{1}{r\sin\theta}\dfrac{\partial u_\theta}{\partial\varphi}\\ \dot{\gamma}_{\varphi\varphi}=2\left(\dfrac{1}{r\sin\theta}\dfrac{\partial u_\varphi}{\partial\varphi}+\dfrac{u_r}{r}+\dfrac{u_\theta\cot\theta}{r}\right),\dot{\gamma}_{r\varphi}=\dot{\gamma}_{\varphi r}=\dfrac{1}{r\sin\theta}\dfrac{\partial u_r}{\partial\varphi}+r\dfrac{\partial}{\partial r}\left(\dfrac{u_\varphi}{r}\right)\end{cases} \tag{3.1.48}$$

3.2 黏性流体流动的控制方程

流体运动通常遵循质量、动量和能量守恒定律，流动参量的变化也必须遵循这些物理学的普遍定律，这些普遍定律在流体运动中有其独特的表达形式，组成了工程中动量、热量和质量传递的基本方程组。本节首先介绍传递过程的三个重要定律，进而介绍如何根据质量、动量和能量守恒定律，运用场论推导流体动力学连续性方程、运动方程和能量方程等方程[1-11]。

对于每个方程，本节介绍了几种推导方法。教师可以根据学生的基础和授课学时数。对于本科生可详细讲解一种相对简单的建立方程的方法。对于研究生可讲解有难度的方法，让学生自己学习其他的推导方法。通过详细地推导传递过程的方程，读者可以了解掌握方程中各项的物理意义，学习使用这些方程处理工程问题的基本方法。

本节分为 4 小节，包括工程问题数理模型建立的步骤、连续性方程、运动方程、能量方程。

3.2.1　工程问题数理模型建立的步骤

当工程问题确立以后，必须确定描述它的数学物理方程，用合适的方法求解传递过程的方程组，用解合理地解释工程物理现象，用于解决工程的技术问题。用第 2 章介绍动量、热量和能量定律，建立求解传递过程的控制方程。本小节介绍工程问题数理模型建立的 5 个基本步骤。

第 1 步　确立研究的系统和流体流动的类型

包含着确定不变物质的任何集合，称为系统。当分析一个工程问题时，首先确定被研究问题流体流动的类型，给出假设条件简化问题，画出工程系统的略图，列出所有的数据，确定研究的系统。

① 确定研究问题流体运动的类型。建模工作重要的第一步是运用工程判断力推断任何使问题简化的可能性，做出合理必要的简化假设。所谓合理是说简化后的模型能够反映过程的本质，满足应用的需要。所谓必要是为了求解方便和可能。假设条件是对模型的人为限制，在评价模型模拟效果时要考虑简化假设的影响。

② 确定系统的因变量与其自变量。由具体问题的类型确定因变量与其自变量。以 3.1.1 节介绍的流体运动形式、运动空间为标准确定自变量。对于非稳定过程，时间是自变量。实际工作中，常常会把因变量当成自变量。聚合物加工成型中，研究非等温非稳定问题的流场 $\boldsymbol{u}=\boldsymbol{u}(q_1, q_2, q_3, T, t)$，必须考虑温度的影响，温度就是自变量。对于等温的稳态流场 $\boldsymbol{u}=\boldsymbol{u}(q_1, q_2, q_3)$，不用考虑温度和时间这两个自变量。

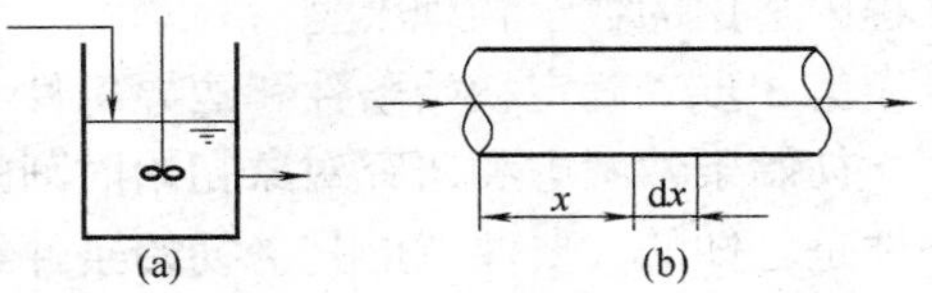

图 3.2.1　工程系统举例

（a）搅拌槽系统　（b）磨具管系统

例如，对于一个物料搅拌槽，选槽内溶液为系统。因在槽内任一处浓度都均匀，此搅拌槽系统为体积系统，如图 3.2.1（a）所示。

又如一个挤出模具管系统，若 x 为任意一点至入口距离，系统可选无限小的 dx。因速度随位置而改变，此系统为一维分布系统，如图 3.2.1（b）所示。

第 2 步　建立平衡关系

进行物理量总平衡、特定物质物理量的平衡，由平衡关系建立微分方程。建立微分方程，往往是最难的一步，没有一定的原则可循，应从问题本身考虑，下面介绍一般工程问题的处理方法。首先仔细观察分析要研究的问题。

① 对系统作平衡时，应注意流动和非流动过程。

非流动过程：

[进入系统的物理量的数值] − [离开系统物理量的数值] = [系统内该物理量累积的数值]

流动过程：

[进入系统的物理量的速率] − [离开系统物理量的速率] = [系统内物理量累积的速率]

② 利用传递过程的定律，建立相应的方程。尽可能地利用成熟的定律或定理，注意区别问题的性质，判别是哪种物理量的守恒，考虑它们的数量关系。对于工程问题，下面列出经常用的有关基本定律和原理。

（ⅰ）质量守恒定律从两个方面考虑系统的质量守恒。一是进入系统的质量减去离开系统的质量等于系统内质量的累积减去系统内生成的质量；二是流入系统的质量流率减去离开系统的质量流率等于系统内质量累积速率减去系统内质量生成速率。用这一定律建立系统的质量守恒方程，即连续性方程。

（ii）**动量守恒定律**考虑系统的动量守恒。当问题包含有时间因素时，应考虑物理量的速率，如热传导中的传递速率，如吸收与蒸馏的传质速率、化学反应速率，聚合物加工成型过程的动量守恒等。利用动量守恒定律建立速率方程式，即由于流动输出的动量速率减去由于流动输入的动量速率加上累计的动量速率等于作用在控制体上诸力之和。也就是用牛顿第二定律建立系统的动量守恒方程，即流体运动方程。

（iii）**能量守恒定律**考虑系统的热量守恒。当能量处在一个系统内，由热力学第一定律，即系统的热力学能、动能和位能通量的改变，等于由传导、辐射及反应加给系统的热量通量与系统对外界所做功之差。用这一定律建立系统的热量守恒方程，即能量方程。

（iv）**化学物理量的平衡**。利用包括反应动力学、化学平衡和相平衡等所有的物理化学基本原理，建立数学物理模型。

（v）**简化已知基本方程建立工程问题适用的模型**。利用已知成熟可靠的数学物理方程，将方程简化为自己研究问题的数理模型。如简化流体的纳维-斯托克斯运动方程，得到工程中适用的数学物理模型。

第 3 步　确定初始条件和边界条件

初始条件考虑和研究对象初始时刻的状态，即在初始时刻物理量的初始状态。通常初始条件是已知的。要注意的是，**初始条件给定的是整个系统的状态，而不是某个局部的状态。**

对于稳定场问题，$\boldsymbol{u}=\boldsymbol{u}(q_1,\ q_2,\ q_3)\neq\boldsymbol{u}(t)$ 就不存在初始条件。

给出边界上自变量数值所对应的因变量值，即**边界条件**。**边界条件是考虑工程问题本身所产生的，而不是由数学考虑产生的**。同一个基本方程可以描述不同工程问题的传递现象。只有确定了初始条件和边界条件后，所描述的工程传递现象才具有独一无二的形式。换句话说，**一个描述工程问题的完整数学模型必须包括基本方程、边界条件和描述某一过程特点的初始条件**。

数学上只有给定了初始条件和边界条件，基本方程才能有唯一确定的解。对于常微分方程，边界条件的数目应等于微分方程的阶数。本章的 3.3 节将详细介绍初始条件和边界条件的确定。

第 4 步　数学模型的求解

建立数学物理模型时，注意模型的数学一致性。对于多变量的复杂系统，要确定哪些是因变量，哪些是自变量。模型方程建立以后，一定要检查一下方程的数目是否与自变量个数相等。总之要使系统的自由度为零。一定要考虑数学物理模型的可解性，并选择合适的求解方法。解析法给出系统变量的连续函数解，可以准确地分析变量间相互关系。由于工程问题的复杂性，有许多问题不得不使用数值法求解。

第 5 步　数学模型解的验证

数学物理模型是在假设条件下简化系统过程得到的物理模型的数学抽象，它反映系统过程的本质特征，但它毕竟是一种近似，不可避免地存在一定差异或偏离。数学物理模型的可靠性与精确度除了取决于建模假设偏离真实条件程度外，还依赖于基础数据的准确度和精度，如聚合物工程中物性数据测量的准确度和精度。因此，必须用试验或生产现场数据来考核数学物理模型的解。如果差距太大，则需要修改数学物理模型或校验测试的数据，重复第

1 步至第 4 步，逐步完善，使该数学物理模型的解能用于指导工程实际问题。

3.2.2　连续性方程

无数生产实践和科学实验都证明，无论物质经过机械的、物理的、化学的等各种形式的运动，物质的总质量总是不变的，遵循质量守恒定律，同一流体的质量在运动过程中不生不灭。**从质量守恒定律（Mass Balance）出发建立连续性方程**（Continuing Equation）。描述流体运动的第一个基本方程是连续性方程。在流体为连续介质的假设下，连续性方程是流体运动质量守恒定律的表现形式。

本小节从质量守恒定律出发，介绍几种建立连续性方程的方法[1-7]，包括积分形式的连续性方程、微分形式的连续性方程、特定条件下的连续性方程 3 部分。

3.2.2.1　积分形式的连续性方程

从质量守恒定律出发建立连续性方程。在宏观运动中，在运动过程中同一流体的质量不生不灭，即

（输出系统的质量流率）=（输入系统的质量流率）+（系统内质量累积速率）

（1）用拉格朗日法推导连续性方程

对有限体积内的质量运用拉格朗日观点推导连续性方程。在流体微团体积 $\mathrm{d}V$ 内，流体的质量为 $\rho\mathrm{d}V$，则整个控制体的瞬时总质量式（3.1.15），为

$$m = \iiint_V \rho \mathrm{d}V$$

根据质量守恒定律，在流体宏观运动中，控制体内同一流体的质量不生不灭。控制体内质量的累积速率为

$$\frac{\mathrm{D}m}{\mathrm{D}t} = 0 \tag{3.2.1}$$

将质量式（3.1.15）代入式（3.2.1），得到积分型连续性方程为

$$\frac{\mathrm{D}}{\mathrm{D}t}\iiint_V \rho \mathrm{d}V = 0 \tag{3.2.2}$$

对式（3.2.2）使用物质体积分的随体导数公式（2.3.39a），得到积分形式的连续方程

$$\frac{\mathrm{D}}{\mathrm{D}t}\iiint_V \rho \mathrm{d}V = \iiint_V \left(\frac{\mathrm{D}\rho}{\mathrm{D}t} + \rho \mathrm{div}\boldsymbol{u}\right)\mathrm{d}V = 0 \tag{3.2.3}$$

（2）用欧拉法推导连续性方程

运用欧拉观点推导连续性方程，在流场中取任意形状以控制面 S 为界的一个有限体积为 V 的控制体，有限控制体的封闭表面积为 S，流体密度为 ρ，则质量 m 为流体密度的体积分 $\iiint_V \rho\mathrm{d}V$。该体积是由空间点组成的，因此它将固定在空间中而不随时间改变，取外法线方向为正方向，$\boldsymbol{n}$ 为外法线的单位矢量。任何瞬时连续充满于控制体内的流体质量的变化是经过控制面的流动，由下面两个原因产生：

① 通过控制表面 S 有流体的流出或流入，单位时间内流出和流入的流体总和为

$$\oiint_S \rho\boldsymbol{u} \cdot \mathrm{d}\boldsymbol{S} \tag{1}$$

正号表示总的来说，流体是流出表面 S 之外的。

② 由于密度场的不定常性，单位时间内体积 V 的质量将减小，减少的数量为

$$-\frac{\partial}{\partial t}\iiint_V \rho \mathrm{d}V \tag{2}$$

式中负号表示质量的减少。

考虑体积 V 内流体质量守恒，单位时间内流出和流入的流体总和等于单位时间内体积 V 的质量的减小，由此得到

$$\frac{\partial}{\partial t}\iiint_V \rho \mathrm{d}V + \oiint_S \rho \boldsymbol{u} \cdot \mathrm{d}\boldsymbol{S} = 0 \tag{3.2.4}$$

(3) 连续方程简化特例

这就是根据质量守恒定律、保持流体呈连续流动状态而得到的连续方程式，它是一切流体运动所必须遵循的一项普遍原则，它有下面两种简化的特例。

① **在定常流动中**，流场任何空间点处密度均不随时间变化，因而整个控制体中的质量也不随时间变化，$\frac{\partial}{\partial t}\iiint_V \rho \mathrm{d}V = 0$，式（3.2.4）化简为

$$\oiint_S \rho \boldsymbol{u} \cdot \mathrm{d}\boldsymbol{S} = 0 \tag{3.2.5}$$

② **对于不可压缩流体**，其密度不随空间和时间发生变化，ρ 为常数，式（3.2.4）改写为

$$\rho\left[\frac{\partial}{\partial t}\iiint_V \mathrm{d}V + \oiint_S \boldsymbol{u} \cdot \mathrm{d}\boldsymbol{S}\right] = 0 \tag{1}$$

在流体流动过程中，因为控制体的位置、形状和体积相对于坐标系不变，式中有

$$\frac{\partial}{\partial t}\iiint_V \mathrm{d}V = \frac{\partial V}{\partial t} = 0 \tag{2}$$

将式（2）代入式（1），由于密度 $\rho \neq 0$，最后得到

$$\oiint_S \boldsymbol{u} \cdot \mathrm{d}\boldsymbol{S} = 0 \tag{3.2.6}$$

式（3.2.6）是不可压缩流体的积分型的连续方程式，它适用于定常流动和非定常流动。它的物理意义是，不可压缩流体流动时，任何瞬时流入控制体的流量均等于同一瞬时从控制体流出的流量。

3.2.2.2 微分形式的连续性方程

有三种推导微分型连续性方程的方法，下面仅介绍两种方法。

(1) 直接将积分公式转化为微分公式

直接将积分形式连续性方程转化为微分形式连续性方程，由式（3.2.3）

$$\frac{\mathrm{D}}{\mathrm{D}t}\iiint_V \rho \mathrm{d}V = \iiint_V \left(\frac{\mathrm{D}\rho}{\mathrm{D}t} + \rho \mathrm{div}\boldsymbol{u}\right)\mathrm{d}V = 0$$

用奥高公式将式（3.2.4）中的面积分化为体积分，有 $\oiint_A \rho\boldsymbol{u} \cdot \mathrm{d}\boldsymbol{S} = \iiint_V \mathrm{div}(\rho\boldsymbol{u})\mathrm{d}V$，得到

$$\iiint_V \left[\frac{\partial \rho}{\partial t} + \mathrm{div}(\rho\boldsymbol{u})\right]\mathrm{d}V = 0 \tag{3.2.7}$$

因为流体微团是连续介质，即被积函数连续，体积 V 为任意的，要使式（3.2.3）和式（3.2.7）积分为零，只能是被积函数为零，分别得到微分形式的连续性方程

$$\frac{1}{\rho}\frac{\mathrm{D}\rho}{\mathrm{D}t} + \mathrm{div}\boldsymbol{u} = 0 \tag{3.2.8a}$$

矢量形式

$$\frac{1}{\rho}\frac{\mathrm{D}\rho}{\mathrm{D}t} + \nabla \cdot \boldsymbol{u} = 0 \tag{3.2.8b}$$

$$\frac{\partial \rho}{\partial t} + \mathrm{div}(\rho\boldsymbol{u}) = 0 \tag{3.2.9a}$$

矢量形式
$$\frac{\partial \rho}{\partial t}+\nabla\cdot(\rho \boldsymbol{u})=0 \tag{3.2.9b}$$

式中，$\frac{\partial \rho}{\partial t}$为单位体积内由于密度场不定常性引起的质量变化；$\mathrm{div}(\rho \boldsymbol{u})$ 为流出单位体积表面的流体质量。

由式（3.2.8a）可清楚地看到，式中各项的物理意义：

① $\frac{1}{\rho}\frac{\mathrm{D}\rho}{\mathrm{D}t}$是相对密度变化率；

② $\mathrm{div}\boldsymbol{u}$ 是相对体积变化率。为了要维持流体微团内质量不灭，必须要求相对密度变化率等于负的相对体积变化率。

可以很容易证明式（3.2.9）是连续性方程式（3.2.8）的另外一种表示形式。因密度的随体导数为

$$\frac{\mathrm{D}\rho}{\mathrm{D}t}=\frac{\partial \rho}{\partial t}+\boldsymbol{u}\cdot\nabla\rho=0$$

将其代入式（3.2.8）中，为
$$\frac{\partial \rho}{\partial t}+\boldsymbol{u}\cdot\nabla\rho+\rho\nabla\cdot\boldsymbol{u}=0$$

利用矢量的运算，就得到式（3.2.9a）和式（3.2.9b）

$$\frac{\partial \rho}{\partial t}+\mathrm{div}(\rho \boldsymbol{u})=0 \qquad 和 \qquad \frac{\partial \rho}{\partial t}+\nabla\cdot(\rho \boldsymbol{u})=0$$

（2）用欧拉法推导连续性方程

直接对微团体进行质量衡算，也能得到微分形式的连续性方程。在直角坐标系中，取一由空间点组成的固定不动的微团立方体 $\mathrm{d}x\mathrm{d}y\mathrm{d}z$，如图 3.2.2 所示，流体的密度为$\rho(x, y, z, t)$，任一点的速度为$\boldsymbol{u}=u_x\boldsymbol{i}+u_y\boldsymbol{j}+u_z\boldsymbol{k}$，沿各坐标轴的质量通量分别为$\rho u_x$，$\rho u_y$，$\rho u_z$，对微团体进行质量衡算，即

（输出的质量流率）-（输入的质量流率）+（累计的质量流率）= 0

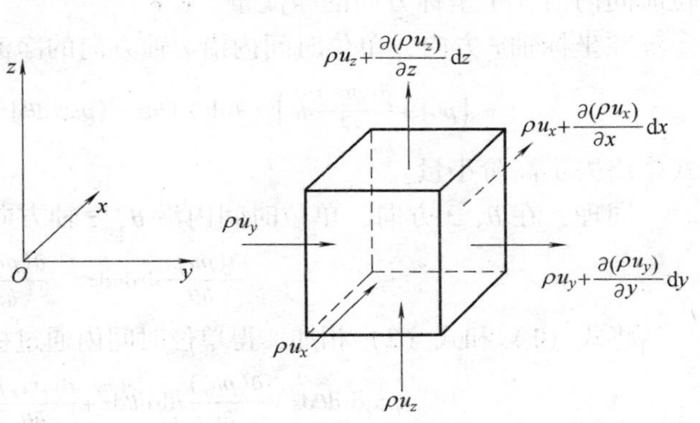

图 3.2.2　直角坐标系中质量衡算微团体

分析中略去二阶以上的高阶小量，在 x 方向通过立方体侧面进入微团体的质量流率为$\rho u_x \mathrm{d}y\mathrm{d}z$，通过侧面流出微团体的质量流率为$\left(\rho u_x+\frac{\partial(\rho u_x)}{\partial x}\mathrm{d}x\right)\mathrm{d}y\mathrm{d}z$，所以在 x 方向上净质量流率表示为

$$\left(\rho u_x+\frac{\partial(\rho u_x)}{\partial x}\mathrm{d}x\right)\mathrm{d}y\mathrm{d}z-\rho u_x\mathrm{d}y\mathrm{d}z=\frac{\partial(\rho u_x)}{\partial x}\mathrm{d}x\mathrm{d}y\mathrm{d}z$$

同理在 y，z 方向上净质量流率分别为$\frac{\partial(\rho u_y)}{\partial y}\mathrm{d}x\mathrm{d}y\mathrm{d}z$ 和$\frac{\partial(\rho u_z)}{\partial z}\mathrm{d}x\mathrm{d}y\mathrm{d}z$

于是，得到单位时间内通过微元立方体元 6 个表面净流出的总质量流量为

$$\frac{\partial(\rho u_x)}{\partial x}\mathrm{d}x\mathrm{d}y\mathrm{d}z+\frac{\partial(\rho u_y)}{\partial y}\mathrm{d}x\mathrm{d}y\mathrm{d}z+\frac{\partial(\rho u_z)}{\partial z}\mathrm{d}x\mathrm{d}y\mathrm{d}z \tag{1}$$

考虑控制体内由于密度变化，六面体元中单位时间内流体质量将减少

$$-\frac{\partial\rho}{\partial t}\mathrm{d}x\mathrm{d}y\mathrm{d}z \tag{2}$$

最后，考虑控制体质量守恒，即流出六面体元外的流体质量应等于六面体元内质量的减少，即式（1）等于式（2），得

$$-\frac{\partial\rho}{\partial t}\mathrm{d}x\mathrm{d}y\mathrm{d}z=\frac{\partial(\rho u_x)}{\partial x}\mathrm{d}x\mathrm{d}y\mathrm{d}z+\frac{\partial(\rho u_y)}{\partial y}\mathrm{d}x\mathrm{d}y\mathrm{d}z+\frac{\partial(\rho u_z)}{\partial z}\mathrm{d}x\mathrm{d}y\mathrm{d}z \tag{3}$$

从上式中消去 $\mathrm{d}x\mathrm{d}y\mathrm{d}z$ 化简后，得到直角坐标表系中的连续性方程

$$\frac{\partial\rho}{\partial t}+\frac{\partial(\rho u_x)}{\partial x}+\frac{\partial(\rho u_y)}{\partial y}+\frac{\partial(\rho u_z)}{\partial z}=\frac{\partial\rho}{\partial t}+\mathrm{div}(\rho\boldsymbol{u}) \tag{3.2.10a}$$

展开为

$$\frac{\partial\rho}{\partial t}+\rho\left(\frac{\partial u_x}{\partial x}+\frac{\partial u_y}{\partial y}+\frac{\partial u_z}{\partial z}\right)+u_x\frac{\partial\rho}{\partial x}+u_y\frac{\partial\rho}{\partial y}+u_z\frac{\partial\rho}{\partial z}=0 \tag{3.2.10b}$$

上式中各项的物理意义：

① $\frac{\partial\rho}{\partial t}$为密度的局部导数，或称当地导数，表示密度在空间的一个固定点处随时间 t 变化；

② $u_x\frac{\partial\rho}{\partial x}+u_y\frac{\partial\rho}{\partial y}+u_z\frac{\partial\rho}{\partial z}$ 为密度的位变导数，表示密度的对流变化，由于流体质量的运动，流体密度由一点移动到另一点时所发生的变化。

用同样的方法，考察柱面体元控制体内流体质量的变化。在柱坐标系中取一由空间点组成的固定不动的柱面体元控制体 $r\mathrm{d}r\mathrm{d}\theta\mathrm{d}z$，如图 3.2.3 所示。设流体的密度为 ρ（r，θ，z，t），速度为 $\boldsymbol{u}=u_r\boldsymbol{e}_r+u_\theta\boldsymbol{e}_\theta+u_z\boldsymbol{e}_z$，首先计算通过柱面体元表面的流体质量，进而分别计算单位时间内沿 3 个坐标方向的净流量。

在坐标轴 r 方向，单位时间内沿 r 轴方向的净流量

$$\left(\rho u_r+\frac{\partial(\rho u_r)}{\partial r}dr\right)(r+\mathrm{d}r)\mathrm{d}\theta\mathrm{d}z-(\rho u_r r\mathrm{d}\theta\mathrm{d}z)=\rho u_r\mathrm{d}r\mathrm{d}\theta\mathrm{d}z+\frac{\partial(\rho u_r)}{\partial r}r\mathrm{d}r\mathrm{d}\theta\mathrm{d}z \tag{1}$$

式中略去了高阶小量。

同理，在 θ，z 方向，单位时间内沿 θ，z 轴方向的净流量分别为

$$\frac{\partial(\rho u_\theta)}{\partial\theta}\mathrm{d}r\mathrm{d}\theta\mathrm{d}z,\quad \frac{\partial(\rho u_z)}{\partial z}\mathrm{d}r\mathrm{d}\theta\mathrm{d}z \tag{2}$$

将式（1）和式（2）相加，得单位时间内通过柱面体元 6 个表面净流出的总质量流量为

$$\rho u_r\mathrm{d}r\mathrm{d}\theta\mathrm{d}z+\frac{\partial(\rho u_r)}{\partial r}r\mathrm{d}r\mathrm{d}\theta\mathrm{d}z+\frac{\partial(\rho u_\theta)}{\partial\theta}\mathrm{d}r\mathrm{d}\theta\mathrm{d}z+\frac{\partial(\rho u_z)}{\partial z}\mathrm{d}r\mathrm{d}\theta\mathrm{d}z \tag{3}$$

考虑控制体内密度变化，柱面体元中单位时间内流体质量将减少

$$-\frac{\partial\rho}{\partial t}r\mathrm{d}r\mathrm{d}\theta\mathrm{d}z \tag{4}$$

最后，考虑控制体质量守恒，即流出柱面体元外的流体质量式（3）应等于柱面体元内质量的减少式（4），从式中消去 $r\mathrm{d}r\mathrm{d}\theta\mathrm{d}z$ 化简整理后，得柱坐标系的连续性方程

$$\frac{\partial\rho}{\partial t}+\frac{1}{r}\frac{\partial}{\partial r}(\rho r u_r)+\frac{1}{r}\frac{\partial}{\partial\theta}(\rho u_\theta)+\frac{\partial}{\partial z}(\rho u_z)=0 \tag{3.2.11a}$$

对于不可压缩流体，有

$$\nabla\cdot\boldsymbol{u}=\frac{1}{r}\frac{\partial(r u_r)}{\partial r}+\frac{1}{r}\frac{\partial u_\theta}{\partial\theta}+\frac{\partial u_z}{\partial z}=0 \tag{3.2.11b}$$

使用以上的推导方法，可以推导曲线坐标系中球坐标系的连续性方程。图 3.2.4 所示的

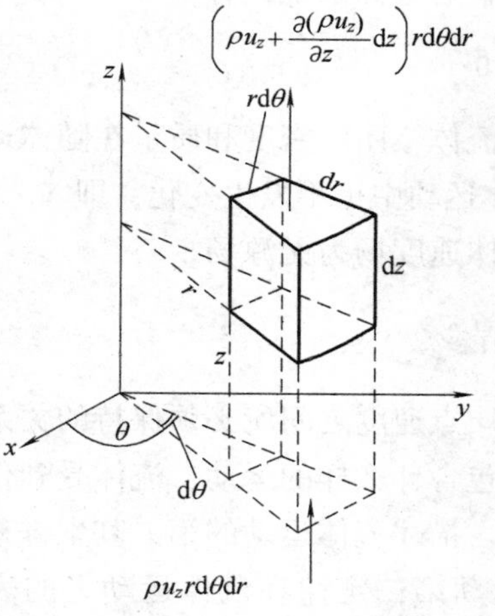

图 3.2.3　柱坐标系质量衡算流体微团

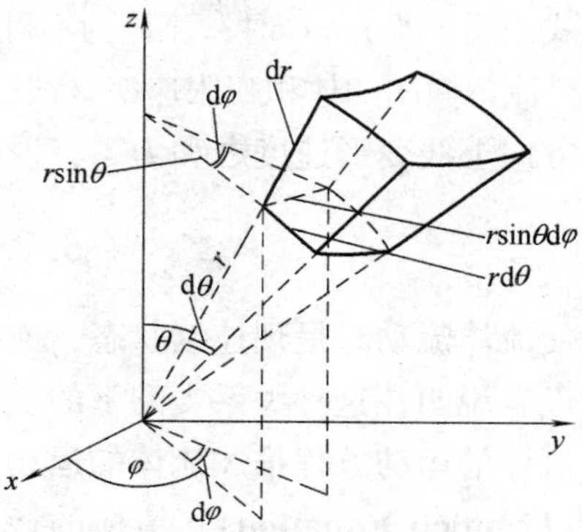

图 3.2.4　球坐标系质量衡算流体微团

球坐标系中，有

$$\begin{cases} x = r\sin\theta\cos\varphi & 0\leqslant r\leqslant\infty \\ y = r\sin\theta\sin\varphi & 0\leqslant\varphi\leqslant 2\pi \\ z = r\cos\theta & 0\leqslant\theta\leqslant\pi \end{cases}$$

球坐标系中连续性方程的微分式为

$$\frac{\partial\rho}{\partial t}+\frac{1}{r^2}\frac{\partial}{\partial r}(\rho r^2 u_r)+\frac{1}{r\sin\theta}\frac{\partial}{\partial\theta}(\rho u_\theta\sin\theta)+\frac{1}{r\sin\theta}\frac{\partial}{\partial\varphi}(\rho u_\varphi)=0 \tag{3.2.12a}$$

对于不可压缩流体，有

$$\nabla\cdot\boldsymbol{u}=\frac{1}{r^2}\frac{\partial}{\partial r}(r^2 u_r)+\frac{1}{r\sin\theta}\frac{\partial}{\partial\theta}(u_\theta\sin\theta)+\frac{1}{r\sin\theta}\frac{\partial u_\varphi}{\partial\varphi}=0 \tag{3.2.12b}$$

3.2.2.3　特定条件下的连续性方程

在工程实际中存在着一些特殊的情况，流动具有的特殊性，可进一步简化连续性方程式。下面化简已经建立的连续性方程，将式（3.2.8b）和式（3.2.10b），分别表示为

$$\frac{1}{\rho}\frac{\mathrm{D}\rho}{\mathrm{D}t}+\nabla\cdot\boldsymbol{u}=\frac{1}{\rho}\frac{\mathrm{D}\rho}{\mathrm{D}t}+\left(\frac{\partial u_x}{\partial x}+\frac{\partial u_y}{\partial y}+\frac{\partial u_z}{\partial z}\right)=0 \tag{3.2.13a}$$

$$\frac{1}{\rho}\left(\frac{\partial\rho}{\partial t}+u_x\frac{\partial\rho}{\partial x}+u_y\frac{\partial\rho}{\partial y}+u_z\frac{\partial\rho}{\partial z}\right)+\left(\frac{\partial u_x}{\partial x}+\frac{\partial u_y}{\partial y}+\frac{\partial u_z}{\partial z}\right)=0 \tag{3.2.13b}$$

在流动的特定情况下，可将连续性方程简化为如下几种情况：

（1）定常情况

对于恒定场（稳定场），密度不随时间变化，即 $\rho\neq\rho(t)$，有密度的局部导数 $\frac{\partial\rho}{\partial t}=0$，连续性方程式（3.2.10a）简化为

$$\nabla\cdot(\rho\boldsymbol{u})=0 \tag{3.2.14a}$$

或

$$\frac{\partial(\rho u_x)}{\partial x}+\frac{\partial(\rho u_y)}{\partial y}+\frac{\partial(\rho u_z)}{\partial z}=0 \tag{3.2.14b}$$

此式说明，在定常运动时，单位体积流进和流出的质量应相等。

（2）不可压缩流体

不可压缩流体密度等于常数，即 ρ 为常数，有密度的随体导数 $\frac{D\rho}{Dt}=0$，由式（3.2.8a）

得到不可压缩流体的连续性方程为 div$\boldsymbol{u}$ = $\nabla \cdot \boldsymbol{u}=0$，在直角坐标系中，有

$$\nabla \cdot \boldsymbol{u}=\frac{\partial u_x}{\partial x}+\frac{\partial u_y}{\partial y}+\frac{\partial u_z}{\partial z}=0 \tag{3.2.15}$$

此式说明，当 $\rho=C$ 时，流体为不可压缩流体，由于流体微团的密度和质量在随体运动中都不变，流体微团的体积膨胀速率（线变形速度）在随体运动中也不发生变化，即 $\nabla \cdot \boldsymbol{u}=0$，即三个方向上线变形速度之和为零，说明了不可压缩流体速度场为无源场。

3.2.3 运 动 方 程

为使流体流动时呈现连续状态，连续性方程提供了质点速度之间所必须保持的关系。但是，并没有说明在这种关系支配下的质点速度究竟可能包含什么样的运动，流体受到什么样的力。流体的运动方程描述流体的运动形式和力的关系。描述流体运动的第二基本方程是**运动方程（Motion Equation）**。流体的运动方程是牛顿运动第二定律在流体运动上的表现形式，也称为**动量方程（Momentum Equation）**。有多种建立运动方程的方法，也有多种形式的运动方程[1-9]。考虑篇幅和初学者的基础，仅介绍两种方法，给出每种运动方程的形式。

本小节推导建立运动方程，讨论特殊情况下运动方程的简化形式，包括微分型运动方程、特殊情况 N-S 方程的简化、正交曲线坐标系 N-S 方程表达式 3 部分。

3.2.3.1 微分型运动方程

介绍用动量定理建立微分型运动方程的两种方法。根据分子间作用力，1827 年纳维（Navier）第一次推导出这个方程。在假定剪切应力和法向应力与变形速度为线性关系的假设下，1845 年斯托克斯（Stokes）导出该运动微分方程。这里推导这种用应力表示的微分型运动方程。通常称微分运动方程为**纳维—斯托克斯方程（Navier-Stokes** Equation），即 **N-S 方程**。

（1）将积分型运动方程转化为微分型运动方程

略推导过程，直接给出欧拉型积分动量方程

$$\iiint_V \frac{\partial(\rho \boldsymbol{u})}{\partial t}\mathrm{d}V=\iiint_V \rho \boldsymbol{g}\mathrm{d}V+\oint_S \boldsymbol{T}_n\mathrm{d}S-\oint_S \rho \boldsymbol{u}(\boldsymbol{u}\cdot \mathrm{d}\boldsymbol{S}) \tag{3.2.16}$$

对上式中 $\rho\boldsymbol{u}$ 进行微分运算，可得

$$\frac{\partial}{\partial t}(\rho \boldsymbol{u})=\boldsymbol{u}\frac{\partial \rho}{\partial t}+\rho\frac{\partial \boldsymbol{u}}{\partial t} \tag{1}$$

运用式（1）和奥—高公式，将式（3.2.16）中的所有面积分改写为体积分，略去推导过程，得到

$$\iiint_V \rho\left[\frac{\partial \boldsymbol{u}}{\partial t}+(\boldsymbol{u}\cdot\nabla)\boldsymbol{u}\right]\mathrm{d}V=\iiint_V(\rho \boldsymbol{g}+\mathrm{div}\boldsymbol{T})\mathrm{d}V$$

即

$$\iiint_V\left(\rho\frac{\mathrm{D}\boldsymbol{u}}{\mathrm{D}t}-\rho \boldsymbol{g}-\mathrm{div}\boldsymbol{T}\right)\mathrm{d}V=0 \tag{2}$$

因为体积 dV 是任意的，流体连续，即被积函数是连续的，式（2）的积分为零，只有被积函数为零。于是，得到连续介质流体力学微分型的运动方程

$$\rho\frac{\mathrm{D}\boldsymbol{u}}{\mathrm{D}t}-\rho \boldsymbol{g}-\nabla\cdot \boldsymbol{T}=0 \tag{3.2.17a}$$

即

$$\rho\frac{\mathrm{D}\boldsymbol{u}}{\mathrm{D}t}=\rho \boldsymbol{g}+\mathrm{div}\boldsymbol{T} \tag{3.2.17b}$$

用张量的注记表示法，上式可表示为

$$\rho \frac{\mathrm{D}u_i}{\mathrm{D}t} = \rho g_i + \frac{\partial T_{ji}}{\partial x_j} \tag{3.2.17c}$$

式中，$\rho \frac{\mathrm{D}\boldsymbol{u}}{\mathrm{D}t}$为惯性力，$\rho \boldsymbol{g}$ 为质量力，$\mathrm{div}\boldsymbol{T}$ 为表面力。

（2）流体微团的受力分析法

用动量定理分析流体微团的受力推导运动方程。在直角坐标系的流场中，取边长 $\mathrm{d}x$，$\mathrm{d}y$，$\mathrm{d}z$ 的微小平行六面体作为分析对象，流体密度为 ρ，六面体质量为 $\rho\mathrm{d}x\mathrm{d}y\mathrm{d}z$，流速为 $\boldsymbol{u}(x,y,z,t) = u_x\boldsymbol{i} + u_y\boldsymbol{j} + u_z\boldsymbol{k}$。假设作用于每单位质量流体的质量力为 $\boldsymbol{g}$，它的三个分量为 g_x，g_y，g_z。

应力矩阵形式表示式（3.1.22）为

$$\boldsymbol{T} = \begin{bmatrix} p_{xx} & \tau_{xy} & \tau_{xz} \\ \tau_{yx} & p_{yy} & \tau_{yz} \\ \tau_{zx} & \tau_{zy} & p_{zz} \end{bmatrix}$$

式中，p_{xx}，p_{yy}，p_{zz}为法向应力；τ_{xy}，τ_{yx}，τ_{yz}，τ_{zy}，τ_{xz}，τ_{zx}为剪切应力分量。

由 3.1 节可知，作用于六面体的表面力如图 3.2.5 所示，表面应力为

$$\begin{aligned} \nabla \cdot \boldsymbol{T} &= \mathrm{div}\boldsymbol{T} = \frac{\partial \boldsymbol{T}_x}{\partial x} + \frac{\partial \boldsymbol{T}_y}{\partial y} + \frac{\partial \boldsymbol{T}_z}{\partial z} \\ &= \frac{\partial}{\partial x}(p_{xx}\boldsymbol{i} + \tau_{xy}\boldsymbol{j} + \tau_{xz}\boldsymbol{k}) + \frac{\partial}{\partial y}(\tau_{yx}\boldsymbol{i} + p_{yy}\boldsymbol{j} + \tau_{yz}\boldsymbol{k}) + \frac{\partial}{\partial z}(\tau_{zx}\boldsymbol{i} + \tau_{zy}\boldsymbol{j} + p_{zz}\boldsymbol{k}) \end{aligned}$$

根据动量定理 $\boldsymbol{F} = m\boldsymbol{a}$，对于任一瞬间，平行六面体内的动量衡算应遵循下式

（流动输出的动量速率）-（流动输入的动量速率）+
（累计的动量速率）=（作用在控制体上诸力之和）

用动量守恒定律可以建立流体流动中流体微团的 $\boldsymbol{u}$，ρ 和应力 $\boldsymbol{T}$ 之间的关系，即可得到应力表示流体的运动方程。这里略去详细推导过程。

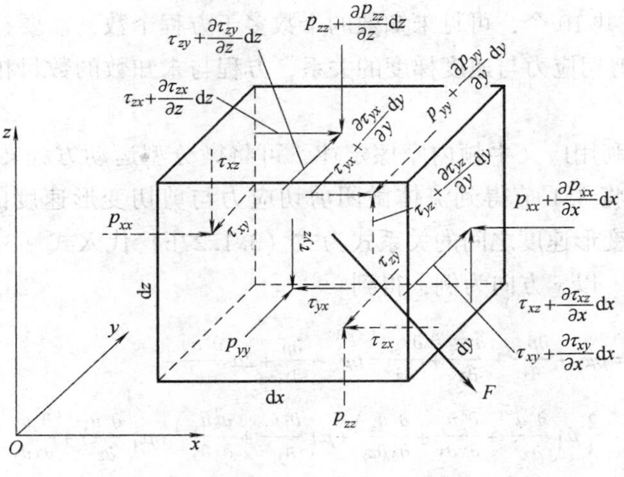

图 3.2.5　作用于流体微团的各种力

在直角坐标系中，黏性流体微分型运动方程式为

$$\begin{cases}\rho\dfrac{\mathrm{D}u_x}{\mathrm{D}t}=\rho\left(\dfrac{\partial u_x}{\partial t}+u_x\dfrac{\partial u_x}{\partial x}+u_y\dfrac{\partial u_x}{\partial y}+u_z\dfrac{\partial u_x}{\partial z}\right)=\rho g_x+\dfrac{\partial p_{xx}}{\partial x}+\dfrac{\partial \tau_{yx}}{\partial y}+\dfrac{\partial \tau_{zx}}{\partial z}\\ \rho\dfrac{\mathrm{D}u_y}{\mathrm{D}t}=\rho\left(\dfrac{\partial u_y}{\partial t}+u_x\dfrac{\partial u_y}{\partial x}+u_y\dfrac{\partial u_y}{\partial y}+u_z\dfrac{\partial u_y}{\partial z}\right)=\rho g_y+\dfrac{\partial \tau_{xy}}{\partial x}+\dfrac{\partial p_{yy}}{\partial y}+\dfrac{\partial \tau_{zy}}{\partial z}\\ \rho\dfrac{\mathrm{D}u_z}{\mathrm{D}t}=\rho\left(\dfrac{\partial u_z}{\partial t}+u_x\dfrac{\partial u_z}{\partial x}+u_y\dfrac{\partial u_z}{\partial y}+u_z\dfrac{\partial u_z}{\partial z}\right)=\rho g_z+\dfrac{\partial \tau_{xz}}{\partial x}+\dfrac{\partial \tau_{yz}}{\partial y}+\dfrac{\partial p_{zz}}{\partial z}\end{cases}\tag{3.2.18a}$$

写成一般的表达式，有

$$\rho\frac{\mathrm{D}\boldsymbol{u}}{\mathrm{D}t}=\rho\boldsymbol{g}+\nabla\cdot\boldsymbol{T}\tag{3.2.18b}$$

式中，$\rho\dfrac{\mathrm{D}\boldsymbol{u}}{\mathrm{D}t}$ 表示单位体积的惯性力；$\rho\boldsymbol{g}$ 表示单位体积的质量力；$\nabla\cdot\boldsymbol{T}$ 表示单位体积应力张量的散度。

将式（3.1.33b）$T_{ij}=-p\delta_{ij}+\tau_{ij}$ 代入式（3.2.18b），得到直角坐标系用应力项表示的微分型运动方程式[3,9]

$$\begin{cases}\rho\dfrac{\mathrm{D}u_x}{\mathrm{D}t}=\rho\left(\dfrac{\partial u_x}{\partial t}+u_x\dfrac{\partial u_x}{\partial x}+u_y\dfrac{\partial u_x}{\partial y}+u_z\dfrac{\partial u_x}{\partial z}\right)=\rho g_x-\dfrac{\partial p}{\partial x}+\left(\dfrac{\partial \tau_{xx}}{\partial x}+\dfrac{\partial \tau_{yx}}{\partial y}+\dfrac{\partial \tau_{zx}}{\partial z}\right)\\ \rho\dfrac{\mathrm{D}u_y}{\mathrm{D}t}=\rho\left(\dfrac{\partial u_y}{\partial t}+u_x\dfrac{\partial u_y}{\partial x}+u_y\dfrac{\partial u_y}{\partial y}+u_z\dfrac{\partial u_y}{\partial z}\right)=\rho g_y-\dfrac{\partial p}{\partial y}+\left(\dfrac{\partial \tau_{xy}}{\partial x}+\dfrac{\partial \tau_{yy}}{\partial y}+\dfrac{\partial \tau_{zy}}{\partial z}\right)\\ \rho\dfrac{\mathrm{D}u_z}{\mathrm{D}t}=\rho\left(\dfrac{\partial u_z}{\partial t}+u_x\dfrac{\partial u_z}{\partial x}+u_y\dfrac{\partial u_z}{\partial y}+u_z\dfrac{\partial u_z}{\partial z}\right)=\rho g_z-\dfrac{\partial p}{\partial z}+\left(\dfrac{\partial \tau_{xz}}{\partial x}+\dfrac{\partial \tau_{yz}}{\partial y}+\dfrac{\partial \tau_{zz}}{\partial z}\right)\end{cases}\tag{3.2.18c}$$

将式（3.1.33a）$\boldsymbol{T}=-p\boldsymbol{I}+\boldsymbol{\tau}$ 代入式（3.2.18b），得到张量表示的微分型运动方程的一般表达式为

$$\rho\frac{\mathrm{D}\boldsymbol{u}}{\mathrm{D}t}=\rho\boldsymbol{g}-\nabla p\boldsymbol{I}+\nabla\cdot\boldsymbol{\tau}\tag{3.2.18d}$$

在 3 个运动微分方程式（3.3.18b）至式（3.3.18d）中仅有 1 个已知量，即质量力 $\rho\boldsymbol{g}$。未知变量有速度场 $\boldsymbol{u}$、压力 p 和表面力 $\mathrm{div}\boldsymbol{\tau}=\nabla\cdot\boldsymbol{\tau}$。独立的未知量有 p，u_x，u_y，u_z，τ_{xx}，τ_{yy}，τ_{zz}，τ_{xy}，τ_{yz}，τ_{xz} 共 10 个，可见未知数的个数多于方程个数，需要补充方程。如果补充 6 个本构方程，给出剪切应力与速度梯度的关系，方程与未知数的数目相等，此方程原则上可以求解。

另外一种方法，利用广义牛顿内摩擦定律，可将微分型运动方程转化为用速度场 $\boldsymbol{u}$ 表示的流体运动方程。将 3.1 节得到流体微团剪切应力与剪切变形速度的关系式（3.1.25）和法向应力与有直线变形速度之间的关系式为式（3.1.27b）代入式（3.2.18a），得到微分型可压缩流运动方程。以 x 方向为例，得到

$$\begin{aligned}\rho\frac{\mathrm{D}u_x}{\mathrm{D}t}&=\rho g_x+\frac{\partial p_{xx}}{\partial x}+\frac{\partial \tau_{yx}}{\partial y}+\frac{\partial \tau_{zx}}{\partial z}=\rho g_x-\frac{\partial p}{\partial x}+2\mu\frac{\partial^2 u_x}{\partial x^2}-\\ &\quad\frac{2}{3}\mu\left(\frac{\partial^2 u_x}{\partial x^2}+\frac{\partial^2 u_y}{\partial x\partial y}+\frac{\partial^2 u_z}{\partial x\partial z}\right)+\mu\left(\frac{\partial^2 u_x}{\partial y^2}+\frac{\partial^2 u_y}{\partial x\partial y}\right)+\mu\left(\frac{\partial^2 u_x}{\partial z^2}+\frac{\partial^2 u_z}{\partial x\partial y}\right)\\ &=\rho g_x-\frac{\partial p}{\partial x}+\mu\left(\frac{\partial^2 u_x}{\partial x^2}+\frac{\partial^2 u_x}{\partial y^2}+\frac{\partial^2 u_x}{\partial z^2}\right)+\frac{1}{3}\mu\frac{\partial}{\partial x}\left(\frac{\partial u_x}{\partial x}+\frac{\partial u_y}{\partial y}+\frac{\partial u_z}{\partial z}\right)\end{aligned}$$

同理处理 y，z 方向，整理得到用速度场 $\boldsymbol{u}$ 表示的可压缩流体运动方程

$$\begin{cases}\rho\dfrac{\mathrm{D}u_x}{\mathrm{D}t}=\rho g_x-\dfrac{\partial p}{\partial x}+\mu\left(\dfrac{\partial^2 u_x}{\partial x^2}+\dfrac{\partial^2 u_x}{\partial y^2}+\dfrac{\partial^2 u_x}{\partial z^2}\right)+\dfrac{1}{3}\mu\dfrac{\partial}{\partial x}\left(\dfrac{\partial u_x}{\partial x}+\dfrac{\partial u_y}{\partial y}+\dfrac{\partial u_z}{\partial z}\right)\\ \rho\dfrac{\mathrm{D}u_y}{\mathrm{D}t}=\rho g_y-\dfrac{\partial p}{\partial y}+\mu\left(\dfrac{\partial^2 u_y}{\partial x^2}+\dfrac{\partial^2 u_y}{\partial y^2}+\dfrac{\partial^2 u_y}{\partial z^2}\right)+\dfrac{1}{3}\mu\dfrac{\partial}{\partial y}\left(\dfrac{\partial u_x}{\partial x}+\dfrac{\partial u_y}{\partial y}+\dfrac{\partial u_z}{\partial z}\right)\\ \rho\dfrac{\mathrm{D}u_z}{\mathrm{D}t}=\rho g_z-\dfrac{\partial p}{\partial z}+\mu\left(\dfrac{\partial^2 u_z}{\partial x^2}+\dfrac{\partial^2 u_z}{\partial y^2}+\dfrac{\partial^2 u_z}{\partial z^2}\right)+\dfrac{1}{3}\mu\dfrac{\partial}{\partial z}\left(\dfrac{\partial u_x}{\partial x}+\dfrac{\partial u_y}{\partial y}+\dfrac{\partial u_z}{\partial z}\right)\end{cases}\tag{3.2.19a}$$

对于不可压缩流体，流速场的散度等于零，有 $\mathrm{div}\boldsymbol{u}=\nabla\cdot\boldsymbol{u}=\dfrac{\partial u_x}{\partial x}+\dfrac{\partial u_y}{\partial y}+\dfrac{\partial u_z}{\partial z}=0$，上式右边最后一项为零，速度场 $\boldsymbol{u}$ 表示的运动方程为

$$\begin{cases}\rho\dfrac{\mathrm{D}u_x}{\mathrm{D}t}=\rho g_x-\dfrac{\partial p}{\partial x}+\mu\left(\dfrac{\partial^2 u_x}{\partial x^2}+\dfrac{\partial^2 u_x}{\partial y^2}+\dfrac{\partial^2 u_x}{\partial z^2}\right)\\ \rho\dfrac{\mathrm{D}u_y}{\mathrm{D}t}=\rho g_y-\dfrac{\partial p}{\partial y}+\mu\left(\dfrac{\partial^2 u_y}{\partial x^2}+\dfrac{\partial^2 u_y}{\partial y^2}+\dfrac{\partial^2 u_y}{\partial z^2}\right)\\ \rho\dfrac{\mathrm{D}u_z}{\mathrm{D}t}=\rho g_z-\dfrac{\partial p}{\partial z}+\mu\left(\dfrac{\partial^2 u_z}{\partial x^2}+\dfrac{\partial^2 u_z}{\partial y^2}+\dfrac{\partial^2 u_z}{\partial z^2}\right)\end{cases}\tag{3.2.19b}$$

将式（3.2.19a）写成矢量形式的运动方程式，得到以惯性力 $\rho\dfrac{\mathrm{D}\boldsymbol{u}}{\mathrm{D}t}$、质量力 $\rho\boldsymbol{g}$、压力 $\nabla p\boldsymbol{I}$、黏性力 $\mu\nabla^2\boldsymbol{u}$ 和流动状态 $\dfrac{1}{3}\mu(\nabla\cdot\boldsymbol{u})$ 表示的运动微分方程。

$$\rho\frac{\mathrm{D}\boldsymbol{u}}{\mathrm{D}t}=\rho\boldsymbol{g}-\nabla p\boldsymbol{I}+\mu\nabla^2\boldsymbol{u}+\frac{1}{3}\mu(\nabla\cdot\boldsymbol{u})\tag{3.2.20}$$

对于不可压缩流体，因为 $\nabla\cdot\boldsymbol{u}=0$，所以运动方程式（3.3.20）简化变成

$$\rho\frac{\mathrm{D}\boldsymbol{u}}{\mathrm{D}t}=\rho\boldsymbol{g}-\nabla p\boldsymbol{I}+\mu\nabla^2\boldsymbol{u}\tag{3.2.21a}$$

或

$$\frac{\mathrm{D}\boldsymbol{u}}{\mathrm{D}t}=\boldsymbol{g}-\frac{\nabla p\boldsymbol{I}}{\rho}+\nu\nabla^2\boldsymbol{u}\tag{3.2.21b}$$

式中，ν 为运动黏度，$\nu=\mu/\rho$。

将速度的随体导数代入上式，得到

$$\frac{\partial\boldsymbol{u}}{\partial t}+\boldsymbol{u}\cdot\nabla\boldsymbol{u}=\boldsymbol{g}-\frac{1}{\rho}\nabla p\boldsymbol{I}+\frac{\mu}{\rho}\nabla^2\boldsymbol{u}\tag{3.2.22a}$$

即

$$\rho\left(\frac{\partial\boldsymbol{u}}{\partial t}+\boldsymbol{u}\cdot\nabla\boldsymbol{u}\right)=\rho\boldsymbol{g}-\nabla p\boldsymbol{I}+\mu\nabla^2\boldsymbol{u}\tag{3.2.22b}$$

式（3.2.22）中的五项很易识别，分别为与时间有关的力，即惯性力、质量力、压力和黏滞力。

在直角坐标系中，不可压缩黏性流体的运动微分方程式写成 3 个分量形式的方程

$$\begin{cases}\rho\left(\dfrac{\partial u_x}{\partial t}+u_x\dfrac{\partial u_x}{\partial x}+u_y\dfrac{\partial u_x}{\partial y}+u_z\dfrac{\partial u_x}{\partial z}\right)=\rho g_x-\dfrac{\partial p}{\partial x}+\mu\left(\dfrac{\partial^2 u_x}{\partial x^2}+\dfrac{\partial^2 u_x}{\partial y^2}+\dfrac{\partial^2 u_x}{\partial z^2}\right)\\ \rho\left(\dfrac{\partial u_y}{\partial t}+u_x\dfrac{\partial u_y}{\partial x}+u_y\dfrac{\partial u_y}{\partial y}+u_z\dfrac{\partial u_y}{\partial z}\right)=\rho g_y-\dfrac{\partial p}{\partial y}+\mu\left(\dfrac{\partial^2 u_y}{\partial x^2}+\dfrac{\partial^2 u_y}{\partial y^2}+\dfrac{\partial^2 u_y}{\partial z^2}\right)\\ \rho\left(\dfrac{\partial u_z}{\partial t}+u_x\dfrac{\partial u_z}{\partial x}+u_y\dfrac{\partial u_z}{\partial y}+u_z\dfrac{\partial u_z}{\partial z}\right)=\rho g_z-\dfrac{\partial p}{\partial z}+\mu\left(\dfrac{\partial^2 u_z}{\partial x^2}+\dfrac{\partial^2 u_z}{\partial y^2}+\dfrac{\partial^2 u_z}{\partial z^2}\right)\end{cases}\tag{3.2.23a}$$

或写成以下缩写形式

$$\begin{cases}\rho\dfrac{\mathrm{D}u_x}{\mathrm{D}t}=\rho g_x-\dfrac{\partial p}{\partial x}+\mu\nabla^2u_x\\ \rho\dfrac{\mathrm{D}u_y}{\mathrm{D}t}=\rho g_y-\dfrac{\partial p}{\partial y}+\mu\nabla^2u_y\\ \rho\dfrac{\mathrm{D}u_z}{\mathrm{D}t}=\rho g_z-\dfrac{\partial p}{\partial z}+\mu\nabla^2u_z\end{cases} \tag{3.2.23b}$$

关联密度、压力和温度的状态方程，对不同热力学假设得到不同方程，有

$$p=f(\rho,T)\quad 其中\ \rho=\frac{pM}{RT},\rho=\rho_0\frac{p}{p_0}\frac{T_0}{T}(理想气体) \tag{3.2.24}$$

综上所述，建立流体连续性方程和运动方程依据分别是质量守恒和动量守恒定律。流体流动的方程组共有5个，即连续性方程式（3.2.8）、流体的状态方程式（3.2.24）和N-S方程式（3.2.23），求解5个未知数速度 u_x，u_y，u_z，p，ρ。原则上该问题可以求解。但是，由于N-S方程中有诸如 $u_x\dfrac{\partial u_x}{\partial x},u_y\dfrac{\partial u_x}{\partial y},u_z\dfrac{\partial u_x}{\partial z}$ 等非线性项，在数学上无法求解析解，只有针对某些特殊情况加以简化才能求解。在第6章和第7章中，将结合聚合物工程问题介绍黏性流体运动方程组的求解，讨论这些方程对应所描述的聚合物流体的流动。

3.2.3.2 特殊情况N-S方程的简化

N-S流体运动方程组用流速 $\boldsymbol{u}(x,y,z)=u_x\boldsymbol{i}+u_y\boldsymbol{j}+u_z\boldsymbol{k}$，压力分布 $p(x,y,z,t)$，密度 $\rho(x,y,z,t)$ 等函数来描述流场。也可清楚看到，方程中的惯性力项是非线性项，不能用解析法求解。在一些特殊情况下可将其简化。这里介绍几种常用的简化运动方程，并且仅介绍如何利用流体的特殊物理性质简化流体运动方程。

（1）欧拉运动方程

对于理想流体，假设流体黏性很小，$\mu=0$，可忽略黏性力项，则式（3.2.21b）右端的第3项为零，即 $\nu\nabla^2\boldsymbol{u}\rightarrow 0$，N-S方程简化得到理想流体运动方程，即欧拉运动方程

$$\rho\frac{\mathrm{D}\boldsymbol{u}}{\mathrm{D}t}=\rho\boldsymbol{g}-\nabla p\boldsymbol{I} \tag{3.2.25a}$$

或写成另外一种形式

$$\frac{\partial\boldsymbol{u}}{\partial t}+\boldsymbol{u}\cdot\nabla\boldsymbol{u}=\boldsymbol{g}-\frac{1}{\rho}\nabla p\boldsymbol{I}$$

（2）欧拉平衡方程

若是平衡流体，相对于坐标系来说 $\boldsymbol{u}=0$，欧拉运动方程式（3.2.25a）化简为欧拉平衡方程式

$$\boldsymbol{g}=\nabla p\boldsymbol{I}/\rho \tag{3.2.25b}$$

（3）动力压力梯度表示的N-S方程

如流体不具有自由表面，可用动力压力梯度表示N-S方程。因为总压力

$$p=p_s+p_d$$

式中，p_s 为静压力，p_d 为动力压力。

将上式微分，得到压力梯度为

$$\frac{\partial p}{\partial x}=\frac{\partial p_s}{\partial x}+\frac{\partial p_d}{\partial x} \tag{1}$$

由静力学平衡方程，有质量力与静压力梯度的关系式

$$g_x=\frac{1}{\rho}\frac{\partial p_s}{\partial x},g_y=\frac{1}{\rho}\frac{\partial p_s}{\partial y},g_z=\frac{1}{\rho}\frac{\partial p_s}{\partial z} \tag{2}$$

将由式（1）和代入式（2），得到

$$\begin{cases} -\dfrac{1}{\rho}\dfrac{\partial p_d}{\partial x} = -\dfrac{1}{\rho}\dfrac{\partial p}{\partial x} + g_x \\ -\dfrac{1}{\rho}\dfrac{\partial p_d}{\partial y} = -\dfrac{1}{\rho}\dfrac{\partial p}{\partial y} + g_y \\ -\dfrac{1}{\rho}\dfrac{\partial p_d}{\partial z} = -\dfrac{1}{\rho}\dfrac{\partial p}{\partial z} + g_z \end{cases} \tag{3}$$

将式（3）代入式（3.2.23b），N-S 方程式化简为

$$\begin{cases} \rho\dfrac{\mathrm{D}u_x}{\mathrm{D}t} = -\dfrac{\partial p_d}{\partial x} + \mu\nabla^2 u_x \\ \rho\dfrac{\mathrm{D}u_y}{\mathrm{D}t} = -\dfrac{\partial p_d}{\partial y} + \mu\nabla^2 u_y \\ \rho\dfrac{\mathrm{D}u_z}{\mathrm{D}t} = -\dfrac{\partial p_d}{\partial z} + \mu\nabla^2 u_z \end{cases} \tag{3.2.26}$$

例如，在封闭管道中流体流动时，流体不具有自由表面，用式（3.2.26）求解流场比较方便。

（4）小雷诺数流动的运动方程

当物料流速缓慢，因此流体流动的雷诺数 *Re* 较小，运动方程中可删除质量力的项。在聚合物加工成型中，熔体流动的黏性力大大大于质量力（惯性力），绝大部分情况下可以忽略质量力（惯性力），运动方程简化为

$$\begin{cases} \rho\dfrac{\mathrm{D}u_x}{\mathrm{D}t} = -\dfrac{\partial p}{\partial x} + \mu\nabla^2 u_x \\ \rho\dfrac{\mathrm{D}u_y}{\mathrm{D}t} = -\dfrac{\partial p}{\partial y} + \mu\nabla^2 u_y \\ \rho\dfrac{\mathrm{D}u_z}{\mathrm{D}t} = -\dfrac{\partial p}{\partial z} + \mu\nabla^2 u_z \end{cases} \tag{3.2.27}$$

3.2.3.3　正交曲线坐标系 N-S 方程表达式

为了减少流体流动的阻力，工程中大多数设备是圆柱或球形的。因此，在工程中常使用正交曲线坐标，使用 **N-S** 方程在正交曲线标的表达式比较方便。用上面介绍的方法读者可以推导在正交曲线坐标系运动方程（动量方程）的表达式。详细的推导读者可参考流体力学有关的文献。下面直接给出柱坐标系和球坐标系中，分别用速度和剪切应力表示的运动方程。

（1）柱坐标系（r，θ，z）的 N-S 方程表达式

① 速度分量表示的运动方程

$$\begin{cases} \rho\left(\dfrac{\partial u_r}{\partial t} + u_r\dfrac{\partial u_r}{\partial r} + \dfrac{u_\theta}{r}\dfrac{\partial u_r}{\partial \theta} - \dfrac{u_\theta^2}{r} + u_z\dfrac{\partial u_r}{\partial z}\right) = \rho g_r - \dfrac{\partial p}{\partial r} + \mu\left\{\dfrac{\partial}{\partial r}\left[\dfrac{1}{r}\dfrac{\partial(ru_r)}{\partial r}\right] + \dfrac{1}{r^2}\dfrac{\partial^2 u_r}{\partial \theta^2} - \dfrac{2}{r^2}\dfrac{\partial u_\theta}{\partial \theta} + \dfrac{\partial^2 u_r}{\partial z^2}\right\} \\ \rho\left(\dfrac{\partial u_\theta}{\partial t} + u_r\dfrac{\partial u_\theta}{\partial r} + \dfrac{u_\theta}{r}\dfrac{\partial u_\theta}{\partial \theta} + \dfrac{u_r u_\theta}{r} + u_z\dfrac{\partial u_\theta}{\partial z}\right) = \rho g_\theta - \dfrac{1}{r}\dfrac{\partial p}{\partial \theta} + \mu\left\{\dfrac{\partial}{\partial r}\left[\dfrac{1}{r}\dfrac{\partial(ru_\theta)}{\partial r}\right] + \dfrac{1}{r^2}\dfrac{\partial^2 u_\theta}{\partial \theta^2} + \dfrac{2}{r^2}\dfrac{\partial u_r}{\partial \theta} + \dfrac{\partial^2 u_\theta}{\partial z^2}\right\} \\ \rho\left(\dfrac{\partial u_z}{\partial t} + u_r\dfrac{\partial u_z}{\partial r} + \dfrac{u_\theta}{r}\dfrac{\partial u_z}{\partial \theta} + u_z\dfrac{\partial u_\theta}{\partial z}\right) = \rho g_z - \dfrac{\partial p}{\partial z} + \mu\left[\dfrac{1}{r}\dfrac{\partial}{\partial r}\left(r\dfrac{\partial u_z}{\partial r}\right) + \dfrac{1}{r^2}\dfrac{\partial^2 u_z}{\partial \theta^2} + \dfrac{\partial^2 u_z}{\partial z^2}\right] \end{cases} \tag{3.2.28a}$$

② 应力分量表示的运动方程式[8]

$$\begin{cases}\rho\left(\dfrac{\partial u_r}{\partial t}+u_r\dfrac{\partial u_r}{\partial r}+\dfrac{u_\theta}{r}\dfrac{\partial u_r}{\partial\theta}-\dfrac{u_\theta^2}{r}+u_z\dfrac{\partial u_r}{\partial z}\right)=\rho g_r-\dfrac{\partial p}{\partial r}+\left[\dfrac{1}{r}\dfrac{\partial}{\partial r}(r\tau_{rr})+\dfrac{1}{r}\dfrac{\partial\tau_{r\theta}}{\partial\theta}-\dfrac{\tau_{\theta\theta}}{r}+\dfrac{\partial\tau_{rz}}{\partial z}\right]\\ \rho\left(\dfrac{\partial u_\theta}{\partial t}+u_r\dfrac{\partial u_\theta}{\partial r}+\dfrac{u_\theta}{r}\dfrac{\partial u_\theta}{\partial\theta}+\dfrac{u_r u_\theta}{r}+u_z\dfrac{\partial u_\theta}{\partial z}\right)=\rho g_\theta-\dfrac{1}{r}\dfrac{\partial p}{\partial\theta}+\left[\dfrac{1}{r^2}\dfrac{\partial}{\partial r}(r^2\tau_{r\theta})+\dfrac{1}{r}\dfrac{\partial\tau_{\theta\theta}}{\partial\theta}+\dfrac{\partial\tau_{\theta z}}{\partial z}\right]\\ \rho\left(\dfrac{\partial u_z}{\partial t}+u_r\dfrac{\partial u_z}{\partial r}+\dfrac{u_\theta}{r}\dfrac{\partial u_z}{\partial\theta}+u_z\dfrac{\partial u_\theta}{\partial z}\right)=\rho g_z-\dfrac{\partial p}{\partial z}+\left[\dfrac{1}{r}\dfrac{\partial}{\partial r}(r\tau_{rz})+\dfrac{1}{r}\dfrac{\partial\tau_{\theta z}}{\partial\theta}+\dfrac{\partial\tau_{zz}}{\partial z}\right]\end{cases}\tag{3.2.28b}$$

(2) 球坐标系（r，φ，θ）的 N-S 方程[8]

略，详见附录 1 公式表的表 1. 1. 3 球坐标系运算符和微分型控制方程展开式。

为了使用公式的方便，将常用的公式列入附录 1 公式表。

3. 2. 4　能 量 方 程

在聚合物加工成型过程中，材料先被高温加热，最后冷却定型，经历了固态、玻璃态、高弹态、黏流态，最后定型到固态产品的转变。在聚合物加工成型过程中，随着温度场的变化伴随着流动能量的交换。能量的交换是由温度差所引起的。在多数情况下，借热流动在两系统间或同一物体的不同部分进行能量交换是热力学能量传递的问题，在流动过程能量交换时是热传递的问题[4,10,11]。对于这种热力学能的交换，热力学第一定律规定，一物体给出的热应等于另一物体获得的热。热力学第二定律规定，热的传递是由较热系统流向较冷系统。

在进行热量传递过程中，有时还会有其他形式的能量同时出现。全面描述各种能量之间关系的最常用的方程为微分能量方程，简称能量方程（Energy equation）。描述流体运动的第三个基本方程是能量方程。能量方程是能量守恒定律对于运动流体的表达式，是以热力学第一定律为基础导出的。

本小节简要概述热量传递的方式和基本物理定律，应用热力学第一定律推导能量方程，最后介绍能量方程在特定情况下的表达式，包括热量传递的方式和基本物理定律、微分形式能量方程、特定条件下的能量方程、正交曲线坐标系的能量方程 4 部分。

3. 2. 4. 1　热量传递的方式和基本物理定律

按导热、对流传热和辐射传热三种方式热量传递。在大多数实际的问题中，属于同时出现其中两种或三种传热方式的情况。这里仅简要介绍这方面的知识，以便于理解能量方程的推导。读者根据需要可查阅参考文献学习传热学的知识。

(1) 热传导

热传导可以发生在固体、液体和气体中。流体和非金属固体内的导热是由于分子的微观运动直接交换动能，而纯金属的导热则是通过自由电子的漂移。热传导通过分子运动，使一物体同另一物体或物体一部分同另一部分之间发生热力学能交换。当流体中存在温度梯度时，由于分子的无规律运动，结果是具有较高能量（高温度）的分子转移到具有较低能量分子的区域，从而产生热量传递。在非金属固体内，由于分子在其平衡位置处的不断振动，将能量由高温区传递至低温区。

在 2. 3. 2 节介绍了描述导热现象的傅立叶定律（Fourier' s law），其矢量式为（2. 3. 16）

$$\boldsymbol{q}=-\kappa\frac{\mathrm{d}T}{\mathrm{d}\boldsymbol{n}}=-\kappa\,\mathrm{grad}T=-\kappa\,\nabla T$$

导热系数 κ 是物质的物理性质。式（2. 3. 16）中假定传热系数与导热方向无关，即物质是各向同性的。不同种类物质的传热系数数值差别很大。对于同一物质，导热系数主要是温度的函数，压力对它的影响不大。在高压或真空下，气体的导热系数受压力的影响。

（2）对流传热

对流传热是由于流体微团的宏观运动所致。对流传热可以由强制对流或自然对流引起。**强制对流是将外力施加于流体上，如机械设备迫使流体微团发生激烈运动。自然对流则由于流体内部存在温度差，形成流体的密度差，从而使流体微团在微团壁面与其附近流体之间产生循环运动。**在流体宏观流动中，对流的发生引起其中一部分流体同另一部分流体的混合；当固体壁面与其邻近的流体之间存在温度差时，由于流体微团位移的结果，便在壁面与流体之间发生对流热交换。事实上不可能观察到流体内的纯热传导，因为温度差一加到流体上，就会因密度差而发生自然对流。

可用**牛顿冷却定律表述对流传热通量**，即

$$q = k(T_\infty - T_w) \tag{3.2.29}$$

式中，q 为与对流传热方向相垂直的传热面上的单位面积对流传热通量，W；k 为表面传热系数，或称膜系数，$W/(m^2 \cdot K)$；$T_\infty - T_w$ 为固体壁面与流体主体间的温度差，K。

式（3.2.29）中的表面传热系数 k 不是物性常数，它与许多因素有关。诸如固体壁面的几何形状和粗糙情况、流体的物理性质和流体流动的特征。流体流动的特征包括流动的起因、流速、状态和流型，以及温度差和相变化等。这些影响因素与膜系数 k 之间的关系十分复杂，至今仍未能彻底研究清楚。但是，有一点是肯定的，即流体流动的流型和流速对 k 有非常显著的影响。如强制对流的流体速度比自然对流速度大，可见前者的传热强度大于后者的传热强度。

从边界层理论可知，当流体沿固体壁面流过，即使在强烈紊动的情况下，壁面附近仍存在一层层流底层，此处的流体作层流流动，且紧贴壁面的一层流体静止不动。由此可知，壁面附近的传热只能依靠导热。壁面与流体主体之间的传热阻力主要集中于上述层流内层之中，因此，**表面传热系数又称为膜系数**。式（3.2.29）也可用来描述有相变的传热过程，即冷凝传热和沸腾传热过程。

（3）辐射传热

辐射传热过程的机理与导热、对流传热很不相同，后两者需在介质中进行，而热辐射无须任何介质。热可由一物体传到另一物体。没有传递介质是辐射传热的一个特征。只要物体的温度高于绝对零度，它就可以发射能量，这种能量以电磁波形式向空间传播。具有能量的这部分电磁波是具有一定波长为 $0.76 \sim 10^3 \mu m$ 的光子，称为热辐射线。当热辐射线投射到较低温度的物体表面时，将部分地被较低温度的物体表面吸收而变为热能。两辐射物体间，不断进行能量交换，有净能量从较热的物体传到较冷的物体。在热平衡情况下，仍存在能量交换，不过交换的净能量为零。

在单位时间内，单位表面积的绝对黑体所发射出去的能量，称为绝对黑体的发射能量，可用**斯蒂芬—波尔茨曼（Stefan-Boltzmann）**定律描述为

$$q_0 = \sigma T^4 \tag{3.2.30}$$

式中，q_0 为单位面积黑体的发射能量；T 为黑体表面的热力学温度；σ 为黑体的发射常数，即斯蒂芬—波尔茨曼常数，$\sigma = 5.669 \times 10^{-8} W/(m^2 \cdot K^4)$。

由式（3.2.30）可见，辐射传热的第二特征是辐射物体温度高低对辐射传热的影响。辐射交换的热量同辐射物体绝对温度四次方之差成正比。对于给定的温度差，高温时的传热

量比低温时要大得多。需要指出的是，**式（3.2.30）只适用于绝对黑体，并且对于热辐射才是正确的**。对于其他形式的电磁波辐射，该式不能成立。

在常温下，譬如室温或低于室温的场合，则辐射传热量很小，可忽略不计。在略去辐射传热的场合，导热和对流传热可以单独或同时出现。一般固体内部不存在物质质点的宏观运动，可认为其中只存在导热过程。在流体内部或流体与固体壁面之间，传热机理较为复杂，该处所进行的传热过程既非单纯的导热，也非单纯的对流，往往是两种方式并存。**一般而论，无论是层流还是紊流下的热量传递总是导热与对流传热同时出现，通常习惯将此种传热过程称为对流传热**。物质的传热系数、膜系数等可查阅有关工程手册。

3.2.4.2 微分形式能量方程

运动流体与固体壁面传热时，同时发生动量传递和热量传递现象。要全面描述流体与壁面之间传递过程的规律，除了确定速度场和压力场外，还需要确定流动区域内每一点的流体温度 $T(M, t)$ 的能量方程。能量方程是能量守恒定律对于运动流体的表达式。下面依据能量守恒定律推导流体的微分形式的能量方程。

根据能量守恒定律，即**热力学第一定律**：

体积内流体热力学能和动能随时间变化率	=	单位时间内质量力和表面力对流体所做功	+
		单位时间内体积从外界所吸收的热量	

在充满运动流体的空间区域 Ω 中，任取一包围流体体积为 V 的闭曲面 S，$\boldsymbol{n}$ 为曲面外法线单位矢量。如图 3.2.6 所示。设：

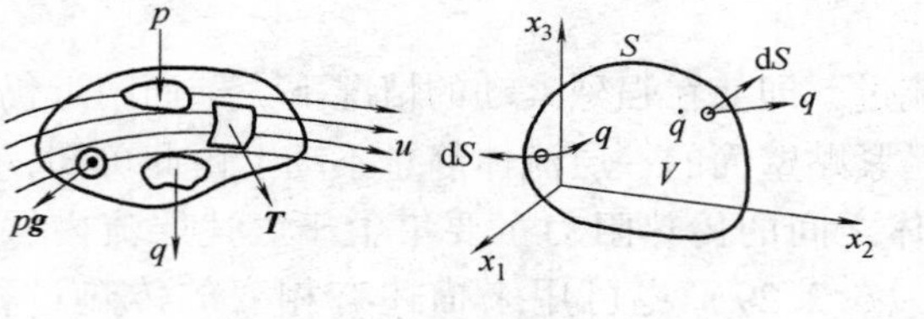

图 3.2.6 任意流体系统

① $U(T, p)$ 为系统中单位质量所具有的热力学能，包括分子热运动能量，分子间相互作用能量，分子与原子热力学能量，是状态 (T, p) 的函数；

② $\rho u^2/2$ 为系统中单位质量所具有的动能；

③ $\boldsymbol{g}$ 为单位质量受的质量力；

④ $\boldsymbol{T}$ 为系统界面上所受的表面应力；

⑤ $\dot{q}$ 为辐射或其他物理或化学等原因贡献的热量。

略推导过程，运用能量守恒定律，即**热力学第一定律**，得积分形式能量方程式为

$$\frac{\mathrm{D}}{\mathrm{D}t}\iiint_V \rho\left(U+\frac{u^2}{2}\right)\mathrm{d}V = \iiint_V \rho\boldsymbol{g}\cdot\boldsymbol{u}\,\mathrm{d}V + \oint_S \boldsymbol{T}_n\cdot\boldsymbol{u}\,\mathrm{d}S - \oint_S\left(-\kappa\frac{\partial T}{\partial \boldsymbol{n}}\right)\cdot\mathrm{d}\boldsymbol{S} + \iiint_V \dot{q}\,\mathrm{d}V$$

$$= \iiint_V \rho\boldsymbol{g}\cdot\boldsymbol{u}\,\mathrm{d}V + \oint_S \boldsymbol{T}_n\cdot\boldsymbol{u}\,\mathrm{d}S + \oint_S\left(\kappa\frac{\partial T}{\partial \boldsymbol{n}}\right)\cdot\mathrm{d}\boldsymbol{S} + \iiint_V \dot{q}\,\mathrm{d}V \tag{3.2.31}$$

（1）用积分形式的能量方程直接导出

利用奥—高公式将式（3.2.31）中的所有的面积分化为体积分，最终将其改写为

$$\iiint_V\left[\rho\frac{\mathrm{D}}{\mathrm{D}t}\left(U+\frac{u^2}{2}\right)-\rho\boldsymbol{g}\cdot\boldsymbol{u}-\mathrm{div}(\boldsymbol{T}\boldsymbol{u})-\mathrm{div}(\kappa\,\mathrm{grand}T)-\dot{q}\right]\mathrm{d}V=0$$

因为 $\mathrm{d}V$ 是任意体积，流体连续即限定的被积函数是连续的，上式等于零的唯一可能就是被积函数等于零，得到微分形式的能量方程为

$$\rho\frac{\mathrm{D}}{\mathrm{D}t}\left(U+\frac{u^2}{2}\right)-\rho\boldsymbol{g}\cdot\boldsymbol{u}-\mathrm{div}(\boldsymbol{T}\boldsymbol{u})-\mathrm{div}(\kappa\,\mathrm{grand}T)-\dot{q}=0 \tag{3.2.32a}$$

或写为

$$\rho \frac{\mathrm{D}}{\mathrm{D}t}(U+u^2/2)=\rho \boldsymbol{g}\cdot\boldsymbol{u}+\nabla\cdot(\boldsymbol{Tu})+\nabla\cdot(\kappa\nabla T)+\dot{q} \tag{3.2.32b}$$

当热传导系数 κ 是常数时，上式可写成微分形式能量方程的另一种形式

$$\rho \frac{\mathrm{D}}{\mathrm{D}t}(U+u^2/2)=\rho \boldsymbol{g}\cdot\boldsymbol{u}+\nabla\cdot(\boldsymbol{Tu})+\kappa\nabla^2 T+\dot{q} \tag{3.2.33a}$$

式（3.2.33a）中各项的物理意义是十分明显的。左边第一、二项代表单位体积动能和热力学能的随体导数；右边第一项是单位体积内质量力所作的功，第二项代表单位体积内表面力所作的功，第三项单位体积内由于热传导传入的热量，最后一项代表单位体积内由于辐射或其他物理或化学等原因贡献的热量。

用张量表示式（3.2.33a），得到张量表示的能量方程为

$$\rho \frac{\mathrm{D}}{\mathrm{D}t}\left(U+\frac{u_i u_i}{2}\right)=\rho g_i u_i+\frac{\partial(T_{ij}u_j)}{\partial x_i}+\kappa\frac{\nabla^2 T}{\partial x_i \partial x_i}+\dot{q} \tag{3.2.33b}$$

在直角坐标系中，式（3.2.32）的具体表达形式为

$$\begin{aligned}&\rho\left(\frac{\partial}{\partial t}+u_x\frac{\partial}{\partial x}+u_y\frac{\partial}{\partial y}+u_z\frac{\partial}{\partial z}\right)\left[U+\frac{1}{2}(u_x^2+u_y^2+u_z^2)\right]\\&=\rho(u_x g_x+u_y g_y+u_z g_z)+\frac{\partial}{\partial x}(p_{xx}u_x+\tau_{xy}u_y+\tau_{xz}u_z)+\frac{\partial}{\partial y}(\tau_{yx}u_x+p_{yy}u_y+\tau_{yz}u_z)+\\&\quad\frac{\partial}{\partial z}(\tau_{zx}u_x+\tau_{zy}u_y+p_{zz}u_z)+\kappa\left(\frac{\partial^2 T}{\partial x^2}+\frac{\partial^2 T}{\partial y^2}+\frac{\partial^2 T}{\partial z^2}\right)+\dot{q}\end{aligned} \tag{3.2.34}$$

在聚合物流体流动中，质量力大大小于其他的力，可以忽略。如果忽略质量力，运用张量运算公式，可得到张量表示的能量方程

$$\rho\frac{\mathrm{D}U}{\mathrm{D}t}=T_{ij}\frac{\partial u_i}{\partial x_j}+\kappa\frac{\partial^2 T}{\partial {x_i}^2}+\dot{q} \tag{3.2.35}$$

式（3.2.35）是微分形式能量方程的另一种形式。式中各项的物理意义也是十分明显的。此式的物理意义可叙述为：**单位体积内由于流体变形表面力所作的功加上热传导和辐射或其他物理或化学等原因传入的热量恰好等于单位体积内的热力学能在单位时间内的增量。**

在直角坐标系中，不可压缩流体的微分形式能量方程式（3.2.35）的形式为

$$\begin{aligned}&\rho\left(\frac{\partial U}{\partial t}+u_x\frac{\partial U}{\partial x}+u_y\frac{\partial U}{\partial y}+u_z\frac{\partial U}{\partial z}\right)=p_{xx}\frac{\partial u_x}{\partial x}+p_{yy}\frac{\partial u_y}{\partial y}+p_{zz}\frac{\partial u_z}{\partial z}+\tau_{xy}\left(\frac{\partial u_y}{\partial x}+\frac{\partial u_x}{\partial y}\right)+\\&\quad\tau_{yz}\left(\frac{\partial u_z}{\partial y}+\frac{\partial u_y}{\partial z}\right)+\tau_{zx}\left(\frac{\partial u_x}{\partial z}+\frac{\partial u_z}{\partial x}\right)+\kappa\left(\frac{\partial^2 T}{\partial x^2}+\frac{\partial^2 T}{\partial y^2}+\frac{\partial^2 T}{\partial z^2}\right)+\dot{q}\end{aligned} \tag{3.2.36a}$$

用温度 T 和比热容 c_v 表示上式中的热力学能 U，得到温度和应力表示的能量方程

$$\begin{aligned}&\rho c_v\left(\frac{\partial T}{\partial t}+u_x\frac{\partial T}{\partial x}+u_y\frac{\partial T}{\partial y}+u_z\frac{\partial T}{\partial z}\right)=p_{xx}\frac{\partial u_x}{\partial x}+p_{yy}\frac{\partial u_y}{\partial y}+p_{zz}\frac{\partial u_z}{\partial z}+\tau_{xy}\left(\frac{\partial u_x}{\partial y}+\frac{\partial u_y}{\partial x}\right)+\\&\quad\tau_{yz}\left(\frac{\partial u_z}{\partial y}+\frac{\partial u_y}{\partial z}\right)+\tau_{xz}\left(\frac{\partial u_x}{\partial z}+\frac{\partial u_z}{\partial x}\right)+\kappa\left(\frac{\partial^2 T}{\partial x^2}+\frac{\partial^2 T}{\partial y^2}+\frac{\partial^2 T}{\partial z^2}\right)+\dot{q}\end{aligned} \tag{3.2.36b}$$

（2）用拉格朗日观点直接推导能量方程

在运动流体中，按照拉格朗日观点，选定某一固定质量的流体微团，在整个流动过程中考察该流体微团的能量转换情况。该流体微团没有流体质量的流入与流出，仅有体积和密度的变化，它对外做膨胀功和摩擦功，改变自己的形状。当流体微团运动时，与观察者之间没有相对速度，故没有动能和位能的变化。流体微团的总能量中，只有热力学能发生变化。同时，流体微团的表面与周围流体间进行导热的能量传递，以及由于辐射或其他物理或化学等原因进行的热量传递。流体微团对环境流做功一项表现为表面应力对流体微团做功，表面应

力是由于受与其毗邻流体的压力和黏性应力的作用而产生。于是将热力学第一定律应用于该流体微团，有

流体微团热力学能的增长速率 = **加入流体微团的热速率** + **表面应力对流体微团所做的功率**

上述文字方程右侧中采用加号的原因是由于环境流体对微团做功所致，用随体导数的形式表达该文字方程式为

$$\frac{DU}{Dt}=\frac{DQ}{Dt}+\frac{DW}{Dt} \tag{3.2.37}$$

式中，U 为每公斤流体的内能；Q 为对每公斤流体加入的热量；W 为表面应力对每公斤流体做功时，转变为流体热力学能的部分。由于式中各项均为针对每公斤流体而言的，故各项的单位均为 J/(kg · s)。

在直角坐标系中，研究一个平行六面体的流体微团控制体。若某瞬时流体微团的密度为 ρ、体积为 $\mathrm{d}x\mathrm{d}y\mathrm{d}z$，则其质量为 $\rho\mathrm{d}x\mathrm{d}y\mathrm{d}z$。现将式（3.2.37）两侧同时乘以流体微团的质量，得

$$\frac{DU}{Dt}\rho\mathrm{d}x\mathrm{d}y\mathrm{d}z=\frac{DQ}{Dt}\rho\mathrm{d}x\mathrm{d}y\mathrm{d}z+\frac{DW}{Dt}\rho\mathrm{d}x\mathrm{d}y\mathrm{d}z \tag{1}$$

式中，左侧为流体微团热力学能的增长速率；右侧第一项为对流体微团加入的热速率；第二项为表面应力对流体微团所作的功率。各项的单位均为 J/s。

用欧拉法表达式（1）中的各项能量速率。对于涉及的热力学知识只是引用没有详细介绍，读者根据需要可参看参考文献。

① 向流体微团加入的热速率。进入流体微团的热能有两种，一是由环境流体对微团控制体的热传导，导入流体微团的热能，二是考虑热辐射和其他物理或化学现象。

(i) 由环境导入流体微团的热速率，可依下法确定。参见图 3.2.7 所示。

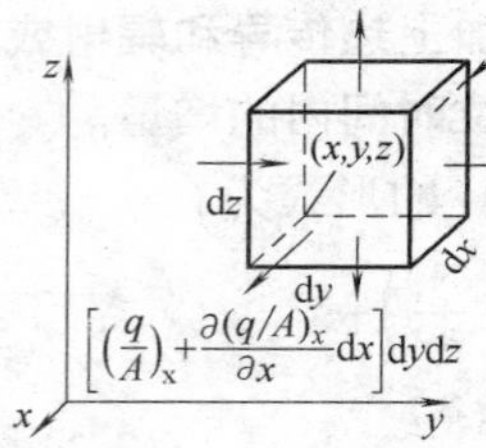

图 3.2.7　以热传导方式输入流体微团的热量

设沿 x 方向由流体微团左侧平面输入的热通量为 q_x，则由右侧平面输出的热通量 $\left(q_x+\frac{\partial q_x}{\partial x}\mathrm{d}x\right)$。根据热力学第一定律，向流体微团净输入的热能取为正值，因此沿 x 方向净输入此流体微团的热流速率等于（输入-输出）热流速率，即

$$\left[q_x-\left(q_x+\frac{\partial q_x}{\partial x}\mathrm{d}x\right)\right]\mathrm{d}y\mathrm{d}z=-\frac{\partial q_x}{\partial x}\mathrm{d}x\mathrm{d}y\mathrm{d}z$$

同理，沿 y 方向净输入此流体微团的热流速率为

$$\left[q_y-\left(q_y+\frac{\partial q_y}{\partial y}\mathrm{d}y\right)\right]\mathrm{d}x\mathrm{d}z=-\frac{\partial q_y}{\partial y}\mathrm{d}x\mathrm{d}y\mathrm{d}z$$

沿 z 方向净输入此流体微团的热流速率为

$$\left[q_z-\left(q_z+\frac{\partial q_z}{\partial z}\mathrm{d}z\right)\right]\mathrm{d}x\mathrm{d}y=-\frac{\partial q_z}{\partial z}\mathrm{d}x\mathrm{d}y\mathrm{d}z$$

将上述三式相加，即得以导热方式净输入流体微团的净热流速率为

$$\left(\frac{\partial q_x}{\partial x}+\frac{\partial q_y}{\partial y}+\frac{\partial q_z}{\partial z}\right)\mathrm{d}x\mathrm{d}y\mathrm{d}z \tag{2}$$

由傅立叶定律式（2.3.16），直角坐标系的单位面积热通量的分量，为

$$q_x=-\kappa\frac{\partial T}{\partial x},\quad q_y=-\kappa\frac{\partial T}{\partial y},\quad q_z=-\kappa\frac{\partial T}{\partial z} \tag{3}$$

假定流体是各向同性的，即 κ 为常数。将式（3）代入式（2），得到以导热方式输入流体微团的热流速率为

$$\kappa\left(\frac{\partial^2 T}{\partial x^2}+\frac{\partial^2 T}{\partial y^2}+\frac{\partial^2 T}{\partial z^2}\right)\mathrm{d}x\mathrm{d}y\mathrm{d}z \tag{4}$$

由于向流体微团中加入的热速率为导热速率与微团内部释放的热能速率 $\dot{q}$ 两者之和，故式（1）中右侧的第一项化简后可写成

$$\rho\frac{\mathrm{D}Q}{\mathrm{D}t}=\kappa\left(\frac{\partial^2 T}{\partial x^2}+\frac{\partial^2 T}{\partial y^2}+\frac{\partial^2 T}{\partial z^2}\right)+\dot{q}$$

或写成矢量形式

$$\rho\frac{\mathrm{D}Q}{\mathrm{D}t}=\kappa\nabla^2 T+\dot{q} \tag{5}$$

（ii）表面应力对流体微团所做的功率。在 3.2 节详细地分析了作用在流体微团的表面应力是由于流体微团表面受到与其毗邻流体的压力和黏性应力的作用产生的。在表面应力作用下，流体微团将发生体积变形（膨胀或压缩）和形状变化（角变形）。由于应力和变形速度之间的关系十分复杂，因此表面应力所做的功也十分复杂，这里只做简单处理。

表面应力张量 $\boldsymbol{T}$ 单位时间内做的功为 $\boldsymbol{T}\cdot\boldsymbol{u}$，黏性力对于单位流体所作的功率为

$$\nabla\cdot(\boldsymbol{T}\cdot\boldsymbol{u})=\frac{\partial(\tau_{ji}u_i)}{\partial x_i}=u_i\frac{\partial(\tau_{ji})}{\partial x_i}+\tau_{ji}\frac{\partial(u_i)}{\partial x_i} \tag{6}$$

将牛顿流体应力和变形速度的本构方程式（3.1.29）

$$\boldsymbol{T}=-\left(p+\frac{2}{3}\mu\mathrm{div}\boldsymbol{u}\right)\boldsymbol{I}+2\mu\boldsymbol{\varepsilon}$$

代入式（6）中，于是式（3.2.37）

$$\frac{\mathrm{D}U}{\mathrm{D}t}=\frac{\mathrm{D}Q}{\mathrm{D}t}+\frac{\mathrm{D}W}{\mathrm{D}t}$$

中等式右边的第二项，表面应力对流体微团做功一项可表示为

$$\rho\frac{\mathrm{D}W}{\mathrm{D}t}=-p\left(\frac{\partial u_x}{\partial x}+\frac{\partial u_y}{\partial y}+\frac{\partial u_z}{\partial z}\right)+\Phi=-p\nabla\cdot\boldsymbol{u}+\Phi \tag{7}$$

式中，$-p\nabla\cdot\boldsymbol{u}$ 为流体压缩时压力所作的功率，负号表示压力的方向与流体微团表面的法线方向相反；Φ 为黏性力作用使单位体积流体微团流体产生摩擦热速率，其单位为 $\mathrm{J/(m^3\cdot s)}$。

Φ 表示了表面应力在扭变流体时所作的功率，也称为**耗损函数**。它表征了由于剪切黏性耗损掉的机械能。对于高速或黏性很大的流体流动问题，才考虑摩擦热速率。

在直角坐标系中摩擦热速率 Φ 与速度变形速度的关系为

$$\Phi=\mu\left[2\left(\frac{\partial u_x}{\partial x}\right)^2+2\left(\frac{\partial u_y}{\partial y}\right)^2+2\left(\frac{\partial u_z}{\partial z}\right)^2+\left(\frac{\partial u_y}{\partial x}+\frac{\partial u_x}{\partial y}\right)^2+\left(\frac{\partial u_z}{\partial y}+\frac{\partial u_y}{\partial z}\right)^2+\left(\frac{\partial u_x}{\partial z}+\frac{\partial u_z}{\partial x}\right)^2\right]-\frac{2}{3}\mu\left(\frac{\partial u_x}{\partial x}+\frac{\partial u_y}{\partial y}+\frac{\partial u_z}{\partial z}\right)^2$$

即

$$\Phi=2\mu\left[\left(\frac{\partial u_x}{\partial x}\right)^2+\left(\frac{\partial u_y}{\partial y}\right)^2+\left(\frac{\partial u_z}{\partial z}\right)^2+\frac{1}{2}\left(\frac{\partial u_y}{\partial x}+\frac{\partial u_x}{\partial y}\right)^2+\frac{1}{2}\left(\frac{\partial u_z}{\partial y}+\frac{\partial u_y}{\partial z}\right)^2+\frac{1}{2}\left(\frac{\partial u_x}{\partial z}+\frac{\partial u_z}{\partial x}\right)^2\right]-\frac{2}{3}\mu(\nabla\cdot\boldsymbol{u})^2 \tag{3.2.38a}$$

对于不可压缩流体 $\nabla\cdot\boldsymbol{u}=0$，在直角坐标系中摩擦热速率 Φ 为

$$\Phi=2\mu\left[\left(\frac{\partial u_x}{\partial x}\right)^2+\left(\frac{\partial u_y}{\partial y}\right)^2+\left(\frac{\partial u_z}{\partial z}\right)^2+\frac{1}{2}\left(\frac{\partial u_y}{\partial x}+\frac{\partial u_x}{\partial y}\right)^2+\frac{1}{2}\left(\frac{\partial u_z}{\partial y}+\frac{\partial u_y}{\partial z}\right)^2+\frac{1}{2}\left(\frac{\partial u_x}{\partial z}+\frac{\partial u_z}{\partial x}\right)^2\right]=\mu\dot{\gamma}^2 \tag{3.2.38b}$$

将式（5）和式（7）代入式（3.2.37），得到**用热力学能表示的能量方程**

$$\rho\frac{\mathrm{D}U}{\mathrm{D}t}=-p(\nabla\cdot\boldsymbol{u})+\kappa\nabla^2T+\dot{q}+\Phi \tag{3.2.39}$$

式中，Φ 单位为 $\mathrm{J/(m^3\cdot s)}$。

式（3.3.39）的物理意义是单位体积内由于流体变形力所作的功加上热传导和辐射等其他原因传入的热量恰好等于单位时间内单位体积热力学能的增加。

当物质定容比热容 c_V 为常量，且忽略热力学能 U 随压力 p 的变化时，用温度 T 和比热容 c_V 表示上式中的热力学能 U，则能量方程式（3.2.39），转化为

$$\begin{aligned}\rho c_V\frac{\mathrm{D}T}{\mathrm{D}t}&=-T\left(\frac{\partial p}{\partial T}\right)\bigg|_p\left(\frac{\partial u_x}{\partial x}+\frac{\partial u_y}{\partial y}+\frac{\partial u_z}{\partial z}\right)+\kappa\nabla^2T+\dot{q}+\Phi\\&=-T\left(\frac{\partial p}{\partial T}\right)\bigg|_p(\nabla\cdot\boldsymbol{u})+\kappa\nabla^2T+\dot{q}+\Phi\end{aligned} \tag{3.2.40}$$

3.2.4.3 特定条件下的能量方程

式（3.2.39）表示的能量方程为描述流体流动时有内热源、摩擦热损耗的普遍形式。在实际工程问题中，可以忽略该方程的某些项不存在或相对较小的量。因此，在一些特定条件下，能量方程可以简化。下面介绍如何在特定条件下简化能量方程[4]。

（1）没有耗损热的能量方程

摩擦热速率，即耗损函数 Φ 是单位体积黏性流体摩擦热速率而耗损的功率，它的大小与流体流速 $\boldsymbol{u}$ 和黏性有关，可以查阅有关专著。高黏度或在高速下运动的流体除外，通常情况下函数 Φ 很小，简化能量方程（3.2.40），有

$$\rho c_V\frac{\mathrm{D}T}{\mathrm{D}t}=-T\left(\frac{\partial p}{\partial T}\right)\bigg|_p(\nabla\cdot\boldsymbol{u})+\kappa\nabla^2T+\dot{q} \tag{3.2.41}$$

（2）不可压缩流体的对流传热

在无内热源 $\dot{q}=0$ 情况下，在对流传热时，假设 $\Phi=0$，能量方程式（3.2.40）简化为

$$\rho c_V\frac{\mathrm{D}T}{\mathrm{D}t}=-T\left(\frac{\partial p}{\partial T}\right)\bigg|_p(\nabla\cdot\boldsymbol{u})+\kappa\nabla^2T$$

若 ρ 为常数，对于不可压缩流体 $\nabla\cdot\boldsymbol{u}$，由式（3.2.41）简化为

$$\rho c_V\frac{\mathrm{D}T}{\mathrm{D}t}=\kappa\nabla^2T \tag{3.2.42}$$

对于不可压缩流体或固体，定容比热容 c_V 与定压比热 c_p ［$\mathrm{J/(kg\cdot K)}$］大致相等，即 $c_V\approx c_p$，于是式（3.2.42）变为

$$\frac{\mathrm{D}T}{\mathrm{D}t}=\frac{\kappa}{\rho c_p}\nabla^2T \tag{3.2.43}$$

定义上式中，$\alpha=\kappa/\rho c_p$，α 为**热扩散系数或传热系数**（Thermal Diffusivity），$\mathrm{m^2/s}$；于是有

$$\frac{\mathrm{D}T}{\mathrm{D}t}=\alpha\nabla^2T\quad 或\quad \frac{\mathrm{D}T}{\mathrm{D}t}=\frac{\partial T}{\partial t}+\boldsymbol{u}\cdot\nabla T=\alpha\nabla^2T \tag{3.2.44}$$

式（3.2.44）为对流传热方程，在直角坐标系的展开式为

$$\frac{\partial T}{\partial t}+u_x\frac{\partial T}{\partial x}+u_y\frac{\partial T}{\partial y}+u_z\frac{\partial T}{\partial z}=\alpha\left(\frac{\partial^2T}{\partial x^2}+\frac{\partial^2T}{\partial y^2}+\frac{\partial^2T}{\partial z^2}\right) \tag{3.2.45}$$

如果考虑热耗损 Φ 和内热源，对流传热方程式（3.2.43），变为

$$\rho c_p\frac{\mathrm{D}T}{\mathrm{D}t}=\kappa\nabla^2T+\dot{q}+\Phi \tag{3.2.46}$$

(3) 固体或静止流体内的热传导

由于固体内部不存在分子的宏观运动或在静止流体内，都有 $\boldsymbol{u}=0$，故温度的随体导数 $\frac{\mathrm{D}T}{\mathrm{D}t}$中不存在迁移导数 $u_x\frac{\partial T}{\partial x}, u_y\frac{\partial T}{\partial y}, u_z\frac{\partial T}{\partial z}$，即 $\boldsymbol{u}\cdot\nabla T=0$；此外固体密度 ρ 为常数，且忽略热耗损 $\Phi=0$，可简化式（3.2.46），可得非稳态传热方程

$$\rho c_p\frac{\partial T}{\partial t}=\kappa\nabla^2 T+\dot{q}$$

即

$$\frac{\partial T}{\partial t}=\alpha\nabla^2 T+\frac{\dot{q}}{\rho c_p} \tag{3.2.47a}$$

在直角坐标系上，展开上式为

$$\frac{\partial T}{\partial t}=\alpha\left(\frac{\partial^2 T}{\partial x^2}+\frac{\partial^2 T}{\partial y^2}+\frac{\partial^2 T}{\partial z^2}\right)+\frac{\dot{q}}{\rho c_p} \tag{3.2.47b}$$

① **如无内热源**，$\dot{q}$，热传导方程又简化为

$$\frac{\partial T}{\partial t}=\alpha\nabla^2 T \tag{3.2.48}$$

式（3.2.48）为固体中或静止流体内无内热源存在时的不稳定热传导方程，通常称为**傅立叶场方程（Fourier's field equation）或傅立叶第二导热定律**。

② **对于稳态问题**，$\frac{\partial T}{\partial t}=0$，式（3.2.47a）变为泊松（**Poisson**）方程

$$\nabla^2 T=-\frac{\dot{q}}{\kappa} \tag{3.2.49}$$

式（3.2.49）表达有内热源存在时的稳态热传导问题。

③ **无内热源时的稳态导热**，热传导方程变为简单形式的**拉普拉斯（Laplace）方程**

$$\nabla^2 T=\Delta T=0 \tag{3.2.50}$$

采用与推导不稳定传热导方程相似的方法，可导出质量传递的不稳定扩散方程

$$\frac{\partial c}{\partial t}=D\nabla^2 c \tag{3.2.51}$$

式中，c 为物质的量浓度；D 为扩散系数。如果考虑化学反应和惯性力，得到方程

$$\frac{\partial c}{\partial t}=\nabla\cdot(c\boldsymbol{u})=D\nabla^2 c+R \tag{3.2.52}$$

3.2.4.4　正交曲线坐标系的能量方程

在工程常要使用曲线坐标系，可以使用上面介绍的方法具体推导柱坐标系和球坐标系热传导方程式。这里略去推导过程，直接给出式（3.2.46）对应的不可压缩流体曲线坐标系对流传热方程。

(1) 柱坐标系对流传热方程

① **考虑热损耗的无内热源能量方程**

$$\rho c_p\left[\frac{\partial T}{\partial t}+u_r\frac{\partial T}{\partial r}+\frac{u_\theta}{r}\frac{\partial T}{\partial \theta}+u_z\frac{\partial T}{\partial z}\right]=\kappa\left[\frac{1}{r}\frac{\partial}{\partial r}\left(r\frac{\partial T}{\partial r}\right)+\frac{1}{r^2}\frac{\partial^2 T}{\partial \theta^2}+\frac{\partial^2 T}{\partial z^2}\right]+\Phi \tag{3.2.53a}$$

其中

$$\Phi=2\mu\left[\left(\frac{\partial u_r}{\partial r}\right)^2+\left(\frac{1}{r}\frac{\partial u_\theta}{\partial \theta}+\frac{u_r}{r}\right)^2+\left(\frac{\partial u_z}{\partial z}\right)^2\right]+\mu\left\{\left[r\frac{\partial}{\partial r}\left(\frac{u_\theta}{r}\right)+\frac{1}{r}\frac{\partial u_r}{\partial \theta}\right]^2+\left[\frac{\partial u_z}{\partial r}+\frac{\partial u_r}{\partial z}\right]^2+\left[\frac{1}{r}\frac{\partial u_z}{\partial \theta}+\frac{\partial u_\theta}{\partial z}\right]^2\right\}$$

② **无内热源的应力表示能量方程**

$$\rho c_p\left(\frac{\partial T}{\partial t}+u_r\frac{\partial T}{\partial r}+\frac{u_\theta}{r}\frac{\partial T}{\partial \theta}+u_z\frac{\partial T}{\partial z}\right)=p_{rr}\frac{\partial u_r}{\partial r}+\frac{p_{\theta\theta}}{r}\left(\frac{\partial u_\theta}{\partial \theta}+u_r\right)+p_{zz}\frac{\partial u_z}{\partial z}+$$

$$\tau_{r\theta}\left[r\frac{\partial}{\partial r}\left(\frac{u_\theta}{r}\right)+\frac{1}{r}\frac{\partial u_r}{\partial\theta}\right]+\tau_{rz}\left(\frac{\partial u_z}{\partial r}+\frac{\partial u_r}{\partial z}\right)+\tau_{\theta z}\left(\frac{1}{r}\frac{\partial u_z}{\partial\theta}+\frac{\partial u_\theta}{\partial z}\right)+\kappa\left[\frac{1}{r}\frac{\partial}{\partial r}\left(r\frac{\partial T}{\partial r}\right)+\frac{1}{r^2}\frac{\partial^2 T}{\partial\theta^2}+\frac{\partial^2 T}{\partial z^2}\right] \tag{3.2.53b}$$

(2) 球坐标系对流传热方程

① 考虑热损耗的无内热源能量方程

$$\rho c_p\left[\frac{\partial T}{\partial t}+u_r\frac{\partial T}{\partial r}+\frac{u_\theta}{r}\frac{\partial T}{\partial\theta}+\frac{u_\varphi}{r\sin\theta}\frac{\partial T}{\partial\varphi}\right]$$
$$=\kappa\left[\frac{1}{r^2}\frac{\partial}{\partial r}\left(r^2\frac{\partial T}{\partial r}\right)+\frac{1}{r^2\sin\theta}\frac{\partial}{\partial\theta}\left(\sin\theta\frac{\partial T}{\partial\theta}\right)+\frac{1}{r^2\sin^2\theta}\frac{\partial^2 T}{\partial\varphi^2}\right]+\Phi \tag{3.2.54}$$

其中，

$$\Phi=2\mu\left[\left(\frac{\partial u_r}{\partial r}\right)^2+\left(\frac{1}{r}\frac{\partial u_\theta}{\partial\theta}+\frac{u_r}{r}\right)^2+\left(\frac{1}{r\sin\theta}\frac{\partial u_\varphi}{\partial\varphi}+\frac{u_r}{r}+\frac{u_\theta\cot\theta}{r}\right)^2\right]+\mu\left\{\left[r\frac{\partial}{\partial r}\left(\frac{u_\theta}{r}\right)+\frac{1}{r}\frac{\partial u_r}{\partial\theta}\right]^2+\right.$$
$$\left.\left[r\frac{\partial}{\partial r}\left(\frac{u_\varphi}{r}\right)+\frac{1}{r\sin\theta}\frac{\partial u_r}{\partial\varphi}\right]^2+\left[\frac{\sin\theta}{r}\frac{\partial}{\partial\theta}\left(\frac{u_\varphi}{\sin\theta}\right)+\frac{1}{r\sin\theta}\frac{\partial u_\theta}{\partial\varphi}\right]^2\right\}$$

② 无内热源的应力表示能量方程

详见附录 1 公式表的表 1.1.4 无内热源和热损耗的应力表示的能量方程。

3.3 控制方程组与定解条件

聚合物流体属于一种特殊的非牛顿流体，可以作为连续介质流体处理。因此，传递过程的控制方程可以描述聚合物流体流动的问题。根据质量守恒定律、动量定律、能量守恒定律、流体黏性规律，在 3.2 节用不同的方法详细推导了连续性方程、运动方程、能量方程。这些方程加上状态方程、热力学能和熵的表达式组成了黏性流体流动的控制方程组。同一个基本方程可以描述不同的流体流动问题。只有确定了初始条件和边界条件后，所描述的流体流动才具有独一无二的形式。

在归纳和汇总黏性流体力学基本方程组的基础上，本节重点介绍如何确定初始条件和边界条件[1-5]，为后面章节的学习打下必要的基础。本节分为两小节，包括黏性流体传递过程的控制方程组、工程问题的初始条件和边界条件。

3.3.1 黏性流体传递过程的控制方程组

在 3.2 节建立了用矢量表示的微分形式输运方程和积分形式输运方程，也详细介绍这些流体基本方程组直角坐标系和曲线坐标系中的具体表达。为了后面的章节方便使用已经建立的控制方程，本小节仅汇总了矢量表示的微分形式和积分形式的传递过程的控制方程组。在附录 1 中详细给出了直角坐标系、柱坐标系和球坐标系的微分形式的控制方程的分量。

本小节汇总传递过程的控制方程，介绍控制方程的基本解法，包括传递过程的控制方程组和控制方程的基本解法两部分。

3.3.1.1 传递过程的控制方程组

控制方程组有微分形式和积分形式的流体力学基本方程组，下面分别汇总。

(1) 微分形式的流体力学基本方程组

微分形式流体力学基本方程成立的条件是流体流动的物理参数具有连续的一阶偏导数。

因此，用理论方法解决流体流动问题最常用的是微分形式控制方程组。下面汇总几种常用的微分控制方程组。前面的章节都介绍了公式中每一项的物理意义和具体的表示，这里不重复。

① 矢量形式。在 3.1 节中得到本构方程（3.1.29），在 3.2 节中分别得到连续性方程（3.2.8a）、运动方程（3.2.18b）、能量方程（3.2.46）和状态方程（3.2.24），这些方程构成了描述黏性流体流动的矢量形式的控制方程

$$\begin{cases}\dfrac{1}{\rho}\dfrac{\mathrm{D}\rho}{\mathrm{D}t}+\nabla\cdot\boldsymbol{u}=0 & \text{连续性方程}\\ \rho\dfrac{\mathrm{D}u}{\mathrm{D}t}=\nabla\cdot\boldsymbol{T}+\rho\boldsymbol{g} & \text{运动方程}\\ \rho c_p\dfrac{\mathrm{D}T}{\mathrm{D}t}=\kappa\nabla^2T+\dot{q}+\Phi & \text{能量方程}\\ p=f(\rho,T) & \text{状态方程}\\ \boldsymbol{T}=-\left(p+\dfrac{2}{3}\mu\ \nabla\cdot\boldsymbol{u}\right)\mathrm{I}+2\mu\boldsymbol{\varepsilon} & \text{本构方程}\\ \Phi=\eta\dot{\gamma}^2 & \text{摩擦热速率}\end{cases}\tag{3.3.1}$$

控制方程组（3.3.1）方程中有 12 个独立变量 $\boldsymbol{u}$，p，$\boldsymbol{T}$，ρ，T，其中速度矢量 $\boldsymbol{u}$ 有 3 个分量，对称应力张量有 6 个独立的分量。控制方程中有 1 个连续性方程、3 个运动方程、1 个能量方程、1 个状态方程共 6 个方程，最后描述应力张量与变形速度张量的函数关系的本构方程是 6 个。可见，控制方程包含 12 个未知数和 12 个方程，该方程是封闭方程，理论上可以求解。通过前面的分析，可知本构方程可使运动方程转化用变形速度表示的方程；再者如果没有本构方程，能量方程的摩擦热速率 Φ 与速度变形速度公式（3.2.38a）也无法确定。可见，必须确定聚合物流体的本构方程，才能全面求解聚合物具体的流动问题。

② 非等温不可压缩均质黏性流体流动的控制方程。假设流体为不可压缩流体，即 $\nabla\cdot\boldsymbol{u}=0$，均质流体的状态方程为 $\rho=$ 常数，物性参数 μ，α 也为常数，将运动方程用速率梯度表示，简化方程（3.3.1），得

$$\begin{cases}\nabla\cdot\boldsymbol{u}=0\\ \rho\dfrac{\mathrm{D}\boldsymbol{u}}{\mathrm{D}t}=-\nabla p\boldsymbol{I}+\mu\nabla^2\boldsymbol{u}+\rho\boldsymbol{g}\\ \rho c_p\dfrac{\mathrm{D}T}{\mathrm{D}t}=\kappa\nabla^2T+\dot{q}+\Phi\\ \boldsymbol{\tau}=-p\boldsymbol{I}+2\mu\boldsymbol{\varepsilon}\\ \Phi=\eta\dot{\gamma}^2\end{cases}\tag{3.3.2}$$

③ 非等温不可压缩黏弹性流体流动的控制方程。聚合物加工成型中，流体为黏弹性不可压缩均质的，有 ρ 为常数和 $\nabla\cdot\boldsymbol{u}=0$，黏度 η 为常数，用黏弹性流体的本构方程代替式（3.3.2）黏性流体的本构方程，得

$$\begin{cases}\nabla\cdot\boldsymbol{u}=0\\ \rho\dfrac{\mathrm{D}\boldsymbol{u}}{\mathrm{D}t}=-\nabla p\boldsymbol{I}+\eta\nabla^2\boldsymbol{u}+\rho\boldsymbol{g}\\ \rho c_p\dfrac{\mathrm{D}T}{\mathrm{D}t}=\kappa\nabla^2T+\dot{q}+\Phi\\ \boldsymbol{\tau}=\boldsymbol{\tau}(\eta,\dot{\gamma},T)\end{cases}\tag{3.3.3}$$

式中，$\boldsymbol{\tau}=\boldsymbol{\tau}(\eta,\ \dot{\gamma},\ T)$ 为黏弹性流体的本构方程，η 为表观黏度，Pa · s；$\dot{\gamma}$ 为剪切速率，

s^{-1}；$\boldsymbol{\Phi}=\boldsymbol{\eta}\dot{\boldsymbol{\gamma}}^2$ 为摩擦热速率。第 5 章将介绍黏弹性流体的本构方程。

如用应力张量表示运动方程式（3. 2. 18d）

$$\rho\frac{\mathrm{D}\boldsymbol{u}}{\mathrm{D}t}=-\nabla p\boldsymbol{I}+\nabla\cdot\boldsymbol{\tau}+\rho g$$

代入式（3. 3. 3），得到控制方程式（3. 3. 3）的另外一种形式

$$\begin{cases}\nabla\cdot\boldsymbol{u}=0\\ \rho\dfrac{\mathrm{D}\boldsymbol{u}}{\mathrm{D}t}=-\nabla p\boldsymbol{I}+\nabla\boldsymbol{\tau}+\rho g\\ \rho c_p\dfrac{\mathrm{D}T}{\mathrm{D}t}=\kappa\nabla^2T+\dot{q}+\Phi\\ \boldsymbol{\tau}=\boldsymbol{\tau}(\eta,\dot{\gamma},T)\end{cases}\tag{3.3.4}$$

④ **非稳态非等温不可压缩黏弹性流体流动的控制方程。**聚合物材料加工成型过程中，若流体为黏弹性不可压缩均质 ρ 为常数，流动是层流，即运动方程的 $\boldsymbol{u}\cdot\nabla\boldsymbol{u}=0$，略小雷诺数流动，与黏性力相比可忽略质量力；能量方程忽略对流传热项 $\boldsymbol{u}\cdot\nabla T=0$，无内热源 $\dot{q}$ 和忽略摩擦热速率 Φ，简化方程式（3. 3. 3），得

$$\begin{cases}\nabla\cdot\boldsymbol{u}=0\\ \rho\dfrac{\partial\boldsymbol{u}}{\partial t}=-\nabla p\boldsymbol{I}+\mu\nabla^2\boldsymbol{u}\\ \dfrac{\partial T}{\partial t}=\alpha\nabla^2T\\ \boldsymbol{\tau}=\boldsymbol{\tau}(\eta,\dot{\gamma},T)\end{cases}\tag{3.3.5}$$

该方程组理论上可以求解。先联立求解连续性方程和运动方程，得到了 $\boldsymbol{u}$，p 后，再由能量方程求温度场，最后由本构方程确定应力张量的各个分量。可见，必须确定黏弹性流体的本构方程，才能全面求解问题。

⑤ **非等温稳态不可压缩黏弹性流体小雷诺流动的控制方程。**聚合物加工成型过程中，大多数机器都是连续运行的，假设设备流道内黏弹性流体的流动是稳态流动，即 $\dfrac{\mathrm{D}\boldsymbol{u}}{\mathrm{D}t}=0$；流体流速缓慢，小雷诺数流动，与黏性力相比可忽略质量力，无内热源 $\dot{q}$，考虑摩擦热速率 $\boldsymbol{\Phi}$，简化方程式（3. 3. 4），得

$$\begin{cases}\nabla\cdot\boldsymbol{u}=0\\ -\nabla p\boldsymbol{I}+\nabla\cdot\boldsymbol{\tau}=0\\ \rho c_p\boldsymbol{u}\cdot\nabla T=\kappa\nabla^2T+\Phi\\ \boldsymbol{\tau}=\boldsymbol{\tau}(\eta,\dot{\gamma},T)\\ \boldsymbol{\Phi}=\eta\dot{\boldsymbol{\gamma}}^2\end{cases}\tag{3.3.6}$$

⑥ **等温稳态不可压缩黏弹性流体流动的控制方程。**在研究聚合物加工成型过程简单截面流道问题中，一般假定等温流动。当然，没有黏性流体是真正的等温流体，因为流体滑动层之间的摩擦产生热量，称为黏性耗散。但是，可以假定窄流道的慢速黏滞流动为等温稳态流动 $\boldsymbol{u}\neq\boldsymbol{u}(T)$，不用求解能量方程。黏性力远大于质量力，忽略质量力，稳态黏弹性流体的流动 $\dfrac{\mathrm{D}\boldsymbol{u}}{\mathrm{D}t}=0$。这些假设极大地简化问题，简化方程式（3. 3. 6），得到简单的控制方程，为

$$\begin{cases}\nabla\cdot\boldsymbol{u}=0\\ -\nabla p\boldsymbol{I}+\mu\nabla^2\boldsymbol{u}=0\\ \boldsymbol{\tau}=\boldsymbol{\tau}(\eta,\dot{\gamma})\end{cases}\tag{3.3.7}$$

如用应力张量表示运动方程，得到控制方程式（3.3.7）另一种形式

$$\begin{cases} \nabla \cdot \boldsymbol{u} = 0 \\ -\nabla p\boldsymbol{I} + \nabla \cdot \boldsymbol{\tau} = 0 \\ \boldsymbol{\tau} = (\eta, \dot{\gamma}) \end{cases} \tag{3.3.8}$$

根据具体求解实际问题的方便，确定使用变形速度表示的控制方程式（3.3.7），还是应力张量表示的控制方程式（3.3.8）求解问题。

（2）积分形式的流体力学基本方程组

微分形式流体力学基本方程成立的条件是流体流动的物理参数具有连续的一阶偏导数。如果在流体中某局部上出现流体微团的物理参数发生间断现象，在间断面上就不能使用微分形式的运动方程，可以使用积分形式的运动方程，因为在间断面上积分形式方程组仍然成立和正确。积分形式的动量和动量矩方程常被用来研究流体或流体与固体作用的某些总体性质。

$$\begin{cases} \dfrac{\partial}{\partial t}\iiint_V \rho \mathrm{d}V + \oint_S \rho \boldsymbol{u} \cdot \mathrm{d}\boldsymbol{S} = 0 \\ \iiint_V \dfrac{\partial(\rho \boldsymbol{u})}{\partial t}\mathrm{d}V = \iiint_V \rho \boldsymbol{g}\mathrm{d}V + \oint_S \boldsymbol{T}_n \mathrm{d}S - \oint_S \rho \boldsymbol{u}(\boldsymbol{u} \cdot \mathrm{d}\boldsymbol{S}) \\ \iiint_V \left[\dfrac{\boldsymbol{r} \times \partial(\rho \boldsymbol{u})}{\partial t}\right]\mathrm{d}V = \iiint_V \boldsymbol{r} \times \rho \boldsymbol{g}\mathrm{d}V + \oint_S \boldsymbol{r} \times \boldsymbol{T}_n \mathrm{d}S - \oint_S \boldsymbol{r} \times \rho \boldsymbol{u}(\boldsymbol{u} \cdot \mathrm{d}\boldsymbol{S}) \\ p = f(\rho, T) \\ \boldsymbol{T} = -\left(p + \dfrac{2}{3}\mu \mathrm{div}\boldsymbol{u}\right)\boldsymbol{I} + 2\mu\boldsymbol{\varepsilon} \end{cases} \tag{3.3.9}$$

3.3.1.2 控制方程组的基本解法

求解控制方程组（3.3.1）至方程组（3.3.9）的基本解法有两类，分别是解析法和数值法。这里简述这两种解法[5]。

（1）解析解法

描述聚合物流变的控制方程都是复杂的非线性二阶偏微分方程，微分形式和积分形式控制方程组都含有二阶偏微分项和非线性项 $\boldsymbol{u} \cdot \nabla \boldsymbol{u}$ 和 $\boldsymbol{u} \cdot \nabla T$，而且自变量 $\boldsymbol{u}$，T 是耦合的，不能独立求解。聚合物工程问题很复杂，必须做出必要合理的假设以简化问题，才能求解控制方程。一般不能直接求解析解。非线性的控制方程组只有在简单特殊情况下才有解析解。但是，在简单特殊情况下，分析聚合物加工成型过程的简化方法是理解加工成型过程的基础。第6章将分析简单截面流道聚合物流体的流动，第7章将分析聚合物典型加工成型过程的流动。针对每一具体问题将给出简化的假设条件，学习如何简化工程问题和求解具体问题的控制方程。

（2）数值解法

差分方法的经典著作于1957年问世，直到有了电子计算机和现代计算技术极大地发展，近似计算方法才得到了广泛应用和发展，求解非线性偏微分方程成为可能。在计算机平台上，使用流体力学计算软件，把工程问题的区域划分成许多微小的网格，在各网格或各小区域中求解流动的控制方程，通过反复计算迭代，提高近似解的精度得到最终解。数值解与解析解本质上是不同的，数值解不能得到在整个区域无限维所有点均能满足的解的表达式，仅能得到区域内网格化后离散节点（有限维）上解的近似值。第9章将介绍数值模拟的解法。

3.3.2 工程问题的初始条件和边界条件

传递过程的控制方程是偏微分方程，它的一般解（通解）包含有任意函数，一般解的形式是不确定的。一个特定形式的偏微分方程可描述许多物理现象的共性规律，它可以有许多不同形式的特解。因此，传递过程的控制方程是描述一类有共性物理现象的泛定方程，它可以有很多不同形式的特解。在数学上只有给定了初始条件和边界条件，描述问题的控制方程才能有唯一确定的解。也就是说，描述不同的流体流动问题的基本方程可以是一样的，只有确定了初始条件和边界条件后，所描述的流体流动才具有独一无二形式的解。

一个描述工程问题完整的数学模型必须包括基本方程与描述某一过程特点的初始条件和边界条件。求解某个工程问题，泛定方程固然重要，定解条件也对问题的解起决定的作用。在工程中就是选择什么样的设备，使用什么工艺条件，才能配合泛定方程构成工程的定解问题，这是科研工作需要解决问题的难点。

必须限定该问题的起始状态和特定环境，即给出初始条件和边界条件确定问题的特殊性。边界条件给出关于空间变量的约束条件。当方程包括时间变量时，必须给出初始条件。在数学上，**边界条件和初始条件合称为定解条件。泛定方程与定解条件作为一个整体而提出的问题叫作定解问题**。也就是说，“泛定方程”加上“定解条件”就构成一个确定的物理过程的“**定解问题**”。非常有必要介绍与流体流动相关常用初始条件和边界条件[1-5]。

本小节介绍控制方程描述的问题的起始状态和特定环境，包括初始条件和边界条件两部分内容。

3.3.2.1 初始条件

对于随着时间而发展变化的问题，必须考虑研究对象的特定“历史”，追溯到研究对象在早先某个“初始”时刻的状态，即初始条件。就是说，研究问题还必须考虑历史的状态，不能割断历史。初始条件考虑和研究对象初始时刻的状态，即在初始时刻物理量的初始状态。在初始时刻 $t=t_0$ 时，流体流动应满足的初始状态。

只有初始条件无边值条件的定解问题，称为**初值（始值）问题**，也称**柯西问题**。根据方程的性质和特点，确定初始条件。偏导数的阶数决定了初始条件的个数。控制方程有时间的二阶导数，积分后有两个常数，因此需要两个初始条件。

(1) 一个初始条件

对于扩散和热传导的传递过程，方程中含有对自变量 t 的一阶偏导数，仅需要给出一个初始条件，即说明因变量速度 $\boldsymbol{u}(\boldsymbol{r},\ t)$、压力 $p(\boldsymbol{r},\ t)$、密度 $\rho(\boldsymbol{r},\ t)$ 和温度 $T(\boldsymbol{r},\ t)$ 的初始分布，分别为

$$u(\boldsymbol{r},t=0)=u_0(\boldsymbol{r}),\quad p(\boldsymbol{r},t=0)=p_0(\boldsymbol{r}),\quad \rho(\boldsymbol{r},t=0)=\rho_0(\boldsymbol{r}),\quad T(\boldsymbol{r},t=0)=T_0(\boldsymbol{r}) \tag{3.3.10}$$

式中，$\boldsymbol{u}_0(\boldsymbol{r})$，$p_0(\boldsymbol{r})$，$\rho_0(\boldsymbol{r})$，$T_0(\boldsymbol{r})$ 为已知函数或常数。

(2) 两个初始条件

对于弦振动、声波和水波等振动问题，方程中含有对时间变量的二阶偏导数，需给出两个初始条件。例如，对于波动方程[8]

$$\frac{\partial^2 u}{\partial t^2}=\alpha^2\ \frac{\partial^2 u}{\partial x^2}$$

除了给出初始“位移”，还需给出因变量初始“速度”，即因变量一阶导数初始时刻的条件，分别为

$$u(\boldsymbol{r},t=0)=u_1(\boldsymbol{r}) \quad \text{和} \quad \frac{\partial u(\boldsymbol{r},t=0)}{\partial t}=u_2(\boldsymbol{r}) \tag{3.3.11}$$

(3) 没有初始条件的问题

如果研究流体的定常流动，就不存在初始条件。**大多数工程问题，研究系统稳定后流体的定常流动，就不必要考虑初始条件**。研究的物理问题与时间变量无关 $u\neq u(t)$，输运控制方程可简化为拉普拉斯方程。例如稳定温度场、稳定浓度场和稳定流场。特别要注意的是，初始条件给定的是整个流体系统的状态，而不是某个局部的状态。例如，当 $t=0$ 时，温度 $T(x,\ y,\ z,\ t)\big|_{t=0}=T_0$，说明了初始时刻系统空间各点的温度都等于 T_0。有的初学者会错误地认为 T_0 是某个局部的状态，错把 T_0 当成系统入口的温度。实际上系统入口的温度是边界条件。

3.3.2.2　边界条件

在同一类物理现象中，各个具体问题有其特殊性，物理规律不反映个性。为了解决具体问题，还必须考虑所研究区域的边界处在怎样的状态下。也就是说，研究具体的工程系统，必须考虑研究对象处在什么样的特定“环境”中，而周围“环境”的影响通过边界传给被研究的对象，所以周围“环境”的影响体现于所处的物理状态，即边界条件。也就是说，边界条件指的是流体运动边界上方程组的解应该满足的条件。它的形式多种多样，需要具体问题具体分析。

因为一维二阶微分方程中有二阶导数，积分后，有两个积分常数需要确定。因此，对于一维二阶微分方程需要两个边界条件。而对于二维或三维二阶微分方程，则分别需要 4 个或 6 个边界条件。在介绍边界条件数学分类的基础上，概括介绍流体流动中常用的 6 种边界条件。

(1) 边界条件的数学分类

在数学上，边界条件一般可分为 3 种类型。

① **第一类边界条件**给出未知函数 $u(M,\ t)$ 在边界上的值，可以是随时间 t 变化的数值。即已知函数在边界上的值，也称**狄利克莱 Dirichlet** 条件。只具有第一类边界条件的问题称为狄利克莱 Dirichlet 问题。以 M_0 表示边界 Σ 上的动点，边界条件为

$$u(M,t)_{M\in\Sigma}=f(M_0,t) \tag{3.3.12}$$

在直角坐标系中，第一类边界条件表示为

$$u(x,y,z,t)\big|_{\Sigma}=f(x_0,y_0,z_0,t)$$

② **第二类边界条件**给出未知函数 $u(M,\ t)$ 的导数在边界上的值，即已知函数在边界上的导数值，称为**诺埃曼 Neumann** 条件。只具有第二类边界条件的问题称为诺埃曼 Neumann 问题。

对于二维和三维问题，如温度梯度用边界的外法向导数表示为

$$\left.\frac{\partial T}{\partial n}\right|_{M\in\Sigma}=f(M_0,t) \tag{3.3.13}$$

在直角坐标系中，第二类边界条件表示为

$$\left.\frac{\partial u(x,y,z,t)}{\partial n}\right|_{M\in\Sigma}=f(x_0,y_0,z_0,t)$$

③ **第三类边界条件**给出边界上函数值与其法向导数构成的线性关系，称为**混合边界条件**，即 **Robin** 条件。只具有第三类边界条件的问题称为 Robin 问题或第三边值问题。

例如，当表面散热速率受传热系数控制时，热量从单位表面移出的速率为 $k(T_\infty-T)$，

热量传导至单位表面积的速率为 $\pm\kappa\partial T/\partial x$，这两个速率必然相等，因此有第三类边界条件

$$\pm\kappa\left.\frac{\partial T}{\partial x}\right| = k(T_\infty - T)$$

式中的正号和负号决定于边界坐标的外法向的正负号。

由上面的讨论可知，第三类边界条件规定边界上的数值与外法向导数在边界上的数值之间的一个线性关系。一般第三类边界条件可表示为

$$\left.\left(u + H\frac{\partial u}{\partial n}\right)\right|_{M\in\Sigma} = f(M_0, t) \tag{3.3.14}$$

在直角坐标系中，第三类边界条件表示为

$$\left.\left[u(x,y,z,t) + H\frac{\partial u(x,y,z,t)}{\partial n}\right]\right|_{M\in\Sigma} = f(x_0, y_0, z_0, t)$$

三类边界条件式（3.3.12）、式（3.3.13）和式（3.3.14）中，当 $f\equiv0$ 时，为齐次边界条件，反之为非齐次边界条件。

以上三类边界条件可以统一写为[5]

$$\left.\left(\alpha u + \beta\frac{\partial u}{\partial n}\right)\right|_{M\in\Sigma} = f(M_0, t) \tag{3.3.15}$$

式中，Σ 代表边界，n 是边界的外法线，α，β 是不同为零的系数，f 是已知源函数。

当 $\alpha=0$，$\beta\neq0$ 的是第一类边界条件；$\alpha\neq0$，$\beta=0$ 的是第二类边界条件；$\alpha\neq0$，$\beta\neq0$ 的是第三类边界条件。

（2）流体流动中常用的边界条件

综上所述，边界条件指的是边界上基本方程的解应该满足的条件，它的形式是多种多样的，需要具体地分析不同问题和不同场合的边界条件。

在介绍边界条件以前，强调一个重要问题，必须注意区分边界条件与系统中的外力或外源。初学者常会把边界条件写进泛定的控制方程。举一个例子，一维扩散问题，若在系统的某一端点 $x=l$ 有强度为 q 粒子流注入。这注入的粒子流是一种边界条件，即 $D\left.\frac{\partial u}{\partial n}\right|_{x=l} = q$。可是，有些初学者常错误地认为注入的粒子流是外源，把它错误地写进了泛定方程 $u_t - \alpha^2 u_{xx} = q/c\rho$。而这个方程描述的是处处有粒子流注入整个系统，其强度处处是 q，源密度函数是 $q/c\rho$。这两个问题是完全不同的。

根据流体流动的特点，介绍 6 种常用的边界条件，包括自然边界条件、无穷远处的边界条件、固体壁面上、两介质界面处的衔接条件、自由表面处和无界问题。

① 自然边界条件。在柱坐标系中，对于轴对称问题，如当 $r=0$ 时，温度、浓度等物理量 u 是有限值，有自然边界条件

$$u\big|_{r=0} < \infty \quad 或 \quad \left.\frac{\partial u}{\partial r}\right|_{r=0} = 0 \tag{3.3.16}$$

式中，第一个式子是第一类边界条件，第二个式子是第二类边界条件。

② 无穷远处的边界条件。如在无穷远处来流的温度、压力、速度和密度分别表示为

$$T\big|_{\Sigma\to\infty} = T_\infty \tag{3.3.17}$$

$$p\big|_{\Sigma\to\infty} = p_\infty \tag{3.3.18}$$

$$u\big|_{\Sigma\to\infty} = u_\infty \tag{3.3.19}$$

$$\rho\big|_{\Sigma\to\infty} = \rho_\infty \tag{3.3.20}$$

可见，无穷远处的边界条件是第一类边界条件。

③ **固体壁面上**。在流体绕流物体时，固体壁面处边界条件是两介质界面处边界条件的重要特例，此时两介质中一相是固体，另一相是液流或气体。固体壁面上流体的速度、温度应等于固体壁面在该点的速度、温度，边界条件分别为

$$u_S = u_W, \quad T_{介质1} = T_{介质2} \tag{3.3.21}$$

以及固体壁面上流体的热流量应等于固体壁面在该点的热流量，有

$$\left.\left(\kappa_1 \frac{\partial T_1}{\partial r}\right)\right|_{介质1} = \left.\left(\kappa_2 \frac{\partial T_2}{\partial r}\right)\right|_{介质2} \tag{3.3.22}$$

由于黏性流体的黏性，流体黏附在固体壁面上。若固体壁面静止时，固体壁面上流体的速度应等于零，即壁面的**无滑移条件**或**黏附条件**为

$$u_W = u_S = 0 \tag{3.3.23}$$

在连续介质假设的条件下，可以忽略壁面滑移的速度。在无滑移条件下，研究牛顿流体的宏观运动，可以得到有足够精确度的解。对于非牛顿黏性聚合物流体需要考虑壁面的滑移条件。

若流体是理想流体，由式（3.3.21）和式（3.3.23），边界处流体的法向速度为

$$(u_n)_W = (u_n)_S \tag{3.3.24}$$

和

$$(u_n)_S = 0 \tag{3.3.25}$$

④ **两介质界面处的衔接条件**。当研究问题的对象是两个系统，必须给出两个系统在边界上的**衔接条件**，即**耦合条件**。衔接条件可看作一种过渡区条件，只要过渡区很小，将研究的两个系统作为一个整体，需要给出**两介质界面处的衔接条件**。两介质的界面可以是固体、液体和气体三相中任意两相，也可以是同一相的两个不同组分介质的界面。例如气体绕流物体，物体的表面是气固两个介质的界面。在聚合物加工设备中常遇到液固两个介质的界面。

若界面处两介质不互相渗透，并且在运动中满足不发生界面分离的连续条件，即在界面处速度的法向分量应该连续

$$(u_n)_{介质1} = (u_n)_{介质2} \tag{3.3.26}$$

若两介质处于运动状态，或在热力学上处于不平衡状态，用分子运动论分析可知，由于流体的黏性和传热性，两界面间的分子运动输运过程，促使两界面的分子交换输送动量和能量，使界面处的速度和温度趋于均匀。也就是过了一段时间后，切向速度和温度将变成连续的。因此，一般假设在真实流体的两个界面处，切向速度分量和温度也应是连续的，有

$$\begin{cases} (u_\tau)_{介质1} = (u_\tau)_{介质2} \\ T_{介质1} = T_{介质2} \end{cases} \tag{3.3.27}$$

两个固体介质接触表面法向传递的热流量应守恒。例如，两个内外壁是紧密接触的圆柱筒壁面，内筒外径为 a，在 $r = a$ 处有衔接条件

$$\kappa_1 \left.\frac{\partial T_1}{\partial r}\right|_{r=a} = \kappa_2 \left.\frac{\partial T_2}{\partial r}\right|_{r=a} \tag{3.3.28}$$

不同于速度和温度，由于介质 1 和介质 2 互不相混，在两介质界面上，密度必然是间断的，有

$$\rho_{介质1} \neq \rho_{介质2} \tag{3.3.29}$$

⑤ **自由表面处**。自由表面处的边界条件是属于两界面处的边界条件。一个重要例子是正常条件下气体和液体界面处的边界条件，由于气体和液体界面处的切向应力是连续的，即自由表面处的边界条件为

$$\mu_{气} = \frac{\partial u}{\partial y} = \mu_{液} \frac{\partial u}{\partial y} \tag{3.3.30}$$

虽然气相不一定处于静止状态，但是大大小于液相运动，有 $\mu_{气}/\mu_{液} \approx 0$，由式(3.3.30)知，在自由表面上 $\mu_{液} \partial u/\partial y = 0$。即可以忽略表面张力，有

$$\tau_{ij} = 0 \tag{3.3.31}$$

在理想流体的情况下，忽略表面张力，液体表面的压力等于气相的常压

$$p = p_0 \tag{3.3.32}$$

若考察理想流体，即忽略分子的输运过程，此时两介质界面处切向速度和温度可以是间断的。

⑥ **无界问题**。物理系统总是有限的，必然有边界，就有边界条件。但是，当研究的对象在某一维尺度特别地大，可忽略边界的影响时，可以科学地处理为没有边界的问题。例如，研究一根无限长杆的传热问题，就可忽略杆长度方向边界的影响。**没有边界条件的问题称为无界问题**。所以说，"半无界的" 和 "无界的" 是一种科学的抽象。

上述对边界条件的介绍讨论，没有严格的推导。读者有兴趣可参看本章参考文献的相关内容。

第3章练习题

3.1 基本概念题

(1) 简述流体运动分类的几种形式和数学表达式。

(2) 在运动过程中，流体受到几种力？给出每种力的物理意义和数学表达式。

(3) 简述流体微团运动的3种形式，给出具体的数学描述。

(4) 理想流体和黏性流体的本质区别是什么？在静止时，黏性流体有没有剪切应力？在运动时，理想流体有没有剪切应力？静止时，流体没有剪切应力，那它们是不是都没有黏性？

(5) 设流体速度不为零 $\boldsymbol{u} \neq 0$，分别说明 $\frac{\mathrm{D}\boldsymbol{u}}{\mathrm{D}t} = 0$，$\frac{\partial \boldsymbol{u}}{\partial t} = 0$，$(\boldsymbol{u} \cdot \nabla)\boldsymbol{u} = 0$ 的物理意义。

(6) 简述二阶应力张量的定义和性质，写出二阶应力张量的几种数学表达式。

3.2 在三维不可压缩流场中，已知 x 和 y 方向的速度分量，用连续性方程，试求流场中的 u_z 表达式。

(1) 已知速度分量 $u_x = x^2 + y^2 z^3$，$u_y = -(xy + yz + zx)$，且已知 $z = 0$ 处 $u_z = 0$；

(2) 已知速度分量为 $u_x = x^2 + z^2 + 5$，$u_y = y^2 + z^2 - 3$，且已知 $z = 0$ 处 $u_z = 0$。

3.3 已知流体流动的速度分量，请判断流场是否是可压缩的？若流体的黏度是 μ，求其黏性法向应力和切应力 p_{xx}，p_{yy}，τ_{xy}。

(1) $u_x = 2ax$，$u_y = -2ay$

(2) $u_x = -\frac{y}{x^2 + y^2}$，$u_y = \frac{x}{x^2 + y^2}$

3.4 在直角坐标系里，给出不可压缩流体

(1) 变形速度张量的3个不变量用速度表示的公式，

(2) 应力张量的3个不变量用速度表述的公式。

3.5 设某一流体流动 $\boldsymbol{u} = (2y + 3z)\boldsymbol{i} + (3z + x)\boldsymbol{j} + (2x + 4y)\boldsymbol{k}$，流体的黏度系数 $\mu = 0.008\mathrm{N \cdot s/m^2}$，求该流体流动的线变形率、角变形率和转动角速度，计算该流体应力张量分量的值。

3.6 使用球坐标系的变形速度分量公式，写出球坐标系变形速度张量表达式。

3.7 从空间、时间和运动形式判别下列运动的类型。若在整个流场中 $\mathrm{rot}\boldsymbol{u} = \nabla \times \boldsymbol{u} = 0$，则此流动为无旋流动，反之为有旋流动。请判断流场是否为有旋场？

(1) $\boldsymbol{u} = yzt\boldsymbol{i} + zxt\boldsymbol{j}$

（2）$\boldsymbol{u} = \dfrac{-2xyz}{(x^2+y^2)^2}\boldsymbol{i} + \dfrac{(x^2-y^2)\ z}{(x^2+y^2)^2}\boldsymbol{j} + \dfrac{y}{x^2+y}\boldsymbol{k}$

（3）$\boldsymbol{u} = u_\infty(t)\ \left[\left(1-\dfrac{a^2}{r^2}\right)\cos\theta\boldsymbol{e}_r - \left(1+\dfrac{a^2}{2r^2}\right)\sin\theta\boldsymbol{e}_\theta\right]$

（4）$\boldsymbol{u} = \dfrac{2C(t)\cos\theta}{r^2}\boldsymbol{e}_r + \dfrac{C(t)\sin\theta}{r^2}\boldsymbol{e}_\theta$

3.8　利用流体流动的特点，简化本章已建立的柱坐标系连续性方程，推导下述各种流动情况非稳态连续性方程[2]：

（1）平面辐射性流动；

（2）空间辐射性流动；

（3）流体都在通过某一直线的平面上流动；

（4）流体做垂直于某固定直线的圆运动，圆心都位于该直线上；

（5）流体在共轴线的圆柱面上流动；

（6）流体在共轴线并有共同顶点的锥面上流动。

3.9　用连续性方程$\dfrac{1}{\rho}\dfrac{\mathrm{D}\rho}{\mathrm{D}t} + \nabla\cdot\boldsymbol{u} = 0$，分别简化推导确定

（1）稳定场的连续性方程；

（2）不可压缩流体的连续性方程，并给出柱坐标系和球坐标系不可压缩流体的连续性方程。

3.10　在流动的流体中取侧面为 S 的一流管，流管的两个不同横截面为 S_1，S_2，设由 S_1，S_2 和 S 三面所包围的体积为 V，流体流动速度为 $\boldsymbol{u}$，对该流体运用质量守恒，求[2]：

（1）一般情况下的质量守恒定律的数学表达式，证明各截面上流量相同；

（2）可压缩流体定常流动的质量守恒定律的数学表达式；

（3）不可压缩流体流动的质量守恒定律的数学表达式。

3.11　不可压缩流体 $\nabla\cdot\boldsymbol{u} = 0$，求下列速度场成为不可压缩流体的流动条件[2]

（1）$\boldsymbol{u} = (a_1x + b_1y + c_1z)\boldsymbol{i} + (a_2x + b_2y + c_2z)\boldsymbol{j} + (a_3x + b_3y + c_3z)\boldsymbol{k}$

（2）$\boldsymbol{u} = axy\boldsymbol{i} + byz\boldsymbol{j} + (cyz + \mathrm{d}z^2)\boldsymbol{k}$

（3）$\boldsymbol{u} = Cxyz\boldsymbol{i} + Cxyzt^2\boldsymbol{j} + 0.5Cz^2(xt^2 - yt)\boldsymbol{k}$

3.12　假定流管形状不随时间变化，设 A 为流管的横截面积，$\boldsymbol{u}$ 为流速，ds 是流动方向的微团弧长，在 A 截面上流动的物理量是均匀的，证明连续性方程[2]为$\dfrac{\partial}{\partial t}(\rho A) + \dfrac{\partial}{\partial s}(\rho A\boldsymbol{u}) = 0$。

3.13　某不可压缩流体稳定流过一分支管路，总管与两个分支管路相连接。已知总管内径为 25mm，支管 1 内径 10mm，平均流速为 2m/s；支管 2 内径 $r_2 = 20$mm，其速度分布为 $u = 2(1 - r^2/r_2^2)$，试计算通过总管截面的平均流速 u_b[4]。

3.14　用欧拉法对球坐标微团体进行质量衡算，推导球坐标系的连续性方程

$$\frac{\partial\rho}{\partial t} + \frac{1}{r^2}\frac{\partial}{\partial r}(\rho r^2 u_r) + \frac{1}{r\sin\theta}\frac{\partial}{\partial\theta}(\rho u_\theta\sin\theta) + \frac{1}{r\sin\theta}\frac{\partial}{\partial\varphi}(\rho u_\varphi) = 0$$

3.15　设有一流体流动存在，分别在不同的坐标系下，用动量定理分析流体微团的受力，推导不可压缩流体微分型运动方程。

（1）直角坐标系运动方程；

（2）球坐标系运动方程；

（3）柱坐标系运动方程。

3.16　设某一流体流动存在，运用能量守恒定律，考察流体微团的能量守恒，分别在不同的坐标系下，推导不可压缩流体微分型能量方程。

（1）柱坐标系的能量方程；

（2）球坐标系的能量方程。

3.17 一无限长圆柱体形固体物料，设外表面保温良好，沿 θ 方向进行一维稳态热传导。已知边界条件为（a）$T(\theta=0)=T_0$；（b）$T(\theta=\pi)=T_\pi$。根据该问题热传导的特点，简化柱坐标系中的能量方程，推导物体内部的温度分布方程。

3.18 简述热量传递的几种形式，给出物理定义和具体的数学描述。

3.19 什么是初始条件？给出两类初始条件的表达式。简述输运控制方程的边界条件的数学分类。简述黏性流体流动中常用的边界条件。

参考文献

[1] I. G. Currie. Fundamental Mechanics of Fluids. McGRaw-Hill Book Company，1974：3-117，223-275.

[2] 吴望一．流体力学（上册）[M]．北京：北京大学出版社，1998：81-204.

[3] 张也影．流体力学（第2版）[M]．北京：高等教育出版社，1999：1-212.

[4] 陈晋南．传递过程原理 [M]．北京：化学工业出版社，2004：3-140，166-261.

[5] 陈晋南，彭炯．高等化工数学（第2版）[M]．北京：北京理工大学出版社，2015：140-153. 200-216.

[6] 古大治．高分子流体动力学 [M]．成都：四川教育出版社，1985：15-92.

[7] [美] L. G. Leal. Laminar Flow and Convective Transport Processes：Scaling Principles and Asymptotic Analysis [M]. Butterworth-Heinemann Series in Chemical Engineering，1992：1-196.

[8] [美] S. 米德尔曼．赵得禄，徐振森，译．聚合加工基础 [M]．北京：科学出版社，1984：8-72.

[9] [美] Macosko C. W.. Rheology Principles Measurements and Applications [M]. Wiley-VCH，Inc，1994：1-174.

[10] [美] Z. Tadmor，C. G. Gogos. Principles of Polymer Processing (Second Edition) [M]. A John Wiley & Sons，Inc，2006：25-143.

[11] [美] F. M. White. Heat and Mass Transfer [M]. Addison-Wesiley Publishing Company，1988：119-249，617-652.

第 4 章　聚合物流体的流动特性和影响因素

聚合物流体的流变性能与材料的分子结构、相对分子质量及其分布和配方组分密切相关。聚合物流体因微弱的外力变化而改变其流动或变形状态，也会因微弱的结构变化而表现出完全不同的流变性质。另外，聚合物材料还有一个重要特点，它们的物理力学性能不完全取决于化学结构。由于不同的加工成型方法造成了不同的凝聚态。化学结构一定的聚合物材料可以有不同的聚集状态，显示不同的性质。

流体的流动通常与其黏度相关联。流体的黏度越大，其流动性就越小，流体的黏度小，其流动性就大。**黏度是流体内部抵抗流动的阻力，黏度是表征物质流动性的重要参数**。因此，流体黏度可作为衡量流体流变性大小的一个参数。故在一定意义上来说，对流体流变性的研究就是对流体黏度的测量和定量地描述。简单的牛顿流体，其黏度的大小主要取决于流体的物理性质和温度，仅在某些情况下也与压力有关。而对于聚合物流体这样的非牛顿流体，其流动时的表观黏度不仅依赖于聚合物结构、相对分子质量和相对分子质量分布等聚合物的性质，而且还依赖于剪切应力、剪切速率、压力、温度，以及添加剂的性质和含量等因素。研究聚合物流变性与这些参数的关系也是流变学重要的研究内容之一。

对于聚合物材料的制备和加工成型，深入了解分子参数、配合剂、工艺条件等与熔体流变性的关系是十分重要的。研究这些因素对聚合物流体黏度的影响，可以合理设计和选择加工设备，优化材料的配方和优化加工成型的工艺条件。例如，增加添加剂改善材料的流变性能；改变加工温度和压力，满足加工成型合格产品的需要；对剪切速率敏感的材料，可提高加工剪切速率降低材料黏度，以改善加工成型聚合物材料的流动性，口模设计重点考虑弹性材料的离模膨胀。聚合物领域的工程技术人员非常有必要学习和掌握聚合物流体流动的特性，了解影响因素是如何影响聚合物材料流变行为的基本知识。

科学家和工程技术人员深入研究各种因素是如何影响聚合物流体的黏度，发表了大量的科技论文。考虑初学者的情况和知识结构的基本要求，本章仅介绍聚合物流体的流动特性，重点讨论聚合物分子参数、配合剂和加工工艺条件等因素对流体黏性影响的基本知识[1-33]。本章分为 3 节，包括流体的流动特性和分类、聚合物分子参数和配合剂对熔体流变性的影响、聚合物加工工艺条件对材料流变性的影响。

4.1　流体的流动特性和分类

聚合物流动和变形的性质称为聚合物的流变性质。衡量聚合物流体流变性质的参数主要是聚合物熔体的黏度。按照流体在剪切流动场中的应力—应变—时间的关系，可分为牛顿流体和非牛顿流体两大类。

在复习牛顿黏性定律的基础上，本节详细介绍牛顿流体的性质，介绍广义牛顿流体、时间依赖性流体和黏弹性等非牛顿流体[1-6]。本节分为 3 小节，包括牛顿流体、非牛顿流体和黏弹性流体的弹性参数。

4.1.1 牛顿流体

按照经典流体力学理论，不可压缩理想流体的流动为**纯黏性流动**。理想的黏性流体，在很小应力作用下流动立即产生，应力停止作用，流动立即停止。但是，黏性变形不能恢复。同时应变不仅是应力的函数，也是时间的函数。如果流动速度不是很大的话，黏性流体的流动是层流，液层是规则的滑移，在液层之间产生速度梯度，流体的层流滑移受到流动的内部摩擦阻力。这种流动的内部摩擦阻力就是**黏性阻力**，这种流动称为**黏性流动**。在完全黏性流体中，产生变形消耗的机械功在瞬间以黏性热的形式逸散。

本小节深入介绍牛顿流体的性质，包括黏性剪切流动、牛顿流体的流动特点两部分。

4.1.1.1 黏性剪切流动

在 2.3.2 节介绍**牛顿黏性定律**（Newton's Viscosity Law）。1687 年，牛顿第一个对流体简单的剪切运动做了一个著名实验，建立了切向应力和剪切变形之间的关系，得到**牛顿黏性公式**（2.3.13）为

$$\tau_{yx} = \pm\mu\frac{\partial u_x}{\partial y}$$

式中，μ 为流体的**动力黏度系数**，$N \cdot s \cdot m^2$，即 $Pa \cdot s$。一般简称为**黏度系数或黏度**。

需要说明的是，牛顿黏性两个公式表示一对大小相等方向相反的剪切应力。**为了方便使用三维牛顿黏性公式，使用第 2 章关于应力正负号的约定**。

黏度是流体的一种物理常数，是流体抵抗变形内摩擦的度量。流体的黏度越大，其流动性就越小。黏度可表征流体流动的难易程度。**黏度的倒数称为流度**。黏度系数 μ 依赖于流体的性质，它是流体组成、压力和温度的状态函数，与速度梯度无关。

黏度系数的物理意义：促使流体流动产生单位速度梯度的剪切应力。

由此可知，黏度总是和速度相联系，只有当流体流动时才显示出其黏度。

以二维平面流动为例进一步讨论牛顿黏性公式。假设 x 轴为流动方向，y 轴垂直于流动速度 $u = dx/dt$。显然，位于 $y + dy$ 流体平面的流速为 $u + du$。位移梯度 dx/dy 则为剪切应变 γ（剪切角速度），有

$$\gamma = dx/dy \tag{1}$$

剪切应变 γ 随时间变化的速率称为剪切速率 $\dot{\gamma}$，将 γ 对时间求导数，即

$$\dot{\gamma} = \frac{d\gamma}{dt} = \frac{d}{dt}\left(\frac{dx}{dy}\right) = \frac{d}{dy}\left(\frac{dx}{dt}\right) = \frac{du_x}{dy} \tag{2}$$

式中，γ 上的点表示 γ 的时间导数。

$d\gamma/dt$，du_x/dy 这两种表示都是剪切速率，其实质是各层流体的速度在与流动方向垂直方向上的变化率。换句话，也就是单位时间内的剪切应变。将式（2）代入式（2.3.13），改写牛顿黏性公式，得到**牛顿流体的流变方程**为

$$\tau = \mu\dot{\gamma} \tag{4.1.1}$$

凡是服从牛顿黏性定律简单关系的流体都称为牛顿流体。符合牛顿流动定律的流动，称为牛顿流动。由此式可看出，两层流体间剪切应力（或内摩擦力）与垂直于流动方向的剪切速率 $\dot{\gamma}$（或速度梯度）成正比。

4.1.1.2 牛顿流体的流动特点

如图 4.1.1 显示牛顿流体流动过程中应力-应变关系的特点。在应力作用的时间 $t_2 - t_1$

内，应力引起的总应变可由下式求出

$$\gamma = \frac{\tau}{\mu}(t_2 - t_1)$$

由式（4.1.1）和上式可以看出，牛顿流体的流动具有 4 个特点。

（1）变形的时间依赖性

当剪切应力一定时，流体的应变随应力作用时间线性地增加，如图 4.1.1（a）和（b）所示。牛顿流体的应变是剪切应力和时间的函数，直线的斜率就是应变速率 $\dot{\gamma}$，如图 4.1.1（b）所示。

（2）黏度与应变速率无关

在黏性流体流动中，应力与应变速率成正比，如果以$\tau - \dot{\gamma}$作图 4.1.1（c），可得到一条通过坐标原点的直线，直线的斜率就是牛顿流体的黏度μ。黏度为一常数。如果以 μ-$\dot{\gamma}$ 作图 4.1.1（d），可得到一条平行于横轴的直线，这说明牛顿流体的黏度 μ 是一个常数。黏度 μ 始终不随剪切速率 $\dot{\gamma}$ 而变化。

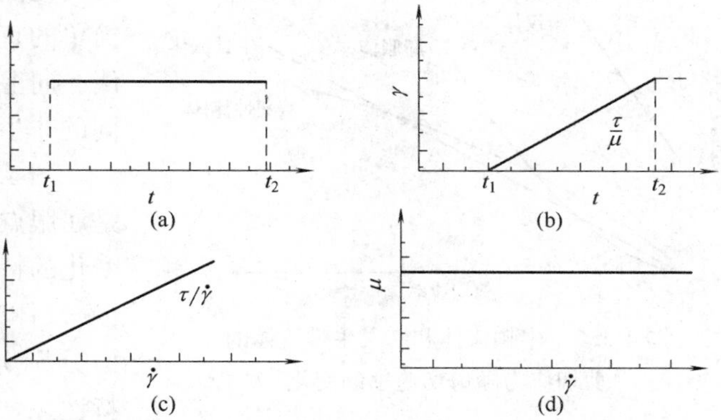

图 4.1.1　牛顿流体应力-应变关系和黏度对剪切速率的依赖关系

（3）流体变形的不可恢复性

流体的变形是永久。应力除去后，变形不恢复，而以永久变形保留下来，如图 4.1.1（c）所示。聚合物熔体或浓溶液发生流动后，涉及分子链之间的相对滑移，产生的流体变形是永久的。

（4）能量耗散

在流体流动中，外力对流体所做的功全部以热的形式散失掉。从分子运动角度看，流动是分子质量中心的移动。由于分子间存在相互作用力。因此流体流动过程中，分子之间就会产生反抗分子相对位移的内摩擦力。**流体的黏度就是分子间内摩擦力的宏观度量。**

曲线 τ-$\dot{\gamma}$，μ-$\dot{\gamma}$ 和 μ-τ 统称为**流动曲线**。它反映了流体的流变性质。

4.1.2　非牛顿流体

牛顿流体是最典型、最基本的流体，小分子物质的流动大多属于这种类型。牛顿流体的黏度系数是常数，与剪切应力无关，与作用时间无关。许多真实材料，特别是聚合物熔体、溶液和颗粒悬浮液不显示牛顿流体的简单特性。把所有不符合牛顿黏性定律的流体统称为**非牛顿流体**。但是，习惯上仍然用“黏度”一词来表示这类流体的特征。对于非牛顿流体严格地称为**非牛顿黏度**，用 η 表示。

在定常剪切流动中，聚碳酸酯、偏二氯乙烯-氯乙烯共聚物等少数几种聚合物熔体与牛顿流体流动行为接近外，在加工成型过程中，大多数聚合物显示出非牛顿流体的流动行为。以非牛顿流体的流动行为将非牛顿流体分广义牛顿流体、有时效的非牛顿流体、黏弹性流体 3 种主要类型[2]。

4.1.2.1 广义牛顿流体

广义牛顿流体是与时间无依赖关系的非牛顿流体，即**与应力历史无关的非牛顿流体称为广义牛顿流体**。这类流体的剪切应力-剪切速率关系，用数学方式可用下式表示

$$\dot{\gamma}=f(\tau) \tag{4.1.2}$$

将不同流体流动的剪切应力对剪切速率作图4.1.2，得到几种流体剪切应力随剪切速率的变化曲线。由此图可见，流动曲线已不是简单的直线，而是具有不通过坐标原点的直线、向上或向下弯曲的复杂曲线。这说明不同的非牛顿流体对 $\dot{\gamma}$ 的依赖性不同。

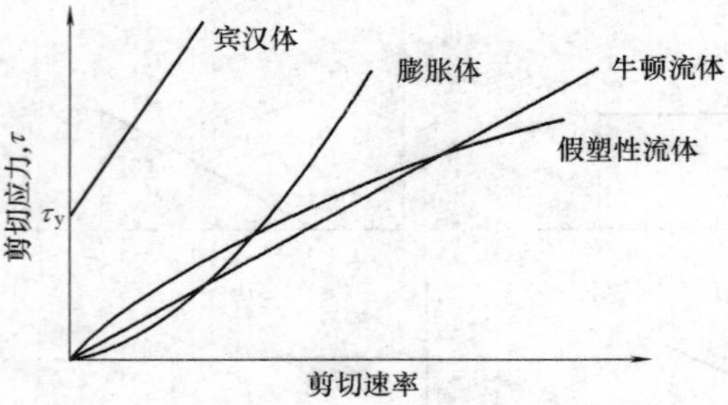

图4.1.2　牛顿流体和广义牛顿流体的剪切应力随剪切速率的变化

图4.1.2中屈服应力（yield stress）τ_y 是屈服点。根据流体的剪切应力对剪切速率变化的特点，将广义牛顿流体分为塑性流体（宾汉体）、假塑性流体和膨胀性流体。下面分别分析这3种广义牛顿流体的流动特性。

(1) 塑性流体（宾汉体）

宾汉（Bingham）体是一种理想化的材料。如图4.1.2宾汉体的曲线所示，当剪切应力小于屈服应力 τ_y 时，流体静止不动并具有一定的刚度；当所施应力超过屈服应力 τ_y 后，这种结构即解体，流体才发生流动。这种流体称为塑性流体。自然界中含有细沙的悬浮液、石油钻井的泥浆，浓稠的烃类润滑油，化妆品中牙膏、唇膏、无水油滑霜、粉底霜和胭脂等糊状物软膏属于这类流体。由于宾汉最早研究这类流体的流动，称**流动的剪切应力与剪切速率呈线性关系的这类流体为塑性流体（宾汉流体）**。需要注意的是，还有一种流动的剪切应力和剪切速率之间呈非线性关系的流体，统称为**广义塑性流体**或**广义宾汉流体**。

虽然，塑性流体的 τ-$\dot{\gamma}$ 曲线是一条直线。但是，直线不过坐标原点，而与纵坐标轴交于 τ_y。在大于屈服应力的情况下，剪切速率随剪切应力线性增加。可用方程描述为

$$\dot{\gamma}=(\tau-\tau_y)/K, \qquad 当\ \tau>\tau_y \tag{4.1.3}$$

式中，τ_y 是屈服应力，K 为常数，称为**稠度系数**。

根据牛顿黏性定律，黏度为 τ 与 $\dot{\gamma}$ 的比值，即 $\eta=\tau/\dot{\gamma}$。由图4.1.2可见，宾汉流体流动曲线上各点黏度不再是常数，而是随 $\dot{\gamma}$ 或 τ 的增大而降低。这种黏度的可变性是非牛顿流体的重要特点。通常称非牛顿流体的黏度为**表观黏度**，以符号 η_a 表示，η_a 是表观剪切应力与表观剪切速率的比值。换言之，当剪切速率（或剪切应力）为某一数值时，非牛顿流体的表观黏度就是对应于该剪切速率（或剪切应力）值曲线上的点与坐标原点相连直线的斜率。

综上所述，得出**塑性流体的特点**：

① τ-$\dot{\gamma}$ 曲线为一不通过原点的直线；

② τ 超过某一值后才发生流动，

③ 黏度是一变数，随剪切速率（或剪切应力）增加而降低。

(2) 假塑性流体

由图4.1.2可见，假塑性流体的流动曲线形状介于塑性流体和牛顿流体之间。与塑性流

体有区别，其流动曲线从坐标原点开始，所以不存在屈服应力。其流动曲线不是直线，而是向上弯曲的曲线，曲线的切线交于剪切应力纵坐标轴，好似有一屈服应力。说明这种流体在开始阶段也不容易流动，而且有塑性流体的某些特点，所以称为假塑性流体。**大多数聚合物熔体和浓溶液属于假塑性流体。**

图 4.1.3 给出几种典型流体表观黏度随剪切速率的变化。由图 4.1.3 可知，牛顿流体的表观黏度与剪切速率的变化无依赖关系。而假塑性行为的材料剪切速率随剪切应力的增长大于线性速率。剪切应力与剪切速率之比不呈常数，因此不能用牛顿流体的黏度常数 μ 来代替黏性流体的黏度。**假塑性流体表观黏度随剪切速率升高而降低，称为剪切变稀现象。**

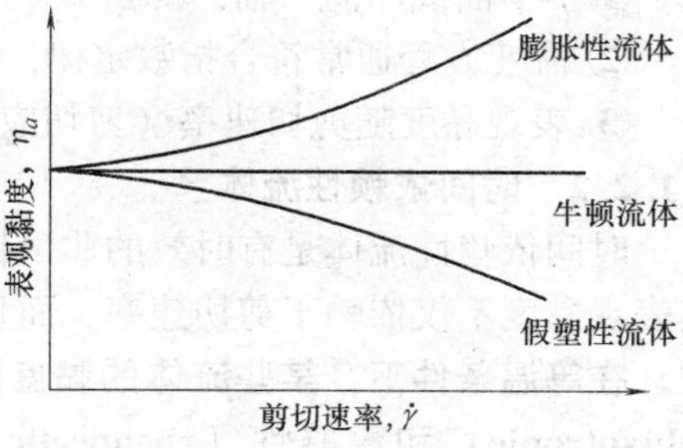

图 4.1.3　几种典型流体表观黏度随剪切速率的变化

描述假塑性行为的指数定律是 ostwald（奥斯特沃德）公式

$$\tau = k(\dot{\gamma})^n \quad (4.1.4)$$

式中，k 为常数；n 为常数，称为**流动指数**。

流动指数 n 表征流体流动行为偏离牛顿行为的大小。对假塑性流体（Pseudoplastic fluid）来说，流动指数 n 通常小于 1。n 值越小，流体流动行为越偏离牛顿行为。

式（4.1.4）的对数形式为

$$\lg\tau = \lg k + n\lg\dot{\gamma} \quad (4.1.5)$$

以双对数绘制剪切应力随剪切速率变化的曲线，如图 4.1.4 所示。在 1 ~ 2 个数量级剪切速率范围内，聚合物熔体是直线。但是，在宽剪切速率范围，则为曲线。

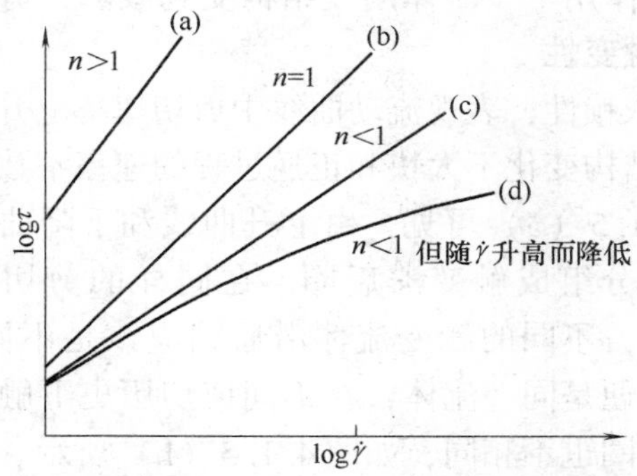

图 4.1.4　双对数剪切应力随剪切速率的变化
（a）服从指数定律的膨胀性材料　（b）牛顿材料　（c）服从指数定律的假塑性材料　（d）不服从指数定律的假塑性材料

表观黏度与指数定律常数 k 的关系为

$$\eta_a = k(\dot{\gamma})^{n-1} \quad (4.1.6)$$

由上式得出**假塑性流体的特点**：

① τ—$\dot{\gamma}$ 曲线凸向 τ 轴；

② 流变方程通常符合指数定律，$n<1$；

③ 表观黏度随剪切速率（剪切应力）的增加而降低。

（3）膨胀性流体

膨胀性流体与假塑性流体的性能相反。由图 4.1.2 可知，膨胀性材料的表观黏度随剪切速率的升高而增大，即**剪切增稠现象**。高浓度悬浮体常显示膨胀性。这种现象常出现于含有不规则形状颗粒的材料，在高剪切速率下不规则形状的颗粒不易装填。在大量加入填充剂的体系和某些聚氯乙烯糊能见到这种膨胀性流体。在高聚物熔体中不易见到这种现象，除非在特殊情况下，在流体流动中，熔体产生结晶。

可用分散体中粒子堆砌紧密程度来解释产生膨胀性的原因[3]。在静止状态时，粒子填充最紧密，其空隙率为 25.95%，流体充满粒子间的间隙；在小的剪切应力下，流体润滑了粒子而流动。在剪切应力增大时，紧密堆砌的粒子体系变成松散的排列，当等径球处于最疏排列时，空隙率达47.64%，原来包覆在粒子表面的流体被吸入粒子间的空隙，有一部分粒子表面就“干”了，没有了润滑，增加位移阻力。还有研究证明，PVC糊的膨胀性与树脂的粒径大小及其分布有关。流动时，指数定律描述膨胀性仍然是最为有用的经验公式，在这种情况下 n 值大于1。

概括**膨胀性流体的特点**：

① τ-$\dot{\gamma}$ 曲线凹向 τ 轴；

② 流变方程通常符合指数定律，$n>1$；

③ 表观黏度随剪切速率（剪切应力）的增加而增加。

4.1.2.2 时间依赖性流体

时间依赖性流体是有时效的非牛顿流体。某些流体的流动行为与观测时间的尺度有关，其表观黏度不仅依赖于剪切速率，而且依赖于已作用的剪切时间，其流动行为与剪切历史有关。**在等温条件下，某些流体的黏度随外力作用时间的长短发生变化的性质，包括触变性（thixotropic）和震凝性（rheopectic）**[4,5]。流体黏度变小的称**触变性**，变大的称**震凝性（反触变性）**。一般来说，流体黏度的变化与体系的化学、物理结构的变化相关。因此发生触变效应时，可以认为流体内部某种结构遭到破坏，或者认为在外力作用下体系的某种结构破坏速率大于其恢复速率。而发生震凝效应时，应当有某种新结构形成。

（1）触变性流体

如果剪切速率保持不变，而黏度随时间减少，那么这种流体称为触变性流体（Thixotropic fluid）。触变作用是一种相当普遍的现象。一些高分子的悬浮液如油漆、涂料等往往都具有触变性。触变性流体刷涂后不流延，无刷痕，也就是说，黏在刷子上的油漆不流动，一经流动，流动阻力立即减小，从而更容易铺开使表面光滑。在一定剪切速率范围内，如0.1～10s^{-1}，人体的血液也具有触变特性。在剪切应力作用下，流体刚度结构受到破坏，剪切应力停止后，刚度结构又恢复，这种行为称为**对称触变性**。

假塑性和膨胀性材料都不同程度地具有时间依赖性，表观流动曲线中剪切速率上升和下降曲线不重合，形成一个滞后圈。这种现象仅在结构变化不太快和正逆过程的速率常数有足够的差值才能观察到，如图4.1.5所示。由图4.1.5（a）可见，由上升曲线和下降曲线两部分组成触变滞后圈。在同样的剪切历史下，不同的触变流体滞后圈应该是不同的，即便是同一流体，在不同剪切历史下触变滞后圈也不相同，如图4.1.5（b）所示。触变滞后圈包含的面积被定义为使材料网络或凝胶结构被破坏所需要的能量，其量纲为能量/体积。

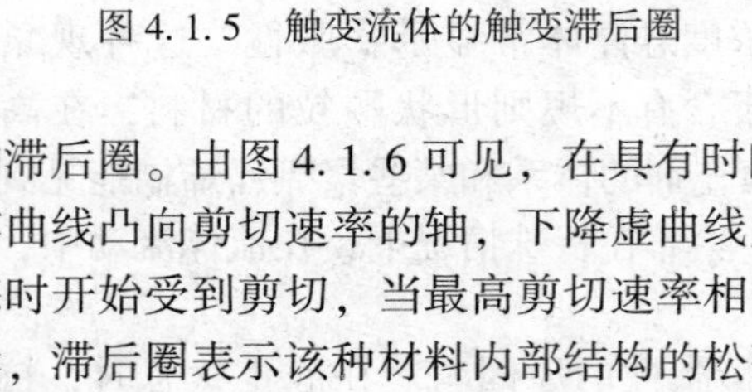

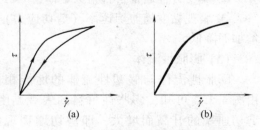

图4.1.5 触变流体的触变滞后圈

图4.1.6给出同一触变流体不同剪切速率的滞后圈。由图4.1.6可见，在具有时间依赖的假塑性流体中，滞后圈由两部分组成，上升实曲线凸向剪切速率的轴，下降虚曲线为直线，最终返回到原点。同一触变流体从相同的基态时开始受到剪切，当最高剪切速率相同和剪切加速度不同时，滞后圈的形式大不一样。显然，滞后圈表示该种材料内部结构的松弛特征。

流体的触变性就是指流体流动对剪切应力的依赖性，即具有**弛豫特性**，归纳为：

① 结构可逆变化，即当外界有一个力施加于系统时伴随着结构变化，而当此力除去后，

体系又恢复到原来的结构。

② 在一定的剪切速率下，应力从最大值减少到平衡值。

③ 触变流体流动曲线是一个滞后环或回路。触变流体破坏与重建达到平衡时体系黏度最小，不同的触变性表现为黏度恢复的快慢。虽然完全恢复需要较长时间，但是，初期恢复的比例常会在几秒或几分钟内达到30%～50%。在高分子凝胶、糊状物、涂料等的实际应用中，这种初期恢复性很重要。

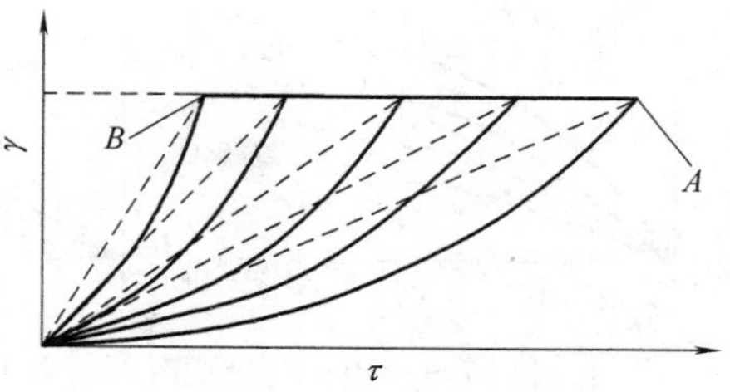

图4.1.6　同一触变流体不同剪切速率的滞后圈[4]

(2) 震凝性流体

在恒剪切速率下，黏度随时间增加，即所需的剪切应力随时间增加的流体称为反触变流体，也称震凝性流体（Seismic fluid）。图4.1.7(a)(b)分别给出相同剪切速率触变流体和震凝流体剪切应力随时间的变化。综上所述，**触变性描述具有时间依赖性的假塑性流体流动行为，而震凝性描述具有时间依赖性的膨胀性流体流动行为**。碱性丁腈橡胶的乳胶悬浮液就是震凝流体的一种。通常这种溶液是乳状，它受到长时间剪切作用后，会变成一种类似于弹性球体的状态，如果将其静置，它会重新回到流体状态。

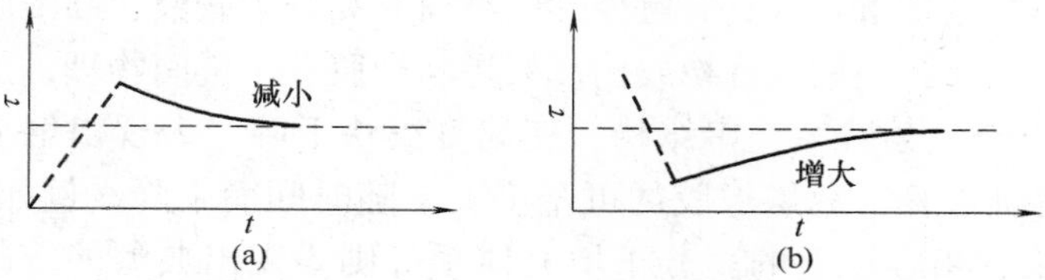

图4.1.7　相同剪切速率触变流体和震凝流体剪切应力随时间的变化

在一定条件下，饱和聚酯的流动可以表现出震凝性，如图4.1.8所示。膨胀性流体结构的建立随剪切速率增加而增加。如果下降曲线同上升曲线不重合，显然也存在依赖时间的效应，这就产生**震凝现象**。聚合物加工成型中，震凝现象比较少见。由于膨胀性材料的流变性不利于加工，所以在加工成型中要尽可能避免出现震凝现象。震凝现象产生的原因就是剪切增稠的效应具有滞后性或时间依赖性。也就是说，因为内部增稠结构的变化与其平衡之间需要时间所致。

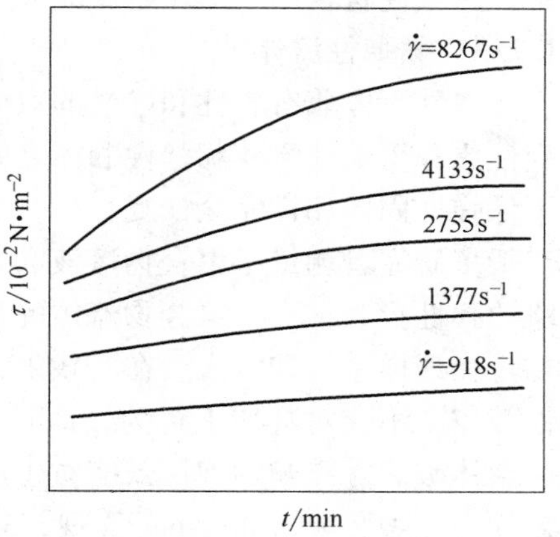

图4.1.8　饱和聚酯流动的震凝性[5]

为了深入比较触变性和震凝性流体表现出奇异的流动行为。图4.1.9给出与流变时间相关非牛顿流体的流变曲线。先分析图4.1.9（a）的触变性流体的流变曲线。

① 在第一循环 t_1 中，当剪切速率上升时，流体中有某种结构因剪切遭到破坏，表现出“剪切变稀”的性质，流动曲线与假塑性流体相似。当剪切速率下降，由于触变体内的结构恢复过程相当慢，因此回复曲线与上升曲线并不重合。回复曲线为一条直线，类似牛顿流体的性质。在流动过程中，牛顿流体结构不发生变化，因而黏度为常数。

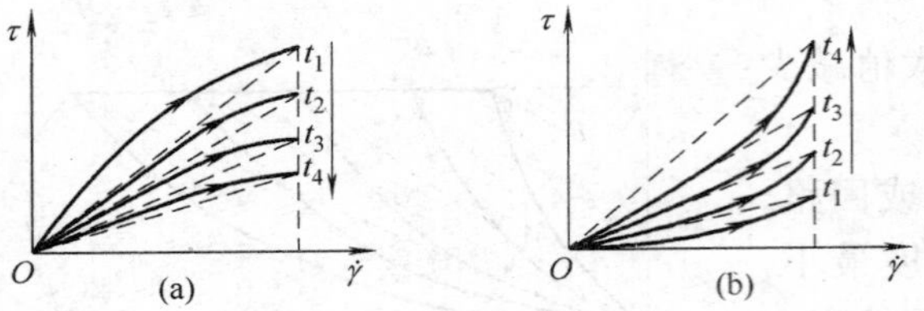

图 4.1.9　与流变时间相关非牛顿流体的流变曲线[3]
(a) 触变性流体　(b) 震凝性流体

② 在第二循环 t_2 中，由于流体内被破坏的结构尚不曾恢复，因此第二循环的上升曲线不能重复第一循环的上升曲线，反而与第一循环的回复曲线相切，出现一条新的假塑性曲线。剪切速率下降时，又沿一条新的直线恢复，形成一个个滞后圈。而外力作用时间越长 $t_4 > t_3 > t_2 > t_1$，材料的黏度越低，表现出所谓触变性。

图 4.1.9（b）是震凝性流体的流变曲线，其过程与触变性流体图 4.1.9（a）相反的相似，即滞后圈的方向与触变性流体相反。

在触变性流体的流变曲线中，第一循环后，若给予流体充分静置使其结构得以恢复，再进行第二循环，流变曲线可能会与第一循环重合。具有触变性的材料有高分子胶液、高浓度聚合物溶液和一些填充高分子体系。例如，炭黑混炼橡胶内部炭黑与橡胶分子链间物理键形成的连串结构。在加工时，大的剪切应力会破坏连串结构，使黏度很快下降，表现出触变性。在停放过程中，由于部分结构得到恢复，混炼橡胶的可塑度又会随时间而下降。例如，适当调和的淀粉糊、工业用混凝土浆、相容性差的高分子填充体系等则表现出典型的震凝性。可怕的沼泽地就是触变性流体，陷入沼泽的人或动物越动，陷得越深。将筷子插入适当调和的淀粉糊中（注意，水太多或太少都不行）猛力搅动，淀粉糊会突然变硬，用力按压淀粉糊会折断筷子，发现按压的地方出现裂纹，表现出固体的性质。

一般触变过程和震凝过程均规定为等温过程。强调指出，触变性材料必然是具有时间依赖性的假塑性流体。但是，假塑性材料不一定是触变体。凡震凝性材料必然是膨胀性材料。但是，膨胀性材料却不一定是震凝体，这与触变性材料和假塑性材料之间的关系一样。

4.1.2.3　黏弹性流体

黏弹性流体兼有黏性和弹性的效应，以聚合物为主的流体属于这种类型。黏弹性流体的流变性质介于黏性流体和弹性固体之间，其应变功不像黏性流体那样全部以热的形式耗散，又不像弹性固体那样完全恢复。

很多研究者测量了聚合物溶液和熔体的流变性，所有的结果都表明黏性流动伴随着不可忽略的弹性行为。对于聚合物流体的弹性行为，由于实验手段和理论认识的局限，研究不如黏性行为那样系统和深入。在实践中，已经充分认识到，流动过程的聚合物流体表现出众多弹性效应，不仅对其加工行为，而且对最终制品的外观和性能都有重要的影响。除挤出胀大、熔体破裂等熟知的弹性效应对生产的影响外，法向应力差对纤维纺丝和导线的塑料涂层工艺均有显著影响。Meissner 发现，3 种黏度相近、相对分子质量分布大致相同的聚乙烯，其流动行为有很大差异，这些差异主要归结为其第一法向应力差和拉伸黏度的不同。在第 3.1 节已经介绍了聚合物熔体或液体是黏弹性流体，定义了第一和第二法向应力差函数式（3.1.44）和式（3.1.45）来描写材料弹性形变行为。

4.1.3　黏弹性流体的弹性参数

为了深入研究聚合物流体的弹性行为，定量地描述聚合物流体的弹性效应。本小节介绍几个能够定量描述聚合物流体弹性效应的物理量[6,7]，包括可恢复变形量 S_R、挤出胀大比和出口压力降、第一和第二法向应力差 3 部分。

4.1.3.1　可恢复变形量 S_R

用同轴圆筒流变仪做实验。先对流变仪中的流体施以一定的外力，使其变形。令同轴圆筒流变仪的转子旋转一定角度，其变形曲线记录在图 4.1.10 中。然后在一段时间内，维持该变形，保持恒定。在此期间，流体内部的大分子链仍在流动，发生相对位移，这种流动真实的黏性流动。而后撤去外力，变形自然恢复。

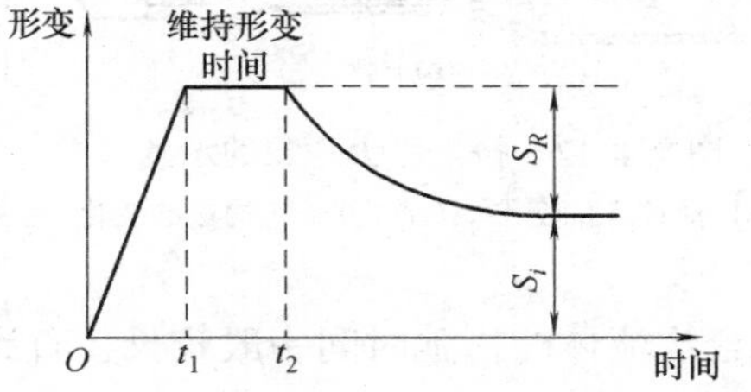

图 4.1.10　黏弹性流体变形和变形恢复

在通常条件下，流体的流动只有一部分变形得到恢复，另一部分则作为永久变形保留下来。由于上述分子链相对位移造成该永久变形。用可恢复变形量 S_R 表征着流体变形过程中储存弹性能的大小，永久变形 S_i 则描述了流体内黏性流动的发展。

研究表明，可恢复变形量 S_R（可恢复剪切应变）可由下式计算

$$S_R = J_e \cdot \tau_{12} \tag{4.1.7}$$

式中，J_e为稳态弹性柔量；τ_{12}为相应的壁面剪切应力。

实验表明，当剪切应力比较小时，有

$$J_e = \frac{\tau_{11} - \tau_{22}}{2\tau_{12}^2} \tag{4.1.8}$$

将上式代入式（4.1.7），得可恢复变形量是材料的弹性应力和剪切应力之比

$$S_R = \frac{\tau_{11} - \tau_{22}}{2\tau_{12}} \tag{4.1.9}$$

式中，S_R 是无因次应力。分母中的 2 是人为引入的。

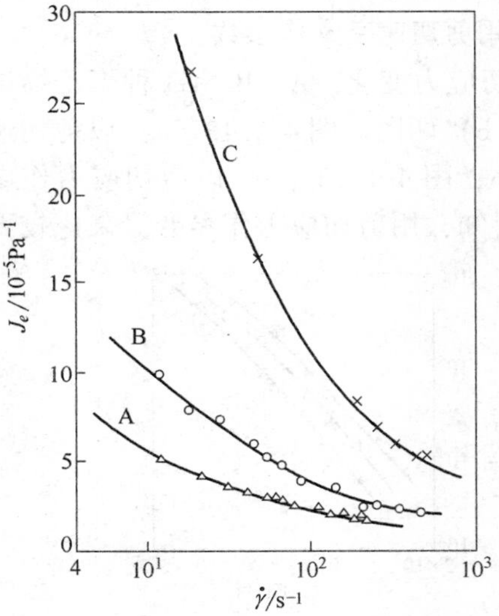

图 4.1.11　3 种聚乙烯样品的稳态弹性柔量随剪切速率的变化[7]

A—高密度聚乙烯，$\overline{M}_w/\overline{M}_n = 16$　B—高密度聚乙烯，$\overline{M}_w/\overline{M}_n = 84$　C—低密度聚乙烯，$\overline{M}_w/\overline{M}_n = 20$

由此式可见，可恢复变形量 S_R 直接与第一法向应力差相联系。由式（4.1.8）可知，稳态弹性柔量 J_e 也可作为流体弹性效应的量度。米德尔曼[6] 指出："曾用于计算 S_R 的流变数据也都是简单切变流动的数据，至于 S_R 是不是在任何类型的流动中都是适当的参数，这一点还是不清楚的"。但是，**有一点是明确的，设计弹性材料的口模必须考虑被加工产品的离模膨胀。**

图 4.1.11 给出 3 种聚乙烯试样样品的稳态弹性柔量随剪切速率的变化 $J_e - \dot{\gamma}$。图 4.1.11 中试样 A，B 均为高密度聚乙烯（HDPE），重均相对分子质量大致相等。但是，相对分子质量分布差别很大。由图 4.1.11 可见，随着相对分子质量分布加宽，流体弹性效应增大，而具有长链分枝低密度聚乙烯（LDPE）熔体的弹性效应更显著。

4.1.3.2　挤出胀大比和出口压力降

挤出物胀大现象（Extrusion swell）是被挤出

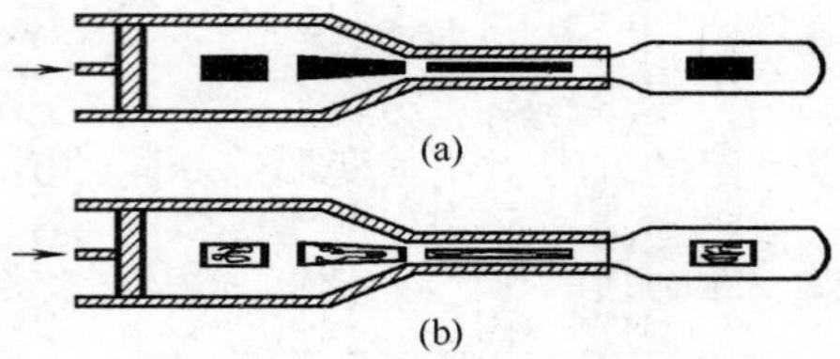

图 4.1.12 挤出胀大现象的示意
（a）流体元的变形 （b）分子链构象的变化

流体具有弹性的典型表现。通过聚合物链流动过程构象的改变说明聚合物流体的挤出胀大现象，详见图 4.1.12。无规线团状的大分子链经过口模入口区的强烈拉伸流场和剪切流场时，其构象因沿流动方向取向而发生改变。在口模内部的剪切流场中，聚合物流体分子链除发生真实的不可逆塑性流动外，还有非真实的可逆弹性流动，也引起构象变化。这些构象变化虽然随着时间进程有部分松弛。但是，因聚合物流体的松弛时间一般较长，直到口模出口处仍有部分保留。于是在挤出口模失去约束后，发生聚合物流体的弹性恢复，也即构象恢复而胀大。

由图 4.1.12 还看出，聚合物口模内流动是分子链发生相对位移的黏性流动与构象变化引起弹性流动的综合流动。从物理意义看，挤出胀大现象表征着聚合物流体流动后材料所储存的剩余可恢复弹性能的大小。挤出胀大比可定义为

$$B = d_j/D \tag{4.1.10}$$

式中，D 为口模直径，d_j为完全松弛的挤出物直径。注意在测量 d_j时，要避免质量力或其他牵引力的影响。

出口压力降 p_{exit} 指聚合物流体流至口模出口处仍具有的内压。该压力对牛顿流体而言不存在，对聚合物流体则不等于零。不容易直接测量出口压力降 p_{exit}，一般通过测量流体内压力沿口模长度方向的分布，再外推至出口处求得，第 8 章将介绍相关内容。已经证明，$dp_{\text{exit}} \neq 0$ 是流体具有弹性变形能的表现。与挤出胀大现象相同，是材料同一属性的两种不同表现。p_{exit}的高低同样表征着材料剩余弹性变形的大小。

4.1.3.3 第一和第二法向应力差

法向应力差值的大小是聚合物流体弹性效应的度量。这里要说明的是，在用法向应力差比较材料弹性时，应当用剪切应力 τ 作参数，而不要用剪切速率 $\dot{\gamma}$ 作参数。

图 4.1.13 给出第一法向应力差随剪切速率和剪切应力变化。A，B，C3 种聚乙烯试样完全同图 4.1.11 中的试样。比较图 4.1.13（a）和（b）两图。图 4.1.13（a）以剪切速率作参变量，发现 A 试样法向应力差最大，C 试样最小；图 4.1.13（b）以剪切应力作参变量，其结果正相反。究竟哪个正确？对比图 4.1.11 得知，用剪切应力作参变量来比较聚合

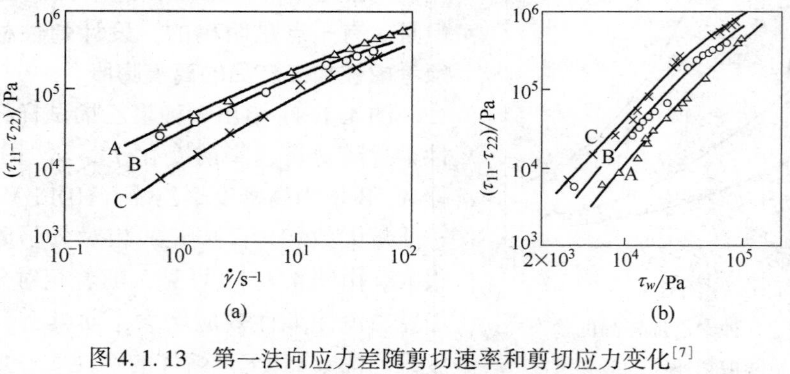

图 4.1.13 第一法向应力差随剪切速率和剪切应力变化[7]

A—高密度聚乙烯，$\overline{M}_w/\overline{M}_n = 16$ B—高密度聚乙烯，$\overline{M}_w/\overline{M}_n = 84$ C—低密度聚乙烯，$\overline{M}_w/\overline{M}_n = 20$

物材料的弹性效应比较客观，此时法向应力差大的材料弹性效应强。这里再强调，讨论聚合物材料黏弹性时，用剪切应力作参数的一个优点是避免了温度效应，无须考虑时-温等效的问题。在第 8 章将介绍时-温等效的问题。

既然法向应力差与挤出胀大比 B、出口压力降 p_{exit} 均可作为流体弹性效应的量度，3 者之间必有内在联系。使用毛细管流变仪、锥—板流变仪和弯管毛细管流变仪可以测量计算法向应力差函数。当使用毛细管流变仪测得挤出胀大比 B 和出口压力 p_{exit} 后，用以下公式计算法向应力差。

① 由挤出胀大比 B 计算第一法向应力差，Tanner 公式

$$N_1 = \tau_{11} - \tau_{22} = 2\tau_w [2(d_j/D)^6 - 2]^{1/2} = 2\tau_w (2B^6 - 2)^{1/2} \tag{4.1.11}$$

② 由出口压力 p_{exit} 计算第一、第二法向应力差，Han 公式

$$N_1 = p_{exit} + \tau_w \left(\frac{\mathrm{d}p_{exit}}{\mathrm{d}\tau_w}\right) \tag{4.1.12}$$

$$N_2 = -\tau_w \left(\frac{\mathrm{d}p_{exit}}{\mathrm{d}\tau_w}\right) \tag{4.1.13}$$

4.2 聚合物分子参数和配合剂对熔体流变性的影响

聚合物材料的流变性质随其化学结构而变化。有一些分子理论可以解释相对分子质量和相对分子质量分布对柔性均聚物流变性能的影响。然而，在聚合时，一些嵌段共聚物和液晶聚合物是非均相的，呈现液态的两相。此外，一般通过将均匀聚合物与颗粒填料、化学改性黏土、玻璃纤维和炭黑等其他组分混合来制备非均相聚合物材料。这种聚合物材料的流变行为与均相聚合物的流变行为完全不同。因此，非常有必要从聚合物分子参数和配合剂两个方面讨论对聚合物熔体流变性的影响。

本节详细介绍聚合物分子参数和其他添加组分对材料熔体流变性的影响[6-24]，分为 3 小节，包括聚合物相对分子质量及其分布对流体黏度的影响、分子结构对流体黏度的影响、配合剂对聚合物流体黏度的影响 3 部分。

4.2.1 聚合物相对分子质量及其分布对流体黏度的影响

聚合物材料包含有大量不同长度的链，每个链包含有一系列单体单元，某一部分聚合物链的运动必将影响其他部分的运动。在加工设备和工艺条件确定后，聚合物熔体的黏度受聚合物的相对分子质量、相对分子质量分布和支化度等分子参数的影响。聚合物领域多年实践经验已证明，聚合物材料的流变性与聚合物相对分子质量、相对分子质量分布和长链支化度有关。聚合物流变性的主要指标是聚合物的黏度 η，很多专著[7],[8]详细论述黏度 η 与相对分子质量 M_r 间的关系。

本小节仅从聚合物流变性能方面介绍聚合物相对分子质量对流体黏性的影响，包括聚合物相对分子质量对流体黏度的影响、聚合物相对分子质量分布对流体黏度的影响两部分。

4.2.1.1 聚合物相对分子质量对流体黏度的影响

通常用 Mark-Houwink-Sakurada 方程，描述 $[\eta]$ 与 M_r 间的关系，为

$$[\eta] = KM_r^{\alpha} \tag{4.2.1}$$

式中，$[\eta]$ 为聚合物的特性黏度；K 和 α 为已知聚合物-溶剂的经验特征常数。

对于柔性链聚合物，$0.5<\alpha<1$。对于刚性链聚合物（棒状聚合物），α 可以大于 1。现已发现，K 和 α 与已知相对分子质量样品的标定方法无关，也就是说，根据测得的聚合物的黏度［η］通过方程（4.2.1）可确定聚合物的相对分子质量 M_r。

将方程（4.2.1）应用于 θ 溶剂（theta-solvent）的溶液中，在此特殊情况下，假定方程（4.2.1）具有下列简单形式

$$[\eta]=K_\theta M_r^{0.5} \tag{4.2.2}$$

式中，K_θ 为在溶剂 θ 中测定［η］时的常数 K；在这种情况下，$\alpha=0.5$。

目前，对于大量不同聚合物-溶剂对，K_θ 和 α 的值是已知的，因此应用方程式（4.2.2）是表征聚合物［η］与 M_r 关系最简单和最方便的方法。

［η］与 M_r 间的关系还有一些其他的经验方程，下列经验公式就是其中之一。

$$[\eta]=-A_2+A_1M_r^{-0.5} \tag{4.2.3}$$

式中，A_1 和 A_2 均为常数，A_1 接近于 K_θ^{-1}。

方程（4.2.3）与方程（4.2.1）相比，前者的主要优点为，将方程（4.2.3）中的［η］与 M_r 之关系绘于［η］与 $M_r^{-0.5}$ 坐标上，比绘于 lg［η］和 lgM_r 坐标上，在很宽的相对分子质量范围内，尤其是低相对分子质量范围内为一直线。

Fox 和 Flory[7] 研究聚合物熔体和浓溶液的［η］与 M_r 之间的关系，首先得出了经验方程。每一同系列聚合物通过临界相对分子质量 $M_{r,c}$ 区分为两个相对分子质量范围。在此两个相对分子质量范围中，η_0 和 M_r 间的关系可用指数定律描述，为

$$\eta_0(M_r)=\begin{cases} aM_r^{\alpha} & 在 \quad M_r<M_{r,c} \\ bM_r^{\beta} & 在 \quad M_r>M_{r,c} \end{cases} \tag{4.2.4}$$

式中，$\eta_0(M_r)$ 为聚合物的零剪切黏度（Initial viscosity）；a 和 b 为同系列聚合物的特殊常数；α 的值为 1，通常 >1；β 接近 3.4～3.5；如图 4.2.1 所示。

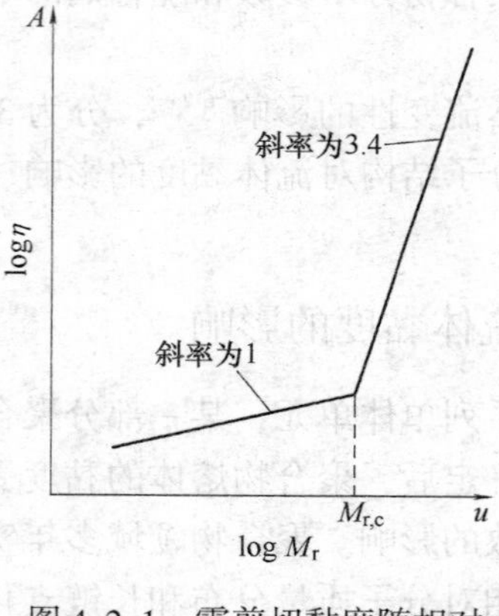

图 4.2.1 零剪切黏度随相对分子质量的变化[7]

当测得的 a 值较大时，就无法实现聚合物的真正分子流动。例如，聚氯乙烯就有这样的特性，当 $t<220$℃ 时，它易于形成稳定的聚集态流体，当其流动时，聚集态流体仍然保持不变。当形成强的分子间键时，比如说，当形成氢键、通过金属离子形成包含酸性基团的交联链时，或者当聚合物链的官能端基有相互作用时，都可观察到这一现象。

一般认为，剪切力的基本作用是破坏链缠结而形成的分子相互作用。由于链缠结是分子尺寸和数量的函数。因此，影响聚合物材料黏度的决定因素是相对分子质量和相对分子质量的分布。

在极低的剪切速率下，多数聚合物溶液和熔体的黏度与剪切速率无关。当剪切速率升高，黏度降低，小于零切黏度值 η_0。聚合物浓溶液和线性聚合物溶体的零剪切黏度 η_0 与相对分子质量有关。低于临界相对分子质量 $M_{r,c}$ 时，η_0 与相对分子质量呈线性比例关系；大于临界相对分子质量 $M_{r,c}$ 时，η_0 与相对分子质量 3.4 次方成正比。

临界相对分子质量 $M_{r,c}$ 对应于一定的数值，超过这一数值后，分子缠结的量多到足以阻

碍流动，开始控制流动阻力。对于聚合物溶液，即在聚合物中加入溶剂，方程式（4.2.4）中的 a、b 和 $M_{r,c}$ 值均要改变。若式（4.2.4）中，M 用重均相对分子质量 $\overline{M_w}$ 代替，式（4.2.4）可用于不同相对分子质量分布的聚合物。

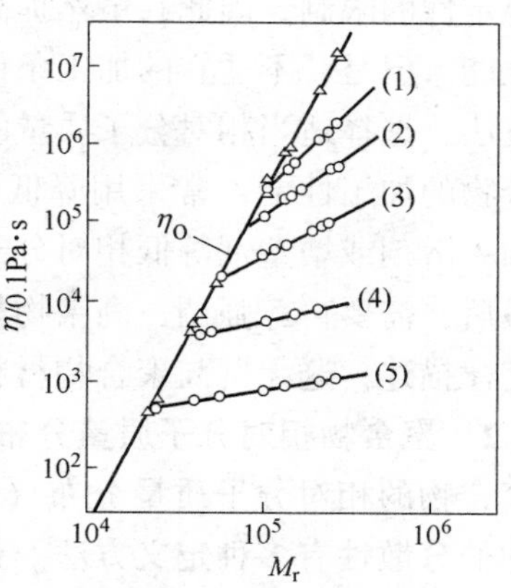

图 4.2.2　不同的剪切速率 s^{-1}，190℃的线性聚乙烯熔体黏度随相对分子质量的变化[7]
（1）1　（2）10　（3）100
（4）1000　（5）10000

以流变学的观点来看，临界相对分子质量 $M_{r,c}$ 可被看作是一个材料常数，表示出现非牛顿流动的低限相对分子质量。非牛顿行为的开始强烈依赖于相对分子质量和相对分子质量的分布。图 4.2.2 给出不同剪切速率、190℃的线性聚乙烯熔体黏度随相对分子质量的变化。文献[7]提出，在 $M_{r,c}$ 以上，非牛顿行为的起点，随着相对分子质量的增加而出现在较低的剪切速率，详见图 4.2.2。

分子缠结是分子相邻链间的暂时结合。当聚合物相对分子质量超过临界相对分子质量 $M_{r,c}$ 后，分子缠结的量多到足以阻碍流动，其黏度才会具有剪切依赖性。实际上，当相对分子质量超过临界相对分子质量 $M_{r,c}$ 后，聚合物体系的一系列性质也产生变化。所以，一种化合物只有达到了临界相对分子质量 $M_{r,c}$ 后，才可将其归为聚合物一类。某些聚合物的临界相对分子质量如表 4.2.1 所示。

表 4.2.1　　某些聚合物的临界相对分子质量

聚合物	$M_{r,c}$	文献来源	聚合物	$M_{r,c}$	文献来源
聚乙烯(线型)	4000	[8][9]	聚醋酸乙烯酯	29,200	[8]
聚丁二烯	5600	[9]	聚醋酸乙烯酯	22,500	[9]
聚异丁烯	17,000	[8][9]	聚甲基丙烯酸甲酯	10,400	[8]
聚苯乙烯	35,000	[9]	聚甲基丙烯酸甲酯	27,500	[9]
聚苯乙烯	38,000	[8]	聚己内酰胺(线型)	19,200	[8]
聚二甲基硅氧烷	29,000	[9]	聚己内酰胺(四度支化)	22,000	[8]
聚二甲基硅氧烷	35,200	[8]	聚己内酰胺(八度支化)	31,100	[8]

可用经验方程[10]计算聚合物的临界相对分子质量 $M_{r,c}$ 为

$$M_{r,c} = (13/K_\theta)^2 \tag{4.2.5}$$

式中，K_θ 为式（4.2.2）中的常数值，$cm^3 \cdot mol^{1/2}/g^{3/2}$。

在 θ 溶液中，K_θ 表示聚合物为无限稀溶液的行为。但是，需强调指出的是，用方程式（4.2.5）计算出的 $M_{r,c}$ 值仅是近似值。因为甚至对简单的聚合物，用方程式（4.2.5）所计算出的 $M_{r,c}$ 也与文献中的实验数据稍有不同。有时根据同一实验所得的 $M_{r,c}$ 也不同，这是由于由 η_0—M_r 曲线从低部分向高部分过度扩大所造成的。

综上所述，在 $M_r(M_w) > M_{r,c}$ 以上，聚合物熔体和浓溶液的黏度随相对分子质量的 3.4～3.5 次方关系急剧升高。这个事实说明，在聚合物加工成型过程中，由于过高相对分子质量物料流动温度非常高，以致使加工变得十分困难。为了降低黏度需要提高温度，又受到聚合

物热稳定性的限制。因此，虽然提高聚合物的相对分子质量在一定程度提高加工制品的物理机械性能。但是，不适宜的加工条件又反而会降低制品质量。所以针对制品不同用途和不同加工方法，选择适当相对分子质量的聚合物对加工成型来说是十分重要的。实际上，为了改善聚合物的加工性能，常采用降低聚合物相对分子质量的方法，如聚合物辊压。在聚合物中，加入溶剂或增塑剂等低相对分子质量的物质，以减少聚合物的黏度。

最后，需要再三强调，高聚物材料的黏度和相对分子质量的关系，可用指数等于 3.5 的指数定律描述，这无疑与聚合物材料的共同运动有关。

4.2.1.2 聚合物相对分子质量分布对流体黏度的影响

聚合物的相对分子质量分布（*MWD* 或 *MMD*）影响其黏度。对相对分子质量分布，通常所称的**分散性**有多种定义方法。最流行的定义是重均相对分子质量$\overline{M_w}$和数均相对分子质量$\overline{M_n}$之比，即

$$MWD = \overline{M_w}/\overline{M_n} \tag{4.2.6}$$

实验证明，相对分子质量相同相对分子质量分布不同的聚合物，它们的黏度随剪切速率变化的幅度是不同的。图 4.2.3 给出两种相对分子质量分布的橡胶熔体黏度随剪切速率的变化。由图 4.2.3 可见，当剪切速率变化小时，相对分子质量分布宽物料的黏度比相对分子质量分布窄的高；当剪切速率高时，发生相反的变化，相对分子质量分布宽物料黏度反而比相对分子质量分布窄的小。在相对分子质量分布比较宽的聚合物中，有一些分子特别长，另一些又比较短，在剪切速率增大时，长的那一部分分子变形较大，对黏度下降的贡献就较多。而相对分子质量比较均一的分子，黏度的变化就比较小。

图 4.2.4 给出高密度聚乙烯的参比黏度 η/η_0 随松弛时间 $\dot{\gamma}<t_{\lambda_1}>_n$ 的变化。图中所示两种聚合物样品的差别在于相对分子质量分布。样品 A 是窄分子质量分布，样品 B 是宽分子质量分布。可见样品 B 的熔体黏度低于样品 A。不少研究得到类似结果。

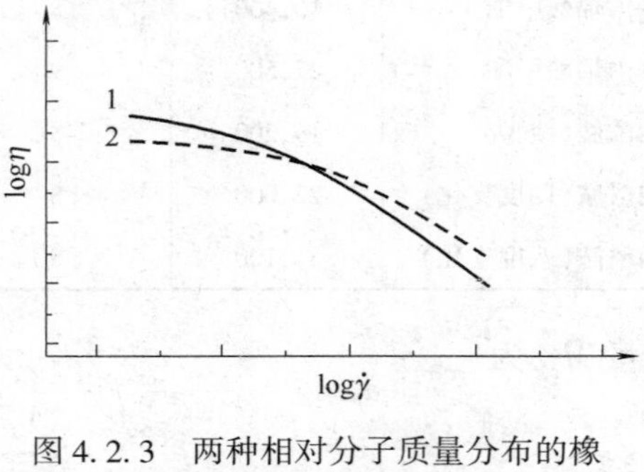

图 4.2.3 两种相对分子质量分布的橡胶熔体黏度随剪切速率的变化

1—相对分子质量分布宽 2—相对分子质量分布窄

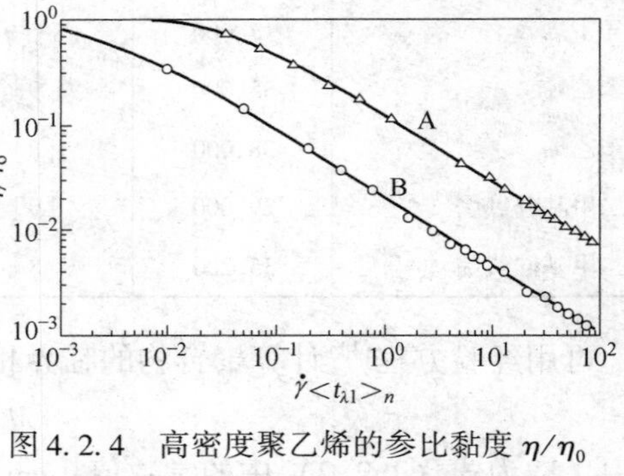

图 4.2.4 高密度聚乙烯的参比黏度 η/η_0 随 $\dot{\gamma}<t_{\lambda 1}>_n$ 的变化[7]

相对分子质量分布：A—16，B—84

更确切的说，相对分子质量分布宽的聚合物对剪切速率变化比较敏感，在较高的剪切速率下黏度降低很多。在实际生产中，一般模塑加工的剪切速率都比较高。在此条件下，单级分或相对分子质量分布窄的聚合物黏度比一般分布或相对分子质量分布宽的聚合物黏度大。因此，一般分布或相对分子质量分布宽的聚合物比相对分子质量分布窄的聚合物更容易挤出或模塑加工。

通过方程式（4.2.4）可计算单分散性聚合物的黏度 η_0。那么方程式（4.2.4）能否计算多分散性聚合物的黏度呢？研究结果指出，当用相对分子质量大于 $M_{r,c}$ 的单分散性聚合物混合时，可用方程式（4.2.4）计算混合物的黏度，计算时以 $\overline{M_w}$ 代替 M_r。有时方程式（4.2.4）中 M_r 用其他相对分子质量更恰当。例如，聚甲基丙烯酸甲酯采用数均相对分子质量（Number-average molecular mass）更合适些。

如果多分散性聚合物包含有相对分子质量小于 $M_{r,c}$ 的分数，其黏度与相对分子质量分布和平均相对分子质量的关系，实际上变得很复杂。在这种情况下，η_0 与重均相对分子质量 $\overline{M_w}$ 间没有简单的关系式。用一个实验来说明，图 4.2.5 为 3 种不同相对分子质量聚乙烯与低分子石蜡混合物 $\lg\eta_0$—$\lg\overline{M_w}$ 关系曲线，即牛顿黏度随相对分子质量的变化。在该图中，曲线 1～3 为和不同相对分子质量聚乙烯和石蜡混合物的 $\lg\eta_0$—$\lg\overline{M_w}$ 实验关系曲线。曲线 4 是用方程式（4.2.4）绘制出的 $\lg\eta_0$—$\lg\overline{M_w}$ 关系线。

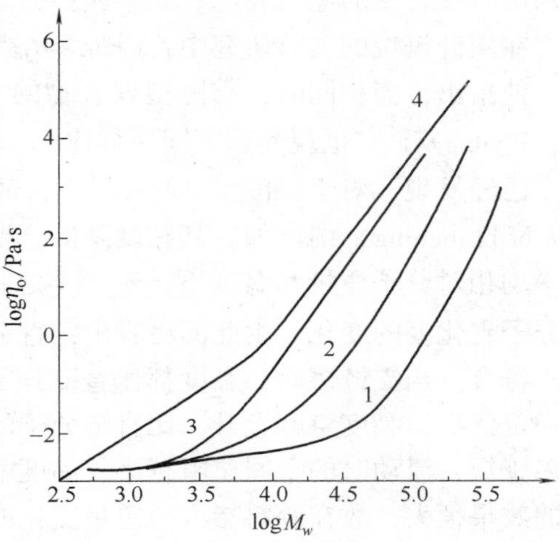

图 4.2.5　不同相对分子质量聚乙烯与低分子石蜡混合物 $\lg\eta_0$—$\lg\overline{M_w}$ 关系曲线

由图 4.2.5 可看出，由于混合物中有相对分子质量低于 $M_{r,c}$ 的分数存在，所以由实验所得黏度值远小于方程式（4.2.4）计算的黏度值。换言之，混合物的黏度不能用方程式（4.2.4）确定重均相对分子质量。在这种情况下，用方程式（4.2.4）计算混合物黏度时的平均相对分子质量可用下式确定

$$\overline{M_\alpha} = \left(\sum_i W_i M_i^\alpha\right)^{1/\alpha} \tag{4.2.7}$$

式中，M_i 为组分的相对分子质量；W_i 为混合物质量分数。

与 $\overline{M_\alpha} = \overline{M_w}$ 和 $\alpha = 1$ 的情况相反，对于所研究的混合物，当其含有相对分子质量高于和低于 $M_{r,c}$ 的分数时，此时 $\alpha = 0.75$。

考虑到相对分子质量分布对黏度 η_0 的影响，就必须引入不同相对分子质量分布平均数用到相应的计算公式中。这样含有低相对分子质量分数的不同相对分子质量分布的许多聚合物，应用下述经验方程对其进行黏度计算，可得到令人满意的精度。

$$\eta_0 = \left(A_w\overline{M_w} + A_0 - A_n\overline{M_n}^{-1}\right)^{1/\alpha} \tag{4.2.8}$$

式中，A_0、A_n 和 A_w 为经验常数，它们依赖于聚合物链的性质；$\overline{M_n}$ 和 $\overline{M_w}$ 分别为数均相对分子质量和重均相对分子质量；α 为常数。

α 的变化范围较窄，很明显，$1/\alpha$ 等于 3.5。将大量常数引入上述方程，使它丧失普遍性。但是，对于每种具体同系列聚合物，该方程为计算多分散性聚合物的黏度提供了方便和相当精确的方法。

4.2.2　分子结构对流体黏度的影响

聚合物流动时，由于分子链的伸直和取向，聚合物流动产生了弹性行为，弹性行为与黏性行为相互影响。因此，聚合物的流动不是单纯的黏性流动，也伴随着高弹变形，故不可避免地会出现各种力学松弛（弛豫）现象。在流动过程中，聚合物会发生主链断裂的现象，

尤其在强应力和高速度变形下更严重，这会使黏度减小。可见，在加工成型流动中，聚合物分子结构会发生变化，从而影响其黏性。

本小节讨论分子结构对流体黏度的影响，包括支化结构对流体黏度的影响、其他结构因素对聚合物流变性的影响两部分。

4.2.2.1　支化结构对聚合物流变性的影响

聚合物的支化结构差别很大，支链可长可短。支链随机沿主链分布，也可在主链的一个点上有几个支链而形成星形分子。从已知形状的支链型聚合物的黏度测量中得知，聚合物的结构影响聚合物的零切黏度和非牛顿性的程度。

在聚硅氧烷的实验研究中，Charlesby[12]首先发现聚合物支化度对聚合物初始黏度的影响。他指出，当相同时，支链型聚合物的 η_{br} 小于线型聚合物的 η_{lin}。在单分散性聚苯乙烯上，Wyman 等[13]也观察到了同一规律。

已经发现，对于聚酯（Polyesters）、聚乙烯和其他的聚合物，随着它们的支化度（Degree of branching）的增加，其黏度降低。聚合物的侧支链对黏度的影响是相当大的，在一定的平均相对分子质量和温度下，η_{lin}/η_{br} 之比有时可达几十倍。图 4.2.6 为顺丁胶的黏度 η_0 随分子支化度的变化。由此图可看出，直链分子的黏度符合 $\eta_0 = A\overline{M_w}^{3.4}$，而支链分子的黏度则不符合。当支链短时，黏度都比直链分子的低；支链逐渐增长，黏度随之上升，当支链长到一定值后，黏度急剧上升，比直链分子的大若干倍。在相对分子质量相同的条件下，支链越多越短，流动时的空间位阻越小，黏度就越低，容易流动。由于短支链分子对降低胶料黏度的效果很大，故在胶料掺入一定量支化或交联度的橡胶，就可以大大改善其加工性能。

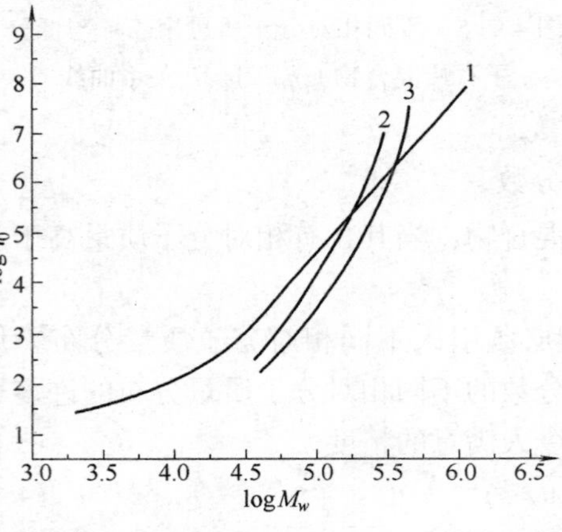

图 4.2.6　顺丁胶的黏度随分子支化度的变化[14]

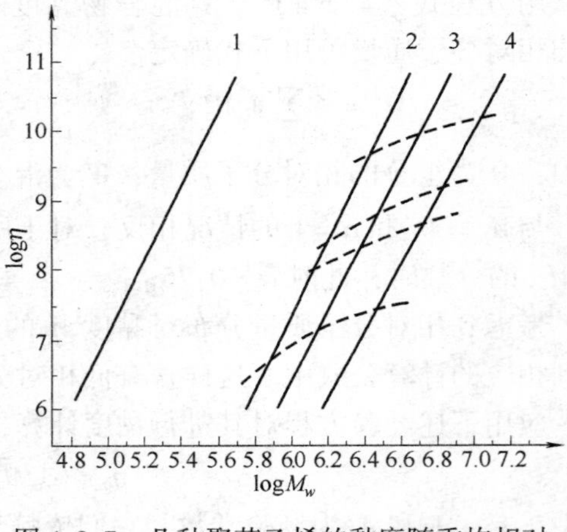

图 4.2.7　几种聚苯乙烯的黏度随重均相对分子质量的变化[14]

1—单分散性线型聚苯乙烯　2~4—梳型聚苯乙烯

注：虚线为具有相同侧支链的聚苯乙烯。

图 4.2.7 为单分散性线型聚苯乙烯和梳型聚苯乙烯的黏度随重均相对分子质量的变化。此图中直线 1 为线型聚苯乙烯的 η 和 $\overline{M_w}$ 的关系线。直线 2，3 和 4 为相同长度的侧支链数分别为 10，20 和 40 的梳型聚苯乙烯的 η 和 $\overline{M_w}$ 的关系线。虚线为聚苯乙烯的黏度与相同长度的侧支链数间的关系线，它们的相对分子质量分布分别等于 6.5×10^3，13×10^3，18×10^3 和 36×10^3。由此图可以看出，当相对分子质量相同时，随着支化度的增加，聚苯乙烯黏度急

剧降低。随相对分子质量的增加，如同随着侧支链数的增加一样，黏度的增加特别的慢。虽然，支链型聚苯乙烯的黏度和线型聚苯乙烯相比是低的。但是，具有一定侧支链数聚苯乙烯的黏度随相对分子质量变化曲线比线型聚苯乙烯的黏度随相对分子质量变化曲线陡斜。对于支链型聚合物，在方程式（4.2.4）中，指数β等于4.5。

在支化影响下，如果考虑静态聚合物线圈的平均回转半径变化情况，那么支化对聚合物黏度的影响是最容易理解的。这种变化可用以下形态结构参数表示

$$g^{1/2} = <s>_{br} / <s>_{lin} \tag{4.2.9}$$

式中，g为形态结构参数；$<s>_{br}$和$<s>_{lin}$分别为具有相同相对分子质量的支链型高分子和线型高分子的均方根回转半径。

在θ溶液中，测定聚合物稀溶液的特性可直接得出形态参数g。可以计算确定正常结构的支链型聚合物，即具有相同支链长度的星型和梳型支链型聚合物的g系数。星形支链聚合物的$g=3/p \sim 3/p^2$，此处p为支链数。梳型支链聚合物的g系数比较复杂。因为g不仅依赖于支链的长度，而且也依赖于支链相对分子质量与主链相对分子质量之比。

在大多数情况下，用$g(M)$代替方程式（4.2.4）中的M，可以精确地描述支链型聚合物的流动性质。但是，不能把这看作一般规则。由图4.2.7可以看出，当支链型聚合物的相对分子质量大于线型聚合物的相对分子质量时，随着支链型聚合物相对分子质量的增加，支链聚合物的黏度迅速增加。此外，当应用g系数时，黏度是$g(M)$的函数，而与支链数无关。但是，不一定总能找到这种情况。

根据聚合物线圈大小计算的理论值与实验值的不一致，可能有各种不同的起因。首先，它可能是由于缠结结构形成的条件依赖于聚合物链的支化特性。当侧（支）链长度不超过一定的临界时，在所有情况下，具有相同相对分子质量的支链型聚合物的黏度小于线型聚合物的黏度。在通常情况下，支链型聚合物的黏度与线型聚合物的黏度之比依赖于支链的长度。

Long[15]等实验数据指出，聚醋酸乙烯酯的η_{lin}/η_{br}依赖于侧支链的长度，η_{lin}/η_{br}或者大于1，或者减少9/10，或减少到1/10。这已被线型聚异戊二烯与具有不同支链的支链型聚异戊二烯的实验数据所证实，同时，也被Kraus和Gruver[16]所得到的窄相对分子质量分布的星型聚丁二烯的数据，以及由Suzuki[17]所得到的聚苯乙烯实验的数据所证实。图4.2.8给出窄相对分子质量分布的线型和星型聚苯乙烯的指前系数随相对分子质量的变化。

由此图4.2.8，在对数坐标的纵坐标上，量$A/2.3$是一个系数，它与黏度成正比。由此图中存在两个临界相对分子质量$M_{r,c}$和$M'_{r,c}$。其中第一个$M_{r,c}$相应于讨论过的临界相对分子质量值。在此值时，其流变性由方程的一种关系变为另一种关系$\tau = K\dot{\gamma}^n$；第二个$M'_{r,c}$约等于第一个$M_{r,c}$的5倍多。它相当于黏度与相对分子质量关系的斜度（坡度）的急剧增大。整个实直线表示线型聚苯乙烯的黏

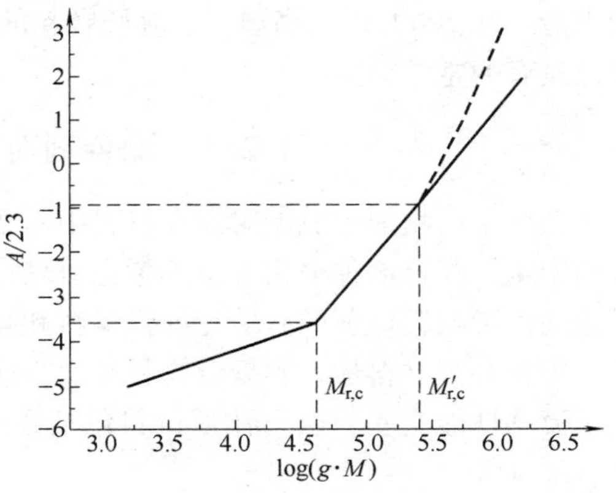

图4.2.8 窄相对分子质量分布的线型和星型聚苯乙烯的指前系数随相对分子质量的变化[17]

度随相对分子质量的变化，以及在第二临界相对分子质量 $M'_{r,c}$ 前支链型聚苯乙烯的黏度随相对分子质量的变化。因此，在 $M < M'_{r,c}$ 时，以形态结构参数 g 乘以 M 代替 M_r，可统一描述线型聚合物和支链型聚合物的流动性质。而当 $M > M'_{r,c}$ 时，虚线所示的支链型聚合物的黏度似乎大于相应线型聚合物的黏度。

少量的短支链一般对聚合物熔体的黏度影响不大。而长支链却有很大影响。若与相同相对分子质量的线型聚合物相比，即使是长支链的长度仍小于产生缠结所需长度，仍然有影响。支化降低黏度的原因是支化分子较线型分子紧凑，故支化分子间的相互作用减小。然而，若支链长度已足以参与缠结，在低剪切速率下，支化聚合物黏度要高于相同相对分子质量的线型聚合物。可是，在有些情况下，即使支链长度足以形成缠结，在低剪切速率下其黏度仍低于相同相对分子质量的线型聚合物。

长支链常降低聚合物熔体的弹性或剪切模量。这与一般的“支链长得足以形成牢固的缠结应使模量增加”的概念正好相反。综上所述，聚合物工程技术人员可通过改变支链长度和相对分子质量的方法来调节聚合物的黏度、弹性，以及黏度和弹性的剪切速率依赖性。这些流变因素又会影响到加工过程和最终制品的力学性质。

4.2.2.2 其他结构因素对聚合物流变性的影响

相对分子质量相当的聚合物，柔性链的黏度比刚性链的低。聚有机硅氧烷和含有醚键聚合物的黏度就特别低，而刚性很高的聚合物，例如聚酰亚胺和其他芳环缩聚物的黏度都很高，加工相当困难。这里不展开谈论，仅给出相关的基本概念。

增加聚合物材料玻璃化温度的因素往往也可增加聚合物的黏度。这些因素中除了分子链的僵硬性以外，还有分子极性、氢键和离子键等。氢键一定程度地增加尼龙、聚乙烯醇和聚丙烯酸等聚合物的黏度。然而聚合物电介质中存在的离子键却能使黏度大大增加。因为离子键能把分子链连结在一起，其连结力几乎强如交联。

有些极性聚氯乙烯和聚丙烯腈等聚合物，分子间的作用力很强，甚至在熔融状态就有可能有少量结晶。因此，这些聚合物的黏度和弹性模量都相当高。如聚氯乙烯等有些聚合物由于聚合方法不同，产品的流变性质也有显著差别。如本体聚合和悬浮聚合的聚氯乙烯，其流变性质就不同于乳液聚合的聚氯乙烯。乳液聚合的聚氯乙烯乳胶颗粒起着刚性流动单元的作用。因为不同乳胶颗粒的分子间相互作用很小，所以乳胶颗粒能相互滑移。因此，乳胶聚合的聚氯乙烯与本体聚合的聚氯乙烯相比，其黏度较低，挤出物胀大很小，挤出物的表面也较为光滑。在200℃以上高温下，乳胶颗粒的这种刚性流动单元消失，挤出活化能增加，聚合物便具有通常的行为。

4.2.3 配合剂对聚合物流体黏度的影响

任何聚合物加工成型时，在材料中需要添加一定量的配合剂，其对聚合物流体黏度有很大的影响。配合剂种类很多，不考虑对聚合物流动有质的影响的交联剂、硫化剂和固化剂，对流动性影响较显著的有填充补强材料和软化增塑材料两大类。

填充补强材料加入到聚合物材料后，使聚合物体系黏度上升，弹性下降，硬度和模量增大，流动性能变差。填充补强材料包括碳酸钙、赤泥、陶土和高岭土等无机材料，还有碳黑、纤维等。

软化增塑材料加入到聚合物材料，可减弱大分子链间的相互作用，降低聚合物体系的黏度，减弱非牛顿性，改善了体系的流动性能。软化增塑材料包括各种矿物油、低聚物和溶剂等。

本小节介绍配合剂的基本知识，重点介绍溶剂或增塑剂对流体黏性的影响[18,19]，讨论聚合物流变性与溶剂、增塑剂的关系，概括介绍炭黑和碳酸钙等非同相材料对聚合物流动的影响，包括溶剂或增塑剂等同相材料对聚合物溶液黏度的影响、非同相填充材料对聚合物流动的影响两部分。

4.2.3.1　溶剂或增塑剂等同相材料对聚合物溶液黏度的影响

在材料中添加溶剂或增塑剂，将其制成聚合物浓溶液。聚合物中添加溶剂、增塑剂或润滑剂对聚合物流变性的影响主要有 3 个方面原因[18]：

① 加入溶剂或增塑剂降低聚合物的玻璃化温度 T_g，而 T_g 的下降可引起黏度的下降，从而改善聚合物的流变性。

② 加入溶剂或增塑剂增加聚合物缠结点之间的相对分子质量，对聚合物黏度有很大影响。

③ 加入溶剂、增塑剂或润滑剂，由于溶剂或增塑剂的稀释作用，可下降高黏度的聚合物黏度，改善聚合物的流变性。聚合物加入润滑剂，也改善聚合物材料的流动性。

例如，在聚氯乙烯中加入脂肪酸类的内润滑剂，不仅降低了熔体的黏度，还可控制加工产生的摩擦热，使聚氯乙烯不易降解。在聚氯乙烯中加入少量聚乙烯蜡润滑剂，使聚氯乙烯与加工设备的金属表面形成弱边界层，熔体易与设备表面剥离，不至于长时间黏附在设备表面而被分解。

由于聚合物溶液的结构复杂，不可能用简单理论描述所有聚合物黏度与加入溶剂或增塑剂浓度的关系。把低黏度溶剂加到接近玻璃化温度的聚合物中，在这样极端情况下，从溶剂的整个范围内，黏度的变化可达 10^{15} 倍，即使在温度远高于玻璃化温度 T_g 的情况下，从纯聚合物到纯液体，黏度很容易改变到原来的一百万分之一。还没有一种理论能适用于这么宽的黏度变化范围。由于实验范围、聚合物-溶剂体系、温度和其他实验条件的不同，聚合物溶液的黏度随聚合物浓度变化的幂次关系，可以从一次方到十四次方以上。

将聚丙烯酸甲酯溶解在苯二甲酸二乙酯中，图 4.2.9 给出不同温度的苯二甲酸二乙酯和聚丙烯酸甲酯溶液的黏度随纯聚合物体积分数的变化。由此图可知，聚合物黏度随温度的变化要比溶剂或增塑剂黏度随温度变化更为显著。聚合物溶液黏度的温度依赖性则介于聚合物和溶剂之间。因此，在聚合物中加入低分子液体组分后，不仅降低了黏度的绝对值，而且也降低了黏流活化能。

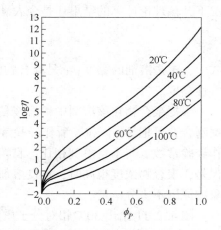

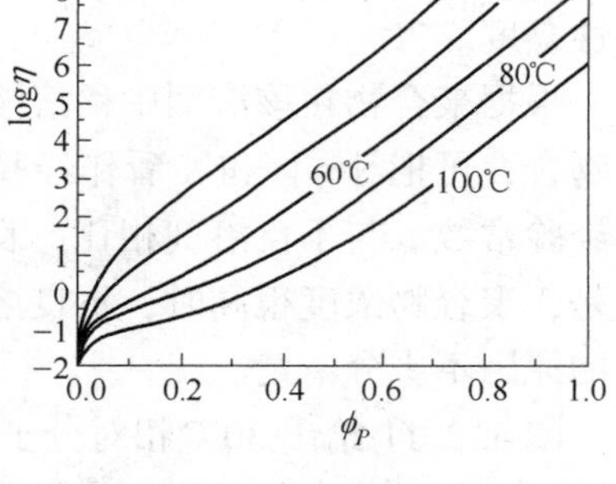

图 4.2.9　苯二甲酸二乙酯和聚丙烯酸甲酯溶液的黏度随纯聚合物体积分数的变化[19]

通常，当需要粗略地估计远高于玻璃化温度 T_g 某一温度下的聚合物溶液黏度时，用最简单“混合法则”，为

$$\lg\eta \approx \phi_P \lg\eta_P + \phi_L \lg\eta_L \tag{4.2.10}$$

式中，η_P 和 η_L 分别是纯聚合物和纯溶剂的黏度；ϕ_P 和 ϕ_L 分别是纯聚合物和纯溶剂的体积分数。

用上式计算聚合物溶液的黏度比已往提出过各种理论计算的黏度准确，而且已往的这些理论方程使用起来相当困难。以纯聚合物黏度 η_P 为基准来估算聚合物浓溶液的黏度是，以 Kelley-Bueohe 理论最好，

其最终方程为

$$\frac{\eta}{\eta_P}=\phi_P^4\exp\left(\frac{1}{\phi_P f_P+\phi_L f_L}+\frac{1}{f_P}\right) \tag{4.2.11}$$

$$f_P\approx 0.025+4.8\times10^{-4}(T-T_{gP}) \tag{4.2.12}$$

$$f_L\approx 0.025+\alpha_L(T-T_{gL}) \tag{4.2.13}$$

式中，f_P和f_L分别为聚合物和溶剂的自由体积；α_L是溶剂在T_g以上和T_g以下的体积膨胀系数之差，一般$\alpha_L\cong10^{-3}$；T_{gP}和T_{gL}分别为聚合物和溶剂的玻璃化温度；ϕ_P和ϕ_L分别是纯聚合物和纯溶剂的体积分数。

按方程式（4.2.11）计算η/η_P所作的曲线，图4.2.10给出Kelley-Bueche理论η/η_P随纯聚合物体积分数ϕ_P的变化。图中A，B，C，D，E五条曲线分别代表几种不同的f_P和f_L组合。此图说明，相对黏度η/η_P对f_P和f_L的微小变化相当敏感。η/η_P为同一温度下溶液黏度与聚合物黏度的比值。图4.2.10的曲线D说明，当温度接近于纯聚合物的玻璃化温度T_g时，相对黏度对浓度的变化尤为敏感。加入少量的溶剂或增塑剂就可使聚合物的黏度下降到几个数量级。

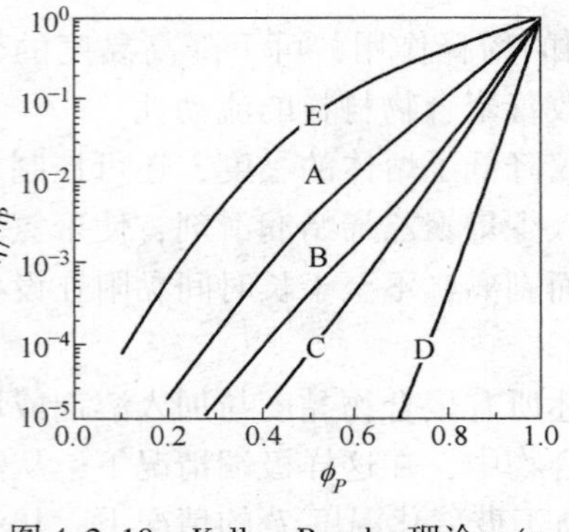

图4.2.10 Kelley-Bueche理论η/η_P随纯聚合物体积分数ϕ_P的变化[19]

A：$f_P=0.1$，$f_L=0.2$；B：$f_P=0.1$，$f_L=0.3$；C：$f_P=0.05$，$f_L=0.1$；D：$f_P=0.05$，$f_L=0.2$；E：$f_P=f_L$

由方程式（4.2.12）和式（4.2.13）可计算出f_P和f_L的近似理论值。然而，由于黏度对自由体积极为敏感，所以在处理实际问题时，把f_P和f_L考虑成经验常数也许更为方便。方程式（4.2.11）是由分子缠结推出的，因此它不适用于相对分子质量小于$M_{r,c}$的聚合物或聚合物稀溶液。

Lyons和Tobolsky[20]对相对分子质量小于$M_{r,c}$的聚合物，推导了一个适用于整个浓度范围内计算聚合物溶液黏度的方程。该方程以溶剂的黏度为基准，而不以聚合物的黏度为基准。因此对浓度极高的聚合物溶液，可预计该理论的精确性很差。但是，在多数情况下，该理论计算的结果还是令人满意的。Lyons-Tobolsky方程为

$$\frac{\eta-\eta_L}{\eta_L c[\eta]}=\exp\left[\frac{K[\eta]c}{1-bc}\right] \tag{4.2.14}$$

式中，η_L是溶剂的黏度；c是聚合物的浓度，g/mL；b为常数；K为Huggins常数；［η］为特性黏度。

根据聚合物在该溶剂中稀溶液黏度确定［η］和K。为了使方程结果能更好地与实验数据吻合，可把［η］和K看作经验常数。可根据聚合物熔体的有关数据计算b，也可将b看作经验常数。与不良溶剂相比，良溶剂所得的［η］一般较大，所得的稀溶液黏度也较高。但是，聚合物浓度很高时，不良溶剂溶液有时反而比良溶剂溶液的黏度高。引起这种反常现象的原因不十分清楚。

图4.2.11给出30℃相对分子质量4.11×10^5不同浓度（g·mL）的聚苯乙烯-正丁苯溶液黏度随剪切速率的变化。这组曲线说明，聚合物溶液浓度越低，保持溶液牛顿性的剪切速率便越高。由于加入溶剂增加聚合物的剪切速率，从而减少了分子缠结数。剪切速率一定时，缠结数的减少又下降了分子链段取向。因为分子链段的取向是引起溶液非牛顿性的主要

原因，所以在聚合物中加入溶剂后，可增加非牛顿性的剪切速率。在许多聚合物溶液体系中，已观察到类似于图4.2.11所示的性质。图4.2.11可通过水平和垂直移动实验的曲线得到主曲线（总曲线）。第8章将介绍绘制主曲线相关的知识。

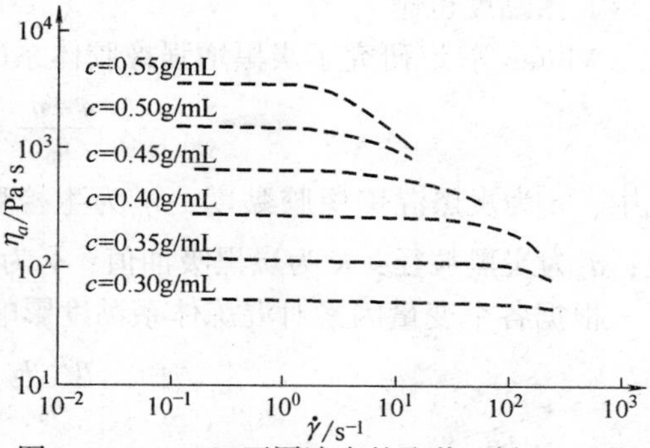

图4.2.11 30℃不同浓度的聚苯乙烯-正丁苯溶液黏度随剪切速率的变化[19]

软化增塑剂主要用于黏度大、熔点高、难加工的高填充聚合物体系。软化增塑剂加入体系后，增大分子链的间距，可稀释和屏蔽大分子中极性基团，减少分子链间相互作用。添加低相对分子质量的软化增塑剂到大分子链间，可提高发生缠结的临界分子量，降低缠结点的密度，减弱体系的非牛顿性质。

Kraus 提出描述软化增塑剂对体系黏度影响的公式[21]

$$\eta = \eta_0 \phi_P^{3.4} \tag{4.2.15}$$

式中，η_0为未加软化增塑剂的体系黏度；η 为加入后的体系黏度；ϕ_P 为体系聚合物材料所占的体积分数。

还有建议用下式描述软化增塑剂体系的黏度

$$\eta = \eta_0 \cdot e^{-K\varphi} \tag{4.2.16}$$

式中，K 为软化增塑效果系数；φ 为软化—增塑剂的体积分数。

由式（4.2.15）和式（4.2.16）可见，在一定范围内，软化增塑剂用量越大效能越强，增塑后聚合物体系黏度越小。

4.2.3.2 非同相填充材料对聚合物流动的影响

聚合物材料的非同相填料不但填充了空间，降低成本，而且改善了聚合物的某些物理和机械性能。常见的填料有炭黑、碳酸钙、陶土、钛白粉、石英粉和玻璃纤维等。填料的加入一般会降低聚合物的流动性。填料对熔体流动性的影响与填料粒径大小有关。粒子小的填料需要较多的能量将其分散，因此加工流动性差。但是，制品表面较光滑，且机械强度高。反之，粒子大的填料分散性和流动性都较好。但是，该制品表面粗糙，机械性能下降。非同相填充材料对聚合物材料流动性的影响还受很多因素的影响。例如，填料的类型和用量，表面处理剂的类型，以及填料与聚合物基体之间的界面作用，等等。

这里仅概括介绍炭黑、碳酸钙等填充材料对聚合物流动性的影响[22]。本书没有详细介绍其他非同相填充材料对聚合物流动性的影响，有兴趣的读者可参看有关文献。

（1）炭黑对聚合物黏度的影响

橡胶工业中大量的使用炭黑作为增强材料。橡胶制品添加炭黑后，拉伸强度提高几倍到几十倍。大量炭黑的加入显著地影响橡胶材料的流动性，主要影响作用有：

① 增加体系的黏度；

② 减弱体系非牛顿流动性，流动指数 n 升高。

炭黑的用量、粒径、结构性和表面性质直接影响体系的流动性。其中影响的最大因素是用量和粒径。一般用量越多和粒径越细，吸油量越高、结构越高、体系黏度增加得越大。因为炭黑粒子为活性填料，其表面可同时吸附几条大分子链，形成的类缠结点阻碍大分子链的运动和滑移，增加了体系的黏度。因此，炭黑用量越多粒径越细，结构性越高，类缠结点密度越大，黏度也越大。

Whiter 等[23]研究了炭黑增强橡胶体系的增黏效应，建立了描述该体系的方程

$$\frac{\eta-\eta_0}{\eta_0}=f(\varphi,d_p,K,\dot{\gamma}^2) \tag{4.2.17}$$

式中，η 为炭黑混炼橡胶黏度；η_0为生橡胶或塑炼橡胶的黏度；φ 为添加剂的炭黑体积分数；d_p为炭黑粒径；K 为炭黑吸油值；$\dot{\gamma}$ 为剪切速率。

根据各个变量因素对混炼体系黏度影响的感性认知，归类变量，改写方程为

$$\frac{\eta-\eta_0}{\eta_0}=f\left(\frac{\varphi\cdot K}{d_p}\cdot\dot{\gamma}^2\right) \tag{4.2.18}$$

式中，$\frac{\varphi\cdot K}{d_p}$为炭黑变量组。

然后根据实验曲线性质，将方程进一步改写，为炭黑变量组的线性项与高次项的组合，有

$$\frac{\eta-\eta_0}{\eta_0}=A(\dot{\gamma}^2)\left(\frac{\varphi\cdot K}{d_p}\right)+B(\dot{\gamma}^2)\left(\frac{\varphi\cdot K}{d_p}\right)^2 \tag{4.2.19}$$

式中，$A(\dot{\gamma}^2)$，$B(\dot{\gamma}^2)$ 为待定的多项式，$A(\dot{\gamma}^2)=a_1-a_2(\dot{\gamma})^{1/2}$和$B(\dot{\gamma}^2)=b_1-b_2(\dot{\gamma})^{1/2}$。

White 等[23]拟合了 56 组丁苯橡胶实验数据，得到

$$A(\dot{\gamma}^2)=3.4-0.015(\dot{\gamma})^{1/2}\text{和}B(\dot{\gamma}^2)=6-0.024(\dot{\gamma})^{1/2}$$

将其代入式（4.2.19）中，得到描述炭黑对混炼丁苯橡胶黏度影响的计算公式。

工业上常用炭黑混炼橡胶黏度和未添加炭黑的素炼橡胶黏度之比**定义补强系数** RE，为

$$RE=\eta/\eta_0 \tag{4.2.20}$$

式中，补强系数 RE 表征炭黑的增加能力。

实验表明，RE 值控制在 10～20 之间，橡胶制品的拉伸强度、硬度、耐磨性基本保持不变。由此可见，可以保持一定的 RE 值，选择价格更有竞争性的增强剂。

（2）碳酸钙对聚合物黏度的影响

众所周知，碳酸钙是无机惰性填料，填充到聚合物中主要起增容作用，可以降低成本。**主要的影响作用有：**

① 增多了体系内部的微空隙，增加了材料内部应力集中点，加速破坏过程；

② 增大体系的黏度，弹性下降使加工困难，加快了设备磨损。

由两个主要影响作用的特点可知，在加工高填充物料时，注意设备设计和选型，注意选择和控制加工工艺条件。由于碳酸钙粒子本身有堆砌结构。在持续外力作用下，结构由解体到再重建、混乱到再有序、不平衡到平衡的渐变过程，表现出触变性质。填充量越大，体系黏度越大。但是，黏流活化能几乎不变。高填充体系有时还表现出屈服应力。本书不详细介绍碳酸钙对聚合物流动性的影响，有兴趣的读者可参看有关文献［24］。

4.3 聚合物加工工艺条件对材料流变性的影响

在不同工艺条件下，使用各种不同的设备加工成型聚合物材料的制品。在不同力场和温度场的作用下，黏流态聚合物材料被加工成型。在聚合物加工成型过程中，加工力场和温度场的作用不仅决定了制品的外观形状，而且对聚合物分子结构和织态结构有极其重要的影响。由于聚合物加工工艺条件直接影响了聚合物材料的温度、分子结构，必须学习这方面的

知识。

考虑由浅入深的认知规律，本节初步介绍聚合物加工工艺条件对聚合物流变性能的影响，为后面的学习打下一定的基础。第6章将分析简单截面流道聚合物流体的流动，第7章分析介绍聚合物材料加工成型的典型流动，将深入讨论工艺条件对聚合物流变性能的影响。

本节详细讨论温度、剪切速率、压力等加工工艺条件对聚合物黏度的影响。本节分为3节，包括温度对流体黏度的影响、剪切速率对流体黏度的影响、压力对流体黏度的影响。

4.3.1 温度对流体黏度的影响

聚合物材料加工成型时，温度是重要的加工条件之一。聚合物材料的黏度像一般液体那样，是随温度的变化而变化的。但是，聚合物的变化情况是不相同的。目前，已提出一些关于聚合物的黏度-温度关系理论，不同的理论对流动机理的看法不同，得到的黏度-温度关系也不同。

本小节介绍黏度-温度关系的理论，分析温度对流体黏度的影响，包括绝对反应速率理论、自由体积理论、现代理论、黏流活化能、WLF方程的常数值5部分。

4.3.1.1 绝对反应速率理论

绝对反应速率理论又称为**过渡状态理论**，或**活化理论**。绝对反应速率理论认为，反应物分子要变成产物，总要经过足够的能量碰撞，先形成高位能的活化络合物，活化络合物再分解为产物，也可分解为原始反应物，并迅速达到平衡，其表达式为

$$A+B \underset{}{\overset{K^{\#}}{\rightleftharpoons}} X^{\#} \underset{\text{慢}}{\overset{K_i}{\longrightarrow}} D \tag{4.3.1}$$

上式，A、B为原始反应物；$X^{\#}$为活化络合物；$K^{\#}$、K_i为反应速率常数；D为产物。

流体的流动与式（4.3.1）有些相似。该理论认为：“在流体流动过程中，当一个分子运动单元从一平衡位置跃迁到下一平衡位置时，需具有一定能量，以克服周围分子对它的作用”[8]。根据该理论，流体流动时的黏度-温度关系可用Arrhenius-Frekel-Eyring（AFE）方程表示为

$$\eta = B\exp(E/RT) \tag{4.3.2}$$

式子，η为流体的黏度；B为常数；R为气体常数；T为热力学温度；E为黏流活化能。

AFE方程表明，流体的黏度与温度和黏流活化能有关。流体的温度越高，其黏度越小；流体的黏流活化能越大，其黏度越大。这些结论与实验结果相符。对牛顿液体和聚合物流体而言，当温度远高于玻璃化温度或熔点时，黏度与温度的关系服从AFE方程。

图4.3.1为热塑性聚合物熔体黏度随温度变化的曲线。由图4.3.1可看出，图中聚合物的黏度都随温度的升高而降低。但是，黏度降低的程度是不相同的，有些聚合物材料对温度敏感些，有些聚合物材料对温度不敏感。黏流活化能大的聚合物比黏流活化能小的聚合物对温度敏感。例如，PS的黏流活化能E为94kJ/mol，HDPE的E约为24kJ/mol，当将两种聚合物从473K加热到483K时PS的流动度提高了66%，而HDPE的流动度仅提高了17%。由此可知，黏流活化能E大

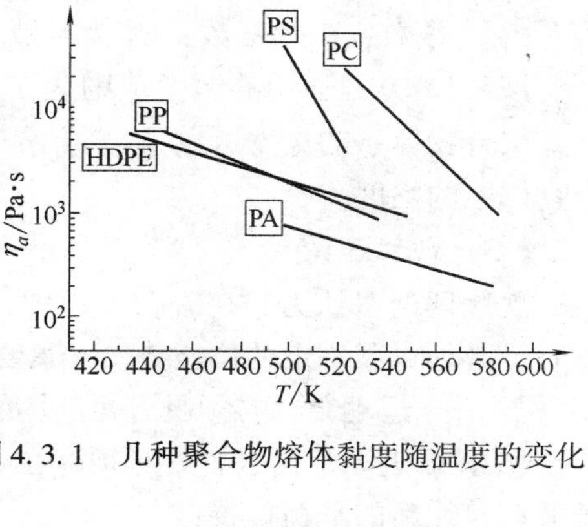

图4.3.1 几种聚合物熔体黏度随温度的变化

的聚合物只要不超过分解温度，增加加工温度都会提高聚合物材料的流动性。但是，E 小的聚合物材料，随着温度的增加，其流动性的增加不大。所以不能用增加温度的办法提高其流动性。

4.3.1.2 自由体积理论

自由体积理论认为，由于在流体中存在自由体积，所以流体才具有流动性。所谓自由体积 ν_f 是指流体的比容 ν 与物质分子所占比容 ν_0 之差值，即

$$\nu_f = \nu - \nu_0 \tag{4.3.3}$$

1931 年，Batchinski 第一次提出自由体积理论，同时提出下述简单方程

$$\eta^{-1} \sim (\nu - \nu_0) = \nu_f \tag{4.3.4}$$

式中，为 η^{-1} 流体的流动度；其他符号意义同前。

由式（4.3.4）可看出，η^{-1} 与 ν_f 成正比，也就是说，聚合物流体的黏度与流体中的自由体积成反比。聚合物流体的自由体积越大，其黏度越小，流动性越好；聚合物流体的自由体积越小，黏度越大，流动性越差。

Doolittle[25] 研究了烷烃 C_nH_{2n+2} 指出，可用方程表示黏度与自由体积的关系，为

$$\eta = A'\exp(B_0\nu_0/\nu_f) \tag{4.3.5}$$

式中，η 为黏度，A' 和 B 为常数，其他符号意义同前。

实验已经证实，自由体积 ν_f 的大小与温度有关，用下式表示它与温度的关系

$$\nu_f = \nu_{fg}[1 + \alpha_0(T - T_g)] \tag{4.3.6}$$

式中，T_g 为聚合物的玻璃化温度；T 为实验温度；ν_{fg} 为 $T = T_g$ 的自由体积值；α_0 为自由体积的热膨胀系数。

流体的比容 ν 与温度有下述关系

$$\nu = \nu_g[1 + \alpha_l(T - T_g)] \tag{4.3.7}$$

式中，α_l 为流体的热膨胀系数，ν_g 为流体在 T_g 时的比容，其他符号意义同前。

将式（4.3.3）、式（4.3.6）和式（4.3.7）分别代入式（4.3.5），整理化简，则可得著名的 Williams-Landel-Ferry 方程，简称 WLF 方程

$$\lg\left(\frac{\eta}{\eta_g}\right) = \lg\alpha_T = \frac{C_{1g}(T - T_g)}{C_{2g} + (T - T_g)} \tag{4.3.8}$$

其中

$$C_{1g} = \frac{B_0}{2.3}\left(\frac{\alpha_l}{\alpha_0} - 1\right)\left(\frac{\nu_g}{\nu_{fg}}\right) \tag{4.3.9}$$

式中，η 为温度 T 的黏度；η_g 为温度 T_g 的黏度；T 为绝对温度；T_g 为聚合物的玻璃化温度；C_{1g} 为常数；B_0 为常数；C_{2g} 为常数，$C_{2g} = \alpha_0^{-1}$。

该 WLF 方程适用的温度范围为 $T_g < T < T_g + 100℃$。由此可知，在靠近玻璃化温度 T_g 区，聚合物体系的黏度可用 WLF 方程来描述，而当温度远大于 T_g 时，可用 AFE 方程描述聚合物体系的黏度。

4.3.1.3 现代理论

现代理论[8] 认为，在流动过程中，当一分子运动单元从一平衡位置转移到下一平衡位置时，必须克服一定的位能势垒。**聚合物流体流动发生需要具备以下 3 个条件：**

① 分子运动单元必须具有足够的能量；

② 在靠近原平衡位置处必须存在一些自由空间——“空穴”，这些自由“空穴”就是分子运动单元新的平衡位置；

③ 必须具有几个分子结构运动单元同时产生变换平衡位置的条件。

由此可知，现代理论统一了绝对反应速率理论和自由体积理论，把它们融为了一个整体。根据现代理论，可用下式表示聚合物的黏度-温度关系

$$\eta = A\exp[B/(T-T_0)+(E_v/RT)] \quad (4.3.10)$$

式中，E_v为定容的活化能；A、B 为常数；其他符号的意义同前。

现代理论可以较好地解释实验中的黏度—温度关系。因为，不同的聚合物具有不同的性能和结构，从而使其具有不同的黏流活化能和自由体积。故对温度有不同程度的敏感性，所以出现了不同聚合物黏度—温度关系。

在此需要强调指出，聚合物流动时的黏度—温度关系也存在反常情况。即当温度升高时，其黏度不但不降低，反而升高，例如，聚苯乙烯与环己烯所形成溶液的黏度—温度关系，以及聚-2-羟乙基丙烯酸酯与尿素水溶液的黏度—温度关系都属于这种情况。通常认为，这种反常现象是由特殊的分子间相互作用力引起的。也就是说，在靠近相分离温度，或靠近溶液的临界温度，它们从真正的溶液转变成胶态溶液（凝胶）引起大分子间相互作用力的增加，致使黏度升高，流动性降低。

4.3.1.4　黏流活化能

黏流活化能也称为流动活化能。对式（4.3.2）取对数，可得到

$$\ln\eta = \ln B + \frac{E}{RT} \quad (4.3.11)$$

该式指出黏流活化能可通过以黏度 $\ln\eta$ 和温度的倒数 T^{-1}为坐标直线的斜率确定，详见图 4.3.2。如果 $\ln\eta$—T^{-1}关系不是一条直线，说明黏流活化能是温度的函数。WLF 方程指出，由式（4.3.2）定义的黏流活化能必定依赖于温度，即黏流活化能不是常数。这已被观察到，在某一特定温度下，聚氯乙烯 E 值出现突变，这意味着在这个温度下，出现了结构的变化，从而导致研究新的流动机理。

实验[26]已证实，非牛顿流体黏流活化能不仅依赖于温度，而且依赖于剪切应力和剪切速率。图 4.3.3 为恒剪切速率和恒剪切应力的顺丁橡胶表观黏度随温度的变化。

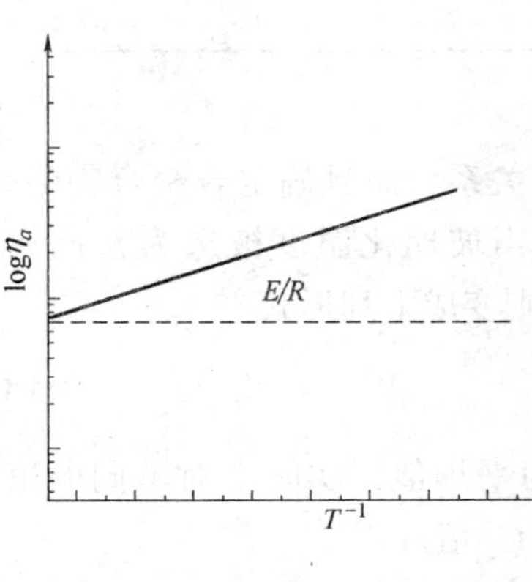

图 4.3.2　黏度 $\ln\eta$ 随温度的倒数 T^{-1}的变化

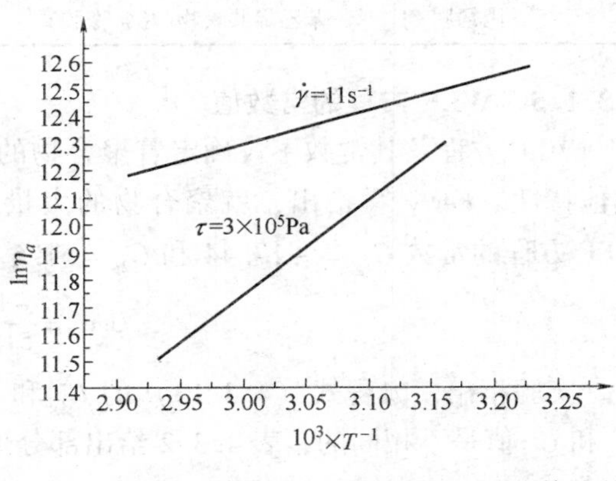

图 4.3.3　恒剪切速率和恒剪切应力下顺丁橡胶的表观黏度随温度倒数 T^{-1}的变化[26]

从图 4.3.3 中求得，在 $\dot{\gamma}=11\mathrm{s}^{-1}$时，恒剪切速率下的黏流活化能 $E_{\dot{\gamma}}=9.6\times10^3$ J/mol；在$\tau=3\times10^5$Pa时，恒剪切应力下的黏流活化能 $E_\tau=2.8\times10^4$ J/mol。由此可见，E_τ与 $E_{\dot{\gamma}}$是不同的，Bestul 和 Belcher 已从理论上证明

$$E_{\tau} = E_{\dot{\gamma}}/n \tag{4.3.12}$$

式中，n 为流动指数。

在研讨聚合物的黏度与温度之间的关系时，必须具体说明是在恒剪切应力还是在恒剪切速率条件下。对于牛顿体，$n=1$，所以 $E_{\tau}=E_{\dot{\gamma}}$，即牛顿流体的黏流活化能与剪切应力和剪切速率无关。对于大量的聚合物熔体和浓溶液，$1/n=3.5$。因此，$E_{\tau}=3.5E_{\dot{\gamma}}$。

温度和剪切应力都是外部因素，黏流活化能除了与剪切速率、剪切应力、温度有关外，还与聚合物分子结构参数、填充的补强剂等有关。表4.3.1给出常见聚合物的黏流活化能。

表4.3.1 常见聚合物的黏流活化能[19]

聚合物	黏流活化能	
	kcal/mol	kJ/mol
聚二甲基硅氧烷	4	16.7
高密度聚乙烯	6.3~7.0	26.3~29.2
低密度聚乙烯	11.7	48.8
聚丙烯	9.0~10.0	37.5~41.7
顺式聚丁二烯	4.7~8	19.6~33.3
聚异丁烯	12.0~15.0	50.0~62.5
聚苯二甲酸乙二酯	19	79.2
聚苯乙烯	25	104.2
聚(a-甲基苯乙烯)	32	133.3
聚碳酸酯	26~30	108.3~125
聚乙烯醇缩醚	26	108.3
苯乙烯-丙烯腈共聚物	25~30	104.2~125
丙烯腈-丁二烯-苯乙烯共聚物(20%橡胶)	26	108.3
丙烯腈-丁二烯-苯乙烯共聚物(30%橡胶)	24	100
丙烯腈-丁二烯-苯乙烯共聚物(40%橡胶)	21	87.5

4.3.1.5 WLF方程的常数值

WLF方程及其常数不仅确定着聚合物的黏度—温度关系，而且确定着聚合物黏弹性的其他特性。Ferry[27] 指出，就聚合物的大量基团而言，当玻璃化温度被选为参比温度时，WLF方程的常数 $C_{1g}=-17.44$ 和 $C_{2g}=51.6$。WLF方程则变成下列形式

$$\lg\alpha_T = \frac{-17.44(T-T_g)}{51.6+(T-T_g)} \tag{4.3.13}$$

实验指出，方程式（4.3.13）的 C_{1g} 和 C_{2g} 的值实为平均值，实际上对不同的聚合物，C_{1g} 和 C_{2g} 值是不相同的，表4.3.2给出部分聚合物 C_{1g} 和 C_{2g} 值。

表4.3.2 部分聚合物的 C_{1g} 和 C_{2g} 值[27]

聚合物	$-C_{1g}$	C_{2g}	T_g/K	聚合物	$-C_{1g}$	C_{2g}	T_g/K
聚异丁烯	16.6	104	202	聚苯乙烯	14.5	50.4	373
天然橡胶	16.7	53.6	200	聚甲苯丙烯酸乙酯	17.6	65.5	335
聚氨酯弹性体	15.6	32.6	238				

由表 4. 3. 2 可知，要想使每一聚合物的黏度实验值与计算值一致，WLF 方程中的 C_{1g} 和 C_{2g} 值就必须采用每一聚合物的实际值，否则会带来较大误差。

上面已指出，方程式（4. 3. 13）适用于 WLF 方程的温度范围为 $T_g < T < T_g + 100℃$ 的。但是，这一温度范围并不具有很大的适用性。如聚乙烯的 $T_g \approx -100℃$，在室温下使用。故上式用起来有一定的局限。为此，常将 WLF 方程中 T_g 改变成 T_S，这样较适用 $T_S = T_g + 50℃$。但是，也要相应改变方程中的常数。经这样的改变，方程式（4. 3. 13）变成如下形式

$$\lg\alpha_T = \frac{-8.86(T-T_g)}{101.6+(T-T_g)} \tag{4.3.14}$$

实例 4. 1　为了计算 C_{1g} 和 C_{2g}，就需知道的其他常数值。通常假定，在玻璃化温度时，由于自由体积的增加引起聚合物膨胀的产生，有

$$\nu - \nu_g = \nu_f - \nu_{fg} \quad \text{和} \quad \nu - \nu_f = \nu_g - \nu_{fg} \tag{1}$$

将式（4. 3. 6）和式（4. 3. 7）代入式（1），化简得

$$\nu_g \alpha_l = \nu_{fg} \alpha_0$$

$$f_g = \frac{\nu_{fg}}{\nu_g} = \frac{\alpha_l}{\alpha_0} \tag{2}$$

式中，f_g 为玻璃化温度时聚合物自由体积的体积分数。

由前面得到式（4. 3. 9）

$$C_{1g} = \frac{B_0}{2.3}\left(\frac{\alpha_l}{\alpha_0} - 1\right)\left(\frac{\nu_g}{\nu_{fg}}\right)$$

将式（2）代入式（4. 3. 9），有

$$C_{1g} = \frac{B_0}{2.3}(f_g - 1)f_g^{-1} \tag{3}$$

由大量试验得知

$$B_0 = 1 \tag{4}$$

将式（4）代入式（3），得

$$C_{1g} = \frac{1}{2.3}(f_g - 1)f_g^{-1} = 0.435(f_g - 1)f_g^{-1}$$

所以

$$f_g \approx -0.435 C_{1g}^{-1} \tag{5}$$

若取

$$C_{1g} = -17.44$$

则得

$$f_g = -0.435/-17.44 \approx 0.025 \tag{6}$$

这一结果说明，在玻璃化温度时，各种不同的聚合物具有相同的自由体积分数 f_g，其自由体积只占总体积的 2. 5%。也就是说，在玻璃化温度 T_g 时，可将聚合物看作等自由体积状态。在玻璃化温度 T_g 时，聚合物 η_g 也差不多一样，即 $\eta_g = 10^6 \text{MPa} \cdot \text{s}$。所以，把玻璃化转变看作是“等黏态”。将其看作等自由体积状态更合理些。这是因为对足够大相对分子质量的聚合物，其 T_g 与相对分子质量无关，而其黏度强烈地依赖于相对分子质量。因此各种不同相对分子质量聚合物的玻璃化转变温度范围不是它们的“等黏度”范围。由前面可知

$\alpha_0 = 1/C_{2g}$，若取　$C_{2g} = 51.6$，所以

$$\alpha_0 = 1/51.6 = 0.0194K^{-1} \tag{7}$$

得到

$$\alpha_l = f_g \times \alpha_0 = 0.025 \times 0.0194K^{-1} = 4.8 \times 10^{-4}K^{-1} \tag{8}$$

4.3.2 剪切速率对流体黏度的影响

聚合物加工成型中，加工设备控制聚合物流体的流动速度。理论分析可知，流速对黏度的影响体现为剪切速率（剪切应力）对流体黏度的影响。在通常加工成型条件下，大多数聚合物材料都表现为非牛顿流体的流动，其黏度对剪切速率有很大的依赖性。在非牛顿流动区低剪切速率的范围内，聚合物熔体的黏度约为$10^3\sim10^9$Pa·s，其黏度随相对分子质量的增加而增大，随剪切速率的增加而下降。当高剪切速率增加时，大多数聚合物的黏度要下降到二到三个数量级。在高剪切速率下，熔体黏度比低剪切速率下的黏度小几个数量级。

了解和掌握剪切速率影响聚合物材料黏度的规律，对聚合物加工成型选择合适的剪切速率十分有意义。对剪切速率敏感的材料，可提高加工剪切速率降低材料黏度，可以改善成型的流动性。

本小节介绍剪切速率（剪切应力）对流体黏度的影响，包括聚合物黏度随剪切速率变化的一般规律、假塑性和膨胀性流体流变特性随剪切速率的变化。

4.3.2.1 聚合物黏度随剪切速率变化的一般规律

在聚合物流体流动过程中，不同聚合物熔体随剪切速率增加，黏度下降的程度是不同的。例如，橡胶对剪切速率的敏感性比塑料大。图4.3.4给出多分散性聚合物的黏度随相对分子质量和剪切速率$\dot{\gamma}$的变化。由此图可知，当聚合物的相对分子质量一定时，随着$\dot{\gamma}$的增加，其黏度降低；当剪切速率$\dot{\gamma}$一定时，随着相对分子质量的增加聚合物材料的黏度增高。当相对分子质量达到某值时，η急剧上升，此时相对分子质量为$M_{r,c}$。

聚合物材料的种类不同对剪切速率的敏感性不同。图4.3.5为几种聚合物熔体表观黏度随剪切速率的变化。图4.3.5中，η-$\dot{\gamma}$曲线斜率的大小表明聚合物黏度对剪切速率的敏感性。聚合物黏度对剪切速率的敏感性还可用$100s^{-1}$和$1000s^{-1}$的黏度比$\eta(100s^{-1})/\eta(1000s^{-1})$来表示。比值越大表明聚合物的黏度对$\dot{\gamma}$的依赖性越大。聚苯乙烯、聚丙烯、聚氯乙稀等都属于对$\dot{\gamma}$有敏感性的聚合物，而聚甲醛、聚碳酸酯、尼龙、聚对苯二甲酸乙二酯等则属于对$\dot{\gamma}$敏感性较低的聚合物。

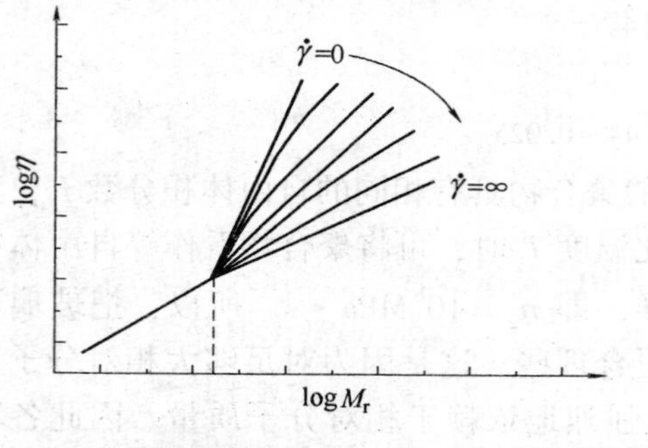

图4.3.4 多分散性聚合物的η—M—$\dot{\gamma}$变化曲线[7]

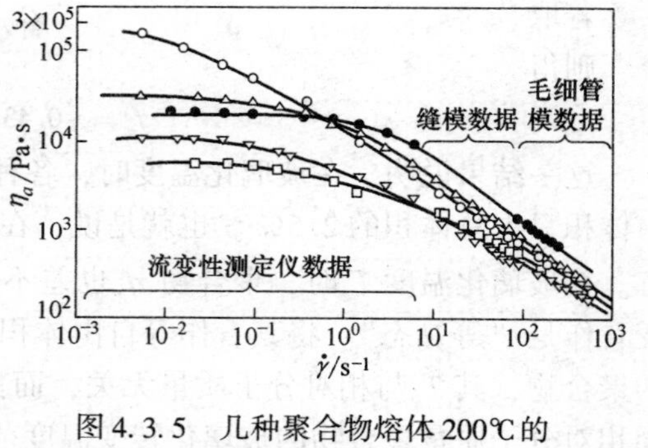

图4.3.5 几种聚合物熔体200℃的黏度随剪切速率的变化[7]

○—HDPE △—PS ●—PMMA ▽—LDPE □—PP

4.3.2.2 假塑性和膨胀性流体流变特性随剪切速率的变化

第4.1.2节讨论了在剪切速率范围不宽时，假塑性流体和膨胀性流体的流变性质。图

4.3.6 给出宽剪切范围假塑性流体的流动曲线。由此图可以看出，在图 4.3.6（a）和（b）中，曲线均有一个弯曲部分和两个接近于直线线段部分。故可将这种流动曲线分为第一牛顿区、非牛顿区和第二牛顿区 3 个区域。

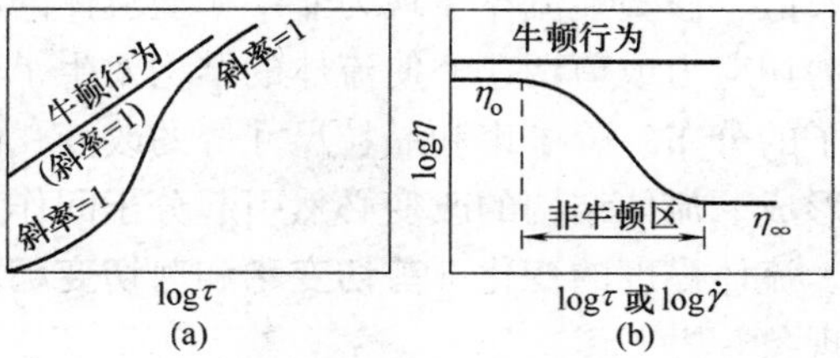

图 4.3.6　宽剪切范围假塑性流体的流动曲线

当然如果剪切速率更高的话，甚至在前述 3 个流动区域后还会出现第四区（膨胀区）和第五区（湍流区）。但是，在极高剪切速率下，流体的稳定流动遭到破坏，会引起不稳定流动和熔体破裂现象，在通常条件下只能观察到前 3 个区域。这里介绍整个剪切速率范围的假塑性流体和膨胀性流体的流变特性[28]。

(1) 第一流动区

第一流动区是牛顿型流动的区域，即在低剪切速率（低剪切应力）范围内，聚合物流体流动的表现。某些聚合物的加工过程，例如，流涎成型，糊塑料、胶乳的刮涂和浸渍，以及涂料的涂刷等都在这一剪切范围内。在这个区域，流体的剪切应力与剪切速率成比例。在图 4.3.6（a）中，$\lg\tau$—$\lg\dot{\gamma}$ 曲线的斜率等于 1，说明此时流体具有恒定的黏度。解释这一现象的原因不尽相同，有两种基本看法。

① 一种看法认为，在低剪切速率或低剪切应力时，聚合物流体的结构状态并未因流动而发生明显改变，流动过程中大分子的构象分布、各种不同长度大分子的分布，以及大分子束（网络结构）或晶粒尺寸均与流体静态时的体系相同。长链分子的缠结和存在于分子间的范德华力使流体大分子间形成了相当稳定的结合，即次价键使黏度保持为一常数。

② 另一种看法认为，在低剪切速率时，虽然大分子的构象和双重运动有足够的时间使应变适应应力的作用。但是，由于流体流动的大分子热运动十分强烈，从而削弱或破裂了大分子应变对应力的依赖性，以致使黏度保持不变。

将聚合物流体在第一牛顿区域所对应的黏度称为**零剪切黏度 η_0**，或称**零切变速率黏度**。**对于假塑性流体 η_0 是最大牛顿黏度**。

在图 4.3.6（b）上，由直线的延伸线与 $\lg\dot{\gamma}=0(\dot{\gamma}=1s^{-1})$ 处的垂线相交点所代表的 τ 确定 η_0。不同聚合物流体出现第一牛顿区域的剪切速率范围不同，零剪切黏度 η_0 也不同。对所给定的聚合物来说，零剪切黏度 η_0 还与相对分子量、温度和流体的静压力有关。表 4.3.3 为一些聚合物的零剪切黏度 η_0 值。

表 4.3.3　某些聚合物的零剪切黏度[29]

聚合物	T/K	$\overline{M}_w$	η_0/Pa·s	聚合物	T/K	$\overline{M}_w$	η_0/Pa·s
高密度聚乙烯	463	10^5	2×10^4	聚甲基丙烯酸甲酯	473	10^5	5×10^4
聚丙烯	493	3×10^5	3×10^3	聚丁二烯	373	2×10^5	4×10^4
聚异丁烯	373	10^5	10^4	聚异戊二烯	373	2×10^5	10^4
聚苯乙烯	493	2.5×10^5	5×10^3	聚二甲基硅氧烷	393	4×10^5	3×10^3
聚氯乙烯	463	4×10^4	4×10^4				

(2) 第二流动区

第二流动区是非牛顿型流体流动区域。在该区域，当流体的剪切应力或剪切速率增加到某一值，假塑性流体表现为非牛顿型流体的流动。由图 4.3.6 可知，曲线的弯曲表明，增加的剪切应力或剪切速率使流体的结构发生了变化。这种变化包括流体大分子构象、各种大小分子的分布、分子束和晶粒尺寸等的改变。流体结构的变化可以导致旧结构的破坏或新结构的形成。流体结构的改变必然引起分子间作用力发生变化，流体黏度随之改变。

流体黏度的变化有**剪切变稀**和**剪切变稠**两种现象的趋势。下面介绍流体黏度变化的这两种现象。

① 剪切变稀现象。由图 4.3.6（b）看出，流体流动的 τ—$\dot{\gamma}$ 和 η_α—$\dot{\gamma}$ 曲线偏离牛顿流动曲线向下弯曲。说明流体表观黏度 η_α 随剪切速率 $\dot{\gamma}$ 的增大而降低。剪切应力破坏了流体原有结构，减小流体的流动阻力，从而导致流体的表观黏度 η_α 随剪切速率 $\dot{\gamma}$ 的增大而降低。**流体表观黏度 η_α 随剪切速率 $\dot{\gamma}$ 的增大而降低的现象称为剪切变稀**。

剪切变稀现象是很多聚合物熔体、溶液以及一些聚合物悬浮体的重要流变特征。流体表观黏度降低的原因是由于聚合物分子的长链所引起。当剪切速率增大时，大分子逐渐从网络结构中解缠和滑移，流体结构出现明显的改变，高弹变形相对减少，分子间作用力减弱，因而流动阻力减小，流体黏度随剪切速率（剪切应力）的增加而逐渐降低。需要指出，对具有假塑性行为的聚合物溶液或分散体系，增大的剪切应力或剪切速率会迫使低分子溶剂物质从原来稳定体系中分离出来。溶剂的挤出导致体系的破坏，缩小了无规线团或粒子的尺寸，更多的溶剂分布在这些线团和粒子之间，大大减小整个体系的流动阻力，降低了体系的表观黏度。剪切变稀现象尤以分子刚性较大和大分子具有不对称形状的聚合物表现最显著。

② 剪切变稠现象。当流体流动的剪切速率或剪切应力增加到某一数值时，剪切作用使流体形成新结构，增加流动阻力，导致流体的表观黏度 η_α 随剪切速率 $\dot{\gamma}$ 或剪切应力 τ 的增加而增加。**流体表观黏度 η_α 随剪切速率 $\dot{\gamma}$ 或剪切应力 τ 的增加而增加的现象称为剪切变稠**。

剪切变稠现象起因于流体中有新的结构形成，增加了流动阻力，从而使流体的表观黏度随 $\dot{\gamma}$ 或 τ 增大而增加，同时伴有体积的胀大，故这种流体称为**膨胀性流体**。聚合物流体黏度对剪切速率的这种依赖性，通称为**结构黏度**。静止悬浮流体中的固体粒子处于堆砌得很紧密的状态，粒子之间空隙很小并充满了流体。当作用于悬浮液上的剪切应力不大或剪切速率很低时，在流体润滑作用下，固体粒子会产生相对的滑动，大致保持原有紧密堆砌的情况，使整个悬浮流体系沿受力方向移动。故悬浮液有恒定的表观黏度。所以，在低剪切速率范围时，膨胀性流体也表现出牛顿型流体的流动行为。当流体流动的剪切速率 $\dot{\gamma}$ 或剪切应力进一步增加时，粒子被迫以较快速度移动，粒子之间碰撞机会增多，增大流动阻力，增加悬浮流体系的总体积。原来勉强充满那些空隙的流体已不能再充满，增大了空隙，减小粒子间移动时的润滑作用，增大阻力，以致增加悬浮液表观黏度。

在聚合物流体流动过程中，增大悬浮液能量的消耗，以致增加单位剪切力并不能成比例地增加剪切速率。因此为产生所需流体剪切速率而需要的剪切应力将以非线性方式更快地增长。这种情况正好与假塑性流体的流动性质相反。膨胀性流体一般比较少见，大多数固体含量较大的悬浮液都属于这一类，例如聚氯乙烯和少数含有固体物质的聚合物熔体（结晶熔体）等。

（3）第三流动区

第三流动区和第一流动区一样都是牛顿流体流动区，它出现在比第二流动区更高的剪切速率或剪切应力范围。在这一区域，流体的 $\lg\tau$—$\lg\dot{\gamma}$ 曲线恢复成斜率等于 1 的直线，这表明在剪切应力或剪切速率很高时，流体的黏度再次出现不依赖于 τ 和 $\dot{\gamma}$ 而保持为常数。解释这一现象的原因也不尽相同。

① 一种看法认为当剪切速率很高时，聚合物中网络结构的破坏和高弹变形已达极限状态，继续增大 τ 或 $\dot{\gamma}$ 已经不再影响聚合物流体的结构。流体黏度已下降到最低值，当流动终于达到稳定状态时，黏度也下降到定值。

② 另一种看法认为，当剪切速率很高时，流体的大分子构象和双重运动的应变来不及适应剪切应力 τ 和剪切速率 $\dot{\gamma}$ 的变化，致使流体的流动行为表现出牛顿型流动的特征，黏度保持为常数。

在高剪切速率范围内，流体不依赖于剪切速率的黏度称为**极限黏度** η_∞，也称为**次级牛顿黏度**。值得注意的是，在很高的剪切速率下，流体高速流动时，常在设备壁面产生滑移，流体流速更趋增大，以致使流体非常容易地从稳定流动转变为不稳定流动，并导致熔体破裂现象出现。应该指出，在非牛顿区，即中等剪切速率范围内，聚合物流体的流动行为对加工成型有特别重要的意义。因为，大多数聚合物的加工成型都在这一剪切速率范围内，见表 4.3.4 所示。

表 4.3.4　聚合物主要成型加工方法的 $\dot{\gamma}$ 范围[29]

加工方法	$\dot{\gamma}/s^{-1}$	加工方法	$\dot{\gamma}/s^{-1}$
压制	$1 \sim 10$	纤维纺丝	$10^3 \sim 10^5$
混炼与压延	$10 \sim 10^2$	注射	$10^3 \sim 10^4$（可高至 10^5）
挤出	$10^2 \sim 10^3$（可低至 10）		

虽然，在第三流动区域，聚合物流体的流动曲线是弯曲的。但是，由于实际加工过程剪切速率的变化范围很窄。因此，在剪切速率变化很窄范围内，其流动曲线接近于直线所引起的偏差很小。“有限区域”的条件建立在指数流动定律的基础上。

聚合物熔体出现非牛顿行为的基本原因是流动场中分子链节的定向。这种分子链的定向增加熔体的弹性。分子链的定向减小体系的熵，类似于橡胶弹性流动中熵的减小。流体的弹性用弹性模量测量。

在某临界相对分子质量 $M_{r,c}$ 以上，分子缠结具有一定的寿命。分子缠结作用就像是暂时交联，因此聚合物熔体具有很多交联橡胶的特性。在很低的剪切速率下，剪切应力使分子链定向以前，分子缠结有足够的时间滑移和解缠。在较高剪切速率时，在分子缠结消失前，分子缠结间的链段已被定向。

根据以上讨论，静止的聚合物熔体具有比其流动时更高的缠结浓度。**有两个因素影响缠结浓度的变化：**

① 在很高的剪切流动后，聚合物具有较低的黏度和较小的弹性，经静止一段时间后，黏度和弹性均有增加，这种现象可由实验观察到。分子缠结不仅使弹性增加，而且由于分子缠结使分子相对运动困难，导致黏度增加。

② 在很高的剪切速率下，分子缠结已不存在，此时弹性消失，黏度亦降至较低的数值，且与剪切速率无依赖关系。换言之，在很高剪切速率下，聚合物熔体显现牛顿流体的行为。在很高的剪切速率下，在实际情况下，由于黏性生热和流动的不稳定性，该上限牛顿区一般是难以实现的。

在聚合物的加工成型中，通过调整剪切速率（或剪切应力）来调整熔体黏度，显然只有黏度对 $\dot{\gamma}$ 敏感的聚合物才会有较好的效果。对剪切速率不敏感对温度敏感的聚合物材料，则可通过调整温度改变熔体黏度，或调整其他因素来改变熔体的黏度。

4.3.3 压力对流体黏度的影响

由前节分析可知，聚合物的聚集态不是很紧密的，实际上存有很多“空穴”，即所谓的自由体积，从而使聚合物熔体和溶液具有可压缩性。在加工成型过程中，聚合物材料要受到自身静压力和外部压力的双重作用，特别是外部压力一般可达 10 ~ 300MPa，在这样大的外部压力作用下，被压缩的聚合物体积减少，降低了分子链活动性，从而提高了玻璃化转变温度。所以，压力对聚合物黏度的影响是显著的。

本小节介绍压力对流体黏度的影响。

聚合物是可压缩的流体，一般在静压力为（1.0 ~ 10）MPa 下成型，其体积压缩量约小于1%。注射成型时，施加的压力可达 100MPa，有明显的体积压缩。体积压缩减少了聚合物自由体积，减少了分子间距，最终导致流体黏度增加，流动性降低。

另外，在加工成型温度下，聚合物流体的压缩性大于正常情况。实验发现，当挤出温度为 190℃时，压力从零增大到 124MPa，聚苯乙烯（PS）的表观黏度提高了 135 倍[30]。对于聚合物加工成型，在设计模具和选择注射压力时，非常有必要学习了解压力对聚合物材料黏度的影响规律。

由于压力引起聚合物材料的黏度增加，流动性降低。所以聚合物加工成型过程有时一再增大压力，聚合物熔体或溶液的流量总不能增加，有时甚至减少，其道理在此。因此，在聚合物材料加工成型过程中，过分增加压力是不适当的，除上述缺点外，还会引起能量的过多消耗，造成设备的更大磨损。

随着压力的改变，黏度发生变化，定义黏度压力系数为

$$\delta = \frac{\mathrm{d}\ln\eta}{\mathrm{d}p} \tag{4.3.15}$$

式中，各种材料黏度压力系数 δ 在（2 ~ 8）$\times 10^{-8}\,\mathrm{Pa}^{-1}$ 范围。对于热塑性聚合物熔体，黏度压力系数 δ 平均值等于 0.033 MPa^{-1}。

黏度与压力的关系可用下式表示

$$\eta_p = \eta_o \mathrm{e}^{\delta p} \tag{4.3.16}$$

式中，η_p 为压力 p 时的黏度；η_0 为 0.1MPa（常压）时物料的黏度；δ 为黏度压力系数，常数；p 为压力。

式（4.3.16）表明，聚合物的黏度随着作用压力升高而增加。在此还应指出，在考虑压力对聚合物黏度的影响时，还应考虑压力对聚合物物理状态的影响。在压力的作用下，聚合物的物理状态可能发生变化，即发生玻璃化和结晶。已玻璃化和结晶的聚合物在管中流动时，伴随着很高的流动阻力。

如果 $p = 100 \times 10^5\,\mathrm{Pa}$，则有 $\eta/\eta_p = 1.39$。表 4.3.5 给出高聚物熔体黏度与静压力 p 的关系。

表 4.3.5 高聚物熔体黏度与静压力 p 的关系[18]

$p \times 10^5\,\mathrm{Pa}$	30	100	300	500	1000	3000
η/η_p	1.11	1.39	2.70	5.29	27.9	22026

特别要注意的是，注塑大型、形状复杂的、壁厚不均的聚合物制品，就需要很高的压力。例如汽车水箱、车内装饰件、飞机内饰件、大型家电外壳等。某种聚合物在普通压力范围内可以加工成型。但是，当压力过大时，反而不能成型。不能将低压下的流变数据任意外

推到高压下使用。因此，研究黏性流动与压力的关系对聚合物注射成型非常重要。

例如，对许多聚合物，当压力增加到100MPa时，黏度变化相当于降低温度30～50℃时的黏度变化。图4.3.7为5种聚合物的压力-温度等效关系曲线。在维持黏度恒定情况下，聚合物的温度与压力的等效值（$\Delta T/\Delta P$）$_\eta$约为（3～9）×10^{-7}℃/Pa。由此可知，聚合物熔体或溶液自由体积的改变，除考虑温度的影响外，同时还需考虑压力的影响。

在恒压下，测定黏度随温度的变化（$\partial\eta/\partial T$）$_p$和恒温下黏度随压力的变化（$\partial\eta/\partial p$）$_T$。比较研究发现，若以lgη分别对压力和温度作图时，黏度梯度都是线性函数。实际上，在正常加工温度范围内，一种聚合物增加压力对黏度的影响和降低温度对黏度的影响具有相似性。在加工成型过程中，改变压力或温度，都能获得同样的黏度变化的作用，通常称此为**压力-温度等效性**。黏度的压力效应和温度效应同时起作用。可用换算因子（$\Delta T/\Delta p$）$_\eta$来确定与产生黏度变化所施加的压力增量Δp相当的温度下降量ΔT。（$\Delta T/\Delta p$）$_\eta$把压力对黏度的影响与温度的影响联系起来。该系数近似等于常数，压力降与温度降是等效的。

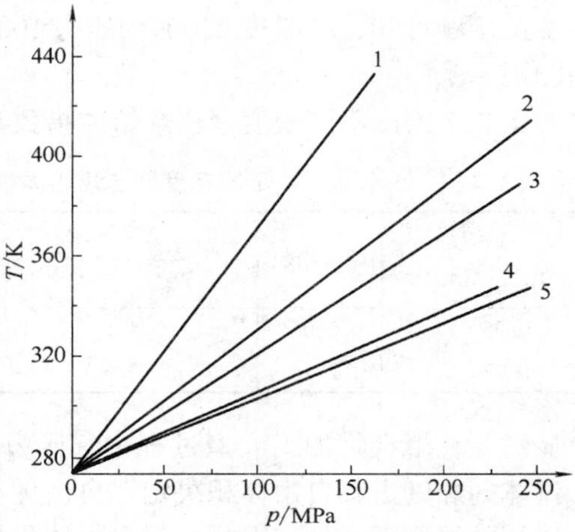

图4.3.7　5种聚合物的压力-温度等效关系曲线[9]

1—PP　2—LDPE　3—聚甲醛　4—PMMA　5—尼龙66

换算因子（$\Delta T/\Delta p$）$_\eta$与热力学函数（$\partial T/\partial p$）$_S$和（$\partial T/\partial p$）$_v$具有相同的形式。在绝热压缩时，（$\partial T/\partial p$）$_S$可作为温升速率来测定，它与按照下式计算的数值一致

$$(\partial T/\partial p)_S = \frac{(\partial S/\partial p)_T}{(\partial S/\partial T)_p} \tag{4.3.17}$$

同样计算

$$(\partial T/\partial p)_v = (\partial S/\partial p)_T(-K/v) \tag{4.3.18}$$

式中，S为熵；K为体积模量；v比体积。

由于恒温下的熵/压力比和恒压下的熵/温度比都是热力学基本函数。因此，可以通过测定比热容、比体积和温度得到。需要注意的是，聚合物工程熔体流动的问题，常遇到黏度的压力效应和温度效应叠加在一起的情况。

综上所述，首先把黏度看成温度的函数，然后再把它看作压力的函数，可以在等黏度条件下得到换算因子（$\Delta T/\Delta p$）$_\eta$，即可确定与产生同样熔体黏度所施加的压力增量相当的温降。表4.3.6提供几种高聚物熔体的（$\Delta T/\Delta p$）$_\eta$换算因子[20]、恒熵下温度随压力的变化和恒容下温度随压力变化的数据[5]。

表4.3.6　　几种高聚物熔体的换算因子×10^{-7}

高聚物	($\Delta T/\Delta p$)$_\eta$/(℃/Pa)	($\partial T/\partial p$)$_S$	($\partial T/\partial p$)$_v$	高聚物	($\Delta T/\Delta p$)$_\eta$/(℃/Pa)	($\partial T/\partial p$)$_S$	($\partial T/\partial p$)$_v$
聚氯乙烯	3.1	1.1	16	共聚甲醛	5.1		
聚酰胺66	3.2	1.2	11	低密度聚乙烯	5.3	1.6	16
聚甲基丙烯酸甲酯	3.3	1.2	13	硅烷聚合物	6.7		
聚苯乙烯	4.0	1.5	13	聚丙烯	8.6	2.1	19
高密度聚乙烯	4.2	1.5	13				

例题 4.3.1 低密度聚氯乙烯注射条件为温度 220℃和压力 10^8 Pa。此时黏度与 0.1MPa 相比一定增加。若要求两者必须相等。请用换算因子确定必须降低的温度是多少？

解：若要求两者必须相等，从表 4.3.6 中查到换算因子 $(\Delta T/\Delta p)_\eta = 5.3\times10^{-7}$，由此计算必须降低的温度为

$$5.3\times10^{-7}\times10^{8}=53℃$$

$$220-53=167℃$$

由此例题可知，在温度 220℃和压力 100MPa 下与 167℃和压力 0.1MPa 下，熔体的流动行为相同。

表 4.3.7 给出不同密度聚乙烯熔体指数和不同压力的黏度比。

表 4.3.7 不同密度聚乙烯熔体指数和不同压力的黏度比[5]

聚乙烯密度 /(10^3 kg/m^3)	熔体指数	$\frac{\eta_1}{\eta_2}$ $\frac{\eta_1 在 172.4MPa 下}{\eta_2 在 17.24MPa 下}$	聚乙烯密度 /(10^3 kg/m^3)	熔体指数	$\frac{\eta_1}{\eta_2}$ $\frac{\eta_1 在 172.4MPa 下}{\eta_2 在 17.24MPa 下}$
0.96	5.0	4.1	0.92	0.3	9.7
0.92	2.1	5.6	0.945	0.2	6.8

显然，在聚合物加工成型过程中，压力对黏度的影响和温度对黏度的影响是紧密联系的。流体的黏度由其自由体积决定。自由体积越大，流体越容易流动，由于热膨胀的缘故，自由体积随温度而增加。但是，对自由体积最直接的影响应该是压力。流体静压力的增加会使自由体积减小，从而引起流体黏度的增加，因此，Macedo 和 Litovitz[31] 提出，安德雷德 (Andrade) 黏度—温度关系应该修正为

$$\eta = K\exp(E/RT + Cv_0/v_f) \tag{4.3.19}$$

式中，v_0是紧密堆砌时的比体积，v_f是自由体积。

对于柔韧链高相对分子质量结晶聚合物，压力影响可以与它们流过模孔的特殊影响迭加。实验证实，在模孔入口区，拉应力有很大上升。在高的拉力作用下，产生较强的定向效应，这种定向效应促进了聚合物的结晶。例如，在 146℃下，将天然橡胶强迫通过毛细管时，它可以结晶。线型聚乙烯接近熔点温度和高压作用下，当其流过管子时，它能形成一种特殊结晶结构，具有这种特殊结晶结构的聚乙烯，具有很高的弹性模量和强度。

通过本章的学习可知，在聚合物材料的制备和加工成型过程中，分子参数、配合剂、成型设备的几何尺寸、加工工艺条件综合影响熔体流变性能，最终影响产品的结构、外观质量和使用情况。聚合物加工成型工程中需要综合考虑这些因素对聚合物流体黏度的影响，合理设计和选择加工设备，优化材料配方和加工成型的工艺条件。第 9 章给出的数值模拟聚合物加工成型过程的具体案例证明了这一点。

本章仅介绍了聚合物流体的流动特性和影响因素的基本知识，深入研究聚合物体系流变性能的读者可进一步学习相关专题的参考文献 [32，33]。

第 4 章练习题

4.1 如何确定流体的类型？什么是牛顿流体？什么是广义牛顿流体[3]？

4.2 聚合物液体的黏性流动有何特点？为什么有这些特征？

4.3 为什么聚合物具有高弹性？简述高弹性材料的主要特征。

4.4 什么是假塑性流体？试用缠结理论解释绝大多数聚合物熔体和浓溶液在通常条件下呈现假塑性流体的性质的原因。

4.5　简述触变性流体和震凝性（反触变性）流体的特征。

4.6　简述描述黏弹性流体黏性效应和弹性效应的物理量，给出每个物理量定义。

4.7　简述聚合物相对分子参数影响材料黏度的规律，给出描述这种关系的方程。

4.8　分子结构是如何影响聚合物材料的黏度的？分别简述支化结构、其他结构因素对聚合物流体黏度的影响规律。

4.9　简述填充补强材料和软化增塑材料两类配合剂的功能。

4.10　简述溶剂和增塑剂的功能，它们是如何影响聚合物材料黏度的？

4.11　用最简单“混合法则”式（4.2.10）$\lg\eta \approx \phi_P \lg\eta_P + \phi_L \lg\eta_L$，估算温度 20℃的聚乙烯醇体积分数为 5% 的水溶液黏度。

4.12　聚合物材料的黏度—温度关系理论包括绝对反应速率理论、自由体积理论和现代理论。分别总结分析温度影响聚合物材料的黏度的每种理论和计算方法。

4.13　简述黏流活化能的物理意义，如何确定一种聚合物的黏流活化能。为什么聚合物的黏流活化能与相对分子质量无关？

4.14　综述剪切速率对聚合物材料黏度影响的规律和机理。

4.15　综述压力对聚合物材料黏度影响的规律和机理。

4.16　从分子结构的观点分析温度、切变速率对聚合物熔体黏度的影响规律。

4.17　在 100MPa 压力下，要维持常压和 167℃低密度聚乙烯的黏度不变，使用表 4.3.6 计算温度需要升高多少？

4.18　某聚合物在一定剪切速率下，50℃时表观剪切黏度（Pa.s）自然对数值为 12.4，60℃时表观剪切黏度（Pa.s）的自然对数值为 12.29，在玻璃化温度 $T_g = 213$ K 时，计算其黏流活化能。

4.19　在加工过程中，一种聚合物劣化，其重均分子量从 1.0×10^6 下降到 8.0×10^5，问加工前后的熔融黏度之比是多少？[32]

4.20 已知 160℃的某一聚苯乙烯试样的黏度为 1.0×10^3 Pa·s，试估算 T_g 为 100℃和 120℃时的黏度。[32]

参考文献

[1]　古大治. 高分子流体动力学 [M]. 成都：四川教育出版社，1985：93-200.

[2]　[美] Z. Tadmor, Costas G. Gogos. Principles of Polymer Processing (Second Edition) [M]. A John Wiley & Sons, Inc. 2006：25-177.

[3]　梁基照. 聚合物材料加工流变学 [M]. 北京：国防工业出版社，2008：41-59.

[4]　[英] R. S. 伦克. 宋家琪，徐支祥，戴耀松译，戴健吾校. 聚合物流变学 [M]. 北京：国防工业出版社，1983：61-82.

[5]　史铁钧，吴德峰. 聚合物流变学基础 [M]. 北京：化学工业出版社，2009. 32-73.

[6]　[美] S. 米德尔曼. 赵得禄，徐振森译. 聚合加工基础 [M]. 北京：科学出版社，1984：8-72.

[7]　[美] C. D. Han. 徐僖，吴大诚译. 聚合物加工流变学 [M]. 北京：科学出版社，1985. 82-101

[8]　G. V. Vinogradov, A. ya. Malkin. Rheology of Polymers：Viscoelasticity and Flow of Polymers [M]. New York：Mir Publishers Moscow, 1980. 105-116.

[9]　中国科学技术大学高分子物理教研室编著. 高聚物的结构与性能 [M]. 北京：科学出版社，1981. 275-310.

[10]　D. W. Van Krevenlen. Properties of Polymers [M]. Their Correlation with Chemical Structure, 2ed. Elsvier, 1976.

[11]　W. Busse and R. Longworth. Effect of molecular weight distribution and branching on the viscosity of polyethylene melts [J]. Journal of Polymer Science Part A：Polymer Chemistry, 1962, 58 (166)：49-69.

[12]　A. J. Charlesby. Viscosity measurements in branched silicones [J]. J. Polym. Sci., 1955, 17 (85)：379-390.

[13]　D. P. Wyman, L. J. Elyash, and W. J. Frazer. Comparison of some mechanical and flow properties of linear and tetra-chain branched "monodisperse" polystyrenes [J]. J. Polym. Sci., 1965, 3 (2)：681-696.

[14]　[日] 小野木重治. 林福海译. 高分子材料科学 [M]. 北京：纺织工业出版社，1983. 235.

[15] V. G. Long, G. C. Berry and L. M. Hobbs. Solution and bulk properties of branched polyvinyl acetates IV-Melt viscosity [J]. Polymer, 1964, 5: 517-524.

[16] G. Kraus and J. T. Gruve. Rheological properties of cis-polybutadiene [J]. Journal of Applied Polymer Science, 1965, 9 (2): 739-755.

[17] 王玉忠，郑长义. 高聚物流变学导论 [M]. 成都：四川大学出版社，1993. 208-209

[18] 徐佩弦. 高聚物流变学及其应用 [M]. 北京：化学工业出版社，2009. 49-84.

[19] [美] 尼尔生 (L. E. Neilsin, L. E). 范庆荣，宋家琪译. 聚合物流变学 [M]. 北京：科学出版社，1983. 22-103.

[20] P. F. Lyons and A. V. Tobolsky. Viscosity of polypropylene oxide solutions over the entire concentration range [J]. Polymer Engineering & Science, 1970, 10 (1): 1-3.

[21] G. Kraus and J. T. Gruver. Properties of random and block copolymers of butadiene and styrene. II. Melt flow [J]. Journal of Applied Polymer Science, 1967 , 11 (11): 2121-2129.

[22] J. L. White. Science and Technology of Rubber [M]. Chap. 6. Eirich. F. R. (Ed.). New York: Academic Press, 1978.

[23] J. L. White and J. W. Crowder. The influence of carbon black on the extrusion characteristics and rheological properties of elastomers: Polybutadiene and butadiene-styrene copolymer [J]. Journal of Applied Polymer Science. 1974, 18 (4): 1013-1038.

[24] C. D. Han. Rheology in Polymer Processing, chap. 7 [M]. New York: Academic Press, 1976.

[25] A, K. Doolittle. Studies in Newtonian flow. II. The dependence of the viscosity of liquids on free-space [J]. Journal of Applied Physics 22, 1951 (12): 1471-1475.

[26] 周彦豪，柳百坚，王明杰. 国产镍系顺丁橡胶流变性能的研究 [J]. 合成橡胶工业，1981, 4 (6), 453.

[27] T. D. Ferry. Viscoelastic Properties of Polymers (3rd Edition) [M]. New York: Wiley, 1981.

[28] H. A. Barnes, J. F. Hutton, K. Walters. An Introduction to Rheology [M]. New York: Elsevier, 1989: 11-36

[29] 金日光，马秀清. 高聚物流变学 [M]. 上海：华东理工大学出版社，2012: 110-125.

[30] B. Maxwell and A. Jung. Hydrostatic pressure effect on polymer melt viscosity [J]. Modern Plastics, 1957, 35 (3): 174-182.

[31] P. B. Macedo and T. A. Litovitz On the relative roles of free volume and activation energy in the viscosity of liquids [J]. The Journal of Chemical Physics, 1965, 42 (1): 245-256.

[32] 金日光，华幼卿. 高分子物理 [M]. 北京：化学工业出版社，2007. 329-334.

[33] 顾国芳，浦鸿汀. 聚合物流变学基础 [M]. 上海：同济大学出版社，2000. 26-246.

第 5 章　流变本构方程

通过第 3 章的学习已经明确，为了确定外力作用下聚合物材料的响应，仅有描述黏性流体流动的连续性方程、运动方程和能量方程还不够，还必须知道聚合物本身特有的流变性能，即给出描述其流变性能的本构方程，在一定初始条件和边界条件下，才能求解描述聚合物加工成型问题的控制方程。聚合物本构方程除了是定量描述聚合物流变特性的需要，也是求解聚合物加工流场控制方程必不可少的方程。

1945 年 M. Reiner 和 R. S Rivlin 研究流体非线性黏性理论和有限弹性变形理论取得突破性进展，随着聚合物材料应用的快速发展，聚合物材料的流变**本构方程**（Constitutive equation）成为流变学研究的热点之一。研究发展聚合物领域的新理论、新技术、新方法，仅有对聚合物流体流动性质的粗浅认识，仅测量聚合物材料的黏度是不够的，必须全面定量地描述聚合物流体非线性流变行为，为分析聚合物合成和加工成型的流变问题提供解决问题的理论依据和技术手段。

在聚合物材料配方设计、设备和模具设计，优化工艺条件中，流变性能的设计是重要的组成部分。随着计算机技术和信息技术的发展，通过数值模拟来完成这些设计，描述聚合物流变行为——本构方程的理论建立、发展和推广应用处于越来越重要的地位。聚合物流体流变本构方程和流变规律的研究对于促进聚合物材料科学、高分子物理学的发展，解决聚合物工程中理论和技术问题有十分重要的意义。学习黏性流体本构方程的基本知识，提高研究处理问题的能力，有利于科研和工程技术工作。聚合物工程领域工程技术人员和将在该领域工作的读者十分有必要下一番功夫学习本构方程的知识，学会用聚合物流变学的知识解决工程问题。

本章介绍描述黏性流体流动特性的流变模型——本构方程[1-6]。首先介绍黏性流体流动本构方程的基本概念，归纳介绍牛顿流体的本构方程、广义牛顿流体的本构方程、黏弹性流体的本构方程，最后介绍本构方程选择的基本原则。

本章分为 3 节，包括黏性流体本构方程的概述、黏性流体的本构方程、本构方程的比较和选择。

5.1　黏性流体本构方程的概述

聚合物流体流动时，表现出典型的非线性黏弹性行为，不能用牛顿黏性和胡克弹性的简单加和来描述。聚合物材料应力状态与全部变形历史有关，而且过去的变形和新近不久的变形对现时应力状态的贡献不同。这些定性的描述和讨论不能深入揭示聚合物流体的流变机理，也不能定量地描述聚合物流体复杂的流变行为。

聚合物领域科学技术的发展需要精确描述聚合物流体的复杂应力—应变关系，找出这种关系与不同材料结构的联系。在聚合物材料工程中，随着各种各样新合成技术和新加工成型技术的发展，研究聚合物流体的流动规律与材料结构性能的关系成为十分重要的课题。

在第 4 章学习聚合物流体流变特性的基础上，本节概述本构方程的基本概念，介绍本构方程的定义和如何分类，如何确定和判断黏性流体流动的本构方程。

本节分为两节，包括本构方程定义和分类、本构方程的确定和判断。

5.1.1 本构方程的定义和分类

随着聚合物材料应用的快速发展，描述聚合物材料物性的本构方程发展也很快，有各种形式的本构方程。

本小节概述本构方程（Constitutive Equations）相关的基本概念[1]，包括本构方程的定义、本构方程的分类两部分。

(1) 本构方程的定义

描述物质宏观结构与宏观力学响应相互关系的模型被称为本构关系。例如，虎克定律就是理想弹性固体的本构关系。**本构关系是描述物质受力时力学响应与其内部结构的相互关系。**

在一定的条件下，在力学行为上多种物质具有共性，这个共性可作为一类力学响应的模式。从而定义出一个理想的材料模型，它描述了一大类材料在力学行为上的某些共性，可以用相当精度的本构关系来描写某个特定材料的力学行为。**本构关系是反映物质宏观性质的数学物理模型。本构方程是本构关系具体的数学表达式。**

定义：聚合物本构方程是聚合物材料受力时力学响应的数学描述。

定义：聚合物流体本构方程是描述聚合物流体在流场力作用时力学响应的数学物理模型。

可以说，在流场力作用时，聚合物流体本构方程描述聚合物流体应力与应变速率之间的关系。

(2) 本构方程的分类

经过科学家和工程技术人员多年的努力，建立了许多不同形式的聚合物本构方程。目前，黏弹性流体本构方程有两种分类形式，分别为按照本构方程的形式和流体的类型来分类。

① 按照本构方程的形式分类。按照本构方程的数学形式分为微商型（速率型）和积分型。微商型（速率型）本构方程中包含了应力张量或应变速率张量的时间微商或同时包含这两个微商。**积分型**本构方程利用叠加原理，把应力表示成应变历史上的积分，或者用一系列松弛时间连续分布模型的叠加来描述材料非线性黏弹性。积分型分为单重积分或多重积分。微商型（速率型）和积分型本构方程本质上是等价的。

② 按照流体的类型分类。流体按其黏弹特性大致可分为牛顿流体、广义牛顿流体、线型黏弹性流体和非线型黏弹性流体。各种类型的流体可具有不同数学形式的本构方程，包括微商型、积分型。为了分析简便，聚合物流体常被近似为一种所谓“简单”流体，即流体流动中任意点于任意时刻的应力状态取决于该点流体微团全部的流动历史，而与相邻流体微团的流动历史无关。

5.1.2 本构方程的确定和判断

聚合物流体本构方程是聚合物流变学的重要研究内容之一，聚合物流体本构方程不仅丰富了聚合物流变学理论，而且促进了聚合物加工成型理论的发展。由于聚合物熔体流变行为的复杂性，经过科学家和工程技术人员几十年的努力，建立了许多描述聚合物流体流变行为的本构方程，有不少本构方程用于解决聚合物加工成型的问题。但是，**至今没有也不可能找到一个本构方程可以定量地描述所有聚合物流体的流变现象**。科学家和工程师自己所用的本构方程，只能预测他们感兴趣或研究的具体聚合物流动行为。学习追溯本构方程的起源和发展，指出它们之间的相互关系有益于深入理解本构方程的内涵。

本小节概述本构方程相关的基本知识[1-6]，包括本构方程建立的基本方法、本构方程的确定基本原理、本构方程的改善和优劣的判断 3 部分。

5.1.2.1　本构方程建立的基本方法

本构方程建立的基本方法大致分为唯象性和分子论两种方法。

(1) 唯象性法

唯象性法是一种近似的方法。它强调实验事实，现象性地推广流体力学、弹性力学和高分子物理中关于黏弹性线性本构方程的研究结果，直接给出描写黏弹性流体应力—应变、应变速率间的非线性关系，以黏度、模量、松弛时间等本构方程参数表征材料的特性。**唯象性方法一般不关注材料的微观结构**。

工程上常用线性黏弹模型，分析黏弹固体、沥青、混凝土一类材料的流变性质。在黏弹性流体的流动中，如果非线性效应与线性效应相比很小的情况下，也可采用线性黏弹模型。

(2) 分子论法

分子论法研究材料微观结构对材料流动性的影响，重在建立聚合物大分子链流动的数学模型。用热力学和统计力学方法，将宏观流变性能与相对分子质量、相对分子质量分布、链段等结构参数联系起来。由此可知，首先提出能够正确描述大分子链运动的数学模型是问题的关键。如果确立的一个本构方程与部分实验结果吻合很好，但是，该模型不能反映大分子链状形态特点，这个方程是不能使用的。

根据研究对象的不同，分子论法建立的聚合物流变本构方程还可分为稀溶液理论和浓厚体系理论。

① **稀溶液理论研究聚合物稀溶液流变性能，也称为单分子链运动学或孤立分子链黏弹性理论。**

② **浓厚体系理论研究聚合物熔体和浓溶液流变性能，也称为缠结分子链运动学。**

近年来，这两部分的理论和实验研究都取得了巨大进展。可喜的是，这两种方法出发点不同，研究的逻辑思路也十分不同，而最终的结论十分接近。由于聚合物材料工程发展的需求，浓厚体系本构方程的研究十分活跃，研究的成果推动了聚合物材料加工流变学的发展。

5.1.2.2　本构方程确定的基本原理

将一大类材料共性的理想化模式转化为准确的数学表述时，为了保证本构方程理论的正确性，**建立材料的本构方程必须遵循以下的基本原理**[1,2]。

(1) 流变性确定性原理

流变性确定性原理（Rheological certainty principle）表明，现在时刻任意质点的应力状态仅依赖它的全部运动历史。在时刻 t，在 x 处流体微团 X 的应力由该微团运动的历史决定

$$\boldsymbol{\tau}(x,t)=f[X(t'),x,t] \tag{5.1.1}$$

式中，$X(t')$ 表示在 $t'\leq t$ 时间内物体的变形，即运动的历史。应力是全部变形的一个泛函。

式（5.1.1）称为本构映射。该式表示，在时刻 t，f 将流体微团 X 的运动历史映射为对称应力张量 $\boldsymbol{\tau}$。如果实际坐标 x 遍取整个流场，时刻 t 的 f 值就得出响应于流体运动 $X(t')$，$t'\leq t$ 的应力场 $\boldsymbol{\tau}(x,t)$。这种泛函形式的表达式使流变性确定性原理不包含“逼近”

的性质，只是历史决定现在。在时刻 t，流体微团的应力状态由该微团在此以前的全部变形历史确定。应力对运动历史的依赖性，表明物体对它曾经经历的运动有“记忆”能力，或者说，物体的力学行为有历史“遗传性”。可见，这条原理与经典材料理论相反。在牛顿力学的连续性假设下，初始条件 $t=0$，物体将来和过去的运动就完全决定了。

没有学习过泛函知识的读者有兴趣的话可以阅读有关书籍[8]。没有时间深入学习的读者可以这样理解泛函的概念，**应力张量不是用自变量描述的函数，应力张量是用另外一个函数来描述的函数**。也就是说应力张量是函数的函数。

（2）局部作用原理

局部作用原理（Local action principle）表明，**时刻 t 物体内某点的应力状态，仅由该点周围无限小邻域的变形历史单值地确定**。该原理保证了应力分布的连续性，也反映了近程的相互作用。这一观念与真实材料中的短程力相一致，而将长期相互作用排除在外。也就是说，这种连续性并不是均一性，物体内各点的应力—应变关系可以不同。

（3）坐标不变性原理

坐标不变性原理（Coordinate invariance principle）表明，**本构方程对于运动的参考标架具有不变性**。即建立本构方程与坐标系的选择无关。在坐标变换中，本构方程的解析（分量）形式服从坐标变换的定律。在第 2 章曾学习了坐标变换的基本知识，包括同类坐标框架的平移和旋转，坐标系向量和张量的变化等。由这种变换特性规定了物理量的张量特性，将各种物理量划分为零阶张量（数量）、一阶张量（矢量）和二阶张量。在不同的惯性参考系中，二阶应力张量、应变张量满足坐标变换定律，反映了物质的客观性。而变形梯度张量（应变速率张量）不具备这样的性质。

坐标不变性原理又称为物质客观性原理（Material objectivity principle）。也就是说，**物质的性质不随观察者的变化而变化**。按照这一原理，两个观察者针对同一物体的同一运动，他们发现的应力是相同的。可以说，一个本构方程所表示的材料行为，应当与观察者的运动无关。**这条原理保证了所建立的本构方程与所有已知的基本守恒定律是相容的，这是最具限制性也是最有用的一条原理。**

正如 Tadmor[2] 指出的：“本构方程必须满足一个物理约束条件，这个约束条件必须满足数学要求：简单的流体关系必须是“客观的”，这意味着它的预测不取决于流体是刚体旋转还是变形。这可以通过建立本构方程中的项来实现。一个是共旋转的框架，跟随每个粒子并随之旋转。另一个是共同变形的框架，它随着流动的粒子平移、旋转和变形。在任何一个框架中，观察者都忽略了刚体旋转。因此，任何一个框架中的本构方程都是客观的，或者正如通常所表达的那样‘服从物质客观性的原则’。两者都可以转化为固定的（实验室）框架，其中出现平衡方程式并获得实验结果。这些转变与从实质框架到固定框架的转变相似，但更为复杂。最后，共旋转本构方程可以转化为共变形方程。”

符合上述基本原理的流体称为“简单流体”或“记忆流体”。从不同方法得出的本构方程都具有某些物理学的不变性，它联系应力张量和流变运动学张量的所有分量，是材料的力学响应的一般描述[1]。

5.1.2.3 本构方程的改善和优劣的判断

唯象性和分子论本构方程建立的基本方法大致分为两种方法。唯象性方法强调实验事实，现象性地推广流体力学、弹性力学和高分子物理中黏弹性线性本构方程的研究结果，直接给出描写黏弹性流体应力—应变、应变速率间非线性的关系。对于非线性效应大的黏弹性材料，为了满足物质客观性原理，必须改善本构方程，还要判断本构方程的优劣。

改善本构方程有以下两条途径：

① 在本构方程中加入应变速度的高阶项，以计入非线性效应。

② 跟随物质点观察其应力和应变随时间变化的规律。首先在运动坐标系建立线性黏弹本构方程，然后由运动坐标系到固定坐标系转换本构方程，转换后得到拟线性黏弹模型，或者直接加入非线性效应的项。

在一定假设条件下，研究了某种材料的分子结构，用分子论方法建立该材料的本构方程。得到的本构方程有一定局限性。需要思考该本构方程是否能推广使用？加入非线性项是否合理？哪个非线性黏弹性模型好？

聚合物工程实践中，工程技术人员必须实验测试材料的流变数据，选择本构方程，用实测流变数据拟合确定本构方程的参数，将实验测试的数据与确定本构方程计算的流变数据比较，判断哪个本构方程更能描述所研究和使用的聚合物材料。

如何选择黏弹性的本构方程，首先要学习了解如何判断本构方程的优劣。可从下面几个方面判断本构方程的优劣：

① 方程的立论是否科学合理，论据是否充分，结论是否简单明了；

② 一个好的本构方程，不仅能正确描写已知的实验事实，还应能预测分析另外一种同类材料的流变性能，预言至今未知可能发生的事实；

③ 理论应有承前启后的功能。一个描写非线性黏弹流体应力、应变、应变速率的本构方程，它应能还原为描写线性黏弹流体的本构关系。

④ 最重要的一点，本构方程经得起正确实验数据的检验。实验数据是判断一个本构方程优劣的出发点和归宿。大量的实验积累越来越多的数据，它们是检验本构方程优劣的最重要标志。

⑤ 根据本构方程的性质和特点判断使用场合的优劣。例如，**非线性黏弹性材料就不能使用牛顿流体、幂律等模型**。下一节将介绍本构方程选择的基本原则。

5.2　黏性流体的本构方程

在剪切应力作用下，聚合物熔体不但表现出黏性流动，产生不可逆变形，而且表现出弹性，产生可回复的变形，有一个松弛的过程。聚合物加工成型中，弹性变形和松弛过程直接影响制品的外观、尺寸稳定性、内应力。为解决聚合物工程的问题，确定在外部因素作用下物体的响应，确定了描述运动的控制方程还不够，还须确定描述构成物体物质属性所特有的本构方程，才能在数学上得到封闭的控制方程组，在一定的初始条件和边界条件求解该问题。

1687 年，牛顿做了一个简单的剪切流动实验，建立了牛顿黏性定律。1831 年，有了泊松（Poisson）的第一个完整地说明黏性流体的物理性质的本构方程。纳维（Navier）于 1821 年和斯托克斯（Stokes）于 1845 年分别建立了描述不可压缩黏性流体运动方程，即纳维—斯托克斯方程，即 N-S 方程。1945 年，斯托克斯提出了非线性黏性流体的概念，建立了最初的黏性流体的本构模型。直到 1945 年 Reiner 研究了方程中应力张量的数学形式，尽管处理的不是十分正确。但是，他的工作标志着现代连续介质力学的开端。“到了 20 世纪 50 年代末，形成了非线性黏弹性流体本构方程的基本理论。代表性的人物有 Rivillin，Oldroyd，Truesdellhe 和 Noll 等。他们将 19 世纪形成的全部连续介质力学的概念推广至有限应变和非线性力学响应，开辟了流变学的现代连续介质力学理论。[1]”

科学家和工程技术人员经过几十年的努力，发展流变学理论，建立了许多聚合物的本构方程，有部分可用来解决实际的聚合物加工问题。聚合物流变学的研究中本构方程具有决定性意义。本构方程是材料的流变状态方程。本构方程是在假设条件下材料物质行为的数学描述。在连续介质力学中，应力表述了力的作用。材料的力学性质用运动与应力的关系来描述。**由本构方程描述的材料力学行为是一种理想状态。因此，实际的聚合物不会绝对遵循某个本构方程，材料流变行为会逼近或接近某个本构方程。**由于聚合物熔体流变行为的复杂性，不可能用一种通用的本构方程来定量地描述所有的流变现象。我们学习追溯这些本构方程的起源和发展，指出它们之间的相互关系是有益于提高分析问题的能力。

Tadmor 和 Gogos[2] 遵循 Bird 等本构方程的系统和明确的分类和描述，将众多的本构方程分成 3 个经验本构方程族：

① 广义的牛顿流体模型（Generalized Newtonian fluid model，GNF）广泛应用于聚合物加工流体分析，因为它们能很好地描述熔体对剪切速率的依赖性。

② 线性黏弹性模型（Linear viscoelastic model，LVE）广泛用于描述聚合物熔体的动态流变响应低于聚合物线性黏弹性响应的应变极限。所得结果是大分子结构的特征和依赖。这些被广泛用作基于流变学的结构表征工具。

③ 非线性黏弹性模型（Nonlinear viscoelastic model，VE）利用连续介质力学参数以坐标系不变的形式投射本构方程，从而使它们能够描述稳定、动态的剪切流动和拉伸流动。科学家研究这些非线性 VE 经验模型的目的是开发预测观察到的流变现象的本构方程。

普遍认为，聚合物熔体和溶液的本构方程是一个普遍本构关系的特殊情况。据此，任何时刻流体和任何时刻的应力都取决于整个流体历史中流体元素占据的这一点。因为它不依赖于相邻元素的流动历史，相关性是“简单的”，而一般关系被称为简单流体本构方程。

由于篇幅有限，考虑到本科生学习的基本需求，本书没有全面介绍聚合物本构方程，也没有详细讨论其数学复杂性。仅介绍一些描述黏性流体流变性能常用的本构方程。在 Polyflow 商业软件包涵了本书介绍的本构模型。

本节归纳介绍黏性流体的本构方程，列举一些常用的本构方程[1-6]，介绍了本构方程选择的基本原则，分为两小节，包括广义牛顿流体的本构方程、黏弹性流体的本构方程。

5.2.1 广义牛顿流体的本构方程

经过几十年的发展，建立很多广义牛顿流体的本构方程。本小节介绍广义牛顿流体的本构方程，包括不可压缩牛顿流体应力张量和变形速率张量的不变量、几种广义牛顿流体的本构模型两部分。为了读者使用方便，本节给出本构方程张量和注记符号的表达式，具体本构模型仅给出数量形式表达式。

5.2.1.1 不可压缩牛顿流体应力张量和应变速率张量的不变量

假设流体是各向同性的，应力张量和应变速率张量是线性齐次函数关系，得到**不可压缩牛顿流体**张量形式的**流变方程**为

$$\boldsymbol{\tau}=\mu\dot{\boldsymbol{\gamma}} \tag{5.2.1a}$$

或写成注记符号分量式

$$\tau_{ij}=\mu\dot{\gamma}_{ij} \tag{5.2.1b}$$

为了描述描述非牛顿流体的黏性特性，用非牛顿黏度或剪切黏度 η 代替牛顿流体的黏

度 μ，得到广义牛顿流体的本构方程

$$\boldsymbol{\tau} = \eta \dot{\boldsymbol{\gamma}} \quad 或 \quad \tau_{ij} = \eta \dot{\gamma}_{ij} \tag{5.2.2}$$

因为黏度是标量，它必须是变形速率张量或剪切应力张量 3 个不变量（标量）的函数。为了后面章节使用公式的方便，将第 3.1.2.2 节应力张量 3 个不变量中所有的应力用 τ_{ij} 表示，定义应力张量的 3 个不变量式为

$$\begin{cases} I_\tau = \mathrm{Tr}\boldsymbol{\tau} = \sum_1^3 \tau_{ii} = \tau_{11} + \tau_{22} + \tau_{33} \\ II_\tau = \mathrm{Tr}\,\boldsymbol{\tau}^2 = \sum_1^3 \sum_1^3 \tau_{ij}\tau_{ji} = \tau_{11}\tau_{22} + \tau_{22}\tau_{33} + \tau_{33}\tau_{11} - \tau_{12}^2 - \tau_{23}^2 - \tau_{31}^2 \\ III_\tau = \mathrm{Tr}\boldsymbol{\tau}^3 = \sum_1^3 \sum_1^3 \sum_1^3 \tau_{ij}\tau_{jk}\tau_{ki} = \tau_{11}\tau_{22}\tau_{33} + 2\tau_{12}\tau_{23}\tau_{31} - \tau_{11}\tau_{23}^2 - \tau_{22}\tau_{31}^2 - \tau_{33}\tau_{12}^2 \end{cases} \tag{5.2.3}$$

其中，应力张量（Magnitude of the stress tensor）的大小为

$$\tau = |\boldsymbol{\tau}| = \sqrt{\frac{1}{2}(\boldsymbol{\tau} : \boldsymbol{\tau})} = \sqrt{\frac{1}{2} II_\tau} \tag{5.2.4}$$

3 个应力张量的不变量具有重要的几何和物理意义。由广义牛顿流体的本构方程可知黏度是应力张量的函数，由此可知黏度也是这 3 个应力不变量的函数，有

$$\eta(\boldsymbol{\tau}) = \eta(I_\tau, II_\tau, III_\tau) \tag{5.2.5}$$

由于工程中，常用标量**应变速率张量** $\dot{\boldsymbol{\gamma}}$ 或 $\dot{\gamma}_{ij}$ 表示剪切应力与变形的关系，为了讨论问题的方便，后文中变形速率用符号 $\dot{\gamma}$，变形速率张量 $\dot{\boldsymbol{\gamma}}$ 表示为

$$\dot{\boldsymbol{\gamma}} = \dot{\gamma}_{ij} = \begin{bmatrix} \dot{\gamma}_{11} & \dot{\gamma}_{12} & \dot{\gamma}_{13} \\ \dot{\gamma}_{21} & \dot{\gamma}_{22} & \dot{\gamma}_{23} \\ \dot{\gamma}_{31} & \dot{\gamma}_{32} & \dot{\gamma}_{33} \end{bmatrix} = \begin{bmatrix} 2\dfrac{\partial u_1}{\partial x_1} & \left(\dfrac{\partial u_1}{\partial x_2} + \dfrac{\partial u_2}{\partial x_1}\right) & \left(\dfrac{\partial u_1}{\partial x_3} + \dfrac{\partial u_3}{\partial x_1}\right) \\ \left(\dfrac{\partial u_2}{\partial x_1} + \dfrac{\partial u_1}{\partial x_2}\right) & 2\dfrac{\partial u_2}{\partial x_2} & \left(\dfrac{\partial u_2}{\partial x_3} + \dfrac{\partial u_3}{\partial x_2}\right) \\ \left(\dfrac{\partial u_3}{\partial x_1} + \dfrac{\partial u_1}{\partial x_3}\right) & \left(\dfrac{\partial u_3}{\partial x_2} + \dfrac{\partial u_2}{\partial x_3}\right) & 2\dfrac{\partial u_3}{\partial x_3} \end{bmatrix} \tag{5.2.6}$$

在外文聚合物加工的专著[6]中也用 Δ 或 Δ_{ij} 表示的**应变速率张量** $\dot{\boldsymbol{\gamma}}$，有

$$\Delta_{ij} = \dot{\boldsymbol{\gamma}} = \begin{bmatrix} \dot{\gamma}_{11} & \dot{\gamma}_{12} & \dot{\gamma}_{13} \\ \dot{\gamma}_{21} & \dot{\gamma}_{22} & \dot{\gamma}_{23} \\ \dot{\gamma}_{31} & \dot{\gamma}_{32} & \dot{\gamma}_{33} \end{bmatrix} \tag{5.2.7}$$

在第 3 章曾介绍直角坐标系、柱坐标系和球坐标系的变形速率张量 $\dot{\boldsymbol{\gamma}}$ 分量，其中直角坐标系应变速率张量的分量式（3.1.46）、柱坐标系应变速率张量的分量式（3.1.47）、球坐标系应变速率张量的分量式（3.1.48）。

鉴于应变速率张量的重要性，这里从几个方面说明变形速率张量 $\dot{\boldsymbol{\gamma}}$ 的主要性质和物理意义。

（1）二阶应变速率张量 $\dot{\boldsymbol{\gamma}}$ 是对称张量

从式（5.2.6）可知，二阶应变速率张量 $\dot{\boldsymbol{\gamma}}$ 仅有 6 个独立的分量，包括 3 个对角线分量 $\dot{\gamma}_{ii}(i=1,\ 2,\ 3)$ 和 3 个非对角线分量 $\dot{\gamma}_{ij}(i,\ j=1,\ 2,\ 3)$。因此，二阶应变速率张量 $\dot{\boldsymbol{\gamma}}$ 也是对称二阶张量。

（2）应变速率张量的不变量

对称的应变速率张量 $\dot{\boldsymbol{\gamma}}$ 有 3 个不变量。下面定义这 3 个不变量。

第一不变量　$$I_{\dot{\gamma}} = \Sigma_i \dot{\gamma}_{ii} = 2\left(\frac{\partial u_1}{\partial x_1} + \frac{\partial u_2}{\partial x_2} + \frac{\partial u_3}{\partial x_3}\right) = 2\mathrm{div}\boldsymbol{u} = 2\ \nabla \cdot \boldsymbol{u} \tag{5.2.8}$$

第二不变量 $II_{\dot{\gamma}} = \sum_i \sum_j \dot{\gamma}_{ij}\dot{\gamma}_{ji} = \dot{\gamma}_{11}^2 + \dot{\gamma}_{12}^2 + \dot{\gamma}_{13}^2 + \dot{\gamma}_{21}^2 + \dot{\gamma}_{22}^2 + \dot{\gamma}_{23}^2 + \dot{\gamma}_{31}^2 + \dot{\gamma}_{32}^2 + \dot{\gamma}_{33}^2$ (5.2.9)

第三不变量 $III_{\dot{\gamma}} = \det\dot{\boldsymbol{\gamma}}$ (5.2.10)

式中，$\det\dot{\boldsymbol{\gamma}}$ 是由 $\dot{\gamma}_{ij}(i, j=1, 2, 3)$ 的分量组成的矩阵行列式。

假定黏度 η 依赖于 $\dot{\gamma}_{ij}(i, j=1, 2, 3)$ 的分量定义的流动运动量。由广义牛顿流体的本构方程可知黏度是一个标量函数。但是，不一定是常数。因此，黏度必须是应变速率张量 3 个不变量（标量）的函数，有

$$\eta(\dot{\boldsymbol{\gamma}}) = \eta(I_{\dot{\gamma}}, II_{\dot{\gamma}}, III_{\dot{\gamma}}) \tag{5.2.11}$$

对于不可压缩流体，有 $I_{\dot{\gamma}} = 2\ \nabla \cdot \boldsymbol{u} = 0$。对剪切流动，$III_{\dot{\gamma}} = 0$；对于近似剪切流动，也可以忽略去黏度 η 对第三不变量 $III_{\dot{\gamma}}$ 的依赖。非牛顿流体的黏度只是第二不变量 $II_{\dot{\gamma}}$ 的函数，有 $\eta(\dot{\boldsymbol{\gamma}}) = \eta(II_{\dot{\gamma}})$。由于二阶张量的对称性，将 $\dot{\gamma}_{ij} = \dot{\gamma}_{ji}(i,j=1,2,3)$ 代入第二个不变量，且对于简单剪切流动，有 $\dot{\gamma}_{12} = \dot{\gamma}_{21} = \dot{\gamma}$，其余项都为零，得到

$$II_{\dot{\gamma}} = \sum_i \sum_j \dot{\gamma}_{ij}\dot{\gamma}_{ji} = 2\dot{\gamma}_{12}^2 = 2\dot{\gamma}^2$$

整理上式，得到

$$\dot{\gamma} = \sqrt{\frac{1}{2} II_{\dot{\gamma}}} \tag{5.2.12}$$

即

$$\eta = \eta(\dot{\gamma}) \tag{5.2.13}$$

在工程计算中，式（5.2.2）和式（5.2.13）有重要的作用，可以计算管内、轴向环隙、平行板间，锥-板间的等稳定简单截面流道流体流动的剪切应力和黏度。在稳态剪切流动中，黏弹性流体应力张量可表示为

$$\tau_{ij} = \begin{bmatrix} \tau_{11} & \tau_{12} & 0 \\ \tau_{21} & \tau_{22} & 0 \\ 0 & 0 & \tau_{33} \end{bmatrix}$$

（3）不可压缩黏弹性流体的 3 个流变状态方程

当出现法向应力效应时，应力张量的对角分量，即法向应力分量已不相等，产生法向应力差 N_1 和 N_2。将第 3.1 节法向应力差函数式（3.1.44）和式（3.1.45）用应变速率来表示，得到判别不可压缩黏弹性流体流变特性的 3 个流变状态方程

$$N_1 = \tau_{11} - \tau_{22} = \psi_1(\dot{\gamma}^2)\dot{\gamma}_{21}^2 \tag{5.2.14}$$

$$N_2 = \tau_{22} - \tau_{33} = \psi_2(\dot{\gamma}^2)\dot{\gamma}_{32}^2 \tag{5.2.15}$$

$$\tau_{12} = \tau_{21} = \eta_a(\dot{\gamma})\dot{\gamma} \tag{5.2.16}$$

式中，$\psi_1(\dot{\gamma}^2)$ 和 $\psi_2(\dot{\gamma}^2)$ 分别为第一、第二法向应力差系数。

5.2.1.2 几种广义牛顿流体的本构模型

在工程实际中，广义牛顿流体的黏度与应变速率张量或第二不变量的数学描述，常用一些经验的表达式。需要注意的是即使是同一个本构方程，由于也有不同的数学表达式，实质是一样的。下面简介一些常用的本构模型，包括幂律模型、Ellis 模型、Carreau 模型、Cross 模型、Bingham 模型、Herschel-Bulkley 模型、Herschel-Bulkley-Arrhenius（HBA）模型等。

（1）幂律模型

Oatwald 和 De Waele 提出的幂律模型（Power law）是经验的。在双对数坐标上，用 $\eta(\dot{\boldsymbol{\gamma}})$ 作图，就能理解它的由来。图 5.2.1 给出 180℃ 聚氯乙烯黏度随剪切应力的变化[5]。如图中所示，在剪切速率的（$10^{-1} \sim 10$）s^{-1} 范围内，直线提供的函数为

$$\eta(\dot{\boldsymbol{\gamma}}) = K\dot{\gamma}^{n-1} \tag{5.2.17}$$

式中，K 为稠度，n 为**幂律指数**，也称为**非牛顿指数**或**流动指数**。

将式（5.2.17）和式（5.2.12）代入式（5.2.2），得到用两参数表示的幂律本构方程剪切应力的表达式

$$\boldsymbol{\tau}=K\dot{\boldsymbol{\gamma}}^{n}=K\dot{\boldsymbol{\gamma}}^{n-1}\dot{\boldsymbol{\gamma}}=K\left(\sqrt{\frac{1}{2}II_{\dot{\gamma}}}\right)^{n-1}\dot{\boldsymbol{\gamma}}\ \text{或}\ \tau_{ij}=K\dot{\gamma}^{n}=K\dot{\gamma}_{ij}{}^{n-1}\dot{\gamma}_{ij}=K\left(\sqrt{\frac{1}{2}II_{\dot{\gamma}}}\right)^{n-1}\dot{\gamma}_{ij} \tag{5.2.18}$$

式中，K 为稠度系数，表示在 $\dot{\gamma}=1\mathrm{s}^{-1}$ 的黏度。它是温度的函数，服从 Arrheniu 型的关系，有

$$K=K_0\exp\left[\frac{\Delta E_\tau}{R}(1/T-1/T_0)\right] \tag{5.2.19}$$

式中，K_0 为 T_0 的 K 值，ΔE_τ 为恒定剪切应力下的黏流活化能。

① 对于牛顿流体，幂律指数 $n=1$，$K=\mu$；

② 对于膨胀性流体，$n>1$；

③ 对于假塑性流体，$n<1$，大多数聚合物熔体属于假塑性，其 n 在 0.2 ~ 0.7 之间；在一定的温度和剪切速率范围内，才有恒定的 n，由下式确定

$$n=\frac{\Delta\lg\tau}{\Delta\lg\dot{\gamma}} \tag{5.2.20}$$

使用毛细管流变仪测试了硬聚氯乙烯剪切应力随剪切速率的变化，如图 5.2.2 所示。硬聚氯乙烯的配方是 PVC 树脂（XJ-5）100，三盐 4，硬脂酸盐（Ca，Cd 和 Pb）1.5，Hst/PEl 蜡（3/1）1，MBS 环氧脂 2。用此图按照式（5.2.20）计算流动指数 n，列入表 5.2.1 中。可见流动指数 n 随加工温度和剪切速率变化。

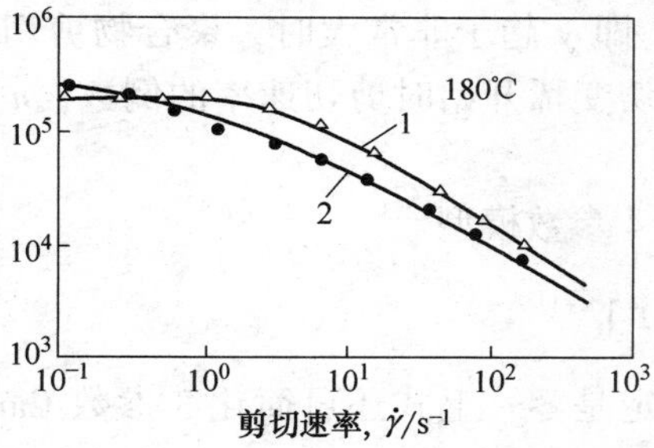

图 5.2.1　180℃聚氯乙烯黏度随剪切应力的变化[8]

1—相对分子质量分布窄　2—相对分子质量分布宽

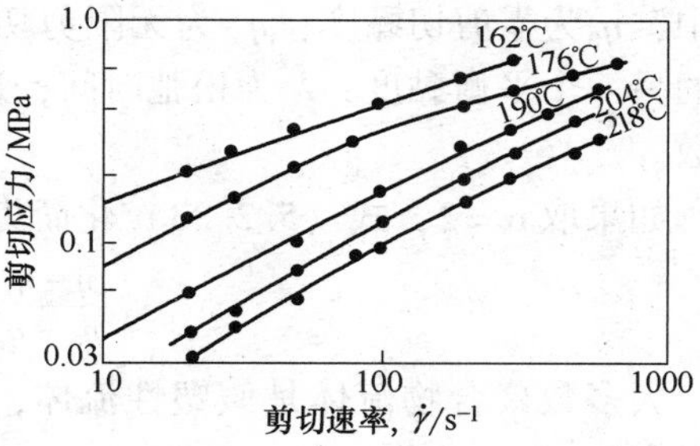

图 5.2.2　硬 PVC 剪切应力随剪切速率的变化[8]

表 5.2.1　　硬 PVC 的流动指数[7]

温度/℃	剪切速率，$\dot{\gamma}$/s^{-1}	幂律指数 n	温度/℃	剪切速率，$\dot{\gamma}$/s^{-1}	幂律指数 n
162	10 ~ 100	0.44	196	200 ~ 100	0.68
				115 ~ 600	0.57
	100 ~ 300	0.39	204	20 ~ 100	0.73
				115 ~ 500	0.64
176	20 ~ 80	0.56	218	20 ~ 100	0.73
	115 ~ 700	0.26		115 ~ 600	0.55

幂律方程可写成以下形式

$$\dot{\boldsymbol{\gamma}}=\phi\boldsymbol{\tau}^{m} \tag{5.2.21}$$

式中，ϕ 为流动度，它与稠度系数的关系 $K=\phi^{-1/m}$；m 为流动指数，$m=1/n$，对于牛顿流体 $m=1$，膨胀性流体 $m<1$，假塑性流体 $m>1$。

幂律模型突出优点是模型简单、使用比较方便，在分析简单截面流道聚合物流体流动中，使用幂律模型，可以解析求解流体流动的控制方程。在早期计算中等剪切速率范围流场中得到广泛的使用。很遗憾的是，它不能用于描述很低和很高剪切速率的聚合物流体，得不到黏性流体真实的流变特性，或者得到错误的流变特性。这是幂律模型的最大缺点。随着聚合物材料和加工成型方法的发展，发展了多参数模型以克服幂律模型的缺点。

（2）Ellis 模型

Ellis 模型是一个含有 3 个参数的模型[2,3]，显然不如幂律模型使用方便。但是，可以预测低剪切速率时流体的牛顿特性。Ellis 提出用剪切应力表达物料黏度的表达式[2]

$$\frac{\eta_0}{\eta(\tau)}=1+\left(\frac{\tau}{\tau_{1/2}}\right)^{\alpha-1} \tag{5.2.22a}$$

式中，η_0 为零剪切黏度；$\tau_{1/2}$ 为 $\eta=\eta_{0/2}$ 处的剪切应力的值；α 为 $\eta=\log(\eta_0/\eta-1)$ 对 $\log(\tau/\tau_{1/2})$ 作图的斜率；$\tau=\sqrt{II_\tau/2}$。

Macosko[3] 给出了 Ellis 模型另外一种表达式

$$\frac{\eta_0}{\eta(\tau)}=1+\left(\frac{II_\tau}{k}\right)^{\alpha-1} \tag{5.2.22b}$$

（3）Carreau 模型

为了反映高剪切速率下材料的假塑性行为，又反映低剪切速率下出现的牛顿性行为，可使用 Yasuda 1981 年提出的 5 参数描述材料黏度的变化规律的模型[3]

$$\frac{\eta-\eta_\infty}{\eta_0-\eta_\infty}=[1+(\lambda\dot{\gamma})^\alpha]^{(n-1)/\alpha} \tag{5.2.23}$$

式中，η_0 为零剪切黏度；η_∞ 为无限剪切速率黏度，即 $\dot{\gamma}$ 趋于非常大时，聚合物剪切变稀达到的另一个平衡黏度；λ 为松弛时间，近似代表剪切变稀开始时剪切速率的倒数；n 为幂律指数。

如果取 $\alpha=2$，式（5.2.23）化简为 Carreau 的 4 参数模型[2,3]

$$\frac{\eta-\eta_\infty}{\eta_0-\eta_\infty}=[1+(\lambda\dot{\gamma})^2]^{(n-1)/2} \tag{5.2.24}$$

大多数聚合物流体是假塑性流体，η_∞ 可以假定是零，上式还可简化 3 参数 Carreau 模型，有

$$\eta=\eta_0[1+(\lambda\dot{\gamma})^2]^{(n-1)/2} \tag{5.2.25}$$

Polyflow 软件给出了这个模型，该模型便于使用，最大的优点是可以成功地预测非牛顿流体的黏度。

给出该方程的另外一种形式

$$\eta=\frac{a}{(1+b\dot{\gamma})^c} \tag{5.2.26}$$

式中，a，b，c 为 3 个待定参数，可通过与实验曲线的对比加以确定。

讨论式（5.2.26）的 3 种特例，有

① 当 $\dot{\gamma}\to 0$，$\eta=\eta_0=a$；

② 当 $\dot{\gamma}\geqslant 1/b$，$\eta=a(b\dot{\gamma})^{-c}$，可通过确定幂律指数 n 来确定 c；

③ 当 $\dot{\gamma}\sim 1/b$，反映了材料性质由线性区向幂律区的过渡。

可见，Carreau 模型多了几个参数，比幂律模型复杂。但是，Carreau 模型可以描述比幂律模更广剪切速率范围材料的流动性质。

（4）Cross 模型[3]

在低剪切速率和高剪切速率下，为了描述牛顿区域黏性流体的流变行为，全面描述反“S”形流动曲线所反映的材料流动的转折，1965 年，Cross 提出以下方程

$$\frac{\eta-\eta_\infty}{\eta_0-\eta_\infty}=[1+(K^2\,|II_{2D}|)]^{(n-1)/2} \tag{5.2.27a}$$

式中，$|II_{2D}|=\dot{\gamma}^2$，4 个材料参数 η，η_∞，K，n。

分析上式可知，当 $\eta_0 \gg \eta_\infty$，即 $|II_{2D}|^{1/2}=\dot{\gamma}\to 0$，有 $\eta\to\eta_0$，有 $\eta\to\eta_0$。在 Cross 模型区中间有一个幂律模型区域。Cross 模型为

$$\eta-\eta_\infty\approx(\eta_0-\eta_\infty)K^{1-n}\dot{\gamma}^{n-1} \tag{5.2.27b}$$

分析上式可知，

① 当 $\eta_0\gg\eta_\infty$，上式变为 $\eta\approx\eta K^{1-n}\dot{\gamma}^{n-1}$，有 $\eta\to\eta_0$，即零剪切黏度，为第一牛顿区；

② 在高剪切速率范围，有 $\eta\to\eta_\infty$，即无穷剪切黏度，为第二牛顿区；

③ 中间区域描写假塑性流体规律，参数 n 反映材料非牛顿性的强弱。

对于大多数聚合物流体，尤其是聚合物熔体，当 $\dot{\gamma}$ 增大到一定程度时，大分子链容易发生断裂，不会出现流变曲线的第二黏度平台，η_∞ 为零，$\alpha=1$，式（5.2.23）可化为 **Cross-Williamsonmoxing** 模型

$$\eta=\eta_0(1+\lambda\dot{\gamma})^{n-1} \tag{5.2.28}$$

Cross 模型和 Carreau 模型一样都是经验模型，物理意义不明确。Cross 模型和 Carreau 模型比幂律模型更全面描述聚合物流体黏性变化的规律。但是，由于参数多，使用不如幂律模型方便。它们都不能描述聚合物流体的弹性行为。必须强调注意的是，在低剪切速率和高剪切速率的情况下，不能使用幂律模型描述聚合物材料加工成型设备流道聚合物流体流动。因为，聚合物加工成型过程中，设备流道里流体的低剪切速率、中剪切速率和高剪切速率同时存在。

（5）Bingham 模型（宾汉）[2,3]

第 4.1.2.1 节介绍了宾汉流体，即塑性流体。当 $\tau<\tau_y$ 时，宾汉塑性材料表现出线性弹性响应，只发生虎克变形。而当 $\tau>\tau_y$ 时，材料变为液体，发生线性黏性流动，其黏度成为塑性黏度。宾汉流体的 τ—$\dot{\gamma}$ 曲线是一条不过坐标原点的直线，该直线与纵坐标轴交于屈服应力 τ_y，公式（4.1.3）为

$$\dot{\gamma}=(\tau-\tau_y)/K,\qquad 当\ \tau>\tau_y$$

Tadmor[2] 给出了 Bingham 的一维模型表达式

$$\begin{cases}\eta=\infty & (\tau\leqslant\tau_y)\\ \eta(\dot{\gamma})=\eta_0+\tau_y/\dot{\gamma} & (\tau>\tau_y)\end{cases} \tag{5.2.29a}$$

Macosko[3] 给出了 Bingham 的一维模型另外一种表达式

$$\begin{cases}\dot{\gamma}=0 & (\tau<\tau_y)\\ \tau=\eta\dot{\gamma}+\tau_y & (\tau\geqslant\tau_y)\end{cases} \tag{5.2.29b}$$

1982 年，Bird 等指出，宾汉模型已被应用于各种各样的流动问题[3]。

（6）Herschel-Bulkley（HB）模型[9]

$$\eta=\begin{cases}\dfrac{\tau_y}{\dot{\gamma}}+\eta_0(\dot{\gamma}/\dot{\gamma}_c)^{(n-1)} & (\dot{\gamma}>\dot{\gamma}_c)\\ \eta_0[(2-n)+(n-1)\dot{\gamma}/\dot{\gamma}_c]+\dfrac{\tau_y(2-\dot{\gamma}/\dot{\gamma}_c)}{\dot{\gamma}_c} & (\dot{\gamma}\leqslant\dot{\gamma}_c)\end{cases} \tag{5.2.30}$$

式中，τ_y为屈服应力，Pa；η_0 为零剪切黏度，Pa·s；$\dot{\gamma}_c$ 为临界剪切速率，s^{-1}；n 为非牛顿指数（幂律指数）。

此模型最大优点是可预测屈服极限的聚合物流动性质。在低剪切速率和高剪切速率的工程加工中，使用 Herschel-Bulkley 模型描述非牛顿流体的流动非常成功。

（7）Herschel-Bulkley-Arrhenius（HBA）模型[9]

在数值模拟的 Polyflow 商业软件中，给出了含温度变量的本构模型。用 Herschel-Bulkley 本构方程和近似 Arrhenius 公式的乘积，来描述物料的黏度 η 与剪切速率 $\dot{\gamma}$ 和温度 T 的关系，有

$$\eta=\begin{cases}\left[\dfrac{\tau_y}{\dot{\gamma}}+\eta_0(\dot{\gamma}/\dot{\gamma}_c)^{(n-1)}\right]\exp[-\beta(T-T_0)] & (\dot{\gamma}>\dot{\gamma}_c)\\ \left\{\eta_0[(2-n)+(n-1)\dot{\gamma}/\dot{\gamma}_c]+\dfrac{\tau_y(2-\dot{\gamma}/\dot{\gamma}_c)}{\dot{\gamma}_c}\right\}\exp[-\beta(T-T_0)] & (\dot{\gamma}\leqslant\dot{\gamma}_c)\end{cases} \tag{5.2.31}$$

式中，τ_y为屈服应力，Pa；η_0 为零剪切黏度，Pa·s；$\dot{\gamma}_c$ 为临界剪切速率，s^{-1}；n 为非牛顿指数（幂律指数）；β 为热敏系数，K^{-1}；T_0 为参考温度，即测试温度，K；T 为任意温度，K。

HBA 模型的最大优点是分段考虑了剪切速率低于零阶剪切速率和高于零阶剪切速率的影响。当剪切速率大于临界剪切速率 $\dot{\gamma}>\dot{\gamma}_c$使用一个公式，当剪切速率小于临界剪切速率 $\dot{\gamma}\leqslant\dot{\gamma}_c$使用另外一个公式。使用该模型模拟黏弹性流体的流动特性，取得了非常好的结果。当不考虑温度影响时，式（5.2.31）退化为等温 HB 模型式（5.2.30）。

由于含温度变量 HBA 和退化等温 HB 的本构模型包涵的参数多，最大的优点是可以描述各种非牛顿流体的流变特性。但是，由于它是非线性方程，不能解析求解方程中含有的参数，只能数值求解模型方程的模型参数。还可用 Power 模型或 Carreau 模型和近似 Arrhenius 式的乘积组成描述黏性流体表观黏度的非等温本构方程。在第 9 章将给出 Cross，Carreau 和 HBA 等模型的使用实例。

5.2.2 黏弹性流体的本构方程

黏弹性流体是具有黏性和弹性两种特性流体。应力和应变及其导数之间呈现线性关系的流体称为线性黏弹性流体。偏应力张量和变形速率张量之间呈现非线性关系的流体称为**非线性黏弹性流体**。大量的文献和流变学的书籍介绍了许多黏弹性材料本构方程。由于工程加工中，黏弹性流体运动十分复杂，加上材料本身性质的复杂性，建立简单本构方程有一定的应用局限性，大多数本构方程应用有限。

多参数的复杂本构方程能反映材料的流变特性，由于方程的非线性和含参数多，不能解析求解，限制了它们的使用。直到数值模拟技术使用后，多参数本构方程才得到使用。聚合物成熟的商业计算软件 Ployflow 中，给出了许多复杂的黏弹性流体的本构方程，可以选择使用来数值求解复杂的工程加工成型问题。

由于篇幅有限，本小节仅介绍常用非线性黏弹性流体的本构方程[1-6]，包括 Maxwell 模型、上随体 Maxwell 模型、White-Metzner 模型、Phan Phien-Tanner 模型、Glesekus 模型 5 部分。

（1）Maxwell 麦克斯韦模型[3]

若非牛顿流体具有黏弹性，流体具有记忆功能，因此流体的应力不仅与当前的应变速率张量有关，还与应变历史有关。早在 1867 年，基于流体应力与应变历史和应变速率有关的分析，Maxwell 用一只弹簧表示物质的弹性效应，而用一只黏度壶表示物质的黏性效应。图

5.2.3 给出了由力学单元的弹簧串和黏度壶组成的麦克斯韦模型。图中黏度壶代表黏性流体遵循牛顿定律，弹簧代表虎克固体遵循虎克定律。

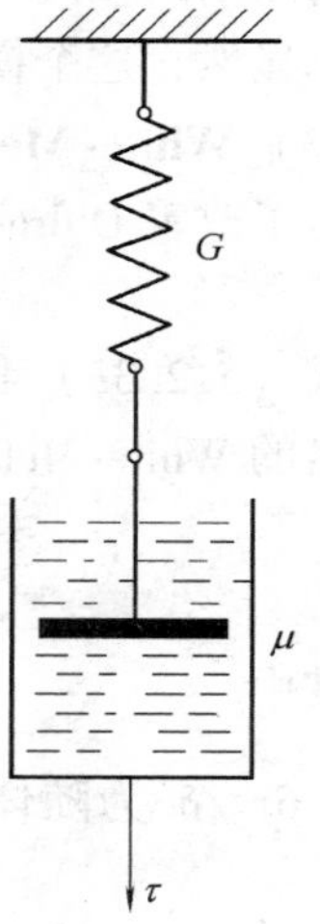

图 5.2.3　麦克斯韦的模型

由弹簧串和黏度壶组成实验装置的结构和原理可知，**麦克斯韦模型是线性黏弹性模型**。在弹簧和黏度壶串联的情况下，弹簧和黏度壶中的应力 τ 应该相等，而总应变等于弹簧和黏度壶的应变之和。用虎克定律描述材料的弹性效应，定义剪切变形和剪切速率分别为

$$\gamma_H = \tau/G \tag{1}$$

$$\dot{\gamma}_H = \frac{1}{G}\frac{\partial \tau}{\partial t} \tag{2}$$

式中，G 为剪切模量。

黏性效应用牛顿黏性定律描述为

$$\dot{\gamma}_N = \tau/\mu \tag{3}$$

在弹簧和黏度壶串联的情况下，弹簧和黏度壶中的应力 τ 应该相等，而总应变等于弹簧和黏度壶的应变之和。总剪切变形速率为式（2）和式（3）的加和，为

$$\dot{\gamma} = \dot{\gamma}_H + \dot{\gamma}_N = \frac{1}{G}\frac{\partial \tau}{\partial t} + \tau/\mu \tag{4}$$

引入松弛时间

$$\lambda = \mu/G \tag{5.2.32}$$

将式（5.2.32）代入式（4），得到本构方程

$$\tau_{ij} + \lambda \frac{\partial \tau_{ij}}{\partial t} = \mu \dot{\gamma}_{ij} \tag{5.2.33}$$

式中，λ 为松弛时间；$\partial \tau_{ij}/\partial t$ 不是一个张量。

由于虎克定律仅使用于无限小的位移梯度下的变形。因此，在弹性小变形的条件下得到的 Maxwell 模型，仅适用于无限小的变形，可定性解释一些流体的黏弹性现象。例如，解释变形突然变为零后的应力松弛和施加的应力突然解除后的弹性恢复等现象。麦克斯韦模型既不能预示非牛顿黏度，也不能预示法向应力效应。剪切应力对时间的导数 $\partial \tau/\partial t$ 不是一个张量，也就是方程（5.2.33）没有满足张量方程的客观性原理。但是，麦克斯韦模型为建立其他更好的模型打开了思路。

（2）奥尔德罗伊德-麦克斯韦（Oldroyd-Maxwell）模型[3]

该模型也称为**上随体麦克斯韦（upper-convected Maxwell，UCM）**模型。Oldroyd-Maxwell 模型为了克服 Maxwell 模型中 $\partial \tau/\partial t$ 不是张量的缺点，必须寻找一种方法克服这一问题，找一种新方法写出物理量对时间的导数，使模型能保持随时间变化速率的物理意义，同时又具有所要求的数学性质，即满足张量方程的客观性原理。用**随体导数（随流微商、逆变导数）** $\delta \tau_{ij}/\delta t$ 代替式（5.2.33）中对时间的偏导数，得到新模型为

$$\boldsymbol{\tau} + \lambda \frac{\delta \boldsymbol{\tau}}{\delta t} = \mu \dot{\boldsymbol{\gamma}} \quad 或 \quad \tau_{ij} + \lambda \frac{\delta \tau_{ij}}{\delta t} = \mu \dot{\gamma}_{ij} \tag{5.2.34}$$

其中

$$\frac{\delta \tau_{ij}}{\delta t} = \frac{\partial \tau_{ij}}{\partial t} + u_k \frac{\partial \tau_{ij}}{\partial x_k} - \tau_{kj}\frac{\partial u_i}{\partial x_k} - \tau_{ik}\frac{\partial u_j}{\partial x_k}$$

上随体 Maxwell 模型可以预示剪切流动中的材料函数。小振幅动态力学特性与 Maxwell

模型所预示的相同。但是，所预测的黏度和第一法向应力差系数都是常数，不是剪切速率的函数。显然，这个模型是不完善的，不能预示聚合物“剪切变稀”等许多基本特性。

（3）White-Metzner（W-M）模型

为了改善 Oldroyd-Maxwell 模型，使用依赖于非牛顿黏度函数式（5.2.13）

$$\eta=\eta(\dot{\gamma})$$

代替式（5.2.33）和式（5.2.34）中的牛顿黏度μ，按照本书使用的应力正负号的约定，得到著名的 White-Metzner(W-M) 模型为

$$\boldsymbol{\tau}+\lambda\frac{\delta\boldsymbol{\tau}}{\delta t}=\eta\dot{\boldsymbol{\gamma}} \quad 或 \quad \tau_{ij}+\lambda\frac{\delta\tau_{ij}}{\delta t}=\eta\dot{\gamma}_{ij} \tag{5.2.35}$$

其中

$$\lambda=\frac{\eta(\dot{\gamma})}{G} \tag{5.2.36}$$

式中，$\delta\tau_{ij}/\delta t$ 为**随体导数**（随流微商、逆变导数）；G 为恒定的剪切模量，并与变形速率无关。

这个模型的材料函数为 $\eta=\eta(\dot{\gamma})$；$\psi_1=2\eta(\dot{\gamma})\lambda(\dot{\gamma})$；$\psi_2=0$。

按照 Tadmor[2] 的专著应力的正负号约定，得到 White-Metzner（W-M）模型与式（5.2.35）相比，差一个负号，为

$$\boldsymbol{\tau}+\lambda\frac{\delta\boldsymbol{\tau}}{\delta t}=-\eta\dot{\boldsymbol{\gamma}} \qquad 或 \qquad \tau_{ij}+\lambda\frac{\delta\tau_{ij}}{\delta t}=-\eta\dot{\gamma}_{ij}$$

当使用这个公式时，运动方程中用应力表示的黏性力的项也与本书的公式差一个符号，见附录 1.2。

（4）PhanThien-Tanner（PTT）模型[3,5]

该模型可以预示稳态剪切流动和拉伸流动。基于前面的模型，1977 年，曾是 Tanner 的学生 Phan-Thien 教授提出了一个模型。1978 年，Phan-Thien 和 Tanner 根据网络理论修正后，建立了以他们名字字母开头的 PTT 模型方程

$$\lambda\frac{\delta\boldsymbol{\tau}}{\delta t}+\boldsymbol{\tau}\left(1+\frac{\varepsilon}{G_0}\mathrm{tr}\boldsymbol{\tau}\right)=\eta\dot{\boldsymbol{\gamma}} \; 或 \; \lambda\frac{\delta\tau_{ij}}{\delta t}+\tau_{ij}\left(1+\frac{\varepsilon}{G_0}\mathrm{tr}\tau_{ij}\right)=\eta\dot{\gamma}_{ij} \tag{5.2.37}$$

式中，$\delta\boldsymbol{\tau}/\delta t$ 为随体导数（随流微商）；ε 为特征拉伸参数；G_0为剪切弹性模量；$\mathrm{tr}\boldsymbol{\tau}$ 为应力张量的迹，即应力第二不变量 $II_{\dot{\gamma}}$。

Phan Thien-Tanner 本构模型为

$$\eta=\frac{\eta_0}{1+\xi(2-\xi)(\lambda\dot{\gamma})^2} \quad 或 \quad \psi_1=\frac{2\eta\lambda}{1+\xi(2-\xi)(\lambda\dot{\gamma})^2} \tag{5.2.38}$$

式中，ξ 为标量参数，$\xi=-2(\psi_2/\psi_1)$。

（5）Glesekus 模型[3]

基于变形张量的滴度概念，建立的 Glesekus 本构模型为

$$\boldsymbol{\tau}+\lambda\frac{\delta\boldsymbol{\tau}}{\delta t}+\frac{\alpha}{G_0}(\boldsymbol{\tau}\cdot\boldsymbol{\tau})=\eta\dot{\boldsymbol{\gamma}} \quad 或 \quad \tau_{ij}+\lambda\frac{\delta\tau_{ij}}{\delta t}+\frac{\alpha}{G_0}(\tau_{ik}\tau_{kj})=\eta\dot{\gamma}_{ij} \tag{5.2.39}$$

式中，$\delta\tau_{ij}/\delta t$ 为随体导数（随流微商）；α 为常数；λ 为松弛时间。

从以上介绍的几种本构方程可看出，后面几种本构方程是前面简单模型的修正，使用多参数模型改进了单参数模型。从本构方程的演变可以看到流变学的发展史。另外，需要指出的是，成熟的 Polyflow 聚合物流动数值模拟软件中包涵了牛顿流体、非牛顿黏性流体、黏弹性流体的本构方程，供工程技术人员使用。下面介绍如何选择使用现有的本构方程。

5.3　本构方程的比较和选择

描述聚合物流动的控制方程是非线性耦合的偏微分方程，表示了聚合物黏弹性流体的流动是非常复杂的。聚合物材料的物性差别很大，建立了很多不同种类的流变方程。如何选择使用这些本构方程？本小节介绍本构方程选择的基本原则。

前面章节介绍唯象法和分子论方法建立的各种本构方程，没有一个也不可能有一个本构方程可以描述非牛顿流体所有条件下的流动特性。在研究聚合物流变性能和聚合物加工工程时，需要选择合适的描述黏弹性流体的本构方程。选择本构方程时，重点要考虑的是聚合物流体流动的特性与求解问题的目的。

本节分为两小节，包括本构方程选择的方法和原则、本构方程特性的比较。

5.3.1　本构方程选择的方法和原则

选择合适的本构方程描述自己研究的问题，对于聚合物加工过程，首先判断聚合物流体流动的特性[6]，根据流体的特性选择本构方程。

针对如何选择本构方程？本小节介绍本构方程选择的方法和原则，包括判别聚合物流体流动的特性、选择本构方程的基本原则两部分。

5.3.1.1　判别聚合物流体流动的特性

用已有的实验数据和黏弹性相关的参数判断流动过程黏性效应和弹性效应的相对重要性。什么时候可使用纯黏性的模型？

(1) 用法向应力差函数判别流体的特性

第 3.1 节介绍了第一和第二法向应力差函数，分别为式（3.1.44）和式（3.1.45）

$$N_1 = \tau_{11} - \tau_{22}, N_2 = \tau_{22} - \tau_{33}$$

若聚合物流体的法向应力差函数 $N_1 = N_2 \approx 0$，则可认为流体属于纯黏性流体。

(2) 用可恢复剪切应变 S_R 判别流体的特性

可恢复剪切应变是材料的弹性应力和剪切应力之比式（4.1.9），为

$$S_R = \frac{\tau_{11} - \tau_{22}}{2\tau_{12}}$$

式中，S_R 是无因次应力。

对于稳定剪切流动，如果流体有足够的流变数据，可以先判断可恢复剪切应变。S_R 越小，表明流体的弹性作用越不明显；S_R 越大，弹性作用越强。如果 $S_R \ll 1$，弹性应力比黏性应力相对来说就不重要。因此，可以用纯黏性本构方程描述该流体的流动过程。

(3) 计算流体的松弛时间 λ 判别流体的特性

第 5.2 节得到，判别不可压缩黏弹性流体流变特性的流变状态方程式（5.2.14）和式（5.2.16），分别为

$$\tau_{11} - \tau_{22} = \psi_1(\dot{\gamma}^2)\dot{\gamma}_{21}^2 \quad 和 \quad \tau_{12} = \tau_{21} = \eta_a(\dot{\gamma})\dot{\gamma}$$

将上两式代入可恢复剪切应变式（4.1.9），可得到

$$S_R = \frac{\psi_1 \dot{\gamma}}{2\eta} = t_\lambda \dot{\gamma} \tag{5.3.1}$$

式中，λ 为 Maxwell 麦克斯韦流体松弛时间。

计算流体的松弛时间 t_λ 和过程的特征剪切速率 $\dot{\gamma}$ 的乘积 $t_\lambda \dot{\gamma}$，判断黏性效应和弹性效应

的重要性。如果 $t_\lambda\dot{\gamma}$ 很小，可以断定弹性效应很小。

由于法向应力数据往往不易找到，特别不容易得到高剪切速率下的数据；反之松弛时间一般可从材料线性黏弹性估算出来，动态力学的研究比法向应力研究更为普遍。因此，用松弛时间 t_λ 比用可恢复剪切应变 S_R 判别流体的特性方便一些。

5.3.1.2 选择本构方程的基本原则

这里介绍选择本构方程的应遵循的基本原则，并用两个实例说明。

（1）黏弹模型必须能表征实际黏弹流体基本特征

所选的黏弹模型需要从以下两个方面满足对实际黏弹性流体的基本特征。

① 剪切流动中出现法向应力；

② 能够解释表征瞬时现象的应力生长函数 η^+，还能解释包括经典应力松弛现象在内的各种瞬时现象。

定义应力生长函数 η^+ 为

$$\eta^+(t,\dot{\gamma})=\tau_{12}(t,\dot{\gamma})/\dot{\gamma} \tag{5.3.2}$$

可见，应力生长函数 η^+ 是时间的函数，当时间 $t\to\infty$，$\eta^+(t,\dot{\gamma})\to\eta(\dot{\gamma})$。

（2）根据加工成型方法的特点，确定选择本构方程

例如，在中空吹塑时，需要用黏弹模型估算离模膨胀；在纤维纺丝时，所选的黏弹模型主要反映拉伸黏度的特性，而不是法向应力差。在低速下，加工成型高黏度聚合物熔体，可近似将其作为牛顿流体。如果在较宽的剪切速率范围内加工成型，随剪切速率的提高，材料流变行为由牛顿型过渡到非牛顿型，则可用 Carreau 等模型。

（3）预示的材料流变性能与实际基本复合

由于牛顿型流体模型、幂律模型等本构方程形式简单、参数较少，聚合物发展的早期使用广泛，特别用于分析简单截面流道的流体流动。尽管这些多参数的 Carreau、Cross、HB 本构模型的物理意义不够明确，现在常被用于聚合物加工流场的分析、流变测量数据的处理、模具和设备设计的软件中。在挤出、注塑、纤维纺丝、薄膜吹塑、热成型等聚合物加工过程中，材料的加工的流变行为不仅与黏性有关，还与弹性有关，则需要用本章介绍的描述材料黏弹性的本构方程。

下面用两个实例，说明已经介绍的几个模型的使用情况。

实例 5.3.1[9] 1987 年，美国 Virginia Polytechnic Institute and State University 的教授 D. G. Baird 的博士生 A. D. Gotsis 的博士论文 “Numerical Simulation of Viscoelastic Flow（黏弹性流体的数值模拟研究）”，使用上随体 Maxwell（UCM）模型、White-Metzner（W-M）和 Phan Thien-Tanner（PTT）3 个本构方程，数值计算预测了聚苯乙烯流变曲线，将数值模拟的计算结果与 190°C 聚苯乙烯（Styton 678 道化学公司）实验测得的流变数据比较，图 5.3.1、图 5.3.2 和图 5.3.3 分别给出研究结果。

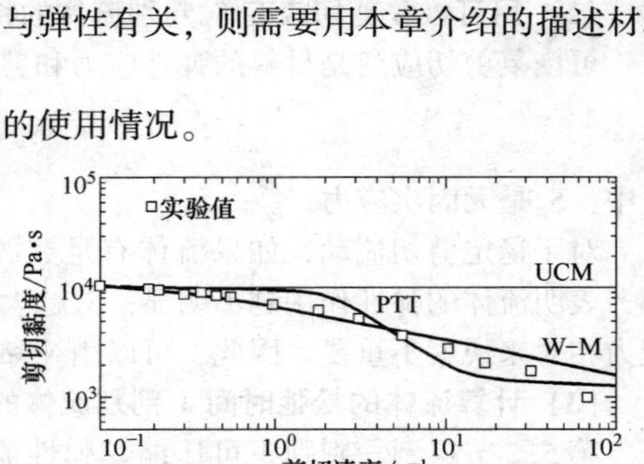

图 5.3.1 UCM，W-M 和 PTT 模型对聚苯乙烯黏度的预测值与实验数据的比较[10]

分析图 5.3.1、图 5.3.2 和图 5.3.3，可得到几个结论：

① W-M 模型和 PTT 模型能显示出聚苯乙烯的剪切变稀行为，而 UCM 模型预示了牛顿

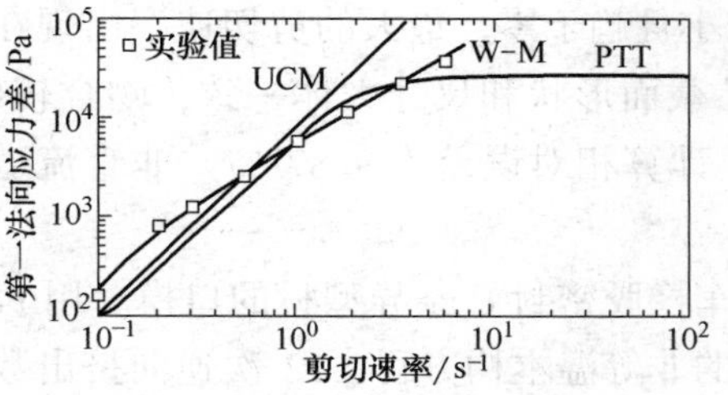

图 5.3.2　UCM，W-M 和 PTT 模型预测第一法向应力差的值与实验数据的比较[10]

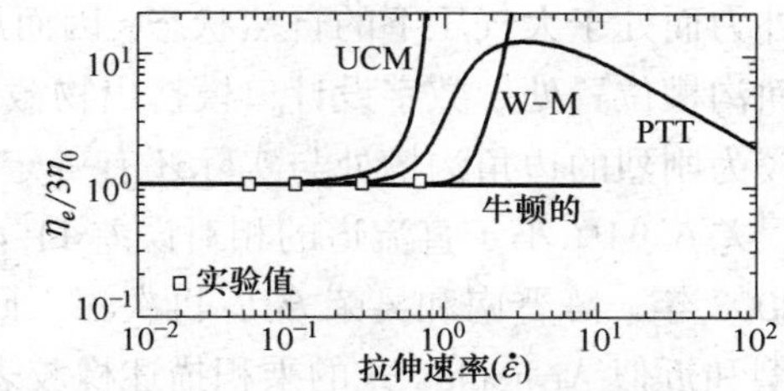

图 5.3.3　UCM，W-M 和 PTT 模型对拉伸黏度 η_e 预测值与实验数据的比较[10]

流体的行为，与实际情况偏离；

② W-M 模型预示的第一法向应力差与实验更接近；

③ 在预示拉伸黏度 η_e 方面。因为在低剪切速率下，拉伸黏度是零剪切黏度的 3 倍，即 $\eta_e=3\eta_0$；随着拉伸速率 $\dot{\varepsilon}$ 的增大，η_e 也增大。但是，UCM 模型和 W-M 模型是无约束的增大，而 PTT 模型先增加，到最大值后又下降。

这个实例说明，W-M 模型和 PTT 模型能较好地预测聚合物的流动特性，虽然在极限情况下，都有一定的误差，PTT 模型更好一些。对于聚合物流体最好使用更复杂多参数本构模型。在聚合物加工成型中大量应用的事实说明了这点。

实例 5.3.2　2003 年，根据某公司要求，朱敏和陈晋南等[11]测试了橡胶 *ACDF* 的流变数据，使用软件确定了 Carreau 模型参数 $\eta_0=5.5\times10^6\,\text{Pa}\cdot\text{s}$，$\lambda=130$ 和 $n=0.2$，根据所需产品截面的具体尺寸，初步绘出口模的模型图，逆向挤出数字设计了桑车橡胶密封 C 条异型材直流道和非直流道结构的口模，图 5.3.4（a）给出直流道口模的几何尺寸。如图 5.3.4（a）所示。假设 *AB* 为流体所选求解域进口，给定进口体积流量 $q_v=7.5\times10^{-6}\,\text{m}^3/\text{s}$；*DE* 为流体所选求解域出口，假设此处牵引力为零，*CDEF* 为挤出物自由表面，口模壁面 *ABCF* 为流体所接触的内壁，假设口模壁面速度为零的条件下，在计算机上进行了挤出实验和修模，根据流场分析进行逐步修模，经过 56 次的修模和计算，最终确定了口模的流道结构和尺寸。另外，非直流道模型平面为对称面。

数值模拟了口模直流道和非直流道挤出橡胶的等温过程，计算速度场、压力场和剪切速率场。图 5.3.4（b）给出模具内和出口处物料压力分布，图 5.3.4（c）给出产品与数字设计模具产品的截面。

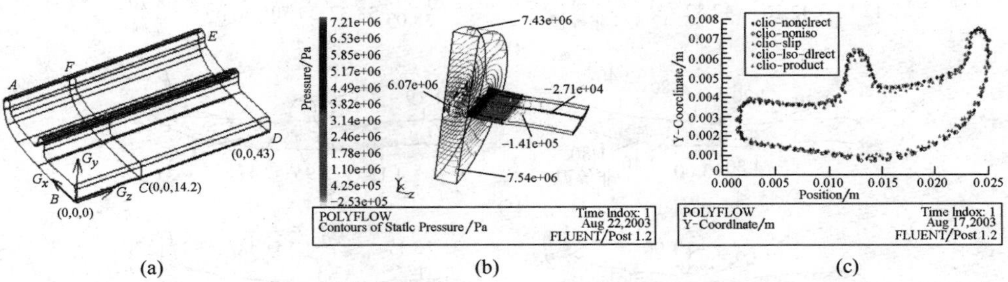

(a)　(b)　(c)

图 5.3.4　汽车橡胶密封 C 条挤出模具的数值研究

（a）直流道几何模型，mm　（b）非直流道模具内和出口处物料压力分布　（c）产品与数字设计模具产品的截面

研究结果表明，从口模入口到出口压力逐渐下降，口模外部熔体的压力最低而且分布很均匀。这是因为口模壁面的剪切作用，压力降主要发生在口模内部。物料挤出口模后，由于

不受外力而处于大气压下的自然状态，因而压力降较小且趋于零。最大的剪切速率出现在口模壁面沟槽位置处。数字设计口模挤出物截面与产品截面形状和尺寸大体一致，吻合较好。变化较为剧烈的边角沟槽处与实际还有一定的差距，计算相对误差为 9.87 %。非直流道的相对误差 6.94% 小于直流道的相对误差 11.47%。

2008 年，陈晋南和吴荣方[11] 再次深入研究了桑车橡胶密封 C 条异型材的口模。用 Power 模型和近似 Arrhenius 式的乘积描述橡胶表观黏度的非等温本构方程，12 次逆向挤出数字设计了口模直流道结构尺寸。在进口体积流量为 $q_v = 7.5 \times 10^{-6}\,m^3/s$，进口温度和壁面温度为 373K，自由表面温度为 303K 的条件下，数值模拟桑车密封件 C 条橡胶口模的等温和非等温挤出过程，坐标原点选在口模进口截面的右下角，流体流动方向为 z 轴，其中口模 *ABEF* 长 14.2mm，挤出橡胶熔体 *BCDF* 长 27.8mm。用 4 面体网格划分熔体 *ACDF*。在口模出口和壁面附近熔体流场变化剧烈处网格适当加密，网格总数为 11 424 个。图 5.3.5 分别给出了桑车密封件 C 条的截面、直流道截面的尺寸和几何模型的网格划分。在 HPXW6000 工作站上完成计算，计算收敛精度为 10^{-3}，最长一次运算机时是 3.5h。图 5.3.6 至图 5.3.8 给出数值计算结果。

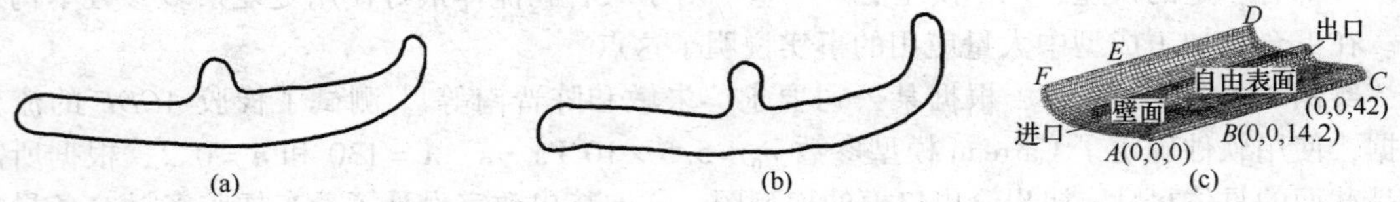

图 5.3.5　几何模型和网格划分

（a）密封件 C 条的截面　（b）设计的直流道截面　（c）几何模型网格划分

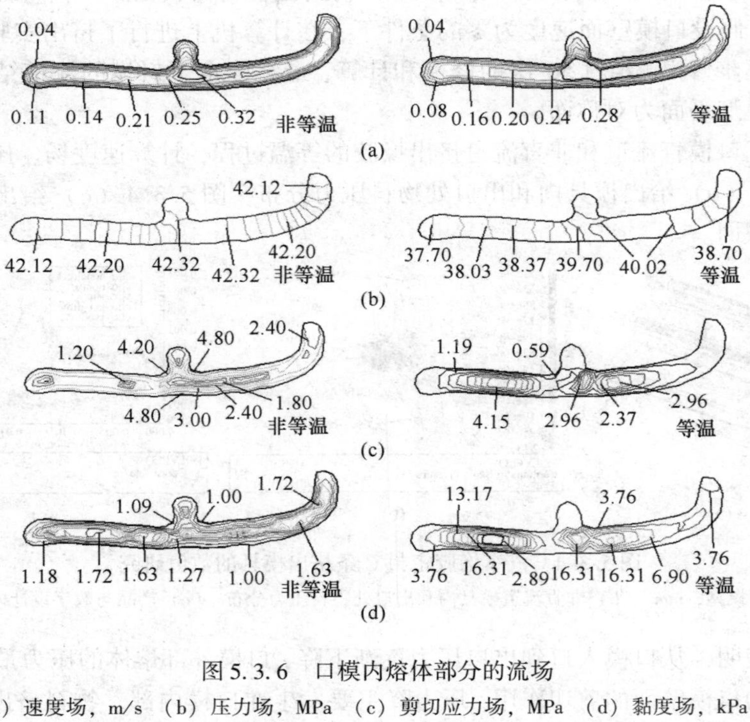

图 5.3.6　口模内熔体部分的流场

（a）速度场，m/s　（b）压力场，MPa　（c）剪切应力场，MPa　（d）黏度场，kPa · s

分析讨论了温度对口模结构尺寸和橡胶熔体流变行为的影响，如图 5. 3. 7 所示。由图 5. 3. 7 可知，沿熔体流动的方向，非等温熔体的平均速度和平均压力比等温的大，平均剪切应力和平均黏度都低于等温。图 5. 3. 8 给出了非等温和等温模拟计算的结果与实际样品截面的比较。由图 5. 3. 8 可知，非等温直流道的模拟结果除了在尖角地方（x 方向 10 ~ 15mm 处）的差异较大，模拟的结果与产品的形状基本一致。从相对误差来看，非等温的平均相对误差仅为 1. 63%，远小于等温的 12. 31%。非等温截面尺寸最大误差为 5. 04%，其在工程误差允许范围内。

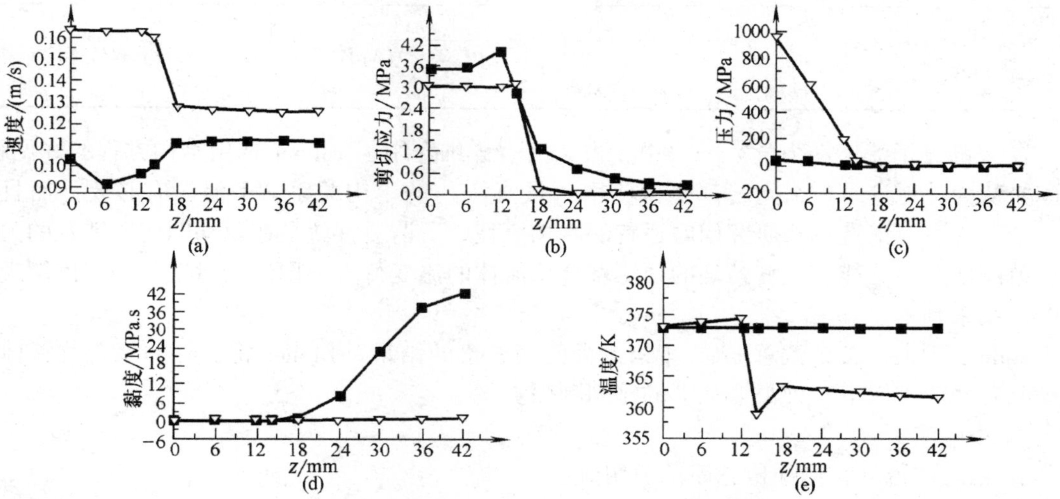

图 5. 3. 7　口模内沿 Z 轴流道不同截面熔体的物理量平均值的变化

——■——等温　——▽——非等温

（a）平均速度　（b）平均剪切应力　（c）平均压力　（d）平均黏度　（e）平均温度

文中还比较了使用 Carreau 模型数值模拟研究的结果[12]。该科研实例比较说明了使用 Power 模型和近似 Arrhenius 式的乘积描述橡胶表观黏度的非等温本构方程与 Carreau 模型的具体情况。尽管数值计算中，简化边界条件简单。研究结果可以表明，非等温的数值模拟更接近口模挤出的实际情况。采用非等温的本构方程设计口模将提高口模和产品的质量。

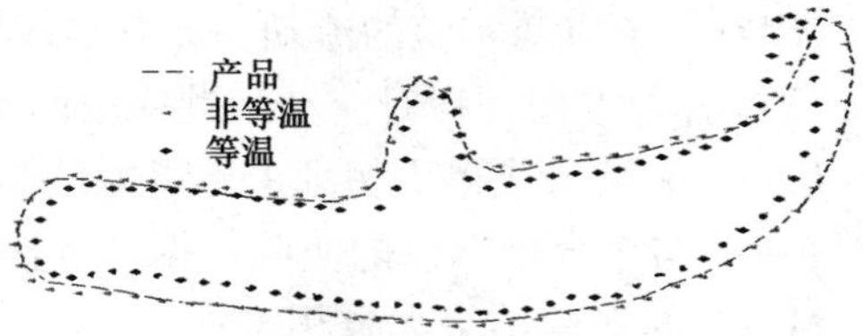

图 5. 3. 8　非等温和等温模拟计算的结果与实际样品截面的比较

5. 3. 2　本构方程特性的比较

在聚合物加工成型领域，各种本构方程使用多年，积累了使用的经验，本小节介绍专著对本构方程使用考察的结果，从不同角度介绍如何选择使用本构方程。

表 5. 3. 1 比较了几种本构方程的特性，可供使用参考，也是比较其他本构方程的原则和方法。表 5. 3. 1 比较这几种本构方程对稳态剪切流动和稳态拉伸流动的预示，可见，牛顿流体使用 Maxwell 和 UCM 模型，聚合物流体使用 White-Metzner（W-M）和 Phan Thien-Tanner（PTT）模型。只能数值求解 PTT 模型描述的问题。

表 5.3.1 黏弹性本构方程的特性比较[8]

模型	稳态剪切流动	稳态拉伸流动
Maxwell	$\eta=\mu$, $\psi_1=\psi_2=0$	$\eta=3\mu$
上随体 Maxwell(UCM)	$\eta=\mu,\lambda=\mu/G$, $\psi_1=2\mu\lambda,\psi_2=0$	$\eta_e=\dfrac{3\mu}{(1+\lambda\dot{\varepsilon})(1-2\lambda\dot{\varepsilon})}$
White-Metzner(W-M)	$\eta=\eta(\dot{\gamma}),\lambda=\eta(\dot{\gamma})/G$, $\psi_1=2\eta(\dot{\gamma})\lambda(\dot{\gamma}),\psi_2=0$	$\eta_e=\dfrac{3\eta}{(1+\lambda\dot{\varepsilon})(1-2\lambda\dot{\varepsilon})}$
Phan Thien-Tanner (PTT)	$\eta=\dfrac{\eta_0}{1+\xi(2-\xi)(\lambda\dot{\gamma})^2},\psi_1=\dfrac{2\eta\lambda}{1+\xi(2-\xi)(\lambda\dot{\gamma})^2}$ 标量参数 $\xi=-2(\psi_2/\psi_1)$	没有解析解

在《高分子流体动力学》一书中，古大治[1]详细介绍了 Tanner 选用本构方程的好见解。Tanner 认为，无论对什么问题都坚持使用“最真实”的本构关系，不但没有必要，而且费事。他认为，应该**选用对研究问题适宜的本构模型**。所谓适宜就是在流动问题所涉及的力学响应范围内，模型能够足够精确的预测聚合物流体的流变行为。用流场对聚合物流体微观结构的作用来判断。

Tanner 用表 5.3.2 汇总 18 种本构方程使用考察的结果。Tanner 将实际的聚合物流体的流动问题分成了以下 7 种类型流动的排列顺序：

① 小应变；

② 稳态弱流动，例如稳态简单剪切流；

③ 稳态强流动，例如稳态单轴拉伸流动；

④ 具有不连续速度历史的弱流动，如间歇剪切流；

⑤ 具有不连续速度历史的强流动；

⑥ 单阶梯剪切的流动；

⑦ 有多个应变实验的流动，尤其是改变符号的突跃。

根据各种本构方程对流动问题应用的效果，Tanner 将评价效果分成 5 个等级：

U——无结果或得出物理上不可能的结果；

P——与聚合物流体的实验数据一致性很差；

M——与实验结果大致相符；

G——与实验结果一致性好，误差在 ±20% 左右；

E——与实验结果精确一致，误差小于 10%。

表 5.3.2 各种本构关系及其应用的表现[5]

序号	本构模型	小应变	稳态测黏流			稳态拉伸流	剪切流启动/停止	拉伸开始/回弹	单阶梯剪切	双阶梯剪切	评价
			η	N_1	N_2						
1	牛顿流体	P	P	U	U	P	P	U	U	U	单阶梯应变下，应力趋于无穷大
2	广义牛顿流体	P	E	U	U	P	P	U	U	U	同上
3	Reiner-Rivlin 流体	P	E	U	E	E	P	U	U	U	同上
4	二阶流体稳态层流 η, u_1,u_2 为常数	P	P	P	P	U	U	U	U	U	高拉伸速率下，拉伸黏度变为负值

续表

序号	本构模型	小应变	稳态测黏流			稳态拉伸流	剪切流启动/停止	拉伸开始/回弹	单阶梯剪切	双阶梯剪切	评价
			η	N_1	N_2						
5	高阶流体	P	M	M	M	U-P	U	U	U	U	Schowalter 书 p182
6	Ciminale, Ericksen, Filbey	P	E	E	E	U-P	U	U	U	U	适用于测黏流
7	线性黏弹流体	E	P	U	U	P	P	P	P	P	无非线性效应
8	Oldroyd	M	M	M	M	P	M	P	P	P	有限黏度变化
9	Green-Rivlin	E	P	P	P	P	P	P	P	P	有双重积分，难于应用
10	Lodge-Maxwell	E	P	P	U	P	P	P	P	P	适用于说明现象的目的
11	White-Metzner	M	E	M	U	P	P	P	P	P	与麦克斯韦模型有关联，其中时间常数和黏度允许随剪切速率而变化
12	Co-rotational	E	E	E	M	M	P	P	U	U	剪切开始时的振荡
13	Bird-Carreau, Carreau	E	E	E	G	P	M	P	P	P	看 Bird *et al*(1977)的书
14	Phan　Thien-Tanner	E	E	E	E	G	M	G	M-U	M-U	不宜于大阶梯应变
15	Acierno *et al*	E	E	E	G	G	G	M	M	M	对阶梯应变响应差
16	K-BKZ	E	E	G	G	G	G	M	E	G-M	
17	K-BKZ Wagner	E	E	G	G	G	G	M	E	G	
18	Eqn(5.114)[5]	M	G	G	U	G	G	M	M-U	M-U	稀溶液理论：不适用于大的阶梯应变
19	Leonov	E	E	G	G	M	G	M	M	M	
20	Doi-Edwards	M	M	M	M	M	M	M	M	M	

分析表 5.3.2 可知，没有一种本构模型是万能的。从上到下看该表，随本构方程的逐步完善，数学形式一般趋于复杂，预估的结果也越来越好。从右到左看该表，对于简单的流动问题或不要求特别精确的场合，并不需要选择最复杂"全能"的本构模型。**从工程观点看，选用较简单、基本满足要求的本构模型比较合理。**

尽管本书没有介绍表中所有的本构模型，特别是没有介绍积分型的本构方程。但是，表 5.3.1 比较黏弹性本构方程的特性。表 5.3.2 汇总 18 种本构方程的使用情况，提供了一种选择本构方程的很好思路。第 9 章聚合物加工成型过程的数值模拟，将详细介绍陈晋南课题组成功地使用不同的本构方程研究工程问题的具体案例。感兴趣的读者可深入学习本书提供的参考文献。

第 5 章练习题

5.1　本构方程的物理意义是什么？为什么要用张量描述？

5.2 简述本构方程在聚合物流体流动的控制方程中的作用。

5.3 简述确定本构方程的基本原理。

5.4 简述本构方程的定义、作用和分类。

5.5 汇总本章介绍的牛顿流体的本构方程、广义牛顿流体的本构方程，简述每种本构方程使用的范围和可以描述的问题。

5.6 汇总本章介绍黏弹性流体的本构方程，简述每种本构方程使用的范围和可以描述的问题。

5.7 分析表5.3.2中广义牛顿流体、Bird-Carreau和Phan Thien-Tanner本构方程对不同流动条件下聚合物流体流动行为的预示能力。

5.8 简述可用纯黏性本构方程描述该流体流动过程的具体条件。

5.9 在什么情况下，必须用黏弹性本构方程描述流体的流动？给出具体判别方法。

5.10 简述选择本构方程的基本原则，如何选择合适的本构方程？

参考文献

[1] 古大治. 高分子流体动力学［M］. 成都：四川教育出版社，1985：93～200.

[2] ［美］Z. Tadmor, C. G. Gogos. Principles of Polymer Processing（Second Edition）［M］. A John Wiley & Sons, Inc., 2006：25-177.

[3] ［美］C. W. Macosko. Rheology Principles Measurements and Applications［M］. Wiley-VCH, Inc., 1994：1-174.

[4] ［美］C. D. Han. Rheology and Processing of Polymeric Materials［M］. Vol. 1 Polymer Rheology. Oxford University Press Inc., 2007：203-244.

[5] ［澳］R. I. Tanner. Engineering Rheology［M］. Clarendon Press, OxFord, 1985.

[6] ［美］S. 米德尔曼. 赵得禄，徐振森译. 聚合加工基础［M］. 北京：科学出版社，1984：92-133.

[7] 陈晋南，彭炯. 高等化工数学（第2版）［M］. 北京：北京理工大学出版社，2015：327-343.

[8] 林师沛，赵洪，刘芳. 塑料加工流变学及其应用［M］. 北京：国防工业出版社，2007. 3-45，62-69.

[9] 安东帕仪器有限公司. Joe Flow的流变学测试技巧和建议之三：测量范围的限值［EB/OL］. http://www.anton-paar.com/static/newsletter/documents/Joe-Flow-APCN.pdf，2013-7-26.

[10] A. D. Gotsis. Numerical Simulation of Viscoelastic Flow［D］. Virginia Polytechnic Institute and State University. 1987.

[11] 朱敏，陈晋南，吕静. 橡胶异型材挤出口模的数值模拟［J］. 中国塑料，2003，Vol. 17（12）：75-78.

[12] 陈晋南，吴荣方. 数值模拟橡胶挤出口模内熔体的非等温流动［J］. 北京理工大学学报，2008，Vol. 28（7）：626-630.

第 6 章　简单截面流道聚合物流体的流动分析

由于工程问题需要，发展了各种不同用途的聚合物加工成型设备。在不同的工艺条件下，使用各种不同的设备加工成型聚合物材料的制品。聚合物流变的基础研究提供流变模型，为优化设备设计和工艺条件提供了理论基础，而应用研究为基础研究提供丰富的素材。

聚合物加工流变学主要研究聚合物材料加工成型工程的有关理论与技术问题，具体研究加工工艺条件对材料流动性能、产品力学性能的影响，研究加工成型过程异常的流变现象发生的规律和机理。聚合物材料加工成型过程中，加工力场和温度场的作用不仅决定了制品的外观形状，而且对聚合物分子结构和织态结构有极其重要的影响。因此，正确分析聚合物加工成型过程已经成为改进和优化加工成型工艺的核心步骤，也是聚合物流变学的研究内容之一。一方面通过掌握和控制成型加工过程中物料内部力场和温度场的变化，达到控制和优化成品质量的目的；另一方面这种研究将指导计算机数值研究聚合物材料成型加工过程和优化设备设计。

由第 3 章的学习得知，描述聚合物流体流动的控制方程是非线性耦合偏微分方程，不能解析求解，只能求数值解。黏性流体动力学解决问题的办法之一是将复杂流动分解为若干简单流动的组合，求解简单流动的精确解，得到纳维-斯托克斯方程的若干精确解在流变学中的应用。这种求解复杂问题的方法成为理解聚合物流体复杂流变行为的一种有效的方法。为了分析聚合物流动的流动状态和性质，根据聚合物流体流动的特点和流道的几何形状，确定假设条件简化数学物理模型，化简控制方程，求解具体问题近似的解析解。

首先介绍求解简单截面流道流体流动问题的具体方法和步骤：

第 1 步　根据流道的几何形状选择合适的坐标系，根据聚合物析流体流动的特点，做出一些合理的假设，绘制描述流动问题的示意图，将受力的状态和速度表示在图中；

第 2 步　按照假设的条件，将连续性方程式减少到适合求解当前问题的形式；

第 3 步　利用连续性方程的结果，将运动方程简化到适合描述问题的形式，根据求解问题的方便和需要，运动方程可简化为速度梯度或是应力表示的方程；

第 4 步　根据假设的条件，确定被研究问题的性质，给出具体的边界条件和初始条件；

第 5 步　求解速度或应力表示的控制方程，得到速度或应力分布式，然后确定体积流量、剪切应力或速度、剪切速率和功率消耗等表达式；

第 6 步　绘制速度、压力、剪切应力、流量和剪切速率等物理量的曲线，分析检查它们对于被求解的问题是否合理，分析讨论解的物理意义；

第 7 步　如果得到的解不合理，需要重新思考研究的问题，从检查第一步开始，细致检查哪一步出了问题，分析重新求解问题，重复第 1 步至第 6 步，直到得到合理的解为止。

考虑到由浅入深的认知规律、初学者的基础和学习要求，本章将聚合物加工设备流道简化成简单截面的流道，介绍一些聚合物流体简单的流动规律。由于大多数聚合物流体的黏度一般为（10^2 ~ 10^6）Pa · s，假定聚合物熔体是不可压缩均质的，可使用控制方程式（3.3.1）至式（3.3.8），分析简单截面流道黏性不可压缩流体的流动[1-12]。

本章学习如何简化具体问题、如何求解简化的控制方程。通过本章的学习，一是提高应用控制方程的能力，二是为后面章节的学习打下必要的基础。由于聚合物加工成型过程和流体物性的复杂性，聚合物流变学比一般的黏性流体动力学复杂得多。在学习中，希望读者针对自己的缺项，重点学习分析和解决问题的方法，而不是死记硬背概念，记忆公式，提高自主学习和解决问题的能力。

在设备中聚合物熔体流动方式，可分为压力流、拖曳流、压力流和拖曳混合流动。**在固定边界上，外压力驱动聚合物流体的流动，产生了流场。这种流动称为压力流动（Poiseuille Flow）。在运动边界上无外力作用，由于黏性作用，运动的边界拉着流体一起运动，这种流动称为拖曳流动（库特 Couette Flow）。**

本章分为4节，包括流体的压力流动、流体的拖曳流动、流体的非等温流动、流体的非稳态流动。

6.1 流体的压力流动

工程中最常见的一种流动就是压力差引起的流动，这种流动称为**压力流动**。由外力作用于流道内的流体，体系边界是固定不动的，在压力差的推动下，在设备流道内熔体流动，流道内产生了流场。例如，在挤出口模聚合物流体的流动、注塑模具充模和保压流动等可以简化为压力流动。

聚合物流体的流动实际上是可压缩的，在高剪切速率下，在壁面流体滑移，流道的各部分流体流动不可能非常均匀，在流道不同位置的聚合物流体的密度、黏度、流动速度和体积流量是不同的。这里不考虑流场的扰动问题，在简单截面的流道内，流体的密度和黏度是常数，流体流动是小雷诺数等温稳定的层流。在这些假设条件下，简化数学物理方程，使控制方程有解析解。

聚合物加工成型中使用的模具种类很多，最常见的流道形状有狭缝形和圆管形两种。本节分析简单截面模型流体的压力流动[1-12]，分为3小节，包括平行平板流道流体的压力流、长圆管流道流体的压力流、环形圆管流道流体的轴向压力流。

6.1.1 平行平板流道流体的压力流

在板材、片材挤出口模内，聚合物流体的流动属于平行平板流道的流动。本小节分析平行平板流道和矩形流道流体的压力流，包括平行平板流道流体的单向流动、平行平板流道流体的二维压力流、矩形流道内流体的压力流、等截面矩形狭缝流道流体的压力流、平板壁面质量力驱动的流动5部分。

6.1.1.1 平行平板流道流体的单向流动

流体最简单的一类流动是平行平板流道不可压缩流体的平行流动，称该流动为单向流动（Unidirectional Flow）[1,2]。假设两块平行平板长 L、板间宽 b 和板间间隙 H，其中 $L \gg b$，至少 $L/b \geqslant 10$，$b \gg H$，称其为无限大的平行平板。在压力驱动下，在无限大的平行平板流道，流体做充分发展的等温层流。

为了分析平行平板流道黏性流体的单向流动，根据流体的性质和流动的特点，做出合理的假设条件：

① 流体是不可压缩的流体，有 $\nabla \cdot \boldsymbol{u} = 0$；

② 单向流动，流体的流场仅有一个方向的速度，有 $u_y = u_z = 0$；

③ 所考察的部位是远离流道进出口的地方，流动是充分发展非稳定流动，流场所有的物理量随时间变化，有$\partial/\partial t \neq 0$；

④ 等温层流，没有热量传递，可忽略黏性热耗散，不用考虑控制方程的能量方程，且状态方程的$\rho=$常数，$\mu=$常数；

⑤ 驱动力仅有压力，忽略质量力；

⑥ 壁面边界无滑移，有边界条件$u_x|_{y=\pm H/2}=0$和自然边界条件$\partial u_x/\partial x|_{y=0}=0$。

在以上假设条件下，简化不可压缩黏性流体流动的控制方程式（3.3.2）。由假设①和②，流体的流场仅有一个方向的速度$\boldsymbol{u}=u_x\boldsymbol{i}$，因此在$x$方向方程连续性简化为

$$\nabla\cdot\boldsymbol{u}=\frac{\partial u_x}{\partial x}=0 \tag{1}$$

微分式（1）可得

$$\frac{\partial^2 u_x}{\partial x^2}=0 \tag{2}$$

由假设条件③、④和⑤，简化运动方程为

$$\rho\frac{\partial u_x}{\partial t}=-\frac{\partial p}{\partial x}+\mu\left(\frac{\partial^2 u_x}{\partial x^2}+\frac{\partial^2 u_x}{\partial y^2}+\frac{\partial^2 u_x}{\partial z^2}\right) \tag{3}$$

将式（1）和式（2）代入式（3），考虑单向流动$\boldsymbol{u}=u_x\boldsymbol{i}$，同样的方法简化$y$，$z$方向的运动方程，最终运动方程化简为

$$\begin{cases}\rho\dfrac{\partial u_x}{\partial t}=-\dfrac{\partial p}{\partial x}+\mu\left(\dfrac{\partial^2 u_x}{\partial y^2}+\dfrac{\partial^2 u_x}{\partial z^2}\right) & (4)\\[2ex] 0=-\dfrac{\partial p}{\partial y} & (5)\\[2ex] 0=-\dfrac{\partial p}{\partial z} & (6)\end{cases}$$

由运动方程式（5）和式（6）了解到驱动力仅为x、t函数

$$p=p(x,t) \tag{7}$$

分析仅有的运动方程式（4），可见速度和压力只能是时间的函数，将其分离变量，令等式两边等于常数$C(t)$，得到单向流动的控制方程为

$$\rho\frac{\partial u_x}{\partial t}-\mu\left(\frac{\partial^2 u_x}{\partial y^2}+\frac{\partial^2 u_x}{\partial z^2}\right)=-\frac{\partial p}{\partial x}=C(t) \tag{6.1.1a}$$

分离变量后，有

$$\begin{cases}\rho\dfrac{\partial u_x}{\partial t}-\mu\left(\dfrac{\partial^2 u_x}{\partial y^2}+\dfrac{\partial^2 u_x}{\partial z^2}\right)=C(t)\\[2ex] -\dfrac{\partial p}{\partial x}=C(t)\end{cases}$$

式中，μ为黏度，对牛顿流体是常数；$C(t)$为随时间变化的常数。

当稳态流动中，它是常数C，控制方程简化为

$$\frac{\partial p}{\partial x}=\mu\left(\frac{\partial^2 u_x}{\partial y^2}+\frac{\partial^2 u_x}{\partial z^2}\right)=C \tag{6.1.1b}$$

6.1.1.2 平行平板流道流体的二维压力流

下面用运动方程的简化式（6.1.1），分析求解一些平板间黏性流体的流动。首先分析两平行平板流道流体的稳态流动[1-3]，该问题的解是N-S方程典型的精确解。

在两层具有无限长和宽度的平行平壁之间，在压力驱动下，不可压缩黏性流体作充分发

展稳定层流（laminar flow）。假设两块长 L、板间宽 b 和板间间隙 H，其中 $L \gg b$，至少 $L/b \geqslant 10$，$b \gg H$。流场所有的物理量不随时间变化，有 $\partial/\partial t = 0$，壁面无滑移。画出平行平板流道稳态平行层流的示意图 6.1.1。所考察部位是远离流道进出口的地方。由该定常流动的特点可知，流速为 $\boldsymbol{u} = u_x(y)\boldsymbol{i}$，其中 $\partial u_x/\partial t = 0$ 和 $\partial^2 u_x/\partial z^2 = 0$，化简偏微分方程式（6.1.1b）为常微分方程为

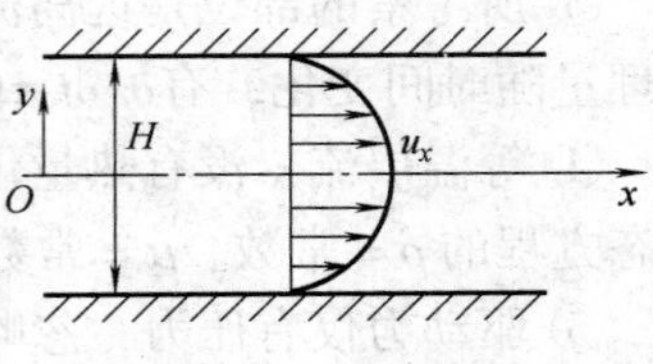

图 6.1.1 平行平板流道稳态平行层流

$$\frac{\mathrm{d}p}{\mathrm{d}x} = \mu\left(\frac{\mathrm{d}^2 u_x}{\mathrm{d}y^2}\right) = C \tag{1}$$

将式（1）分离变量后，有

$$\frac{\mathrm{d}p}{\mathrm{d}x} = C \tag{2}$$

$$\mu\frac{\mathrm{d}^2 u_x}{\mathrm{d}y^2} = C \tag{3}$$

压力边界条件：① $p(0) = p_0$，② $p(L) = p_L$，

速度边界条件：③ $u_x(-H/2) = 0$，④ $u_x(H/2) = 0$

积分式（1），得

$$p = Cx + C_1 \tag{4}$$

运用压力边界条件①和②，确定式（4）中的积分常数为

$$p_0 = 0 + C_1, \quad p_L = CL + p_0 \tag{5}$$

由式（5）确定常数 C，有

$$C = \frac{p_L - p_0}{L} \tag{6}$$

积分式（3）得

$$u_x = \frac{Cy^2}{2\mu} + C_2 y + C_3 \tag{7}$$

对式（7）分别运用速度边界条件③和④，得

$$u_x = 0 = \frac{C(-H/2)^2}{2\mu} + C_2\left(\frac{-H}{2}\right) + C_3 = \frac{CH^2}{8\mu} - \frac{C_2 H}{2} + C_3 \tag{8}$$

$$u_x = 0 = \frac{C(H/2)^2}{2\mu} + C_2\left(\frac{H}{2}\right) + C_3 = \frac{CH^2}{8\mu} + \frac{C_2 H}{2} + C_3 \tag{9}$$

由式（8）和式（9）确定积分常数为

$$C_2 = 0, C_3 = -\frac{CH^2}{8\mu} \tag{10}$$

将积分常数式（6）和式（10）代入式（7），得到速度与压力梯度关系为

$$u_x = \frac{Cy^2}{2\mu} - \frac{CH^2}{8\mu} = \frac{\Delta pH^2}{8\mu L}\left[1 - \frac{y^2}{(H/2)^2}\right] = \frac{\Delta pH^2}{8\mu L}\left[1 - \left(\frac{2y}{H}\right)^2\right] \tag{6.1.2}$$

在 $y = 0$ 处，流速最大为 $u_{x\max} = \dfrac{\Delta pH^2}{8L\mu}$，则

$$u_x = u_{x\max}\left[1 - \left(\frac{2y}{H}\right)^2\right] \tag{6.1.3}$$

式中，$\Delta p = p_0 - p_L$。

确定流量，在 x 方向上，通过两平行平板流道单位宽度（z 方向）的体积流量为 $q_V/b =$

q_{Vu}，q_{Vu}是速度的单位宽度体积积分，为

$$q_{Vu} = 2\int_0^{H/2} u_x \mathrm{d}y = 2\int_0^{H/2} \frac{\Delta p}{2\mu L}\left(\frac{H^2}{4} - y^2\right)\mathrm{d}y = \frac{\Delta p}{\mu L}\left[\frac{H^2 y}{4} - \frac{y^3}{3}\right]\Bigg|_0^{H/2} = \frac{\Delta p H^3}{12\mu L} \tag{6.1.4}$$

u_b为主体流速（Bulk Velocity），由 $q_{Vu} = u_b H$，用压力表示的主体流速 u_b 为

$$u_b = \frac{\Delta p H^2}{12\mu L} = \frac{2}{3} u_{x\max} \tag{6.1.5}$$

则压力降为

$$\frac{\mathrm{d}p}{\mathrm{d}x} = \frac{\Delta p}{L} = \frac{12\mu u_b}{H^2} \tag{6.1.6}$$

当流体的动力黏度 μ、来流主体流速 u_b 和流道宽 H 已知时，就可计算此流动的压力降和流速分布。

确定流场的剪切应力式（2.3.13）

$$\tau_{yx} = -\mu \frac{\mathrm{d}u_x}{\mathrm{d}y} = \frac{\Delta p y}{L} \tag{11}$$

确定壁面的剪切应力

$$\tau_{yx}(y = H/2) = -\mu \frac{\mathrm{d}u_x}{\mathrm{d}y} = \frac{\Delta p H}{2L} \tag{6.1.7}$$

前面牛顿流体流场的解是 N-S 方程典型的精确解。下面分析非牛顿流体的流动。由于复杂的非牛顿流体的流动控制方程不能解析求解，定性地分析简单截面流道聚合物流体的流动问题，常常采用幂律本构方程描述流体的流变性能。

用幂律本构方程（5.2.18）得到描述非牛顿流体的剪切速率与剪切应力的关系，有

$$\dot{\gamma} = (\tau/K)^{1/n} \tag{12}$$

将式（11）代入式（12），分别得到流场任意一点剪切速率和板壁的剪切速率

$$\dot{\gamma}(y) = \left(\frac{\Delta p y}{LK}\right)^{1/n} \tag{6.1.8}$$

$$\dot{\gamma}_w(y = H/2) = \left(\frac{\Delta p H}{2LK}\right)^{1/n} \tag{6.1.9}$$

积分流场的变形速率式 $\dot{\gamma}(y) = \frac{\mathrm{d}u_x}{\mathrm{d}y}$，得到速度积分式

$$u_x(y) = \int_y^{H/2} \dot{\gamma}(y)\,\mathrm{d}y \tag{13}$$

将式（6.1.8）式代入积分式（13），计算非牛顿流体的速度[3]

$$u_x = \int_y^{H/2} \dot{\gamma}(y)\,\mathrm{d}y = \int_y^{H/2} \left(\frac{\Delta p}{LK}\right)^{1/n} y^{1/n}\mathrm{d}y = \frac{1}{1/n + 1}\left(\frac{\Delta p}{LK}\right)^{1/n}\left[\left(\frac{H}{2}\right)^{(1+n)/n} - y^{(1+n)/n}\right]$$

$$= \frac{nH}{2(n+1)}\left(\frac{\Delta p H}{2LK}\right)^{1/n}\left[1 - \left(\frac{2y}{H}\right)^{(1+n)/n}\right]$$

最后得到非牛顿流体用幂律指数表示的流场速度分布式

$$u_x = \frac{nH}{2(n+1)}\left(\frac{\Delta p H}{2LK}\right)^{1/n}\left[1 - \left|\frac{2y}{H}\right|^{(1+n)/n}\right] \tag{6.1.10}$$

对上式求速度的导数，得

$$\frac{\mathrm{d}u_x}{\mathrm{d}y} = -\frac{nH}{2(n+1)}\left(\frac{\Delta p H}{2LK}\right)^{1/n}\frac{1+n}{n}\left(\frac{2y}{H}\right)^{\frac{1}{n}}\frac{2}{H} = -\left(\frac{\Delta p y}{LK}\right)^{1/n} \tag{6.1.11}$$

用速度式（6.1.10）计算幂律流体 x 方向单位宽度体积流量，得到

$$q_{V\text{u}} = \frac{q_V}{b} = 2\int_0^{H/2} u_x \mathrm{d}y = 2\int_0^{H/2} \frac{nH}{2(n+1)}\left(\frac{\Delta pH}{2LK}\right)^{1/n}\left[1-\left(\frac{2y}{H}\right)^{\frac{1+n}{n}}\right]\mathrm{d}y = \frac{nH^2}{2(1+2n)}\left(\frac{\Delta pH}{2LK}\right)^{1/n} \tag{6.1.12}$$

分析两平行板流道幂律流体层流的速度分布式（6.1.8）的极限情况：

① 当 $y=H/2$，$u_x=0.$，速度式满足壁面无滑移的条件；

② 当 $y=0$，流速最大，$u_{x\max}(y=0)=\dfrac{nH}{2(n+1)}\left(\dfrac{\Delta pH}{2LK}\right)^{1/n}$。

6.1.1.3　矩形流道内流体的压力流

矩形流道长 L 宽 b 高 H 如图6.1.2所示，宽高比 $b/H<(10\sim20)$。在压力驱动下，矩形流道内流体沿着 z 轴做稳定等温层流，所考察部位是远离流道进出口的地方，不用考虑边界的影响，所有的4个侧壁上 $u_z=0$，其他假设同前面的分析。由于矩形流道的宽度和高度是同一数量级，矩形流道内流体的压力流不再是单项平行流动[3]。

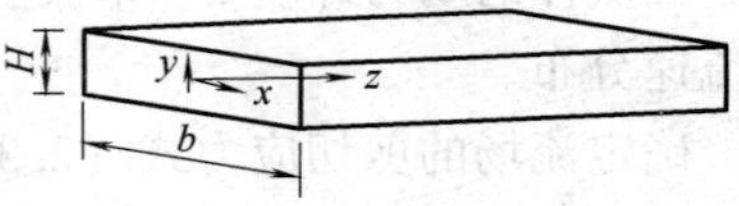

图6.1.2　矩形流道

首先定性地分析矩形流道内流体的压力流。在层流状态下，矩形流道截面的聚合物熔体速度以环形等速线分布，在所有的方向上剪切速率分布不均匀。矩形流道截面中心的剪切速率为零。矩形流道长边中心线方向的剪切速率升高的最快也最大，而短边方向就较小。因此，随着剪切速率增加挤出膨胀更显著。实验的测定已经证实，矩形口模长边中心处的压力和挤出物膨胀比比短边中心大，矩形口模任一给定的出口压力和挤出物膨胀比随着体积流量的增加而增大。

这里略去了复杂的求解过程，仅介绍确定矩形流道流体的体积流量。下面分别分析矩形流道牛顿流体和非牛顿流体的流动。

（1）牛顿流体

分析压力驱动的矩形流道牛顿流体稳定等温层流的特点可知，流场所有的物理量不随时间变化 $\partial/\partial t=0$，流速为 $\boldsymbol{u}=u_z(y)\boldsymbol{i}$，其中 $\partial^2 u_z/\partial z^2=0$ 和 $-\partial p/\partial y=0$。简化控制方程（3.3.2），得到描述该流动的控制方程。N-S 方程 z 向分量简化为

$$-\frac{\partial p}{\partial z}+\mu\left(\frac{\partial^2 u_z}{\partial x^2}+\frac{\partial^2 u_z}{\partial y^2}\right)=0 \tag{1}$$

由壁面无滑移，得到速度边界条件

① $u_z(x=\pm b/2)=0$，② $u_z(y=\pm H/2)=0$

由于 $-\partial p/\partial y=0$，分析式（1）可知，z 向的压力梯度为常数，与平行板间流动类似，有

$$\frac{\partial p}{\partial z}=\frac{\mathrm{d}p}{\mathrm{d}z}=\frac{\Delta p}{\mu L} \tag{2}$$

将式（2）代入式（1），有

$$\mu\left(\frac{\partial^2 u_z}{\partial x^2}+\frac{\partial^2 u_z}{\partial y^2}\right)=\frac{\Delta p}{L} \tag{3}$$

用分离变量的方法求解运动方程式（3），略推导过程，用傅里叶级数表示解。使用边界条件，得到总体积流量为

$$q_V=q_{V\text{u}}b=\frac{\Delta pbH^3}{12\mu L}F_p \tag{6.1.13}$$

式中，F_p 为形状因子。它是矩形截面高宽比的函数 $F_p=f(H/b)$。

当形状因子 $F_p \to 1$，与平板间流体单位宽度的体积流量计算式（6.1.4）相同

$$q_{Vu} = \frac{\Delta p H^3}{12L\mu}$$

图6.1.3给出了形状因子 F_p 随 H/b 的变化。对于牛顿流体，当 $H/b=1/10$ 时，考虑侧壁对流动的影响 $F_p=0.95$，比平壁减少了5%。当 $H/b=1/20$ 时，两侧壁对体积流量的影响更小。

（2）非牛顿流体[3,4]

当流体是非牛顿流体时，N-S方程是非线性偏微分方程，不能解析求解。只能用数值积分求解。若非牛顿流体用幂律方程表示，得到总体积流量为

$$q_V = bH^2\left(\frac{H\Delta p}{2KL}\right)^{1/n} S_p \tag{6.1.14}$$

式中，S_p 为形状因子，$S_p=f(b/H, n)$，即它是矩形流道截面宽高比 b/H 和流动指数 n 的函数。

图6.1.4给出了矩形流道幂律流体形状因子 S_p 随 b/H 和 n 的变化。形状因子与流动指数 n 的关系为

$$S_p = \frac{n}{2(2n+1)} S_q \tag{6.1.15}$$

将式（6.1.15）代入式（6.1.14），得到矩形流道流体的总体积流量

$$q_V = \frac{nbH^2}{2(2n+1)}\left(\frac{H\Delta p}{2KL}\right)^{1/n} S_q \tag{6.1.16}$$

式中，S_q 为矩形流道两侧壁对流量影响的修正系数。

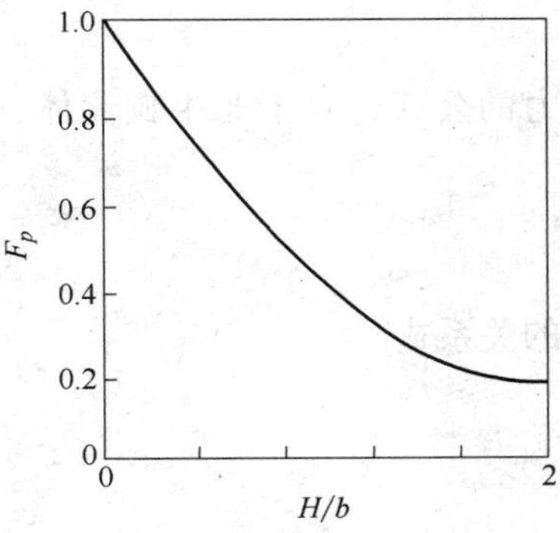

图6.1.3　矩形流道牛顿流体 F_p 随 H/b 的变化[3]

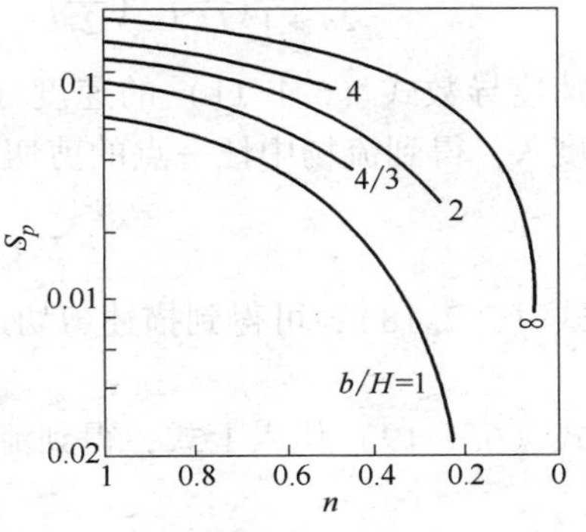

图6.1.4　矩形流道幂律流体 S_p 随 b/H 和 n 的变化[3]

若 $n=0.5$，则 $\frac{n}{2(2n+1)}=0.125$。取图6.1.4上的若干点，汇集到表中。表6.1.1给出不同宽高比 b/H 的形状因子 S_p 和修正系数 S_q。

表6.1.1　　不同宽高比的形状因子 S_p 和修正系数 S_q（$n=0.5$）[4]

b/H	1	2	4	10	∞
S_p	0.03	0.07	0.09	0.11	0.125
S_q	0.24	0.56	0.72	0.88	1

一般工程上，计算工程误差为5%。由表6.1.1可知，对于牛顿流体，矩形流道与平行板间隙以 $H/b=1/10$ 为界限；对于非牛顿流体，以 $H/b=1/20$ 为界限，可以用平行平板流

道的压力流方法分析流体的流动。

*6.1.1.4 等截面矩形狭缝流道流体的压力流

在挤出板件的挤塑过程中，狭缝流道是常见的刚性边界。用6.1.1.2平行平板流道黏性流体二维压力流，分析等截面矩形狭缝流道流体的压力流[4]。高聚物黏度高，热传导性能差，它的制品只能是薄壁板件或薄板的组合，因此成型模具是狭缝矩形型腔。垂直流动方向的宽度 b 与缝隙高度 H 的比，$b/H>(10\sim20)$，如图6.1.5所示。这里略去详细的推导过程，用比较法求解问题。忽略狭缝流道两侧壁对流量的影响，将两平行板流道非牛顿流体的速度分布式（6.1.10）演化为狭缝流道压力流动的流体速度，为

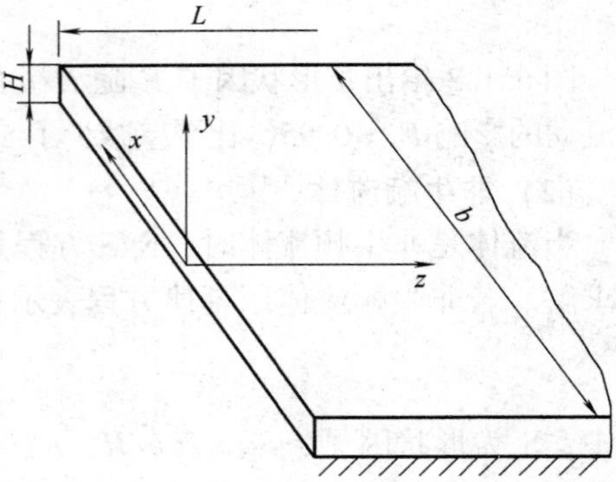

图6.1.5 等截面矩形狭缝流道 $b/H>(10\sim20)$

$$u_x=\frac{n}{n+1}\left(\frac{\Delta p}{LK}\right)^{1/n}\left[\left(\frac{H}{2}\right)^{(1+n)/n}-y^{(1+n)/n}\right] \tag{6.1.17}$$

对速度式（6.1.17）体积分，忽略两侧壁对流量的影响，计算通过狭缝流道熔体的总体积流量

$$\begin{aligned}q_V&=4\int_0^{b/2}\int_0^{H/2}u_z\mathrm{d}x\mathrm{d}y=4\int_0^{b/2}\int_0^{H/2}\frac{n}{n+1}\left(\frac{\Delta p}{LK}\right)^{1/n}\left[\left(\frac{H}{2}\right)^{(1+n)/n}-y^{(1+n)/n}\right]\mathrm{d}x\mathrm{d}y\\&=\frac{2nb}{2n+1}\left(\frac{\Delta p}{LK}\right)^{1/n}\left(\frac{H}{2}\right)^{(2n+1)/n}\end{aligned} \tag{6.1.18}$$

将速度导数式（6.1.11）的速度导数代入剪切应力的公式，对于非牛顿流体，黏度 μ 等于稠度 K，得到流场中任一点的剪切应力

$$\tau(y)=\mu\frac{\mathrm{d}u_z}{\mathrm{d}y}=K\left(\frac{\Delta py}{LK}\right)^{1/n} \tag{6.1.19}$$

由式（5.2.18），可得到描述剪切速率与剪切应力的关系式

$$\dot{\gamma}=(\tau/K)^{1/n}$$

将式（6.1.19）代入上式，得到流场的剪切速率

$$\dot{\gamma}(y)=\left(\frac{\Delta py}{LK}\right)^{1/n} \tag{6.1.20}$$

将式（6.1.18）两边 n 次方，整理化简得

$$\frac{\Delta pH}{2L}=K\left(\frac{4n+2}{n}\frac{q_V}{bH^2}\right)^n \tag{1}$$

将式（1）与式（6.1.20）对照，可分别得到狭缝矩形流道幂律流体流动壁面剪切速率和剪切应力

$$\dot{\gamma}_w=\frac{4n+2}{n}\frac{q_V}{bH^2} \tag{6.1.21}$$

$$\tau_w(y=H/2)=\frac{\Delta pH}{2L} \tag{6.1.22}$$

对于牛顿流体 $n=1$，得到牛顿流体在狭缝通道壁面的剪切速率为

$$\dot{\gamma}_w=\frac{6q_V}{bH^2} \tag{6.1.23}$$

当两块平板间距组成可变间隙 $H(x,z)$ 的流动区域，下部平板以速度 U_0 运动并移动，上部平板缓慢地起伏，在两平板变间隙的流道流体流动，该流动问题就变成了二维问题。Tadmor[5] 给出假设条件简化 N-S 方程，详细求解了上板运动，下板固定的非平行两板间流道流体流动。图 6.1.6 给出两相对运动非平行两板流道流体流动的速度分布。

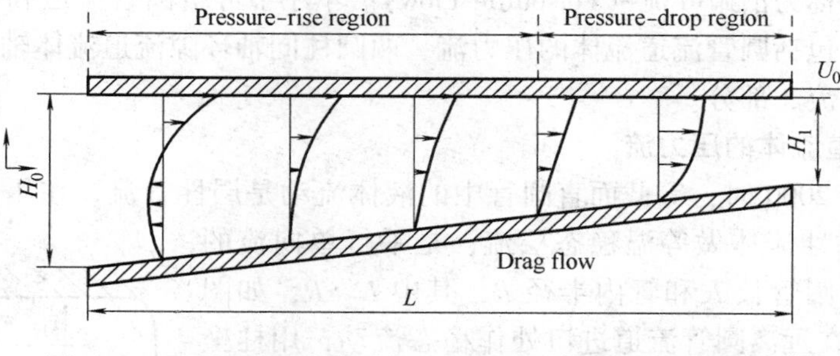

图 6.1.6　两相对运动非平行两板流道流体流动的速度分布[5]

由此图可见，当入口压力和出口压力相等时，在入口区域速度有回流，随着压力升高速度增大到达某一区域，流道内速度是线性分布，随后流体达到压降区域，速度分布从壁面的零到最大值，呈现前凸曲线。

关于变截面、楔形、鱼尾、两偏心圆环等其他形状流道聚合物流体的流动，有兴趣读者可参看有关文献[2，5，7]。

6.1.1.5　平板壁面质量力驱动的流动

仅有质量力驱动的不可压缩流体流动也是平行单向流的一种[1]。无限宽平板与水平地面的夹角为 α，如图 6.1.7 所示。流体由质量力在平板上作定常层流，确定该流场的速度分布。由于平板无限宽，两侧边界的影响可忽略，问题可化简为平面流动；由于平板足够长，两端的影响可以不考虑；流体仅沿 $\boldsymbol{u}=u_x(y)\boldsymbol{i}$ 轴方向流动，考虑质量力。简化非等温不可压缩均质流体流动的控制方程式（3.3.2）为

$$\mu\frac{\partial^2 u_x}{\partial y^2}=-\frac{\partial p}{\partial x}-\rho g\sin\alpha \tag{1}$$

$$0=-\frac{\partial p}{\partial y}+\rho g\cos\alpha \tag{2}$$

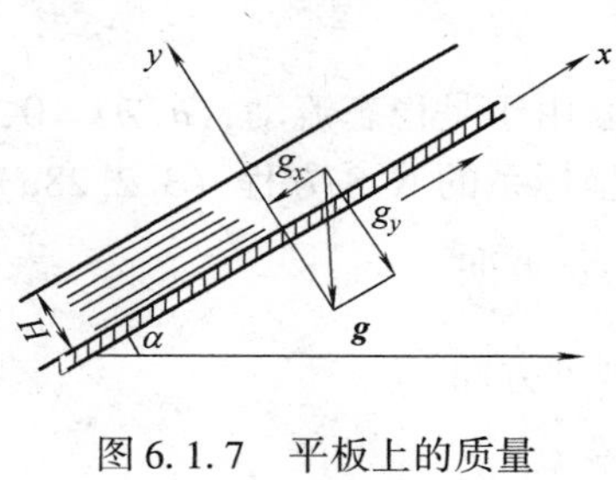

图 6.1.7　平板上的质量力驱动平行流

压力边界条件：① $p(y=H)=p_{atm}$。

速度边界条件：② $u_x(y=0)=0$，③ 在边界上，$\partial u_x/\partial y(y=H)=0$

积分式（2），得

$$p=-\rho g\cos\alpha H+f(x) \tag{3}$$

由压力边界条件①，得

$$f(x)=p_{atm}+\rho g\cos\alpha H \tag{4}$$

将式（4）代入式（3），得

$$p=p_{atm}+\rho g\cos\alpha(H-y) \tag{5}$$

请运用式（5）和速度边界条件②和③，在作业中，读者完成此问题的详细推导过程，确定该流动的体积流量为

$$q_V=\int_0^H u_x\mathrm{d}y=\frac{\rho H^3}{3\mu}g\sin\alpha=\frac{H^3}{3\nu}g\sin\alpha \tag{6.1.24}$$

6.1.2 圆管流道流体的压力流

在管材挤出口模内，聚合物流体的流动属于圆管流道的流动。19 世纪 G. H. L. 哈根和 J. L. M. 泊肃叶从实验归纳出圆管液体层性管流的流动规律，后来证实与精确解符合。圆管流道流体的压力流称为泊肃叶流（Poiseuille Flow）。本小节分析圆管流道和锥形管流道的聚合物流体压力流，包括圆管流道流体的压力流、两圆柱同轴环隙流道流体轴向压力流、锥形圆流道流体的压力流 3 部分。

6.1.2.1 圆管流道流体的压力流

当雷诺数小于2000 时，等截面直圆管中的液体流动是层性管流。在压力驱动下，长圆管流道不可压缩黏性流体做等温稳态层流，是平行单向流的另一种情况。假设圆管长 L 和管内半径 R，其中 $L \gg R$，如图 6.1.8 所示。流体在远离圆管流道进口处作稳态流动，用柱坐标方程求解该问题。根据流体流动特征，分别简化柱坐标系不可压缩流体的连续性方程和运动方程，用两种方法分析该流动。

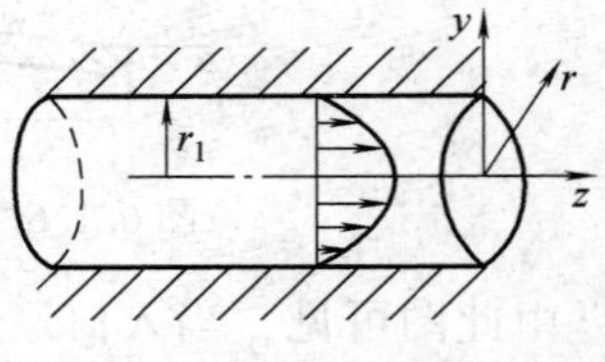

图 6.1.8 长圆管流道稳态平行层流

（1）求牛顿流体流场的精确解[1,2]

此流动为轴对称流动，$u_r=0$ 和 $u_\theta=0$，速度分布为 $\boldsymbol{u}=u_r\boldsymbol{e}_r+u_\theta\boldsymbol{e}_\theta+u_z\boldsymbol{e}_z=u_z(r)\boldsymbol{e}_z$。

将柱坐标系连续性方程（3.2.11b）

$$\frac{1}{r}\frac{\partial}{\partial r}(ru_r)+\frac{1}{r}\frac{\partial u_\theta}{\partial \theta}+\frac{\partial u_z}{\partial z}=0$$

简化为

$$\frac{\mathrm{d}u_z}{\mathrm{d}z}=0 \tag{1}$$

由于是稳态流动，$\partial/\partial t=0$，$\partial u_z/\partial t=0$；且流体为水平层流，忽略质量力 $g_z=0$，简化柱坐标系的 N-S 方程（3.2.28a），有

r 方向
$$-\frac{\partial p}{\partial r}=0 \tag{2}$$

θ 方向
$$-\frac{1}{r}\frac{\partial p}{\partial \theta}=0 \tag{3}$$

z 方向
$$0=-\frac{\mathrm{d}p}{\mathrm{d}z}+\mu\left(\frac{\mathrm{d}^2u_z}{\mathrm{d}r^2}+\frac{1}{r}\frac{\mathrm{d}u_z}{\mathrm{d}r}\right) \tag{4}$$

边界条件：① 自然边界条件 $\frac{\mathrm{d}u_z}{\mathrm{d}r}(r=0)=0$；② 壁面无滑移条件 $u_z(r=R)=0$

在 r 方向和 θ 方向有 $\frac{\partial p}{\partial r}=0$ 和 $\frac{\partial p}{\partial \theta}=0$，即 $p=p(z)$，式（4）中偏微分可换成常微分，分离变量后，得

$$\frac{\mathrm{d}^2u_z}{\mathrm{d}r^2}+\frac{1}{r}\frac{\mathrm{d}u_z}{\mathrm{d}r}=\frac{1}{\mu}\frac{\mathrm{d}p}{\mathrm{d}z}=C \tag{5}$$

将式（5）改写为

$$\frac{1}{r}\frac{\mathrm{d}}{\mathrm{d}r}\left(r\frac{\mathrm{d}u_z}{\mathrm{d}r}\right)=\frac{1}{\mu}\frac{\mathrm{d}p}{\mathrm{d}z}=C \tag{6}$$

积分式（6）中等式右边项 $\mathrm{d}\left(r\frac{\mathrm{d}u_z}{\mathrm{d}r}\right)=Cr\mathrm{d}r$，有

$$r\frac{\mathrm{d}u_z}{\mathrm{d}r}=\frac{1}{2}Cr^2+C_1 \tag{7}$$

运用边界条件①和②，得 $C_1=0$，代入式（7），有

$$\frac{\mathrm{d}u_z}{\mathrm{d}r}=\frac{1}{2}Cr \tag{8}$$

进一步积分式（8），得

$$u_z(r)=\int_r^R\frac{Cr}{2}\mathrm{d}r=\frac{Cr^2}{4}\bigg|_r^R=C(R^2-r^2)/4 \tag{9}$$

将式（6）代入式（9），得

$$u_z(r)=\frac{R^2}{4\mu}\frac{\mathrm{d}p}{\mathrm{d}z}\left[1-\left(\frac{r}{R}\right)^2\right]=\frac{\Delta pR^2}{4\mu L}\left[1-\left(\frac{r}{R}\right)^2\right] \tag{6.1.25}$$

式中，R 为圆管内半径。

对速度体积分，得到长圆管流道的体积流量

$$q_V=\int_0^R 2\pi ru_z(r)\,\mathrm{d}r=\int_0^R\frac{\Delta p\pi R^2}{2\mu L}\left[1-\left(\frac{r}{R}\right)^2\right]\mathrm{d}r=\frac{\Delta p\pi R^4}{8\mu L} \tag{6.1.26}$$

这就是著名的泊肃叶压力流动的解，即 N-S 方程的典型精确解。

当 $r=0$，得圆管流道最大流速为

$$u_{z\max}(r=0)=\frac{\Delta pR^2}{4\mu L} \tag{6.1.27}$$

比较式（6.1.25）与式（6.1.27），有 $u_z(r)=u_{z\max}[1-(r/R)^2]$

$$u_{z\max}=2u_b$$

z 方向上的总压力梯度为

$$\frac{\Delta p}{L}=\frac{8\mu u_b}{R^2} \tag{6.1.28}$$

当流体的动力黏度 μ、来流主体流速 u_b 和圆管内半径 r_i 已知时，就可计算此流动的压力降和流速分布。

（2）若假设该流动为幂律流动，确定流场的物理量[3]

根据流体流动的特点，简化不可压缩流体柱坐标系连续性方程（3.2.11b）和 N-S 方程（3.2.28b），有

$$\frac{\partial u_z}{\partial z}=0 \tag{1}$$

r 方向

$$-\frac{\partial p}{\partial r}=0 \tag{2}$$

θ 方向

$$-\frac{1}{r}\frac{\partial p}{\partial\theta}=0 \tag{3}$$

z 方向

$$-\frac{\partial p}{\partial z}+\frac{1}{r}\frac{\partial}{\partial r}(r\tau_{rz})=0 \tag{4}$$

将式（4）分量变量，有

$$\frac{\partial p}{\partial z}=\frac{1}{r}\frac{\partial}{\partial r}(r\tau_{rz}) \tag{5}$$

由式（1）可知 $u_z=u(r)$；由式（2）和式（3）可知 $p=p(z)$，式（5）的左边不依赖 $\boldsymbol{r}$，等式右边不依赖于 z，只能是等式的两边等于常数 C。使用两平板间流体的稳态流动推导的方法，可得到剪切应力为

$$\tau_{rz}=\frac{\Delta pr}{2L}$$

对于非牛顿流体，若假设该流动为幂律流动，此处略去推导过程。在练习题中，读者完成详细的推导过程，确定长圆管流道流场的物理量[3]，为

流体流速 $$u_z(r)=\frac{nR}{n+1}\left(\frac{R\Delta p}{2LK}\right)^{1/n}\left[1-\left(\frac{r}{R}\right)^{(1+n)/n}\right] \tag{6.1.29}$$

体积流量 $$q_V=\frac{n\pi R^3}{3n+1}\left(\frac{R\Delta p}{2LK}\right)^{1/n} \tag{6.1.30}$$

平均速度 $$u_b=\frac{q_V}{\pi R^2}=\frac{nR}{3n+1}\left(\frac{R\Delta p}{2LK}\right)^{1/n} \tag{6.1.31}$$

剪切速率 $$\dot{\gamma}(r)=\left(\frac{\Delta pr}{2LK}\right)^{1/n} \tag{6.1.32}$$

壁面剪切速率 $$\dot{\gamma}_w(r=R)=\left(\frac{\Delta pR}{2LK}\right)^{1/n}=\frac{3n+1}{n}\frac{q_V}{\pi R^3} \tag{6.1.33}$$

对于牛顿流体，$n=1$ 和 $K=\mu$，得到体积流量和流速分布与牛顿流体流场的精确解的结果相同，分别为

$$q_V=\frac{\Delta p\pi R^4}{8\mu L} \tag{6.1.34}$$

$$u_z(r)=\frac{\Delta pR^2}{4\mu L}\left[1-\left(\frac{r}{R}\right)^2\right] \tag{6.1.35}$$

(3) 体积流量方程的分析

已得到体积流量式（6.1.30），为

$$q_V=\frac{n\pi R^3}{3n+1}\left(\frac{R\Delta p}{2LK}\right)^{1/n}$$

由上式可知压力降与体积流量成正比

$$\Delta p\propto\frac{Lq_V}{R^{3+1}}$$

假设圆管长 L 和管内半径 R 不变，由 $\Delta p\propto q_V$，为了讨论牛顿指数 n 的影响，假设

$$\begin{cases}\Delta p_1\propto q_{V_1}^n,\Delta p_2\propto q_{V_2}^n\\ q_{V_2}=kq_{V_1}\end{cases}$$

式中，$k>1$。

用上式定性地分析不同的聚合物流体：

① 牛顿流体，牛顿指数 $n=1$，$\dfrac{\Delta p_2}{\Delta p_1}=\dfrac{q_{V_2}}{q_{V_1}}=\dfrac{kq_{V_1}}{q_{V_1}}=k$

② 假塑性流体，牛顿指数 $n<1$，$\dfrac{\Delta p_2}{\Delta p_1}=\left(\dfrac{q_{V_2}}{q_{V_1}}\right)^n=\left(\dfrac{k_jq_{V_1}}{q_{V_1}}\right)^n=k_j^n$

③ 膨胀性流体，牛顿指数 $n>1$，$\dfrac{\Delta p_2}{\Delta p_1}=\left(\dfrac{q_{V_2}}{q_{V_1}}\right)^n=\left(\dfrac{k_pq_{V_1}}{q_{V_1}}\right)^n=k_p^n$

由以上分析可看出，$k_j^n<k<k_p^n$，假塑性流体的压力梯度最小。当圆管尺寸和流体的体积流量基本不变的情况下，增加聚合物流体的假塑性，有利于节电节能。这个定性分析得到的结论对聚合物加工成型有指导作用。

(4) 流速与平均流速比值的分析[4,9]

已经得到流场的速度式（6.1.29）和平均速度式（6.1.31），分别为

流体流速 $$u_z(r)=\frac{nR}{n+1}\left(\frac{R\Delta p}{2LK}\right)^{1/n}\left[1-\left(\frac{r}{R}\right)^{(1+n)/n}\right]$$

平均速度
$$u_b = \frac{q_V}{\pi R^2} = \frac{nR}{3n+1}\left(\frac{R\Delta p}{2LK}\right)^{1/n}$$

由上两式，得到速度与平均速度的比值
$$\frac{u_z(r)}{u_b} = \frac{3n+1}{n+1}\left[1-\left(\frac{r}{R}\right)^{(1+n)/n}\right] \tag{6.1.36}$$

讨论式（6.1.36）可知，对于幂律流体，管中心轴线上流速最大，有
$$\frac{u_b}{u_z(r=0)} = \frac{n+1}{3n+1}$$

当 $n \to 0$ 的极限情况
$$\lim_{n\to 0}\frac{u_b}{u_z(r=0)} = \lim_{n\to 0}\frac{n+1}{3n+1} \to 1$$

n 值分别取为0，0.1，1，2和∞，作图6.1.9。此图给出长圆管流道压力流 $u_z(r)/u_b$ 随 r/R 的变化。分析式（6.1.36），当 $n=1$，牛顿流体速度与平均速度的比值为抛物线方程，如图6.1.9（c）所示。
$$\frac{u_z(r)}{u_b}(n=1) = 2\left[1-\left(\frac{r}{R}\right)^2\right]$$

当指数 $n\to\infty$，速度与平均速度的比值为一直线方程，如图6.1.9（e）所示。
$$\lim_{n\to\infty}\frac{u_z(r)}{u_b} = \lim_{n\to\infty}\frac{3n+1}{n+1}\left[1-\left(\frac{r}{R}\right)^{(1+n)/n}\right] = 3\left[1-\left(\frac{r}{R}\right)\right]$$

对于膨胀性流体 $n>1$，速度分布曲线变得尖锐，n 值越大曲线越接近锥形；对于假塑性流体 $n<1$，速度分布曲线较抛物线平坦，n 值越小管中心部分的速度分布越平坦。当 $n\to 0$ 时速度分布曲线形状类似于柱塞，故称这种流动为**柱塞流**（plug flow）或**平推流**。

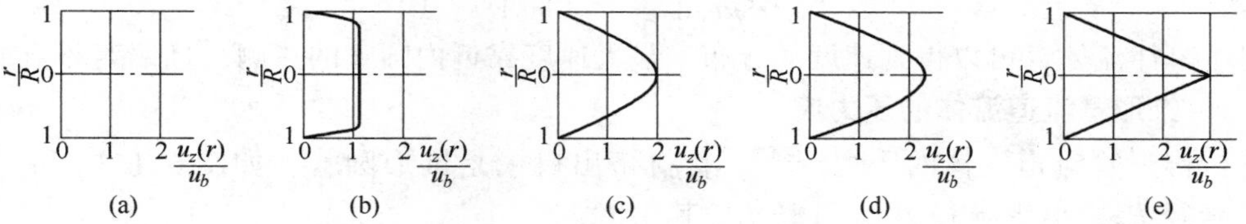

图6.1.9 不同 n 值长圆管流道压力流 $u_z(r)/u_b$ 随 r/R 的变化[9]

（a）$n=0$ （b）$n=0.1$ （c）$n=1$ （d）$n=2$ （e）$n=\infty$

（5）柱塞流动的分析[5,9]

如图6.1.10所示，柱塞流动可以看成是两部分流动组成。在 $r>r^*$ 区域内为剪切流动，在这一区域剪切应力大于屈服应力，即 $\tau>\tau_y$。在 r^* 区域内为柱塞流，在这一区域剪切应力小于屈服应力，即 $\tau<\tau_y$。

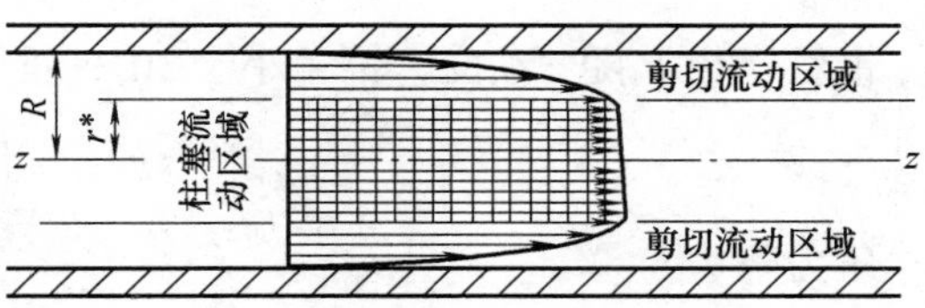

图6.1.10 长圆管流道柱塞流的速度分布[4]

图6.1.11比较长圆管流道柱塞流与抛物线流的差别。由此图可知，在柱塞区的流体表现出类固态（Solid-like）的流动行为，流体像塞子一样沿受力方向移动。由于流体受到剪切应力很小，聚合物流体不能很好的混合，均匀性差，降低制品的性能。柱塞流动不利于聚合物加工成型。抛物线形流动是流体受到较大的剪切应力，在流经挤出口模或注塑的喷嘴时产生的涡流，增大了扰动，提高了材料的混合均匀程度，有利于聚合物加工成型。

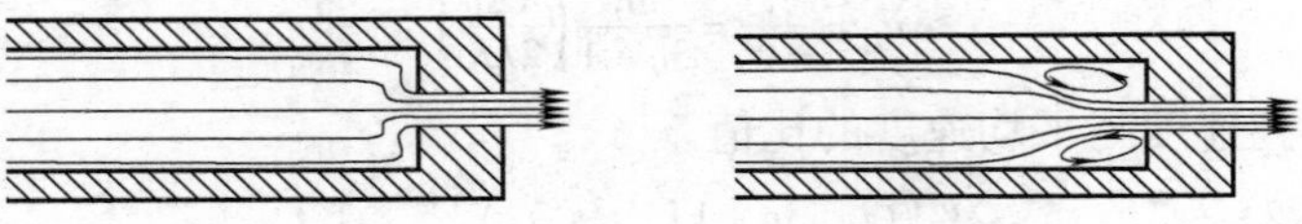

(a) (b)

图 6.1.11 圆管流道柱塞流与抛物线流的比较

（a）柱塞流 （b）抛物线流

6.1.2.2 两圆柱同轴环隙（环形导管）流道流体轴向压力流

管材挤出口模由同心圆管外半径 R_o 和内半径 R_i 环隙的组成，管长 L，其中 $L \gg R_0/R_i$。在压差 Δp 的驱动下，两圆柱同轴环隙流道流体做稳定等温的层流[3]。当 $L \gg R_0/R_i$ 时，挤出的体积流量，可使用平板间的压力流动式近似计算。当 $R_0/R_i = H$ 比值越小，计算误差越小，可按稳定等温层流的轴向压力流分析，获得精确解。

此流动为轴对称流动，$u_r = 0$ 和 $u_\theta = 0$，速度分布为 $\boldsymbol{u} = u_r\boldsymbol{e}_r + u_\theta\boldsymbol{e}_\theta + u_z\boldsymbol{e}_z = u_z(\boldsymbol{r})\boldsymbol{e}_z$ 稳定流动有 $\partial/\partial t = 0$ 和 $\partial u_z/\partial t = 0$，且流体为水平层流，忽略质量力 $g_z = 0$。运动方程和圆管流道的情况一样，在 $u_z(r = R_0) = 0$ 和 $u_z(r = R_i) = 0$ 的边界条件下，得到两圆柱同轴环隙流道内速度分布

$$u_z(r) = \frac{\Delta p R_0^2}{4\mu L}\left[1 - \left(\frac{r}{R_0}\right)^2 + \frac{1-\kappa^2}{\ln(1/\kappa)}\ln\frac{r}{R_0}\right] \tag{6.1.37}$$

式中，$\kappa = R_i/R_0 < 1$。

对速度积分，得体积流量

$$q_V = \frac{\pi \Delta p R_0^4}{8\mu L}\left[1 - \kappa^4 - \frac{(1-\kappa^2)^2}{\ln(1/\kappa)}\right] \tag{6.1.38}$$

对于幂律流体，可以得到速度的分布，最大速度靠近内圆管的一侧，且偏离环隙中心。

6.1.2.3 锥形管流道流体的压力流

分析锥形管流道流体的压力流[4]。管材挤出口模是锥形圆管，如图 6.1.12 所示，锥管大头半径 R_0，小头半径 R_L，管长 L，其中 $L \gg R_0$，R_i。在压差 Δp 的驱动下，锥形管流道流体做稳定等温层流。分析锥管流道内流体的流动特点，可知压力仅是 z 的函数 $p = p(z)$，但是速度不同于直圆管，流体的速度是 r 和 z 的函数，即 $u_z = u_z(r, z)$。

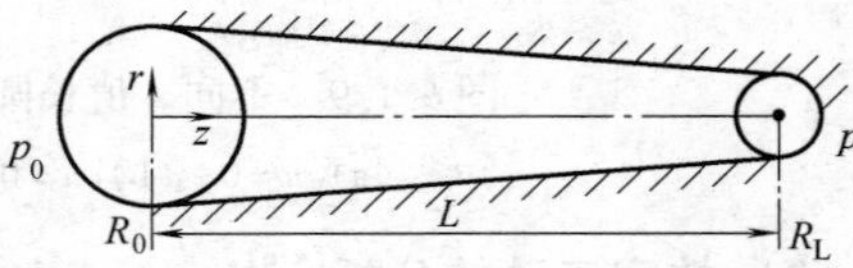

图 6.1.12 锥形流道的几何形状

锥管半径 R 随 z 渐变，锥角小于 30°，锥管半径 R 可表示为

$$R(z) = \left(\frac{R_0 - R_L}{L}\right)z \tag{1}$$

压力降为

$$\frac{\Delta p}{L} = -\frac{\mathrm{d}p}{\mathrm{d}z} \tag{2}$$

将式（1）和式（2）代入直圆管内流体的平均流速（6.1.31）

$$u_b = \frac{q_V}{\pi R^2} = \frac{nR}{3n+1}\left(\frac{R\Delta p}{2LK}\right)^{1/n}$$

得到求解压力 $p = p(z)$ 的一阶微分方程，为

$$-\frac{\mathrm{d}p}{\mathrm{d}y}=2K\left(\frac{3n+1}{n\pi}q_V\right)^n R^{-3n-1} \tag{3}$$

压力边界条件：① $p(z=0)=p_0$　② $p(z=L)=p_L$

积分式（3），应用边界条件①和②，得到

$$-\int_0^L \frac{\mathrm{d}p}{\mathrm{d}z}\mathrm{d}z = p_0 - p_L = \frac{2KL}{3n}\left(\frac{3n+1}{n\pi}q_V\right)^n\left(\frac{R_L^{-3n}-R_0^{-3n}}{R_0-R_L}\right) \tag{6.1.39}$$

近似方程式（6.1.39）对于锥管的锥角小于 30°是可用的。对于环锥形流道和异形截面流道流体的流动感兴趣的读者，可参看有关文献[5，7]。

6.2　流体的拖曳流动

拖曳流动是指没有外力作用，由于黏性力的作用，运动的边界拖着聚合物流体与它一起运动。尽管没有对体系施加压力梯度，由于黏性流体的运动，流场本身会建立压力场。在聚合物加工工程中，螺杆旋转或设备运动，使聚合物流动处于这种拖曳流动的状态。本节考察一些简单截面流道内聚合物流体的拖曳流动[1-12]，建立一些简单模型分析流场的物理量，为聚合物加工过程提供分析问题的方法和理论依据。

本节介绍简单截面流道流体的拖曳流动，分为两小节，包括平行板流道流体的拖曳流动、圆管流道流体的拖曳流动等。

6.2.1　两平行板流道流体的拖曳流动

在板材、片材挤出口模内，聚合物流体的流动属于两平行平板间的流动。本小节分析运动平板壁面和矩形流道流体的拖曳流，包括平行板流道流体拖曳流动、矩形流道流体的拖曳流两部分。

6.2.1.1　平行板流道流体拖曳流动

19 世纪末，法国安格斯大学的物理学教授库特（Maurice Marie Alfred Couette）求解了平行板流道流体拖曳流动的流场。为了纪念他命名这种流动类型为库特流动（**Couette Flow**）。库特流动的解是黏性流体力学的典型精确解[1,2]。库特研究了在两块无限大平行平板之间不可压缩黏性流体的等温流场分布。在二维平面流动中，下板静止，上板以恒速 U_0 运动，两板之间的距离为 H，宽度 b，$b \gg H$，如图 6.2.1 所示。分析两平行板流体拖曳流动的特点，做简化假设：

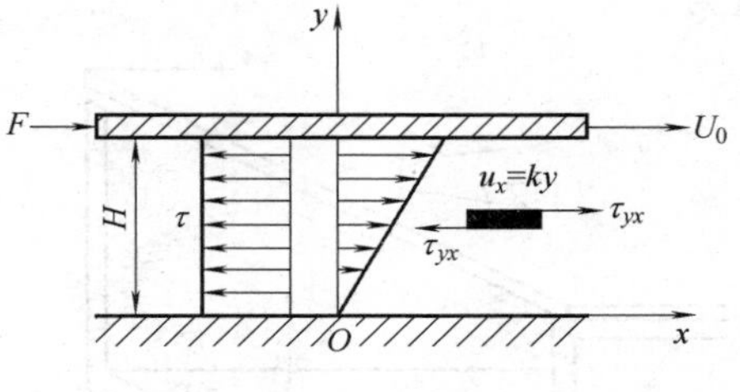

图 6.2.1　平行板流道稳态库特流

① 由于平板无限宽和平板足够长，两侧边界的影响可忽略，问题可化简为平面流动，两端的影响可以不考虑，此流动速度为 $\boldsymbol{u}=u_x(y)\boldsymbol{i}$；

② 稳态流动，有 $\partial u/\partial t=0$；

③ 板间流体与大气相同，静压力 p 为常数；

④ 忽略质量力；

⑤ 壁面无滑移，板壁上那一层流体的运动速度与板的移动速度相同。

简化单向流动的控制方程式（6.1.1），得到库特流动的控制方程为

$$\frac{du_x^2}{d^2y}=0 \tag{1}$$

边界条件：①$u_x(0)=0$ ② $u_x(H)=U_0$

积分式（1）得 $u_x=C_1y+C_2$

分别运用边界条件①和②，可得积分常数

$$C_2=0\ ,C_1=U_0/H$$

所以

$$u_x(y)=U_0y/H \tag{6.2.1}$$

得到剪切应力

$$\tau_{yx}(y)=\mu\frac{du_x}{dy}=\mu U_0/H \tag{6.2.2}$$

在 x 方向上，单位体积流量为

$$q_{Vu}=\int_0^H u_x(y)\,dy=\frac{U_0H}{2} \tag{6.2.3}$$

6.2.1.2 矩形流道流体的拖曳流

矩形流道内流体的拖曳流[3]与平行板间的拖曳流动情况相似。大多数假设条件依然有效。但是，速度发生了一点变化 $\boldsymbol{u}=u_z(x,y)\boldsymbol{k}$。由于固定边界的宽度 b 是有限的，高度 H 也有限，仅长度 L 是无限大，$L\gg b$ 和 $L\gg H$，如图 6.2.2 所示。该流动与平行板间的拖曳流动的区别是上板运动引起的流动减慢。

根据假设条件，运动方程 z 分量方程简化为

$$\frac{du_z^2}{d^2x}+\frac{du_z^2}{d^2y}=0 \tag{1}$$

由矩形流道 4 个壁面无滑移条件，有边界条件：

① $u_z(\pm b/2,y)=0$，② $u_z(x,0)=0$，③ $u_z(x,H)=U_0$

在边界条件下，式（1）可用分离变量求解，得到无穷 Fourier 级数形式的解，确定体积流量为

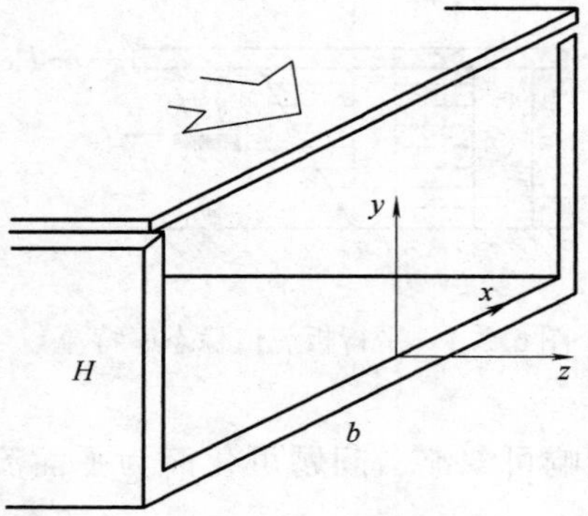

图 6.2.2 矩形流道的几何形状[3]

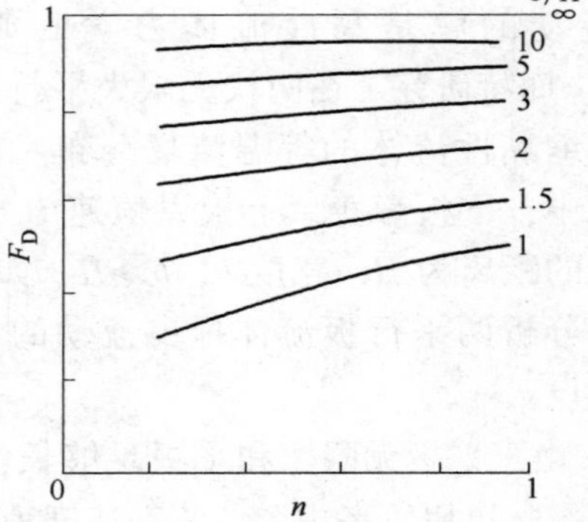

图 6.2.3 矩形流道幂律流体拖曳流形状因子随指数 n 的变化[3]

$$q_V=\int_0^H\int_{-b/2}^{b/2}u_z(x,y)\,dx\,dy=\frac{1}{2}U_0HbF_D \tag{6.2.4}$$

式中，F_D是拖曳流动的形状因子，它仅依赖于矩形流道的 b/H。

图 6.2.3 给出矩形流道幂律流体拖曳流形状因子随指数 n 的变化。

Tadmor[5]详细求解了距离 H 的两块平行板流道特定条件下流体的流动。上板以恒定速度 U_0 移动，速度曲线是针对压力在 z 方向上“建立起来”的特定流量情况，流量足够高使流道下部产生流体“回流”，如图 6.2.4 所示。

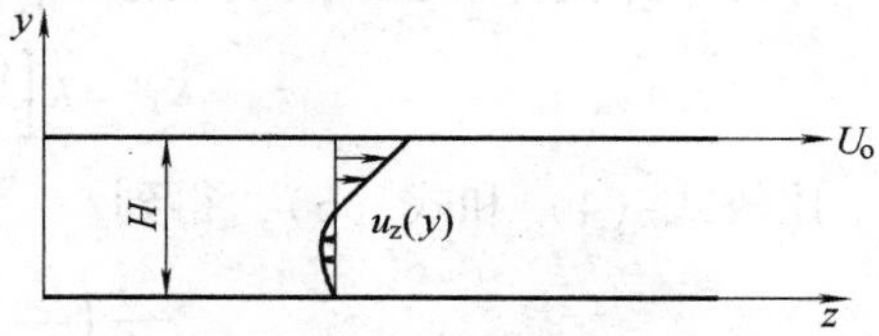

图 6.2.4　两块平行板流道特定条件下流体流动的速度[5]

6.2.2　圆管流道流体的拖曳流动

因圆管流道壁面的运动引起流体的流动称为拖曳流动（Couette flow）。例如在压延或塑炼过程中两辊筒间隙流道内聚合物熔体的流动是拖曳流动，同轴圆筒黏度计内的流动属于圆环内的拖曳流动。

本小节分析圆管流道流体的拖曳流动，包括内筒旋转的环形导管流道流体的拖曳流动、两同轴圆柱环隙流道流体的轴向拖曳流动两部分。

6.2.2.1　内筒旋转的环形导管流道流体的拖曳流动

分析内筒旋转的环形导管流道流体的拖曳流动[7]。两同轴圆柱环隙流道的内外半径分别为 R_o和 R_i，管长 L，其中 $L \gg R_o/R_i$。假设内圆管以角速度 Ω 转动，产生速度场 $\boldsymbol{u} = u_\theta(r)\boldsymbol{e}_\theta$。图 6.2.5 给出两同轴圆柱环隙流道的几何形状。在两同轴圆柱环隙流道，流体围绕内外柱管的轴以角速度 ω 做稳定等温的圆周层流，流体旋转是对称的，角速度 ω 仅是 r 的函数，与 θ 和 z 无关，也没有 z 方向和 r 方向的流动。由于流体仅有绕轴的圆周运动，因此流场只有剪切应力 $\tau_{r\theta} = \tau_{\theta r}$，其他的剪切应力都为零 $\tau_{r\theta} = \tau_{\theta z} = 0$。

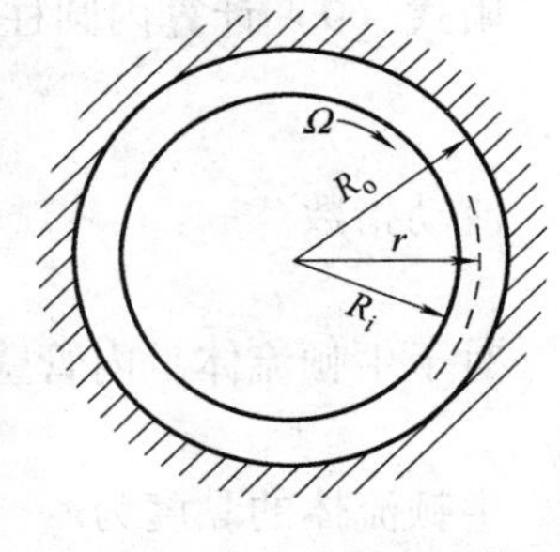

图 6.2.5　内筒旋转两同轴圆柱环隙流道的几何形状

根据流体流动的特征，简化柱坐标系的运动方程(3.2.28b)，得到

r 方向的分量
$$-\frac{\rho u_\theta^2}{r} = -\frac{\partial p}{\partial r} \tag{1}$$

θ 方向的分量
$$-\frac{1}{r^2}\frac{\partial}{\partial r}r^2\tau_{r\theta} = 0 \tag{2}$$

边界条件：① $u_\theta(r = R_0) = 0$　② $u_\theta(r = R_i) = \Omega R_i$

积分式（1），得
$$p = \int \frac{\rho u_\theta^2}{r}\mathrm{d}r \tag{3}$$

积分式（2），得
$$\tau_{r\theta} = \frac{1}{r^2}C_1 \tag{4}$$

式中，C_1为积分常数。

用物理的定义直接确定剪切速率
$$\dot{\gamma} = \frac{\mathrm{d}u_\theta}{\mathrm{d}r} = \frac{r\mathrm{d}\omega}{\mathrm{d}r} \tag{5}$$

考虑幂律流体模型，将剪切速率式（5）代入剪切应力

$$\tau_{r\theta} = K\gamma^n = K\left[\frac{\mathrm{d}u_\theta}{\mathrm{d}r}\right]^n = K\left[\frac{r\mathrm{d}\omega}{\mathrm{d}r}\right]^n = K\left[\frac{r\mathrm{d}}{\mathrm{d}r}\left(\frac{u_\theta}{r}\right)\right]^n \tag{6}$$

比较式（4）和式（6），得到

$$\frac{\mathrm{d}}{\mathrm{d}r}\left(\frac{u_\theta}{r}\right) = \frac{1}{r}\left(\frac{C_1}{Kr^2}\right)^{1/n} = C_2 r^{-2/n-1} \tag{7}$$

积分式（7），得到

$$\frac{u_\theta}{r} = \frac{C_2 r^{-2/n}}{-2/n} + C_3 \tag{8}$$

运用边界条件①和②，确定积分常数 C_2，C_3，最后确定流体转动的速度

$$\frac{u_\theta}{R_i\Omega} = \frac{r}{R_i}\frac{1-(R_0/r)^{2/n}}{1-\kappa^{-2/n}} \tag{6.2.5}$$

式中，$\kappa = R_i/R_0$

用式（5）计算转动圆管壁上的剪切速率

$$\dot{\gamma}(r=R_i) = \frac{\mathrm{d}u_\theta}{\mathrm{d}r}\bigg|_{r=R_i} = \frac{r\mathrm{d}}{\mathrm{d}r}\left(\frac{u_\theta}{r}\right)\bigg|_{r=R_i} = \frac{2\Omega}{n[1-(R_i/R_0)^{2/n}]} \tag{6.2.6}$$

维持两同轴圆柱环隙流道流体以角速度 ω 做稳定等温的圆周层流，须施加扭矩

$$M(r) = \tau_{r\theta} 2\pi r^2 L \tag{9}$$

由式（9）计算内圆柱管壁上的剪切应力，得到

$$\tau_{r\theta}(r=R_i) = \tau_{R_i} = \frac{M}{2\pi R_i^2 L} \tag{6.2.7}$$

流动指数

$$n = \mathrm{dlg}\tau_{R_i}/\mathrm{dlg}\Omega \tag{6.2.8}$$

对于牛顿流体，内管壁上的剪切速率为

$$\dot{\gamma}(r=R_i) = \dot{\gamma}_{R_i} = 2\Omega/[1-(R_i/R_0)^2] \tag{6.2.9}$$

牛顿流体的黏度为

$$\mu = \frac{\tau_{R_i}}{\dot{\gamma}_{R_i}} = \frac{M}{4\pi L\Omega}\left(\frac{1}{R_i^2} - \frac{1}{R_0^2}\right) \tag{6.2.10}$$

其中

$$\Omega = 2\pi n/60$$

式中，Ω 为圆筒转转的角速度，rad/s；n 为转子转速，r/min。

式（6.2.10）就是同轴圆筒黏度计计算聚合物流体黏度的依据。

6.2.2.2　两同轴圆柱环隙流道流体的轴向拖曳流动

电缆涂覆过程可以用环形流道聚合物流体的轴向拖曳流动来分析[3]。两同轴圆柱尺寸如图 6.2.6 所示。两同轴圆柱环隙流道的内外半径分别为 R_o 和 R_i，管长 L，其中 $L \gg R_o/R_i$。

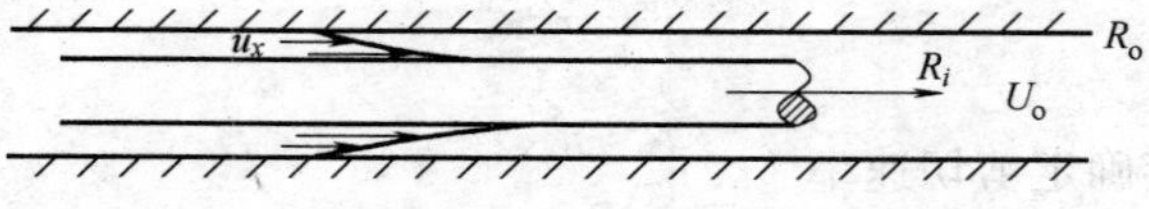

图 6.2.6　两同轴圆柱环隙流道轴向拖曳 Couette 流动几何形状[3]

假设内圆柱以速度 U_0 向前移动，在环形流道内，聚合物流体被内圆柱拖曳沿 z 向运动，设没有外压力和质量力，产生等温层流速度场 $\boldsymbol{u}=u_z(r)\boldsymbol{e}_z$。根据流体稳态的流动特点，给出假设条件，简化柱坐标系运动方程（3.2.28b），得到 z 分量方程

$$\frac{1}{r}\frac{\partial}{\partial r}(r\tau_{rz})=0 \quad 即 \quad \frac{\partial}{\partial r}(r\tau_{rz})=0 \tag{1}$$

边界条件：① $u_z=(r=R_0)=0$　② $u_z(r=R_i)=U_0$

积分式（1），得

$$\tau_{rz}=C_1/r \tag{2}$$

式中，C_1 为积分常数。

对于幂律流体

$$\tau_{rz}=K(\dot{\gamma})^n=K\left(-\frac{\mathrm{d}u_z}{\mathrm{d}r}\right)^n \tag{3}$$

该流动与平行板库特流动的解是相似的。因为环隙 R_0-R_i 相当于平行板地间距 H，而 $2\pi R_0$ 相当于单位宽度“b”。在边界条件下，可求出流场中的物理量，略推导过程，给出速度分布、体积流量和剪切速率结果。

$$\frac{u_z}{U_0}=\frac{1}{\kappa^{n_1}-1}\left[\left(\frac{r}{R_0}\right)^{n_1}-1\right] \tag{6.2.11}$$

$$\frac{q_V}{2\pi R_0(R_0-R_i)U_0}=\frac{1}{n_1+2}\frac{1-\kappa^{n_1+2}}{(1-\kappa)(\kappa^{n_1}-1)}-\frac{1+\kappa}{2(\kappa^{n_1}-1)} \tag{6.2.12}$$

式中，$n_1=(n-1)/n$，$\kappa=R_i/R_0$。

在内表面名义切变速率 $r=R_i$ 上任一点取值，有

$$-\left.\frac{\mathrm{d}u_z}{\mathrm{d}r}\right|_{R_i}=\gamma_{R_i}=-\frac{U_0}{R_0-R_i}\frac{n_1(1-\kappa)\kappa^{n_1-1}}{\kappa^{n_1}-1} \tag{6.2.13}$$

对于牛顿流体的流动，将 $n=1$，即 $n_1=0$ 代入幂律流体的解式（6.2.11）不能得到两同轴圆柱环隙流道轴向牛顿流体拖曳流动的解。求牛顿流体的流动需使用内筒旋转的环形导管流道流体的拖曳流动的推导方法。需要注意的是，由于运动边界不同，边界条件发生了变化。这里略推导过程，直接给出牛顿流体的速度分布、体积流量和剪切速率分别为

$$\frac{u_z}{U_0}=\frac{\ln(r/R_0)}{\ln\kappa} \tag{6.2.14}$$

$$\frac{q_V}{2\pi R_0(R_0-R_i)U_0}=-\frac{2\kappa^2\ln\kappa-\kappa^2+1}{4(1-\kappa)\ln\kappa} \tag{6.2.15}$$

$$\gamma_{R_i}=-\frac{U_0}{R_0-R_i}\frac{1-\kappa}{\kappa\ln\kappa} \tag{6.2.16}$$

为了使圆环导管的解具有与平行板的解有相似的形式，方程式（6.2.13）和式（6.2.16）都含有因子 $U_0/(R_0-R_i)$，“相当于”平板的 U_0/H。讨论用平板近似计算圆环截面流速或名义剪切速率时，所带来的误差是有益的。对于平行板的库特流动，流动区域内剪切速率是均匀的 U_0/H。在环形截面中，牛顿流体的轴向流动剪切速率是变化的。将方程式（6.2.14）微分后，图 6.2.7 给出牛顿流体环形截面流动中

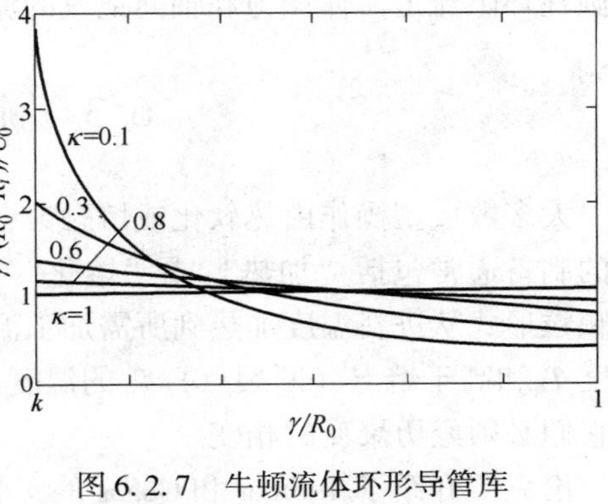

图 6.2.7　牛顿流体环形导管库特流剪切速率的径向变化[3]

剪切速率的径向变化，可预示流体的流动行为。

由图 6.2.7 可知，在运动的表面剪切速率达到最大，在固定表面上最小。令 $\kappa = R_i/R_0$，当 $\kappa<0.8$ 时的剪切速率与 $\kappa=1$ 取均匀值的情况有明显的不同。但是，如果仅需要粗略地估算环形导管中剪切速率的大小，当 $\kappa=0.3$，用 $U_0/(R_0-R_i)$ 可估算实际剪切速率正确的数量级。可见，平行板模型对环形导管的轴向流动提供了一种数量级的估计，只有 $\kappa\approx1$ 时才是准确的。显而易见，流体的非牛顿性越大，平行板模型与环形导管流动准确解之间的偏差越大。

在电线的涂覆工艺中，在离开口模的某一距离，聚合物固化涂覆在电线上。与运动电线相同速度 U_0 的涂层质量流量等于拖曳流动流体的质量流量，有

$$q_m = \rho\pi[(R_i+\delta)^2 - R_i^2]U_0 = \rho q_V \tag{1}$$

式中，δ 为涂层的厚度，ρ 为涂层固化后的密度。

将式（6.2.12）代入上式简化，得到描述涂层厚度的方程

$$\frac{2R_0^2(1-\kappa^{n_1+2})}{(\kappa^{n_1}-1)(n_1+2)} = \frac{R_0^2(1-\kappa^2)}{(\kappa^{n_1}-1)} - 2R_i\delta - \delta^2 = 0 \tag{6.2.17a}$$

或

$$\frac{2R_0^2(1-\kappa^{(3n-1)/n})}{(\kappa^{(n-1)/n}-1)[(3n-1)/n]} = \frac{R_0^2(1-\kappa^2)}{(\kappa^{(3n-1)/n}-1)} - 2R_i\delta - \delta^2 = 0 \tag{6.2.17b}$$

分析式（6.2.17）可知，涂层的厚度与拖曳速度无关。当然拖曳速度必须合理，不能无限大。因此，对于一个给定的聚合物流体，可以通过改变口模的几何尺寸来改变电线的涂层厚度。

在数值解问世以前，常常使用本章介绍简化方法，近似分析聚合物加工成型工程中复杂的流动问题。对于同时存在压力流和拖曳流的流动，可将压力流和拖曳流叠加。用压力流和拖曳流组合的流动分析一些简单截面流道流体的复杂流动。例如平行板流道流体的压力和拖曳的组合流动、两同轴圆柱环隙流道流体的压力和轴向拖曳组合流动和环形圆管流道流体压力和转动拖曳组合的螺旋流动等[10]。具体的方法是将压力流流场的物理量与拖曳流动流场的物理量相加，用叠加的物理量分析叠加流场的流变性能。本书没有介绍这方面的内容。

米德尔曼[3]介绍了不改变口模控制涂层的厚度的方法。把压力降施加到流体上，流体的总流动就是电线拖曳流和压力产生的流动总和。对于牛顿流体拖曳流和压力流是独立的，可以将两个流场的物理量相加。Tadmor[5]给出假设条件，简化 N-S 方程，详细求解了两同轴圆柱环隙流道流体压力和轴向拖曳的流动。感兴趣的读者，可参看有关文献。

*6.3　流体的非等温流动

大多数成型操作由热软化或熔融聚合物的流动和变形组成。因此，用于成型操作的聚合物的制备通常包括“加热”或“熔化”步骤。在加工成型过程的任一情况下，聚合物通常以颗粒形式从进料温度加热到所需加工温度的范围，温度明显高于非晶聚合物的玻璃化转变温度 T_g 和高于熔点（断裂点）T_m 的温度。实验观察到，半结晶聚合物需要更多的能量，因为它们必须经历聚变的相变。

伦克[6]介绍了 Tadmor 和 Gogos 的实验，将 HDPE 加热到 200℃需要约 700kJ/kg，而对于相同的加工温度 PS 需要约 350kJ/kg，即能量的一半。他强调指出，在传统的工程文献中，

颗粒固体的熔融并没有受到重视，可能是因为很少是限速操作。尽管如此，在 20 世纪 50 年代，罗斯提供了熔体固体熔化方法的系统分类，尽管它们都不适用于聚合物固体。然而，聚合物加工中的熔融是一个非常重要的基本步骤，这不仅是因为它通常是控制速度的步骤，占总加工能源投入量的 70% ~80%，而且还因为它在很大程度上决定了产品质量与均匀性和稳定性有关，例如注塑质量和薄膜厚度的变化。另外，聚合物共混物的熔融建立共混物形态的主要部分。聚合物成型为所需形状后，面临着凝固问题，即熔化问题的逆转。工程中熔化或凝固问题说明，将聚合物加工成型过程中，需要考虑温度的影响，研究聚合物流体流动的非等温过程。关于熔化过程问题的一些解决方法也适用于凝固。

本节讨论黏性流体简单截面流道的非等温流动[5,7,11,12]，本小节分为两小节，包括平行平板流道流体的非等温拖曳流动、圆柱管流道流体的非等温压力流。

6.3.1　平行平板流道流体的非等温拖曳流动

讨论在两块无限大平板间流体的非等温拖曳流[5]。所谓拖曳流，指平板间流体的流动是依靠平板的运动，而平板与黏性流体间存在内摩擦，由此拖带着流体流动。两块大板或者同向同速运动，或者运动速度不同。在第 6.2 节介绍了两平行平板流道的等温 Couette 流动。本小节讨论流体流动过程中，两块大板的温度 T_w 保持不变。

假定两平行无限大平板的间距为 H，长度 L 和宽度 b，$L \gg H$ 和 $b \gg H$，板间充满黏性流体，如图 6.3.1 所示。在二维平面流动中，设上板以速度 U_0 沿 x 方向运动，拖动板间黏性流体也沿 x 方向流动，下板静止，流体流动过程中两板温度 T_w 保持不变。确定该流体流动速度场和温度场。**因为板壁保持恒定温度，很容易错误认为流场是等温的**。如果要求温度场，就是非等温问题。**该流动属于具有恒定热物理性质的非等温平行板拖曳流动**[5]。根据流体非等温拖曳流动的特点，给出简化假设条件：

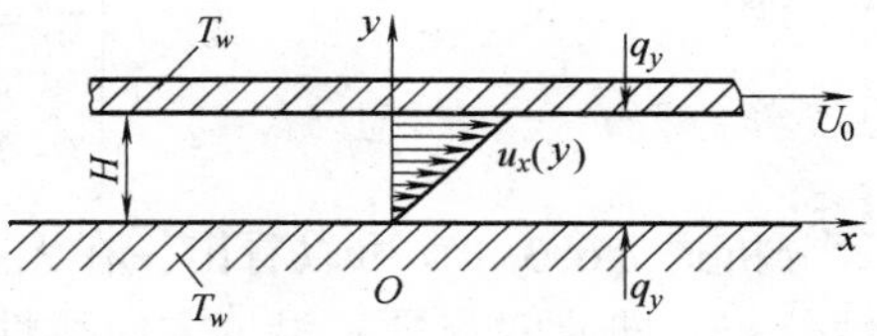

图 6.3.1　平行平板流道非等温 Couette 流动

① 流体为不可压缩牛顿型流体，其密度 ρ 和黏度 η_0 为常数，流体的拖曳流为稳定层流；

② 无限大平板长 $L \gg H$ 和 $b \gg H$，问题可化简为平面流动，可忽略边缘效应，此流动速度为 $\boldsymbol{u} = u_x(y)\boldsymbol{i}$，$\partial u_x/\partial y \neq 0$；

③ 稳态流动，有 $\partial \boldsymbol{u}/\partial t = 0$；

④ 板间流体与大气相同，静压力 p 为常数，由于聚合物流体一般黏度很大，流速较低，属于低雷诺层流，可忽略惯性力和质量力；

⑤ 板的壁面无滑移，板壁上那一层流体的运动速度与板的移动速度相同；

⑥ 板壁保持恒定温度，即边界条件是等温的，流体流动处于绝热状态，场内形成非等温流场，平行平板流道内的流体与平板有热交换，存在热流矢量 $\boldsymbol{q} = q_y(y)\boldsymbol{j}$。

由上述假设条件，简化非等温直角坐标系控制方程。由不可压缩流体 $\nabla \cdot \boldsymbol{u} = 0$，流体仅有一个方向的速度，得到连续性方程

$$\frac{\partial u_x}{\partial x} = 0 \tag{1}$$

根据流动的特点和假设条件，简化直角坐标系用应力表示的运动方程（3.2.18c），得到运动方程

x 方向
$$\frac{\partial\tau_{yx}}{\partial y}=0 \tag{2}$$

y 方向
$$\frac{\partial\tau_{xy}}{\partial x}=0 \tag{3}$$

简化直角坐标系用应力表示的能量方程式（3.2.36b），得到

$$k\frac{\partial^2 T}{\partial y^2}+\tau_{yx}\frac{\partial u_x}{\partial y}=0 \tag{4}$$

上述方程式（1）至式（4）联立得到一个方程组。但是，这个方程组并不完备。为了求解上述问题，必须确定流体的本构方程和边界条件。为简化问题，假设流体为黏度μ牛顿型流体

$$\tau_{yx}=\mu\frac{\partial u_x}{\partial y} \tag{5}$$

速度边界条件：① $u_x(y=0)=0$，② $u_x(y=H)=U_0$

温度边界条件：① $T(y=0)=T_w$，② $T(y=H)=T_w$

上述方程组合在一起，构成一个定解问题。通过简单的运算，容易求得流体在两块无限大平板间等温拖曳流中的速度场、剪切应力和温度场

$$\begin{cases}u_x=\dfrac{yU_0}{H}\\ \tau_{yx}=\mu\dfrac{U_0}{H}\\ T-T_w=\dfrac{\mu}{2k}\left(\dfrac{U_0}{H}\right)^2(Hy-y^2)\end{cases} \tag{6.3.1}$$

分析式（6.3.1）可以看出，在无限大平行板流道流体的非等温拖曳流中，速度分布为线性分布，即速度分量u_x沿y方向线性变化，上板处流速为U_0，下板处流速为零。该流体流动的剪切应力等于常数值。温度分布为抛物线分布，在流道中央$y=H/2$处温度最高。流道中央物料温度高的原因是由于黏性流动耗散外部能量所致，因此，在流体流动过程中，两块大板要保持预先设定的温度不变，必须加以冷却，将热量导出流体。在实际加工中，设定加工设备的机筒温度，一定要考虑到机筒内物料的真实温度要比设定温度高许多，以免引起物料“烧焦”。

可使用式（6.3.1）定义无限大平行板流道流体的非等温拖曳流的无量纲速度和温度函数式

$$\begin{cases}\dfrac{u_x}{U_0}=\dfrac{y}{H}\\ \dfrac{T-T_w}{\dfrac{\mu}{2k}\left(\dfrac{U_0}{H}\right)^2}=(Hy-y^2)\end{cases} \tag{6.3.2}$$

6.3.2 圆柱管流道流体的非等温压力流

管道中的压力流存在于许多聚合物流变测量仪器和聚合物材料加工过程中，比如毛细管流变仪、熔融指数仪、挤出机口模、注射模具流道中。按管道截面形状不同，又分为圆形管道，矩形管道，异形流道等多种。物料在管中流动，是因为管道两端存在压力差，因此称压力流（Poiseuille flow）。现在，以圆形管道为例，讨论流体在压力作用下，在管中流体的非等温流动情况[11,12]。

设管道内径为R，长度为L，在管道内取柱坐标系(r,θ,z)如图6.3.2所示。物料沿z方

向流动，在不同半径 r 处物料流速不等，故 r 方向为速度梯度方向；θ 方向为中性方向。

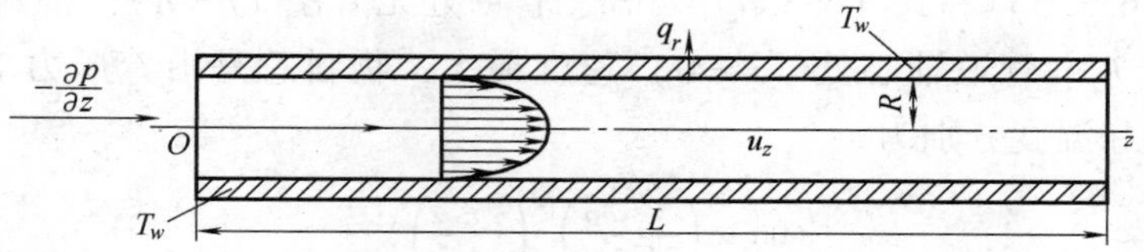

图 6.3.2　圆形管流道的非等温压力流（Non-isothermal Poiseuille flow）

同样，根据流体流动的特点，对流动情况作适当的简化假定：

① 流体为不可压缩非牛顿型黏性流体，流动为稳定的层流，设管径 $R \ll$ 管长 L，此流动为轴对称流动，$u_r=0$ 和 $u_\theta=0$，速度为 $\boldsymbol{u}=u_z(r)\boldsymbol{e}_z$，且 $u_z(r)$ 只有沿 r 方向的速度梯度分量 $\partial u_z(r)/\partial r \neq 0$。

② 稳态流动 $\partial/\partial t=0$，且流体为水平层流，忽略质量力 $g_z=0$；

③ 在管壁物料无滑移，偏应力张量中有 $\tau_{zr}=\tau_{zr}\neq 0$；

④ 设流体内压力 p 沿 z 方向有常数的梯度 $\partial p/\partial z$，忽略质量力和惯性力；

⑤ 温度场不随时间变化 $\partial T/\partial t=0$，管壁温度保持恒温 T_w，圆管流道内没有热耗损和对流传热，即温度场 $T=T(r)$；

⑥ 采用幂律方程来描述黏性流体的流动。

由假设条件①，将柱坐标系连续性方程式（3.2.11b），简化为

$$\frac{\partial u_z}{\partial r} \neq 0 \tag{1}$$

由式（1）和假设条件②～④，简化柱坐标系的 N-S 方程式（3.2.28b），有

r 方向
$$\frac{\partial p}{\partial r}=0 \tag{2}$$

θ 方向
$$\frac{\partial p}{r\partial \theta}=0 \tag{3}$$

z 方向
$$-\frac{\partial p}{\partial z}+\frac{1}{r}\frac{\partial}{\partial r}(r\tau_{rz})=0 \tag{4}$$

由假设条件⑤，简化能量方程式（3.2.53b），得到

$$-\frac{k}{r}\frac{\partial}{\partial r}\left(r\frac{\partial T}{\partial r}\right)+\tau_{rz}\frac{\partial u_z}{\partial r}=0 \tag{5}$$

速度边界条件：① 自然边界条件 $\left.\frac{\partial u_z}{\partial r}\right|_{r=0}=0$，② 壁面无滑移条件 $u_z(r=R)=0$。

温度边界条件：① $T(R)=T_w$，② 自然边界条件 $\frac{\partial T(0)}{\partial r}=0$

根据假设条件⑥用幂律流体的本构方程描述该流体的流动

$$\tau_{rz}(r)=K\left(\frac{\partial u_z}{\partial r}\right)^n \tag{6}$$

略推导过程，读者在练习题中用分离变量法，解上述方程定解问题，得到幂律流体流过圆管的压力流场中的速度场[11]和温度场[12]

$$u_z=\left(\frac{1}{2K}\frac{\partial p}{\partial z}\right)^{\frac{1}{n}}\left(\frac{n}{n+1}\right)R^{\frac{n+1}{n}}\left[1-\left(\frac{r}{R}\right)^{\frac{n+1}{n}}\right] \tag{6.3.3}$$

$$T-T_w=\frac{K}{\kappa}\left(\frac{1}{2K}\frac{\partial p}{\partial z}\right)^{\frac{n+1}{n}}\left(\frac{n}{3n+1}\right)^2 R^{\frac{3n+1}{n}}\left[1-\left(\frac{r}{R}\right)^{\frac{3n+1}{n}}\right] \tag{6.3.4}$$

式中，κ 为流体的导热系数，K 为幂律流体的稠度，n 为幂律指数（非牛顿指数）。

讨论分析式（6.3.3）和式（6.3.4）可知，管壁处无滑移（$r=R$），得到物料的流速为零，管壁的温度为 T_w。管道轴心处（$r=0$）速度最大，物料总是沿着压力下降方向流动。管道轴心处的流速和温度分别为

$$u_{z\max}(0)=\left(\frac{1}{2K}\frac{\partial p}{\partial z}\right)^{\frac{1}{n}}\left(\frac{n}{n+1}\right)R^{\frac{n+1}{n}} \tag{6.3.5}$$

$$T(0)-T_w=\frac{K}{\kappa}\left(\frac{1}{2K}\frac{\partial p}{\partial z}\right)^{\frac{n+1}{n}}\left(\frac{n}{3n+1}\right)^2R^{\frac{3n+1}{n}} \tag{6.3.6}$$

由这两个计算式可看出，流速和物料温度均在管道轴心处取极大值，轴心处物料温要比管壁温度高许多。

若令式（6.3.4）和式（6.3.5）中，牛顿指数 $n=1$，得到黏度 μ 的牛顿型流体流经圆形管道的速度分布和温度分布

$$u_z=\frac{R^2}{4\mu}\left(\frac{\partial p}{\partial z}\right)\left[1-\left(\frac{r}{R}\right)^2\right] \tag{6.3.7}$$

$$T=T_w+\frac{R^4}{64\mu\kappa}\left(\frac{\partial p}{\partial z}\right)^2\left[1-\left(\frac{r}{R}\right)^4\right] \tag{6.3.8}$$

由以上两个公式可知，管道内牛顿型流体速度分布按二次抛物线的规律变化的，而温度分布则按四次抛物线的规律变化。可见，从管壁到轴心线，物料温度增长的速率比速度的变化快得多。

将速度式（6.3.3）代入计算圆管的流量式 $q_V=\int 2\pi r u_z \mathrm{d}r$，计算流量和平均速度，得到

$$q_V=\left(\frac{n+1}{3n+1}\right)\pi R^2u_{z\max} \tag{6.3.9}$$

$$u_b=\frac{q_V}{\pi R^2}=\left(\frac{n+1}{3n+1}\right)u_{z\max} \tag{6.3.10}$$

科研工作中，为了研究流体流动的普遍规律，常常将流场的物理量无量纲化。这是定性分析流体流场的一个好方法，可用于讨论流体流动普遍规律。本书没有详细介绍这方面的内容。这里给出一例。用管中的平均速度定义量纲为1的速度和温度函数，分别为

$$\frac{u_z}{u_b}=\left(\frac{3n+1}{n+1}\right)\left[1-\left(\frac{r}{R}\right)^{\frac{n+1}{n}}\right] \tag{6.3.11}$$

$$\frac{T-T_w}{T(0)-T_w}=1-\left(\frac{r}{R}\right)^{\frac{3n+1}{n}} \tag{6.3.12}$$

图6.3.3给出圆管流道幂律流体无量纲速度随 r/R 和 n 的变化。由此图可见，$n<1$ 的假塑性流体的流动前呈无柱塞状，$n>1$ 的胀流性流体的流动前呈前突状。

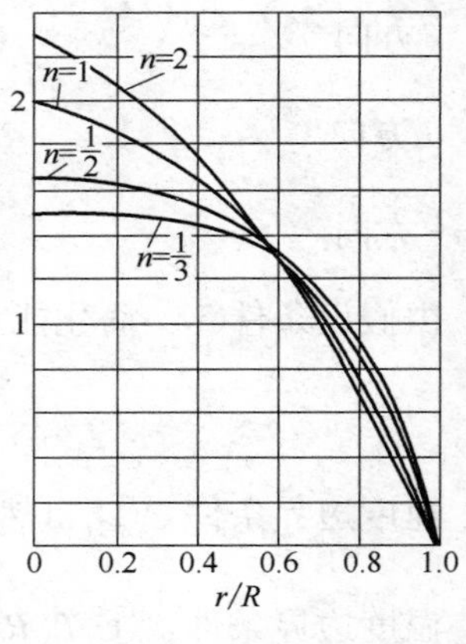

图6.3.3 圆管流道幂律流体无量纲速度随 r/R 和 n 的变化[12]

*6.4 流体的非稳态流动

前面讨论流体的压力流动和拖曳流动时，都假定流体均为稳定的连续层流，流场中流线平行不发生紊乱，管壁无滑移认为流场中最贴近管壁那一层物料紧贴在壁上，与壁的运动状

态一致。在这些基本假定的基础上，分析得到一些特定流场中流体的流动规律。

然而，在实际聚合物材料加工成型过程和流变学测量中，物料的流动状态受诸多内部和外部因素影响，流场中常常出现流动不稳定的情形。在许多情况下，流场边界条件存在一个临界值。一旦超越该临界值，就会发生从层流到湍流，从稳定到波动，从流线稳定到流线紊乱，从管壁无滑移到有滑移的转变，破坏了事先假定的稳定流动条件。研究这类熔体流动的不稳定性和壁滑现象是从“否定”意义上讨论聚合物材料的流变性质，具有重要的理论和实际意义。这个问题的工程学意义是，当工艺过程条件不合适时，会造成制品外观、规格尺寸和材质均一性严重受损，直接影响产品的质量和产率，严重时只能终止生产。

聚合物熔体的流动不稳定性主要表现为挤出成型过程的熔体破裂现象、纤维纺丝和薄膜拉伸成型过程的拉伸共振现象和辊筒加工的物料断裂现象等，第7章的7.1.3、7.1.4和7.4.5将具体介绍聚合物熔体的流动不稳定性现象。

锥-板型流变仪进行动态黏弹性测量经过恰当地改装控制系统，锥-板型流变仪还可用于流体的动态黏弹性测量。在控制系统调制下，转子作振幅很小的正弦振荡，可调节振荡频率ω。动态测量的一大优点是可以同时测量液体的黏性性质$\boldsymbol{\eta}'(\omega)$，和液体弹性性质$\boldsymbol{G}'(\omega)$，预示材料流变性能随时间的变化。可利用时-温叠加原理，在不同温度下测量，推算出更大有效范围内的黏弹性函数的变化规律，预示出试验不易达到的时间或频率范围内的聚合物材料的黏弹性行为。由此可见，有必要研究流体非稳态的流动。

本小节介绍流体非稳态流动[1,2,5,7]，分成两小节，包括两平行平板流道流体的非定常流动、流体非稳态流动的斯托克斯问题。

6.4.1　两平行板流道流体的非定常流动

在工程的有些问题中，不能简化成稳态定常问题。如无界平板在黏性流体中的突然运动。由于黏性的作用，平板周围的流体将随之运动产生运动流场，此流动为非定常的单向流动（Transient Unidirectional Flows）[1,2,5,7]。

两个无限长L、宽b、两板之间距离H的平行平板空间充满了不可压缩黏性流体，$L \gg H$和$b \gg H$，如图6.3.1所示。在某一时刻U_0，上平板突然以速度U_0沿x方向运动，下板静止，在二维平面层流的等温流动中，确定该流场的速度分布。根据该流体流动的特点，有$\boldsymbol{u} \cdot \nabla \boldsymbol{u} = 0$，$\boldsymbol{u} \neq u(T)$，忽略质量力，简化直角坐标系非稳态运动方程式（3.2.19b）或式(6.1.1)，得到运动方程

$$\frac{\partial u_x}{\partial t} = \nu \frac{\partial^2 u_x}{\partial y^2} \tag{1}$$

式中，ν为运动黏度。

边界条件：①$u_x(t,0)=0$，② $u_x(t,H)=U_0$；

初始条件：$u_x(0,y)=0$，$0 \leqslant t \leqslant \infty$。

该问题的控制方程的边界条件是非齐次的，不能直接分离变量。为求解该问题，将该问题看作库特流动和两平行板流道流体的流动两个运动的叠加，令速度为两个运动速度的叠加

$$u_x(t,y) = u_1(t,y) + u_s(y) \tag{2}$$

将式（2）分别代入式（1）、初始条件和边界条件中，将式（1）分解成下面两个问题：

① 库特流动

$$\frac{\mathrm{d}^2 u_s}{\mathrm{d}y^2} = 0 \tag{3}$$

边界条件：① $u_z(0)=0$，② $u_z(H)=U_0$

② 无滑移边界条件和仅有初始条件，下板以速度 $-u_s(y)$ 沿着 x 相反方向移动

$$\frac{\partial u_1}{\partial t}=\nu\frac{\partial^2 u_1}{\partial y^2} \tag{4}$$

边界条件：① $u_1(t,0)=0$，②$u_1(t,H)=0$。

初始条件：$u_1(t,0)=-u_s(y)$，$0\leqslant t\leqslant\infty$。

积分方程式（3），运用边界条件确定积分常数，得到

$$u_s(y)=C_1+C_2y, C_1=0, C_2=U_0/H \tag{5}$$

化简为

$$u_s(y)=U_0y/H \tag{6}$$

用分离变量法求解方程式（4），令 $u_1(t,\ y)=T(t)Y(y)$，代入式（4），有

$$T'Y=\nu TY''$$

整理上式，将自变量 y 和时间变量 t 分离，分离变量的两个方程只能等于常数（$-\lambda^2$），即

$$\frac{T'}{\nu T}=\frac{Y''}{Y}=-\lambda^2 \tag{7}$$

得到两个常微分方程

$$T'+\lambda^2\nu T=0$$
$$Y''+\lambda^2Y=0 \tag{8}$$

分别求解式（8）中的两个方程，得

$$T(t)=Ce^{-\lambda^2\nu t}$$
$$Y(y)=A\sin\lambda y+B\cos\lambda y \tag{9}$$

将式（9）代入 $u_1(t,y)=T(t)Y(y)$，有

$$u_1(y,t)=(A\sin\lambda y+B\cos\lambda y)e^{-\lambda^2\nu t} \tag{10}$$

运用边界条件 $u_1(t,0)=0$，得 $B=0$；当 $u_1(t,H)=0$，$\sin\lambda y=0$，得特征值为

$$\lambda=n\pi/H\quad(n=1,2,L) \tag{11}$$

将式（11）代入式（10），得

$$u_1(t,y)=\sum_{n=1}^{\infty}a_n\sin(n\pi y/H)e^{-(n\pi/H)2\cdot\nu t} \tag{12}$$

由初始条件确定式（12）中的常数，有

$$u_1(0,y)=-u_s(y)=\sum_{n=1}^{\infty}a_n\sin(n\pi y/H) \tag{13}$$

由级数展开，确定式（13）中的傅里叶常数，有

$$a_n=-\frac{2}{H}\int_0^H u_s(y)\sin(n\pi y/H)dy=-\frac{2U_0}{H^2}\int_0^H y\sin(n\pi y/H)dy$$

将式（6）和式（12）代入式（2），得流场的速度分布

$$u_x(t,y)=U_0y/H+\sum_{n=1}^{\infty}a_n\sin(n\pi y/H)e^{-(n\pi/H)2\cdot\nu t} \tag{6.4.1}$$

6.4.2 流体非稳态流动的斯托克斯问题

偏微分控制方程也常用积分变换的方法求解。积分变换是通过积分将某一个函数类中的函数变换为另一个函数类中的函数的方法。积分变换是一种求解微分方程特殊的“运算方法”，可将线性常微分方程经过变换转化为代数方程，将偏微分方程变换后得到降阶或同价

的常微分方程，从而使运算简便许多。常用拉普拉斯变换法求解非稳态流体流动的控制方程。

斯托克斯两个问题的解是黏性流体力学非稳态流动的两个精确解[1,2,5,7]。本小节分别介绍用拉普拉斯变换求解流体非稳态的流动，包括积分变换、斯托克斯第一问题、斯托克斯第二问题3部分。

6.4.2.1　积分变换

为了求解流体非稳态流动的斯托克斯问题，首先介绍积分变换的基础知识[13]。

定义：如下含参变量 s 形式的积分

$$T[f(x)] = \int_a^b K(s,x)f(x)\mathrm{d}x = F(s) \tag{6.4.2}$$

称为积分变换。式中，$K(s,x)$ 称为积分变换的**核函数**，它是 s 和 x 的已知函数；$F(s)$ 称为原函数（或象原函数）$f(x)$ 的**象函数**；若 a 和 b 为有限值，则式（6.4.2）称为有限积分变换，一般情况下，$f(x)$ 和 $F(s)$ 是一一对应的。

这里仅简单介绍使用比较多傅里叶变换和拉普拉斯变换。

（1）傅里叶变换

定义　若 $f(t)$ 在（$-\infty$，$+\infty$）区间上，满足有限区间上满足狄利克雷条件，在无限区间（$-\infty$，$+\infty$）上绝对可积，在 $f(t)$ 的连续点处，有

$$f(t) = \frac{1}{2\pi}\int_{-\infty}^{\infty}\left[\int_{-\infty}^{\infty} f(\tau)\mathrm{e}^{-\mathrm{i}\omega\tau}\mathrm{d}\tau\right]\mathrm{e}^{\mathrm{i}\omega t}\mathrm{d}\omega$$

令

$$G(\omega) = F[f(t)] = \int_{-\infty}^{\infty} f(t)\mathrm{e}^{-\mathrm{i}\omega t}\mathrm{d}t \tag{6.4.3a}$$

则有

$$f(t) = F^{-1}[G(\omega)]\frac{1}{2\pi}\int_{-\infty}^{\infty} G(\omega)e^{\mathrm{i}\omega t}\mathrm{d}\omega \tag{6.4.3b}$$

式（6.4.3a）称为函数 $f(t)$ 的傅里叶变换式，函数 $G(\omega)$ 称为 $f(t)$ 的傅里叶变换，式（6.4.3b）称为 $G(\omega)$ 的傅里叶逆变换。$G(\omega)$ 为 $f(t)$ 的**象函数**，$f(t)$ 为 $G(\omega)$ 的**象原函数**。因此象函数 $G(\omega)$ 和象原函数 $f(t)$ 之间的相互变换称为**傅里叶积分变换，象函数 $G(\omega)$ 和象原函数 $f(t)$ 构成了一个傅里叶变换对。**

积分变换广泛地应用于电学、光学、声学、通信、振动、现代统计学以及化学与化工等多个领域。在聚合物加工流变分析和化工问题中，积分变换是一种非常有用的数学方法。例如，在 x 射线晶体学中很早就使用了傅里叶变换，液体的结构因子也可以从径向分布函数的傅里叶变换得到，在核磁共振波谱学中，傅里叶变换在缩短实验时间和提高实验灵敏度等方面不可缺少。傅里叶变换和频谱概念有着非常密切的联系。在频谱分析中，傅里叶变换 $G(\omega)$ 称为 $f(t)$ 的**频谱函数**，频谱函数的模 $|G(\omega)|$ 为 $f(t)$ 的**振幅频谱**，显示了频率 ω 与振幅 $|G(\omega)|$ 的关系，简称**频谱**。由于 ω 是连续变化，称其为连续频谱。**对一个时间函数作傅里叶变换，就是求这个时间函数的频谱**。例如振荡型流变仪用于测量小振幅下聚合物材料的动态力学性能，其转子作小振幅的正弦振荡。动态流变和瞬态流变实验用到积分变换。

（2）拉普拉斯（Laplace）变换

在实际工程问题中，许多常用的函数，如单位函数、正弦函数、余弦函数和线性函数等不满足绝对可积的条件；在实际工程问题中，许多以时间 t 为自变量的函数区间范围为（0，∞），往往在 $t<0$ 时是无意义的或者不用考虑，这样问题就不满足函数在整个数轴上有定义的条件，不能应用傅里叶变换。将傅里叶变换的核稍加改造得到了**拉普拉斯（Laplace）**

变换。

拉普拉斯变换是一种重要的积分变换，在自然科学和工程技术中，拉普拉斯变换的理论和方法得到广泛应用。这里仅介绍拉普拉斯的定义和主要性质，便于后面求解本节的问题。

拉普拉斯变换定义 设实变函数或复变函数 $f(t)$ 当 $t \geqslant 0$ 时有定义，且积分 $\int_0^\infty f(t)\mathrm{e}^{-st}\mathrm{d}t$ 在 s 的某一域内收敛，则该积分确定的函数可写作

$$F(s)=\int_0^\infty f(t)\mathrm{e}^{-st}\mathrm{d}t \tag{6.4.4}$$

称 $F(s)$ 为 $f(t)$ 的拉普拉斯变换，或象函数，记为 $F(s)=L[f(t)]$。而 $f(t)$ 称为 $F(s)$ 的拉普拉斯逆变换，或象原函数，记为

$$f(t) = L^{-1}[F(s)] = \frac{1}{2\pi\mathrm{i}}\int_{\beta-\mathrm{i}\infty}^{\beta+\mathrm{i}\infty}F(s)\mathrm{e}^{st}\mathrm{d}s \qquad (t>0, Re(s)=\beta>\beta_0) \tag{6.4.5}$$

式中，s 是复参变量，因为 $s=\beta+\mathrm{i}\omega$，所以 $F(s)\int_0^\infty f(t)\mathrm{e}^{-\beta t}\mathrm{e}^{-\mathrm{i}\omega t}\mathrm{d}t$，仅当积分收敛（即 $|F(s)| < \infty$）时，变换才有定义，即

$$\left|\int_0^\infty f(t)\mathrm{e}^{-\beta t}\mathrm{e}^{-\mathrm{i}\omega t}\mathrm{d}t\right| < \infty \quad \text{或} \quad \int_0^\infty f(t)\mathrm{e}^{-st}\mathrm{d}t < \infty$$

式（6.4.5）是求拉普拉斯逆变换的公式，也称为**梅林公式**。

从拉普拉斯变换的定义可看出，拉普拉斯变换存在的条件要比傅里叶变换的存在条件弱得多。但是，拉普拉斯逆变化要用到复变函数的积分。不用担心的是，拉普拉斯变换发展成熟完善，用拉普拉斯变换解具体问题时，可使用附录 1.4 给出的拉普拉斯变换的表格。

简单介绍拉普拉斯变换的性质。若 $L[f(t)]=F(s)$ 存在，则有以下性质。

① 线性性质。拉普拉斯变换是线性变换。设 $L[f_1(t)]=F_1(s)$，$L[f_2(t)]=F_2(s)$，α 和 β 是常数，则有

$$\begin{cases} L[\alpha f_1(t) \pm \beta f_2(t)] = \alpha F_1(s) \pm \beta F_2(s) \\ L^{-1}[\alpha F_1(s) \pm \beta F_2(s)] = \alpha L^{-1}[F_1(s)] \pm \beta L^{-1}[F_2(s)] \end{cases} \tag{6.4.6}$$

此式表明函数线性组合拉普拉斯变换等于几个函数拉普拉斯变换的线性组合。

② 位移性质。一个象原函数乘以指数函数 e^{at} 等于其象函数作位移，则有

$$L[\mathrm{e}^{at}f(t)] = F(s-a) \quad (Re(s-a)>\beta_0) \tag{6.4.7}$$

③ 延迟性质。若 τ 为任一实数，且 $t<0$ 时，$f(t)=0$，则有

$$\begin{cases} L[f(t-\tau)] = \mathrm{e}^{-s\tau}F(s) \quad (Re(s-a)>\beta_0) \\ L^{-1}[F(s-a)] = \mathrm{e}^{at}f(t) \end{cases} \tag{6.4.8}$$

④ 微分性质。若 $L[f(t)]=F(s)$，则有

$$L[f'(t)] = sF(s) - f(0) \tag{6.4.9}$$

此式表明函数一阶导数的拉普拉斯变换等于该函数的拉普拉斯变换乘以参变量 s，再减去函数的初值。

⑤ 积分性质

$$L\left[\int_0^t f(\tau)\mathrm{d}\tau\right] = \frac{1}{s}f(s) \tag{6.4.10}$$

一般地，有

$$L\left[\int_0^t \mathrm{d}\tau\int_0^t \mathrm{d}\tau\cdots\int_0^t f(\tau)\mathrm{d}\tau\right] = \frac{1}{s^n}F(s) \quad (n\text{ 次积分}) \tag{6.4.11}$$

⑥ 象函数积分性质

$$\int_s^\infty F(s)\,ds = L\left[\frac{1}{t}f(t)\right]$$

一般地，有

$$\int_s^\infty ds\int_s^\infty ds\cdots\int_s^\infty F(s)\,ds = L\left[\frac{1}{t^n}f(t)\right]\quad (n\text{ 次积分}) \tag{6.4.12}$$

$$L^{-1}\left[\int F(s)\,ds\right] = \frac{1}{t}f(t) \tag{6.4.13}$$

⑦ 相似性质。设 α 为任意正常数，则对于 $Re(s) > \beta_0$，得

$$L\left[f\left(\frac{t}{\alpha}\right)\right] = \alpha F(\alpha s),\; L[f(\alpha t)] = \frac{1}{\alpha}F\left(\frac{s}{\alpha}\right) \tag{6.4.14}$$

⑧ 与 t^n 乘积的拉氏变换

$$L[t^n f(t)] = (-1)^n\frac{d^n}{ds^n}F(s) \tag{6.4.15}$$

$$L^{-1}[sF(s)] = f'(t) \tag{6.4.16}$$

⑨ 除以 t 的拉氏变换。若 $\lim\limits_{t\to 0}\dfrac{f(t)}{t}$ 存在，则有

$$L\left[\frac{f(t)}{t}\right] = \int_s^\infty F(s)\,ds,\; L^{-1}\left[\frac{F(s)}{s}\right] = \int_0^t f(u)\,du \tag{6.4.17}$$

⑩ 初值定理。若极限 $\lim\limits_{s\to\infty}F(s)$ 存在，则有下列关系

$$\lim_{t\to 0}f(t) = \lim_{s\to 0}sF(s) \tag{6.4.18}$$

拉普拉斯积分变换一些性质方便了拉氏变换的使用。特别是该拉氏变换的微分性质可把常微分方程的初值问题化为代数方程，把偏微分方程化为常微分方程。正是由于这一原因，拉普拉斯变换成为解微分方程的重要工具。因此它对分析实际的工程的线性系统有着重要的作用。

关于拉普拉斯变换的有关知识，读者可查阅有关数学书[13]。读者根据自己的基础和时间，学习有关积分变换的知识，可深入系统学习，也可直接接受求解的结果。

6.4.2.2　斯托克斯第一问题的求解

有一无限长的平板，其上半空间充满了不可压缩流体，在某一时刻 $t=0$，平板突然以速度 U_0 沿 x 方向运动，如图 6.4.1 所示。由于黏性的作用，平板上侧流体将随之产生运动，如不考虑重力作用，试分析 $t>0$ 时刻不可压缩流体的速度场，即求解斯托克斯第一问题[1,2]。

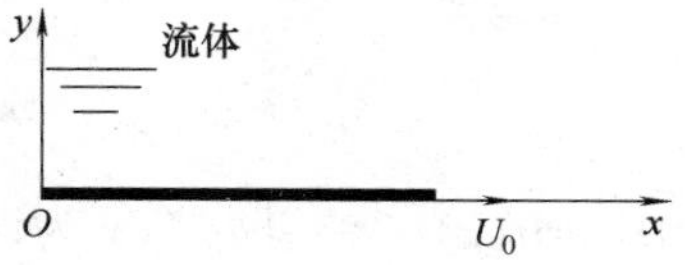

图 6.4.1　平板突然运动

对不可压缩流体流动，此流场具有以下特征：

① 平板 x 方向无限长，因此在任意一平行于 yoz 的平面上的流动情况是一样的，即 $\partial/\partial x = 0$，$\partial/\partial z = 0$，$u_z = 0$，$u_y = 0$ 和 $\partial u_y/\partial y = 0$；

② 平板在 z 方向无限宽，又平板沿 x 方向移动，因此流场可以看成是 xoy 平面上的流场，$\boldsymbol{u} = u_x\boldsymbol{i}$，对于平面问题，$u_x = u_x(t, y)$；

③ 忽略质量力。根据该流体流动的特点，简化非稳态控制方程式（6.1.1），得到控制方程

$$\frac{\partial u_x}{\partial t} = \nu\frac{\partial^2 u_x}{\partial y^2} \tag{1}$$

$$\frac{\partial p}{\partial y} = 0 \tag{2}$$

边界条件：① $u_x(t,0)=U_0 \quad t>0$，② $u_x(t,\infty)=0$

初始条件：$u_x(0,y)=0$，$0\leqslant t\leqslant\infty$。

由于流场突然运动，研究时间变量的范围为 $0\leqslant t\leqslant\infty$，可使用拉普拉斯（Laplace）变换式（6.4.4）求解方程式（1），为了书写的方便，令速度 u_x 对 t 的拉普拉斯变换式为

$$L[u_x]=\overline{U}(s,y)=\int_0^\infty u_x(t,y)\mathrm{e}^{-st}\mathrm{d}t \tag{3}$$

式中，$\overline{U}(s,y)$ 是 u_x 拉普拉斯变换函数。

用式（3）对方程式（1）作拉普拉斯变换，得到

$$\int_0^\infty \frac{\partial u_x}{\partial t}\mathrm{e}^{-st}\mathrm{d}t = u_x\mathrm{e}^{-st}\Big|_0^\infty + s\int_0^\infty u_x\mathrm{e}^{-st}\mathrm{d}t = s\overline{U}(s,y)$$

整理后，方程式（1）变成为

$$s\overline{U}(s,y)=\nu\frac{\partial^2\overline{U}(s,y)}{\partial y^2}$$

即

$$\frac{\partial^2\overline{U}(s,y)}{\partial y^2}-\frac{s}{\nu}\overline{U}(s,y)=0 \tag{4}$$

由式（3）解出

$$\overline{U}(s,y)=A(s)\mathrm{e}^{-\sqrt{s/\nu}y}+B(s)\mathrm{e}^{\sqrt{s/\nu}y} \tag{5}$$

将边界条件①进行变换，有

$$\int_0^\infty u_x(t,0)\mathrm{e}^{-st}\mathrm{d}t = \overline{U}(s,0) = \int_0^\infty U_0\mathrm{e}^{-st}\mathrm{d}t = U_0\int_0^\infty \mathrm{e}^{-st}\mathrm{d}t = U_0\frac{\mathrm{e}^{-st}}{s}\Big|_0^\infty = \frac{U_0}{s}$$

即

$$\overline{U}(s,0)=U_0/s \tag{6}$$

将式（6）代入式（5），得

$$A=U_0/s \tag{7}$$

同理，边界条件②的变换为 $\overline{U}(s,\infty)=0$ 代入式（5），得

$$B=0 \tag{8}$$

将式（7）和式（8）代入式（5），得

$$\overline{U}(s,y)=U_0\mathrm{e}^{-\sqrt{s/\nu}y}/s \tag{9}$$

将式（9）进行反变换，得

$$u_x(t,y)=U_0\left[1-\mathrm{erf}\left(\frac{y}{2\sqrt{\nu t}}\right)\right] \tag{6.4.19}$$

式中，$\mathrm{erf}f(z)=\frac{2}{\sqrt{\pi}}\int_0^z \mathrm{e}^{-x^2}\mathrm{d}x$ 为误差函数。

$$\frac{u_x(t,y)}{U_0}=\mathrm{erfc}\left(\frac{y}{2\sqrt{\nu t}}\right) \tag{6.4.20}$$

式中，用余误差函数表示的速度场，$\mathrm{erfc}f(z)=1-\mathrm{erf}f(z)$。

此结果说明在流场的给定点上，流体的速度随时间的增加而增加，只有在 $t\to\infty$ 时速度 u 才能达到 U_0；在给定时刻，流体的速度 u 随着离板面的距离增加而减少，只有在离板面无穷内远处的速度才为零。

6.4.2.3 斯托克斯第二问题的求解

斯托克斯第二问题（Stokes 2nd Problem）是作周期振动平板引起的黏性流体的非定常流动[1,2]。

有一无限长的平板，其上半空间充满了不可压缩流体，在某一时刻 $t=0$，平板突然以速

度 $U(t)=U_0\cos\omega t$ 沿平行于 x 方向做简谐振动，如图 6.4.2 所示。由于黏性的作用，流场中流体将随之产生振动，如不考虑重力作用，试分析 $t>0$ 时刻的流场的速度分布。与斯托克斯第一问题相似，控制方程和边界条件为

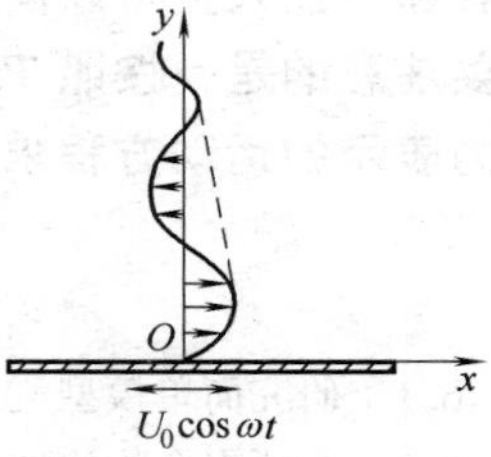

图 6.4.2　平板突然简谐运动

$$\frac{\partial u_x}{\partial t}=\nu\frac{\partial^2 u_x}{\partial y^2} \tag{1}$$

$$\frac{\partial p}{\partial y}=0 \tag{2}$$

边界条件：① $u_x(t,0)=U_0\cos\omega t$，$t>0$　② $u_x(t,\infty)=0$

初始条件：$u_x(0,y)=0$，$0\leqslant t\leqslant\infty$。

运用等式 $e^{i\omega t}=\cos\omega t+i\sin\omega t$，改写边界条件①为

$$u_x(t,0)=Re\{U_0e^{i\omega t}\}$$

改写问题式（1）的边界条件①为 ③ $u_x(t,0)=U_0e^{i\omega t}$。

假设解为

$$u_x=f(y)U_0e^{i\omega t} \tag{3}$$

将式（3）代入式（1），有

$$i\omega U_0 f(y)=\nu U_0 f''(y)$$

即

$$i\omega f(y)=\nu f''(y) \tag{4}$$

运用以上的转换，将偏微分方程式（1）简化为常微分方程

$$f''(y)-\frac{i\omega}{\nu}f(y)=0$$

上式的解为

$$f(y)=Ae^{\sqrt{\frac{i\omega}{\nu}}y}+Be^{-\sqrt{\frac{i\omega}{\nu}}y} \tag{5}$$

因为 $i=e^{i\pi/2}=\cos(\pi/2)+i\sin(\pi/2)$，$i^{1/2}=e^{i\pi/4}=\cos(\pi/4)+i\sin(\pi/4)=(1+i)/\sqrt{2}$，式（5）化为

$$f(y)=Ae^{\sqrt{\frac{\omega}{2\nu}}y(1+i)}+Be^{-\sqrt{\frac{\omega}{2\nu}}y(1+i)} \tag{6}$$

确定式（6）的常数 A，B，运用边界条件②，在 $y\to\infty=0$ 时，速度为零，即 $f(\infty)=0$，则 $A=0$，得

$$f(y)=Be^{-\sqrt{\frac{\omega}{2\nu}}y(1+i)} \tag{7}$$

将式（7）代入式（3）式，有

$$u_x=BU_0e^{i\omega t}e^{-\sqrt{\frac{\omega}{2\nu}}y(1+i)} \tag{8}$$

由边界条件③，得 $B=1$，式（8）化为

$$u_x=U_0e^{i\omega t}e^{-\sqrt{\frac{\omega}{2\nu}}y(1+i)} \tag{9}$$

取方程式（9）的实部，得到原问题的流速

$$\begin{aligned}u_x&=Re\left[U_0e^{i\omega t}e^{-\sqrt{\frac{\omega}{2\nu}}y(1+i)}\right]=Re\left[U_0e^{-\sqrt{\frac{\omega}{2\nu}}}e^{i\left(\omega t-\sqrt{\frac{\omega}{2\nu}}y\right)}\right]\\&=U_0e^{-\sqrt{\frac{\omega}{2\nu}}y}\cos\left(\omega t-\sqrt{\omega/2\nu}y\right)\end{aligned} \tag{6.4.21}$$

Tadmor 和 Gogos 在 *Principles of Polymer Processing*[5] 一书列表 12.1 至表 12.4 汇总模具各种不同形状口模截面流道流体压力流的流速、剪切应力、剪切速率的流场物理量。有兴趣的

读者和科技人员可以使用这些表，有针对性地解决工程问题。**本书附录 1.2 给出这几个表。需要注意的是，按照 Tadmor 应力的正负号约定，表示应力公式多一个负号，需要使用他的应力表示的运动方程求解问题。**

第 6 章练习题

6.1 研究简单模型流道聚合物流体流动有何意义?

6.2 简述聚合物流体的压力流动和拖曳流动的特点，分别给出压力流动和拖曳流动的假设条件。这两种流动的主要区别是什么?

6.3 无限宽平板与水平地面的夹角为 α，如图 6.1.2 所示，流体由质量力在平板上作定常层流，确定该流场的速度分布和体积流量，给出详细的求解过程。

6.4 在压力驱动下，长圆管流道的不可压缩黏性流体做等温稳态层流。假设圆管长 L、管内半径 R，其中 $L \gg R$。若假设该流动为幂律流动，流体在远离管子进口处作稳态流动，用幂律指数表示该流场的物理量，给出具体的简化假设，简化控制方程，详细求解该问题的流场物理量。

6.5 画出图 6.1.6 的简图，用中文标注图的说明。分析随着压力的变化流速的变化规律。

6.6 斯托克斯第二问题，平板在不可压缩流体中做简谐振动，平板水平运动的速度为 $U_0 \sin\omega t$，求由平板简谐运动造成平板附近流场的流速分布。

6.7 对于两平行平板流道存在着压力降的库特流动，上板运动的速度 U_0，两板之间距离为 H。试用简化的运动方程

$$-\frac{\mathrm{d}p}{\mathrm{d}x}+\mu\left(\frac{\mathrm{d}^2 u_x}{\mathrm{d}y^2}\right)=0$$

求解压力降分别为 $\frac{\mathrm{d}p}{\mathrm{d}x}<0$ 或 $\frac{\mathrm{d}p}{\mathrm{d}x}>0$ 时，流速场的分布函数和流速场的示意图。

6.8 The Mean Velocity of Laminar Pipe Flow. Use the macroscopic mass-balance equation $\frac{\partial\rho}{\partial t}+\nabla\cdot\rho\boldsymbol{u}=0$ to calculate the mean velocity in laminar pipe flow of a Newtonian fluid. The velocity profile is the celebrated Poiseuille equation[5]:

$$u_z = u_{\max}\left[1-(r/R)^2\right]$$

6.9 Axial Pressure Flow between Concentric Cylinders Solve the problem of flow in the horizontal concentric annular space formed by two long cylinders of length L and radii R_i and R_0, caused by an entrance pressure p_0, which is higher than the exit (atmospheric) pressure. Consider the limit as $(R_0-R_i)/(R_0+R_i)$ approaches zero[5].

6.10 Helical Annular Flow Consider the helical annular flow between concentric cylinders with an axial pressure gradient and rotating outer cylinder as shown in the accompanying figure. Specify the equations of continuity and motion (z and y components) and show that, if a Newtonian fluid is used, the equations can be solved independently, whereas if $\eta=\eta(\dot{\gamma})$ where $\dot{\gamma}$ is the magnitude of $\dot{\gamma}$, the equations are coupled[5].

6.11 同轴圆环隙流道和同轴圆环轴向拖曳流动各说明了何种聚合物加工工艺? 由速度分布方程说明这两种口模缝隙流道聚合物流体的流动特征[4]。

6.12 假设两块平行平板长 L、板宽 b 和板间距离 H，$b \gg H$。在二维平面流动中，下板 ($y=0$) 静止，上板 ($y=0$) 以恒速 U_0 运动，在 x 方向存在压力梯度，平行板流道不可压缩黏性流体沿 x 方向做等温稳态流动。显然该流动是压力流和拖曳流的组合。确定该流场的速度分布:

(1) 根据流体流动的特点，画出流体流动的示意图，给出简化假设，确定简化 N-S 方程和边界条件，求解流场的速度分布;

(2) 使用叠加原理确定该流场的速度分布为 $u_x(y)=\frac{U_0 y}{H}-\frac{y}{H}\left(1-\frac{y}{H}\right)\frac{H^2}{2\mu U_0}\frac{\mathrm{d}p}{\mathrm{d}y}$。

6.13 某一黏性流体牛顿指数 $n \to 1$，表观黏度为 10Pa·s，流体导热系数 $4.2\times10^{-3}\mathrm{W/(m\cdot K)}$，管壁

温度为 170℃，管内径为 4mm，在长管内流道流动，流体流速为 10cm/s。确定[12]：

（1）管的压力降；

（2）管中心的温度，比管壁温度高多少度？

（3）管中温度为 172℃的位置。

6. 14　用分离变量法[11]，详细求解圆柱管流道内牛顿流体非等温流动的流场，证明用压力降表示的速度分布和温度分布分别为

$$u_z = -\frac{R^2}{4\mu}\left(\frac{\partial p}{\partial z}\right)\left(1 - \frac{r^2}{R^2}\right) \quad 和 \quad T = T_w + \frac{R^4}{64\mu k}\left(\frac{\partial p}{\partial z}\right)^2\left[1 - \left(\frac{r}{R}\right)^4\right]$$

6. 15　使用无限大平行板流道流体非等温拖曳流的无量纲速度和温度函数式（6. 3. 2），画出无量纲速度和温度曲线，并分析该流场的特点。

参 考 文 献

[1]　陈晋南. 传递过程原理 [M]. 北京：化学工业出版社，2004：119-141.

[2]　[美] I. G. Currie. Fundamental Mechanics of Fluids. McGRaw—Hill Book Company. 1974. 223-274.

[3]　[美] S. 米德尔曼. 赵得禄，徐振森，译. 聚合加工基础 [M]. 北京：科学出版社，1984：92-133.

[4]　徐佩弦. 高聚物流变学及其应用 [M]. 北京：化学工业出版社，2009：189-226.

[5]　[美] Z. Tadmor, C. G. Gogos. Principles of Polymer Processing (Second Edition) [M]. A John Wiley & Sons, Inc. 2006：25-234，736-742.

[6]　[英] R. S. 伦克. 宋家琪，徐支祥，戴耀松，译. 戴健吾，校. 聚合物流变学 [M]. 北京：国防工业出版社，1983：61-82.

[7]　C. W. Macosko. Rheology Principles Measurements and Applications [M]. Wiley-VCH, Inc. 1994：175-336.

[8]　C. D. Han. Rheology and Processing of Polymeric Materials [M]. Vol. 2 Polymer Rheology. Oxford University Press Inc,. 2007：3-55.

[9]　史铁钧，吴德峰. 聚合物流变学基础 [M]. 北京：化学工业出版社，2009：47-56.

[10]　林师沛，赵洪，刘芳. 塑料加工流变学及其应用 [M]. 北京：国防工业出版社，2007. 73-90.

[11]　[澳] R. I. Tanner. Engineering Rheology [M]. Clarendon Press, OxFord, 1985：79-143.

[12]　金日光、马秀清. 高聚物流变学 [M]. 上海：华东理工大学出版社，2012：140-158，181-198.

[13]　陈晋南，彭炯. 高等化工数学（第 2 版）[M]. 北京：北京理工大学出版社，2015：154-193.

第 7 章 聚合物材料典型加工成型过程的流动分析

由于聚合物材料的迅猛发展，工业界发展各种类型不同用途的加工成型设备，加工成型材料的方法就有 30 多种。从原材料的合成到成品的生产，聚合物产品加工成型过程涉及许多步骤。**在确定最终产品质量方面，加工成型的步骤是决定聚合物材料最终结构和性能的中心环节。因此，科学地分析材料加工成型过程的流动成为改进和优化设备、加工工艺的关键环节，也是聚合物流变学的研究内容之一。**一方面通过掌握和控制成型加工过程流道熔体的力场和温度场，达到控制和优化成品质量的目的；另一方面研究也对计算机辅助研究聚合物材料成型加工过程、设备和模具的优化有重要的指导作用。聚合物加工流变学与加工成型工艺原理的结合，成为设计和控制材料配方、优化工艺条件和保证制品外观与内在物理量的重要手段。

聚合物加工流变学的研究内容分为基础研究和应用研究两大类，前者侧重研究聚合物流变行为，后者侧重研究加工成型工艺的调控和设备的优化。这两者相互之间的联系十分紧密，基础研究提供流变模型，为优化设备设计和工艺条件提供了理论基础，应用研究为基础研究提供了丰富的素材。

按照加工方式分类，聚合物加工流变学可分为挤出流变学、塑炼流变学、压延流变学、注模流变学、吹塑流变学、熔体纺丝流变学和密炼流变学。按照聚合物熔体被加工时的流动方式，聚合物加工流变学可分为剪切流变学和拉伸流变学。本书不可能展开介绍这些流变学。考虑到初学者的基础和需求，聚合物加工成型有很多种方法，具有代表性的方法有挤出、注射、吹塑、压延等热成型，本章选择了挤出、注塑、压延和纺丝几种典型的加工成型过程，用聚合物加工流变的理论分析聚合物流体的流动行为。有兴趣的读者可学习专门聚合物加工成型的文献和专著。

在第 6 章分析简单截面流道聚合物流体流动的基础上，使用黏性流体动力学控制方程和本构方程，分析 4 种聚合物典型加工成型过程，分析聚合物熔体材料的流动行为，分析异常的流变现象[1-13]。本章分为 4 节，包括挤出成型过程、注塑成型过程、压延成型过程和纺丝成型过程。

7.1 挤出成型过程

挤出成型过程（Extrusion process）是橡塑制品加工成型的最基本和最常用的方法之一。在塑料工业中，挤出成型产品的产量几乎占全部塑料制品产量的一半。如管材、型材、棒材、板材以及丝、薄膜、电线电缆的涂覆和涂层等连续生产的产品都用挤出成型工艺加工。橡胶工业中，挤出成型过程又称为**压出成型过程**。

经过几十年的发展，螺杆挤出机有很多种形式。根据螺杆结构不同分为单螺杆挤出机、双螺杆挤出机、三螺杆挤出机、带销钉螺杆挤出机、机筒开槽的螺杆挤出机和往复式螺杆挤出机。按照双螺杆的结构形式，还可分为平行双螺杆、锥形双螺杆等。按照双螺杆旋转方式分为同向和异向旋转螺杆挤出机。每种螺杆挤出机的螺杆流道中每种熔体流动都不一样。有兴趣的读者可学习相关的专著和参考文献[1-10]。

本节以单螺杆挤出机为例，介绍螺杆挤出加工聚合物的过程，用简化的数学物理模型分析螺杆与机筒组合流道、口模流道熔体的流动，分析讨论不稳定流动现象和原因，讨论稳定挤出过程的方法措施。分为 4 小节，包括单螺杆挤出过程流体的流动、机头口模流道物料的流动、挤出加工熔体流动的不稳定性、稳定挤出过程的方法。

7.1.1　单螺杆挤出过程流体的流动

本小节介绍单螺杆挤出机（Single extruder）挤出加工聚合物材料的过程，详细分析螺杆挤出流道聚合物流体的流动，包括单螺杆挤出机的基本结构、螺杆和机筒流道流体流动控制方程的确定和求解等两部分。

7.1.1.1　单螺杆挤出机的基本结构

单螺杆塑化挤出机是最早研究和使用的设备，塑化挤出成型理论较为成熟，有不少关于单螺杆挤出机的专著。挤出机的核心是螺杆工作部分。图 7.1.1 给出单螺杆挤出机结构图。由图 7.1.1 可知，单螺杆挤出机由机筒和单螺杆、加料装置、传动机构、加热冷却装置和控制系统等。在螺杆挤出机中，固体颗粒材料被料筒提供的热、螺杆转动机械功和黏性耗散产生的热熔化和塑化，螺杆塑化、输送和计量被塑化的物料。机头口模部分由机头、口模和定型、牵引机构，将材料制成规定形状和尺寸的制品。

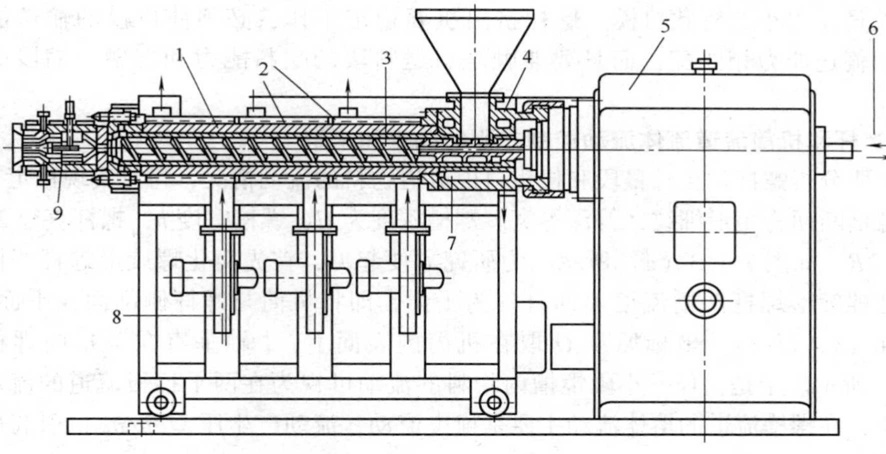

图 7.1.1　单螺杆挤出机结构示意图

1—机筒　2—加热装置　3—单螺杆　4—料斗区　5—传动机构
6—螺杆的冷却/加热　7—料斗区的水冷却　8—风机　9—口模

挤出过程的设备由挤出和机头口模两部分组成。挤出部分主要是螺杆和机筒组成的流道。加热料筒与螺杆槽组成周向密闭的等距不等深的螺槽浅槽流道，聚合物熔体被转动的螺杆输送、压缩和搅拌。螺杆相当于一个螺旋推进器。根据挤出机的工作原理和挤出过程物料的状态变化，将螺杆工作部分分为加料段、压缩塑化段和匀化计量段三部分。图 7.1.2 为螺杆挤出结构分区示意图。

① **加料段**也称为**固体输送段**。此段是螺槽深度较深的加料段。固态聚合物材料经输送和熔融，抵达输送区。螺杆吃料和送料能力的强弱是保证机器正常工作的前提条件。物料依然是固体状态，不满足流体力学连续介质的理论，研究这部分的理论主要为**固体输送理论**。

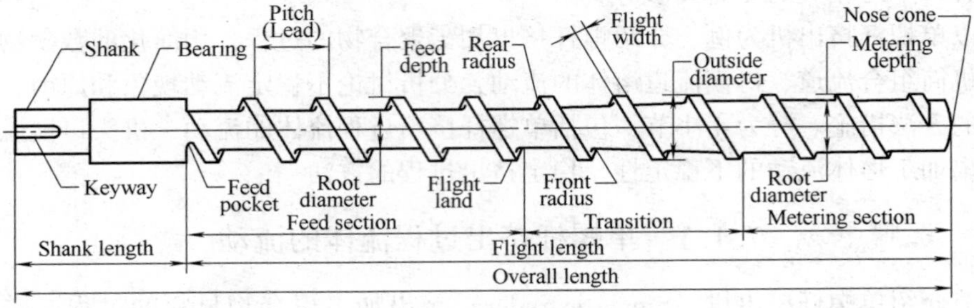

图 7.1.2　螺杆挤出结构分区示意图[1]

② **压缩塑化段**也称为**塑化段**。此段是一个锥形压缩段，在剪切力场和温度场等作用下，物料开始熔融塑化，由固态逐渐转变为黏流态。因螺杆设计有一定的压缩比，使熔体压实排气。研究此部分的理论主要为**熔融、塑化理论和相变理论**。

③ **匀化计量段**也称为**挤出段**。此段螺槽较浅。在螺槽螺旋曲面的推挤下，黏流状物料被进一步压紧、塑化和拌匀。剪切应力使运动物料的温度和流量均化，物料以一定的流量和压力从机头口模流道均匀挤出。这段螺槽的截面是均匀的，研究此部分的理论即**聚合物流变学理论**。

机头、口模部分的核心是不同截面形状的口模，它是制品横截面成型的部件。通常它是一个长径比很小的管状口模。螺杆挤出机要稳定工作，必须使口模的输送能力与匀化计量段的输送能力相匹配，而且要兼顾吃料送料段的吃料能力和熔融压缩段的塑化和熔融情况。

7.1.1.2　螺杆和机筒流道流体流动控制方程的确定和求解

本节主要分析螺杆匀化计量段和机头口模流道物料的流动情况，讨论实现稳定挤出的措施。假设螺槽断面为矩形细纹，等深等宽。螺槽深度为 H，螺槽宽度 b，螺杆直径 $2R$。假定 $H \ll b$，$H \ll 2R$，如图 7.1.3（a）所示。为研究方便起见，首先简化螺旋形螺杆凹槽流道几何模型，把螺旋形螺杆凹槽流道“伸直”为平面，即将机筒与螺杆侧剖面在平面上展开，取直角坐标（x，y，z），坐标原点 O 取在机筒内表面上，y 轴垂直向下指向螺杆，如图 7.1.3（b）所示。于是，任一小段螺槽内物料的流动可视为在两平行板流道的流动。由于螺杆的转动，在螺槽流道的熔体流动主要是拖曳流动，流动产生压差 $\partial p/\partial z$ 也引起熔体的压力流。

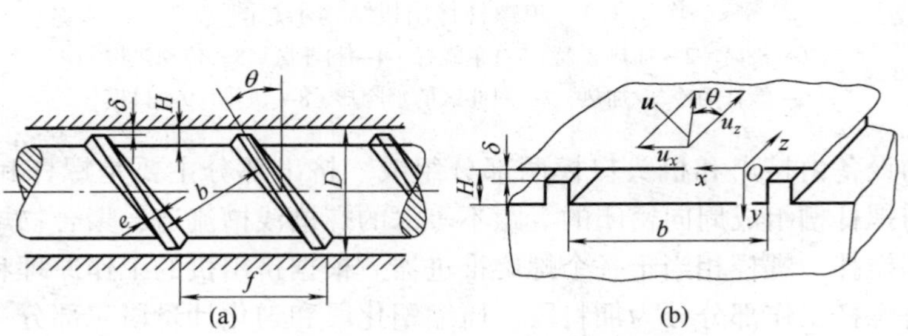

图 7.1.3　机筒与螺杆计量段侧剖面的几何尺寸

首先分析单螺杆挤出过程流体流动的特点，为了简化描述挤出成型过程的控制方程，做出必要合理的假设：

① 被加工物料为不可压缩$\nabla \cdot \boldsymbol{u}=0$的牛顿型流体，黏度$\mu$为常数，螺槽流道物料流动为连续等温的$\boldsymbol{u} \neq \boldsymbol{u}(T)$，稳定$\partial / \partial t=0$和层流$\boldsymbol{u} \cdot \nabla \boldsymbol{u}=0$；

② 假定匀化计量段物料承受的压力梯度沿螺杆轴向为定值。这里需要说明，实际上挤出机内的压力梯度分布不为定值，如图 7.1.4 所示。为了简化问题，假定压力梯度沿z方向和x方向的分量$\frac{\partial p}{\partial z}$，$\frac{\partial p}{\partial x}$也为定值；

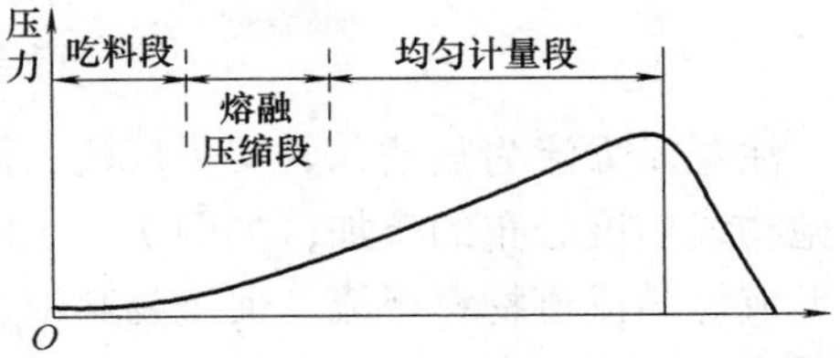

图 7.1.4　螺杆挤出流道和机头流道物料压力曲线

③ 物料熔体的流动沿机筒和螺槽表面无滑移；

④ 物料熔体流动是小雷诺数流动，忽略质量力、惯性力的影响。

根据熔体流动的特点和假设，建立描述该聚合物熔体流动的二维控制方程。设为螺杆转速n，则螺杆运动时表面线速度为U_0，其值为$|U_0|=2\pi Rn$。随着螺杆旋转，螺槽内物料任一点的速度为

$$\boldsymbol{u}=u_x \boldsymbol{i}+u_z \boldsymbol{k} \tag{1}$$

式中，$\boldsymbol{i}$，$\boldsymbol{k}$为沿x、z方向的单位矢量。

可以看出，u_z是物料沿螺槽的正向流动速度，u_x是物料的横向流动速度。可得到连续性方程为

$$\frac{\partial u_x}{\partial x}+\frac{\partial u_z}{\partial z}=0 \tag{2}$$

由于螺槽等深等宽，所以有$\frac{\partial u_z}{\partial z}=0$，$\frac{\partial u_x}{\partial x}=0$，$y$方向为速度梯度的方向，简化直角坐标系不可压缩流体的 N-S 运动方程式（3.2.19b），得到

z方向
$$-\frac{\partial p}{\partial z}+\mu \frac{\partial^2 u_z}{\partial y^2}=0 \tag{3}$$

x方向
$$-\frac{\partial p}{\partial x}+\mu \frac{\partial^2 u_x}{\partial y^2}=0 \tag{4}$$

式中，牛顿流体的黏度μ是常数。

式（3）描述了物料沿螺槽的正向流动u_z、不同速度的流层之间压力梯度、黏性摩擦力；（4）描述了物料的横向流动。

边界条件：

① $u_z(y=0)=0$；② $u_z(y=H)=U_{z0}=|U_0|\cos\theta=2\pi RN\cos\theta$；

③ $u_x(y=0)=0$；④ $u_x(y=\delta)=0$。

考虑物料沿z方向的流动，对式（3）积分两次，并利用边界条件①和②，得到槽内物料的速度分布

$$u_z=y\left[\frac{U_{z0}}{H}-\frac{1}{2\mu} \frac{\partial p}{\partial z}(H-y)\right] \tag{7.1.1}$$

式中，H为螺槽深度；θ为螺纹升角。

按照第 6 章学习的简单截面流体的流动知识可知，螺槽内物料的实际流动为两种流动的叠加。分析速度式（7.1.1）中含有两项，可以写成$u_z=u_{z1}+u_{z2}$。

其一为螺杆转动拖动流体而引起物料的拖曳流

$$u_{z1}=yU_{z0}/H \tag{5}$$

其二为压差$\dfrac{\partial p}{\partial z}$而引起的物料压力流

$$u_{z2}=-\frac{1}{2\mu}\frac{\partial p}{\partial z}(Hy-y^2) \tag{6}$$

注意压力流为负值，其实为反流。因此，实际的速度分布应为 u_{z1} 的直线速度分布和 u_{z2} 的抛物线速度分布的叠加，如图 7.1.5 所示。分析图 7.1.5 可知，u_x 对挤出物料贡献不大，对形成螺槽流道物料环流，促进物料混合塑化有重要作用。它也是形成螺槽内物料环流和引起漏流的重要因素。

积分速度分布式（7.1.1）很容易计算螺槽流道物料的体积流量为

$$q'_V=\int_0^H bu_z\mathrm{d}y=\frac{bU_{z0}H}{2}-\frac{bH^3}{12\mu}\frac{\partial p}{\partial z}=q_{VD}-q_{Vp} \tag{7.1.2}$$

式中，b 是螺槽宽度；q_{VD}为拖曳流的流量；q_{Vp}为压力流的流量。

分析式（7.1.2）可知，体积流量也可以分解为两部分。其中由拖曳流速 U_{z0}引起的物料流动增加体积流量，其贡献为正贡献；而由压力梯度$\dfrac{\partial p}{\partial z}$引起的物料压力流动减少体积流量。其贡献为负贡献，即反流。

再分析 x 方向的流动速度 u_x。这种流动与螺槽侧壁的方向垂直，除引起物料在螺槽内的环流外，主要是引起漏流。在一定压力作用下，漏流是由于物料沿 x 方向流过螺槽突棱顶部与机筒内壁的径向间隙 δ 造成的。对单头螺纹螺杆而言，这种流动可视为物料通过一个缝模的流动，缝模截面垂直于 x 方向，缝高为 δ，缝长为 $2\pi R/\cos\theta$，如图 7.1.6 所示。

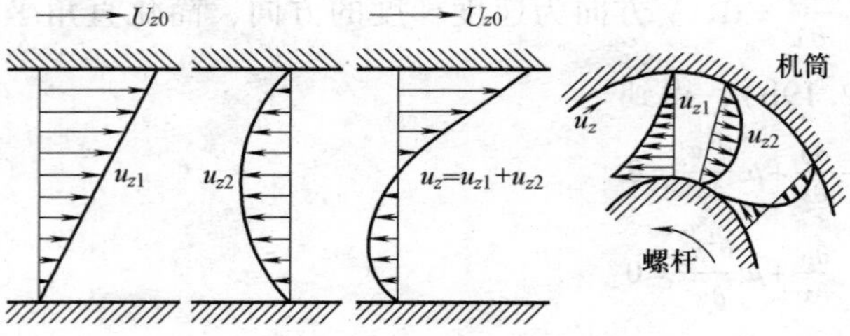

图 7.1.5　螺槽内物料流动的流速分布

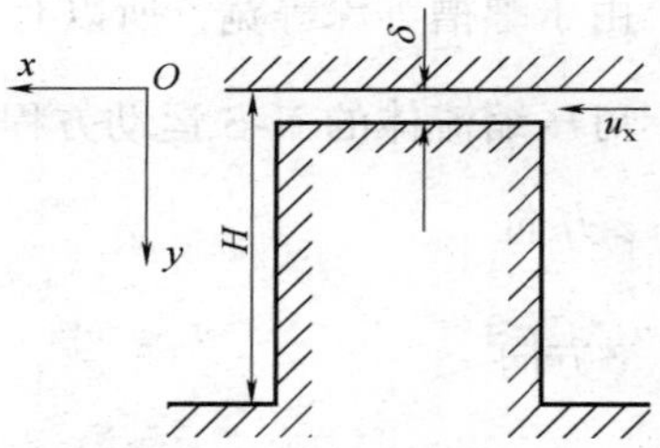

图 7.1.6　螺棱顶部和机壁径向间隙的漏流

已知$\dfrac{\partial p}{\partial z}$为常数，利用边界条件③和④，求解式（4），得到速度分布

$$u_x=-\frac{1}{2\mu}\frac{\partial p}{\partial z}(\delta y-y^2) \tag{7.1.3}$$

这是一个典型的抛物线形速度分布。积分速度分布，求得漏流的体积流量

$$q_{VL}=\int_0^{\delta}u_x\frac{2\pi R}{\cos\theta}\mathrm{d}y=-\frac{\pi R\delta^3}{6\mu\cos\theta}\frac{\partial p}{\partial z} \tag{7.1.4}$$

将三部分体积流量加在一起，得到在螺杆匀化计量段物料总体积流量

$$q_V=q_{VD}+q_{Vp}+q_{VL}=\frac{bU_{z0}H}{2}-\frac{bH^3}{12\mu}\frac{\partial p}{\partial z}-\frac{\pi R\delta^3}{6\mu\cos\theta}\frac{\partial p}{\partial z} \tag{7.1.5}$$

式中，拖曳量为正流量，主要取决于螺杆的转速 n；压力流量和漏流量为负流量，其大小取决于压差 Δp 和物料黏度 μ。

分析体积流量式（7.1.5）可知，螺杆几何构造参数如 b，H，R，θ，δ 均起着重要作用。螺杆挤出物料的总体积流量由三部分组成，一旦正流量小于负流量，则螺杆挤出功能失效。

为了讨论问题的方便，重新改写上式为

$$q_V = \alpha n - \beta \frac{\Delta p}{\mu} - \gamma \frac{\Delta p}{\mu} \tag{7.1.6}$$

式中，Δp 为沿螺杆轴向全长的总压力降；α 为正流系数，β 为反流系数，γ 为漏流系数。α，β，γ 为仅与螺杆几何尺寸有关的量，下一节用来表征螺杆的挤出特性。

7.1.2　机头口模流道物料的流动

从匀化计量段物料挤出后直接进入机头口模区，其通过机头口模的流动可视为简单截面管道的黏度流体压力流动。参照第 6.1 节确定的长圆形管道牛顿型流体压力流体积流量式（6.1.26），有

$$q_V = \frac{\Delta p \pi R^4}{8\mu L}$$

通过机头口模的物料流量用以下公式表示

$$q_{VK} = K \frac{\Delta p_K}{\mu_K} \tag{7.1.7}$$

式中，Δp_K 为机头口模区物料的压力降；μ_K 为物料在机头口模区的黏度；K 为机头口模区流通系数。

分析式（7.1.7）的这几个参数，对稳定挤出过程而言，该压力降应等于螺杆从机头到加料口的压力降 Δp；由于机头口模区的温度不等于匀化计量段的温度，故 $\mu_k \neq \mu$，取决于机头口模的几何参数和流动液体的类型；K 值越大表示流通阻力越小。

螺杆挤出机螺杆机筒流道的物料流动状态必须与在机头口模流道的流动状态相匹配，挤出过程才能处于稳定挤出状态。也就是说，通过螺杆机筒流道的流量一定要与通过机头口模流道的流量相等，螺杆机筒流道的物料压力降也要与在机头口模流道的压力降相等，即

$$\begin{cases} q_{VK} = q_V \\ \Delta p_K = \Delta p \end{cases} \tag{7.1.8}$$

分别用体积流量公式（7.1.5）和式（7.1.7），绘制螺杆匀化计量段和机头口模段的牛顿型流体工作特性理论曲线，见图 7.1.7。由图 7.1.7 可知，螺杆匀化计量段的工作曲线为一组平行直线，以转速 n 为参数。转速确定时，Δp 值越大，漏流越多，螺杆流量 q_V 减小。机头工作曲线为一组射线，以流通系数 K 为参数。在一定 K 值下，Δp 值越大，通过机头口模的流量 q_{VK} 越大。

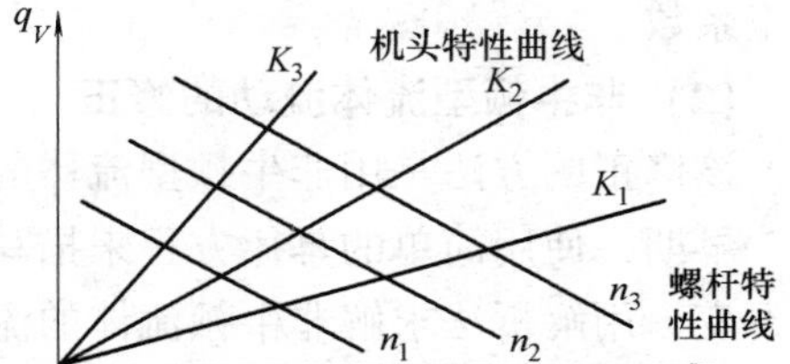

图 7.1.7　螺杆均化计量段与机头口模的牛顿型流体工作特性理论曲线

螺杆挤出机正常稳定工作点为两组曲线的交点，符合式（7.1.8）提出的条件。可由式（7.1.7）和式（7.1.8），得到 $\Delta p = \Delta p_K = q_{VK}\mu_K / K$，将其代入式（7.1.6），得到这样的工作点满足

$$q_V = \frac{\alpha n}{1 + \frac{(\beta + \gamma)}{K} \frac{\mu_k}{\mu}} \tag{7.1.9}$$

式中，α，β，γ，K，n 均为挤出机螺杆和机头口模的工作参数；μ，μ_k 分别为螺杆匀化计量段和机头口模段物料的平均黏度。它们共同决定着螺杆挤出机的工作状态。

在作了若干简化假定的基础上，得到上述讨论的结果，与实际挤出成型过程有一定出入。将简化的螺杆工作曲线与实际的螺杆工作特性曲线比较。图 7.1.8 给出挤出设备 PVC 实测工作特性曲线。

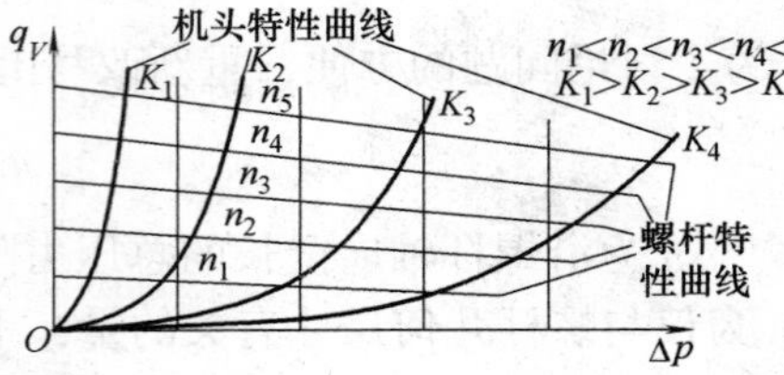

图 7.1.8　挤出设备的 PVC 实测工作特性曲线 q_V

由图 7.1.8 可见，螺杆匀化计量段工作曲线为一组斜率不等的直线。高转速下曲线斜率较大，低转速下曲线斜率较小，表明高转速条件下，压力造成的反流和漏流影响较为显著，总体积流量下降较多。机头口模工作曲线不再为一组射线，而是一组曲线，注意曲线在低压区和高压区的斜率差别很大。通过机头口模时，物料体积流量随压力差的增大急剧上升。这显然与被加工物料的假塑性行为有关，压差大时物料“剪切变稀”效应明显，黏度下降导致流量急剧增大。实际非牛顿型流体的工作特性曲线远比图 7.1.8 复杂得多。

由此可见，在实际分析挤出过程流体的流变状况时，一定要根据实际情况修正简化的理论模型。主要的修正方法有两种：

（1）基于螺槽尺寸的非理想化的修正

该修正采用系数修正法，修正后的流量公式为

$$q_V = \alpha * n - \beta * \frac{\Delta p}{\mu} - \gamma \frac{\Delta p}{\mu} \tag{7.1.10}$$

其中

$$\alpha * = \alpha f_{cd} f_d\ f_{hd} f_{\mu d} \tag{7.1.11}$$

$$\beta * = \beta f_{cd} f_d\ f_{hd} f_{\mu d} \tag{7.1.12}$$

式中，f_{cd}为考虑机筒内表面曲率对正流系数影响的修正系数；f_d 为考虑螺槽侧壁，f_{hd}为考虑螺槽深度变化，$f_{\mu d}$为考虑螺槽物料径向温度不匀带来黏度变化对正流系数影响的修正系数。所有这些系数均从规定的图表中由图算法求得。

式（7.1.12）中各系数意义与式（7.1.11）相同，为上述同样因素对反流系数影响的修正系数。

（2）非牛顿型流体流动的修正

该修正的方法是用非牛顿型流体的本构方程代替牛顿型流体本构方程。

早期，使用简单的幂律方程来描写非牛顿流体的流动特性，而保持运动方程和连续性方程不变，用解析法求解非牛顿流体的流场[1]，求解了单螺杆挤出物料的非等温流场[1-4]。工程上多采用图算法，定性分析问题。感兴趣的读者可学习相关参考文献[1]。有了计算软件后，用数值计算方法研究复杂非牛顿流体问题，第 9.2 节介绍数值模拟聚合物加工成型过程的基础知识。

7.1.3　挤出加工熔体流动的不稳定性

在前面讨论聚合物材料成型加工过程和流变测量中，都不加证明地假定聚合物液体剪切流动或拉伸流动，均为稳定的连续层流，流场中流线平行不发生紊乱。同时还假定“管壁无滑移”，认为流场中最贴近管壁那一层物料是紧贴在壁上，与壁的运动状态一致。在这些

基本假定的基础上，分析聚合物液体特定流场的流动规律和聚合物液体的非线性黏弹性质。

然而，在实际的聚合物材料成型加工过程和流变测量中，物料的流动状态受诸多内部和外部因素影响，流场中常常出现流动不稳定的情形。流场的边界条件存在一个临界值，一旦流体的流速超越该临界值，就会发生从层流到湍流，流线从稳定到紊乱，从管壁无滑移转变到有滑移，破坏了事先假定的稳定流动条件。研究这类熔体流动的不稳定性和壁滑现象具有重要的理论和实际意义。不稳定流动损害制品外观、规格尺寸和材质均一性，直接影响产品的质量和产率，严重时无法进行生产。

聚合物熔体的流动不稳定性主要表现为挤出成型过程的熔体破裂现象、拉伸成型过程的拉伸共振现象等。目前，关于聚合物熔体流动不稳定性和管壁滑移的机理研究尚不够深入，有些问题还有争论。可以肯定地说，这些现象是聚合物黏弹性液体湍流的表现，与聚合物液体的非线性黏弹行为，尤其是弹性行为有关。

本小节分析挤出加工熔体流动的不稳定性[3]，包括熔体破裂现象、破裂现象的分析和影响因素2部分。

7.1.3.1　熔体破裂现象

在挤出成型过程或毛细管流变仪测量中，当熔体挤出剪切速率$\dot{\gamma}$超过某一个临界剪切速率$\dot{\gamma}_{crit}$时，挤出物表面开始出现畸变。最初是表面粗糙，而后随剪切速率（剪切应力）的增大，出现熔体的挤出破裂行为，挤出物表面发生波浪形、鲨鱼皮形、竹节形、螺旋形等畸变，直至无规破裂，见图7.1.9。由图7.1.9（a）至（c）可见，前3种扭曲形状还极有规律，它们常分别被称为波纹、竹节和螺旋。图7.1.9（d）则是一种最严重的无规粗糙表面，即熔体破裂了。

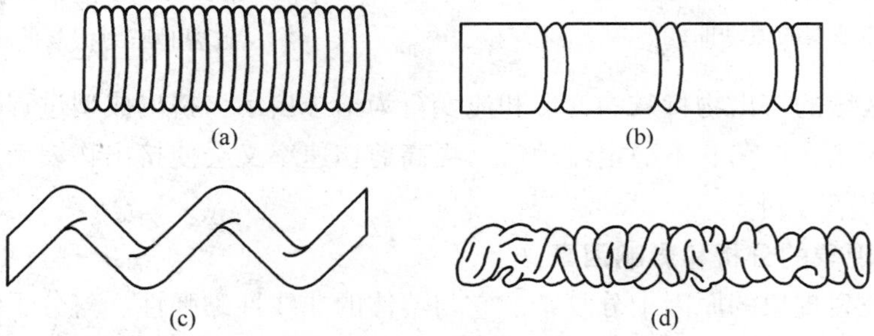

图7.1.9　挤出物的畸变[3]

从现象上，挤出破裂概括地可分为两类：

① 低密度聚乙烯（LDPE）型。破裂的特征是呈现粗糙表面，当挤出剪切速率超过临界剪切速率$\dot{\gamma}_{crit}$发生熔体破裂时，呈现无规破裂状。属于此类的材料多为带支链或大侧基的聚合物。例如聚苯乙烯、丁苯橡胶、支化的聚二甲基硅氧烷等。

② 高密度聚乙烯（HDPE）型。熔体破裂特征是先呈现粗糙表面，而后随着剪切速率的提高逐步出现有规则的畸变，如竹节状、螺旋形畸变等。剪切速率很高时，出现无规破裂。属于此类的材料多为线形高分子聚合物。例如聚丁二烯、乙烯-丙烯共聚物、线形的聚二甲基硅氧烷、聚四氟乙烯等。

当然，这种分类不够严格，有些材料的熔体破裂行为不具有这种典型性。当发生熔体破裂时，两类材料的流动曲线有明显的差别。属于LDPE型的熔体，其流变曲线上可明确标出临界剪切速率$\dot{\gamma}_{crit}$或临界剪切应力τ_{crit}的位置，在临界剪切速率之前，曲线为光滑曲线，之后出现一些波动。但是，曲线基本为一连续曲线，如图 7. 1. 10 所示。属于 HDPE 型的熔体的流变曲线达到临界剪切速率后变得比较复杂。

随着剪切速率的提高，流变曲线出现大幅度压力振荡或剪切速率突变，曲线不连续，有时不能进行流变测量，如图 7. 1. 11 所示。由图 7. 1. 11 可知，***AB*** 段为低剪切速率下的正常挤出段，曲线光滑。至第一临界剪切速率 $\dot{\gamma}_{c1}$ 后，即 ***BC*** 段，挤出物表面开始出现粗糙和（或）有规则的挤出畸变，如竹节形畸变等。相应地在流变曲线上出现明显的压力振荡，得不到确定的测量数据。剪切速率继续升高，达到第二临界剪切速率 $\dot{\gamma}_{c2}$ 后，流变曲线跌落，按 ***DE*** 段继续发展，挤出物表面可能又变得光滑。这一区域称为第二光滑挤出区。达到再一个临界剪切速率 $\dot{\gamma}_{c3}$ 后，挤出物再次呈现熔体破裂，此时为无规破裂状，直到挤出物完全粉碎。

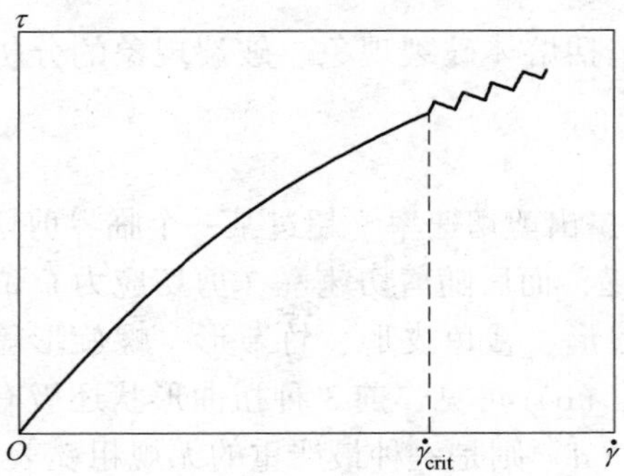

图 7. 1. 10 LDPE 型聚合物发生熔体破裂的流动曲线

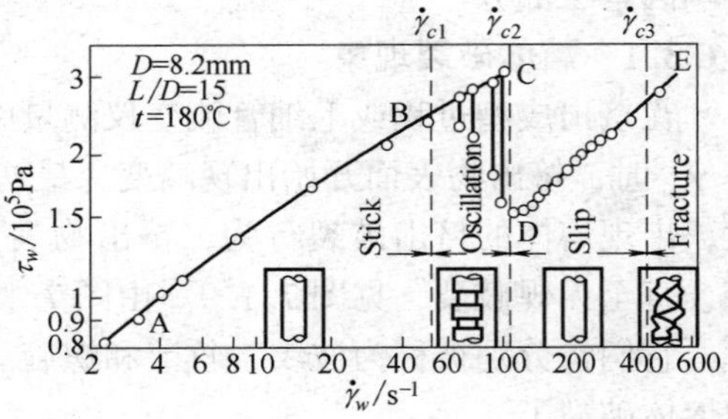

图 7. 1. 11 HDPE 型聚合物发生熔体破裂时压力振荡曲线[3]

第二光滑区域的挤出物特殊的变形和流变行为给予启示，挤出成型过程中，若经过了一段有规则畸变的压力振荡和不稳定流动后，提高剪切速率又会使挤出物表面光滑，无疑对提高产品质量和产率有利。

7. 1. 3. 2 破裂现象的分析和影响因素

造成熔体破裂现象的原因十分复杂。它与熔体的非线性黏弹性、与分子链构象变化和松弛滞后性、缠结和解缠结，以及外部工艺条件诸因素有关。从变形能的观点看，聚合物液体的弹性是有限的，其**弹性储能**（Elastic energy storage）本领也是有限的。当外力作用速率很大，外界赋予液体的变形能远远超出液体可承受的极限时，多余的能量将以其他形式表现出来，其中产生新表面、消耗表面能是一种形式，即发生熔体破裂。

1969 年，Tordella[4] 曾用双折射实验，研究挤出口模入口区附近熔体流动的应力集中效应。实验发现，剪切应力影响流场分子链构向的取向和解取向，LDPE 型和 HDPE 型熔体流经口模的流线分布不同。对于 LDPE 型熔体，入口区流线呈典型的喇叭形收缩，在口模死角处存在环流或涡流，可知在口模入口区应力集中，如图 7. 1. 12 所示。当剪切速率较低时，流动是稳定的，死角处的涡流也是稳定的，对挤出物不产生影响。但是，当剪切速率 $\dot{\gamma} > \dot{\gamma}_{crit}$ 后，入口区出现强烈的拉伸流，其造成的拉伸变形超过熔体所能承受的弹性变形极限，强烈的应力集中效应使主流道内流线断裂，使死角区的环流或涡流乘机进入主流道而混入口模。

主流线断裂后，应力局部下降，又会恢复稳定流动，然后再一次集中弹性变形能，再一次流线断裂。这样又会恢复稳定流动，然后再一次集中弹性变形能，再一次流线断裂。这样交替轮换，主流道和环流区的流体将轮番进入口模。这是变形历史和携带能量完全不同的两种流体，可预见，它们挤出时弹性松弛行为也完全不同，由此造成口模出口处挤出物的无规畸变。

对于HDPE型熔体，其流动时的应力集中效应主要不在口模入口区，而是发生在口模内壁附近，口模入口区不存在死角环流。低剪切速率时，熔体流过口模壁，在壁上无滑移，挤出过程正常。当剪切速率$\dot{\gamma}$增高到一定程度，由于模壁附近的应力集中效应突出，此处的流线会发生断裂，如图7.1.13（a）和（b）所示。流线断裂的一个原因是分子链解缠结造成的。因为应力集中大大增加熔体储能，当能量累积到超过熔体与模壁之间的摩擦力所能承受的极限时，将造成熔体沿模壁滑移，柱塞上的压力下降，熔体突然增速，同时释放出能量。释能后的熔体又会再次与模壁黏着，从而再集中能量，再发生滑移。这种过程周而复始，将造成聚合物熔体在模壁附近“时滑时黏”，表现在挤出物上呈现出竹节状或倒锥形的有规畸变。

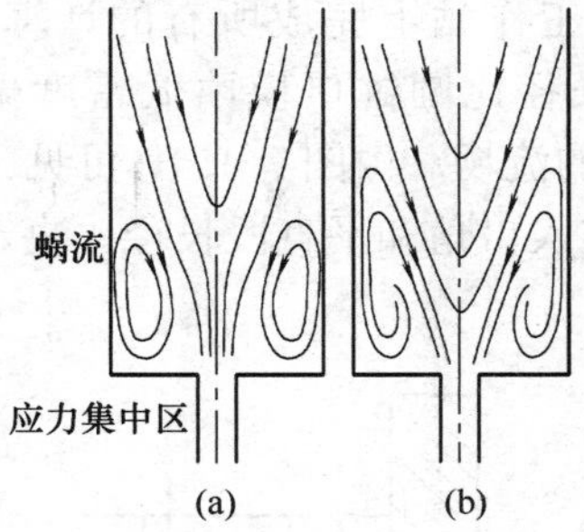

7.1.12　LDPE型熔体口模入口区流线分布
（a）低流速　（b）高流速

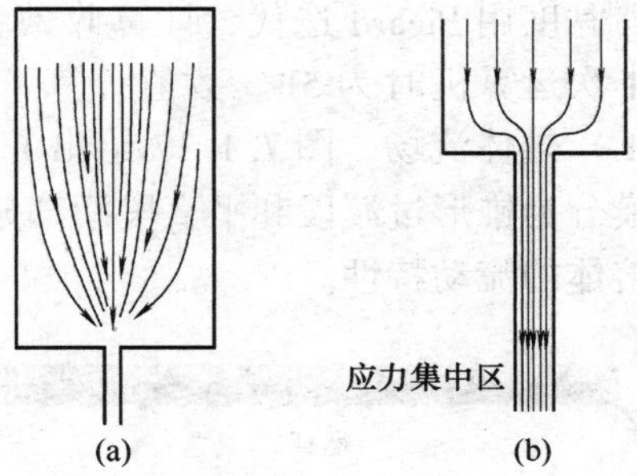

图7.1.13　HDPE型熔体口模壁附近流线分布[2]
（a）流线断裂　（b）应力集中

当剪切速率$\dot{\gamma}$再增大时，在模壁附近熔体会出现“全滑动”，这时反而能得到表面光滑的挤出物，即所谓第二光滑挤出区。此时应力集中效应将转到口模入口区。在极高的剪切速率下，在入口区熔体流线发生扰乱，这时挤出物必然呈无规破裂状。实验现象和流变曲线相结合，推理分析得到以上的分析结论。大量的实验与理论工作验证了这点。

已知聚合物熔体发生挤出破裂行为是熔体具有弹性的一种表现，因此一切能够影响熔体弹性的因素，都将影响聚合物熔体挤出破裂行为。影响因素大致可分为口模的形状和尺寸、挤出成型过程的工艺条件、挤出物料的性质等三类。下面分别讨论这三种影响因素。

（1）口模形状和尺寸的影响

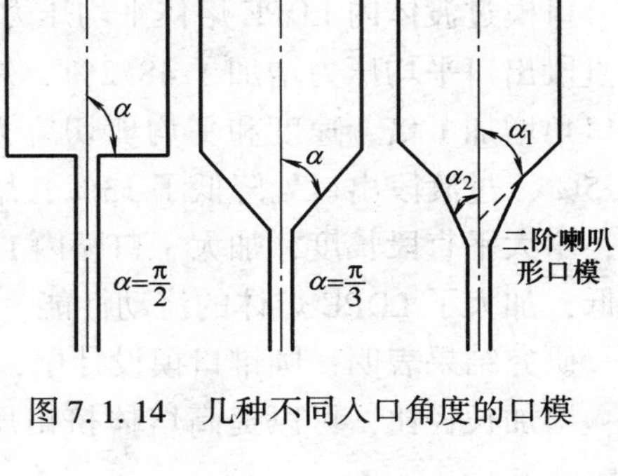

图7.1.14　几种不同入口角度的口模

口模入口角对LDPE型熔体的挤出破裂行为影响很大。图7.1.14给出几种不同入口角度的口模。实验发现，当入口区为入口角$\alpha=\pi/2$的平口模时，挤出破裂现象严重。而适当改造入口区，将入口角减小变为喇叭口模时，挤出物外观有明显改善，提高开始发生熔体破裂的临界剪切速率 $\dot{\gamma}_{crit}$ 或临界剪切应力 τ_{crit}。

① 由于喇叭口模中物料所受的拉伸变形较小，吸收的弹性变形能少；

② 由于切去喇叭口模的死角，涡流区减小或消失，流线发展比较平滑。为了高速光滑地挤出聚乙烯，有时还采用二阶喇叭口模，它进一步提高临界剪切速率 $\dot{\gamma}_{crit}$。

口模的定型长度 L 对熔体破裂行为也有明显影响。对于 LDPE 型熔体，已知造成熔体破裂现象的根源在于入口区的流线扰动。这种扰动会因聚合物熔体的松弛行为而减轻，口模长径比越长，弹性能松弛越多，熔体破裂程度就越轻。对于 HDPE 型流体，熔体破裂现象的原因在于模壁处的应力集中效应，因而定型长度越长，挤出物外观反而不好。

实例 7.1.1[5] 陈晋南硕士生李峋在硕士论文《单螺杆挤出机挤出圆锥口模的数值研究》，使用 Polyflow 软件，数字设计了圆锥入口角和平直段长径比不同的圆锥形口模，数字设计了口模平直段出口半径为 15mm 的三种口模，1 号口模的入口角 30°，长径比 4；2 号口模的入口角 30°，长径比 8；3 号口模入口角 60°，长径比 4。图 7.1.15 给出机筒、螺杆和三种不同口模的结构。图 7.1.16 给出圆锥挤出口模的结构。在温度为 60℃、流量为 12.5kg/h 和转速为 60r/min 的条件下，口模中剪切应力不高用幂律模型，计算中速度用 Mini-element 迭代，黏度用 Picard 迭代，计算收敛精度为 10^{-3}。在计算工作站上完成所有的计算工作，最长 1 次运算机时为 5h。数值计算了单螺杆挤出机不同长径比圆锥口模内低密度聚乙烯（LDPE）熔体流场。图 7.1.17 给出了三种口模流道内熔体的流场。由图 7.1.17 可见，圆锥形口模分为锥形过渡段和平直段两部分组成，过渡段的圆锥入口角和平直段长径比决定了口模内熔体的流动特性。

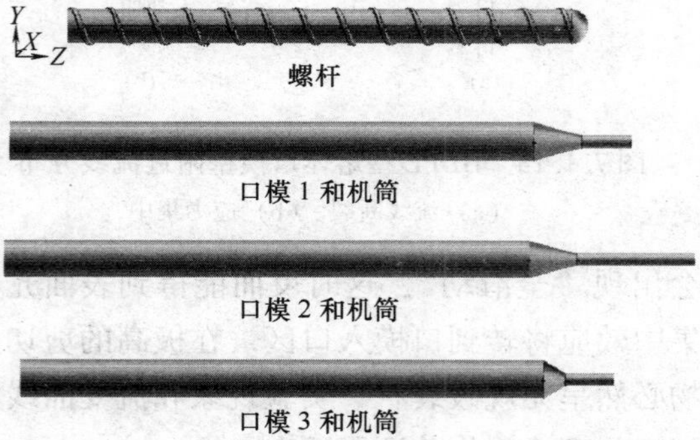

图 7.1.15 机筒、螺杆和三种不同口模的结构

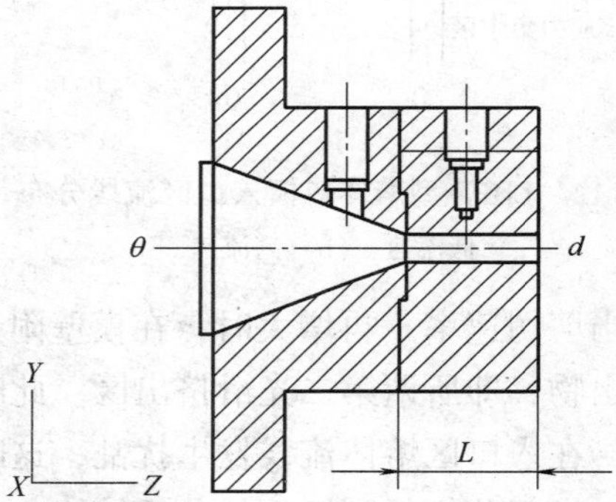

图 7.1.16 圆锥挤出口模的结构

计算结果表明，在工艺条件相同和口模平直段直径相同时，当口模的平直段长度增加 1 倍，口模过渡体内 LDPE 熔体平均压力增加了 73.1%，过渡体出口平均压力增加了 92.9%，平直段出口平均压力增加了 48.2%，熔体的平均速度、剪切应力和黏度略有变化；当圆锥入口角增加 1 倍，速度和平均剪切应力增加，口模过渡段内 LDPE 熔体的平均黏度降低了 48.5%，过渡段出口处降低了 13%，熔体平均压力增加了 56.9%。当口模平直段直径相同时，增大平直段长度，加大了口模内 LDPE 熔体挤出成型压力；增加口模入口角，熔体黏度降低，加大了 LDPE 熔体的流动性能，有利于挤出成型。

研究结果表明，圆锥口模设计中，增加圆锥口模入口角，可以提高熔体的流动性和混合型；增加长径比，可以提高熔体挤出压力；提高挤出机的螺杆转速，可以提高熔体流动速

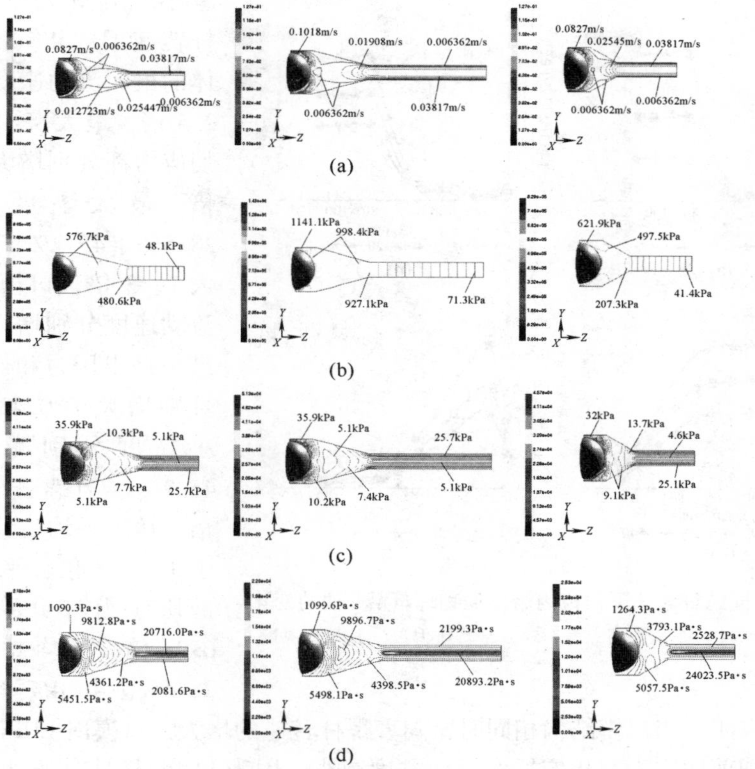

图 7.1.17　三种口模流道内熔体的流场

（a）速度场　（b）压力场　（c）剪切应力场　（d）黏度场

度，挤出成型压力和剪切应力，加大螺杆的剪切性能，降低挤出熔体黏度。在螺杆挤出成型加工的实际生产过程中，圆锥口模常用来挤出棒材，口模内熔体要具有一定的成型压力和剪切应力以利于聚合物熔体的流动，还要降低熔体的黏度以利于挤出成型，同时，还要使熔体的剪切应力和黏度分布均匀，以利于挤出制品的稳定挤出成型。

（2）挤出工艺条件和物料性质的影响

聚合物材料的非线性黏弹性源自于其宽广的松弛时间谱，即与聚合物液体分子整链运动相联系的特征松弛时标非常长。在高剪切速率或高剪切应力下，材料发生的弹性变形可能因来不及松弛，以致影响流动的稳定性。熔体破裂现象为其中一种表现。换句话说，若工艺过程的特征时间小于材料本身的特征松弛时间，熔体破裂现象容易发生；反之，若工艺过程的特征时间加长，或使材料的特征松弛时间变短，都可能使熔体破裂现象减轻。

实例 7.1.2[5]　在不同工艺条件下，在温度 $t = 160$℃ 和螺杆转速分别为 10、20 和 40r/min 的工艺条件下，李迪数值模拟了挤出机计量段至口模出口处熔体的速度场、压力场、剪切应力场和黏度场，讨论了转速对 LDPE 熔体挤出成型的影响。为了深入地讨论口模结构对熔体流变性的影响，分析口模内熔体的压力、速度、黏度和剪切应力平均值沿 z 轴方向的变化。沿 z 轴每隔 10mm 截取口模横截面，计算了横截面上物理量的平均值。图 7.1.18 给出不同螺杆转速口模内熔体物理量沿 z 轴的变化。

因为 LDPE 熔体是假塑性聚合物熔体，具有剪切变稀的性质，当口模结构相同时，随着螺杆转速的增大，口模流道内 LDPE 熔体的流动速度、挤出压力和剪切应力不断增大，黏度

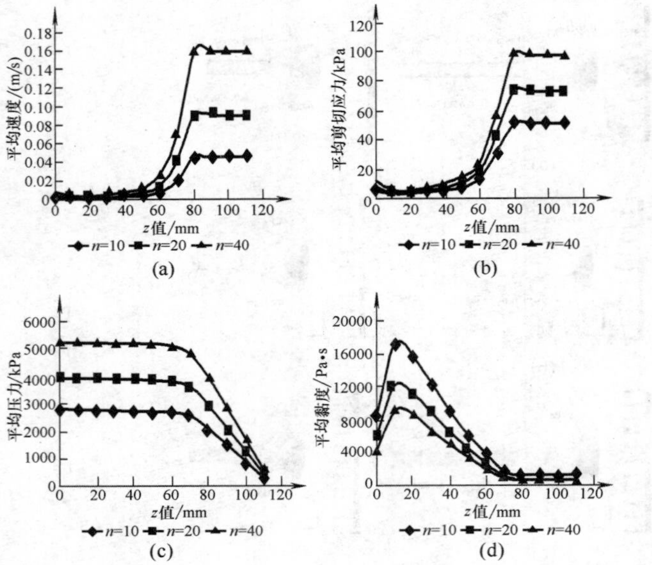

图 7.1.18 不同螺杆转速下口模内熔体的物理量沿 z 轴的变化
（a）平均速度 （b）平均剪切应力 （c）平均压力 （d）平均黏度

减小。由图 7.1.18 可知，当螺杆转速增大 1、3 倍，口模内熔体的最大流动速度分别增大了 1、2.5 倍，最大挤出压力和最大剪切应力都分别增大了 0.43、0.91 倍，最大黏度分别减小了 28.5%、45.2%。当螺杆转速增大 1、3 倍，口模内熔体的最小流动速度分别增大了 1、2.5 倍，最小挤出压力和最小剪切应力都分别增大了 0.43、0.91 倍，最小黏度分别减小了 28.5%、45.2%。当螺杆转速增大 1、3 倍，熔体平均流动速度分别增大了 1、2.5 倍，平均压力和平均剪切应力都分别增大了 0.43、0.91 倍，平均黏度分别降低了 28.5%、46.4%。

研究结果表明，当口模结构相同时，随着螺杆转速的增大，口模内 LDPE 熔体的挤出压力、流动速度和剪切应力都相应增大，而黏度减小。因为 LDPE 熔体是假塑性聚合物熔体，具有剪切变稀的性质，随着螺杆转速增加，熔体的流量增加，流动速度相应增大，压力增大，剪切应力增大，从而使熔体的黏度降低。说明了在挤出成型过程中，提高挤出机螺杆的转速可以达到提高挤出成型压力，增大口模内 LDPE 熔体的流动性能和混合性能，有利于 LDPE 熔体挤出成型。但是，螺杆转速过高时，增大了能耗，还会使熔体在机筒内的停留时间减少，又不利于挤出成型，同时，过大的剪切应力又会使熔体降解，改变了材料的性能，不能保证制品的质量。因此，需要综合考虑制品的质量和生产成本，选择合理的螺杆转速。

在不同螺杆转速下，数值计算了赵良知[6]实验研究的不同结构口模内的压降。圆锥形口模的平直段出口半径 5.023mm，其中 4 号口模入口角 30°长径比 4，5 号口模的入口角 30°长径比 8，6 号口模入口角 60°长径比 4。图 7.1.19 比较了数值计算结果与实测值。由图 7.1.19 可知，数值计算结果和实测值的接近程度好，平均相对误差均低于 5%，口模 5 的数值计算结果和实测值的接近程度最好。数值研究结构和转速对聚乙烯螺杆挤出流变性能的方法是有效和可靠的。因此，在设计圆锥口模和调节挤出机工艺条件时，可以通过增大入口角和长径比，增加螺杆转速的方法来达到挤出成型 LDPE 熔体的目的。

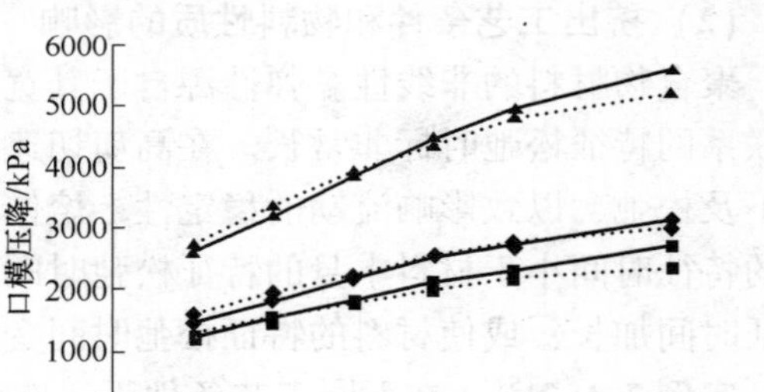

图 7.1.19 数值计算结果与实测值的比较

—◆—口模 4 实测值 ···◆···口模 4 数值解 —▲—口模 5 实测值
···▲···口模 5 数值解 —■—口模 6 实测值 ···■···口模 6 数值解

已知低密度聚乙烯通过口模时，其弹性变形主要发生在入口区。剪切速率（挤出速度）

越小，材料发生的弹性变形越小，且变形得以松弛的时间较长，因此熔体内的压力波动幅度较小。适当升高挤出过程的熔体温度。熔体温度升高，黏度下降，会使松弛时间缩短，从而使挤出物外观得以改善。因此，在实际工程中，升高口模区温度（料温）是解决熔体破裂的快速补救办法。

（3）挤出物料性质的影响

从挤出材料性质的角度看，平均相对分子质量 $\overline{M}_w$ 大的物料，最大松弛时间较长，易发生熔体破裂。在平均相对分子质量相等条件下，相对分子质量分布较宽，$\overline{M}_w/\overline{M}_n$ 较大，物料的挤出行为较好，发生熔体破裂的临界剪切速率 $\dot{\gamma}_{crit}$ 较高，这可能与宽分布材料的低相对分子质量的增塑作用有关。至于填料的作用，无论添加填充补强剂还是软化增塑剂，都有减轻熔体破裂程度的作用。因为，一是某些软化剂的增塑作用，二是填料本身无熵弹性，填入后使能够发生破裂的熔体比例减少。**材料的弹性主要是由熵变引起的，称为熵弹性。**

7.1.4　稳定挤出过程的方法

在挤出成型电线、电缆、型材、轮胎内胎、胶管等制品过程中，对制品的形状、尺寸要求较严格。挤出物料流量的波动 Δq 要求控制在一定的范围内，即要求挤出成型过程应当稳定。

当匀化计量段入口处，考察因某种原因物料压力发生波动时，螺杆挤出机的流量有多大变化。为描述挤出成型过程的稳定性，由流量 Δq_V 和压力的 Δp_1 差分定义不稳定挤出系数为

$$u_{Qp} = \Delta q_V / \Delta p_1 \tag{7.1.13}$$

式中，u_{Qp} 为不稳定挤出系数，其值越大，表示挤出过程越不稳定；p_1 为螺杆均化计量段入口处的物料压力，在多数情况下，可近似看作加料口处物料的压力。

重新将螺杆挤出机内的物料压力分布简化为图7.1.20的形式。

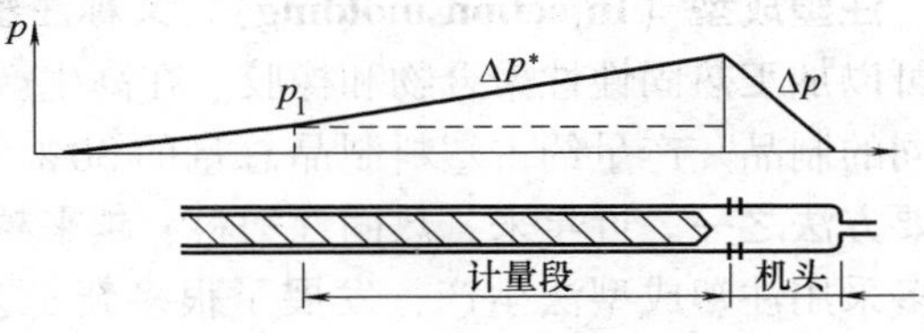

图7.1.20　匀化计量段入口处物料压力 p_1 和挤出机内的压力分布

由图7.1.20可知，由于匀化计量段入口处物料压力为 p_1，因此匀化计量段的实际压力降 $\Delta p'$ 变为

$$\Delta p' = \Delta p - p_1 \tag{7.1.14}$$

式中，Δp 为整个螺杆上的总压力降，它等于机头口模区的压力降 $\Delta p = \Delta p_K$。

由于匀化计量段的实际压力降变为 $\Delta p'$，将 $\Delta p'$ 代替式（7.1.6）的 Δp，得到

$$q_V = \alpha n - \beta \frac{\Delta p'}{\eta} - \gamma \frac{\Delta p'}{\eta}$$

再将式（7.1.14）代入上式，通过螺杆流体的体积流量就改写为

$$q_V = \alpha n - (\beta + \gamma)\frac{\Delta p'}{\eta} = \alpha n - (\beta + \gamma)\frac{\Delta p}{\eta} + (\beta + \gamma)\frac{p_1}{\eta} \tag{7.1.15}$$

而式（7.1.7）表示的通过机头口模的体积流量可以改写为

$$q_V = K\left(\frac{\Delta p' + p_1}{\eta_k}\right) \tag{7.1.16}$$

由这几个公式，下面讨论保证稳定挤出的几点流变措施。

① 为稳定挤出，首先要求尽量减少不稳源。匀化计量段入口处的压力 p_1 应尽可能保持稳定，这要求加料口的供料速度必须均匀。

② 由式（7.1.13）的定义和式（7.1.15）的微分代替差分计算不稳定挤出系数

$$u_{Qp}=\frac{\Delta q_V}{\Delta p_1}=\frac{\mathrm{d}q_V}{\mathrm{d}p_1}=\frac{\beta+\gamma}{\eta} \tag{7.1.17}$$

通过上一小节的分析已知，反流系数β与$\frac{bH^3}{L}$成比例，漏流系数γ与$\frac{R\delta^3}{L\cos\theta}$成比例。由此可知，若要实现稳定挤出，在其他条件不变的情况下，应适当地减小螺槽深度H和减小机筒与螺杆突棱间隙δ。特别注意到，螺槽深度H和突棱间隙δ均以三次方比率影响不稳定挤出系数u_{qp}。然而，若螺槽太浅，一则使流量锐减，二则造成剪切摩擦生热过大，易使物料受损，因此，必须综合考虑选择螺槽的深度。

③ 同式（7.1.17）的计算方法，由式（7.1.16）得到

$$u_{Qp}=\frac{\mathrm{d}q_V}{\mathrm{d}p_1}=\frac{K}{\eta_k} \tag{7.1.18}$$

分析式（7.1.18）可知，调节机头流通系数可调节挤出过程的稳定性。一般小口径机头K值较小，不稳定挤出系数u_{Qp}值较小，易实现稳定挤出。

④ 由式（7.1.17）和式（7.1.18）可知，物料黏度越大，不稳定挤出系数u_{Qp}越小。因此，在保证质量的前提下，适当降低挤出温度，有助于挤出稳定。

⑤ 由②可知，适当增加螺杆长度L，也会降低不稳定挤出系数。由于被加工物料具有松弛特性。因此，在加料处物料发生内压力波动。但是，物料经过长螺杆L，至均化计量段会得到较多的松弛、变弱，从而使挤出过程稳定。

7.2 注塑成型过程

注塑成型（Injection molding），又称注塑模塑。这种方法既可加工热塑性聚合物材料，又可以加工热固性性聚合物和橡胶。在高生产效率下，生产形状结构复杂、尺寸精确、用途不同的制品。产量约占塑料制品总量的30%。因此，注射成型是聚合物加工成型中基本的重要方法之一。近年来，热固性塑料、越来越多的橡胶制品、带有金属嵌件的塑料制品越来越多采用注塑成型法生产，发展了很多新工艺和新技术。例如精密注塑成型、气辅注塑成型、多台注射机共注射等，为注射成型工艺和设备的发展开辟了越来越广泛的领域，带来若干可创新的研究课题。

由于篇幅有限，本节没有分析其他注射成型设备和技术，也没有分析注射成型的熔体流动的整个过程。有不少专著和参考文献介绍注射的成型设备和加工成型技术[1-4,7-10]。感兴趣的读者可以深入的学习。

本节使用黏性流体动力学控制方程和本构方程，分析注塑加工成型的充模过程，分析充模的压力及其对制品质量的影响。本节分为两小节，包括注塑成型设备工作原理、充模压力和制品残余应力的分析。

7.2.1 注塑成型设备工作原理

注射成型方法的主要设备是螺杆式往复和柱塞式的注塑机，以及根据制品要求设计的注塑模具。塑化好的塑料熔体靠螺杆或柱塞的推力注入闭合的模具内，经冷却固化定型后，开模得到所需的制品。

本小节介绍注塑成型设备基本结构和工艺过程，包括注塑成型设备、注射成型的工艺过

程两部分。

(1) 注塑成型设备

大多数注塑机是直列往复式螺杆机械，如图 7.2.1（a）所示。如图 7.2.1（b）所示的两级螺杆柱塞机。从料斗进入的聚合物经挤出螺杆塑炼后，储存于螺杆前段的储料器，液压活塞装置迫使螺杆前进将聚合物熔体从喷嘴射出，加压将熔体经过浇注系统输送冷模腔中，熔体被冷却、脱模，即得制品。

注射成型包括两个不同的过程。第一个过程包括在成型机的注射装置中的固体输送，熔体混合生成，以及加压和流动的基本步骤；第二个过程是在模腔中完成的产品成型和"结构化"。

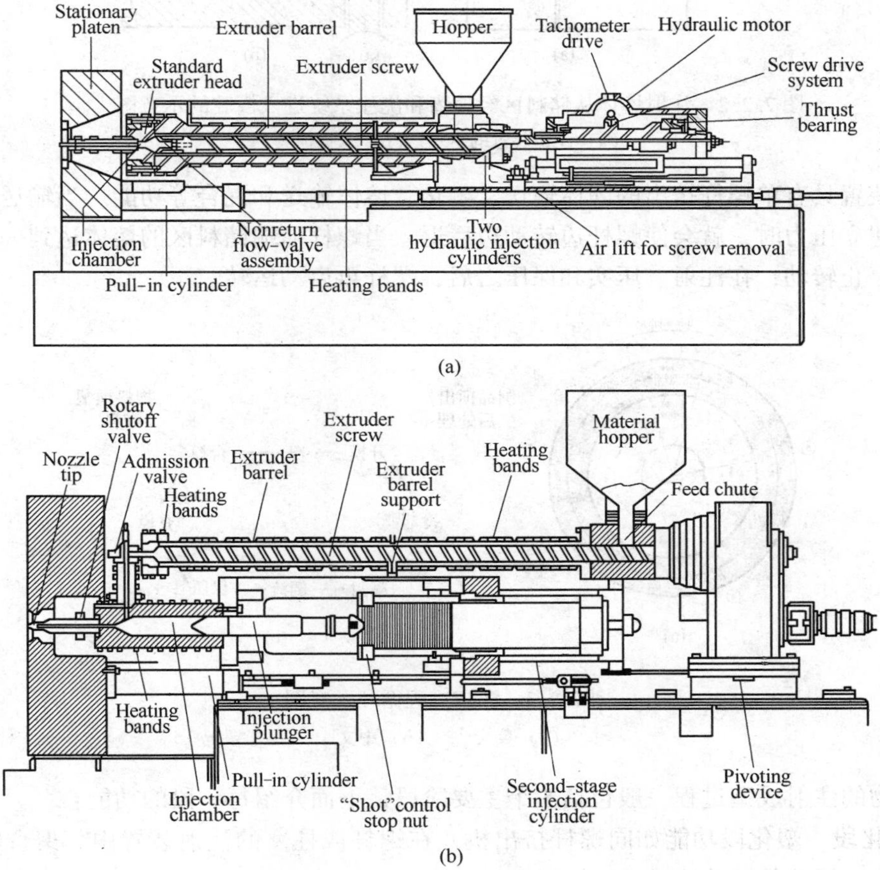

图 7.2.1　注射机械的装置[1]

（a）往复式螺杆机械和注射段　（b）两级螺旋柱塞机

图 7.2.2 给出注射熔体从储料区经喷嘴和浇注系统进入模腔的示意图。由此图可见，注射系统前端与模具连接。熔体通过喷嘴、浇口和流道系统，从储存器流出，从浇口进入模腔。图 7.2.2（a）给出注塑装置的示意图，图 7.2.2（b）给出双板模具示意图。

(2) 注射成型的工艺过程

当螺杆转动时，注塑过程是循环往复、连续进行的。聚合物的注塑过程由一个循环和两个辅助工序组成，如图 7.2.3 所示为注塑机机械运动的合模装置和注射装置的循环周期运

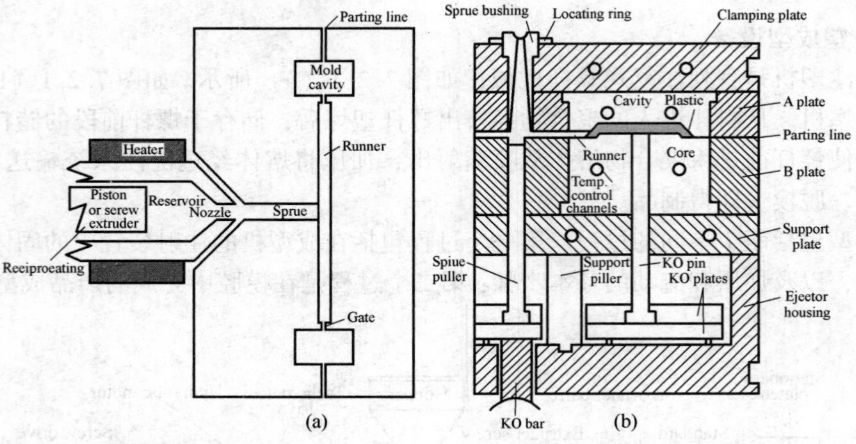

图 7.2.2 注射熔体从储料区经喷嘴和浇注系统进入模腔的示意图[1]

（a）注塑装置的示意 （b）双板模具

动。注射装置具有单螺杆挤出的固体输送、融化、熔体输送和混合等功能。当输送到螺杆前端的熔体建立压力时，就会使螺杆边转动边后退。当螺杆前端储料区的熔体达到一次注射量时，螺杆停止转动；在注射、压实和保压之后，螺杆再启动运转。

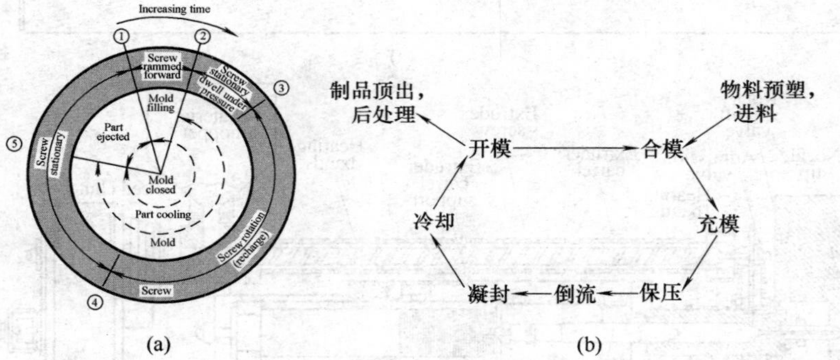

图 7.2.3 注塑过程循环示意图

（a）英文[1] （b）中文

聚合物的注射成型过程一般包括 5 个主要阶段，下面介绍每一段的功能：

① **塑化段** 塑化段功能如同螺杆挤出机。在螺杆或柱塞的注射装置中，聚合物材料被熔融、塑化、压缩并向前输送；

② **充模段（注射段）** 注射段由喷嘴、主流道、分流道、浇口组成。往复螺杆或柱塞将熔体从储料区经过喷嘴、主流道、分流道和浇口而注入型腔，直至熔体充满型腔。物料充模段的流动如同在毛细管流变仪口模的流动；

③ **压实段** 在高压下，向模具型腔补充熔体，并压实大部分熔体，以确保模腔完全充满；

④ **保压段** 在一定压力下，模具内物料被冷却或加热。为了减少收缩效应，对于热塑性聚合物是冷却，使材料凝固或结晶；对于热固性聚合物或橡胶是加热，使材料交联，即固化和焦烧；

⑤ **脱模段**　从模腔中脱出已凝固的制品。

这种周期性的运行必然影响聚合物的塑化和熔体质量。正如 Tadmor[1] 指出："注射装置的理论分析涉及稳定、连续流动等塑化螺杆挤出的所有方面，并且伴随着轴向运动叠加的间歇、螺杆旋转引起的瞬态操作的附加复杂性。在注射装置中，熔化步骤是设计和操作的主要步骤。在注射装置中，熔化的实验工作揭示了一种类似于塑化螺杆挤出的熔化机制，用它来制定熔化过程的数学模型。注射单元的产品是聚合物熔体聚集在螺杆前面，熔体均匀性影响填充过程和最终的产品质量。然而，假设在每个循环和从一个循环到下一个循环期间，由注射单元产生相同质量和混合均匀的熔融温度。为了将聚合物熔体注入模具中，熔体必须被加压。这是通过螺杆或活塞的向前推动来实现的，两者都起到重要作用。因此，有静态机械增压导致正位移流动。"

7. 2. 2　充模压力和制品残余应力的分析

由 7. 2. 1 节介绍可知，注塑成型过程是非常复杂的。由于各种模具内流道形状复杂，模具温度不稳定，物料注射速度高，非牛顿流动性突出，流动过程间歇。描述注塑熔体流动的控制方程是非线性耦合偏微分方程，不能解析求解。目前，已经能够用流变学和传热学的理论，用计算机辅助设计方法，数字设计流道、传热管路等有关的问题，数值计算模拟螺杆流道和模腔的流场，为模具设计提供有价值的资料。第 9. 4 节将介绍注射成型过程的数值模拟。

在螺杆或柱塞的前进推力下，塑化物料通过喷嘴、浇口充入模具模腔，在模腔内建立起复杂的速度场、应力场和温度场。为了学习注射成型过程的基本知识，考虑读者的时间和基础，本小节重点分析注模过程模腔内的压力变化，说明一些有意义的现象[1,2]。

本小节主要分析充模压力，包括模具型腔内压力的变化、充模段（注射段）的流动分析、注塑制品的残余应力与分子取向 3 部分。

7. 2. 2. 1　模具型腔内压力的变化

模腔内温度、压力的变化对注塑制品的质量至关重要，也是注塑流变学研究的重点。物料充满模腔后，保压一段时间，柱塞或螺杆开始后退，喷嘴内压力下降，部分未凝结熔体可能倒流，直到浇口内物料凝封，而后冷却一段时间，即可开模顶出制品。各段时间的总和为一个注塑成型周期。要得到令人满意的注塑制品，除要掌握准确的时间程序外，还要掌握模腔内物料填充的流动特性，即掌握流道和模腔内的压力变化规律。

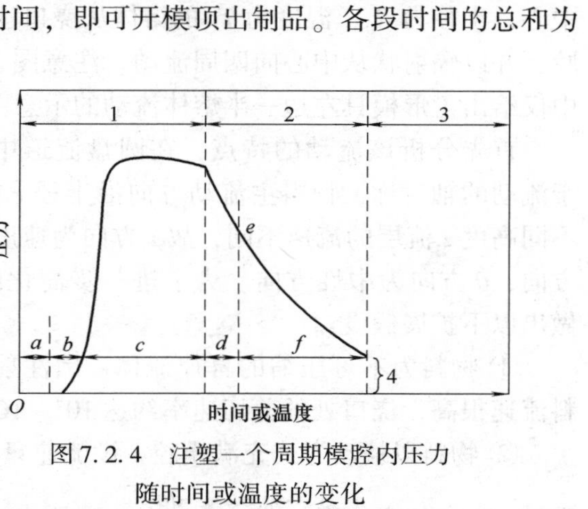

图 7. 2. 4　注塑一个周期模腔内压力随时间或温度的变化

1—柱塞前进时间　2—合模时间　3—开模时间　4—残余压力
a—空腔段（静置段）　*b*—冲模段　*c*—保压段
d—倒流段　*e*—凝封点　*f*—封口冷却段

在注射成型过程中，熔体从螺杆的喷嘴到模具。整个输送系统由喷嘴、主流道、分流道、浇口组成。分流道用于多型腔的场合。在注射成型过程中，物料由浇口进入模具型腔时，注射速率是一定的，注射压力发生变化。按照模具型腔内的压力变化，把注射过程分为 6 个阶段，图 7. 2. 4 给出注塑一个周期模腔内压力随时间或温度的变化。下面具体分析这 6 个阶段压力场和温度场的主要特征。

① **空腔段**。在料筒中，塑化的物料被螺杆或柱塞向前推进。在物料尚未进入模腔开始的那一静置时刻，模腔内压力为零，物料经喷嘴、主流道、分流道、浇口进入模具型腔时，熔体流动的阻力增加了流道熔体的压力和剪切应力，剪切应力使熔体的温度上升。

② **充模段**。物料熔体开始进入模腔，模腔内压力升高到一个高点。在某一点，熔体充满整个型腔，在极短时间内压力迅速增大，物理温度也迅速上升到最高点。

③ **保压段**。熔体被压缩和成型。有少量熔体缓慢步入型腔，以补充物料冷却的体积收缩。因流场变化小，压力变化就不大。

④ **返料段**。预塑开始后，加入的物料使得螺杆或柱塞开始逐渐后移，此时料筒喷嘴和浇口处的压力下降，型腔内压力升到最高点。尚未固化的熔体被模腔内压力反推向浇口和喷嘴，形成了倒流现象。

⑤ **凝封点**。浇口处物料达到固化温度而凝固，倒流停止，物料被封闭在型腔内。压力和温度继续下降。

⑥ **封口冷却段（继冷段）**。继冷段是指凝封点的冷却阶段。由于模具温度较低，在充模阶段模腔内的物料已经开始冷却，模腔内的物料压力和温度逐渐下降到设定的值。此时，注射制品已经具备一定的强度，允许脱模取出。

综上所述，在整个注射成型过程中，物料的力学状态和流变性能是随压力和温度变化的。

7.2.2.2　充模段（注射段）的流动分析

由浇口熔体进入模腔后，在充模段（注射段）熔体的流动是最复杂的流动过程，包括三维不稳定流动、传热、相变和固化等。通过分析注射成型过程压力和温度的变化，可知其中关键阶段是充模段。复杂的流动情况是不可能解析分析的。为简化问题，选择分析几何形状最简单的圆盘形模具和管式流道入口熔体的流动。

图7.2.5给出柱坐标系（r，θ，z）圆盘形模具和管式流道入口示意图。设盘形模具的模腔半径为R^*，厚度为δ，壁温保持为T_0，浇口在圆盘中心，半径为R_0，温度为T_1的熔体从浇口注入模腔，并以辐射状从中心向四周流动。注意图7.2.5中仅给出盘形模具左边一半熔体流动的示意图。

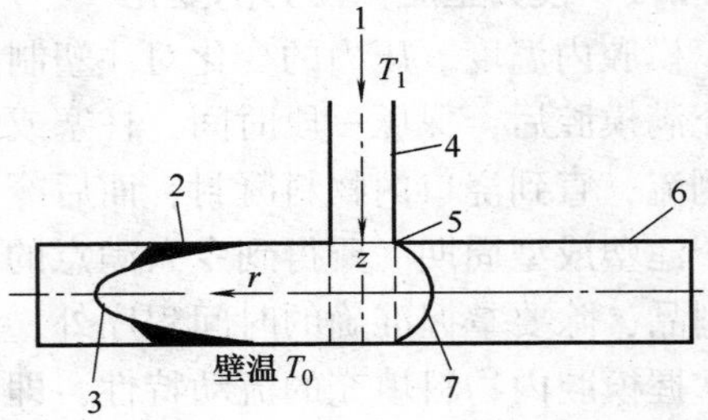

图7.2.5　柱坐标系（r，θ，z）的圆盘形模具和管式流道入口
1—温度为T_1的熔体　2—“冻结”的聚合物皮层　3—流前　4—喷嘴　5—浇口　6—模腔　7—初始速度分布

首先分析该流动的特点，在圆盘流道中，由于流动的轴对称，物料主流动方向沿半径r方向，不同高度z流层的流速不同，故z方向为速度梯度方向，θ方向为中性方向。为了进一步简化问题，做出以下扩展假设：

① 物料为不可压缩的幂律流体。因注射时物料流速很高，浇口处的剪切速率约达$10^3 \sim 10^4 s^{-1}$，故用幂律方程描述熔体的黏性；

② 物料以蠕动方式充满模腔，设流速只有$u_r \neq 0$，$u_\theta = u_z = 0$，u_r沿z方向的变化率远大于沿r方向的变化率，即$\frac{\partial u_r}{\partial z} \gg \frac{\partial u_r}{\partial r}$；

③ 法向应力分量τ_{rr}，$\tau_{\theta\theta}$，τ_{zz}远小于剪切应力分量τ_{rz}；

④ 圆盘模具和管式流道的壁面无滑移；

⑤ 熔体小雷诺数流动，重力、惯性力忽略不计；

⑥ 熔体比热容、密度、导热系数等全部为常数，温度场仅在 z 方向热传导，通过模具上、下大板进行热交换。

据以上假设条件，简化柱坐标系黏性不可压缩流体的连续性方程（3. 2. 11b）、运动方程（3. 2. 28b）和能量方程（3. 2. 53b），分别得到注射系统流道的连续性方程

$$\frac{1}{r}\frac{\partial(ru_r)}{\partial r}=0 \tag{1}$$

r 方向的运动方程为

$$-\frac{\partial p}{\partial r}+\frac{\partial \tau_{rz}}{\partial z}=0 \tag{2}$$

能量方程为

$$\rho c_V\left(\frac{\partial T}{\partial t}+u_r\frac{\partial T}{\partial r}\right)=k\frac{\partial^2 T}{\partial z^2}+\tau_{rz}\frac{\partial u_r}{\partial z} \tag{3}$$

式中，ρ 为密度；c_V 为熔体定容比热容；k 为熔体导热系数；p 为大气压；T 为温度。

为了简化和求解问题，选用幂律方程为物料的本构方程

$$\tau_{rz}=K\left(\frac{\partial u_r}{\partial z}\right)^n \tag{4}$$

运用壁面无滑移的边界条件和轴对称自然边界条件$\frac{\partial u_r(r=0)}{\partial z}=0$，求解控制方程(1)至方程(4)，略去求解的过程，在不考虑温度变化条件下，得到从中央浇口管半径 R_0 到辐射状流动的流动长度 R 的压力降为

$$\Delta p=\left(\frac{6q_V}{2\pi}\right)^n\frac{2K}{(1-n)H^{(1+2n)}}\left(R^{(1-n)}-R_0^{(1-n)}\right) \tag{7.2.1}$$

式中，q_V 为注塑机的体积流量；H 为圆盘高度；R 为圆盘的瞬时半径。

充模过程中，模腔内的压力降，即从浇口到熔体瞬时前沿的压力降是十分重要的参数。一般希望该压力越小越好，一则因为减小压力梯度将减小模塑制品内的冻结应力，从而提高制品的尺寸稳定性；二则可因此降低锁模压力，提高安全系数。研究表明，尤其对冷模，由于熔体注入后冷却很快，应力松弛时间少，因此熔体中最初建立的应力大部分将作为冻结应力保留下来，降低压力降的问题尤为突出。

图 7. 2. 6 给出等温和非等温充模时模腔压力 Δp 随流量 q_V 的变化。由此图可见，在等温过程中（热模），Δp 与 $\lg q_V$ 几乎成正比，这与式（7. 2. 1）描述的规律一致。

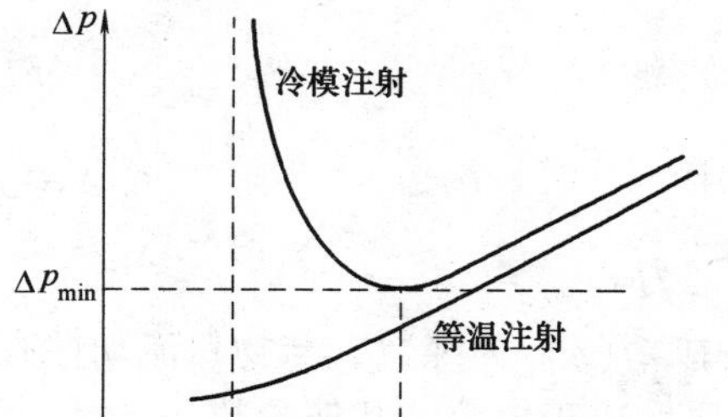

图 7. 2. 6　等温和非等温充模时模腔压力随流量的变化

对于非等温注模过程（冷模），曲线上存在着一个最小体积流量 $q_{V\min}$，当 $q_V<q_{V\min}$时，相当于流体一进入模腔就全部凝固，流道堵塞，此时熔体压力再高，也不能充模；另外，当 $q_V\gg q_{V\min}$ 时，流量很高，瞬间充入的熔体与模壁来不及进行热交换，因此 p 与 q_V 的关系接近于等温注模过程。在两种极端情况之间存在着一个恰当流量 q_{Vp}，与

之相对应的模腔压力降为极小值 $p_{\min}$，这是研究感兴趣的位置。

深入分析压力式（7.2.1），式中 H 为圆盘高度就是熔体流道的宽度。但是，实际上熔体进入壁温为室温的冷模后，贴近模壁的熔体很快凝固，速度锐减，形成“冷冻皮层”，使熔体流道宽度 H 下降。在注塑压力 51.7MPa、壁温 30℃和熔体温度 200℃下，做了充模实验。图 7.2.7 给出模腔充满前一瞬间前沿部分熔体速度和温度随流道宽度的变化。可发现，模壁附近范围内熔体速度为零，即冷冻皮层的厚度为 $\Delta\delta$。

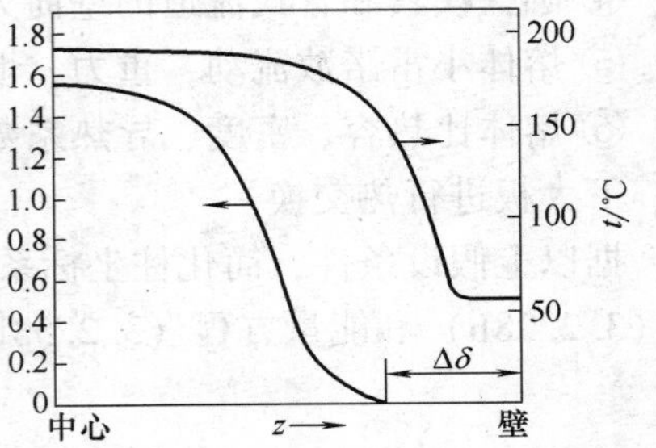

图 7.2.7　模腔充满前一瞬间前沿部分熔体速度和温度随流道宽度的变化[7]

注：注塑压力 51.7MPa，壁温 30℃，熔体温度 200℃。

实验表明，冷冻皮层的厚度 $\Delta\delta$ 为充模时间 t、模温 T_0、熔体温度 T_1、熔体凝固温度 T_s 和熔体热扩散系数 α 的函数，有经验公式

$$\Delta\delta = Ct^{1/3} = 2\alpha^{1/2}\left(\frac{T_S - T_0}{T_1 - T_0}\right)t^{1/3} \tag{7.2.2}$$

此公式表明，熔体温度 T_1 越低，模温 T_0 越低，熔体热扩散系数 α 越大，则冷冻层 $\Delta\delta$ 越厚。于是熔体充模时的实际有效流道宽度为

$$\delta_{\text{eff}} = H - 2\Delta\delta \tag{7.2.3}$$

在用式（7.2.1）计算模腔压力降时，应当用 δ_{eff} 代替 H。

充模时间 t 等于模腔体积除以体积流量 q_V，为

$$t = \pi R^2 H/q_V \tag{7.2.4}$$

当熔体充满模腔的一瞬间，$R^* = R$。假定浇口半径远远小于圆盘半径 R，就相当近似简化 R_0 为零，代入式（7.2.1）。另外式（7.2.1）中系数 $(6/2\pi)^n \approx 1$，得到圆盘模腔内熔体压力降的修正公式

$$\Delta p = \frac{2Kq_V^n R^{(1-n)}}{\delta_{\text{eff}}^{(1-2n)}(1-n)} = \frac{2Kq_V^n R^{(1-n)}}{(1-n)H^{(1+2n)}\left[1 - 2C\left(\frac{\pi R^2}{q_V H^2}\right)^{1/3}\right]^{(1+2n)}} \tag{7.2.5}$$

式中，K 为稠度；n 为幂律指数；C 由式（7.2.2）定义，反映系统的热力学性能。

前已述及，充模过程中希望腔内压力降越小越好。将 p 对流量 q_V 求导，并令 $\partial\Delta p/\partial q_V = 0$，得到模腔内压力降极小值为

$$\Delta p_{\min} = f(n)KC^{3n}\left[\frac{\pi^n R^{(1+n)}}{H^{(1+4n)}}\right] \tag{7.2.6}$$

其中

$$f(n) = \frac{2^{(3n+1)}}{1-n}\left(\frac{1+5n}{3n}\right)^{3n}\left(\frac{1+5n}{1+2n}\right)^{(1+2n)} \tag{7.2.7}$$

或记为

$$\Delta p_{\min} = f(n)\mu_T G(n) \tag{7.2.8}$$

式中，$f(n)$ 为纯数，与物料流动性有关；$\mu_T = KC^{3n}$ 反映了物料的传热性能和流动性；$G(n)$ 主要取决于模腔的几何参数。

式（7.2.8）表明，模腔内压力降极小值 $\Delta p_{\min}$ 由三项决定。在物料及模腔的几何参数确定的情况下，决定模腔内压力降的主要因素为 μ_T 项，式中惟有 μ_T 项描述了系统的热性能。可以看出，欲使 $\Delta p_{\min}$ 尽可能小，可以提高熔体温度 T_1 和模具温度 T_0，两者均可降低 C 值。当 T_1 升高后，降低熔体稠度 K 值，更有利于注射。从分析还可得知，对注塑成型而言，选

择凝固温度 T_S 较低的物料和热扩散系数 α 较小的物料，均有利于加工。

7.2.2.3　注塑制品的残余应力与分子取向

分析图7.2.4注塑一个周期腔内压力随时间或温度的变化。可知，从熔体经浇口开始注入模腔时起，模腔内的压力（反映制品内的应力）开始建立，而后迅速增大，在保压阶段维持高压。一旦流动停止，应力开始松弛，松弛速率取决于卸载后的冷却速率、冷却时间和物料松弛时间的长短。若物料冷却速率高、冷却时间短而松弛时间较长，则冷却后有较多的应力被“冻结”在制品内，称为残余应力或内应力大，反之则残余应力较小。

注塑件中的残余应力可分为三类：

① 伴随骤冷淬火而产生的“骤冷应力”。

② 由于制品的几何形状所造成的各部分收缩不匀而产生的构型体积应变。

③ 因分子取向被冻结而产生的应力，又称为“冻结分子取向”。

在上述3种残余应力中的前两种残余应力均可通过热处理消除，可见以冻结分子取向的残余应力最重要。分析冻结分子取向产生的机理。进入模腔的物料一般处于高温低剪切状态，当物料接触到冷模壁后，物料冷凝，致使黏度升高，在模壁上产生一层不流动的冷冻皮层。该皮层有绝热作用，因此使贴近皮层的那层物料不立即凝固，在剪切应力作用下继续向前流动。若聚合物链一端被冻结在皮层内，而另一端仍向前流动，必然造成分子链沿流动方向取向。且保压时间越长，分子链取向程度越大。在以后的冷却阶段中，这种取向被冻结下来。由此可以理解，分子取向被冻结大多不发生在制品中心处，而是发生在表皮层以下的那层材料中，同图7.2.8所示的注塑制品双折射实验结果一致。可以理解分子取向大多发生在剪切速率较高的浇品附近，而在熔体流动的前沿较少。

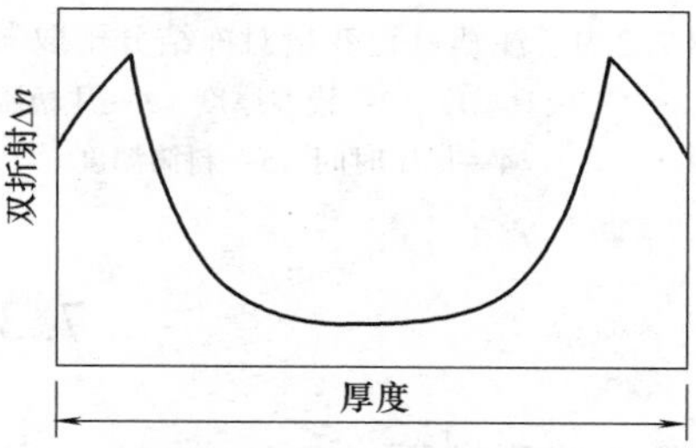

图7.2.8　沿注塑制品厚度方向双折射 Δn 变化示意图

在多数情况下，尤其对厚制品，总以分子取向少些为佳。因为减少冻结分子取向有降低模制品内发生“银纹”的趋势，从而改善制品的尺寸热稳定性，使制品的力学性能稳定。由于冻结分子取向大部分产生于“保压”阶段，因此缩短模腔填充物料的时间，包括保压时间，可大为减少冻结取向值。

研究表明，要全面了解注塑过程变量与最终制品分子取向程度之间的关系是相当困难的，这是因为冻结分子取向过程本身包含了取向和松弛、传热和冷却、流动和静置等复杂过程。但是，通过实验研究，了解单个注塑变量对冻结分子取向的影响是可能的。图7.2.9给出了注塑过程变量对冻结分子取向影响的示意图。需要说明的是，某些变量往往有双重影响的作用。例如，增加熔体温度会使熔体松弛时间缩短，从而有利于减少分子取向。但是，升温后物料黏度下降，又提高物料剪切速率而增加分子取向。又如，一般认为提高注塑压力会使分子取向增加。但是，升压后物料会更快地充满模腔，从而有可能产生更多的松弛，使分子取向下降。这些有相互补偿效果变量的最终作用取决于具体注塑时选择的工艺条件。

分子取向对聚合物制品的物理和力学性能有重要影响，主要表现在平行于取向方向和垂直于取向方向上的性能，如图7.2.10所示，纤维拉伸、薄膜扩张即利用聚合物的取向效应而获得特定方向的优异性能。对于注塑厚制品来说，一般情况下希望分子取向度低些，以避免制品存在缺陷。有时，因为厚制品表面和内部分子取向度不一致，也有利用表面分子取向以获得好的光洁度和提高表面韧性。

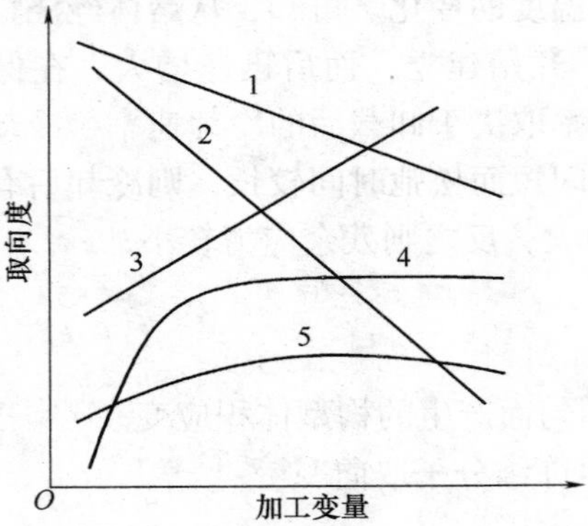

图 7.2.9　注塑过程变量对冻结分子取向的影响
1—模具温度　2—模腔厚度　3—注塑压力
4—保压时间　5—料筒温度

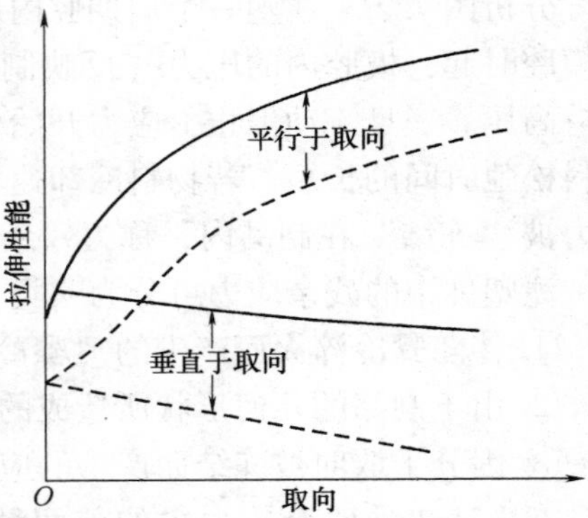

图 7.2.10　分子取向对聚氯乙烯注塑制品拉伸性能的影响
虚线—伸长率　实线—拉伸强度

7.3　压延成型过程

压延成型过程（**Calendering process**）主要制备片材、薄膜等具有简单形状的橡胶制品。压延成型过程的主要设备是两辊或多辊压延机（**Calender**）。混料与压片是橡胶工业中最典型最常见的压延工艺过程，主要通过两个或多个辊筒相向旋转，对热塑性聚合物材料进行熔融、混合、剪切和压实等作用。也就是说，压延是将热塑性材料通过一系列加热的压辊，使其连续成型为片材或薄膜的一种成型方法。用压延法加工的聚合物材料有聚氯乙烯、氯乙烯、—醋酸乙烯共聚物、聚乙烯、聚丙烯和醋酸纤维，等等。压延成型的制品有片材、薄膜和人造革等。

几十年了，从不同角度研究压延机压辊间的流动，研究牛顿流体和非牛顿流体的流变行为，研究等径辊和异径辊的设备和工艺。研究的主要方法是润滑近似法和有限单元数值模拟法。由于压延成型非等温过程聚合物熔体的流动非常复杂，描述熔体流动的控制方程也是非线性耦合偏微分方程，不能解析求解，可以用有限单元法求解描述该熔体流动的控制方程。本书篇幅有限，没有介绍润滑近似法和有限单元数值模拟法，有兴趣的读者可学习相关的参考文献［1］。

本节根据压延成型过程的流动特点，简化的 N-S 方程，主要分析对称性压延等温过程牛顿流体的流变行为[1-4,7-10]。本节分为两小节，包括压延机的基本结构、辊筒缝隙黏性流体的流动。

7.3.1　压延机的基本结构

压延机是用辊筒压片材、薄膜、布、纸和人造革的机器。本小节介绍压延机的基本结构和工作原理。

从工程的角度看，辊筒上的加工过程可分为对称性过程和非对称性过程两种。对称性过程指辊筒有相同的半径 $R_1=R_2$ 和相同的辊筒表面线速度 $u_1=u_2$；非对称性过程指辊筒半径

不等 $R_1 \neq R_2$ 或（和）表面线速度不等 $u_1 \neq u_2$。实际加工过程多为非对称性过程，如果采用等径辊筒，但是两辊筒的表面线速度不等，从而加强对物料的剪切。新发展起来的异径辊筒压延机也是典型的非对称性过程。压延机的一两个辊筒的直径适当的减小，由一大一小两辊筒构成一对异径辊筒。图 7.3.1 给出四辊压延机结构示意图。

在机器方向和机器横向，压延产品的厚度都必须是均匀的。由于辊缝尺寸设定，热效应和由于在间隙中形成高压而导致的辊筒变形，任何间隙尺寸的变化都将导致产品在机器横向上的不均匀性。必须严格控制辊相对于辊轴的偏心以及辊振动和进给均匀性，以避免机器方向上的不均匀性。在操作中，一个统一的空隙尺寸会因为流体力的作用而发生扭曲，这些流体动力会在辊隙中形成，从而影响辊子的运转。

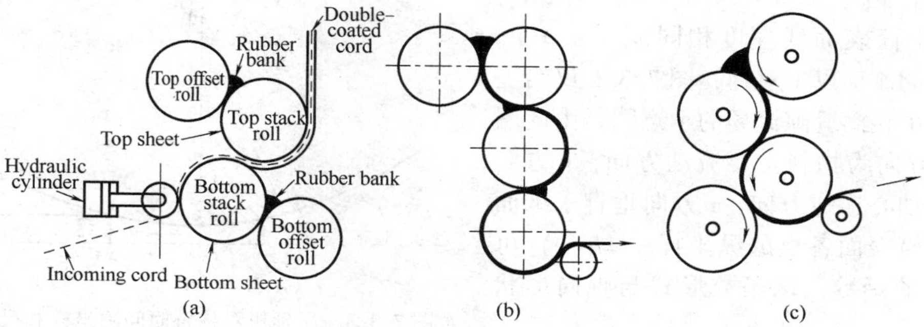

图 7.3.1　四辊压延成型过程[1]

（a）轮胎帘线双重铸造的四辊倾斜“Z”形压延机

（b）四辊倒置“L”形压延机　（c）四辊“Z”形压延机

图 7.3.2 给出宽度 1.8m 压延机横辊和弯曲对 Bingham 材料均匀性的影响。由于压延机横辊和弯曲的影响，生产品在中间是厚的，边缘是薄的。图 7.3.2 显示了压延机横辊和弯曲对产品均匀性的影响。因此，必须精确分析辊隙的流体动压分布，以便通过结构分析来预测精确的间隙厚度分布和轴承上的载荷。精确的间隙厚度控制和严格的轧辊温度均匀性要求表明了产品质量对条件微小变化的敏感性。因此，一条压延机需要很长时间，有时需要数小时才能达到稳定状态。因此，压延生产线在长时间的生产运行中是最好的。所涉及的机械元件的坚固性和简单性与这种长期运行完全兼容。

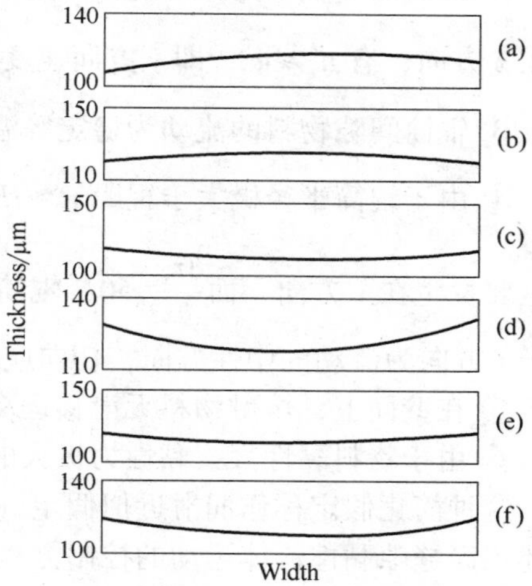

图 7.3.2　宽度 1.8m 压延机横辊和弯曲对 Bingham 材料均匀性的影响[1]

压延过程的综合数学物理模型应该包括黏性流体耦合流动、辊结构分析、辊隙间变形聚合物的热传递，以及产品流变性能对压降的响应。通过多年研究聚合物材料的流变性质、进料条件、辊速和温度、间隙分离、辊压和弯曲等工艺条件，可以确定物料的流动性质受到压区宽度、厚度和温度的影响，以及这些条件对压延过程发生不稳定性的影响。压延过程的数学物理模型将有助于压延设计者和科技人员，根据给定的压延生产率和制品的质量要求选择设备尺寸、间隙分离和辊冠，以及交叉和弯曲等工艺条件。因此，用描述黏性流体运动的控制方程分析压延成型过程熔体的流动是十分必要的。

7.3.2 辊筒缝隙黏性流体的流动

聚合物材料压延成型过程一定与温度有关，为了简化问题，本小节分析对称辊筒等温加工成型过程，求解两辊筒间隙物料的等温流场，分析流场的压力和速度的分布[2]，包括控制方程的简化和求解、辊筒缝隙物料的压力分布、辊筒缝隙物料的速度分布和功率 3 部分。

7.3.2.1 控制方程的简化和求解

在两辊筒间隙中，取直角坐标系如图 7.3.3 所示，坐标原点在两辊筒最小间距的中心。两辊筒半径相等 $R_1 = R_2 = R$，辊距为 $2H_0$，$R \gg H_0$；辊筒表面线速度相同 $u_1 = u_2 = u$。因为熔体的流动以 x 对称，图 7.3.1 仅给上半平面一个辊筒缝隙流场的示意图。由此图可见，x 方向为物料主要流动方向，y 方向为两辊筒轴心连线方向，z 方向垂直于纸面向外。辊筒表面各点的纵坐标 $y = h(x)$ 可表示成 x 的函数，该函数形式与辊筒形状有关。

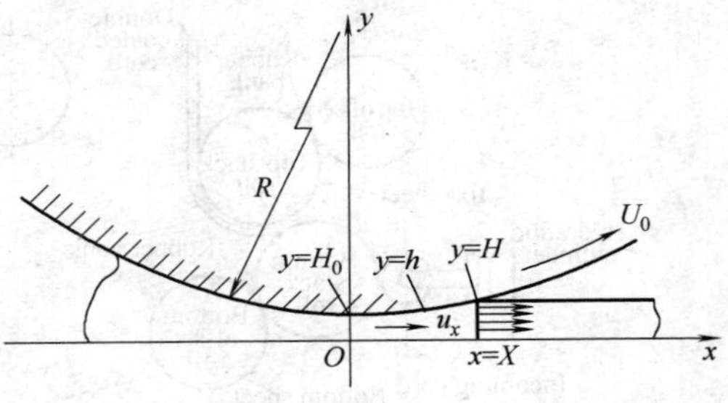

图 7.3.3 压延机对称辊筒间隙坐标和尺寸[9]

根据压延成型过程熔体流动特点，分析辊筒系统和物料特性，做出简化假设：

① 物料为不可压缩牛顿性流体 $\nabla \cdot \boldsymbol{u} = 0$，牛顿型流体黏度 μ 和密度 ρ 均为常数，且牛顿流体有黏性而无弹性，因此应力张量中法向应力分量等于零 $\tau_{xx} = \tau_{yy} = \tau_{zz} = 0$；

② 辊筒加工成型过程为对称性过程，在 x-y 平面上，物料自左向右流动，流动主要方向在 x 方向，有 $u_x \gg u_y$，即 y 方向速度近似等于零，有 $u_y \approx 0$，且 $\frac{\partial u_x}{\partial x} \ll \frac{\partial u_y}{\partial y}$；

③ 辊筒间隙物料的流动为稳定等温流动，有 $\partial / \partial t = 0$ 和 $\boldsymbol{u} \neq \boldsymbol{u}(T)$；

④ 由于辊筒半径极大于辊距 $R \gg H_0$，流道宽度变化不大，有 $\frac{\partial h(x)}{\partial x} \ll 1$，剪切应力的变化主要发生在 y 方向，而 $\frac{\partial \tau_{xy}}{\partial x} \rightarrow 0$，辊筒缝隙物料流动可以简化成为只沿 x 方向的一维流动，由于 z 方向为流动的中性方向，切向应力分量 $\tau_{yx} = \tau_{xy} \neq 0$；

⑤ 在壁面上，熔融物料无滑移运动，即最贴近辊筒壁的一层熔体是随辊筒一起运动的；

⑥ 由于物料黏性大，黏性力极大的大于质量力和惯性力，忽略质量力和惯性力。

这种简化假定称作润滑近似假定（lubrication approximation），根据以上假设条件，简化描述辊筒缝隙黏性流体运动的控制方程。由于辊隙中物料的流动为不可压缩流体的一维稳定流动，故连续性方程为

$$\frac{\partial u_x}{\partial x} = 0 \tag{1}$$

简化运动方程（3.2.19b），得到 x，y 方向的方程分别为

$$-\frac{\partial p}{\partial x} + \mu \frac{\partial^2 u_x}{\partial y^2} = 0 \tag{2}$$

$$\frac{\partial p}{\partial y} = 0 \tag{3}$$

边界条件：① $u_x[y=\pm h(x)]\approx U_0$，② $u_y[y=\pm h(x)]\approx 0$，③ $\dfrac{\partial u_x(y=0)}{\partial y}=\dot{\gamma}=0$

方程(1)～(3)构成牛顿型流体流经两辊间隙的定解问题，可看出压力仅是 x 的函数，即 $p=p(x)$。式（2）转化为方程

$$-\frac{dp}{dx}+\mu\frac{d^2u_x}{dy^2}=0 \tag{7.3.1}$$

将式（7.3.1）积分两次，用所有的边界条件①，② 和③确定积分常数，得到牛顿型流体流经两辊筒间隙流道内的速度分布

$$u_x=U_0+\frac{1}{2\mu}\frac{dp}{dx}(y^2-h^2) \tag{7.3.2}$$

分析上式可知，u_x 速度分量不仅是坐标 y 的函数，也是 x 的函数，$u_x=f(x,y)$。但是，u_x 对 x 的函数关系隐含在 $h=h(x)$ 和$\dfrac{dp}{dx}$之中。$h=h(x)$ 可以根据辊筒曲面的形状函数加以确定，而压力梯度$\dfrac{dp}{dx}$尚未知。下面确定辊筒缝隙物料的压力分布。

7.3.2.2　辊筒缝隙物料的压力分布

欲求压力梯度$\dfrac{dp}{dx}$，需先求出单位宽度体积流量 q_V。将速度体积分，确定流量为

$$q_V=2\int_0^{h(x)}u_x dy=2h(x)\left[U_0-\frac{h(x)^2}{3\mu}\frac{dp}{dx}\right] \tag{7.3.3}$$

用体积流量表示压力梯度，有

$$\frac{dp}{dx}=\frac{3\mu}{h(x)^2}\left[U_0-\frac{q_V}{2h(x)}\right] \tag{7.3.4}$$

由上式可见，压力梯度$\dfrac{dp}{dx}$仅为 x 的函数，隐含在 $h(x)$ 中，函数关系不够明确。由图7.3.4给出的几何关系，进行变量替换，令

$$h(x)=H_0+(R-\sqrt{R^2-x^2}) \tag{1}$$

在 $R\gg x$ 的流道内，展开式（1）中的 $(R^2-x^2)^{1/2}$，有

$$(R^2-x^2)^{1/2}=R\left(1-\frac{x^2}{R^2}\right)^{1/2}=R\left(1-\frac{1}{2}\frac{x^2}{R^2}+\cdots\right) \tag{2}$$

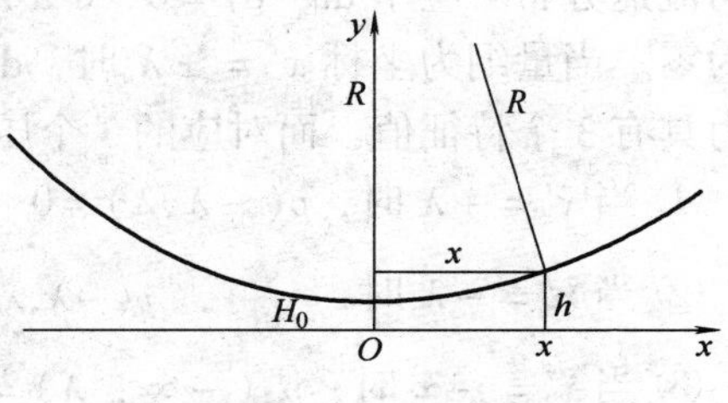

图7.3.4　h 与 H_0 的几何关系

将式（2）代入式（1），有

$$h(x)=H_0+\frac{x^2}{2R}=H_0\left(1+\frac{x^2}{2RH_0}\right) \tag{3}$$

最方便的做法是定义量纲为1变量，量纲为1坐标 $x'(0,1)$、$y'(0,1)$分别为

$$x'=x/\sqrt{2RH_0},\ y'=y/H_0 \tag{4}$$

量纲为1的速度和压力分别为

$$u'_x=u_x/U_0,\ p'=pH_0/\mu U_0 \tag{5}$$

得到

$$h(x)=H_0(1+x'^2) \tag{7.3.5}$$

将 $h(x)$ 的表达式代入式（7.3.4）中，得到压力梯度公式的显式形式

$$\frac{dp}{dx'}=\sqrt{2RH_0}\frac{3\mu}{h(x)^2}\left[U_0-\frac{q_V}{2h(x)}\right]=\frac{3\mu U_0}{H_0}\sqrt{\frac{2R(x'^2-\lambda^2)}{H_0(1+x'^2)^3}} \tag{7.3.6}$$

其中引入一个量纲1参数 λ 为

$$\lambda^2 = \frac{q_V}{2U_0H_0} - 1 \tag{7.3.7}$$

λ 是非常重要的一个参数。压力梯度用 λ 值表示出来了。设物料出料脱辊处的辊距为 $2H$，即压出的料片厚度为 $2H$。脱辊处物料的流速等于辊筒表面线速度 U_0，因此流量 $q_V = 2U_0H$，代入式（7.3.7）得量纲为1离辊距离

$$\lambda^2 = H/H_0 - 1 \tag{7.3.8}$$

由上式，只需测出料片厚度 $2H$，即可求出 λ 的参数值。

积分式（7.3.6），得辊筒间的压力分布公式

$$p(x',\lambda) = \frac{3\mu U_0}{H_0}\sqrt{\frac{2R}{H_0}}\int\frac{x'^2-\lambda^2}{(1+x'^2)^3}\mathrm{d}x' = \frac{3\mu U_0}{4H_0}\sqrt{\frac{R}{2H_0}}[G(x',\lambda)+C(\lambda)] \tag{7.3.9}$$

其中，

$$G(x',\lambda) = \left[\frac{x'^2-1-5\lambda^2-3\lambda^2x'^2}{(1+x'^2)^2}\right]x' + (1-3\lambda^2)\arctan x' \tag{7.3.10}$$

式中，系数 $\frac{3\mu U_0}{4H_0}\sqrt{\frac{R}{2H_0}}$ 为压力基本常数；$C(\lambda)$ 为积分常数。

由边界条件 $x' = \lambda$，$p = p_0 = 0$，确定积分常数为

$$C(\lambda) = \frac{(1+3\lambda^2)\lambda}{1+\lambda^2} - (1-3\lambda^2)\arctan\lambda \tag{7.3.11}$$

由以上分析可知，压力分布 p 为坐标 x' 与参数 λ 的函数，可记为

$$p(x',\lambda) = \frac{3\mu U_0}{4H_0}\sqrt{\frac{R}{2H_0}}\left[\frac{x'^2(1-3\lambda^2)-1-5\lambda^2}{(1+x'^2)^2}x' + (1-3\lambda^2)(\arctan x' - \arctan\lambda) + \frac{(1+3\lambda^2)\lambda}{1+\lambda^2}\right] \tag{7.3.12}$$

压力基本常数标志着辊筒内物料承受压力的数量级。在分离点后，速度分布是均匀的。均匀流速分布对应于 $\mathrm{d}u_x/\mathrm{d}y = 0$，$\mathrm{d}^2u_x/\mathrm{d}y^2 = 0$。由式（7.3.1）可知，在分离点处，压力梯度为零。当量纲为坐标 $x' = \pm\lambda$ 时，$\mathrm{d}p/\mathrm{d}x' = 0$，即为两辊筒缝隙物料压力取极值的位置。压力具有3个特征值，而对应的3个压力值分别为

① 当 $x' = +\lambda$ 时，$p(-\lambda,\lambda) = 0$

② 当 $x' = -\lambda$ 时，

$$p(-\lambda,\lambda) = p_{\max} = \frac{3C(\lambda)\mu U_0}{2H_0}\sqrt{\frac{R}{2H_0}} \tag{7.3.13}$$

③ 当 $x' = -\infty$ 时，$p(-\infty,\lambda) = 0$

也可以计算量纲为1压力梯度，讨论量纲为1压力梯度的极值位置。

由式（7.3.13）求极限，得超越方程为

$$\lim_{x'\to-\infty}p(x',\lambda) = \frac{3\mu U_0}{4H_0}\sqrt{\frac{R}{2H_0}}\left[\frac{(1+3\lambda^2)\lambda}{1+\lambda^2} - (1-3\lambda^2)\left(\frac{\pi}{2} + \arctan\lambda\right)\right] = 0$$

解此方程得到 $\lambda_0 = 0.475$，由公式（7.3.8）得到

$$H/H_0 = 1 + \lambda_0^2 = 1.226 \tag{7.3.14}$$

由此式可知，对于理想情况片材厚度只与 λ_0 有关。

将 $\lambda_0 = 0.475$ 代入（7.3.11），计算得 $C(0.475) = 0.504$，从而使最大压力计算简化为

$$p_{\max} = 0.535\frac{\mu U_0}{H_0}\sqrt{\frac{R}{H_0}} \tag{7.3.15}$$

7.3.2.3 辊筒缝隙物料的速度分布和功率

(1) 物料速度的分布

为确定辊筒缝隙物料的速度分布，将式（7.3.5）和压力梯度式（7.3.6）代入速度式

(7.3.2)，并用量纲为1变量 x' 代换 x，得到量纲为1的速度分布式

$$u_x' = \frac{u_x}{U_0} = \frac{2+3\lambda^2(1-y'^2)-x'^2(1-3y'^2)}{2(1+x'^2)} \tag{7.3.16}$$

用 $h(x)$ 代替 H_0 无量纲为1化 y，令 $\zeta = y/h(x)$ 代上式，得到

$$u_x' = \frac{u_x}{U_0} = \frac{2+3\lambda^2(1-\zeta^2)-x'^2(1-3\zeta^2)}{2(1+x'^2)} \tag{7.3.17}$$

为了确定环流区的位置，令 $\zeta = y/h(x) = 0$ 和无量纲速度式（7.3.17）等于零，有

$$2+3\lambda_0^2 - x'^2 = 0$$

将式（7.3.14）代入上式，确定流动驻点的位置为 $x'^* \approx -1.64$。就是说，在 $x'^* < -1.64$ 的区域沿着轴线存在倒流，形成一种回流；由于压力的存在，在 $x' < -\lambda$ 区域倒流分量叠加在拖曳流动分量上，如图7.3.5所示。

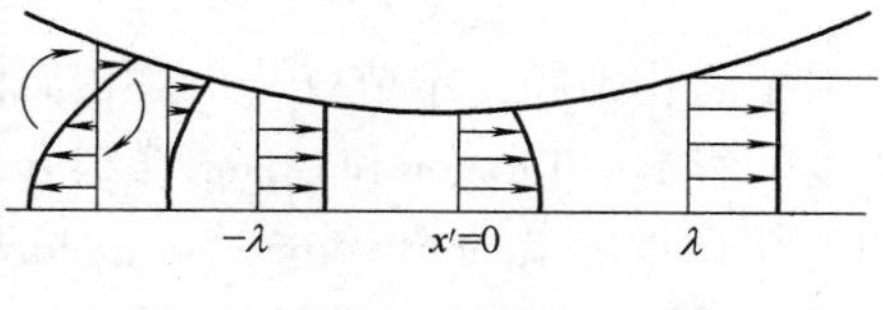

图7.3.5　两辊筒缝隙流道物料速度分布

由图7.3.5可知，图中有两个特殊点，在 $x' = \pm\lambda$ 处，$u_x' = 1$，即 $u_x = U_0$。将 $x' = \pm\lambda$ 代入式（7.3.17）可证明。

(2) 辊筒的驱动功率

因为在面积元 $\mathrm{d}s = b\mathrm{d}x$ 上的功为 $\mathrm{d}P = U_0\tau(x, y)b\mathrm{d}x$。所以，分布于整个压延宽度的功率必为一个积分

$$P = 2b\int_{-\infty}^{x0} \tau_{xy}[y = h(x)]U_0 \mathrm{d}x \tag{7.3.18}$$

对于牛顿型流体，有 $\tau_{xy} = \mu\frac{\mathrm{d}u_x}{\mathrm{d}y}$，对速度公式（7.3.2）求导，得到 $\frac{\mathrm{d}u_x}{\mathrm{d}y} = \frac{1}{\mu}\frac{\mathrm{d}p}{\mathrm{d}x}y$，用压力梯度（7.3.6）计算剪切应力，得到

$$\tau_{xy}[y=h(x)] = \mu(1/\mu)h(x)\frac{\mathrm{d}p}{\mathrm{d}x} = H_0(1+x'^2)\frac{1}{\sqrt{2RH_0}}\left(\frac{\mathrm{d}p}{\mathrm{d}x'}\right)$$

$$= H_0(1+x'^2)\frac{1}{\sqrt{2RH_0}}\frac{3\mu U_0}{H_0}\sqrt{\frac{2R}{H_0}}\frac{1}{(1+x'^2)^3}(x'^2-\lambda^2) = \frac{3\mu U_0}{H_0}\frac{(x'^2-\lambda^2)}{(1+x'^2)^2} \tag{7.3.19}$$

将 $x = x'\sqrt{2RH_0}$ 和式（7.3.19）代入式（7.3.18），得到

$$P = 2b\int_{-\infty}^{\lambda}\frac{3\mu U_0}{H_0}\frac{(x'^2-\lambda^2)}{(1+x'^2)^2}U_0\sqrt{2RH_0}\mathrm{d}x' = 6b\mu U_0^2\sqrt{\frac{2R}{H_0}}\int_{-\infty}^{\lambda}\frac{(x'^2-\lambda^2)}{(1+x'^2)^2}\mathrm{d}x'$$

积分上式，得到

$$P = 3b\mu U_0^2\sqrt{\frac{2R}{H_0}}M(\lambda) \tag{7.3.20}$$

其中
$$M(\lambda) = (1-\lambda^2)\left(\arctan\lambda + \frac{\pi}{2}\right) - \lambda$$

对于理想情况，$\lambda_0 = 0.475$，$M(0.475) = 1.08$，故有

$$P = 4.58b\mu U_0^2\sqrt{\frac{R}{H_0}} \tag{7.3.21}$$

例题7.3.1[11]　已知某压延机辊筒半径 $R = 0.1524\mathrm{m}$，压延宽度 $b = 1.8288\mathrm{m}$，$H_0 = 0.00635\mathrm{m}$，压延材料的表观黏度 $\mu = 10^3\mathrm{Pa\cdot s}$，线速度 $U_0 = 0.1016\mathrm{m/s}$，试计算：

① 薄板成型厚度 H；

② 最大压力 p_{max}；

③ 辊筒的驱动功率 P。

解： 首先从式（7.3.14）计算出

$$H = 1.226H_0 = 1.2260.00635 = 7.785\ 10^{-3}(\mathrm{m})$$

然后按公式（7.3.15）计算最大压力

$$p_{\max} = 0.535\frac{\mu U_0}{H_0}\sqrt{\frac{R}{H_0}} = 0.4206(\mathrm{MPa})$$

最后，按公式（7.3.21）算辊筒的驱动功率为

$$P = 4.58b\mu U_0^2\sqrt{\frac{R}{H_0}} = 4.0125(\mathrm{kW})$$

为了简化问题，本节仅分析牛顿流体等温压延成型过程。实际上，压延成型过程不能忽略温度的影响。Tadmor 和 Gogos 详细分析了非等温辊筒缝隙流道黏性流体的流动，例如活性注塑（化学反应 Reactive injection molding）和压缩（Compression molding）等成型过程，讨论了温度对物料流动的流场物理量的影响，感兴趣的读者可以学习专著[1,9]。

7.4　纺丝成型过程

熔体纺丝成型过程（Spinning process）是制造合成纤维的主要方法之一。纤维纺丝是现代聚合物加工过程多学科结合的典型实例。20 世纪以前，人类使用天然纤维，如羊毛，棉花，亚麻和丝绸等，直到 1910 年，以纤维素为基础的第一种人造丝绸问世。华莱士·卡罗瑟斯（Wallace Carothers）发明了尼龙，并于 1939 年开始商业化生产。在 20 世纪 50 年代，生产了丙烯酸与棉花混纺耐洗涤磨损的纺织品，生产许多种聚酯纤维。经过几十年，纺丝成型过程已成为聚合物加工成型的重要方法之一。

纤维纺丝过程是一种重要的拉伸流动，这一节分析纤维纺丝物料拉伸流动的特点和影响因素。本节根据纺丝成型过程的流动特点，简化的 N-S 方程，主要分析纤维纺丝过程流体的流变行为[1-4,7-13]。本节分为 5 小节，包括纺丝成型工艺、稳态单轴拉伸聚合物的流动、单轴拉伸黏度的实验测定、物料的可纺性与分子参数的关系、拉伸流动的不稳定现象。

7.4.1　纺丝成型工艺

纤维纺丝成型工艺（Fiber spinning process）有熔体纺丝、湿纺丝法和干纺丝法这 3 种基本方法。本小节介绍 3 种纺丝工艺的优缺点，重点介绍熔体纺丝法。

（1）纺丝工艺的比较

三种纺丝工艺中，应用最多的是熔体纺丝法，在熔体纺丝中，聚合物熔体溶化后从喷丝头挤出，液态丝条通过冷却介质时固化，如尼龙纤维、聚酯纤维、聚烯烃纤维就是用这种纺丝方法加工的。湿纺丝法将聚合物溶解在溶剂中，通过浸入化学溶液的喷丝头挤出。干纺丝法挤出聚合物溶液，在离开喷丝头时溶剂蒸发。后两种方法用于不能熔纺的聚合物。熔体纺丝的一个重要要求是加热软化的聚合物不发生降解。也就是说，若一种聚合物在所需纺丝温度下产生降解，显然它就不适于熔体纺丝。当然有时热降解的问题可借助加入热稳定剂或增塑剂来解决，因为低分子增塑剂的加入，可将聚合物的熔点或软化点降低至热降解温度之下。

在湿法纺丝过程中，聚合物溶解于适当的溶剂，其溶液从喷丝头挤出，形成的丝条通过

凝固浴而得到固化丝线，纺丝液中的溶剂在凝固浴中通过反扩散机理被除去，有时在凝固浴中还有化学反应发生，例如黏胶纤维。

熔体纺丝与湿法纺丝相比有产率高、无溶剂回收问题的两大优点。因为从丝条中除去溶剂需要成本，湿法纺丝在经济上也不如熔融纺丝。有时为进一步拉伸丝条还需要一些洗涤和干燥等后处理工序。

当聚合物的熔点很高或加热易降解时，通常宜用干法纺丝。在干法纺丝过程中，聚合物溶液从喷丝头挤出后，丝条穿过一个通干燥热空气的密闭室，溶剂蒸发而使丝条固化。干法纺丝要求溶剂有低的沸点和低的汽化热，通常非极性溶剂比极性溶剂好。干法纺丝法要求溶剂热稳定好、易回收、惰性和无毒，以及不易起静电和无爆炸危险。聚丙烯腈系纤维和聚氯乙烯纤维是干法纺丝的例子。干法纺丝和熔融纺丝一样，具有拉伸速率高和产率高的优点。

随着纤维的广泛使用，发展了许多新的纺丝工艺。例如，空气间隙纺丝法兼有干法和湿法纺丝的特点，改善了成品纤维的物理力学性质，如纤维的拉伸性质。还有区别于常规纺丝方法的“异形”纤维生产和“共轭”纤维（双组分纤维）生产。其中异形纤维的横截面是非圆形；共轭纤维成型过程中，两种组分聚合物丝并列挤出，成品纤维由两种成分构成。新纺丝工艺制备的纤维都比常规纺丝法制备的纤维性能有一些优点。

（2）纤维纺丝工艺（melt fiber spinning process）

考虑读者学习的基本要求和本书的篇幅，本节仅介绍无处不在和最重要的熔体纺丝工艺。图 7. 4. 1 给出熔体纺丝成型工艺。在熔体纺丝过程中，用螺杆挤出机熔融固体颗粒，然后用精确流量控制的齿轮泵，将熔体泵入具有多个孔的喷丝头模具中，如图 7. 4. 1（a）所示，挤出的股丝被拉伸，固化后的纤维被卷起，随后进一步冷却。图 7. 4. 1（b）显示了商业喷丝头的照片。

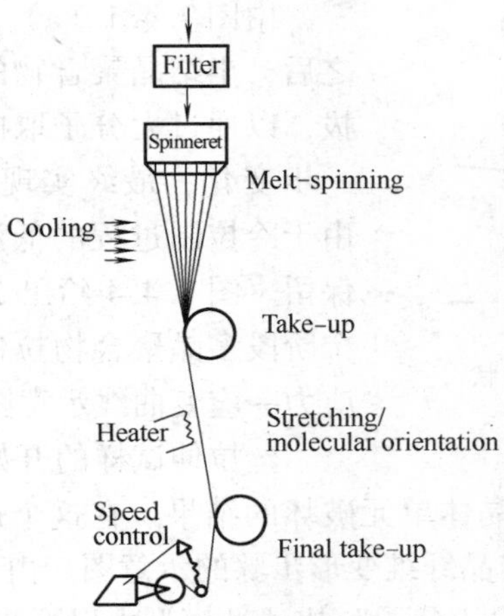

(a)

(b)

图 7. 4. 1　熔体纺丝成型工艺[1]

（a）纤维纺丝工艺的流程　（b）喷丝头的照片

分析纤维纺丝成型过程，主要关注单丝从喷丝头出来和单丝由卷取辊拉伸的过程。图 7. 4. 2 给出喷丝头喷出单股丝示意图。由该图所示，从喷丝头出来的单股丝经历膨胀，然后冷却到凝固定点，同时伴随着卷取辊的拉伸。出模后的挤出物胀大结束端和熔体拉伸开始端没有明确的分界点。这两种现象是同时发生的。在模具出口附近，通常丝发生迅速的肿胀。熔体纺丝的实验数据表明，熔体丝横截面从喷丝头出口到卷取辊呈双曲线形式地减小。

当熔体从喷丝板出口运动到卷取辊时，它同时被拉伸和冷却，从而发生聚合物熔体分子链取向和聚合物结晶的变形。图 7.4.3 给出熔体分子链沿纺线方向发展的示意图。如图 7.4.3 所示，实际上纺丝过程不仅是纤维成型步骤，而且也是一个“结构化”步骤。Dees 和 Spruiell 早期实验研究纤维纺纱过程[1]，使用线性高密度聚乙烯纤维纺纱，观察研究了分子链结构的发展，用一个形态学模型来解释分子链取向和结晶行为。研究表明，在低纺丝线应力或卷取速度下，获得了球晶结构。增加卷取速度将导致扭曲的薄片。

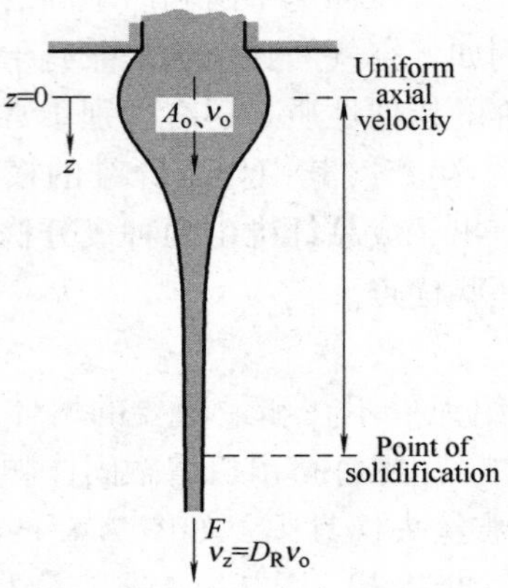

图 7.4.2 喷丝头喷出单股丝示意图[1]

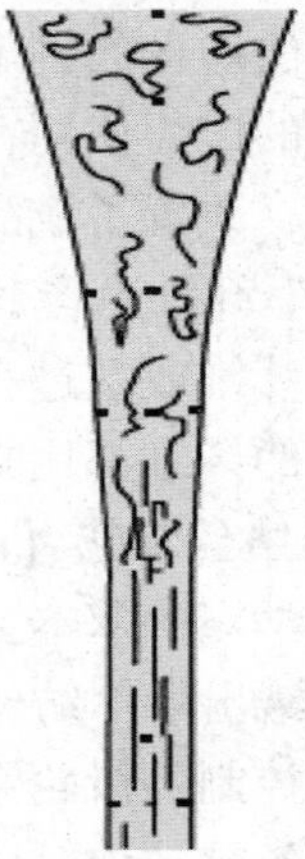

7.4.3 熔体分子链沿纺线方向发展的示意图[1]

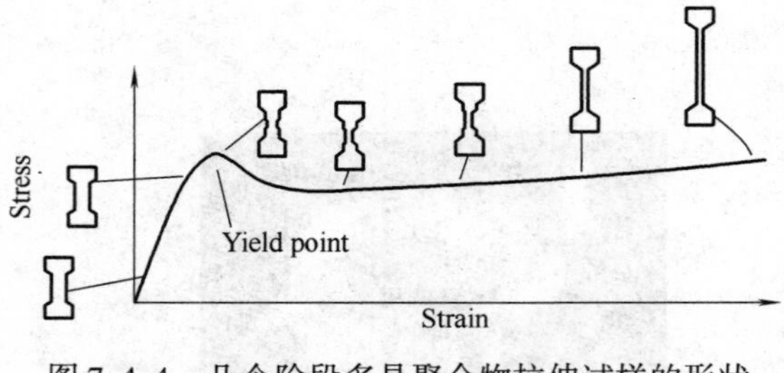

图 7.4.4 几个阶段多晶聚合物拉伸试样的形状和应力—应变曲线示意图[1]

由图 7.4.1（a）还可知，在纺丝之后，半结晶聚合物的商业纤维被冷拔，以通过大分子取向和晶体形态进一步变化，最终实现纺丝的结构化。由于冷拉制过程的低温，许多变形被保留。图 7.4.4 给出 $T_g < T < T_m$ 的几个阶段多晶聚合物拉伸试样的形状和应力—应变曲线示意图。

丝拉伸试样的开始是多晶“复合材料”，纤维的屈服、颈缩是适应应力诱导的晶体单元破坏的结果。在这个过程中，涉及非晶相和结晶相。如图 7.4.5(a) ~ (e)给出半结晶纤维变形步骤的示意图。由颈缩引发的形态变化的“分子”描述性模型和由冷拉伸传播的“分子”描述性模型由以下步骤组成：

① 一薄片刚好滑过另一薄片。薄片平行于拉伸方向，因此，成核的球晶是各向同性的。在这个阶段，在开始收缩时，应变几乎全部由层间无定形组分调节。

② 由于无定形的“纽带”几乎完全延伸，导致薄片的倾斜。

③ 通过链条牵引和展开，发生层状分裂，分子链仍然连接片层碎片。

④ 片状碎片沿着拉伸方向进一步滑动并对齐，形成了交替的晶体块和拉伸的非晶区，也包含自由链端和一些链折叠。因此，薄片破碎成最终沿轴向堆叠的碎片。在拉伸方向上，连接这些碎片的连接分子提供了纤维中微丝的强度。因此，纤维分子结构是纺丝和拉伸过程

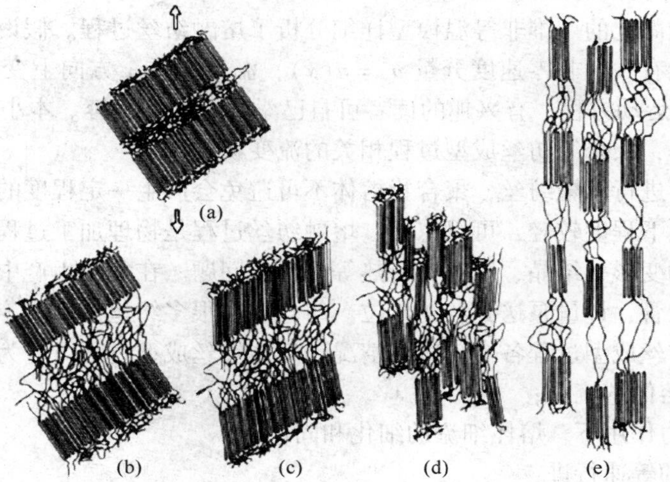

图 7.4.5　半结晶纤维变形步骤的示意图[1]

的参数值，需要确保连接分子的比例。

7.4.2　稳态单轴拉伸聚合物的流动

在注模机和挤出机中，当聚合物流经截面积有变化的流道时，都会引起拉伸流动。在瓶子和薄膜的吹塑成型过程中，产生双轴拉伸，即试样在两个方向受到拉伸。熔体纺丝成型过程中，纤维是单轴拉伸变形。聚合物熔体和溶液的拉伸是聚合物产生变形的重要方法之一。它广泛地被用于聚合物的加工和制造中，例如纤维的纺丝、混炼、薄膜的压延、注模、瓶子和薄膜的吹塑、火药的压延和挤出成型等。由此可知，在聚合物加工成型过程中，拉伸变形或流动占有十分重要的地位。

本小节介绍稳态单轴拉伸聚合物的流动，包括拉伸流动的分类、纺丝拉伸流动的分析两部分。

7.4.2.1　拉伸流动的分类

拉伸应力与一般剪切应力一样，也可使聚合物熔体和聚合物溶液产生变形和流动。**在拉伸应力作用下，聚合物熔体和溶液所发生的流动，叫作拉伸流动**。在纺丝成型过程中，在接近毛细管或喷丝板的出口区，以及纤维卷绕过程中，都会产生单轴拉伸变形。在各种不同的聚合物加工中，拉伸流动常与剪切流动同时发生。例如，在收敛口模入口区，聚合物熔体或溶液的流动，既有剪切流动，又有拉伸流动。在其他加工方法中亦有类似情况。所以拉伸流动过程是很复杂的，经拉伸后的产品在沿长度方向可能是不均匀的。因此，目前对拉伸流动的认识是不深刻的，实验中出现的一些现象还无法解释。

拉伸流动有两种分类的方法。根据拉伸力作用方向的多少，拉伸流动可分为：

① 单轴拉伸流动是熔体在一个方向上受到拉伸的流动；

② 双轴拉伸流动是熔体在两个方向上受到拉伸的流动。

根据拉伸速率的稳定情况，拉伸流动可分为：

① 稳态拉伸流动是熔体拉伸速率恒定的流动；

② 非稳态拉伸流动是熔体拉伸速率沿流动方向变化的流动。

7.4.2.2 纺丝拉伸流动的分析

用一个半经验简化的一维非等温模型详细分析了熔融纺丝过程。假设熔融纺丝是稳定状态，进一步假设只有一个非零速度分量 $u_x = u(x)$，温度仅在 x 方向上变化，则运动方程减小到仅有 z 方向的运动方程。有兴趣的读者可自己学习相关的内容。本小节没有介绍纺丝拉伸控制方程的求解，仅介绍纺丝成型过程相关的流变物理量。

在较高温度下进行熔融纺丝，聚合物熔体不可避免会产生一定程度的热氧化裂解和交联副反应，一般情况下程度较轻，可以忽略。熔融纺丝过程是物理加工过程。熔体纺丝过程主要涉及熔体的流动变形、结晶、取向和传热等方面的问题。在实际生产中，熔体从螺杆挤出机出来后，经分配管、计量泵送到各纺丝位。纺丝机由很多纺丝位组成。一般用具有一个喷丝孔系统来分析纺丝成型过程各个阶段的情况。熔体纺丝成型过程可分为 3 个阶段：

① 在喷嘴孔熔体的流动；

② 在牵引张力作用下，熔体细流的细化和固化；

③ 固体纤维的等速行进。

从聚合物流动流变的角度分析这 3 个阶段：

第 1 阶段　在毛细管内，熔体的剪切流动，包括入口区的复杂流动、全展流区和膨化区流变行为的分析。

第 2 阶段　在牵引张力作用下，熔体的单轴拉伸流动。

第 3 阶段　固体纤维的等速行进过程，无须研究。

因此，纺丝成型过程的流变问题主要研究聚合物熔体拉伸流场和剪切流场。假设纤维纺丝是稳态等温的单轴拉伸连续流动。用拉伸应力计算的黏度，称为拉伸黏度 η_E，可用下式表示

$$\eta_E = \tau/\dot{\gamma}_E = \tau/\frac{\mathrm{d}u_x}{\mathrm{d}x} \tag{7.4.1}$$

式中，η_E 为单轴拉伸黏度，又称为**特鲁顿（Trouton）黏度**；τ 为拉伸应力；$\dot{\gamma}_E$ 为拉伸速率；$\frac{\mathrm{d}u_x}{\mathrm{d}x}$为拉伸速度梯度。

对于牛顿流体，单轴拉伸黏度是牛顿黏度 μ 的 3 倍，即

$$\eta_E = 3\mu \tag{7.4.2}$$

对于稳态单轴拉伸非牛顿黏弹性流体流动，许多研究者分析流体流动的流变行为，导出了拉伸黏度的有关方程，给出其中的一个方程式

$$\eta_E = \frac{3\mu}{(\lambda_1\dot{\gamma}_E + 1)(1 - 2\lambda_1\dot{\gamma}_E)} \tag{7.4.3}$$

式中，λ_1 为松弛时间，其他符号物理意义同前。

由式（7.4.3）可看出，黏弹性流体的拉伸黏度与拉伸速率和松弛时间有关。对于牛顿流体，$\lambda_1 = 0$，方程式（7.4.3）还原为式（7.4.2），即拉伸黏度为牛顿黏度的 3 倍。

如果黏弹性流体的拉伸黏度与剪切黏度之间有固定的倍数关系，则可用剪切黏度的测定来代替比较难的拉伸黏度测量。但是，Ballman 指出，拉伸黏度比剪切黏度大几百倍，而且黏弹性流体的拉伸黏度随拉伸速率或拉伸应力的变化无规律可循。

图 7.4.6 为聚合物溶体和溶液的拉伸黏度随拉伸应力的变化以及剪切黏度随剪切应力的变化，比较了拉伸黏度和剪切黏度。由此图可见，拉伸黏度大于剪切黏度。另外可见，拉伸黏度与拉伸应力（或拉伸速率）的关系有 3 种类型：

① 有一些聚合物的拉伸黏度几乎与拉伸应力无关，如图中直线 B；

② 有一些聚合物的拉伸黏度随拉伸应力的增加而增加，如图中直线 A；

③ 还有一些聚合物的拉伸黏度随拉伸应力的增加而降低，如图中直线 C。

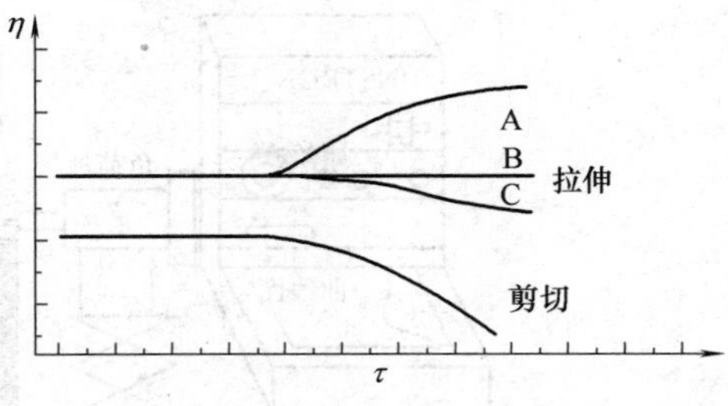

图 7.4.6　聚合物溶体和溶液的拉伸黏度和剪切黏度随拉伸（剪切）应力的变化

目前，没有一种理论能预示拉伸黏度有这么多的变化规律。拉伸黏度种种变化与流体的非牛顿性和拉伸方向分子链的取向有关。聚合物拉伸黏度也是温度的函数，其拉伸黏度随温度的增加而减小。但是，聚合物相对分子质量、链缠结和结构等因素对聚合物拉伸黏度的影响规律还不清楚，有待进一步的研究。

拉伸黏度随拉伸速率的增加而增加，则可使纤维的纺丝过程变得容易和稳定。因为在纺丝成型过程中，如果在纤维中产生了一薄弱点，它就会导致该点截面积的减小和拉伸速率的增加，而拉伸速率的增加又会引起拉伸黏度的增加，这就阻碍了对薄弱部分的进一步拉伸。

填料也影响聚合物熔体和溶液的拉伸黏度。如果在聚丙烯酰胺稀溶液中加入玻璃珠作为填料，则该体系的拉伸黏度随拉伸速率的增加而下降。相反，若用长纤维作为填料，即使纤维浓度很低，也会使体系产生很高的拉伸黏度。体积浓度仅为 1% 的长纤维可使体系的拉伸黏度比剪切黏度大几百倍。Batchelor 提出了一个计算流体－纤维填料体系的拉伸黏度方程

$$\eta_E = \eta\left[3 + \frac{4\phi_2\ (L/D)^2}{3\ln(\pi/\phi_2)}\right] \tag{7.4.4}$$

式中，η_E 为悬浮液液相的剪切黏度，ϕ_2 是纤维的体积分数；L 和 D 分别为纤维的长度和直径。

从方程式（7.4.4）中可知，体系的拉伸黏度与体系填料颗粒长径比的平方有关。该方程中假设纤维排列的方向与拉伸方向一致，因而似乎与拉伸速率无关。但是，在许多实际情况下，纤维往往不是完全取向的，当体系拉伸速率增加时，纤维的取向度也随之增高。在这种情况下，当体系拉伸速率增高时，拉伸黏度应略有增加。Tadmor（米德尔曼）[1,2] 详细分析了牛顿流体和幂律流体的等温熔体纺丝过程，有兴趣的读者可学习相关的专著和文献。

7.4.3　单轴拉伸黏度的实验测定

本小节介绍单轴拉伸黏度的实验[10,12]，包括恒拉伸速率实验法、等温纺丝实验法。

7.4.3.1　恒拉伸速率实验法

拉伸流动测试装置（extensional flow rheometer）如图 7.4.7 所示。仪器的工作范围为 $\dot{\gamma}_e = 5\times10^{-3} \sim 5\text{s}^{-1}$、负荷 0～2kg。在实验中，将长 $L = 21.5\text{cm}$ 单丝两端夹紧，置于硅油浴槽内，卷绕罗拉以恒速 U_0 转动，长丝受力，另一端的仪器 instron 记录测试的结果。单丝运动过程中，由于单丝置于硅油浴槽内，单丝没有受到剪切应力。在整个单丝的拉伸成型过程中，一个材料元所受的拉伸速率等于常数。

若设夹持的丝条长度为 L，罗拉卷以恒速 U_0 转动。丝条某一截面开始在位置为 L_0，速度为 U_0，经过时间 t 后，则为 $L(t)$ 和 $u(t)$。按照拉伸速率的定义，有

$$\dot{\gamma}_E(t) = \frac{1}{L}\ \frac{\mathrm{d}L}{\mathrm{d}t} \tag{7.4.5}$$

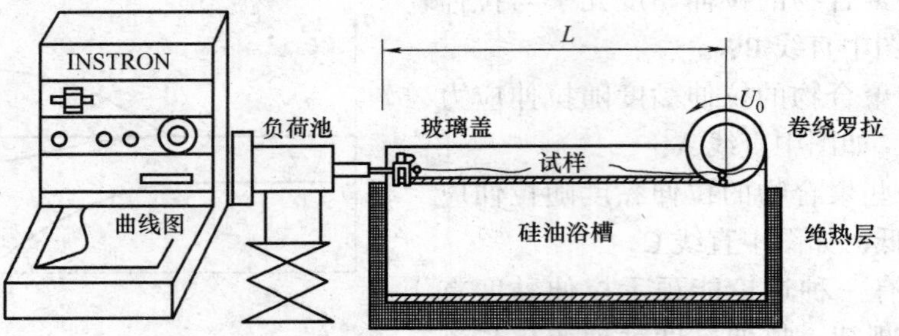

图 7.4.7 拉伸流动实验装置[10]

丝元长度随时间的变化规律为

$$L = L_0 \exp(\dot{\gamma}_E t) \tag{7.4.6}$$

丝元的速度为

$$u(t) = \frac{dL}{dt} = \frac{dL_0 \exp(\dot{\gamma}_E t)}{dt} = L_0 \dot{\gamma}_E \exp(\dot{\gamma}_E t) = U_0 \exp(\dot{\gamma}_E t) \tag{7.4.7}$$

实际上，在熔体纺丝过程中，尽管纺丝工艺过程是稳定的。一个材料元所经历的拉伸速率 $\dot{\gamma}_E = \dot{\gamma}_E(t)$ 自上而下时刻变化，单轴拉伸流动是非稳定的流动。显然，实际拉伸中丝条长度未必一定按式（7.4.6）规定的 e 指数规律变化。材料元长度随时间的变化规律应记为

$$L = L_0 \exp\left[\int_0^t \dot{\gamma}_E(t) dt\right] \tag{7.4.8}$$

设 z 方向为拉伸方向。因此，欲了解丝长的变化规律，必须知道 $\dot{\gamma}_E(t) = \frac{\partial uz(t)}{\partial z}$ 的具体函数形式。

定义**表观拉伸黏度** 实际纺丝过程即非稳态拉伸流动中的拉伸黏度称为表观拉伸黏度。表观拉伸黏度计算式为

$$\eta_{Ea} = \frac{\tau_{11}}{\dot{\gamma}_E} = \frac{F_T(z)/A(z)}{duz/dz} \tag{7.4.9}$$

其中

$$F_T(z) = F_L + F_G + F_D + F_I$$

式中，$F_T(z)$ 为丝条在 z 方向（第一方向）变形所受的总张力；可从力平衡方程求得；F_L 为卷线装置处（在 $z = L$ 处）的实测张力；F_G 为质量力；F_D 为摩擦阻力；F_I 为惯性力；$A(z)$ 和 $du_z(z)/dz$ 分别为纤维在 z 处的横截面积和轴向速度梯度。

这里没有展开讨论，读者可参看有关恒拉伸速率实验法的文献。

7.4.3.2 等温纺丝实验法

恒速率实验装置所测拉伸速率范围较小，测试的数据与实际情况差别也比较大。考虑到丝条冷却会使熔体拉伸黏度增加，其变化规律服从 Eyring-Frenkel 关系式

$$\eta_E = \alpha_0 e^{E/RT} \tag{7.4.10}$$

式中，E 为黏流活化能；α_0 为材料常数。

为了改进实验测试的方法，Han 和 Acierno 等相继研究了等温纺丝法，在喷丝口外设置一个等温室，以减少温度变化对纺丝过程的影响。下面介绍等温熔体纺丝法实测表观拉伸黏度。

实验装置如图7.4.8所示。喷丝头部分用单孔纺丝机或毛细管流变仪代用。喷丝板下设长为15～20cm带有摄像机的保温夹套。摄像机可拍摄喷丝板下等温夹套内熔体丝直径的变化情况。导丝盘后的张力仪测定卷绕的张力。实验条件可模拟纺丝条件。控制等温夹套和纺丝熔体温度相同，熔体以一定体积流量通过直径 D 的喷丝孔，丝条出喷丝孔经等温夹套后冷却，最后以一定的卷绕速度 u_L 卷绕的筒上。

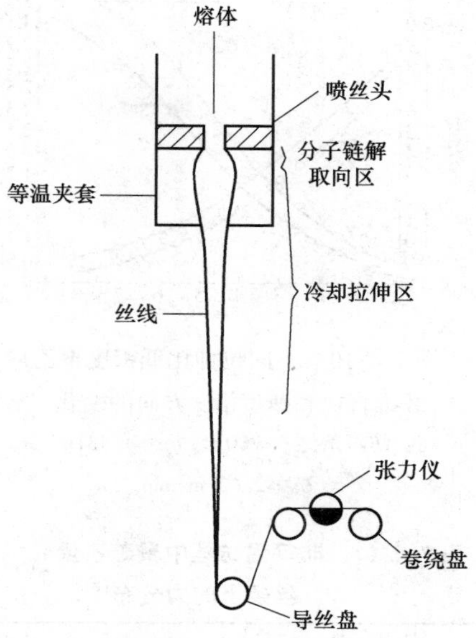

图7.4.8　等温纺丝实验装置示意[10]

分析式（7.4.9）可知，式中除 F_L 为实测张力外，其他 F_G、F_D、F_I 的确定均需要知道纤维直径或纤维轴向速度。另外，式（7.4.9）中面积 $A(z)$ 的确定也需要确定纤维直径的轴向分布。为此首先求出纤维直径沿轴向的变化规律 $d(z)$ 是十分重要的。用摄影方法拍照稳定流动的丝条，从照片量取纤维直径沿轴向变化的数据 $d(z)$。由此可进一步计算 $A(z)$，并通过流量求出 $u_z(z)$

$$u_z(z)=4q_V/\pi d^2(z)=4q_m/\rho\pi d^2(z) \tag{7.4.11}$$

式中，q_V、q_m 分别为熔体体积流量和质量流量；ρ 为熔体密度，在等温下为定值。

用公式（7.4.11）做 $u_z(z)-z$ 的图，由图中可求出斜率 $du_z(z)/dz$ 的变化规律。于是，$A(z)$、$du_z(z)/dz$、F_G、F_D、F_I 均可确定，进而计算物料的表观拉伸黏度 η_{Ea}。

用公式（7.4.11）做 $u_z(z)-z$ 的图，由图中可求出斜率 $du_z(z)/dz$ 的变化规律。于是，$A(z)$、$du_z(z)/dz$、F_G、F_D、F_I 均可确定，进而计算物料的表观拉伸黏度 η_{Ea}。

在不同纺丝条件下，做实验，用上述方法绘制流变图。图7.4.9给出不同拉伸比聚丙烯纤维直径和速度沿 z 方向变化。图7.4.10给出不同拉伸比低密度聚乙烯纤维直径和速度沿 z 方向的变化。图7.4.11给出不同拉伸比聚丙烯拉伸速率沿 z 方向变化。可看到，在熔体纺丝过程中，一个材料元历经 z 轴各处的拉伸速率不是常数。

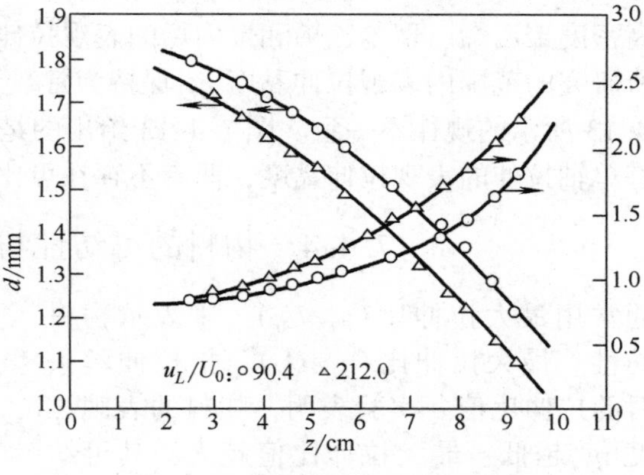

图7.4.9　不同拉伸比聚丙烯的纤维直径和速度沿 z 方向的变化[11]

注：纺丝条件 $t=180℃$，$q_m=1.606g/min$，$U_0=2.78m/min$。

在纺丝条件下，$q_m=0.0455g/s$，$U_0=2.17cm/s$，$u_L/U_0=501.78$，$t_0=220℃$，计算非等温聚苯乙烯丝条上各个力沿 z 方向的变化。表7.4.1给出非等温纺丝中聚苯乙烯丝条上的力沿 z 方向的变化。可以看到，质量力 F_G 的贡献沿纺丝线远离喷丝口迅速减小，而阻力 F_D、惯性力 F_I 和总的变形力 F_R 则沿着纺丝线增加。这与工业中的实际情况相符。

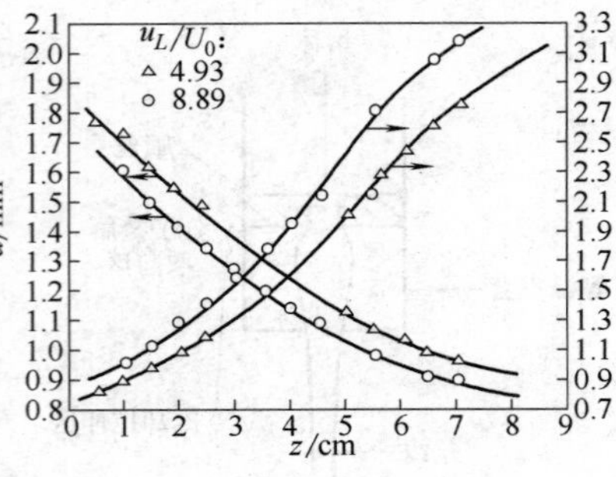

图 7.4.10　不同拉伸比低密度聚乙烯纤维直径和速度沿 z 方向的变化[11]

注：纺丝条件 $t=200℃$，$q_m=1.481\text{g/min}$，$U_0=2.627\text{m/min}$。

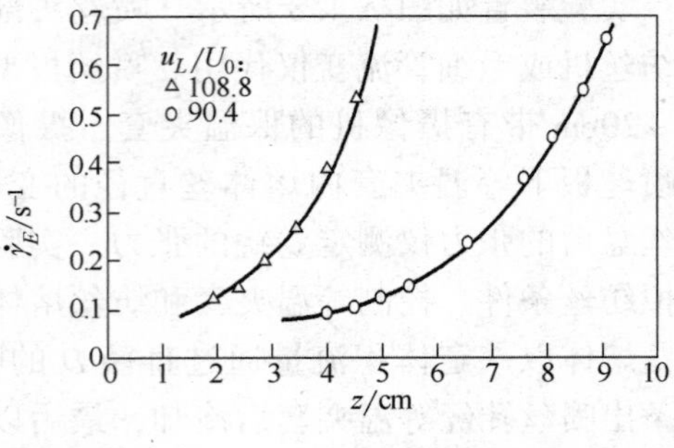

图 7.4.11　不同拉伸比聚丙烯的拉伸速率沿 z 方向的变化[11]

注：纺丝条件 $t=180℃$，$q_m=1.606\text{g/min}$，$U_0=2.78\text{m/min}$。

表 7.4.1　非等温纺丝中聚苯乙烯丝条上的力分布[7]

z/cm	F_G/gf	F_I/gf	F_D/gf	F_R/gf
1.0	0.0811	0.0004	0.0063	2.8697
3.0	0.0398	0.0017	0.0172	2.8532
5.0	0.0212	0.0052	0.0419	2.8529
7.0	0.0122	0.0137	0.0902	2.8699
9.0	0.0075	0.0315	0.1741	2.9123
12.5	0.0037	0.1041	0.4423	3.0916
17.5	0.0017	0.3983	1.1500	5.2149
27.6	0.0005	3.6999	3.3731	7.8046
30.1	0.0004	5.8000	3.4594	9.3881

注：$\text{gf}=9.8\times10^{-3}\text{N}$。

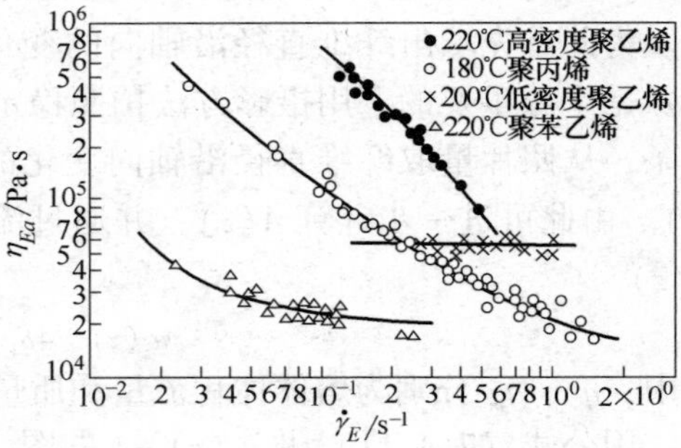

图 7.4.12　4 种不同聚合物熔体的表观拉伸黏度 η_{Ea} 随拉伸速率 $\dot{\gamma}_E$ 的变化[11]

图 7.4.12 给出 4 种不同聚合物熔体的表观拉伸黏度 η_{Ea} 随拉伸速率 $\dot{\gamma}_E$ 的变化。由图可知，高密度聚乙烯、聚苯乙烯和聚丙烯的表观拉伸黏度 η_{Ea} 随 $\dot{\gamma}_E$ 增大而减小，而低密度聚乙烯在所研究的范围内表观拉伸黏度 η_{Ea} 保持为常数。图 7.4.12 所示的拉伸黏度的变化规律与图 7.4.13 所示的规律不一致。图 7.4.13 给出的是物料稳态单轴拉伸的拉伸黏度，而本处为非稳态单轴拉伸的表观拉伸黏度，两者不存在可比性。

7.4.4　物料的可纺性与分子参数的关系

通常用最大拉伸比 $(u_L/U_0)_{\max}$ 来表示物料的可纺性。最大拉伸比 $(u_L/U_0)_{\max}$ 指拉伸丝条断裂时的拉伸比值。实验表明，物料的表观拉伸黏度 η_{Ea} 越低，最大拉伸比值越大，其可纺性越好。图 7.4.13 给出 3 种 200℃均聚物的表观拉伸黏度随拉伸速率的变化。在实验范围内，高密度聚乙烯（DMDJ5140）的黏度最高，而聚苯乙烯（Styron 678）最低。对比表 7.4.2 可知，黏度最低的聚苯乙烯（Styron 678）的最大拉伸比 $(u_L/U_0)_{\max}$ 最大，可纺性也最好。

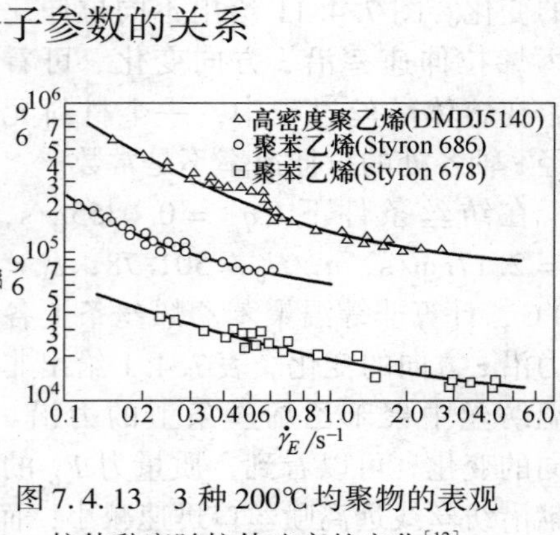

图 7.4.13　3 种 200℃均聚物的表观拉伸黏度随拉伸速率的变化[12]

表 7.4.2　3 种均聚物的最大拉伸比（$T=200℃$）[12]

聚合物	生产厂家和牌号	$(u_L/U_0)_{max}$
高密度聚乙烯	Union Carbide Co. DMDJ5140	155
聚苯乙烯	Dow Chemical Co. Styron 686	366
聚苯乙烯	Dow Chemical Co. Styron 678	5096

从相对分子质量考虑，平均相对分子质量低的纤维容易产生毛细破坏的微裂纹，而相对分子质量高的纤维易发生内聚破坏。因此，相对分子质量偏中的物料可纺性最好。实验表明，当平均相对分子质量接近时，相对分子质量分布宽的材料拉伸黏度高，从而可纺性差；而窄分布的物料的最大拉伸比值大。

图 7.4.14 分别给出 3 种相对分子质量分布的高密度聚乙烯的表观拉伸黏度拉伸速率的变化。此图中三种物料的重均相对分子质量相差无几，但是，相对分子质量分布越窄的物料 $(\overline{M}_w/\overline{M}_n)=8$ 的表观拉伸黏度低，从而最大拉伸比值大。图 7.4.15 给出 3 种高密度聚乙烯的最大拉伸比与数均相对分子质量的关系。由此图可见，$(u_L/U_0)_{max}$ 随着数均相对分子质量的增加而增加。

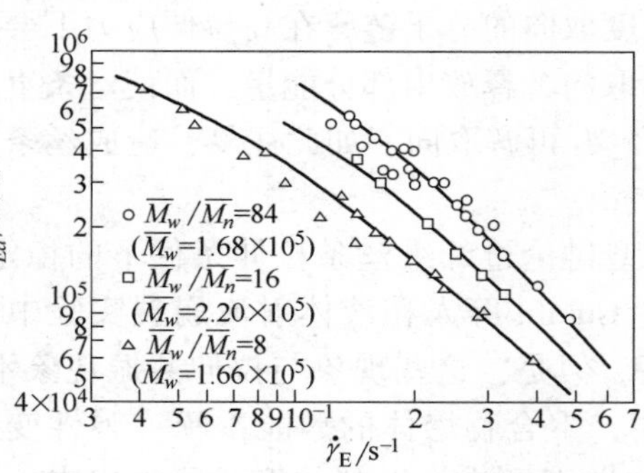

图 7.4.14　3 种相对分子质量分布高密度聚乙烯的表观拉伸黏度随拉伸速率的变化[11]

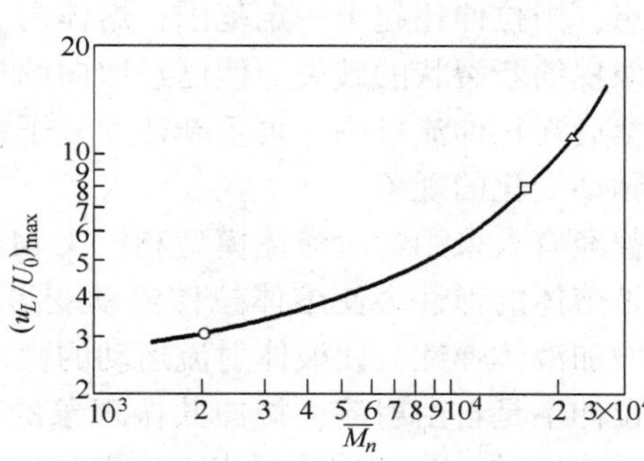

图 7.4.15　3 种高密度聚乙烯的最大拉伸比与数均相对分子质量的关系[7]

7.4.5　拉伸流动的不稳定现象

拉伸流动中的不稳定现象影响生产的稳定，最终影响制品的质量。本小节主要分析拉伸流动不稳定现象的拉伸共振[14,15]。本小节介绍纺丝过程的拉伸共振现象，讨论发生拉伸共振的影响因素，包括拉伸共振现象、拉伸共振现象的影响因素等两部分。

（1）拉伸共振现象

拉伸共振现象指在熔体纺丝或平膜挤出成型过程（典型的拉伸流场）中，当拉伸比超过某一临界拉伸比 $(u_L/U_0)_{crit}$ 时，熔体丝条直径（或平膜宽度）发生有周期性变化，并伴随张力周期性涨落的现象。在喷丝板外约 5cm 处，观察测量的聚丙烯熔体脉动丝条的变化。图 7.4.16 给出聚丙烯熔体丝条约化直径 $d(t)/\overline{d}$ 直径随时间的变化。$d(t)$ 为时间 t 时丝条的直

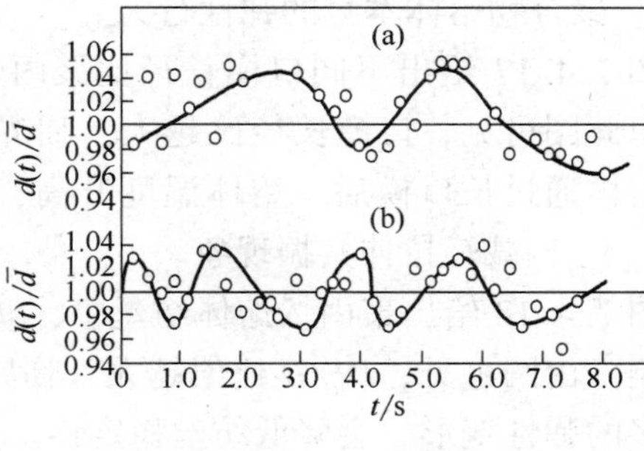

图 7.4.16　聚丙烯熔体丝条约化直径 $d(t)/\overline{d}$ 随时间的变化[13]
（a）$u_L/U_0=23.2$　（b）$u_L/U_0=83.5$

径，$\bar{d}$ 为平均直径。

由图 7.4.16 可见，丝条直径随时间做不太规则的波动变化。拉伸比越大，波动周期越短，波动程度越剧烈。当拉伸比超过最大极限拉伸比 $(u_L/U_0)_{crit}$ 时，熔体丝条断裂。在平膜挤出过程中，超过一定的拉伸比，膜带宽度也会出现类似的脉动现象。

拉伸共振现象与熔体挤出破裂现象是完全不同的两种现象。虽然两者都发生在挤出口模的出口区。但是，熔体挤出破裂现象取决于熔体在口模前（入口区）与口模内（模壁附近）的流动和变形状况，它是熔体流动的不稳定性在出口区的表现。而拉伸共振现象则多取决于熔体挤出口模后的拉伸流动，是自由拉伸的丝条或平膜在超过临界拉伸比后发生的尺寸脉动现象。拉伸共振与熔体挤出破裂现象也有联系。熔体从喷丝口模挤出，若挤出速率超过临界剪切速率，熔体挤出物发生畸变。但是，若加以适当拉伸，熔体畸变现象减轻，提高拉伸比还能得到优良的丝条。这一点对纤维纺丝工艺很重要，说明用增加拉伸速率的方法可以减轻纤维中因熔体破裂形成的缺陷。提高拉伸比对拉伸共振现象的影响则不同。一旦超过临界拉伸比 $(u_L/U_0)_{crit}$ 发生了丝条脉动，再提高拉伸比只能使脉动加剧，最后导致丝条断裂。

目前，还不很清楚发生拉伸共振现象的原因，相信仍与聚合物熔体的弹性行为有关。可以设想，当拉伸比超出一定范围，熔体内一部分高度取向的分子链，在高拉伸应力下会发生类似橡皮筋断裂状的破裂，使已经取向的分子链解取向，释放出部分能量，而使丝条直径变粗。然后在拉伸流场中，再重新建立分子链取向-断裂-再解取向。如此往复，造成丝条直径发生脉动变化的现象。

曾经有人采用二阶流体模型和广义 Maxwell 模型讨论过纤维丝条拉伸条件下的稳定性，结论是熔体的弹性会使熔体拉伸流动变得更稳定。Goldin 等人在液体射流崩裂实验中也发现，增加液体弹性会使液体射流运动的稳定性提高。但是，这些现象与拉伸共振现象不同。纤维拉伸不是自由射流，拉伸共振现象的出现表明，聚合物熔体的贮能本领（弹性变形本领）是有限的。当拉伸比超出一定范围，过多的弹性变形能将以其他形式释放出来，纤维直径变化现象只是其中之一。由此看来，在黏弹性液体的流动中，液体的弹性究竟起稳定作用还是失稳作用与具体的流场类型有关，不能一概而论。

(2) 拉伸共振现象的影响因素

影响拉伸共振现象的因素大致也分为 3 类：

① 挤出口模的形状和尺寸；

② 纺丝或挤膜工艺条件；

③ 聚合物熔体本身的弹性行为。

图 7.4.17 给出不同口模长径比聚丙烯熔体纺丝临界拉伸比 $(u_L/U_0)_{crit}$ 随熔体温度的变化。由此图可见，口模长径比越大，临界拉伸比 $(u_L/U_0)_{crit}$ 越高，说明熔体纺丝稳定性好。这与熔体通过长口模后，熔体温度升高，黏度下降，松弛时间变短，因而提高临界拉伸比 $(u_L/U_0)_{crit}$，减轻拉伸共振现象。

图 7.4.18 给出聚丙烯熔体纺丝中，储器直径与口模直径之比（D_R/D）对拉伸共振现象的影响。由图可见，D_R/D 比值越大，临界拉伸比 $(u_L/U_0)_{crit}$ 越低，说明熔体在口模入口区承受较多的弹性变形，会降低纺丝稳定性。这再一次说明，拉伸共振现象与熔体储存的弹性能多少有关。

实验表明，纺丝成型过程中熔体丝条的冷却方式对拉伸共振现象也有显著影响。分别使用了两种丝条冷却方式做了实验，一是加等温室的等温冷却，二是直接放入空气中的非等温冷却。图 7.4.19 给出两种冷却工艺临界拉伸比$(u_L/U_0)_{crit}$随熔体温度的变化。图 7.4.20 给出两种冷却工艺临界拉伸比$(u_L/U_0)_{crit}$随剪切速率的变化。由此图可见，用等温冷却方式的临界拉伸比$(u_L/U_0)_{crit}$比非等温冷却方式的高。说明等温纺丝工艺的稳定性比低温纺丝工艺的高，拉伸共振现象较轻。另外也可看出，当熔体表观剪切速率大时，纺丝的临界拉伸比$(u_L/U_0)_{crit}$下降，表明材料经受较强烈的剪切-拉伸变形后，分子链取向较多，则贮存的弹性能多，纺丝过程将变得不稳定。

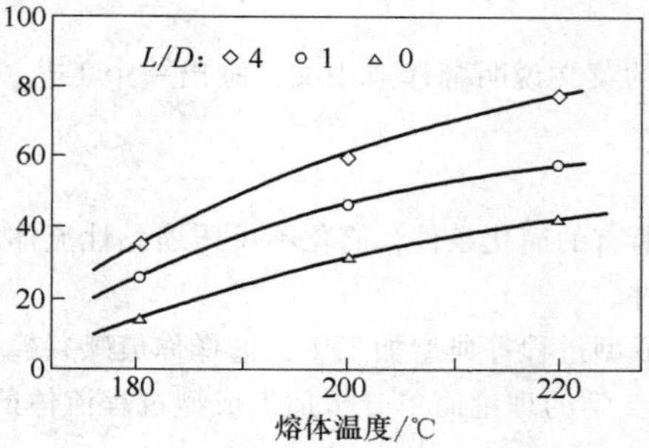

图 7.4.17　不同口模长径比聚丙烯熔体纺丝临界拉伸比随熔体温度的变化[7]

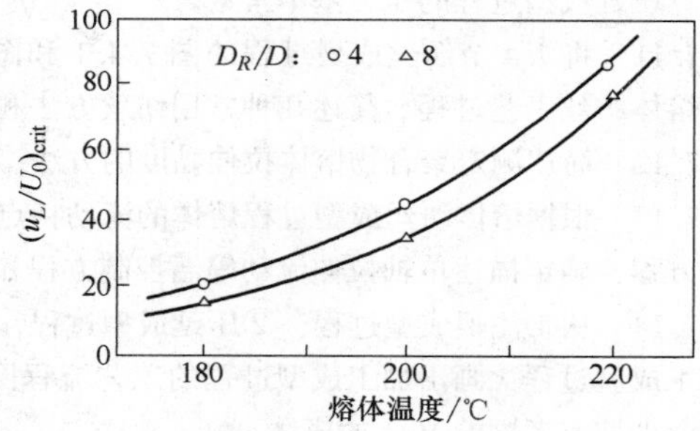

图 7.4.18　聚丙烯熔体纺丝储器直径与口模直径之比对拉伸共振现象的影响[7]

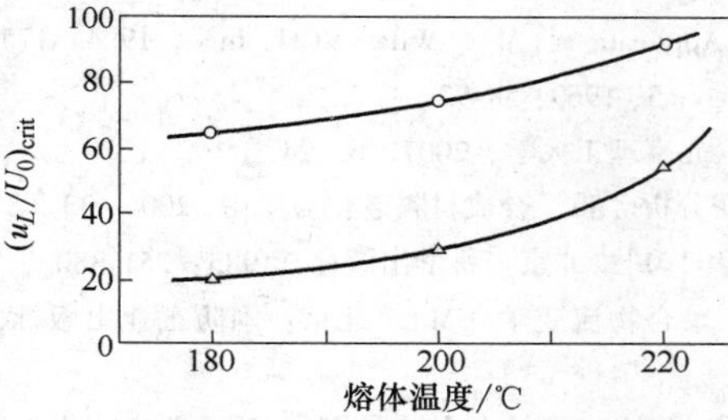

图 7.4.19　不同冷却方式聚丙烯熔体纺丝临界拉伸比$(u_L/U_0)_{crit}$随熔体温度的变化[7]

o 等温纺丝（即缓慢冷却）；Δ 非等温冷

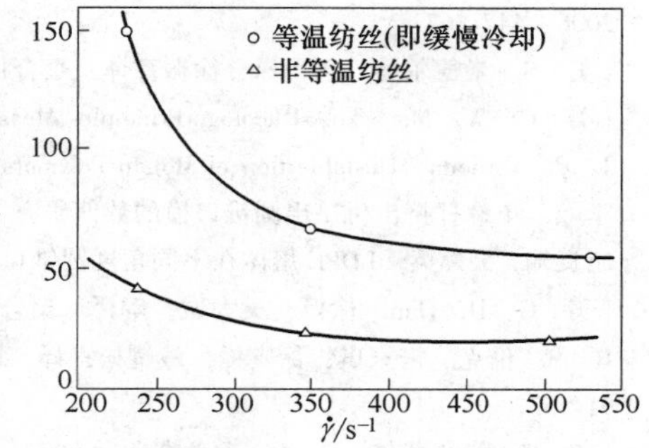

图 7.4.20　不同冷却方式 PP 熔体纺丝临界拉伸比$(u_L/U_0)_{crit}$随剪切速率的变化[7]

第 7 章练习题

7.1　将 7.1 节图 7.1.3 螺杆挤出结构分区示意图的英文说明翻译成中文，画一个螺杆挤出工艺流程示意图，简述螺杆挤出结构的分区功能。

7.2　将图 7.1.11 HDPE 型聚合物发生熔体破裂时的压力振荡曲线中英文说明翻译成中文，画一个标注中文的图，简述熔体破裂时的压力振荡的规律。

7.3　根据双螺杆挤出成型过程熔体的流动特点，给出所有的简化条件，简化描述不可压缩黏性流体流动的控制方程，确定描述螺杆流道内熔体流动等温控制方程和边界条件。

7.4　用幂律方程奥斯特沃特公式 $\tau = K(\dot{\gamma})^n$ 来描写非牛顿流体的流动特性，而保持运动方程和连续性方程不变，用解析法求解单螺杆挤出非牛顿流体的流场。

7.5　将 7.2 节注塑成型过程的图 7.2.1 和图 7.2.2 的英文说明翻译成中文，画一个工艺流程示意图，简述注射机械的装置和注塑装置的工作原理。

7.6 聚合物材料注塑成型过程包含哪几个主要阶段？用流变学理论分析挤出过程与注塑过程的差异。

7.7 根据注塑成型过程充模段熔体的流动特点，给出所有的简化条件，简化描述不可压缩黏性流体流动的控制方程，确定描述充模段熔体流动等温控制方程和边界条件。

7.8 将7.3节图7.3.1四辊压延成型过程的英文说明翻译成中文，画一个工艺流程示意图，简述四辊压延成型工艺流程。简述压延机的工作原理。

7.9 在压延过程中，聚合物材料主要受哪几种力的作用，聚合物材料产生何种形变和流动。

7.10 若设物料黏度为10^4Pa·s，辊筒半径$R=0.1$m，表面线速度$u=0.25$m/s，辊距$2H_0=0.002$m，请计算压延成型过程的压力基本常数。

7.11 将7.4节纺丝成型过程的图7.4.1和图7.4.2的英文说明翻译成中文，画出一个工艺流程图，简述熔体纺丝工艺过程。简述几种常用纺丝方法和原理。

7.12 简述测定聚合物熔体拉伸黏度的方法。

7.13 根据熔体纺丝成型过程熔体的流动特点，给出所有的简化条件，简化不可压缩黏性流体流动的控制方程，确定描述单轴拉伸流动等温控制方程和边界条件。

7.14 从①注塑成型过程，②压延成型过程，③纺丝成型过程等典型加工中，选择你最感兴趣一种典型加工成型过程，画出加工成型过程的工艺流程图，用流变学的理论简单分析加工成型过程流体的流动。该作业占期末考试的10%的成绩。

参考文献

[1] [美] Z. Tadmor, C. G. Gogos. Principles of Polymer Processing (Second Edition) [M]. A John Wiley & Sons, Inc. 2006: 447-867.

[2] [美] S. 米德尔曼. 赵得禄，徐振森译. 聚合加工基础 [M]. 北京：科学出版社，1984：587-776.

[3] [美] C. W. Macosko. Rheology Principles Measurements and Applications [M]. Wiley-VCH, Inc., 1994: 175-284.

[4] J. P. Tordella. Unstable flow of Molten Polymers [J]. Rheology, 5, 1969: 58-92.

[5] 李頔. 单螺杆挤出机挤出圆锥口模的数值研究 [D]. 北京：北京理工大学，2007. 6. 24.

[6] 赵良知，吴舜英. LDPE熔体在不同角度圆锥口模的挤出流变分析 [J]. 合成材料老化与应用，2004，33 (3)：6-8.

[7] [美] C. D. Han. 徐僖，吴大诚，等译. 聚合物加工流变学 [M]. 北京：科学出版社，1985：251-380.

[8] R. S. 伦克. 宋家琪，徐支祥，戴耀松，译. 戴健吾，校. 聚合物流变学 [M]. 北京：国防工业出版社，1983：91-153.

[9] [美] Z. 塔德莫尔，C. G. 戈戈斯. 耿孝正，阎琦，许澎华，等译. 聚合物加工原理 [M]. 北京：化工出版社，1990：587-776.

[10] 金日光，马秀清. 高聚物流变学 [M]. 上海：华东理工大学出版社，2012：285-363.

[11] C. D. Han and R. R. Latnonte. Studies on Melt Spinning. 1. Effect of Molecular Structure and Molecular-Weight Distribution on Elongational Viscosity [J]. Trans. Soc Rheol, 16, 1972: 447.

[12] C. D. Han and Y. W. Kim. Studies on Melt Spinning. 5. Elongational Viscosity and Spinnability of 2-Phase Systems [J]. J. Appl. Polym. Sci., 18, 1974: 2589-2603.

[13] C. D. Han and R. R. Latnonte. Studies on Melt Spinning. 3. Flow Instabilities in Melt Spinning-Melt Fracture and Draw Resonance [J]. J. Appl. Polym. Scl., 16, 1972: 3307-3323.

第 8 章　流变仪测量的基本原理及其应用

在聚合物加工成型过程中，半成品或成品表面出现“橘子皮”和“鲨鱼皮”，出现波浪、竹节等直径有规律的脉动、螺旋形畸变甚至支离破碎等现象，这些熔体破裂和不稳定流动现象与熔体黏弹性有关。在聚合物工程研究的早期，大多使用实验的方法研究聚合物材料的流变行为，在加工设备上开可视的视窗，观察和记录物料的流动情况。2006 年，Elkouss 等[1]用相同实验方法和仪器，测量停留时间和停留体积分布（Residence Distributions，RxD），实验发现黏度相同的两种材料确有不同的 RxD，而黏度不同的两种材料确有相同的 RxD，发现材料的黏弹性影响加工过程材料的流变行为，最终影响产品的质量。聚合物流变性能与加工成型关系的研究证明了这一点。由此可见，全面了解聚合物加工成型过程中熔体流变性能是十分重要的。

由于聚合物工程的需求推动了流变测量的方法和仪器日臻完善。流变测量学成为流变学的一个重要活跃的分支。流变测量学作为一门实验科学，正确地实施科学有价值的定量测定无疑对理论发展和正确描述实验事实均具有重要的意义。由于聚合物材料复杂的流动行为，使流变测量不仅在实验技术上，而且在测量理论本身都有许多值得研究的课题。**在测量理论上，要建立不可直接测量的流变量（剪切速率、剪切应力、黏度、法向应力差系数）与可测量的物理量（流量、压力差、转速、转矩）之间恰当的数学关系。设计实验以保证测量的信息正确地可靠地反映材料在流动过程中黏弹性质的变化。在测量技术上，要跨越几个乃至十几个数量级变化范围内，准确地测量这些物理量的变化，正确地分析测量误差并加以校正。**这些是流变测量学的任务。本书仅介绍流变仪原理的基本知识和如何选择和使用流变测量的仪器。

在选定加工成型设备后，制定聚合物加工工艺条件前，必须测试被加工聚合物材料的流变性能，确定该材料的本构方程。因为每种流变测试仪器都有一定的测试范围，流变仪错误的使用直接导致测试的数据有问题。若测试物料流变数据的剪切速率范围不够，得到聚合物熔体或流体的本构方程是线性，不可能全面的描述聚合物材料的流变性能。科学技术人员学习测量流变学的基本知识，学会选择流变仪，正确的使用流变仪非常重要。

黏性流体动力学是流变测量学的理论基础。**用于测定物料黏度的流动称为测黏流动（Viscometric flow）**。本章介绍测黏流动将全面应用前面章节的知识，建议读者全面复习第 2 章至第 6 章的相关内容。本章将从不同流变仪的测黏流动出发，运用黏性流体运动的控制方程和本构模型，分析在流变仪中物料的流场，介绍流变测量仪的基本原理和应用[2-16]。重点介绍毛细管流变仪的工作原理，简要介绍锥-板型转子流变仪、落球式粘度计的测量原理、混炼机型转矩流变仪的原理等其他类型的流变仪，介绍流变测量仪选择和使用的原则。最后用工程典型的实例，介绍如何修正测试流变数据，确立本构方程的参数，建立聚合物流体本构方程。

本章介绍流变仪测量的基本原理及其应用，分为 4 节，包括流变测量学导论、毛细管流变仪、其他类型流变仪的测量原理、流变测量仪的选择使用和数据处理。

8.1 流变测量学导论

聚合物工程的迅猛发展推动了流变测量方法和仪器发展，流变测量学成为流变学的一个非常重要的分支之一，聚合物工程专业的工程技术人员都要使用流变仪测试聚合物材料的流变性能，流变测量的知识是从事聚合物材料领域工作和科研必要的基础知识。

本节介绍流变测量学的基本概念、原理和分类[2-6]，分为 2 小节，包括流变测量的意义、流变测量的原理和分类。

8.1.1 流变测量的意义

通过前面章节的学习得知，**流体阻碍流体流动不可逆位置变化的阻力叫黏度**。当剪切应力引起微团变形时，固体和流体产生完全不同的响应。为了研究物质的流变性质和黏度，产生了各种测试仪器。**用于测试固体、半流体或流体黏弹性质的仪器称为流变仪，而仅限于测定流体黏性流动行为的仪器称为黏度计。**

本书介绍流变仪和黏度计测量聚合物固体、熔体和流体的黏度的方法，不涉及气体黏度的测定。本小节介绍流变测量的意义，包括流变测量的目的、流变测量学的任务两部分。

（1）流变测量的目的

聚合物材料流变测量的目的大致分 3 个方面。

① **物料流变性能的表征**。这是最基本的流变测量任务。通过测量掌握物料的流变性质与体系的组分、结构与测试工艺条件间的关系，为材料设计、配方设计、工艺设计提供基础数据，控制和达到期望的加工流动性，保证最终制品的主要物理力学性能和外观质量。

② **工程流变学研究和设计**。借助于聚合物材料流变性能的测量，确立描述物性的本构方程，数值研究聚合物工程设备和模具流道的速度场、温度场、剪切应力场和剪切速率场等，优化加工工艺条件，研究极限流动条件与工艺过程的关系，为实现工程最优化，为设备和模具 CAD 设计提供可靠的定量依据，优化设备的设计。

③ **检验和指导流变本构方程理论的发展**。这是流变测量的最高级任务。这种流变测量必须是科学的，经得起验证的。通过科学的流变测量，研究材料真实的黏弹性变化规律与材料结构参数的内在联系，由此检验本构方程的优劣，指导本构方程理论的发展。

（2）流变测量学的任务

从流变测量的目的出发，流变测量学必须担当理论研究和实验技术的两项任务。

① **理论研究**。在各种边界条件下，建立可测量的物理量与不能直接测量的物理量之间的恰当关系。可测量的物理量是压力、扭矩、转速、频率、线速度、流量、温度等；不能直接测量的物理量——描写材料流变性质，包括应力、应变、应变速率、黏度、模量、法向应力差系数等。分析研究各种流变测量实验技术的基本原理和测试计算方法，估算流变测量的误差，编制流变仪配套的计算软件。

② **实验技术**。测试技术测量跨越几个乃至十几个数量级很宽的黏弹性变化范围。针对从稀溶液到熔体等不同聚合物状态体系的黏弹性测量，使测量的值尽可能准确地反映聚合物体系真实的流变特性和工程的实际工艺条件。

这两项任务都相当艰巨，流变测量学的创新和发展是现任和未来科技工作者的重要任务之一。

8.1.2　流变测量的原理和分类

由于流变学理论和工程技术的巨大进步，一大批价格昂贵构造复杂的流变仪得到推广应用，开发出若干多功能、高精度使用方便的流变仪计算软件与之配合，方便了测量。流变测量的原理是大致相同的。

本小节介绍流变测量的原理和分类，包括流变仪性能的测量原理、常用的流变测量仪器的类型、流变测量的分类 3 部分。

8.1.2.1　流变性能的测量原理

常用的毛细管流变仪、旋转流变仪、转矩流变仪和振荡流变仪等所有聚合物材料流变性能测试仪器的工作原理都基于牛顿的著名实验内摩擦定律。首先复习 3.1 节的相关内容。1687 年，牛顿做了著名的实验，得到牛顿黏性公式。将牛顿黏性公式扩展后，得到广义牛顿内摩擦定律。对于不可压缩流体的速度散度为零 div$\boldsymbol{u}=0$，得到全面反映各向同性的牛顿流体应力与应变速度关系的本构方程（3.1.28b），为

$$\boldsymbol{T}=-p\boldsymbol{I}+2\mu\varepsilon$$

在直角坐标系中，本构方程的展开式，即三维流体运动时剪切应力（3.1.25）和法向应力（3.1.27b），分别为

$$\begin{cases}\tau_{xy}=\tau_{yx}=2\mu\varepsilon_{xy}=\mu\left(\dfrac{\partial u_x}{\partial y}+\dfrac{\partial u_y}{\partial x}\right)\\ \tau_{xz}=\tau_{zx}=2\mu\varepsilon_{xz}=\mu\left(\dfrac{\partial u_x}{\partial z}+\dfrac{\partial u_z}{\partial x}\right)\\ \tau_{yz}=\tau_{zy}=2\mu\varepsilon_{yz}=\mu\left(\dfrac{\partial u_y}{\partial z}+\dfrac{\partial u_z}{\partial y}\right)\end{cases}\quad 和 \quad\begin{cases}p_{xx}=-p+2\mu\dfrac{\partial u_x}{\partial x}\\ p_{yy}=-p+2\mu\dfrac{\partial u_y}{\partial y}\\ p_{zz}=-p+2\mu\dfrac{\partial u_z}{\partial z}\end{cases}$$

应力张量和变形速度张量之间的关系满足牛顿定律的流体称为牛顿流体，否则称为非牛顿流体。

设计流变仪时，使用了广义牛顿定律、黏性流体流动的控制方程。流变性能测试仪器测量物料黏度时，物料流速缓慢，因此流体流动的雷诺数较小。流变性能测试仪器的工作原理基于以下基本假设：

① 聚合物熔体或流体是不可压缩均质的连续介质；

② 仪器内熔体或流体流动是小雷诺数的层流；

③ 仪器壁面无滑移。

根据以上假设，可以用黏性流体流动的理论和连续性方程、运动方程和能量方程等控制方程，深入分析流变仪中熔体或流体的流动形式和计算流体流动的流场。图 8.1.1（a）至（e）汇总了测量物料流变性能的 5 种结构形式，图中给出这些结构流道内流体流动形式。

① 两个平板间的流体流动如图 8.1.1（a）所示，下板固定不动，上板移动，在两块板之间，流体一层一层的层流。可以形象的说，流动类似于一叠卡片中各张卡片相互位移。在平板涂膜工艺中，上面固定的刮刀类似于上板，油漆或胶粘剂等涂料被强制在板与刮刀间的狭缝流道以层流的方式流动。

② 在两同轴圆柱环隙流道流体流动如图 8.1.1（b）所示，两个圆柱筒一个固定，另一个转动。在两个圆柱同轴环隙空间中，流体流动是各同心液层的位移。在同轴圆筒测量头系统的旋转黏度计中，流体流动类似于这种情况。

③ 通过软管、管子或毛细管的流体流动如图 8.1.1（c）所示。以毛细管为例，毛细管

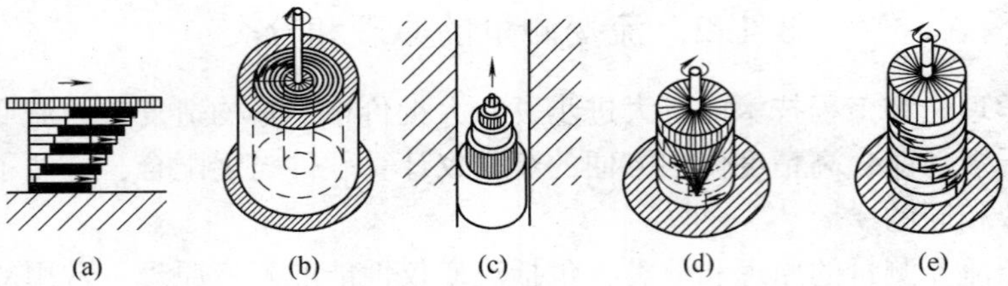

图 8.1.1 测量物料流变性能流体的流动形式[2,3]

(a) 两个平行平板 (b) 两圆柱同轴环隙 (c) 毛细圆管 (d) 锥—板 (e) 两平行圆板

出入口的压力差使流体流动，截面上流动速率分布曲线呈抛物线型，这种流动形成套管式叠加位移，管状液层一个滑过一个。管壁处流速为零，流体速度只是径向分布，管壁处物料剪切速率最大，因此毛细管流变仪测试物料的表观剪切速率。有一种狭缝毛细管，其截面是矩形通道，通道的宽度大于深度，以减少侧壁的作用。

④ 在锥-板型与两平行圆板型的流体流动分别如图 8.1.1（d）和（e）所示，其中下板固定，锥形转子或另外一块板旋转。流体相当在锥-板或两平行圆板之间运动，转动的转子或板带着流体转动，转动的流体使流体相对于附近的流体位移一个小角度。旋转黏度计、转子型流变仪的测量头系统间隙流道样品产生这样的流动。

8.1.2.2 常用的流变测量仪器的类型

下面介绍常用流变测量仪器的大致类型和流变测量的分类。

(1) 常用流变测量仪器

① **毛细管型流变仪**。根据测量原理不同又可分为**测压力的恒速型和测流速的恒压型**两种。通常的高压毛细管流变仪多为恒速型，塑料工业中常用的熔融指数仪属恒压型毛细管流变仪的一种。

② **转子型流变仪**。根据转子几何构造的不同又分为锥-板型、两平行圆板型、同轴圆筒型等。橡胶工业中常用的门尼黏度计是一种改造的转子型流变仪。

③ **混炼机型转矩流变仪**。实际上是一种组合式转矩测量仪。它带有一种小型密炼器和小型螺杆挤出机及各种口模。优点在于其测量过程与实际加工过程相仿，测量结果更具工程意义。常见的有 **Brabender** 公司和 **Haake** 公司生产的塑性计。

④ **振荡型流变仪**。用于测量小振幅的聚合物材料的动态力学性能，其结构同转子型流变仪。只是通过改造控制系统，使其转子不是沿一个方向旋转，而是作小振幅的正弦振荡。**Weissenberg** 流变仪属于此类。

各种测试仪器和方法各有其优缺点与适用范围，可互相补充。本章将介绍分析各种流变仪的工作原理和使用的基本原则。

(2) 流变测量的分类

流变测量的分类有两种，一种是按运动的时间依赖性来分类，另外一种是按照流体运动的形式分类。

① **按运动的时间依赖性来分类**。根据物料的变形历史，即按运动的时间依赖性来分类，流变测量实验可分为 3 种类型。

稳态流变实验：实验中物料内部的剪切速率场、压力场和温度场恒为常数，不随时间变化。

动态流变实验：实验中物料内部的应力和应变场均发生交替变化，一般要求振幅要小，变化是正弦规律的。

瞬态流变实验：实验中物料内部的应力或应变发生阶跃变化，即相当于一个突然的起始流动或终止流动。此类实验用于测量材料的多种力学性质。

上述测量方式实际上是流变仪具体的测量模式，不同的模式得到不同类型的数据。不同类型流变数据反映了物料流动过程内部不同层次结构的变化。

② **按照物料的流动形式分类**。根据仪器中物料的流动形式来分类，按照习惯的约定：1 代表流动的方向，2 代表速度梯度的方向，3 代表中性方向，分为两类。

剪切流场测量：即 1 和 2 方向互相垂直。

拉伸流场测量：即 1 和 2 方向是平行的。

目前，剪切流场的实验研究得很透彻，测量仪器已基本定型。在第 6 章简单截面流道聚合物流体流动分析的基础上，介绍聚合物流变测量的基本原理和各种流变仪。本章重点介绍流变仪的基本工作原理，直接用第 6 章简单截面流道聚合物流体流动分析的数学公式和结果，分析测试仪器流道熔体流动。

8.2　毛细管流变仪

目前，毛细管流变仪（Capillary rheometer）是发展得最成熟、最典型和应用最广的流变测量仪，其具有操作简单、测量准确、测量范围广阔（$\dot{\gamma}=10^{-2}\sim10^{4}s^{-1}$）的主要优点。在毛细管流变仪毛细管流道，物料流动与聚合物某些加工成型过程中物料流动形式相仿，因而具有实用价值。使用毛细管流变仪不仅能测量物料的剪切黏度，还可以通过对挤出行为的研究，讨论物料的弹性行为。

本节介绍毛细管流变仪测量原理和应用[2-7]，分为 4 小节，包括毛细管流变仪的工作原理、完全发展区流场的分析、入口区流场的分析和 **Bagley** 修正、出口区流体流动的分析。

8.2.1　毛细管流变仪工作原理

本小节介绍毛细管流变仪工作原理，包括毛细管流变仪的基本构造、毛细管流变仪测量原理两部分。

(1) 毛细管流变仪的基本构造

毛细管流变仪的基本构造如图 8.2.1 所示。毛细管流变仪料筒周围为恒温加热套，内有电热丝，料筒内物料的上部为液压驱动的柱塞。毛细管流变仪的核心部分为一套精致的毛细管，具有不同的长径比 L/D，通常 $L/D=10/1$，$20/1$，$30/1$，$40/1$ 等。

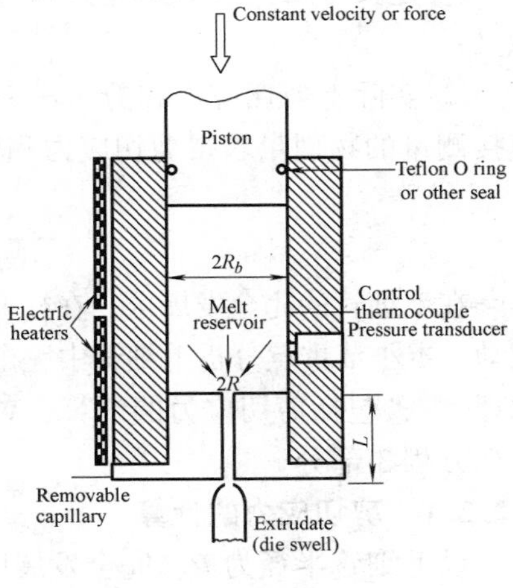

图 8.2.1　毛细管流变仪框架和压力传感器安装示意图[4]

图 8.2.1 给出毛细管流变仪框架和压力传感器安装示意图。在柱塞高压作用下，经高温加热物料变为熔体被强迫从毛细管挤出，压力传感器自动测量物料的黏性。毛细管流变仪还配有高档次的调速、测力和控温等机构，自动记录和数据处理系统，有定型的或自行设计的计算机控制、运算和绘图软件，操作运用

便捷。

(2) 毛细管流变仪测量原理

根据测量原理的不同，毛细管流变仪又分为恒速型和恒压型两类。**恒速型仪器预置柱塞下压速度为恒定，待测定的量为毛细管两端的压差。恒压型仪器预置柱塞前进压力为恒定，测量物料的挤出速度（流量）**。

塑料行业中经常使用的熔融指数仪为一种恒压型毛细管流变仪。在柱塞上预置一定的重量（压力），在规定温度下、规定时间内，测量流过毛细管物料的流量。以此来比较物料相对分子量的大小，判断其适用于何种成型加工工艺。通常流量大，物料熔融指数高，说明其相对分子量小，此类物料多适于注塑成型工艺。流量小，熔融指数低，说明其相对分子量大，此类物料多适于挤出成型工艺。

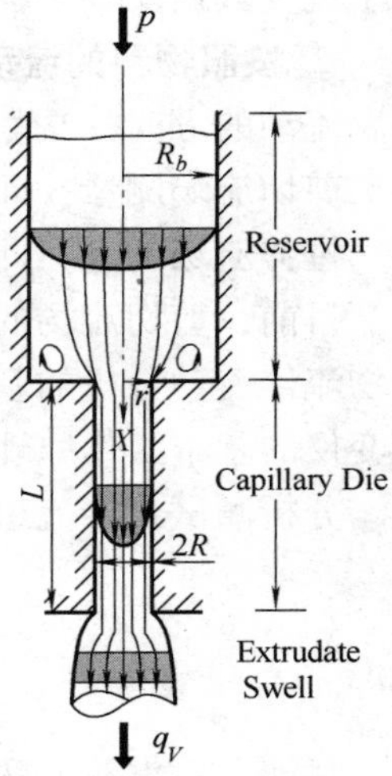

图 8.2.2 毛细管内流体流动示意图[4]

Macosko[4]形象地给出毛细管流变仪流体流动示意图 8.2.2。

由此图可见，在整根毛细管中，聚合物熔体流动分为入口流动区、完全发展流动区、出口流动区等三个流动区域。物料从直径较宽的料筒，经挤压通过有一定入口角的入口区进入毛细管，然后从出口挤出，其流动状况发生巨大的变化。入口附近有明显的流线收敛行为，它将影响到物料刚刚进入毛细管区的流动，使得流入毛细管一段距离后，才能发展成稳定的流线平行的层流。在出口附近，管壁约束突然消失，弹性液体表现出挤出胀大，流线又随之发生变化。

完全发展流动区是毛细管流道最重要的一个区域。在流线平行的完全发展区测量物料的黏度。**测黏流动是指流场中每一流体微团均承受常剪切速率的简单剪切变形，只有测黏流动才能测出客观有实际价值的物料黏性。**

按照定义，流体黏度等于流体微团承受的剪切应力除以剪切速率。这一定义对牛顿型液体的常数黏度和非牛顿型液体的表观黏度均成立。特别需要说明：

① 定义中所说的剪切应力和剪切速率都必须是针对同一个流体微团测量的，否则没有意义；

② 实际上剪切应力和剪切速率都不能直接测量，必须通过设计和分析实验，从一些可直接测量的物理量求得剪切应力和剪切速率，从而求得黏度。

8.2.2 完全发展区流场的分析

在毛细管的完全发展区，在柱塞压力下，物料做充分发展等温稳定的轴向层流，即做测黏流动。本小节重点分析毛细管中完全发展区熔体的流场，深入讨论恒速型毛细管流变仪的测量原理[2-6]，包括剪切应力的计算、Weissenberg-Rabinowtsich 剪切速率公式、Ostwald-de Waele 幂律方程 3 部分。

8.2.2.1 剪切应力的计算

设毛细管半径为 R，完全发展区长度为 L'。在柱塞压力下，不可压缩的黏弹性流体作等温稳定的轴向层流。因为毛细管是圆柱型的，所以选取柱坐标系 r，θ，z 分析物料的流动行为，见图 8.2.3。可以看出，流速方向（1 方向）在 z 方向，速度梯度方向（2 方向）在 r 方向，θ 方向（3 方向）为中性方向。

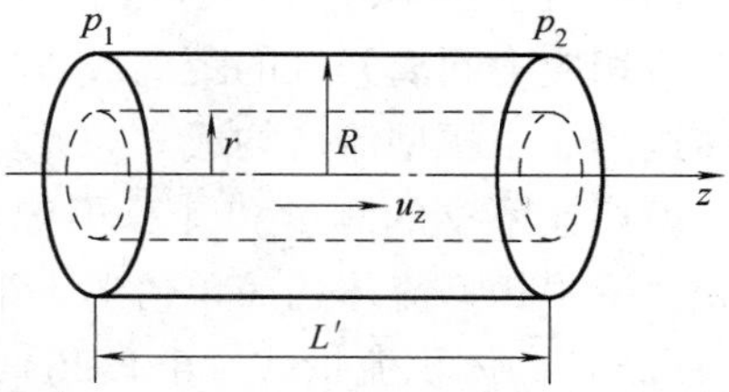

图 8.2.3　流动完全发展区结构示意

该流体流动与 6.1.2 节长圆管流道流体的压力流相同。根据分析流动的特点，不可压缩黏弹性流体的等温稳定层流，可以忽略质量力和惯性力；流速只有 u_z 分量不等于零，速度梯度分量仅有$\partial u_r/\partial r$ 不等于零，偏应力张量可能存在的分量有 τ_{zr}，τ_{zz}，τ_{rr}，$\tau_{\theta\theta}$。于是得到连续性方程为

$$\nabla \cdot \boldsymbol{u}=0 \quad \text{即} \quad \frac{\partial u_z}{\partial z}=0 \tag{1}$$

简化柱坐标系的运动方程式（3.2.28b），可分别写出 3 个坐标方向运动方程

r 方向
$$\frac{\partial p}{\partial r}=\frac{1}{r}\frac{\partial}{\partial r}(r\tau_{rr})-\frac{\tau_{\theta\theta}}{r} \tag{2}$$

θ 方向
$$\frac{1}{r}\frac{\partial p}{\partial \theta}=0 \tag{3}$$

z 方向
$$\frac{\partial p}{\partial z}=\frac{1}{r}\frac{\partial}{\partial r}(r\tau_{rz}) \tag{4}$$

在毛细管流道中，由于熔体或流体的黏性，最贴近管壁的一层流体是紧贴着管壁不流动的。可假定毛细管壁面无滑移，有边界条件

$$u_z|_{r=R}=0 \tag{5}$$

由于物料流速较高，通过毛细管的时间很短，可以忽略与外界的热量交换，熔体等温流动，不考虑能量方程。

分析运动方程的各式，式（2）含法向应力分量，主要描述材料的弹性行为；式（3）显示法向应力不是 θ 的函数，因此 $\tau_{\theta\theta}=0$；式（4）含有一个剪切应力分量，主要描述材料黏性行为。设沿 z 轴方向的压力梯度$\frac{\partial p}{\partial z}$恒定不变，可以直接积分式（4），得到毛细管内的剪切应力分布为

$$\tau_{rz}=\frac{\partial p}{\partial z}\frac{r}{2} \tag{8.2.1}$$

由此求出管轴心处和管壁处的剪切应力分别为

$$\tau_{rz}\big|_{r=0}=0 \tag{6}$$

$$\tau_{rz}\big|_{r=R}=\frac{\partial p}{\partial z}\frac{R}{2}=\tau_w \tag{7}$$

由上式可见，在毛细管内物料流动时，同一横截面内各点的剪切应力分布并不均匀。轴心处剪切应力为零，而管壁处取最大值 τ_w。可以看出，只要毛细管内的压力梯度确定，管内任一点的剪切应力也随之确定。这样，一个测剪切应力的问题被归结为测压力梯度的问题，而后者是较易测定的，只要测出毛细管两端的压力差除以毛细管长度即可，得到管壁处最大剪切应力的简单公式

$$\tau_w=\frac{\Delta p}{2L}R \tag{8.2.2}$$

式中，Δp 是管长 L 的压力降。

毛细管中任一点的剪切应力为

$$\tau=\frac{\Delta pr}{2L} \tag{8.2.3}$$

1851 年，Stockes 导出公式（8.2.3），该式称为 Stockes 关系。在一定压力梯度 $\Delta p/L$ 下，剪切应力同离开轴的距离成正比，且与流体性质无关。对任何一种流体，无论是牛顿型流体还是非牛顿型流体均成立。计算过程中并不涉及流体的类型。

剪切速率 $\dot{\gamma}$ 的测量和计算不像剪切应力那样简单，它与流过毛细管的物料种类有关。首先讨论牛顿型流体的简单情形，第 6 章详细推导了长圆管流道流体流动，得到速度分布式（6.1.25）和体积流量式（6.1.26），分别为

$$u_z(r) = \frac{R^2}{4\mu}\frac{\mathrm{d}p}{\mathrm{d}z}\left[1-\left(\frac{r}{R}\right)^2\right] = \frac{\Delta pR^2}{4\mu L}\left[1-\left(\frac{r}{R}\right)^2\right]$$

$$q_V = \int_0^R 2\pi r u_z(r)\,\mathrm{d}r = \int_0^R \frac{\Delta p\pi R^2}{2\mu L}\left[1-\left(\frac{r}{R}\right)^2\right]\mathrm{d}r = \frac{\Delta p\pi R^4}{8\mu L}$$

可见，速度曲线是一个抛物线。在管轴心处，物料流速最大，管壁处物料流速为零。由流量式得到

$$\frac{\partial p}{\partial z} = \frac{\Delta p}{L} = \frac{8\mu}{\pi R^4}q_V \tag{8}$$

将式（8）代入式（8.2.2），得到管壁的剪切应力为

$$\tau_w = \frac{\partial p}{\partial z}\frac{R}{2} = \frac{8\mu q_V}{\pi R^4}\frac{R}{2} = \frac{4q_V\mu}{\pi R^3} \tag{8.2.4}$$

由式（8.2.4）确定在毛细管壁处牛顿型流体所承受的剪切速率 $\dot{\gamma}_w^N$

$$\dot{\gamma}_w^N = \frac{\tau_w}{\mu} = \frac{4q_V}{\pi R^3} = \frac{8}{D}u_{Zb} \tag{8.2.5}$$

式中，D 为毛细管直径；u_{Zb} 为物料流经毛细管的平均流速。

式（8.2.5）的物理意义是只要测量体积流量 q_V 或平均流速 u_{Zb}，则可直接求出牛顿型流体在毛细管壁处的剪切速率。这里再强调一下，式（8.2.5）求得在毛细管管壁处牛顿型流体的剪切速率，它与式（8.2.2）求得的管壁处的剪切应力相对应。必须对同一流体元测量剪切应力和剪切速率，计算出的黏度才能反映真正的物料性能。

8.2.2.2 Weissenberg-Rabinowtsich 剪切速率公式

不指明流体的具体类型，对于非牛顿流体黏度为 η，剪切速率的计算比较复杂[4]。实验中通常测量体积流量 q_V，需要计算 $\dot{\gamma} = \frac{\partial u_z}{\partial r}$。$q_V$ 与速度有直接关系，对速度体积分，运用管壁无滑移边界条件 $u_z|_{r=R}=0$，得体积流量为

$$q_V = \int_0^R u_z 2\pi r\mathrm{d}r = u_z\pi r^2\Big|_0^R - \int_0^R \pi r^2\frac{\mathrm{d}u_z}{\mathrm{d}r}\mathrm{d}r = -\pi\int_0^R r^2\frac{\mathrm{d}u_z}{\mathrm{d}r}\mathrm{d}r \tag{1}$$

由式（8.2.2）和式（8.2.3），有

$$r = R\frac{\tau_{rz}}{\tau_w} \quad 和 \quad \mathrm{d}r = \frac{R}{\tau_w}\mathrm{d}\tau_{rz} \tag{2}$$

将式（2）的 r 和 $\mathrm{d}r$ 代入式（1），作变量替换，得到

$$\frac{\tau_w^3 q_V}{\pi R^3} = -\int_0^{\tau_w}\dot{\gamma}\frac{\mathrm{d}u_z}{\mathrm{d}r}\mathrm{d}\tau_{rz} \tag{3}$$

积分上式，得到

$$\frac{3\tau_w^2 q_V}{\pi R^3} + \frac{\tau_w^3}{\pi R^3}\frac{\mathrm{d}q_V}{\mathrm{d}\tau_w} = -\tau_w^2\frac{\mathrm{d}u_z(w)}{\mathrm{d}r} \tag{4}$$

由式（4）得到

$$-\frac{\mathrm{d}u_z(w)}{\mathrm{d}r}=\frac{3q_V}{\pi R^3}+\frac{\tau_w}{\pi R^3}\frac{\mathrm{d}q_V}{\mathrm{d}\tau_w} \tag{5}$$

由 $\dot{\gamma}=\frac{\partial u_z}{\partial r}$，得到

$$\dot{\gamma}_w=-\frac{\mathrm{d}u_z(w)}{\mathrm{d}r}=\frac{3q_V}{\pi R^3}+\frac{\tau_w}{\pi R^3}\frac{\mathrm{d}q_V}{\mathrm{d}\tau_w}=\frac{1}{\pi R^3}\left(3q_V+\tau_w\frac{\mathrm{d}q_V}{\mathrm{d}\tau_w}\right) \tag{6}$$

将式（8.2.5）的管壁处牛顿型流体的剪切速率 $\dot{\gamma}_w^N$ 记为**表观剪切速率 $\dot{\gamma}_{aw}$**，计算流量

$$q_V=\frac{\pi R^3\dot{\gamma}_{aw}}{4} \tag{7}$$

再将式（7）代入式（6），得到重要的 **Weissenberg-Rabinowtsich** 公式

$$\dot{\gamma}_w=\frac{1}{4}\dot{\gamma}_{aw}\left(3+\frac{\tau_w}{\dot{\gamma}_{aw}}\frac{\mathrm{d}\dot{\gamma}_{aw}}{\mathrm{d}\tau_w}\right)=\frac{1}{4}\dot{\gamma}_{aw}\left(3+\frac{d\ln\dot{\gamma}_{aw}}{d\ln\tau_w}\right) \tag{8.2.6}$$

此式用于计算非牛顿型流体流经毛细管时，毛细管管壁处物料承受的真实剪切速率。

综上所述，用毛细管流变仪测量物料黏度的步骤和计算方法如下：

① 首先把流经毛细管的任何流体均视为牛顿型流体，通过测量完全发展流动区上的压力降计算管壁处物料所受的剪切应力 τ_w，测量其体积流量 q_V 或平均流速 u_{Zb}，按式（8.2.5）求出管壁处的管壁处**表观剪切速率 $\dot{\gamma}_{aw}$**；

② 根据具体物料的性质，即管壁的剪切应力 τ_w 与表观剪切速率 $\dot{\gamma}_a$ 之间的本构依赖关系或测量得到的 $\tau_w-\dot{\gamma}_a$ 的关系曲线，由式（8.2.6）求出该物料流经毛细管时在管壁处的真实剪切速率 $\dot{\gamma}_w$；

③ 由管壁的剪切应力 τ_w 和剪切速率 $\dot{\gamma}_w$ 得此计算物料的黏度 $\eta_a=\tau_w/\dot{\gamma}_w$。

8.2.2.3　Ostwald-de Waele 幂律方程

对于若干聚合物熔体的加工过程的剪切速率范围 $\dot{\gamma}_a=(10^1\sim10^3)\mathrm{s}^{-1}$ 内，$\dot{\gamma}_a$ 由体积流量按式（8.2.5）确定，用幂律本构关系式（5.2.18），确定管壁切向应力与剪切速率的近似关系，为

$$\tau_w=K\dot{\gamma}_a^n$$

将其代入公式（8.2.6），得到

$$\dot{\gamma}_w=\frac{3n+1}{4n}\dot{\gamma}_a=\frac{1}{4}\dot{\gamma}_a\left(3+\frac{1}{n}\right) \tag{8.2.7}$$

将其代回幂律流体的本构关系式（5.2.18），得到

$$\tau_w=K\dot{\gamma}_w^n \tag{8.2.8}$$

式中，K 为流体的稠度系数，当 $n=1$ 时，为牛顿流体，稠度系数等于黏度系数，$K=\eta$。

式（8.2.8）称为 **Ostwald-de Waele 幂律方程**。作为描述物料非牛顿流动性的最简单的近似，该方程具有简单的形式，广泛地使用于近似分析问题。**该方程是经验性的，缺点是物理意义不明确，适用的剪切速率范围较窄。**

例题 8.2.1　在毛细管内，黏性幂律流体的速度分布不同于牛顿流体。确定毛细管内幂律流体的速度分布。

解：根据毛细管内熔体流动的规律 $u_r=0$，简化柱坐标系变形速率张量分量式（3.1.47）中的 $\dot{\gamma}_{zr}$，有

$$\dot{\gamma}_{zr}=\frac{\mathrm{d}u_z}{\mathrm{d}r} \tag{1}$$

积分上式，得到

$$u_z(r) = \int_r^R \dot{\gamma}_{zr} \mathrm{d}r \tag{2}$$

对于幂律流体，任一点变形速率为

$$\dot{\gamma} = \left(\frac{\tau_{rz}}{K}\right)^{\frac{1}{n}} = \left(\frac{r}{R}\frac{\tau_w}{K}\right)^{\frac{1}{n}} \tag{8.2.9}$$

将其代入式（2）积分，得到毛细管内幂律流体的流速分布公式

$$u_z(r) = u_{zb}\left(\frac{3n+1}{n+1}\right)\left[1-\left(\frac{r}{R}\right)^{\frac{n+1}{n}}\right] \tag{8.2.10}$$

式中，平均速度为 $u_{zb} = q_V/\pi R^2$。

当 $n=1$，式（8.2.9）还原为牛顿流体公式。在第6章曾经分析过长圆管内流体的速度分布。由图6.1.9可见，当 $n<1$，流体呈假塑性时，管内流体的流速分布曲面比牛顿型流体的抛物面扁平些，呈柱塞状。当 $n>1$，流体呈胀流性时，流速分布曲面呈前突形。

8.2.3 入口区流场的分析和 Bagley 修正

毛细管流变仪黏性流体的流场分布不同于牛顿流体，一定要修正测试的流变数据。本小节重点分析毛细管熔体入口压力损失和测量数据的修正，包括入口压力损失、Bagley 修正、入口压力降的应用实例、双毛细管流变仪4部分。

8.2.3.1 入口压力损失

分析毛细管入口区的流场。物料在毛细管管壁处承受的剪切应力 τ_w 是通过测量完全发展流动区上的压力梯度 $\partial p/\partial z$ 确定的，有

$$\tau_w = \frac{R}{2}\frac{\partial p}{\partial z}$$

当压力梯度均匀时，计算压力梯度的简便公式为

$$\frac{\partial p}{\partial z} = \frac{\Delta p}{L}$$

式中，Δp 为长度为 L 完全发展流动区两端的压力差。

但是，在实际使用毛细管流变仪测量物料流变性能时测量时，由图8.2.1和图8.2.4均可见，压力传感器安装的位置不在毛细管上，而是在料筒壁处。通过控制活塞下压速度来控制剪切速率，用压力传感器测量压力，测量压力计算剪切应力。由于物料从料桶被挤入到毛细管口模时，各个流层之间产生黏性摩擦，从而消耗了能量；还有物料的弹性形变，**毛细管入口压力传感器测得的压力差是入口、完全发展区和出口压力降的总和**，如图8.2.4（a）和（b）所示。

测量压力差的表达为

$$\Delta p = \Delta p_{\mathrm{ent}} + \Delta p_{\mathrm{cap}} + \Delta p_{\mathrm{exit}} \tag{8.2.11}$$

另外，完全发展流动区的流道长度与毛细管长也不相等。因此在通过测压力差来计算压力梯度 $\frac{\partial p}{\partial z}$ 时，必须进行适当的修正。

由图8.2.5料筒与毛细管中物料内部压力分布示意图可看出，对于黏弹性流体，当从料筒进入毛细管时，存在着一个很大的入口压力损失 Δp_{ent}。这个压力损失是黏弹性流体流经截面形状变化流道时的重要特点之一，由于物料在入口区经历了强烈的拉伸流动和剪切流动，以至于贮存和损耗了部分能量。

实验发现，在全部入口压力损失中，95%是由于弹性能储存引起的，仅5%是由于黏性损耗引起的。对于纯黏性的牛顿型流体而言，入口压力降很小，可忽略不计。而对黏弹性流体，则必须考虑因其弹性变形而导致的压力损失。

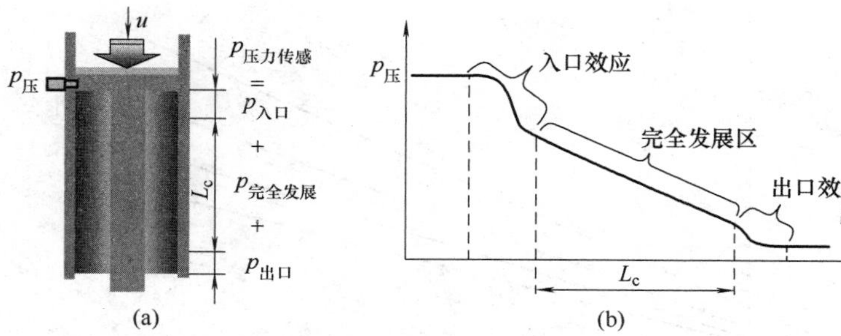

图 8. 2. 4　毛细管流变仪压力传感器测量压力的示意图
（a）仪器示意　（b）压力分布

相对而言，出口压力降比入口压力降小得多。对牛顿型流体来讲，出口压力降为零，等于大气压。对于黏弹性流体，若其在毛细管入口区的弹性变形在经过毛细管后尚未全部松弛，至出口处仍残存部分内压力，则将表现为出口压力降 Δp_{exit}。在本节研究毛细管上压力分布时，暂不考虑出口压力降的影响。第 8. 2. 4 节分析出口区流体的流动。

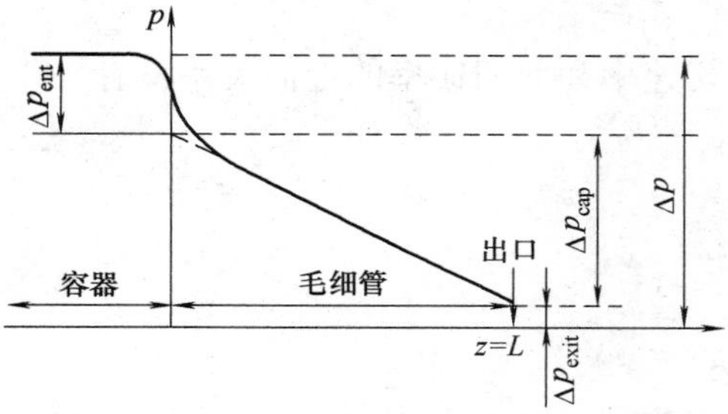

图 8. 2. 5　料筒与毛细管内物料内部压力分布示意图[5]

8. 2. 3. 2　Bagley 修正

为了从测得的压力差 Δp 准确地求出完全发展流动区上的压力梯度 $\partial p/\partial z$，Bagley 提出一种修正方法。在文献［2，4，6］中都详细介绍了 Bagley 修正。将毛细管的完全发展流动区虚拟地延长，保持压力梯度 $\partial p/\partial z$ 不变，假设入口区压力降等价为在虚拟延长长度上的压力降。

Schramm 著作中介绍了 Bagley 的修正方法[2,3]。用几个同直径毛细管口模（至少两个）对被测聚合物做若干实验，其他实验条件相同，只是毛细管的长/径比（L/D）不同，如 10、30 和 40。因为，毛细管口模入口区相同，用这些毛细管所做的实验显然具有同样的入口效应。毛细管口模的 L/D 的比越小，入口效应产生偏差的百分比越大。可以由大的长径比的口模外推至小长径比的其他口模，做此外推，得到最终的结论：

假设一种极端情况，口模长为零或 $L/D=0$，测得的压力差刚好是由总入口效应所产生，正是力求测得的数据。

因此，用几个直径相同，不同长径比口模做实验，设定剪切速率值，绘制压力降随口模长径比的变化曲线 $\Delta p-L/D$，如图 8. 2. 6 所示是一组呈扇形的直线。将这些直线延伸，交于纵坐标于 Δp_c 点，下标 c 代表修正。Δp_c 即为口模长 $L=0$ 的毛细管的入口效应所产生的应力降。也可将上述直线继续延伸，与横坐标相交，得到负的 L/D（绝对值计为 n_B）或 ΔL（$\Delta L=n_BD$）。用 Δp_c 和 ΔL 都可进行 Bagley 修正。综上所述，得到 Bagley 两种修正的方法：

① 将测定压力降 Δp 减去 Δp_c，有剪切应力的修正值为

$$\tau_c=(\Delta p-\Delta p_c)R/2L \tag{8.2.12}$$

② 将毛细管长度 L 加上长度 ΔL，有剪切应力的修正值为

$$\tau_c=\frac{\Delta pR}{2(L+\Delta L)} \tag{8.2.13}$$

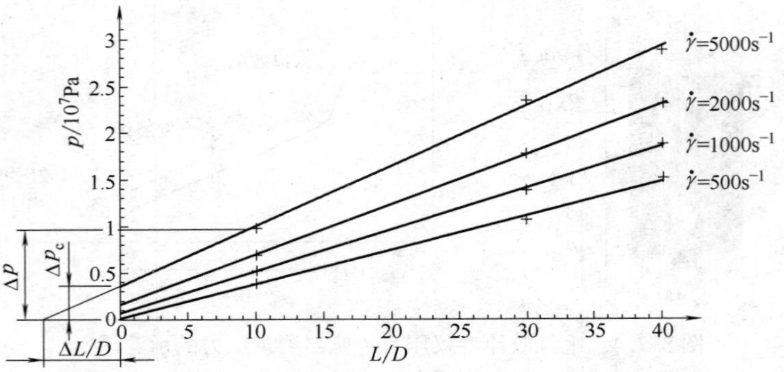

图 8.2.6　确定棒状毛细管口模入口效应的 Bagley 修正因子[3]

由于入口压力降主要因流体存储弹性能引起，因此一切影响材料弹性的因素，例如相对分子质量、相对分子质量分布、剪切速率、温度、填料等都将对 n_B 值产生影响。实验发现，当毛细管长径比 L/D 较小，而剪切速率较大，温度较低时，入口修正不可忽视，否则不能求得可靠的结果。手工进行棒状毛细管的 Bagley 修正即费时又麻烦。可以使用计算机软件在很短时间完成该修正。

为了工程上使用方便，Macosko[4] 给出表观剪切速率和剪切速率的近似关系，有

$$\dot{\gamma}_w = 0.83\dot{\gamma}_a \tag{8.2.14}$$

流量和压力梯度的关系为

$$0.2 < \frac{\mathrm{dln}q_V}{\mathrm{dln}\Delta p} < 1.3 \tag{8.2.15}$$

可以用表观黏度近似公式计算被测流体的黏度，有

$$\eta(\dot{\gamma}) = \eta_a(\dot{\gamma}_a) \pm 2\% \tag{8.2.16}$$

参考文献［2］给出非牛顿流体用表观黏度近似计算被测流体黏度的经验公式，对于中等剪切速率的聚合物熔体，可用幂律公式拟合非牛顿流体的黏度

$$\eta(\dot{\gamma}) = \eta_a(\dot{\gamma}_a)\frac{4n}{3n+1} \tag{8.2.17}$$

对于牛顿流体，若 $n=1$，上式简化为 $\eta(\dot{\gamma}) = \eta_a(\dot{\gamma}_a)$。

对于非牛顿流体，则有

$$\begin{cases} n=0.8, \eta=0.94\eta_a, n=0.6, \eta=0.85\eta_a \\ n=0.4, \eta=0.73\eta_a, n=0.3, \eta=0.63\eta_a \end{cases} \tag{8.2.18}$$

8.2.3.3　入口压力降应用实例

介绍用入口压力降表征硬聚氯乙烯制品的凝胶化程度。在硬质聚氯乙烯制品加工中，聚氯乙烯的塑化程度一直是质量控制的关键。悬浮法合成的聚氯乙烯具有多层次的亚微观结构，存在粉末粒子、约 1μm 初级粒子、~100nm 区域粒子、~10nm 微区粒子。微区粒子有一定结晶度。由于聚氯乙烯的热稳定性较差，因此在加工熔融过程中，尽管采取了稳定措施，也很难使微区的晶粒完全熔融。

不同的加工条件往往导致不同的熔融塑化程度。另外，在冷却过程中，已经熔融的微晶又重新结晶，形成与原始晶态不同的结晶度和分布结构。这些微晶可能同时含有几根分子链，形成一种网络结构，使材料具有一定凝胶度。因此聚氯乙烯的熔融塑化过程又称**凝胶化过程**，由此影响着制品最终的物理力学性能的优劣。长期以来，无法定量测量聚氯乙烯的凝胶化程度，给加工带来很大盲目性。

近年来，在不同温度和不同配方体系下，用实验方法测量聚氯乙烯的凝胶化程度，主要测试实验方法有示差扫描量热法（DSC）和零长毛细管流变仪法。

这里仅介绍零长毛细管流变仪法。零长毛细管流变仪的结构完全同普通毛细管流变仪，只是其配用的毛细管的长径比很小，一般为 $L/D=0.4$。这使得物料通过零长毛细管的流动相当于只是通过毛细管入口区的流动，其压力降几乎全部消耗在入口压力降上。从前面的分析得知，入口压力降的大小主要反映了物料流经入口区时储存弹性变形能的大小，反映了物料弹性的高低。由此可判断，若凝胶化程度高的熔体，其弹性性能好，入口压力降就大；反之，若凝胶化程度低的熔体，其弹性性能差，大入口压力降就小。因此，通过测量聚氯乙烯熔体流经零长毛细管的入口压力降来表征其凝胶化程度，从而进一步表征物料的熔融塑化程度。

用恒压式零长毛细管流变仪，在测试温度 160℃ 和负荷 120kg 时，测量一种硬聚氯乙烯样品 PVC/ACR，图 8. 2. 9 给出不同辊温下塑炼的凝胶化程度的数据。由于采用恒压式流变仪，入口压力降效应反映为在恒定压力下熔体通过毛细管的流率大小。熔体弹性高，入口压力损失大，其流率则小，反之则大。图中流率曲线有一个极大值和一个极小值。在低温下塑炼，物料塑化不好，熔体弹性小，流率很大。辊温升高，物料塑化程度变好，熔体弹性变大，流率变小。

若定义流率最大时物料的凝胶化程度为零，而流率最小时凝胶化程度为 100%。由下式计算曲线上任一点的凝胶化程度 G

$$G=\frac{q_{V\max}-q_V}{q_{V\max}-q_{V\min}} \tag{8.2.19}$$

图 8. 2. 7 给出由式（8. 2. 19）计算得到的熔体凝胶化程度 G。由此图可知，加工温度为 140℃ 时，凝胶化程度等于零，物料塑化很差；180℃ 时，熔体凝胶化程度相当高。

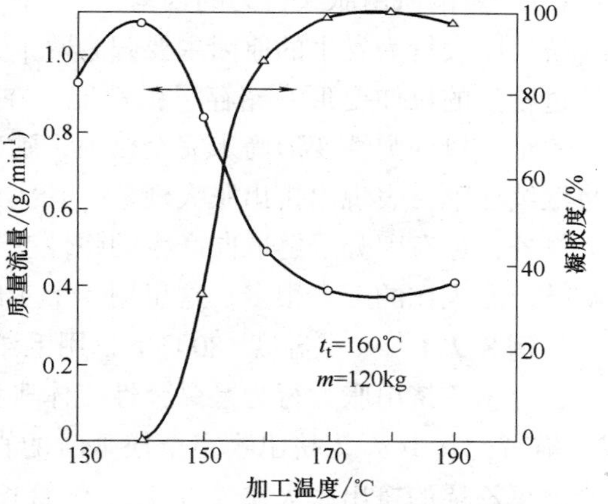

图 8. 2. 7　PVC/ACR 共混物的流率和凝胶度随加工温度的变化[7]

需要说明的是，这种测量物料凝胶化程度的方法是一种相对测量法。在测量时，由于加热原先塑化好的物料内部结晶结构又会发生变化。由此可见，测量结果与测试温度和预置的恒定压力有关。尽管如此，由于该方法提供了定量比较熔体凝胶化程度的简便途径。因此对于选择硬聚氯乙烯配方体系和工艺条件，尤其是选择硬聚氯乙烯加工性能改性剂，有很大的指导作用。

8. 2. 3. 4　双毛细管流变仪

根据入口压力降的特性，巧妙地设计了一种新型双筒毛细管流变仪（Double capillary rheometer），例如英国的 Rosand 仪器公司。双筒毛细管流变仪有两个料筒，如图 8. 2. 8 所示。一个料筒装有大长径比 L_L/D 的普通毛细管。另一个装有零长毛细管，其长径比很少，为 $L_S/D=0.4$。两根毛细管的入口区形状相同，两柱塞同时以等速下压挤出熔体。两料筒下端各安装一个压力传感器，测得的压力分别为 p_L 和 p_S，可以确定毛细管入口压力降为

$$\Delta p_{ent}=p_S-\frac{p_L-p_S}{L_L-L_S}L_S=p_S-\frac{p_L-p_S}{L_L/L_S-1} \tag{8.2.20}$$

双毛细管流变仪有两个突出的优点。一方面由于有零长毛细管的对比，使得用普通毛细管测量时的入口压力修正变得十分方便，无须做 Bagley 修正；另一方面用普通毛细管可以测量熔体的黏度，用零长毛细管可以对比熔体的弹性性能。一次测量同时获得关于熔体黏度、弹性两方面的信息。由入口压力降 Δp_{ent} 可求出熔体入口区的拉伸应力和拉伸黏度等。这里不详细介绍，关于双管毛细管流变仪的测量原理，有兴趣的读者可以参看相关专业书籍和产品说明书。

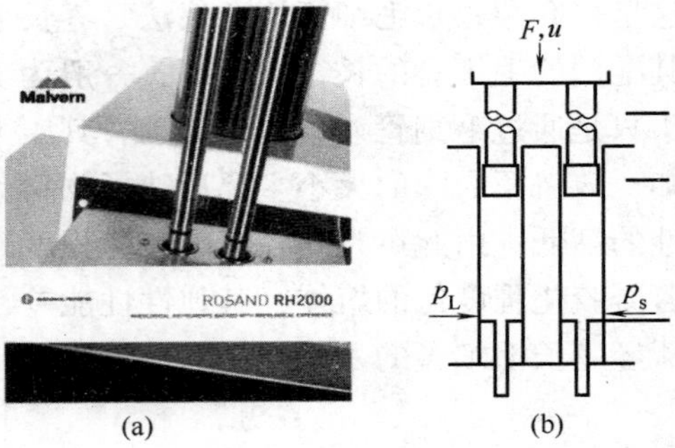

图 8.2.8 双管毛细管流变仪
（a）流变仪 （b）结构示意图

8.2.4 出口区流体流动的分析

在毛细管出口区，黏弹性流体表现出特殊流动行为的问题，主要表现两个方面，一是为挤出胀大行为，二是出口压力降不等于零。

本小节分析毛细管出口区流体的流动特点，包括影响挤出胀大行为的因素和出口压力降两部分。

8.2.4.1 影响挤出胀大行为的因素

挤出胀大行为发生的原因主要归为两个方面。首先是由于物料在进入毛细管的入口区曾经历过剧烈的拉伸变形，储存了弹性能。在物料流经毛细管时，这种弹性变形得到部分松弛。若至出口处弹性变形尚未完全松弛，到出口处，由于管壁约束突然消失。在口模外，熔体将继续松弛，表现出挤出胀大现象。其次，在毛细管流道物料流动时，管壁附近除有剪切应力场外，也有因分子链取向产生的弹性变形。在熔体挤出口模后，这部分变形也将松弛。影响挤出胀大比的因素很多。这里用一个实例讨论影响挤出胀大行为的各种影响因素。

实例 8.2.1[5] 在温度 180℃下，用毛细管流变仪研究高密度聚乙烯的挤出胀大行为。前文曾介绍，挤出胀大行为是黏弹性流体典型的非线性弹性流动现象，可用挤出胀大比 $B = d_j/D$ 描写，其中 d_j 为挤出物完全松弛时的直径，D 为口模直径。下面用图 8.2.9 分别讨论高密度聚乙烯的挤出胀大比 d_j/D 随毛细管长径比 L/D、料筒内径与毛细管直径比 D_R/D、料筒内径和剪切速率 $\dot{\gamma}$ 变化的规律。从 4 个方面讨论了这个实例。

① 图 8.2.9 给出高密度聚乙烯挤出胀大比 B 与毛细管长径比 L/D 的关系。由此图可见，当 L/D 值较小时，随着长径比增大，挤出胀大比值减小。反映出毛细管越长，在入口区，物料承受的弹性变形得到越多的松弛。但是，当 L/D 值较大时，挤出胀大比几乎与毛细管长径比无关，此时入口区弹性变形的影响已不明显。可以得到结论，挤出胀大的原因主要来自毛细管壁处分子取向产生的弹性变形。

② 图 8.2.10 给出挤出胀大比与 D_R/D 比值的关系。图中 D_R 为料筒的内径，D 为毛细管直径。此图显示，当 D_R/D 比值较小时，随着该比值增大，挤出胀大比也增大；当 D_R/D 值较大时，挤出胀大比变化甚微。这种关系再一次反映出口区熔体的挤出胀大行为与在入口区熔体的流动状态密切相关。

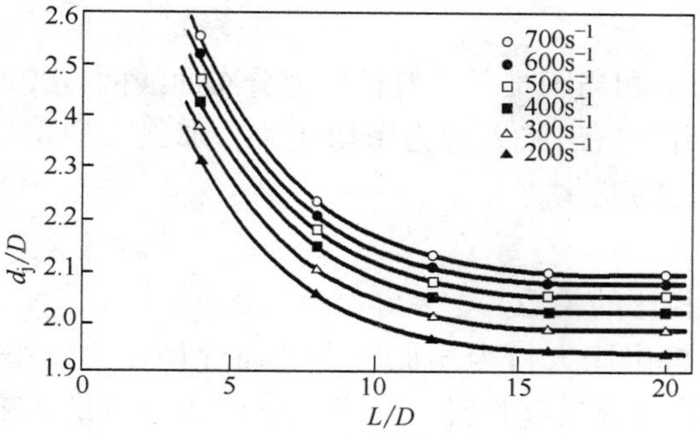

图 8.2.9　挤出胀大比 B 与毛细管长径比 L/D 的关系[5]

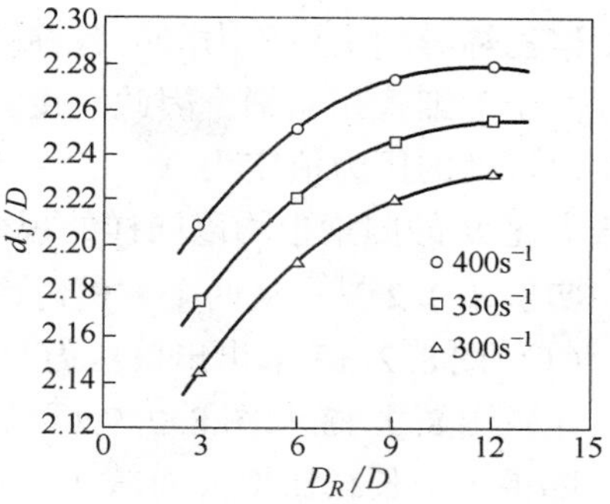

图 8.2.10　挤出胀大比随 D_R/D 的变化[5]

③ 由图 8.2.11（a）至（c）说明料筒直径变化对挤出胀大行为的影响。当料筒直径 D_R 较小时，物料在入口区的拉伸变形较小，储存的弹性变形能少。随着料筒直径增大，物料承受的拉伸变形随之增大，反映在出口区，使挤出胀大比增值。当料筒直径 D_R 已足够大，以至于入口区的流动状况基本不受料筒壁的影响，此时 D_R/D 比值再变化也对挤出胀大比影响不大。

④ 图 8.2.12 给出毛细管长径比 $L/D=20$ 不同温度高密度聚乙烯挤出胀大比随剪切速率 $\dot{\gamma}$ 的变化。当 L/D 确定时，挤出胀大比随 $\dot{\gamma}$ 升高而增加，随温度 T 升高而减小。这种变化规律符合聚合物熔体弹性性能的变化规律。

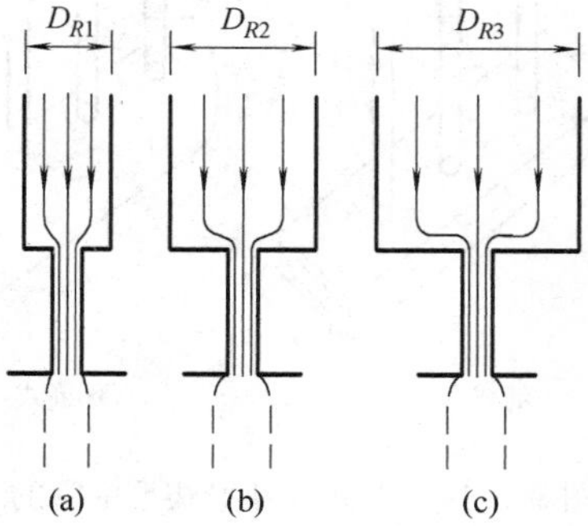

图 8.2.11　料筒内径变化对挤出胀大行为的影响

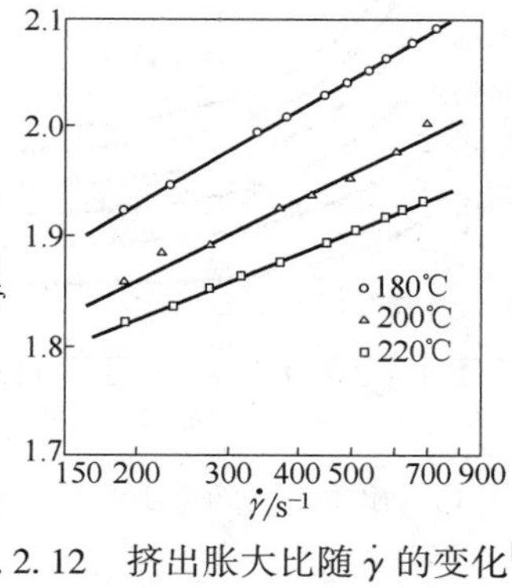

图 8.2.12　挤出胀大比随 $\dot{\gamma}$ 的变化[5]

聚合物链的结构和物料配方对挤出胀大效应较弱。因此，在同样条件下，天然橡胶的胀大比比丁苯橡胶、氯丁橡胶、丁腈橡胶要低一些。丁苯橡胶中，凡苯乙烯含量高者，其玻璃化温度高，松弛时间长，挤出胀大比也大些。既然相对分子质量、相对分子质量分布和长链支化度对聚合物流动性和弹性有明显影响，必然也对挤出胀大行为有影响。另外，在物料配方中软化增塑剂有减弱大分子间相互作用、缩短松弛时间的作用，它的填入使挤出胀大比减小。填充补强剂一般用量较多，填入后使物料中相对含胶率下降，尤其像结构性较强的碳黑吸留橡胶多，“自由橡胶”份数减少，也导致挤出胀大比下降。

8.2.4.2　出口压力降

与挤出胀大现象直接关联的是在毛细管出口处黏弹性流体的剩余压力不等于零，即 $\Delta p_{exit}\neq0$。这同样反映出黏弹性流体流至毛细管出口处仍具有剩余可恢复弹性能。用于与上同样的实例讨论影响出口压力降的各种影响因素。在温度 180℃下，用毛细管流变仪研究高密度聚乙烯影响出口压力降的各种因素。

由于毛细管相当细，因此直接测量出口压力相当困难，一般将压力分布曲线的直线段外推至出口处的压力值定为 Δp_{exit}。既然出口压力与挤出胀大行为密切相关，那么一切影响挤出胀大比 B 的因素也均以同样的规律影响 Δp_{exit} 的变化。

实例 8.2.2[5] 从两个方面讨论该实例。

（1）图 8.2.13 给出出口压力与毛细管长径比的关系

比较图 8.2.13 和图 8.2.9 可以看出，与挤出胀大行为相似，当毛细管长径比较小时，Δp_{exit} 随毛细管长径比增大而减小。但是，当毛细管足够长时，在毛细管内入口区的影响充分得到松弛，则出口压力降 Δp_{exit} 变化就很小了。

在毛细管出口处采用直接照相、激光扫描或冷凝定型等直接测量挤出胀大比。但是，测量误差较大。原因是不易确定挤出物料完全松弛的位置。挤出物直径易受下垂物重力作用而变细。为减少误差，一个补救方法是让挤出物直接落入冷水槽中冷凝定型。用扁平的缝式毛细管或环缝式毛细管测量出口剩余压力。

（2）图 8.2.14 给出缝式和环缝式毛细管的示意

由于缝式毛细管宽度较大，压力传感器可直接安装在毛细管上，测出真实的沿毛细管的压力梯度，然后外推得到出口处压力。已经证明，缝式毛细管与普通毛细管的出口压力相当。

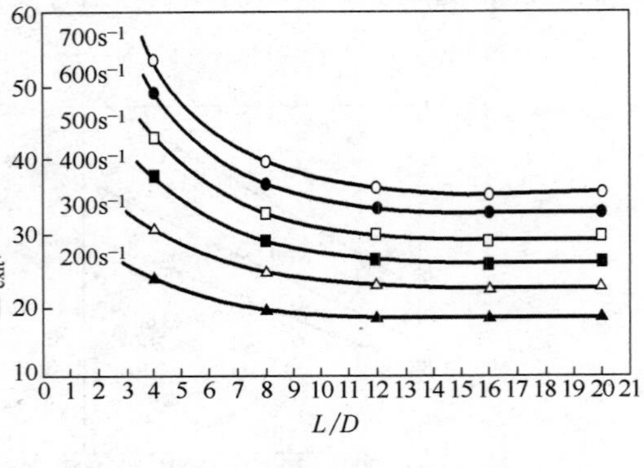

图 8.2.13 出口压力随毛细管长径比的变化[5]

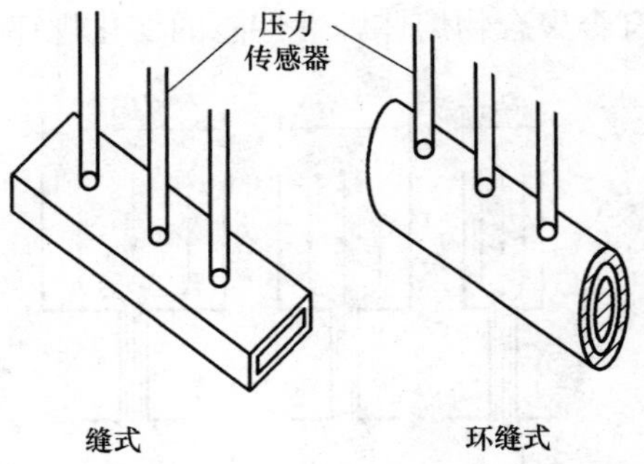

图 8.2.14 缝式和环缝式毛细管的示意

若要使挤出胀大比与出口压力的测量对流变学研究有益，应将挤出胀大比与法向应力差函数相互联系。在第 4 章已经介绍相关理论和公式，一些实验验证了这些公式。由挤出胀大比 d_j/D 求第一法向应力差，式（4.1.11）给出 Tanner 公式为

$$\tau_{11}-\tau_{22}=2\tau_w\left[2\left(d_j/D\right)^6-2\right]^{1/2}$$

由出口压力 p_{exit} 求第一、二法向应力差，给出 Han 公式（4.1.12）和式（4.1.13）为

$$\tau_{11}-\tau_{22}=p_{exit}+\tau_w\left(\frac{\mathrm{d}p_{exit}}{\mathrm{d}\tau_w}\right) \quad 和 \quad \tau_{22}-\tau_{33}=-\tau_w\left(\frac{\mathrm{d}p_{exit}}{\mathrm{d}\tau_w}\right)$$

8.3 其他类型流变仪的测量原理

目前，工程和科研中使用了很多种类型的流变仪。由于篇幅有限，本节仅简要的介绍几种其他类型的流变仪，分为 3 小节，包括旋转黏度计、落球式黏度计、混炼机型转矩流

变仪。

8.3.1　旋转黏度计

旋转黏度计具有锥-板转子测量头系统、平行板测量头系统、同轴圆筒测量头系统。这类黏度计就原理而论可设计成优良、使用性强的黏度计。该类黏度计有两种类型。一种类型是控制应力流变仪控制输入应力，测定产生的剪切速率，也称为**CS 流变仪**；另外一种为控制速率流变仪控制输入应力速率，测定产生的剪切应力，也称为**CR 流变仪**。某些新型流变仪具有两种测试方法的功能。

流变仪还有两种测定系统[2-6]，一种是 Searle 测定系统，另外一种是 Couette 测定系统。Searle 测定系统是内圆筒旋转，Couette 测定系统是外圆筒旋转。

本小节介绍旋转黏度计的工作原理，包括锥-板转子黏度计、平行平板转子黏度计、同轴圆筒黏度计 3 部分。

8.3.1.1　锥-板转子黏度计

锥-板（**Cone plate**）转子黏度计是流变测量中最经常使用的仪器之一，属于转子流变仪的一种。锥-板流变仪的主要优点：

① 在确定物料的流变性能时，不需要对流体的流动做任何假设；

② 最大优点是流场中任一点的剪切速率 $\dot{\gamma}$ 和剪切应力 τ 处处相等，这对黏度是剪切速率 $\dot{\gamma}$ 函数的流体测量来讲是十分重要的；

③ 测量时仅需要很少量的样品，有利于生物流体或实验刚合成的少量聚合物等样品稀少情况的测量；

④ 可以很好地控制体系的传热和温度；

⑤ 锥-板是一种理想的流变结构，在低转速的情况下，可以忽略末端效应；

⑥ 锥体旋转速度可控到很慢，达到剪切速率 $\dot{\gamma}$ 小于$10^{-3}s^{-1}$，因而容易测出零剪切黏度 η_0。

锥-板型流变仪也存在一些明显的缺点：

① 只能在很小的剪切范围内使用。因为，在高旋转速度下，惯性力会将样品甩出夹具。可见，由于离心力、边缘熔体破裂和二次流动等影响因素，锥-板型流变测量范围受到一定的限制；

② 含有挥发性溶剂的溶液，溶剂挥发和自由边界会给测量带来较大的影响，需在外边界涂覆非挥发物质，需要注意所涂覆的物质不能在边界上产生明显的应力；

③ 不适用测试固体悬浮乳液和聚合物共混物等多相体系物质，因为分散相粒子的尺寸与板间距相差不多。

在实际工作中，组合使用锥-板型流变仪和毛细管流变仪，将扩大测量范围以满足剪切应力范围需要。

图 8.3.1 给出锥-板型流变仪的示意图，其核心结构由一个锥度很小旋转圆锥体和一块固定的平板组成，被测液体充入其间。由图 8.3.1 所示，圆锥体由半径 R、外锥角 θ_c（$\theta_c = \pi/2 - \theta_0$）和连续调节的转速 ω 等参数确定。当圆锥体以一定角速度旋转时，带动液体随之运动，通过传感器测出液体作用在固定板的扭矩 J。外锥角一般很小 $\theta_c \leqslant 4°$。因此，锥-板间液体的流动可近似视为两板间液体的拖曳流动。已证明板间流动为测黏流动。测量时，需精心调节锥与板间的平行度和圆锥尖与板的间距。

(1) 锥-板流变仪黏度的测量

如图 8.3.1（b）所示球坐标系（r, θ, φ）中，按照前面的约定，锥-板型流变仪中 φ 方向成为物料流动方向（第 1 方向），θ 方向为速度梯度方向（第 2 方向），r 方向为中性方向（第 3 方向）。

由于外锥角 θ_c 很小，在任一半径 r 处物料的流动可视为在很小间距的两块平行板之间的拖曳流。使用第 6 章两块无限大平板间拖曳流速度式（6.2.1）

$$u_x(y) = U_0 y/H$$

计算锥-板间的流速分布，其中锥-板间隙流道 r 处板间距 $H = r\tan\theta_c \approx r\theta_c$，物料的速度为 $r\omega$，代入式 (6.2.1)，得到

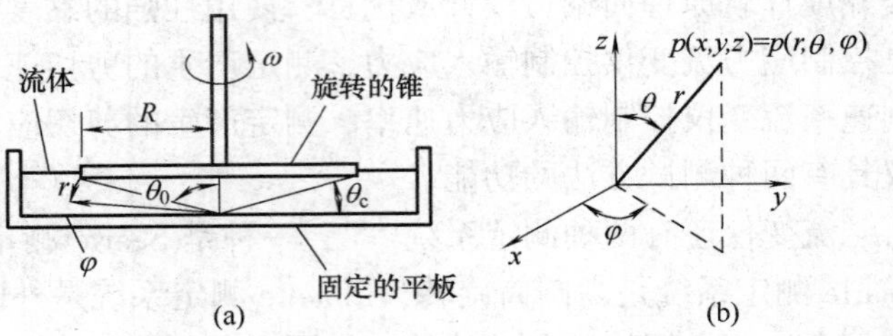

图 8.3.1 锥-板型流变仪的示意
（a）几何结构 （b）球面坐标系

$$u_\varphi = r\omega \frac{r}{H} = r\omega \frac{r}{r\theta_c} = \frac{r\omega}{\theta_c} \tag{8.3.1}$$

按速度梯度定义，求出变形率张量的 θ_φ 剪切速率分量为

$$\dot{\gamma}_{\theta\varphi} = \frac{\partial u_\varphi}{\partial r} = \omega/\theta_c \tag{8.3.2}$$

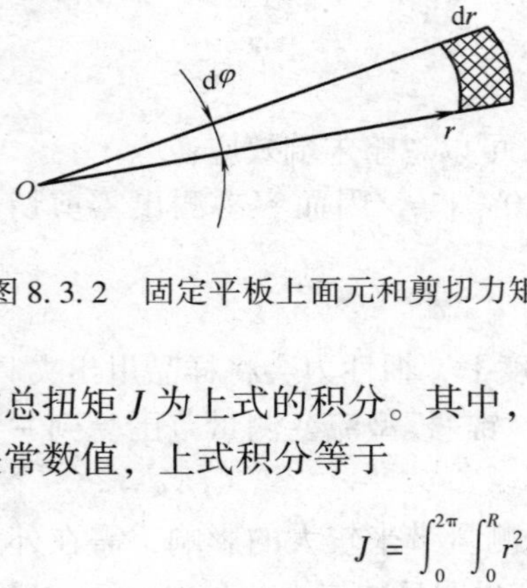

图 8.3.2 固定平板上面元和剪切力矩

由此可见，当角速度 ω 确定时，流场中任意一点的剪切速率，包括在固定板表面（$\theta = \pi/2$）处的剪切速率处处相等，均为常数值。求作用在固定板上的剪切应力 $\tau_{\theta\varphi}(\theta = \pi/2)$。为此在平板上取面元 $r\mathrm{d}\varphi\mathrm{d}r$，见图 8.3.2。在面元上，流体剪切应力对转轴的矩 J 等于

$$\mathrm{d}J = r\tau_{\theta\varphi}(\theta = \pi/2) r\mathrm{d}\varphi\mathrm{d}r \tag{1}$$

流体作用在半径 R 范围的平板上的剪切应力对转轴的总扭矩 J 为上式的积分。其中，由于剪切速率 $\dot{\gamma}_{\theta\varphi}$ 是常数值，因此剪切应力 $\tau_{\theta\varphi}(\theta = \pi/2)$ 也是常数值，上式积分等于

$$J = \int_0^{2\pi}\int_0^R r^2 \tau_{\theta\varphi}(\theta = \pi/2)\mathrm{d}\varphi\mathrm{d}r = \frac{2\pi R^3}{3}\tau_{\theta\varphi}(\theta = \pi/2) \tag{2}$$

由于流场中各点的剪切应力处处相等，公式中 $\tau_{\theta\varphi}$ 可以去掉 $\theta = \pi/2$ 限制，得到

$$\tau_{\theta\varphi}(\theta = \pi/2) = \tau_{\theta\varphi} = \frac{3J}{2\pi R^3} \tag{8.3.3}$$

由剪切速率式（8.3.2）和剪切应力式（8.3.3），可求出锥-板型流变仪测得的物料黏度

$$\eta = \frac{\tau_{\theta\varphi}}{\dot{\gamma}_{\theta\varphi}} = \frac{3J\theta_C}{2\pi R^3 \omega} \tag{8.3.4}$$

式中，R，θ_c 为仪器常数，ω 为转速和 J 为扭矩。

可根据具体物料和测试条件进行调节和测量，测试和数据处理不需要作任何修正，方法比毛细管流变仪简便得多。需要指出的是，上述计算方法不涉及任何流体本构方程，因此对牛顿型流体或黏弹性流体均适用。

（2）锥-板型流变仪法向应力差函数的测量

使用锥-板型流变仪测量黏弹性流体的法向应力差函数。首先采用传感器测量作用在锥（或板）上的总应力张量的法向应力分量 $T_{\theta\theta}$ 的分布，计算垂直于锥（或板）的总推力 F 为

$$F = -\int_0^R 2\pi r T_{\theta\theta} \mathrm{d}r \tag{8.3.5}$$

式中，$T_{\theta\theta}$ 为总应力张量的法向应力分量。为各向同性压力分量 $-p_0$（即环境大气压）和偏应力张量的法向应力分量的和

$$T_{\theta\theta} = -p_0 + \tau_{\theta\theta} \tag{8.3.6}$$

利用总推力 F，可以证明第一法向应力差函数为

$$\tau_{11} - \tau_{22} = \tau_{\varphi\varphi} - \tau_{\theta\theta} = 2F'/\pi R^2 \tag{8.3.7}$$

式中，F' 为作用于锥（或板）上净推力，等于测得的总推力 F 减去环境压力的影响

$$F' = F - \pi R^2 p_0 \tag{8.3.8}$$

由于 F 或 F' 的大小与锥（或板）的旋转角速度 ω 有关，即与剪切速率 $\dot{\gamma}$ 有关，故可建立 $\tau_{11} - \tau_{22}$ 与 $\dot{\gamma}$ 之间的关系，确定第一法向应力差系数 $\psi_1(\dot{\gamma}^2)$ 的实验规律。这里指出，测力传感器的安装的位置和方法十分重要。若传感器顶面与板平面安装得不平，孔压误差将使测得的 $\tau_{\theta\theta}$ 值小于真实值。

8.3.1.2　平行平板转子黏度计

平行平板转子黏度计[2]的测量头系统的剪切速率取决于测量板的半径 $r(0 \leqslant r \leqslant R)$。测量得到的剪切速率是由外半径 R 计算得到的。这里不详细推导相关的计算公式，在练习题中，读者自己推导计算公式。

剪切速率 $\dot{\gamma}$ 为

$$\dot{\gamma} = \frac{R}{H}\frac{2\pi n}{60} = \frac{\pi R n}{30H} \tag{8.3.9}$$

式中，R 板为外径；H 为板间距；n 为转子转速，r/min。

平板外缘的剪切应力与扭矩 M_d 成正比，非牛顿流体平板外缘的剪切应力 τ_w 为

$$\tau_w = \frac{2}{\pi R^2}\left(\frac{3+n}{4}\right)M_d \tag{8.3.10}$$

式中，M_d 为测得的力矩，N · m；n 为幂律指数。

当流体为牛顿流体 $n=1$，牛顿流体平板外缘的剪切应力 τ_w 为

$$\tau_w = 2M_d/\pi R^2 \tag{8.3.11}$$

对于非牛顿流体的剪切应力必须修正实验测试的数据。

8.3.1.3　同轴圆筒黏度计

同轴圆筒黏度计有两种测定系统，一种是 Searle 测定系统，另外一种是 Couette 测定系统[2]。Searle 测定系统是内圆筒旋转，Couette 测定系统是外圆筒旋转，如图 8.3.3 所示。图 8.3.4 给出内筒旋转同轴圆筒测量头系统。

由第 6.2.2 节确定的内圆筒旋转时，牛顿流体内筒壁的剪切应力式（6.2.7），剪切速率式（6.2.9）和黏度式（6.2.10），可方便得到圆筒流变仪内圆筒（转子）旋转时，半径 R_i 处剪切应力（6.2.7）为

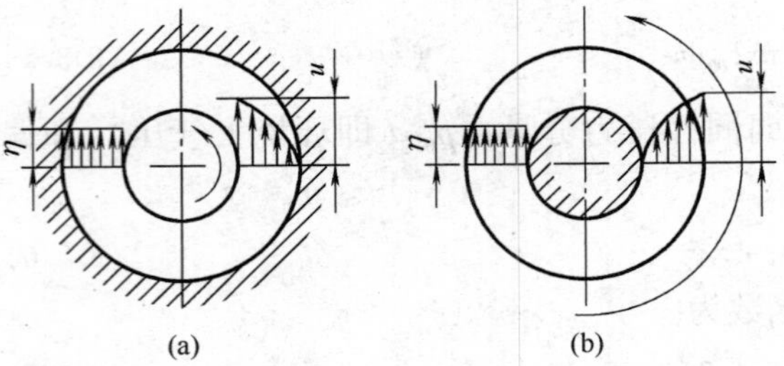

图 8.3.3 Searle 和 Couette 测量头系统中牛顿流体的速度和黏度[2]

（a）Searle 流系统 （b）Couette 流系统

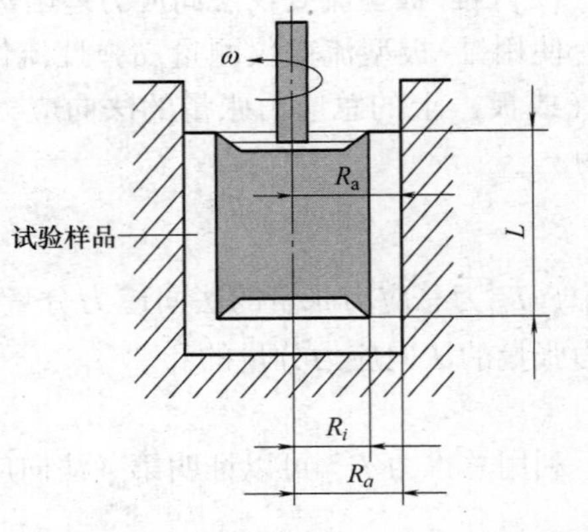

图 8.3.4 内筒旋转同轴圆筒测量头系统[2]

$$\tau_{r\theta}(r=R_{\rm i})=\tau_{R_{\rm i}}=\frac{M}{2\pi R_{\rm i}^2 L}$$

转子半径 R_i 处剪切速率为

$$\dot{\gamma}(r=R_i)=\dot{\gamma}_{R_i}=2\omega/[1-(R_i/R_a)^2] \tag{8.3.12}$$

牛顿流体的黏度式，为

$$\mu=\frac{\tau_{R_i}}{\dot{\gamma}_{R_i}}=\frac{M}{4\pi L\omega}\left(\frac{1}{R_i^2}-\frac{1}{R_a^2}\right) \tag{8.3.13}$$

式中，R_i 为转子半径；$R_{\rm a}$ 为杯子半径；L 为转子高度；ω 为转子转转角速度，rad/s。

上面讨论的是理论计算公式。具体使用仪器时，需要认真阅读说明书，流变仪实用的计算公式还包括了扭矩相关因子，概括了转子端面作用。分析评价时还需要知道任一半径 r 的剪切应力。

8.3.2 落球式黏度计

落球式黏度计是实验室常用的一种测量透明溶液黏度的仪器，结构十分简单，见图 8.3.5。它是将待测溶液置于玻璃测黏管中，放入加热恒温槽，使之恒温。然后向管中放入不锈钢小球，令其自由下落，记录小球恒速下落一段距离 S 所需时间 t，由此计算溶液黏度。

分析小球的受力。小球下落过程中，受到质量力、浮力和黏性阻力等 3 个力的作用，分别为

质量力 $$F_G=\frac{4}{3}\pi R^3\rho_b g \tag{1}$$

浮力 $$F_f=\frac{4}{3}\pi R^3\rho_s g \tag{2}$$

Stokes 黏性阻力 $$F_D=6\pi R\eta u \tag{3}$$

式中，R 为小球半径；ρ_b，ρ_s 分别为小球和待测溶液的密度；u 为小球下落速度；g 为重力加速度；η 为待测溶液的黏度。

初始时，在溶液内小球以加速运动下落。当速度 u 达到一定值时，黏性阻力、浮力与质

量力达到平衡，小球作恒速下落运动，有

$$F_G = F_D + F_f \tag{4}$$

将式（1），式（2）和式（3）代入式（4），有

$$6\pi R\eta u = \frac{4}{3}\pi R^3(\rho_b - \rho_s)g \tag{5}$$

由式（5）得到小球下落的速度为

$$u = \frac{2}{9}\frac{gR^2}{\eta}(\rho_b - \rho_s) \tag{8.3.14}$$

式中，R，ρ_b，ρ_s 均为已知，只需求出小球速度 u，就可测出溶液黏度 η。

一般采用光电测速装置测量小球的速度 u，即测量小球恒速通过一定距离 $S = 20\text{cm}$ 所需时间 t，于是黏度等于

$$\eta = \frac{2}{9}\frac{gR^2}{S}(\rho_b - \rho_s)t \tag{8.3.15}$$

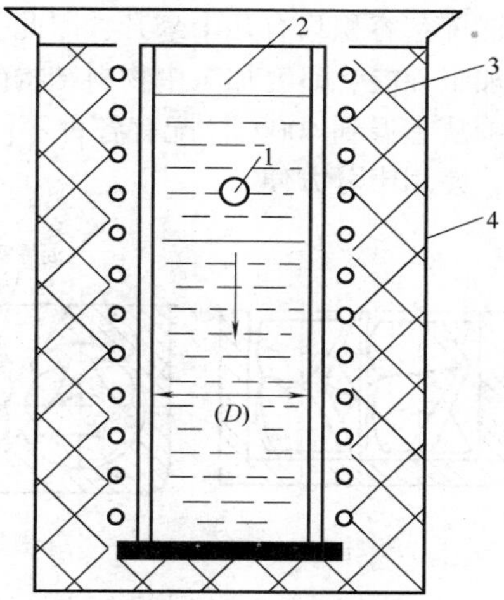

图 8.3.5　落球式黏度计的示意
1—小球　2—黏度管　3—加热器　4—外套

可见，测黏问题转化为测时间问题。为了修正玻璃管壁对小球运动的影响，一般最好选择测管直径 D 与球径 R 的 D/R 比大的。

落球式黏度计结构简单，操作方便，可进行变温测量。根据流体力学分析，小球附近的最大剪切速率可控制在 $\dot{\gamma} = 10^{-2}\text{s}^{-1}$ 以下，因此测得的黏度近似于零剪切黏度 η_0。落球式黏度计常用于测定黏度活化能。经过适当改造，使之可测定黏度随时间的变化规律，又可用于研究聚合或降解反应的动力学过程。

8.3.3　混炼机型转矩流变仪

混炼机型转矩流变仪是一种多功能积木式转矩测定仪器。混炼机型转矩流变仪的最大特色是采用了一套可更换的积木式混合测量装置。包括小型密闭式混合器、小型螺杆挤出器和各种不同类型的挤出口模，可以模拟多种聚合物材料实际加工过程。在混合过程中，记录物料对转子或螺杆产生的反扭矩随温度和时间的变化，研究物料在加工过程中的分散性能、流动行为和交联、热稳定性等结构的变化。由于转矩流变仪与密炼机、单（双）螺杆挤出机等实际生产设备结构类似，且物料用量少，可以在实验室模拟混炼、挤出等工艺过程，优化产品的配方和工艺条件，已经成为生产质量控制的有效手段。

本小节较详细介绍混炼机型转矩流变仪结构、工作原理和流变方程，包括混炼机型转矩流变仪结构与用途、转矩绝对值及其波动的意义、描述流体流动的流变方程3部分。

8.3.3.1　混炼机型转矩流变仪结构与用途

混炼机型转矩流变仪的基本结构主要分成3部分：

① 流变仪主体，即电子式流变转矩记录仪；

② 可更换的积木式混合测量装置，根据用户需要配备的塑料或橡胶用的多种密闭式混合器、单螺杆和双螺杆挤出器和各种类型的挤出口模；

③ 电控仪表系统，用于控制温度和无级调速，记录转矩、温度随时间的变化。最新式流变仪用电脑控制，自动显示、打印、记录测试结果。

小型密闭式混合器相当于一个小型密炼机，由一个“∞”形的可拆卸混炼室和一对不

同转速、相向旋转的转子组成，见图 8.3.6。

混炼室容积只有几十毫升，因此一次实验只需准备几十克试样。对于筛选配方，评价物料的加工性能，研究加工中物料结构的变化和影响因素十分方便。混炼室壁由油浴控温，温度范围从室温到400℃。配有各种不同规格的转子，见图 8.3.7。可根据要求，调节转子的转速，使用十分方便。

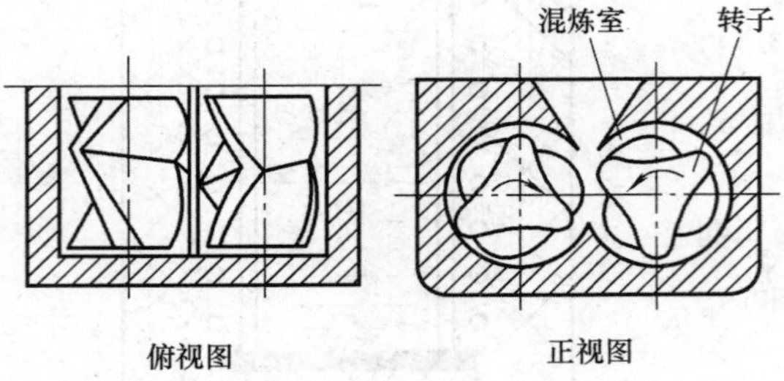

图 8.3.6 小型密闭式混合器的示意图

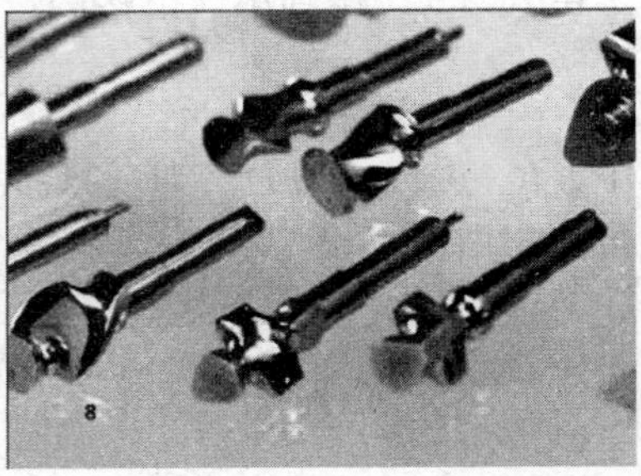

图 8.3.7 转矩流变仪的转子

小型螺杆挤出器相当于一个小型挤出机，螺杆直径 35mm，长径比在 15～30 之间。螺杆挤出器分单螺杆、双螺杆两种，配以不同形式的螺杆和不同类型的口模，以适应不同类型材料的测试研究。一般单螺杆挤出器每次实验用料约 300～500g，相对来说也非常方便实用。挤出器机筒和机头用电热器加热，温度可以精确控制和测量。在混炼和挤出过程中，物料作用在转子和螺杆上的反扭矩由转矩测力计测量，反映出物料熔融、塑化及内部结构变化的情形。

与小型螺杆挤出器相匹配，机器还配制了不同类型的挤出口模。主要有圆形口模用于挤棒状物，矩形口模用于挤带状物，扁平口模用于挤片状物，狭缝毛细管口模用于测量物料黏度，Garvey 口模的截面形状如半个轮胎冠的横截面，专门用于测试混炼橡胶的挤出性能，评价混炼橡胶的挤出特性。

由于混炼机型转矩流变仪的结构与实用加工机械加工结构相似，故可方便地模拟塑炼、混炼、挤出、吹膜等工艺过程，借以衡量、评价物料的加工行为，研究加工中物料结构的变化及各种因素的影响，特别适宜于优化配方和工艺条件。

混炼机型转矩流变仪给出转矩随时间的变化曲线 $M-t$、温度随时间的变化曲线 $T-t$、转矩随温度的变化曲线 $M-T$ 等实验结果，可以进行多方面的研究。研究聚合物材料的熔融塑化行为，研究聚合物材料的热稳定性和剪切稳定性，分析反应性加工中的反应程度，讨论流动与材料交联、材料焦烧的关系，研究增塑剂的吸收特性，研究分析热固性塑料的挤出行为等。

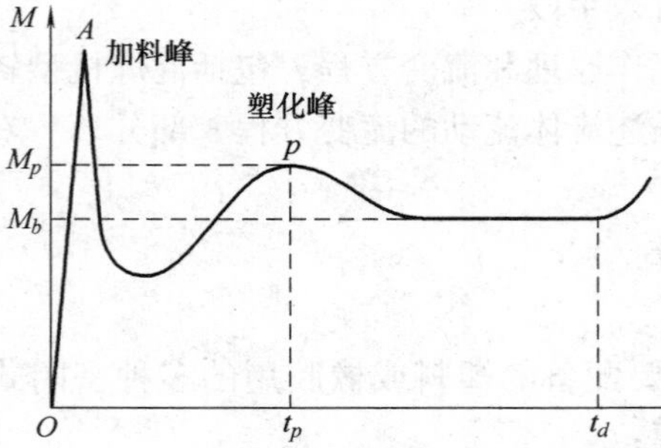

图 8.3.8 聚氯乙烯典型塑化曲线

实例 8.3.1 用密闭式混合器研究 PVC 的塑化和凝胶化特性，评价 PVC 加工塑化行为。

用密闭式混合器测得的 PVC 典型塑化曲线如图 8.3.8 所示。由此图可见，A 峰为加料峰，此时物料仍比较冷，扭矩很高。物料受热熔融后，体积压缩减小，扭矩下降。而后随着 PVC 初级粒子破碎、熔化发生黏连，扭矩又升高

而形成塑化 p 峰。与 p 峰对应的 t_p 称为塑化时间或凝胶化时间，M_p 为最大塑化扭矩。随着时间增长 PVC 塑化均匀，扭矩趋于平衡扭矩 M_b。若 PVC 受热时间过长，到 t_d 点发生分解和交联，扭矩又趋上升，称 t_d 为分解时间。一条曲线清晰地描述了 PVC 加工塑化全过程。

这个实例清晰说明，密闭式混合器可以研究评价加工助剂、稳定剂和增塑剂的效用，了解体系的加工流变行为和加工扭矩的大小，判别工艺的安全性。

8.3.3.2　转矩绝对值及其波动的意义

混炼机转矩流变仪测得的转矩绝对值直接反映物料的熔融情况及其表观黏度的大小，也反映机器功率消耗的高低。转矩随时间的变化，一方面反映加工过程中物料黏度随时间和转速的变化的剪切变稀或触变性行为，另一方面也反映物料混合均匀程度随时间的变化。在混合过程中，物料内部结构发生某种化学或物理变化时，转矩往往发生显著的改变。通常胶料混炼时，转矩随物料的不断均化逐渐趋于一个平衡值。若转矩发生急剧上升或下降，则反映物料内部发生了交联、降解或其他结构变化。下面给出两个具体的实例。

实例 8.3.2[8]　图 8.3.9 给出橡胶混炼时转矩随时间变化示意图。通常在投料后 2 ~ 3 转时，达到最大扭矩 M_{max}，而最小扭矩 M_{min} 是随混炼时间而逐渐下降达到的平衡扭矩，说明胶料混炼达到均一。在该条件下，混炼所需的最短时间是 t_1，以此可选择物料混炼的最佳工艺条件。

实例 8.3.3[9]　在不同交联温度下，用混炼机转矩流变仪研究了聚乙烯的交联行为。混炼室内添入聚乙烯与 1% ~3% 的过氧化物，在不同温度下测得转矩随时间发生变化，如图 8.3.10 所示。发现随交联温度提高，转矩曲线变化剧烈且转矩绝对值上升。说明高温下交联效率高，转矩大反映交联密度大，且高温下开始发生交联的时间缩短。温度低，交联程度下降，交联时间延长。若温度低于 160℃，基本上不发生交联反应。

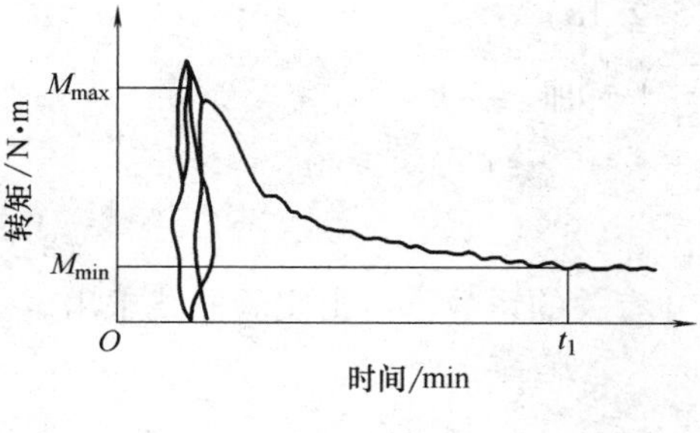

图 8.3.9　橡胶混炼时转矩随时间的变化[8]

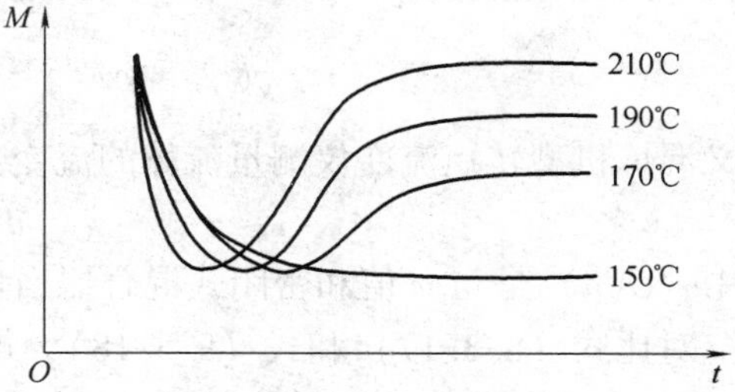

图 8.3.10　聚乙烯的交联行为的转矩变化[9]

工程上定义一个转矩变化的波动幅度 λ，衡量胶料混炼时的加工工艺性能，为

$$\lambda = \frac{2(M_{max} - M_{min})}{M_{max} + M_{min}} \tag{8.3.16}$$

式中，波动幅度 λ；M_{max} 和 M_{min} 分别为最大扭矩和最小扭矩。

波动幅度 λ 的大小与下述 3 个因素有关：

① 物料的均一程度；

② 物料与转子、混炼室壁面的接触情况，如打滑或黏连；

③ 物料的流变状态。

一般当物料很不均匀，或物料在工作表面打滑，或物料发生不稳定的高弹湍流时，λ 值比较高。而若物料与转子发生黏连，以致相当一部分胶料不发生剪切变形，物料跟着转子转动，则 $\lambda < 0.05$ 值很低。λ 值过大或过小均不利于混炼。根据经验，物料实现最佳混炼时，λ 值恒定，且 $\lambda = 0.05 \sim 0.07$。

8.3.3.3 描述流体流动的流变方程

用混炼机型转矩流变仪测量物料的黏度，物料黏度反映在转矩上，且随剪切时间的延长而降低，反映物料具有一定的触变性。此外，物料黏度还反映在转速上，即与剪切速率有关，反映出物料的假塑性或胀流性。

实例 8.3.4[10] 图 8.3.11 给出密闭式混合器测量不同温度的丁苯橡胶转矩与转速的关系，坐标轴采用双对数坐标。由此图可以看出，在一定转速范围内，转矩对数值与转速对数值成正比，即

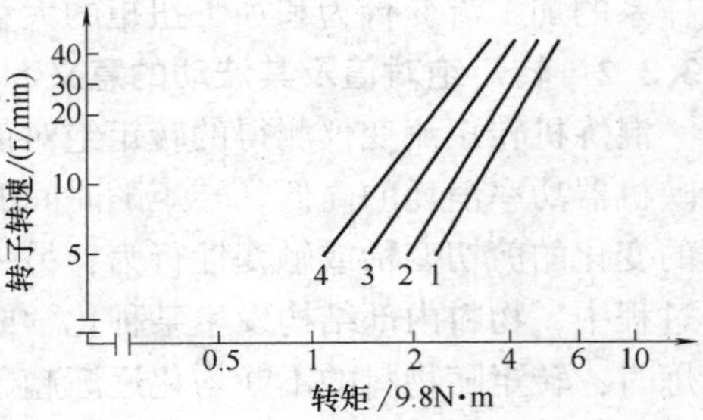

图 8.3.11 密闭式混合器测量不同温度丁苯橡胶转矩与转速的关系[10]

1—100℃，$t = 2.73$ 2—120℃，$t = 2.48$

3—140℃，$t = 2.27$ 4—160℃，$t = 2.14$

$$\lg n_{转} = \lg A + t\lg M \quad 或 \quad n_{转} = AM^t \qquad (8.3.17)$$

式中，t 为结构黏性系数；A 和 t 通过与实验数据的回归对比求得。

容易看出，式（8.3.17）与非牛顿型流体的幂律方程相似。用幂律公式讨论密闭式双转子混合器。这种混合器可以设想成两个相邻的同轴圆筒式黏度计，每一个具有一定当量面积，转速分别为 $n_{转}$ 和 $n'_{转}$，两转子的转速差，也可折算成当量面积的差别。

设在转子混合器中，对应于某个平均剪切速率 $\dot{\gamma}$，有确定的平均剪切应力 $\boldsymbol{\tau}$。在当量面积上作用的转矩 M 与黏性力矩平衡，即与剪切应力 $\boldsymbol{\tau}$ 相关，也就是其转速 $n_{转}$ 与剪切速率 $\dot{\gamma}$ 相关。因此，根据第 5 章的 $\boldsymbol{\tau}$ 和 $\dot{\gamma}$ 间的幂律公式（5.2.18）

$$\tau_{ij} = K\dot{\gamma}^n = K\dot{\gamma}^{n-1}\dot{\gamma} = K\left(\sqrt{\frac{1}{2}II_{\dot{\gamma}}}\right)^{n-1}\dot{\gamma} \text{即} \quad \boldsymbol{\tau} = K\dot{\gamma}^n$$

定义混炼机型转矩流变仪测量流体的流变方程式

$$M = C(n)Kn_{转}^n \qquad (8.3.18)$$

式中，$C(n)$ 是与 n 值和密闭式混合器当量几何尺寸有关的系数，可由实验曲线求出。

对比式（8.3.17）和式（8.3.18），得知

$$n = 1/t \qquad (8.3.19)$$

$$C(n)K = A^{-n} \qquad (8.3.20)$$

8.3.4 聚合物液体的动态黏弹性测量

关于动态力学性能测量的仪器主要有转子式流变仪，例如同轴圆筒流变仪、锥-板式流变仪和偏心平行板式流变仪（正交流变仪）等，仪器在振荡模式下工作。

在交变的应力（或应变）作用下，动态测量聚合物材料的动态黏弹性，材料表现出的力学响应规律。材料动态黏弹性的动态测量可同时获得有关材料黏性行为和弹性行为的信息，即同时研究黏性和弹性；容易实现在很宽频率范围内的测量，按时-温等效原理，即容易了解在很宽温度范围内材料的性质；动态黏弹性与材料的稳态黏弹性之间有一定的对应关系，通过测量，可以沟通材料两类性质间的联系。如果要学习掌握动态黏弹性测量技术，需要学习积分变化的基础知识，需要学习了解一些基本概念。

本小节介绍聚合物动态黏弹性测量的基本知识，包括小振幅振荡剪切流场的数学分析、动态黏度曲线与稳态表观黏度曲线的相似性、储能模量曲线与第一法向应力差曲线的相似性、Cox-Merz 关系式 4 部分。

8.3.4.1　小振幅振荡剪切流场的数学分析

一般动态测量都是在交变的小振幅下进行的，因此研究的是材料的线性黏弹行为。经过恰当地改装控制系统，锥-板型流变仪还可用于流体的动态黏弹性测量。这时转子不再作定向转动，而在控制系统调制下作振幅很小的正弦振荡，可以调节振荡频率 ω。首先分析小振幅振荡的剪切流场。

为了保证材料在受到一定频率的交变应力（或应变）作用时，其应变（或应力）响应是同频率发生的。实验表明，当频率不高时，聚合物液体近似为线性体。假设研究的对象为线性体。已经证明当被测液体为线性体时，从转子输入正弦振荡的应变，在固定板上可测到正弦振荡的应力响应，两者频率相同。由于材料是黏弹性的，应力与应变之间有一个相位差 δ，应变比应力落后一个相位差 δ。

实验时，实际测量三个量：

① 输入的应变振荡振幅 γ_0；

② 输出的应力响应振荡振幅 σ_0；

③ 应变振荡振幅 γ_0 与应力响应振荡振幅 σ_0 两者的位相差 δ。

为了讨论简洁起见，采用复数形式描写交变的物理量。设在小振幅下，对聚合物液体施以正弦变化的应变

$$\gamma^*(\mathrm{i}\omega)=\gamma_0\mathrm{e}^{\mathrm{i}\omega t} \tag{8.3.21}$$

式中，γ_0 为小量应变振幅；ω 为交变圆频率，单位为 s^{-1}；$\mathrm{e}^{\mathrm{i}\omega t}=\cos\omega t+\mathrm{i}\sin\omega t$；则聚合物液体内的应力响应也应是正弦变化的，且频率相同。

应力响应记为

$$\sigma^*(\mathrm{i}\omega)=\sigma_0\mathrm{e}^{\mathrm{i}(\omega t+\delta)} \tag{8.3.22}$$

式中，对于纯弹性材料，$\delta=0$；对于纯黏性材料，$\delta=\pi/2$；对于黏弹性材料，$0<\delta<\pi/2$。

式（8.3.21）对时间求导，得相应形变率的复数形式为

$$\dot{\gamma}^*(\mathrm{i}\omega)=\mathrm{i}\omega\gamma_0\mathrm{e}^{\mathrm{i}\omega t}=\omega\gamma_0\mathrm{e}^{\mathrm{i}(\omega t+\frac{\pi}{2})} \tag{8.3.23}$$

根据上述条件，可以十分方便地仿照普通弹性模量的定义，定义复数模量为

$$G^*(\mathrm{i}\omega)=\sigma*/\dot{\gamma}^*=\frac{\sigma_0}{\gamma_0}\mathrm{e}^{\mathrm{i}\delta}=\frac{\sigma_0}{\gamma_0}(\cos\delta+\mathrm{i}\sin\delta)=G'(\omega)+\mathrm{i}G''(\omega) \tag{8.3.24}$$

式中，实部为储能模量 $G'(\omega)=\dfrac{\sigma_0}{\gamma_0}\cos\delta$；虚部为损耗模量 $G''(\omega)=\dfrac{\sigma_0}{\gamma_0}\sin\delta$。

类似地，仿照一般黏度的定义，定义复数黏度为

$$\begin{aligned}\eta^*(\mathrm{i}\omega)&=\sigma^*/\dot{\gamma}^*=\frac{\sigma_0}{\omega\gamma_0}\mathrm{e}^{\mathrm{i}(\delta-\frac{\pi}{2})}=\frac{-\mathrm{i}\sigma_0}{\omega\gamma_0}\mathrm{e}^{\mathrm{i}\delta}=\frac{\sigma_0}{\omega\gamma_0}(\sin\delta-\mathrm{i}\cos\delta)\\&\equiv\eta'(\omega)-\mathrm{i}\eta''(\omega)\end{aligned} \tag{8.3.25}$$

比较式（8.3.24）与式（8.3.25），可得

$$\eta'(\omega)=\frac{G''(\omega)}{\omega}=\frac{\sigma_0}{\omega\gamma_0}\sin\delta\quad\eta''(\omega)=\frac{G'(\omega)}{\omega}=\frac{\sigma_0}{\omega\gamma_0}\cos\delta \tag{8.3.26}$$

式中，$\eta'(\omega)$ 和 $\eta''(\omega)$ 为动态黏度。

实验中通常测量在一系列给定振荡频率 ω 下的输入应变振幅 γ_0，输出应力振幅 σ_0，两者相位差 δ，由式（8.3.24）可求得 $G'(\omega)$、$G''(\omega)$，由式（8.3.26）可计算动态黏度 $\eta'(\omega)$、$\eta''(\omega)$ 和复数黏度 $\eta^*(\mathrm{i}\omega)$。另外定义

$$|G^*(\mathrm{i}\omega)| = \frac{\sigma_0}{\gamma_0} \quad 和 \quad \tan\delta(\omega) = \frac{G''(\omega)}{G'(\omega)} \tag{8.3.27}$$

式中，$\tan\delta$ 为损耗因子。

由测量的数据和计算确定的值，可以绘制 $G'(\omega)-\omega$、$G''(\omega)-\omega$、$\eta'(\omega)-\omega$、$\eta''(\omega)-\omega$、$|\eta^*(i\omega)|-\omega$ 和 $\tan\delta(\omega)-\omega$ 的曲线族。

改变频率可求得上述物理量与振荡频率 ω 的函数关系，测量结果相当可靠。动态测量的一大优点是可以同时既测量液体的黏性性质，又测到液体弹性性质，且可以利用时－温叠加原理，在不同温度下进行测量，推算出更大有效范围内的黏弹性函数的变化规律，预示出试验不易达到的时间或频率范围内的物料的黏弹性行为。动态测量和瞬时测量用到积分变化的数学知识。

8.3.4.2 动态黏度曲线与稳态表观黏度曲线的相似性

Han[5] 的实验表明，绝大多数聚合物液体的 $\eta'(\omega)-\omega$，$G'(\omega)-\omega$ 和 $G''(\omega)-\omega$ 曲线显示出类同的形状，也就是说动态黏度曲线与稳态表观黏度曲线具有相似性。图 8.3.12 给出 200℃时高密度聚乙烯的流变性质($\eta,\eta',\tau_{11}-\tau_{22},G'$)。图 8.3.13 给出 200℃时低密度聚乙烯的流变性质($\eta,\eta',\tau_{11}-\tau_{22},G'$)。图 8.3.14 给出 200℃时聚苯乙烯的流变性质($\eta,\eta',\tau_{11}-\tau_{22},G'$)。图 8.3.15 给出 200℃时聚丙烯的流变性质($\eta,\eta',\tau_{11}-\tau_{22},G'$)。

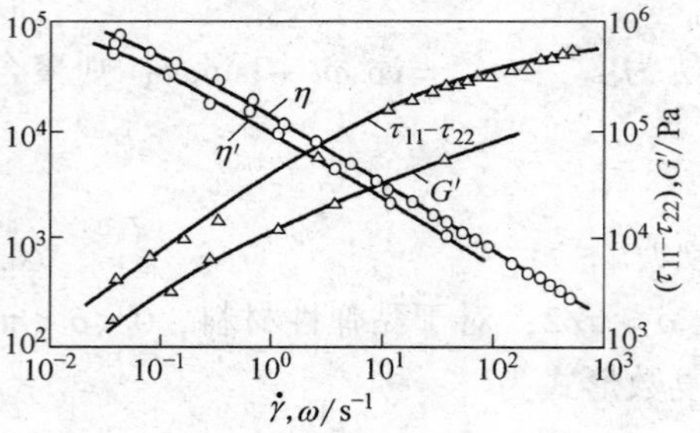

图 8.3.12 200℃时高密度聚乙烯的流变性质（η，η'，$\tau_{11}-\tau_{22}$，G'）[5]

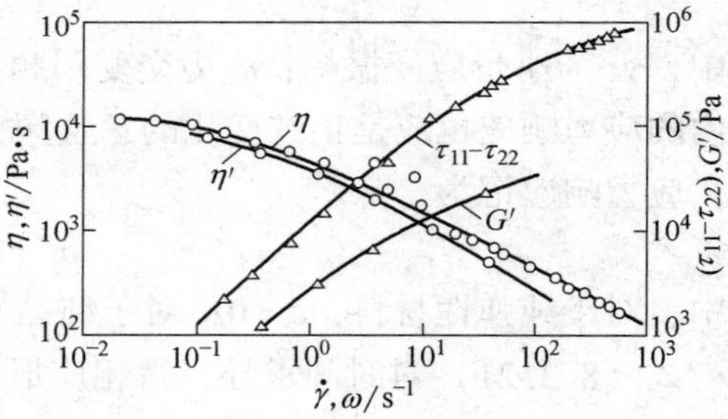

图 8.3.13 200℃时低密度聚乙烯的流变性质（η，η'，$\tau_{11}-\tau_{22}$，G'）[5]

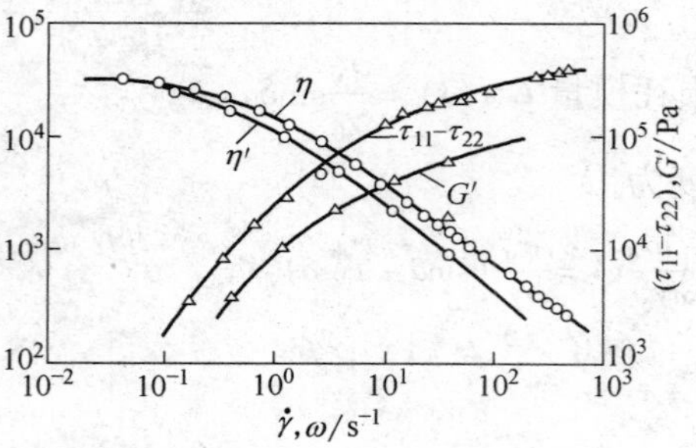

图 8.3.14 200℃时聚苯乙烯的流变性质（η，η'，$\tau_{11}-\tau_{22}$，G'）[5]

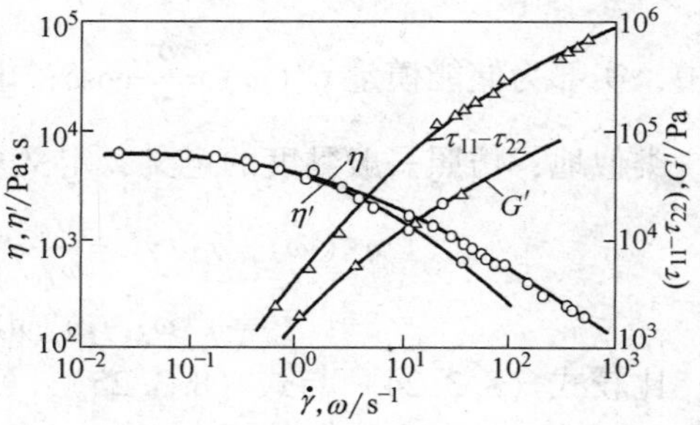

图 8.3.15 200℃时聚丙烯的流变性质（η，η'，$\tau_{11}-\tau_{22}$，G'）[5]

注意图 8.3.12 到图 8.3.15 中取 $\omega=\dot{\gamma}$ 为横坐标。已知动态流变试验中的圆频率 ω 与稳态流变实验中的剪切速率 $\dot{\gamma}$，两者单位相同，同为 s^{-1}。图中还给出同一种材料对应的稳态流变实验得到的表观黏度和第一法向应力差曲线。这些曲线有如下主要特点。动态黏度 $\eta'(\omega)-\omega$ 曲线与稳态表观黏度 $\eta_a(\dot{\gamma})-\dot{\gamma}$ 曲线形状相似。在圆频率 ω 很小时，动态黏度趋于一个常数值，有

$$\lim_{\omega\to 0}\eta'(\omega)=\lim_{\dot{\gamma}\to 0}\eta_a(\dot{\gamma})\big|_{\dot{\gamma}=\omega} \tag{8.3.28}$$

当 ω 增大时，动态黏度随 ω 减小，类似于“剪切变稀”现象。由此可知，动态黏度也是聚合物材料黏性损耗的一种量度，尤其在低频率下，可以作为零剪切黏度 η_0 的一种补充测量方法。在高频率范围内，两条曲线的走势相近，但一般 $\eta'(\omega)<\eta_a(\dot{\gamma})\big|_{\dot{\gamma}=\omega}$。图中所研究熔体的分子特征列入表 8.3.1。

表 8.3.1　几种聚合物材料的分子特征[5]

聚合物材料	制造厂家	熔融指数	$\overline{M}_n\times10^4$	$\overline{M}_w\times10^5$	$\overline{M}_w/\overline{M}_n$	η_0/Pa·s (200℃)
高密度聚乙烯	Union Carbide Corp. (DMDJ 4309)	0.2	2.0×10^{-1}	1.68	84	1.9×10^5
低密度聚乙烯	Union Carbide Corp. (PEP 211)	3.5	2.0	4.00	20	1.1×10^4
聚苯乙烯	Dow Chemical Co. (STYRON 686)	2.5	1.02×10	2.89	2.8	3.1×10^4
聚丙烯	Enjay Chemical Co. (E 115)	5.0	4.28	4.44	10.4	5.7×10^3

8.3.4.3　储能模量曲线与第一法向应力差曲线的相似性

已知第一法向应力差是聚合物材料弹性行为的描述，两条曲线走势相似，表明储能模量 $G'(\omega)$ 同样可以作为材料弹性的描述。理论与实验研究均表明下面公式成立

$$\lim_{\omega\to 0}\frac{G'(\omega)}{\omega^2}=\lim_{\dot{\gamma}\to 0}\frac{N_1}{2\dot{\gamma}^2}\bigg|_{\dot{\gamma}=\omega} \tag{8.3.29}$$

图 8.3.16 给出聚合物溶液法向应力差、动态储能模量、剪切应力与动态损耗模量的比较。在低频区，动态储能模量 $G'(\omega)-\omega$ 曲线和损耗模量 $G''(\omega)-\omega$ 曲线均随频率 ω 而上升。图 8.3.17 给出比较 160℃ 单分散聚苯乙烯 L15 和一定分布宽度聚苯乙烯 PS7 的 G'，G''。由此图可见，在高频区，两组曲线可能相交，而后可能有 $G'(\omega)>G''(\omega)$，说明随频率增

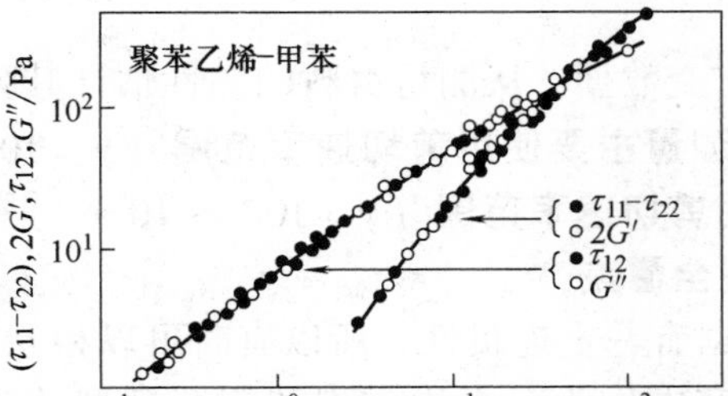

图 8.3.16　聚合物溶液法向应力差、动态储能模量、剪切应力与动态损耗模量的比较[9]

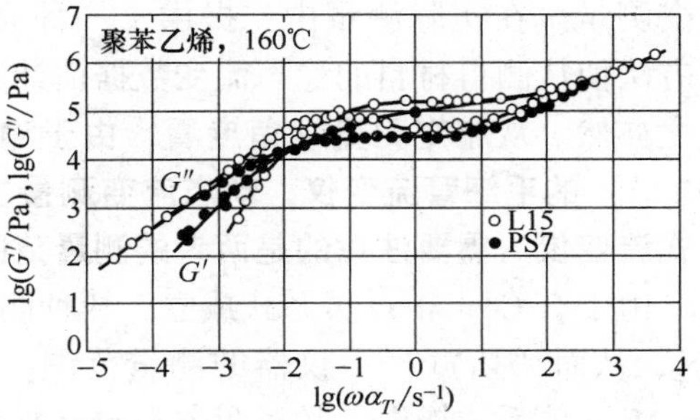

图 8.3.17　160℃ 单分散聚苯乙烯 L15 和一定分布宽度聚苯乙烯 PS7 的 G'，G'' 的比较[9]

注：L15（$\overline{M}_n=\overline{M}_w=21500$）；
PS7（$\overline{M}_w=303000$，$\overline{M}_w/\overline{M}_n=1.57$）。

大，材料的弹性响应增加较快。频率相当高，当模量达到大约 $10^5 \sim 10^6$ Pa 时，$G'(\omega)$，$G''(\omega)$均可能出现平台区。

8.3.4.4 Cox-Merz 关系式

Cox 和 Merz[11] 比较大量稳态和动态流变测量数据得到两个经验公式。下面介绍这两个关系式。

（1）第一 Cox-Merz 关系式

当剪切速率与振荡频率相当时，许多聚合物材料在动态测量中复数黏度的绝对值等于其在稳态测量中表观剪切黏度的值。

$$|\eta^*(\omega)| = \eta_a(\dot{\gamma})|_{\dot{\gamma}=\omega}$$

或

$$|G^*(\omega)| = \tau_{12}(\dot{\gamma})|_{\dot{\gamma}=\omega} \tag{8.3.30}$$

（2）第二 Cox-Merz 关系式

当剪切速率与振荡频率相当时，在动态测量中，许多聚合物材料动态黏度值等于其在稳态测量微分剪切黏度值。

$$\eta'(\omega) = \eta_c(\dot{\gamma})|_{\dot{\gamma}=\omega} \tag{8.3.31}$$

式中，$\eta_c(\dot{\gamma}) = \dfrac{d\tau(\dot{\gamma})}{d\dot{\gamma}}$为材料的**微分黏度**或**稠度**。

实验表明，Cox-Merz 经验公式适用于大多数均聚物浓厚系统，包括熔体、浓溶液和亚浓溶液。但是，不适用于聚合物稀溶液。图 8.3.18 给出聚苯乙烯熔体（PS：$\overline{M}_n = 79000$，$\overline{M}_w = 340000$）的动态和稳态流变测量数据。由此图可以看出，在 ω 或 $\dot{\gamma}$ 超过 3 个数量级范围内，两组数据显示出极好的连贯性。

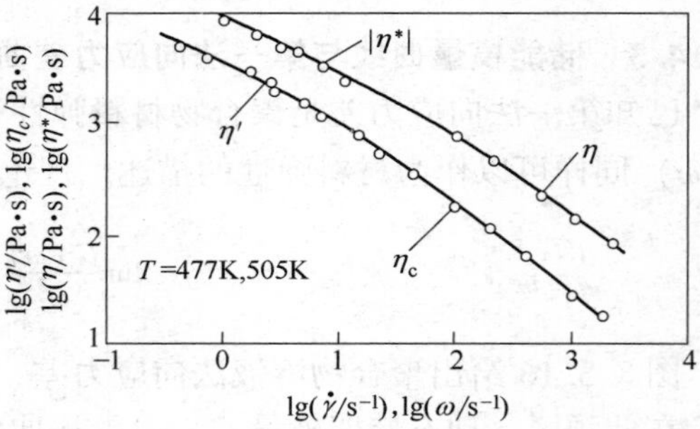

图 8.3.18 Cox-Merz 关系式的实验验证（PS 熔体）[11]

虽然 Cox-Merz 关系式是经验公式，但是具有很高的实用价值和理论意义。它的重要性在于它联系着两类性质完全不同的流变测量。在实际测量中，提供了一种简便方法使从测得材料的稳态流变数据估计其动态流变数据，从测得材料的黏性估计其弹性，反之亦然。**从流变测量学角度看，由于稳态流变测量主要使用剪切速率范围（$\dot{\gamma} = 10^{-1} \sim 10^4 s^{-1}$）的毛细管流变仪，动态流变测量主要使用剪切速率范围（$\dot{\gamma} = 10^{-3} \sim 10^2 s^{-1}$）的转子式流变仪。需要注意的是两者的测量范围并不完全覆盖。**

由于有 Cox-Merz 关系式成立，两种测量的数据有一定连贯性，所以有时可以相互“借用”，从而“拓宽”了仪器的测量范围。理论研究中作为对本构方程和流变模型的验证，Cox-Merz 关系式提供了联系两类不同流变函数——动态与稳态流变函数——的简单关系，从而提供了一种简单表象的验证手段。

关于振荡圆频率 ω 和剪切速率 $\dot{\gamma}$ 等价的意义、动态流变测量和稳态流变测量等价的物理背景都有继续研究的价值。稳态简单剪切流场中，研究测量的是大分子间的内摩擦、分子链的取向程度及松弛特性等，是一种非线性测量；动态剪切流场中，研究测量的是分子链的柔顺性、弛豫行为等，是一种线性黏弹性测量。这本是两种性质不同的测量。但是，测量数据却有极好的相似性，有待于深究其原因。

8.2 节介绍了毛细管流变仪和 8.3 节介绍了其他类型流变仪基本工作原理，没有全面介绍流变测量学和所有的仪器。读者有兴趣可学习专门流变测量学、流变仪的有关书籍和文献。用表 8.3.2 汇总各种常见流变仪的优缺点和使用情况。

表 8.3.2　各种常见流变仪的优缺点和使用情况[12]

类　型	优　点	缺　点	适用情况
毛细管流变仪	1. 结构简单,可自行设计 2. 剪切速率范围大 3. 可进行高剪切应力测试	1. 实验用料多 2. 剪切速率非牛顿性修正大 3. 测读数据和仪器清理较繁 4. 不便于恒温控制	常用仪器,有较好的适应性,可测试高黏度流动性的材料,可做高剪切实验
同轴圆筒旋转黏度计	1. 适应性较广 2. 测读方便	1. 试料用量多 2. 剪切速率非牛顿性修正大	一般常用仪型,使用于较低黏度低弹性流变测量
锥-板黏度计	1. 各点剪切速率相等,数据处理简单 2. 直接测量法向应力差 3. 试料用量少 4. 恒温快,易清洗	1. 边缘效应大 2. 高转速时,试料易被摔出 3. 悬浮体易发生阻塞	精密仪器 可测多种物料
旋转圆板黏度计	1. 直接测量法向应力差 2. 间隙可调适用于悬浮液 3. 恒温快,易清洗	1. 剪切速率沿径向变化 2. 高转速时,试料易被摔出	作为锥-板黏度计补充部件使用

8.4　流变测量仪的选择使用和数据处理

聚合物加工成型有很多种方法，大多数加工方法是以熔体加工为基础，聚合物所经受的加热和变形影响制品的微观结构，最终决定了制品的性能。在聚合物加工成型中，材料的流变性能起着非常重要的作用。必须首先弄清聚合物材料的流变性能，才能优化材料的配方、设备结构和工艺条件。正确的选择和使用流变仪是弄清材料流变性能的关键第一步。

在介绍各种流变仪的结构和测量原理的基础上，本节介绍选择使用流变仪的基本原则，流变数据的处理，分为 3 小节，包括流变测量仪选择使用的基本原则、流变测试数据的拟合和本构方程的确立、聚合物的流变主曲线。

8.4.1　流变测量仪选择使用的基本原则

确定聚合物材料流变性能是加工成型的关键，也是数值模拟计算的关键。必须确定不同配方聚合物材料的本构方程参数。用旋转流变仪、毛细管流变仪等仪器可测定流体的流变行为，就是要确定聚合物材料本构方程的参数。由于聚合物加工成型有多种不同功能的设备，聚合物的流变性对温度和剪切速率都很敏感，表征一种聚合物的流变行为需要大量的实验数据。因此，**针对不同聚合物材料的物性有必要寻找一种有效的选择流变仪的原则和方法。**

在流变数据的测量方面，由于测试条件有限，对修正测试数据认识不足，陈晋南课题组师生经历多种实践的学习和磨练，在本节，编著者与读者分享学习的理论知识，用实例分享实践的经验。

本小节介绍流变测量仪选择的原则，包括流变测量范围的确定、材料流变数据的正确测量两部分。

8.4.1.1 流变测量范围的确定

介绍由聚合物加工相应剪切应力的范围选择流变仪、流变仪测量范围的确定。

（1）由聚合物加工相应剪切应力的范围选择流变仪

Schramm[2-3]详细介绍了如何由聚合物加工相应剪切应力的范围选择流变仪。图 8.4.1 给出几种工艺过程相应剪切速率的范围。由此图可知，输送物料时，物料受到剪切速率为 $10^{-1}<\dot{\gamma}<10^{1}s^{-1}$；物料混合时，物料受到的剪切速率$10^{0}<\dot{\gamma}<10^{2}s^{-1}$；毛细管流变仪内物料受到的剪切速率范围为$10<\dot{\gamma}<10^{4}s^{-1}$，而在毛细管的壁面$\dot{\gamma}$可大到$10^{5}s^{-1}$；注射成型物料受到的剪切速率$10^{1}<\dot{\gamma}<10^{4}s^{-1}$；螺杆挤出橡胶物料受到的剪切速率为$10^{0}<\dot{\gamma}<10^{5}s^{-1}$，柱塞流的中心剪切速率$\dot{\gamma}$可以小到$10^{-4}s^{-1}$。可见，**毛细管流变仪可测量的剪切速率范围要大于旋转流变仪。旋转流变仪可测量较低剪切速率下熔体特性。螺杆转矩流变仪可测量中、高剪切速率下物料的流变数据。**

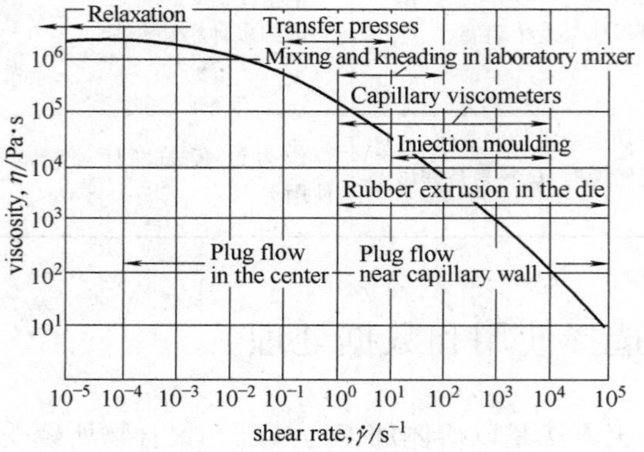

图 8.4.1 几种工艺过程相应剪切速率的范围[2-3]

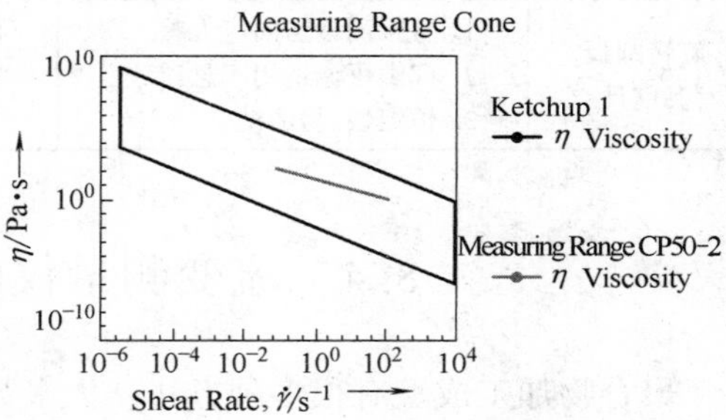

图 8.4.2 CP50-2 测量夹具的测量范围和流变测量结果[13]

（2）流变仪测量范围的确定

聚合物材料流变性能的测量限制是由其本身性能造成的。不同类型流变仪原始数据测量范围不同，用于测试不同剪切速率范围的物料黏度。为了使测量数据全面反映聚合物材料流变性能，选择合适测量系统和方法以获得最优化测量结果。

物料流变性能的测量中，通过转换系数，把扭矩、转速和偏转角度等原始数据换算为剪切应力、剪切速率和应变等流变数据。在 Rheo Plus 软件的测量模板或 Generate Measuring System Envelope 分析方法中，用图形显示出每种测量系统的最大测量范围。例如，图 8.4.2 给出 CP50-2 测量夹具的测量范围和流变测量结果[13]。该图中红线表示仪器测量范围，蓝线为流变测量结果。**如果测量结果接近或在极限范围之外，必须更换另一个测量系统。**

表 8.4.1 给出了常见黏度计、流变仪的剪切速率范围和所测黏度的范围。选择和使用流变仪之前，一定认真阅读流变仪的说明书，搞清其性能，了解该仪器的测试范围是否满足研究的加工过程相应剪切应力范围的需求。

表 8.4.1　常见流变仪的剪切速率和所测黏度的范围[2]

流　变　仪	$\dot{\gamma}$ 范围/s^{-1}	黏度 η 范围/Pa·s
落球黏度计	→0	10^{-3} ~ 10^{3}
熔体指数测量仪	10^{0} ~ 10^{2}	~ 10^{4}
转动性流变仪	10^{-6} ~ 10^{3}	10^{-2} ~ 10^{11}
同轴圆桶型、平行板型、锥-板型	10^{-3} ~ 10^{0}	
门尼黏度计		
压缩型、振荡型		
混炼机	≥10^{-2}	
挤出式毛细管	10^{-2} ~ 10^{5}	10^{-1} ~ 10^{7}

注：① 同轴圆桶型、平行板型、锥－板型各自能精确测量的范围略有区别，取决于各自测量面积和样品的性质；
② 压缩型、振荡型和门尼黏度计施加的剪切速率范围也有所区别，通常压缩型较大。

8.4.1.2　材料流变数据的正确测量

为了得到一个材料完整流变数据，仅选择了合适的流变仪还不够，还必正确测量记录和使用材料的流变数据。下面介绍必须测低剪切速率和高剪切速率下物料的流变数据、正确测量记录和使用流变数据、流变仪选择和测试数据的基本原则和步骤。

（1）必须测低剪切速率和高剪切速率下物料的流变数据

Schramm[2]强调指出：**“不能缺少低剪切速率和高剪切速率物料的流变数据，必须测试宽范围的剪切速率的黏度值。否则得到本构方程参数不反映全面物料的流变性能。”**

图 8.4.3 显示用 Ostwald 和 Carreau 本构模型拟合聚乙烯黏度数据的曲线外推的对比[2,3]。该图显示，在剪切速率$10^2 < \dot{\gamma} < 10^4\ s^{-1}$的范围，用棒状细管模口的毛细管流变仪测量聚乙烯熔体流变数据。由此图可知，分别用 Ostwald 和 Carreau 本构模型去拟合相同黑色圆点的测试数据，得到曲线完全不同。Ostwald 的外推曲线得到低剪切速率的黏度非常大，显然是无意义的。Carreau 本构模型拟合外推曲线看上去很不错，得到了意义明确的零剪切黏度 $\eta_0 = 3 \times 10^5$。曲线图中三角形数据是聚乙烯黏度 η，这个结果看上去不错。但是，由于黑色圆点数据只包括一个数量级剪切速率下的黏度 η_{cor}。因此，拟合得曲线不能反映聚乙烯的真实流变性能，经过验证，由此得到幂律指数 n 有 20% 的误差。

由此可见，**若没有测试低剪切速率或高剪切速率下物料的流变数据，得到聚合物熔体或流体的本构方程是线性，不可能全面的描述聚合物材料的流变性能。**

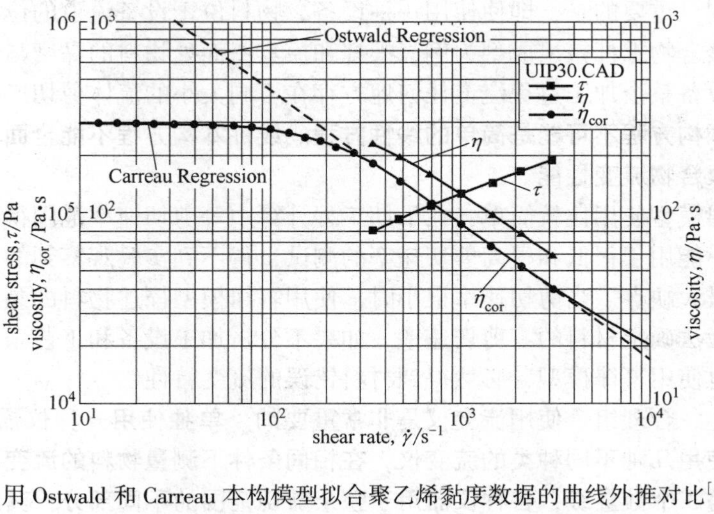

图 8.4.3　用 Ostwald 和 Carreau 本构模型拟合聚乙烯黏度数据的曲线外推对比[3]

图 8.4.4 给出拟合毛细管和狭缝流变仪组合测量的数据得到两种不同 Carreau 模型曲线[2,3]。毛细管流变仪和狭缝流变仪测量的聚乙烯黏度随剪切速率的变化。由此图可知，在相同挤压参数下，毛细管流变仪和狭缝流变仪组合使用，测量聚乙烯黏度随剪切速率的变化。其中狭缝流变仪测量了剪切速率$10^1 < \dot{\gamma} < 10^2 s^{-1}$范围聚乙烯相应的黏度，而毛细管流变仪测量了剪切速率$10^2 < \dot{\gamma} < 10^4 s^{-1}$范围聚乙烯相应的黏度。使用 Carreau 本构模型，拟合两种流变仪测试的数据。由此图可见，得到聚乙烯零剪切黏度 η_{01} 比零剪切黏度 η_{02} 小了一个数量级，而且很可能都是错误。**尽管图 8.4.4 实验测试数据看上十分完美。拟合的本构方程参数——零剪切黏度还是不能使用。**

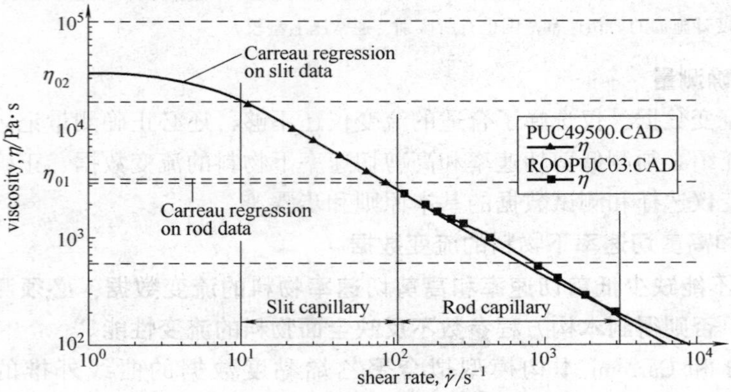

图 8.4.4 拟合毛细管和狭缝流变仪组合测量的数据得到两种不同 Carreau 模型曲线[3]

从这两个实验可知：

① 仪器的测量范围影响了聚乙烯零剪切黏度 η_0 的值。**只有剪切速率足够低，才能得到恒定的黏度，即零剪切黏度。**

② 虽然组合使用了毛细管流变仪和狭缝流变仪，但是两种仪器测量的剪切速率数量级范围接近，而且剪切速率不够低，得到的零剪切黏度是错误的。

由上述外推评价的例子得出结论，**好的本构模型需要覆盖非常广泛的剪切速率范围的流变信息，必须要测试这一范围的原始数据。最好的办法是组合使用不同类型的流变仪，测试宽范围剪切速率的物料黏度值。**

时常有人问，为什么必须测试宽范围剪切速率的物料黏度值？仅测试几个数据，认为得到线性本构方程就够了。在不同加工成型方法中，聚合物具有不同的流变特点，对材料流变性的要求不同。重要的是，即使使用一种设备，物料位于设备流道的位置不同，其黏度值也是不同。以聚合物螺杆挤出成型为例，螺杆和模具壁面处物料的黏度与远离壁面的黏度就不同。在每种设备整个加工过程流道任何地方存在不同大小的流体剪切速率。**描述聚合物材料流变性能的本构方程不可能是简单的线性方程。线性本构方程不能全面反映聚合物材料加工成型过程的聚合物流变性能。**

由于幂律模型使用比较简单，在早期工程计算中等剪切速率范围得到广泛的使用。很遗憾的是，它不能用于很低和很高剪切速率的测试，得不到实验观察到的流体流变特性。这是幂律模型的最大缺点。当剪切速率很小时，使用幂律模型描述物料的黏度趋近无穷大，与实际不符，也无法确定材料的零剪切速率。如果不分析加工设备和工艺条件，在很低和很高剪切速率范围也使用幂律模型，必然得到材料错误的流变特性。

综上所述，合理组合使用流变仪是非常重要的。**单独使用一种仪器测试不能满足要求，则需要组合使用几种不同种类的流变仪，在相同条件下测量物料的流变性能。每种仪器测量范围最大覆盖 3 个数量级，各种仪器用于整个剪切范围的不同部分，其组合的测试数据可以**

达到要求的总测试范围。

图 8.4.5 给出 3 种 PE 聚合物的黏度曲线[2]。用了棒毛细管、狭缝毛细管组合测试了 200℃的 PE 的流变数据，由此图可见实验测试的数据覆盖面宽，拟合的流变曲线可描述 PE 的流变性能。

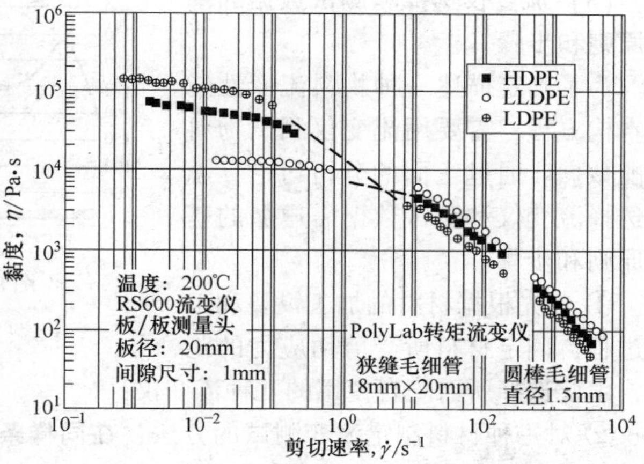

图 8.4.5　3 种 PE 聚合物的黏度随剪切速率的变化[2]

（2）正确测量记录和使用流变数据

所有测量聚合物材料流变性能仪器的工作原理都假设物料为不可压缩流体，流体流动是完全发展稳态恒温层流，被测材料黏性附在壁面没有滑移。温度从多方面影响流变测量的准确性，例如恒温系统的波动引起测量误差，玻璃毛细管黏度计标定温度与测量温度不同引起测量误差。实验测量时，保证仪器足够的升温时间，做好实验过程材料的保温。特别对于高黏度活化能大的材料，若测量过程温升太大，测量结果一定会失准。测量物料流变数据时，必须取恒温稳定流动的数据，不能用波动幅度大的数据。做流变测试实验，必须当流变仪测试物料的流动充分发展，数据稳定后，才能取数据。

实例 8.4.1[17]　高黏度材料流变性能的数据测量。

2013 年，陈晋南课题组研究生分别使用了毛细管流变仪和旋转流变仪，多次测量了某种高黏度材料 A 的流变性能，使用 Polyflow 软件，拟合了实验数据，研究热敏高黏度材料测试和数据处理的方法。

在实验中，分别测试了 303K，308K，318K 的材料 A 的流变特性。因为，熔体流动速度很慢，测试时间长。在最初的测试中，没有等到熔体流动充分发展，从毛细管一流出物料，人为中断了实验取数据，得到的数据无法使用。如图 8.4.6（a）和（b）分别给出不可使用的材料流变数据曲线。在教师指导下，学生总结经验重做第二批测试，保证了测量的时间，流动稳定后才能取数据。

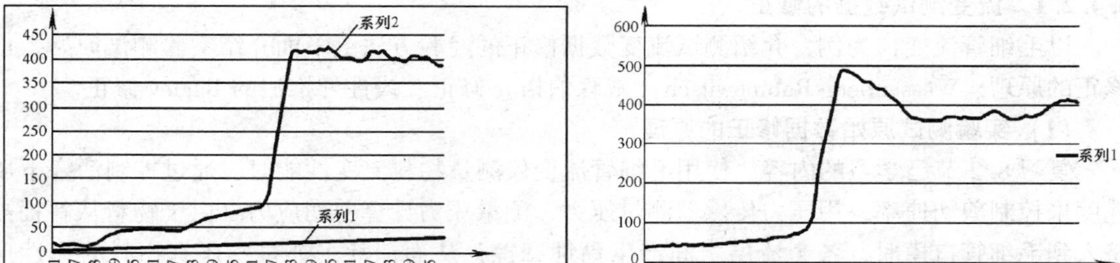

图 8.4.6　两个不可使用的材料流变测试数据

图 8.4.7 为温度 308K 速率 1 mm/min 的材料流变曲线。此图显示，在稳态流动的状态下读取记录了数据。处理数据时，将熔体充分发展流动的载荷力取平均值，得到不同速率下的载荷力，再使用表观剪切应力式计算表观剪切应力。在下一小节介绍如何具体处理实验数据。

(3) 流变仪选择和测试数据的基本原则和步骤

为了确定描述一种物料流变性能的本构方程，需要用流变仪测试物料性能数据。通过上面的分析讨论，总结选择流变仪和测试数据需遵循的基本原则和步骤：

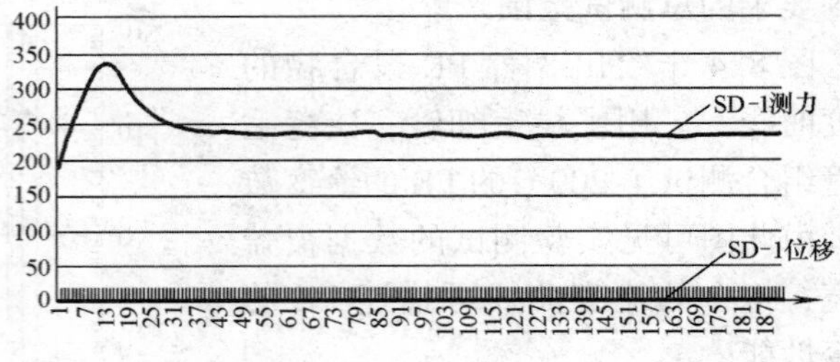

图 8.4.7　温度 308K，速率 1mm/min 的材料流变曲线

① 首先根据材料的加工设备和工艺过程，确定材料所受剪切应力的范围，由此选择所需配合使用的几种流变仪；

② 对一种材料制定流变测试的方法，**在同样条件下，测试低、中、高前切应力的流变数据，绘制一条完整描述该材料的流变曲线，必须测试宽范围的剪切速率的黏度值，才得到本构方程参数全面反映物料的流变性能；**

③ 在测试实验中，保证仪器足够的升温时间，做好实验过程材料的保温；

④ 在测试实验中，保证足够的测试时间，**一定读取熔体充分发展的恒温稳定流动的流变数据，**不能用波动幅度大的数据。

8.4.2　流变测试数据的拟合和本构方程的确立

流变仪的工作原理是基于牛顿内摩擦定律，聚合物是非牛顿流体，必须进行 Bagley，壁面滑移 Wessenberg-Rabinowitsch 修正。若没有修正处理测试数据，直接把测试的物料表观黏度当物料黏度使用，得到的本构方程是错的。尽管一种物料流变实验测试的数据是合理的，若不能正确选择描述物性流变性能的本构方程或错误地使用处理流变数据软件，处理测试的流变数据，拟合的本构方程也不能全面的反映该物料的流变性能。在科研工作和实际工程中，常常会出现这两种错误的做法。

本小节以毛细管流变仪实验为例，介绍如何使用流变测试数据拟合聚合物流变性能参数，确定描述该聚合物性能的本构方程，包括测试流变数据的修正、聚合物流变性能参数的拟合 2 部分。

8.4.2.1　流变测试数据的修正

以毛细管流变仪为例，介绍测试流变数据修正的经验方法。下面介绍实验测试原始数据修正的原理、Wessenberg-Rabinowitsch（威森伯格）修正、线性外推法的 Bagley 修正。

(1) 实验测试原始数据修正的原理

复习 8.2 节已学习的内容。使用毛细管流变仪测量物料流变性能时，通过控制活塞下压速度来控制剪切速率，用压力传感器测量压力，测量压力计算剪切应力。由于物料从料桶被挤入到毛细管口模时，各个流层之间产生黏性摩擦，从而消耗了能量；还有物料的弹性形变，毛细管入口压力传感器测得的压力是入口、完全发展区和出口压力降的总和。流变仪的工作原理是基于牛顿内摩擦定律，测试非牛顿流体必须进行入口效应压力降 Bagley 修正和壁面滑移 Wessenberg-Rabinowitsch（W-R）修正。由图 8.4.8 可见，在毛细管口模流道中，牛顿流体的速度分布是抛物形状，非牛顿流体的速度分布介于牛顿流体抛物线和柱塞状流体柱塞流之间。

Schramm[2,3] 的专著简述了实验测试原始流变数据修正的原理。

① 用流变数据设计设备和毛细管时，比较不同流变仪的测试结果时，必须修正数据。修正值非常重要，一般与测试值一样具有相同数量级的重要性。

② 修正值与测试仪器几何结构和被测聚合物样品的流动特性有关，样品的非牛顿性越强，修正的意义越大。

③ 对于毛细管流变仪，其中棒材毛细管流变仪需要入口效应压力降 Bagley 和壁面滑移 W-R 两者的修正，而狭缝毛细管仪需要后者的修正。

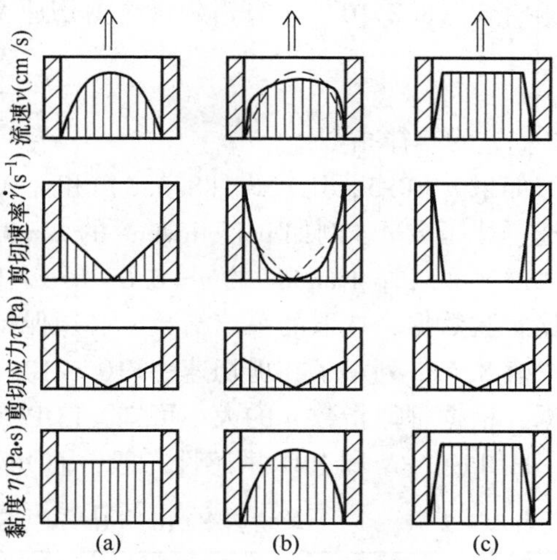

图 8.4.8　毛细管中三种流体的流场分布的示意[2]

（a）牛顿流动　（b）非牛顿流动　（c）柱塞流动

④ 对于非牛顿流体，旋转流变仪的平板测量头系统也需要像毛细管流变仪一样做壁面滑移 W-R 修正。因为，平板测量头的剪切速率随板径增加而增加。测量头板间隙中的剪切速率不是单一的值，而是一个很宽的范围，从 $r=0$ 的零剪切速率增加到板外缘 $r=R$ 的最大剪切速率。测试牛顿流体时，因为牛顿流体的黏度是常数，不受这一特点的影响。通常用板外缘处的剪切速率计算黏度，得到的黏度数据是表观黏度，因此对于非牛顿流体的剪切速率必须修正。

（2）Wessenberg-Rabinowitsch（威森伯格）修正

牛顿流体和非牛顿流体的剪切速率与幂律指数也不一样。在毛细管壁处牛顿型流体所承受的剪切速率式（8.2.5），为

$$\dot{\gamma}_w^N = \frac{\tau_w}{\mu} = \frac{4q_V}{\pi R^3} = \frac{8}{D}u_{Zb}$$

聚合物材料熔体是非牛顿流体，测试得到的是流体的表观剪切速率和表观剪切应力，必须进行 Wessenberg-Rabinowitsch（W-R）修正，得到修正的剪切速率和剪切应力，由此计算得到修正的黏度。

实例 8.4.2[2]　图 8.4.9 给出用平行板和锥-板两种测量头系统测试一种胶液的流动曲线。由该图可见，平行板测量头系统与锥-板测量头系统测量的数据差距很大，只有经过W-R 修正后，平行板测量头测试的数据才能与锥-板测量头测试的数据一致。

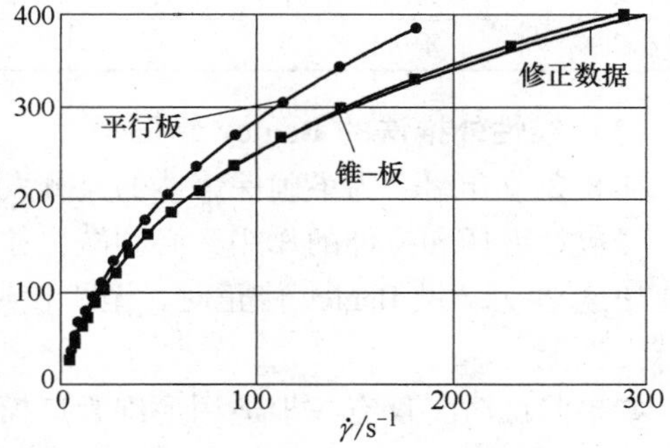

图 8.4.9　平行板和锥-板测量头系统测试的表观流动曲线与威森伯格校正曲线[2]

由第 8.2 节，得到速度的分布式（8.2.10），为

$$u_z(r) = u_{Zb}\left(\frac{3n+1}{n+1}\right)\left[1-\left(\frac{r}{R}\right)^{\frac{n+1}{n}}\right]$$

式中，平均速度为 $u_{Zb}=q_V/\pi R^2$。

由式（8.2.10）计算得到修正剪切速率为

$$\dot{\gamma}=\frac{32q_V}{\pi D^3}\left(\frac{3n+1}{4n}\right)$$

式中，n 为幂律指数。

如果 $n=0.5$，比较式（8.2.8）和上式，修正熔体剪切速率为 $\dot{\gamma}=1.25\dot{\gamma}_a$。可用经验数据选幂律指数 n。例如 polyethylene 的 $n=0.3\sim0.6$；polypropylene 的 $n=0.3\sim0.4$；PVC 的 $n=0.2\sim0.5$；polyamide 的 $n=0.6\sim0.9$。但是，必须注意，在一次处理测试数据时，为了对比实验数据，选取的幂律指数 n 必须保持一致。

表 8.4.2 列举了在剪切速率$(10^3\sim10^4)\mathrm{s}^{-1}$下，部分国产树脂的幂律指数 n。分析表中的数据，根据幂律指数 n 的大小可知，LDPE、PP、PS、HIPS、ABS、PMMA 和 POM 敏感性明显，HDPE、PA 和 PBT 敏感性一般，而 PP6、PP66 和 PC 最不敏感。

表 8.4.2　　剪切速率$(10^3\sim10^4)\mathrm{s}^{-1}$下，部分国产树脂的幂律指数 n[18]

聚合物	生产厂	温度/℃											
		160	180	200	220	240	260	280	290	300	310	320	330
LDPE 112A	兰州石化	0.32	0.35	0.37									
PP J340	扬子石化				0.26	0.26	0.26						
PS 666D	燕山石化			0.28	0.30	0.31							
HIPS	兰州石化			0.24	0.26	0.27							
ABS IMT－100	上海高桥化工厂				0.27	0.31	0.33						
PMMA 372	上海金笔塑料厂				0.20	0.25	0.30						
POM M60	上海溶剂厂		0.36	0.37	0.38								
HDPE 7006A	齐鲁石化				0.43	0.44	0.47						
PA 1010	吉林石井沟化工厂					0.42	0.51	0.62					
PBT	上海涤纶厂					0.44	0.57	0.68					
PA6	上海塑料十八厂					0.50	0.59	0.64					
PA66	黑龙江尼龙厂							0.61		0.68		0.79	
PC 6709	重庆长风								0.77		0.79		0.70

（3）线性外推法的 Bagley 修正

在 8.2 节介绍，为了确保熔体的充分发展流动，毛细管的口模要有一定长度。长口模的压力降包括剪切和拉伸的作用，必须减去拉伸作用才得到物料的剪切黏度。所以需要修正表观剪切速率 $\dot{\gamma}_a$。做 Bagley 修正时，至少使用 3 种直径相同、长度不同的毛细管口模测量物料流变性能。

如果测试时，仅有一根适用毛细管口模，物料流出来就记录数据，不可能得到正确的流变数据。用线性外推法做 Bagley 修正，即延长压力曲线到长径比为零时，得到入口压力降。为了避免外推法，可直接测量零口模的压力降，L/D 为零，如图 8.4.10 所示。

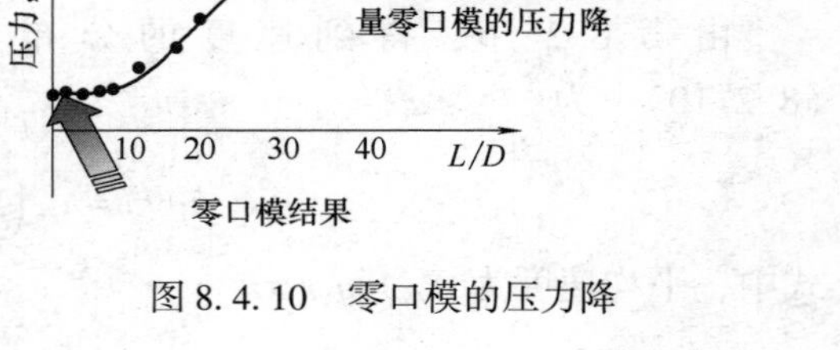

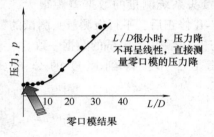

图 8.4.10　零口模的压力降

8.4.2.2　聚合物流变性能参数的拟合

用实验测试的数据拟合聚合物流变性能参数是确立其本构方程重要的第一步。使用毛细管流变仪测试非牛顿流体的流变性能时，必须考虑毛细管入口效应和长径比的影响，进行入口效应压力降 Bagley 修正和壁面滑移 Wessenberg-Rabinowitsch 修正。汇总 8.2.2 节介绍毛细管流变仪测量聚合物流变性能的公式，为了在本节使用方便，重新给公式编号，修正处理物料流变测试数据的计算公式为

表观剪切速率　$$\dot{\gamma}_a = \frac{32q_V}{\pi D^3} = \frac{32Au}{\pi D^3} \tag{8.4.1}$$

表观剪切应力　$$\tau_a = \frac{pD}{4L} = \frac{FD}{4AL} \tag{8.4.2}$$

表观黏度　$$\eta_a(\dot{\gamma}_a) = \frac{\tau_a}{\dot{\gamma}_a} \tag{8.4.3}$$

修正剪切速率　$$\dot{\gamma} = \frac{32q_V}{\pi D^3}\left(\frac{3n+1}{4n}\right) \tag{8.4.4}$$

幂律指数　$$n = \frac{\mathrm{d}(\lg\tau)}{\mathrm{d}(\lg\dot{\gamma})} \tag{8.4.5}$$

修正黏度　$$\eta = \frac{\tau}{\dot{\gamma}} \tag{8.4.6}$$

式中，$\dot{\gamma}_a$ 为表观剪切速率，s^{-1}；τ_a 为表观剪切应力，Pa；q_V 为流量，m^3/s；A 为柱塞横截面积，$100mm^2$；u 为测试速度，mm/min；D 为毛细管直径，mm；L 为毛细管长，mm；F 为载荷力，N；p 为压力，Pa；η_a 为表观黏度，Pa·s；$\dot{\gamma}$ 为修正剪切速率，s^{-1}；n 为幂律指数；η 为修正黏度，Pa·s；τ 为修正剪切应力，Pa。

先使用公式（8.4.1）和式（8.4.2）计算物料的表观剪切速率和表观剪切应力，再使用式（8.4.3）计算物料的表观黏度。再使用公式（8.4.4）至式（8.4.6）来计算修正剪切速率、幂律指数和修正黏度。这里用一个实例来说明如何测试物料的流变数据，如何拟合实验数据，确定材料的本构方程的参数。

实例 8.4.3[17]　在科研工作中，陈晋南课题组研究了某热敏高聚物的流变性能。分别采用转矩流变仪和 XLY-Ⅱ型毛细管流变仪测试了物料的性能，前后遇到不少问题。其中有一个大问题是测试数据有限。由于研发的热敏高黏材料毛细管流变仪毛细管尺寸有限，当毛细管直径太小，测试时超过仪器最大设计的负荷，仅有直径 4mm、长 10mm、20mm 可使用，没有同直径 3 个长径比的毛细管，无法使用 Bagley 法修正入口效应。由于材料的特殊性，也无法测试高剪切速率的材料特性。无法使用公式（8.4.1）至式（8.4.6）处理实验数据。陈晋南课题组早期由于测试条件有限，对数据修正的意义认识不足，直接使用表观黏度数值研究问题，只能相对地分析问题，曾走过弯路。

下面从三方面介绍陈晋南课题组的经验，包括用近似公式修正实验测试数据、合理选择本构方程确定方程的参数、本构方程参数对数值模拟结果的影响。

（1）用近似公式修正实验测试数据

当 A 为柱塞的横截面积为 $0.0001m^2$；u 为测试速率取值为 0.3、1、10、15 和 20mm/min 时，考虑流动充分发展，只能使用仅有一根长径比大的长 20mm 口模的测量数据，分别使用公式（8.4.1）至式（8.4.3）计算了物料的表观剪切速率、表观剪切应力和表观黏度。用以下近似公式计算材料 A 的修正剪切速率式（8.2.14）、修正黏度和修正剪切应力

$$\dot{\gamma} = 0.83\dot{\gamma}_a$$

$$\eta(\dot{\gamma}) = \eta_a(\dot{\gamma}_a) \tag{8.4.7}$$

$$\tau = \eta\dot{\gamma} \tag{8.4.8}$$

也就是说式（8.4.4）等式右边的计算直接用了类似材料拟合的经验数据 0.83[4]。

(2) 合理选择本构方程确定方程的参数

描述聚合物表观黏度随剪切速率的变化的本构方程很多，第 4 章介绍了不少本构模型，例如幂律模型、Ellis 模型和 Carreau 模型等本构方程。选择本构方程时，首先考虑本项目工程加工的特点，加工范围包括很低和很高剪切速率；第二考虑到被研究是热敏性的材料。因此选用第 5 章介绍的 Herschel-Bulkley 和近似 Arrhenius 公式的乘积来描述物料黏度 η 随剪切速率 $\dot{\gamma}$ 和温度 T 变化的本构方程（5.2.31）

$$\eta=\begin{cases}\left[\dfrac{\tau_y}{\dot{\gamma}}+\eta_0\ (\dot{\gamma}/\dot{\gamma}_c)^{(n-1)}\right]\exp[-\beta(T-T_0)] & (\dot{\gamma}>\dot{\gamma}_c)\\ \left\{\eta_0[(2-n)+(n-1)\dot{\gamma}/\dot{\gamma}_c]+\dfrac{\tau_y(2-\dot{\gamma}/\dot{\gamma}_c)}{\dot{\gamma}_c}\right\}\exp[-\beta(T-T_0)] & (\dot{\gamma}\leqslant\dot{\gamma}_c)\end{cases}$$

式中，τ_y 为屈服应力，Pa；η_0 为零剪切黏度，Pa·s；$\dot{\gamma}_c$ 为临界剪切速率，s^{-1}；n 为幂律指数；β 为热敏系数，K^{-1}；T_0 为参考温度，即测试温度，K；T 为任意温度，K。

用修正剪切速率和修正黏度代入本构方程（5.2.31），确定了本构方程的参数屈服应力 τ_y，零剪切黏度 η_0，临界剪切速率 $\dot{\gamma}_c$，幂律指数 n 和热敏系数 β。

(3) 本构方程参数对数值模拟结果的影响

处理用毛细管流变仪测量材料 A 的流变数据，图 8.4.11 给出 HAB 本构模型描述材料 A 黏度随剪切速率的变化。为了分析材料 A 的本构方程参数，选择组分相近已确定本构方程参数的材料 B 作为对比材料。其中材料 A 热敏材料的含量比材料 B 的高 20% 外。将材料 A 和材料 B 的本构参数一起列入表 8.4.3 中。分析表 8.4.3 的数据发现，材料 A 的屈服应力、零剪切黏度比材料 B 的屈服应力、零剪切黏度 η_0 小了 100 的数量级。显然测试数据存在问题，确定的零剪切黏度失真。由此可见，确定材料的屈服点，必须在尽可能低的剪切速率范围内测量流变数据。使用转矩流变仪测试材料 A 低剪切速率的流变数据。

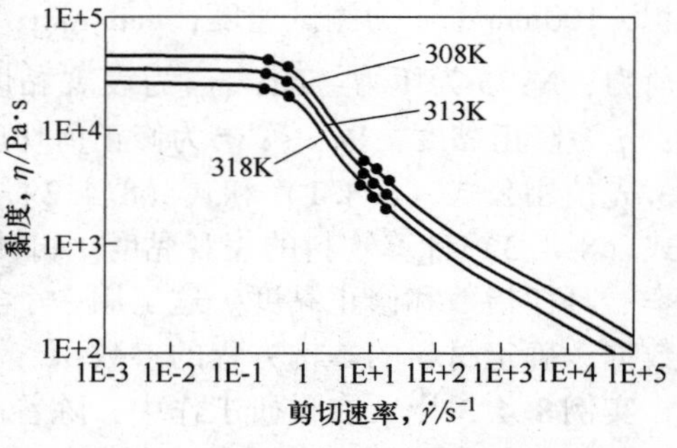

图 8.4.11 HBA 本构模型描述材料 A 黏度随剪切速率的变化

表 8.4.3 材料 A 和 B 的本构方程参数

	屈服应力 τ_y/kPa	零剪切黏度 η_0/kPa·s	临界剪切速率 $\dot{\gamma}_c/s^{-1}$	幂律指数 n	热敏系数 β/K^{-1}
材料 A	15.700	4.512	1.120	0.671	0.0556
材料 B	187.4	189.7	0.7533	0.1037	0.052

表 8.4.4 给出了不同参考温度材料 A 本构方程的参数。表 8.4.5 给出相同温度不同实验数据拟合的本构方程的参数。该表第三组本构方程参数拟合曲线与实验测试数据十分接近。

表 8.4.4 不同参考温度材料 A 本构方程的参数

参考温度 T_0/K	屈服应力 τ_y/kPa	零剪切黏度 η_0/kPa·s	临界剪切速率 $\dot{\gamma}_c/s^{-1}$	幂律指数 n	热敏系数 β/K^{-1}
308	20.670	6.016	1.119	0.672	0.0557
313	15.700	4.512	1.120	0.671	0.0556
318	11.887	3.419	1.119	0.674	0.0556

表 8.4.5　相同温度不同实验数据拟合的本构方程的参数

	屈服应力 τ_y/kPa	零剪切黏度 η_0/kPa·s	临界剪切速率 $\dot{\gamma}_c$/s^{-1}	幂律指数 n	热敏系数 β/K^{-1}
第一组	15.700	4.512	1.120	0.671	0.0556
第二组	14.001	18.009	0.051	0.644	0.052
第三组	187.400	189.700	0.7533	0.1037	—

表 8.4.6　不同本构方程参数模具出口截面各物理量的平均值

	速度/(m/s)	压力/kPa	剪切速率/s^{-1}	黏度/kPa·s	轴向拉伸应力 τ_{xx}/kPa
第一组	0.077	10.923	23.389	4.643	12.826
第二组	0.063	9.722	19.396	5.542	11.883
第三组	0.00052	21.796	0.164	766.148	6.842

为了比较本构方程参数对数值计算的影响，分别使用表 8.4.3 材料的两种本构方程的参数，数值计算了十字形 4 孔模具内熔体的三维流场，比较了模具出口截面熔体各物理量的平均值，列入表 8.4.6。由表 8.4.6 可见，本构方程参数不同时，模具中物料熔体的各物理量值发生变化。随着物料屈服应力和零剪切黏度的升高，模具出口截面熔体的平均速度、平均剪切速率和轴向拉伸应力降低，而熔体平均压力和黏度升高。其中零剪切黏度由 18.009kPa·s 增大到 189.7kPa·s，即增大了 10 倍，模具出口截面熔体的平均速度由 0.063m/s 降低到 0.00052m/s，即降低了 100 倍。

由表 8.4.6 可知，当模具结构、工艺条件相同和本构方程参数不同时，随着物料屈服应力和零剪切黏度的升高，模具出口截面熔体的平均速度、平均剪切速率和轴向拉伸应力降低，而熔体平均压力和黏度升高。当物料的零剪切黏度由 4.512kPa·s 增大到 189.7kPa·s，即增大了二个数量级，模具出口截面熔体的平均速度由 77mm/s 降低到 0.052mm/s，即降低了三个数量级。由此可见，本构方程参数会极大地影响数值模拟螺杆和模具挤出物料的计算结果。熔体平均速度高达 77 mm/s，即螺杆和模具内数值计算的流场物理量不符合物料流动情况。

用表 8.4.5 中第三组本构方程参数，数值模拟了挤出平行 4 孔模具内的流场，讨论了压差对熔体各平均物理量的影响，深入比较了平行 4 孔模具分孔道内流场，成功地设计了新模具，申请了专利。第 9.3 节将给出该研究的论文。

在工程实际中，常常会出现一些流变测试中的错误做法。例如，由于黏度大的聚合物测试工作时间长，没有认真测试物料的流变性能，使物料流变性能测试的数据错误。发生这种情况有多种可能，使用单一流变仪测试物料的性能，没有测试低剪切速率和高剪切速率的物料的流变性能，或测试数据太少，仅得到线性的流变本构方程；或随便从软件的数据库，随意选择数学模型和本构方程，描述自己研究的问题；或认真测试了物料的流变数据，但是没有校正处理测试数据，直接把测试的物料表观黏度当物料黏度使用。使用了错误的方程处理数据，得到数据必定是错的。由于物料流变性能的数据有问题，无法正确的指导工程实际。

8.4.3　聚合物的流变主曲线

每种流变仪的测量系统都可以覆盖一个相应的时间跨度，频率范围很少能超出 3 个数量，即 $\omega=0.01\sim10s^{-1}$，技术上规定最小和最大值通常为 $\omega=0.001s^{-1}$ 和 $\omega=100s^{-1}$。影响测量范围下限值的原因是，每种流变仪设定了有效最小应力值能产生被检测的最小变形。另外，实际流变测量的局限性来源于实验时间超长，长到基本实验不能承受的地步。还有一种局限性，在低温下样品非常黏，用现有流变仪不能测试其黏度。Schramm[2,3] 举例分析了这一情况。测试低剪切速率 $10^{-4}\ s^{-1}$ 胶状糊填料对材料流变性能的影响，实验要等待 3h。若需要 $\omega=10^{-5}s^{-1}$ 的数据，则要等待 24h 才能得到第一个测试点的数据，要得到完整的 G'、G'' 对频率的曲线，至少不能少于两天。

这样长的测试时间是不切实际的。由于聚合物的流变性对温度和剪切速率都很敏感，因此要表征一种聚合物的流变行为就需要大量的数据，所以有必要寻找一种有效的方法。只需通过少量实验数据就能预计聚合物的流变性质。同时还能比较各种聚合物的流变行为。为了实现这一点，就需绘制流变主曲线[2-3]。

本小节介绍绘制流变主曲线的方法，包括 WLF 时间—温度等效原理、流变主曲线的绘制 2 部分。

8.4.3.1 WLF 时间—温度等效原理

这里介绍 WLF 时间—温度等效原理（Time-temperature equivalence principle）。当对材料施加正弦波方式施加剪切应力，黏弹性流体的力学响应与该材料的分子体积元的可移动性有关。用松弛时间谱图来表征这种移动性。材料的流动性与流体的主要成分种类和含量百分比有关，也与材料所有其他混合成分的种类有关。低温下材料的可移动性下，这类液体的响应缓慢。若提高温度，增加了分子的移动性，可以提高黏弹性流体的响应速度，从而可以研究热塑性熔体被包围的填料聚集体或类似橡胶的体积元的作用。可见，流变测试样品的温度与响应时间（测试视频）之间存在很强的表征流体特征的相关性。

早在 1955 年，Williams，Landel 和 Ferry 等人研究了这一相关性，推导了一个数学公式——WLF 方程来描述之一相关性，即**时间—温度叠加原理**。时间温度叠加原理以这三位科学家名字的头一个字母命名。WLF 方程的理论基础是流体物理结构对温度的依赖性。他们用理论支持了经验的曲线位移的方法。

从聚合物的变形—温度曲线可知，改变温度，可使同一聚合物从一种力学状态过渡到另一种力学状态。从聚合物的黏弹性中也知道，改变力的作用速率，也可使聚合物的力学性质发生改变。那么，温度和力的作用速率这两个因素的效果是否相当？在恒定外力作用下，观察在不同温度下聚合物的变形值，如图 8.4.12 中所示。由图中看出，变形总值与温度的变化关系不大。温度变化只影响它们的变形速率。如果把同样的数据改绘成不同作用时间下变形与温度的关系，详见图 8.4.13，可以清楚看出，不同温度和作用时间的组合，都可以达到同一变形值。如图 8.4.13 中所示，虚线 *ABC* 标出的同一变形，可在作用时间 t_1 和温度 T_A 时得到，也可以在作用时间 t_2 和温度 T_B 得到，或作用时间 t_3 和温度 T_C 得到。

换言之，在高温度下和较短时间得到材料的同一变形，也可在较低温度下和较长时间得到。就是说作用时间和温度这两个因素对变形有着等效的影响。这个重要的结论，就是所谓的时温等效原理。

根据这个原理，难以用实验测定的作用时间非常短的载荷，可以用降低温度的方法来模拟，作用时间长的载荷，可以用升高温度的方法来模拟。这样就可以利用现有实验手段获得力的作用时间范围比较宽的实验数据。运用这一叠加原理，可以减少实验次数，避免在不合适的条件下做流变测试实验。应用时温等效原理，用有限的实验测试数据绘制流变主曲线，

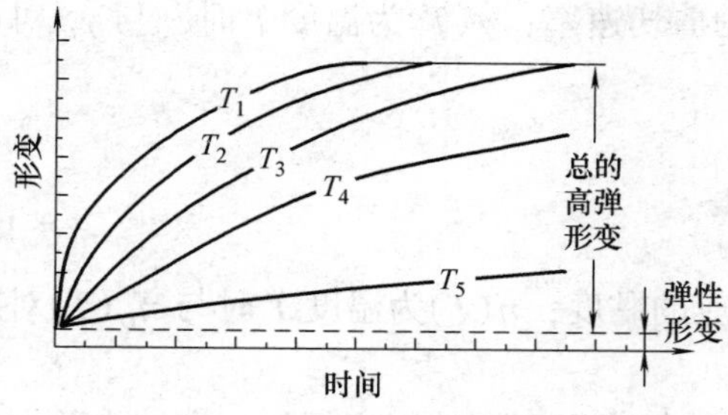

图 8.4.12　在恒应力作用下，不同温度时变形与时间的关系

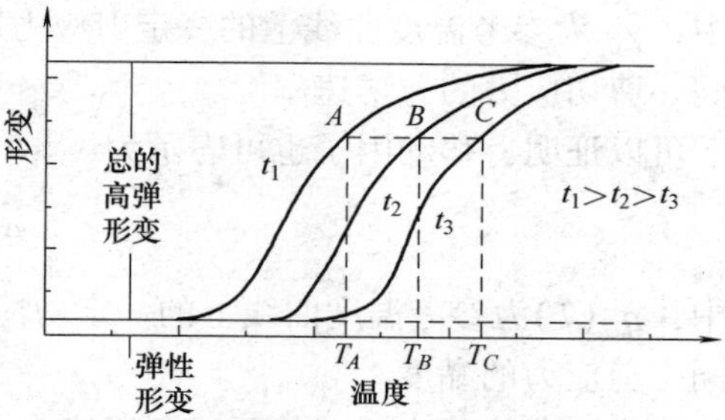

图 8.4.13　在恒应力作用下，不同作用时间时变形与温度的关系

进而研究材料的流变性能。

由于聚合物的流变性质与温度和时间这两个因素密切相关。所以，表征聚合物的流变性质时，应严格规定温度和时间。例如，要全面反映聚合物的流变性质，应该在聚合物的使用温度范围内各种温度下，以不同的剪切速率测定的结果来表征。但是，这种方法太繁琐，如果选择 5 个实验温度和 5 种剪切速率，结果可得出 25 条曲线。如果把温度和剪切速率的范围划分得更小一些，就会有更多的曲线，而且还不能很全面地反映聚合物的流变性质。

为了简单而全面地反映聚合物地流变性质，根据时温等效原理提出了一个时间—温度换算的处理方法，用来反映聚合物地流变情况。利用时间—温度转化因子，将不同温度和作用力速率下所得到的数据转换成一条曲线，把这条曲线称为 τ—γ “主曲线”，或称 “组合曲线”“总曲线”“换算曲线”。

8.4.3.2　流变主曲线的绘制

图 8.4.14 给出低密度聚乙烯在各种不同温度下的一组 τ—$\dot{\gamma}$ 曲线。要将其绘制成为主曲线，根据时间等效原理，首先选定一参考温度曲线，然后将其他曲线向参考温度曲线方向平行移动，使它们叠加到参考温度曲线上去。

将高于参考温度的曲线向左边移动，低于参考温度的曲线向右边移动。经这样叠加后就可得到 τ—$\dot{\gamma}$ 主曲线，详见图 8.4.15。重要的是要知道每条曲线必须移动多少量才能叠加到参考温度曲线上去，以及曲线的移动量与温度有何关系？沿 $\lg\dot{\gamma}$ 坐标轴的移动量 α_T 叫**移动因子**。移动因子为 10 时，意味着曲线沿 $\lg\dot{\gamma}$ 坐标轴平移了一个数量级；当移动因子为 100 时，意味着曲线沿 $\lg\dot{\gamma}$ 坐标轴平移了两个数量级。

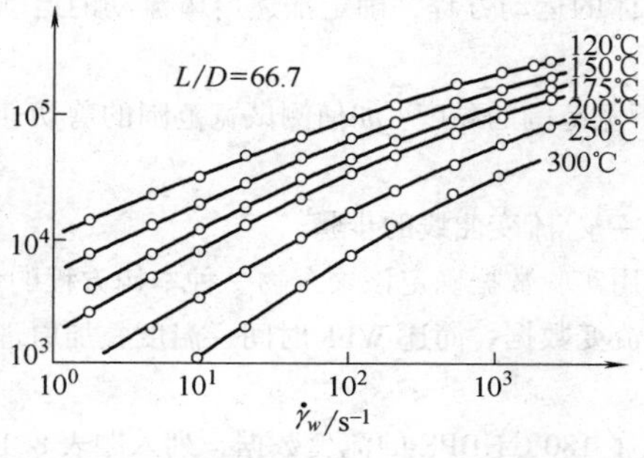

图 8.4.14　不同温度低密度聚乙烯 τ-$\dot{\gamma}$ 曲线[14]

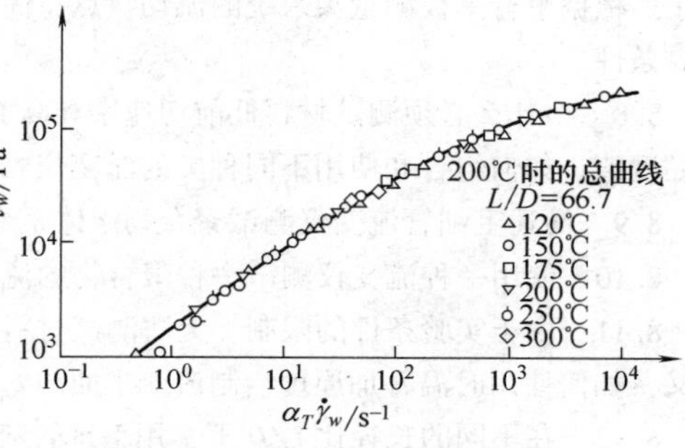

图 8.4.15　200℃的 LDPE 主曲线[14]

α_T 的数字表达式为

$$\alpha_T = \frac{\dot{\gamma}_C(T)}{\dot{\gamma}(T)} \tag{8.4.9}$$

式中，$\dot{\gamma}_C$ 为参考温度曲线上的一定剪应力所对应的剪切速率；$\dot{\gamma}(T)$为温度 T 时，与 $\dot{\gamma}_C$ 对应着同一剪切应力的剪切速率。

可以证明，移动因子也可表示为

$$\alpha_T = \frac{\eta(T)}{\eta_C(T)} \tag{8.4.10}$$

式中，$\eta_C(T)$为参考温度曲线上的一定剪应力所对应的黏度；$\eta(T)$为温度 T 时与 $\eta_C(T)$对应着同一剪应力的黏度。

流变主曲线得出后，就可以利用流变主曲线估算任意温度下的流变行为。在缺少数据的情况下，可以估算分子不同、结构相似的聚合物流变行为，有了各种聚合物的主曲线，就可比较各种聚合物的流变行为。由此可知，主曲线对研究聚合物的流变行为是十分方便的。

用 WLF 时温叠加法能研究宽范围流体的流变性。但是，一定要记住，在整个温度范围内测得的曲线只能随着温度逐渐变化，即材料的流变行为不能突变。例如，在接近玻璃化转化温度 T_g 时，材料分子流动急剧变化，不能将玻璃化转化温度 T_g 以下的温度曲线外推至 T_g 以上的温度。这样是没有任何意义的。另外还要注意，若混合物中高百分比填充物与基质物料差异很大，应该严格检验测得的位移因子。当讨论主曲线时，不可忽略的事实是，在扩展范围的边界处，数学近似结果比实际测量数据有所降低。

这里没有介绍详细绘制主曲线的步骤，有兴趣的读者可以参看有关文献[2,3]。

本章仅介绍几种常用流变仪的工作原理，读者有兴趣或工作的需要，可深入学习专门流变学测量和相关仪器的书籍和参考文献。

第 8 章练习题

8.1　简述聚合物材料流变测量的意义和目的。

8.2　有哪些常用的聚合物流变仪？如何选择流变仪？

8.3　简述使用流变仪测试聚合物材料的流变性能应该注意的主要问题。

8.4　简述黏度计和流变仪的关系和区别。

8.5　使用毛细管流变仪和平行板转子黏度计测试材料黏度时，为什么要做入口效应压力降 Bagley 修正和 Wessenberg-Rabinowitsch 壁面滑移修正？简述壁面滑移入口效应压力降和壁面滑移修正的思路和方法。

8.6　分别叙述毛细管流变仪、转矩流变仪的基本工作原理和测试范围。

8.7　使用平行板转子黏度计测试材料黏度时，为什么必须要做壁面滑移的 Wessenberg-Rabinowitsch 的修正。根据平行平板测量头系统的流动特点，简化黏性流体的运动方程，确定描述熔体流动的运动方程和边界条件。

8.8　为什么必须测试材料低前切速率和高剪切速率下宽范围的黏度？如何测试宽范围的剪切速率材料的黏度值。如何组合和使用不同种类的流变仪？

8.9　简述毛细管流变仪测试聚合物熔体 τ_R—$\dot{\gamma}_a$ 与 η_a—$\dot{\gamma}_a$ 流变曲线的步骤。

8.10　使用一种流变仪测试一种聚合物的流变性能，用实验数据确定该聚合物一种本构方程的参数。

8.11　由于实验条件的限制，无法测试材料宽范围的流变数据。简述 WLF 时间—温度叠加原理的物理意义，如何使用时温叠加原理绘制流变主曲线？

8.12　在不同的长径比 L/D 下，用毛细管流变仪测试了 180℃ HDPE 的流变数据，列入题表 8.1 中，毛细管径 3.175mm，HDPE 材料密度 $\rho = 745\text{kg/m}^3$。请使用表中测试的数据：

（1）绘制不同长径比各自的 τ_R—$\dot{\gamma}_a$ 流变曲线；

（2）在 $L/D = 16$ 的 τ_R—$\dot{\gamma}_a$ 流变曲线上，确定剪切速率（100～400）s^{-1}范围内幂律定律的表观稠度 K' 和流动指数 n；

（3）绘制 $L/D=16$ 的 η_a—$\dot{\gamma}_a$ 的流变曲线。

题表 8.12　毛细管流变仪的测试 180℃ HDPE 的流变数据[15]

L/D	4				8				12				16		
Δp/MPa	2.56	3.17	4.07	4.64	3.66	4.34	6.22	6.77	5.16	6.65	8.39	8.90	6.73	8.57	10.59
$4q_V/\pi R^3$/s^{-1}	93.5	189.2	357.7	497.2	82.7	148.2	359.3	457.1	93	181.8	361.4	423.4	84.9	182.6	356.2

8.13　用毛细管流变仪测试顺丁橡胶试样，已知柱塞直径 $d=0.9525$cm，毛细管直径 $D=0.127$cm，毛细管长径比 $L/D=4$。在不同柱塞速度 u 条件下，得到载荷的数据列入下表中。忽略入口校正，试作出熔体的 τ_w—$\dot{\gamma}_w$ 曲线和 η_a—$\dot{\gamma}_w$ 曲线[16]。

题表 8.13　毛细管流变仪的测试顺丁橡胶的流变数据[16]

u/(mm/min)	0.6	2	6	20	60	200
F/(mm/min)	2067.8	3332	4606	5831	6918.8	7781.2

参 考 文 献

[1] Paul Elkouss, David I. Bigio, Mark D. Wetzel, Srinivasa R.. Raghavan. Influence of Polymer Viscoelasticity on the Residence Distributions of Extruders [J]. AIChE J, 2006.

[2] Schramm Gebhard. 李晓辉，译. 朱怀江，校. A Practical Approach Rheology and Rheometry. 实用流变测量学 [M]. 北京：石油工业出版社，1998.

[3] G. Schramm. A Practical Approach to Rheology and Rheometry (2nd Edition) [M]. Gebrueder Hakke Gmbh. 2000.

[4] C. W. Macosko. Rheology Principles Measurements and Applications [M]. Wiley-VCH, Inc., 1994：175-422.

[5] [美] C. D. Han. 徐僖，吴大诚，译. 聚合物加工流变学 [M]. 北京：科学出版社，1985：251-380.

[6] [美] Z. Tadmor, C. G. Gogos. Principles of Polymer Processing (Second Edition) [M]. A John Wiley & Sons, Inc., 2006：680-752.

[7] 史铁钧，吴德峰. 聚合物流变学基础 [M]. 北京：化学工业出版社，2009：74-98.

[8] 周彦豪. 聚合物加工流变学基础 [M]. 西安：西安交通大学出版社，1988：89-91.

[9] 吴其晔，巫静安. 聚合物材料流变学（第二版）[M]. 北京：高等教育出版社，2012：187-224.

[10] 陈耀庭. 一种模拟橡胶加工工艺过程的多用测试仪器——《布拉本达》塑性记录仪 [J]. 特种橡胶制品，试刊号，1979：72.

[11] W. P. Cox and E. H. Merz. Correlation Of Dynamic And Steady Flow Viscosities [J]. Journal of Polymer Science, Vol. 28 (118) 1958：619-622.

[12] 沈崇棠，刘鹤年. 非牛顿流体力学及其应用 [M]. 北京：高等教育出版社，1989：149-201.

[13] 安东帕仪器有限公司. Joe Flow 的流变学测试技巧和建议之三：测量范围的限值 [EB/OL] http://www.anton-paar.com/static/newsletter/documents/Joe-Flow-APCN.pdf, 2013. 7. 26.

[14] [美] 尼尔生（L. E. Neilsin）. 范庆荣，宋家琪，译. 聚合物流变学 [M]. 北京：科学出版社，1983：22-31.

[15] 徐佩弦. 高聚物流变学及其应用 [M]. 北京：化学工业出版社，2009：85-104.

[16] 金日光，马秀清. 高聚物流变学 [M]. 上海：华东理工大学出版社，2012：159-171.

[17] 陈晋南，王建，彭炯，等. 热敏高黏度材料的流变测试方法及其本构方程. 第十二届全国流变学学术会议，由中国化学会、中国力学学会流变学专业委员会主办，由聚合物新型成型装备国家工程研究中心、聚合物成型加工工程教育部重点实验室、华南理工大学工业装备与控制工程系承办，2014. 12. 21-23 广州，会议论文集：53-60.

[18] 梁基照. 聚合物材料加工流变学 [M]. 北京：国防工业出版社，2008：98-131。

第 9 章　聚合物加工成型过程流体流动的数值分析

绝大多数聚合物制品的加工成型都是在熔融或溶液状态的流变过程中完成的。聚合物加工成型过程中，聚合物熔体的流变性能直接影响加工成型过程的压力场、速度场、黏度场、应力场的变化，最终影响材料形态结构的形成和改变，是决定聚合物制品质量和外观形状的中心环节。因此，数学分析聚合物加工成型过程是优化加工设备和工艺条件的第一核心步骤。聚合物加工过程的聚合物流体流动和变形的数学分析是流变学重要的研究内容之一。正如英国伦敦科学研究委员会聚合物工程理事会理事 A. A. L 查利斯[1]指出："聚合物流变学是一个与聚合物加工成制品或元件有关的领域，是一个关系到使聚合物制品的设计符合使用要求的领域，是与聚合物制品或元件的长期和短期特性有关的领域。"

从聚合物材料问世以来，科学家和工程技术人员一直努力研究聚合物加工成型过程的问题。早期，大多数人使用实验方法研究加工过程的聚合物流变行为。例如，1975 年，Todd[2]用亚甲蓝作为示踪物质，研究了物料的停留时间。1984 年，Kao 等[3]用示踪粒子法观察了产量、温度、转速和螺杆组合对停留时间分布（Residence Time Distribution）的影响。1998 年，Xie 等[4]应用在线光学停留时间测量技术，研究了工艺条件和螺杆结构对物料停留时间分布的影响。2000 年，Puaux 等[5]测量了紧密啮合同向双螺杆中聚合物的停留时间分布，研究了同向双螺杆中聚合物的流动混合。国内外不少研究者在螺杆挤出机上开视窗观察聚合物流体的流动情况。2006 年，Elkouss 等[6]用实验方法测量停留时间和停留体积分布（Residence Distributions，RxD），实验发现黏度相同的两种材料确有不同的 RxD，而黏度不同的两种材料确有相同的 RxD，发现材料的黏弹性影响挤出加工成型过程材料的流变行为，最终影响产品的质量。全面了解在聚合物加工成型过程中熔体流变性能是十分重要的。

描述聚合物加工成型过程的控制方程是耦合的非线性方程，不能用数学解析方法来研究。早期，只能用近似计算的方法求解，用简单线性方程和经验公式来描述聚合物的工程问题。从第 6 章和第 7 章介绍研究的结果看，简单线性方程和经验公式只能定性地分析问题，不能很好地指导工程实际和技术的创新。由于聚合物加工成型工程的问题只能用离散的数学模型来描述，必须用数值计算来求解。

早在 1696 年，Bernoulli 以最速降线的命题提出变分法（variational method）的早期思想。1734 年，欧拉推广了最速降线问题，着手寻找关于这种问题的更一般方法。1744 年，欧拉的著作《寻求具有某种极大或极小性质的曲线的方法》标志着变分法这门学科的诞生。圣彼得堡科学院院士欧拉创立了解非线性方程的近似方法——变分法大致经历了古典变分法与有限元法两个阶段，20 世纪 50 年代以前是第一阶段。虽然三四十年代已经有有限元法的雏形，但是只有当 60 年代高速电子计算机问世以后，才使有限元法得到迅速发展。70 年代后，有限元法已从结构力学和固体力学渗透到流体力学和其他领域，这是变分方法发展的第二阶段。1957 年，差分法（difference method）的经典著作问世。但是，直到电子计算机和现代计算技术的出现，这些近似方法才得到了充分的应用。从 20 世纪 80 年代，发达国家开始数值模拟仿真聚合物加工成型过程，研究物性参数、设备结构和工艺参数对聚合物材料混合塑化成型的影响，研究聚合物材料加工成型机理。

随着信息技术的发展，为了满足工程的需要，发达国家汇集大量的科技人员系统地开发了一系列软件，经过 30 年工程实践检验成为成熟的商业软件包，其中计算数学和计算流体力学起到了重要和决定性的作用。科学家和工程技术人员解决工程问题的理论研究和实践，促进了数值计算方法和计算软件的发展。

美国媒体 CNN 报道，2013 年，美国哈佛大学教授马丁·卡普拉斯、斯坦福大学教授迈克尔·莱维特和南加州大学教授阿里耶·瓦谢勒 3 位计算化学家荣获化学诺贝尔奖。他们用计算机模拟化学实验，终结了化学家用棍子和小球搭建复杂模型的时代，用计算机程序预测复杂的化学反应，推进了化学的研究。通过模拟蛋白质研制了新药物。计算机数值模拟成为化学实验室中不可或缺的实验手段之一。如今数值计算已与理论分析、实验并列被公认为当代科学研究的 3 种手段之一。3 种方法的有机结合才能深入研究科研和工程问题。

1999 年，陈晋南率先在国内引进了 Polyflow 软件，建立了北京理工大学化工过程数值模拟实验室，先后承担了国家自然基金和企业横向科研的项目，与企业合作，为企业服务，根据工程具体问题的要求，使用 Polyflow 软件模拟仿真各种聚合物材料加工成型过程，计算设备流道内物料熔体的流场，研究熔体流变行为和加工成型机理，指导设备的研发和优化成型工艺条件。本章以陈晋南课题组使用数值模拟技术成功解决工程问题的案例[11-95]，介绍数值模拟聚合物加工成型过程中流变学的应用。

本章分为 5 节，包括数值模拟聚合物加工成型过程的基础知识、聚合物螺杆挤出加工成型过程的数值模拟、聚合物模具挤出加工成型过程的数值模拟、聚合物挤出注塑成型过程的数值模拟、聚合物挤出吹塑成型过程的数值模拟。

9.1　数值模拟聚合物加工成型过程的基础知识

在聚合物工程领域的应用数值计算新技术方面，国内外的企业存在一定的差距。由于聚合物的种类多、物性差别大，影响工艺过程和控制产品质量的因素很多。聚合物材料研制发达的国家开发新设备、新材料和新工艺，首先使用材料软件研究材料配方，预测材料的性能，优化配方后，再先后在实验室、工厂研制新材料；测定新材料的流变性能，使用软件确定描述该材料性能的本构方程，建立描述加工成型过程的控制方程，在计算机上做挤出、吹塑、注射等模拟加工成型过程的实验，优化设计加工设备结构和确定操作工艺条件；最后制造新机器设备和做成型试验。在计算机平台上完成前期的试验工作，数值模拟的结果指导了设计和试验工作。大大缩短新材料的研发周期，节省成本，提高了本质安全的程度。

国内研制新材料、新工艺和新设备，大多凭经验设计设备，用大量“试凑”重复试验研发新材料、新设备和新工艺，有的还用仿制国外设备的方法试制新设备，耗费了大量的人力和物力试验研发新工艺。试制新产品的周期长费用高。无法适应聚合物工业发展的要求。

10 多年来，国内不少大学和企业都购买大型商业软件，期望使用新技术研究聚合物材料的科学和技术问题，以推动塑料行业的发展。我国塑料行业应用数值计算的水平处于发展阶段，科研人员还需共同努力提高使用数值模拟技术的能力和水平，充分发挥已经购买的商业软件应有的作用。未来的科技工作者需要学习基础理论知识，提高使用数值模拟技术的能力。

本节分为两小节，包括聚合物常用商业软件和基本结构、数值模拟聚合物加工成型过程的基本方法。

9.1.1 聚合物常用商业软件和基本结构

经过30年工程实践考验，市场上有很多成熟的商业软件包，可利用国际先进的计算软件包，省去编程、调试等许多工作量，优化试验方案，减少盲目试验次数，节省试验成本，大大缩短研发周期，提高本质安全程度和产品质量。计算科学是一门新学科，涉及很多应用数学和计算数学的知识，本书仅介绍工程技术人员需要的相关基础知识。

本小节介绍聚合物常用商业软件和基本结构[7]，包括聚合物领域常用的商业软件、数值计算软件的基本结构和数值解法、Polyflow软件等3部分。

9.1.1.1 聚合物领域常用的商业软件

国标中对软件的定义为与计算机系统操作有关的计算机程序、规程、规则，以及可能有的文件、文档和数据。运行时，能够提供所要求功能和性能的指令或计算机程序集合。程序能够满意地处理信息的数据结构。描述程序功能需求以及程序如何操作和使用所要求的文档。以开发语言作为描述语言，可以认为：**软件=程序+数据+文档**。

计算流体动力学（Computational Fluid Dynamics，CFD）是近代流体力学、计算数学和计算机科学结合的产物，是一门具有强大生命力的边缘科学。从20世纪70年代开始，在结构线性分析方面有限元法已经成熟，被工程界广泛采用。在此基础上，专业软件公司研制的一批大型通用商业CFD软件被公开发行和应用。目前，计算流体动力学软件是进行传热、传质、动量传递、燃烧、多相流和化学反应研究的重要核心技术，广泛应用于诸多工程领域。CFD软件一般都包含多种优化的数学物理模型，如定常和非定常流动、层流、紊流、不可压缩和可压缩流动、传热、化学反应等等。对每一种物理问题的流动特点，都有适合它的数值解法，用户可选择显式或隐式差分格式，以期在计算速度、稳定性和精度等方面达到最佳。数值计算软件之间可以方便地交换数据，并采用统一的前、后处理工具，这就省却了科研工作者和工程技术人员在计算方法、编程、前后处理等方面投入重复低效的劳动，可将主要精力和智慧用于工程问题本身的探索上。

流体计算软件成为过程装置优化和放大定量设计的有力工具，在很大程度上替代了耗资巨大的流体动力学实验设备，在科学研究和工程技术中产生巨大的影响。近年来，越来越多的科技工作者使用这些软件包，对软件进行二次开发，数值模拟聚合物加工成型过程，极大地促进了聚合物工业的发展。目前，国际上有许多成熟的商业软件可以用于聚合物领域，例如FLUENT、PHOENICS、ANSYS CFX、GAUSSIAN、MATERIALS STUDIO和Polyflow。简单介绍一下这些软件。读者可参看有关文献、专著和软件说明书[7-10]详细学习具体的内容。

（1）FLUENT

FLUENT软件是目前国际上比较流行的CFD软件包。FLUENT包含丰富先进的物理模型和物性参数的数据库，包含基于压力的分离求解器、基于密度的隐式求解器、基于密度的显式求解器，多求解器技术使FLUENT软件可用来模拟从不可压缩到高度可压缩范围内的复杂牛顿或非牛顿的流动，凡是与流体、热传递和化学反应等有关的工程领域均可使用。

（2）PHOENICS

PHOENICS软件是世界上第一套计算流体与计算传热学商业软件，它是国际计算流体与计算传热的主要创始人、英国皇家工程院院士D. B. Spalding教授和40多位博士20多年心血的典范之作，是模拟传热、流动、反应、燃烧过程的通用 CFD 软件，应用领域包括航空航天、能源动力、船舶水利、暖通空调、建筑、海洋、石油化工、汽车、冶金、交通、燃烧、核工程和环境工程等。该软件有 20 多种湍流模型、多种多相流模型、多流体模型、燃烧模型和辐射模型供选择，提供了欧拉算法也提供了基于粒子运动轨迹的拉格朗日算法。

（3）ANSYS CFX

CFX 由英国 AEA Technology 公司开发的全球第一个通过 ISO 9001 质量认证的大型商业 CFD 软件，后来被 ANSYS 收购。AEA 公司为解决其在科技咨询服务中遇到的工业实际问题而开发，诞生在工业应用背景中的 CFX 一直将精确的计算结果、丰富的物理模型、强大的用户扩展性作为其发展的基本要求，并以其在这些方面的卓越成就，引领着 CFD 技术的不断发展。和大多数 CFD 软件不同的是，CFX 采用了基于有限元的有限体积法，在保证了有限体积法的守恒特性的基础上，吸收了有限元法的数值精确性。该软件可用于模拟流体流动、传热、多相流、化学反应、燃烧问题，广泛应用于航空航天、旋转机械、能源、石油化工、机械制造、汽车、生物技术、水处理、防火安全、冶金、环保等领域。

（4）GAUSSIAN

GAUSSIAN 软件是美国 Gaussian 公司的量子化学软件，是研究取代效应、反应机理、势能面和激发态能量的有力工具，可数值研究聚合物能量和结构、过渡态的能量和结构、化学键、反应能量、分子轨道、偶极矩和多极矩、原子电荷和电势、振动频率、红外和拉曼光谱、NMR、极化率和超极化率、热力学性质、反应路径，模拟气相和溶液中的体系，模拟基态和激发态，可揭示聚合物的微观性质。

（5）MATERIALS STUDIO

MATERIALS STUDIO（材料工作室）材料模拟软件是美国 Accelrys 公司的高度模块化的集成产品，采用了先进的模拟计算思想和方法。该软件包括量子力学 QM、线形标度量子力学 Linear Scaling QM、分子力学 MM、分子动力学 MD、蒙特卡洛 MC、介观动力学 MesoDyn、耗散粒子动力学 DPD 和统计方法 QSAR 等几十个模块，可数值模拟研究聚合物的力学和分子动力学、晶体生长、晶体结构、量子力学、界面作用、定量结构，可解决当今化学和材料学中的许多重要问题。可以用于仿真聚合物的合成实验，优化材料的配方，再做实验室的合成试验。用户可自由定制购买自己需要的该软件部分模块系统，以满足研究的不同需要。

（6）Polyflow

Polyflow（高分子材料流动）黏弹性材料的流动模拟软件基于有限单元法。1982 年，比利时 Louvain 大学开发，1988 年 Polyflow 公司成立，先后被美国 Fluent 和 Ansys 软件公司收购。Polyflow 具有针对黏弹性流体小雷诺数流动的专用求解器，具有强大的解决非牛顿流体和非线性问题的能力，且具有多种流动模型，可以解决聚合物、食品、玻璃等加工过程中遇到的多种等温/非等温、二维/三维、稳态/非稳态的流动问题，可预测熔体材料的三维自由表面和界面位置，可以用于聚合物的挤出、吹塑、拉丝、层流混合、涂层过程中的流动、传热和化学反应问题。

已用于模拟双螺杆挤出过程的软件包还有 SIGMA、SEPRAN、FIDAP 等[12]。这里不一一介绍这些软件。

9.1.1.2　数值计算软件的基本结构和数值解法

这里简要介绍数值计算软件的基本结构和数值计算的 3 种基本解法。

（1）计算软件的基本结构

一般的数值计算软件包括前处理器、解算器和后处理器三大模块组成，各有其独特的作用，表 9.1.1 给出 CFD 软件的基本结构。

表 9.1.1　　　　CFD 软件的基本结构

	前处理器	解算器	后处理器
作用	(1)几何模型 (2)划分网格	(1)确定 CFD 方法的控制方程 (2)选择离散方法，离散控制方程 (3)输入相关参数 (4)选用计算方法，求解离散控制方程	用图形文件形象地描述数值计算的所有结果，打印图形和数值的结果，提供物料熔体的所有物理量的流场

前处理器建立数学物理模型。解算器求解数学物理模型，其包括物性数据库、各种本构方程、各种数学物理模型和求解方法。后处理器用图形文件形象地描述数值计算的结果，由图形和数值输出等组成。对工程问题进行定量研究，预测过程特性，需对过程模型化。数学模型是物理系统的数学描述，它用数学语言表达了过程诸变量之间的关系，是计算机模拟的基础。数值模拟就是在计算机上做仿真实验，把计算结果用文本输出和图形显示出来，进而分析研究计算机仿真实验的结果，不断改进设计方案，可优化设备结构和工艺参数，缩短新产品研发周期和降低成本，提高本质安全生产水平和产品质量。

2005 年，在国内数值模拟学术会议上，清华大学周力行教授介绍 CFD 数值模拟的含义、基本方法和实际应用等。用图 9.1.1 非常形象说明了传统方法和数值模拟方法的不同路径。由图 9.1.1 可知，老的研制方法用实验 + 传统的半经验计算优化和放大设计设备，这种“试凑法”研发费用高、周期长。在计算机上数值模拟聚合物材料加工成型过程，相当于在计算机上做验证性实验，研究加工成型的影响因素和机理，用数值模拟的结果优化和放大设计设备，可以减少盲目性。还有一种方法，在计算机上先数字设计设备具体结构，然后数值模拟聚合物加工成型过程，这一过程可以多次重复，取得了比较满意的结果后，优化放大设计和制造设备，进行试验研究工作。这样大大减少了盲目性，缩短了研发周期和成本。周力行教授长期致力于多相流、湍流和燃烧等领域的研究，将理论、数值模拟和实验研究有机结合，取得了一大批国内外公认的研究成果，1995 年获国家教委科技进步一等奖、2007 年获国家自然科学二等奖等多项奖励。

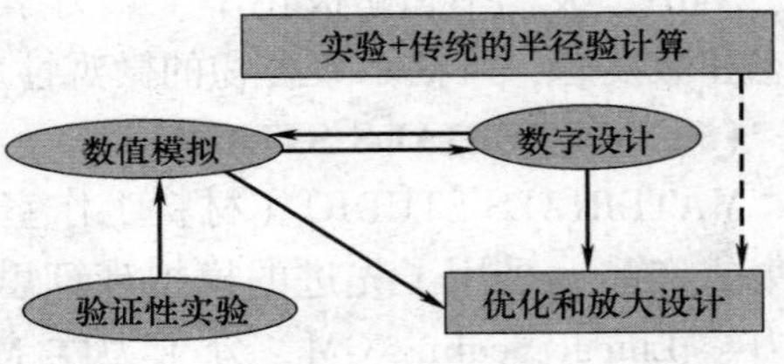

图 9.1.1　在工程中数值模拟的作用

（2）数值计算的基本解法

数值计算理论和技术自建立以来，经过多年的研究和发展，已经有多种成熟通用的数值解法。根据对控制方程离散的原理和方式的不同，主要分为有限差分法、有限单元法和有限体积法三个分支[7]。这里简单介绍这三种方法，读者可参看有关文献［7-10］，学习了解详细具体内容和涉及的相关计算数学知识。

① **有限差分法（Finite difference method，FDM）**是应用最早、最经典的数值计算方法。FDM 的基本理论已经发展的相当完整，有一套定性分析的理论。有限差分法将定解区域用有限个离散点构成的网格来代替，用有限个网格节点代替连续的求解域，把原方程和定

解条件中的微商用差商来近似，原微分方程和定解条件就近似地代之以代数方程组，求解代数方程组的离散解，离散解就是定解问题在整个区域上的近似解。由于引进数值网格生成方法和“选点法”，提高了有限差分法处理任意区域的能力。

② **有限单元法（Finite element method，FEM）** 与有限差分法一样，是一种区域性的离散化方法。它也是一种随着电子计算机的发展而发展起来的通用数值计算方法之一。有限单元法的早期应用集中在固体和结构力学方面，后来慢慢用于各种学科领域和各种工程的数值模拟，被推广应用于热传导、渗流和流体动力学等问题上。有限元法的基础是变分原理和加权余量法，基本思想是把计算域划分为互不重叠的单元，在每个单元内，选择一些合适的节点作为求解函数的插值点，将微分方程中的变量改写成由各变量或其导数的节点值与所选用的插值函数组成的线性表达式，借助于变分原理或加权余量法，将微分方程离散后数值求解。

有限单元法用的是分段（块）近似，每一段（块）用某种多项式来逼近。这是它与有限差分法的主要不同点之一。有限单元法对所考虑区域的形状没有什么要求，易于处理任意区域形状的流动问题。它的求解步骤几乎是统一的，因此，易于编制成通用程序。**有限差分法用的是“点”近似，它只考虑差分网格节点的函数值而不管节点附近函数的变化**。与有限单元法相比，有限差分法在这方面有所欠缺。

③ **有限体积法（Finite volume method，FVM）** 将计算区域划分为一系列不重复的控制体积，将待解微分方程对每一个控制体积积分，得出一组离散方程。用 FVM 导出的离散方程可以保证具有守恒特性，而且离散方程系数的物理意义明确，计算量相对较小。FVM 可视作有限单元法和有限差分法的中间物。有限单元法必须假定值在网格点之间的变化规律（即插值函数），并将其作为近似解。有限差分法只考虑网格点上的数值而不考虑值在网格点之间如何变化。有限体积法只寻求结点的值，这与有限差分法相类似；但是，有限体积法在寻求控制体积的积分时，必须假定值在网格点之间的分布，这又与有限单元法相类似。

9.1.1.3　Polyflow 软件

Polyflow 是 20 世纪 80 年代开发的，黏弹性材料的流动模拟软件基于有限单元法，具有针对黏弹性流体小雷诺数流动的专用求解器，具有强大的解决非牛顿流体和非线性问题的能力，且具有多种流动模型，可以用于聚合物的挤出、吹塑、拉丝、层流混合、涂层过程中的流动、传热和化学反应问题。在聚合物材料加工成型领域，经过多年的发展，Polyflow 软件使用最多，研究问题最深入。

Polyflow 软件由 4 个模块组成。

① **前处理器 Gambit**。用户使用前处理器建立描述被研究问题的几何和数学模型，选择网格的形式，网格可自生成，网格叠加系统可很方便建立离散的方程，可以动态模拟设备和物料的运动过程。

② **解算器 Polyflow 和黏弹性模块 Viscoelasticity** 模块几乎包揽工程中可使用的聚合物物性的本构方程，任用户选用。还可根据实验数据，用户模拟确定聚合物本构方程的物性参数。还包含聚合物所有非线性流体运动控制方程和计算方法，方便用户选择使用。用户可根据问题的性质，选择确定被求解问题的计算精度。

③ **统计分析 PolySTAT**。用户使用这一模块可以模拟物料粒子运动轨迹，统计计算聚合物材料加工成型过程物料的分离尺度和混合均匀程度，可预测优化螺杆和模具结构尺寸，优化工艺条件，确定最佳实验方案。

④ **后处理器 Fieldview**。用户使用这一模块可用图形文件形象地描述数值计算的所有结果，打印图形和数值的结果，具体可提供物料熔体的流速场、压强场、剪切应力场、黏度场、温度场、分离尺度场和能量耗散场等，可视化模拟组合螺杆流道熔体的流动形态和动态混合过程，形象地给出物料粒子运动的动态图像，方便用户分析研究聚合物加工成型过程的流变行为和机理。用研究的结果优化聚合物加工成型设备的结构尺寸，优化工艺条件，确定最佳实验方案。

1999 年，陈晋南率先在国内引进了 Polyflow 软件，建立了北京理工大学化工过程数值模拟实验室。当时 Polyflow 软件还不完善，陈晋南经常与国外电话沟通交流，讨论使用中发现的问题。2001 年 11 月，在北京，由 Fluent 公司主办，北京海基科技发展有限责任公司承办的“2001 年 Fluent 中国用户年会”上，陈晋南[11]介绍了 Polyflow 在双螺杆挤出模拟中的应用。陈晋南与国外公司来宾交流，大家共识是用户研究的问题促进了软件的深入发展和快速进步，用户使用软件研究工程问题提高了计算能力。

经过近 30 年的发展，Polyflow 以其丰富的物理数学模型、先进的数值方法和高质量的技术支持，很快成为流体力学计算软件市场的领先者，已广泛应用于聚合物工业领域。陈晋南课题组先后承担的国家自然基金和企业横向科研项目，与企业合作为企业服务，根据工程的要求，将聚合物流变学理论、试验和现代计算技术相结合，使用 Polyflow 软件数值拟合物料流变测试的数据，确定物性参数和本构方程，为企业数字设计螺杆和模具，数值研究聚合物材料的挤出、注射和吹塑加工成型过程和机理，模拟仿真物料熔体的流变行为，优化工艺条件，优化试验方案，减少盲目试验的次数，降低了研制新产品的成本，提高了生产的安全性和产品质量，促进企业的发展。

在国内外的期刊和国内外学术会议上发表论文 200 多篇，仅列出部分解决工程技术问题的代表作[11-90]，从中可看出，在研究工程问题中，课题组师生不断地学习、提高和成长。2001 年，陈晋南等人[12]综述了 20 世纪 70 年代至 2001 年期间，用计算流体动力学（CFD）及其软件包在双螺杆挤出中的应用的情况。2003 年，吕静和胡冬冬[13]综述了数值模拟在挤出机头中的应用。2007 年，王玉洁和黄明福等[14]综述了注射成型技术的研究进展。同年，王鸳鸯和黄明福等[15]综述了注射螺杆的研究进展。同年，陈晋南和代攀[16]综述了螺压反应挤出改性聚合物研究进展。2009 年，陈晋南和卢世明[17]综述了数值研究螺杆挤出机螺纹元件性能的进展。2010 年，陈晋南和彭涛[18]综述了聚合物挤出口模设计的数值研究进展。2017 年，陈晋南和彭炯等[19]综述了数值模拟技术在塑料加工的应用进展。

这里需要强调指出，数值模拟软件不仅应用聚合物加工成型的主要设备，也可以用于模拟研究辅助设备。例如，2015 年，王建和陈东杰等人[20]数值模拟优化了薄膜生产线热风系统。同年，王建和杨璐等人[21]实验和模拟研究了两板直压式注塑机合模液压系统的节能降耗技术。

9.1.2　数值模拟聚合物加工成型过程的基本方法

目前，各国广泛地使用成熟的 Polyflow 软件数值模拟仿真聚合物的加工成型过程，模拟仿真聚合物熔体的流变行为，从两个方面研究聚合物加工成型机理：

① 在设备结构一定的条件下，拟合物料流变测试的数据，确定物性参数和本构方程，研究物性参数和工艺条件对聚合物材料加工成型的影响；

② 在物性参数和本构方程一定的条件下，数字设计螺杆、模具等设备，数值研究设备

结构和工艺条件对聚合物材料加工成型的影响。

由于在一台螺杆挤出机上可完成输送、混合、捏合、塑化和挤压等过程，螺杆挤出机从上个世纪问世以来，在聚合物、生物、食品加工方面得到了广泛应用。聚合物螺杆挤出过程已成为世界范围内的研究热点。在聚合物加工成型领域中，双螺杆挤出机作为一种连续混合设备，以其诸多的优点而具有很大的应用市场。

本小节以螺杆挤出加工成型为例，介绍数值模拟聚合物材料加工成型过程的基本知识，包括聚合物材料加工成型的控制方程、数值模拟聚合物材料加工成型过程的相关知识、数值研究聚合物加工成型问题的基本步骤和方法、使用软件数值模拟聚合物加工成型过程容易出现的错误等4部分。

9.1.2.1　聚合物材料加工成型的控制方程

定量研究聚合物材料加工成型过程，预测过程的特性，需对加工聚合物材料的过程模型化。数学模型是物理系统的理想数学描述，它用数学语言表达了过程诸物理变量和自变量之间的关系，是计算机数值计算模拟的基础。

根据聚合物螺杆或模具加工成型过程的特点，假设：

① 螺杆或模具流道内全充满高黏度聚合物材料熔体，在每一流道横截面均为充分发展的流体流动；

② 流体流动速度缓慢，属于小雷诺数流动，忽略惯性力和质量力；

③ 熔体为不可压缩流体，ρ 为常数；

④ 熔体稳定流动，所有的物理量不随时间变化，方程中不含时间自变量$\frac{\partial}{\partial t}=0$；

⑤ 熔体流动为稳定不可压缩的层流，不存在涡旋流动，即 $\boldsymbol{u}\cdot\nabla\boldsymbol{u}=0$；

⑥ 根据具体问题，决定流体对固体壁面无滑移或有滑移的条件；

⑦ 由于设备流道横截面尺寸大大小于流动方向的长度，因此横截面的速度梯度较流动方向的速度梯度大得多；

⑧ 由于熔体的流动，流动方向的对流传热大于热传导，视设备的加热情况，给出壁面温度的边界条件；

⑨ 熔体的导热系数和热扩散系数为常数。

基于以上假设，具体简化第3.3.1节黏弹性不可压缩流体简化的控制方程（3.3.6），得到描述螺杆或模具流道聚合物熔体流动控制方程

连续性方程
$$\nabla\cdot\boldsymbol{u}=0 \tag{9.1.1}$$

运动方程
$$-\nabla p\boldsymbol{I}+\nabla\cdot\boldsymbol{\tau}=0 \tag{9.1.2}$$

本构方程
$$\boldsymbol{\tau}=2\eta(\dot{\gamma},T)\boldsymbol{D} \tag{9.1.3}$$

$$\boldsymbol{D}=(\nabla\boldsymbol{u}+\nabla\boldsymbol{u}^{\mathrm{T}})/2 \tag{9.1.4}$$

本构方程
$$\eta=\begin{cases}\left[\dfrac{\tau_y}{\dot{\gamma}}+\eta_0\ (\dot{\gamma}/\dot{\gamma}_c)^{(n-1)}\right]\exp[-b(T-T_0)] & (\dot{\gamma}>\dot{\gamma}_c)\\ \left\{\eta_0[(2-n)+(n-1)\dot{\gamma}/\dot{\gamma}_c]+\dfrac{\tau_y(2-\dot{\gamma}/\dot{\gamma}_c)}{\dot{\gamma}_c}\right\}\exp[-b(T-T_0)] & (\dot{\gamma}\leqslant\dot{\gamma}_c)\end{cases} \tag{9.1.5a}$$

或
$$\eta=\eta_0\ (1+t_\lambda^2\dot{\gamma}^2)^{(n-1)/2}\exp[-b(T-T_0)] \tag{9.1.5b}$$

能量方程 $$\rho c_p \boldsymbol{u}\cdot\nabla T=\kappa\,\nabla^2 T+\boldsymbol{\Phi} \tag{9.1.6}$$

黏性热 $$\boldsymbol{\Phi}=\eta\dot{\gamma}^2 \tag{9.1.7}$$

式中，$\boldsymbol{u}$ 为速度向量，m/s；p 为压力，Pa；$\boldsymbol{I}$ 为单位张量；$\boldsymbol{\tau}$ 为应力张量，Pa；$\dot{\gamma}$ 为剪切速率，s^{-1}；$\boldsymbol{D}$ 为变形速度张量，s^{-1}；η 为黏度，Pa · s；η_0 为零剪切黏度，Pa · s；τ_y 为屈服应力，Pa；$\dot{\gamma}_c$ 为临界剪切速率，s^{-1}；t_λ 为松弛时间，s；n 为非牛顿指数（幂律指数）；b 为热敏系数（温度修正系数），K^{-1}；T_0 为参考温度，即测试温度，K；T 为任意温度，K；c_p 为比热容，J/(kg · ℃)；κ 为导热系数，W/(m · K)；$\boldsymbol{\Phi}$ 为黏性热，Pa · s^{-1}。

这里注意几点：a. 软件中，变形速度张量用 $\boldsymbol{D}$ 表示，热敏系数 β 用 b 表示；b. 式（9.1.5a）和式（9.1.5b）给出本构方程的例子。根据具体问题，使用第5.3节介绍的方法在软件中选择合适的本构方程；c. 如果研究等温问题，不需要考虑能量方程。

描述聚合物材料实际加工成型过程的控制方程（9.1.1）至式（9.1.7）是耦合的非线性偏微分方程组，不能求解析解，只能数值求解。由于在螺杆流道内，聚合物熔体的流动是黏性流体的小雷诺数层流，可以使用 Polyflow 软件。

9.1.2.2 数值模拟聚合物材料加工成型过程的相关知识

这里以聚合物材料螺杆挤出加工成型为例介绍数值模拟的相关基本知识。本部分从数值模拟对象和问题、数学模型和求解域、数值模拟的迭代方法和计算精度等3个方面简介数值模拟的相关知识。

（1）数值模拟的对象和问题

根据工程的具体问题，确立数值模拟研究的对象和问题。根据研究的问题分类，聚合物螺杆挤出过程的数值模拟对象大致分为三方面。

① **螺杆功能段的数值模拟**。在聚合物螺杆挤出加工过程的数值模拟中，相对于固体输送段、熔融段、排气段以及其他功能段，熔体计量段、捏合段、过渡段和输送段被研究得较多。因为在这些功能段，聚合物熔体的流动和传热可以由经典的理论来描述。聚合物螺杆挤出加工过程的数值模拟，所研究的内容是螺杆的几何参数、组合构造和操作工艺条件（螺杆转速、压力、温度、流量等）对流场的各个特征量（速度场、剪切速率场、应力场、压力场、温度场、黏度场、应变分布函数 SDF、停留时间分布函数 RTD 等）和熔体输送特性参数（流量、回流量、扭矩、轴功率等）的影响规律。如图9.1.2所示。

② **螺杆混合特性的数值模拟**。在聚合物的加工过程中，混合也是一个非常重要的方面。捏合块在一定程度上决定了双螺杆挤出机的混合效率。比如聚合物热的均化、相对分子质量分布的均化、排气和化学改性等都与混合分不开。对于物理改性中机械流变混合过程，一般将其分为两种，即分散性混合（dispersive mixing）与分布性混合（distributive mixing）。数值模拟双螺杆挤出螺杆元件的混合性能分两步：第一步算出流场；第二步利用已求出的流场特征量定义一些混合指标，由此来衡量各元件的混合性能。以长度拉伸比、面积拉伸比和应变分布等作为分布混合程度的衡量指标，使用粒子示踪技术数值研究分布混合情况。

③ **螺杆反应挤出的数值模拟**[16]。在共混反应挤出等领域，双螺杆挤出机得到了广泛的应用。反应挤出的研究是近年来的一大热点。由于双螺杆挤出流道流体的流动很复杂，若再与化学反应耦合，将使这一过程的数值模拟更加困难。假设物料已呈完全熔融状态，将双螺杆挤出流道作为该反应的生物反应器，将挤出流道看成一个封闭的管状系统，使用一级反应

动力学方程式，数值模拟了生化反应，研究聚合物停留时间分布（RTD）的信息。在不同螺杆构造和不同工艺条件下，考察了聚合物单体沿着双螺杆流道轴向的转化率；忽略化学反应对体系黏度的影响，模拟聚合物双螺杆挤出过程的热降解反应，分析不同螺杆构造和螺杆转速对反应特性的影响；研究啮合同向旋转双螺杆挤出机作为三相反应器的工作特性，探讨将催化剂固定在螺杆表面的可行性；使用自清式双螺杆正向输送元件，研究过氧化物引发的一种商用聚丙烯树脂的降解反应，考察螺杆转速、入口处过氧化物分布和压力流与拖曳流之比对其混合特性的影响，研究重均相对分子质量的变化对反应体系黏度的影响，通过重均相对分子质量将剪切黏度与反应动力方程联系起来。

（2）数学模型和求解域

数值模拟的首要条件是建立准确的数学模型和反映实际工程问题的边界条件。根据功能的不同，挤出螺杆被划分为不同的区段。不同的区段对应不同的流动和输送机理，用不同的数学型来描述各段的流动规律。在聚合物熔体不可压缩、流动状态为稳定层流流动、流道全充满、流道壁面无滑移或壁面滑移的假设条件下，建立双螺杆挤出聚合物的数学模型。

① **本构模型**。早期的研究大多使用的本构模型是牛顿模型、幂律模型。虽然绝大多数聚合物熔体都是非牛顿流体，早期对双螺杆的模拟大都采用牛顿模型来简化分析。幂律模型是最简单的非线性模型，该模型能较准确地反映黏度曲线上的剪切变稀区域。但是，忽略了在较低和较高剪切速率时的牛顿平台区域，在低的剪切速率时，黏度趋于无穷大，而在高的剪切速率时，黏度趋近于零。在这两种情况下使用该模型导致模拟结果与实际情况有很大误差。Carreau 模型能够准确地反映出较低和较高剪切速率的两个牛顿平台区以及中间的剪切变稀区域。因此，适用于较大的剪切速率变化范围。近年来，不少论文用了该模型。

当模拟非等温流动时，大多都使用 Carreau 模型和近似 Arrhenius 定律的乘积描述熔体表观黏度与温度、剪切速率的关系。也有使用 Power 或 Cross 模型与 Arrhenius 定律的乘积，描述熔体表观黏度与温度、剪切速率的关系。研究聚合物黏弹性流动问题常使用黏弹性 PTT 模型，例如用 PTT 模型描述 ABS 熔体的离模膨胀流变性质[71]。

经过多年的发展和完善，Polyflow 软件包涵了很多模型供使用，可以根据第 5.3 节介绍的本构模型选择的方法确定被研究聚合物的本构方程。

② **求解域、边界条件和网格划分**。求解域的大小与计算机的内存有关。由于计算机的内存问题，早期的研究沿螺杆轴向截取一个螺槽流道、螺纹块和捏合块等螺纹元件作为研究对象，数值模拟一维或二维等温牛顿流体的流动，这样选取计算域比较直观便于分析。但是，由于使用数学模型过于简化的牛顿流体模型，计算域太短不足于反映真实问题。因此，研究的结果不能真实反映实际问题。20 世纪末，陈晋南课题组最初仅购置了一个软件证书，仅能模拟螺杆一段螺纹元件的求解域。

2003 年，陈晋南课题组使用 SGI-O_2工作站和软件 Polyflow3.7，数值模拟双螺杆挤出螺纹元件的三维等温流场，螺纹元件轴向长度是 48mm，计算精度设定为 10^{-3}，完成一次计算大约需要 48h。陈晋南课题组购置了有 8 个核的计算工作站，购置了 8 个软件证书，可以并行运算，研究复杂聚合物加工成型问题。2012 年，数值模拟螺杆长 60mm、机筒内壁开有螺旋沟槽构成的混炼段的混合过程，计算相对误差不超过 10^{-3}，完成一次计算大约需要 8h。由此可见，尽管使用了 8 个核的工作站，数值计算域还是很短。需要建立大型计算工作站，资源共享必将推动塑料行业应用信息技术的深入和快速发展，最终推动行业新技术、新设备和新材料的创新发展。

边界条件反映实际问题的特性，对于数值计算的结果往往具有决定性的影响。双螺杆挤出流道的形状随着螺杆的转动而发生变化，使运动边界问题成为数值分析的一大难点。如果对流道形状的每一微小改变都重新进行网格划分，那么，工作量将会非常大。早期为解决这一问题，假设机筒运动、螺杆静止，则使用准静态假设，根据流道形状变化的周期性，绘出一系列相差一定角度的流道来代表一个旋转周期，并分别计算每一几何体。后来 Ployflow 软件研发了网络叠加技术（Mesh superposition technique），模拟了螺杆转动、机筒静止的真实情形，与使用准静态假设相比，大大减少了网格处理的工作量、机时和计算误差。图 9. 1. 2 为 Polyflow 软件双螺杆流计算域。图 9. 1. 2（a）给出双螺杆元件横截面选取的参考位置。图 9. 1. 2（b）给出流道网格划分和边界条件。该图显示双螺杆计算域流道入口和出口边界条件可给定流量或压强，假设螺杆表面和机筒内壁无滑移。

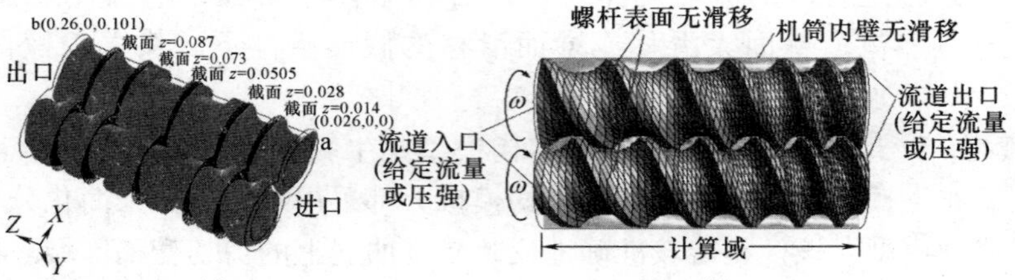

(a) (b)

图 9. 1. 2 Polyflow 软件双螺杆计算域

（a）双螺杆元件横截面选取的参考位置 （b）流道网格划分和边界条件

2001 年，彭炯和陈晋南[22]在国内首次使用网格叠合技术，数值模拟同向旋转双螺杆挤出机计量段聚合物挤出的过程，用 Carreau 和近似 Arrhenius 公式的模型描述熔体的流变特性，数值计算计量段的三维非等温流场，分析熔体速度、温度、压力、黏度、黏性耗散热的分布，分析了螺杆转速、轴向压差对挤出量的影响。

在聚合物工程挤出过程中，壁面存在滑移，否则将出现物料堆积、滞流、烧焦等问题。实验研究不易研究壁面滑移的问题。2004 年，Hu 和 Chen[23]首次引入 Navier slip law 定义壁面有滑移边界条件，用 Carreau 模型模拟双螺杆挤出螺纹元件的三维等温流场。对于不同的系数，计算了螺旋通道的等速度曲线和相互啮合区域的剪切速率分布，分析讨论不同壁面滑移系数的轴压差、平均剪切速率和分散混合指数。近年来，在壁面滑移条件下，研究聚合物螺杆的三维非等温非牛顿流体的流动日见增多。

由于不能模拟整个螺杆，数值模拟双螺杆挤出聚合物的流场，流道进出口边界条件的设置一直是一个颇具争议的问题。由于事先无法获得计算域进出口平面上的真实边界条件，在数值模拟聚合物螺杆挤出过程时，大都采用放松边界条件。为了考察放松边界条件数值模拟结果的影响。2005 年，在流量恒定的条件下和进出口给定三种不同分布形式的速度边界条件下，胡冬冬和陈晋南[24]用 Carreau 模型数值模拟双螺杆挤出流道。数值计算结果表明，在体积流量恒定的条件下，流道进出口不同分布形式的速度边界条件对流场的影响主要集中在进出口附近区域。但是，对离进出口边界较远的流场影响很小。**一般而言，当计算域所对应的螺杆较长时，可以忽略流道进出口的放松边界条件所引起的误差。当计算域较短时，不宜直接采用放松边界条件，应在计算域进出口增加适当长度的流体流动发展段。考虑边界效应的影响，不要取进出口边界计算值分析讨论计算结果。**

商业软件提供了各种网格划分的方式，可以根据研究问题的复杂性和计算内存，选取网格划分的方式。例如，用正四面体网格划分形状不规则的螺杆和螺筒，用正六面体网格划分形状规则的流体区域。先分别生成螺杆和螺筒的网格，然后通过 Polyflow 软件中的网格叠加技术，将螺杆和螺筒流体区域的网格组合，生成真实流道的网格，如图 9.1.2（b）所示。

(3) 数值模拟的迭代方法和计算精度

商业成熟的软件包括了不同的插值函数、计算迭代方法和计算精度。使用数值计算软件时，一定要选择合理的迭代方法和计算精度。例如，使用 Polyflow 软件数值求解非线性耦合方程组式（9.1.1）至式（9.1.7）时，数值研究聚合物螺杆挤出过程的计算中，速度采用 mini-element 插值，压力采用线性插值，黏度采用 Picard 迭代。将方程式（9.1.1）至式（9.1.7）离散，用隐式欧拉法联立求解离散化的方程。若选择计算精度太高，由于被研究聚合物流变性能和设备结构问题的复杂性，计算机的内存不够，计算将不会运行或中途终止。选择的计算精度过低，得到的结果不好，无法分析流场的物理量。考虑到流道结构复杂，计算周期长，迭代误差大，一般选择计算精度为 10^{-3}，略高于工程允许的误差范围。从数值模拟与实验比较的结果来看，在误差允许的范围内，绝大多数模拟结果与实验结果是一致的，从而有力地证实了利用 CFD 及其软件包，数值研究聚合物加工成型的可靠性和先进性。

9.1.2.3　数值研究聚合物加工成型问题的基本步骤和方法

图 9.1.3 给出数值模拟聚合物螺杆挤出加工过程的示意图。图 9.1.3 中左方框是输入的物理量，包括螺杆流道几何结构、实验测试确定的物性参数、边界条件和工艺条件，以螺杆挤出为例，输入转速、温度、压力或流量等；使用 CFD 软件数值求解非线性的控制方程，可得到图 9.1.3 中右方框的输出物理量，包括速度场、压力场、剪切应力场、剪切速率场、黏性热场、黏度场和温度场。可模拟物料粒子的运动轨迹，模拟双螺杆挤出中物料动态混合过程，得到应变分布函数 SDF、物料停留时间分布函数 RTD。试验测试流量、压力、温度、扭矩和轴功率等特性参数。用流变学的理论分析试验测试数据和数值计算的结果，分析聚合物挤出加工过程，深入研究聚合物加工成型的机理。

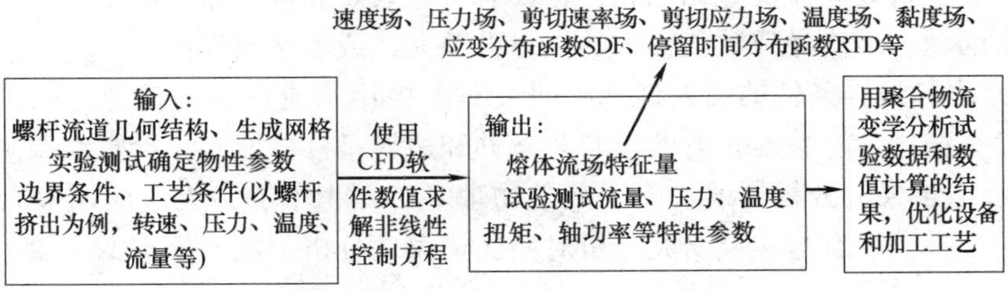

图 9.1.3　数值模拟聚合物螺杆挤出加工过程的示意图

下面介绍数值模拟研究工程问题的基本步骤和方法：

第 1 步　根据研究的问题，用物理准数选用成熟可靠的商业软件，例如低雷诺数高黏性聚合物流体的流动选择 Polyflow 软件；或开发相应的计算机程序，根据研究问题的需要，编制部分软件与通用软件接口使用。

第 2 步　根据实际工程问题，在软件的前处理器中建立研究对象的物理模型，选取合适的坐标系，画出研究对象结构图。选取网格划分的方式，先分别生成螺杆和螺筒的网格，然后用软件网格叠加技术，组合螺杆和螺筒流体区域的网格，生成流道计算网格。

第 3 步　实验测试物料的流变性能，使用软件和实验测试材料流变数据，确定材料本构方程的参数。

第 4 步　建立研究对象的数学物理模型，由实验测试的数据和工艺条件，确定相应的边界条件和初始条件。

第 5 步　选择适当的数学计算方法和计算精度，数值求解数学物理模型，应用软件处理数值计算结果，确定流场特殊点的物理数值，根据分析问题的需要，画出速度场、压力场、剪切应力场、剪切速率场、黏性热场、黏度场和温度场，以及粒子动态混合过程，画出应变分布函数 SDF、物料停留时间分布函数 RTD 的曲线。

第 6 步　将数值近似解与实验测试结果比较，分析所求数值近似解的精确性和可靠性，必要时修正数学模型，重复上面的第 3 步至第 5 步。

第 7 步　最后，理论上深入分析解释数值近似解的物理意义，分析研究聚合物材料加工成型的机理，从理论和技术上指导生产本质安全过程的设计，优化设备结构、工艺条件和试验方案，指导工程开发过程。

9.1.2.4　使用软件数值模拟聚合物加工成型过程容易出现的错误

早期，陈晋南课题组师生使用软件数值模拟聚合物加工成型过程，在研究工作中，师生曾遇到不少问题走过弯路，不断总结经验成长。留学回国以来，陈晋南曾担任国家自然科学基金的面上项目和青年基金项目评审邀请（有机聚合物材料学科）的通讯评审专家，有幸学习审核了不少申请报告，审核了不少国内核心期刊有关数值模拟的论文，学习了不少好文章，也学习了解国内研究情况，也发现一些共性的问题。这里分析容易出现的问题：

① **物料流变性能确定的错误**。发生这种情况有几种可能，使用单一流变仪测试物料的性能，没有测试低剪切速率和高剪切速率的物料的流变性能，或测试数据太少，仅得到线性的流变本构方程；或随便从软件的数据库，随意选择数学模型和本构方程，描述自己研究的问题；或认真测试了物料的流变数据，但是没有修正处理测试的实验数据，直接把测试的物料表观黏度当物料黏度使用，计算误差就会大一些。当时国内不具备测试特殊材料的设备和修正的条件，陈晋南课题组也曾使用表观黏度数值计算研究问题，相对分析讨论问题。早期，国内有的流变仪处理流变数据的软件也没有考虑表观黏度的修正问题。由于物料流变性能测试数据有问题，最终导致数值模拟的结果误差大，或者是错误的。

② **控制方程和边界条件的错误选择**。研究对象搞错了或选择不合理，把非等温场处理成等温场。没有选择计算精度，有的没有艺条件和边界条件，就有了计算结果。

③ **数值模拟结果的分析错误**。由于数学物理基础知识不够，无法应用聚合物流变学分析数值模拟的结果，没有与实验研究分析对照，错误地分析了数值模拟的结果，无法指导工程实际。

数值计算已与理论分析、实验被并列公认为当代科学研究的 3 种手段之一。这 3 种方法有机结合，才能推动聚合物材料加工成型新技术、新设备、新材料的发展。提高使用数值计算的水平是行业发展和创新的需要。

下面的 9.2 节至 9.5 节介绍陈晋南课题组使用 Polyflow 软件研究聚合物加工成型过程的典型工作[11-90]，包括聚合物螺杆挤出加工成型过程的数值模拟、聚合物模具挤出成型过程的数值模拟、聚合物挤出注塑成型过程和聚合物挤出吹塑成型过程的数值模拟。

9.2　聚合物螺杆挤出加工成型过程的数值模拟

螺杆挤出机作为连续混合加工成型设备广泛应用于聚合物加工、食品和医药工业等领域，是聚合物加工成型的最主要设备之一。在聚合物加工领域，螺杆挤出过程是数值模拟研究最早的研究对象。2000 年开始，陈晋南课题组师生使用 Polyflow 软件，数值模拟聚合物螺杆挤出加工成型过程，正交设计了螺杆元件的组合，优化螺杆结构，比较研究了螺纹块与捏合块的功能，模拟仿真了不同物料粒子的运动轨迹，动态模拟了双螺杆挤出过程中物料混合过程，模拟仿真物料熔体的流变行为，计算物料停留时间分布函数 RTD，研究了三螺杆的挤出特性，研究了销钉机筒挤出机螺杆混合段的混合性能，研究机筒螺槽挤出机的性能。下面仅综述陈晋南课题组数值研究聚合物螺杆挤出成型过程的工作[25-58]。

2002 年，彭炯和胡冬冬等[25]用 Carreau 和近似 Arrhenius 公式的模型描述熔体的黏度，数值模拟了同向双螺杆挤出机捏合段三维非等温流动。同年，Peng 和 Chen[26]使用在不同转速下，用 $\eta=\eta_0\left(\dot{\gamma}/\dot{\gamma}_0\right)^{(n-1)}\exp[-b(T-T_0)]$本构模型，数值模拟同向双螺杆挤出机（ZSK-30）挤出非牛顿型聚合物的三维非等温流场。

在双螺杆挤出机的理论研究中，了解粒子的运动轨迹对于全面理解物料在挤出机中输送和混合的机理至关重要。长期以来，人们使用高黏度的牛顿流体（如硅油、甘油）为代料，加入示踪剂，在同向聚丙烯材料所制成的透明机筒或双螺啮合区机筒上开设的观测窗，实验观察获取物料输送混合的信息。2003 年，Hu 和 Chen[27-28]首次在国内使用粒子示踪模拟分析法（PTA），用 Carreau 模型数值研究双螺杆连续转动的周期性流场，啮合同向和异向旋转双螺杆流道粒子的运动轨迹和动态混合过程，用分离尺度、分布混合指数和停留时间分布等累积混合指标，统计分析物料的混合状态。同年，胡冬冬和陈晋南[29-30]用 Carreau 模型描述 PP 熔体表观黏度与剪切速率的关系，数值模拟啮合同向和异向双螺杆挤出螺纹元件的三维等温流场，在获得大量粒子运动轨迹的基础上，运用统计学指标——分离尺度和分散指数，定量描述了两种挤出流道内物料的混合状态。可视化模拟与传统的实验方法相比有着极大的优越性。

2003 年，陈晋南的博士生胡冬冬学习了北京化工大学姜南设计三螺杆的综述文章，数字设计三螺杆，用 Carreau 本构模型模拟研究三螺杆挤出机混合性能。2003 年，在比利时瓦夫尔召开的 Fidap 和 Polyflow 欧洲用户国际会议上，胡冬冬和陈晋南[31]公布了中国首次数值模拟研究同向啮合三螺杆的成果。

2004 年，胡冬冬和陈晋南[32-33]数字设计了正三角形排列的啮合同向三螺杆三头捏合盘元件，用 Carreau 模型描述低密度聚乙烯（LDPE）的流变性能，数值计算了捏合盘元件流道熔体的三维等温速度场、压强场、剪切速率场、剪切应力场和拉伸流动指数分布等，用粒子示踪技术（PTA）法分析中心区物料粒子的停留时间分布，粒子运动轨迹清晰地展示了三螺杆挤出聚合物熔体的流动规律，为研究聚合物复杂混合机械物料的流动机理提供了一种新的方法。

2005 年，胡冬冬和陈晋南[34]用 Carreau 模型表征低密度聚乙烯（ PE-LD）和软聚氯乙烯（ SPVC）两种聚合物熔体的流变性质，数值模拟啮合同向双螺杆挤出机（ZSK60）不同厚度和不同错列角的捏合块组合流道的熔体三维等温流动，研究了组合螺杆的输送性能和挤出稳定性，用平均剪切速率、平均特征剪切应力和平均拉伸流动指数等瞬态混合指数表征了组合螺杆的瞬态混合特性，考察了两种不同流变性质的聚合物熔体在组合螺杆中的瞬态流场分布规律。同年，胡冬冬和陈晋南[35]数值研究了上述的组合结构螺杆的混合性能，用停留时间分布、分布混合指数、分离尺度等累积混合指数表征了组合螺杆的轴向混合性能、分布混合性能和分散混合性能。数值计算结果与前人的实验研究结论一致。

2005 年，孙兴勇和陈晋南等[36]针对某工厂双螺杆挤出机出料速度不均，产品断面有裂纹等问题，数值模拟了同向旋转双螺杆过渡段流体的三维等温流动，研究物料黏度和剪切应力随进出口压力、螺杆转速变化的规律。研究结果表明，随着进出口压差的增大和螺杆转速的增加，剪切应力均增大，出口物料所受剪切应力梯度变小，过渡段分散混合能力增加，有利于物料在过渡段内的均化。随着螺杆转速的增加，物料在过渡段内停留时间过短会影响物料塑化质量。同年，胡冬冬和陈晋南[37]数值模拟啮合同向三螺杆挤出机捏合段三维非等温流动，分析了进出口压力差对捏合段流量、温度和压力的影响。

2006 年，胡冬冬和陈晋南[38]数字设计了并列型和正三角形排列的啮合同向三螺杆，用 Carreau 模型描述低密度聚乙烯（LDPE）的流变性能，数值模拟了并列型和正三角形排列的啮合同向三螺杆挤出三维等温流场，求解了三螺杆挤出流道聚合物熔体的速度场、压强场、剪切速率场、剪切应力场和拉伸流动指数分布等，用粒子示踪技术（PTA）法分析了物料的流动形态和停留时间分布，与传统的双螺杆挤出输送和混合性能进行对比。同年，胡冬冬和彭炯等[39]数值模拟组合式双螺杆等温挤出过程，分析比较了 3 种不同结构组合螺杆的熔体输送特性、速度场和剪切速率场。根据拟稳态假设和双螺杆转动过程的周期性，计算了双螺杆转动 180°的流场，在此基础上，用粒子示踪分析（PTA）法，可视化模拟组合螺杆流道物料的流动形态和动态混合过程，模拟结果与前人的实验研究结论一致。

2008 年，陈晋南和姚慧等[40]数字设计了有销钉的机筒，用 Carreau 模型数值模拟有销钉和无销钉混合段流道内胶料的三维等温流场，用粒子示踪分析法比较两者的混合性能。研究结果表明，有销钉混合段流道内，销钉局部打乱了胶料的运动轨迹，打散了滞留熔体，6 个销钉所在横截面的流场被分成 6 个区域，料流被迫改变方向重新排列，熔体的速度梯度增加；随着胶料速度梯度的增大，胶料的剪切应力增大，混合指数分布均匀。有销钉混合段的截面平均分离尺度小于无销钉混合段的 10%。机筒销钉对于分散混合有一定的强化作用，其混合程度高于无销钉结构。

2009 年，陈晋南和刘杰等[41]用 Cross 模型和近似 Anhenius 公式的乘积描述 U-PVC 表观黏度随剪切速率和温度的变化，数值模拟了同向双螺杆螺纹混合元件和普通螺纹元件流道硬聚氯乙烯的非等温过程，使用粒子示踪技术计算了粒子的运动轨迹，计算了 2 种元件流道粒子的混合指数分布、不同百分比粒子的最大混合指数、累计停留时间和停留时间分布，表征了 2 种元件的动态混合能力。研究结果表明，螺纹混合元件具有较均匀的剪切速率分布、较平缓的温度分布和较强的分散与分布混合能力，但是其输送能力较小。

2010 年，陈晋南和刘杰等[42]用 Cross 模型数值研究了硬质聚氯乙烯断裂螺纹元件（SME）和常规螺纹元件（SE）的挤出过程，分析两种螺纹元件的输送和分散、分布混合性能。同年，李晓翠和彭炯等[43]用正交设计法数字设计了 9 组不同排布的销钉单螺杆。用混合熵作为评价销钉螺杆混炼段混合性能的指标，用 Carreau 模型数值研究了不同销钉结构混炼段的聚丙烯等温流场，考察了一个导程内销钉排数、每排销钉个数和销钉高度对销钉螺杆混炼段混合性能的影响。研究结果表明，在考察设计的正交试验中，沿螺杆挤出方向各截面的混合熵逐渐增大，出口处该值达到最大。

2010 年，曹英寒和陈晋南[44]用 Cross 模型数值模拟了壁面条件对异向锥形双螺杆挤出硬质聚氯乙烯（RPVC）过程的影响。由 Navier 线性滑移定律确定螺杆壁面熔体所受的剪切应力与熔体滑移速度的关系，在不同壁面条件下，数值计算了异向锥形双螺杆计量段流道内 RPVC 熔体的体积流量和三维等温流场。结果表明，在螺杆壁面无滑移时，螺杆流道内熔体速度大，速度梯度大，剪切速率等值线形状不规则，分布杂乱。随着滑移系数的减小，锥形双螺杆流道内熔体的体积流量增大，速度梯度减小，压力和剪切速率梯度减小，参考线上熔体压力波动减小。因此，改善壁面条件有利于提高聚合物螺杆挤出过程的稳定性，降低制品的残余应力，提高制品质量。

2010 年，高丽平和彭炯等[45]研究添加剂粒子质量对聚合物单螺杆混合过程的影响，用 Carreau 模型数值计算了单螺杆流道内低密度聚乙烯熔体的流场，模拟有质量和无质量添加剂粒子的运动轨迹，用混合熵自编程序数值计算了有质量粒子和无质量粒子的混合熵，用混合熵评价了粒子的动态混合性能。结果表明，有质量粒子的混合熵值明显大于无质量粒子的混合熵值，添加剂粒子质量对聚合物螺杆挤出混合过程的影响是显著的。同年，陈晋南和卢世明等[46]用 Cross 本构模型，分别数值计算了不同结构开槽螺纹元件流道硬质聚氯乙烯熔体的等温流场，用粒子示踪法统计对比分析了槽数、槽深和槽形开槽螺纹元件的混合性能。研究结果表明，开槽螺纹元件流道中熔体最大的压强、轴向速度和剪切速率随槽数、槽深的增加而减小，最大黏度和停留时间随槽数、槽深的增加而增大，粒子时均混合效率变化较小。开槽螺纹元件的建压和输送能力随槽数、槽深的增加而减弱，分布混合能力随槽数、槽深的增加而增强，分散混合能力变化较小。开槽螺纹元件流道熔体最大的压强、轴向速度、时均混合效率和停留时间均随槽形变化较小，方形开槽螺纹元件最大剪切速率大于圆形和楔形。开槽螺纹元件的输送、建压、分散混合和分布混合能力随槽形变化较小。

2011 年，Chen 和 Dai 等人[47]用 Carreau 本构模型，数值模拟了常规单螺杆挤出机和销钉单螺杆挤出机的混合段橡胶熔体的流场，使用粒子追踪分析统计分析有销钉或无销钉混合段的橡胶熔体的混合状态。定量评估两种结构混合部分的混合性能。同年，Chen 和 Dai[48]用 Cross 本构模型，数值模拟反向和同向旋转双螺杆挤出混合区的未增塑聚氯乙烯（U-PVC）流动过程，用粒子追踪法统计分析螺杆元件的混合性能。用混合指数、拉伸对数和分离尺度来表征分散混合性能。研究结果表明，反向旋转双螺杆能够产生更高的压力、轴向速度和剪切速率，而同向旋转双螺杆在分散和分配混合中具有更好的性能。

2011 年，Cao 和 Chen[49]用 Cross 模型研究了壁面条件对硬聚氯乙烯（RPVC）同向旋转平行双螺杆挤出的影响。在双螺杆挤出机熔融段进出口压力差为零和不同壁面条件下，数值计算计量段 RPVC 的体积流动速率和三维等温流场。研究结果表明，当滑动系数小于 10^4 Pa · s/m 时，熔体的体积流量是恒定的，对应于完全滑移条件。当滑移系数大于 10^4 Pa · s/m 时，随着滑移系数的减小，体积流速和黏度增加，速度、压力和剪切速率的梯度降低，降低产品的残余应力。在壁面充分滑动和无滑动的条件下，研究双螺杆挤出分散和混合性能。结果表明，无滑动条件下的混合性能优于全滑条件下的混合性能，壁面滑动有利于热敏材料的挤出。同年，Cao 和 Chen[50]研究了壁面条件对聚氯乙烯（PVC-R）同向旋转锥形双螺杆挤出的影响。螺旋面的剪切应力与流动熔体的滑动速度之间的关系服从 Navier 线性定律。当体积流量为 3.83×10^{-5} m^3/s 时，计算了不同壁面条件下同向旋转锥形双螺杆挤出机计量段进出口压差。还计算了 PVC-R 的 3D 等温流场。结果表明，当滑动系数小于 10^4 Pa · s/m 时，压力差是恒定的，对应于完全滑动条件。当滑移系数大于 10^4 Pa · s/m 时，随着滑移系数的减小，压差和速度梯度、压力梯度和剪切率降低。产品的残余应力因此降低。因此，增加壁面滑移有利于聚合物挤出的稳定性和产品质量。还研究了双螺杆挤出机在不同滑动条件下的分散和分配混合。结果表明，当滑动系数为 10^7 Pa · s/m 时，对于同向旋转的锥形双螺杆 PVC-R 混合挤出是有利的。

2011 年，曹英寒和陈晋南[51]在螺杆转速为 25r/min，进出口压差为零的条件下，用 Cross 模型数值模拟了同向和异向旋转锥形双螺杆、平行同向双螺杆混合挤出 RPVC 的过程，计算了 3 种双螺杆计量段流道内熔体的三维等温流场，用粒子示踪法统计分析了 3 种双螺杆的混合挤出性能，比较了同向锥形双螺杆、异向锥形双螺杆和平行双螺杆的混合挤出性能。研究结果表明，同向锥形双螺杆分散性混合能力最大，分布性混合能力比异向锥形螺杆的大，比平行双螺杆的小。同向锥形双螺杆既保存了异向锥形双螺杆有利于物料的压缩的优点，又克服了异向锥形双螺杆剪切能力小的缺点。锥形双螺杆计量段流道内熔体的压力波动最小，有利于挤出制品的稳定性。用实验和数值计算两种方法研究了 HT30 平行双螺杆挤出 RPVC 的停留时间，验证了所采用的数值计算方法的可靠性。

2012 年，王建和郭迪等[52,53]用 Cross 模型，数值模拟研究了机筒内壁开螺槽的螺筒结构对单螺杆挤出机性能的影响，模拟了单螺杆螺筒挤出机和传统单螺杆挤出机流道内硬质聚氯乙烯（PVC-R）熔体三维等温混合过程，比较了两者的混合挤出性能。研究结果表明，机筒内壁有螺旋沟槽结构的单螺杆螺筒挤出机的混合性能相对于传统单螺杆挤出机有所提高。在螺筒与螺杆之间间隙不变的情况下，螺筒槽深大的更有利于单螺杆螺筒挤出机混合性能的提高。

2014 年，柳娟和王建[54]用 Cross 本构模型研究开有左、右旋螺槽的螺筒结构对单螺杆挤出机熔融段挤出混炼性能的影响，数值模拟左旋和右旋螺筒的单螺杆挤出流道内硬质聚氯乙烯（PVC-R）熔体的三维等温流场和挤出混合过程，研究了螺筒螺棱左右旋向对单螺杆挤出机挤出和混合性能的影响。研究结果表明，与右旋螺筒相比，左旋螺筒挤出熔体的轴向速度可达 5mm/s，左旋结构流道内粒子混合指数大于 0.5 的区域和拉伸对数也更大，分离尺度更小。因此可提高挤出机挤出输送能力和混合性能。同年，王建和柳娟等[55]考虑螺筒槽深、槽宽、导程和槽数四个因素，根据经验确定相应的因素水平，以硬质聚氯乙烯（PVC-R）为挤出物料，通过数值模拟和正交分析方法，数值计算 9 种螺筒结构流道内熔体的三维等温流场，计算的收敛精度为 10^{-3}，在工作站上完成全部计算，最长一次计算机时约 13h。分析讨论这四个因素对单螺杆螺筒挤出混炼性能的影响，获得了最优的螺筒结构。研究结果表明，螺筒槽深为 0.6mm，槽宽为 4.5mm，导程为 20mm，槽数为 3 时，单螺杆螺筒挤出机的挤出输送和混合性能最好。

2014 年，同年，与四川中装科技公司合作，研究螺杆挤出黑炭分散混合情况。王国环和彭炯等[56]用 Carreau 模型，数值模拟研究 PEHD/炭黑在捏合块元件内分散混合情况，首次引入了炭黑分散数学模型和粒径分布函数来分析炭黑分散混合。刘发国和王国环等[57]数值模拟同向双螺杆挤出流道炭黑在高密度聚乙烯（HDPE）的分散混合，研究螺杆结构和转速对分散混合效果的影响，数值计算了螺杆流道内 HDPE 熔体的流场，用最大剪切速度、最大剪切应力和拉伸对数表征流场的剪切和拉伸作用，用粒径分布函数分析了炭黑聚集体的分散。研究结果表明，合适的螺杆组合可改善炭黑的分散效果，转速和混合时间影响炭黑聚集体的最终粒径分布。同年，王建和刘发国等[58]在相同工艺条件下，数值计算了两种不同结构双螺杆组合流道内 ABS 熔体的三维流场，统计计算了混合指数、拉伸对数、瞬时拉伸效率和分离尺度等评价指标，讨论分析了螺杆流道内熔体的混合状态。

本节分为 4 小节，具体给出 4 篇代表作，包括同向旋转双螺杆挤出机聚合物熔体输送的数值模拟、啮合同向旋转三螺杆挤出机聚合物熔体流动的数值模拟、机筒销钉单螺杆挤出机混炼段混合性能的数值分析、左右旋螺筒结构对单螺杆挤出机性能的影响。

9.2.1 同向旋转双螺杆挤出机聚合物熔体输送的数值模拟

Numerical Simulations of Polymer Melt Conveying in Co-Rotating Twin Screw Extruder[26]

Peng Jiong, Chen Jin-nan

Twin screw extruders are widely used in polymer processing. It is important to understand the flow of materials around the rotating twin screws. Many defects of the final products are due to a low mixing quality. One type of twin screw extruder, the intermeshing co-rotating twin screw extruder, is a high-speed machine used primarily in compounding applications.

In the last 20 years, the simulation of the flow in co-rotating twin screw extruders got a lot of attention. Due to the complex geometry in the vicinity of the inter-screw region and the large deformations induced by the two rotating screws, simulating the flow around the twin screw has always been a difficulty and challenge. Many researchers limited their investigation to a 2-D flow field analysis for Newtonian or non-Newtonian fluids. However, these reports based on 2-D flow analysis could not take into account the real flow pattern because of disregard of the helix angle and various kinds of leakage flows.

Nguyen and Lindt expanded the flow analysis into the 3-D case in a non-intermeshing twin screw extruder, they simplified the flow channel using zero-helix angle screws. 3-D simulations of the flow field in co-rotating twin screw extruders were undertaken by Sastrohartono et al. In their simulations, the screw is supposed fixed, while the barrel moves in the direction opposite to screw motion, but it is physically impossible to have a barrel moving in a "figure eight" shape. Li Peng et al. developed a 3-D flow modeling of kneading block region in co-rotating twin screw extruders.

The aim of the present work was to study the distributions of the velocity, temperature and pressure in the real flow domain of the twin screw extruder and the influences of the screw speed on the flow rate of the extrusion.

1 Numerical Modeling

Molten polymers are non-Newtonian fluids, in the process of extrusion, the shear rates in the polymer melt vary greatly, commonly in the range of $10 \sim 10^3 \mathrm{s}^{-1}$. In the simulation of the non-isothermal flow, since the viscosity η is dependent upon the shear rate $\dot{\gamma}$ and the temperature T, the following constitutive equation is used:

$$\eta = \eta_0 (\dot{\gamma}/\dot{\gamma}_0)^{n-1} e^{-b(T-T_0)} \tag{1}$$

where η_0 is the zero shear rate viscosity, $\dot{\gamma}_0$ is the reference shear rate, n is the power law index, b is the temperature coefficient of viscosity, and T_0 is the reference temperature.

The complex flow is simplified by the assumption that the screw channel is fully filled with a steady flow of an incompressible fluid. The Reynolds number of the flow is very small.

Considering the assumptions, the Continuity equation is satisfied,

$$\frac{\partial u_x}{\partial x} + \frac{\partial u_y}{\partial y} + \frac{\partial u_z}{\partial z} = 0. \tag{2}$$

And the components of the equation of momentum are reduced to

$$\left.\begin{aligned}
\frac{\partial p}{\partial x} &= \frac{\partial}{\partial x}\left(\eta \frac{\partial u_x}{\partial x}\right) + \frac{\partial}{\partial y}\left(\eta \frac{\partial u_x}{\partial y}\right) + \frac{\partial}{\partial z}\left(\eta \frac{\partial u_x}{\partial z}\right) \\
\frac{\partial p}{\partial y} &= \frac{\partial}{\partial x}\left(\eta \frac{\partial u_y}{\partial x}\right) + \frac{\partial}{\partial y}\left(\eta \frac{\partial u_y}{\partial y}\right) + \frac{\partial}{\partial z}\left(\eta \frac{\partial u_y}{\partial z}\right) \\
\frac{\partial p}{\partial z} &= \frac{\partial}{\partial x}\left(\eta \frac{\partial u_z}{\partial x}\right) + \frac{\partial}{\partial y}\left(\eta \frac{\partial u_z}{\partial y}\right) + \frac{\partial}{\partial z}\left(\eta \frac{\partial u_z}{\partial z}\right)
\end{aligned}\right\} \tag{3}$$

The equation of energy is

$$\rho c_p \left(u_x \frac{\partial T}{\partial x} + u_y \frac{\partial T}{\partial y} + u_z \frac{\partial T}{\partial z}\right) = \kappa \left(\frac{\partial^2 T}{\partial x^2} + \frac{\partial^2 T}{\partial y^2} + \frac{\partial^2 T}{\partial z^2}\right) + \boldsymbol{\Phi} \tag{4}$$

where p is the pressure, κ is the thermal conductivity of the fluid, ρ the density and c_p the specific heat, $\boldsymbol{\Phi}$ is the heat source, which arises due to viscous heating, given by

$$\boldsymbol{\Phi} = \eta \dot{\gamma}^2. \tag{5}$$

The shear rate $\dot{\gamma}$ is given by

$$\dot{\gamma} = \left[2\left(\frac{\partial u_x}{\partial x}\right)^2 + 2\left(\frac{\partial u_y}{\partial y}\right)^2 + 2\left(\frac{\partial u_z}{\partial z}\right)^2 + \left(\frac{\partial u_z}{\partial y} + \frac{\partial u_y}{\partial x}\right)^2 + \left(\frac{\partial u_y}{\partial z} + \frac{\partial u_z}{\partial y}\right)^2 + \left(\frac{\partial u_z}{\partial x} + \frac{\partial u_x}{\partial z}\right)^2\right]^{[1/2]} \tag{6}$$

The shear rate greatly influences the temperatures in the extruder because of viscous dissipation.

The governing equations are solved in the flow domain to determine the velocity components in all the three directions. The energy equation is coupled with the equations of motion through viscosity. Because the governing equations are highly non-linear, the analytical solutions cannot be obtained. By means of finite element method, the numerical results of the velocity, temperature, pressure, and shear rate in the flow domain were obtained.

2 Boundary Conditions and Finite Element Mesh

No-slip boundary conditions on the screw surfaces and barrel walls were used. In order to calculate the natural flow produced by the rotation of the screws, in our simulations, the barrel is fixed, and the screws rotate counter-clockwise in the barrel at a rotational speed of 10, 50, 100, 150, 200r · min^{-1}. The temperature of the polymer melt at the inlet is 453K. In order to study the viscous heating in the twin screw, the barrel walls and the screws are assumed to be adiabatic. At the entry and exit, we impose vanishing forces.

Geometry specifications for a ZSK-30 extruder are as follows: barrel diameter is 30.85mm, screw tip diameter is 30.70mm, screw root diameter is 21.30mm, screw lead is 28.00mm, and center distance of the screws is 26.20mm. Two screws lie adjacent to each other in a barrel casing whose cross section will be in a figure eight pattern. The materials move towards the die with the help of screw flights and the relative movement between the barrel and the screw. In order to save memory and CPU time, the flow domain is limited to one flight. The cross section of the twin screw extruder is shown in Fig. 1. The mesh superposition technique is used to simplify the mesh generation of the flow domain (see Fig. 2). The elements used were hexahedron elements with 8 nodal points in each element. The total number of the Nodal points for the geometry is 14136, and the total number of elements is 10176. Material properties used in the simulation are given in Tab. 1.

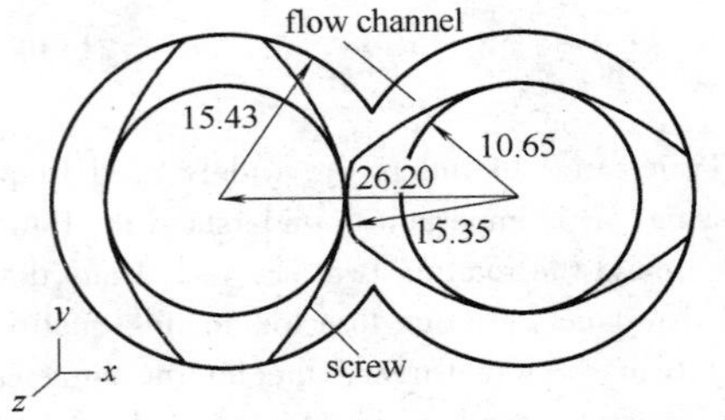

Fig. 1 The dimensions of the cross section (in mm)

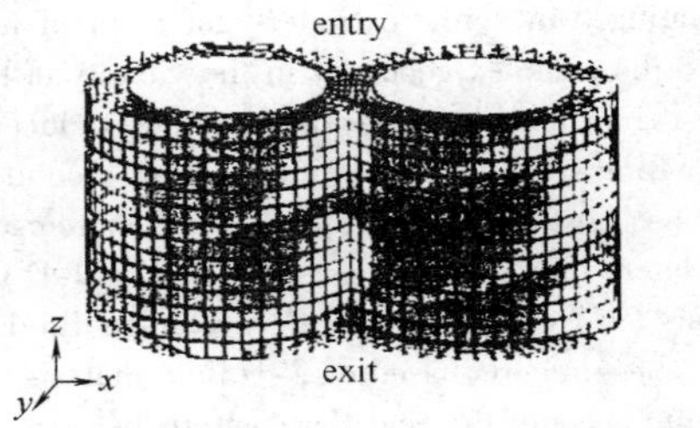

Fig. 2 The finite element mesh of the flow domain

Tab. 1 Material properties used in the simulation (T = 453K)

n	b/K^{-1}	η_0/Pa · s	T_0/K	ρ/(kg/m^3)	c_p[J/(kg · K)]	κ/[W/(m · K)]	$\dot{\gamma}_0$/s^{-1}
0.34	0.01	27800	453	915	2596	0.18	1.0

3 Numerical Results and Discussion

A numerical study of the 3-D polymer melt flow and heat transfer in a co-rotating twin screw extruder has been carried out. The numerical scheme incorporated velocity components in all the three directions and calculated the resulting pressure, temperature, viscosity and viscous heating.

The pressure contours at the cross section of z = 14mm are presented in Fig. 3. The pressure gradient in the intermeshing region is higher than that in the other areas. And the maximum pressure and the minimum pressure occur in the intermeshing region.

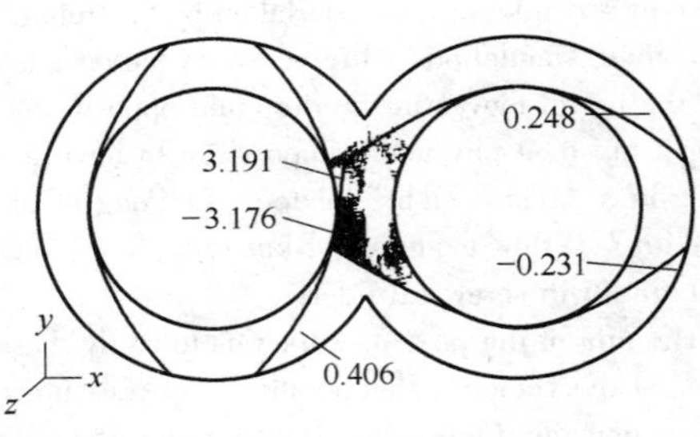

Fig. 3 Pressure contours at the cross section of z = 14mm (in MPa)

The velocity vectors at the cross section of z = 14mm, are presented in Fig. 4. In the intermeshing region, the velocity vectors are not all in the same direction, and this is one of the reasons why the twin screw is much more efficient in polymer mixing than the single screw.

The viscosity profiles in the flow channel are presented in Fig. 5. We find that the viscosity in the center of the flow channel is much larger than that in the other parts of the flow channel, for the shear rate in these regions is much smaller. In the intermeshing region, the viscosity is very small for the high shear rate in these regions.

The viscous heating in the flow channel is presented in Fig. 6, the viscous heating is large in the intermeshing region and the region near the barrel wall because of the large shear rate in these regions.

The temperature profiles on the plane of y = −13mm are shown in Fig. 7. The temperatures in the intermesh-

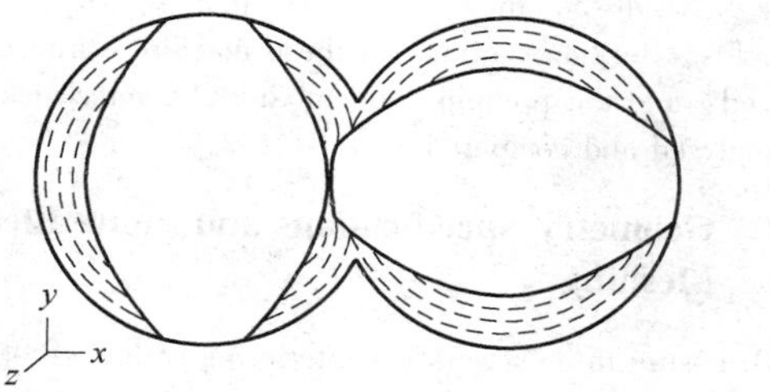

Fig. 4　Velocity vectors at the cross section of $z=14$mm

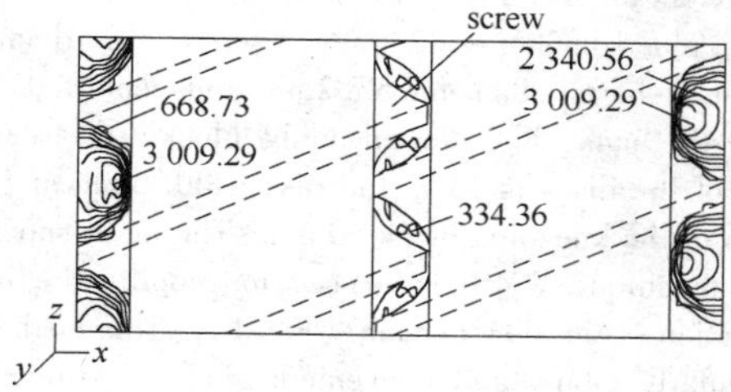

Fig. 5　Viscosity profiles in the flow channel (in Pa · s)

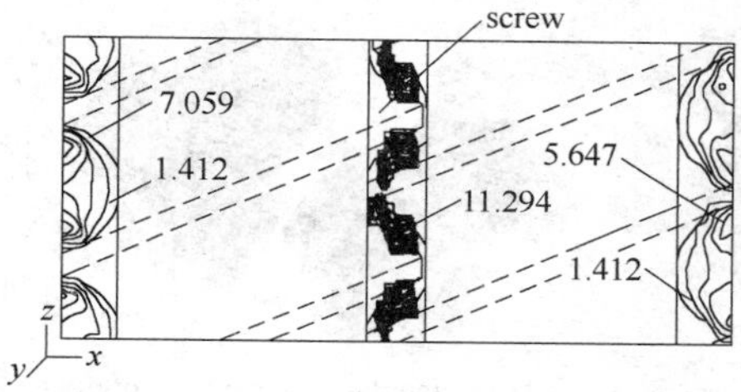

Fig. 6　Viscous heating in the flow channel (in MW · m^{-3})

ing region and near the barrel wall are found to be higher than that in the other parts of the extruder for the viscous heating in those regions is much larger. Therefore, in polymer extrusion, the cooling of the barrel in those regions is necessary to prevent the degradation of the polymer.

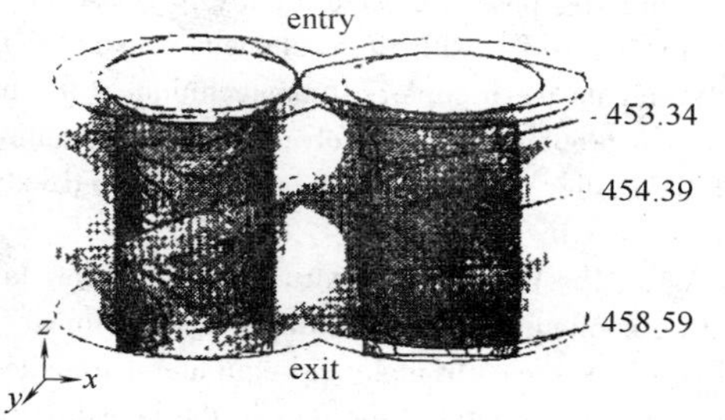

Fig. 7　Temperature profiles on the plane $y=-13$mm (mK)

The flow rates at different screw speeds are shown in Fig. 8. For incompressible polymer melt, the flow rate is almost proportional to the screw speed.

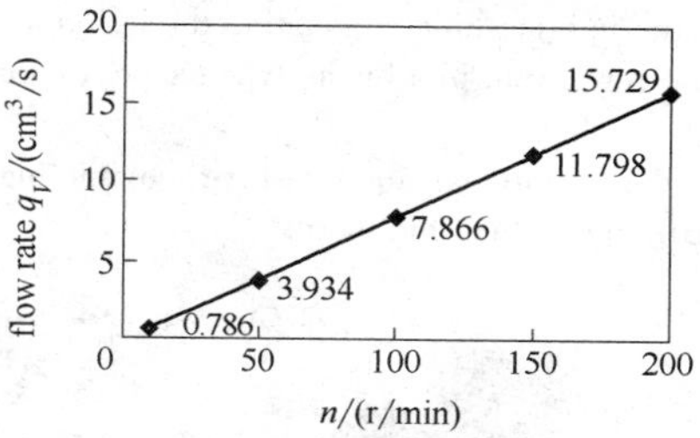

Fig. 8　The flow rate at different screw speeds

4　Conclusion

This simulation provides understanding of the non-isothermal non-Newtonian viscous polymer flow in a ZSK-30 twin screw extruder. These results are important for the optimization of the melting and mixing processes in the extruder and the design of corotating twin screw extruders. The simulation of the polymer extrusion in the kneading elements will be a subject of a forthcoming article.

9.2.2　啮合同向旋转三螺杆挤出机聚合物熔体流动的数值模拟

Simulation of Polymer Melt Flow Fields in Intermeshing Co-Rotating Three-Screw Extruders[38]

Hu Dong-dong, Chen Jin-nan

Screw extruders are widely used for compounding and blending in polymer processing. In recent years, intermeshing co-rotating three-screw extruders are developed based on the traditional intermeshing co-rotating twin-screw extruders, in order to bring about more efficient mixing effect over traditional counterparts. Compared to the twin-screw extruders, the three-screw extruders enjoy more flexible arrangement of screw positions, more intermeshing regions and higher output/energy ratio, which probably promises a large scope for future development. So far, little attention is devoted to flow simulations in three-screw extruders, because the flow field is more complicated and the time-dependent flow boundaries pose a great difficulty for mesh generation. In this work, with finite element package POLYFLOW and its mesh superposition technique, the mesh generation problem is easily solved and the simulation of the full 3D flow in such complicated-configured extruders is achieved.

As for the three-screw extruders, the screw layout could be configured as three forms, i. e. the linear/parallel type, isosceles triangle and equilateral triangle. A numerical investigation of the flow in the kneading block region of the following three types of extruders is presented in this work:

① the intermeshing co-rotating three-screw extruders with screw layout in a equilateral-triangle shape (triangular for short);

② the intermeshing co-rotating three-screw extruders with screw layout in a linear-type shape (parallel for short);

③ the traditional intermeshing co-rotating twin-screw extruders (twin for short).

Based on the consecutive quasi-steady velocity fields, the flow patterns in these machines are visuall. ized, and the pumping and mixing characteristics, are analyzed and compared.

1 Geometry Specifications and Finite Element Meshing

To ensure three screws not interfering with each other in the triangular-arranged three-screw extruder, three-tip screw element is used in our study. The same geometric parameters for the three machines are used as follows; screw root diameter 42.0mm, screw tip diameter 53.0mm, barrel diameter 53.2mm and centerline distance 48.0mm. For the kneading block, the stagger angle of the discs is 30°, the disc width 6mm and the length of the kneading block 30mm. The mesh superposition technique (MST) is used to simplify the mesh generation of the flow domain (Fig. 1). This method is particularly robust and convenient since it avoids any remeshing requirement.

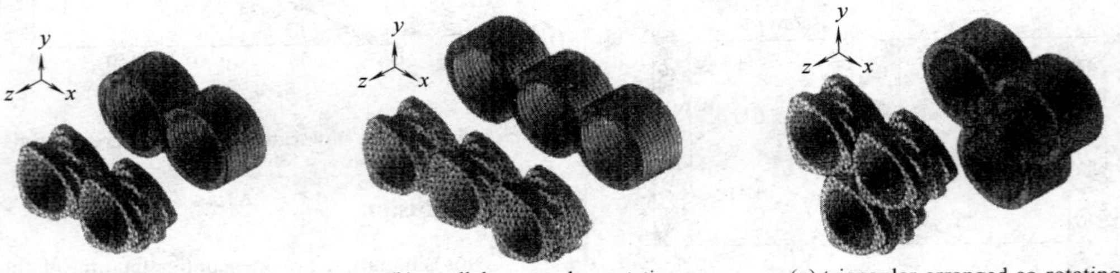

(a) traditional co-rotating twin-screw extruder

(b) parallel-arranged co-rotating three-screw extruder

(c) triangular-arranged co-rotating three-screw extruder

Fig. 1 Screw configurations and finite element meshing with MST method

2 Mathematical Models

The same mathematical model is used to simulate the flow fields in the three extruders. The polymer melts are considered as incompressible and pure viscous non-Newtonian fluid; the flow is quasi-steady, laminar and isothermal; the flow channel is fully filled; inertia and gravitational force neglighible.

Form these assumptions, the continuity and momentum equations along with the generalized constitutive equation are reduced to

$$\nabla \cdot \boldsymbol{u} = 0,$$

$$\nabla \boldsymbol{p} + \nabla \cdot \boldsymbol{\tau} = 0,$$

$$\boldsymbol{\tau} = 2\eta(\dot{\gamma})\boldsymbol{D}, \boldsymbol{D} = \frac{1}{2}[\nabla \boldsymbol{u} + \nabla \boldsymbol{u}^T],$$

where $\boldsymbol{u}$ is the velocity vector; p the pressure; $\boldsymbol{\tau}$ the stress tensor; $\dot{\gamma}$ the shear rate and $\boldsymbol{D}$ the deformation rate tensor, respectively.

The rheology of the fluid is described in terms of a Carreau model:

$$\eta(\dot{\gamma}) = \eta_0(1 + \lambda_c^2\dot{\gamma}^2)^{(n-1)/2}, \dot{\gamma} = \sqrt{2\boldsymbol{D}:\boldsymbol{D}},$$

where η_0 is the zero shear rate viscosity; λ_c and n are Carreau model's parameters.

The model fluid used is low density polyethylene (LDPE), with its Carreau-Model parameters fitted as follows; $\eta_0 = 19500\text{Pa}\cdot\text{s}$; $\lambda_c = 5.5$, $n = 0.52$.

No-slip boundary conditions are used for the screw surfaces and chamber walls. Fluid elements are stationary on the chamber wall and move with and angular velocity equivalent to the specified revolution per minute on the screw surface. For all the cases studied in this work, the rotational speed of screws is maintained at 100r/min. We also specified the axial pressure difference between the entrance and exit planes of the flow domain.

After the velocity field is calculated, we also track the trajectories of fluid particles at a time step of 1/30s (corresponding to the time of 20° of screw rotation in this simulation). Then POLYSTAT is used to visualize these trajectories and to do statistical treatment on them. All the simulations are carried out on the SGI-O2 (R10000) workstation with POLYFLOW3.7. It has to be pointed out that because of computer limitations the time step here is too large for accurate tracking of the fluid particles. Also, the mesh for the flow domain is not fine enough. But as the first and preliminary investigation of the flow in three-screw extruders, out work would still render some meaningful results for practical reference. In the near future, we will try to shorten the time step for particle tracking simulations and recalculate the flow fields with refined meshes.

3 Results and Discussions

3.1 Flow Patterns Visualization with Particle Tracking Technique

In the theoretical research of various screw extruders, the accurate knowledge of flow patterns is of significant importance in understanding the conveying and mixing mechanism of screw elements. The numerical visualization of flow patterns in these extruders would have a great advantage over the traditional flow-visualization experiments. In our previous work, the trajectories of fluid particles in twin screw extruders and triangular-type three-screw extruders had been presented. Suppose a total of 1000 particles are placed at the entrance of the kneading block region for each type of extruder; tracking of these particles in 18s yields the trajectories displayed in Fig. 2 and Fig. 3. Similar to the flow patterns in twin-screw extruders, the predominant flow pattern in the intermeshing co-rotating three-screw extruders is also an alternating rotational axial motion (Fig. 2a and Fig. 3). For the triangular-type machines, some particles have a transient stroll in the central region (Fig. 2b), and still some incidentally revolve around one screw during their travels (Fig. 2c). As three screws are just partly rather than fully intermeshed, the open channels exist between three intermeshing screws. This causes a small amount of particles to stray from the mainstream.

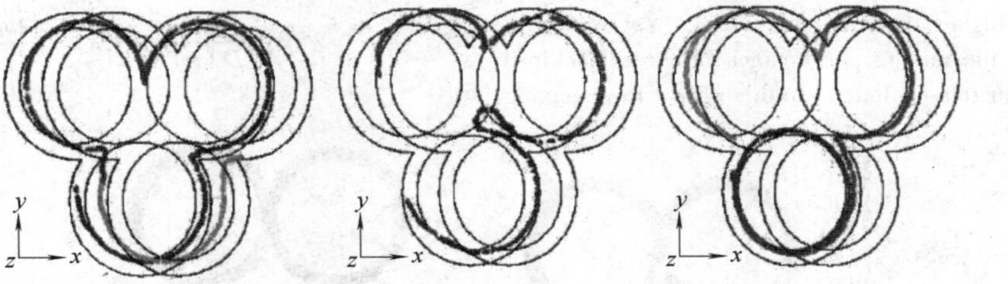

(a) trajectory *A*　　(b) trajectory *B*　　(c) trajectory *C*

Fig. 2　Particle trajectories in the kneading block region of triangularly-arranged intermeshing co-rotating three-screw extruders (represented by bold lines)

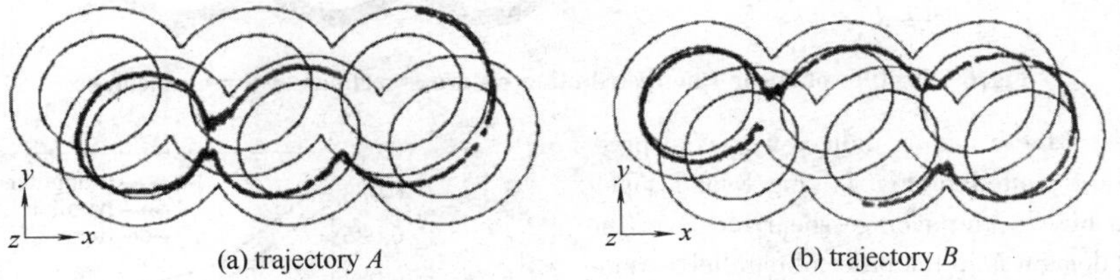

(a) trajectory *A*　　(b) trajectory *B*

Fig. 3　Particle trajectories in the kneading block region of parallelly-arranged intermeshing co-rotating three-screw extruders (represented by bold lines)

3.2 Pumping Characteristics of the Three Types of Extruders

The volumetric flowrate as a function of the axial pressure difference is plotted in Fig. 4. The change in output with pressure gradient is more pronounced for the three-Screw extruders by comparison with the twin-screw extruders, with the parallel slightly below the triangular, which means the three-screw extruders have larger pumping capacity over twin-screw extruders. On the other hand, the twin-screw extruder may enjoy more stable flowrates if the pressure gradient fluctuates slightly, as the slope of its screw characteristic curve is less than that of its three-screw counterparts.

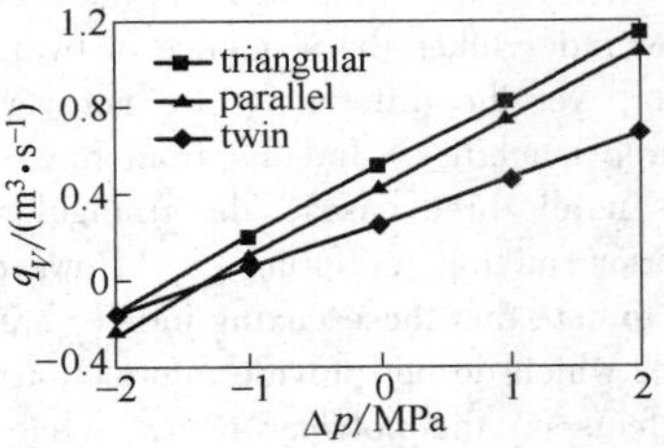

Fig. 4　Volumetric flowrate vs. axial pressure difference

We also calculated the volumetric flowrates at different screw rotational angles when zero axial pressure difference is imposed. The result is plotted in Fig. 5. The more stable pumping operation is found in the order of triangular > twin > parallel in terms of flowrate fluctuation with screw rotation.

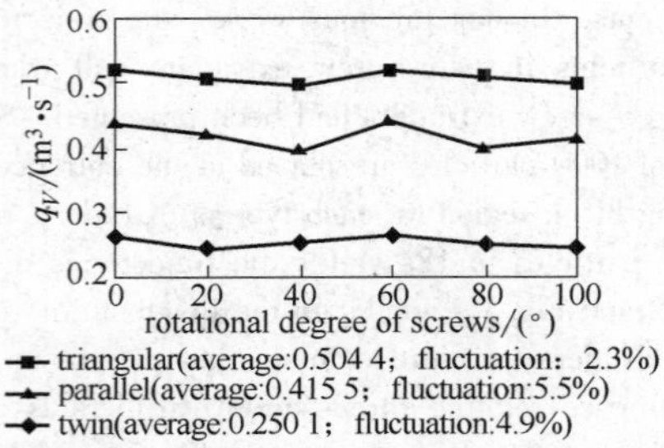

Fig. 5 Volumetric flowrate vs. rotational degree of screws with $\Delta p = 0$

3.3 Instantaneous Mixing Characteristics of the Three Types of Extruders

Fig. 6 shows the profiles of shear rate distribution at a cross-section of the flow field domain. All three machines show very similar characteristics in that the shear rates in the intermeshing region and screw tip region are prominently higher than in other areas. Yet we could not evaluate the mixing performance of three machines from the shear rate contours. In this work, three mixing indices, i. e. the average shear rate, average characteristic shear stress and average elongational flow index, are used to characterize the mixing capacity of the kneading discs. All of these indices are based on the instantaneous flow field and their definitions are given as follows:

Average shear rate is defined as

$$\bar{\dot{\gamma}} = \frac{\iiint_{\Omega} \dot{\gamma} \mathrm{d}\Omega}{\iiint_{\Omega} \mathrm{d}\Omega}.$$

Average characteristic shear stress is given as

$$\sigma = \sqrt{4(\tau_{xy}^2 + \tau_{yz}^2 + \tau_{zx}^2) + (\tau_{xx} - \tau_{yy})^2 + (\tau_{yy} - \tau_{xx})^2 + (\tau_{zz} - \tau_{xx})^2},$$

$$\bar{\sigma} = \frac{\iiint_{\Omega} \sigma \mathrm{d}\Omega}{\iiint_{\Omega} \mathrm{d}\Omega}$$

Average elongational flow index is given as

$$\lambda = \frac{|\boldsymbol{D}|}{|\boldsymbol{D}| + |\boldsymbol{R}|}, \bar{\lambda} = \frac{\iiint_{\Omega} \lambda \mathrm{d}\Omega}{\iiint_{\Omega} \mathrm{d}\Omega}.$$

Fig. 6 Profiles of shear rate distribution on cross-sections of three machines

The profiles of these mixing indices vs. axial pressure difference are plotted in Fig. 7, Fig. 8 and Fig. 9 respectively. In Fig. 7, the average shear rate over the whole flow field domain is in the order of parallel > triangular ≈ twin; while Fig. 8 shows that the average characteristic shear stress is in the sequence of parallel > twin > triangular. All curves in Fig. 7 and Fig. 8 reach a minimum value at zero axial Pressure difference, and a negative pressure gradient corresponds to a higher average characteristic shear stress than an equivalent positive pressure gradient. Fig. 9 indicates that the average elongational flow index takes the sequence of twin > parallel > triangular, yet the differences are not very distinct between three machines. Judging from these results it seems that in all three cases, the triangular extruder shows inferior mixing performance. However, it is worthwhile to note that these mixing indices are instantaneous values which do not provide information about cumulative effects on the polymer melt. What is more, the higher average mixing index doesn't ensure a homo-

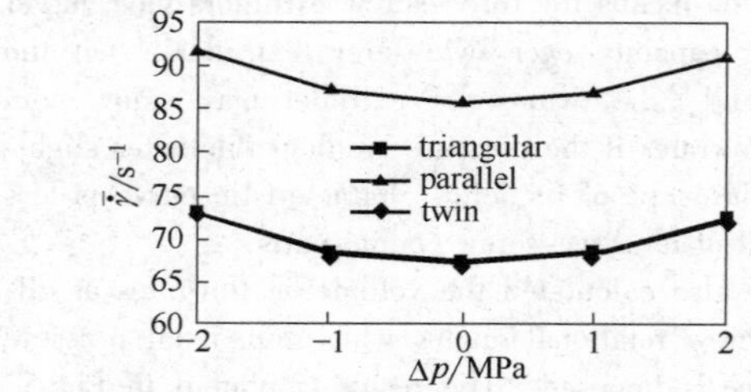

Fig. 7 Profile of average shear rate vs. axial pressure difference

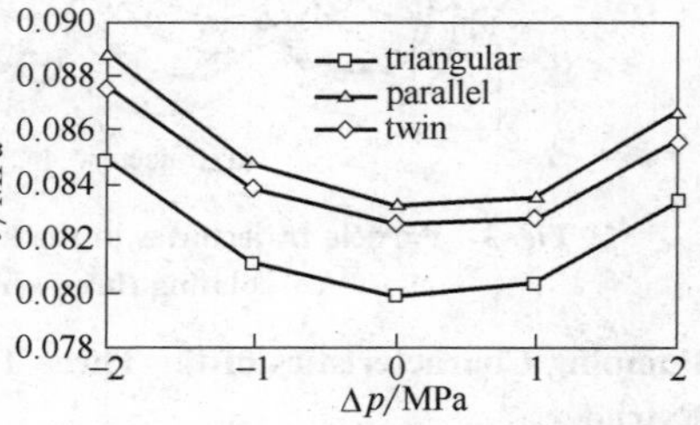

Fig. 8 Profile of average characteristic shear stress vs. axial pressure difference

geneous mixing quality over the whole flow field.

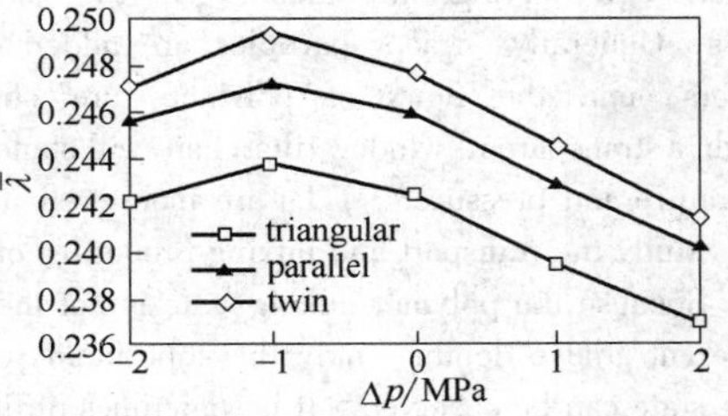

Fig. 9　Profile of average elongational flow index vs. axial pressure difference

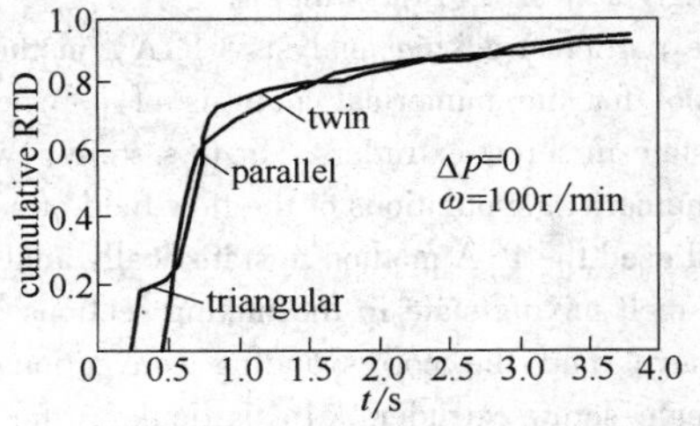

Fig. 10　Cumulative residence time distribution in three types of extruders

3.4　Cumulative Residence Time Distribution

Based on the 1000 trajectories, POLYSTAT is used to calculate the cumulative residence time distribution (RTD) for the three types of extruders respectively. The result is shown in Fig. 10. The three curves almost overlap for residence time exceeding 4s. In order to make the difference more disincentively, we clipped the residence time range from (0 ~ 18s) to (0 ~ 4s). From Fig. 10, a very striking feature for the three triangularly-arranged extruder is that the curve has a small shoulder at the time range between 0.25s and 0.40s, which means almost 20% of the 1000 particles has a residence time less than 0.40s, and this part of polymer melt flows more quickly throughout the flow domain and gets poor axial mixing.

In fact, different from its parallelly-arranged counterpart, there is a so-called central region between the three screws in the triangularly-arranged extruder. The flow in the central region has been analyzed using particle tracking technique in our previous work, which reveals that the particles released in the central region of this machine travels much more quickly than those initially distributed in other parts of the flow channel. Thus we could come to such a conclusion that the plateau at the start section of the cumulative RTD curve rightly corresponds to the faster flow in the central region of the triangular type extruder.

4　Conclusions

In this study, 3-D isothermal flow simulations of a non-Newtonian fluid in two types of three-screw extruders and a twin-screw extruder have been carried out by using Polyflow.

The numerical results indicate that the flow patterns in three-screw extruders are similar to those in twin-screw extruders. The triangular-arranged three-screw extruder has the largest pumping capacity and also the highest extrusion stability in terms of flowrate fluctuation with screw rotation.

Several instantaneous mixing indices have been proposed to describe the mixing capacities of the kneading blocks in the three machines. As a tentative conclusion, the parallel-type machine offers the highest average shear rate and characteristic shear stress over the whole flow field domain. It has to be pointed out that the cumulative mixing characteristic is another important aspect that measures the mixing capacity of screw machines, however, to calculate such indices, much more memory and CPU resources are required. Further elaborate investigations are to be carried out in out later presentations.

Cumulative residence time distributions for the three machines indicate that a small amount of particles in the triangular-arranged three-screw extruder has a shorter residence time, which rightly corresponds to the faster flow in the central region of this type of extruder.

9.2.3　机筒销钉单螺杆挤出机混炼段混合性能的数值分析

Numerical Analysis of Mixing Performance of Mixing Section in Pin-barrel Single-screw Extruder[47]

Jinnan Chen, Pan Dai, Hui Yao and Tung Chan

1　Introduction

Conventional full-flight single-screw extruders have been widely used because they have many advantages, such as low cost. casy manufacture and operation, parts resistant to abuse, and worn parts easily replaced. But the mixing capability of the conventional full-flight single-screw extruder is low. As revealed in an experimental study by Bigio et al. on the mixing performance of a full-flight single-screw extruder, laminar flow exists in the mixing section of the extruder. Other screw configurations have been designed to improve the mix capability of single-screw extruder. The pinscrew single-screw extruder, which has pins installed on the screw, has been designed to enhance the mixing performance through the reorientation of polymer flow. However, comparing various mixers in the single-screw extruder. Rawendaal pointed out that dead spots were found behind the pins and at a 90° angle between the pins and the root of the screw. As a result, Yao et al. designed holed-pins to improve the mixing capability of pin-screw single-screw extruder. The holed-pins were channeled from top-front to bottom-rear. The experimental investigation by Yao et al. indicated that holedpins can eliminate two shortcomings of the normal pin-screw single-screw extruder, namely, inefficient mixing and the formation of dead spots.

The pin-barrel single-screw extruder, which has fixed pins on the barrel, has also been studied. Many patents exist on pin-barrel screw extruders and single-screw extruder. Yabushita et al. used a white rubber compound and a black rubber compound as flow markers to study the mixing performance of a pin-barrel single-screw extruder with two rows of pins and a regular single-screw extruder. Their experimental results indicated that the introduction of pins can greatly increase the mixing performance. Shin and White used the flow analysis network technique to study the effects of the introduction of slices in screw flights and the introduction of pins fixed on the barrel on the screw pumping characteristics. Their results showed that slices in screw flights reduced pumping characteristics, and the pumping capacity of a pinbarrel extruder closely resembles that of a screw extruder with slices in its screw flights. The reciprocating pin-barrel single-screw extruder is one type of pin-barrel single-screw extruder. The full-flight screw interrupted by pins rotates and oscillates simultaneously in the barrel. This special structure results in excellent distributive and dispersive mixing and self-cleaning performance. Bi and Jiang studied the effects of operating conditions on the residence time distribution (RTD) of material in a reciprocating pinbarrel single-screw extruder.

The polymer mixing state directly influences the properties of the extruded product. The extrusion process is complex, and mixing capability is affected by the polymer properties, the operating conditions, and the geometry configurations of the screw extruder. To obtain a polymer sample for mixing state analysis, some researchers took the screw out after cooling the barrel. The polymer sample was cut into several pieces, and sections of the pieces were analyzed by a photoelectric microscope and other instruments. This experimental method was inconvenient and sometimes limited the study in-depth.

The moving trajectories of particles (MTPs) have been experimentally studied to understand material transport and mixing mechanisms in the extrusion process. Generally, tracer particles are added to the polymers, and the flows of polymers are observed through a transparent window that can withstand high temperature and pressure. MTPs are monitored in real-time to study the transport and mixing properties of polymers. Because the polymer mixing state is not the same at different groove depths. only the superficial polymer mixing state can be observed. It is sometimes difficult to clearly observe the mixing state of the polymer through the window because some polymers are not transparent or are strongly adhesive to the window.

The particle tracking analysis (PTA) method is a useful tool for the numerical analysis of polymer melt mixing state in screw extruders. In this study, we performed numerical simulations of the flow field of a rubber melt and used the PTA method to statistically analyze the polymer melt mixing state in the mixing sections of both a pin-barrel and the corresponding conventional full-flight single-screw extruders. In particular, the effects of the number of pins on the mixing capability of pin-barrel single-screw extruders were investigated.

2 Mathematical and physical models

2.1 Geometric model

The screw is a double-flighted screw. The origin of the geometric model is established at the center of the inlet plane. The positive z-direction is the direction of extrusion Fig. 1A shows the geometric configuration of the pin-barrel extruder. The main geometric parameters are as follows: the diameter of the pin-barrel extruder is 90mm, the diameter of the pins is 10mm, the height of the pins is 13.8mm, the axial gap of the pins is 72mm, the radius of the barrel is 45.3mm, the root radius of the screw is 30mm, the tip radius of the screw is 45mm, the width of the screw flight is 6mm, the width of the screw groove is 54mm, the depth of the screw groove is 15mm, and the width of the cutting slot on the screw flight is 14mm. Both the screw length and the barrel length are 216mm. There are three rows of pins. The first row of pins is at $z = 36$mm. the second row of pins is at $z = 108$mm, and the third row of pins is at $z = 180$mm. Each row has six pins. Hexahedral and tetrahedral elements were used to mesh the barrel mixing section and the screws, respectively. The utility of mesh superposition technique provided by Polyflow combined the screw and the barrel grids into the grid of the flow channel. Different meshes were tested. When the values of velocity and pressure at the same points were less than 10^{-3}, minimum finer meshes were used. Fig. 1B shows the finite-element grid of the pin-barrel extruder mixing section needed for convergence, with 161829 elements and degree of freedom of 34818. The corresponding number of elements for the conventional screw extruder was 18781 and degree of freedom was 39079.

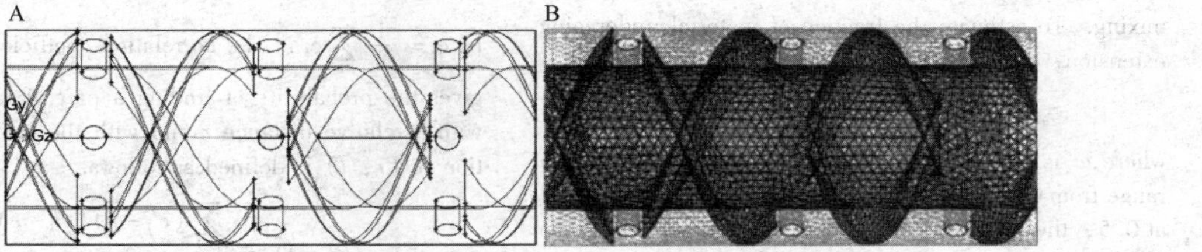

Fig. 1　Geometric configuration and finite element mesh of mixing section of pin-barrel extruder.

2.2　Mathematical model

The Carreau model was used to describe the shear-rate dependence of viscosity of the CIS60 rubber melt investigated in this study:

$$\eta = \eta_0 (1 + \lambda^2 \dot{\gamma}^2)^{(n-1)/2} \tag{1}$$

where η is the shear viscosity, η_0 is the zero shear viscosity, $\dot{\gamma}$ is the shear rate, λ is the relaxation time, and n is the non-Newtonian index.

The module Polymat of Polyflow was used to fit the constitutive equation Eq. (1), to the viscosity data for CIS60 given in Fig. 2. Curve 1 was measured by a parallel-plate Haake rheometer in the shear rate range of 10^{-3} to $5 \times 10^{-1}\,s^{-1}$. Curve 2 was obtained by Monsanto capillary rheometer measurements in the shear rate range of 10 to $10^3\,s^{-1}$. Curve 3 is the best fit of Eq. (1) to the experimental data given by Curves 1 and 2, and the standard error is 4%. The following Carreau model parameters were obtained: $\eta_0 = 5.5 \times 10^6\,Pa \cdot s$, $\lambda = 130s$ and $n = 0.2$.

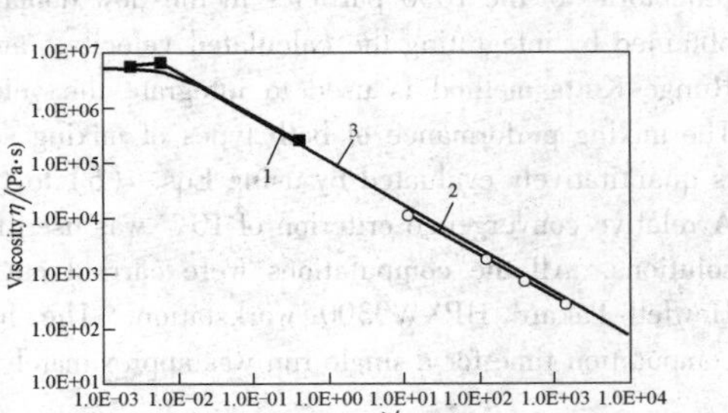

Fig. 2　Best fit of constitutive equation to rheological data. Curve 1 was measured by a parallel-plate Haake rheometer in the shear range of 10^{-3} to $5 \times 10^{-1}\,s^{-1}$. Curve 2 was obtained by Monsanto capillary rheometer measurements in the shear rate range of 10 to $10^3\,s^{-1}$. Curve 3 is the best fir of Eq. (1) to the experimental data given by Curves 1 and 2.

The following assumptions were made in the numberical simulations: (i) the rubber melt in the mixing section of the screw extruder is considered as an incompressible fluid; (ii) inertial and gravitational forces are negligible; (iii) the flow in the screw channel is fully developed, steady state, laminar, and isothermal; (iv) there is no slip at the walls; and (v) the screw channel is always full of rubber melt.

Based on these assumptions, the equations of continuity and motion can be reduced to:

$$\nabla \cdot \boldsymbol{u} = 0 \tag{2}$$

$$-\nabla p\boldsymbol{I} + \nabla \cdot \boldsymbol{\tau} = 0 \tag{3}$$

$$\boldsymbol{\tau} = 2\eta(\dot{\gamma})\boldsymbol{D} \tag{4}$$

$$\boldsymbol{D} = \frac{1}{2}(\nabla \boldsymbol{u} + \nabla \boldsymbol{u}^T) \tag{5}$$

where $\boldsymbol{u}$ is the velocity vector p is the pressure, $\boldsymbol{\tau}$ is the viscous stress tensor, and $\boldsymbol{D}$ is the rate of deformation tensor.

2.3　Mixing model

The PTA method was used to analyze the mixing process on the basis of the following assumptions: (i) the particles have no volume; (ii) the particles have no impact on the flow field; (iii) there are no interactions among the particles; and (iv) the velocity field totally determines the movement of particles.

The following processing conditions were used in the computations. the screw speed is 30rpm. the volumetric flow rate at the inlet is $q = 1.5 \times 10^{-5}\,m^3/s$. and the outlet is a free boundary condition.

The RTD function reflects the time range of all materials being extruded under the given processing conditions RTD can be divided into internal and external functions . The internal RTD function $g(t)\,dt$ is defined as the fluid volume fraction during the residence time $t \to t + dt$. The cumulative internal RTD function is

$$G(t) = \int_0^t g(t)\,dt \tag{6}$$

The external RTD function $f(t)\,dt$ is the flow rate fraction at the outlet of the mixing section. The cumulative external RTD function is

$$F(t) = \int_{t_0}^{t} f(t)\,dt \tag{7}$$

The average residence time is

$$\bar{t} = \int_{t_0}^{\infty} tf(t)\,dt \tag{8}$$

It is equivalent to the system volume divided by the volumetric flow rate.

Dispersive mixing. which is associated with the extension and break up of droplets, is considered to be strongly related to the shear stress and stretch stress level. If the stresses are too low, no break up will occur.

The higher the stresses and the more frequent the particles undergoing high stresses. the better the dispersive mixing. To estimate the fraction of material undergoing extension, the mixing index λ is defined as follows:

$$\lambda = \frac{\dot{\gamma}}{\dot{\gamma} + \omega} \tag{9}$$

where ω is the vorticity tensor. The mixing index can range from 0 to 1. At 0, the flow is locally a plug flow; at 0.5, the flow is locally a pure shear flow; at 1, the flow is locally a pure elongational flow. The plug flow is not beneficial for the melt mixing. The shear flow and elongational flow is beneficial for the melt mixing.

For three-dimensional flow, the local stretching of the material infinitesimal surface can be calculated from the average value of the stretching ζ per calculated unit area. In the initial state. dA is an infinitesimal surface with normal direction $\hat{N}$ in flow channel. The surface deforms with time. The surface deformation at time dt is da with normal direction $\hat{\boldsymbol{n}}$. It follows that

$$\zeta = \zeta(X, \hat{\boldsymbol{N}}, t) = \frac{da}{dA} \tag{10}$$

where X is the spatial coordinates. Because the fluid is incompressible, Eq. (10) can be expressedas

$$\zeta = \sqrt{\hat{\boldsymbol{N}}^t (\boldsymbol{C}^{-1}) \hat{\boldsymbol{N}}} \tag{11}$$

$$\hat{\boldsymbol{n}} = \frac{(\boldsymbol{F}^{-1}) \hat{\boldsymbol{N}}}{\zeta} \tag{12}$$

$\boldsymbol{C}$ and $\boldsymbol{F}$ are the right Cauchy Green strain tensor and the deformation gradient, respectively. The larger the value of ζ the better the distributive mixing. The instantaneous stretching efficiency (a local evaluation of the mixing efficiency) e_ζ is defined as

$$e_\zeta = \frac{|\dot{\zeta}/\zeta|}{D} \tag{13}$$

$$D = \sqrt{\mathrm{tr}\boldsymbol{D}^2} \tag{14}$$

where $\dot{\zeta}/\zeta$ is the rate of stretching and $\boldsymbol{D}$ is the rate of deformation tensor at time t. The values of e_ζ are always within the interval. The mixing efficiency is best, When $e_\zeta = 1$, and the mixing efficiency is worst when $e_\zeta = 0$.

The time-averaged stretching efficiency $< e_\zeta >$ is defined as

$$< e_\zeta > = \frac{1}{t}\int_0^t e_\zeta dt \tag{15}$$

The segregation scale of the material particles, a measure of dispersive mixing, is calculated using the PTA method. Fluid particles of two different colors (fluid A and Fluid B) of the same material are to be mixed. Assume that there is no diffusion between the fluid particles of different colors. Let c (r, t) denote the concentration of particles of one color. At time t, consider a set of M pairs of material points separated by a distance r. For the j-th pair, let c_j' and c_j'' denote the concentrations at the two material points. Let c_i denote the concentration (0 or 1) of the i-th material point; the average concentration of all material points is given by $\bar{c} = \frac{1}{n}\sum_{i=1}^{n} c_i$. The correlation coefficient R (r, t) gives the probability of finding a pair of random points with a relative distance r and with the same concentration R (r, t) is defined as follows.

$$R(r,t) = \frac{\sum_{j=1}^{n}(c'_j - \bar{c})(c''_j - \bar{c})}{M\sigma_c^2} \tag{16}$$

where σ_c is the standard deviation of the concentration given by

$$\sigma_c = \sqrt{\frac{1}{n}\sum_{i=1}^{n}(c_i - \bar{c})^2} \tag{17}$$

The segregation scale $S(t)$ is the integral of $R(r, t)$ defined as

$$S(t) = \int_0^{\xi} R(r,t)\,dr \tag{18}$$

Initially, 1000 particles (500 of each color) are arbitrarily dispersed at the entrance of the mixing section of each of the conventional single-screw extruder and the pin-barrel extruder. For a double-flighted screw element. the flow field at an angle of rotation α is identical to that at an angle of $(\alpha + 180°)$. According to this cyclical characteristic, it is sufficient to calculate only the flow field of the melt between the angles 0° and 180°. The velocity fields in the mixing sections of the pin-barrel extruder and the conventional single-screw extruder have been simulated by using Eqs. (1) to (5). The trajectories of the 1000 particles in the flow domain are obtained by integrating the calculated velocity. and the Runge-Kutta method is used to integrate the velocity. The mixing performance of both types of mixing section is quantitatively evaluated by using Eqs. (6) to (18). A relative convergence criterion of 10^{-3} was used for all solutions. All the computations were carried out on a Hewlett-Pakard HPXW9300 workstation. The longest computation time for a single run was approximately 90h.

3 Results and discussion

3.1 Flow field

Fig. 3 shows the velocity fields of melt on the x-z plane in the mixing section of different extruders. Differences can be seen between the velocity fields given in Fig. 3A and B. As shown in Fig. 3A, there is no significant change in the velocity along the screw channel in the mixing section with no pin. In Fig. 3B, the velocity changes along the screw channel in the mixing section with pins. The pins offer resistance to the flow and change its direction. The pins can scatter stagnant melt and increase the velocity gradient.

Fig. 4 shows the flow field of melt on place z = 108mm in the mixing section of different extruders. As shown in Fig. 4A, there are two flow domains in the mixing section with no pin. The six pins divide the cross-section into six domains in the mixing section with pins. As shown in Fig. 4A, the maximal of velocity in no pin mixing section and in pin mixing section is 0. 121 and 0. 094m/s, respectively; the minimum of velocity in no pin mixing section and in pin mixing section is 0. 015 and 0. 016m/s, respectively. In the whole, the velocity of the melt in the mixing section with pins is lower than that in the mixing section without pins. thus increasing the residence time of the melt in the screw channel. The velocity gradient is increased and stagnant melt is scattered. As shown in Fig. 4B, the regions closest to

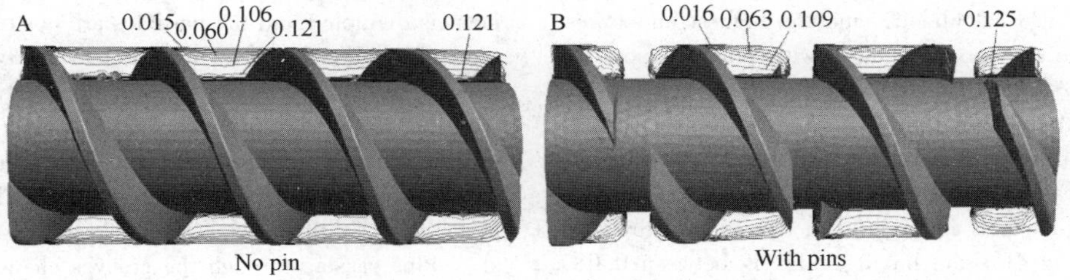

Fig. 3　Velocity field of melt on x-z plane in mixing section of different extruders. Velocity in m/s.

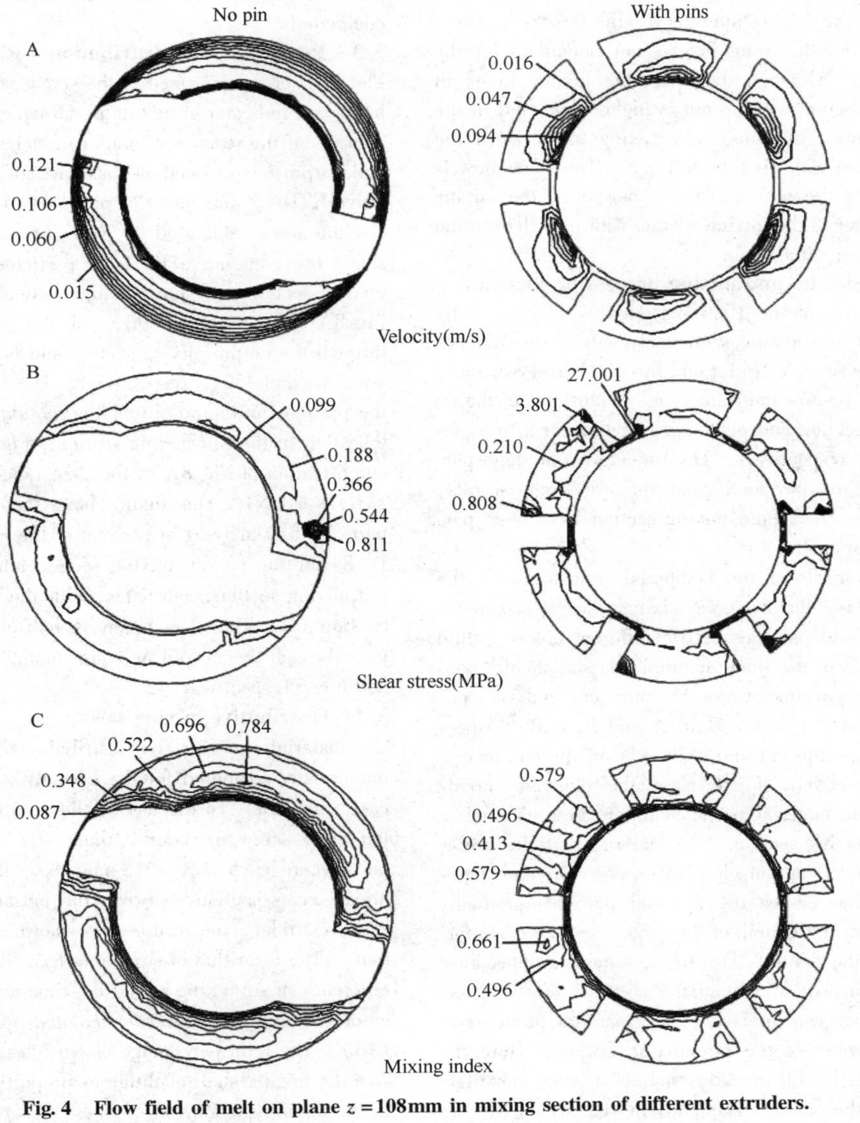

Fig. 4　Flow field of melt on plane z = 108mm in mixing section of different extruders.

the screw edge and the barrel wall have high shear stress. The shear stress of the melt in the whole screw channel also increases according to Eq. (4). The highest shear stress around the pins is 27MPa. which is 30 times higher than the maximum shear stress in the mixing section with no pin. The pressure fields on this cross-section in the mixing sections with pins and with no pin are also calculated, and the highest and lowest pressures in the mixing section with pins are approximately 50% lower than the corresponding values in the mixing section with no pin. The decreased melt pressure in the mixing section with pins adversely affects the plasticizing capacity. However, the effect of shear stress on plasticizing capacity is larger than that of pressure. As shown in Fig. 4C, the mixing index is between 0.087 and 0.784in the mixing section with no pin and between 0.413 and 0.661 in the mixing section with pins. When the value of the mixing index is 0, the flow is locally a plug flow, and the plug flow is not beneficial for the melt mixing. Although the maximum mixing index in the mixing section with no pin is higher than that in the mixing section with pins, the mixing index is in the mixing section with pins around 0.5. The shear flow is beneficial for the melt mixing. Therefore, the mixing effect is better in the mixing section with pins than in the mixing section without pin.

3.2 Trajectories and mixing process of particles

The trajectories of the 1000 particles were numerically calculated in the mixing section of each of the conventional single-screw extruder and the pin-barrel extruder. Fig. 5A and B show the trajectories of particles in the no pin mixing section and pin mixing section for a time period of 24s, respectively. The trajectories of some particles in the no pin mixing section are screw spirals, whereas those in the pin mixing section have been partially disorganized.

On the basis of the computed trajectories of the 1000 particles, the dynamic mixing process of two incompatible fluid particles of two different colors (fluid A and fluid B of the same material) is statistically analyzed at different times using the statistical analysis module Polystat of Polyflow. Fluid A and fluid B, respectively, occupy the left and right sides of the entrance to the mixing section. Fig. 6 show the dynamic mixing process of the material particles in the flow channel of the no pin mixing section. The material particles are evenly distributed at the channel entrance in the beginning. As time passes the material particles gradually concentrate at the bottom of the groove as they move forward along the screw. At 14.7s, some particles have arrived at the exit of the mixing section. Fig. 7 shows the dynamic mixing process of the material particles in the flow channel of the pin mixing section. Here the material particles fill the flow channel as they move forward along the screw. The particle velocity in the pin mixing section is almost the same as that in the no pin mixing section before 6.3s, but the velocity in the pin mixing section becomes lower than that in the mixing section with no pin after 8.4s. It takes the particles 21.0s to reach the exit of the pin mixing section. This means that the particles encounter the pins between 6.3s and 8.4s in the pin mixing section. The particle movement is disrupted and the particles are obstructed by the pins. With the decrease in particle velocity, the residence time of particles in the pin mixing section is longer than that in the no pin mixing section. As a result, the mixing is better and more efficient in the pin-barrel extruder than in the conventional extruder. This result is in agreement with the experimental result of Yabushita et al.. Pins passing through the grooves changed the flow direction of material in the flow channel of the extruder and periodically reoriented and stretched the rubber compound.

3.3 Residence time distribution (RTD)

The RTD of polymer melt in the screw extruder is also an important indicator of mixing performance . A statistical analysis of the residence time of particles in both the pin and no pin mixing sections was carried out. The cumulative RTDs of the material particles in the two mixing sections were calculated by Eqs. (6) to (8). Fig. 8 shows the cumulative RTDs of particles in the no pin mixing section and pin mixing section. As shown in Fig. 8A, the times for 90% of the particles to pass through the no pin mixing section and pin mixing section are 200s and 450s, respectively. The residence time of the particles in the no pin mixing section is much shorter than that in the pin mixing section. Fig. 8B is a partial amplification of Fig. 8A in the time range $0 \leqslant t \leqslant 70$ ($0 \leqslant RTD \leqslant 0.5$). This figure shows that the time of the particles first arriving at the exit of the mixing section is 14.8s for the no pin mixing section and 20.2s for the pin mixing section, consistent with the results given in Section 3.1. The times taken for half of the particles to pass through the no pin and pin mixing section are 23s and 69s, respectively.

3.4 Distributive mixing

The material concentration distributions $c(r, t)$ were numerically computed for the case with no pin and the case with pins. To discuss the distributive mixing, the length of screw extruder 216mm was divided into 12 parts where each part is 18-mm log. Therefore, there are 13 cross-sections between the entrance and exit of screw extruder, the results were shown in 13 cross-sections. The logarithm of stretching $\lg\zeta$, the instantaneous efficiency of stretching e_ζ and the time averaged efficiency of stretching $<e_\zeta>$ were calculated by Eqs. (10) to (15). The term percentage of particles is used to analyze the mixing state of different proportions of particles in the mixing section.

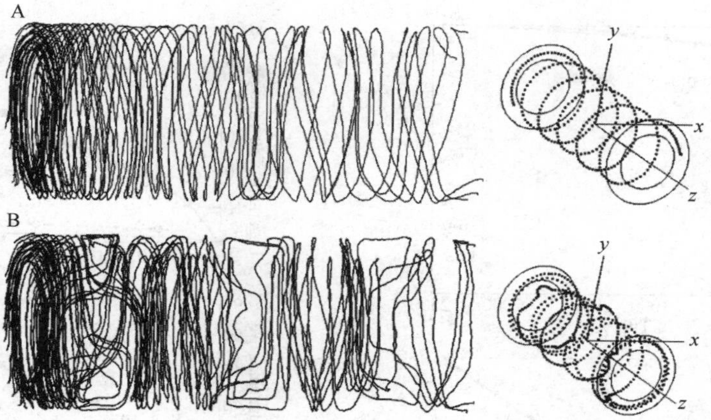

Fig. 5　Particle trajectories in mixing section of different extruders: (A) no pin, (B) with pins.

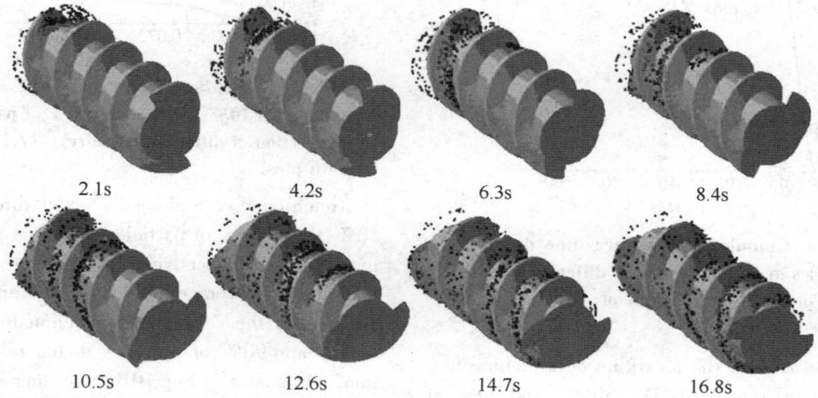

Fig. 6　Dynamic mixing process of two types of material particles in no pin mixing section.

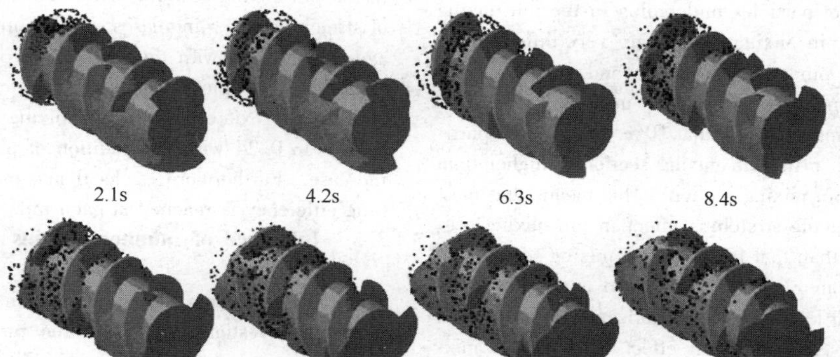

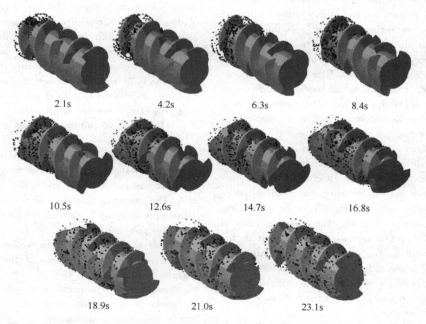

Fig. 7　Dynamic mixing process of two types of material particles in pin mixing section.

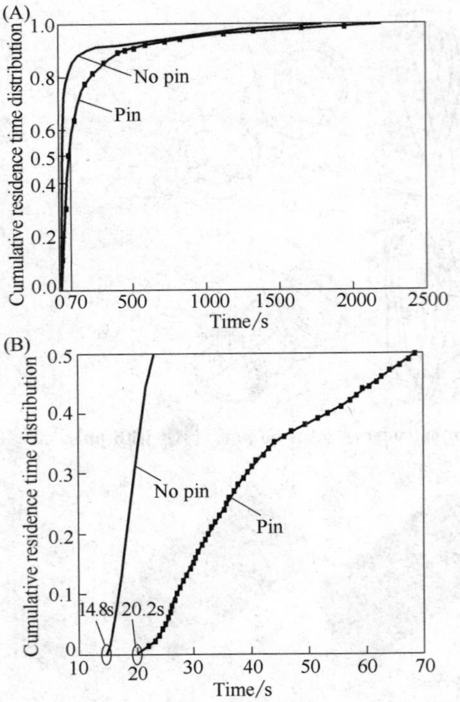

Fig. 8 (A) Cumulative residence time distribution of particles in mixing section of different extruders, (B) partial amplification of (A) at small times.

Fig. 9A and B show the logarithm of stretching lg ζ along the axial direction for 10%, 50%, and 90% of particles in the no pin and pin mixing sections, respectively. It can be seen from Fig. 9A and B, the maximal lg ζ that 90% of particles undergoing in the pin mixing section and no pin mixing section are very different. It means that the pin mixing. section and no pin mixing section both can produce the same maximal stretching. However, the maximal lg ζ that 10% and 50% of particles undergoing in the pin mixing section is higher than that in the no pin mixing section. This means that most particles undergoing stretching effect in pin mixing section are bigger than that in the no pin mixing section. It can be seen from Fig. 9A that the two curves for 10% and 50% of particles are almost horizontal in the no pin mixing section. The stretching effect of the no pin mixing section does not change along the axial distance. The corresponding curves in Fig. 9B for the pin mixing section show an upward trend. The stretching effect of the pin mixing section increases along the axial distance. As shown in Fig. 9A and B, the logarithm of stretching lg ζ is generally higher in the pin mixing section than in the no pin mixing section. Therefore, the pin mixing section has better mixing performance than the no pin mixing section.

Fig. 10A and B show the time-averaged efficiency

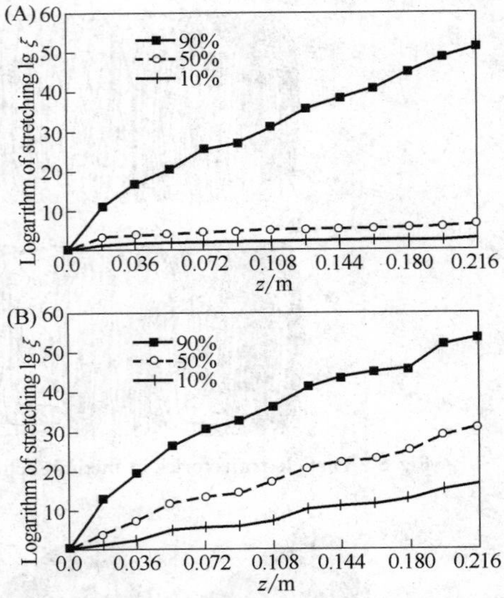

Fig. 9 Logarithm of stretching lg ζ along axial direction for 10%, 50%, and 90% of particles in mixing section of different extruders: (A) no pin, (B) with pins.

of stretching $< e_\zeta >$ along the axial direction for 10%, 50%, and 90% of particles in the no pin and pin mixing sections, respectively. It can be seen form Fig. 10A that the time-averaged efficiency of stretching $< e_\zeta >$ declines after the second cross-section for each of 10%, 50%, and 90% of particles in the no pin mixing section. As shown in Fig. 10B, the time averaged efficiency of stretching $< e_\zeta >$ gradually increases along the axial direction for each of 10%, 50%, and 90% of particles in the pin mixing section. The time-averaged efficiency of stretching $< e_\zeta >$ increases significantly for all percentages of particles with the addition of pins. Particularly for 90% of particles, the average stretching efficiency is 0.08 at the exit of the no pin mixing section, but increases to 0.24 with the addition of pins, a three-fold increase. Furthermore, a local maximum of the stretching efficiency is reached at each pin.

3.5 Influence of number of pins on mixing performance

Three mixing section configurations of a pin-barrel extruder were investigated: (i) three pins in each row, (ii) six pins in each row, and (iii) 12 pins in each row. The mixing performance of the rubber melt was statistically analyzed in each of the above three extruders. The pins are located at the third, seventh, and 11th cross-sections as defined in Section 3.4. The segregation scale of the trajectories of 1000 particles was computed using Eqs. (16) to (18). Fig. 11 shows the segregation scale of particles on each cross-section of the above three extruders along the axial direction. It can be seen that the segregation scale of particles on the

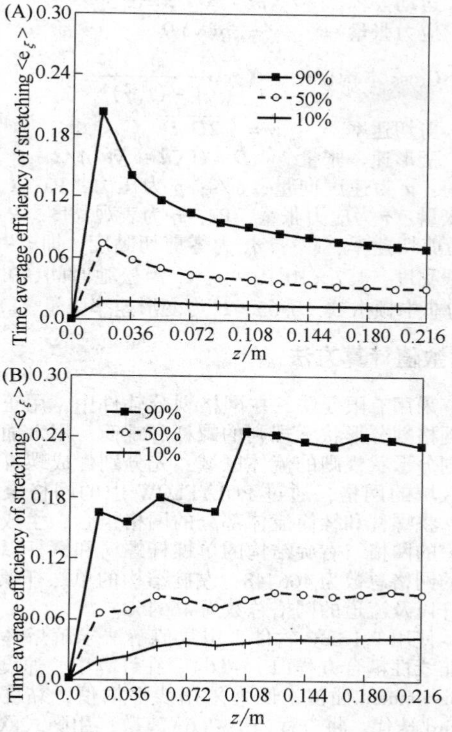

Fig. 10　Time-averaged efficiency of stretching $< e_\zeta >$ along axial direction for 10%, 50%, and 90% of particles in mixing section of different extruders: (A) no pin, (B) with pins.

second, sixth, and 10th cross-sections are lower than that on the respective adjacent cross-sections. This is true for all three extruders, indicating that the addition of pins to the mixing section enhances mixing performance. Because particles are not detained before the third cross-section, the higher the number of pins at a cross-section, the lower the segregation scale of particles and the higher the mixing efficiency. Beyond the third cross-section, the segregation scale of particles is the lowest for the six-pin model and the highest for the 12-pin model. The average segregation scale of particles at the 13 cross-sections except the first and 13th is 14.12×10^{-4} for the three-pin model. 10.95×10^{-4} for the six-pin model and 13.35×10^{-4} for the 12-pin model. The mixing efficiency increases by 22.5% when the number of pins goes from three to six. However, the mixing efficiency decreases by 21.9% when the number of pins increases further to 12. When there are too many pins, the material particles are detained in the screw extruder flow channel, thus increasing the distance r between the remaining particles. As r increases, the segregation scale of particles also increases. The distance r has a larger effect on the mixing performance than that of the number of pins per cross-section.

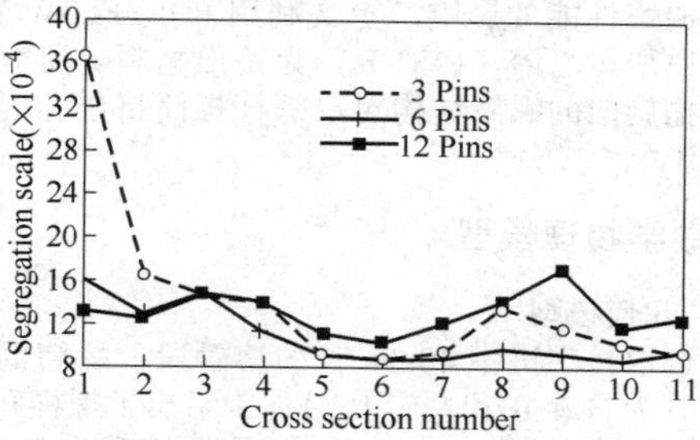

Fig. 11　Segregation scale of particles at each cross-section of three extruders along axial direction.

4　Conclusions

Numerical results show that pins disrupt the particle trajectories in the mixing section, split the material flow, change the direction of movement of the particles, and increase the mixing performance. With an increase of the material RTD in the pin mixing section over a no pin mixing section, the mixing efficiency increases. From a statistical analysis of the distributive mixing of material particles in both the no pin and pin mixing sections, it was found that pins increase the efficiency of stretching lg ζ, the time-averaged efficiency of stretching $< e_\zeta >$, and hence the mixing ability of the extruder. Increasing the number of pins does not ensure better mixing. With too many pins, material particles are detained in the screw extruder flow channel and the distance between the remaining particles increases. Pins in the mixing section can effectively enhance the mixing ability of a single-screw extruder. The numerical results reported here provide a theoretical basis for the optimal design of pin-barrel extruder.

9.2.4　左右旋螺筒结构对单螺杆挤出机性能的影响

左右旋螺筒结构对单螺杆挤出机性能的影响[54]

柳　娟，王　建

研究塑化效率高而能耗低的挤出成型设备已成为聚合物加工技术领域的研究重点。早在 20 世纪 60 年代，人们已采用沟槽喂料方式来满足小尺寸挤出机高生产能力的要求。张慧敏等研究发现机筒加料段开槽可明显提高单螺杆挤出机的产量。潘龙等以弧板模型和双螺棱推动理论实验研究了单螺杆挤出机螺旋沟槽固体输送段的产量。卢和亮等设计和螺旋沟槽单螺杆挤出机，研究证明其具有良好的正位移输送特性。Sasimowski 实验研究了开有直线和螺旋线槽机筒结构对挤出效率的影响，发现机筒内部表面的形状对挤出过程影响很大。Grünschloβ 开发了螺旋沟槽机筒 Helibar 挤出机，将沟槽机筒结构延伸到整个单螺杆挤出机，加工性能得到了很大提高。熔融段是单螺杆挤出机中重要的功能段之一，占螺杆总长度的50%～60%，该段的结构直接关系到制品的质量和生产成本。王建等数值研究了熔融段螺筒结构及其槽深对单螺杆挤出机性能的影响，发现螺旋沟槽的结构有助于提高熔融段的混合性能。目前还未见有研究螺筒螺槽左右旋向对熔融段挤出混炼性能的影响。本文利用 POLYFLOW 软件，以硬质聚氯乙烯（PVC-R）为挤出物料，研究了左右螺槽旋向的螺筒结构对单螺杆螺筒挤出和混炼性能的影响。

1　数学物理模型

1.1　几何模型

选取挤出机中 40mm 长的熔融段。螺筒的螺槽旋向分为右旋 R 和左旋 L。Fig. 1 给出了螺杆和 2 种螺筒的组合结构，Fig. 1（a）是螺杆和右旋螺筒，Fig. 1（b）是螺杆和左旋螺筒，螺杆是右旋结构。Fig. 2 给出了螺杆和螺筒的相关尺寸，螺杆内径为 17mm，螺槽深为 1.5mm，螺棱旋向为右旋；螺筒内径为 20.2mm，螺槽深为 0.2mm，螺槽导程为 20mm。为了讨论各物理量的变化，选取 c-c 线作为参考线，Fig. 2 所示，c-c 线距螺杆轴心 10.05mm。

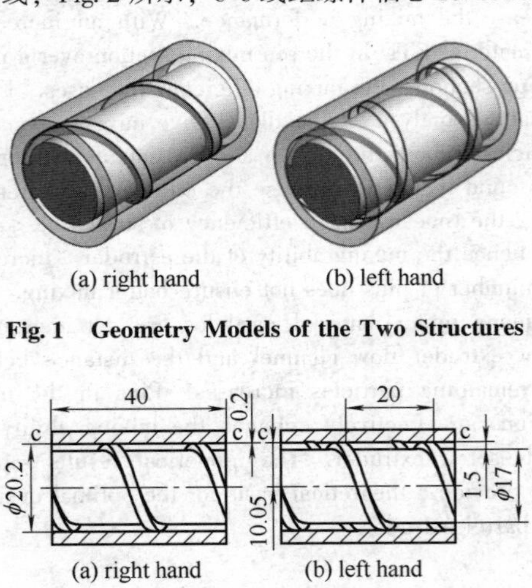

Fig. 1　Geometry Models of the Two Structures

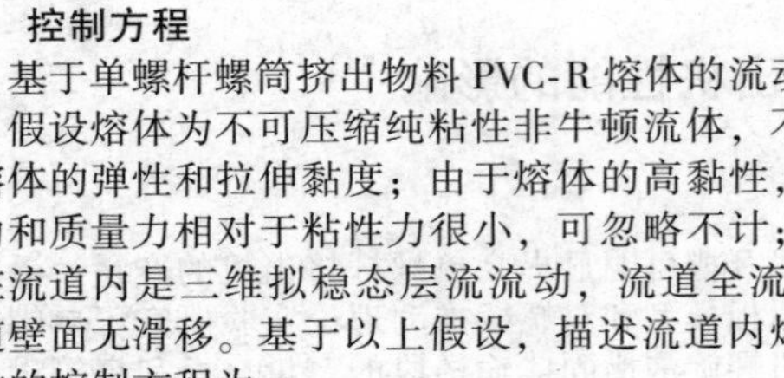

Fig. 2　Dimensions of Screw and Barrel

1.2　控制方程

基于单螺杆螺筒挤出物料 PVC-R 熔体的流动过程，假设熔体为不可压缩纯粘性非牛顿流体，不考虑熔体的弹性和拉伸黏度；由于熔体的高黏性，惯性力和质量力相对于粘性力很小，可忽略不计；熔体在流道内是三维拟稳态层流流动，流道全流满；流道壁面无滑移。基于以上假设，描述流道内熔体流动的控制方程为：

连续性方程　$$\nabla \cdot \boldsymbol{u} = 0 \qquad (1)$$

运动方程　$$-\nabla p\boldsymbol{I} + \nabla \cdot \boldsymbol{\tau} = 0 \qquad (2)$$

应力张量　$$\boldsymbol{\gamma} = 2\eta(\dot{\gamma})\boldsymbol{D} \qquad (3)$$

Cross 本构模型　$$\eta = \frac{\eta_0}{1 + (t_\lambda \dot{\gamma})^n} \qquad (4)$$

剪切速率　$$\dot{\gamma} = \sqrt{2\boldsymbol{D}:\boldsymbol{D}} \qquad (5)$$

变形速率张量　$$\boldsymbol{D} = (\nabla \boldsymbol{u} + \nabla \boldsymbol{u}^T)/2 \qquad (6)$$

式中：$\boldsymbol{u}$ 为速度向量，m/s；p 为压力，Pa；$\boldsymbol{I}$ 为单位张量；$\boldsymbol{\tau}$ 为应力张量，Pa；η 为表观黏度，Pa・s；$\dot{\gamma}$ 为剪切速率，s^{-1}；η_0 为零剪切黏度，即 $\dot{\gamma} \to 0$ 的极限黏度，4.7×10^4 Pa・s；t_λ 为松弛时间，0.26s；n 为非牛顿指数，0.65；$\boldsymbol{D}$ 为变形速率张量，s^{-1}。

2　数值计算方法

采用有限元法，在网格划分软件中，用正四面体网格划分形状不规则的螺杆和螺筒，用六面体网格划分形状规则的流体区域，先分别生成螺杆和螺筒区域的网格，通过 POLYFLOW 中的网格叠架技术，将螺杆和螺筒流体部分的网格组合，生成真实流道的网格。右旋结构的单螺杆螺筒和螺杆以及流道的网格总数为 466448，左旋结构的单螺杆螺筒和螺杆以及流道的网格总数为 466450。

使用 Polyflow 软件，用数值解法求解熔体流动的非线性耦合方程(1)～(6)。在计算中，速度采用 mini-element 插值，压力采用线性插值，黏度采用 Picard 迭代。将方程(1)～(6)离散，用隐式欧拉法联立求解离散化的方程。在螺杆转速为 30r/min，螺筒固定不转，进出口压差恒定的条件下，使用 POLYFLOW 计算 2 种结构流道内熔体的三维等温流场，计算的收敛精度为 10^{-3}，在 HPXW9300 工作站上完成全部计算，最长一次计算机时约 13h。

3　混合评价指标

混合是一种减少混合物非均匀性的过程，可分为分散性混合和分布性混合 2 类。分散型混合是依靠剪切和拉伸作用使粒子粒径不断减小的过程，剪切速率和拉伸速率越高，粒子经历最大剪切和拉伸作用的次数越多，粒子更容易破碎，分散性混合能力就越大。分散混合能力中，拉伸作用比剪切作用的影响更大，用混合指数 λ 来衡量粒子所受拉伸作用的大小。

$$\lambda = \dot{\gamma}/(\gamma + \omega) \qquad (7)$$

式中：ω 为旋度速率。混合指数为 0.5 时，流动为纯剪切流动；混合指数为 1 时，流动为纯拉伸流动；混合指数为 0 时，流动为纯旋转流动。

分布性混合是指混合物组分间相互位置的重排，减小非均匀性。为确保物料具有良好的分布性混合效果，必须确保物料具有频繁的流体分流和重新定向、高拉伸形变和均匀的形变历程。分离尺度是混合物中相同组分区域平均尺寸的一种度量，是评价分布性混合的一个指标。分布性混合程度越高，分离尺度越小，令 $c(X, t)$ 表示混合过程中 1 种流体的浓度，由于 2 种流体互不相容，因此 c 值为 0 或 1。沿粒子的轨迹线 c 值保持不变。质点总数为 n，表示所有质点的平均浓度，c_i 表示 n 个质点中

第 i 个质点的浓度，值是 0 或 1，表示浓度标准偏差。

$$\bar{c} = \frac{1}{n}\sum_{i=1}^{n} c_i \tag{8}$$

$$\sigma_c = \sqrt{\frac{1}{n}\sum_{i=1}^{n}(c_i - \bar{c})^2} \tag{9}$$

令质点总数 $n = 2m$，在 t 时刻，1 对浓度相同、相距为 r 的随机质点的概率可用浓度相关系数 R 来表示：

$$R(r,t) = \frac{\sum_{j=1}^{m}(c'_j - \bar{c})(c''_j - \bar{c})}{m\sigma_c^2} \tag{10}$$

式中：c'_j 和 c''_j 为第 j 对质点的浓度。

分离尺度可用相距为 r 的两质点处的浓度（体积百分数）相关系数的积分来表示：

$$S(t) = \int_0^t R(r,t)\,\mathrm{d}r \tag{11}$$

在三维流动中，无穷小表面上物料的局部拉伸由单位面积上的拉伸度 ζ 表示。ζ 越大，混合越充分。在初始状态下定义一个无穷小表面 dA 的法线方向 $\hat{N}$，在 t 时刻，该表面变形为 da，法线方向为 $\hat{n}$，由此可得：

$$\zeta = \zeta(X, \hat{N}, t) = \frac{\mathrm{d}a}{\mathrm{d}A} \tag{12}$$

4　结果与讨论

4.1　左右螺槽旋向单螺杆螺筒结构的挤出性能

在螺杆转速为 30r/min，进出口压差恒定的条件下，使用 POLYFLOW 软件，数值计算了 2 种不同结构熔融段内 PVC-R 熔体的三维等温流场，研究左右螺槽旋向对单螺杆螺筒挤出机性能的影响。Tab. 1 给出了 2 种结构流道内熔体各物理量的最大值。由 Tab. 1 可知，左旋结构的轴向速度、压力和剪切速率都明显比右旋结构的大，黏度略大。

Tab. 1　The Maximum Value of Each Factor for the Flow Area of the Two Different Structures

	Axial speed/(mm/s)	Pressure /MPa	Shear rate /s^{-1}	Viscosity /kPa · s
Left	7.9988	3.3993	77.5495	28.9490
Right	6.8971	2.5533	69.0350	28.8583

Fig. 3（a）~ Fig. 3（e）分别给出了 2 种结构流道内熔体的轴向速度、压力、剪切速率、黏度和混合指数沿 c—c 线的变化。由 Fig. 3（a）可知，右、左旋结构流道内熔体的轴向速度最大值分别为 2mm/s 和 5mm/s，均出现在机筒螺槽位置，是因为增加了熔体的流动空间在螺杆输送下轴向速度变大。而且左旋的螺槽结构更有利于熔体的挤出输送，因此有更大的轴向速度，这有利于提高生产效率。与固体输送段机筒螺旋沟槽的作用原理相同。在螺杆螺棱与机筒间隙处有小部分的熔体回流现象。由 Fig. 3（b）可知，右、左旋结构流道内熔体的压力最大值分别为 2.322MPa 和 2.717MPa，均出现在螺杆螺棱位置。左旋结构的压力较大，Fig. 3（c，d）中，剪切速率最大值分别为 18.682s^{-1} 和 35.781s^{-1}，黏度最大值分别为 13970.1Pa · s 和 11794.6Pa · s。可见，在 c—c 参考线上，左旋结构流道内熔体的轴向速度和剪切速率最大值都明显比右旋结构的大，黏度最大值则较小，说明输送效率高而塑化效率好。

4.2　左右螺槽旋向单螺杆螺筒结构的混合性能

用粒子示踪法数值模拟右旋和左旋 2 种单螺杆螺筒结构流道内粒子的运动轨迹，统计计算流道内各种混合指标值，定量分析 2 种结构的动态混合能力，研究两种结构的混合性能。

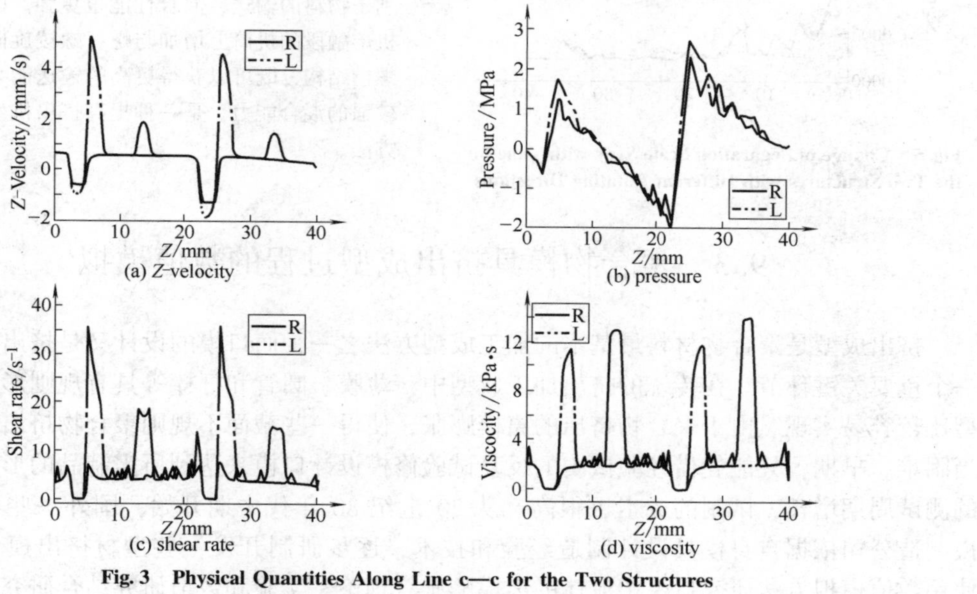

Fig. 3　Physical Quantities Along Line c—c for the Two Structures

Fig. 4 给出了 2 种结构流道内粒子混合指数的概率分布。由 Fig. 4 可知，当混合指数为 0.5 时，右、左旋向结构的粒子分布概率分别为 41% 和 38%，即右、左旋向结构流道内分别有 59% 和 62^% 的区域的混合指数大于 0.5；说明右旋向结构拉伸作用小，左旋向结构拉伸作用大。因此，用混合指数来分析 2 种结构的分散混合能力时，左旋结构比右旋结构的分散混合能力强。

Fig. 5 给出了 2 种结构流道内粒子分离尺度 $S(t)$ 随时间的变化。总体来看，2 种结构的分离尺度明显变小，右、在旋结构流道内粒子分离尺度的平均值分别为 3.94×10^{-4} 和 3.50×10^{-4}。左旋结构的平均分离尺度比右旋结构的小，说明左旋结构比右旋结构分布性混合能力强。

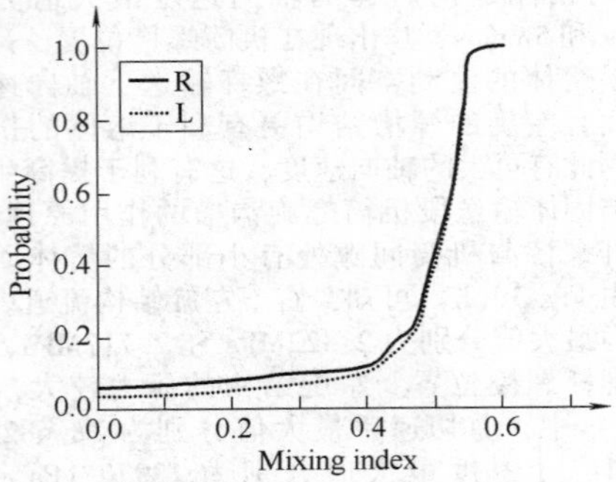

Fig. 4 Probability Distribution of Mixing Index for the Two Structures

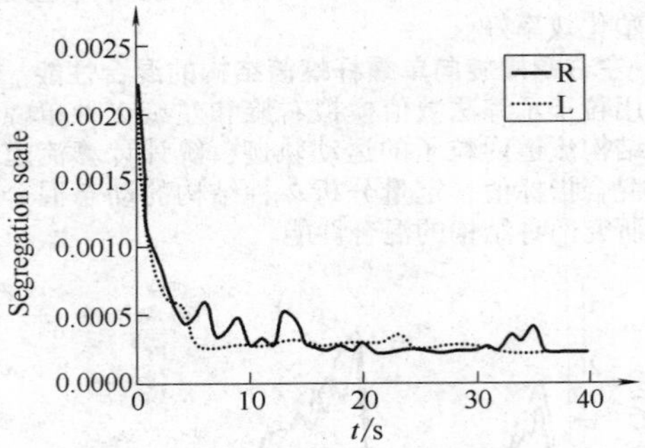

Fig. 5 Change of Separation Scale $S(t)$ with Time for the Two Structures with Different Rotating Directions

Fig. 6 给出了 2 种旋向结构流道内不同百分比粒子拉伸对数 lgζ 随时间的变化。由 Fig. 6 可知，流道内粒子越多，粒子的拉伸对数就越大，不同百分比粒子的拉伸对数随着时间的延长不断增大。从 Fig. 6 中可以看出，左旋结构的拉伸对数都比右旋的大，用粒子拉伸对数分析 2 种结构的分布性混合能力时，左旋结构比右旋结构分布性混合能力强。

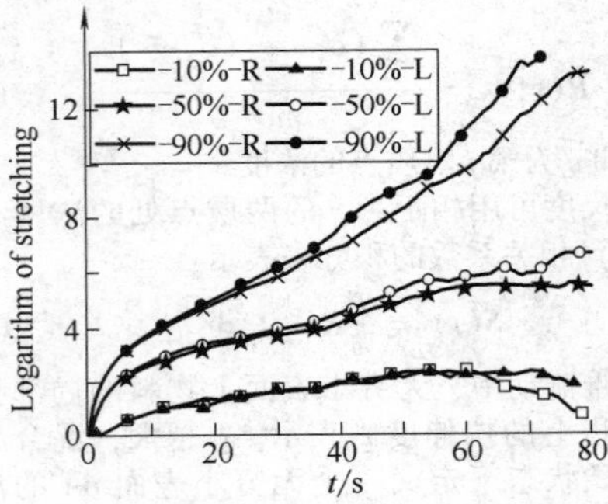

Fig. 6 Change of Logarithm of Stretching lgζ with Time for Two Structures with Different Rotating Directions

5 结论

在螺杆转速为 30r/min，进出口压力恒定的条件下，使用 POLYFLOW 软件数值模拟了 2 种不同旋向螺筒螺棱结构的单螺杆螺筒流道内 PVC-R 熔体的混合挤出过程，计算了 2 种结构流道内熔体的三维等温流场，用粒子示踪法统计计算了 2 种结构流道内粒子的混合指数 λ、分离尺度 $S(t)$ 和拉伸对数 lgζ。结果表明，采用开有左旋沟槽结构的螺筒时有利于物料的输送，混合性能也更强。因此，在挤出机熔融段的机筒上增加与螺杆螺棱旋向相反的左旋螺槽结构，既可以获得更高的输送能力又可以获得较强的混合能力，是一种提高挤出机生产效率的好方法。

9.3 聚合物模具挤出成型过程的数值模拟

挤出成型是聚合物材料最基本的加工成型方法之一，而口模的设计又是挤出加工成型的一个重要关键环节。在传统的挤出加工成型中，薄膜、圆管和杆棒等具有规则形状的产品成型比较容易实现。由于聚合物挤出的离模膨胀，使得一些截面不规则聚合物挤出件的成型相当困难。早期，只能凭借经验试凑的反复试验修模设计口模来达到所需制品的形状，新产品的测试周期增长，试制的成本也很高。从 20 世纪 80 年代中期开始，国外一些型材挤出口模制造公司依据自身模具设计制造经验和技术，逐步研制开发一些型材挤出模 CAD 系统，使用数值模拟方法研究口模中流体的离模膨胀，理论、实验和数值研究结合研究设计聚合物口模尺寸和优化加工工艺条件。

进入21世纪后，聚合物加工成型工艺迅速发展，高效率、自动化、高精度成为挤出口模设计的主要发展方向，口模设计制造水平直接影响着聚合物制品品质。在聚合物口模挤出成型过程中，要保证口模内熔体流速足够高，产生的推力足够克服壁面阻力，使聚合物熔体滑移向前运动离开口模，否则黏附在口模壁面的熔体将过塑变性，影响制品品质。在口模内熔体流速又不能太高，否则制品受到的预应力太大，导致制品离模变形大，影响制品品质。因此，挤出口模成型的聚合物制品品质与口模结构、工艺条件、壁面条件和聚合物性质密切相关。研究口模挤出机理对提高聚合物制品品质，进而提高行业的核心竞争力具有重要意义。

2001年，陈晋南课题组在国内首次使用Polyflow软件，数值模拟研究聚合物材料模具挤出成形过程，研究口模内聚合物熔体的流变行为，根据制品截面尺寸反向挤出数字设计橡胶、热敏材料等不同类型的口模，数值模拟聚合物挤出口模的挤出过程，计算口模内熔体的流场和聚合物的离模变形，将数值计算与理论和实验方法相结合，用流变理论分析研究聚合物熔体的离模膨胀行为，优化设计挤出口模结构，优化成型工艺条件，缩短挤出口模的研发周期，提高挤出口模品质，最终提高材料利用率和产品质量。下面综述陈晋南课题组师生数值研究聚合物螺杆口模挤出成型过程的研究工作[59-73]。

2001年，彭炯和陈晋南[59,60]数字设计了矩形和十字型口模，用Carreau模型描述聚丙烯材料的性能，数值模拟矩形和十字型口模挤出聚丙烯的过程，由于物料的挤出胀大，口模与最终挤出物的形状和尺寸完全不同。2001年，胡冬冬和陈晋南[61]数值研究线缆包覆口模的三维等温挤出过程，计算了口模中的速度、压力分布，讨论了包覆层厚度随体积流量、芯线牵引速度和Carreau模型指数 n 的变化规律。研究结果表明，当芯线的移动速度较小，熔体压力流动占优势，在环隙间，熔体存在最大速度；当芯线的牵引速度较大，拖曳流动占优势，在环隙间熔体无最大速度。压力流与拖曳流的比值是影响包覆层厚度的主要因素之一。在绝大多数情况下，随着该比值的增大，无量纲包覆层厚度也增大。2002年，吕静和陈晋南等[62]用Carreau模型，数值研究两种熔体零剪切黏度、非牛顿指数比对等温共挤出的流动、界面形状和挤出胀大的影响。

2003年，吕静和胡冬冬等[63]用Carreau模型描述熔体的物性，数值模拟两种熔体的二维等温共挤出过程，重点讨论了两种熔体的流率比和牵引速度对共挤出流动情况、界面形状和挤出胀大的影响。同年，朱敏和陈晋南等[64]数字设计了橡胶异型材直流道和非直流道口模，数值模拟分析了熔体速度场和压力场，将模拟挤出的产品截面形状与实际产品相对照，非直流道的结果更为合理，相对误差小于7%。

2004年，在不同壁面滑移的边界条件下，吕静和陈晋南等[65]用Carreau模型数值模拟两种熔体二维等温共挤出过程，分别计算共挤出熔体流动的速度场、压力场、黏度场和剪切速率场，讨论了壁面滑移对共挤出流场、界面形状和挤出胀大的影响。

2006年，秦贞明和陈晋南等[66]用Carreau模型描述熔体的黏度特征，数值模拟了异向旋转双螺杆挤出机模具过渡和稳流段的三维等温流场。在不同螺杆转速和流量的工艺参数下，分析比较了模具过渡和稳流段内的速度场、压强场、剪切速率场、剪切应力场和黏度场。研究结果表明，在模具过渡和稳流段内，螺杆的旋转是该聚合物熔体流变性能的最大影响因素，螺杆头对高黏度熔体的影响范围不大，只限于螺杆头的周围进入稳流段后，在稳流段作用下熔体的流动逐渐变得稳定均匀。

2007 年，李頔和陈晋南[67]用幂律模型研究不同转速下单螺杆挤出圆锥形口模内低密度聚乙烯（LDPE）熔体的三堆等温流场，数值求解口模内 LDPE 熔体的速度场、压力场、剪切应力场和黏度场，讨论转速对充模流动的影响。随着螺杆转速的提高，口模内 LDPE 熔体的挤出压力、流动速度和剪切应力都相应增大，黏度减小，有利于 LDPE 熔体挤出成型。对比数值计算的结果和实验测试的数据，最大相对误差为 3. 95%。

2008 年，陈晋南和吴荣方[68]逆向挤出数字设计了汽车密封件橡胶口模，用 Power 模型和近似 Arrhenius 式的乘积描述橡胶表观黏度的非等温本构方程，数值计算口模内橡胶熔体的非等温流场，讨论了温度对口模结构尺寸和橡胶熔体流变行为的影响。研究结果表明，沿熔体流动的方向，非等温熔体的平均速度和平均压力比等温的大，平均剪切应力和平均黏度都低于等温。与实际产品截面比较，非等温模拟的口模截面形状比等温的更接近实际情况。相对误差仅为 1. 63 %。非等温的数值模拟更接近口模挤出的实际情况。

2008 年，陈晋南和胡敏等[69]用幂率模型和近似 Arrhenius 式的乘积描述橡胶非等温的本构方程，逆向挤出数字设计了 F01 型汽车密封件橡胶口模，分别数值研究了口模内和离模后橡胶熔体非等温和等温的挤出过程，计算了口模内橡胶熔体的非等温和等温流场，讨论了温度对口模结构尺寸和橡胶熔体流变行为的影响。研究结果表明，在非等温条件下，熔体离模后，温度变化显著，沿着熔体的流动方向，橡胶熔体平均剪切应力逐渐减小，平均黏度增大。非等温条件下的数值模拟更接近口模挤出的实际情况。温度较大影响了熔体离模后的平均速度。与实际产品截面比较，非等温模拟的口模截面形状比等温的更接近实际情况。

2009 年，胡敏和陈晋南等[70]数值研究 Reifenhauser 公司异向旋转双螺杆挤出机（BT65-16）挤出口模的性能。按照工程的要求，数字设计了双螺杆挤出扁口和圆口模具，计算域螺杆直径 65mm、机筒长 49mm，两种模具过渡段锥角选为 28°，总长度相等。扁口模具过渡段长 63mm，平直段长 70mm，矩形截面长 49mm，宽 9mm。为保证模具出口截面处熔体流速相等，两种模具出口截面积相等。圆口模具过渡段长 87mm，平直段长 46mm，圆截面直径 24mm。硬质聚氯乙烯（RPVC）本构方程为 Cross 模型和近似 Arrhenius 式的乘积，数值计算了两种模具内熔体的非等温流场。研究结果表明，与圆口模具相比，扁口模具过渡段压力小，熔体各物理量沿轴向变化较剧烈在出口截面上，扁口模具内熔体速度和黏性热梯度小，速度均匀性高于圆口模具，但是扁口模具内熔体压力、剪切应力、剪切速率和黏度梯度大，大的剪切应力引起大的离模膨胀。设计模具时应根据物料特性，综合考虑各方面因素来决定模具结构。在工作站上完成全部的计算，计算的收敛精度为 10^{-3}，最长一次运算机时为 10h。

2010 年，陈晋南和彭涛[71]数值研究壁面条件对单螺杆模具挤出成型丙烯腈-丁二烯-苯乙烯三元共聚物（ABS）离模膨胀的影响。用广义 Navier 定律的壁面滑移系数 F_{slip} 确定不同壁面条件，用 PTT 微分黏弹性模型描述 ABS 熔体的流变性质，数值模拟了单螺杆模具成型段挤出 ABS 棒材的黏弹性流动，数值计算了成型段挤出 ABS 棒材的离模膨胀比。研究结果表明，壁面无滑移时，螺杆模具挤出 ABS 的离模膨胀现象明显。随着壁面滑移系数的减小，ABS 熔体的离模膨胀比迅速降低，壁面全滑移条件下，ABS 螺杆模具挤出时几乎不存在离模膨胀现象。壁面条件显著影响螺杆模具挤出 ABS 熔体的离模膨胀，数值模拟结果与挤出实验数据吻合良好。研究结果表明，ABS 熔体模具挤出成型时，随着 F_{slip} 的减小，整个熔体流场的速度梯度、压力降、剪切速率和黏度的梯度都减小。壁面滑移模具出口截面熔体的均匀程度优于壁面无滑移。因此，壁面滑移有利于减小模具出口挤出制品的预应力，改善模具壁面条件有利于提高模具挤出成型制品的表面质量。

2011 年，在不同壁面滑移和工艺条件下，王建和陶瑞涛等[72]用 Cross 模型数值模拟模具挤出 ABS 棒材的过程，正交分析滑移条件和熔体流量对 ABS 棒材挤出过程的影响。以模具出口处熔体平均剪切速率最小为优化指标，确定了 ABS 棒材挤出过程的影响因素的排序：滑移系数、熔体流量和模具温度。滑移系数是模具挤出成型过程的重要影响因素，减小壁面滑移系数可提高聚合物制品质量。

2012 年，陈晋南和赵增华等[73]根据企业的要求，数字设计双螺杆平行 4 孔模具，用 Herschel-Bulkley 模型数值计算模具流道高黏度聚合物熔体的等温流场，分析模具压差对熔体流场的影响。研究结果表明，4 孔模具与锥形双孔模具相比，模具 4 个孔道内的流场基本相同，物料挤出均匀。实验证明，研发的平行 4 孔模具挤出的产品质量达到标准要求。北京理工大学和企业研发的《一种双螺杆挤出机机头流道结构》2010 年曾共同申请了国家实用新型专利[91]。从陈晋南课题组成功的案例可知，设计模具时应根据物料特性，综合考虑各方面因素来决定模具结构。

本节介绍陈晋南课题组模具挤出成型的数值模拟典型成功案例，分为 4 小节，包括流率和牵引速度对两种聚合物熔体共挤出影响的数值研究、数值模拟汽车密封圈口模内的非等温流动、数值模拟硬聚氯乙烯双螺杆模具挤出过程、数值研究双螺杆挤出平行孔模具内聚合物流场。

9.3.1　流率和牵引速度对两种聚合物熔体共挤出影响的数值研究

流率和牵引速度对两种聚合物熔体共挤出影响的数值研究[63]

吕　静，陈晋南，胡冬冬

共挤出技术能充分发挥各组分材料的特性，使挤出产品具有特殊性能，并能大幅度降低生产成本，这些优点使之成为当代应用广泛的成型加工方法。目前，对于共挤出的研究多集中在各组分物料的流变性及加工条件对口模内界面形状及其稳定性的影响。作者应用 Polyflow 软件包，模拟了一种简单的多熔体分配器型口模中两种物料的二维等温共挤出，重点讨论了两种熔体的流率比、牵引速度对共挤出时口模内及挤出部分熔体的流动情况、界面形状和挤出胀大的影响。

1　数学模型

假定两种聚合物熔体均为不可压缩熔体，流动为二维稳态等温层流。由于聚合物熔体的高黏性，惯性力和质量力相对于黏性力很小，忽略不计。在以上假设条件下，流场的连续性方程和运动方程为：

$$\nabla \cdot \boldsymbol{u}_k = 0, k=1,2, \tag{1}$$

$$-\nabla p_k + \nabla \cdot \boldsymbol{\tau}_k = 0, k=1,2, \tag{2}$$

$$\boldsymbol{\tau}_k = 2\eta_k(\dot{\gamma})\boldsymbol{D}_k, k=1,2, \tag{3}$$

动力学条件：在两层熔体的分界面上

$$\boldsymbol{u}_1 = \boldsymbol{u}_2, k=1,2, \tag{4}$$

式(1)～(4)中 $\boldsymbol{u}_k$ 为速度向量，p_k 为压力；$\boldsymbol{\tau}_k$ 为应力张量；$\boldsymbol{D}_k$ 为形变速率张量；$k=1$，2 分别代表两种不同的聚合物熔体，$\boldsymbol{u}_1$，$\boldsymbol{u}_2$ 分别是两种熔体在界面上的速度向量；η_k 为熔体表观黏度。

在数值模拟中，两种熔体的表面黏度所采用的 Carreau 模型为

$$\eta_k = \eta_{0k}(1+\lambda_k^2\dot{\gamma}_k^2)^{(n_k-1)/2}, k=1,2, \tag{5}$$

式中　η_{0k} 为零剪切黏度；λ_k 为 Carreau 模型参数；n_k 为非牛顿指数。剪切速率为

$$\dot{\gamma}_k = \sqrt{2II_{D_k}}, k=1,2, \tag{6}$$

式中　II_{D_k} 为形变速率张量 $\boldsymbol{D}_k$ 的第 2 不变量。

求解域的几何尺寸关于 x 轴对称。图 1 给出模型边界条件的设置，以 cm 为单位，具体描述为：

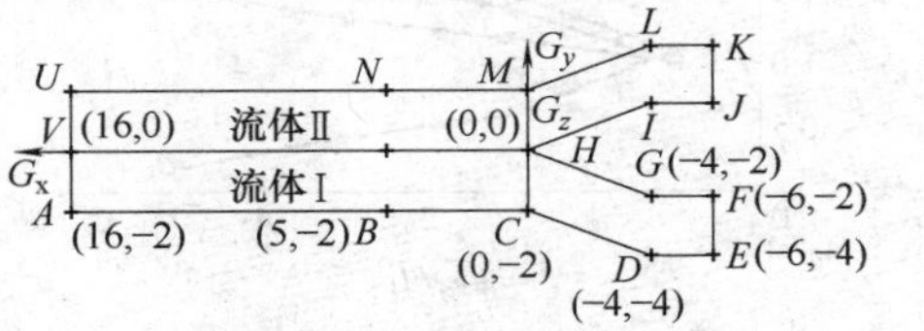

图 1　边界条件

① 边 AB 和 UN 是挤出物的自由表面，由于没有熔体穿过该自由表面，有 $\boldsymbol{n}_k \cdot \boldsymbol{u}_k = 0$，式中 $\boldsymbol{n}_k$ 为自由表面的外法线方向；

② 边 BE 和 FH 和熔体 1 所接触的内壁，边 NK 和 JH 为熔体 2 所接触的内壁，假设壁面无滑移，即 $u_{sk} = u_{nk} = 0$，u_{nk}，u_{sk} 分别为与壁面接触的熔体的法向速度和切向速度；

③ 边 EF 和 JK 分别对应于两种熔体所选求解域的进口，给定进口体积流量 q_{Vk}，并假设流动已充分发展；

④ 边 AV 及 UV 分别对应于两种熔体的出口。为考察牵引力对共挤出的影响，在出口设置了两种边界条件：

a. 牵引力为 0 时，$\sigma_{nk} = 0$，$n_{sk} = 0$，其中 σ_{nk}，v_{sk} 分别为出口处两种熔体的法向应力及切向速度；

b. 牵引力不为 0 时，设置牵引速度为 u_{nk}，并设定 $\sigma_{sk} = 0$。

有限元网格划分见图 2，采用四边形网格，在两种熔体汇合的地方，熔体界面和壁面附近及口模出口 NB 截面处网格适当加密，网格数为 800。

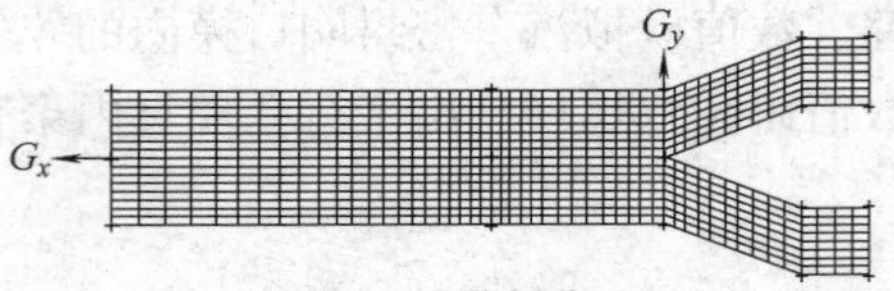

图 2　网格划分

2　数值计算结果与讨论

作者应用 Polyflow 软件包和有限元方法，结合边界条件求解了控制方程(1) ~ (6)，得到了速度场、压力场、黏度场及剪切速率场的数值解，用数字化图形表示了两种熔体的流率比、牵引速度对界面的位置及挤出胀大或收缩情况的影响。按照图 1 所示的坐标系，两层流体间界面位置的变化情况可用界面相对于 x 轴的偏移量表示。两种流体的胀大比分别用两种流体的求解域出口处的宽度与各自流道宽度的比值表示。

2.1　不同流率比对共挤出的影响

两种熔体的本构模型参数为：

$\eta_{01} = \eta_{02} = 80\text{kPa} \cdot \text{s}$，$t_{\lambda_1} = t_{\lambda_2} = 1\text{s}$，$n_1 = n_2 = 0.5$，总流率为

$$q_V = q_{V_1} + q_{V_2} = 2,\ \text{cm}^3/\text{s},$$

在 $q_{V_2}/q_{V_1} = 1$，2，4，9 的条件下，考察速度场，等速线如图 3 所示。当 $q_{V_2}/q_{V_1} = 1$ 时，速度分布对称，界面无偏移。当 $q_{V_2}/q_{V_1} \neq 1$ 时，速度最大值位于流率大的熔体 2 一侧，并且流率比越大，熔体 2 的速度梯度也越大，熔体 1 速度梯度则变化不大。

图 4 描述了壁面平均剪切黏度比、壁面平均剪切速率比及两种熔体的挤出胀大比随流率比的变化。图 5 描述了界面位置随流率比的变化。由图 4 和图 5 可见，随流率比 q_{V_1}/q_{V_2} 的增加，平均壁面剪切速率比 $\dot{\gamma}_{w2}/\dot{\gamma}_{w1}$ 及平均壁面剪切粘度比 η_{w2}/η_{w1} 增加，

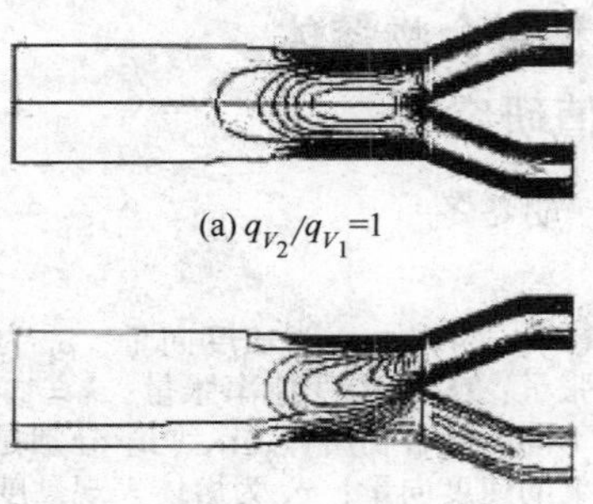

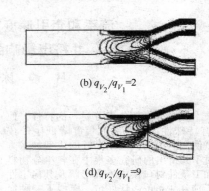

(a) $q_{V_2}/q_{V_1}=1$　(b) $q_{V_2}/q_{V_1}=2$

(c) $q_{V_2}/q_{V_1}=4$　(d) $q_{V_2}/q_{V_1}=9$

图 3　不同流率比下的速度分布

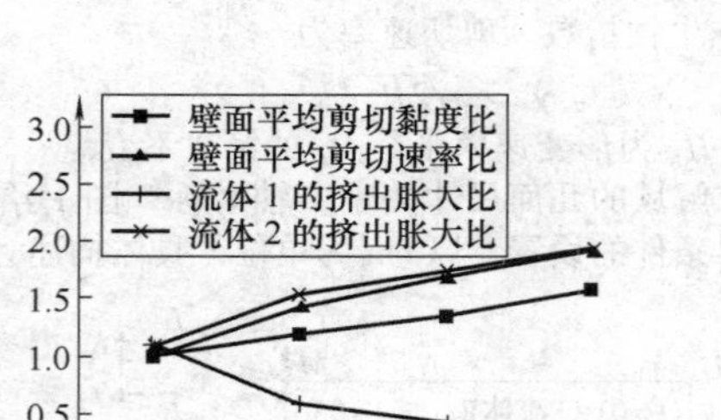

图 4　不同参数与流率比的关系

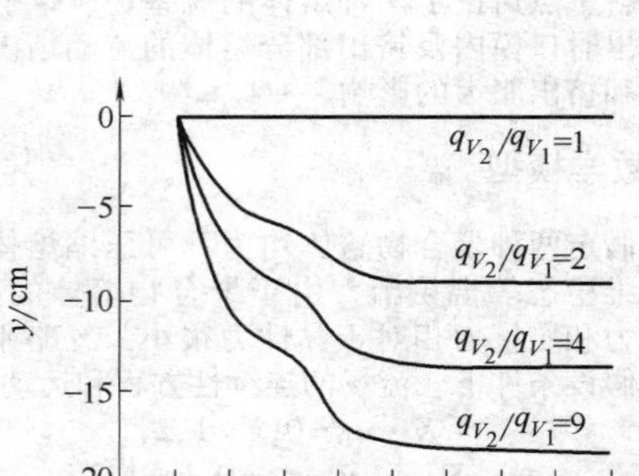

图 5　不同流率比时沿 x 轴正向的界面位置

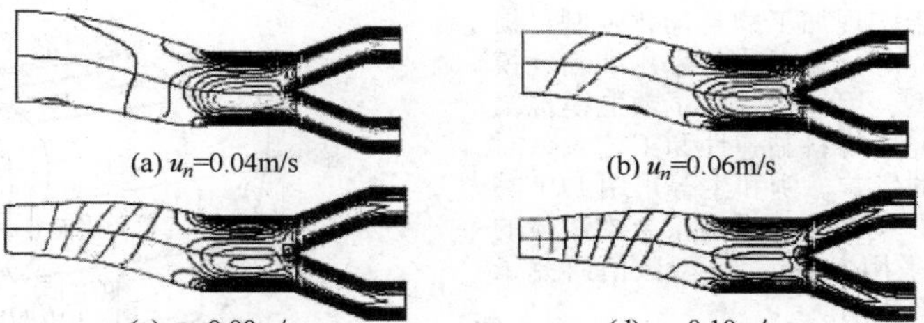

(a) u_n=0.04m/s　(b) u_n=0.06m/s

(c) u_n=0.08m/s　(d) u_n=0.10m/s

图 6　不同牵引速度下的速度分布图

界面偏移量增加，并偏向壁面平均剪切黏度大、壁面平均剪切速率小的熔体 1 一侧。其原因是两侧熔体流率不同，壁面附近的剪切速率不同。由于 Carreau 型熔体的剪切变稀特征，使得两种熔体的壁面平均剪切黏度差异增加，流动性差异增加，故界面偏移量增加。随流率比的增加，熔体 2 的流率增加，且在垂直于挤出方向的速度梯度增加，所以挤出胀大显著，熔体 1 随流率比增加，流率减小，挤出收缩。

2.2　牵引速度对共挤出的影响

在两种熔体的流率相等 $q_{V_2}=q_{V_1}=1\text{cm}^3/\text{s}$，本构模型参数分别为 $\eta_{01}=40\text{kPa}\cdot\text{s}$，$\eta_{02}=80\text{kPa}\cdot\text{s}$，$t_{\lambda_1}=t_{\lambda_2}=1\text{s}$，$n_1=n_2=0.5$，在牵引速度 $u_n=0.04$，0.06，0.08，0.10m/s 的条件下考察了速度场，图 6 给出了不同牵引速度下的等速线图。由图 6 可见，随着牵引速度的增加，口模内速度分布变化很小，挤出部分的熔体沿挤出方向的速度梯度逐渐增加，界面位置变化减小。

图 7 描述了壁面平均剪切黏度比、壁面平均剪切速率比及两种熔体的挤出胀大比随牵引速度的变化。图 8 描述了界面位置随牵引速度的变化。由图 7 和图 8 可见，随着牵引速度的增加，两种熔体的壁面平均剪切黏度比和壁面平均剪切速率比变化不大；两种熔体挤出胀大比的变化相同，并且均随着牵引速度的增加而急剧减小，由挤出胀大变为挤出收缩。所以，界面位置的变化及挤出收缩主要是由强制拉伸作用引起而非壁面剪切作用引起。

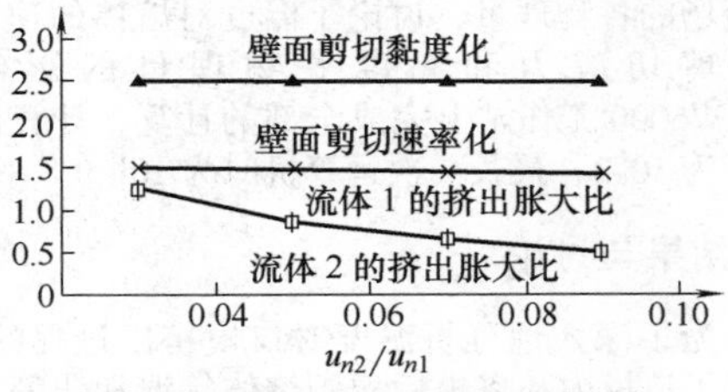

图 7　不同参数与牵引速度的关系

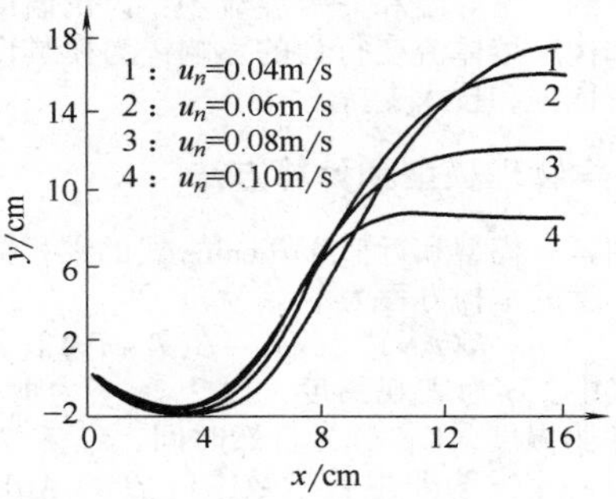

图 8　不同牵引速度下沿 x 轴正向的界面位置

3　结论

通过研究可以得到以下结论：两种聚合物熔体共挤出时，其流率比界面位置的影响很大，流率比 q_{V_2}/q_{V_1} 越大，两种流体的平均壁面剪切速率比 $\dot{\gamma}_{w2}/\dot{\gamma}_{w1}$ 越大。

由于 Carreau 型熔体的剪切变稀特征，两种熔体的壁面平均剪切黏度的差异增加，流动性差异增加，所以界面偏移量增加，即两种聚合物熔体的层比将增加，并偏向流率小的熔体 1 一侧。

牵引速度的增加对口模内熔体的速度分布影响不大，可以使两种熔体界面平直部分增加。但牵引速度过大，熔体沿挤出方向的速度梯度将增加，从而使得挤出变得不稳定，很容易产生熔体破裂等现象，影响产品质量。因此，可以通过适当地调节流率和牵引速度等工艺条件，使产品的尺寸和性能满足使用的要求。采用数值模拟的方法在计算机上完成该调试过程，将极大地缩减生产周期和成本。

9.3.2　数值模拟汽车密封圈口模内的非等温流动

数值模拟汽车密封圈口模内的非等温流动[69]

陈晋南，胡　敏，吴荣方

引　言

随着计算机和计算方法的飞速发展，科学计算已经与理论研究和试验研究并列成为科学研究的重要方法。利用计算流体力学数值模拟研究橡胶熔体在模具中的流动行为，可优化加工过程，调控产品的结构和性质，有助于实现加工的自动化控制，提高劳动生产效率。2007年，戴元坎等采用纯黏性模型数字设计了简单口型，用试验验证了数值模拟结果。郭吉林等数值研究了物料黏弹性和工艺参数对橡胶异型材挤出胀大的影响。柳和生等采用PPT黏弹性模型数值模拟了L型挤出口模内聚合物熔体的三维等温流动。朱敏采用Carreau模型数值研究了口模内橡胶熔体的等温流动。

本文使用聚合物计算流体力学软件Polyflow，数值计算了F01型汽车密封圈挤出口模内和离模后橡胶熔体的三维等温和非等温流场，讨论温度对口模结构和橡胶熔体流变行为的影响，为模具设计提供了理论依据和技术支持。

1 数学物理模型和计算方法

用幂率模型和近似Arrhenius式的乘积描述橡胶表观黏度的本构方程为

$$\eta = K(t_0\dot{\gamma})^{n-1}\exp[-\beta(T-T_0)] \quad (1)$$

式中，η为表观黏度，Pa·s；$\dot{\gamma}$为剪切速率，s^{-1}；T为温度，K；t_0为自然时间，s；K为黏稠系数，Pa·s；n为非牛顿指数，1；β为Arrhenius指数；T_0为参考温度，373K。使用Polymat软件拟合实验测试数据，确定本构方程式（1）中的系数，t_0为130s；K为2592449.1Pa·s；n为0.214；β为0.00617。

根据F01型汽车密封圈口模内橡胶的流动情况，假设橡胶熔体为不可压缩纯黏性非牛顿流体，口模内的熔体是三维非等温稳态流动，流道全充满，流道壁面无滑移。橡胶熔体是高黏度流体，黏性力远大于惯性力和质量力，后者可忽略。描述F01型汽车密封圈口模内橡胶熔体流动的控制方程为：

连续性方程 $$\nabla\cdot\boldsymbol{u}=0 \quad (2)$$

运动方程 $$-\nabla p\boldsymbol{I}+\nabla\cdot\boldsymbol{\tau}=0 \quad (3)$$

应力张量 $$\boldsymbol{\tau}=2\eta(\dot{\gamma},T)\boldsymbol{D} \quad (4)$$

变形速率张量 $$\boldsymbol{D}=\frac{1}{2}(\nabla\boldsymbol{u}+\nabla\boldsymbol{u}^T) \quad (5)$$

能量方程 $$\rho c_p\boldsymbol{u}\cdot\nabla T=\kappa\nabla^2T+\tau:\nabla\boldsymbol{u} \quad (6)$$

黏性热 $$\phi=\eta\dot{\gamma}^2 \quad (7)$$

式中，$\boldsymbol{u}$为速度，$m\cdot s^{-1}$；p为压力，Pa；$\boldsymbol{I}$为单位张量；$\boldsymbol{\tau}$应力张量，Pa；$\dot{\gamma}$为剪切速率，s^{-1}；$\boldsymbol{D}$为变形速率张量，s^{-1}；ρ为密度，$1600kg\cdot m^{-3}$；导热系数κ为0.15J/(m·K)；c_p为比热容，取值为2400J/(kg·K)；ϕ为黏性热，$W\cdot m^{-3}$。

根据实际产品截面尺寸，逆向挤出设计F01型汽车密封圈口模，建立其几何模型，如图1（a）所示。选取橡胶熔体ACDF为模拟研究对象，坐标原点选在口模进口截面的右下角，流体流动方向为z轴，其中口模ABEF长15mm和挤出橡胶熔体BCDF长25mm。用四面体网格划分熔体ACDF。在口模出口和壁面附近熔体流场变化剧烈处网格适当加密，网格总数为17350个。图1（b）给出了F01型汽车密封圈口模的网格划分。

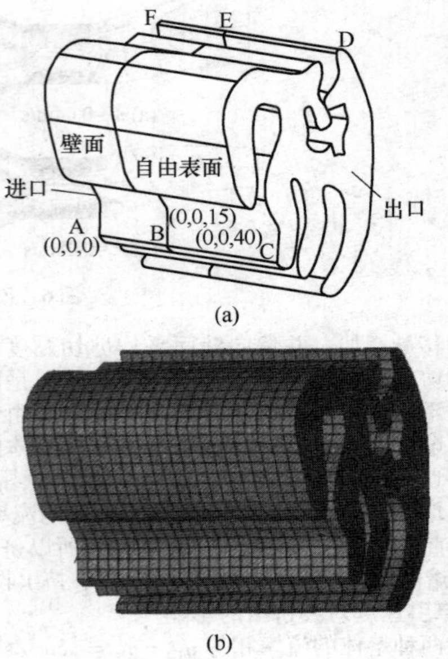

图1 几何模型和网格划分

（a）口模的几何模型 （b）几何模型ACDF网格划分

采用橡胶表观黏度的本构方程（1），设置进口体积流量为$q_V=3.5\times10^{-5}m^3\cdot s^{-1}$，等温的条件为进口、壁面和出口温度为373K，非等温的条件为进口温度为373K，出口和自由表面温度为303K。采用有限单元法，使用Polyflow软件，流速采用Mini-element插值，压力采用线性函数，能量方程采用上风法插值，黏度采用皮卡迭代。引入罚函数项修正动量方程（3）和能量方程（6），将连续性方程（2）作为求解动量方程的一个约束条件，用隐式欧拉法联立数值求解离散化非线性耦合的控制方程式（1）~（7），分别数值模拟F01型汽车密封圈橡胶熔体的口模等温和非等温挤出过程，计算了口模内外橡胶熔体的等温和非等温流场，比较了等温与非等温流场的各物理量，讨论了温度对熔体的速度、压力、剪切应力和黏度等物理量的影响。在HPXW6000工作站上完成全部的计算，计算的收敛精度为10-3，最长一次运算机时为10h。

2 结果与讨论

为了深入地分析温度对口模挤出过程的影响，计算了口模内和离模后橡胶熔体等温和非等温流场各物理量平均值沿挤出方向的变化。横截面上各物理量的平均值定义为$\bar{x}$

$$\bar{x}=\iint_S x\mathrm{d}s/\iint_S\mathrm{d}s \quad (8)$$

式中，x分别代表了温度，流速、压力，剪切应力和黏度等物理量。

下面分两部分讨论了数值研究的结果。

2.1 流道内熔体的非等温流场

为了考察口模内和离模出口处的熔体温度变化，图2（a）和（b）分别给出了$z=9$mm和$z=40$mm横截面上橡胶熔体的温度场。由图2可知，在口模内部横截面上熔体的温度变化不大，在出口横截面上温度变化较大，温度差为62K。因此考虑温度对离模后熔体流场的影响是必要的。

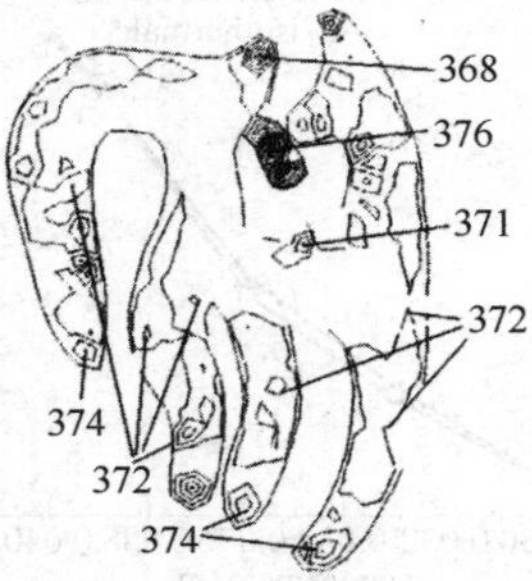

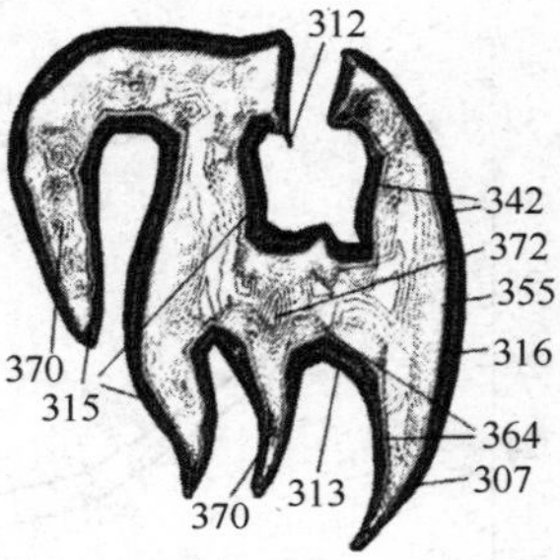

图2　横截面橡胶熔体的温度场，K

（a）$z=90$mm 横截面，K

（b）$z=40$mm 横截面，K

图3（a）、（b）、（c）和（d）分别给出了 $z=9$mm 横截面熔体的黏度场、速度场、压力场和剪切应力场，由图3(a)~(d)可知，截面上熔体的黏度、速度和压力均在截面中心区域最大，向外逐渐减小，剪切应力从中心区域向外逐渐增大。口模截面黏度差为11kPa·s，熔体的速度差为0.27m/s，压力差为0.22MPa，剪切应力差为0.65MPa，最大剪切应力出现在截面上的拐角处。橡胶熔体在高剪切速率下黏度降低，出现剪切变稀的现象。

2.2　熔体非等温与等温流场的物理量比较

沿 z 轴每间隔3mm截取口模横截面，用公式（8）分别计算了等温和非等温流场的横截面物理量的平均值。图4给出橡胶熔体平均温度沿 z 轴的变化。由图4可知，在蛎等温条件下，沿着熔体流动的方向，熔体受到模具阻力，在口模内（$z=0\sim15$mm）熔体的温度略微升高，熔体离模后受环境温度的影响，其平均温度降低到349K，由于温度降低熔体黏度变大，黏性生热效应显著，温度在急剧下降之后出现缓慢的回升。

橡胶熔体在口模内沿着熔体流动方向，等温和非等温熔体的平均压力均降低，非等温熔体平均压力略高于等温熔体，但差别不是很大。熔体离模后受到环境温度影响，非等温和等温流体速度和压力不相等。图5（a）和（b）分别给出 $z=18$mm 橡胶熔体的等温和非等温的平均压力和平均速度沿 z 轴的变化。沿着熔体流动的方向，由于熔体离模后温度降低，熔体黏度增大，其黏滞力增强，非等温熔体的平均速度小于等温熔体，平均压力低于等温熔体。在 $z=21$mm 处，非等温熔体和等温熔体的平均压力均出现最低点，此时熔体对外界有一定的压力，且在此处达到最大。在 $z=24$mm 处等温和非等温熔体的平均速度趋于一个定值，非等温熔体的平均速度比等温的小了5%，非等温熔体的平均压力

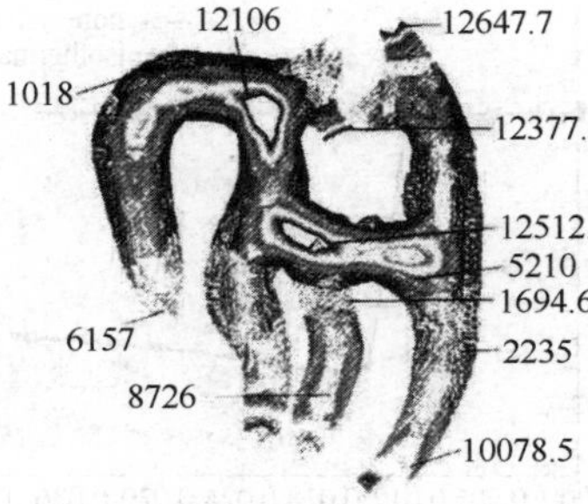

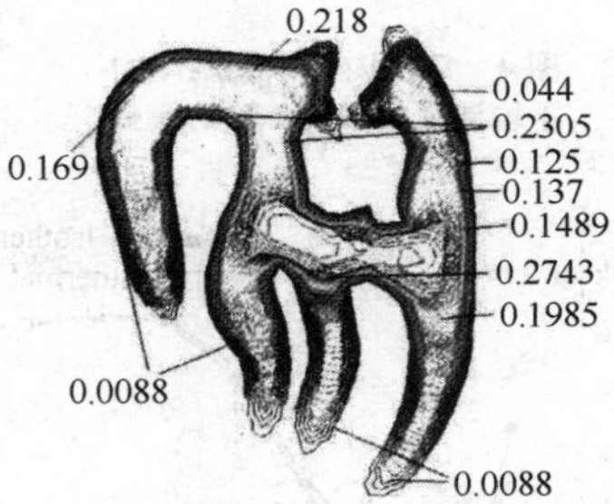

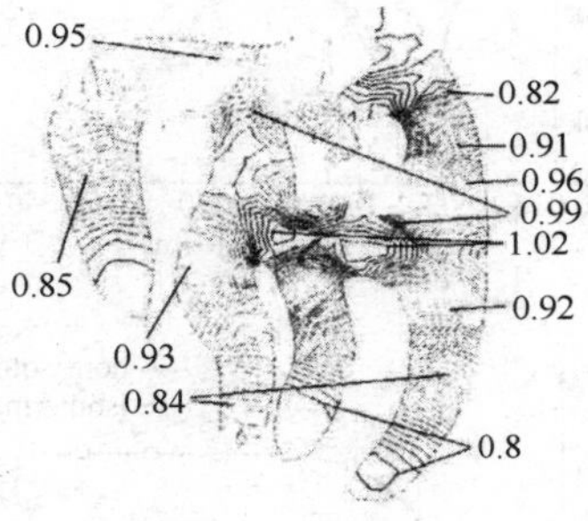

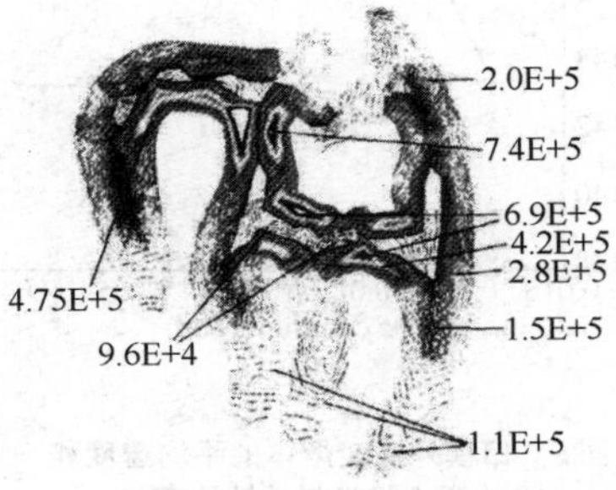

图3　口模内 $z=9$mm 截面橡胶熔体的流场

（a）橡胶熔体的黏度场，Pa·s

（b）橡胶熔体的速度场，m/s

（c）橡胶熔体的压力场，MPa

（d）橡胶熔体的剪切应力场，Pa

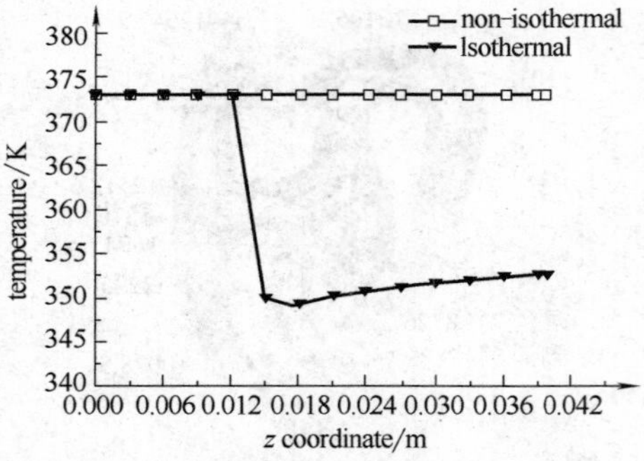

图 4　口模内外橡胶熔体的平均温度沿口模 z 轴的变化

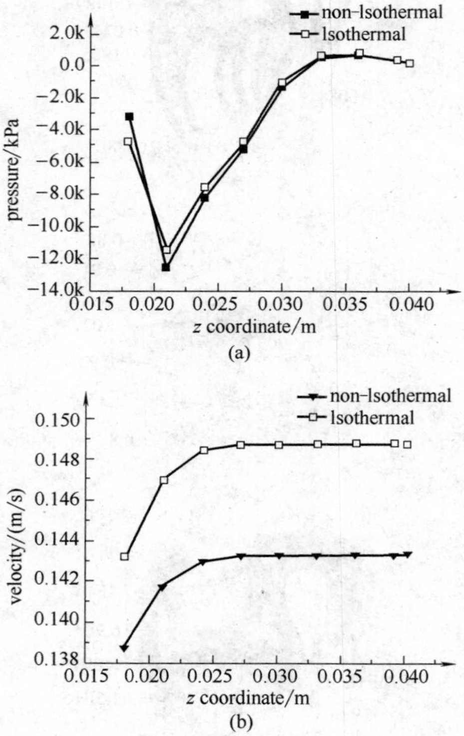

图 5　口模外橡胶熔体的平均速度和平均压力沿口模 z 轴的变化

（a）平均压强，kPa　（b）平均速度，m/s

比等温的小了 8%。

在 $z=18$mm 处，等温和非等温熔体的平均黏度和平均剪切应力的差别不是很大，从 $z=30$mm 开始有较大差异。图 6（a）和（b）分别给出 $z=30$mm 等温和非等温的橡胶熔体平均黏度和平均剪切应力沿 z 轴的变化。沿着熔体流动的方向，等温和非等温熔体的黏度上升，剪切应力下降，非等温熔体的平均剪切应力和平均黏度均略大于等温熔体。在 $z=36$mm 处非等温熔体的平均剪切应力比等温的大 3%，平均黏度比等温熔体大 5%。

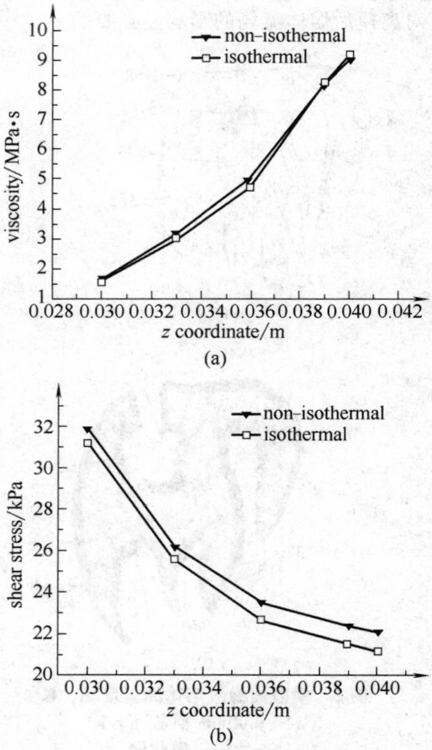

图 6　口模外橡胶熔体的平均黏度和剪切应力沿口模 z 轴的变化

（a）平均黏度，MPa · s　（b）平均剪切应力，kPa

3　结论

本文使用 polyflow 软件，用幂率模型和近似 Arrhenius 式的乘积描述橡胶表观黏度的本构方程，分别数值求解了 F01 型汽车密封圈口模内外橡胶熔体的非等温和等温流场，研究了熔体的非等温流场中各物理量的分布，分析讨论了温度对橡胶口模挤出过程的影响。结果表明，在口模内，横截面上橡胶熔体的速度、压力和黏度均从中心区域向截面周围逐渐减小，剪切应力从中心区域向截面周围逐渐增大。横截面上中心处橡胶熔体的速度最大，截面拐角处速度最小。沿着熔体流动的方向，平均压力降低。等温熔体和非等温熔体流场差别不大。离模后，非等温熔体受到环境温度的影响，温度骤降。由于温度降低后熔体黏度变大，黏性生热铲应显著，温度急剧地下降之后出现缓慢的回升。由于温度和剪切速率的综合影响，熔体的平均黏度逐渐升高。沿着熔体的流动方向，离模后熔体的平均黏度增大，剪切应力降低。非等温熔体的平均剪切应力和平均黏度都略高于等温熔体，平均速度小于等温熔体。温度较大影响熔体离模后的平均速度。挤出产品截面和实际产品截面尺寸误差很小，采用幂率模型和近似 Arrhenious 式乘积的非等温本构方程数值模拟更接近口模挤出的实际情况。

9.3.3　数值模拟硬质聚氯乙烯双螺杆模具挤出过程

数值模拟硬质聚氯乙烯双螺杆模具挤出过程[70]

陈晋南，胡　敏，彭　炯

近年来聚合物成型工艺的发展十分迅速，高效率、自动化、高精度成为模具设计的主要发展方向。模具设计直接关系到制品的质量和生产工艺的效率。2002 年，N. Sombatsompop 等研究了双螺杆挤出模具结构对聚丙烯熔体温度和压力分布的影响；2006 年，张敏等数值研究了共挤出模具过渡段收敛角和稳流段长度对非牛顿熔体挤出胀大率的影响；秦贞明数值研究了模具过渡段锥角和工艺条件对模具内非牛顿熔体流场各物理量的影响；2007 年，Mu Yue 等采用有限元罚函数法，数值研究了模具过渡段收缩角对黏弹性流体流场的影响；2008 年，Xu Xiang 等设计了 3 组可互换的细丝状口模研究了模具结构对 CO_2 载气挤出聚苯乙烯泡沫离模膨胀率和压力降的影响；麻向军等数字优化设计了异型材模具过渡段截面形状，研究了模具过渡段结构对低密度聚乙烯熔体出口速度均匀性的影响；戴元坎等使用 Polyflow 软件，数值比较了挤出口型摆放形式对三元乙丙橡胶熔体挤出速度均匀性的影响。

本研究利用数字设计了双螺杆挤出扁口和圆口两种模具，使用有限元方法数值模拟了硬质聚氯乙烯（RPVC）双螺杆模具的挤出过程，采用非等温本构方程分别计算了两种模具内 RPVC 熔体的流场，比较模具结构对 RPVC 熔体流场各物理量的影响，以期为模具的设计提供技术支持和理论依据。

1　几何和数学模型

数值研究 Reifenhauser 公司异向旋转双螺杆挤出机（BT65-16）的螺杆直径为 65mm，机筒长 49mm。按照工程的要求，数字设计双螺杆挤出扁口和圆口两种模具。为了消除停料死角，使熔体进入口模时有比较均匀的流速，两种模具过渡段锥角选为 28°，总长度相等。扁口模具过渡段长 63mm，平直段长 70mm，矩形截面长 49mm，宽 9mm。为保证模具出口截面处熔体流速相等，两种模具出口截面积相等。圆口模具过渡段长 87mm，平直段长 46mm，圆截面直径 24mm。采用六面体和四面体单元混合网格划分两种模具流道和螺杆头网格，利用网格叠加法组合模具和螺杆头的网格，网格数分别为 559046 个和 68478 个。计算域的几何模型和网格划分如图 1 所示。

根据硬质聚氯乙烯双螺杆模具挤出工况，RPVC 熔体为不可压缩纯黏性非等温流动，假设该稳态流动中熔体流道全充满，流道壁面无滑移。由于 RPVC 熔体是高黏度流体，挤出流动过程中黏性力远大于惯性力和质量力，后者可忽略。描述 RPVC 双螺杆挤出过程和模具内熔体非等温流动的控制方程为

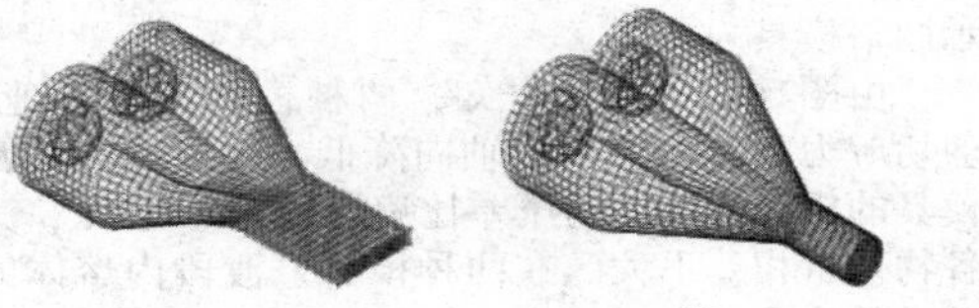

图 1　几何模型和网格划分

（a）扁口模具　（b）圆口模具

连续性方程　$\nabla \cdot \boldsymbol{u} = 0$　(1)

运动方程　$-\nabla p\boldsymbol{I} + \nabla \cdot \boldsymbol{\tau} = 0$　(2)

应力张量　$\boldsymbol{\tau} = 2\eta(\dot{\gamma}, T)\boldsymbol{D}$　(3)

变形速率张量　$\boldsymbol{D} = (\nabla \boldsymbol{u} + \nabla \boldsymbol{u}^T)/2$　(4)

能量方程　$\rho c_p \boldsymbol{u} \cdot \nabla T = \kappa \nabla^2 T + \phi$　(5)

黏性热　$\phi = \eta \dot{\gamma}^2$　(6)

本构方程

$$\eta = \eta_0 [(1 + t_\lambda \dot{\gamma})^n] \exp[-\beta(T - T_0)] \quad (7)$$

式中，$\boldsymbol{u}$ 为速度张量，m/s；p 为压力，Pa；$\boldsymbol{I}$ 为单位张量；$\boldsymbol{\tau}$ 为应力张量，Pa；$\boldsymbol{D}$ 为变形速率张量，s^{-1}；T 为温度，K；T_0 为参考温度，448K；ϕ 为黏性热，$W \cdot m^{-3}$；η 为表观黏度，Pa·s；$\dot{\gamma}$ 为剪切速率，s^{-1}；其中 RPVC 物性参数有：ρ 为密度，1450kg/m^3，κ 为导热系数，0.188W/(m·K)，c_p 为比热容，1257J/(kg·K)。

本构方程式（7）为 Cross 模型和近似 Arrhenius 式的乘积。由 RPVC 的流变曲线拟合得到自然时间 t_λ 为 0.2596s，零剪切黏度 η_0 为 4.7×10^4Pa·s，非牛顿指数 n 为 0.65，Arrhenius 指数 β 为 0.01K^{-1}。拟合得到的非牛顿指数与文献中的指数 2/3 接近。

2　数值计算及讨论

数值模拟计算的工艺条件为螺杆转速 7.5r/min，模具入口流速 1.5×10^{-5}m^3/s，温度 448K。使用有限单元法，流速采用 Mini-element 插值，压力采用线性函数，能量方程采用上风法插值，黏度采用皮卡迭代。引入罚函数项修正动量方程（2）和能量方程（5），将连续性方程（1）作为求解动量方程的约束条件，速度压力与温度采用解耦的算法，用隐式欧拉法联立数值求解离散化非线性耦合的控制方程式（1）至式（7），分别数值模拟 RPVC 熔体扁口和圆口模具挤出过程，分析模具结构对 RPVC 熔体流场各物理量的影响。在 HPXW6000 工作站使用 Polyflow 软件完成计算，计算的收敛精度为 10^{-3}，最长一次运算机时为 10h。

为深入分析 RPVC 熔体压力、速度、剪切应力、

剪切速率、黏度、黏性热和温度的平均值沿轴向的变化，沿 z 轴每间隔 10mm 截取模具横截面。截面上各物理量的平均值定义为：

$$x = \int_S x\mathrm{d}s \Big/ \int_S \mathrm{d}S \tag{8}$$

式中，x 分别代表流场中的各物理量。

图 2(a) ~ (g) 分别给出了熔体压力、速度、剪切应力、剪切速率、黏度、黏性热和温度的平均值沿轴向的变化。其中，die1 表示扁口模具，die2 表示圆口模具。

由图2(a) ~ (g) 可知，两种模具内熔体速度、剪切应力和剪切速率沿轴向降低，黏度升高。圆口模具的机筒内熔体的压差比扁口模具小 60%，其余各物理量相差不大。在两种模具过渡段内熔体的压差沿轴向变化不大，流速、剪切应力、剪切速率、黏性热和温度沿轴向增大，而黏度减小。扁口模具内熔体流场各物理量变化快。由于两种模具过渡段锥角相同，截面积不同，扁口模具结构给熔体流动造成阻力，圆口模具内熔体速度、剪切应力、剪切速率、黏性热和温度的平均值比扁口模具小，黏度比扁口模具大。在 $z = 0.12$m 截面，两种模具内熔体速度、剪切应力、剪切速率、黏度和黏性热平均值差异最大，圆口模具内熔体平均速度比扁口模具小 55%，平均剪切应力小 54%，平均剪切速率小 75%，平均黏性热小 91%，平均黏度大 40%。在两种模具稳流段内熔体速率、剪切应力、剪切速率、黏度和黏性热沿轴向变化不大，压差沿轴向降低，温度升高。扁口模具内熔体的压差下降较快，温升较快。在出口截面上，圆口模具内熔体平均速度比扁口模具小 2%，剪切应力小 13%，剪切速率小 35%，

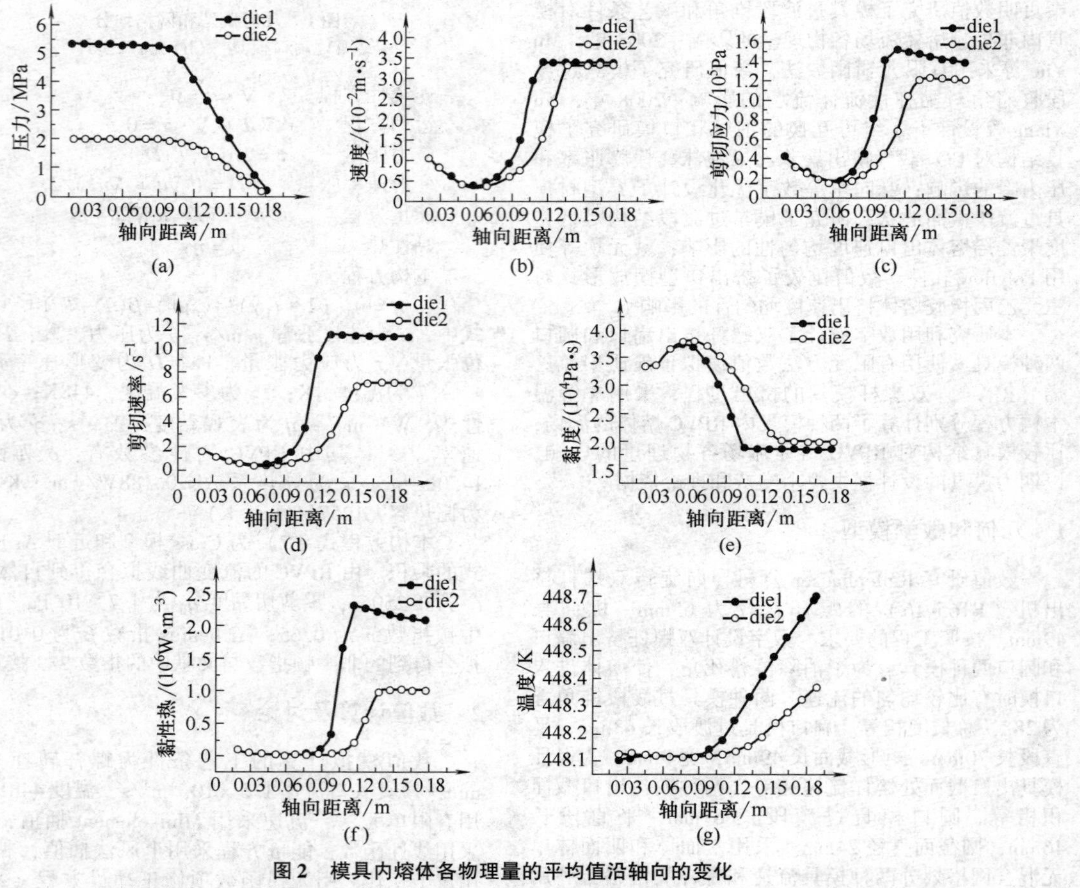

图 2　模具内熔体各物理量的平均值沿轴向的变化

(a) 压力　(b) 速度　(c) 剪切应力　(d) 剪切速率　(e) 黏度　(f) 黏性热　(g) 温度

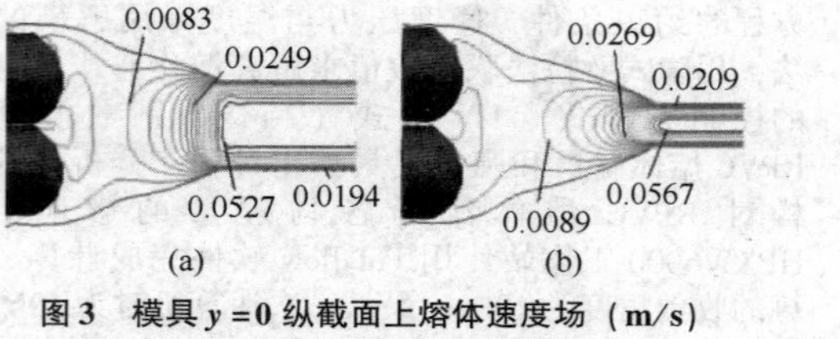

图 3　模具 $y = 0$ 纵截面上熔体速度场（m/s）

(a) 扁口模具　(b) 圆口模具

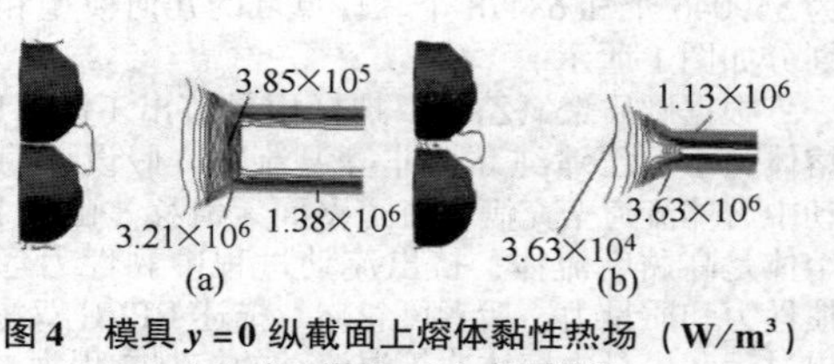

图 4　模具 $y = 0$ 纵截面上熔体黏性热场（W/m³）

(a) 扁口模具　(b) 圆口模具

黏度大7%，黏性热小52%，温度低0.33K。

为进一步分析两种模具内熔体流场沿轴向的变化情况，取 xOz 截面作为研究对象，图3（a）和（b）分别为扁口和圆口模具 xOz 截面上熔体的速度场，图4（a）和（b）分别为扁口和圆口模具 xOz 截面上熔体的黏性热场。由图3可知，在该截面上，扁口模具内熔体最大速度为0.0527m/s，圆口模具内最大速度为0.0567m/s，扁口模具内熔体速度梯度小。由图4知，扁口模具内熔体最大黏性热为 3.21×10^6W/m³，圆口模具内最大黏性热为 3.63×10^6W/m³，扁口模具内黏性热梯度小。

由图2可知，在 $z=0.12$m 截面处两种模具内熔体流场的差异达到最大，此处两种模具内熔体走过相同的轴向距离，但是由于圆口模具过渡段长，$z=0.12$m 截面熔体在扁口模具的平直段，而圆口模具内熔体仍停留在过渡段，两个截面上熔体受力不同，流场出现差异，因此讨论该处熔体流场各物理量的变化。计算得到的温度变化不大，故不予讨论。图5（a）~（f）分别给出了扁口模具 $z=0.12$m 截面上熔体的压力场、速度场、剪切应力场、剪切速率场、黏度场和黏性热场。图6（a）~（f）分别给出了圆口模具 $z=0.12$m 截面上熔体的压力场、速度场、剪切应力场、剪切速率场、黏度场和黏性热场。

由图5可知，扁口模具 $z=0.12$m 截面在壁面处熔体最大压力为4.01MPa，在中心处最小压力为3.98MPa。速度等值线呈椭圆形分布，在中心处速度最大为0.0547m/s。速度的变化带来剪切速率的变化，剪切速率等值线呈椭圆形分布，在上下壁面下最大剪切速率为 $36.151s^{-1}$，在中心处最小剪切速率为 $0.534s^{-1}$。剪切应力随着剪切速率和黏度的变化而变化，在壁面处最大剪切应力为0.291MPa，在中心处最小剪切应力为0.019MPa。黏度最大值集中在矩形中心区域，最大37107Pa·s，在壁面处最小黏度为8016Pa·s。在矩形截面的上下壁面处最大黏性热为 1.04×10^7W/m³，在中心处最小黏性热为 1.13×10^4W/m³。

由图6可知，圆口模具 $z=0.12$m 截面上熔体最大压力在壁面处为1.84MPa，在中心处最小压力为1.74MPa。在中心处最大速度为0.0327m/s。剪切应力等值线呈椭圆形分布，在圆口模具 $z=0.12$m 截面∞字形截面凹处最大剪切应力为0.109MPa，在中心处最小剪切应力为0.059MPa。剪切速率分布与剪切应力等值线分布规律类似，在∞字形截面凹处最大剪切速率为 $5.356s^{-1}$，在中心处最小剪切速率为 $2.229s^{-1}$。在∞字形截面中心区域最大黏度为27499Pa·s，在壁面处最小黏度为20426Pa·s。在矩形截面的上下壁面处最大黏性热为 5.88×10^5W/m³，在中心处最小黏性热为 1.34×10^5W/m³。

分别比较图5和图6中熔体流场的各物理量，在 $z=0.12$m 截面上，扁口模具内熔体流场与圆口模具内流场相比，最大压力为圆口模具的2.17倍，最大速度为1.67倍，最大剪切应力为2.67倍，最大剪切速率为6.75倍，最大黏度值为1.35倍，最大黏性热为17.68倍。扁口模具内熔体压力梯度小，圆口模具内熔体速度、剪切应力、剪切速率、黏度和黏性热梯度小。

RPVC熔体在模具出口截面上熔体流率达到平衡，各物理场分布均匀是保证挤出制品质量的关键。因此，讨论两种模具出口横截面熔体的流场。图7为扁口模具出口截面上熔体的流场。图8为圆口模具出口截面上熔体的流场。分析图7和图8可知，两种模具内熔体的压力分布规律不同，扁口模具内熔体压力在截面左右壁面处最大，而圆口模具则在中心处压力最大。扁口模具内熔体压力、剪切应力、剪切速率和黏度梯度大，速度和黏性热梯度小。

聚合物在挤出加工过程中，成形时残余应力、剪切应力、冷却应力及收缩不均等易造成聚合物制品发生形状畸变，如制品翘曲不平、壁厚不匀和鲨鱼皮等现象。其中，口模对物料分配不均匀是造成挤出制品弯曲变形的重要原因。因此，口模出口速度均匀性成为衡量模具设计质量的重要因素，使用Polyflow软件中提供的口模平衡系数 b_d，计算口模出口速度的均匀性

$$b_d = \int_S \left(\boldsymbol{u} \cdot \boldsymbol{n} - \frac{q_V}{S} \right)^2 \mathrm{d}S \tag{9}$$

式中，$\boldsymbol{u}$ 为熔体流动的速度，m/s；q_V 为穿过口模出口的熔体的流量；S 为口模出口横截面面积；$\boldsymbol{n}$ 为沿口模出口的外法线方向。从式（9）可看出，b_d 越小，模具出口速度均匀性越好，模具对物料的分配越均匀。计算两种模具出口的口模平衡系数。扁口和圆口模具的口模平衡系数分别为 0.11275×10^{-6}，0.12993×10^{-6}，说明扁口模具出口速度均匀性高于圆口模具。

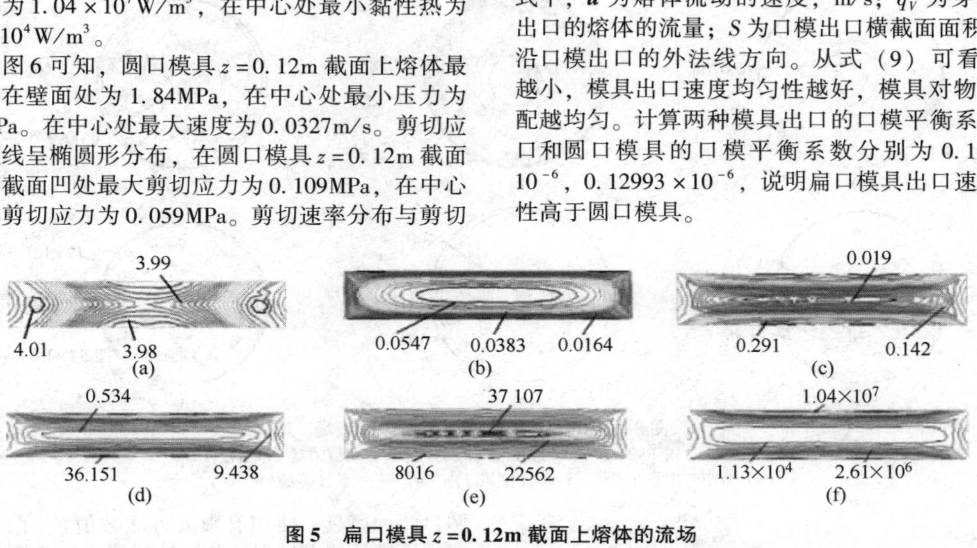

图5　扁口模具 $z=0.12$m 截面上熔体的流场

（a）压力场（MPa）（b）速度场（m/s）（c）剪切应力场（MPa）

（d）剪切速率场（s^{-1}）（e）黏度场（Pa·s）（f）黏性热场（W/m³）

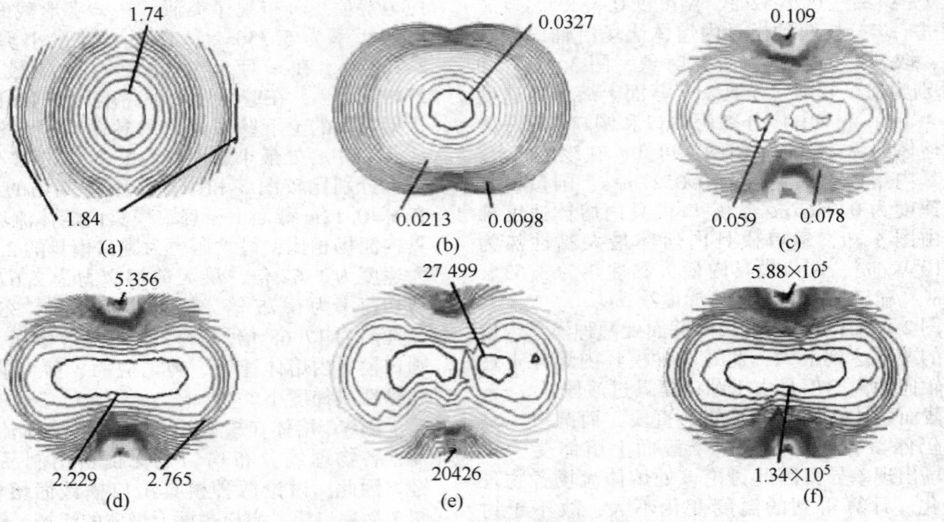

图 6　圆口模具 z = 0.12m 截面上熔体的流场

（a）压力场（MPa）（b）速度场（m/s）（c）剪切应力场（MPa）
（d）剪切速率场（s^{-1}）（e）黏度场（Pa·s）（f）黏性热场（W/m^3）

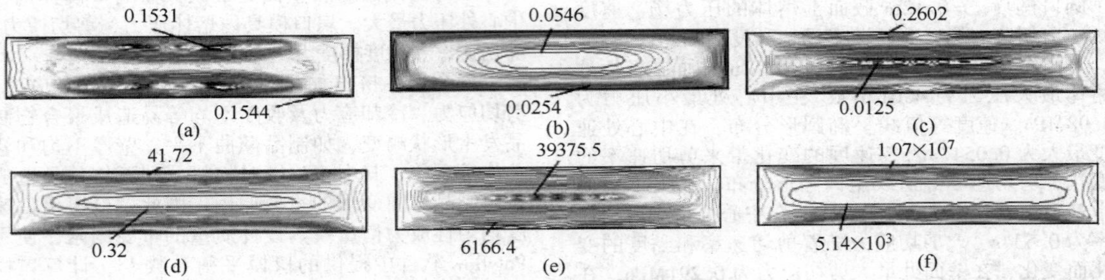

图 7　扁口模具出口截面上熔体的流场

（a）压力场（MPa）（b）速度场（m/s）（c）剪切应力场（MPa）
（d）剪切速率场（s^{-1}）（e）黏度场（Pa·s）（f）黏性热场（W/m^3）

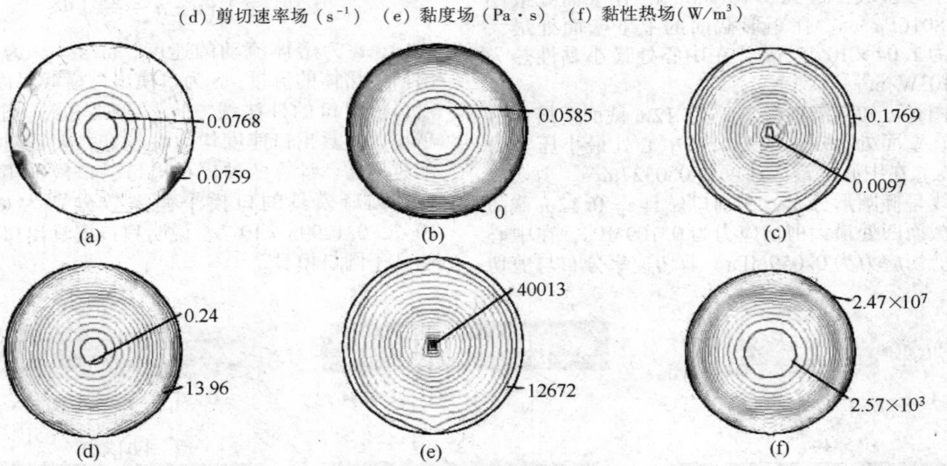

图 8　圆口模具出口截面上熔体的流场

（a）压力场（MPa）（b）速度场（m/s）（c）剪切应力场（MPa）
（d）剪切速率场（s^{-1}）（e）黏度场（Pa·s）（f）黏性热场（W/m^3）

3　结论

按照工程需求，数字设计了双螺杆挤出扁口和圆口两种模具，使用有限元方法数值模拟了 RPVC 双螺杆模具挤出过程，分别计算了扁口和圆口模具流道内熔体的流场，比较少模具结构对模具内

RPVC熔体流场各物理量的影响。

研究结果表明，扁口模具的机头压力较大。两种模具过渡段内熔体流场差异较大，在$z=0.12$m截面该差异最明显，圆口模具内熔体平均流速、剪切速率、剪切应力和黏性热比扁口模具分别小55%，75%，54%，91%，平均黏度大40%。由于扁口模具截面变化大，扁口模具内熔体各物理量轴向变化较大。在两种模具出口截面上，熔体压力分布规律不同，扁口模具内熔体压力、剪切速率、剪切应力和黏度的梯度大，速度和黏性热的梯度小，出口速度均匀性高于圆口模具。但是，大的剪切应力引起大的离模膨胀，影响制品质量。在模具设计过程中，要根据物料的特性，综合考虑各方面因素的影响决定模具的结构。

9.3.4　数值研究双螺杆挤出平行孔模具聚合物流场

数值研究双螺杆挤出平行孔模具内聚合物流场[73]

陈晋南，赵增华，李荫清

数值计算模具挤出过程可以获得挤出模具结构参数，挤出工艺条件与挤出结果之间的规律性关系，是研究挤出过程和优化设计模具结构的重要研究手段、彭炯等人数值研究了螺杆口模挤出聚丙烯熔体离模膨胀流变行为对挤出产品形状的影响。朱敏等人采用逆向挤出技术数字设计橡胶异型材口模，数值模拟了口模流道内橡胶熔体的等温流动。在此基础上，陈晋南等人数字设计了汽车窗橡胶密封件的挤出口模，数值模拟非等温条件下挤出产品的形状与实际情况相比误差仅为1.63%。近40年来，计算流体力学方法发展迅速，方法的可靠性得到了充分验证。挤出模具的质量主要反映在两方面，挤出模具的稳定性和适应性。高效率、自动化、高精度成为模具设计的主要发展方向。为了提高生产效率，曾设计和用锥形双孔模具挤出高聚物。但是，两个模孔挤出的棒材流速不同，产品表面不光滑，物料中夹杂气泡，致密性不够，或是物料刚挤出时，产品表面光滑，经过一段时间后，产品表面发生龟裂和变形，产品质量达不到要求。为了解决此问题，研发了双螺杆挤出平行4孔模具，经实际生产验证，该结构模具能够挤出成型多个合格制品。

本文应用毛细管流变仪测试挤出物料的等温流变数据，拟合出物料的本构方程。数值计算双螺杆挤出平行4孔模具流道内熔体的流场，理论分析模具压差对模具内聚合物熔体各物理量的影响，讨论了平行4孔模具挤出机理。

1　数学物理模型和计算方法

研究的几何对象长155mm，包括双螺杆头和挤出平行4孔模具部分，坐标原点建立在一侧螺杆中心轴与模具入口平面交点，z轴正方向为流体挤出方向。挤出平行4孔模具流道包括入口段、收缩段和平直段，结构如图1所示。

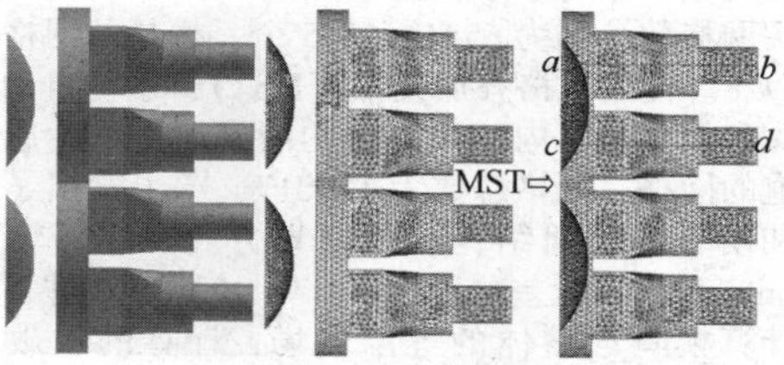

图1　几何模型和网格划分

基于同向平行双螺杆挤出机模具加工物料的流动过程，假设：1）熔体为不可压缩纯黏性非牛顿流体，不考虑熔体弹性和拉伸黏度；2）由于物料的黏性高，惯性力和质量力相对于黏性力很小，可忽略不计；3）物料在模具流道内是三维等温稳态层流，流道全充满；4）流道壁面无滑移。出口为自由边界条件。在上述假设下，描述高黏度聚合物熔体流动的控制方程为

连续性方程　$\nabla \cdot \boldsymbol{u}=0$，　(1)

运动方程　$-\nabla p\boldsymbol{I}+\nabla \cdot \boldsymbol{\tau}=0$　(2)

应力张量　$\boldsymbol{\tau}=2\eta(\dot{\gamma})\boldsymbol{D}$　(3)

变形速率张量　$\boldsymbol{D}=(\nabla \boldsymbol{u}+\nabla \boldsymbol{u}^T)/2$　(4)

式中：$\boldsymbol{u}$为速度，m/s；p为压力，Pa；$\boldsymbol{I}$为单位张量；$\boldsymbol{\tau}$为应力张量，Pa；η为表观黏度，Pa·s；$\dot{\gamma}$为剪切速率，s^{-1}；$\boldsymbol{D}$为变形速率张量，s^{-1}。

描述高黏度聚合物熔体的本构方程为Herschel-Bulkley模型：

$$\eta=\begin{cases}\dfrac{\tau_0}{\dot{\gamma}}+\eta\left(\dfrac{\dot{\gamma}}{\dot{\gamma}_c}\right)^{n-1},\dot{\gamma}>\dot{\gamma}_c;\\ \dfrac{\tau_0\left(2-\dfrac{\dot{\gamma}}{\dot{\gamma}_c}\right)}{\dot{\gamma}_c}+\eta\left[(2-n)+(n-1)\dfrac{\dot{\gamma}}{\dot{\gamma}_c}\right],\\ \dot{\gamma}\leqslant\dot{\gamma}_c,\end{cases} \tag{5}$$

式中：τ_0为材料屈服应力，Pa；$\dot{\gamma}_c$为临界剪切速率，s^{-1}；n为非牛顿指数。

用毛细管流变仪（XLY-Ⅱ型，吉林大学科教仪器厂）测得流变数据，用Polymat拟合实验数据，得到式（5）中的参数$\tau_0=187421.3$，$\kappa=189677.8$，$\dot{\gamma}_c=0.7533487$，$n=0.1037319$。物料的流变曲线见图2，拟合曲线与实验值接近。

描述高黏度聚合物熔体流动的控制方程(1)～(5)是非线性耦合方程不能解析求解，用有限元数值解法求解，数值模拟模具挤出物料熔体的过程，数值计算模具流道内熔体的等温流场。数值计算中压力采用线性插值函数，黏度采用皮卡迭代，将偏

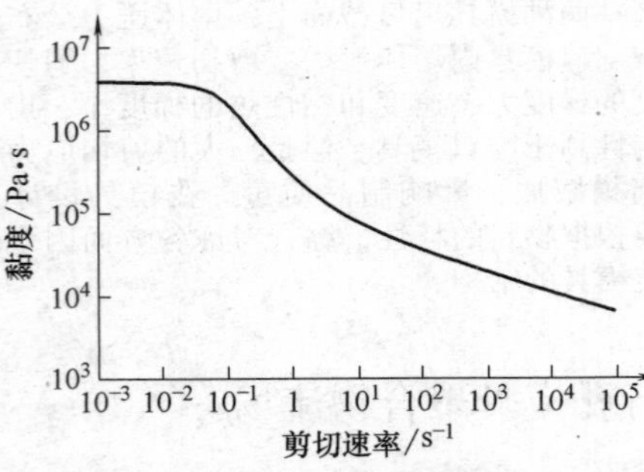

图 2 Herschel-Bulkley 模型流变曲线

微分控制方程(1)～(5)转化为求解关于节点未知量的代数方程组。用隐式欧拉法联立求解离散后的代数方程组。用有限单元法采用四面体网格划分，螺杆头网格数分别为 6544、6545 个，模具的网格数为 100928。使用网格叠加技术（MST），系统自动将螺杆头和模具流道内流体部分的网格组合，生成真实流道的网格，网格总数为 114017。图 1 给出了螺杆头和模具的几何结构和网格划分。在螺杆转数为 7r/min 和模具压差分别为 3、7、12MPa 条件下，数值计算模具内熔体的等温流场，计算的收敛精度为 10^{-3}。

2 结果与讨论

分析数值计算的结果，得出模具压差对模具流道内熔体流场的影响，比较模具 4 个孔道内熔体的流场，研究平行 4 孔模具的性能。

2.1 模具压差对熔体各平均物理量的影响

图 3 给出不同压差下模具内熔体各个物理量平均值沿 z 轴的变化。如图 3 所示，随着模具压差的增加，熔体的平均压力、平均速度、平均剪切速率和平均黏度增加。如图3(b)～(d)所示，在模具出口位置，模具压差为 3、7、12MPa 下，熔体的平均速度分别为 0.00083、0.011、0.037m/s，平均剪切速率分别为 0.246、3.26、10.9s^{-1}，平均黏度分别为 1.34×10^6、2.35×10^5、9.82×10^4Pa·s。模具压差对模具流道内熔体各物理量值的影响很大。随着模具压差从 3MPa 增加到 12MPa，模具出口物料的速度增加近 45 倍，产量增大。

分析平行 4 孔模具的入口段、过渡段和平直段各物理量的平均值。在模具入口段，平行 4 孔模具分成 4 个长方体孔道，物料平均速度和平均剪切速率减小，平均黏度增大。在模具过渡段和平直段，熔体平均速度和平均剪切速率增大，平均黏度减小。在模具圆柱形平直段孔道内，熔体的速度、剪切速率和黏度平均值的变化趋势减小。说明研发的平行 4 孔模具的结构使模具流道内各物理量的梯度小，有利于物料均匀挤出。

2.2 平行 4 孔模具分孔道内熔体流场的比较

分析 3、7、12MPa 不同压差条件下，模具内熔体的流场。研究结果表明，模具平行 4 孔道内物料流场都很相似，随着模具压差的增加，物料的速度和剪切速率增加，黏度减小。模具压差为 12MPa，模

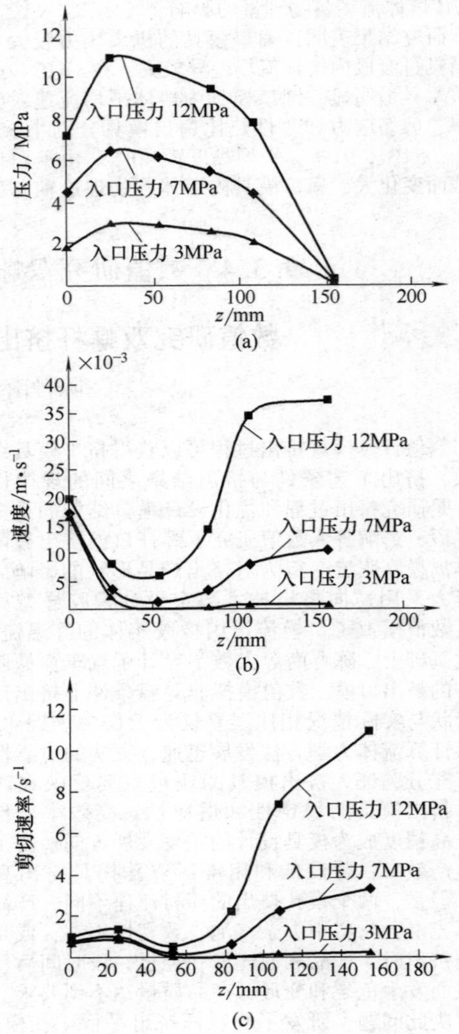

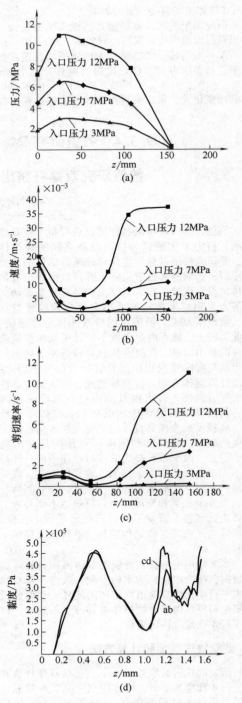

图 3 不同压差下模具内熔体各物理量平均值沿 z 轴的变化

(a) 平均压力 (b) 平均速度 (c) 平均剪切速率 (d) 平均黏度

具内熔体流场变化最显著。图 4 给出了压差为 12MPa 时模具中心位置 xz 截面的压力场、速度场、剪切速率场和黏度场。如图 4 所示，平行 4 孔模具分孔道的位置离螺杆头很近，在螺杆头的转动下，

使 4 个孔道内熔体流场很相似，熔体各物理量变化规律相近。如图 4（a）所示，熔体压力从模具入口到出口逐渐减小，模具横截面形状的变化对压力没有太大影响，在模具横截面最小处也没有出现压力突增的现象。从安全角度考虑，该模具设计较为合理。

为了进一步比较平行 4 孔模具分孔道内熔体各物理量，选取模具内一侧的 2 个孔道中心线 ab 和 cd，如图 1 所示。分析螺杆转数为 7r/min 和模具压差分别为 3、7、12MPa 时，模具孔道中心线 ab 和 cd 处熔体各物理量沿 z 轴的变化。图 5 给出了压差为 12MPa 时，中心线 ab 和 cd 处沿 z 轴熔体各物理量的变化。如图 5（a）、（b）所示，模具 2 个孔道内熔体压力值很接近，模具内 2 个孔道内熔体的速度略有差异，到出口处速度值相同。如图 5（c）、（d）所示，在 z 轴方向 0～100mm 处，模具内 2 个孔道中心线 ab 和 cd 处熔体的剪切速率和黏度值曲线基本吻合，随后略有差异，但在模具出口位置熔体剪切速率和黏度值又趋于一致。这说明模具 4 个孔道挤出物料情况相同，模具设计比较合理。4 孔模具与锥形双孔模具相比，模具 4 个孔道内的流场基本相同，物料挤出均匀。

3　结束语

数值研究的结果说明平行 4 孔模具的设计合理。模具内熔体各物理量值变化趋势连续，在模具过渡段压力没有急剧增加。模具压差对模具流道内物料各物理量值的影响很大。随着模具压差的增加，物料的平均速度、平均剪切速率增加，平均黏度降低，产量增大。在模具入口段，物料平均速度和平均剪切速率减小，平均黏度增大。在模具过渡段和平直段，熔体平均速度和平均剪切速率增大，平均黏度减小，其中平直段熔体速度、剪切速率和黏度平均值的变化明显减缓，有利于物料均匀挤出。

平行 4 孔模具每个孔的流道中熔体的流动情况十分接近，流速相同。实验证明平行 4 孔模具挤出的产品质量达到标准要求。这说明模具 4 个孔道挤出物料情况相同，模具设计比较合理。4 孔模具与锥形双孔模具相比，模具 4 个孔道内的流场基本相同，物料挤出均匀。

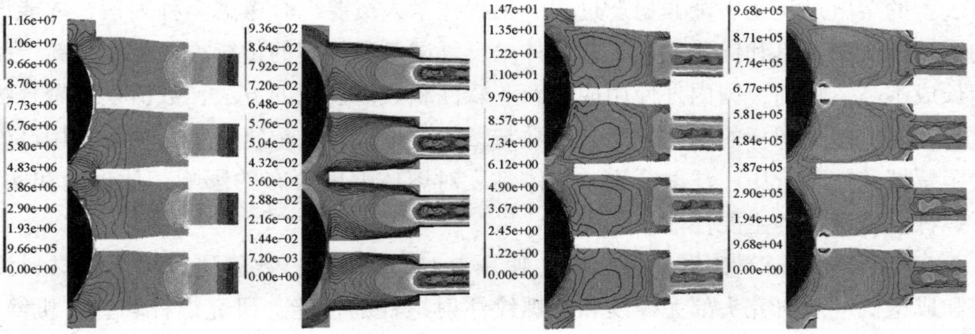

图 4　压差为 12MPa 时 xz 截面熔体的流场

（a）压力场　（b）速度场　（c）剪切速率场　（d）黏度场

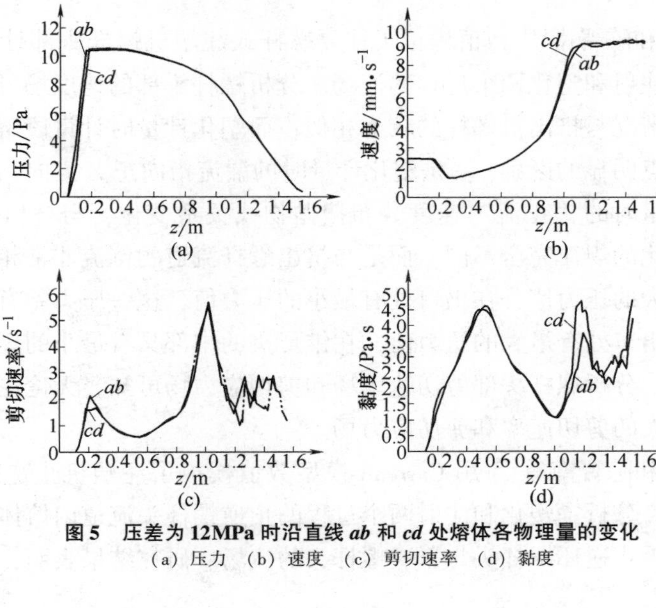

图 5　压差为 12MPa 时沿直线 ab 和 cd 处熔体各物理量的变化

（a）压力　（b）速度　（c）剪切速率　（d）黏度

9.4 聚合物挤出注塑成型过程的数值模拟

注塑成型加工是塑料工业中广泛应用的加工方法之一。它可以一次成型外形复杂、尺寸精确、花纹精细的塑料制件，而且生产效率高，易于实现自动化，因此，注塑成型方法一直在塑料加工领域占据重要地位。注塑机的年产量和出口产量一直位于塑料机械主导产品的2/3。注射成型是塑料加工中重要的成型方法之一，据统计采用注射成型聚合物制品约占聚合物制品总量的30 %以上，并有逐年增长的趋势。

注射过程由聚合物材料变为熔体的塑化和熔体注入模腔的注塑两个过程组成，具有周期性和连续性特点。螺杆的结构和操作工艺参数直接决定着注塑机两个过程的好坏。由于注塑螺杆是往复式螺杆注射成型机的关键部件，因此，影响螺杆注射成型过程的主要因素来自设备结构、成型过程的工艺条件（如螺杆转速，机筒温度，螺杆行程，预塑背压等）和聚合物流变性能。当设备结构和物料确定后，成型工艺条件将是影响注塑加工成型的主要因素。

21世纪初，有不少研究者利用可视化装置系统地研究了注射螺杆的熔融过程，研究表明注射成型的熔融过程是一个非稳态过程。工程技术人员要综合考虑多种因素，才能设计出合格的注塑机成型模具和优化充模工艺条件。反复试模和修模的传统方法导致了新产品的研发周期长成本高。目前，国内外使用成熟商业软件和数值模拟的方法，数值模拟聚合物注塑成型过程，研究塑化螺杆的结构、工艺参数与塑化质量和计量重复精度的关系，用红外传感器测量了螺杆转速、背压、注射行程、熔体黏度对熔体温度分布的影响，从理论和实践上，分析了螺杆注射塑化的主要性能。

从2005年开始，陈晋南课题组的师生使用Polyflow软件，数值研究聚合物材料注塑成型过程和成型机理。研究头部无螺纹和有螺纹注射螺杆的性能，研究螺杆转速、机筒温度、计量行程、背压等工艺参数对注射过程和塑化过程的影响，研究口模结构、工艺条件对不同材料注塑成型的影响[74-83]。下面仅综述陈晋南课题组数值研究聚合物注塑成型过程的研究工作。

2005年，马德君和陈晋南[74]数值模拟了往复螺杆式注塑机螺杆头部计量段熔体三维等温流场，重点讨论了注射和塑化两个过程的流场。分析螺杆头部的速度场可知，在注射时螺杆计量段物料的流动情况与挤出机螺杆的较为相似；而塑化计量时计量段熔料流动情况与挤出螺杆的相比，有两点明显的区别：一是塑化计量时的漏流指向正Z方向，成为对生产有利的因素；二是塑化计量时的“正流”速度分布按抛物线关系变化，与挤出螺杆中的正流沿螺槽深度方向线性变化的规律完全不同，而是与挤出螺杆流道的倒流非常相似。注射时，在锥形头的中部具有最大的压力值，在出口处有最小的压力值，这一压力差有利于物料的向前流动；塑化计量时，出口处有最大的压力值，在锥形头的中部具有最小的压力值，这一压力差推动螺杆向后运动。分析螺杆头部剪切速率场和剪切应力场可知，无论注射还是塑化计量时，在螺棱附近有较大的剪切速率和剪切应力场。

2006年，王明丽和陈晋南等[75]用Carreau模型数值模拟了注塑机止逆螺杆头流道聚苯乙烯的三维等温流场，分析了塑化和注射两个过程的止逆螺杆头流道内熔体速度和剪切应力的分布情况，比较了无止逆环螺杆头与止逆螺杆头的流场。研究结果表明，塑化时熔体速度和剪切应力的最大值均出现在沟槽处，注射时二者均出现在流道出口处。止逆螺杆头沟槽处熔体的回泄量和回泄速度较无止逆环螺杆头小得多，且沟槽处回泄的熔体到达止逆环时已被完全消除。止逆环有效地防止熔体回泄。同年，马德君和陈晋南[76]用 Cross 模型描述聚氯乙烯的黏度特征，数值模拟塑化过程计量段三维等温流场，计算头部无螺纹和有螺纹的螺杆计量段流道内熔体不同时刻的速度场、压强场、黏度场和剪切应力场。计算结果表明，两种螺杆元件产生的流场差别较大。有螺纹的注塑螺杆头部附近烯熔体逆流速度和压强增大，引起剪切应力的增大，加强了螺杆头部熔体的剪切稀化作用，使得熔体黏度降低。同年，马德君和陈晋南[77]用 Cross 模型表示聚氯乙烯的黏度特征，数值模拟注塑过程计量段三维等温流场，讨论了两种螺杆流道的 yz 平面和 xy 平面的速度场、压强场、剪切应力场和黏度场。研究结果表明，头部有螺纹注塑螺杆沿着螺杆的轴线方向其速度梯度和压强值明显地增大，加强了头部熔料的剪切稀化作用，使熔料黏度降低。螺杆头部的螺纹明显阻碍了后方熔料向前流动，降低螺杆螺槽中熔料的速度梯度和压强，增加黏度，减弱剪切稀化作用。

2007 年，马德君和陈晋南[78]用 Cross 模型表示 PVC 的黏度特征，数值模拟注塑螺杆计量段熔体塑化过程的三维等温流场，用粒子运动轨迹示踪法研究塑化过程粒子运动轨迹。塑化过程中注塑机粒子运动轨迹比挤出机复杂得多，有三种典型的运动方式，一部分粒子边旋转边向负 z 方向运动、另一部分粒子在旋转的同时先向负 z 方向运动后向正 z 方向运动，还有一部分粒子边旋转边向正 z 方向运动。同年，王玉洁和彭炯等[79]用 Carreau 模型和 Arrhenius 公式描述黏度随剪切速率和温度的变化，数值研究了注射充模过程模具型腔内聚丙烯熔体的二维非等温流场，分析了不同时刻模具型腔内熔体的速度、压力、温度和剪切速率分布。研究结果表明，在充模过程中流场的各个物理量变化比较均匀，在流动前沿温度较高、压力最小。在充填过程的不同时刻，随着时间的增加，熔体的平均压力不断升高、平均温度不断降低。不同熔体的注射温度影响模具型腔内熔体的流场。较高的注射温度升高熔体平均温度，减低模腔熔体的平均压力，降低熔体的黏度，改善熔体的流动性。同年，陈晋南和王鸳鸯等[80]数值模拟了注塑机塑化和注射过程中，两种止逆螺杆流道内聚丙烯熔体的三维非等温流场，讨论了流道内熔体的温度场、剪切速率场、黏度场和黏性热场。研究结果表明，由于 35°锥角螺杆头的轴向距离较长，与机筒配合得较好，所以螺杆的剪切作用范围大，35°锥角螺杆更利于注塑成型。塑化时，35°锥角流道内熔体的剪切速率等值线较 60°锥角的密集均匀，35°锥角比 60°锥角螺杆流道内的熔体在螺杆头区域的温度高；注射时，35°锥角较 60°锥角螺杆流道内熔体在出口处的温度和黏度的分布比较均匀。35°锥角螺杆有较好的剪切塑化效果，对提高塑件的质量有利。60°锥角螺杆流道内熔体的非等温场截面的平均黏度值比等温的平均黏度值减少 24 %。温度影响熔体流场中各物理量的变化，非等温流场反映实际情况。

2007 年，陈晋南和姜叶涛等[81]在不同计量行程条件下，用 Carreau 和近似 Arrhenius 式的乘积的本构模型，数值研究了一家企业的 35°锥角止逆螺杆流道内聚丙烯熔体的三维非等温流场，讨论了流道内熔体的速度、压力、剪切应力、温度、黏性热和黏度的分布。研究结果表明，在塑化过程中，随着计量行程增加，螺杆退行速度增加，熔体的流速、剪切应力、剪切速率、温度和黏性热增加，黏度降低，压力先增加后减小。在注塑过程中，随着计量行程的增加，注射速度增加，熔体的流速、压力、剪切应力、剪切速率、温度和黏性热增加，黏度降低。提高螺杆计量行程，在剪切应力允许范围内，塑化压力合适时，有利于塑料的加工成型。在保证塑化质量和降低生产成本这两个因素，应尽可能地降低计量行程。

2008 年，陈晋南和姜叶涛[82]用 Carreau 和近似 Arrhenius 式乘积非等温的本构方程，建立了注塑机 35°锥角止逆螺杆流道的三维模型，数值研究了背压对聚丙烯塑化过程的影响，讨论了熔体各物理量沿螺杆轴向的变化情况。研究结果表明，随着背压的增加，螺杆流道内压差增加，剪切应力、剪切速率和黏性热增加，黏度变化不明显。随着背压的增加，计量段内沿螺杆轴向熔体的最大压差、最大剪切应力、最大剪切速率和最大黏性热增加，流速和黏度均匀，在螺杆头止环后各物理量出现峰值。

2010 年，陈晋南和王鸳鸯等[83]在不同螺杆转速和机筒温度条件下，用 Carreau 和近似 Arrhenius 式乘积非等温的本构方程，数值计算螺杆头为 35°锥角且带止逆环的注射螺杆流道内聚丙烯熔体的三维非等温流场。分析了熔体的温度、剪切应力、黏度和黏性热，研究工艺条件对螺杆注射加工聚丙烯的影响。

本节分两小节，包括塑化过程螺杆计量段三维流场的数值模拟，螺杆转速和机筒温度对加工聚丙烯的影响。

9.4.1 塑化过程螺杆计量段三维流场的数值模拟

塑化过程螺杆计量段三维流场的数值模拟[76]

马德君，陈晋南

注塑螺杆的塑化过程就是熔体的输送过程，即熔体的计量过程。目前，该过程普遍按照挤出机的熔体输送机理进行近似的研究，与注塑机中的真实状况有较大的偏差。本文采用 CROSS 模型表示聚氯乙烯（PVC）熔体的黏度特征，使用 Polyflow 软件分别数值模拟了塑料注塑成型机头部无螺纹和有螺纹的螺杆计量段流道内 PVC 熔体在塑化过程的三维等温流场，求解和分析了不同时刻两种不同螺杆计量段的速度场、剪切速率场、黏度场和剪切应力场，研究了注塑螺杆的挤出机理，以期对注塑螺杆的设计和聚合物加工提供理论指导。

1 注塑机计量段的几何构型

根据机筒静止、螺杆旋转并周期性往复运动的条件，建立螺杆计量段流道的三维有限元模型。注塑螺杆的行程为 150mm，本文对塑化阶段最初 75mm 行程的流场进行模拟研究。选取机筒 314mm 的局部为流体域，选取注塑螺杆计量段 232mm 的局部作为计算域，以螺杆初始位置时入口端截面的圆心为原点，以螺杆中心轴线为 z 轴建立直角坐标系。图 1（a）给出了头部不带螺纹的注塑螺杆（以下简称为螺杆元件 1）的几何造型，图 1（b）给出了头部带螺纹的注塑螺杆（以下简称为螺杆元件 2）的几何造型。

为了提高计算的精度，在 GAMBIT 中对机筒的边界层进行了加密，采用八点六面体单元网格划分

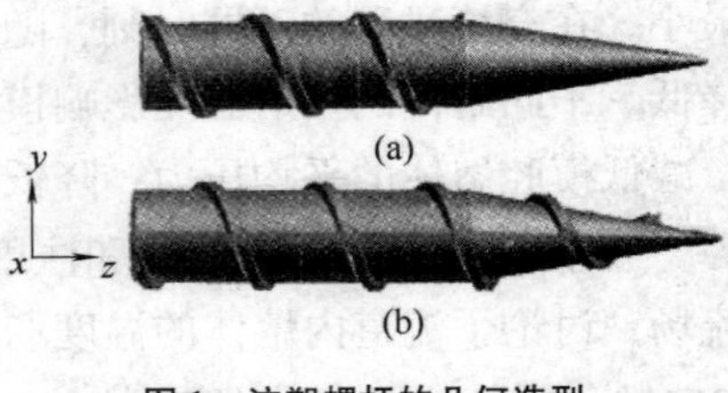

图 1 注塑螺杆的几何造型
（a）螺杆元件 1 （b）螺杆元件 2

机筒，采用四面体单元网格划分注塑螺杆。再将划分网格的螺杆和机筒组合在一起。由于螺杆的运动导致流道的形状随时间变化，需要在每一个时刻重新生成流道实体并对其划分网格。为了克服因螺杆运动而带来网格划分的重复工作量，使用 Polyflow 软件包提供的网格叠加技术来生成有限元网格。

2 数学模型

假设聚合物熔体为不可压缩流体，流动为等温拟稳态流动，流道全充满。由于聚合物熔体的高黏性，惯性力和质量力相对于黏性力很小，忽略不计。假设机筒内壁和螺杆表面无滑移。在以上假设条件下，描述流场的基本微分方程有：

连续性方程 $\nabla \cdot \boldsymbol{u} = 0$ (1)

运动方程 $-\nabla p\boldsymbol{I} + \nabla \cdot \boldsymbol{\tau} = 0$ (2)

本构方程 $\boldsymbol{\tau} = 2\eta(\dot{\gamma})\boldsymbol{D}$ (3)

CROSS 方程 $\eta/\eta_0/[1+(t_\lambda\dot{\gamma})^m]$ (4)

式中，$\boldsymbol{u}$ 为速度向量，p 为压强，$\boldsymbol{\tau}$ 为应力张量，$\boldsymbol{D}$ 为形变速率张量，η_0 为零剪切黏度，$\dot{\gamma}$ 为剪切速率，t_λ 为自然时间，m 为指数。

数值计算中采用的工艺条件由某企业提供，数值如下：塑化时螺杆转速 95r/min，退行速度 7.5mm/s，螺杆行程 75mm，入口压强为 5MPa，出口压强随时间呈线性变化，遵循公式 $y=-82.5+4.25t$(MPa)，t 为塑化时间。塑化熔料 PVC 的物性参数 $\eta_0=3.32\times10^4\text{Pa}\cdot\text{s}$，$t_\lambda=0.2288\text{s}$，$m=0.7438$。

网格生成后，在 GAMBIT 中定义边界条件，然后导入 POLYDATA。在 POLYDATA 中输入计算初始条件和其他计算参数，使用软件 POLYFLOW3.10 在 HP xw6000 工作站上完成全部计算工作。计算的收敛精度设为 10^{-4}，完成所有计算需要两周时间。

3 结果与讨论

根据数值计算的结果，本文重点分析了塑化时刻 $t=0.1$，2.1，4.1s 的流场，讨论了螺杆与机筒的组合流道的 yz 平面上和 xy 截面上的流场。图 2 给出了 yz 平面和三个 xy 截面 A—A（$z=0.050$m）、B—B（$z=0.140$m）和 C—C（$z=0.230$m）截面在流场中的位置。通过对数值计算结果的分析，发现在 yz 平面上 $t=2.1$，4.1s 时两种螺杆元件产生的流场基本相同，文中仅给出了 $t=0.1$，4.1s 两个时刻 yz 平面上的流场；在 xy 截面上仅给出了头部螺纹对 PVC 熔体流场影响比较显著的 $t=0.1$s 时的流场。图 3-6 给出了典型的计算结果。

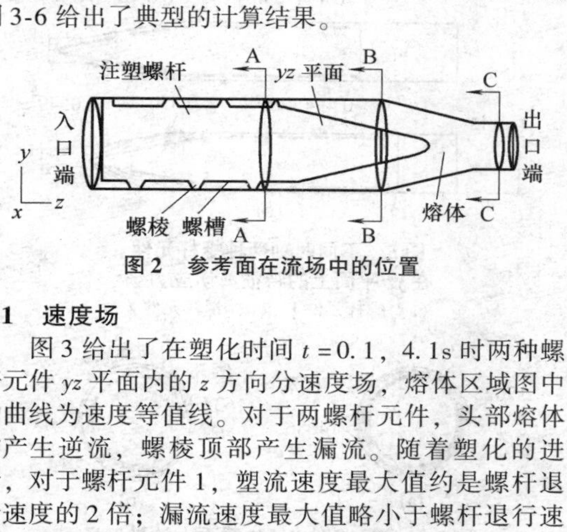

图 2 参考面在流场中的位置

3.1 速度场

图 3 给出了在塑化时间 $t=0.1$，4.1s 时两种螺杆元件 yz 平面内的 z 方向分速度场，熔体区域图中的曲线为速度等值线。对于两螺杆元件，头部熔体均产生逆流，螺棱顶部产生漏流。随着塑化的进行，对于螺杆元件 1，塑流速度最大值约是螺杆退行速度的 2 倍；漏流速度最大值略小于螺杆退行速度；螺槽中 PVC 熔体正流速度比较稳定，速度最大值约是螺杆退行速度的 5 倍。头部速度等值线比较均匀，形状规则上下基本对称。另外，随塑化的进行，螺杆头部等值线变得稀疏，表明速度梯度减小。

在 $t=0.1$s 时，可看出螺杆头部的螺纹对 z 方向分速度场产生明显的影响，螺杆元件 2 螺杆头部附近熔体的逆流速度最大值出现在头部螺棱的顶部，是螺杆元件 1 头部逆流速度最大值的 2.6 倍；随着塑化的进行，逆流速度最大值减小，到 4.1s 时降低了 65%，小于 4.1s 时螺杆元件 1 的最大值。螺杆元件 2 的螺槽中 PVC 熔体运动速度随时间没有明显变化。由此可见，螺杆头部螺棱的存在明显改变了 PVC 熔体的逆向流动，延长了物料的塑化时间，提高了螺杆的挤出质量。

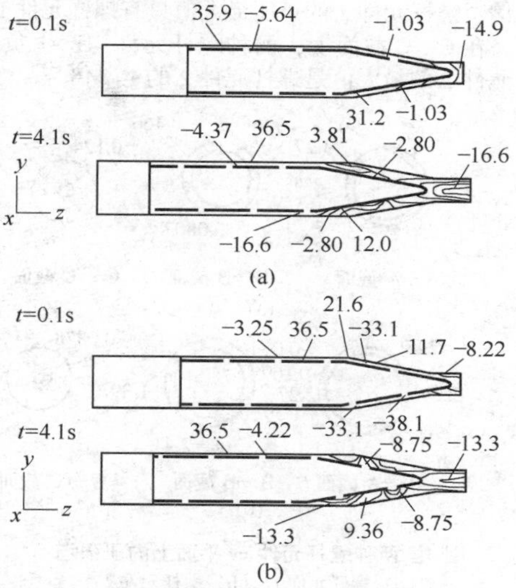

图 3 在不同时刻两种螺杆元件 yz 平面上的 z-速度场

（a）螺杆元件 1 （b）螺杆元件 2

同时，对 $t=0.1$s 时两种螺杆元件在 xy 截面上的 z 方向分速度场也进行了分析。在 A—A 截面上，两种螺杆元件在螺棱顶部均存在漏流，螺杆元件 1 漏流速度的最大值约是螺杆元件 2 的 2 倍。两种螺杆元件在螺棱以外的区域均以正流为主，速度差别不大。螺杆元件 1 的 B—B 截面与 A—A 截面的速度场相比，速度等值线比较稀疏，螺杆附近区域逆流最大值没有变化，螺槽中正流速度最大值减小 30%，与螺杆元件 2 的速度场相比差别显著。由于螺纹的存在，螺杆元件 2 的 B—B 截面与 A—A 截面的速度场相比，漏流速度最大值增加 13 倍，螺槽中正流速度最大值略有减小，速度梯度明显增大。在 C—C 截面上，两种螺杆元件均表现为逆流，螺杆元件 1 中的速度最大值略大于螺杆元件 2。

3.2 压强场

首先对 $t=0.1$，4.1s 时两种螺杆元件 yz 平面内的压强场进行了分析对比。螺杆元件 1 仅在头部熔体的压强指向负 z 方向，并在螺杆头中部形成一个负高压区域。从 0.1s 到 4.1s，该区域的压强值降低 40%。另外，等值线分布较均匀，上下对称形状规则，说明压强值平稳变化；随塑化的进行，在螺杆不断向后移动的同时，压强等值线变得稀疏。由于螺杆头部增加了螺纹，螺杆元件 2 与螺杆元件 1 相比螺杆头部螺纹附近的压强等值线形状不规则、上下对称性较差，并在螺杆头螺棱后缘面形成一个负高压区域，其最大值是螺杆元件 1 的 2 倍。随塑化的进行，螺杆元件 2 在 4.1s 时压强值降低 80%。

图 4 给出了 $t=0.1$s 时两种螺杆元件在 xy 截面上的压强场，熔体区域图中的曲线为压强等值线。从图 4 中看到，在 A—A 截面上，两种螺杆元件的压强场等值线分布与形状比较一致，均为正值，螺

杆元件 1 的压强最大值是螺杆元件 2 的 1.3 倍。在 B—B 截面上，两种螺杆元件均出现正值和负值。螺杆元件 2 在螺棱附近产生负压的最大值是螺杆元件 1 的 5 倍；螺杆元件 2 的正压最大值只有螺杆元件 1 的 40%。在 C—C 截面上，两种螺杆元件均产生负压，螺杆元件 1 的最大值是螺杆元件 2 的 1.4 倍。

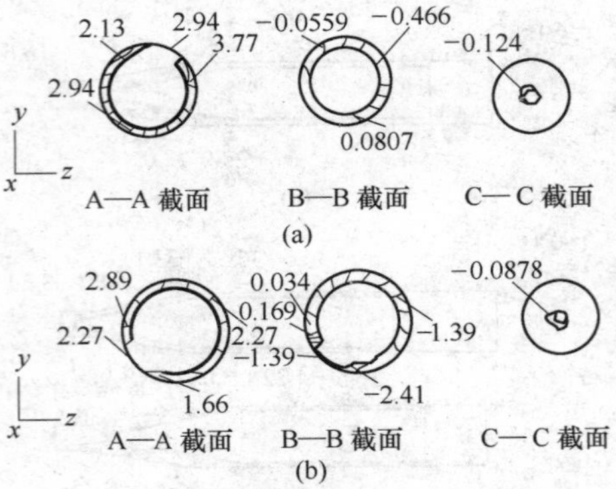

图 4　两种螺杆元件 xy 平面上的压强场

（a）螺杆元件 1　（b）螺杆元件 2

3.3　剪切应力场

图 5 给出了在塑化时间 $t=0.1$，4.1s 时 yz 平面上两种螺杆元件的剪切应力场，熔体区域图中的曲线为剪切应力等值线。从图 5 中可以看出，螺杆元件 1 在螺棱顶部的剪切应力最大，出口中心处剪切应力最小，而且在塑化过程中保持不变。由于螺纹的存在，使在 0.1s 时螺杆元件 2 头部的最大剪切应力出现在螺棱顶部，是螺杆螺棱的 80%，是螺杆元件 1 的 1.5 倍。随着塑化的进行，螺杆元件 2 头部的 PVC 熔体承受的最大剪切应力从 0.1s 时的 0.659MPa 减小到 4.1s 时的 0.330MPa，与螺杆元件 1 的区别越来越小。由于螺杆头部增加螺纹以后，速度场发生明显变化，引起速度梯度场和压强场的变化，从本构方程（3）中可以看出，当 PVC 熔体的速度梯度和压强值减小时，剪切应力随之降低。

计算时，对 $t=0.1$s 时两种螺杆元件在 xy 截面上的剪切应力场也进行了分析，比较了各个截面剪切应力的值，在 A—A 截面上的螺棱顶部，两种螺杆元件的剪切应力没有明显区域。在 B—B 截面上的筒壁附近，螺杆元件 1 最大剪切应力是 A—A 截面上的 0.5 倍。由于螺杆头螺纹的存在，螺杆元件 2 在 B—B 截面上和 A—A 截面上的剪切应力场近似，螺杆元件 2 剪切应力最大值是螺杆元件 1 的 2 倍。在 C—C 截面上，螺杆元件 1 的剪切应力最大值是螺杆元件 2 的 1.7 倍。这进一步说明，由于螺杆头部增加螺纹后，流速场发生明显变化，引起速度梯度和压强场的变化，由本构方程（3）可以看出，当 PVC 熔体的速度梯度和压强值增大时，剪切应力值随之增大。

3.4　黏度场

对 $t=0.1$，4.1s 时刻两种螺杆元件的 yz 平面上的黏度场进行分析，得知两种螺杆元件的最大黏度均出现在出口中心区域，最小值出现在螺棱附近。随着塑化的进行，熔料的黏度略有增大。从 CROSS 黏度方程 $\eta=\eta_0/[1+(t_\lambda\dot{\gamma})^m]$ 可知，黏度 η 随着剪切速率 $\dot{\gamma}$ 减小而增大。图 6 给出了 $t=0.1$s 时刻两种螺杆元件在 B—B 截面上的黏度场。从图 6 可以看出，螺杆头部的螺棱使 B—B 截面上黏度的最大值从 17623Pa · s 减小到 6538Pa · s，更加有利于 PVC 熔体的进入模具的流动。由剪切应力场的分析，可知在 B—B 截面螺杆元件 2 的剪切应力大于螺杆元件 1，这是黏度值降低的一个原因。

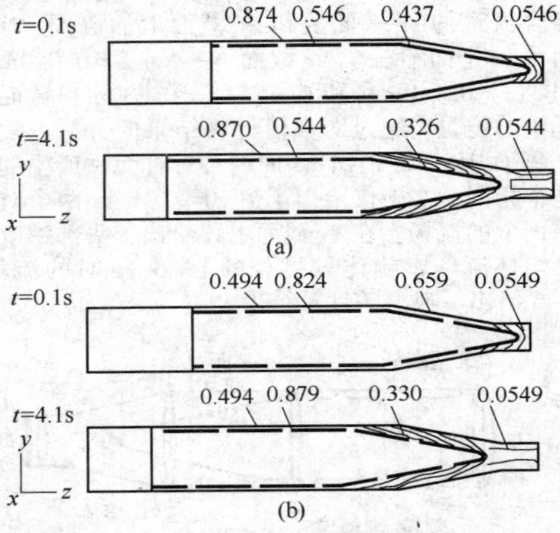

图 5　不同时刻两种螺杆元件在 yz 平面上的特征剪切应力场

（a）螺杆元件 1　（b）螺杆元件 2

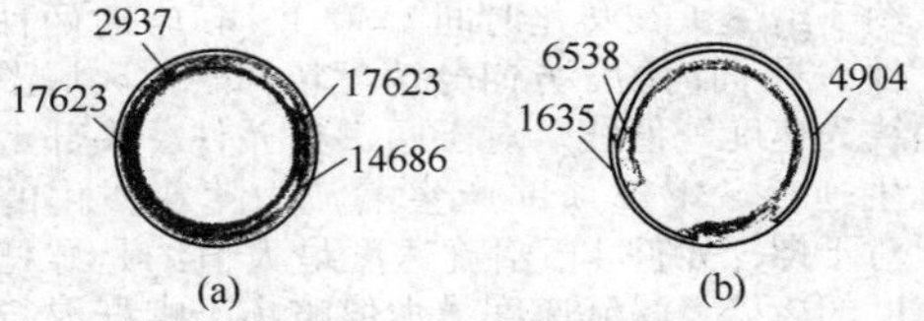

图 6　$t=0.1$s 时 B—B 截面上的黏度场

（a）螺杆元件 1　（b）螺杆元件 2

9.4.2　螺杆转速和机筒温度对加工聚丙烯的影响

螺杆转速和机筒温度对加工聚丙烯的影响[83]

陈晋南，王鸳鸯，彭　炯

影响螺杆注射成型过程的主要因素来自设备结构，成型过程的工艺条件（如螺杆转速，机筒温度，螺杆行程，预塑背压等）和聚合物流变性能。当设备结构和物料确定后，成型工艺条件将是影响注射螺杆流道内熔体流场的主要因素。研究注塑成型机理，必须研究工艺条件对注射螺杆流道内熔体流场的影响。Dontula 等利用红外传感器测量了螺杆转速、背压、注射行程、熔体黏度对熔体温度分布的影响。金志明等研究了加工工艺条件和螺杆参数之间的关系，讨论了轴向温差的形成机理。张友根从理论和实践上，分析了注射塑化的主要性能，研究了塑化螺杆的结构、工艺参数与塑化质量和计量重复精度的关系。作者探讨了不同螺杆转速和机筒温度对注射螺杆流道内熔体流场的影响。使用聚合物流体力学软件 Polyflow 数值计算了不同转速下，塑化过程中注射螺杆流道内熔体的流场，讨论了转速对流场各物理量的影响。数值计算了不同机筒温度下，塑化和注射过程中螺杆流道内熔体的流场，讨论了温度对流场中各物理量的影响。

1　模型设计

1.1　数学模型

在注塑机螺杆加工聚丙烯（PP）的过程中，由于 PP 熔体的高黏性，惯性力和质量力相对于黏性力很小，可忽略不计。假设 PP 熔体为不可压缩纯黏性非牛顿流体，在螺杆流道中是三维非等温、非稳定层流流动，流道全充满，流道壁面无滑移，则描述注塑机塑化和注射 PP 过程熔体的控制方程为

连续性方程
$$\partial u_i(\partial x_i)=0, \tag{1}$$

动量方程
$$\rho\frac{\partial u_i}{\partial t}+\frac{\partial p}{\partial x_i}=\frac{\partial}{\partial x_j}\left(\eta\frac{\partial u_i}{\partial x_j}\right), \tag{2}$$

能量方程
$$\rho c_p\left(\frac{\partial T}{\partial t}+u_i\frac{\partial T}{\partial x_i}\right)=\kappa\frac{\partial^2 T}{\partial x_i}+\phi, \tag{3}$$

剪切速率
$$\dot{\gamma}=\frac{1}{4}\left(\frac{\partial u_i}{\partial x_j}+\frac{\partial u_j}{\partial x_i}\right), \tag{4}$$

黏性热
$$\phi=\eta\dot{\gamma}^2. \tag{5}$$

Carreau 模型和近似 Arrhenious 式的乘积描述 PP 物料的表面黏度随剪切速率和温度变化的本构方程为

$$\eta=\eta_0(1+t_\lambda\dot{\gamma}^2)^{(n-1)/2}\exp[-\beta(T-T_0)] \tag{6}$$

式中：i，$j=1$，2，3；p 为压力，MPa；ϕ 为黏性热，W/m^3；η 为表观黏度，Pa·s；η_0 为零表观黏度，26.470kPa·s；$\dot{\gamma}$ 为剪切速率，1/s；t_λ 为松弛时间，2.15s；n 为非牛顿指数，0.38；T_0 为参考温度，473K；β 为热敏系数，$0.02K^{-1}$；κ 为物料的导热系数，0.15W/(m·K)；c_p 为物料的比定压热容；2100J/(kg·K)。

1.2　几何模型网格和计算方法

根据某公司提供的螺杆结构尺寸，螺杆直径为 90mm，选取螺杆计量段 360mm，螺杆头锥角为 36°的注射螺杆为研究对象。以计量段起点截面的圆心为原点，以流道中心线为 z 轴建立直角坐标系。根据机筒静止、螺杆旋转并周期性往复运动的特点，分别建立了止逆环螺杆流道内熔体三维模型。采用四面体网格划分螺杆头、止逆环和螺棱等复杂部位，采用六面体网格划分机筒和螺杆的柱体部位。螺杆流道的网格总数分别为 80576 个。为了克服因螺杆运动而带来的网格划分的重复工作量，使用了 Polyflow 软件包提供的网格叠加技术（MST），自动将螺杆头和机筒内的两部分网格按照运动情况组合。图 1 给出了 35°锥角止逆螺杆计量段的几何模型和有限元网格。

采用某公司提供的工艺条件：塑化时螺杆转速为 95r/min，轴移速度为 0.0125m/s，背压为 2.5MPa；注射时螺杆不转动，注射速度为0.094m/s，PP 熔体密度为 $735kg/m^3$，进出口压差为 2.4MPa；给定入口温度和机筒内壁的温度均为 513K。在转速为 45，95，105r/min 的条件下，数值计算了塑化过程中注射螺杆流道内熔体的流场，讨论了转速对流场中熔体流速，剪切速率，温度，黏性热和黏度等物理量的影响。在转速为 95r/min 和机筒温度分别为 473，513，573K 条件下，数值计算了塑化和注射过程中螺杆流道内熔体的流场，讨论了温度对流场中剪切速率，温度，黏性热和黏度等物理量的影响。计算中，速度采用 Mini-element 插值，压力采用线性插值，黏度采用皮卡插值，能量方程采用上风法插值，用隐式欧拉法联立求解方程式（1）~（6），计算的收敛精度为 10^{-3}，在 HPXW6000 工作站上完成全部计算工作，最长一次运算机时为 14h。分两部分给出数值计算的结果和讨论。由于篇幅限制，仅给出部分计算结果。

2　结果与讨论

2.1　转速对螺杆流道内熔体流场的影响

由于注射时螺杆不旋转，仅讨论了不同转速下塑化过程中熔体的非等温流场。塑化时间为 3.76s，研究塑化时间为 3.50s 时，即接近塑化结束时刻 PP 熔体的流场。重点讨论螺杆与机筒组合流道内 PP 熔体的流场，选取螺杆流道 Oyz 截面给出数值计算的结果。图 2 至图 4 分别给出了不同转速下螺杆流道 Oyz 截面上 PP 熔体的剪切应力场、黏性热场和黏度场。由图 2 至图 4 可知，塑化时，从螺杆计量段到螺杆头部，沿着螺杆 z 轴正方向，螺杆流道内熔体的剪切应力和黏性热逐渐变小，温度稍有升高。将不同转速下流场中 PP 熔体各物理量的最大值列于表 1。如表 1 所示，当螺杆转速增大了 1.1 和 1.3 倍时，熔体

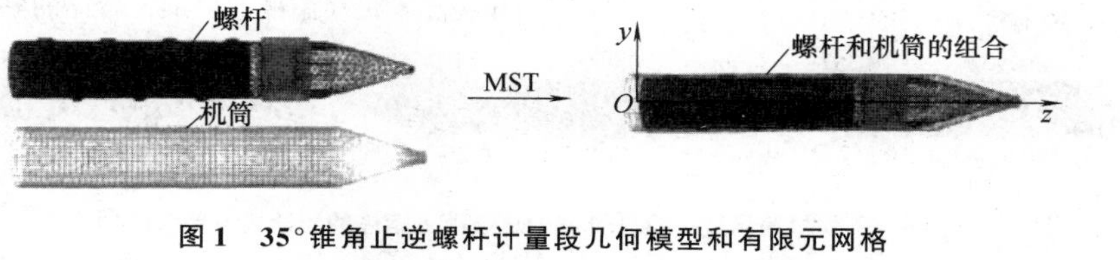

图 1　35°锥角止逆螺杆计量段几何模型和有限元网格

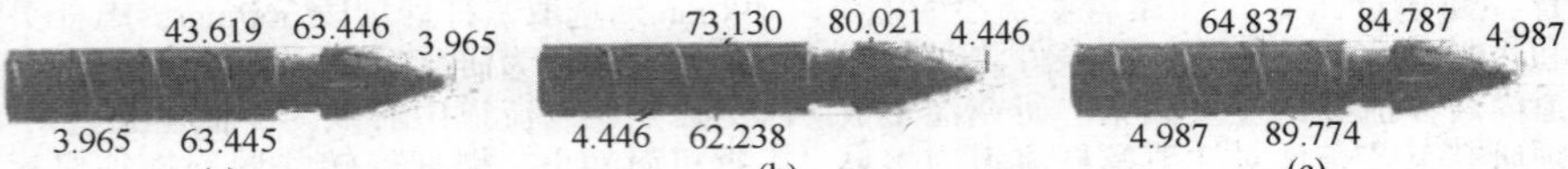

(a) (b) (c)

图 2 不同转速下螺杆流道 *Oyz* 截面上熔体的剪切应力场（kPa）

(a) 45r/min (b) 95r/min (c) 105r/min

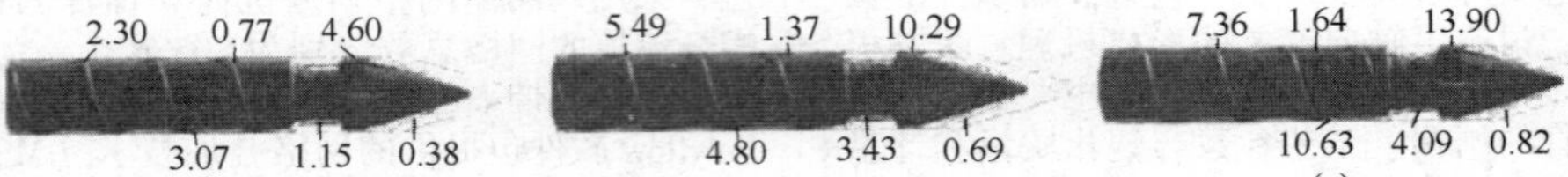

(a) (b) (c)

图 3 不同转速下螺杆流道 *Oyz* 截面上熔体的黏性热场（MW/m^3）

(a) 45r/min (b) 95r/min (c) 105r/min

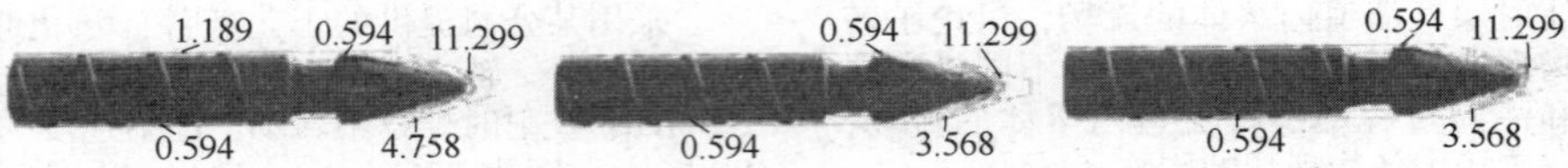

(a) (b) (c)

图 4 不同转速下螺杆流道 *Oyz* 截面上熔体的黏度场（kPa·s）

(a) 45r/min (b) 95r/min (c) 105r/min

的最大流速分别增大了 1.4，1.6 倍，最大剪切应力分别增加了 0.26，41.00 倍，最大黏性热值分别增加了 1.2，2.0 倍。转速增加时，熔体温度最大值变化不大。正如金志明等的实验工作指出，随着螺杆转速的增加，熔体的流速增大，熔体的剪切应力增加，黏度降低，有利于塑料的加工成型。数值模拟的结果与实验研究结果一致。黏性热随着转速提高而增大。

表 1 不同转速下熔体流场各物理量的最大值

螺杆转速 /(r/min)	流速 /(m/s)	剪切应力 /kPa	黏性热 /(MW/m^3)	温度 /K
45	0.15	63.446	4.60	514.3
95	0.37	80.021	10.29	516.1
105	0.40	89.774	13.90	516.6

2.2 机筒温度对螺杆流道内流场的影响

2.2.1 塑化时熔体的三维非等温流场

塑化时间为 3.76s，研究 3s 时刻螺杆流道内熔体的流场。图 5 给出入口温度和机筒内壁的温度均为 513K，塑化过程中螺杆流道 *Oyz* 截面上熔体的压力场。图 6 至图 8 分别给出了不同机筒温度下螺杆流道 *Oyz* 截面上熔体的速度场、黏性热场和黏度场。由图 6 至图 8 可见，随着机筒温度的升高，熔体的温度升高，黏度下降，流速增大，黏性热减小。

将流场中熔体各物理量的最大值列于表 2。由表 2 可知，塑化时，当机筒温度分别降低 60，100K 时，熔体的最大速度相应减小了 0.004，0.011m/s，熔体的最大剪切应力增加了 0.57，1.13 倍；熔体的最大黏性热增大了 0.59，1.15 倍，熔体最大黏度值增大了 2.32，6.39 倍。

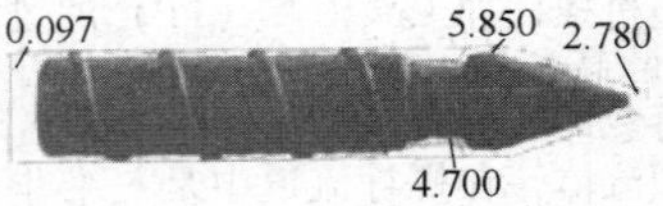

图 5 机筒温度 513K 时螺杆流道 *Oyz* 平面上熔体的压力场（MPa）

表 2 不同机筒温度下流场中熔体各个物理量的最大值

机筒温度 /K	流速 /(m/s)	剪切应力 /kPa	黏性热 /(MW/m^3)	熔体的黏度 /(kPa·s)	最大温差 /K
473	0.357	114.661	13.250	25.146	4.0
513	0.364	84.721	9.760	11.299	3.1
573	0.368	53.813	6.155	3.403	1.8

2.2.2 注射时熔体的三维非等温流场

注射时间为 0.50s，在 0.35s 时刻考察螺杆流道内熔体的流场，由于注射时熔体集中在螺杆头部，计量段几乎没有物料，以下仅讨论局部放大螺杆头部的流场。图 9 和图 10 分别给出了不同机筒温度下螺杆头流道 *Oyz* 截面上熔体的剪切速率场和黏度场。将螺杆头流场中 PP 熔体各物理量的最大值汇总在表 3 中。由表 3 可知，注射时，当机筒温度分别降低 60，100K 时，熔体的最大黏度值相应增大了 1.43，2.40 倍，熔体的最大流速值减小了 0.130，0.359m/s，最大剪切速率值增大了 0.17，0.24 倍，最大剪切应力值增大了 0.67，1.32 倍，最大黏性热值增大了 0.96，1.87 倍。由图 9、图 10 和表 3 可知，随着机筒温度的增加，熔体的黏度降低，流速

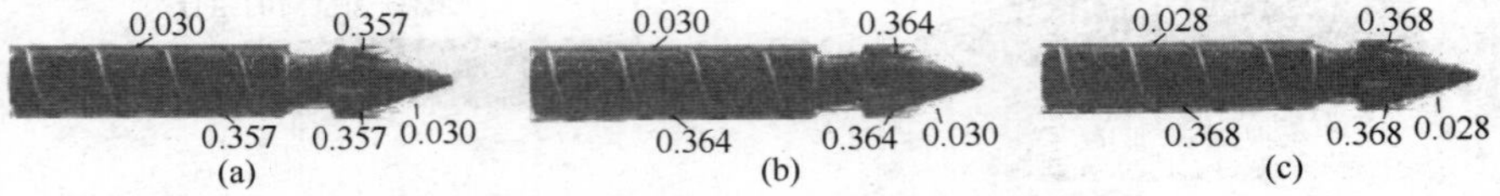

(a) (b) (c)

图 6 不同机筒温度下螺杆流道 *Oyz* 截面上熔体的流速场（m/s）

(a) 473K (b) 513K (c) 573K

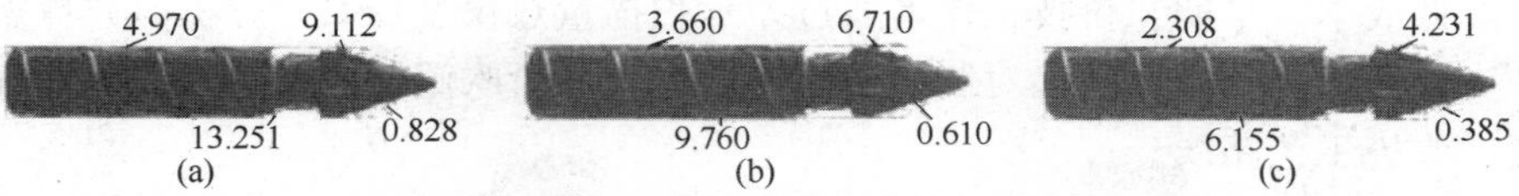

图 7　不同机筒温度下螺杆流道 *Oyz* 截面上熔体的黏性热场（MW/m^3）

（a）473K（b）513K（c）573K

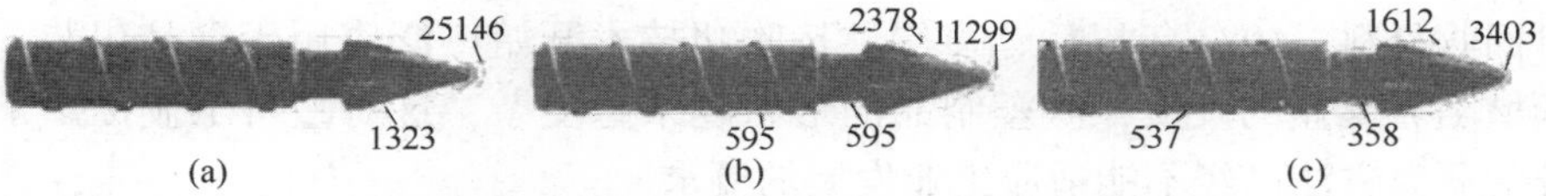

图 8　不同机筒温度下螺杆流道 *Oyz* 截面上熔体的黏度场（Pa · s）

（a）473K（b）513K（c）573K

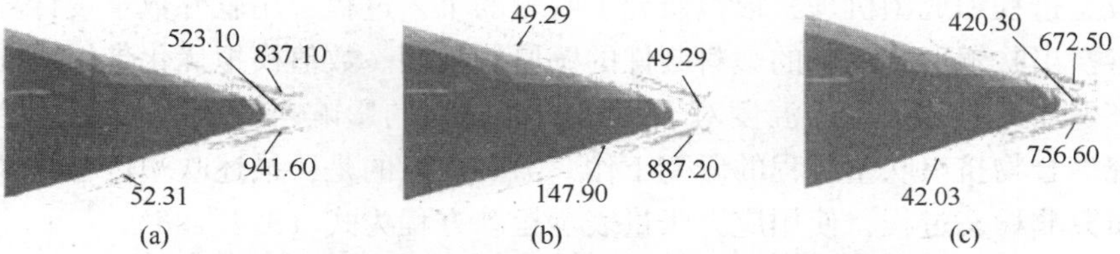

图 9　不同机筒温度下螺杆头流道 *Oyz* 截面上熔体的剪切速率场（1/s）

（a）473K（b）513K（c）573K

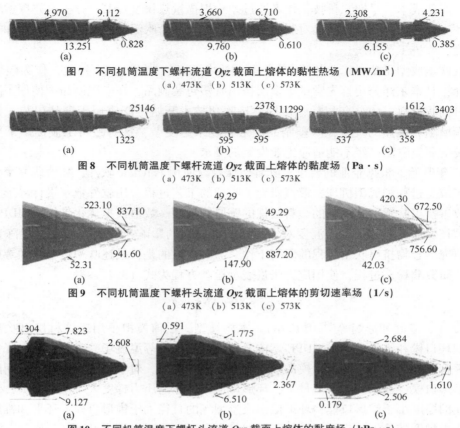

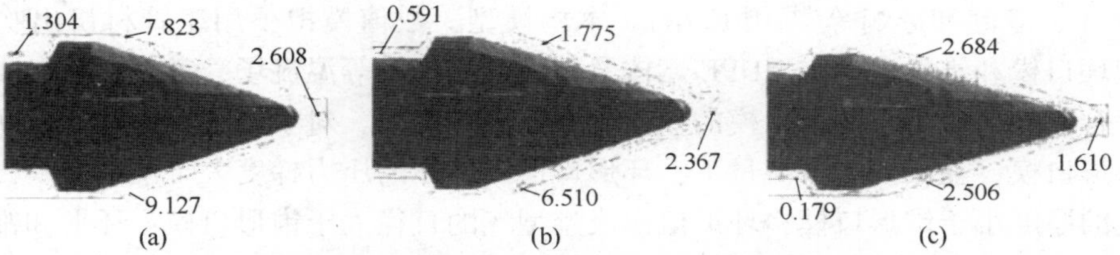

图 10　不同机筒温度下螺杆头流道 *Oyz* 截面上熔体的黏度场（kPa · s）

（a）473K（b）513K（c）573K

增加，剪切应力下降，剪切速率下降，黏性热下降，有利于注射成型。

表 3　不同机筒温度下螺杆头流道 *Oyz* 截面上熔体各物理量的最大值

机筒温度 /K	流速 /(m/s)	剪切应力 /kPa	黏性热 /(MW/m^3)	黏度/ (kPa · s)	剪切速率 /s^{-1}
473	1.821	0.218	215.6	9.127	941.6
513	2.050	0.157	147.0	6.510	887.2
573	2.180	0.094	70.84	2.684	756.6

3　结束语

在两种工艺条件下，使用聚合物流体力学软件 Polyflow 和有限元法，数值求解了注射止逆螺杆流道内熔体的非等温流场。分别研究了塑化和注射过程中转速和机筒温度对螺杆流道内熔体非等温流场的影响。结果表明：随着螺杆转速的增加，塑化过程中熔体的流速增大，熔体的剪切应力增加，黏度降低，有利于注塑成型；但黏性热随着转速提高而增大。随着机筒温度的升高，塑化和注射过程中熔体的温度升高，黏度下降，流速增大，剪切应力变小，黏性热减小，有利于注射成型。

综上所述，虽然提高机筒温度和螺杆转速，有利于注射成型，但是提高螺杆转速和机筒温度，所需功率增大，生产成本增加。因此在选择转速和机筒温度时应综合考虑塑化效果和生产成本，在保证注射质量的前提下，应尽力降低转速和机筒温度。

9.5　聚合物挤出吹塑成型过程的数值模拟

挤出吹塑成型起源于 20 世纪 30 年代，经过几十年的发展，目前已成为第三大塑料成型方法。中空吹塑制品按用途可分为瓶、桶、罐等包装容器和汽车零件、家用电器配件、办公用品等工业制件两大类。挤出吹塑技术具有成本低、适应性强、成型制品性能好等特点，是一种广泛应用于各种中空制件和复杂工业制件生产的成型方法。为了提高制品质量，减少制品重量以降低成本。早期，科技工作者通过差示扫描量热仪（DSC）分析研究探索聚合物分子结构、支化和熔融的多层次性对制品质量的影响，分析吹塑制品熔接线缺陷区和非缺陷区的结晶度，改进工艺路线。

多层吹塑成型是塑料工业的第 29 个重大技术革新。20 世纪 70 年代，作为包装材料的创新先锋，日本东洋公司首先尝试了多层挤出吹塑包装制品，在三层制品中使用了阻隔层和再粉碎可回收材料。1983 年以后，多层共挤吹塑技术开始广泛应用于食品包装，化学和药品容器领域随着工业的发展，吹塑制品的形状越来越复杂，这对塑料工业提出了更大的挑战。传统的研究方法已经不能适应工业发展的要求。

2012 年开始，根据企业的要求，陈晋南课题组使用 Polyflow 软件，数值研究聚合物材料吹塑加工成型过程和成型机理，模拟研究了吹塑的工艺过程，用软件数字设计异形型坯和口模，以改善挤出吹塑形状复杂的塑料制件的壁厚均匀性。数值模拟优化带把手 HDPE 油桶挤出吹塑型坯壁厚，研究了型坯温度对 HDPE 油桶成型的影响[84-90]。下面仅综述陈晋南课题组数值研究聚合物挤出吹塑过程的研究工作。需要注意的是，描述吹塑过程必须考虑质量力的影响，研究非稳态过程，使用应力张量表示运动方程为式（3. 2. 18d）

$$\rho \frac{\mathrm{D}\boldsymbol{u}}{\mathrm{D}t} = -\nabla p + \nabla \boldsymbol{\tau} + \rho \boldsymbol{g}$$

2012 年，李静和彭炯等[84]用 Carreau 本构模型，数值模拟了用于管材挤出吹塑和型坯成型的圆环口模和锥形口模内 HDPE 熔体及其型坯的三维等温流场，考虑了挤出胀大和垂伸效应的综合影响，分析了两种口模的差异。研究结果表明，对于同一直径和口模间隙的环形口模和锥形口模，在相同入口流量下，环形口模内熔体的压力梯度大于锥形口模，环形口模成型型坯的厚度小于锥形口模，环形口模成型型坯的直径大于锥形口模；环形和锥形口模内熔体的压力梯度随着入口流量的增加而增加，在环形和锥形口模成型型坯的底端，型坯的厚度和外半径随着入口流量的增加而增加；锥形口模成型型坯厚度较环形口模对流量更敏感。

2013 年，Peng 和 Li 等[85]用 Carreau 本构方程来描述高密度聚乙烯（HDPE）的流变特性，数值研究了吹塑过程中熔体的速度、剪切率、黏度、压力、厚度和半径的分布。研究了流量和温度对挤出膨胀和型坯下垂的影响。结果表明，型坯的厚度随着流量的增加而增加。型坯的厚度和半径对流量变化比对温度变化更敏感。

2013 年，陈晋南课题组与中国石油化工股份有限公司燕山分公司树脂应用研究所合作。王建和陈晋南等[86]使用 K-BKZ 本构模型拟合实验测试的 HDPE 流变数据，确定了 HDPE 的本构模型参数。数值研究 HDPE 熔体温度对油桶吹胀成型工艺的影响。通过 DSC 热分析实验研究了 HDPE 冷却速率和结晶度的关系，数值模拟了 HDPE 油桶的非等温吹胀过程，研究了初始型坯温度对制品温度、制品厚度、制品与模具接触时间的影响。研究结果表明，温度的最小值出现在油桶的拐角处，而温度的最大值出现在桶口处；随着初始型坯温度的升高，吹塑制品熔接线处厚度增加，吹塑制品与模具接触时间增大。

2013 年，李静和彭炯等[87]实验测试了数值模拟了 HDPE 油桶的非等温吹胀过程，研究了吹胀压力对 HDPE 油桶吹胀过程的影响。结果表明，吹塑制品的温度随着吹胀压力的增加而减小；吹胀压力越大，接触时间越长；吹胀压力越大，分型线处壁厚越大。综合考虑生产效率和分型线处物料堆积的问题，吹胀压力宜选择 0. 6MPa 左右。

2013 年，刘沙粒和彭炯等[88]在温度和吹气压力相同的条件下，分别数值模拟了均一壁厚初始型坯和优化的非均一壁厚初始型坯挤出吹塑 HDPE 带把手油桶的过程。用 Polyflow 软件中的型坯控制程序，将初始型坯分成 10 段，通过控制这 10 段型坯的厚度来控制吹塑制品的壁厚。结果表明：均一壁厚 5.0mm 的初始型坯经过吹胀阶段后，油桶大部分壁厚都小于 3.0mm；使用 Polyflow 后处理程序对油桶型坯 6 次优化后，吹塑制品壁厚均大于 3.0mm，且在第 4 次优化的基础上将油桶质量从 646.89g 降至 642.68g。

2014 年，武晓松和彭炯等人[89]用 Polymat 拟合了实验测定的 HDPE、EVOH 和 HDPE 三种材料的流变数据，确定了每种物料的 K-BKZ 本构方程参数，应用自适应网格技术自动细化不同曲率位置的型坯网格，数值模拟了多层包装容器的吹塑成型过程。研究结果表明，多层包装容器高曲率位置的各物料层壁厚值较小，制品熔接线末端有物料堆积，各物料层壁厚值较大。不同物料层的壁厚分布规律基本一致。为多层包装容器制备提供了理论依据和技术支持。

2015 年，武晓松和彭炯等人[90]在 0.7MPa、熔体温度 210℃的条件下，在不同预吹压力下，用 K-BKZ 本构模型，数值研究了预吹气压力对多层聚合物包装容器壁厚的影响。初始型坯包括 HDPE（内层）、EVOH（阻隔层）和 HDPE 回料（外层），初始型坯壁厚均一。对于吹塑问题，模具夹断处型坯曲率较大，计算过程用 adaptive mesh 法细化稿曲率部位的网格，数值模拟了均一壁厚多层初始型坯的挤出吹塑多层阻隔包装容器的等温过程，计算了 HDPE（内层）、EVOH（阻隔层）和 HDPE 的松弛时间谱。研究结果表明，适当提高预吹气压，能提高制品的壁厚均一性，预吹气压过大使制品产生明显熔接痕，影响产品质量，同时造成原材料的浪费。在设备和材料确定的条件下，数值模拟分析吹塑过程，可以优化工艺条件。

本节介绍陈晋南课题组使用 Polyflow 软件数值模拟研究聚合物挤出吹塑成型过程，优化设计聚合物挤出吹塑成型口模和工艺条件的成功案例。本节分为 3 节，包括流速和温度对挤出吹塑型坯挤出胀大和垂伸影响的数值研究、带把手 HDPE 油桶挤出吹塑型坯壁厚的数值模拟优化、多层聚合物包装容器吹塑过程的数值研究。

9.5.1　流速和温度对挤出吹塑型坯挤出胀大和垂伸影响的数值研究

Numerical Study of the Effect of Flow Rate and Temperature on Parison Swell and Sag in Extrusion[85]

Peng Jiong, Li Jing, Chen Jin-nan, Liu Sha-li

The degree of the extrusion swell and parison sag depends on the flow rate, melt temperature, geometric of the die, rheological parameter of the melt and so on. Combined effect of extrusion swell and parison sag acts on the parison, which makes the design of the die and extrusion molding process very complex. In recent years, numerical simulation has become and important tool to predict parison formation. In 2003, Huang et al. studied the diameter swell and sag of the high density polyethylene (HDPE)/PA6 parison. He analysed the experimental data using a neural network approach and presented the model of the diameter swell profile. In 2007, Evan studied the effects of weak compressibility and linear slip condition using the finite element method. He indicated that weak compressibility slightly affects the thickness swell, but slip drastically reduces the swelling to 1% ~2% for obvious slip. Evan also studied the ring extrusion swell of the pseudoplastic fluid and viscoplastic fluid, and compared the extrusion swell of two kinds of fluids. In 2009, Yousefi et al. studied the effect of rheological properties of HDPE on the parison formation in extrusion blow molding by experiments and numerical simulation. In 2011, Li et al. simulated three-dimensional slit flows in extrusion sheet dies using the constitutive equations of Carreau-Yasuda and PTT with a finite piece method.

In this paper, the distributions of the velocity, shear rate, viscosity, pressure, thickness in the real flow domain of a common die of the blow molding were simulated. The influences of the flow rate and temperature on extrusion swell and parison sag were studied.

1 Mathematical and physical models

According to the characteristics of the polymer melts flown in a die and melts formed the parison, the following assumptions were made in the numerical simulations, ① the HDPE melt is an incompressible fluid; ② the flow in the die channel and the parison is laminar, and isothermal; ③ the die is always full of the polymer melt. Based on these assumptions, the equations of continuity and motion can be reduced to

$$\nabla \cdot \boldsymbol{u} = 0, \tag{1}$$

$$-\nabla p\boldsymbol{I} + \nabla \cdot \boldsymbol{\tau} - \rho\boldsymbol{F} = \rho\frac{\mathrm{D}\boldsymbol{u}}{\mathrm{D}t}, \tag{2}$$

$$\boldsymbol{\tau} = 2\eta(\dot{\gamma})\boldsymbol{D}, \tag{3}$$

$$\dot{\gamma} = \sqrt{2\boldsymbol{D}:\boldsymbol{D}}, \tag{4}$$

$$\boldsymbol{D} = (\nabla\boldsymbol{u} + \nabla\boldsymbol{u}^T)/2, \tag{5}$$

where $\boldsymbol{u}$ is the velocity vector; p is the isotropic pressure; $\boldsymbol{I}$ is the unit tensor; $\rho\frac{\mathrm{D}\boldsymbol{u}}{\mathrm{D}t}$ is inertia force; $\rho\boldsymbol{F}$ is mass force; $\boldsymbol{\tau}$ is stress tensor; $\dot{\gamma}$ is the shear rate; $\boldsymbol{D}$ is the rate of deformation tensor. The non-Newtonian viscosity obeys the Carreau law:

$$\eta = \eta_0[1 + (t_\lambda\dot{\gamma})^2]^{(n-1)/2}, \tag{6}$$

where η is the shear viscosity; η_0 is the zero shear viscosity; t_λ is the relaxation time; n is the non-Newtonian index. The polymer melt is HDPE, with the density of 960 kg/m^3. Rheological parameters of Carreau model at different temperatures are shown in Tab. 1.

Tab. 1 Rheological parameters of HDPE under different temperatures

temperature /℃	zero shear viscosity η_0/(Pa·s)	relaxation time t_λ/s	non-Newtonian index n
170	1.44×10^4	0.35	0.38
180	1.27×10^4	0.34	0.40
190	1.1×10^4	0.31	0.40
200	1.10×10^4	0.33	0.39
210	1.02×10^4	0.31	0.39

Fig. 1 shows geometries of the die and the main boundary conditions. The mini-element method is used in velocities interpolation, and Picard iteration is used to solve nonlinear equations by polyflow. The elements of the die and the parison were 70452, as shown in Fig. 2. The simulations were conducted on a Hewlett-Packard XW9300 workstation. It took approximately 3h to obtain a converged solution with a relative error smaller than 0.1% in all of the field variables.

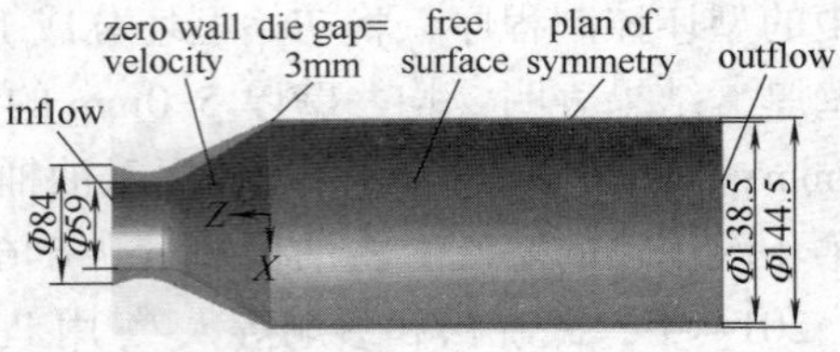

Fig. 1 Geometric and boundary conditions

Fig. 2 3D finite element mesh

2 Results and discussion

2.1 Influence of the flow rate

If the flow rate is too high, the melt flow exiting the die will be unstable, which causes the surface of the parison to be rough. Therefore, study on the extrusion swell and parison sag at different flow rates is important. Flow fields of HDPE melt for volumetric flow rates of 3.0×10^{-6}, 4.0×10^{-6}, 5.0×10^{-6} and 6.0×10^{-6} m^3/s were calculated at temperature of 180°. the average pressure of the polymer in the die along the negative Z axis under different volumetric flow rates is shown in Fig. 3. The pressure decreases along the negative Z axis and increases with increasing flow rate. When the volumetric flow rate increases from 3.0×10^{-6} to 6.0×10^{-6} m^3/s, the maximum of the pressure increases from 1.25 to 2.00MPa. From Fig. 4, the average velocity of the parison decreases due to extrusion swell at the top of the parison. The polymer melt is accelerated by gravity along the negative Z axis and the maximum velocity of the melt appears at the bottom of the parison, which means that the minimum velocity appears at the top of the parison. As shown in Fig. 5a, an increase in flow rate can cause the extrusion thickness swell to increase. The thickness increases at the top of the parison, but decreases at most of the parison. The maximum thickness appears at the top of the parison due to extrusion swell, however the minimum thickness appears at the bottom of the parison due to gravity. The maxmum thickness is 4.1×10^{-3} m under a flow rate of 6.0×10^{-6} m^3/s, which is increased by 36.67%. As shown in Fig. 5b, the contraction of parison decreases at the bottom of the parison with the increasing flow rate. The minimum of the radius in 4.5×10^{-2} m, which is decreased by 37.93%.

2.2 Influence of the temperature

In order to investigate the effect of temperature, the HDPE flow fields of velocity, pressure, thickness and radius are discussed under $q_V = 6.0\times10^{-6}$ m^3/s and

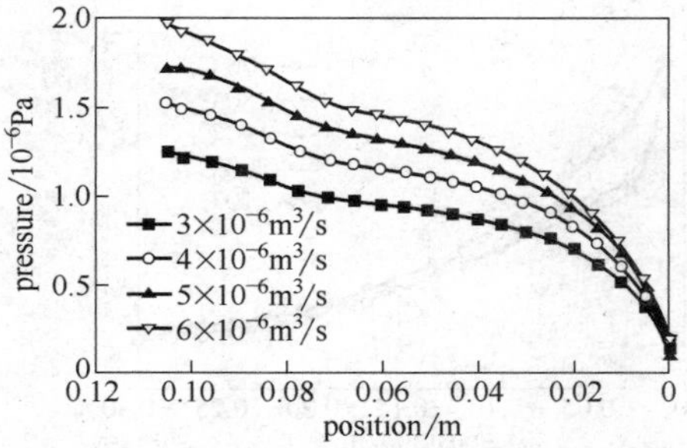

Fig. 3　Average pressure of the polymer in the die along negative *Z* axis at 180℃

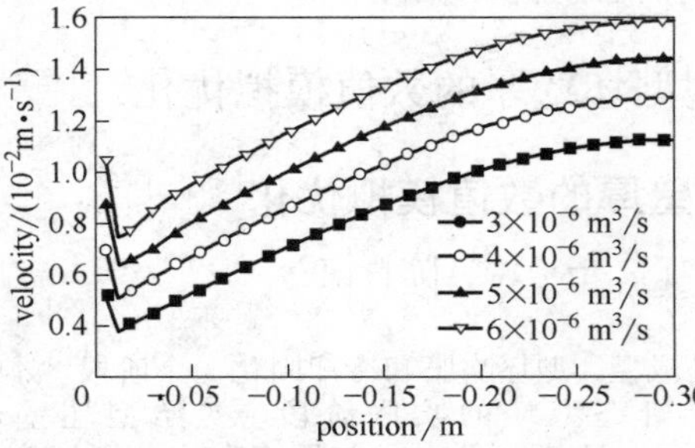

Fig. 4　Average velocity of the parison along negative *Z* axis at 180℃

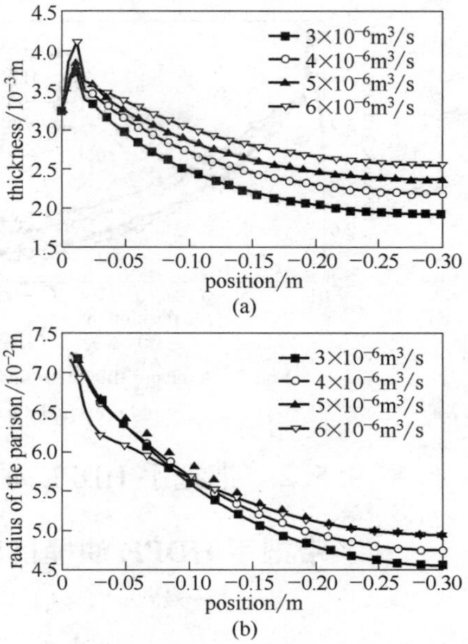

Fig. 5　Average thickness and radius of the parison along negative *Z* axis at 180℃

(a) average thickness　(b) average radius of parison

at different temperatures of 170, 180, 190, 200, and 210℃.

In Fig. 6a, the viscosity of the polymer melt decreases with increasing temperature. As shown in Fig. 6b, the velocity of the parison increases as the temperature increases, which is caused by the decrease of the viscosity. It means that the viscosity of the polymer melt decreases due to increased temperature, enhancing its liquidity. As shown in Fig. 7a, the effect of parison thickness swell decreases with increasing temperature. The maximum thickness at 210℃ is 3.8×10^{-3} m. Compared with 180℃, the thickness has a decrease of 3×10^{-4}m. As shown in Fig. 7b, at the top of the parison, the radius increases with an increase in temperature, while at the bottom of the parison, the radius of the parison decreases with an increase in temperature. From Fig. 5 and Fig. 7, swell of thickness and radius are more sensitive to flow rate than to temperature.

3　Conclusions

Flow rate and temperature are two important factors that affect extrusion swell and parison sag. The mechanism of the combined effect of extrusion swell and parison sag is complex. Numerical simulation method can save costs and improve efficiency. In this paper, the degree of the swell and sag is described by thickness distribution and radius distribution, which is clear and simple. The results show that, ① The thickness of the parison increases with increasing flow rate; ② The radius at the end of the parison is smaller at smaller flow rate; ③ The radius decreases along the negative *Z* axis due to gravity; ④ Viscosity of the parison decreases with increasing temperature; ⑤ At the top of the parison, the radius increases with increasing temperature, while at the bottom of the parison the radius of the parison decreases with increasing temperature; ⑥ Swell thickness and radius are more sensitive to flow rate than to temperature.

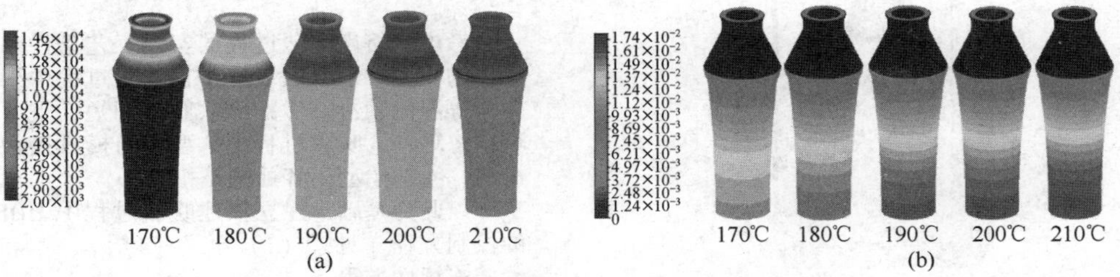

Fig. 6　HDPE flow field field under different temperatures and q_V

(a) viscosity field　(b) velocities field

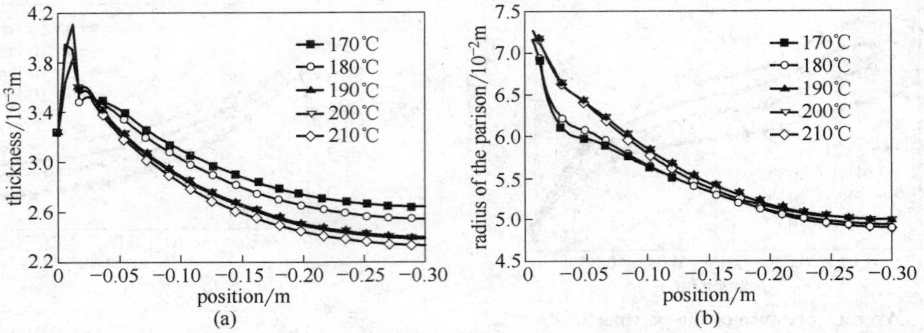

Fig. 7 Average thickness and radius of the parison along negative Z axis at q_V

（a） average thickness （b） average radius of parison

9.5.2 带把手 HDPE 油桶挤出吹塑型坯壁厚的数值模拟优化

带把手 HDPE 油桶挤出吹塑型坯壁厚的数值模拟优化[88]

刘沙粒，彭 炯，李 静，张 丁，于 涛，陈晋南

挤出吹塑成型起源于 20 世纪 30 年代，经过几十年的发展，目前已成为第三大塑料成型方法。中空吹塑制品按用途可分为包装容器（如瓶、桶、罐等）和工业制件（如汽车零件、家用电器配件、办公用品等）两大类。2003 年，Gauvin 等结合性能优化和工艺优化的方法，在吹塑制品能够承受适当应力的情况下，减少制品质量以降低成本。2008 年，Attar 等运用 K-BKZ 本构方程，数值模拟挤出吹塑高密度聚乙烯（HDPE）哑铃的过程，改变工艺参数优化哑铃壁厚和质量。2010 年，王海民数值模拟了二维挤出吹塑 HDPE 油箱的吹胀过程。

在吹塑过程中，初始为圆柱形的型坯不容易形成把手，鲜见数值模拟研究挤出吹塑带把手油桶过程的报道。本工作使用计算流体力学软件（POLYFLOW），在吹气压力和温度恒定的条件下，数值模拟挤出吹塑带把手 HDPE 油桶的过程。通过多次优化型坯壁厚，使油桶壁最薄处的厚度大于设计值。

1 数学物理模型和数值计算方法

根据某公司提供的油桶模型尺寸建立了油桶的三维立体图（见图 1）。挤出吹塑中空制品过程包括

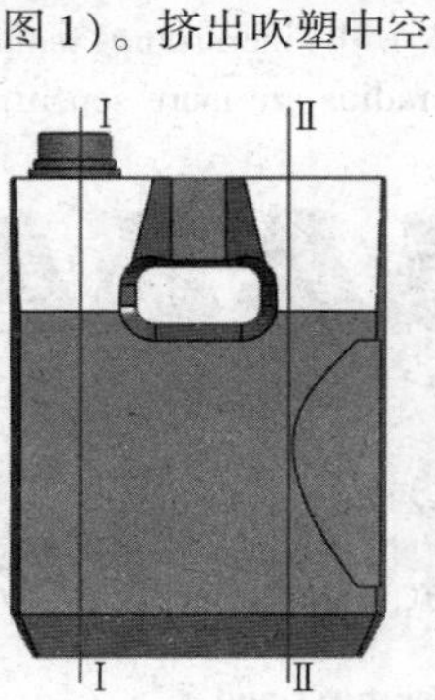

图 1 油桶几何模型

型坯成型。型坯吹胀和冷却固化 3 个阶段。本工作主要研究型坯的吹胀阶段。初始型坯壁厚为 5.0mm，型坯底面中心与原点重合，型坯直径为 145.0mm。模具是开合结构的，型坯置于模具中间，模具距离原点 100.0mm。由于壁厚尺寸比其他三维尺寸小 2～3 个数量级，所以采用 shell 模型，即用面网格代替体网格；又由于型坯和模具结构对称，所以只需要计算一半的型坯和模具，可节省计算时间。型坯和模具结构如图 2 所示。

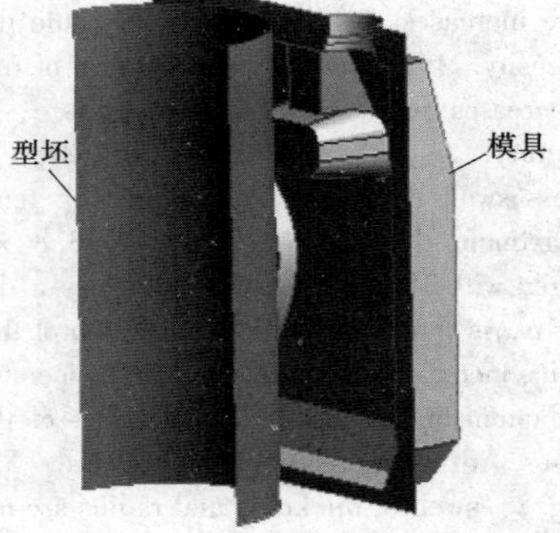

图 2 型坯和模具结构

考虑到挤出吹塑过程的实际工艺条件和聚合物熔体的流变特性，假设：①在吹胀过程中聚合物熔体为等温流动；②考虑到吹胀时间短，重力的影响可以忽略；③吹胀过程中，型坯与模具接触表面无滑移；④初始型坯各处壁厚相等。

以此为基础，建立描述吹胀过程中 HDPE 流动的控制方程［见式（1）至式（4）］。

连续性方程

$$\frac{\mathrm{D}h}{\mathrm{D}t}+h\nabla\cdot\boldsymbol{u}=0 \qquad (1)$$

运动方程

$$\rho h \frac{\mathrm{D}\boldsymbol{u}}{\mathrm{D}t} = p_{\mathrm{p}} + \nabla \cdot \boldsymbol{N} \qquad (2)$$

接触力张量

$$\boldsymbol{N} = \delta \cdot \boldsymbol{T} \qquad (3)$$

K-BKZ 本构方程

$$\boldsymbol{T} = \int_{-\infty}^{t} \sum_{i=1}^{n} \frac{\eta_k}{t_\lambda^2} \mathrm{e}^{-(t-t')/t_\lambda} [\boldsymbol{C}_t^{-1}(t') - \boldsymbol{I}] \mathrm{d}t' \qquad (4)$$

式中：D 为微分符号；∇为哈密顿算子；δ 为壁厚，m；t 为当前时间，s；$\boldsymbol{u}$ 为速度向量，m/s；ρ 为密度，kg/m^3；p_{p} 为吹胀压力，Pa；$\boldsymbol{N}$ 为单位长度接触力张量，Pa；$\boldsymbol{T}$ 为应力张量；n 为分子链的运动模式数；η_k 为各运动模式的特征常数黏度，Pa · s；t_λ 为松弛时间，s；t' 为前一时间，s；$\boldsymbol{C}_t^{-1}$ 为 Cauchy-Green 应变张量；$\boldsymbol{I}$ 为单位张量。

吹塑型坯的 HDPE 为中国石油化工股份有限公司北京燕山分公司生产的 5200B，密度为 0.960g/cm^3。用 Polyflow 软件中物性参数模块 POLYMAT 拟合测试的流变数据，得到 190℃时 HDPE 的松弛时间谱（见表 1）。

表 1　190℃时 HDPE 的松弛时间谱

运动模式	t_λ/s	η_k/Pa · s
1	0.0100	1529.48
2	0.0631	3192.96
3	0.3981	7498.10
4	2.5120	9921.83
5	15.8500	3314.00
6	100.0000	15215.60

使用 Polyflow 软件包数值求解式（1）～式（4）。HDPE 熔体流场中的压力采用常数插值求解，速度采用线性插值求解，壁厚采用常数插值求解，数值计算的收敛精度为 10^{-3}，采用隐式欧拉法迭代求解离散的控制方程。在等温和相同吹气压力下，分别数值模拟了均一壁厚初始型坯和优化的非均一壁厚初始型坯挤出吹塑 HDPE 油桶的过程。

由于模具的结构复杂，拐角和把手处曲率大，因此，采用三角形和四边形网格划分模具，在拐角和把手处加密网格，模具的网格较细。用四边形网格划分型坯，型坯的网格较粗。图 3 中网格数为 41822 个，节点数为 44697 个，在惠普工作站 HPXW9300 完成了全部计算工作，计算时间为 3h 左右。

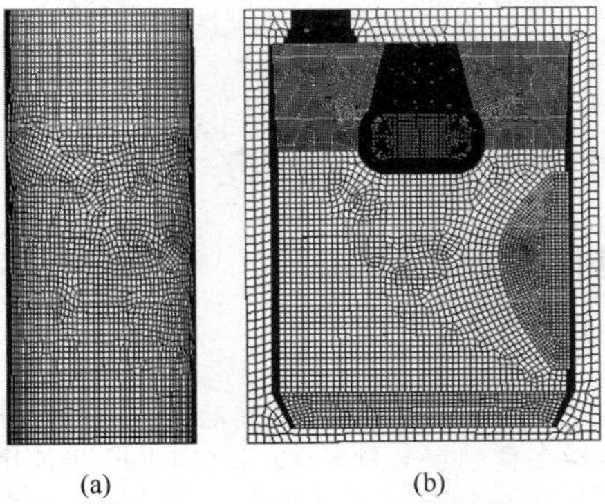

(a)　　(b)

图 3　型坯和模具的网格划分

（a）型坯　（b）模具

2　结果与讨论

2.1　均一型坯吹塑制品的壁厚

假设初始为厚度均一的型坯，型坯厚度为 5.0mm。在熔体温度为 190℃，吹气压力为 0.6MPa。预吹压力为 1.8kPa 的条件下，数值模拟挤出吹塑 HDPE 油桶的吹胀阶段。吹塑过程中，不同时刻型坯到吹塑制品的形状见图 4。

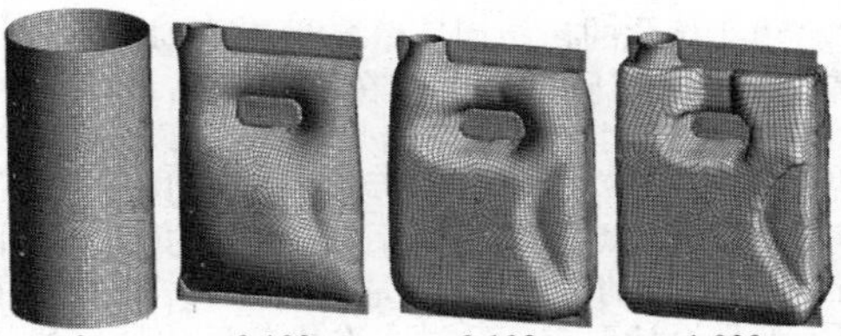

0s　0.103s　0.109s　1.000s

图 4　吹塑过程中不同时刻型坯到吹塑制品的形状

夹断瞬间的型坯和吹胀结束时吹塑制品的壁厚分布见图 5。从图 5b 可看出：吹胀结束时，桶壁大部分厚度都小于 3.0mm，在油桶高度为 15.0～50.0mm 和 200.0～280.0mm 处壁厚较其他部位小，最薄处约为 1.1mm，未达到设计值。在油桶高度为 280.0～305.0mm（即桶口）处壁较厚。

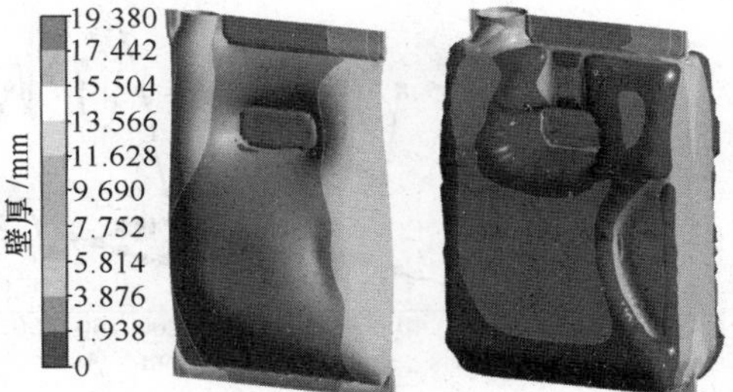

(a)　　(b)

图 5　吹塑制品的壁厚分布

（a）夹断瞬间的型坯　（b）吹胀结束

2.2　非均一型坯吹塑制品的壁厚

实际生产工艺中，在型坯挤出成型阶段可调节芯模控制初始型坯的壁厚分布。为达到吹塑制品力学性能的要求，使用 Polyflow 的后处理程序，在温度为 190℃，吹气压力为 0.6MPa 时，优化初始型坯为非均一壁厚，达到优化吹塑制品最小壁厚的设计要求。将初始型坯分为 10 段，假设每一段的壁厚相等，初始型坯被优化 6 次，每次优化的结果作为下一次优化的初始型坯。

从图 6 可以看出：优化 4 次后的型坯每一段的壁厚未有明显变化，优化过程收敛。在油桶高度为 30.5～61.0mm 和 183.0～213.5mm 处优化的初始型坯壁较厚。

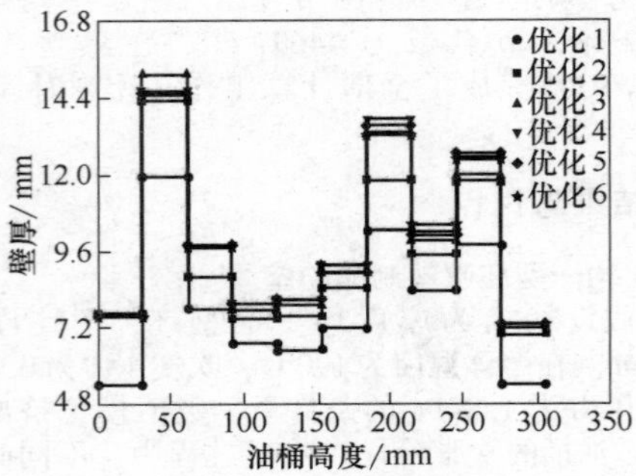

图 6 优化初始型坯壁厚沿油桶高度的变化

由于优化的初始型坯壁厚为 7.4 ~ 14.5mm，大幅增加了型坯质量，所以在吹塑制品最薄处大于 3.0mm 的基础上进一步优化型坯厚度，以降低吹塑制品的质量。计算了每次优化后油桶壁厚小于 3.0mm 节点数的百分比以及每次优化后油桶制品的质量。从图 7 看出：未优化的吹塑油桶质量为 312.92g，此时油桶壁厚不满足设计要求。经过 4 次优化后油桶质量达到 646.89g，6 次优化后质量减小到 642.68g，此时吹塑油桶上所有节点的壁厚都大于 3.0mm。

为了比较均一壁厚和第 6 次优化后非均一壁厚型坯吹塑的制品壁厚，选取两条参考线 Ⅰ-Ⅰ 和 Ⅱ-Ⅱ（见图 1）分析壁厚沿参考线的变化规律。由图 8 可清楚地看出优化前后吹塑制品壁厚的变化。

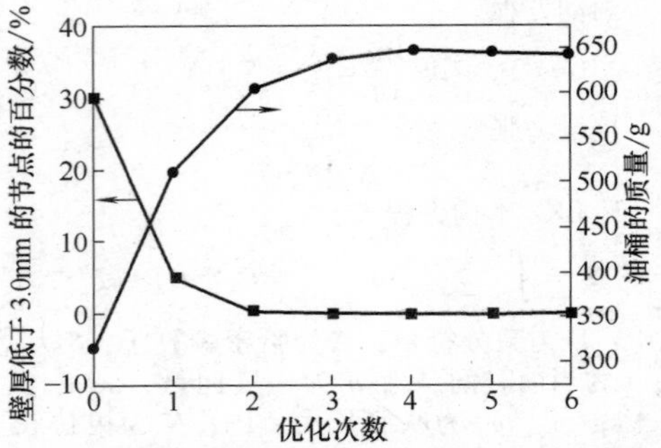

图 7 吹塑制品壁厚和质量随优化次数的变化曲线

经过 6 次优化，沿 Ⅰ-Ⅰ 参考线，在桶高等于 154.0mm 处制品的最小壁厚为 4.5mm；沿 Ⅱ-Ⅱ 参考线，在桶高等于 132.0mm 处制品的最小壁厚为 3.9mm。6 次优化后吹塑油桶上所有节点的壁厚都大于 3.0mm。与 4 次优化相比，经过 6 次优化，吹塑制品的质量降低，达到了优化的目的。

3 结论

（a）对于均一厚度型坯，在桶高为 15.0 ~ 50.0mm 和 200.0 ~ 280.0mm 处吹塑油桶的桶壁较薄，在桶高为 280.0 ~ 305.0mm（即桶口处）桶壁较厚。

（b）通过 6 次优化初始型坯，使吹塑油桶的各处壁厚都大于 3.0mm，且在第 4 次优化的基础上降低了吹塑油桶的质量。

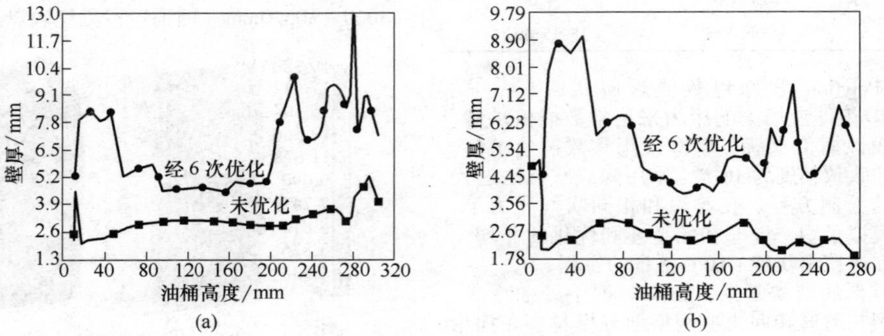

图 8 吹塑制品参考线上的壁厚

（a）参考线 Ⅰ-Ⅰ （b）参考线 Ⅱ-Ⅱ

9.5.3 多层聚合物包装容器吹塑过程的数值研究

多层聚合物包装容器吹塑过程的数值研究[89]

武晓松，彭 炯，王 建

多层吹塑成型是塑料工业的第 29 个重大技术革新。20 世纪 70 年代，作为包装材料的创新先锋，日本东洋公司首先尝试了多层挤出吹塑包装制品。该公司开发了一种三层结构制品，并在制品中使用了阻隔层和再粉碎可回收材料。这一技术最终应用于易氧化食品包装和多层燃料油箱。1983 年多层包装容器在食品包装领域 Heinz Ketchup 瓶被用户接受，多层共挤吹塑技术开始广泛应用食品包装，化学和药品容器领域。包装材料在保证食品的品质和安全上起了极其重要的作用，而科技的进步和材料性能的提升又使乙烯-乙烯醇共聚物（EVOH）成为高阻隔性包装材料的首选。包装的内、外层以低成本的聚丙烯、聚乙烯、聚对苯二甲酸乙二醇酯等为主。Laroche 等使用 RMS 得到 K-BKZ 方程中的材料参数，用 K-BKZ 积分型黏弹性本构方程，数值模拟了非等温挤出吹塑高密度聚乙烯（HDPE）油箱过程。研究结果表明，在高吹胀比区，数值模拟壁厚的数据与实验数据吻合较好，可以通过数值模拟预测薄壁区域和夹口等处的厚度；在低吹胀比区，数值模拟壁厚的数据明显高于实验数据。Karol 等用 Polyflow 软件数值模拟了轴对称圆形塑料瓶的吹气成型过程，分析了型坯直径对制品壁厚分布的影响，优化初始型坯壁厚得到最终壁厚均大于设定值 1mm 的制品。Miranda 等用 B-SIM 软件数值模拟了某 PET 包装瓶的拉伸吹塑过程，对比实验和计算的结果表明，模拟优化计算减轻了制品 21% 的质量。刘沙粒等用 Polyflow 软件数值模拟了带把手 HDPE 油桶的等温吹气成型过程，用数值模拟方法优化了型坯壁厚，第 4 次优化后制品的壁厚值均小于预设值，减轻了制品的质量。

国内外对单层中空制品的拉伸吹塑和挤出吹塑成型的研究较多，鲜见多层中空制品的数值模拟研究。本文拟以三层聚合物包装容器为研究对象，用 Polyflow 软件数值模拟了其吹塑成型过程。

1 数学物理模型和数值计算方法

三层包装容器的几何模型如图 1 所示，容器高 $L=200$mm，容器直径 $\Phi=70$mm，容器口半径 $R=15$mm。A—A 参考线为通过制品中轴线的 xy 平面与制品壁面的交线。挤出吹塑中空制品中轴线的 xy 平面与制品壁面的交线。挤出吹塑中空制品过程主要包括型坯成型、型坯吹胀和冷却固化 3 个阶段。本文研究重点是数值模拟型坯的吹胀成型过程。

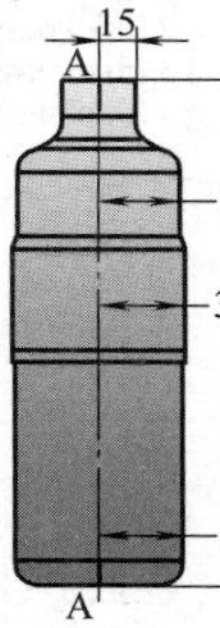

图 1 多层阻隔容器几何模型

初始型坯由 HDPE（内层）、HDPE 回料（外层）和 EVOH（阻隔层）三部分构成，厚度依次为 1.88、0.28、1.84mm，初始型坯总厚度为 4mm。型坯底面圆心与坐标原点重合，型坯直径为 20mm。模具为开合结构，型坯置于模具中央，模具距原点的最近距离为 25mm。由于壁厚尺寸远远小于其他三维尺寸，故采用 shell 模型，即用面网格代替体网格。由于模具和型坯结构对称，为提高计算效率只选制品的一半为模型进行计算。型坯和模具的网格划分如图 2 所示。模具用四边形和三角形划分网格，型坯用四边形划分网格，网格数为 1607 个。节点数为 1679 个。

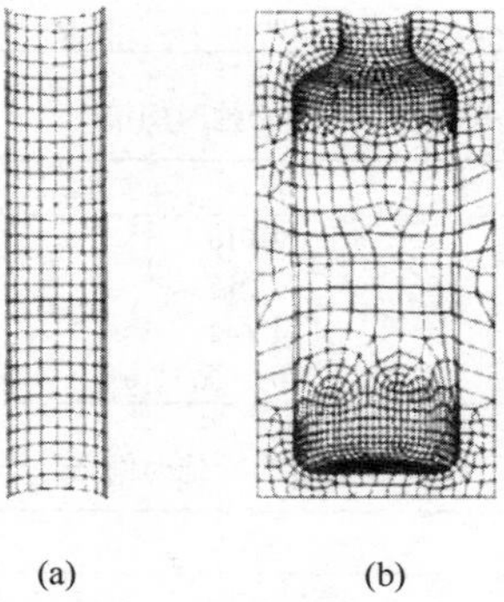

图 2 型坯和模具的网格划分
（a）型坯 （b）模具

考虑到挤出吹塑过程的实际工艺条件和聚合物熔体的流变特性，作出如下假设：1）吹胀过程中聚合物熔体为等温流动；2）吹胀过程中，型坯与模具接触壁面无滑移；3）初始型坯壁厚均一。建立描述型坯吹胀过程中聚合物熔体流动的控制方程：

连续性方程
$$\frac{\mathrm{D}\delta}{\mathrm{D}t}+\delta\nabla\cdot\boldsymbol{u}=0 \tag{1}$$

运动方程
$$\rho\delta\frac{\mathrm{D}\boldsymbol{u}}{\mathrm{D}t}=p_p+\nabla\cdot\boldsymbol{N} \tag{2}$$

接触力张量
$$\boldsymbol{N}=\delta\cdot\boldsymbol{T} \tag{3}$$

总应力张量
$$\boldsymbol{T}=\boldsymbol{T}_1+\boldsymbol{T}_2 \tag{4}$$

K-BKZ 本构方程
$$\boldsymbol{T}_1=\int_0^{\infty}\sum_{k=1}^{n}\frac{\eta_k}{t_\lambda^2}\mathrm{e}^{-t'/t_\lambda}\boldsymbol{C}_t^{-1}(t-t')\mathrm{d}t' \tag{5}$$

式中，D 为微分算符；δ 为型坯壁厚，m；t 为当前时间，s；∇为哈密顿算子；$\boldsymbol{u}$ 为速度矢量，m/s；ρ 为材料密度，kg/m^3；p_p 为吹胀压力，Pa；$\boldsymbol{N}$ 为单位长度接触力张量，Pa · m；$\boldsymbol{T}$ 为总应力张量，Pa；$\boldsymbol{T}_1$ 为弹性应力张量，Pa；$\boldsymbol{T}_2$ 为黏性应力张量，Pa；n 为分子链的运动模式，η_k 为特征黏度参数，Pa · s；t_λ 为松弛时间，s；t' 为当前时间，s；$\boldsymbol{C}_t$ 为 Cauchy-Green 应变张量。

多层吹塑型坯为三层结构，阻隔层为日本合成化学工业株式会社生产的 EVOH，牌号为 DC3203F。密度为 1170kg/m^3；内层为道达尔公司生产的吹塑级 HDPE，牌号为 MS201BN，密度为 949kg/m^3；外层为生产现场收集的 HDPE 回料，密度为 1000kg/m^3。文中制品各物料壁厚分别用 thickness1，thickness2，thickness3 表示，总物料层壁厚为 thickness。用 Polyflow 软件的材料参数模块 Polymat 拟合实验测定的流变参数，分别得到 210℃ 条件下的上述三种材料的松弛时间谱，见表 1 至表 3。

表 1　　HDPE 的松弛时间谱

k	t_λ/s	η_k/Pa
1	0.010	1475.610
2	0.063	4894.340
3	0.398	7057.610
4	2.512	2691.070
5	15.849	4450.800
6	100.000	8.150

表 2　　EVOH 的松弛时间谱

k	t_λ/s	η_k/Pa
1	0.010	1687.310
2	0.215	1137.710
3	4.642	0.399
4	100.000	0.036

表 3　　HDPE 回料的松弛时间谱

k	t_λ/s	η_k/Pa
1	0.010	1360.130
2	0.063	4863.680
3	0.398	9637.860
4	2.512	20487.500
5	15.849	5318.130
6	100.000	2.994

用 Polyflow 软件包数值求解式(1)至式(5)。数值计算的收敛精度为 10^{-3}，最小时间步长为 10^{-6}，采用隐式欧拉法迭代求解离散的控制方程。对于吹塑问题，在模具夹断位置型坯曲率较大，为了提高计算结果的精确度，计算过程应用自适应网格技术细化高曲率部分的网格。在等温条件下，分别数值模拟了均一壁厚多层初始型坯的挤出吹塑多层阻隔容器过程。在惠普工作站 HPXW9300 上完成全部计算工作，计算时间约为 5h。

2　结果和讨论

图 3 给出了不同吹胀时间下型坯的网格图。为了减小计算结果与真实结果的偏差，提高模具曲率较大位置网格的质量，在曲率较大位置，随着吹胀时间的增加，型坯网格被不断细化，使数值模拟的结果更加接近真实情况。当型坯与模具完全接触后型坯网格不再发生变化。

图 4 给出了预吹气压力为 7kPa，成型吹气压力为 0.7MPa，熔体温度为 210℃条件下，各层物料的

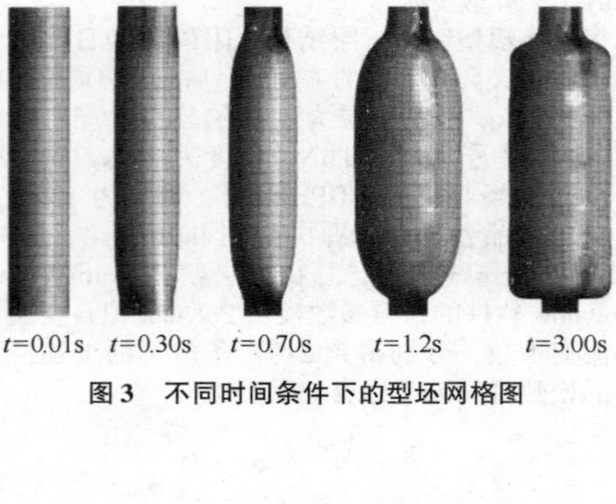

图 3　不同时间条件下的型坯网格图

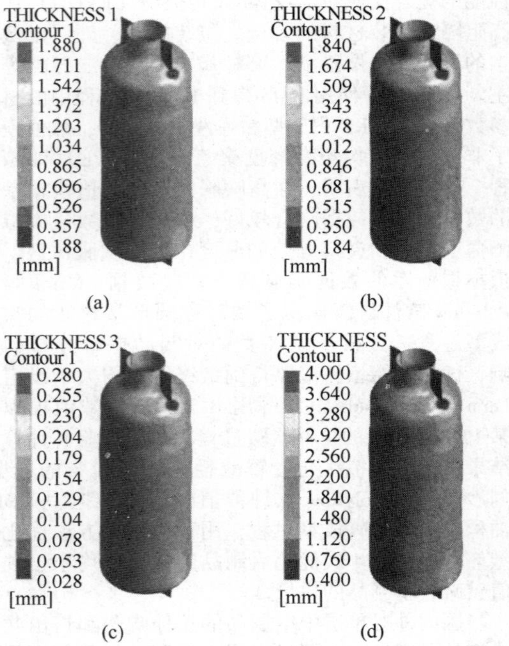

图 4　制品壁厚分布

(a) HDPE　(b) HDPE 回料　(c) EVOH　(d) 总物料层

壁厚分布。由图可知各物料层的相对壁厚大小分布规律大致相同。在制品上下两端曲率较大位置的壁厚值较小，在熔接线尾端壁厚值较大。这是由于在整个吹胀过程中，在模具曲率较大位置，型坯拉伸较大，故该位置的型坯壁厚相对较薄。在熔接线位置，型坯最早与模具接触，由于壁面无滑移条件，接触后型坯不再受吹气压力的影响，壁厚基本保持不变；同时在吹气压力的作用下，物料向四角堆积，导致熔接线尾部壁厚值较大。

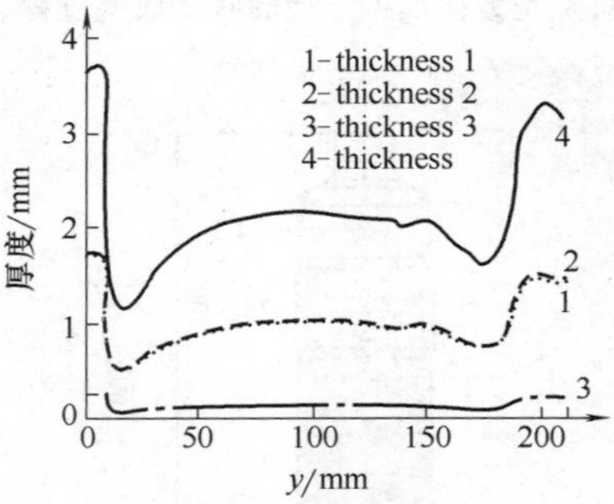

图 5　*A—A* 参考线上的壁厚分布

图 5 给出了 A—A 参考线上制品壁厚沿 y 轴的分布情况。由图可知，总壁厚和各层壁厚的值在参考线上的分布规律基本相同，沿 y 轴正方向呈类 W 型分布。在制品底部厚度值较大，在底部弯曲位置壁厚逐渐减小，总壁厚最小值为 1.13mm。之后到制品中间位置壁厚值逐渐增大，在制品中间位置总壁厚值最大值为 2.15mm。到顶部弯曲位置壁厚值又不断减小，顶部弯曲位置的总壁厚最小值为

1.61mm。通过顶部弯曲位置后壁厚值又开始增加。

3　结论

本文用 Polyflow 软件数值模拟了多层包装容器的吹胀过程，通过 Polymat 拟合不同材料参数，赋予 shell 模型不同的物料层，应用自适应网格技术，在一定的工艺条件下计算了多层型坯吹胀制品的壁厚分布。结果表明，多层包装容器制品各物料层的相对壁厚值大小分布规律大致相同。在制品上下两端曲率较大位置的壁厚值较小，在熔接线尾端壁厚值较大。分析参考线上各层壁厚沿 y 轴正方向的变化可知，各物料层壁厚的变化规律相同。

第 9 章练习题

9.1　综述在信息时代，使用数值模拟计算技术的重要性和优点。

9.2　简述数值模拟技术的计算方法及其特点，比较每种方法的优缺点。

9.3　说明数值模拟聚合物加工过程与流变学的关系，描述利用聚合物流变本构方程与数值模拟过程的关系。

9.4　从第 9 章的参考文献选择一篇英文论文，写 1 篇 800～1000 字中文综述，包括研究目的、计算方法、用了聚合物什么本构方程、主要的创新点和结论。每篇英文文献只能 1 人选择。鼓励同学选择最新发表的文献。该作业占期末考试的 10% 的成绩。在本章选择文献的同学不用选第 10 章的英文文献。

参考文献

[1]　R. S. 伦克. 宋家琪，徐支祥，戴耀松，译. 戴健吾，校. 聚合物流变学［M］. 北京：国防工业出版社，1983：1-4.

[2]　B. D. Todd. Residence Time Distribution in Twin-Screw Extruders［J］. Polymer Engineering and Science，1975，15（6）：437-443.

[3]　S. V. Kao，G. R. Allison. Residence Time Distribution in a Twin Screw Extruder［J］. Polymer Engineering and Science，1984，24（9）：645-651.

[4]　Yifan Xie，Tomayko David and Bigio D I et al. On the effect of operating parameters and screw configuration on residence time distribution［J］. Journal of Reinforced Plastics and Composites，1998，17（15）：1338-1349.

[5]　J. P. Puaux，G. Bozga and A. Ainse. Residence Time Distribution in a Corotating Twin Screw Extruder［J］. Chemical Engineering Science，2000，55：1641-1651.

[6]　Paul Elkouss，David I. Bigio，Mark D. Wetzel，Srinivasa R. Raghavan. Influence of Polymer Viscoelasticity on the Residence Distributions of Extruders［J］. AIChE J，2006，52（4）：1451-1459.

[7]　陈晋南，彭炯. 高等化工数学（第 2 版）［M］. 北京：北京理工大学出版社，2015：324-417.

[8]　方利国，陈砺. 计算机在化学化工中的应用［M］. 北京：化学工业出版社电子出版中心，2003：73-108.

[9]　忻孝康，刘儒勋，蒋伯诚. 计算流体动力学［M］. 北京：国防科技大学出版社，1989：514-575.

[10]　王福军. 计算流体动力学分析——CFD 软件原理与应用［M］. 北京：清华大学出版社，2004.

[11]　彭炯，胡冬冬，陈晋南. Polyflow 在双螺杆挤出模拟中的应用［C］. 2001 年 Fluent 中国用户年会. Fluent 公司主办. 北京海基科技发展有限责任公司承办. 北京，2001. 11. 12-13. 论文集：195-199.

[12]　陈晋南，胡冬冬，彭炯. 计算流体动力学（CFD）及其软件包在双螺杆挤出中的应用［J］. 中国塑料. 2001，Vol. 15（12）：12-16.

[13]　吕静，胡冬冬. 数值模拟在挤出机头中的应用［J］. 中国塑料，2003，Vol. 17（1）：19-24.

[14]　王玉洁，黄明福，陈晋南. 注射成型技术研究进展［J］. 广东化工，2007，Vol. 34（2）：31-33.

[15]　王鸳鸯，黄明福，陈晋南. 注塑螺杆的研究进展［J］. 广东化工，2007，Vol. 34（3）：41-43.

[16]　陈晋南，代攀. 螺压反应挤出改性聚合物研究进展［C］. 2007 年中国工程塑料复合材料技术研讨会. 中国工程塑料工业协会加工应用专委会. 昆明：2007. 7. 22-23. 论文集：42-45.

[17]　陈晋南，卢世明. 数值研究螺杆挤出机螺杆元件性能的进展［J］. 计算机辅助工程，2009，Vol. l8（4）5-9.

[18]　陈晋南，彭涛. 聚合物挤出口模设计的数值研究进展［J］. 中国塑料，2010，Vol. 24（3）19-24.

[19]　陈晋南，彭炯，王建. 数值模拟技术在塑料加工的应用进展［C］. 2017 第三届中国塑料/化工研究院所发展论坛. 中国塑料加工工业协会. 广州：2017. 5. 14. 论文集：129-136.

[20]　王建，陈东杰，黄永生，等. 薄膜生产线热风系统的数值模拟［J］. 橡塑技术与装备，2015，41（8）：36-41.

[21]　王建，杨璐，彭炯. 内循环两板注塑机液压系统的节能降耗技术［J］. 两板直压式注塑机合模液压系统的节能降耗技术. 第十届中国塑料工业高新技术及产业化研讨会暨 2015 中国塑协塑料技术协作委员会年会·技术交流会.

2015.7.30-31，天津：论文集：181-185.
[22] 彭炯，陈晋南．同向旋转双螺杆挤出机计量段中聚合物挤出的模拟［J］．中国塑料，2001. Vol. 15（7）：39-42.
[23] Hu Dongdong，Chen Jinnan．Numerical Simulation of Twin-Screw Extrusion with Wall Slip［J］．Journal of Beijing Institute of Technology，2004．Vol. 13（1）：85-89.
[24] 胡冬冬，陈晋南．双螺杆挤出机流场的数值模拟中进出口边界条件的探讨［J］．计算机与应用化学，2005，Vol. 22（12）：1137-1141.
[25] 彭炯，胡冬冬，陈晋南，等．同向双螺杆挤出机捏合段三维非等温流动的数值模拟［J］．工程塑料应用，2002，Vol. 30（2）：42-44.
[26] Peng Jiong，Chen Jinnan．Numerical Simulations of Polymer Melt Conveying in Co-rotating Twin Screw Extruder［J］．Journal of Beijing Institute of Technology，2002，Vol. 11（2）：189-192.
[27] Hu Dongdong，Chen Jinnan．Simulation of Particle Trajectories and Statistical Analysis in Twin-Screw Extruders［J］．Functionally Graded Materials VII．Trans Tech Publications Ltd．Materials Science Forum，2003，423-425：753-758.
[28] Hu Dongdong，Chen Jinnan．Numerical Simulation of Twin-Screw Extrusion with Wall Slip Functionally［J］．Graded Materials VII. Trans Tech Publications Ltd，Switzerland．Materials Science Forum，2003，423-425：759 -762.
[29] 胡冬冬，陈晋南．双螺杆挤出中聚合物熔体混合状态的统计学分析［J］．中国塑料，2003，Vol．17（3）：48-52.
[30] 胡冬冬，陈晋南．双螺杆挤出机中粒子轨迹的可视化模拟［J］．计算机与应用化学，2003．5，Vol．20（3）．247-250.
[31] Hu Dongdong，Chen Jinnan．Simulation of 3D Isothermal Flows in Intermeshing Co-rotating Three-Screw Extruders［C］．European Fidap and Polyflow Users' Group Meetings．Wavre，Belgium．Sep．30-Oct．1，2003.
[32] 胡冬冬，陈晋南．啮合同向三螺杆挤出机中三维等温流动的数值模拟［J］．塑料机械，2003．12．No．6：11-14.
[33] 胡冬冬，陈晋南．啮合同向三螺杆挤出机中三维等温流动的数值模拟［J］．化工学报，2004．Vol．55（2）：280-283.
[34] 胡冬冬，陈晋南．啮合同向双螺杆挤出机中组合螺杆性能的数值研究（I）瞬时流场分析［J］．中国塑料，2005，Vol．19（3）：90-100.
[35] 胡冬冬，陈晋南．啮合同向双螺杆挤出机中组合螺杆性能的数值研究（0）混合特性场分析［J］．中国塑料，2005，Vol．19（6）：103-109.
[36] 孙兴勇，陈晋南，彭炯．同向双螺杆挤出机过渡段流体的三维数值模拟［J］．石油化工高等学校学报，2005，Vol．18（3）：69-71.
[37] 胡冬冬，陈晋南．啮合同向三螺杆挤出机捏合段三维等温流场的数值分析［J］．塑料机械，2005.12（6）：23-30，34.
[38] Hu Dong-dong，Chen Jin-nan．Simulation of Polymer Melt Flow Fields in Intermeshing Co-Rotating Three-Screw Extruders［J］．Journal of Beijing Institute of Technology，2006，Vol.15（3）：360-365.
[39] 胡冬冬，彭炯，陈晋南．组合式双螺杆挤出机中三维等温流动的数值研究［J］．北京理工大学学报，2006，Vol. 26（3）：201-205.
[40] 陈晋南，姚慧，彭炯．销钉机筒挤出机混合段的混合性能［J］．北京理工大学学报，2008，Vol. 28（1）：90-94.
[41] 陈晋南，刘杰，彭炯．数值模拟研究螺纹元件的混合性能［J］．现代化工，2009．9，Vol. 29 增刊（1）．332-336.
[42] CHEN Jin-nan（陈晋南），LIU Jie（刘杰），CAO Ying-han（曹英寒），PENG Jiong（彭炯）．Numerical Study on the Mixing Performance of Screw Mixing Elements and Conventional Screw Elements［J］．Journal of Beijing Institute of Technology，2010，Vol. 19（2），217-223.
[43] 李晓翠，彭炯，陈晋南．销钉单螺杆混炼段分布混合性能的数值研究［J］．中国塑料，2010，Vol. 24（2）34-37.
[44] 曹英寒，陈晋南．壁面条件对异向锥形黄螺杆挤出硬质聚氯乙烯过程的影响［J］．科技导报，2010，Vol. 28（12），61-65.
[45] 高丽平，彭炯，陈晋南．粒子质量对单螺杆混合过程影响的数值研究［C］．2010 年中国工程塑料复合材料技术研讨会，中国工程塑料工业协会加工应用专委会主办，中国兵器工业集团第五三研究所、泰山玻璃纤维有限公司、山东省复合材料学会承办．山东泰安：2010．5．24-27．工程塑料杂志社，会议论文集，158-160.
[46] 陈晋南，卢世明，彭炯．同向双螺杆不同结构开槽螺纹元件性能的数值比较［C］．中国塑料技术高层论坛暨 2010 中国塑协塑料技术协作委员会年会．甘肃，兰州：2010．8．11-12．论文集，421-426.
[47] Jinnan Chen，Pan Dai，Hui Yao，Tung Chan．Numerical Analysis of Mixing Performance of Mixing Section in Pin-Barrel Single-Screw Extruder［J］．Journal of Polymer Engineering，2011，Vol. 31（1）：53-62.

[48] Jinnan Chen, Pan Dai. Numerical Study on the Mixing Performance of Screw Element in Intermeshing Counter-Rotating and Co-Rotating Twin Screw Extruders [J]. Journal of Beijing institute of Technology, 2011, Vol. 20 (1): 129-137.

[49] Yinghan Cao, Jinnan Chen. Numerical Simulation of Effect of Slip Conditions on PVC Co-Rotating Twin-Screw Extruder [C]. 2nd International Conference on Manufacturing Science and Engineering. Guangxi Guilin. April 9-11, 2011. Advanced Materials Research, 2011, Vol. 189-193: 1946-1954.

[50] Yinghan Cao, Jinnan Chen. Effect of Wall Conditions on RPVC Co-Rotating Twin-Screw Extrusion [C]. 2011 International Conference on Advanced Design and Manufacturing Engineering, ADME. Sep. 16-18, 2011, Guangzhou, China. Advanced Materials Research. 2011, Vol. 314-316: 419-427.

[51] 曹英寒，陈晋南. 同向锥形双螺杆混合挤出性能比较研究 [J]. 哈尔滨工程大学学报，2011，Vol. 32 (10): 1360-1366.

[52] 王建，郭迪，陈晋南. 数值模拟研究螺筒结构对单螺杆挤出机性能的影响 [J]. 塑料科技，2012，Vol. 40 (10): 74-78.

[53] 王建，郭迪，陈晋南，等. 数值研究槽深对单螺杆螺筒挤出机性能的影响 [J]. 塑料工业，2012，40 (10): 70-73.

[54] 柳娟，王建. 左右旋螺筒结构对单螺杆挤出机性能的影响 [J]. 高分子材料科学与工程，2014，Vol. 30 (3): 124-127.

[55] 王建，柳娟，彭炯. 单螺杆螺筒挤出机螺筒结构的正交优化 [J]. 塑料工业，2014，42 (2): 65-68.

[56] 王国环，彭炯，王建，等. PE-HD/炭黑在捏合块元件内分散混合的数值模拟研究 [J]. 中国塑料，2014. 28 (4): 68-72.

[57] 刘发国、王国环、彭炯，等. 同向双螺杆中碳黑/HDPE分散混合的数值研究 [C]. 2014中国塑协多功能母料专委会年会，四川成都，2014. 10: 223-230.

[58] 王建、刘发国、王国环，等. 两种双螺杆组合混合挤出性能的数值研究 [C]，2014中国塑协多功能母料专委会年会，四川成都：2014. 10: 231-240.

[59] 彭炯，陈晋南. 计算流体力学 (CFD) 在口模设计中的应用 [J]. 现代塑料加工应用，2001. 12. Vol. (6): 31-33.

[60] 彭炯，陈晋南，谭惠民. 口模设计的三维数值模拟 [J]. 中国学术期刊文摘，2001，Vol. 7 (6): 774-776.

[61] 胡冬冬，陈晋南. 应用Polyflow对线缆包覆口模挤出的数值模拟 [C]. 2001年中国工程塑料加工及模具技术研讨会. 中国工程塑料工业协会加工应用专业委员会. 工程塑料应用. 郑州：2001. 11. 论文集，63-65.

[62] 吕静，陈晋南，胡冬冬. 流变性对两种熔体共挤出的影响 [J]. 塑料挤出，2002. 12，No. 6: 1-5.

[63] 吕静，胡冬冬，陈晋南. 流率和牵引速度对两种聚合物熔体共挤出影响的数值研究 [J]. 北京理工大学学报，2003，Vol. 23 (6): 781-784.

[64] 朱敏，陈晋南，吕静. 橡胶异型材挤出口模的数值模拟 [J]. 中国塑料，2003，Vol. 17 (12): 75-78.

[65] 吕静，陈晋南，胡冬冬. 壁面滑移对两种聚合物熔体共挤出影响的数值研究 [J]. 化工学报，2004，Vol. 55 (3): 455-459.

[66] 秦贞明，陈晋南，彭炯. 双螺杆挤出机模具过渡和稳流段流场的数值模拟 [J]. 计算机与应用化学，2006，Vol. 23 (9): 853-857.

[67] 李頔，陈晋南. 数值研究转速对圆锥口模熔体挤出的影响 [C]. 2007年中国工程塑料复合材料技术研讨会. 中国工程塑料工业协会加工应用专委会. 昆明：2007. 7. 22-23. 论文集，197-200.

[68] 陈晋南，吴荣方. 数值模拟橡胶挤出口模内熔体的非等温流动 [J]. 北京理工大学学报，2008，Vol. 28 (7): 626-630.

[69] 陈晋南，胡敏，吴荣方. 数值模拟汽车密封圈口模内的非等温流动 [C]. 2008第五届两岸三地先进成型技术与材料加工研讨会. 先进成型技术学会 (SAMT) 主办. 北京化工大学、北京盛世联盟会展有限公司承办. 郑州大学橡塑模具国家工程研究中心、台湾中原大学协办. 北京：2008. 11. 16-17. 论文集：273-277.

[70] 陈晋南，胡敏，彭炯. 数值模拟硬聚氯乙烯双螺杆模具挤出过程 [J]. 科技导报，2009. 7，Vol. 27 (13): 54-59.

[71] 陈晋南，彭涛. 壁面条件对ABS离模膨胀影响的数值研究 [C]. 2010 7th Society of Advanced Molding Technology (SAMT) 第七届先进成型技术国际研讨会. 先进成型技术学会 (SAMT)、华中科技大学主办，华中科技大学材料成形与模具技术国家重点实验室承办，郑州大学橡塑模具国家工程研究中心、台湾中原大学、香港科技大学协办. 武汉：2010. 9. 11-12. 论文集，181-185.

[72] 王建，陶瑞涛，陈晋南. 数值模拟研究滑移和工艺条件对ABS棒材挤出过程的影响 [J]. 化工进展 (增刊)，2011，Vol. 30: 226-229.

[73] 陈晋南，赵增华，李荫清．数值研究双螺杆挤出平行孔模具聚合物流场［J］．哈尔滨工程大学学报，2012. Vol. 33（1）：124-128.
[74] 马德君，陈晋南．往复螺杆式注塑机螺杆头部计量段三维等温流场的数值模拟［J］．中国塑料，2005，Vol. 19（10）：97-100.
[75] 王明丽，陈晋南，彭炯．注塑机止逆螺杆头三维等温流动的数值模拟［J］．中国塑料，2006. Vol. 20（1）：97-100.
[76] 马德君，陈晋南．塑化过程螺杆计量段三维流场的数值模拟［J］．石油化工高等学校学报，2006，Vol. 19（2）：76-79.
[77] 马德君，陈晋南．注射过程螺杆计量段三维流场的数值模拟［J］．北京理工大学学报，2006. Vol. 26（6）：478-483.
[78] 马德君，陈晋南．塑化过程螺槽中三维流场的数值模拟［J］．计算机与应用化学，2007. 3. Vol. 24（3）：414-418.
[79] 王玉洁，彭炯，陈晋南．数值仿真注塑充模过程［J］．辽宁石油化工大学学报，2007，Vol. 27（3）：7-10.
[80] 陈晋南，王鸳鸯，彭炯．注射螺杆流道熔体非等温流场的数值研究［J］．北京理工大学学报，2007（8）Vol. 27：723-727.
[81] 陈晋南，姜叶涛，彭炯．计量行程对聚丙烯塑化和注射过程的影响［J］．北京理工大学学报，2007 增刊 2：153-156．京新出报刊增准字第 622 号．
[82] 陈晋南，姜叶涛．背压对聚丙烯塑化过程的影响［J］．工程塑料应用，2008，Vol. 28（9）：34-37.
[83] 陈晋南，王鸳鸯，彭炯．螺杆转速和机筒温度对加工聚丙烯的影响［J］．北京理工大学学报，2010，Vol. 30（1）：109-113.
[84] 李静，彭炯，刘沙粒，于涛，张丁，等．圆环和锥形口模挤出吹塑的数值研究［J］．工程塑料应用，2012，Vol. 40（12）：46-49.
[85] Jiong Peng，Jing Li，Jinnan Chen and Shali Liu．Numerical Study of the Effect of Flow Rate and Temperature on Parison Swell and Sag in Extrusion［J］．Journal of Beijing Institute of Technology，2013，Vol. 22（3）：423-426.
[86] 王建，陈晋南，刘沙粒，等．型坯温度对 HDPE 油桶成型的影响［J］．塑料工业，2013. Vol. 41（3）：72-75.
[87] 李静，彭炯，刘沙粒．高密度聚乙烯油桶吹胀过程的非等温数值模拟［J］．中国塑料，2013（2）：69-73.
[88] 刘沙粒，彭炯，张丁，于涛，陈晋南，等．带把手 HDPE 油桶挤出吹塑型坯壁厚的数值模拟优化［J］．合成树脂及塑料，2013，Vol. 30（1）：64-67.
[89] 武晓松，彭炯，王建．多层聚合物包装容器吹塑过程的数值模拟［J］．塑料工业，2014，Vol. 42（6）：46-49.
[90] 武晓松，彭炯，王建．预吹气压力对多层聚合物包装容器壁厚的影响［C］．第十届中国高分子材料工业高新技术及产业化研讨会暨 2015 中国塑协高分子材料技术协作委员会年会·技术交流会．天津：2015. 7. 论文集，30-31.
[91] 陈晋南，李荫清，关恒波，赵增华，彭炯．一种双螺杆挤出机机头流道结构［P］．实用新型 201020590779. 4.

第 10 章　单聚合物复合材料成型制备新技术

聚合物复合材料通常是由聚合物基体、玻璃纤维，碳纤维和天然纤维等增强材料组成的多相固体材料。由于增强热塑性树脂基复合材料的基体本身缺乏可反应的活性官能团，很难与纤维发生良好的化学键结合，基体和纤维的黏接性能直接影响着界面性能，界面性能影响应力传递，从而影响复合材料制品的微观结构和宏观力学性质。因此，界面问题一直制约着复合材料的发展。如何获得坚固、稳定界面一直是聚合物复合材料的研究课题。

另外，很难找到一种合适而经济的方法将不同种类的纤维和基体彼此分开。复合材料的大量使用导致了复合材料废弃物的增加，造成了环境污染。随着自然资源的日益枯竭和环境的严重污染，全球能源回收和再利用意识不断提高，复合材料的设计必须考虑聚合物回收再利用。因此，研究力学和界面性能良好、回收利用率高的新型复合材料成为复合材料发展的迫切需求。

1975 年，Capiati 和 Porte 首次提出了单聚合物复合材料（Single Polymer Composite，SPCs）的概念，根据聚合物不同结构形态有着不同流变性能的特点，研究了高密度聚乙烯作为基体和增强体的复合材料，将高度取向的聚乙烯（PE）纤维插入聚乙烯熔体中，第一次热压制备了 PE 单聚合物复合材料（SPCs），提出了 SPCs 的概念，通过实验研究证明了 SPCs 制备的可行性，验证了其具有较好界面性质的特点。当时 SPCs 的概念没有引起足够的关注和重视，在此后相当长的一段时间 SPCs 发展缓慢。

SPCs 的基体和增强材料来自同种高分子聚合物，是把两种或两种以上化学组分相同物理性质不同的聚合物复合在一起的材料，与传统的纤维增强聚合物基复合材料相比，SPCs 的力学性能和基体与增强材料间的界面结合强度都得到提高。另外，SPCs 是一种新型的环保材料，只需简单熔融即可回收再利用。由于单聚合物复合材料（SPCs）具有质量轻、比强度高、耐冲击和易回收等显著特点，近年来成为复合材料研究领域的热点之一。

本章介绍 SPCs 的研究进展，以陈晋南课题组的成功案例介绍 SPCs 制备新技术、新工艺和新设备，按研究问题内容分为 4 节，包括单聚合物复合材料的研究进展、单聚合物复合材料的研发与聚合物流变性能、单聚合物复合材料注塑成型制备与其性能、单聚合物复合材料挤出成型制备与其性能。

10.1　单聚合物复合材料的研究进展

SPCs 与传统纤维增强复合材料相比，优点是把两种化学组分相同、物理性质不同的材料复合在一起，不需要添加改性纤维，可得到优良的界面结合强度，制备工艺简单、产品密度小、回收利用率高。

如果 SPCs 的基体和增强体属于同一种结构形态的聚合物，熔融温度相同，在常规聚合物加工熔融温度条件下，在基体中的增强体也往往熔融而失去原来的形态，制品达不到复合材料的结构和力学性能。扩大 SPCs 基体和增强体之间的加工温度范围是 SPCs 制备的核心问题，也是研究 SPCs 的难点。研究聚合物流变性能是制备 SPCs 的关键。根据 SPCs 的特性发展了复合材料制备方法，目前制备 SPCs 的方法有热压纤维法、溶液浸渍热压法、纤维缠绕热压法、夹层热压法 和共挤出热压法等。

1993 年，Hine 和 Ward 等直接热压 PE 纤维制备了 SPCs。实验以熔融纺织生产的高模量 PE 纤维为原料，在一定温度下使纤维表面部分熔融黏合成型制备 SPCs。将 PE 纤维定向排列在金属模具内，放入热压装置中，预热浸润压力为 0. 7MPa，10min 后加压到 21MPa，保持 10 s 后离模冷却。在温度、压力和热压时间等工艺影响因素中，温度的影响最显著。室温下长时间高压所得 SPCs 的横切强度很小。当热压温度逐渐接近纤维熔点时，产品由白色变为透明。力学测试实验表明，在 138℃下热压而成的 SPCs 综合性能最好。

1994 年，Kabeel 和 Olley 等进一步研究了由 PE 纤维制备 SPCs 的表面熔融情况和结晶结构。结果表明，在 138℃下热压，纤维表面有 9% 熔融填充到纤维的空隙中，纤维形成六边形截面，界面性能良好。纤维直接热压法制备 SPCs，在一定温度下，纤维表面部分熔融固化成型。制备的 SPCs 具有良好的力学性能，但是，制备工艺对温度控制要求严格。

2006 年，Yao 和 Li 等利用聚对苯二甲酸乙二醇酯（PET）的慢结晶性质热压制备了 PET SPCs，其界面性能好，力学性能较纯 PET 显著提高，温度窗口扩大到 70℃。在低于聚合物熔点的温度聚合物没有结晶，仍保持着可流动的状态，这就是聚合物流变的过冷性质。在制备 SPCs 时，利用聚合物的过冷性质扩大基体与纤维增强体之间的熔融温度差，在过冷状态的基体中加入纤维增强体，在此温度下增强体不会熔融。利用聚合物流变的过冷性质制备 SPCs。

1998 年，Lacroix 和 Werwer 等用溶液浸渍热压法，制备了 PE-UHM 纤维增强 PE-LD 材料的 SPCs。溶液浸渍热压法是将增强纤维在基体溶液或粉末中浸渍后制成预浸料胚，之后模压制备 SPCs 的一种方法。当纤维表面浸润了基体溶液时，纤维表面的分子链即可与基体表面的分子链发生缠绕进而结晶，形成了纤维和基体之间的连接层，由此制成 SPCs。基体的厚度与浸渍溶液的浓度和浸渍时间成正比。溶剂浸渍热压法利用有机溶剂对聚合物基体材料的溶解作用，在浸渍条件下，使基体材料包覆在纤维表面，不要求基体熔融，具有低黏度，但是需要选择合适的溶剂。此种方法需要用到大量聚合物溶剂且制备过程中存在溶剂挥发现象，对环境造成一定影响。另外，回收溶剂需要耗费大量资金。这些缺点制约了浸渍热压法制备 SPCs 的发展。

2004 年，Hine 和 Astruc 等用纤维缠绕热压法制备了 PEN SPCs。在金属盘模具上，用 PEN 纤维单向缠绕后再垂直缠绕，保证缠绕的对称性。在模具中心用热电偶控制温度变化。在热压装置的金属盘间放置缠绕好的纤维，恒温稳压制备 PEN 材料的 SPCs。研究了温度对产品性能的影响。研究结果表明，制备的 PEN SPCs 性能均高于相同方法制备的 PET 材料 SPCs。

2008 年，Hine 和 Olley 等通过薄膜层压法制备了 PP 单聚合物复合材料。工艺是将单层 PP 夹在 PP 织布中间，在金属模具内热压成型。PP 纤维表面部分熔融，相互黏合重结晶形成复合材料的基体，未熔融的纤维部分成为复合材料的增强相。该工艺的优点是纤维和基体之间有较好的兼容性，达到很好的浸润和渗透效果，在纤维表面形成了均匀的基体相。但是，与其他方法相比，对温度的控制要求更加严格。

2006 年，Alcock 和 Cabrera 等将共挤出的 PP 带缠绕在模具上，分别热压制备了 PP SPCs，研究了加工温度对 PP 单聚合物复合材料力学性能的影响。研究结果表明，在 140 ~ 160℃温度范围内，加工温度对复合材料的拉伸强度和模量几乎没有影响。由此可见，共挤出热压法具有较大的加工温度窗口。

这些制备方法都是深入研究聚合物材料的流变性能，利用聚合物材料的不同流变特性研发的新技术。由于本书篇幅的限制，没有展开介绍 SPCs 的研究进展，有兴趣的读者可阅读陈晋南和王建等人 SPCs 研究的综述文章和代攀、赵增华和毛倩超的博士论文，以及国外有关 SPCs 的综述文章。1989 年，在英国利兹的布拉德福德大学（University of Bradford）建立了高分子跨学科研究中心（Polymer Interdisciplinary Research Centre，Polymer IRC），该中心与世界各国建立了广泛的合作关系。在国内建立了英国—中国先进材料研究所[22]（UK—China Advanced Materials Research Institute），每年召开一次国际会议。

2009 年，在四川成都召开的中英国际合作 IRC 会议上，Unwin，Hine 和 Ward 介绍了国外单聚合复合材料制作的产品已经用于汽车内装饰、汽车底盘、旅行箱包和板材等生活的方方面面，这些应用产品制备的方法主要是热压法。图 10. 1. 1 至图 10. 1. 4 给出国外 SPCs 一些应用的实例。

图 10. 1. 1　SPCs 薄膜和管材

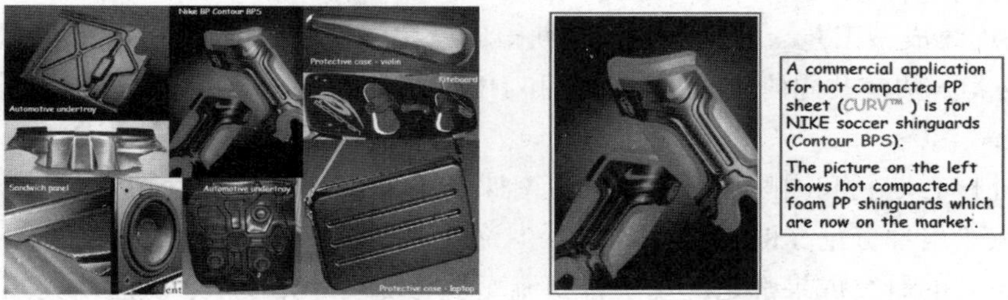

图 10. 1. 2　SPCs 运动器材和生活用品

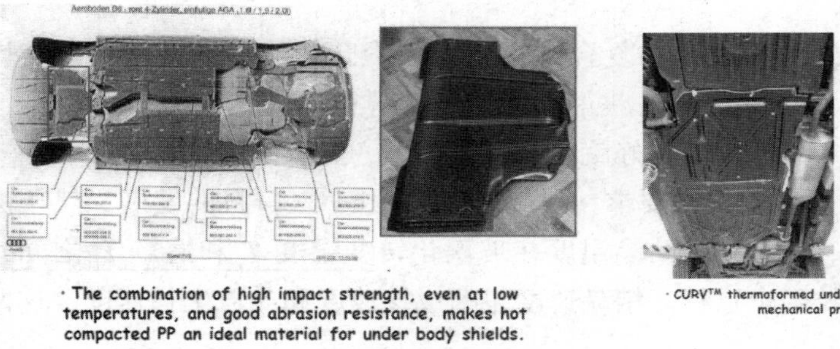

	Hot Compacted PP	GMT
Weight	900 gms	1200 gms
Puncture impact energy @ + 20°C	14.5 J	9.6 J
Puncture impact energy @ - 40°C	14.1 J	10.5 J
Notched Izod @ + 20°C	4750 J/m	750 J/m
Notched Izod @ - 40°C	7500 J/m	Brittle
Abrasion resistance	> 3 hours	1 hour 40 mins

图 10. 1. 3　SPCs 汽车部件

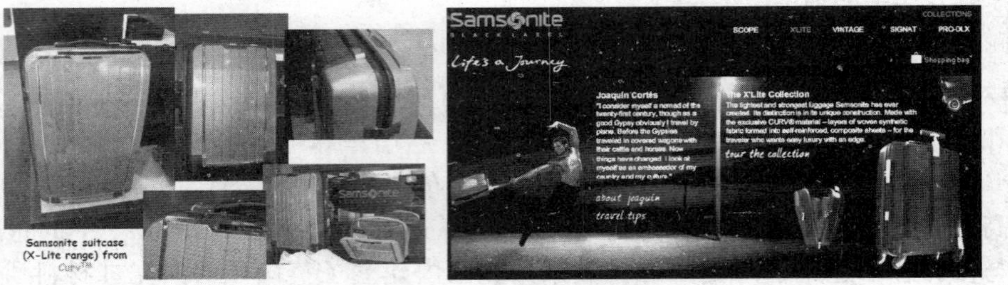

图 10.1.4　SPCs 箱包

SPCs 有广阔的应用前景，北京理工大学化学与化工学院愿意与企业合作，共同深入研究 SPCs 连续成型工艺和研发相应的设备，实现我国工业化生产 SPCs 材料，为实现中国强国梦添砖加瓦。

2008 年 9 月底，在北京化工大学召开的“两岸三地先进成型技术与材料加工研讨会”上，陈晋南与美国佐治亚理工大学（GT）材料科学与工程学院姚冬刚教授相识，开始了近 10 年的 BIT 与 GT 的两校合作，共同研发制备 **SPCs** 的新工艺、新材料和新技术。

2009 年 3 月初，陈晋南和姚冬刚确定陈晋南博士生代攀的研究课题为《利用聚合物过冷熔体制备单聚合物复合材料的研究》。2009 年 9 月到 2010 年 9 月，代攀获得国家留学基金委资助，到 GT 联合培养。在国内，2011 年，代攀等首次用热压法制备了 PP SPCs 和 PEN SPCs。同年，陈晋南的博士生赵增华首次研发了冷模压烧结法制备聚四氟乙烯（PTFE）SPCs 的工艺。

针对 SPCs 的制备不能连续生产、精度低和形状单一，以及单聚合物复合材料加工方法存在的制备周期长、加工温度难以控制、生产效率低等缺点，BIT 与 GT 合作开始研究单一组分 SPCs 的连续成型工艺。博士生毛倩超获得国家留学基金委的奖学金，于 2012 年 10 月，赴 GT 联合培养，两校共同研发了 PP SPCs 和 HDPE SPCs 的注塑成型工艺，制备了 PP SPCs 和 HDPE SPCs。

在国内外核心期刊和国际会议上，陈晋南课题组发表有关单聚合物复合材料的 30 多篇论文。这里仅给出部分论文的目录，其中不少论文被 SCI 和 EI 所收录，创新的成果申请了专利。这一系列的研究成果都是应用聚合物流变学与现代计算技术、实验研究结合的成果。

10.2　单聚合物复合材料的研发与聚合物流变性能

本节介绍陈晋南课题组研发的单聚合物复合材料技术与聚合物流变性能的关系。比较 10.1 节简介的几种热压法可知，热压法可以获得界面性能优异的单聚合物复合材料，但是对制备温度的精确度要求很高。温度控制不好就会使纤维熔融，失去增强作用。

SPCs 制备过程中，对加工温度的严格要求，限制了大尺寸 SPCs 材料的发展。热压法是利用了聚合物材料的过冷性能。聚合物的结晶温度在玻璃化转变温度 T_g 和熔点 T_m 之间，聚合物结晶包括晶核的形成和生长两个过程。结晶速度包括成核速度和晶粒生长速度，这两种速度共同决定结晶的总速度。

图 10.2.1 给出成核速度、晶粒生长速度和结晶总速度随温度的变化。由图 10.2.1 可见，晶核的形成和晶核的生长与温度有很大的关系，低温利于晶核的形成，高温利于晶核的

生长。当温度略低于聚合物熔点时，晶核难于形成而利于生长，由于聚合物中没有形成晶核，所以在该温度下聚合物很难结晶。**在低于聚合物熔点的温度下，聚合物没有结晶仍保持熔融状态，称为聚合物的过冷状态**。

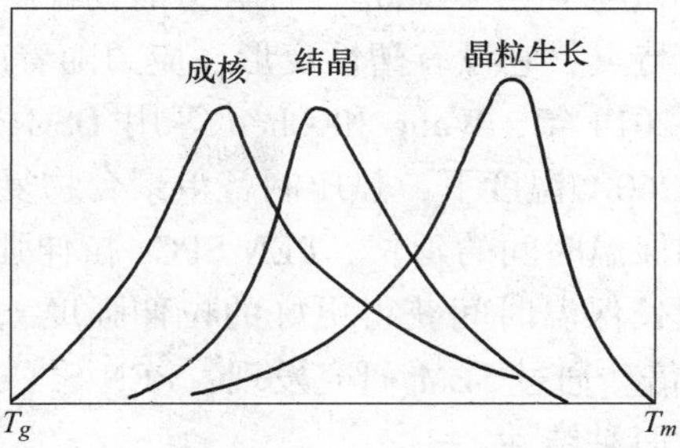

图 10.2.1　成核速度、晶粒生长速度和结晶总速度和温度的关系曲线

基于聚合物的这种过冷性质，在聚合物处于过冷状态时，可将同种类的纤维增强体添加到熔融的聚合物中。因为温度低于熔点，所以纤维增强体不会熔融，可制备 SPCs。研究 SPCs 制备工艺的核心问题主要是如何扩大增强相与基体之间的熔点或软化温度差，从而扩大制备 SPCs 工艺的温度范围。

目前采用的扩大制备单聚合物复合材料加工温度范围的主要途径有两个，一是在加温的同时施加适当的压力，使基体和纤维在低于软化点时就能黏合在一起。另一种途径是改善纤维的加工方法。由于聚合物结晶的特点，纺丝工艺不同，可以形成不同的晶体结构。制备结晶度高、取向好的纤维，从而提高纤维的熔点，扩大 SPCs 材料加工的温度范围。

SPCs 制备的关键问题是利用其增强相与基体熔融温度之差。增强相的熔融温度比基体越高，SPCs 的制备加工温度范围（温度窗口）就越宽，就能实现 SPCs 的制备。在研发每一种单聚合物复合材料前，必须实验研究该聚合物材料的流变特性，确定 SPCs 的制备加工温度的范围。

2011 年，Dai、Chen 和 Yao 等人用差示扫描量热法和流变测定聚丙烯 PP 的过冷度，确定加工温度窗口从 125℃到 150℃。基于聚合物材料的过冷性质，在国内首次用热压法制备了 PP SPCs。PP SPCs 经纬方向的拉伸强度分别是 180MPa 和 220MPa，远远高于未增强的 PP 拉伸强度 30MPa。同年，Zhao 和 Chen 首次研发了冷模压烧结法制备聚四氟乙烯（PTFE）SPCs 的工艺。通过热分析法和 X 射线衍射分析 PTFE 基体和纤维的熔融温度和结晶度。根据 PTFE 的流变性能，使用类似陶瓷和粉末冶金的冷模压烧结工艺制备 PTFE SPCs。先将常温的 PTFE 粉末和纤维预压，然后再烧结，制备的 PTFE SPCs 的材料拉伸性能明显高于未添加 PTFE 纤维的 PTFE 材料，申请了发明专利《聚四氟乙烯单聚合物复合材料》。

2012 年，代攀和陈晋南用热压法制备聚丙烯 PP SPCs，用金相显微镜观察了 PP SPCs 的微观结构，用扫描电子显微镜观察了纤维从树脂拔出的表面结构。研究结果表明，PP SPCs 拉伸强度随着加工温度升高而增大。当加工温度为 150℃时，PP SPCs 的拉伸强度比没有增强的 PP 提高了 5 倍以上。PP SPCs 中纤维与树脂基有良好的界面黏接性。同年，王建和陈晋南等 首先使用 DSC 热分析测试聚萘二甲酸乙二醇酯（PEN）粒料和 PEN 纤维的熔融行为，确定了制备 PEN SPCs 的加工温度为 220～260℃。用 SEM 观察了不同温度制备样品的微观结构，发现 PEN SPCs 中的基体 PEN 树脂与增强体 PEN 纤维之间具有良好的界面黏结性。最后，使用万能试验机比较了 PEN SPCs 与未增强 PEN 的力学性能，研究结果表明，在热压压力 6MPa、热压温度 245℃和热压时间 10min 的热压工艺下，制备的 PEN SPCs 的拉伸强度为 224MPa，是未增强的 PEN 拉伸强度的 3.6 倍，其弹性模量是纯 PEN 树脂的 2 倍。

未增强纯 PEN 树脂是一种典型的韧性材料，PEN 树脂存在塑性变形。PEN SPCs 呈现脆性材料的特点，它没有塑性变形，应力随着应变增大而增大，呈现非线性弹性变形。

2014 年，Wang 和 Chen 等用 DSC 热分析法确定制备 PEN SPCs 的加工温度窗口，在 220-260℃温度下，热压制备单聚合物复合材料 PEN SPCs。研究结果表明，随着热压温度增加和保温时间的延长，PEN SPCs 拉伸强度先增加后降低。在热压温度低的情况下，可以通过延长保温时间获得更好的拉伸强度，制备 PEN SPCs 拉伸强度是未增强 PEN 拉伸强度的 3.6 倍。通过 SEM 研究发现，PEN SPCs 中基体 PEN 树脂与增强体 PEN 纤维之间具有良好的界面黏结性。

本节介绍陈晋南课题组研发单聚合物复合材料 3 个典型案例，分为 3 小节，包括基于聚合物熔体过冷性质制备单一聚合物复合材料、冷模压烧结法制备聚四氟乙烯单聚合物复合材料、PEN 单聚合物复合材料的热压制备工艺与性能。

10.2.1　基于聚合物熔体过冷性质制备单一聚合物复合材料

Processing of Single Polymer Composites with Undercooled Polymer Melt[25]

Pan Dai, Wei Zhang, Yutong Pan, Jinnan Chen, Youjiang Wang, Donggang Yao

1　Introduction

The traditional composites, in which tile reinforcement and the matrix are made from different materials, are subjected to interfacial compatibility and recycling issues. One promising approach for improving interfacial compatibility and enhancing recyclability is the single polymer composites (SPCs) approach, originally proposed by Capiati and Porter. SPCs refer to the class of composite materials in which the matrix and the reinforcement come from the same polymer. The first SPC was prepared by embedding a highly orientated polyethylene fiber into molten polyethylene. Since then, a number of researchers utilized this concept to prepare SPCs. They all utilized the difference in melting temperature between oriented and non-oriented crystalline forms. However, this difference is typically small, resulting in a small processing temperature window.

An alternative manufacturing method based on hot compaction of fibers or fabrics has been developed by Hine and coworkers. Under hot compaction, the skin of the fibers melts but the central part does not. The melted polymer at the skin recrystallizes upon cooling and acts as a bonding agent among the fibers. Higher fiber volume fractions were achieved. However, this processing method is also subjected to a narrow processing temperature window, typically about 10℃ or smaller.

The concept of "overheating" above the fiber melting temperature by constraining fibers was introduced in preparing SPCs. Physically fixing the fiber ends can prevent shrinkage and molecular reorientation. To a certain extent, this method can enlarge the processing temperature window. The melting temperature of the constrained PP fiber increased by about 20℃ compared to the unconstrained PP fiber. The overheating behavior of constrained fibers also has been reported for PA6 (polyamide 6) and PET (polyethylene terephthalate), but only melting temperature shifts of 10℃ and 7℃, respectively, were observed.

To further enlarge the processing temperature window, researchers have also utilized polymers with same chemical composition but different chemical structures. Teishev et al. reinforced HDPE (high-density polyethylene) matrix with UHMWPE (ultra-high molecular weight polyethylene) fibers, and the process window was enlarged to 20℃. Devaux and Cazé reinforced LDPE (low-density polyethylene) with UHMWPE fibers, and the process window was further enlarged to about 40℃. Pegoretti et al. prepared SPCs based on liquid-crystalline fibers, Vectran® N and Vectran® HS. These two kinds of commercial fibers have the same chemical composition but different melting point.

The resulting temperature window for SPCs processing ranged from 260℃ to 285℃. Although manufacturability was greatly enhanced in these composite systems, the interfacial adhesion was found to be lower than the original SPC. Mead and Porter studied and found that the interfacial shear strength for HDPE films embedded in an LDPE matrix is 7.5 MPa and for HDPE self-composites is 17 MPa. In more rigorous definition, composites involving polymers with same chemical composition but different chemical structures are not true SPCs.

Recently, Yao et al. proposed to widen the processing temperature window utilizing the slow crystallization kinetics of some slowly crystallizing polymers such as PET and PLA (polylactide). Aslowly crystallizing polymer can be supercooled into a nearly amorphous phase. This amorphous material can then be liquefied by rapidly heating to a temperature well above the glass transition temperature (T_g) but considerably below the melting temperature (T_m) and combined with high-strength fibers to form an SPC. With this approach, the processing temperature window for PET SPCs was extended to about 70℃. However, there are two competing processes occurring when an amorphous polymer is heated. In order to avoid premature crystallization before fusion, the amorphous polymer needs to be heated rapidly throughout the entire thickness. This method is limited to polymers with a relatively short crystallization half-time; it is difficult to apply it to fast crystallizing polymers, including PP, PE and PA6/66.

In this study, we investigated the feasibility of applying undercooled polymer melt in SPCs processing. It is known that semicrystalline polymer upon melting can typically be undercooled to a temperature well below the polymer melting temperature while crystallization is largely absent. The applicability of undercooled melt in SPCs processing is expected to be largely dependent on the degree of undercooling that the polymer can undergo without solidification; the larger the degree of undercooling, the less potential of heat damage to the strength of the polymer fiber. If successful, this approach may be applied to a variety of semi-crystalline polymers not limited to slowly crystallizing polymers.

2 Undercooling of polymer melt

Undercooling or supercooling refers to a process to cool a substance below a phase-transition temperature without the transition occurring. It is well know that some low molecular weight liquids such as water can be supercooled well below the freezing point without freezing. In general, polymer can be even easier to supercool because of their extremely high molecular weight and long molecular chain.

Polymer crystallization can occur over a large temperature range from T_g to T_m. Crystallization typically experiences two distinct stages: nucleation and crystal growth. Fig. 1 schematically shows the rate of nucleation, the rate of crystal growth and the rate of crystallization as a function of temperature. Lower temperature is favorable for the formation of nuclei while higher temperature is favorable for the growth of crystal. When the processing temperature is below and close to the melting temperature, crystallization can be effectively suppressed. Because there are no nuclei near the melting temperature, the polymer cannot crystallize although the rate of crystal growth is high. Then the supercooling effect arises.

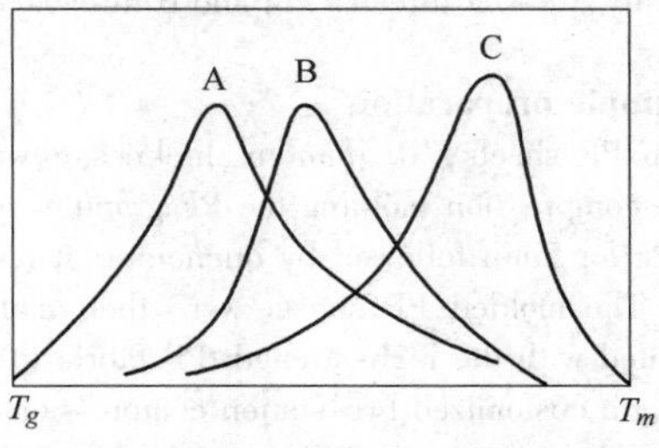

Fig. 1 The rate of nucleation, the rate of crystallization and the rate of crystal growth as a function of temperature: A, nucleation; B, crystallization; C, crystal growth.

Thermal liquid crystal polymers (TLCPs) are known to supercool when cooled below their melting point. Done and Baird studied the rheology of liquid crystal polymers below their normal melting temperature by measuring dynamic mechanical properties. It was found that the TLCPs could be supercooled to 50℃ below their normal melting temperatures and can still be deformed. Extrusion studies on these materials were also carried out, and it was observed that in this supercooled state the polymer extrudate exhibited significant die swell. These results demonstrated that undercooled TLCP melts can be processed using normal melt processing techniques. Not only TLCPs but also typical thermoplastic polymers may be processed in a supercooled liquid state. This is supported by the typical crystallization thermograms observed in differentical scanning colorimetry (DSC). For instance, PP was found to exhibit a large degree of supercooling (~40℃) under normal cooling rates (~20℃/min) in DSC.

The key idea of applying an undercooled melt in SPCs processing is that the fiber can be introduced into a liquid matrix at a temperature well below the matrix melting temperature. Because the processing temperature is below the matrix melting temperature, and the fiber melting temperature is even higher than the matrix melting temperature (due to orientated crystals), the fibers added to the matrix will not melt and therefore reinforce the matrix and form an SPC.

3 Experimental

3.1 Materials

PP granules were supplied by Phillips Sumika Polypropylene Company, with a density of 0.905g/cm^3 at room temperature and a melt flow rate of 3.8g/10min at 230℃. High-strength woven polypropylene cloth was supplied by Innegrity LLC (Simpsonville, SC). The weft and warp yarns were made from identical high-tenacity yarn with strength of 590MPa. Each yarn consisted of 225 bulked continuous filaments with a filament diameter of about 48pm. The yarn was woven into plain weave fabric of 423. 8g/cm^3, and the warp density and the weft density are 4. 3 threads/cra and 6 threads/cm, respectively.

3. 2 Sample preparation

Thin PP sheets, 0. 5mm in thickness, were prepared by compression molding the PP granules at 200℃ and 1MPa for 5min followed by quenching at room temperature. The molded PP sheets were then melted and consolidated with the high-strength PP fabric to form an SPC using a customized two-station compression molding process, as schematically illustrated in Fig. 2. The two-station process allows the PP sheets to be heated and melted at one temperature and then undercooled to a second temperature within a short period of time. Specifically, two pieces of PP sheets were first heated to 200℃ for 10min on the first station to obtain two layers of molten PP sheets. The molten PP sheets were then quickly transferred to the second station set at a lower temperature, where the molten PP sheets were supercooled. After the undercooled PP melt sheets were stabilized on the second station, a PP fabric was inserted in between and the lamination was immediately compressed under a pressure of 9MPa for 10min. Then the lamination was removed and cooled to room temperature. The PP fabric was preheated to the same temperature as that of the second station before it was introduced to the undercooled PP melt layers. For all experiments, fiber preheating was performed in the uncontrained mode without applying fiber tension or surface pressure during the entire preheating stage.

3. 3 Differential scanning calorimetry

A differential scanning calorimeter (Q200, TA Instruments) was employed for thermal analysis of PP fabric and PP matrix. The unconstrained PP fabric was heated from 40℃ to 200℃ at a rate of 10℃/min. The PP matrix was heated from 40℃ to 200℃ at arate of 10℃/min, held for 10min at 200℃, and then cooled back to 40℃ at varied coolingrates (1, 10, 20 and 30℃/min). The holding stage was considered necessary to erase possible effects of thermal history of the sample on the subsequent melt crystallization.

Isothermal crystallization behaviors of PP matrix at different temperature were also investigated. The matrix PP was heated to 200℃ and after held at this temperature for 10min rapidly cooled to a predetermined temperature T_p (125, 130, 135, 140, 145 and 150℃) for isothermal crystallization. At last the matrix PP was cooled to 40℃ at a rate of 10℃/min.

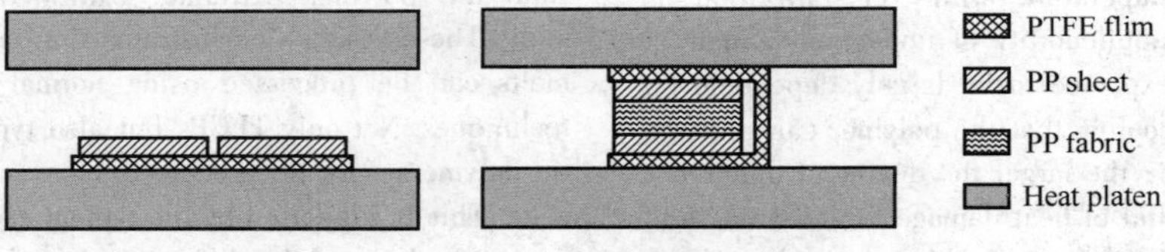

Fig. 2 Experimental setup for PP SPCs manufacturing

3. 4 X-ray measurement

The changes in fiber orientation were studied using wide angle X-ray diffraction (WAXD). WAXD patterns were obtained on multifilament bundles by Rigaku Micromax-007 (operated at 45kV, 66mA, wavelength = 1. 5418 Å) using Rigaku R-axis IV + + detection system. The diffraction patterns were analyzed using AreaMax V. 2. 00 and MDI Jade 7. 1.

3. 5 Rheological measurement

Dynamic rheological properties were measured on a parallel-plate rotational rheometer (AR2000ex, TA Instruments). The plate diameter and the gap between the plates were 25mm and 1mm, respectively. The strain applied was 1%. The PP sheets were melted and equilibrated at 200℃. The initial gap was set to a value equivalent to the final gap plus 50μm. After the excessive sample squeezed out was carefully trimmed off, the upper plate was moved to the final gap size. To remove the existing crystallization and residual stress, the melted PP sheet was held for about 10min at the heating temperature and then cooled at a rate of 10℃/min for temperature ramp rheological measurements. The PP sheets were also cooled to the predetermined temperature at a rate of 10℃/min for time sweep rheological measurements.

3. 6 Tensile test

Tensile tests were carried out on a tensile test machine (Instron Universal Testing Machine 5166 Series, Instron Corp., MA) at room temperature with a cross-head speed of 5 mm/min. The PP sheet and its SPCs were cut into dog-bone shaped testing specimens using a cutting die according to DIN-53504. The SPCs were tested in the weft and warp directions, and 5 specimens were tested for each sample.

3. 7 Dynamic mechanical analysis

A dynamic mechanical analyzer (Q800, TA Instruments) was employed for dynamic mechanical thermal analysis (DMTA) of PP fiber, PP sheet and PP SPC. The measurements were carried out at a strain of

0.1%, a frequency of 1Hz, and a temperature ramping rate of 1℃/min.

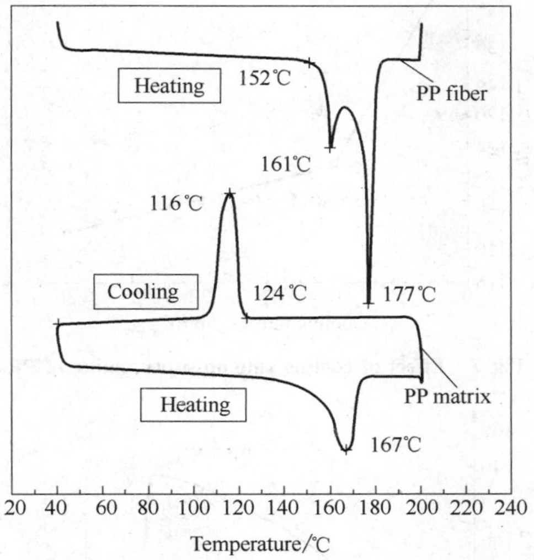

Fig. 3　DSC thermograms of PP fiber and PP matrix. PP matrix was heated at 10℃/min, and then cooled at 10℃/min; PP fiber was heated at 10℃/min

4　Results and discussion

4.1　Determination of processing window

In order to prepare PP SPCs, the processing temperature window was determined by using differential scanning calorimetry and rheological measurements. Fig. 3 shows the DSC thermograms of the starting materials (the PP fiber and the PP matrix). There are three important observations. First, the PP fiber begins to melt at 152℃, and there are two melting peaks. One is at 161℃ and the other is at 177℃. The integrated X-ray diffraction intensity of PP fiber is shown in Fig. 4; only intensity peaks for the typical α-form PP crystals were observed, and the two strong intensity peaks at 2θ of

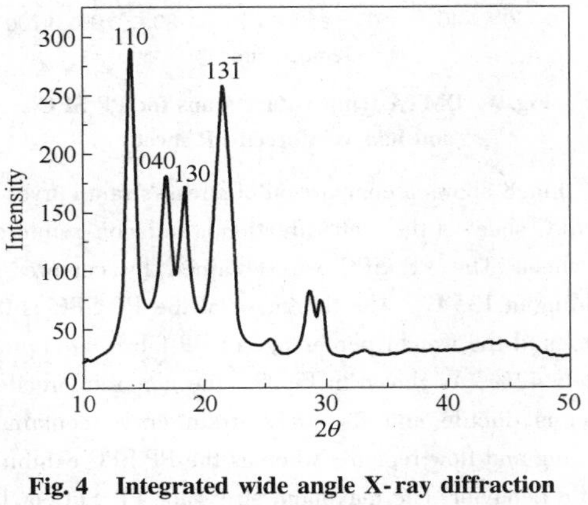

Fig. 4　Integrated wide angle X-ray diffraction intensity of PP fiber

16.2° and 21.2° generated by the β-crystal form are not observed. The 2D wide angle X-ray image of PP fiber is shown in Fig. 5a, and it indicates a highly orientated crystalline structure. Schwenker et al. also reported that the drawn PP fiber has two thermal peaks: one at 158℃ and the other at 173℃. They thought that the first peak is crystallization orientation release rising, and the second peak is crystallite melt generating. Second, the PP matrix only has one distinct melting peak at 167℃, and crystallites in PP matrix can be completely melted before 200℃. Third, the PP matrix exhibits a large capability of supercooling. It is observed that the PP matrix begins to crystallize at 124℃, significantly below the melting point. The PP matrix will remain in a molten state or a supercooled molten state until it is cooled to 124℃.

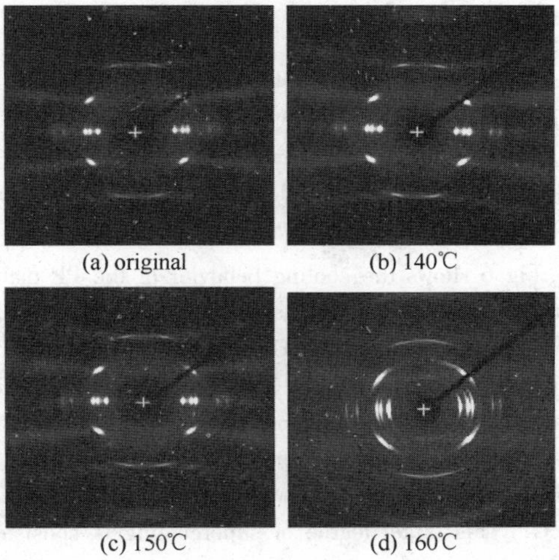

Fig. 5　X-ray fiber photographs of heat-treated PP fibers

With employment of an undercooled melt in SPCs processing, less damage to the fiber strength is anticipated. As shown in the DSC results, the PP fiber begins to melt at 152℃. Since mechanical properties of fibers are related not only to crystallinity but also to crystallization orientation, one needs to further check the level of orientation before determining a suitable process window. The crystallization orientations of the original PP fiber and the heat-treated PP fibers were measured by X-ray. The PP fibers were taken out of the PP fabric heat-treated at different temperature (140, 150, and 160℃) for 10 min. Fig. 5 shows that the crystallite orientation of PP fibers heated at 140℃ and 150℃ were hardly changed comparing with the original PP fibers. However, a substantial change was observed when the heating temperature further increased to 160℃. Therefore, the processing temperature should not exceed 150℃. Otherwise, a large reduction in tensile strength of fibers is expected.

It is worth mentioning that both DSC and WAXD were conducted on unconstrained fabrics/fibers. In actual compression molding, pressure and/or tension can be applied to the fabric during heating. In the constrained mode, the fiber melting temperature is expected to be raised. Therefore, the upper temperature limits determined by DSC and WAXD could have been higher if lateral constraints should be applied.

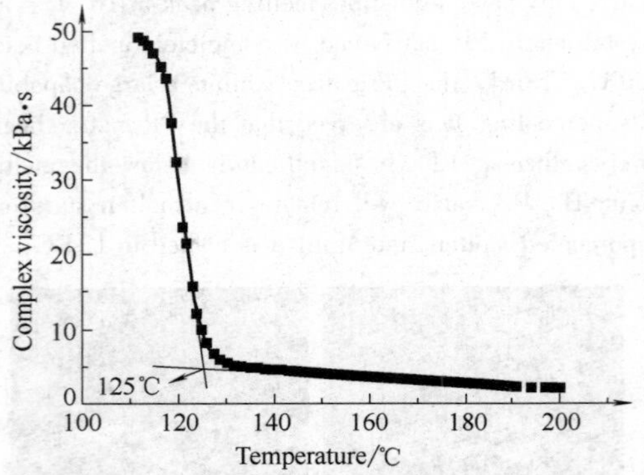

Fig. 6 Complex viscosity of PP matrix as a function of temperature during cooling from molten state

Fig. 6 shows the cooling behavior of the PP matrix in a plot of complex viscosity versus temperature. The PP matrix was cooled from 200℃ at a rate of 10℃/min. The PP matrix begins to solidify (crystallize) at 125℃, indicated by an abrupt increase in complex viscosity. In this case, the degree of supercooling for the PP matrix exceeded 40℃, compared with its DSC melting point of 167℃. This large degree of supercooling is consistent with the calorimetric results shown in Fig. 3. These results indicate that PP is processable at temperatures well below its melting point, but not below 125℃. Because PP fibers begin to melt at 153℃, the temperature window for processing PP SPCs is between 150℃ and 125℃. The two-station process of preparing PP SPCs mentioned above took only about 10s, It means that the cooling rate during processing must be higher than 10℃/min. Fig. 7 shows the effect of cooling rate on the supercooling of PP. As shown in Fig. 7, the temperature of melt crystallization decreases from 138℃ to 118℃, as the cooling rate increases from 1℃/min to 30℃/min, suggesting that the degree of PP supercooling can be changed by the cooling rate. This result is consistent with the result of Beck and Ledbetter on the effect of cooling rate on the supercooling of polypropylene. Their result showed that there existed a 19℃ difference in peak temperature between the cooling rates of 1℃/min and 33℃/min. To sum up, the higher the cooling rate, the higher the degree of supercooling for polypropylene.

4.2 Properties of PP single polymer composites

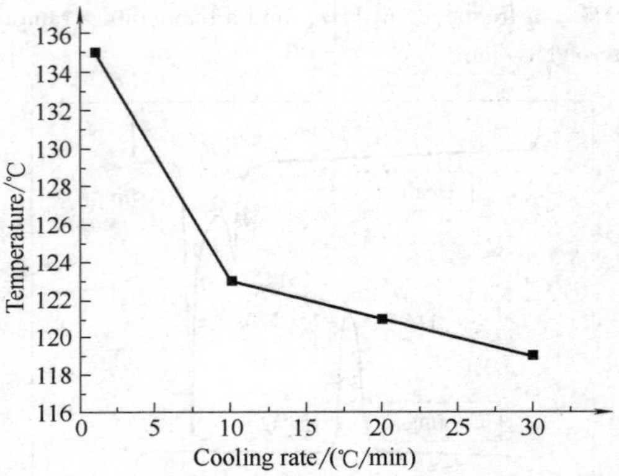

Fig. 7 Effect of cooling rate on supercooling of PP

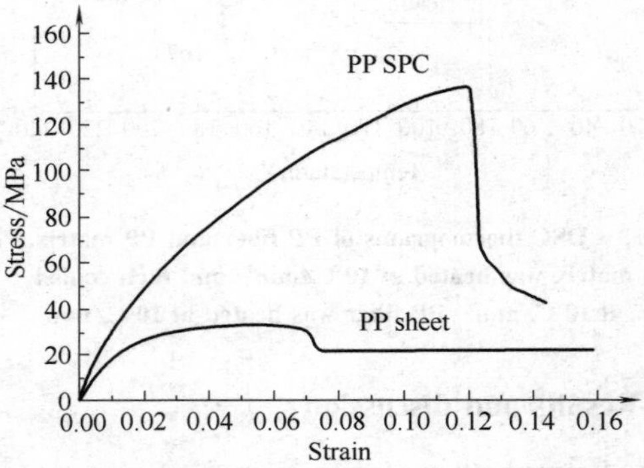

Fig. 8 A comparison of stress-strain curves for PP SPC and non-reinforced PP sheet

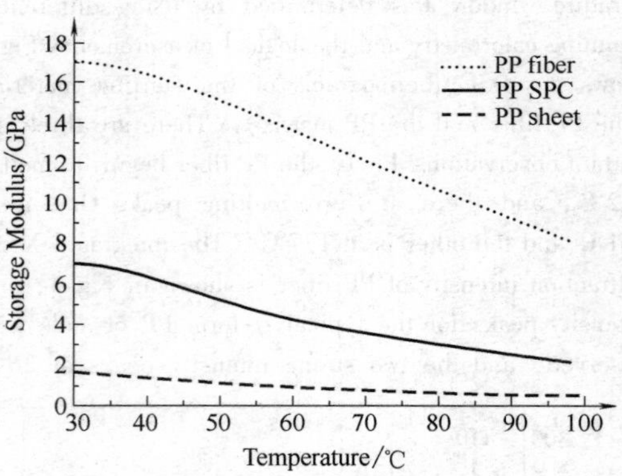

Fig. 9 DMTA temperature scans for PP SPC and non-reinforced PP sheet

Fig. 8 shows a comparison of stress-strain curves for PP SPC sheets (the weft direction) and non-reinforced PP sheets. The PP SPC was obtained by compression molding at 135℃. The thickness of the PP SPC is 0.8 mm, and the weight percentage of PP fabric is approximately 42%. As shown in Fig. 8, the non-reinforced PP sheet is ductile and its stress-strain curve contains a yielding and flow region, whereas the PP SPC exhibits a brittle behavior. The maximum stress for PP SPC is 134 MPa, significantly higher than the value of 33MPa for the non-reinforced PP. The initial linear elastic region also shows a higher yielding strength for the PP SPC than for the non-reinforced PP. Fig. 9 shows the DMTA results for PP fibers, PP SPC sheets (the weft direction) and non-reinforced PP sheets. The storage modulus of the PP SPC is around 7GPa at 30℃, falling monotonically to just under 2GPa at 100℃. The storage modulus of the PP sheet was found to be 1.8GPa at 30℃ and 0.2GPa at 100℃. The large decrease in storage modulus in the PP SPC can be correlated with the corresponding modulus reduction of the PP fiber; the storage modulus of the PP fiber dropped from 17GPa to 8GPa, as the temperature increased from 30℃ to 100℃. In summary, the PP SPC has much improved mechanical properties than the non-reinforced PP: three times improvement in tensile strength and three times improvement in storage modulus.

4.3 Effect of processing temperature on tensile strength of PP SPCs

As is well known, when preparing fabric-reinforced thermoplastic composites by melt processing, it takes time for the matrix to penetrate the fabric and wet the fibers. When an undercooled polymer melt is used as a matrix material in composites processing, additional concerns would arise since the polymer is now processed below its melting temperature. The critical issue here is whether the molten state can be well kept over time. To address this issue, the isothermal crystallization kinetics of the PP matrix at different temperatures (within the processing temperature window) was studied. Fig. 10 shows the heat flow curves for the isothermal crystallization (isothermal stage) of the PP matrix at different temperatures followed by cooling to 40℃ (cooling stage). As shown in Fig. 10, for both isothermal crystallization temperatures of 125℃ and 130℃, the PP matrix were completely crystallized during isothermal crystallization (for a period of 30 min), as indirectly indicated by the absence of crystallization peaks in the cooling stage. In fact, at 125℃, the crystallization process rapidly completes within the first 2.5min, indicating that the molten state of the PP matrix is difficult to be maintained at this temperature. At 130℃, the PP matrix begins to crystallize after 1.3min, and the whole crystallization process takes 14min to complete. This implies that the molten state can be maintained during the first 1.3 min. When the isothermal crystallization temperature increases, the crystallization process takes a longer time to complete. At 135℃, PP only partially crystallizes during the first 30min, as indicated by the small crystallization peak in the cooling stage. For even higher isothermal crystallization temperatures, e.g., 145℃ and 150℃, there were no crystallization observable during

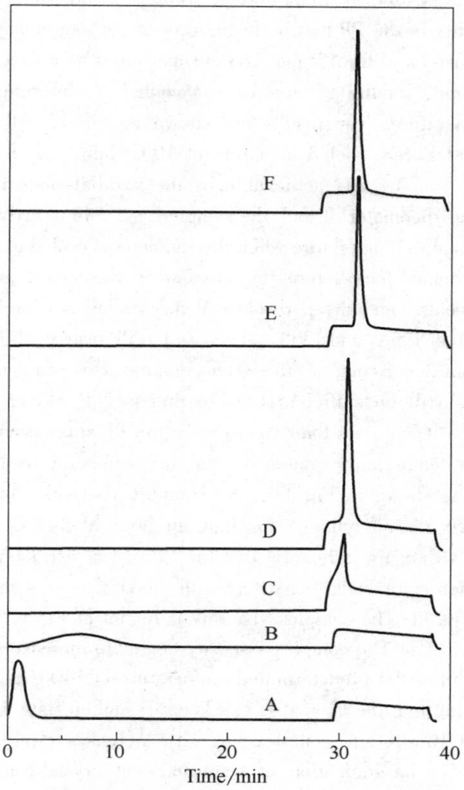

Fig. 10 The heat flow curves of PP matrix during isothermal crystallization at different temperatures followed by cooling to 40℃. The different temperatures are: A, 125℃; B, 130℃; C, 135℃; D, 140℃; E, 145℃; and F, 150℃

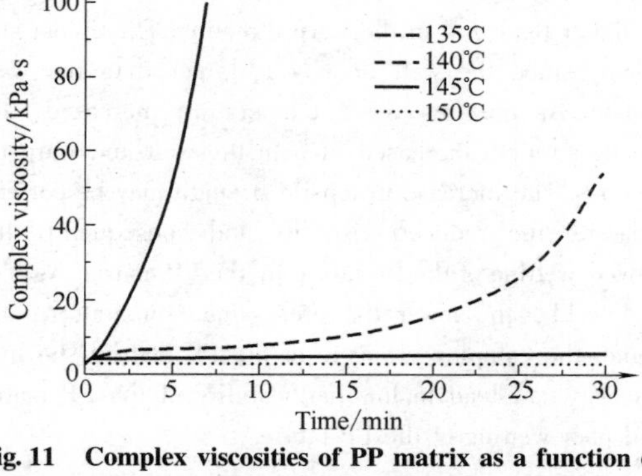

Fig. 11 Complex viscosities of PP matrix as a function of time during cooling to different set temperatures

the 30min isothermal stage, and there were large crystallization peaks observed during the cooling stage. This means that the molten state of PP can be well maintained for at least half an hour at these temperatures, a condition that is desirable for preparing PP SPCs.

In composites processing, high fluidity of the matrix is desired for fiber wetting. In order to determine the fluidity of the PP matrix during processing, the complex viscosities of the PP matrix were measured as a function of time, as the PP matrix was cooled to different set temperatures. The results are shown in Fig. 11. All the samples were cooled at a rate of 10℃/min, the maximum cooling rate achievable by the parallel-plate rotational rheometer. It took the sample 2 ~ 3 min to arrive at the stable temperature when the sample was cooled to predetermined temperatures for time sweep rheological measurements. Time sweep rheological measurements cannot be made at 125℃ and 130℃, because the PP matrix solidifies within 2 ~ 3 min at these temperatures. However, there could still be sufficient time to prepare PP SPCs, because it took less than 10s to move the PP sheet from the high temperature platen to the low temperature platen. As shown in Fig. 11, the complex viscosities of PP matrix do not change for half an hour at 145℃ and 150℃, again indicating that the PP matrix can keep its molten state well, consistent with the DSC results shown in Fig. 11. The complex viscosity is higher at 145℃ than at 150℃. The complex viscosity begins to increase after 10min at the predetermined temperature of 140℃, suggesting that the PP matrix can keep its molten state for about 10min. The complex viscosity increases rapidly at 135℃, an indication of occurrence of crystallization, and it takes 7 min for the crystallization to finish. To sum up, the lower the predetermined temperature, the more difficult it is for the PP matrix to keep its molten state.

Fig. 12 shows the tensile strength of the samples made at temperatures in the range from 125 to 150℃. The samples were tested parallel to both the warp and weft directions. The tensile strength in the weft direction is higher than that in the warp direction. This is not surprising since the weft density is larger than the warp density. As the processing temperature increased, the tensile strength increased in both the weft and warp directions. The increase in tensile strength may be correlated with the reduced viscosity and consequently improved wetting of the PP fabric by the PP matrix. As seen in Fig. 11, the lower the processing temperature, the higher the complex viscosity of the PP matrix. The high viscosity can lead to low permeability of the PP matrix and poor wetting of the PP fabric.

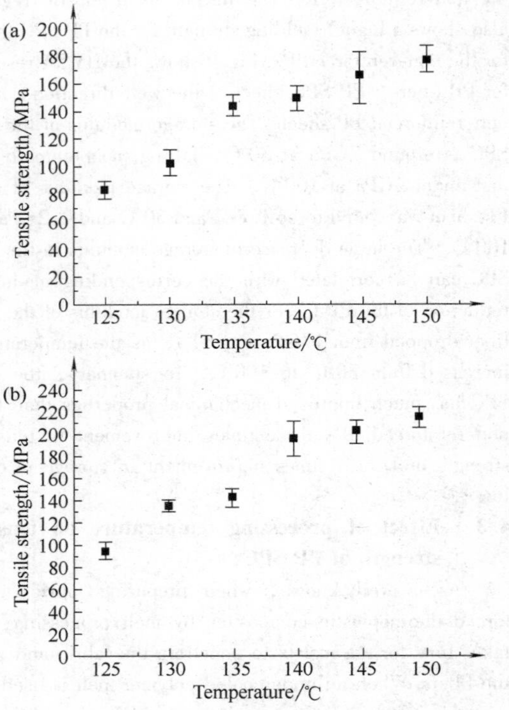

Fig. 12 Tensile strength of SPC as a function of processing temperature: (a) tested parallel to the warp direction, and (b) tested parallel to the weft direction

5 Conclusions

PP SPCs were successfully prepared by applying undercooled polymer melt. With the aid of DSC and parallel-plate rheometry, a processing temperature window of at least 25℃, from 125℃ to 150℃, was established for processing PP SPCs. Within this processing temperature window, high fluidity of the matrix PP can be obtained without significantly reducing the fiber properties. The SPC molded at 150℃ containing 50% by weight of PP fabric achieved tensile strengths of approximately 220 and 180 MPa in the weft and wrap directions, much higher than the value of 30MPa for the non-reinforced PP. Likewise, a significant improvement in storage modulus was achieved in the PP SPCs over the non-reinforced PP. The processing temperature was found to not only affect the feasibility of processing, but also affect the quality of the SPC. In particular, the tensile strength of PP SPCs decreased in both the weft and warp directions as the processing temperature decreased. This decrease in tensile strength may be correlated with increased viscosity and consequently reduced wetting quality of the PP fabric by the PP matrix.

Acknowledgements

The authors acknowledge the scholarship fund (for Dai) from the China Scholarship Council and partial financial support (for Yao) from the Georgia TIP (Traditional Industries Program). The authors are also grateful to Yaodong Liu for his assistance in X-ray diffraction. The authors are indebted to Dr. Elizabeth Cates of Innegrity LLC (Simpsonville, SC) for generously supplying polypropylene fabrics for this research.

10.2.2　冷模压烧结法制备聚四氟乙烯单聚合物复合材料

Preparation of Single-polytetrafluoroethylene Composites by the Processes of Compression Molding and Free Sintering[26]

Zeng Hua Zhao, Jin Nan Chen

1　Introduction

The original concept of single-polymer composites (SPCs) was presented by Capiati and Porter more than three decades ago. The two biggest advantages of SPCs are that they have good interface performance and they are easily recyclable materials. Interface problem has restricted the development of composite materials. A single-polymer composite is a kind of composite with matrix and reinforcement from the same polymer. Different kinds of polymer have been proposed for the processing of SPCs, including polyethylene (PE), polypropylene (PP), polyamides (PA), and polyester. Different routes have been developed for the manufacture of SPCs. Much of the early research focused on how to enlarge the processing temperature window for the manufacture of SPCs. Particularly, Hine prepared a polyethylene/polyethylene composite by selective surface melting of the fibers via a suitable choice of compaction temperature. On cooling, the molten material recrystallizes to form a glue to bind the structure together. Lacroix used a low density polyethylene/xylene solution for crystallisation of matrix material on the fiber surfaces for processing PE/PE composites. Yao et al. prepared poly (ethylene terephthalate) (PET) SPCs by compression molding laminations of PET sheets. Among these methods, hot compression molding is the most widely used. In other words, SPCs are usually manufactured in a process of hot compaction and film stacking. In this process, only the surface fraction of each fiber is to melt under a comparatively low contact pressure, and then a substantially higher pressure is applied for a short time to achieve excellent consolidation of the structure. The difference of melting point between the fiber and the matrix is no more than 5℃. With this small processing temperature window, it is difficult to process SPCs. To resolve this problem, a new route for the manufacture of SPCs by combining the processes of compression molding and free sintering was proposed.

PTFE, which has been applied in many areas, is a fluorocarbon compound and has a number of unique properties. The carbon backbone of PTFE molecule is totally covered by fluorine, which prevents any reaction between the backbone bonds and other aggressive media. In addition, PTFE is insoluble in all solvents, even at elevated temperatures. Besides the excellent chemical stability, the high crystallinity of the compound (90% ~95%) results in high thermal stability and low surface energy. The melting temperature of PTFE is generally accepted to be 327℃. However, at this temperature its viscosity is still very high (of the order of magnitude 10m Pa s). Making use of this phenomenon, PTFE composites are prepared by combining the processes of compression molding and free sintering. There are many kinds of fillers for improving the properties of PTFE. The most common are glass fibers, carbon fibers, asbestos, graphite, and bronze of different grades. Because of its excellent chemical stability, it is difficult to bond PTFE with fillers, resulting in composites of poor interfacial strength. PTFE SPCs can perhaps solve the bonding problem. In this study, PTFE SPCs were prepared for the first time by the new method of compression molding and free sintering. PTFE fibers wer eused as the reinforcing phase and PTFE powder was used as the matrix. Tensile and flexural tests were used to characterize the mechanical properties of the composites. The effects of preparation conditions on the tensile and flexural properties of PTFE SPCs were investigated. Finally, microscopic studies were used to describe the interface.

2　Experimental

2.1　Material

Two different physical forms of PTFE -perfect crystalline powder and highly crystalline fibers -were used in the experiments. The PTFE powder was provided by Tangshan Japan Feng Chemical Industry Ltd., China. The average particle size of the powder was 50μm. The PTFE fibers with three different filament diameters of about 30, 40, and 50μm were supplied by Fuxin Sheng Li Fluorine Polymer Material Co., Ltd, China. The calorimetric measurements were performed using a DSC apparatus (Model ZCT-A Beijing Jing Hi-Tech Co., Ltd.). The DSC curves are given in Fig. 1. A heating rate of 10℃/rain was used in the DSC experiments. The structures of the PTFE powder and the PTFE fibers were examined by X-ray diffractometry (XRD). A 140kV/

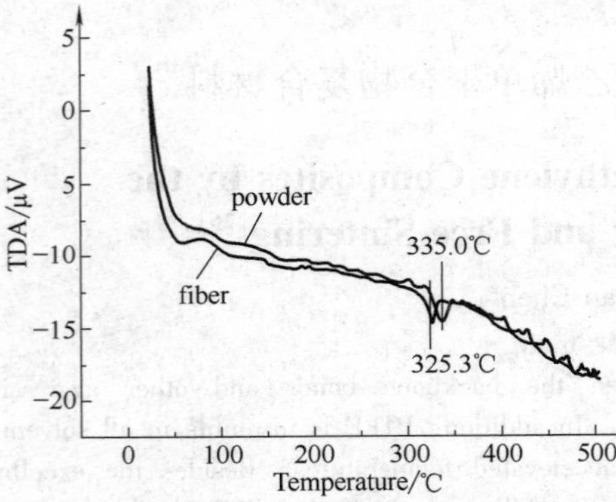

Fig. 1 DSC curves for PTFE powder and fiber. A heating rate of 10℃/min was used

40mA laser plasma X-ray source based on a double stream xenon/helium gas puff irradiated target was used. The scanning mode is $2\theta/\theta$, and the scanning type is continuous scanning. The scanning speed is 8°/min, and the scanning range is 10-110°. The XRD patterns are shown in Fig. 2.

2.2 Compression molding and free sintering

PTFE has a very high melt viscosity that prevents PTFE from being processed by conventional melt processes, such as extrusion and injection molding. Therefore, processes inspired by powder metallurgy such as cold compaction followed by sintering have been developed. The PTFE SPCs were made by the cold compaction and sintering method. First, the PTFE fibers were added to the PTFE powder in various mass fractions, as indicated in Table 2, and then mixed by mechanical stirring. The mixture was directly shaped by cold compaction (27℃, 15MPa) for 15min, followed by "free sintering" at 380℃. Crystal orientation of PTFE fiber has been almost no change after sintering. Due to fixed by matrix, the contraction of PTFE fiber are restrained, and the original strength of fiber are maintained in the sintering process. The sintering process was completed in a vacuum furnace (Hefei Risine Heaters Co. Ltd., China). The temperature 380℃ is above the melting point of the virgin polymer and the fibers. These processes offered satisfactory solutions to bond the matrix and fibers together.

2.3 Orthogonal experimental design

Sintering time, mass fraction of PTFE fibers, and PTFE filament diameter are the main factors affecting the performance of single-polymer composites based on PTFE, among others. The sintering time is the holding time for 380℃. The mass fraction of PTFE fibers is the percentage of fibers in the SPCs. The filament diameter is the diameter of PTFE fibers. The orthogonal table L_9 (3^4) was used to show the factors. The orthogonal factorial design is shown in Table 1.

(a) Virgin PTFE powder

(b) PTFE fiber

$$\frac{M_c}{M_a}=1.8\frac{I_c}{I_a} \qquad A=\frac{100}{1+M_c/M_a}[\%]$$

(c) Calculation of the amorphous content of polytetrafluoroethylene from file XRD pattern

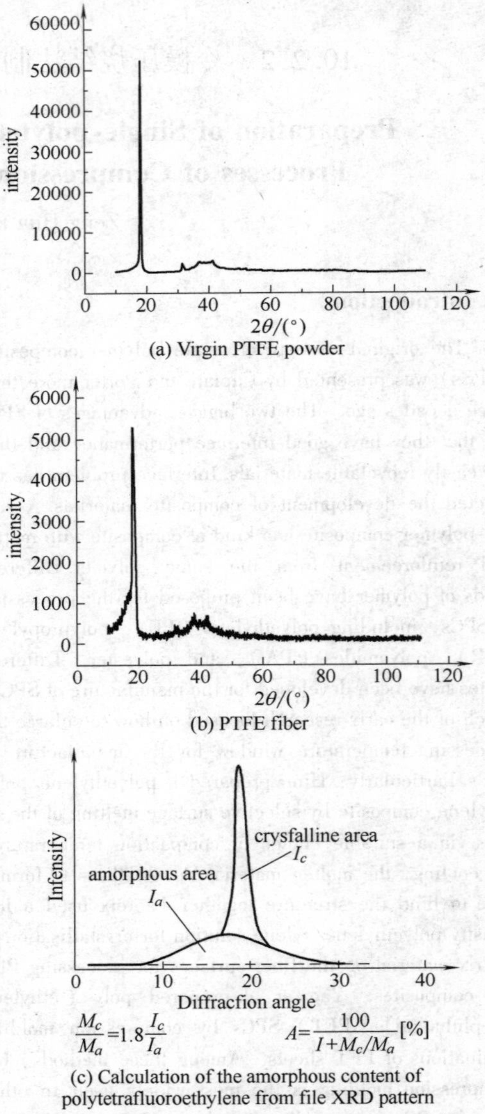

Fig. 2 XRD patterns for PTFE powder and fiber. Scanning speed is 8°/min, and scanning range is 10°~110°

Table 1 Factors and levels for orthogonal design

Level	Factor		
	A: sinter time /min	B: mass fraction of PTFE fibers/%	C: filament diameter /μm
1	30	5	30
2	60	10	40
3	90	20	50

2.4 Mechanical testing

Tensile tests were performed on an electronic multipurpose tensile tester (Model DXLL-3000, Shanghai D&G Measure Instrument Co., Ltd., China) according to GB 1040—1006 (Chinese National Standard). A stretching rate of 50mm/min was used to load these samples to failure. All samples were tested in air at room temperature. A minimum of five samples per group was tested. The tensile modulus was measured in these tests.

Three-point flexural tests were performed on the same instrument according to GB 8812—2007 (Chinese National Standard). The loading span was 60mm and the loading rate was 2mm/min. All samples were tested in air at room temperature. A minimum of five samples per group was tested. The flexural modulus was determined in these tests.

For scanning electron microscopy observation, a Hitachi High-Technologies Corporation scanning electron microscope (SEM) was used in this study. Substrates of PTFE fibers were sputter coated with an ion sputter (Model E-1045, Hitachi High-Technologies Corporation, Japan) with a platinum target (5mA for 4min). These samples were then imaged using a cold field SEM with an accelerating voltage of 10kV and a working distance of approximately 5 mm.

3 Results and discussion

3.1 DSC and XRD of material

The melting points (T_m) of the powder and fibers were approximately 335 and 325℃, respectively. Virgin PTFE powder has higher crystallinity than the fibers; the DSC curves are given in Fig. 1. The XRD patterns are shown in Fig. 2a and b. It can be seen that the patterns are very similar; however, the total intensity for PTFE fiber is lower than that for virgin PTFE powder. As shown in Fig. 2c, the percentage of amorphous material is calculated by comparing the intensities of the two portions of the diffraction pattern. When the amorphous fraction is large, the crystallinity is low. Comparing Fig. 2a and b, it is estimated that the virgin PTFE powder has much higher crystallinity than the fibers.

Table 2 Results of orthogonal experiments for single-polymer composites base on PTFE: mechanical testing

Trial no.	Factor A /min	Factor B /%	Factor C /μm	Tensile tests/MPa Strength	Tensile tests/MPa Modulus	Flexural tests/MPa Strength	Flexural tests/MPa Modulus
1	30	5	40	16.73	352.67	16.46	267.46
2	60	5	30	18.90	342.44	16.52	280.77
3	90	5	50	16.64	335.57	14.56	232.89
4	30	10	30	15.24	325.41	16.38	262.27
5	60	10	50	14.52	329.68	14.02	224.69
6	90	10	40	17.67	352.89	15.72	255.89
7	30	20	50	15.72	354.35	13.28	203.41
8	60	20	40	16.29	365.33	14.38	235.14
9	90	20	30	13.77	338.66	15.31	244.80

3.2 Tensile and flexural performance

The tensile strength and the flexural strength of the samples are listed in Table 2. K, k, R, and r were calculated and the results are listed in Tables 3 and 4, where K is the sum of experimental values for each factor at every level, k is the average value, and R and r are the ranges of K and k, respectively. As can be seen from Table 3, the effect on tensile strength is in the order: B > C > A, and the effect on tensile modulus is in the order C > B > A according to the R or r values. These results suggest that the mass fraction of fibers has a large effect on the tensile strength of the samples. The optimal mixing proportion was obtained to be A2B1C3; i.e., sintering time, mass fraction of fibers, and filament diameter were 60min, 5%, and 50μm, respectively. The effect on tensile modulus is similar to that on tensile strength in that factor C has the least effect on both the tensile strength and tensile modulus. The filament diameter has the largest effect on the tensile modulus of the samples, followed by the mass fraction of fibers. The optimal mixing proportion was obtained to be A2B3C2; i.e., sintering time, mass fraction of fibers, and filament diameter were 60min, 20%, and 40μm, respectively. But based on R and r of factor B on tensile modulus, k_1 are K_3 are more similar. Moreover, according to R and r of factor C on tensile strength, K_2 is almost equal to K_3. In other words, going from level 2 to level 3 of C has little effect on the tensile strength. Therefore, the optimal mixing proportion can be adjusted to A2B1C2 if the tensile strength and the tensile modulus are considered at the same time.

Table 3 Range analysis on tensile tests of single-polymer composites based on PTFE

Factor	Tensile strength/MPa A	Tensile strength/MPa B	Tensile strength/MPa C	Tensile modulus/MPa A	Tensile modulus/MPa B	Tensile modulus/MPa C
$K_1=\sum_{i=1}^{3} K_{1i}$	47.69	52.27	47.91	1032.43	1030.68	1006.51
$K_2=\sum_{i=1}^{3} K_{2i}$	49.71	47.43	47.54	1037.45	1007.98	1070.89
$K_3=\sum_{i=1}^{3} K_{3i}$	48.08	45.78	50.03	1027.12	1058.34	1026.47
$R=K_{max}-K_{min}$	2.02	6.49	2.49	10.33	50.36	64.38
$k_1=K_1/3$	15.90	17.42	15.97	344.14	343.56	335.50
$k_2=K_2/3$	16.57	15.81	15.85	345.82	335.99	356.96
$k_3=K_3/3$	16.03	15.26	16.68	342.37	352.78	342.16
$r=R/3$	0.67	2.16	0.83	3.66	16.19	21.46
Impact	3	1	2	3	2	1
Optimal level	2	1	3	2	3	2

It can be seen from Table 4 that the effect on flexural strength and the effect on fiexural modulus are similar, both are in the order C > B > A according to the R or r values. These results indicate that the filament diameter has a large effect on the flexural performance of the PTFE SPCs. The optimal mixing proportion for flexural strength was obtained to be A2B1C1; i. e., sintering time, mass fraction of fibers, and filament diameter were 60min, 5%, and 30μm, respectively. The effect on flexural modulus is a little different from that on flexural strength. The optimal level of factor A is 2. But for R and r of factor A, K_2 is almost equal to K_1. In other words, there is little difference in the effect of the two levels on flexural modulus. So the optimal mixing proportion can be adjusted to A1B1C1 for cost saving.

The tensile and flexural properties of pure PTFE samples were also measured. The tensile strength, tensile modulus, flexural strength, and flexural modulus were 15.56, 349.75, 13.65, and 217.90MPa, respectively. These values are lower than the corresponding values for PTFE SPCs.

3.3 Scanning electron micrographs

Fig. 3 displays the SEM micrographs of the surface of PTFE fiber in the single-PTFE Composites with different magnification. The SEM micrographs indicate that a strong bonding between the fiber and the matrix occurred.

Table 4 Range analysis on flexural tests of single-PTFE composites

Factor	Flexural strength/MPa			Flexural modulus/MPa		
	A	B	C	A	B	C
$K_1=\sum_{i=1}^{3}K_{1i}$	46.12	47.54	48.21	733.14	781.12	787.84
$K_2=\sum_{i=1}^{3}K_{2i}$	44.92	46.12	46.55	740.60	742.85	758.49
$K_3=\sum_{i=1}^{3}K_{3i}$	45.59	42.97	41.68	733.58	683.35	660.99
$R=K_{max}-K_{min}$	1.20	4.57	6.53	7.46	97.77	126.85
$k_1=K_1/3$	15.37	15.85	16.07	244.38	260.37	262.61
$k_2=K_2/3$	14.97	15.37	15.52	246.87	247.62	252.83
$k_3=K_3/3$	15.20	14.32	13.90	244.53	227.78	220.33
$r=R/3$	0.40	1.52	2.18	2.49	32.59	42.28
Impact	3	2	1	3	2	1
Optimal level	1	1	1	2	1	1

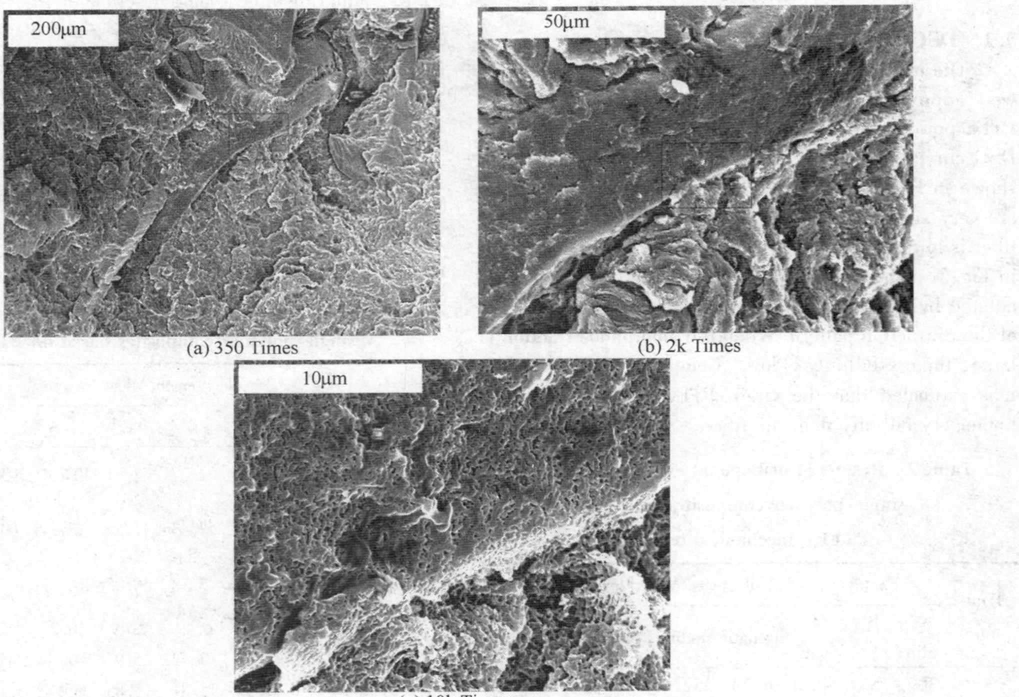

(a) 350 Times (b) 2k Times (c) 10k Times

Fig. 3 Scanning electron micrographs of PTFE fibers in SPCs

4 Conclusions

A new processing route has been developed for the preparation of a PTFE fiber/PTFE matrix composite. The novel idea is to prepare single-polymer composites based on PTFE by using cold compression molding and free sintering. The optimum processing conditions for preparing PTFE SPCs were derived from orthogonal experiments. The PTFE SPC prepared with a sintering time of 60min, mass fraction of fibers of 5%, and filament diameter of 40μm has the best tensile performance. The PTFE SPC prepared with a sintering time of 30min, mass fraction of fibers of 5% , and filament diameter of 30μm has the best flexural performance. The mechanical properties of PTFE SPCs are better than those of pure PTFE. Because of their good mechanical properties and other properties such as high thermal stability, low surface energy, biocompatibility, and high chemical stability, PTFE/PTFE composites are interesting for special applications.

10.2.3　PEN 单聚合物复合材料的热压制备工艺与性能

Polyethylene Naphthalate Single-Polymer-Composites Produced by the Undercooling Melt Film Stacking Method[30]

Wang Jian, Chen Jinnan, Dai Pan

1　Introduction

Single-polymer-composites (SPCs) refer to the class of composites in which tile matrix and tile reinforcement come from tile same polymer. Since the reinforcement and the matrix can be reprocessed together, the great advantage of SPCs is easy recyclability. Moreover, excellent fibre/matrix adhesion can be obtained without the help of any coupling agent. Different thermoplastic polymers, including polyethylene (PE), polypropylene (PP), polyethylene terephthalate (PET), polyethylene naphthalate (PEN), polylactic acid (PLA), polyamide (PA), polymethylmethacrylate (PMMA) and polytetrafiuoroethylene (PTFE), were exploited to manufacture SPCs. Different processing methods have been developed for preparing SPCs, including hot compaction of fibres or tapes, film stacking, combination of hot compaction and film stacking, co-extrusion, and combination of compression molding and free sintering.

PEN is a polyester polymer which exhibits higher dimensional stability, shrinkage resistance, temperature stability and better barrier properties than PET. Applications for PEN are mainly in textile and industrial fibres, films, foamed articles, containers for beverages, laminate sails, tyres, ropes, cables, and food-contact applications. PEN fibres possess a higher initial stiffness than that of PET fibres and this makes them an attractive competitor for use in mooring ropes and other applications. PEN SPCs could be produced by using PEN fibre to reinforce PEN resin. PEN SPCs have the potential for an even greater improvement in performance compared to PET SPCs because oriented fibres can be produced with a significantly higher stiffness.

Small difference in melting temperature between the fibres and the matrix poses a big challenge during SPCs fabrication. The difference between the melting temperatures determines the processing temperature window. Hine et al. described the production of PEN SPCs by using hot compaction of PEN fibres. The optimum compacted PEN sheets were found to have an initial modulus close to 10 GPa and a strength of just over 200 MPa. But the hot compaction method has a narrow processing temperature window, typically about 8℃ (268-276℃) for PEN SPCs. Furthermore, heat damage to the strength of fibre is unavoidable because the skin of fibres is melted. The major challenge is still the temperature sensitivity of the process. In our previous study, an approach of applying undercooled polymer melt to prepare SPCs was investigated. Undercooling refers to cooling a substance below a phase-transition temperature without the transition occurring. Polymers can be undercooled easily because of their extremely high molecular weight and long molecular chains. The key idea of applying an undercooled melt in SPCs processing is that the fibre can be introduced into a liquid matrix at a temperature well below the melting temperature of the matrix. The method was demonstrated using PP.

Aim of this paper is to investigate the possibility to prepare PEN SPCs based on the undercooling melt film stacking method. Differential scanning calorimetry (DSC) was used to determine the processing window. Tensile tests were used to determine the mechanical properties of the PEN SPCs. Various compaction temperature and holding time were used to determine the optimum processing conditions. The microstructure of the PEN SPCs was analyzed by scanning electron microscopy (SEM).

2　Experimental

2.1　Materials

PEN granules used in this study were supplied by Goodfellow Corporation (Oakdale, USA), with a density of 1.36g/cm^3 at room temperature. PEN fibres were supplied by Performance Fibres Company (Huntersville, USA) in the form of a multifilament bundle of weight 1500g/denier. The fibre diameter is about 28μm.

2.2　Differential scanning calorimetry (DSC)

A differential scanning calorimeter (Q200, TA Instruments) was applied to ascertain the thermal properties of the PEN matrix and fibre. The PEN granules were heated to 350℃ at 10℃/min and held for 2min to erase thermal and mechanical history, then cooled to 40℃ at the cooling rate of 10℃/min, immediately they were reheated up to 350℃ at 10℃/min and cooled to 40℃ at 10℃/min finally. The PEN fibres were heated to 300℃ at a rate of 10℃/min and held for 5 min, and then cooled to 40℃ at the cooling rate of 10℃/min. The flow rate of Nitrogen here was 60mL/min.

2.3 Composites preparation

PEN granules were dried in a vacuum oven at 120℃ for 24 h to remove any adsorbed water, and then pressed into films with 0.5mm in thickness by compression molding at 300℃ and 1MPa. Continuous filaments were available for PEN fibres, a small loom (Vintage Weave Easy Hand Loom, Bandwagon Company) was used to produce bidirectional woven cloth. Each yarn consists of 210 bulked filaments with a diameter of about 28μm. The yarn was woven into plain weave fabric, the warp density and the weft density are 2.8 threads/cm and 15 threads/cm, respectively.

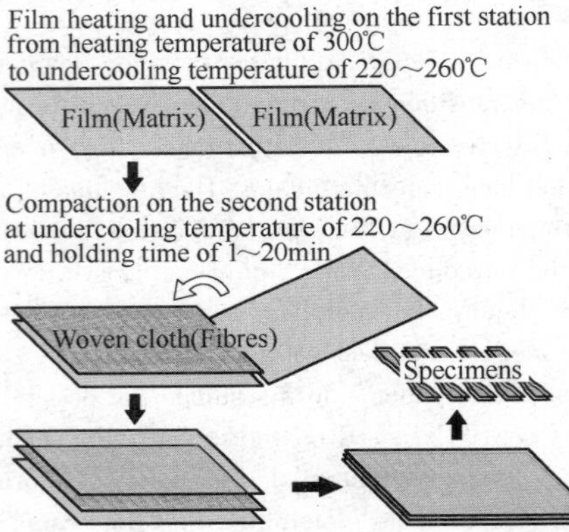

Fig. 1 Schematic of the undercooling melt film stacking process for PEN SPCs

Undercooling melt film stacking is similar to film stacking, but one initial step, film undercooling, is needed before the pressing. Schematic of the process for PEN SPCs is shown in Fig. 1, a customized two-station compression molding process was used. Two pieces of PEN films were first heated to 300℃ for 10 min to obtain two layers of molten films on the first station. The molten films were then quickly transferred to the second station set at an undercooling temperature, where the molten films were undercooled. After the undercooled films were stabilized, the PEN woven cloth was sandwiched between the undercooled films and then pressed immediately under the undercooling temperature. Then the lamination was removed and cooled to room temperature. Both the heating temperature and undercooling temperature were determined by DSC analysis. The heating temperature is above the melting temperature of the matrix. The undercooling temperature is between the crystallization onset temperature of the matrix and the melting onset temperature of the fibres, so that the matrix can keep its liquid state and will not crystallize, and the fibres will not melt.

Different pressures of 3, 6 and 9 MPa were tried in the compaction preliminarily, little effects on the tensile properties were found due to very thin thickness (less than 1mm), and so 6MPa was used as the compaction pressure in all the experiments. While in order to investigate the influence of compaction temperature and holding time, various compaction temperatures (220-260℃) and holding time (1-20 min) were used.

2.4 Mechanical tests

Tensile tests were carried out by using a tensile test machine (Instron Universal Testing Machine 5166 Series, Instron Corp., MA) at room temperature with a load of 30kN and a crosshead speed of 5mm/min. The prepared samples were cut into dog-bone shaped testing specimens using a cutting die according to DIN-53504. The PEN SPCs and non-reinforced PEN were all tested, and 5 specimens were tested for each sample. The warp density of the woven cloth is 2.8 threads/cra, very small because of the hand-woven, thus the SPCs were tested only in the weft direction.

2.5 Scanning electron microscopy (SEM)

The specimens were freeze fractured in liquid Nitrogen. The fractured section in the middle part of the sample was gold coated and its morphology was observed using a SEM (Hitachi S-800) with an accelerating voltage of 8kV.

3 Results and discussion

3.1 Determination of processing window

In the undercooling melt film stacking method, the processing temperature window is not the melting temperature difference between matrix and fibres but the difference between crystallization onset temperature of the matrix and the melting onset temperature of the fibres. Therefore, compared with the traditional SPCs processing methods such as hot compaction and film stacking, the undercooling melt film stacking method could obtain a much larger processing temperature window.

Fig. 2 shows the DSC thermograms of the PEN matrix and fibre. The PEN fibre begins to melt at 261℃, and the peak melting point Pis at 277℃. The peak melting point of PEN matrix is at 264℃. The fibre melting temperature is higher than the matrix melting temperature due to orientated crystals. The matrix begins to crystallize at 213℃, exhibiting a large capability of undercooling. Therefore, the processing temperature window could be up to 48℃ (213 ~ 261℃), which is much larger than the melting temperature difference of 13℃ (264 ~ 277℃). According to the processing window, the compaction exper-

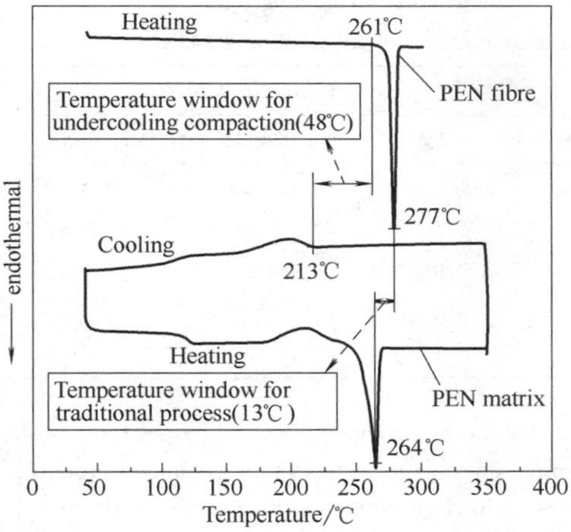

Fig. 2 DSC thermograms of the PEN matrix and fibre

iments were carried out in the range of 220 ~ 260℃.

3.2 Effects of compaction temperature on tensile properties of PEN SPCs

Fig. 3 shows the tensile strength and modulus of the PEN SPCs made at the compaction temperature in the range of 220 ~ 260℃ and a holding time of 5min. As the compaction temperature increased, the tensile strength increased. It is correlated with the reduced viscosity and consequently improved wetting and infiltration then the coherency structure improved the strength. However, when the compaction temperature continued increasing, the tensile strength decreased. Since PEN belongs to polar polymer, the disoriented phase enhanced with higher compaction temperature leading to a fall in fibre strength. It can be recognized that high compaction temperature benefits wetting and infiltration, however much higher temperature causes embrittlement and weakens the fibre strength. The peak in the mechanical properties is at 245℃ which appears to be the best compaction temperature when the holding time is 5 min.

The appearance of the broken tensile loaded specimens hints for the effects of compaction temperature. Photograph of the broken specimens is shown in Fig. 4. The failure behavior is in close analogy with different matrix-fibre adhesion. The state of matrix-fibre adhesion can be quantitatively evaluated by checking the number of pull-out fibres. The more pull-out fibres, the worse is the adhesion. Specimens compacted at lower temperatures showed a greater strain to failure due to the lower interfacial strength, and more fibres were pull-out and debonding. The pull-out fibres were less and shorter when the temperature increased, because lower viscosity at higher temperature benefits infiltration. When the temperature increased to 250 and 260℃, there were barely any pull-out fibres but very clear fracture surfaces indicating the embrittlement occurred.

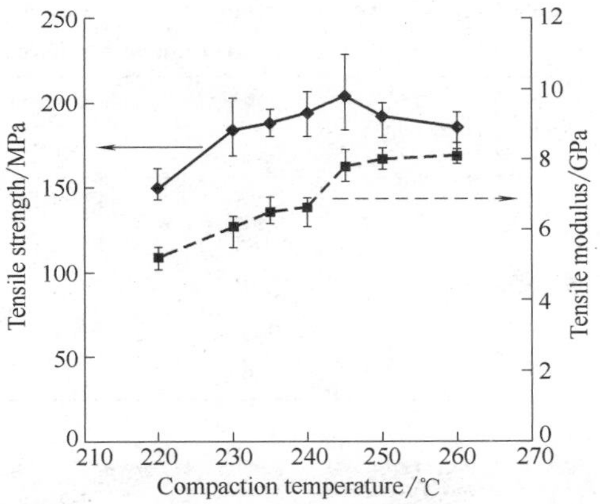

Fig. 3 Tensile strength and modulus of the PEN SPCs made at the compaction temperature in the range of 220 ~ 260℃ and a holding time of 5min

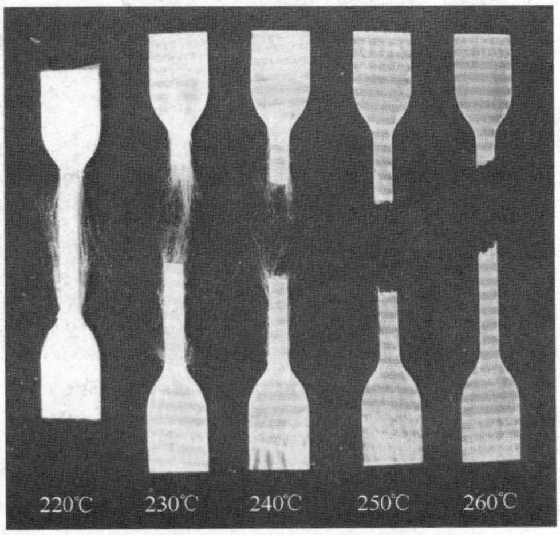

Fig. 4 Photograph of the broken PEN SPCs made at different temperatures of 220, 230, 240, 250 and 260℃ and the same holding time of 5min

3.3 Effects of holding time on tensile properties of PEN SPCs

The holding time also affects tensile properties of the PEN SPCs. Table 1 shows the dependence of the tensile strength and modulus with holding time at 235, 240 and 245℃. The tensile strength increased first and then decreased as the holding time increased. It is noted that the adhesion could be improved by increasing holding time but further increase in holding time will lead to the increase of crystallinity of the matrix which is harmful to the matrix-fibre adhesion. Fig. 5 shows the broken photograph of PEN SPCs made at the same temperature of 240℃ and different holding time of 1, 5, 10 and 15 min. It suggests a very similar mechanism to Fig. 4. The effects of the holding time on adhesion as the above discussed could be proved apparently.

Table 1 Tensile strength and modulus of the PEN SPCs made at different holding time of 1, 5, 10, 15 and 20min and different compaction temperatures of 235, 240 and 245℃.

Holding time/min	Tensile strength/MPa			Tensile modulus/GPa		
	235℃	240℃	245℃	235℃	240℃	245℃
1	—	173 ± 12	200 ± 5	—	6.2 ±0.4	6.3 ±0.5
5	188 ± 8	194 ± 13	204 ± 23	6.5 ±0.4	6.6 ±0.4	7.8 ±0.5
10	202 ± 14	224 ± 11	191 ± 18	7.9 ±0.4	8.4 ±0.5	8.2 ±0.4
15	205 ± 12	208 ± 19	—	7.4 ±0.4	8.2 ±0.6	—
20	169 ± 16	—	—	8.1 ±0.8	—	—

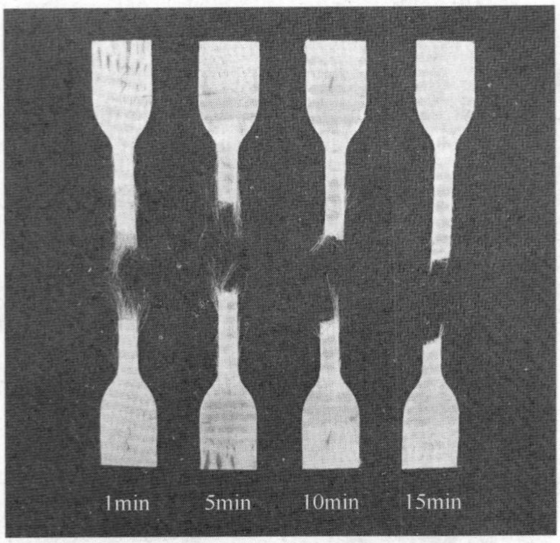

Fig. 5 Photograph of the broken PEN SPCs made at the same temperature of 240℃ and different holding time of 1, 5, 10 and 15min

Interestingly in Table 1, the optimum holding time is different at different compaction temperature, and it decreased as the compaction temperature increased. The underline indicates the optimum holding time. It demonstrates that a longer holding time is needed when the compaction temperature is lower in order to achieve the best tensile strength. Similar trend in tensile modulus can be noted. The optimum processing is at the compaction temperature of 240℃ and the holding time of 10min, which could obtain a tensile strength of 224 MPa and a tensile modulus of 8.4GPa.

3.4 Comparison

Hine et al. produced PEN SPCs using hot compaction of PEN fibres. The tensile strength was between 140 and 230MPa in the temperature range of 5℃ (268 ~ 273℃). In this paper, the tensile strength was between 149 and 224MPa in the temperature range of 40℃ (220 ~ 260℃). The processing window for good samples is 20℃ (240 ~ 260℃). It can be seen that the processing temperature window was enlarged significantly by using the undercooling melt film stacking method. In addition, for the hot compaction the holding time is shorter (2min) due to the matrix being produced around fibres and so there is no diffusion time required. However, the undercooling temperature is a desired isothermal temperature but usually unstable in related to the time and so a longer holding time is needed in the undercooling melt film stacking.

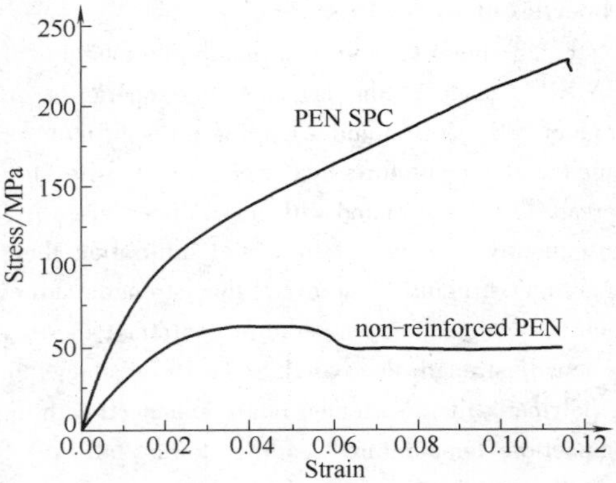

Fig. 6 Comparison of the tensile stress-strain behavior for the PEN SPC and the non-reinforced PEN

Fig. 6 shows the comparison of the tensile stress-strain behavior for the PEN SPC and the non-reinforced PEN. The specimens were all compacted under the optimum processing. The non-reinforced PEN yielded in a ductile manner when failing, plastic deformation happened. The stress-strain curve contains a yielding and flow region, the maximum stress is 63MPa. Whereas the PEN SPC exhibited a brittle behavior, elastic deformation occurred. The specimen was broken suddenly when the stress reached up to 224MPa. The tensile strength is 3.6 times higher than that of the non-reinforced PEN. The initial linear elastic region also shows a higher yielding strength for the PEN SPC. The tensile modulus is 2 times higher than that of the non-reinforced PEN. Fig. 7 compares the different failure mechanisms. Elastic deformation and plastic deformation were respectively observed in the failure section of the pure PEN and the PEN SPC. It can be deduced that good interfacial bonding was achieved in the PEN SPC.

Fig. 7　Comparison of the failure mode for the PEN SPC and the non-reinforced PEN

3.5　Morphological properties

The micrographs of the fracture surface of PEN SPCs are reported in Fig. 8. Most fibres still maintain their original size suggesting the fibres were not molten at the undercooling temperature. Lots of matrix particles can be clearly seen on the fibre surfaces, and many fibres were split in their axial direction. All these observations indicate that the matrix melt penetrated into fibre webs very well, and the PEN SPCs had good interfacial compatibility and bonding properties. As the temperature increased to 250℃ (see Fig. 8b), the parts of matrix on the fibre surfaces became larger, and some fibres were closely associated by the matrix. It illustrates that higher compaction temperature improved the interfacial adhesion. Fig. 8c and d show different fracture morphologies, fibres are all surrounded by matrix. A matrix particle and a large part of matrix on the fibre surface can be observed in Fig. 8c. Many micro links in the matrix-fibre interface can be seen in Fig. 8d, some surface layers of the fibres were peeled off. It further proves good interfacial compatibility and bonding properties.

4　Conclusions

The excellent properties of PEN fibre and resin are available in the PEN SPCs. The possibility of the undercooling melt film stacking method was investigated for the production of PEN SPCs. The reinforcements was sandwiched between the undercooled films and then pressed at a temperature which is between the melting onset temperature of the fibre and the crystallization onset temperature of the matrix. The processing temperature window was determined to be 48℃ (213 ~ 261℃), which was enlarged significantly. PEN SPCs were successfully produced within 220 ~ 260℃. Suitable compaction temperature and holding time could improve matrix-fibres adhesion then enhance mechanical properties. At a lower compaction temperature, longer holding time is needed to ensure good mechanical properties. The optimum processing condition (compaction temperature of 240℃, holding time of 10min and pressure of 6MPa) was obtained. The optimum compacted PEN SPCs were found to have a tensile strength of 224MPa and a tensile modulus of 8.4GPa, which are much higher than that of the non-reinforced PEN. The morphological properties of

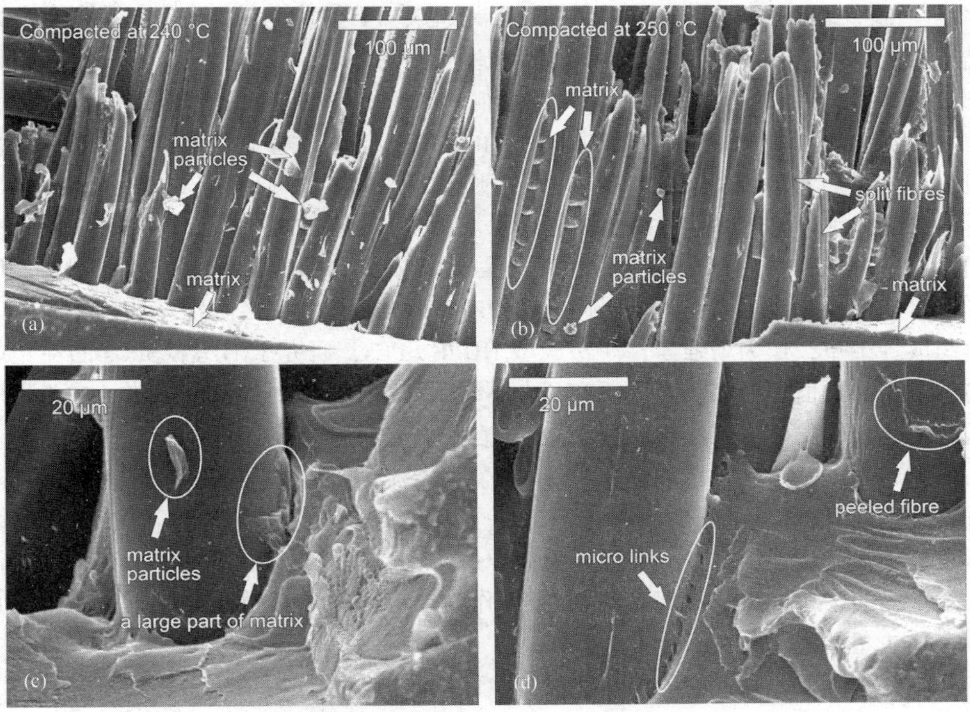

Fig. 8　Micrographs of the fracture surface of PEN SPCs

the PEN SPCs illustrated good interfacial compatibility and bonding properties.

Acknowledgements

The project was financed by the Basic Research Fund of geijing Institute of Technology (Project No. 3100012211304). Many experiments were carried out in Georgia Institute of Technology, the authors thank Prof. Donggang Yao and Prof. Youjiang Wang for their helpful suggestions and comments.

10.3 单聚合物复合材料注塑成型制备与其性能

2012年，陈晋南课题组与美国佐治亚理工学院姚冬刚进一步合作，针对SPCs的制备不能连续生产、生产精度低和形状单一等缺点，开始研究单一组分PP SPCs和HDPE SPCs的注塑成型工艺。首先研究聚合物材料的流动性和热融纺丝工艺，深入研究聚合物纤维的结构和性能，在此基础上研发SPCs注塑成型工艺。

2012年，Mao和Chen等研究了超高流动性PP和高密度聚乙烯（HDPE）的熔融纺丝工艺，在固态下热拉伸纤维，探讨了PP和HDPE熔融纺丝的制备工艺与纤维的结构和性能。研究结果表明，PP纤维的分子链是稳定的α单斜晶系，取向因子为0.84，熔点为170.8℃，其强度和模量分别达到了580MPa和11.6 GPa。HDPE纤维的分子链是正交晶系，取向因子为0.89，结晶度达67.5%，其强度和模量分别达到了460MPa和11.1GPa。同年，王建和陈晋南等分别申请了实用新型专利《一种单聚合物复合材料制品注塑成型设备》和发明专利《一种单聚合物复合材料制品注塑成型方法及设备》。

2013年，Wang和Mao等深入研究PP树脂与PP纤维的流变性能，用商业PP纤维布初步研究了注塑成型PP单聚合物复合材料的加工工艺，可在较宽温度窗口范围内快速成型SPCs制品。制备PP SPCs材料的力学测试结果表明，PP树脂与PP纤维之间具有良好的界面粘结性，PP SPCs的弯曲强度较未增强PP提高了54.2%。

2015年，Mao，Wang和Yao等分别以自制和商业PP纤维布作为增强体，PP树脂作为基体，研究了注塑制备PP单聚合物复合材料的成型工艺，注塑制备了PP单聚合物复合材料，研究了该复合材料的力学性能、界面性质和微观形态。研究结果表明，含质量分数36%纤维的单一组分PP SPCs的拉伸强度是未增强PP树脂的2.3倍，该复合材料具有良好的界面性能。PP SPCs拉伸强度达120MPa，是未增强PP树脂的3.9倍。同年，Mao和Wang等分别以自制和商业纤维布作为增强体，HDPE树脂为基体，用熔融纺丝法制备了HDPE纤维，编织成纤维布，作为增强体，注塑成型HDPE SPCs，研究了HDPE SPCs的注塑成型工艺。与Moldflow数值模拟相结合，研究了在不同温度下HDPE纤维的热力学、力学性质和结晶结构的变化，优化确定了注塑成型PE单聚合物复合材料的工艺参数。

2016年，Mao，Chen和Yao等人[35]研发了用高流动性的注塑级低分子量聚丙烯（PP）树脂制备高强度PP纤维的熔融纺丝工艺。该工艺不同于传统的高分子量PP树脂的熔融纺丝法，在最小喷气拉伸工艺中，保证喷头拉伸最小化，对挤出的固态PP原丝先后进行热拉伸和热定型的两段拉伸工艺。高强度PP纤维作为单一组分SPCs的增强体，以相同PP粒料作为基体，注塑制备了单一组分PP SPCs。

本节分为3小节，具体给出3篇代表作，包括注塑制备聚丙烯单聚合物复合材料、高密度聚乙烯单聚合物复合材料的注塑工艺、用低分子量聚丙烯熔融纺制高强度纤维。

10.3.1　注塑制备聚丙烯单聚合物复合材料

Preparation of Polypropylene Single-Polymer Composites by Injection Molding[32]

Wang Jian, Mao Qianchao, Chen Jinnan

1 INTRODUCTION

Polymer composites are generally formed by embedding and orienting fibers (polymer, glass, carbon, etc.) in a thermoplastic matrix polymer, they are widely used in many applications in aerospace, automotive, electrical, microelectronics, infrastructure and construction, medical, and chemical industries However, it is hard to fully recycle this kind of composites as a result of different compositions between fiber and matrix. In addition, polymer composites usually fail at the weak fiber/matrix interface, resulting from their chemical incompatibility. The development of single-polymer composites (SPCs) seems to be an alternative in this aspect. SPCs, made by integrating highstrength fibers into a matrix of the same polymer, do not contain mineral fillers and are characterized by improved adhesion quality between the matrix and the reinforcement. The future of SPCs looks promising because of continuing improvement in their preparation and properties, their market growth, and their recyclability.

SPCs are first prepared and reported in 1975 by Capiati and Porter Since then, different thermoplastic polymers, including polyethylene (PE) polypropylene, polyethylene terephthalate, polyethylene naphthalate, polylactic acid, polyamide, polymethylmethacrylate, and polytetrafluoroethylene, were exploited to manufacture SPCs. However, in the case of true SPCs, the matrix and the fiber should originate from the same polymer, and hence should have same or similar melting temperatures. Therefore, it is difficult to combine the fiber with the matrix, without melting the oriented fiber and thus losing stiffness and strength developed in the process. The preparation methods for traditional composites are not suitable for SPCs. The difference between the melting temperatures determines the processing window. Researchers have developed different methods for preparing SPCs, including hot compaction of fibers or tapes, film stacking combination of hot compaction and film stacking, co-extrusion. However, these extant methods to prepare SPCs are all limited in compaction process; the industrial mass production of SPCs has still been limited. The hot compaction technology has a few disadvantages such as long preparation cycle and products only with simple shapes. Therefore some new processes such as extrusion or injection molding need to be developed, which can achieve the goals to produce SPCs efficiently with large scales and complex geometry.

Injection molding is the most important industrialized manufacturing technique, which is widely used in the field of polymer composites preparation. Some advantages of injection molding are high production rates, repeatable high tolerances, the ability to use a wide range of materials, low labor cost, minimal scrap losses, and little need to finish parts after molding. The fiber/resin mixture is fed into the hopper and transferred into the heated barrel, mixed, and forced into a mold cavity where it cools and hardens to the configuration of the mold cavity. However, the traditional injection molding process preparing polymer composites is not suitable for SPCs. As the fiber/resin mixture is from the same polymer, extensive fiber damage occurs when the fiber/resin mixture has been fed into the barrel because of the high barrel temperature, the intensive mixing with high-shear and passage through a narrow gate. Therefore, there have been no reports about preparing SPCs by injection molding till now.

Aiming at the limitation of existing production methods for SPCs, the feasibility of preparing SPCs by injection molding is investigated. PP SPCs are prepared. The flexural properties of PP SPCs are tested. The microstructure of the PP SPCs is analyzed by light microscopy using polished sections and by scanning electron microscopy (SEM) using cut surfaces. The influence of processing pressure and temperature is described.

2 EXPERIMENTAL

2.1 Materials

PP (model number: K8303) granules with a density of 0.9 g/cm^3 were provided by Beijing Yanshan branch of China Petroleum & Chemical Corporation. Its melt flow rate is 1.0 ~ 3.0g/10min. The PP fiber cloth was supplied by Innegrity LLC (Simpsonville, SC). The PP cloth was weaved in a plain structure and each yarn is consisted of 225 continuous filaments with a diameter of 48μm. The density of the weft and warp is 4.3 and 6 threads/cm, respectively. Thickness of the PP cloth is 1mm.

2.2 Differential Scanning Calorimetry

A differential scanning calorimeter (DSC-60, Shimadzu) was applied to study the melting and crystallizing process of PP granules and PP fabrics. They were heated from 40℃ to 200℃ at a rate of 10℃/min and held for 10min at 200℃ in order to erase thermal and mechanical history, and then cooled to 40℃ at the cooling rate of 10℃/min. The flow rate of Nitrogen here was 60mL/min.

2.3 Sample Preparation

The samples of the PP SPCs (No. 1-1 to 1-5) are molded into rectangle shape with a length of 63.5mm, a width of 12.7mm and a thickness of 6.35mm. Fig. 1 shows the schematic illustration of the samples. The fiber volume fraction is about 16% for the samples (No. 1-1 to 1-5).

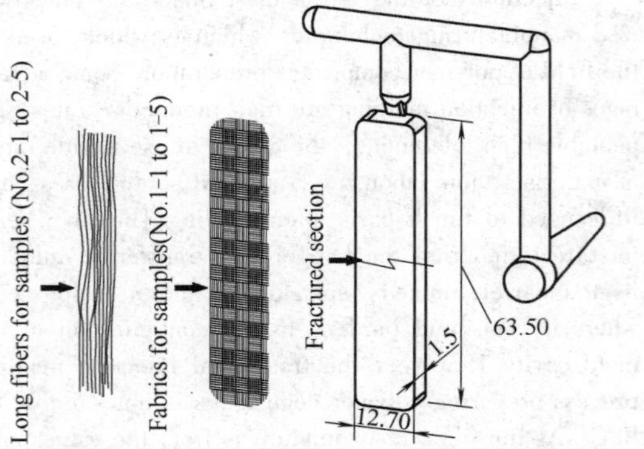

Fig. 1 Schematic illustration of the samples

A reciprocating screw injection machine manufactured by GSK CNC was used to prepare PP SPCs samples. The setting temperature from the feed-inlet to the barrel frontier was 50℃, 195℃, 220℃, respectively. The temperature of the barrel frontier was changed with different values of 210 ~ 235℃ in different injection molding cycles. The nozzle temperature was also changed from 195℃ to 230℃. PP granules were added to the plastication system where they were melted under the effects of heat and shear force provided by the screw and barrel, at the same time the melt was conveyed forward. The PP fiber fabric was preplaced into the inner surface of the mold cavity following by closing the mold. Then the PP melt was injected into the cavity within 1 s and under the injection pressure of 100 ~ 200MPa following by packing for 10s under the holding pressure of 85 ~ 180MPa. The back pressure here was 2MPa and the mold was at room temperature. The material in the cavity was cooled and solidified for 10s. Finally the products of SPCs could be removed by opening the mold. The key processing parameters of five SPCs samples are listed in Table Ⅰ. Nonreinforced PP samples were also produced under each group of process conditions for comparison.

In addition, several long fibers instead of fiber fabric were preplaced into the inner surface of the mold cavity then PP melt was injected into the cavity to prepare samples (No. 2-1 to 2-5). These samples were used in SEM to investigate the influence of the processing pressure and temperature on the morphology of fibers in the PP matrix. The processing parameters of five samples with several long fibers are listed in Table Ⅱ.

Table Ⅰ Processing Parameters of Five PP SPCs Samples (Nos. 1-1 to 1-5)

No.	Injection pressure /MPa	Holding pressure /MPa	Nozzle temperature /℃	Barrel frontier temperature /℃
1-1	100	85	195	210
1-2	120	100	195	210
1-3	120	100	210	220
1-4	140	120	220	225
1-5	200	180	230	235

Table Ⅱ Processing Parameters of Five Samples with Several Long Fibers (Nos. 2-1 to 2-5)

No.	Injection pressure /MPa	Holding pressure /MPa	Nozzle temperature /℃	Barrel frontier temperature /℃
2-1	150	130	210	220
2-2	150	130	220	225
2-3	150	130	230	235
2-4	170	150	210	220
2-5	190	170	210	220

2.4 Flexural Test

The flexural test was carried out on a universal testing machine (XWW-20Kn) made by Beijing Jinshengxin Testing Machine. In the process of bending test, the span length was 40mm and the loading velocity was 50 mm/min. Although the samples were not standard transects for flexural test, the comparable flexural properties of the materials (PP SPCs and nonreinforced PP) could be analyzed.

2.5 Metallographic Observation

The microstructure of PP SPCs samples was observed by a metallomicroscope (Zeiss Axio Observer). The samples were solidated by denture powder and denture water. Then they were preliminary grinded using a series of sand papers, with a granularity of 600, 800, 1000, 1200, and 1500, respectively. After that the samples were polished on a polishing machine with grinding paste whose granularity was 1.5 and 0.5 aiming to eliminate the nicks on the samples. Finally the samples could be observed under the metallomicroscope.

2.6 Scanning Electron Microscopy

The PP SPCs samples with several long fibers (No. 2-1 to 2-5) after bending test were quenched breaking in liquid Nitrogen. The fractured section in the middle part of the sample was gold coated and its morphology was observed using a SEM Model no. JSM-

7401F scanning microscope with an accelerating voltage of 10 kV.

3 RESULTS AND DISCUSSION

3.1 Thermal Analysis

The thermal study of PP granules and PP fibers was carried out by differential scanning calorimetry (DSC). Fig. 2 shows the DSC thermogram of PP granules. It exhibits that the melting point of PP matrix is 167.27℃. The PP matrix will not begin to crystallize until it is cooled to 125.48℃. So it has a large supercooling degree of more than 43℃ (126 to 167℃). Preparation of PP SPCs within this temperature window can maintain not only the fluidity of the matrix but also the morphology and strength of the fibers. Fig. 3 gives the DSC thermogram of PP fibers. The fibers begin to melt at 155.26℃ and there are two melting peaks (158.61℃ and 172.02℃) in the heating curve. Schwenker et al. reported that the stretched PP fiber has two melting peaks at the temperature of 158℃ and 173℃. They considered that the disorientation of crystallization lead to the first peak and the melting of the crystallization contributed to the second peak at 173℃. Therefore the melting temperature of it is 173℃. It is known that the second melting peak at 172.02℃ is the real fusion point of PP fibers.

According to the thermal results of PP granules and PP fibers, the barrel temperature and the nozzle temperature can be determined as mentioned in the sample preparation. The processing temperature is usually set up to 20℃ more than the melting point of the polymer. Temperature history in an injection molded part is a cooling process with time. When the PP melt get into the mold cavity, it will be cold abruptly. The melt that contacts with the inner surface of the mold cavity is cooled first. In the injection molding process of SPCs, the preplaced fiber fabrics are set on the inner surface of the mold cavity. There is heat conduction between the fibers and the matrix when the melt from the nozzle is injected into. So the surface fibers are melted partially or fully because of high temperature of the matrix more than 172℃ (melting point of the fiber), at the same time the matrix is cooled fast at a lower temperature. Then supercooling of the matrix occurs during the wetting phase, it protects melting of the inner fibers. We can only control the melt temperature inside the mold cavity by nozzle temperature indirectly. Therefore, different nozzle temperature in the range from 195℃ to 230℃ (see Table Ⅰ) was used to determine tem perature variation of the materials in the mold cavity. The influ ence of nozzle temperature could be analyzed through morphological properties of the final SPCs samples.

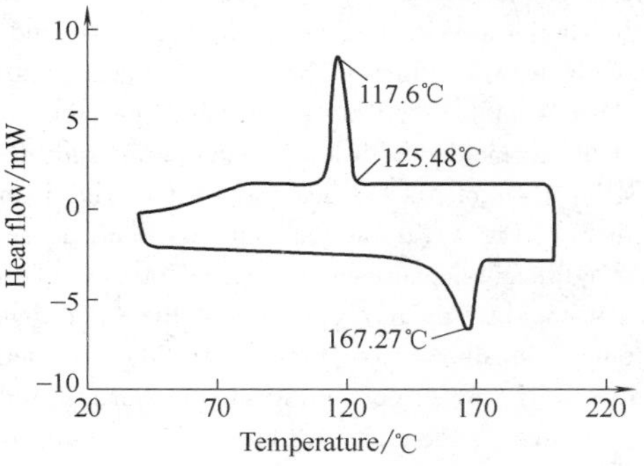

Fig. 2　DSC thermogram of PP granules determined at heating and cooling rates of 10℃/min

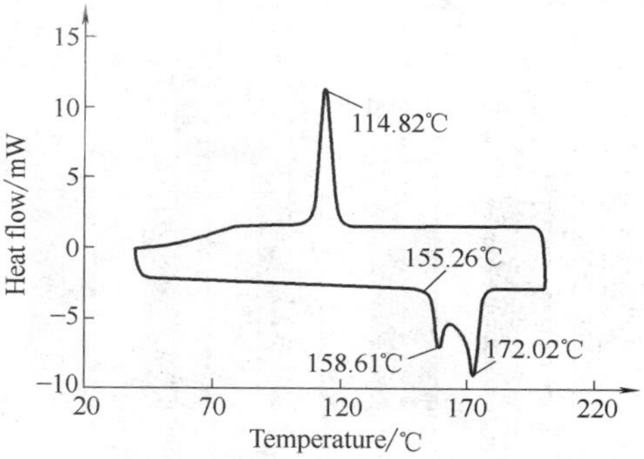

Fig. 3　DSC thermogram of PP fibers determined at heating and cooling rates of 10℃/min.

3.2 Flexural Properties

Fig. 4 and 5 show the flexural properties of PP SPCs and nonreinforced PP under different process conditions. It is found that the flexural strength and modulus of the PP SPCs were obviously improved than that of nonreinforced PP. It demonstrates that the flexural strength and modulus of PP SPCs increased first and then decreased as the injection pressure and nozzle temperature increased. But the strength and modulus of the nonreinforced PP were almost not changed with different processing conditions. The flexural strength reached a maximum of 43.3 MPa, which is 54.2% higher than that of nonreinforced PP prepared under the same conditions when the injection pressure and nozzle temperature were 140 MPa and 220℃, respectively.

Both temperature and pressure play an important role to help the penetration capacity. In experiment No. 1-1 and 1-2 (see Table Ⅰ), nozzle temperature of 195℃ and barrel frontier tem perature of 210℃ were kept constant, but injection pressure and holding pressure were different. Comparing the flexural strengths of sample No. 1 and 2, it is found that increasing injection pressure can improve the flexural strength of PP SPCs. The flexural strength was improved by approximately 20% within 20MPa change in injection pressure. As higher injection pressure is able to facilitate the flow into minute spaces among fibers and improve the wetting property of PP matrix. In addition, the holding

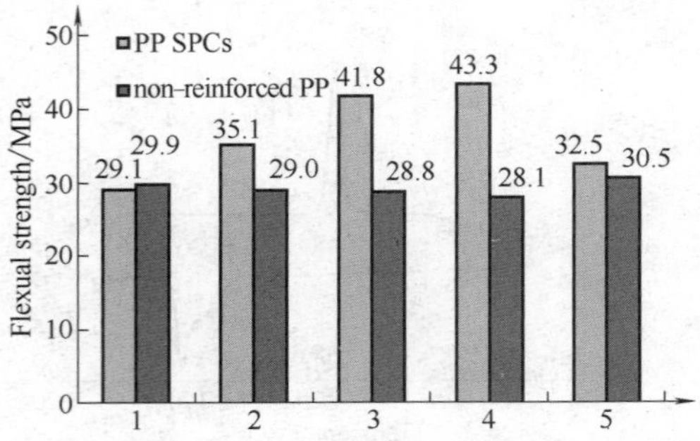

Fig. 4 Flexural strength of PP SPCs and nonreinforced PP. [Color figure can be viewed in the online issue, which is available at wileyonlinelibrary, com.]

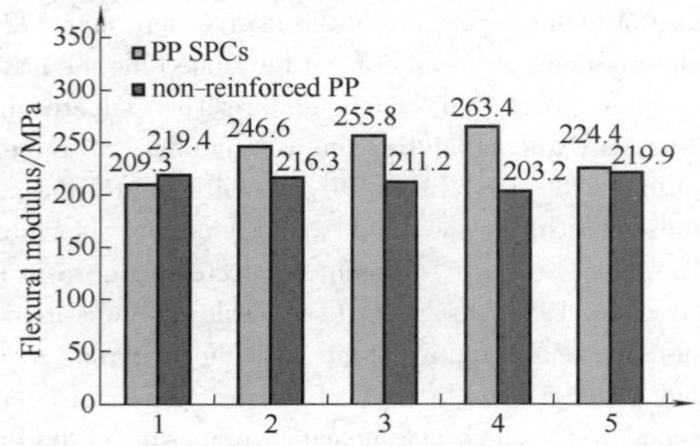

Fig. 5 Flexural modulus of PP SPCs and nonreinforced PP. [Color figure can be viewed in the online issue, which is available at wileyonlinelibrary, com.]

pressure increases with the increasing injection pressure, it leads to a good adherent strength between fibers and the matrix.

In experiment No. 1-2 and 1-3, nozzle temperature and barrel frontier temperature were different, but injection pressure of 120MPa and holding pressure of 100MPa were kept the same values. It is demonstrated by comparing sample No. 1-2 and 1-3 that the flexural strength can be promoted by raising the nozzle temperature when keeping the injection pressure constant. The flexural strength was improved by approximately 19% within 15℃ change in nozzle temperature. The reason is that the nozzle temperature determines the temperature of molten matrix injected into the cavity. As the temperature of nozzle increases, the viscosity of PP melt decreases and the mobility increases, which can improve the wetting and bonding capacity between the fiber and the matrix.

The flexural strengths of sample No. 1-4 proved the benefits of higher pressure and temperature further. However, it will create unfavorable impression on the flexural strength of PP SPCs when the injection pressure and nozzle temperature are too high just like sample No. 1-5. The reasons are as follows. In the experiment No. 1-5, the molten matrix was injected from one side of the cavity, so there was a displacement of PP fabric on the impact of matrix melt with pressure. As a result, the matrix cannot infiltrate and bond with the fibers in the drape that would turn into a weak point and finally influence the strength of PP SPCs. In addition, if the holding pressure is too high, it will diminish the spaces among fibers and increase the flow resistance of matrix melt, it will also exert an adverse effect on wetting. Furthermore, if the nozzle temperature is too high, it will bring excessive heat into the cavity leading to the melting possibility of fibers and decreasing of fiber strength.

3.3 Morphological Properties

Besides temperature referred in the thermal analysis, pressure and pressure history are key factors in the process, as pressure can control the shrinkage of the fibers and promote densification. The pressure history is complicated, and the pressure distribution inside the mold cavity changes with distance from the inlet gate. It is difficult to see the temperature and pressure history in the mold cavity, but we can deduce the influence of the temperature and pressure by microstructures of the final parts.

Optical micrographs of polished transversal cross-sections of the PP SPCs samples (No. 1-4 and 1-5) are reported in Fig. 6 and 7 respectively. There are two types of PP fibers. The ones with circular shape are the fibers perpendicular to the section, and the others with a shape of long strip are the fibers parallel to the section. It shows that the matrix melt was able to penetrate into fiber webs by injection molding, and the SPCs samples had good interracial compatibility and bonding properties. As shown in Fig. 6 and 7, the fibers on the surface layer of the fabrics were melted easily because they first contacted the melt with high temperature, but the most fibers can still maintain its original morphology. It confirms the prediction in the paragraph of thermal analysis. There are more partial melted fibers in No. 1-5 than in No. 1-4. In Fig. 7, more fibers were almost molten into matrix because of higher temperature. In addition, the arrangement of some fibers tended to be closer, and some fibers had been flattened into an oblong or hexagon shape under higher injection and holding pressure.

There are fibers with different size and geometry in different areas. Fig. 8 (a-c) shows the microstructures in the similar area of the sample No. 1-1, 1-4, and 1-5, respectively. Most fibers in No. 1-1 are bigger than those of No. 1-4 and 1-5. That is because that the sample No. 1-1 was molded with lower temperature and pressure thus the fibers of No. 1-1 scarcely melted. The diameters of fibers in Fig. 8 (b, c) are all less than the original value (48μm) because of the partial melting of the fibers. It can be apparently seen that the fiber diameter became smaller as the nozzle temperature increased. However, comparing sample No. 1-4 and 1-5 in Fig. 6 and 7, there are still many fibers that have similar diameter even the nozzle temperature is the highest in No. 1-5. This may be because of the larger injection and holding pressure that can provide fibers with a kind of physical suppression action to constrain the relaxation of molecular chain and to achieve a state of overheating[7] of fibers.

The samples with several long fibers (No. 2-1 to 2-5) were pro-duced. Although there was no improvement in flexural strength because of few fibers, it is useful to investigate the morphology of fibers in the PP matrix. SEM was used to monitor the fracture surface of the composites after quenching the samples in liquid nitrogen. Fig. 9-12 are the micrographs of the samples produced with different injection pressure and nozzle temperature. Same injection pressure but different nozzle temperature was used to produce samples No. 2-1, 2-2, and 2-3 as shown in Fig. 9, 10, and 11, respectively. Parts of matrix can be clearly seen on the surfaces of some fibers. As the nozzle temperature increased, the parts of matrix on the surfaces of fibers became larger. In Fig. 9, some fibers were pulled out from the matrix because of poor adhesion between the fiber and the matrix. At higher nozzle temperature of 220℃, Fig. 10 shows that the fibers were broken and the fiber and the matrix were closely associated, but fibers were still pulled

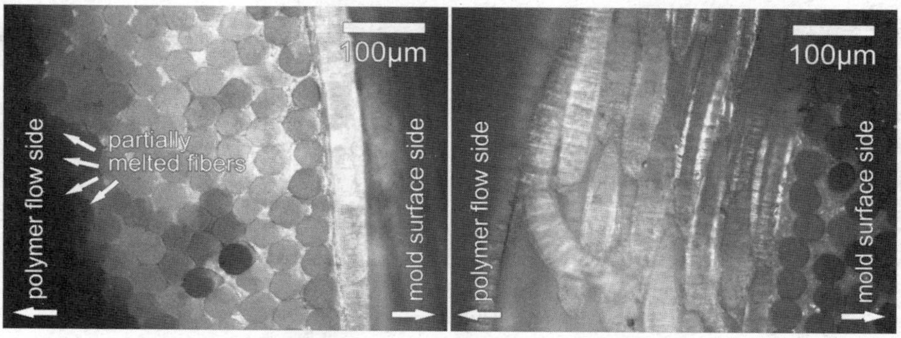

Fig. 6　Optical micrographs (20 times magnification) of PP SPCs sample (No. 1-4) processed at injection pressure of 140MPa and nozzle temperature of 220℃

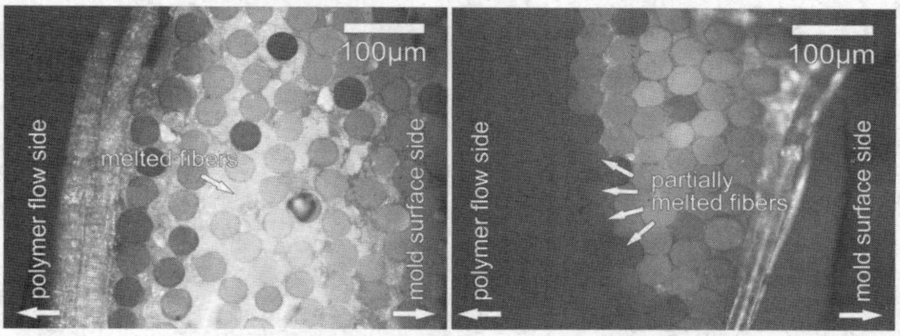

Fig. 7　Optical micrographs (20 times magnification) of PP SPCs sample (No. 1-5) processed at injection pressure of 220 MPa and nozzle temperature of 230℃

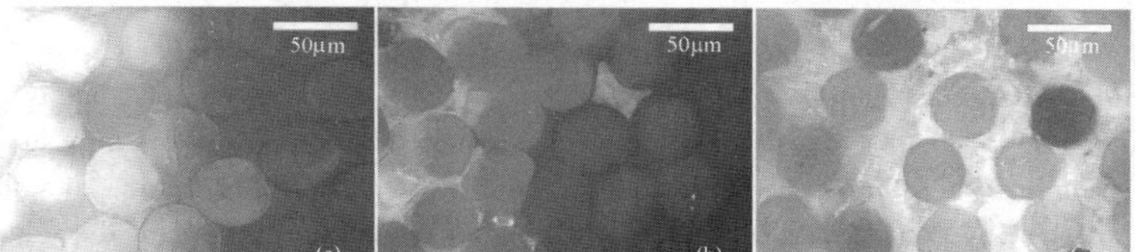

Fig. 8　Optical micrographs (50 times magnification) of sample No. 1-1 (a), No. 1-4 (b), and No. 1-5 (c)

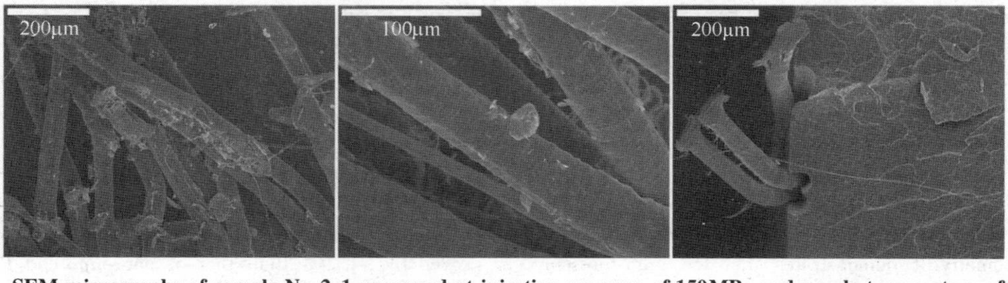

Fig. 9　SEM micrographs of sample No. 2-1 processed at injection pressure of 150MPa and nozzle temperature of 210℃

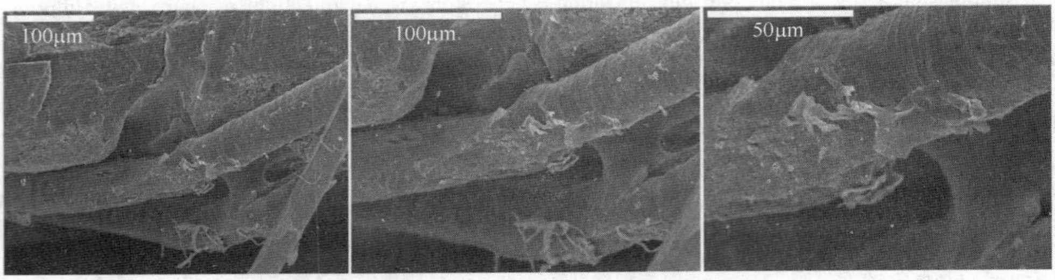

Fig. 10 SEM micrographs of sample No. 2-2 processed at injection pressure of 150MPa and nozzle temperature of 220℃

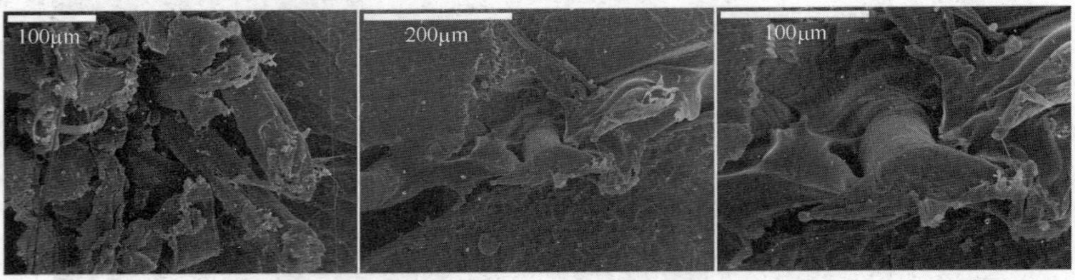

Fig. 11 SEM micrographs of sample No. 2-3 processed at injection pressure of 150MPa and nozzle temperature of 230℃

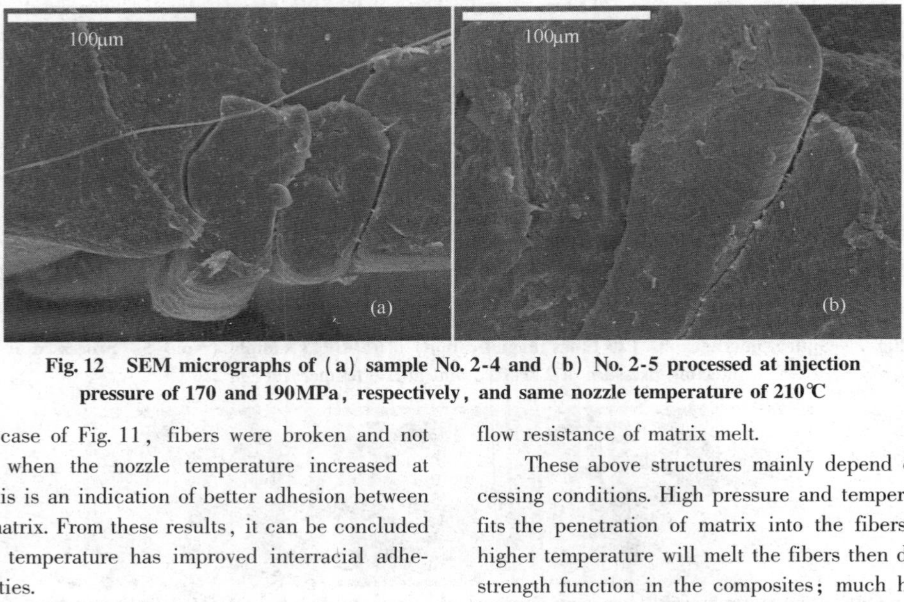

Fig. 12 SEM micrographs of (a) sample No. 2-4 and (b) No. 2-5 processed at injection pressure of 170 and 190MPa, respectively, and same nozzle temperature of 210℃

out. In the case of Fig. 11, fibers were broken and not pulled out when the nozzle temperature increased at 230℃. This is an indication of better adhesion between fiber and matrix. From these results, it can be concluded that higher temperature has improved interracial adhesion properties.

Samples No. 2-1, 2-4, and 2-5 were produced with same nozzle temperature but different injection pressure. The SEM images are shown in Fig. 12. Because lower nozzle temperature was used, it is also possible to observe distinct gaps between the fibers and the matrix indicating poor adhesion. The gaps were smaller at higher pressure, indicating that higher pressure could improve fibers densification then higher strength could be obtained. At higher pressure, fibers were pressed into ellipse geometry. It demonstrates that too high pressure would diminish the gaps between the fibers that increases flow resistance of matrix melt.

These above structures mainly depend on the processing conditions. High pressure and temperature benefits the penetration of matrix into the fibers. But much higher temperature will melt the fibers then destroy their strength function in the composites; much higher pressure will change the arrangement and geometry of fibers exerting an adverse effect on wetting.

4 CONCLUSIONS

The feasibility of preparing SPCs by injection molding was investigated. PP SPCs were successfully prepared by presetting the fabrics like an insert in the mold cavity. PP SPCs sample molded at an injection pressure of 140MPa and a nozzle temperature of 220℃ can reach a maximum flexural strength of 43.3MPa, which was improved by 54.2% than that of nonreinforced PP. Both pressure and temperature are the key parameters. The results of flexural test showed that flexural strength can be promoted by raising the injection pressure and nozzle temperature. But they cannot be set too high so as to avoid fiber melting as well as the change of fiber arrangement and geometry. The microstructure of PP SPCs observed by metallomicroscope showed that the matrix melt was able to penetrate into fiber webs by injection molding under appropriate temperature and pressure, and the SPCs samples had good interfacial compatibility and bonding properties. The fiber will partially melt if the temperature of molten matrix is too high but this phenomenon might be avoided by increasing the injection and holding pressure owing to a physical constraint action. SEM analysis confirmed the benefits of higher temperature and pressure in the injection molding of SPCs.

Injection molding is probably the most complicated method for processing thermoplastics, especially for the melt filling and holding phase in the mold cavity. From the appearance of the samples in this article, the side with fiber fabrics was difficult to be penetrated totally by the matrix in sample No. 1-1 and 1-2. Therefore, in a future study, it is better to set the fabrics in the center of the mold cavity like an insert part, then the melt could be injected and penetrate the fabrics from both sides of the fabrics. In addition, an experimental mold with pressure and temperature sensors should be designed to know the real temperature and pressure in the mold cavity.

5 ACKNOWLEDGMENTS

The project was partially financed by the Basic Research Fund of Beijing Institute of Technology (Project No. 3100012211304). A section of this work was also carried out using the injection molding machine which was supported by Prof. Weimin Yang from Beijing University of Chemical Technology. We would like to express our sincere thanks to him and his student, Xiaohua Wang.

10.3.2 高密度聚乙烯单聚合物复合材料的注塑工艺

Insert Injection Molding of High-Density Polyethylene Single-Polymer Composites[34]

Mao Qianchao, Wyatt Tom P., Chen Jinnan, Wang Jian

1 INTRODUCTION

The traditional polymer composites, in which the reinforcement and the matrix are made from different materials, axe subjected to certain deficiencies such as the interfacial compatibility and recyclability. One of the alternative approaches to solve the problems is single-polymer composites (SPCs), originally proposed in 1975. SPCs refer to a class of composites with the reinforcement and the matrix made from the same polymer type; therefore, they can be simply recycled by thermal processing which offers one of the routes to prepare environment-friendly materials. However, SPCs haven't been widely used in industry due to processing difficulties. The difference between melting temperatures of the matrix and the reinforcement is generally small because of the same chemical structures of the constituents, which leads to narrow processing windows. Several articles reported on the preparation of SPCs using different processing methods including hot compaction of fibers or tapes, filmstacking followed by compression molding, and consolidation of co-extruded polypropylene (PP) tapes. It was reported that good interfacial bonding was promoted with higher interfacial shear strength than that of glass fiber-reinforced composites. The limited previous works to prepare SPCs primarily involve compaction processes, but the compaction process is not suitable for large scale production due to the relatively long processing cycle time, narrow processing temperature window, and post-forming requirement.

Injection molding is one of the most important industrialized techniques in the field of polymer composites. It provides advantages such as high production rates, repeatable high tolerances, and low labor cost. With the aim of adapting to the fast growing and high efficiency of industry, processes involving injection molding have been recently developed by Kmetty et al. to prepare SPCs. Pre-impregnated pellets which are hot-compacted from PP copolymer and highly oriented PP homopolymer fibers were injection molded into SPCs sheets with a processing range of ~90℃. The yield stress achieved a maximum value of 38 MPa which corresponded to a 52% improvement compared to the matrix materials. However, the fibers would suffer from heat loading and mechanical sheafing during the plastication and injection stages of the molding process, leading to the loss of fiber form and compromised ultimate strength.

In our preliminary study, an insert injection molding method was proposed to prepare PP SPCs. The PP fabric or fibers were pre-placed in the mold cavity and then the melt was injected into the mold and bonded with the fibers. It was reported that the PP SPCs achieved relatively good bonding with enhanced tensile and flexural properties. To better understand the process, different types of materials need to be investigated to further demonstrate the feasibility. In addition, optimized interfacial compatibility and bonding properties can be expected when the two composing materials are from the same polymers.

In this study, high-density polyethylene (HDPE) was chosen as a model system to further demonstrate the feasibility to prepare SPCs by insert injection molding. Melt-spun HDPE fibers made from the same resin as the matrix were heat treated to experimentally simulate the change of fiber properties during the injection molding process. Fibers were woven into fabric and further acted as the reinforcement in the HDPE SPCs. Mechanical and microstructural properties were investigated.

2 EXPERIMENTAL

2.1 Material

HDPE pellets, coded Marlex 9035, were provided by Chervon Phillips Chemical Company with a density of 0.952g/cm^3 and a melt flow index (MFI) of 40g/10min at 190℃.

2.2 Fiber Spinning and Heat Treatment of Fibers

Fiber spinning was performed by an Alex James and Associates piston extruder with 150mL capacity. The HDPE pellets were fed into the bore which was preheated to 200℃ and equilibrated for 1h. The molten HDPE was extruded through a 2.5mm die orifice at 200℃. The extrusion speed was about 7m/min. The molten thread line from the spinneret orifice was quenched through a glycerol bath maintained at room temperature and collected onto bobbins at a speed of 5m/min. The asspun HDPE fibers were heat drawn through heated glycerol at 83 ± 2℃ to a ratio of 18 ×. The total path length through the hot bath was 0.6m.

In the injection process, melt temperature, pressure in the cavity, and flow shear field can influence the fiber properties inside the mold, among which the melt temperature is considered to have the greatest effect. In order to investigate the changes in fiber properties upon exposure to the injected melt, heat treatment experiments on fibers were performed to approximate the conditions inside the mold. The fibers were submerged into the oil bath and then quickly removed from the bath. The contact time with hot oil was comparable to a short injection stage in injection molding. The designed pretreatment temperatures were 90 ~ 130℃ for fibers with tension and 90 ~ 125℃ for fibers without tension. A lower temperature was chosen in the latter case due to the immediate melting of fibers without tension at 130℃.

2.3 Composite Sample Preparation

Self-spun HDPE fibers were made into fabric by plain weaving. The thickness of the fabric was about 0.2 mm. Each yam had 16 filaments and each fabric had 5 warp yarns. The thread count of both the warp and weft direction was the same of 4 yam/cm. A commercial reciprocation screw injection molding machine (SE-18D, Sumitomo co.) was used to prepare HDPE SPCs. The mold used in the experiments contained a rectangular cavity of dimensions 63.5 × 9.5 × 1mm and was maintained at room temperature. Double-sided tape was used to affix the fabric onto the cavity wall with the warp yams along the injection direction. Two layers of fabric were used for each sample with one layer sticking to the wall of the moving mold and the other sticking to the static mold. The fiber volume fraction was about 46.4%. Fig. 1 shows the schematic diagram of the gate and the coverage of fabric on the cavity wall. Injection temperature of 200, 220, 240, and 260℃ were chosen to study the influence of injection temperature on the properties of SPCs samples. The lowest temperature of 200℃ was chosen because the cavity was not able to be fully filled by the injected melt with relatively high viscosity. The highest temperature of 260℃ was chosen due to the excessive melt of the fabric inside the cavity. The injection and holding time was 1 s and 20 s, respectively. The injection pressure and holding pressure were 207 and 167 MPa, respectively. The cooling time was 15s. In order to analyze the temperature distribution of the melt in the mold cavity, Moldflow analysis was performed using the same experimental conditions that were used for molding the SPCs. The number of elements was 44, 601, and 3D tetrahedral mesh was used.

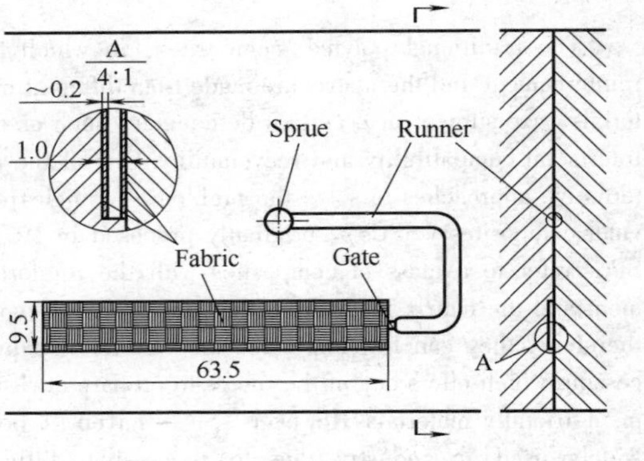

Fig. 1 Schematic diagram of the gate and the coverage of fabric on the cavity wall

2.4 Characterization

Differential scanning calorimetry (DSC) was performed on a TA Instruments Q200 DSC unit. HDPE pellets were subjected to a heat-cool-heat cycle in the range from 40 to 180℃ at 10℃/min. The second heating stage was chosen to obtain the thermal behavior of HDPE pellets. HDPE fibers were heated from 40 to 180℃ at 10℃/min. The DSC unit was purged with nitrogen at a flow rate of 50mL/min.

Wide angle X-ray diffraction (WAXD) data were collected on a Rigaku Micro Max 002 (Cu Kγ radiation, λ = 0.154nm) operating at 45kV and 0.65mA using an R-axis Ⅳ + + detector. Exposure time was 30min for each sample. The crystalline orientation factor was computed using the method developed by Wilchinsky. The 200 and 110 diffractions were used to determine the orientation factor based on the orthorhombic PE unit cell with dimensions $a = 0.742$nm, $b = 0.495$nm, $c = 0.255$nm.

Tensile properties of the melt-spun fibers were measured using an Instron 5566 universal testing machine. Crosshead speed was 50mm/min with a 10-cm gauge length. At least six specimens were tested and averaged. HDPE SPCs samples were tested on an Instron 5166 universal testing machine with a crosshead speed of 20mm/min. The composites were cut into dumbbell-shaped specimens using a dog-bone cutter along the injection direction. At least five specimens were tested for each SPCs samples. All the tensile tests were performed at room temperature.

HDPE SPCs samples for T-peel test were made by means of reducing the injection volume so that the cavity was about 10mm unfilled at the other end of the cavity away from the gate. The unfilled part of the SPCs sample acted as a subsequent starter crack. During testing, one layer of the fabric was fixed by the moving clamp of the tensile testing machine while the other layer of fabric and the matrix together were clamped together by the stationary clamper. The samples were pulled apart using an Instron 5166 universal testing machine with a crosshead speed of 20mm/min at room temperature.

The microstructure of the HDPE SPCs was observed by optical microscopy (Axio Observer Alm, Carl Zeiss, German). The transverse cross-sections of the SPCs samples were polished using different sizes of metallographic sandpaper from 200# to 1500# and different grain size of diamond abrasion paste from W2.5 to W0.5.

The fracture surfaces after peel testing and tensile failure of HDPE SPCs made at injection temperature of 240℃ were examined by scanning electronic microscope (SEM) (JSM6301F, JEOL co. Japan). Samples were gold sputtered before SEM observations.

3 RESULTS AND DISCUSSION

3.1 Melt-Spun Fiber Properties

Fig. 2 shows the DSC thermograms for melt-spun HDPE fibers and the original HDPE pellets. The melting temperatures of fibers and the resin were 132.2℃ and 126.2℃, respectively. The crystallinity (calculated from the DSC data) of HDPE fibers was 67.5%, 25.0% higher than that of the original HDPE pellets. Fig. 3 shows the WAXD pattern of melt-spun HDPE fibers. The WAXD pattern indicates that a highly oriented crystalline structure was developed during hot drawing. The intense diffractions at 2θ of 21.4° and 23.7° correspond to the 110 and 200 planes, respectively, and axe indicative of the typical PE orthorhombic unit

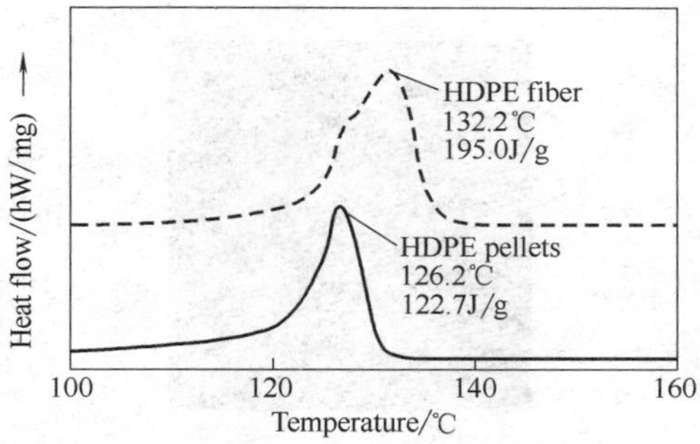

Fig. 2 DSC thermograms of melt-spun HDPE fiber and the HDPE pellets

cell. The crystalline orientation factor of 0.89 suggested good crystalline c-axis alignment. In addition, the tensile strength and tensile modulus of the HDPE fibers were 460.0 ± 18.8MPa and 11.1 ± 1.07GPa, respectively.

3.2 Heat Treatment of Fibers

To study how the fiber properties changed on exposure to high temperature, the HDPE fibers were heat treated in silicon oil to briefly simulate the temperature condition that occursinside the mold during injection process.

Heat treatment trials showed that fibers partially melted while contacting with the heated oil at 130℃ for fibers with tension and fully melted at 125℃ for fibers without tension. The crystalline structures of heat-treated fibers were measured by WAXD. The 2D patterns of heat-treated fibers are shown in Fig. 4. The lack of 2D pattern of fibers heat-treated without tension above 120℃ is because of the complete melting of the fibers. The results demonstrate that the crystalline structures of heat-treated fibers with and without tension below 120℃ were hardly changed compared to the tion original fiber. When pretreatment temperature further increased to 130℃, 2D pattern of the fibers treated with tension showed a substantial change into concentric rings suggesting the loss of molecular orientation. This can be further verified by the orientation factor calculated from the total integration. For the fibers treated with tension below 130℃ and without tension below 120℃, the orientation factors remained the same to the original fiber at 0.89. The small extension applied during heat treatment is not large enough to rearrange or further orient the molecular chains. The orientation factor sharply dropped to 0.05 when the pretreatment temperature increased to 130℃ for fibers with tension, corresponding well to the concentric rings observed in the 2D pattern. It is likely the result of molecular relaxations from the oriented state to entropically preferred random coil. For the fibers heat-treated without tension at 125℃, fiber form was immediately lost upon exposure.

The thermal properties of heat-treated fibers were

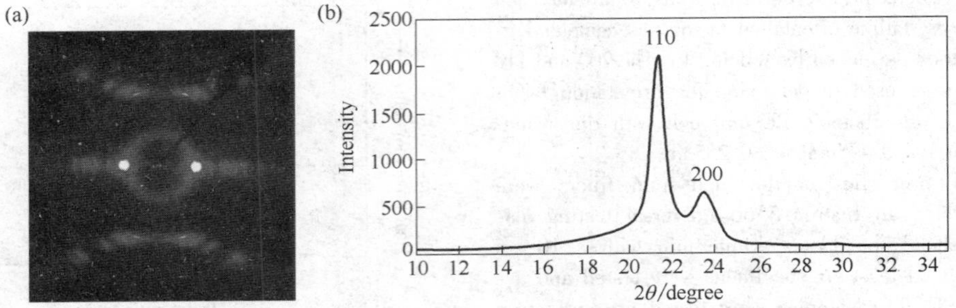

Fig. 3 WAXD pattern of melt-spun HDPE fiber: (a) 2D pattern; (b) total integration; miller indices corresponding to typical orthorhombic PE crystal planes are noted above the peak intensities. [Color figure can be viewed in the online issue, which is available at wileyonlinelibrary. com.]

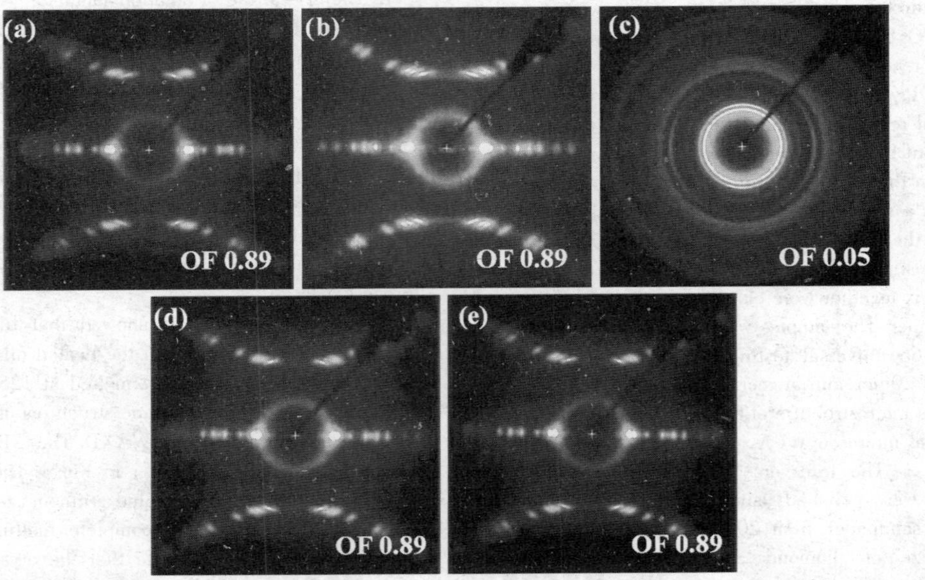

Fig. 4 WAXD pattern of heat-treated fibers under various pretreatment temperature: (a) 100℃ with tension; (b) 120℃ with tension; (c) 130℃ with tension; (d) 100℃ without tension; (e) 120℃ without tension. The insert: calculated orientation factor (OF). [Color figure can be viewed in the online issue, which is available at wileyonlinelibrary. com.]

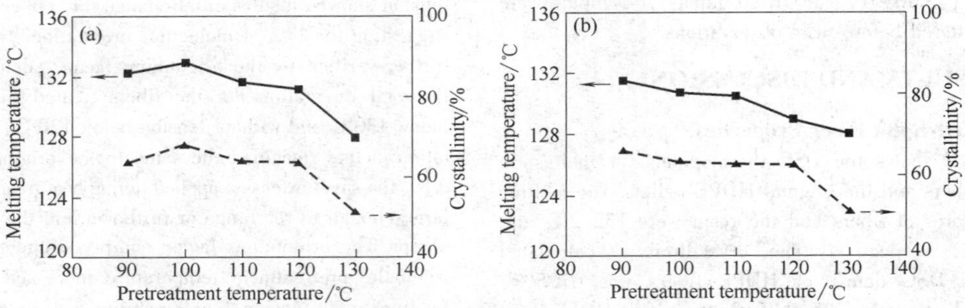

Fig. 5 Thermal properties of heat-treated fibers at various pretreatment temperatures: (a) with tension; (b) without tension

measured by DSC and are shown in Fig. 5. For heat-treated fibers both with and without tension, melting temperatures and crystallinities demonstrate downward trends and the values are all under that of the original fibers. This is because of the molecular relaxation occurred at relatively high pretreatment temperature. The tensile properties as a function of the pretreatment temperature for heat-treated fibers are shown in Fig. 6. The tensile strength kept decreasing as the pretreatment temperature increases, corresponding well to the decreasing of the melting temperature and crystallinity. The tensile modulus showed no noticeable change for the fibers treated with tension below 130℃ and the fibers without tension below 120℃. Sharp drops were found at 130℃ for the fibers treated with tension and 120℃ for the fibers treated without tension. This is because of the loss of molecular orientation and the physical form of fibers.

The conclusions above have guiding significance to the insert injection molding process with fibers pre-placed in the cavity. Fig. 7 shows the temperature distribution of the melt in the mold cavity for injection temperature of 200, 220, 240, and 260℃. The temperature of the injected melt within 0. 1mm away from the mold cavity is around or below 130℃ for the injection temperature of 200, 220, 240, and 260℃ at 1s after injection. According to the properties of heat-set fibers, the fibers within 0. 15 mm away from the wall axe able to maintain fiber form and properties during injection process. For fibers 0. 1-0. 2mm away from the wall, since the temperatures of the injected melt axe above 130℃ for injection temperatures from 200 to 260℃, there are high possibilities of melting upon exposing to the melt. The pre-placed fibers act as an insulator between the mold and the injected melt, which influences the temperature distribution in the cross-section of the injected melt. The temperature of the melt touching the fabric might be much higher than 130℃ at 1s after injection because fabric has a lower thermal conductivity than mold. However, the temperature of the melt decreased sharply to below 120℃ within 2s after injection

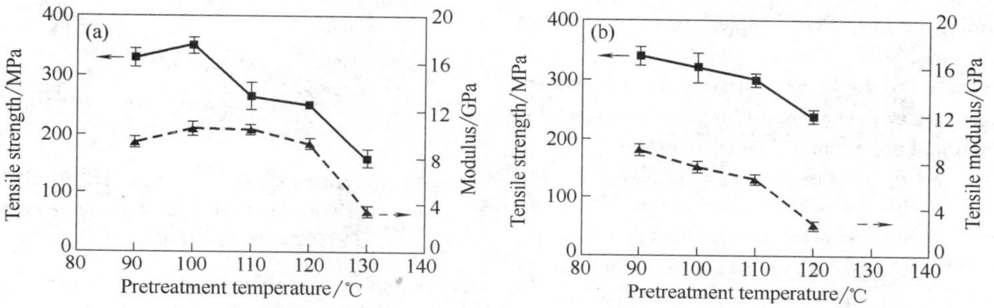

Fig. 6　Tensile properties of heat-treated fibers under various pretreatment temperatures: (a) with tension; (b) without tension

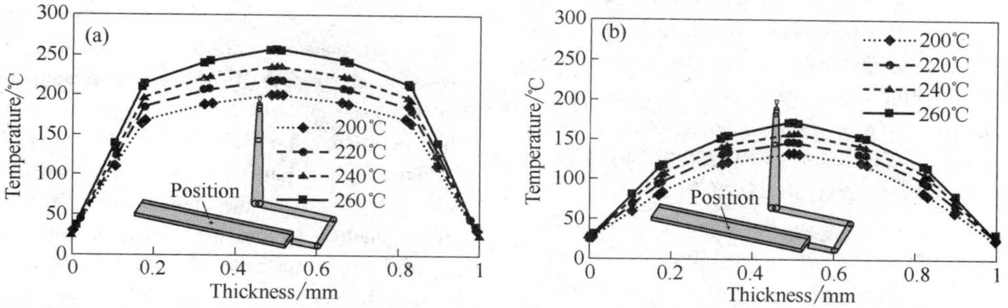

Fig. 7　Temperature distribution of the melt in the mold cavity for injection temperature of 200, 220, 240, and 260℃: (a) 1 s after injection; (b) 2 s after injection

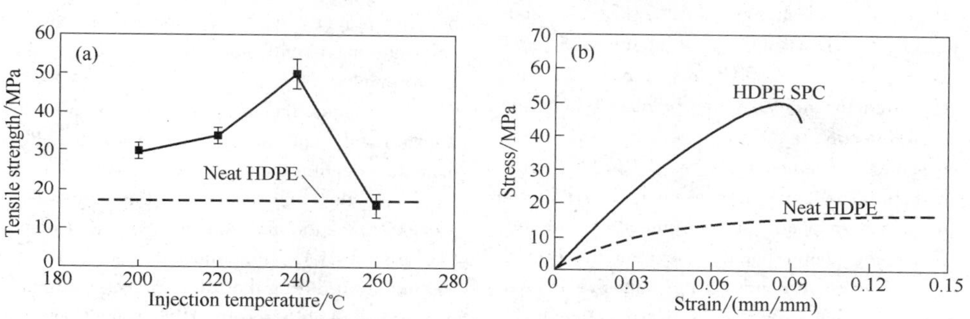

Fig. 8　Tensile property of HDPE SPC with lab-made fabric: (a) Tensile strength as a function of injection temperature; (b) a comparison of HDPE SPCs with neat HDPE

for all injection temperatures from 200 to 260℃. Therefore, the fibers are likely to avoid significant melting. In addition, it was reported that the melting temperature of constrained fibers would shift to a higher value because of reduced molecular relaxation. The fibers in the middle of the fabric can be considered to be constrained by the adjacent wept yarns and the doublesided tapes. This further provides the feasibility to keep the fibers retain the physical forms and properties during injection process and to prepare SPCs by insert injection molding.

3.3 Mechanical Property of HDPE SPCs

Fig. 8a shows the tensile strength of HDPE SPCs with labmade fabric as a function of injection temperature in the range from 200 to 260℃. The samples were tensile tested parallel to the warp direction (injection direction). The tensile strength increased with increasing injection temperature and achieved a maximum value of 50 ± 3.8MPa for the SPCs samples made at injection temperature of 240℃. The increase in tensile strength may be ascribed to the lower melt viscosity at higher injection temperature and therefore improved permeability into the fabric. Furthermore, higher melt temperature is related to a better pressure transmission along the flow path which benefits the penetration of the melt. The tensile strength of SPCs sample made at injection temperature of 260℃ decreased sharply to a value around the strength of the neat HDPE due to the excessive melting of the fabric. The representative tensile stress-strain curves of HDPE SPCs with lab-made fabric and the neat HDPE both made at injection temperature of 240℃ are shown in Fig. 8b. The maximum tensile strength of the HDPE SPCs around 50MPa was 2.8 times that of the neat HDPE (18MPa). From this point of view, HDPE SPCs can be processed by insert injection molding within the injection temperature range from 200 to 240℃.

3.4 Interfacial Property of HDPE SPCs

Fig. 9 shows the peel load traces of HDPE SPCs prepared at different injection temperature in the range of 200 ~ 240℃. The traces show a sawtooth appearance with the load rising to a peak and then dropping to a lower value, most likely due to the fabric structure with the uneven surface. The peel strength is 6.67, 10.23, and 16.14N/cm for the HDPE SPCs made at injection temperature of 200, 220, and 240℃, respectively. The increased peel strength indicates the increased bonding property as the injection temperature goes higher. Generally, at lower injection temperature (e.g., 200℃), the viscosity of the injected melt in the cavity is relatively higher which leads to poorer penetration ability of the melt and hence the poorer bonding between the matrix and the fabric. This corresponds to the adhesive failure mode proposed by Alcock et al. As the injection temperature increases, the viscosity of the injected melt decreases with enhanced wetting property. In addition, the

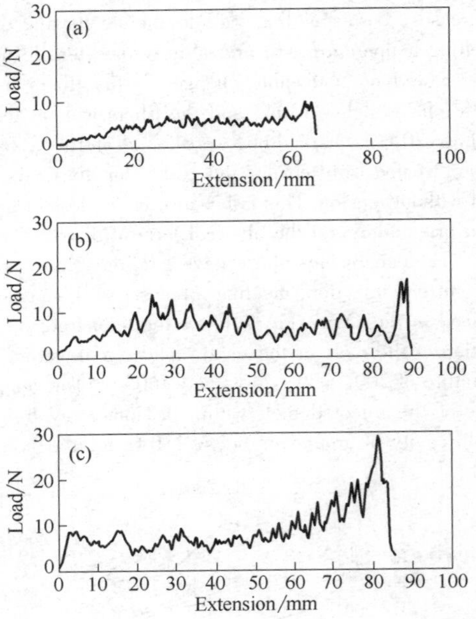

Fig. 9 Interfacial shear strengths of HDPE SPC with labmade fabric made at different injection temperatures: (a) 220℃; (b) 220℃; (c) 240℃

surface of the fibers began to become "tacky" due to the partial melting of the fiber caused by the heat transferred from the melt. As a result, the fibers and the matrix started to fuse together and the molecular interdiffusion began to occur, which caused a combination of adhesive failure and cohesive failure corresponding to the increased peel strength. As the injection temperature further increased to 240℃, the wetting and bonding properties between the matrix and the fibers achieved the maximum. This is partially due to the relatively low viscosity of the melt. On the other hand, the fibers can be partially melted by the heat from the injected melt at high injection temperature The melted and recrystallized HDPE melt may act as a "bridge" to combine the fiber and the matrix which can improve the interfacial adhesion between the two phases. Therefore, the interfacial bonding property of SPCs samples made at 240℃ achieved a maximum value, corresponding to the cohesive failure mode.

It is noted that the trend of the peel load traces went up with increasing extension for the SPCs samples made at injection temperatures of 240℃. This is correlated to the character of the injection molding process. Since the mold was maintained at room temperature around 25℃, the injected melt in the cavity was cooling down during the filling process, which led to the increase of melt viscosity. Higher melt viscosity would cause the reduced wetting and permeability between the two phases. In addition, the SPCs samples for peel testing were made by reducing the injection volume so that the cavity was not fully filled at the end of the cavity away from the gate. As a result, the pressure in the cavity would decrease at the position away from the gate. The lower pressure would lead to the poorer penetration and hence the poorer bonding properties between the matrix and the fabric.

The fracture surfaces of the SPCs samples made at injection temperature from 200 to 240℃ after peel testing are shown in Fig. 10. At injection temperature of 200℃, the individual fibers can still retain their physical form without deforming. Some particles of the matrix can be found adhesive on the surface of the fibers indicating relatively good bonding between the fibers and the matrix. As the injection temperature is increased to 220℃, more quantities of the matrix were adhesive on the peeled fibers and some matrix was able to be found between the fibers. It suggests that the viscosity of the matrix was low enough to penetrate the webs of fibers which can enhance the wetting and bonding properties. As the injection temperature further increased to 240℃, the surface of the peeled fibers became rough and fibrillation occurred. This evidence of stress transfer confirms the good bonding between the two phases, corresponding to the highest peel strength as shown in Fig. 9 (c).

3.5 Optical Microscope Observation of HDPE SPCs

Some optical micrographs of polished and un-etched transverse cross-sections of HDPE SPCs with lab-made fabric made at injection temperature of 200 and 240℃ are shown in Fig. 11. Weft fibers in strip shape and warp fibers in circular shape in the fabric can be seen in the pictures [Fig. 11 (a) and (e)]. At injection temperature of 200℃, voids between warp fibers and considerable gaps between the fibers and the matrix were easily observed, which indicates compromised penetration and bonding properties of the SPCs samples. It was seen at higher magnification that part of the fiber surface was slightly melted and most of the fibers were able to reserve their physical forms. As injection temperature increased to 240℃, the number of the voids between the fibers became less and the arrangement of the fibers tended to be closer. Some of the fibers were pressed into polygon shapes by the adjacent fibers due to the relatively high injection pressure [Fig. 11 (f)]. It can be seen in Fig. 11 (g) that the edges of the fibers were blurring which suggests that more fibers were partially melted as the injection temperature increased. Furthermore, the webs between the fibers were fully filled with the matrix. The matrix between the fibers is probably composed

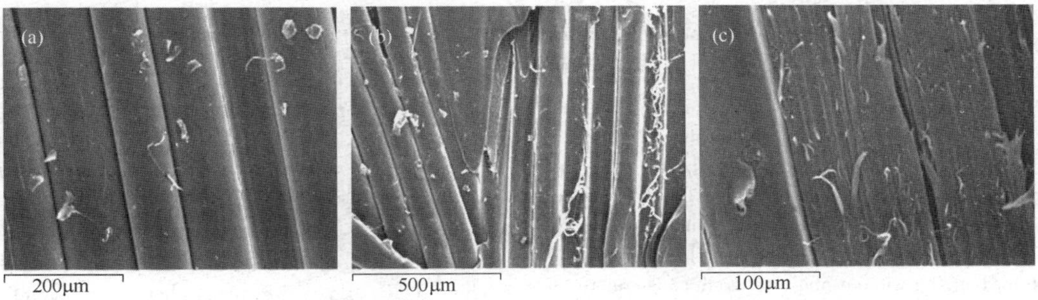

Fig. 10　Fracture surfaces of SPCs samples made at various injection temperatures after peel testing: (a) 200℃; (b) 220℃; (c) 240℃

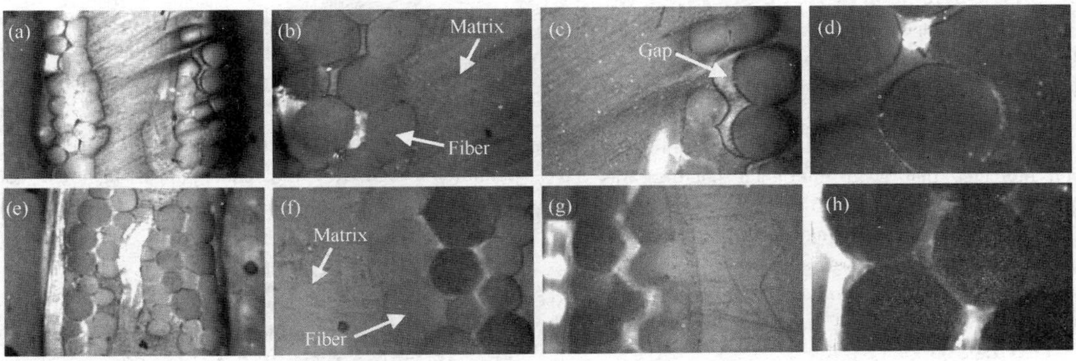

Fig. 11　Optical micrographs of polished and un-etched transverse cross-sections of HDPE SPCs made at injection temperature of: (a, b, c, d) 200℃; (e, f, g, h) 240℃.

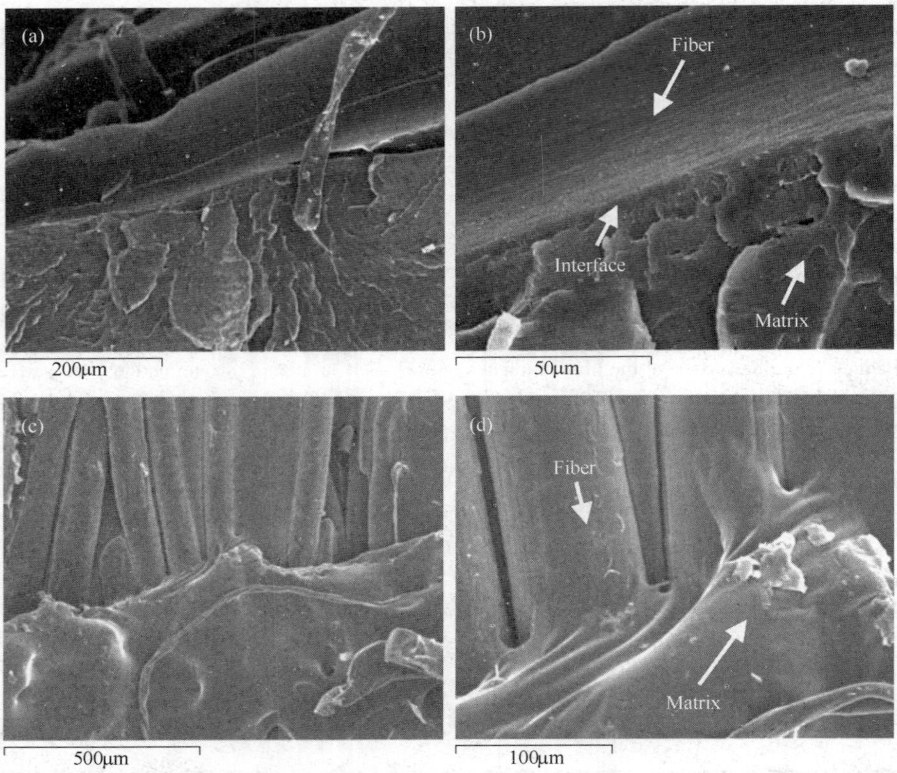

Fig. 12 SEM images of HDPE SPCs made at 240℃: (a, c) fracture surface after tensile failure; (b, d) partially enlarged view of (a, c) respectively

of two parts: the partially melted fibers and the origi nal injected melt. As can be found at higher magnification in Fig. 11 (h), the webs between the fibers were completely penetrated by the matrix. Since the fibers were spun from exact the same resin with the matrix, it is expected that the compatibility of the two phases is good enough for bonding without phase separation. Therefore, it can be concluded that good interfacial properties were achieved for the HDPE SPCs made at injection temperature of 240℃.

3.6 SEM Observation of HDPE SPCs

The SEM images of the fracture surfaces of HDPE SPCs with lab-made fabric made at 240℃ after tensile failure are shown in Fig. 12. It can be seen from Fig. 12a and b that the fiber next to the matrix was wetted by the matrix and no gap was observed between the two phases, which indicates that good interfacial bonding was achieved during injection molding. As shown in Fig. 12 (c) and d, fibers still remained in the matrix after tensile failure and the matrix was adhesive on the surface of the fibers. It suggests the good compatibility and bonding properties between the fibers and the matrix.

4 CONCLUSIONS

The feasibility of making HDPE SPCs by insert injection molding was demonstrated. HDPE fibers were melt-spun in the laboratory using exact the same resin with the matrix. Heat treatment of HDPE fibers showed that fibers were able to maintain their physical integrity and preserve useful tensile properties during injection molding process. The tensile strength of HDPE SPCs with 30 wt % fibers made at injection temperature of 240℃ achieved 50 MPa, 2.8 times that of non-reinforced HDPE. The peel strength of HDPE SPCs increased with increasing injection temperature from 200 to 240℃ and achieved a maximum value of 16.14N/cm, which indicated relatively good interfacial property. Optical micrographs of polished transverse cross-sections showed that higher injection temperature is beneficial to the wetting and permeation properties of the matrix. Webs of the fibers could be fully filled with the matrix at injection temperature of 240℃. SEM photographs suggested good bonding and compatibility between the fibers and the matrix.

5 ACKNOWLEDGMENT

The authors acknowledge the contribution of Dongjie Chen at Beijing Institute of Technology for assistance with SEM observation and polishing samples for optical microscope.

10.3.3 用低分子量聚丙烯熔融纺丝高强度纤维

Melt Spinning of High-Strength Fiber from Low-Molecular-Weight Polypropylene[35]

Mao Qianchao, Wyatt Tom P., Chien An-Ting, Chen Jinnan, Yao Donggang

1 INTRODUCTION

Melt spinning is a common process to produce high-tenacity polypropylene (PP) fiber, one of the leading commercial fibers in the field of industrial textiles. Efforts to make strong PP fibers began as early as the 1960s and were mostly conducted three decades ago. Previous studies demonstrated that high-strength PP fibers can be produced from PP resins with relatively low melt flow index (MFI) by using a combined jet stretching and drawing process. This remains to be the standard process in the industry for producing high-strength PP fiber.

However, PP resin with low MFI has high molecular weight and high viscosity, resulting in certain processing disadvantages in melt spinning. To successfully extrude high-viscosity resins, it is necessary to raise the extrusion temperature, increase the extrusion pressure, and decrease the output rate, leading to slow production with increased costs. The high molecular weight further renders an elastic extrudate, resulting in considerable die swell. To produce a fiber with a typical fiber diameter (~20-50μm), one has to rely on an extensive jet stretching process to reduce the extrudate diameter. It was reported, however, that increased molecular orientation of the extrudate during jet stretching would reduce the elongation at break and consequently decrease drawability. Furthermore, it was reported that a high degree of preferential c-axis orientation parallel to the fiber axis introduced during spinline stretching resulted in defects and fibers with poor ultimate mechanical properties. Nevertheless, in the case of high-molecular-weight PP, combined jet stretching and solid-state drawing is an adequate process for producing useful PP fiber with sufficiently high strength exceeding 400MPa.

Melt spinning PP resins with low molecular weight (high MFI) addresses several disadvantages associated with spinning highmolecular-weight resins. Owing to the lower viscosity of high-MFI PP, the extrusion speed can be faster with reduced die swell and extrusion stress, leading to improved process efficiency. Several studies have been reported involving melt spinning PP fibers from resins with high MFI; however, relatively low tenacities were reported: 2.3g/day (~184MPa) for resin with MFI of 35g/10min; 170MPa for resin with MFI of 74~78g/10min and 250MPa for MFI of 300g/10min. In these studies, the same processing strategy as used in spinning high-MFI PP was used, i.e., applying a large amount of jet stretching in the melt state. Although jet-stretching is efficient for production, this seems to be not suitable for producing high-strength PP fiber from high MFI resins. Due to rapid relaxation of the shorter chain length, jetstretching is not an ideal process to orientate low-molecularweight PP and obtain high-strength fiber.

In this study, a different processing strategy has been explored to produce high-strength PP fiber from high-MFI resins. In contrast to the standard process, we extrude high-MFI PP with minimal jet stretch and orientate the fiber only in the solidstate hot drawing stage. Since minimal stretching of the extrudate occurs in the melt state, the extruded filaments exhibit high drawability in the solid state, leading to good molecular orienta tion and tensile strength. Hot drawing in the solid state is emphasized since it offers the possibility to produce high-strength fibers from high-MFI resins due to the significantly slower molecular relaxation in the solid state compared to the molten state.

2 EXPERIMENTAL

2.1 Material

PP pellets used in this study were Marlex HGZ-1200, provided by Phillips Sumika Polypropylene Company (The Woodlands, TX), with a reported density of 0.907g/cm^3 and an MFI of 115g/10min at 230℃

2.2 Fiber Spinning

Fiber spinning was carried out using an Alex James and Associates piston extruder (Alex James and Associates Inc., Greer, SC) with a 2.54cm bore diameter and 150mL capacity. The PP pellets were fed into the bore and equilibrated at the set temperature for 1h. The melt in the bore was extruded through a 0.5mm die orifice at a speed of about 5m/min. The apparent shear rate $\dot{\gamma}_a$ can be calculated by

$$\dot{\gamma}_a = \frac{32q_V}{\pi D^3} \tag{1}$$

where D is the diameter of the spinneret and q_V is the volumetric flow rate of the melt, which can be estimated by

$$q_V = \pi R^2 \cdot u \tag{2}$$

where R is the radius of the spinneret and u is the extrusion speed of the melt.

The molten filament was quenched in ambient air over a distance of about 30cm and collected onto bobbins at a speed of 5m/min. The collection and extrusion speeds in the spinning stage were set the same in order to minimize the stretching of the extrudate and consequently avoid stress-induced crystallization and orientation. Two stages of hot drawing were performed through a heated polyethylene glycol (PEG) bath. The molecular weight of PEG was 400g/mol. The total length through the hot bath was 0.6m. The first stage was performed at temperatures ranging from 120 to 150℃ with a feeding speed of 1 m/min and collection speeds from 15 to 19 m/min to obtain desired draw ratios. A second heat-setting stage was performed between 140 and 160℃ in PEG bath with a feeding speed of 0.5m/min and collection speeds from 0.6 to 0.8m/min to keep filaments under a certain amount of tension. The heat-setting time was about 1 min. Heat-set fibers were quenched in ambient air. Slow speeds were chosen in this study to demonstrate the feasibility on the lab scale. Draw ratio is defined as the ratio of the collection roller speed to the feed roller speed. The total draw ratio of the final filament is calculated by multiplying the draw ratios of two stages. Fig. 1 shows the schematic diagram of the PP melt spinning process.

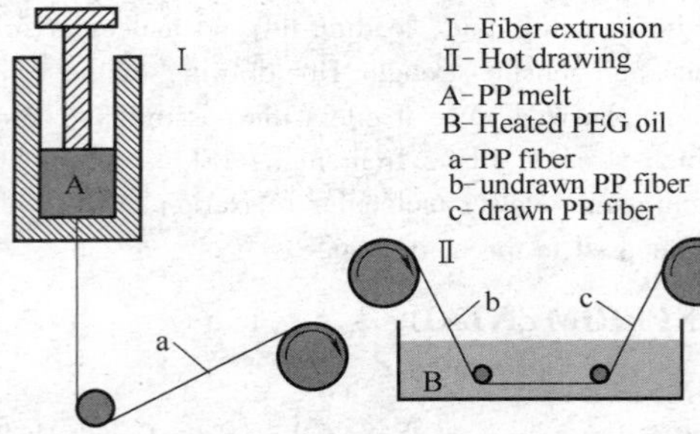

Fig. 1 Schematic diagram of the PP melt-spinning process

2.3 Characterization

Diameter measurements were obtained by weighing a known length of fiber and calculating the cross-sectional area assuming a density of 0.907g/cm^3. Before being weighed, the hot-drawn fibers were briefly rinsed with water to remove residual PEG from hot drawing stage and dried.

Viscosity measurements were performed on an LCR7000 capillary rheometer (Dynisco Co., Franklin, MA). PP pellets were fed in the barrel and maintained at 180℃ for 15min. The orifice diameter was 0.5 mm. Viscosity of the melt under different shear rates was collected.

Tensile properties for single filaments were measured using an Instron 5566 universal testing machine (instron, Norwood, MA). Fiber samples were wound onto wooden rods approximately 2 mm in diameter and superglued over the wound fiber ends. The prepared single-filament samples were clamped using Instron 2711 Series Lever Action Grips rated for 5N. Crosshead speed was 50mm/min with a gauge length of ~10cm. All tensile tests were performed under air-conditioned room conditions. Six samples from each condition were tested and averaged. Experimental error was estimated using the standard error of the mean, defined as the standard deviation divided by the square root of the sample number.

X-ray with a beam size <0.3mm was generated using aRigaku Micro Max 002 generator (Cu K_α radiation, λ = 0.154nm) operating at 45kV and 0.65 mA. Diffraction patterns were recorded by a detection system (Rigaku R-axis IV++) and analyzed by MDI Jade (version 9.0). The detector has a pixel readout resolution of 100 × 100μm. The system as well as the distance between samples and the detector was calibrated by corundum and silver behenate. Exposure time was 30 min for each sample. All diffraction patterns were corrected by removing the background diffraction patterns taken under the same ambient conditions. The WAXD system was also purged by helium gas to reduce the influence from air diffraction. The crystalline orientation factor was computed using the method developed by Wilchinsky. The 110 and 040 diffractions were used to determine the orientation factor based on the monoclinic PP unit cell with dimensions a = 0.665 nm, b = 2.096nm, c = 0.65nm, and β - 99°8′.

The melting process of PP granules and PP fibers was studied on a TA Q200 differential scanning calorimeter unit (DSC, TA Instruments, New Castle, DE). The PP granules were subjected to a heat-cool-heat cycle in the range from 40 to 200℃ at 10℃/min. Data from the second heating cycle was collected for the PP granules. In a different procedure from the PP granules, the PP fiber was heated from 40 to 200℃ at 10℃/min, and data from the first heating cycle was collected for the PP fiber. The DSC unit was purged with nitrogen during all experiments. From the heat of fusion, an apparent crystallinity of PP fiber was determined by the following equation:

$$\text{Degree of crystallinity}\ (\%) = \frac{\Delta H_f}{\Delta H_f^0} \times 100 \tag{3}$$

where ΔH_f is the measured melting enthalpy of PP fibers and ΔH_f^0 is the melting enthalpy of 100% crystalline PP which is 190 J/g.

Scanning electric microscopy (SEM) images of single filament were collected on an LEO 1550 (LEO Co., Germany). Fiber samples were mounted onto carbon tape and gold sputtered.

3 RESULTS AND DISCUSSION

3.1 Extrusion

Choosing proper conditions is essential to obtain a uniform fiber extrudate, among which the extrusion temperature is one of the most important factors since it affects the viscosity of the melt. Relatively high extrusion temperature above 200℃ was usually applied in previous works for low MFI PP resin to decrease the melt viscosity and the extrusion stress. For high-MFI PP resin in this study, frequent breakage occurred when the barrel and die temperatures were above 200℃ due to the low melt viscosity. An extrusion temperature of 180℃ was found to be the minimum for generating a uniform extrudate. To minimize the potential for thermal degradation of the melt at higher extrusion temperature, 180℃ was chosen as the barrel and die temperature in this study.

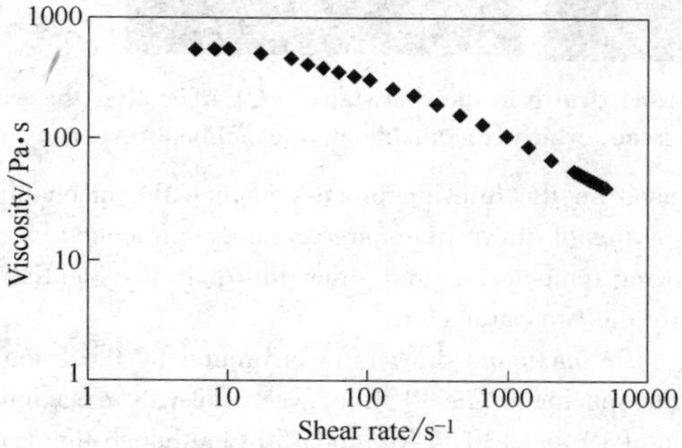

Fig. 2　Viscosity versus apparent shear rate of high-MFI PP resin at 180℃

The viscosity versus apparent shear rate of high-MFI PP resin at 180℃ is shown in Fig. 2. Since the melt extrusion speed is 5m/min and the diameter of the die is 0.5mm, the volumetric flow rate of the melt calculated using *Eq.* 2 is 0.98cm^3/min. The apparent shear rate calculated using *Eq.* 1 equals 1333.3s^{-1}, corresponding to the viscosity of about 120Pa-s as shown in Fig. 2. Due to the low melt viscosity and shorter molecular chains of the high-MFI PP resin, rapid relaxation is likely to occur during stretching in the melt state. Therefore, jet stretching is not optimal for producing strong fibers from highMFI resins. Furthermore, it was reported that the melt fracture occurs when the shear stress exceeds the critical stress during extrusion and the critical stress is likely to occur at relatively high shear rate. According to capillary rheometer data presented in Fig. 2, the onset of melt fracture of the high-MFI PP resin occurs when the apparent shear rate exceeds about 10^5s^{-1} at 180℃. Assuming a critical apparent shear rate of 10^5s^{-1}, the volumetric flow rate equals 73.8cm^3/min and the mass output rate equals 54.5g/min with the density of 0.739g/cm^3 for the PP melt in this study. The relatively high theoretical mass output rate demonstrates the feasibility of improving the production efficiency using high-MFI resin to spin fibers. Nadella et al. mentioned that the mass output rate was 2.1g/min for PP resin with MFI higher than 2.55g/10min; however, for PP resin with MFI of 0.45g/10min, the mass output rate had to be reduced to 0.5g/min to eliminate the extrudate distortion due to the high extrusion shear stress. It further indicates the relatively good spinability and flow stability of PP resins with high MFI.

In this study, slight jet stretch due to gravity occurred in the air gap region during the spinning process. Sheehan et al. pointed out that the more the filaments were oriented during the spinning process, the lower the ultimate tenacities due to lower drawability during subsequent hot drawing. Therefore, minimizing the orientation of the precursor fibers during the spinning process should be beneficial to the ultimate mechanical properties of the fibers. To avoid significant jet stretch, the extrusion and collection speeds were set the same and consequently stress-induced crystallization and orientation during the spinning process were minimized.

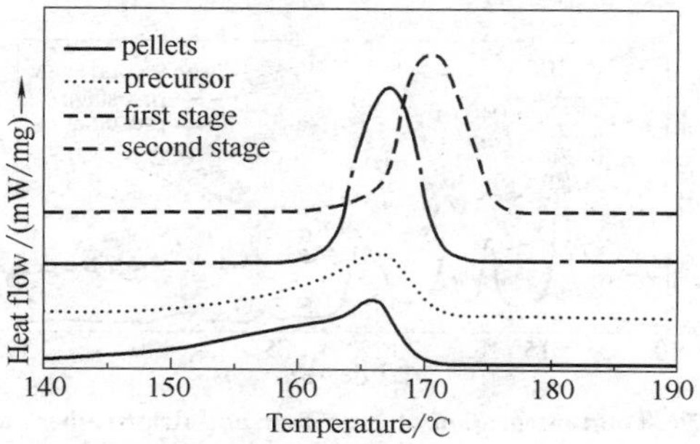

Fig. 3　DSC thermograms of PP pellets and PP fibers after different processing stages

Fig. 3 shows the DSC thermograms of PP pellets and precursor fibers. The melting temperature and crystallinity of the precursor fiber was 166.3℃ and 44.2%, respectively, both slightly higher than the original PP resin which was 165.8℃ and 43.0%, suggesting that slight crystallization occurred during the extrusion and take-up process. Concentric rings in the WAXD pattern shown in Fig. 4A implied no significant orientation in the undrawn precursor fiber. Four strong diffractions corresponding to the (110), (040), (130), (131/041) crystal planes are shown in the total integration of Fig. 5. These peaks correspond to the α-monoclinic structure.

Slight orientation was demonstrated in the azimuthalintegration of the undrawn precursor fiber based on the intensity distribution at approximately 90° for (040) crystal plane as shown in Fig. 6. Accordingly, crystalline orientation factor was calculated to be 0.24 suggesting slight orientation was imparted during the fiber extrusion stage, probably due to the shear in the die and stretch from the weight of the fiber. Avci et al. reported that the crystalline orientation factor of as-spun fiber was 0.92 for PP resin with an MFI of 4.1g/10min when the take-up speed was fixed around 3000m/min. Nadella et al. stated that the crystalline orientation factor of the as-spun fiber was 0.64 for PP resin with an MFI of 12g/10min when the take-up speed was 500m/min. The crystalline orientation factor for asspun fiber in this experiment is lower than the studies which apply significant jet-

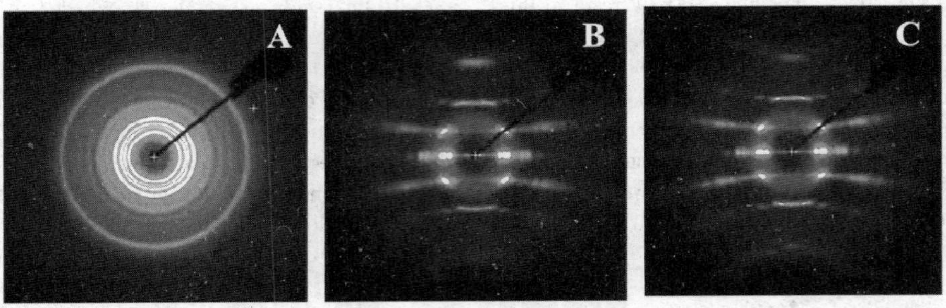

Fig. 4 WAXD pattern of spun fibers: (A) undrawn fiber; (B) fiber drawn in the first stage; (C) fiber after the second stage of drawing. [Color figure can be viewed in the online issue, which is available at wileyonlinelibrary. com.]

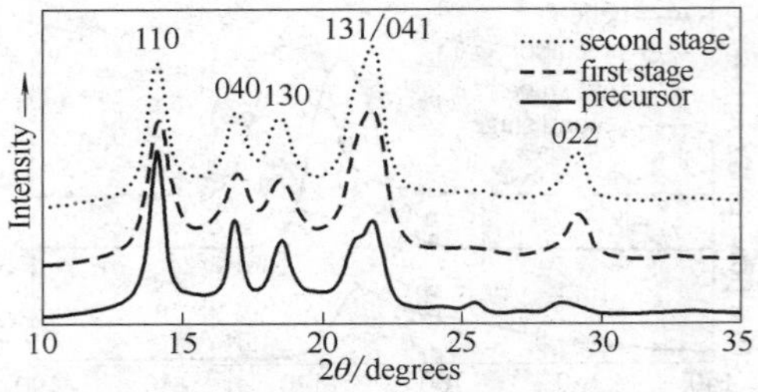

Fig. 5 Total integration of precursor and drawn fibers after the first and second stages of hot drawing

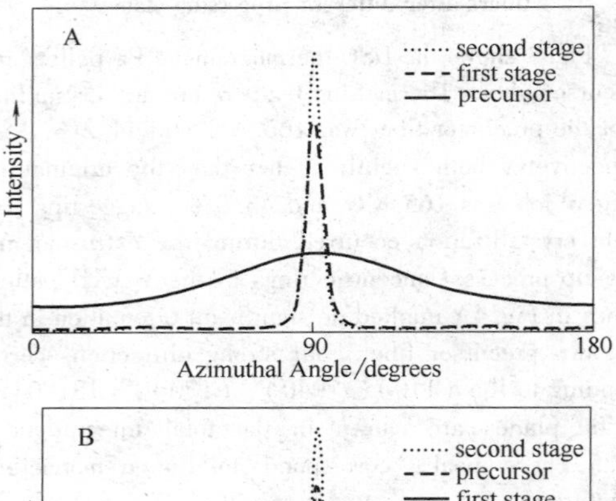

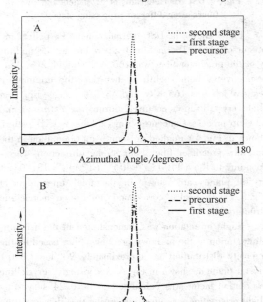

Fig. 6 Azimuthal integration of precursor and drawn fibers after the first and second stages of hot drawing: (A) 040 equatorial diffractions; (B) 110 equatorial diffractions

stretch, suggesting that the shear and jet stretch in the present spinning process was not sufficient to impart significant orientation in the precursor fibers.

3.2 First-Stage Hot Drawing

For melt spinning PP fibers, several studies have focused on the drawing process. Since the mechanical properties of drawn fibers are primarily influenced by the drawing temperature and draw ratio, it is essential to study the two parameters.

The maximum draw ratio is limited by the fracture of the specimen. The PP fiber was drawn to a maximum ratio of 19 × at 130, 140, and 150℃ although the drawing is not stable at this draw ratio with frequent breakage occurring before sufficient sample could be collected. In order to attain a stable drawing process, a draw ratio of 18 × was chosen to determine the optimal drawing temperature. The melting temperatures and crystallinities of the fibers drawn to 18 × at temperatures from 120 to 150℃ are shown in Fig. 7A. No considerable changes were observed for melting temperature and crystallinity with increasing drawing temperature. Fig. 7B shows the tensile properties of fibers drawn to 18 × at various temperatures. There is no observable dependence on temperature for tensile modulus. This is expected because the same draw ratios of 18 × should lead to similar crystalline orientation induced by drawing. Furthermore, the tensile strength peaked at 530 ± 20. 3MPa at 130℃. At higher drawing temperature, the polymer molecules should have more mobility to crystallize and orient, consequently reducing defects and contributing to increased tensile strength. The molecular relaxation effects axe stronger when the drawing temperature was too high (e. g., 150℃) leading to the loss of the fiber strength because the molecules have a higher probability to assume a random coil. Therefore, 130℃ was chosen as the optimal temperature for the first drawing stage based on the maximum tensile strength.

With respect to the draw ratio, it was well studied that the higher draw ratio is beneficial to the fiber strength from highmolecular-weight PP resins. However, no literature reported the relationship between the draw ratios and the fiber properties from low-molecular-weight PP resins. In order to verify the influence of draw ratio, the properties of fibers drawn at 130℃ to various draw ratios ranging from 16 × to 19 × were investigated. Significant whitening of the filaments occurred when the draw ratio was above 16 ×. This whitening may be

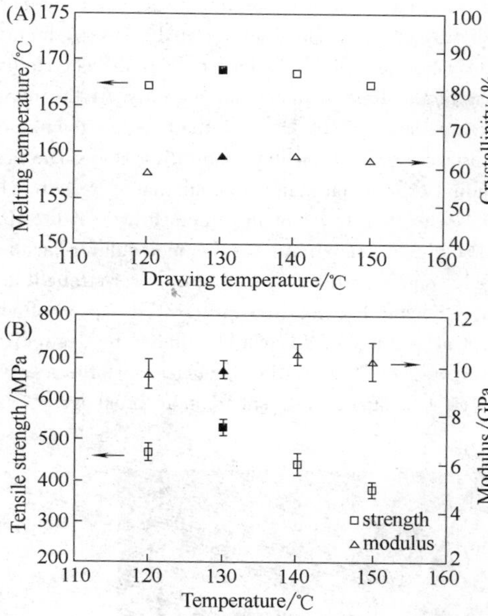

Fig. 7 Properties of PP fibers drawn to 18 × at various emperatures: (A) melting temperatures and crystallinities; (B) tensile strengths and modulus; the solid markers correspond to the optimal condition

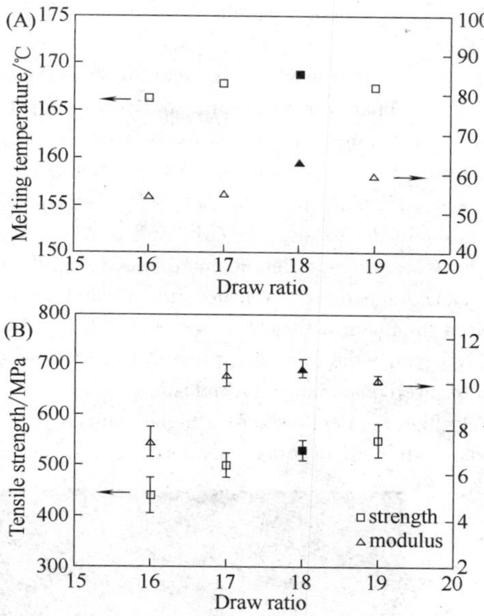

Fig. 8 Properties of PP fibers drawn to various ratios at 130℃: (A) melting temperatures and crystallinities; (B) tensile strengths and modulus; the solid markers correspond to the optimal condition

caused by the increased crystallinity. The melting temperatures and crystallinities of fibers drawn to different draw ratios at 130℃ are also shown in Fig. 8A. No significant changes were observed for melting temperature and crystallinity with increasing draw ratio.

Fig. 8B demonstrates the tensile properties of fibers drawn at different ratios at 130℃. The results show that the fiber modulus increased from 7. 42 ± 0. 65 to 10. 33 ± 0. 47GPa as the draw ratio increased from 16 × to 17 ×. A slight fluctuation in modulus occurs at draw ratios above 17 × with the highest value of 10. 65 ± 0. 39 GPa at 18 ×. Alignment of amorphous polymer chains and rearrangement of the crystalline regions may occur during drawing, which likely contributes to the higher modulus. The tensile strengths of the fibers show an upward trend as the draw ratio increased. Bigg et al. claimed that drawing could create more tie molecules through additional chain unfolding and an increase in amorphous orientation during drawing also may contribute to the fiber strength. In this study, the strength of the fiber drawn to 18 × and 19 × achieved 530 ± 20. 3 and 550 ± 32. 9MPa, respectively. However, drawing to 19 × was not stable enough for continuous production, so the draw ratio of 18 × was chosen as the optimal ratio for the first stage.

The melting temperature and crystallinity of fiber drawn to 18 × at 130℃ reached 168. 8℃ and 63. 0%, respectively, which was 2. 5℃ and 18. 8% higher than the precursor fiber, respectively (Fig. 3). The WAXD pattern shows a highly oriented crystalline structure developed during the drawing process (Fig. 4B). The intense diffractions at 2θ of 14. 8° and 17. 1° correspond to the 110 and 040 planes, respectively, and are indicative of the typical PP monoclinic unit cell (Fig. 5). The azimuthal integration of the fibers drawn in the first stage (Fig. 6) shows strong intensity along the fiber axis (azimuthal angle of 90°) indicating good crystalline alignment along the fiber axis which is further supported by the crystalline orientation factor of 0. 82. The SEM figure shown in Fig. 9B depicts a relatively uniform and oriented fibrillar structure.

3. 3 Heat Setting

It is known that the oriented semicrystalline fibers are rarely in their equilibrium state leading to the dimensional instability and shrinkage caused by temperature, moisture, and load. Heat setting with tension at an elevated temperature but below the melting temperature for a specific amount of time, can reduce the residual stresses that persist from the melt-spinning stage. Therefore, heat setting under appropriate conditions can stabilize the fibers against shrinkage, dimensional changes, and reduce of structural defects. Consequently, heat setting under appropriate conditions may improve the mechanical and thermal properties of fibers. In this context, it becomes necessary to heat set the fibers that have undergone a first stage of hot drawing.

In this study, heat setting was conducted at slow speed on the lab scale to demonstrate the feasibility of heat setting to improve the properties of the fibers melt-spun from high-MFI resins. The scale-up of this process to high-speed production will be reserved for future investigations.

It is known that heat setting conditions are dependent on the temperature, tension, and environment. To determine the optimal conditions for heat setting in this study, the fibers were drawn to ratios of 1.0 ×, 1.2 ×, and 1.4 × at temperatures of 140, 150, and 160℃. Table 1 shows the tensile strengths and modulus of the fibers heat-set under different conditions. Regardless of heat setting temperature, tensile strength and modulus decreased for fibers with a draw ratio of 1.0 ×. This is probably because the tension applied at 1.0 × is not sufficient to overcome molecular relaxation effects at the relatively high temperatures. At a higher ratio of 1.2 ×, the tensile strength of fibers heat set at 140℃ maintained the same value with the first stage while the modulus slightly dropped. Heat setting at the lower temperatures may not sufficiently reduce defects or recrystallize because of the limited molecular mobility. At the maximum temperature of 160℃, both the tensile strength and modulus were lower than that of the first stage. The corresponding orientation factor was calculated to be 0.81, slightly lower than 0.82 of the fibers drawn in the first stage. At higher temperatures, the molecular relaxation effects become significant resulting in lower strength and modulus. For the highest draw ratio of 1.4 ×, only fibers heat-set at 140 and 150℃ could achieve the desired ratio. However, the heat setting becomes unstable at draw ratio of 1.4 × causing frequent filament breakage.

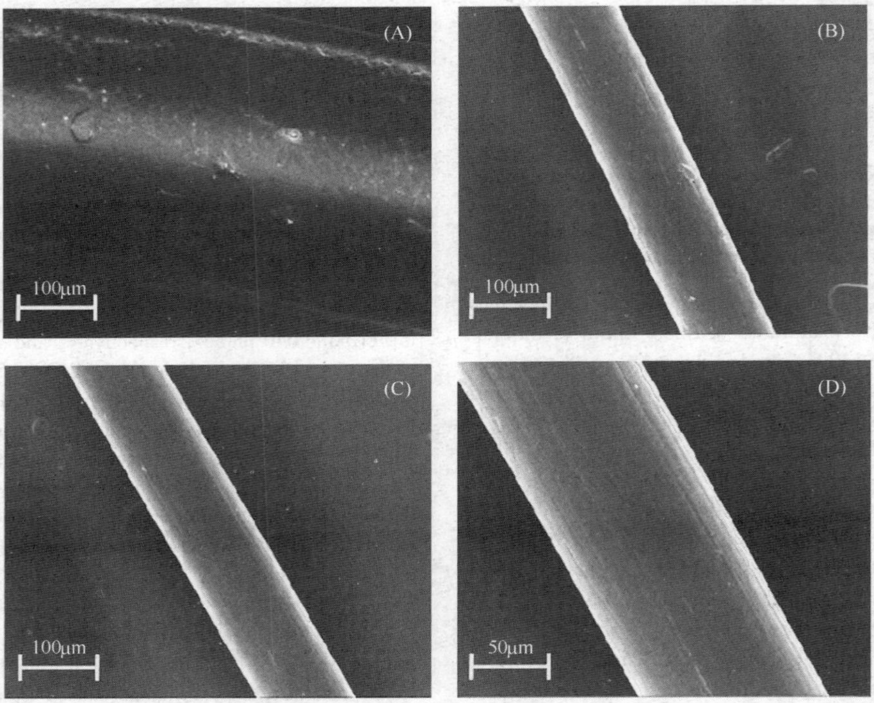

Fig. 9 SEM images of melt-spun PP fiber: (A) undrawn precursor; (B) fiber after the first stage; (C) fiber after heat setting; (D) fiber after heat setting, higher magnification

Table 1 Tensile strength and modulus of PP fibers after heat setting

Draw ratio	140℃		150℃		160℃	
	Strength/MPa	Modulus/GPa	Strength/MPa	Modulus/GPa	Strength/MPa	Modulus/GPa
1.0 ×	480 ± 18.9	9.76 ± 0.451	510 ± 26.7	10.3 ± 0.612	420 ± 35.0	8.57 ± 0.268
1.2 ×	530 ± 28.4	9.56 ± 0.300	580 ± 34.2	11.6 ± 0.583	510 ± 17.8	10.1 ± 0.324
1.4 ×	510 ± 29.9	10.3 ± 0.551	440 ± 18.5	11.6 ± 0.470	×	×

A maximum tensile strength and modulus of 580 ± 34.2 MPa and 11.6 ± 0.583 GPa, respectively, were achieved at a draw ratio of 1.2 × and a heat-setting temperature of 150℃, and thus were chosen as the optimal condition for heat setting. The melting temperatures of the drawn fibers shift to higher values compared to the original resin and the precursor (Fig. 3). It is noteworthy that the melting temperature of the heat-set fiber was 170.8℃, approximately 2℃ higher than that of the fibers drawn in the first stage. Crystallization of oriented amorphous phases that axe well parallelized may occur during the heatsetting process by gaining sufficient mobility of molecules with the addition of thermal energy. This effect may contribute to the increased melting temperature of the heat-set fibers.

The intense diffraction along the equator shown in Fig. 4C is visible for heat-set fibers suggesting a highly oriented crystalline structure. Strong diffractions (110), (040), (130), (131/041), (022) shown in Fig. 5 correspond well to the α-monoclinic structure. Based on the peaks of the total integration, the α-monoclinic structure remained throughout the spinning and drawing process due to the stability of α-monoclinic structure. The strong intensity in the azimuthal integration shown in Fig. 6 suggests good fiber axis crystalline orientation with a crystalline orientation factor of 0.84, slightly higher than that of fiber drawn in the first stage. The total draw ratio of the fibers after heat-setting increased from 18 × to 21.6 ×. The additional extension of molecules in the solid state caused by the draw ratio applied during heat-setting to maintain fiber tension contributes to the increased crystalline orientation. The SEM photographs in Fig. 9C show a uniform and smooth fiber surface morphology.

The diameter of the final fiber was about 78.2μm. Since the die diameter is 0.5mm and assuming minimal die swell, the theoretical total draw ratio can be estimated to be approximately 41.1 × based on the ratio of the cross-sectional areas. Therefore, the stretch occurring in the air-gap region due to gravity during spinning is estimated to be approximately 1.9 ×. This small amount of stretch is much lower than the total draw hot-draw ratio of 21.6 × in the solid state. The small draw down ratio provides the optimal precursor fiber morphology for good hotdrawability of the fibers and hence the improved ultimate mechanical properties. The fiber strength after first drawing stage achieved around 530 MPa which is relatively high for industrial production even without the heat setting stage. A faster heat setting process would be necessary and interesting to be investigated in the future study to further demonstrate the production efficiency. In addition, the extrusion and hot drawing in the solid state can be continuously conducted on a single fiber production line. Therefore, it should be feasible to apply this processing strategy to industrial production.

4 CONCLUSIONS

In this study, a processing route to produce high-strength PP fibers from low-molecular-weight PP resin with an ultrahigh MFI of 115g/10min was explored. A two-stage hot drawing procedure in the solid state with minimal stretching in the melt state was developed which is distinguished from the typical jetstretching process for low-MFI resin in the existing literature. Most of the molecular orientation and crystallization occurred in the first drawing stage yielding a tensile strength of 530 ± 20.3 MPa and an orientation factor of 0.82 when fibers were drawn to 18 × at 130℃. Fibers drawn in the second stage (heat setting stage) to 1.2 × at 150℃ achieved a tensile strength of 580 ± 34.2MPa and a tensile modulus of 11.6 ± 0.583GPa. The melting temperature of the final fiber reached 170.8℃, approximately 5℃ higher than that of the original resin. A WAXD study showed that the stable α-monoclinic crystalline structure was developed during the drawing process. A welloriented crystalline structure along the fiber axis was generated with a crystalline orientation factor as high as 0.84. A uniform fiber surface morphology and a fibrillar structure oriented along the fiber axis were observed in SEM photographs.

5 ACKNOWLEDGMENTS

One of the authors (Q. C. Mao) was supported by the Chinese Scholarship Council. The authors acknowledge Xudong Fang at Georgia Institute of Technology for assistance with SEM observation.

10.4 单聚合物复合材料挤出成型制备与其性能

由于 SPCs 的特殊结构，也导致了传统加工方法不易实现工业连续生产，限制了其发展。2012 年，陈晋南课题组与姚冬刚教授合作，深入研究聚合物的流动特性，研究挤出成型 SPCs 的加工成型的温度窗口，研发了单聚合物复合材料制品挤出成型新方法，研发了其挤出成型设备。共同申请了实用新型专利《一种单聚合物复合材料制品挤出成型设备》和发明专利《一种单聚合物复合材料制品挤出成型方法和挤出成型设备》。2013 年，王建等人开发了单聚合物复合材料制品熔融包覆辊压成型方法及设备，申请实用新型专利《单聚合物复合材料制品熔融包覆辊压成型设备》和发明专利《单聚合物复合材料制品熔融包覆辊压成型方法及设备》也相继获得授权。在较宽温度窗口范围内，这些新技术、新工艺连续挤出成型 SPCs 制品。

2017 年，Wang 和 Du 等使用低密度聚乙烯（LDPE）作为基体、超高相对分子质量聚乙烯（UHMWPE）织物作为增强体，研究挤出压延连续制备单聚合物复合材料（SPCs）的新工艺，主要研究挤出温度对LDPE/UHMWPE SPCs拉伸性能的影响。

2018年，Wang和Du等以聚乙烯（PE）为研究对象，用LDPE作为基体、UHMWPE纤维编织布为增强体，挤出辊压成型制备低密度聚乙烯（LDPE）/超高相对分子质量聚乙烯（UHMWPE）SPCs。通过正交试验和单因素实验，研究了模头温度、螺杆转速、辊筒速度三个工艺参数对制品拉伸性能和界面黏结强度的影响。同年，Wang和Du等研究挤出-辊压成型法制备低密度聚乙烯（LDPE）单聚合物复合材料的力学性能和形貌特征，通过拉伸和剥离测试评估LDPE/UHMWPE SPCs拉伸和界面的性能。用扫描电子显微镜（SEM）研究了纤维—基质界面黏附和加工参数的影响。

本节具体给出1篇代表作，挤出辊压成型制备聚乙烯单聚合物复合材料。

10.4.1 挤出辊压制备聚乙烯单聚合物复合材料

Extrusion-Calendering Process of Single-Polymer Composites Based on Polyethylene[37]

Wang Jian, Du Ziran, Lian Tong

1 INTRODUCTION

The recyclability of composites still reminds a key topic to the pressures of resource and environment in recent years. However, heterogeneous compositions and special structures in traditional polymer composites strictly limit the realization of easy recycling. Benefiting from the same chemical compositions of matrix and reinforcement, single-polymer composites (SPCs) offer an easy access to deal with the recyclable challenge eliminating the complicated sorting and separation steps. The homology of SPCs also gives a route to overcome the poor interfacial adhesion between the matrix and reinforcement. Moreover, polymer fibers instead of glass, carbon, aramid, and natural fibers give the SPCs with reduced density. Therefore, SPCs can compete with traditional polymer composites in various application fields based on easy recycling, enhanced interfacial adhesion, reduced weight, and cost balance. Applications fall within a broad range of industries including automotive industry, industrial cladding, building and construction, cold temperature applications, audio products, personal protective equipment, sports good, and so on.

SPCs were first prepared based on polyethylene (PE). PE is one of the most widely used plastics; it has a simple structure, good chemical resistance, and processing properties. PE can be classified into ultrahigh molecular weight polyethylene (UHMWPE), high-density polyethylene (HDPE), low-density polyethylene (LDPE), and so on. Karger-Kocsis defined two subgroups of SPCs: (i) SPCs from the same polymer (one-constituent SPCs) and (ii) SPCs from the same polymer type (two constituent SPCs). So far, for the one-constituent PE SPCs, HDPE SPCs and UHMWPE SPCs have been developed; for the two-constituent PE SPCs, according to the matrix/reinforcement form, LDPE/HDPE SPCs, LDPE/UHMWPE SPCs, LLDPE/UHMWPE SPCs, LDPE-HDPE/UHMWPE SPCs and HDPE/UHMWPE SPCs were also developed successively. The main developed methods for preparing PE SPCs include hot compaction, solution impregnation, and film stacking. However, the abovementioned methods have some disadvantages, such as long cycle time, complicated procedure, expensive, and so on, and the common problem is that they cannot seem to escape from compression molding, greatly limiting the economics and the capabilities of PE SPCs. Injection molding and extrusion have been widely used in the field of polymer processing, they can also be used in the volume-production of SPCs. We reported an insert injection molding method to prepare one-constituent HDPE SPCs, a short cycle time and volume production can be realized but the structure and size of the products are still limited. Huang studied the continuous extrusion for producing self-reinforced HDPE relying on flow-induced crystallization in the die with a converging wedge channel, and the selfreinforced HDPE/UHMWPE was also achieved by Chen et al. through a specially designed fish-tail shaped extrusion die. More similar investigations were performed. However, the self-reinforced polymer is a different concept with composites because there is no specific phase difference on matrix and reinforcement, and it is mainly focused on the strength improvement by taking the advantage of molecular orientation during processing. Therefore, there still emerges a need for SPCs to develop a better processing protocol that is preferably compatible with standard high-throughput processes for polymers.

In this article, an extrusion-calendering process was developed to prepare PE SPCs. The UHMWPE fabric was inserted in a specifically designed extrusion die. It was coated by LDPE melt and then moved out into the calendering rolls to finally obtain the LDPE/UHMWPE SPC belt. This method surmounts the drawbacks of the existing methods and possesses the economical and practical significance to achieve continuous production of SPCs industrially. The effects of processing conditions on mechanical properties, interfacial properties, failure modes, and microstructures of the LDPE/UHMWPE SPCs were all investigated.

2 EXPERIMENTAL

2.1 Materials

The matrix material used in this work was LDPE granules (868-000) purchased from SINOPEC Maoming Company. The polymer had a density of 0.9205g/cm^3 and a melt flow index (MFI) of 50.0g/10min. The UHMWPE woven fabric (supplied by Shandong ICD High Performance Co., Ltd.) was applied as the reinforcement. It had a warp density of 55 threads/10cm and a weft density of 93 threads/10cm, and its areal density was 284g/m^2. The density of the UHMWPE fiber was 1.0111g/cm^3. The tensile strength and modulus of the fiber could be up to 12 cN/dtex (1.176GPa) and 270 cN/dtex (26.46GPa).

2.2 Thermal Analysis

Differential scanning calorimetry (DSC) experiments were performed in Shimadzu DSC-60 to acquire the thermal behaviors of the LDPE granules and UHMWPE fabric. The materials were heated with a rate of 10℃/min from 30℃ to 170℃ and maintained a constant temperature for 2 min to eliminate the disturbance of thermal history, and then cooled down to 30℃ at 10℃/min.

2.3 Composites Preparation

The main experimental apparatus is a 20mm single-screw extruder (RM-400B, Harbin Harp Electrical Technology Co., Ltd.) with a length-to-diameter ratio of 25/1, and a calendering system (FYJ-30, Jinfangyuan Machinery Manufacturing Co., Ltd) was used together. An extrusion die was specially designed to realize the coating process. The schematic of the extrusion-calendering system is shown in Fig. 1. The circumferential-linear distributing channel was made on the part of the external surface of the fabric guide. Inside the guide, there was a slit for the inserted fabric. The UHMWPE fabric with a width of 40mm was first introduced through the slit channel inside the guide and then withdrawn into the calendering system. The LDPE pellets were melted in the extruder and pushed into the die under the extrusion pressure. The UHMWPE fabric was coated with the LDPE melt in the die and then drawn out into the running calendering machine. The fabric was impregnated mainly with the two rollers. The die orifice had a width of 46mm and a thickness of 4mm. The gap between the rollers was kept at 2.7mm, and the roller temperature was at 20℃. The finally produced LDPE/UHMWPE SPC belt with a sandwiched structure was gradually cooled at room temperature.

The experimental processing conditions are summarized in Table 1. To determine the influences of different processing parameters (die temperature, screw rotational speed, and rolls speed), an orthogonal experimental method was used then the single factor experiments were conducted. Sixteen groups of LDPE/UHMWPE SPC samples were produced. Nonreinforced LDPE samples were also prepared for comparison. It is noted that experimental no. 1 ~ 9 were the orthogonal experiments; T_1, T_2, T_3, and T_4 were the single factor experiments at different die temperature; R_1, R_2, R_3, and R_4 were the single factor experiments at different rolls speed; S_1, S_2, and S_3 were

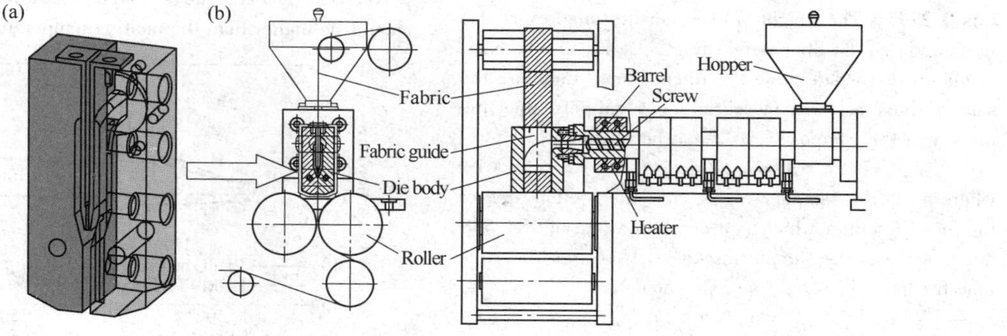

Fig. 1 Scheme of the experimental setup for manufacturing LDPE/UHMWPE SPCs: (a) extrusion die and (b) single extruder and calendering system. [Color figure can be viewed at wileyonlinelibrary.com]

Table 1 Processing parameters of the experiments to produce samples

Experimental no.	Die temperature/℃	Screw speed /(r/min)	Rolls speed /(m/min)
1	140	35	0.8
2/T_2	**140**	45	1.8
3	140	55	2.8
4/S_1	150	**35**	1.8
5/R_3	150	45	**2.8**
6	150	55	0.8
7	160	35	2.8
8	160	45	0.8
9	160	55	1.8
T_1	**135**	45	1.8
T_3/S_2	**150**	**45**	1.8
T_4	**160**	45	1.8
R_1	150	45	**0.8**
R_2	150	45	**1.8**
R_4	150	45	**3.8**
S_3	150	**55**	1.8

the single factor experiments at different screw speed.

2.4 Mechanical Testing

The tensile properties of the specimens were measured by a universal testing machine (XWW-20Kn, Beijing Jinshengxin Testing Instrument Co., Ltd). Before the tests, the dumbbellshaped sample was cut by using a dog-bone cutter in accordance with GB 1040.2-2006 1BA. T-peel tests were also carded out to determine the interfacial bonding strength which is defined as the average load per 10mm width of the sample. The sample was cut into a rectangular geometry with 10 (width) × 80 mm (length) before testing. The unbonded ends of the sample with a length of 20mm were used as a starter crack for the test. The tests were performed at a cross-head speed of 10mm/min at room temperature.

2.5 Calculation

The UHMWPE fabric was cut into the tensile sample geometry by a dog-bone cutter, and then an electronic balance was used to measure the fabric weight, m_f, which was 0.2796g. The weight of each tensile sample was also measured, so the fiber weight fraction, W_f, can be easily obtained. To determine the fiber volume fraction, the sample thickness was measured by a caliper, thus the density of the composite, ρ_c, can be obtained by

$$\rho_c = m_c/(A\,t) \qquad (1)$$

where m_c is the sample weight, A is the section area of the metallic cutter which is a constant value of 984.598 mm^2, and t is the sample thickness. Then the fiber volume fraction, V_f, could be calculated by

$$V_f = m_f/(\rho_f A\,t) \qquad (2)$$

where ρ_f is the fiber density (1.0111g/cm^3). It is noted that the fiber melting was not considered in the calculation. During the forming process, uncompleted infiltration leads to voids existing in the composites. Based on the mass conversation, the volume fraction of voids can be predicted. The density of a composite can be obtained using the rule of mixtures given by

$$\rho_c = \rho_f V_f + \rho_m(1 - V_f - V_v) \qquad (3)$$

where V_v is the volume fraction of voids and ρ_m is the matrix density (0.9205g/cm^3). *Equation 3* can be rewritten as

$$V_v = [(\rho_f - \rho_m)V_f + \rho_m - \rho_c]/\rho_m \qquad (4)$$

The tensile properties of the LDPE/UHMWPE SPCs were strongly dependent on the processing parameters. The reinforcement efficiency factor, K, was used to evaluate the effectiveness of impregnation and the adhesion between the fabric and the matrix. Both the strength efficiency factor, K_s, and the modulus efficiency factor, K_E, were calculated by using the following equations:

$$\sigma_c = \sigma_m(1 - V_f - V_V) + \sigma_f + V_f K_s \qquad (5)$$

$$E_c = E_m(1 - V_f - V_V) + E_f V_f K_E \qquad (6)$$

where K_s and K_E depend on the orientation of the fibers in the composite and the degree of adhesion between the fibers and the matrix.

2.6 Scanning Electron Microscopy (SEM)

The tensile and peel fracture surfaces of the specimens prepared from different processing conditions were all observed by a microscopy (Quanta FEG250) with an accelerating voltage of 10kV. The specimens were pasted on the electron microscope holder by the double-sided carbon tape and their fracture surfaces were coated with gold before observation.

3 RESULTS AND DISCUSSION

3.1 Determination of Processing Temperature Window

According to the DSC curves presented in Fig. 2, the LDPE had a melting temperature at 111℃. Two different melting temperatures of 147℃ and 153℃ appeared in the heat curve of the UHMWPE fabric, it is attributed to the imperfections of crystal in the crystalline polymer. In theory, the selected operating temperature should be higher than the melting temperature of the ma-

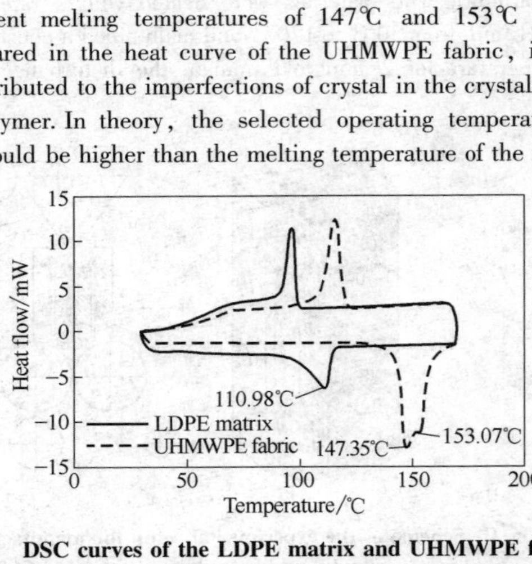

Fig. 2 DSC curves of the LDPE matrix and UHMWPE fabric. [Color figure can be viewed at wileyonlinelibrary.com]

trix and lower than that of the reinforcement, thus the processing temperature window could be about 40℃ (111 ~ 153℃). However, the temperature will decrease when the LDPE resin and UHMWPE fabric move out of the die. Meanwhile, the UHMWPE fabric moves through the die continuously, so it has a short heating time before calendering. The poor thermal conductivity of polymer will cause a temperature difference between the matrix and reinforcement. The large difference in melting temperature between the UHMWPE fiber and the LDPE matrix makes it possible to manufacture the composites with a wide processing temperature window. Therefore, the die temperature from 140℃ to 160℃ was selected in the experiments, and 135℃ was also used in the single factor experiments to determine the influence of the die temperature.

3.2 Tensile Properties

Fig. 3 shows the tensile strength and modulus of the LDPE/UHMWPE SPCs and nonreinforced LDPE prepared in the orthogonal processing conditions. The fiber weight fraction was from 13% to 15%. The tensile strength and modulus of the SPCs were 78.8 ± 7MPa and 676.6 ± 116MPa, respectively. In comparison with nonreinforced LDPE, the maximum increment of tensile strength and modulus for LDPE/UHMWPE SPCs are 8 times and 4.8 times, respectively.

A summary of the tensile properties of LDPE/UHMWPE SPCs produced by different methods are presented in Table 2. The comparison is not specific, because different original mate rials, reinforcement style, and testing conditions were used. But the rough comparison is feasible to know the features of these different processing methods. In comparison with the other methods including mixing-compression and solution-casting, the LDPE/UHMWPE SPCs produced by extrusion-calendering possessed comparable or superior mechanical properties.

The tensile properties of the LDPE/UHMWPE SPCs varied significantly under different experimental conditions; however, the bulk LDPE had almost no change. The best tensile strength was obtained by using die temperature of 150℃, screw speed of 45 rpm and rolls speed of 2.8m/min. For the analysis of orthogonal experiments, *k* which is the average value of the sum of experimental values for each factor at every level was

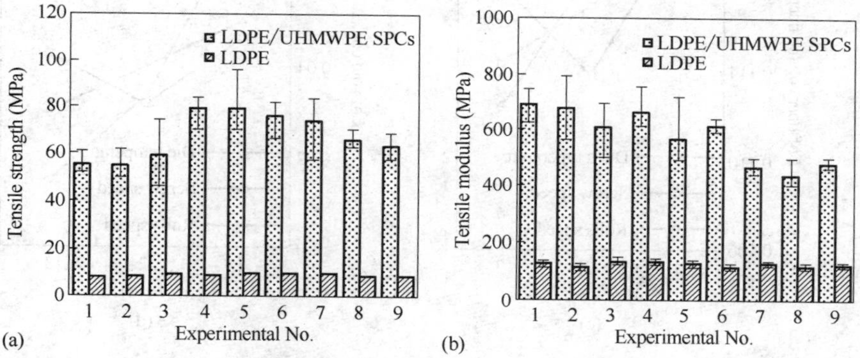

Fig. 3 Tensile properties of LDPE/UHMWPE SPCs and nonreinforced LDPE prepared in the orthogonal processing conditions: (a) tensile strength and (b) tensile modulus

Table 2 Tensile properties of the "optimum" LDPE/UHMWPE SPCs produced by extrusion-calendering compared with other methods

Methods	Fiber type	Fiber fraction/%	Tensile properties of UHMWPE fiber		Tensile properties of LDPE/UHMWPE SPCs	
			Strength /GPa	Modulus /GPa	Strength /GPa	Modulus /GPa
Extrusion-calendering	ICD	13 ~ 15wt	1.176	26.46	78.8	677
Mixing-compression	Spectra-900	10wt	2.59	117	28	440
Mixing-compression	Spectra-1000	5wt	3	172	52	980
Mixing-compression	Spectra-1000	10wt	3	172	65	1080
Mixing-compression	Spectra-1000	20wt	3	172	125	1200
Solution-impregnation	Dyneema SK 65	55v	3	95	1000	35000
Solution-casting	Spectra-900	15wt	—	—	283.72	737

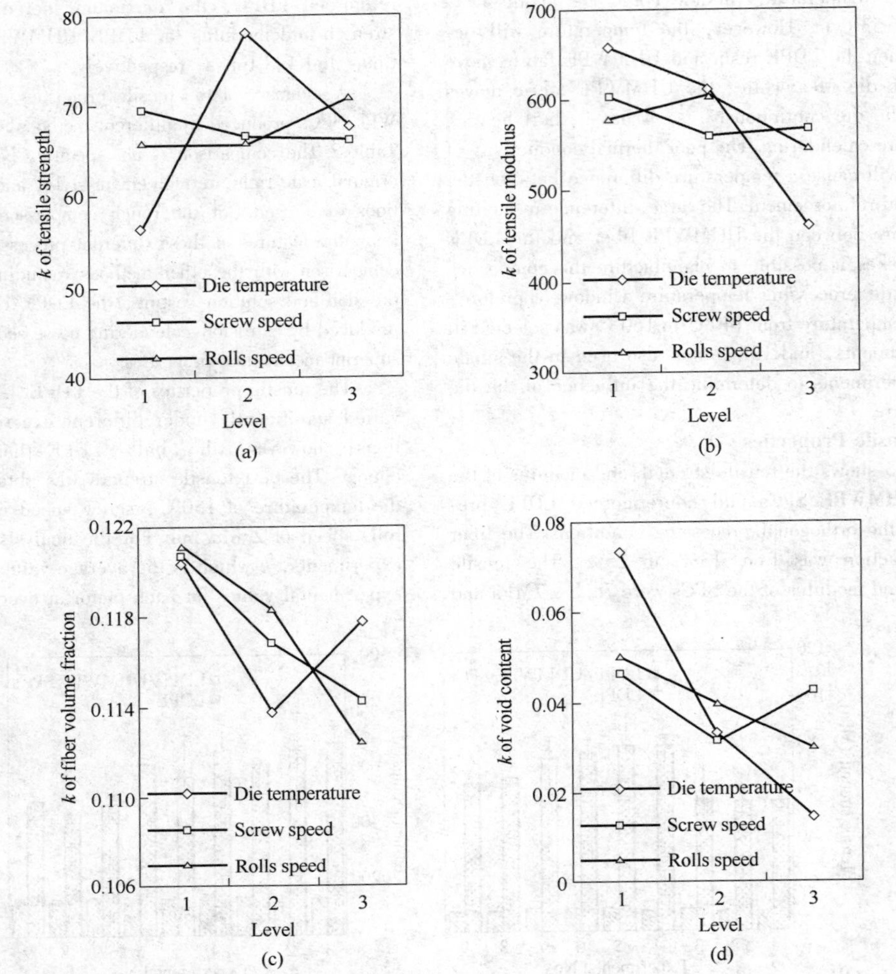

Fig. 4 The value of *k* for (a) tensile strength, (b) tensile modulus, (c) fiber volume fraction, and (d) void content with different processing parameters

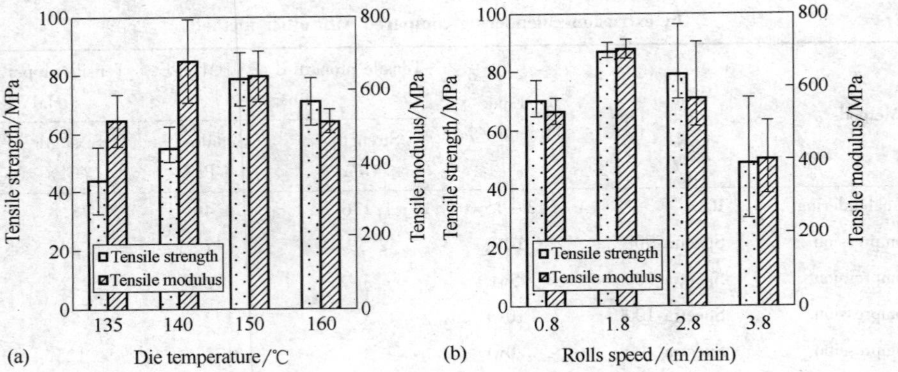

Fig. 5 Tensile strength and modulus of LDPE/UHMWPE SPCs as a function of (a) die temperature (T_1, T_2, T_3, T_4) and (b) rolls speed (R_1, R_2, R_3, R_4)

calculated. Fig. 4 shows the value of k for tensile strength and modulus with different processing parameters. From the variation range of k, we can see the effect degree of different factors in the following order: die temperature > rolls speed > screw speed. It suggests that the die temperature is the main influence factor while the screw speed is the least one.

In Fig. 4a, the tensile strength increased, then decreased with the increase of die temperature. At higher temperature, the LDPE melt with a lower viscosity is easy to permeate through the void spaces between fibers, and the accelerated interdiffusion also occurs in the interface between the matrix and fabric. The improved interfacial bonding can effectively lead to the stress transfer from the matrix to fiber; the UHMWPE fiber with superior mechanical strength could enhance the tensile strength of the SPCs. As the temperature has exceeded the melting point of the fiber, a substantial fraction of fibers may be melted and the relaxation of fibers will inevitably lead to the decrease of tensile strength. Furthermore, the fabric due to high temperature is easy to be deformed even disrupted under the pulling of the rotational rolls. Fig. 4b shows that tensile modulus decreased as the temperature increased from 140℃ to 160℃. To determine the variation of the tensile modulus, single factor experiments as a function of die temperature from 135℃ to 160℃ were conducted. As shown in Fig. 5a, the variation of modulus shows that the temperature for the greatest tensile modulus was lower than for the greatest strength. This can be explained by the molecular relaxation and the reduction of molecular weight.

Fig. 5b presents the influence of the rolls speed on tensile properties of the LDPE/UHMWPE SPCs. As the rolls speed increased from 0. 8 to 3. 8m/min, both tensile strength and modulus followed the variation of increasing first and then decreasing. Similar to the effect of die temperature, the rolls speed for the greatest tensile strength was a little faster than for the greatest modulus. The squeezing force generated by the two rolls is similar to the direct pressure from the hot pressing method. Increasing rolls speed is equivalent to increasing the pressure exerting on the interlayer, which promotes the LDPE melts to infiltrate into the void spaces between fibers. It will result in a stronger mechanical locking and improved interfacial bonding. Meanwhile, when the fabric coated with LDPE matrix is withdrawn into the gap between the two rolls, the lamination suffers from the effect of longitudinal shear and radial squeezing. Molecular orientation due to rolls shear will result in a significant variation of physical properties, especially in the direction of calendering. Thus, the increase of rolls speed enhanced the tensile properties. Nevertheless, the extrusion speed should be parallel to the rolls speed, otherwise much higher rolls speed will make the fabric drawn out without enough matrix. Moreover, the temperature difference between the matrix and fabric is larger at higher rolls speed because of the shorter residence time in the die. On the contrary, much lower rolls speed will cause nonuniform distribution of thickness because the melt will accumulate in the rolls gap. The appearance quality of the products and a smooth production process should also be considered, thereby the rolls speed should be changed in accordance with the screw speed.

The orthogonal analysis shows that the screw rotational speed had a little effect on the tensile properties. The screw speed is mainly used to regulate the output of extrusion melts to make sure the integrity of products as a lower screw speed cannot provide adequate LDPE melts for the UHMWPE fabric timely. Much faster screw speed, however, will lead to the increase of flow output and shear heat. The excess melt will dissipate axially due to the squeezing of the rolls, but the excess matrix may reduce the fiber volume fraction and thus decrease the tensile strength. The shear heat generated by the screw rotation is limited because the matrix with high temperature will undergo a certain degree of cooling when it is extruded out of the die.

Therefore, the mutual cooperation of those three parameters on the sample quality is important. A temperature around the melting point of the fiber and the equivalent screw-rolls speed should be selected to improve the impregnation, interdiffusion, and interfacial properties.

3. 3　Fiber Volume Fraction, Void Content, Strength, and Modulus Efficiency

The impregnating/flow behavior of the polymer is controlled by the processing parameters and may result in poor or good impregnation/interdiffusion. Besides temperature, the balance between screw and roller speeds may strongly influence the resulted fiber volume fraction and void content and affect the mechanical properties. The fiber volume fraction and void contents of the SPC samples are shown in Table 3. The calculated fiber volume fraction was around 12%, and the highest void content was 7. 5%. Fig. 4c and d show the value of k for fiber volume fraction and void content with different processing parameters. The effect of the three processing parameters on the void content was significant. Higher die temperature and rolls speed caused low viscosity and good flow behavior which allowed better wetting of the fibers, and then the void content reduced.

The efficiency factors—calculated from Eqs 5 and 6—are also reported in Table 3. Both K_s and K_E are dependent on several factors such as the fiber aspect ratio, fiber orientation relative to the loading direction, and the degree of adhesion between the fibers and the polymeric matrix. The fabric has a specific orientation which can increase the strength and resistance to deformation of the polymer. The composites are strongest when the fibers are parallel to the force being exerted but are weak when the fibers are perpendicular, so the highest K_s was around 50% due to the plain structure of the fab-ric. The lower K_s value is due to the influence of the processing parameters. The effect of processing parameters on K_s and K_E was the same with the effect on tensile strength and modulus, respectively.

Table 3 Fiber weight fraction, fiber volume fraction, void content, strength, and modulus efficiency factors of the LDPE/UHMWPE SPC samples

Experimental no.	W_f/%	V_f/%	V_v/%	K_s	K_E
1	15.32	13.07	7.52	0.3153	0.1744
2	14.06	12.00	7.37	0.3373	0.1879
3	12.86	11.01	7.03	0.4024	0.1718
4	13.16	11.59	4.45	0.5231	0.1890
5	12.14	11.17	0.01	0.5408	0.1593
6	13.07	11.37	5.54	0.5102	0.1763
7	12.80	11.55	2.01	0.4876	0.1160
8	13.14	11.86	2.00	0.4170	0.1040
9	12.97	11.91	0.31	0.3967	0.1074

3.4 Interfacial Properties

The peel load is closely bound up with the interfacial adhesion. Fig. 6a shows the peel load traces for the SPC samples produced in different die temperature. The peel strength of 22.4N/10mm was achieved at 160℃; it was much improved compared to 4.8N/10mm obtained at 140℃. The peel load curve for 140℃ was constant with small peaks and troughs. For 150℃, the average load was higher and the load variation was greater. It suggests that lower temperature results in interfacial debonding and inefficient load transfer. It also provides the evidence of inferior tensile strength and modulus. With the increase of die temperature, both improved permeating and interdiffusion enhanced the interfacial bonding. For the die temperature of 160℃, the average load was the highest, but the fluctuation of the trace became much greater. More fibers at the much high temperature melted and then consolidated with the matrix, so the sample made at 160℃ was broken off and the T-peel test stopped earlier.

Fig. 6b shows the peel load traces for the LDPE/UHMWPE SPC samples produced in different rolls speed. Relying on the stronger shear and squeezing force produced by higher rolls speed, the LDPE matrix can infiltrate into the intervals of adjacent fiber bundles. It enhances the interfacial bonding. For the much higher rolls speed of 2.8m/min, the peel load curve twisted and turned to be unstable, although the final peel load was higher. This demonstrates that a suitable rolls speed should be set to achieve not only an excellent interfacial bonding strength but also a steady process. Compared to the die temperature and rolls speed, the screw speed had little influence on the peel strength. In Fig. 6c, three

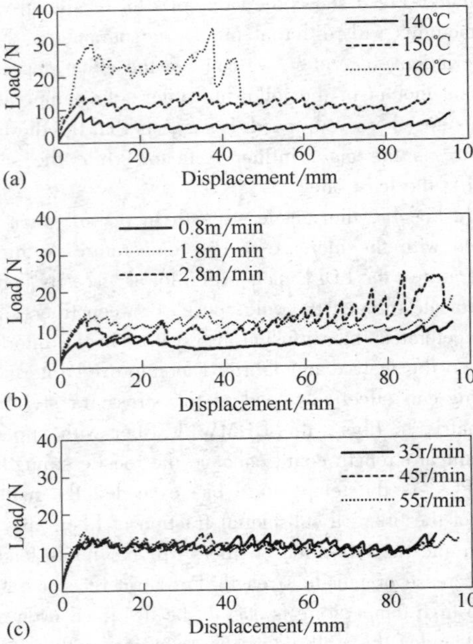

Fig. 6 Peel load traces for the LDPE/UHMWPE SPCs manufactured in different (a) die temperature (t_2, t_3, t_4), (b) rolls speed (R_1, R_2, R_3), and (c) screw speed (S_1, S_2, S_3).

[Color figure can be viewed at wileyonlinelibrary.com]

peel load curves maintained at the same level with different degrees of overlap, they all reached an average value of about 11N/10mm.

3.5 Morphology Observations

Fig. 7 shows the tensile fracture cross-section taken from the samples produced at different die temperature. Fiber bundles with different morphology can beclearly seen in the sandwiched structures (square in Fig. 7a-c). Only a small number of fibers bonded together at 140℃, the clear interface (arrows in Fig. 7d) reveals that lower temperature only affected partial fibers at the fabric surface. The low interfacial bonding led to a fracture mode that the LDPE layers disintegrated firstly then the fibers were easily pulled out (Fig. 7a and d). As expected, increased temperature progressively led to the melting of fibers. Fig. 7b illustrates that more fibers melted at 150℃. Fiber drawing and fracture coexisted. Higher temperature resulted in continuity and integration of fiber bundles. Fiber interface was also improved. In Fig. 7c and e, the brittle fracture mode indicates that an excellent bonding existed in the interface (arrows in Fig. 7e), and the fibers consolidated with matrix tightly. The fibers almost fused together in Fig. 7f and tiny particles (arrows in Fig. 7g) can be seen on the fiber bundles. Much higher temperature (160℃) deprived of the original shape of the fiber bundles and deteriorated the high strength properties of the reinforcement,

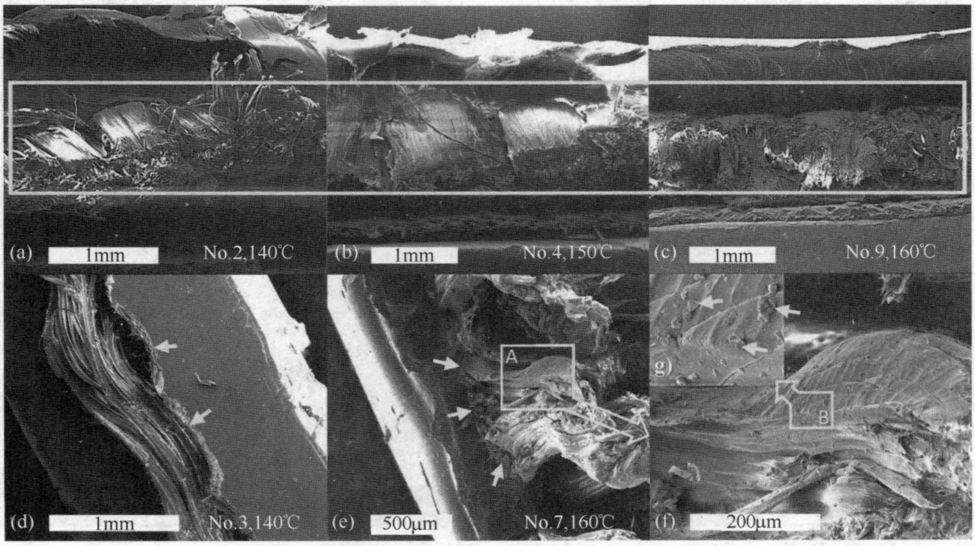

Fig. 7　Tensile fracture section of LDPE/UHMWPE SPCs manufactured mainly at different die temperature: (a-e) amples No. 2, 4, 9, 3, 7; (f) the high magnification image of section A in (e); (g) the high magnification of section B in (f). Note: some unbroken fiber bundles were cut by scissors in (a) and (b). [Color figure can be viewed at wileyonlinelibrary. com]

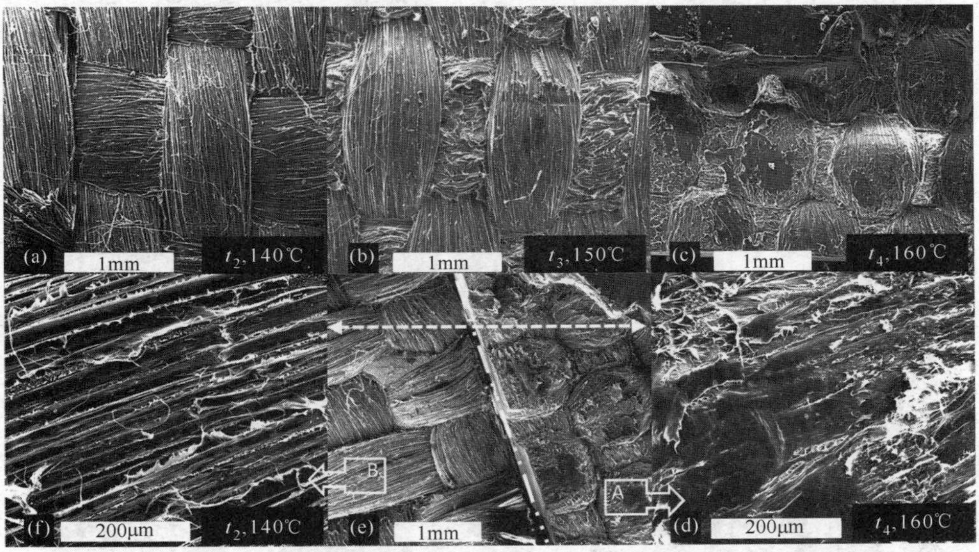

Fig. 8　Peeling fracture surfaces of LDPE/UHMWPE SPCs made at different die temperature: (a) ~ (c) t_2, t_3, and t_4; (e) t_4 and t_2 in the same image; (d) the high magnification image of section A in (e); (f) the high magnification image of section B in (e). [Color figure can be viewed at wileyonlinelibrary. com]

and thus there was a decrease in tensile strength.

Fig. 8 compares the variation of peeling fracture surfaces with different die temperature. As die temperature increased, the adjacent matrix and fibers fused together and molecular interdiffusion caused a combination failure within the fiber/matrix interface and the fiber/fiber interface. Many fibrils show the good interfacial adhesion. In Fig. 8c and d, large parts of fused fibers were peeled off; the cohesive failure testifies the better interfacial strength. Once again, the molecular relaxation and interdiffusion increase with increasing temperature, and thus the peel strength increased. However, it also causes much shrinkage of the fiber bundles and destruction of fiber orientation, so the tensile strength decreased at the higher temperature.

Fig. 9 shows the relationship between rolls speed and the morphology of peeling fracture surface. Compared with the sample made at 0. 8 m/min, better interfacial adhe-

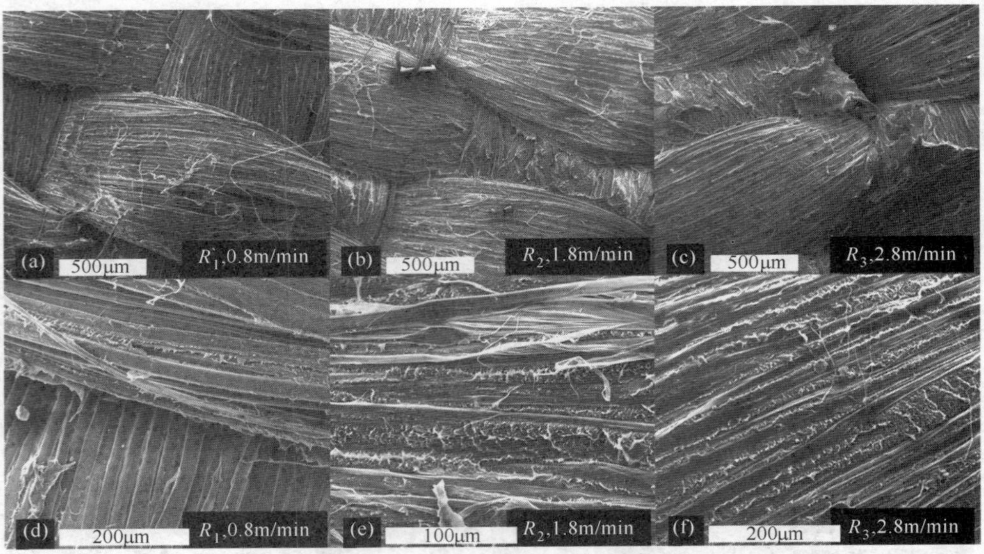

Fig. 9 Peeling fracture surfaces of LDPE/UHMWPE SPCs made at different rolls speed: (a-c) R_1, R_2, and R_3; (d) ~ (f) the magnification images of (a) ~ (c)

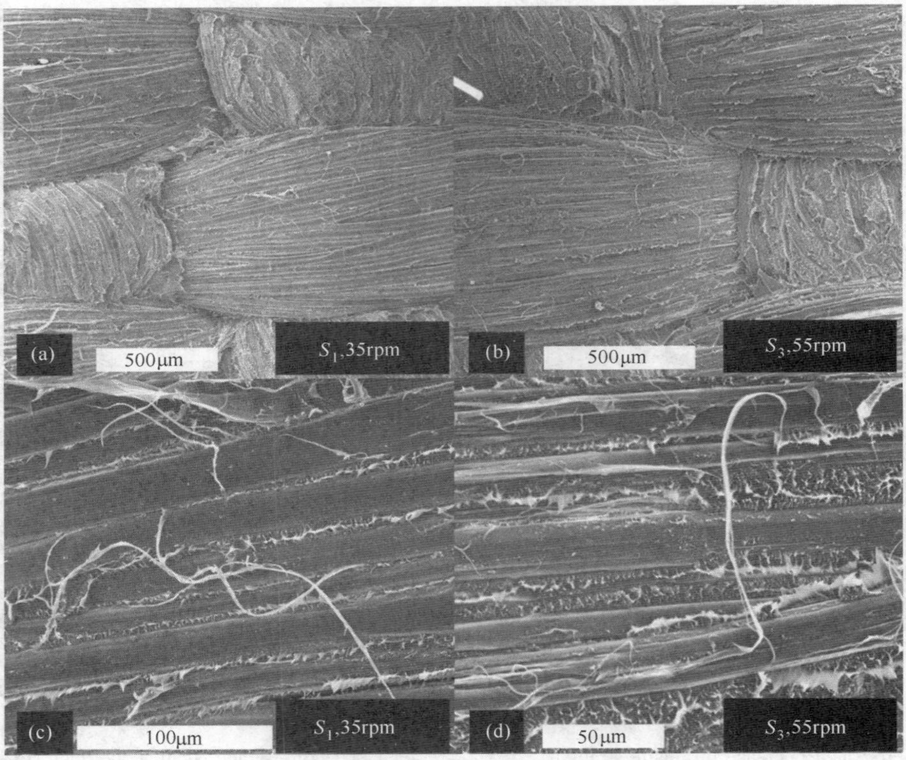

Fig. 10 Peeling fracture surfaces of LDPE/UHMWPE SPCs made at different screw speed: (a) S_1, (b) S_3; (c) the magnification image of (a); (d) the magnification image of (b)

sion can be found in the samples (Fig. 9e and f) made at higher rolls speed, but the difference between the sample made at 1.8 and 2.8 m/min was not significant. In Fig. 10, there is no significant difference in the morphological deformation caused by the vari-ation of screw speed.

4 CONCLUSIONS

The process of extrusion-calendering was introduced to realize the continuous production of SPCs. The two-constituent LDPE/UHMWPE SPCs were successfully prepared. The difference in melting temperature of LDPE and UHMWPE was also applied to enlarge the processing temperature window. An operating temperature range from 140℃ to 160℃ was achieved. In comparison with other methods such as hot compaction, solution impregnation, and film stacking, this approach makes it possible to produce SPCs continuously and avoids the drawbacks involving a long cycle time, inconvenient operation and expensive cost. It also gives huge opportunities to be compatible with the volumeproduction of SPCs. Based on the results of orthogonal and single factor experiments, it was found that the effect of die temperature on tensile and interfacial properties was significant, followed by the rolls speed. For the given die temperatures of 150℃ and 160℃, the tensile strength and modulus of the LDPE/UHMWPE SPCs could be up to 78.8 ± 7MPa and 676.6 ± 116MPa, 8 and 4.8 times higher than that of the nonreinforced LDPE, respectively. Much lower or higher temperature will all reduce the tensile properties, but higher temperature always increases the peel strength. The peel strength was significantly improved, 22.4N/10mm was achieved at 160℃. Increasing rolls speed can promote the interfacial adhesion then lead to the improvement of tensile and interfacial properties. The screw speed had a negligible effect. The mutual cooperation of those three parameters on the sample quality is important. A temperature around the melting point of the fiber and the equivalent screw-rolls speed should be selected. The optimum processing conditions for achieving low void content and great tensile strength were die temperature of 150℃, rolls speed of 2.8m/min and screw speed of 45rpm. Finally, the observations of microscopic morphology also provided the evidence of theoretical analysis. In the future, the multiplayer LDPE/UHMWPE SPC parts could be also realized via coextrusion-calendering process.

第 10 章练习题

10.1 什么是单聚合物复合材料 SPC？与传统的复合材料的主要区别是什么？简述 SPC 材料的主要优点。

10.2 简述目前制备 SPC 的几种方法及其特点，比较每种方法的优缺点。

10.3 举例说明利用聚合物材料的什么流变特性，制定了热压法、注塑成型、挤出成型制备单聚合物 SPC 的制备工艺。

10.4 请从第 10 章的参考文献中选择 1 篇英文论文，写 1 篇 800 ~ 1000 字中文论文简介，简介包括论文的题目，作者和刊物名称，重点简介研究目的、方法、利用了聚合物什么流变特点、主要的创新点和结论。每篇英文文献只能 1 人选择。如果选课人数多，鼓励同学选择该领域最新发表的英文文献。该作业占期末考试的 10% 的成绩。在本章选择文献的同学不用选第 9 章的英文文献。

参 考 文 献

[1] N. J. Capiati, R. S. Porter. The Concept of One Polymer Composites Modeled with High Density Polyethylene [J]. Journal of Materials Science, 1975, 10 (10): 1671-1677.

[2] P. J. Hine, I. M. Ward, R. H. Olley, et al. The hot compaction of high modulus meltspun polyethylene fibers [J]. Journal of Material Science, 1993, 28 (2): 316-324.

[3] M. A. Kabeel, R. H. Olley, D. C. Bassett, et al. Compaction of High Modulus Melt-spun Polyethylene Fibres at Temperatures Above and Below the Optimum [J]. Journal of Materials Science, 1994, 29 (8): 4694-4699.

[4] Yao D., Li R., Nagarajan P. Single-Polymer Composites Based on Slowly Crystallizing Polymers [J]. Polymer Engineering Science, 2006, 46 (9): 1223 ~ 1230.

[5] F. V. Lacroix, M. Werwer, K. Schulte. Solution Impregnation of Polyethylene Fibre/polyethylene Matrix Composites [J]. Composites, 1998, A (29): 371-376.

[6] P. J. Hine, A. Astruc, I. M. Ward. Hot Compaction of Polyethylene Naphthalate [J]. Applied Polymer Science, 2004, 93 (2): 796-802.

[7] P. J. Hine, R. H. Olley, I. M. Ward. The Use of Interleaved Films for Optimizing the Production and Properties of Hot Compacted, Self-reinforced Polymer Composites [J]. Composites Science and Technology, 2008, 68 (6): 1413 ~ 1421.

[8] B. Alcock, N. Cabrera, N. M. Barkoula and T. Peijs. Low velocity impact performance of recyclable all-polypropylene composites [J]. Composites Science and Technology, 2006, 66 (11), 1724-1737.

[9] 赵增华，陈晋南．聚合物自增强复合材料的制备 [C]．第五届中国塑料产业发展（国际）论坛暨 PPTS 中国·国际塑料加工技术高峰论坛．中国石油和化学协会、中国轻工联合会、余姚市人民政府、北京化工大学和中国化工经济技术发展中心主办，中国工程塑料工业协会、中国塑料机械工业协会、中国塑料机械行业专家委员会、先进成型技术学会等支持；北京化工大学塑料机械及塑料工程研究所承办．浙江余姚：2009．11．7-8．会议论文集，361-367.

[10] 赵增华，陈晋南．单聚合物复合材料制备研究进展 [J]．工程塑料应用，2010，Vol. 38 (2) 81-84.

[11] Dai Pan, Chen Jinnan. Research Progress on the Preparation Methods of Single Polymer Composites [C]. 2011 International

Conference on Remote Sensing, Environment and Transportation Engineering. June 24-26, 2011, Nanjing, China. Vol. 7: 6277-6280.

[12] 陈晋南，赵增华，彭炯，等. 单聚合物复合材料制备工艺和性能［C］. 第六届中国塑料工业高新技术及产业化研讨会暨2011中国塑协塑料技术协作委员会年会·技术交流会，桂林：中国塑料加工工业协会塑料技术协作委员会. 2011. 7: 92-96.

[13] 陈晋南，毛倩超，王建. 单组分单聚合物复合材料的注塑成型［C］. 2014年塑料新材料、新技术、新成果交流会暨中国塑协专家委员会年会，2014. 10. 21～22，浙江杭州：论文集，1-6.

[14] 毛倩超，王建，陈晋南. 单一组分聚乙烯单聚合物复合材料的注塑工艺［C］. 第十届中国塑料工业高新技术及产业化研讨会暨2015中国塑协塑料技术协作委员会年会·技术交流会. 中国塑料加工工业协主办，中国塑料加工工业协会塑料技术协作委员会、天津塑料研究所有限公司中国塑协塑料技术协作委员会承办，天津：2015. 7. 30-31. 论文集，106-109.

[15] 陈晋南，王建. 单聚合物复合材料注射和挤出成型新技术［C］. 第三届中国塑料/化工研究院所发展论坛，中国塑料加工工业协会塑料技术协作委员会主办. 广州：2017. 5: 91-93.

[16] 代攀. 基于聚合物过冷性质制备单聚合物复合材料的研究［D］. 北京：北京理工大学，2011. 6.

[17] 赵增华. 聚四氟乙烯单聚合物复合材料的制备工艺研究［D］. 北京：北京理工大学，2011. 6.

[18] 毛倩超. 注塑制备聚丙烯和聚乙烯单聚合物复合材料［D］. 北京：北京理工大学，2015. 6.

[19] Ward L M, Hine P. J. The Science and Technology of Hot Compaction［J］. Polymer, 2004, Vol. 45: 1413-1427.

[20] S. Fakirov. Nano- and Microfabrillar Single-Polymer Composites: A Review［J］. Macromolecular Material as and Engineering, 2013, Vol. 298: 9-32.

[21] Polymer Interdisciplinary Research Centre (IRC), http://www. polyeng. com/polyeng2/index. html, 或 http://www. polyeng. com/polymeric/pages/polymerShowcace. html.

[22] 英国-中国先进材料研究所 UK-China Advanced Materials Research Institute, http://www. polyeng. com/AMRI/science-bridges-china.

[23] A. P. Unwin, P. J. Hine and I. M. Ward. Developing the next Generation of Polyethylene Based Single Polymer Composites. Polymer IRC Meeting Sep., 2009, Chengdu, China. https://www. researchgate. net/publication/287351468.

[24] www. curvoline. com.

[25] Dai Pan, Zhang Wei, Pan Yutong, Chen Jinnan*, Wang Youjiang, Yao Donggang*. Processing of Single Polymer Composites with Undercooled Polymer Melt［J］. Composites Part B: Engineering, 2011, Vol. 42 (5): 1144-1150.

[26] Zhao Zenghua, Chen Jinnan*. Preparation of Single Polytetrafluoroethylene Composites by Combining the Processes of Compression Molding and Free Sintering［J］. Composites Part B: Engineering. 2011, 42: 1306-1310.

[27] Zhao Zenghua, Chen Jinnan*. Various Cooling Methods to Prepare Single Polytetrafluoroethylene Composites［C］. Advanced Materials Research, Switzerland, Vols. 291-294 (2011): 1837-1840.

[28] 代攀，陈晋南. 热压法制备聚丙烯单聚合物复合材料［J］. 高分子材料科学与工程，2012，Vol. 28. (4): 110-113.

[29] 王建，陈晋南，代攀. PEN单聚合物复合材料的热压制备工艺与性能［J］. 材料科学与工艺，2012，Vol. 20 (4): 104-107，115.

[30] Wang Jian, Chen Jinnan, Dai Pan. Polyethylene Naphthalene Single-Polymer-Composites Produced by the Undercooling Melt Film Stacking Method［J］. Composites Science and Technology, 2014, Vol. 91 (1): 50-54.

[31] Mao Qianchao, Chen Jinnan, Wang Jian. Preliminary Study on Injection Molding Process of Single Polymer Composites［C］. Advanced Materials Research, 2012, Vol. 532-533: 121-125.

[32] Wang Jian, Mao Qianchao, Chen Jinnan. Preparation of Polypropylene Single-Polymer Composites by Injection Molding［J］. Journal of Applied Polymer Science, 2013, Vol. 130 (3), 21 76-2183.

[33] Mao Qianchao, Hong Yifeng, Wyatt T P, Chen Jinnan, Wang Youjiang, Wang Jian*, Yao Donggang*. Insert Injection Molding of Polypropylene Single-Polymer Composites［J］. Composites Science and Technology, 2015, 106: 47-54.

[34] Mao Qianchao, Wyatt T tom P., Chen Jinnan, Wang Jian*. Insert Injection Molding of High-density Polyethylene Single-Polymer Composites［J］. Polymer Engineering and Science, 2015, Vol 55 (11): 2448-2456.

[35] Mao Qianchao, Wyatt T tom P., Chien An-Ting, Chen Jinnan*, Yao Donggang*. Melt Spinning of High-strength Fiber from Low Molecular Weight Polypropylene［J］. Polymer Engineering and Science, 2016, DOI 10. 1002/pen. 24251: 233-239.

[36] Wang Jian, Du Ziran and Lian Tong. Tensile Properties of LDPE/UHMWPE Single-Polymer Composites Produced by Extrusion-Calendering Process［C］. 25 th Annual International Conference on Composites or Nano Engineering, ICCE-25, 2017, July, 16-22, Rome Italy.

[37] Wang Jian, Du Ziran and Lian Tong. Extrusion-Calendering Process of Single-Polymer Composites Based on Polyethylene［J］. Polymer Engineering and Science, 2018, DOI 10. 1002/pen 24827: 1-10.

[38] WANG Jian (王建), DU Zi-ran (杜自然), LIAN Tong (连童), PENG Jiong (彭炯). Mechanical Performances and Morphology of Single-Polymer Composites Produced by Extrusion-Calendering Method［J］. Journal of Beijing Institute of Technology, 2018, Vol. 27 (1): 155-160.

[39] 赵增华，陈晋南．聚四氟乙烯单聚合物复合材料［P］．国家发明专利，201010541401．X.

[40] 陈晋南，王建，代攀，等．生产单聚合物复合材料制品的准熔融静态混合方法［P］．发明专利，201110067606．3.

[41] 王建，陈晋南，毛倩超，等．一种单聚合物复合材料制品注塑成型设备［P］．实用新型专利，201220053819．0.

[42] 王建，陈晋南，毛倩超，等．一种单聚合物复合材料制品注塑成型方法及设备［P］．发明专利，201210037657．6.

[43] 陈晋南，姚冬刚，王建，等．一种单聚合物复合材料制品挤出成型设备［P］．实用新型专利，201220288699．2.

[44] 陈晋南，姚冬刚，王建，等．一种单聚合物复合材料制品挤出成型方法和挤出成型设备［P］．发明专利，201210204150．5.

[45] 王建，陈晋南，彭炯．单聚合物复合材料制品熔融包覆辊压成型设备［P］．实用新型专利，201320397493．8.

[46] 王建，陈晋南，彭炯．单聚合物复合材料制品熔融包覆辊压成型方法及设备［P］．发明专利，201310279402．5.

附录1　公　式　表

附录1.1　不可压缩黏性流体流动微分型控制方程

表1.1.1至表1.1.3分别为直角坐标系、柱坐标系和球坐标系的运算符和微分型控制方程展开式，表1.1.4为无内热源和热损耗的应力表示的能量方程。

表1.1.1　直角坐标系运算符和微分型控制方程展开式

名称	公　式
应力张量分量和应变速率分量	$\begin{cases}\tau_{xx}=2\mu\dfrac{\partial u_x}{\partial x}\\ \tau_{yy}=2\mu\dfrac{\partial u_y}{\partial y},\\ \tau_{zz}=2\mu\dfrac{\partial u_z}{\partial z}\end{cases}\begin{cases}\tau_{xy}=\tau_{yx}=\mu\left(\dfrac{\partial u_x}{\partial y}+\dfrac{\partial u_y}{\partial x}\right)\\ \tau_{xz}=\tau_{zx}=\mu\left(\dfrac{\partial u_x}{\partial z}+\dfrac{\partial u_z}{\partial x}\right),\\ \tau_{yz}=\tau_{zy}=\mu\left(\dfrac{\partial u_y}{\partial z}+\dfrac{\partial u_z}{\partial y}\right)\end{cases}\begin{cases}\dot\gamma_{xx}=2\dfrac{\partial u_x}{\partial x},\dot\gamma_{xy}=\dot\gamma_{yx}=\dfrac{\partial u_x}{\partial y}+\dfrac{\partial u_y}{\partial x}\\ \dot\gamma_{yy}=2\dfrac{\partial u_y}{\partial y},\dot\gamma_{xz}=\dot\gamma_{zx}=\dfrac{\partial u_x}{\partial z}+\dfrac{\partial u_z}{\partial x}\\ \dot\gamma_{zz}=2\dfrac{\partial u_z}{\partial z},\dot\gamma_{yz}=\dot\gamma_{zy}=\dfrac{\partial u_y}{\partial z}+\dfrac{\partial u_z}{\partial y}\end{cases}$
旋转角速度矢量	$\nabla\times\boldsymbol{u}=\left(\dfrac{\partial u_z}{\partial y}-\dfrac{\partial u_y}{\partial z}\right)\boldsymbol{i}+\left(\dfrac{\partial u_x}{\partial z}-\dfrac{\partial u_z}{\partial x}\right)\boldsymbol{j}+\left(\dfrac{\partial u_y}{\partial x}-\dfrac{\partial u_x}{\partial y}\right)\boldsymbol{k}$
连续性方程	$\nabla\cdot\boldsymbol{u}=\dfrac{\partial u_x}{\partial x}+\dfrac{\partial u_y}{\partial y}+\dfrac{\partial u_z}{\partial z}=0$
运动方程 N-S方程	速度分量表示 $\begin{cases}\rho\left(\dfrac{\partial u_x}{\partial t}+u_x\dfrac{\partial u_x}{\partial x}+u_y\dfrac{\partial u_x}{\partial y}+u_z\dfrac{\partial u_x}{\partial z}\right)=\rho g_x-\dfrac{\partial p}{\partial x}+\mu\nabla^2u_x\\ \rho\left(\dfrac{\partial u_y}{\partial t}+u_x\dfrac{\partial u_y}{\partial x}+u_y\dfrac{\partial u_y}{\partial y}+u_z\dfrac{\partial u_y}{\partial z}\right)=\rho g_y-\dfrac{\partial p}{\partial y}+\mu\nabla^2u_y\\ \rho\left(\dfrac{\partial u_z}{\partial t}+u_x\dfrac{\partial u_z}{\partial x}+u_y\dfrac{\partial u_z}{\partial y}+u_z\dfrac{\partial u_z}{\partial z}\right)=\rho g_z-\dfrac{\partial p}{\partial z}+\mu\nabla^2u_z\end{cases}$ 拉普拉斯算子　$\Delta=\nabla^2=\dfrac{\partial^2}{\partial x^2}+\dfrac{\partial^2}{\partial y^2}+\dfrac{\partial^2}{\partial z^2}$
	应力分量表示 $\begin{cases}\rho\dfrac{\mathrm{D}u_x}{\mathrm{D}t}=\rho\left(\dfrac{\partial u_x}{\partial t}+u_x\dfrac{\partial u_x}{\partial x}+u_y\dfrac{\partial u_x}{\partial y}+u_z\dfrac{\partial u_x}{\partial z}\right)=-\dfrac{\partial p}{\partial x}+\left(\dfrac{\partial\tau_{xx}}{\partial x}+\dfrac{\partial\tau_{yx}}{\partial y}+\dfrac{\partial\tau_{zx}}{\partial z}\right)+\rho g_x\\ \rho\dfrac{\mathrm{D}u_y}{\mathrm{D}t}=\rho\left(\dfrac{\partial u_y}{\partial t}+u_x\dfrac{\partial u_y}{\partial x}+u_y\dfrac{\partial u_y}{\partial y}+u_z\dfrac{\partial u_y}{\partial z}\right)=-\dfrac{\partial p}{\partial y}+\left(\dfrac{\partial\tau_{xy}}{\partial x}+\dfrac{\partial\tau_{yy}}{\partial y}+\dfrac{\partial\tau_{zy}}{\partial z}\right)+\rho g_y\\ \rho\dfrac{\mathrm{D}u_z}{\mathrm{D}t}=\rho\left(\dfrac{\partial u_z}{\partial t}+u_x\dfrac{\partial u_z}{\partial x}+u_y\dfrac{\partial u_z}{\partial y}+u_z\dfrac{\partial u_z}{\partial z}\right)=-\dfrac{\partial p}{\partial z}+\left(\dfrac{\partial\tau_{xz}}{\partial x}+\dfrac{\partial\tau_{yz}}{\partial y}+\dfrac{\partial\tau_{zz}}{\partial z}\right)+\rho g_z\end{cases}$
能量方程	忽略热损耗　$\dfrac{\partial T}{\partial t}+u_x\dfrac{\partial T}{\partial x}+u_y\dfrac{\partial T}{\partial y}+u_z\dfrac{\partial T}{\partial z}=\alpha\left(\dfrac{\partial^2T}{\partial x^2}+\dfrac{\partial^2T}{\partial y^2}+\dfrac{\partial^2T}{\partial z^2}\right)$ 考虑热损耗　$\rho c_p\left(\dfrac{\partial T}{\partial t}+u_x\dfrac{\partial T}{\partial x}+u_y\dfrac{\partial T}{\partial y}+u_z\dfrac{\partial T}{\partial z}\right)=\kappa\left(\dfrac{\partial^2T}{\partial x^2}+\dfrac{\partial^2T}{\partial y^2}+\dfrac{\partial^2T}{\partial z^2}\right)+\Phi$ 热损耗　$\Phi=2\mu\left[\left(\dfrac{\partial u_x}{\partial x}\right)^2+\left(\dfrac{\partial u_y}{\partial y}\right)^2+\left(\dfrac{\partial u_z}{\partial z}\right)^2\right]+\mu\left[\left(\dfrac{\partial u_x}{\partial y}+\dfrac{\partial u_y}{\partial x}\right)^2+\left(\dfrac{\partial u_x}{\partial z}+\dfrac{\partial u_z}{\partial x}\right)^2+\left(\dfrac{\partial u_y}{\partial z}+\dfrac{\partial u_z}{\partial y}\right)^2\right]$

表 1.1.2　　柱坐标系运算符和微分型控制方程展开式

名称	公　式
应变速率分量	由 $\tau=\mu\dot{\gamma}$ 可确定应力分量的公式 $\begin{cases}\dot{\gamma}_{rr}=2\frac{\partial u_r}{\partial r},\dot{\gamma}_{r\theta}=\dot{\gamma}_{\theta r}=r\frac{\partial}{\partial r}\left(\frac{u_\theta}{r}\right)+\frac{1}{r}\frac{\partial u_r}{\partial\theta}\\ \dot{\gamma}_{\theta\theta}=2\left(\frac{1}{r}\frac{\partial u_\theta}{\partial\theta}+\frac{u_r}{r}\right),\dot{\gamma}_{\theta z}=\dot{\gamma}_{\theta z}=\frac{\partial u_\theta}{\partial z}+\frac{1}{r}\frac{\partial u_z}{\partial\theta}\\ \dot{\gamma}_{zz}=2\frac{\partial u_z}{\partial z},\dot{\gamma}_{zr}=\dot{\gamma}_{rz}=\frac{\partial u_z}{\partial r}+\frac{\partial u_r}{\partial z}\end{cases}$
旋转角速度矢量	$\nabla\times\boldsymbol{u}=\left(\frac{\partial u_r}{r\partial\theta}-\frac{\partial u_\theta}{\partial z}\right)\boldsymbol{e}_r+\left(\frac{\partial u_r}{\partial z}-\frac{\partial u_z}{\partial r}\right)\boldsymbol{e}_\theta+\frac{1}{r}\left(\frac{\partial(ru_\theta)}{\partial r}-\frac{\partial u_z}{\partial\theta}\right)\boldsymbol{e}_z$
连续性方程	$\nabla\cdot\boldsymbol{u}=\frac{1}{r}\frac{\partial(ru_r)}{\partial r}+\frac{1}{r}\frac{\partial u_\theta}{\partial\theta}+\frac{\partial u_z}{\partial z}=0$
运动方程 N-S 方程	速度分量表示 $\begin{cases}\rho\left(\frac{\partial u_r}{\partial t}+u_r\frac{\partial u_r}{\partial r}+\frac{u_\theta}{r}\frac{\partial u_r}{\partial\theta}-\frac{u_\theta^2}{r}+u_z\frac{\partial u_r}{\partial z}\right)=\rho g_r-\frac{\partial p}{\partial r}+\mu\left\{\frac{\partial}{\partial r}\left[\frac{1}{r}\frac{\partial(ru_r)}{\partial r}\right]+\frac{1}{r^2}\frac{\partial^2u_r}{\partial\theta^2}-\frac{2}{r^2}\frac{\partial u_\theta}{\partial\theta}+\frac{\partial^2u_r}{\partial z^2}\right\}\\ \rho\left(\frac{\partial u_\theta}{\partial t}+u_r\frac{\partial u_\theta}{\partial r}+\frac{u_\theta}{r}\frac{\partial u_\theta}{\partial\theta}+\frac{u_ru_\theta}{r}+u_z\frac{\partial u_\theta}{\partial z}\right)=\rho g_\theta-\frac{1}{r}\frac{\partial p}{\partial\theta}+\mu\left\{\frac{\partial}{\partial r}\left[\frac{1}{r}\frac{\partial(ru_\theta)}{\partial r}\right]+\frac{1}{r^2}\frac{\partial^2u_\theta}{\partial\theta^2}+\frac{2}{r^2}\frac{\partial u_r}{\partial\theta}+\frac{\partial^2u_\theta}{\partial z^2}\right\}\\ \rho\left(\frac{\partial u_z}{\partial t}+u_r\frac{\partial u_z}{\partial r}+\frac{u_\theta}{r}\frac{\partial u_z}{\partial\theta}+u_z\frac{\partial u_\theta}{\partial z}\right)=\rho g_z-\frac{\partial p}{\partial z}+\mu\left[\frac{1}{r}\frac{\partial}{\partial r}\left(r\frac{\partial u_z}{\partial r}\right)+\frac{1}{r^2}\frac{\partial^2u_z}{\partial\theta^2}+\frac{\partial^2u_z}{\partial z^2}\right]\end{cases}$ 拉普拉斯算子　$\Delta=\nabla^2=\frac{1}{r}\frac{\partial}{\partial r}\left(r\frac{\partial}{\partial r}\right)+\frac{1}{r^2}\frac{\partial^2}{\partial\theta^2}+\frac{\partial^2}{\partial z^2}$
	应力分量表示 $\begin{cases}\rho\left(\frac{\partial u_r}{\partial t}+u_r\frac{\partial u_r}{\partial r}+\frac{u_\theta}{r}\frac{\partial u_r}{\partial\theta}-\frac{u_\theta^2}{r}+u_z\frac{\partial u_r}{\partial z}\right)=\rho g_r-\frac{\partial p}{\partial r}+\left[\frac{1}{r}\frac{\partial}{\partial r}(r\tau_{rr})+\frac{1}{r}\frac{\partial\tau_{r\theta}}{\partial\theta}-\frac{\tau_{\theta\theta}}{r}+\frac{\partial\tau_{rz}}{\partial z}\right]\\ \rho\left(\frac{\partial u_\theta}{\partial t}+u_r\frac{\partial u_\theta}{\partial r}+\frac{u_\theta}{r}\frac{\partial u_\theta}{\partial\theta}+\frac{u_ru_\theta}{r}+u_z\frac{\partial u_\theta}{\partial z}\right)=\rho g_\theta-\frac{1}{r}\frac{\partial p}{\partial\theta}+\left[\frac{1}{r^2}\frac{\partial}{\partial r}(r^2\tau_{r\theta})+\frac{1}{r}\frac{\partial\tau_{\theta\theta}}{\partial\theta}+\frac{\partial\tau_{\theta z}}{\partial z}\right]\\ \rho\left(\frac{\partial u_z}{\partial t}+u_r\frac{\partial u_z}{\partial r}+\frac{u_\theta}{r}\frac{\partial u_z}{\partial\theta}+u_z\frac{\partial u_\theta}{\partial z}\right)=\rho g_z-\frac{\partial p}{\partial z}+\left[\frac{1}{r}\frac{\partial}{\partial r}(r\tau_{rz})+\frac{1}{r}\frac{\partial\tau_{\theta z}}{\partial\theta}+\frac{\partial\tau_{zz}}{\partial z}\right]\end{cases}$
能量方程	忽略热损耗　$\frac{\partial T}{\partial t}+u_r\frac{\partial T}{\partial r}+\frac{u_\theta}{r}\frac{\partial T}{\partial\theta}+u_z\frac{\partial T}{\partial z}=\alpha\left[\frac{1}{r}\frac{\partial}{\partial r}\left(r\frac{\partial T}{\partial r}\right)+\frac{1}{r^2}\frac{\partial^2T}{\partial\theta^2}+\frac{\partial^2T}{\partial z^2}\right]$ 考虑热损耗　$\rho c_p\left(\frac{\partial T}{\partial t}+u_r\frac{\partial T}{\partial r}+\frac{u_\theta}{r}\frac{\partial T}{\partial\theta}+u_z\frac{\partial T}{\partial z}\right)=\kappa\left[\frac{1}{r}\frac{\partial}{\partial r}\left(r\frac{\partial T}{\partial r}\right)+\frac{1}{r^2}\frac{\partial^2T}{\partial\theta^2}+\frac{\partial^2T}{\partial z^2}\right]+\Phi$ 热损耗 $\Phi=2\mu\left[\left(\frac{\partial u_r}{\partial r}\right)^2+\left(\frac{1}{r}\frac{\partial u_\theta}{\partial\theta}+\frac{u_r}{r}\right)^2+\left(\frac{\partial u_z}{\partial z}\right)^2\right]+\mu\left\{\left[r\frac{\partial}{\partial r}\left(\frac{u_\theta}{r}\right)+\frac{1}{r}\frac{\partial u_r}{\partial\theta}\right]^2+\left[\frac{\partial u_z}{\partial r}+\frac{\partial u_r}{\partial z}\right]^2+\left[\frac{1}{r}\frac{\partial u_z}{\partial\theta}+\frac{\partial u_\theta}{\partial z}\right]^2\right\}$

表 1.1.3 球坐标系运算符和微分型控制方程展开式

名称	公　式
应变速率分量	由 $\boldsymbol{\tau}=\mu\dot{\boldsymbol{\gamma}}$ 可确定应力分量的公式 $\begin{cases}\dot\gamma_{rr}=2\frac{\partial u_r}{\partial r},\dot\gamma_{r\theta}=\dot\gamma_{\theta r}=r\frac{\partial}{\partial r}\left(\frac{u_\theta}{r}\right)+\frac{1}{r}\frac{\partial u_r}{\partial\theta}\\ \dot\gamma_{\theta\theta}=2\left(\frac{1}{r}\frac{\partial u_\theta}{\partial\theta}+\frac{u_r}{r}\right),\dot\gamma_{\theta\varphi}=\dot\gamma_{\varphi\theta}=\frac{\sin\theta}{r}\frac{\partial}{\partial\theta}\left(\frac{u_\varphi}{\sin\theta}\right)+\frac{1}{r\sin\theta}\frac{\partial u_\theta}{\partial\varphi}\\ \dot\gamma_{\varphi\varphi}=2\left(\frac{1}{r\sin\theta}\frac{\partial u_\varphi}{\partial\varphi}+\frac{u_r}{r}+\frac{u_\theta\cot\theta}{r}\right),\dot\gamma_{r\varphi}=\dot\gamma_{\varphi r}=\frac{1}{r\sin\theta}\frac{\partial u_r}{\partial\varphi}+r\frac{\partial}{\partial r}\left(\frac{u_\varphi}{r}\right)\end{cases}$
旋转角速度矢量	$\nabla\times\boldsymbol{u}=\frac{1}{r\sin\theta}\left[\frac{\partial}{\partial\theta}(u_\varphi\sin\theta)-\frac{\partial u_\theta}{\partial\varphi}\right]e_r+\frac{1}{r}\left[\frac{\partial u_r}{\sin\theta\partial\varphi}-\frac{\partial}{\partial r}(ru_\varphi)\right]e_\theta+\frac{1}{r}\left[\frac{\partial}{\partial r}(ru_\varphi)-\frac{\partial u_r}{\partial\theta}\right]\boldsymbol{e}_\varphi$
连续性方程	$\nabla\cdot\boldsymbol{u}=\frac{1}{r^2}\frac{\partial}{\partial r}(r^2u_r)+\frac{1}{r\sin\theta}\frac{\partial}{\partial\theta}(u_\theta\sin\theta)+\frac{1}{r\sin\theta}\frac{\partial u_\varphi}{\partial\varphi}=0$
运动方程 N-S 方程	速度分量表示 r 方向 $\rho\left(\frac{\partial u_r}{\partial t}+u_r\frac{\partial u_r}{\partial r}+\frac{u_\theta}{r}\frac{\partial u_r}{\partial\theta}+\frac{u_\varphi}{r\sin\theta}\frac{\partial u_r}{\partial\varphi}-\frac{u_\theta^2+u_\varphi^2}{r}\right)$ $=\rho g_r-\frac{\partial p}{\partial r}+\mu\left[\nabla^2u_r-\frac{2}{r^2}\left(u_r+u_\theta\cot\theta+\frac{\partial u_\theta}{\partial\theta}+\frac{1}{r^2\sin\theta}\frac{\partial u_\varphi}{\partial\varphi}\right)\right]$ θ 方向 $\rho\left(\frac{\partial u_\varphi}{\partial t}+u_r\frac{\partial u_\varphi}{\partial r}+\frac{u_\theta}{r}\frac{\partial u_\varphi}{\partial\theta}+\frac{u_\varphi}{r\sin\theta}\frac{\partial u_\varphi}{\partial\varphi}+\frac{u_ru_\varphi}{r}-\frac{u_\varphi^2\cot\theta}{r}\right)$ $=\rho g_\theta-\frac{1}{r}\frac{\partial p}{\partial\theta}+\mu\left(\nabla^2u_\theta+\frac{2}{r^2}\frac{\partial u_r}{\partial\theta}-\frac{u_\theta}{r^2\sin^2\theta}-\frac{2\cos\theta}{r^2\sin^2\theta}\frac{\partial u_\varphi}{\partial\varphi}\right)$ φ 方向 $\rho\left(\frac{\partial u_\varphi}{\partial t}+u_r\frac{\partial u_\varphi}{\partial r}+\frac{u_\theta}{r}\frac{\partial u_\varphi}{\partial\theta}+\frac{u_\varphi}{r\sin\theta}\frac{\partial u_\varphi}{\partial\varphi}+\frac{u_ru_\varphi}{r}+\frac{u_\theta u_\varphi\cot\theta}{r}\right)$ $=\rho g_\theta-\frac{1}{r\sin\theta}\frac{\partial p}{\partial\varphi}+\mu\left(\nabla^2u_\varphi-\frac{u_\varphi}{r^2\sin^2\theta}+\frac{2}{r^2\sin\theta}\frac{\partial u_r}{\partial\varphi}+\frac{2\cos\theta}{r^2\sin^2\theta}\frac{\partial u_\theta}{\partial\varphi}\right)$ 拉普拉斯算子　$\Delta=\nabla^2=\frac{1}{r^2}\frac{\partial}{\partial}\left(r^2\frac{\partial}{\partial r}\right)+\frac{1}{r^2\sin\theta}\left(\sin\theta\frac{\partial}{\partial\theta}\right)+\frac{1}{r^2\sin^2\theta}\left(\frac{\partial^2}{\partial\varphi^2}\right)$
	应力分量表示 r 方向 $\rho\left(\frac{\partial u_r}{\partial t}+u_r\frac{\partial u_r}{\partial r}+\frac{u_\theta}{r}\frac{\partial u_r}{\partial\theta}+\frac{u_\varphi}{r\sin\theta}\frac{\partial^2u_r}{\partial\varphi}-\frac{u_\theta^2+u_\varphi^2}{r}\right)$ $=\rho g_r-\frac{\partial p}{\partial r}+\left[\frac{1}{r^2}\frac{\partial}{\partial r}(r^2\tau_{rr})+\frac{1}{r\sin\theta}\frac{\partial}{\partial\theta}(\tau_{r\theta}\sin\theta)+\frac{1}{r\sin\theta}\frac{\partial\tau_{r\varphi}}{\partial\varphi}-\frac{\tau_{\theta\theta}+\tau_{\varphi\varphi}}{r}\right]$ θ 方向 $\rho\left(\frac{\partial u_\theta}{\partial t}+u_r\frac{\partial u_\theta}{\partial r}+\frac{u_\theta}{r}\frac{\partial u_\theta}{\partial\theta}+\frac{u_\varphi}{r\sin\theta}\frac{\partial u_\theta}{\partial\varphi}+\frac{u_ru_\theta}{r}-\frac{u_\varphi^2\cot\theta}{r}\right)$ $=\rho g_\theta-\frac{1}{r}\frac{\partial p}{\partial\theta}+\left[\frac{1}{r^2}\frac{\partial}{\partial r}(r^2\tau_{r\theta})+\frac{1}{r\sin\theta}\frac{\partial}{\partial\theta}(\tau_{\theta\theta}\sin\theta)+\frac{1}{r\sin\theta}\frac{\partial\tau_{\theta\varphi}}{\partial\varphi}+\frac{\tau_{r\theta}}{r}-\frac{\cot\theta}{r}\tau_{\varphi\varphi}\right]$ φ 方向 $\rho\left(\frac{\partial u_\varphi}{\partial t}+u_r\frac{\partial u_\varphi}{\partial r}+\frac{u_\theta}{r}\frac{\partial u_\varphi}{\partial\theta}+\frac{u_\varphi}{r\sin\theta}\frac{\partial u_\varphi}{\partial\varphi}+\frac{u_\varphi u_r}{r}+\frac{u_\theta u_\varphi\cot\theta}{r}\right)$ $=\rho g_\varphi-\frac{1}{r\sin\theta}\frac{\partial p}{\partial\varphi}+\left[\frac{1}{r^2}\frac{\partial}{\partial r}(r^2\tau_{r\varphi})+\frac{1}{r}\frac{\partial\tau_{\theta\varphi}}{\partial\theta}+\frac{1}{r\sin\theta}\frac{\partial\tau_{\varphi\varphi}}{\partial\varphi}+\frac{\tau_{r\varphi}}{r}+\frac{2\cot\theta}{r}\tau_{\theta\varphi}\right]$

续表

名称	公式
能量方程	忽略热损耗 $\frac{\partial T}{\partial t}+u_r\frac{\partial T}{\partial r}+\frac{u_\theta}{r}\frac{\partial T}{\partial\theta}+\frac{u_\varphi}{r\sin\theta}\frac{\partial T}{\partial\varphi}=\alpha\left[\frac{1}{r^2}\frac{\partial}{\partial r}\left(r^2\frac{\partial T}{\partial r}\right)+\frac{1}{r^2\sin\theta}\frac{\partial}{\partial\theta}\left(\sin\theta\frac{\partial T}{\partial\theta}\right)+\frac{1}{r^2\sin^2\theta}\frac{\partial^2 T}{\partial\varphi^2}\right]$ 考虑热损耗 $\rho c_p\left(\frac{\partial T}{\partial t}+u_r\frac{\partial T}{\partial r}+\frac{u_\theta}{r}\frac{\partial T}{\partial\theta}+\frac{u_\varphi}{r\sin\theta}\frac{\partial T}{\partial\varphi}\right)=\kappa\left[\frac{1}{r^2}\frac{\partial}{\partial r}\left(r^2\frac{\partial T}{\partial r}\right)+\frac{1}{r^2\sin\theta}\frac{\partial}{\partial\theta}\left(\sin\theta\frac{\partial T}{\partial\theta}\right)+\frac{1}{r^2\sin^2\theta}\frac{\partial^2 T}{\partial\varphi^2}\right]+\Phi$ 热损耗 $\Phi=2\mu\left[\left(\frac{\partial u_r}{\partial r}\right)^2+\left(\frac{1}{r}\frac{\partial u_\theta}{\partial\theta}+\frac{u_r}{r}\right)^2+\left(\frac{1}{r\sin\theta}\frac{\partial u_\varphi}{\partial\varphi}+\frac{u_r}{r}+\frac{u_\theta\cot\theta}{r}\right)^2\right]+\mu\left\{\left[r\frac{\partial}{\partial r}\left(\frac{u_\theta}{r}\right)+\frac{1}{r}\frac{\partial u_r}{\partial\theta}\right]^2+\left[r\frac{\partial}{\partial r}\left(\frac{u_\varphi}{r}\right)+\frac{1}{r\sin\theta}\frac{\partial u_r}{\partial\varphi}\right]^2+\left[\frac{\sin\theta}{r}\frac{\partial}{\partial\theta}\left(\frac{u_\varphi}{\sin\theta}\right)+\frac{1}{r\sin\theta}\frac{\partial u_\theta}{\partial\varphi}\right]^2\right\}$

表 1.1.4　　无内热源和热损耗的应力表示的能量方程

名称	公式
	应力分量表示
直角坐标系	$\rho c_V\left(\frac{\partial T}{\partial t}+u_x\frac{\partial T}{\partial x}+u_y\frac{\partial T}{\partial y}+u_z\frac{\partial T}{\partial z}\right)=p_{xx}\frac{\partial u_x}{\partial x}+p_{yy}\frac{\partial u_y}{\partial y}+p_{zz}\frac{\partial u_z}{\partial z}+\tau_{xy}\left(\frac{\partial u_x}{\partial y}+\frac{\partial u_y}{\partial x}\right)$ $+\tau_{yz}\left(\frac{\partial u_z}{\partial y}+\frac{\partial u_y}{\partial z}\right)+\tau_{xz}\left(\frac{\partial u_x}{\partial z}+\frac{\partial u_z}{\partial x}\right)+\kappa\left(\frac{\partial^2 T}{\partial x^2}+\frac{\partial^2 T}{\partial y^2}+\frac{\partial^2 T}{\partial z^2}\right)+\dot{q}$
柱坐标系	$\rho c_p\left(\frac{\partial T}{\partial t}+u_r\frac{\partial T}{\partial r}+\frac{u_\theta}{r}\frac{\partial T}{\partial\theta}+u_z\frac{\partial T}{\partial z}\right)=p_{rr}\frac{\partial u_r}{\partial r}+\frac{p_{\theta\theta}}{r}\left(\frac{\partial u_\theta}{\partial\theta}+u_r\right)+p_{zz}\frac{\partial u_z}{\partial z}$ $+\tau_{r\theta}\left[r\frac{\partial}{\partial r}\left(\frac{u_\theta}{r}\right)+\frac{1}{r}\frac{\partial u_r}{\partial\theta}\right]+\tau_{rz}\left(\frac{\partial u_z}{\partial r}+\frac{\partial u_r}{\partial z}\right)+\tau_{\theta z}\left(\frac{1}{r}\frac{\partial u_z}{\partial\theta}+\frac{\partial u_\theta}{\partial z}\right)+\kappa\left[\frac{1}{r}\frac{\partial}{\partial r}\left(r\frac{\partial T}{\partial r}\right)+\frac{1}{r^2}\frac{\partial^2 T}{\partial\theta^2}+\frac{\partial^2 T}{\partial z^2}\right]$
球坐标系	$\rho c_p\left(\frac{\partial T}{\partial t}+u_r\frac{\partial T}{\partial r}+\frac{u_\theta}{r}\frac{\partial T}{\partial\theta}+\frac{u_\varphi}{r\sin\theta}\frac{\partial T}{\partial\varphi}\right)=p_{rr}\frac{\partial u_r}{\partial r}+\frac{p_{\theta\theta}}{r}\left(\frac{\partial u_\theta}{\partial\theta}+u_r\right)+\frac{p_{\varphi\varphi}}{r}\left(\frac{1}{\sin\theta}\frac{\partial u_\varphi}{\partial\varphi}+u_r+u_\theta\cot\varphi\right)$ $+\tau_{r\theta}\left[r\frac{\partial}{\partial r}\left(\frac{u_\theta}{r}\right)+\frac{1}{r}\frac{\partial u_r}{\partial\theta}\right]+\tau_{r\varphi}\left[r\frac{\partial}{\partial r}\left(\frac{u_\varphi}{r}\right)+\frac{1}{r\sin\theta}\frac{\partial u_r}{\partial\varphi}\right]+\tau_{\theta\varphi}\left[\frac{\sin\theta}{r}\frac{\partial}{\partial\theta}\left(\frac{u_\varphi}{\sin\theta}\right)+\frac{1}{r\sin\theta}\frac{\partial u_\theta}{\partial\varphi}\right]$ $+\kappa\left[\frac{1}{r^2}\frac{\partial}{\partial r}\left(r^2\frac{\partial T}{\partial r}\right)+\frac{1}{r^2\sin\theta}\frac{\partial}{\partial\theta}\left(\sin\theta\frac{\partial T}{\partial\theta}\right)+\frac{1}{r^2\sin^2\theta}\frac{\partial^2 T}{\partial\varphi^2}\right]$

附录 1.2　简单截面流道流体流动的计算公式

Tadmor 和 Gogos 的专著（*Principles of Polymer Processing*（*Second Edition*）［M］. A John Wiley & Sons, Inc，2006.）中汇出了十分有用的不同口模流体流动的计算公式表 1.2.1 至表 1.2.4。在给出这些表以前，请大家注意应力与应变关系式的正负号约定，注意应力表示的运动方程的具体形式。在第 3.1.3 节特别强调指出，关于应力与应变关系式的正负号，聚合物流变学领域的专著使用不同的约定。**按照 Tadmor 应力与应变关系式正负号的约定**，直角坐标牛顿内摩擦定律推广式和应力表示的运动方程分别为

$$\begin{cases}\tau_{xy}=\tau_{yx}=-2\mu\varepsilon_{xy}=-\mu\left(\dfrac{\partial u_x}{\partial y}+\dfrac{\partial u_y}{\partial x}\right)\\ \tau_{xz}=\tau_{zx}=-2\mu\varepsilon_{xz}=-\mu\left(\dfrac{\partial u_x}{\partial z}+\dfrac{\partial u_z}{\partial x}\right)\\ \tau_{yz}=\tau_{zy}=-2\mu\varepsilon_{yz}=-\mu\left(\dfrac{\partial u_y}{\partial z}+\dfrac{\partial u_z}{\partial y}\right)\end{cases} \tag{1}$$

$$\begin{cases}\rho\dfrac{\mathrm{D}u_x}{\mathrm{D}t}=\rho\left(\dfrac{\partial u_x}{\partial t}+u_x\dfrac{\partial u_x}{\partial x}+u_y\dfrac{\partial u_x}{\partial y}+u_z\dfrac{\partial u_x}{\partial z}\right)=-\dfrac{\partial p}{\partial x}-\left(\dfrac{\partial\tau_{xx}}{\partial x}+\dfrac{\partial\tau_{yx}}{\partial y}+\dfrac{\partial\tau_{zx}}{\partial z}\right)+\rho g_x\\ \rho\dfrac{\mathrm{D}u_y}{\mathrm{D}t}=\rho\left(\dfrac{\partial u_y}{\partial t}+u_x\dfrac{\partial u_y}{\partial x}+u_y\dfrac{\partial u_y}{\partial y}+u_z\dfrac{\partial u_y}{\partial z}\right)=-\dfrac{\partial p}{\partial y}-\left(\dfrac{\partial\tau_{xy}}{\partial x}+\dfrac{\partial\tau_{yy}}{\partial y}+\dfrac{\partial\tau_{zy}}{\partial z}\right)+\rho g_y\\ \rho\dfrac{\mathrm{D}u_z}{\mathrm{D}t}=\rho\left(\dfrac{\partial u_z}{\partial t}+u_x\dfrac{\partial u_z}{\partial x}+u_y\dfrac{\partial u_z}{\partial y}+u_z\dfrac{\partial u_z}{\partial z}\right)=-\dfrac{\partial p}{\partial z}-\left(\dfrac{\partial\tau_{xz}}{\partial x}+\dfrac{\partial\tau_{yz}}{\partial y}+\dfrac{\partial\tau_{zz}}{\partial z}\right)+\rho g_z\end{cases} \tag{2}$$

将式（1）和式（2）与表 1.2.1 的直角坐标牛顿内摩擦定律推广式和应力表示的运动方程比较可知，式（2）等式右边的第二项黏性力是负的，应力表示的运动方程展开式等号右边的第二项黏性力是正的。式（1）和式（2）与本书的公式各差一个负号。当用速度表示运动方程时，两者的运动方程是一样的。因此，**在求解工程三维问题时，两种约定求解同一问题，得到的解是一样的。**本书附录 1.2 的表给出平行平板间流道和圆管流道流体的压力流得到的解与第 6 章的解是一样的。**前提是在求解一个问题时，我们自始至终必须使用一个约定。很容易发生两种正负号约定混用的错误，求解问题得不到解或得到的解是错误的。**

注意：① 表 1.2.1 至表 1.2.4 为简单截面流道流体流动的物理量的计算公式。为了读者使用的方便，将表中物理量符号改成与本书一致。

②下表中Ⓝ- Newtonian fluid，Ⓟ- Power Law model fluid，Ⓔ- Ellis fluid。

表 1.2.1　　平行平板间压力流（Parallel-Plate Pressure flow）

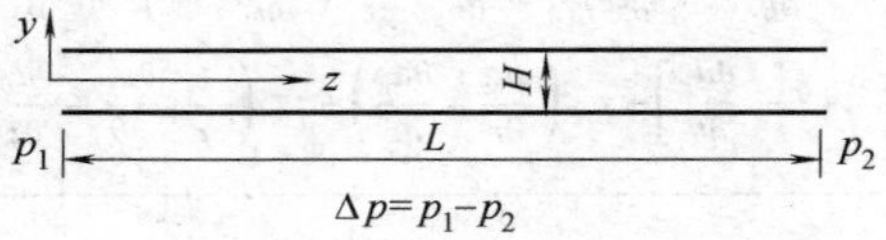

Ⓝ[1]　$\tau_{yz}=-\mu\dfrac{\mathrm{d}u_z}{\mathrm{d}y}$	Ⓟ[1]　$\tau_{yz}=-K\left\|\dfrac{\mathrm{d}u_z}{\mathrm{d}y}\right\|^{n-1}\dfrac{\mathrm{d}u_z}{\mathrm{d}y}$
$\tau_{yz}(y)=\left(\dfrac{\Delta p}{L}\right)y$	$\tau_{yz}(y)=\left(\dfrac{\Delta p}{L}\right)y$
$\tau_w=\tau_{yz}\left(\dfrac{H}{2}\right)=\dfrac{H\Delta p}{2L}$	$\tau_w=\tau_{yz}\left(\dfrac{H}{2}\right)=\dfrac{H\Delta p}{2L}$
$-\dot\gamma_{yz}(y)=\left(\dfrac{\Delta p}{\mu L}\right)y$	$-\dot\gamma_{yz}(y)=\left(\dfrac{\Delta py}{KL}\right)^{1/n}\ y\geqslant0$
$\dot\gamma_w=-\dot\gamma_{yz}\left(\dfrac{H}{2}\right)=\dfrac{H\Delta p}{2\mu L}$	$\dot\gamma_w=-\dot\gamma_{yz}\left(\dfrac{H}{2}\right)=\left(\dfrac{H\Delta p}{2KL}\right)^{1/n}$
$u_z(y)=\dfrac{H^2\Delta p}{8\mu L}\left[1-\left(\dfrac{2y}{H}\right)^2\right]$	$y\geqslant0\ u_z(y)=\dfrac{nH}{2(n+1)}\left(\dfrac{\Delta pH}{2LK}\right)^{1/n}\left[1-\left(\dfrac{2y}{H}\right)^{(1+n)/n}\right]$
$u_z(0)=u_{\max}=\dfrac{H^2\Delta p}{8\mu L}$	$u_z(0)=u_{\max}=\dfrac{nH}{2(n+1)}\left(\dfrac{\Delta pH}{2LK}\right)^{1/n}$
$u_b=\dfrac{2}{3}u_{\max}$	$u_b=\left(\dfrac{n+1}{2n+1}\right)u_{\max}$
$q_V=\dfrac{bH^3\Delta p}{12\mu L}$	$q_V=\dfrac{nbH^2}{2(1+2n)}\left(\dfrac{\Delta pH}{2LK}\right)^{1/n}$

续表

Ⓔ[1] $\tau_{yz} = -\eta(\tau)\dfrac{du_z}{dy}$，$\eta(\tau) = \dfrac{\eta_0}{1 + (\tau/\tau_{1/2})^{\alpha-1}}$，$\tau = \lvert\tau_{yz}\rvert$
$\tau_{yz}(y) = \left(\dfrac{\Delta p}{L}\right)y$ $\quad\quad$ $\tau_w = \tau_{yz}\left(\dfrac{H}{2}\right) = \dfrac{H\Delta p}{2L}$
$-\dot{\gamma}_{yz}(y) = \left(\dfrac{\Delta p}{\eta_0 L}\right)y\left[1 + \left(\dfrac{\Delta p y}{\tau_{1/2}L}\right)^{\alpha-1}\right]$，$\dot{\gamma}_w = -\dot{\gamma}_{yz}\left(\dfrac{H}{2}\right) = \dfrac{H\Delta p}{2\eta_0 L}\left[1 + \left(\dfrac{H\Delta p}{2\tau_{1/2}L}\right)^{\alpha-1}\right]$
$u_z(y) = \dfrac{H^2\Delta p}{8\eta_0 L}\left\{\left[1 - \left(\dfrac{2y}{H}\right)^2\right] + \left(\dfrac{2}{1+\alpha}\right)\left(\dfrac{H\Delta p}{2L\tau_{1/2}}\right)^{\alpha-1}\left[1 - \left(\dfrac{2y}{H}\right)^{\alpha+1}\right]\right\}$
$u_z(0) = u_{max} = \dfrac{H^2\Delta p}{8\eta_0 L}\left[1 + \left(\dfrac{2}{1+\alpha}\right)\left(\dfrac{H\Delta p}{2L\tau_{1/2}}\right)^{\alpha-1}\right]$
$u_b = \dfrac{2}{3}u_{max}\left[1 + \left(\dfrac{3}{2+\alpha}\right)\left(\dfrac{H\Delta p}{2L\tau_{1/2}}\right)^{\alpha-1}\right] \Big/ \left[1 + \left(\dfrac{2}{1+\alpha}\right)\left(\dfrac{H\Delta p}{2L\tau_{1/2}}\right)^{\alpha-1}\right]$
$q_V = \dfrac{bH^3\Delta p}{12\eta_0 L}\left[1 + \left(\dfrac{3}{2+\alpha}\right)\left(\dfrac{H\Delta p}{2L\tau_{1/2}}\right)^{\alpha-1}\right]$

表 1.2.2 圆管流道流体的压力流（Circular-Tube Pressure Flow）

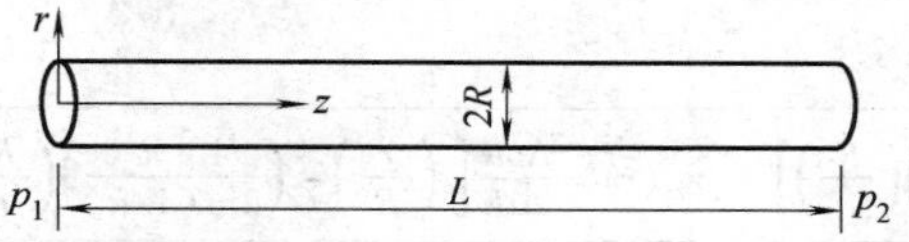

$\Delta p = p_1 - p_2$

Ⓝ $\tau_{rz} = -\mu\dfrac{du_z}{dr}$	Ⓟ $\tau_{rz} = -K\left\lvert\dfrac{du_z}{dr}\right\rvert^{n-1}\dfrac{du_z}{dr}$
$\tau_{rz}(r) = \left(\dfrac{\Delta p}{2L}\right)r$	$\tau_{rz}(r) = \left(\dfrac{\Delta p}{2L}\right)r$
$\tau_w = \tau_{rz}(R) = \dfrac{R\Delta p}{2L}$	$\tau_w = \tau_{rz}(R) = \dfrac{R\Delta p}{2L}$
$-\dot{\gamma}_{rz}(r) = \left(\dfrac{\Delta p}{2\mu L}\right)r$	$-\dot{\gamma}_{rz}(r) = \left(\dfrac{\Delta p r}{2KL}\right)^{1/n}$
$\dot{\gamma}_w = -\dot{\gamma}_{rz}(R) = \dfrac{R\Delta p}{2\mu L}$	$\dot{\gamma}_w = -\dot{\gamma}_{rz}(R) = \left(\dfrac{R\Delta p}{2KL}\right)^{1/n}$
$u_z(r) = \dfrac{R^2\Delta p}{4\mu L}\left[1 - \left(\dfrac{r}{R}\right)^2\right]$	$u_z(r) = \dfrac{nR}{n+1}\left(\dfrac{R\Delta p}{2KL}\right)^{1/n}\left[1 - \left(\dfrac{r}{R}\right)^{(n+1)/n}\right]$
$u_z(0) = u_{max} = \dfrac{R^2\Delta p}{4\mu L}$	$u_z(0) = u_{max} = \dfrac{nR}{n+1}\left(\dfrac{R\Delta p}{2KL}\right)^{1/n}$
$u_b = \dfrac{1}{2}u_{max}$	$u_b = \left(\dfrac{n+1}{3n+1}\right)u_{max}$
$q_V = \dfrac{\pi R^4\Delta p}{8\mu L}$	$q_V = \dfrac{\pi n R^3}{1+3n}\left(\dfrac{R\Delta p}{2KL}\right)^{1/n}$
Ⓔ $\tau_{rz} = -\eta(\tau)\dfrac{du_z}{dr}$ $\quad$ $\eta(\tau) = \dfrac{\eta_0}{1 + (\tau/\tau_{1/2})^{\alpha-1}}$ $\quad$ $\tau = \lvert\tau_{rz}\rvert$	
$\tau_{rz}(r) = \left(\dfrac{\Delta p}{2L}\right)r$ $\quad\quad$ $\tau_w = \tau_{rz}(R) = \dfrac{R\Delta p}{2L}$	

续表

$$-\dot{\gamma}_{rz}(r)=\left(\frac{\Delta p}{2\eta_0 L}\right)r\left[1+\left(\frac{\Delta pr}{2\tau_{1/2}L}\right)^{\alpha-1}\right]\qquad \dot{\gamma}_{\mathrm{w}}=-\dot{\gamma}_{rz}(R)=\frac{R\Delta p}{2\eta_0 L}\left[1+\left(\frac{R\Delta p}{2\tau_{1/2}L}\right)^{\alpha-1}\right]$$

$$u_z(r)=\frac{R^2\Delta p}{4\eta_0 L}\left\{\left[1-\left(\frac{r}{R}\right)^2\right]+\left(\frac{2}{1+\alpha}\right)\left(\frac{R\Delta p}{2L\tau_{1/2}}\right)^{\alpha-1}\left[1-\left(\frac{r}{R}\right)^{\alpha+1}\right]\right\}$$

$$u_z(0)=u_{\max}=\frac{R^2\Delta p}{4\eta_0 L}\left[1+\left(\frac{2}{1+\alpha}\right)\left(\frac{R\Delta p}{2L\tau_{1/2}}\right)^{\alpha-1}\right]$$

$$u_b=\frac{1}{2}u_{\max}\left[1+\left(\frac{4}{3+\alpha}\right)\left(\frac{R\Delta p}{2L\tau_{1/2}}\right)^{\alpha-1}\right]\Big/\left[1+\left(\frac{2}{1+\alpha}\right)\left(\frac{R\Delta p}{2L\tau_{1/2}}\right)^{\alpha-1}\right]$$

$$q_V=\frac{\pi R^4\Delta p}{8\eta_0 L}\left[1+\left(\frac{4}{3+\alpha}\right)\left(\frac{R\Delta p}{2L\tau_{1/2}}\right)^{\alpha-1}\right]$$

表 1.2.3　　同心环状压力流（Concentric Annular Pressure Flow）

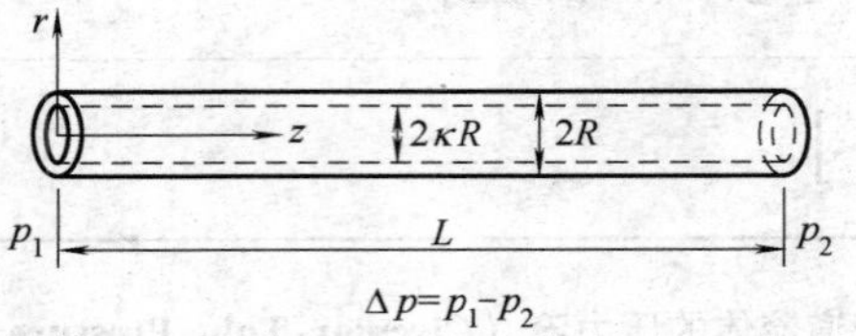

Ⓝ[1]　$\tau_{rz}=-\mu\frac{\mathrm{d}u_z}{\mathrm{d}r}$

$$\tau_{rz}(r)=\frac{\Delta pR}{2L}\left[\left(\frac{r}{R}\right)-\left(\frac{1-\kappa^2}{2\ln(1/\kappa)}\right)\left(\frac{R}{r}\right)\right],\ -\dot{\gamma}_{rz}(r)=\frac{\Delta pR}{2\mu L}\left[\left(\frac{r}{R}\right)-\left(\frac{1-\kappa^2}{2\ln(1/\kappa)}\right)\left(\frac{R}{r}\right)\right]$$

$$\tau_{\mathrm{w1}}=\tau_{rz}(R)=\frac{\Delta pR}{2L}\left[1-\frac{1-\kappa^2}{2\ln(1/\kappa)}\right],\qquad \tau_{W2}=\tau_{rz}(\kappa R)=\frac{\Delta pR}{2L}\left[\kappa-\frac{1-\kappa^2}{2\ln(1/\kappa)}\left(\frac{1}{\kappa}\right)\right]$$

$$\dot{\gamma}_{W1}(r)=-\dot{\gamma}_{rz}(R)=\frac{\Delta pR}{2\mu L}\left[1-\left(\frac{1-\kappa^2}{2\ln(1/\kappa)}\right)\right],\dot{\gamma}_{W2}(r)=-\dot{\gamma}_{rz}(\kappa R)=\frac{\Delta pR}{2\mu L}\left[\kappa-\left(\frac{1-\kappa^2}{2\ln(1/\kappa)}\right)\left(\frac{1}{\kappa}\right)\right]$$

$$u_z(r)=\frac{\Delta pR^2}{4\mu L}\left[1-\left(\frac{r}{R}\right)^2+\left(\frac{1-\kappa^2}{2\ln(1/\kappa)}\right)\ln\left(\frac{r}{R}\right)\right],u_z(\lambda R)=u_{\max}=\frac{\Delta pR^2}{4\mu L}\{1-\lambda^2[1-\ln(\lambda^2)]\}$$

$$u_b=\frac{\Delta pR^2}{8\mu L}\left[(1+\kappa^2)-\left(\frac{1-\kappa^2}{2\ln(1/\kappa)}\right)\right],\qquad \lambda^2=\frac{1-\kappa^2}{2\ln(1/\kappa)}$$

$$q_V=\frac{\pi\Delta pR^4}{8\mu L}=\left[(1-\kappa^4)-\frac{(1-\kappa^2)^2}{2\ln(1/\kappa)}\right]$$

Ⓟ[2]　$\tau_{yz}=-K\left|\frac{\mathrm{d}u_z}{\mathrm{d}y}\right|^{n-1}\frac{\mathrm{d}u_z}{\mathrm{d}y}$，$\rho=\frac{r}{R}$　，$\tau_{yz}(\lambda\mathrm{R})=0$

$$u_z^{\mathrm{I}}(r)=R\left(\frac{\Delta pR}{2KL}\right)^{1/n}\int_\kappa^\rho\left(\frac{\lambda^2}{\rho}-\rho\right)^{1/n}\mathrm{d}\rho\ (\kappa\leqslant\rho\leqslant\lambda),$$

$$u_z^{\mathrm{II}}(r)=R\left(\frac{\Delta pR}{2KL}\right)^{1/n}\int_\kappa^\rho\left(\rho-\frac{\lambda^2}{\rho}\right)^{1/n}\mathrm{d}\rho\ (\lambda\leqslant\rho\leqslant 1)$$

λ 是数值估算值，用于方程的边界条件：

$$u_z^{\mathrm{I}}(\lambda R)=u_z^{\mathrm{II}}(\lambda R)$$

$$q_V=\frac{\pi nR^3}{1+2n}\left(\frac{R\Delta p}{2KL}\right)^{1/n}(1-\kappa)^{(1+2n)/n}F_1(n,\kappa)$$

右图给出 $F_1(n,\kappa)=F(n,\beta)$ 的形式，

其中，$\kappa=1/\beta$，非常薄的环（$\kappa\to1$），则 $F_1(n,\kappa)\to1$

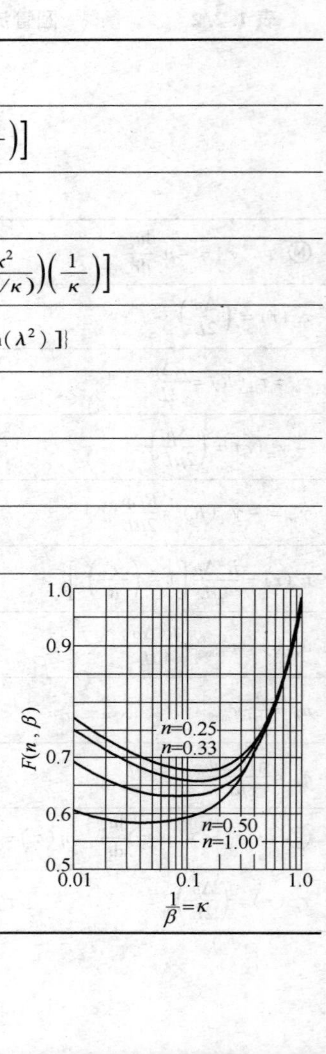

续表

Ⓔ[3] $\tau_{rz}=-\eta(\tau)\frac{du_z}{dr}$ $\eta(\tau)=\frac{\eta_0}{1+(\tau/\tau_{1/2})^{\alpha-1}}$ $\tau=|\tau_{rz}|$

$$q_V=\frac{\tau_{1/2}\pi R^3}{\eta_0}\left\{\frac{\Delta pR}{2\tau_{1/2}}\left[\lambda^4\ln\frac{1}{\kappa}-\lambda^2(1-\kappa^2)+\frac{1}{4}(1-\kappa^4)\right]+\left(\frac{\Delta pR}{2\tau_{1/2}}\right)^{\alpha}\left(\sum_{i=0}^{\alpha+1}\varepsilon_{i,i\neq(\alpha+3)/2}\lambda^{2i}+F\lambda^{\alpha+3}\right)\right\}$$

$$\varepsilon_i=\binom{\alpha+1}{i}(-1)^i\left(\frac{1+(-1)^{\alpha}\kappa^{\alpha+3-2i}}{\alpha+3-2i}\right)$$

$$F=\binom{\alpha+1}{(\alpha-1)/2}(-1)^{(\alpha-1)/2}\ln\left(\frac{1}{\kappa}\right)\quad \alpha\text{为奇数}$$

$$F=2\sum_{i=0}^{\alpha+1}\binom{\alpha+1}{i}(-1)^i\left(\frac{1}{2i-\alpha+1}\right)\quad \alpha\text{为偶数}$$

Ⓔ $\tau_{rz}=-\eta(\tau)\frac{du_z}{dr}$ $\eta(\tau)=\frac{\eta_0}{1+(\tau/\tau_{1/2})^{\alpha-1}}$ $\tau=|\tau_{rz}|$

近似解[4] $q_V=\frac{\pi R^4\Delta p\varepsilon^3}{6\eta_0 L}\left[1+\frac{3}{\alpha+2}\left(\frac{\Delta p\varepsilon R}{2\tau_{1/2}L}\right)^{\alpha-1}\right]\left(1-\frac{1}{2}\varepsilon+\frac{1}{60}\varepsilon^2+\cdots\right)$

式中，$\varepsilon=1-\kappa$；当 $\kappa>0.6$ 时，上述近似解是有效的。

表 1.2.4 特殊截面牛顿流体的流动（Flows in Selected Conduits）

截面形状	计算公式
Ⓝ偏心环空隙压力流动 Eccentric annulus flow 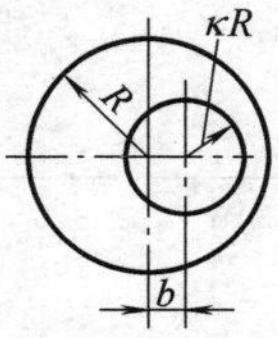	$q_V=\frac{\pi\Delta p}{8\mu L}\left\{R^4(1-\kappa^4)-\frac{(R+\kappa R+b)(R+\kappa R-b)(R-\kappa R+b)(R-\kappa R-b)}{\delta-\omega}\right.$ $\left.-4b^2\kappa^2R^2\left[1+\frac{\kappa^2R^2}{(R^2-b^2)}+\frac{\kappa^4R^8}{[(R^2-b^2)^2-\kappa^2R^2b^2]^2}+\cdots\right]\right\}$ 式中，$\omega=\frac{1}{2}\ln\frac{F+M}{F-M}$，$\delta=\frac{1}{2}\ln\frac{F-b+M}{F-b-M}$，$F=\frac{R^2-\kappa R^2+b^2}{2b}$，$M=\sqrt{F^2-R^2}$
Ⓝ椭圆通道压力流 Elliptical channel pressure flow 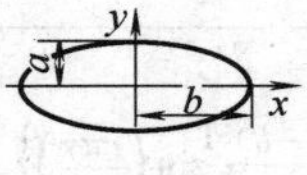	$u_z(x,y)=\frac{\Delta pa^2b^2}{2\mu L(a^2+b^2)}\left(1-\frac{x^2}{b^2}-\frac{y^2}{a^2}\right)$ $q_V=\frac{\pi\Delta p}{4\mu L}\frac{a^3b^3}{(a^2+b^2)}$
Ⓝ三角通道压力流 Triangular channel pressure flow 等边三角形 Equilateral Triangle 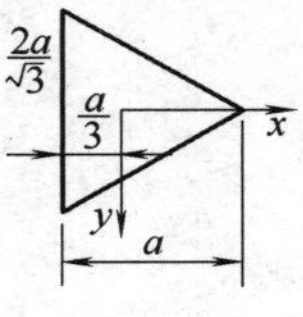	$u_z(x,y)=-\frac{\Delta p}{4a\mu L}\left[x^3-3xy^2-a(x^2+y^2)+\frac{4}{27}a^3+\cdots\right]$ $q_V=\frac{\Delta pa^4}{20\sqrt{3}\mu L}$，$\left.\frac{q_{V\text{c. t}}}{q_{V\text{tube}}}\right\|_{\text{equal area}}=0.72552$ 式中，$\frac{a^2}{\sqrt{3}}=\pi R^2$

续表

截面形状	计算公式
Ⓝ等腰三角形 Isosceles Triangle, right 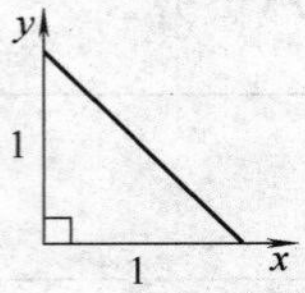	$u_z(x,y)=$ $\frac{16l^2\Delta p}{\pi^4\mu L}\left[\sum_{i=1,3}\sum_{j=2,4}\frac{j\sin(i\pi x/l)\sin(j\pi y/l)}{i(j^2-i^2)(i^2+j^2)^2}+\sum_{i=2,4}\sum_{j=1,3}\frac{i\sin(i\pi x/l)\sin(j\pi y/l)}{j(i^2-j^2)(i^2+j^2)^2}\right]$
Ⓝ半圆形通道压力流 Semicircular channel pressure flow 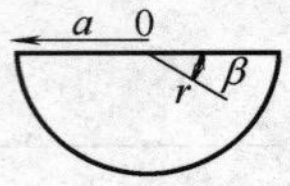	$u_z(r,\beta)=\frac{\Delta p}{\mu L}a^4\sum_{i=1,3,5}\left[\frac{4r^2}{a^4 i\pi(4-i^2)}-\frac{4r^i}{a^{i+2}i\pi(4-i^2)}\right]\sin(i\beta)$
Ⓝ圆截面形通道压力流 Circular section channel pressure flow 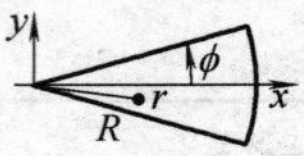	$u_z(x,y)=\frac{\Delta p}{2\mu L}\left[\frac{x^2\tan^2\phi-y^2}{1-\tan^2\phi}\right.$ $\left.+\frac{16R^2(2\phi)^2}{\pi^3}\sum_{i=1,3}(-1)^{(i+1)/2}\left(\frac{r}{R}\right)^{i\pi/2\phi}\frac{\cos(i\pi\phi)/2\phi}{i[i^2-(4\phi/\pi)^2]}+\cdots\right]$
Ⓝ锥形流道压力流 Conical channel pressure flow 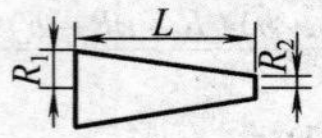	$q_V=\frac{3\pi\Delta p}{8\mu L}\left[\frac{R_1^3R_2^3}{R_1^2+R_1R_2+R_2^2}\right]$
Ⓟ锥形流道压力流，润滑理论近似解 Conical channel pressure flow, by the lubrication approximation[4]	$q_V=\frac{n\pi R_1^3}{3n+1}\left(\frac{R_1\Delta p a_{13}}{2KL}\right)^{1/n}$，其中，$a_{13}=\frac{3n(R_1/R_2-1)}{(R_1/R_2)[(R_1/R_2)^{3n}-1]}$
Ⓝ矩形通道压力流 Rectangular channel pressure flow[5] 	$u_z(x,y)=\frac{\Delta p}{\mu L}\left\{\frac{y^2}{2}-\frac{yH}{2}+\frac{4H^2}{\pi^3}\sum_{i=1,3..}\frac{\cosh[(i\pi/2H)(2x-b)]}{i^3\cosh(i\pi b/H)}\sin\left(\frac{i\pi y}{H}\right)\right\}$ $q_V=\frac{bH^3}{12\mu}\left(\frac{\Delta p}{L}\right)\left[1-\frac{129H}{\pi^5 b}\sum_{i=1,3,\ldots}\frac{1}{i^5}\tanh\left(\frac{i\pi b}{2H}\right)\right]=\frac{bH^3}{12\mu}\left(\frac{\Delta p}{L}\right)\cdot F_p$ 式中，F_p 由下图给出。 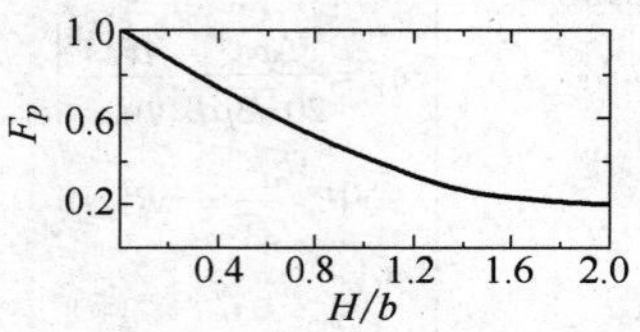

附录1.2的参考文献

[1] J. Happel and H. Brenner, Low Reynolds Number Hydrodynamics, Prentice Hall, Englewood Cliffs, NJ, 1965, Chapter 2.
[2] S. M. Marco and L. S. Han, Trans. Am. Soc. Mech. Eng., 1955, 56: 625.
[3] E. R. G. Eckert and T. F. Irvine, Trans. Am. Soc. Mech. Eng., 1956, 57: 709.
[4] J. M. Mckelvey, V. Maire, and F. Haupt, Chem. Eng., September 1976, 95.
[5] M. J. Boussinesq, J. Math. Pure Appl., Ser. 1868, 2, 13, 377.

附录1.3　张量的不变量

这里分别给出变形速度张量、应力张量和应变速率张量 $\dot{\gamma}$ 的三个不变量。

(1) 变形速度张量有三个不变量

$$\begin{cases} I_S = \theta_{11} + \theta_{22} + \theta_{33} = \dfrac{\partial u_x}{\partial x} + \dfrac{\partial u_y}{\partial y} + \dfrac{\partial u_z}{\partial z} = \mathrm{div}\boldsymbol{u} \\ II_S = \theta_{22}\theta_{33} + \theta_{33}\theta_{11} + \theta_{11}\theta_{22} - \dfrac{1}{4}(\varepsilon_{23}^2 + \varepsilon_{31}^2 + \varepsilon_{12}^2) \\ III_S = \theta_{11}\theta_{22}\theta_{33} + \dfrac{1}{4}\varepsilon_{12}\varepsilon_{23}\varepsilon_{31} - \dfrac{1}{4}(\theta_{11}\varepsilon_{23}^2 + \theta_{22}\varepsilon_{31}^2 + \theta_{33}\varepsilon_{12}^2) \end{cases}$$

(2) 应力张量的三个不变量

$$\begin{cases} \mathrm{I}_\tau = Tr\boldsymbol{\tau} = \sum_1^3 \tau_{ii} = \tau_{11} + \tau_{22} + \tau_{33} \\ \mathrm{II}_\tau = Tr\,\boldsymbol{\tau}^2 = \sum_1^3 \sum_1^3 \tau_{ij}\tau_{ji} = \tau_{11}\tau_{22} + \tau_{22}\tau_{33} + \tau_{33}\tau_{11} - \tau_{12}^2 - \tau_{23}^2 - \tau_{31}^2 \\ \mathrm{III}_\tau = Tr\,\boldsymbol{\tau}^3 = \sum_1^3 \sum_1^3 \sum_1^3 \tau_{ij}\tau_{jk}\tau_{ki} = \tau_{11}\tau_{22}\tau_{33} + 2\tau_{12}\tau_{23}\tau_{31} - \tau_{11}\tau_{23}^2 - \tau_{22}\tau_{31}^2 - \tau_{33}\tau_{12}^2 \end{cases}$$

(3) 应变速率张量 $\dot{\gamma}$ 的三个不变量

$$\begin{cases} \mathrm{I}_{\dot{\gamma}} = \sum_i \dot{\gamma}_{ii} = 2\left(\dfrac{\partial u_1}{\partial x_1} + \dfrac{\partial u_2}{\partial x_2} + \dfrac{\partial u_3}{\partial x_3}\right) = 2\mathrm{div}\boldsymbol{u} = 2\nabla\cdot\boldsymbol{u} \\ \mathrm{II}_{\dot{\gamma}} = \sum_i \sum_j \dot{\gamma}_{ij}\dot{\gamma}_{ji} = \dot{\gamma}_{11}^2 + \dot{\gamma}_{12}^2 + \dot{\gamma}_{13}^2 + \dot{\gamma}_{21}^2 + \dot{\gamma}_{22}^2 + \dot{\gamma}_{23}^2 + \dot{\gamma}_{31}^2 + \dot{\gamma}_{32}^2 + \dot{\gamma}_{33}^2 \\ \mathrm{III}_{\dot{\gamma}} = \det\dot{\boldsymbol{\gamma}} \end{cases}$$

附录1.4　拉普拉斯变换

这里分别给出拉普拉斯变换表、拉普拉斯反变换表。

表1.4.1　**拉普拉斯变换表**

序号	$f(t)$	$F(s)$	序号	$f(t)$	$F(s)$
1	$\delta(t)=\begin{cases}0 & t\neq 0\\ & t=0\end{cases}$	1	3	1	$1/s$
2	$\delta(t-\tau)\,(\tau>0)$	$e^{-\tau s}$	4	$t^n\,(n=0,1,2,\cdots)$	$\dfrac{n!}{s^{n+1}}=\dfrac{\Gamma(n+1)}{s^{n+1}}$

续表

序号	$f(t)$	$F(s)$
5	$t^v(Rev>-1)$	$\frac{\Gamma(v+1)}{s^{v+1}}$
6	$\sqrt{t}$	$\frac{\sqrt{\pi}}{2}\cdot\frac{1}{s^{3/2}}$
7	$\frac{1}{\sqrt{t}}$	$\sqrt{\frac{\pi}{s}}$
8	$u(t-a)=\begin{cases}1 & t\geqslant a\\ 0 & 0<t<a\end{cases}$ $(a>0)$	$\frac{1}{s}e^{-as}$
9	$\frac{1}{\sqrt{1+at}}(a>0)$	$\sqrt{\frac{\pi}{as}}e^{s/a}\text{erfc}\left(\sqrt{\frac{s}{a}}\right)$
10	$\frac{1}{\sqrt{t}(1+at)}$	$\frac{\pi}{a}e^{s/a}\text{erfc}\left(\sqrt{\frac{s}{a}}\right)$
11	e^{at}	$\frac{1}{s-a}$
12	te^{at}	$\frac{1}{(s-a)^2}$
13	$t^n e^{at}$ $(n=0,1,2,\cdots)$	$\frac{n!}{(s-a)^{n+1}}$
14	$\frac{e^{at}}{\sqrt{t}}$	$\sqrt{\frac{\pi}{s-a}}$
15	$\frac{1-e^{-at}}{t}$	$\ln\left(1+\frac{a}{s}\right)$
16	$\sin at$	$\frac{a}{s^2+a^2}$
17	$\cos at$	$\frac{s}{s^2+a^2}$
18	$\lvert\sin at\rvert(a>0)$	$\frac{a}{s^2+a^2}\coth\left(\frac{\pi s}{2a}\right)$
19	$\lvert\cos at\rvert(a>0)$	$\frac{1}{s^2+a^2}\left[s+a\text{csch}\left(\frac{\pi s}{2a}\right)\right]$
20	$\frac{\sin t}{t}$	$\arctan\left(\frac{a}{s}\right)$
21	$\frac{\sin^2 at}{t}$	$\frac{1}{4}\ln\left(1+\frac{4a^2}{s^2}\right)$
22	$\sin a\sqrt{t}$	$\frac{a}{2}\sqrt{\frac{\pi}{s^3}}e^{a^2/4s}$
23	$\frac{1-\cos at}{t}$	$\frac{1}{2}\ln\left(1+\frac{a^2}{s^2}\right)$
24	$\text{sh}\,at$	$\frac{a}{s^2-a^2}$
25	$\frac{\text{sh}\,at}{t}$	$\frac{1}{2}\ln\frac{s+a}{s-a}$

序号	$f(t)$	$F(s)$
26	$\text{ch}\,at$	$\frac{s}{s^2-a^2}$
27	$\text{erf}(at)(a>0)$	$\frac{a}{s\sqrt{a^2+s}}$
28	$\text{erf}(a\sqrt{t})(a>0)$	$\frac{1}{s}e^{s^2/4a^2}\text{erfc}\left(\frac{s}{2a}\right)$
29	$\text{erfc}(a\sqrt{t})(a>0)$	$\frac{\sqrt{a^2+s}-a}{s\sqrt{a^2+s}}$
30	$\text{erf}\left(\frac{a}{\sqrt{t}}\right)(a>0)$	$\frac{1}{s}(1-e^{-2a\sqrt{s}})$
31	$\text{erfc}\left(\frac{a}{\sqrt{t}}\right)(a>0)$	$e^{-2a\sqrt{s}}/s$
32	$-\ln t-\gamma$ $(\gamma\approx 0.5772)$	$\frac{1}{s}\ln s$
33	$\ln t$	$-(\ln s+\gamma)/s$ ($\gamma=0.5772$ 欧拉常数)
34	$\frac{1}{\sqrt{\pi t}}\cos 2\sqrt{kt}$	$\frac{1}{\sqrt{s}}e^{-k/s}$
35	$\frac{1}{\sqrt{\pi k}}\text{sh}2\sqrt{kt}$	$\frac{1}{s^{3/2}}e^{k/s}$
36	$J_0(at)$	$\frac{1}{\sqrt{s^2+a^2}}$
37	$J_0(2\sqrt{kt})$	$\frac{1}{s}e^{-k/s}$
38	$I_0(at)$	$\frac{1}{\sqrt{s^2-a^2}}$
39	$J_v(at)$ $(\text{Re}v>-1)$	$\frac{a^v}{\sqrt{s^2+a^2}}\left(\frac{1}{s+\sqrt{s^2+a^2}}\right)^v$
40	$I_v(at)$ $(\text{Re}v>-1)$	$\frac{(s-\sqrt{s^2-a^2})^v}{a^v\sqrt{s^2-a^2}}$ $(\text{Re}s>\lvert\text{Re}a\rvert)$
41	$S_i(t)=\int_0^t\frac{\sin\tau}{\tau}d\tau$	$\frac{1}{s}\text{arccot}\frac{s}{a}$
42	$C_i(t)=\int_t -\frac{\cos\tau}{\tau}d\tau$	$-\frac{1}{2s}\ln\left(1+\frac{s^2}{a^2}\right)$
43	$E_i(at)=\int_{-}^{-at}-\frac{e^\tau}{\tau}d\tau$	$-\frac{1}{s}\ln\left(1+\frac{s}{a}\right)$

表 1.4.2 **拉普拉斯反变换表**

序号	$F(s)$	$f(t)$	序号	$F(s)$	$f(t)$
1	$\frac{1}{(s-a)(s-b)}(a\neq b)$	$\frac{1}{a-b}(e^{at}-e^{bt})$	17	$\frac{1}{s^4-a^4}$	$\frac{1}{2a^3}(\sinh at-\sin at)$
2	$\frac{s}{(s-a)(s-b)}(a\neq b)$	$\frac{1}{a-b}(ae^{at}-be^{bt})$	18	$\frac{s}{s^4-a^4}$	$\frac{1}{2a^2}(\cosh at-\cos at)$
3	$\frac{1}{(s-a)(s-b)(s-c)}$ (a,b,c不等)	$\frac{(b-c)e^{at}+(c-a)e^{bt}+(a-b)e^{ct}}{(a-b)(b-c)(c-a)}$	19	$\frac{1}{s}\left(\frac{s-1}{s}\right)^n$	$\frac{e^t}{n!}\frac{d^n}{dt^n}(t^ne^{-t})$
4	$\frac{1}{s^n}$	$\frac{1}{(n-1)!}t^{n-1}$	20	$\sqrt{s-a}-\sqrt{s-b}$	$\frac{1}{2\sqrt{\pi t^3}}(e^{bt}-e^{at})$
5	$\frac{1}{(s+a)^n}(n=1,2,3,\cdots)$	$\frac{1}{(n-1)!}t^{n-1}e^{-at}$	21	$\frac{1}{\sqrt{s}+a}$	$\frac{1}{\sqrt{\pi t}}-ae^{a^2t}\mathrm{erfc}(a\sqrt{t})$
6	$\frac{1}{(s^2+a^2)^2}$	$\frac{1}{2a^3}(\sin at-at\cos at)$	22	$\frac{\sqrt{s}}{s-a^2}$	$\frac{1}{\sqrt{\pi t}}+ae^{a^2t}\mathrm{erf}(a\sqrt{t})$
7	$\frac{1}{(s^2+a^2)(s^2+b^2)}$ $(a^2\neq b^2)$	$\frac{\cos at-\cos bt}{b^2-a^2}$	23	$\frac{\sqrt{s}}{s+a^2}$	$\frac{1}{\sqrt{\pi t}}-\frac{2a}{\sqrt{\pi}}e^{-a^2t}\int_0^{a\sqrt{t}}e^{\tau^2}d\tau$
8	$\frac{1}{s(s^2+a^2)}$	$\frac{1}{a^2}(1-\cos at)$	24	$\frac{1}{\sqrt{s}(s-a^2)}$	$\frac{1}{a}e^{a^2t}\mathrm{erf}(a\sqrt{t})$
9	$\frac{s}{(s^2+a^2)^2}$	$\frac{t}{2a}\sin at$	25	$\frac{1}{\sqrt{s}(s+a^2)}$	$\frac{2}{a\sqrt{\pi}}e^{-a^2t}\int_0^{a\sqrt{t}}e^{\tau^2}d\tau$
10	$\frac{1}{s^2(s^2+a^2)}$	$\frac{1}{a^3}(at-\sin at)$	26	$\frac{1}{\sqrt{s}(\sqrt{s}+a)}$	$e^{a^2t}\mathrm{erfc}(a\sqrt{t})$
11	$\frac{s^2}{(s^2+a^2)^2}$	$\frac{1}{2a}(\sin at+at\cos at)$	27	$\ln\frac{s^2+a^2}{s^2}$	$2(1-\cos at)/t$
12	$\frac{s^2-a^2}{(s^2+a^2)^2}$	$t\cos at$	28	$\ln\frac{s-a}{s-b}$	$(e^{-bt}-e^{at})/t$
13	$\frac{1}{(s-a)^2+b^2}$	$\frac{1}{b}e^{at}\sin bt$	29	$\ln(s^2-a^2)/s$	$2(1-\cosh at)/t$
14	$\frac{s-a}{(s-a)^2+b^2}$	$e^{at}\cos bt$	30	$\ln\frac{s^2-a^2}{s^2+b^2}$	$2(\cos bt-\cos at)/t$
15	$\frac{4a^3}{s^4+4a^4}$	$\sin at\cosh at-\cos at\sinh at$	31	$\frac{1}{s^v}e^{k/s}(\mathrm{Re}\,v>0)$	$\left(\frac{t}{k}\right)^{\frac{v-1}{2}}I_{v-1}(2\sqrt{kt})$
16	$\frac{s}{s^4+4a^4}$	$\frac{1}{2a^2}\sin at\sinh at$	32	$e^{-k/s}/s^2$	$\begin{cases}0 & (0<t<k)\\ t-k & (t>k)\end{cases}$

附录2　练习题答案

第2章

2.2　$dA = (2x\sin y dx + x^2\cos y dy)\boldsymbol{i} + (2z\cos y dz - z^2\sin y dy)\boldsymbol{j} - (y^2 dx + 2xy dy)\boldsymbol{k}$

2.3　(1) $\nabla\Phi = 2xyz^3\boldsymbol{i} + x^2z^3\boldsymbol{j} + 3x^2yz^2\boldsymbol{k}$

(2) $\nabla\cdot\boldsymbol{A} = z - 2y$

(3) $\nabla\times\boldsymbol{A} = 2x^2\boldsymbol{i} + (x - 4xy)\boldsymbol{j}$

(4) $\mathrm{div}(\Phi\boldsymbol{A}) = 3x^2yz^4 - 3x^2y^2z^3 + 6x^4y^2z^2$

(5) $\mathrm{rot}(\Phi\boldsymbol{A}) = (4x^4yz^3 + 3x^2y^3z^2)\boldsymbol{i} + (4x^3yz^3 - 8x^3y^2z^3)\boldsymbol{j} - (2xy^3z^3 + x^3z^4)\boldsymbol{k}$

2.10　柱坐标系 $dV = r dr d\theta dz$，$ds^2 = dr^2 + r^2d\theta^2 + dz^2$

球坐标系 $dV = r^2\sin\theta dr d\theta d\varphi$，$ds^2 = dr^2 + r^2d\theta^2 + r^2\sin^2\theta d\varphi^2$

2.11　$\int_{(1,2)}^{(3,4)}(6xy^2 - y^3)dx + (6x^2y - 3xy^2)dy = 236$

2.12　$\Phi = 2\pi a^5/5$

2.13　$\mathrm{rot}_n\boldsymbol{A} = -1/3$

2.14　$u_x = \partial x/\partial t = (a+1)e^t - 1, u_y = \partial y/\partial t = (b+1)e^t - 1$

2.15　(1) 流动有旋，$y = \pm C$，　　(2) 流动无旋，$y = C$

(3) 流动有旋，$x^2 + y^2 = C$，　　(4) 流动无旋，$x = Cy$

(5) 流动有旋，$y^2 - x^2 = C$，　　(6) 流动有旋，$x^2 + y^2 = C$

(7) 流动无旋，$r = C\sin\theta$，其中 C 是常数。

第3章

3.2　(1) $u_z = -xz + \frac{z^2}{2}$

(2) $u_z = -2(x+y)z$，流场有旋。

3.3　(1) $p_{xx} = -p + 4\mu a$，$p_{yy} = -p - 4\mu a$，$\tau_{xy} = 0$

(2) $p_{xx} = -p - \frac{4\mu xy}{(x^2+y^2)^2}, p_{yy} = -p + \frac{4\mu xy}{(x^2+y^2)^2}, \tau_{xy} = \frac{2\mu(x^2-y^2)}{(x^2+y^2)^2}$

3.5　$\tau_{xx} = \tau_{yy} = \tau_{zz} = 0$，$\tau_{xy} = \tau_{yx} = 0.024\mathrm{N/m^2}$，$\tau_{xz} = \tau_{zx} = 0.04\mathrm{N/m^2}$，$\tau_{zy} = \tau_{yz} = 0.056\mathrm{N/m^2}$。

3.7　(1) 有旋、非稳定、二维流动

(2) 无旋、稳定、三维流动

(3) 有旋、非稳定、二维流动

(4) 无旋，非稳定、二维流动

3.8 （1）$\frac{\partial\rho}{\partial t}+\frac{\partial(\rho u_r)}{\partial r}+\frac{1}{r}\rho u_r=0$

（2）$\frac{\partial\rho}{\partial t}+\frac{1}{r^2}\frac{\partial(\rho u_r r^2)}{\partial r}=0$

（3）$\frac{\partial\rho}{\partial t}+\frac{1}{r}\frac{\partial(\rho r u_r)}{\partial r}+\frac{\partial(\rho u_z)}{\partial z}=0$

（4）$\frac{\partial\rho}{\partial t}+\frac{1}{r}\frac{\partial(\rho u_\theta)}{\partial\theta}=0$

（5）$\frac{\partial\rho}{\partial t}+\frac{1}{r}\frac{\partial(\rho u_\theta)}{\partial\theta}+\frac{\partial(\rho u_z)}{\partial z}=0$

（6）$\frac{\partial\rho}{\partial t}+\frac{1}{r^2}\frac{\partial(\rho r^2 u_r)}{\partial r}+\frac{1}{r\sin\theta}\frac{\partial(\rho u_\varphi)}{\partial\varphi}=0$

3.9 （1）$\frac{\partial(\rho u_x)}{\partial x}+\frac{\partial(\rho u_y)}{\partial y}+\frac{\partial(\rho u_z)}{\partial z}=0$

（2）$\nabla\cdot\boldsymbol{u}=0$

柱坐标系 $\nabla\cdot\boldsymbol{u}=\frac{1}{r}\frac{\partial(r u_r)}{\partial r}+\frac{1}{r}\frac{\partial u_\theta}{\partial\theta}+\frac{\partial u_z}{\partial z}=0$

球坐标系$\nabla\cdot\boldsymbol{u}=\frac{1}{r^2}\frac{\partial}{\partial r}(r^2u_r)+\frac{1}{r\sin\theta}\frac{\partial}{\partial\theta}(u_\theta\sin\theta)+\frac{1}{r\sin\theta}\frac{\partial u_\varphi}{\partial\varphi}=0$

3.10 （2）$\rho_1u_1S_1=\rho_2u_2S_2$， （3）$u_1S_1=u_2S_2$

3.11 （1）$a_1+b_2+c_3=0$

（2）$(a+c)y+(b+2d)z=0$

（3）无条件

3.13 $u_b=0.96\text{m/s}$

3.17 $T=T_0+(T_\pi-T_0)\theta/\pi$

第4章

4.11 $5.62\times10^{-3}\text{Pa}\cdot\text{s}$

4.17 53℃

4.18 9.837kJ/mol

4.19 1.43

4.20 $2.38\times10^{12}\text{Pa}\cdot\text{s}$，$7.59\times10^{10}\text{Pa}\cdot\text{s}$。

第6章

6.13 （1）压力降10^6Pa/m，（2）176℃ （3）$r=0.18$cm。

第7章

7.10 13MPa

附录3 物理量符号说明

按照字母顺序排序，给出书中主要的物理量。书中有不少的物理量有相同的主物理量，主物理量下标有不同的注释。因为表中已经给出下标物理量符号说明，所以表中没有给出有相同物理量中有不同下标的物理量。表3.1给出英文符号的物理量，表3.2给出拉丁字母的物理量。

表3.1　　英文符号的物理量

符号	物理意义,单位
$\boldsymbol{A}$	矢量函数
A	截面积,m^2
$\boldsymbol{a}$	加速度矢量
B	膨胀比
b	宽度,mm
C	常数
c	物质的量浓度,mol/L;质量浓度,g/mL
c_p	定压比热容,J/(kg·K)
c_V	定容比热容,J/(kg·K)
D	扩散系数,m^2/s;直径,m或mm
D_{AB}	组分A在组分B中扩散系数,m^2/s
d_j	完全松弛的挤出物直径,m或mm
d	粒径,mm;厚度,mm
E	黏流活化能,kJ/mol
$\boldsymbol{e}$	单位矢量
$\boldsymbol{F}$	力矢量
F	载荷力,N
F_D,F_G,F_I	摩擦阻力,N;质量力,N;惯性力,N
F_p	形状因子
$\boldsymbol{f}$	质量力空间分布密度矢量
f_g	玻璃化温度自由体积的体积分数,%
f	修正系数
G	剪切模量,MPa;熔体凝胶化程度
$\boldsymbol{G'(\omega)}$	贮能模量,MPa
$\boldsymbol{g}$	重力加速度矢量,m/s^2
g	形态结构参数
H	焓,kJ;高度,mm;板间隙,mm
h	比焓,kJ/kg;高度,mm;间隙,mm
h_i	拉梅系数,度规系数,$h_i(q_1,q_2,q_3)$
$\boldsymbol{I}$	单位张量
Ⅰ;Ⅱ;Ⅲ	张量第一不变量;张量第二不变量;张量第三不变量
$\boldsymbol{i}$	沿x方向的单位矢量
$\boldsymbol{J}_e$	稳态弹性柔量,Pa^{-1}
J	扭矩,N·m
j_A	组分A扩散质量通量,J/(m^2·s),kg/(m^2·s)
$\boldsymbol{j}$	沿y方向的单位矢量
K	稠度系数;吸油值;体积模量;流通系数;Huggins常数;经验特征常数;软化增塑效果系数
K_θ	溶剂θ中测定特征黏度的常数
$\boldsymbol{k}$	沿z方向的单位矢量
k	传热系数,膜系数W/(m^2·K)
$\boldsymbol{L}$	速度梯度张量
L	长度,m或mm
M_r	相对分子质量
M	扭矩,N·m
$\overline{M_W},\overline{M_n}$	重均相对分子质量,数均相对分子质量
m	质量,kg;流动指数
N_1	第一法向应力差,Pa
N_2	第二法向应力差,Pa
$\boldsymbol{n}$	法向矢量
n	转速,r/min;折射率;幂律指数;流动指数;非牛顿指数
P	功率,W
p	压力,Pa
Q	热量,J
q_V	体积流量,m^3/s
q_m	质量流量,kg/s,g/s
q_{Vu}	单位宽度的体积流量,m^2/s
$\boldsymbol{q}$	热流矢量
q	热流密度;热量通量,J/(m^2·s)
q_1,q_2,q_3	三维正交坐标系的坐标分量
RE	补强系数
R	半径,m;理想气体常数,J/(mol·K)
$\boldsymbol{r}$	矢径
r	距离,半径,m
$\boldsymbol{S}$	变形速率张量
S	熵,J/K
S_R	可恢复变形量;可恢复剪切应变
S_p	形状因子
S_q	流率修正系数
S_{ij}	变形速度张量的注记符号
$\boldsymbol{T}$	应力张量
T_{ij}	应力张量的注记符号
T	热力学温度,K;摄氏温度,℃
t,t_λ	时间,s;松弛时间
U	热力学能,J
U_0	稳定流度,m/s
$\boldsymbol{u}$	速度矢量
u	速度,m/s
V	体积,m^3
W	功,J

表 3.2　**拉丁字母的物理量**

符号	物理意义，单位
α_L	体积膨胀系数之差
U_0	夹角；正流系数；导热系数，W/(m·K)；经验特征常数
β	反流系数；热敏系数，K^{-1}
$b_{ij}=e'_i\cdot e_j$	变换系数
Δ	拉普拉斯算子，$\Delta=\nabla\cdot\nabla=\nabla^2$
$\delta=\delta_{ij}$	Kronecker，克罗内克符号，单位张量 $\boldsymbol{I}$
δ	间隙，mm；模腔厚度，mm；黏度压力系数；相位差
$\boldsymbol{\varepsilon}$	变形速度张量
ε	剪切变形(角变形)
Φ	耗损函数，$J/(m^3\cdot s)$
ϕ_P	纯聚合物体积分数，%
ϕ_L	纯溶剂的体积分数，%
ϕ	流动度
ϕ_2	纤维的体积分数，%
Γ	环量
$\dot{\boldsymbol{\gamma}}$	应变速率张量
γ	剪切应变，剪切角速度；漏流系数
γ_0	应变振荡振幅
$\dot{\gamma}<t_{\lambda 1}>n$	松弛时间
$\dot{\gamma}$	剪切速率，s^{-1}
$\dot{\gamma}_a$	表观剪切速率，s^{-1}
$\dot{\gamma}_c$	临界剪切速率，s^{-1}
η	非牛顿黏度，Pa·s
η_a	表观黏度，Pa·s
η_L	纯溶剂黏度，Pa·s
η_p	纯聚合物黏度，Pa·s
η_0	零剪切黏度，零剪切速率黏度，最大牛顿黏度，Pa·s
η	极限黏度，次级牛顿黏度，Pa·s
η_E	单轴拉伸黏度，特鲁顿(Trouton)黏度，Pa·s
$[\eta]$	特征(性)黏度，dL/g
$\eta'(\omega)$	动态黏度
η^{-1}	流体的流动度
η^+	应力生长函数
φ	软化增塑剂的体积分数，%
κ	同轴环隙内外半径的比值 R_i/R_0；导热系数，W/(m·K)
λ	拉伸倍率；转矩变化波动幅度；量纲为1参数
μ	牛顿黏度，Pa·s
μ'	膨胀黏性系数
υ	运动黏度，m^2/s；动量扩散系数
v	流体的比体积，cm^3/g
v_0	物质分子所占比容，cm^3/g
θ	角度，(°)；直线应变速率
θ	西他溶剂
ρ	密度，质量浓度，kg/m^3
Σ	边界
σ	应力，Pa；黑体发射常数，$W/(m^2\cdot K^4)$
σ_0	应力响应振荡振幅
$\boldsymbol{\tau}$	切向矢量；应力张量；偏应力张量
τ	应力，Pa；动量通量，N/m^2
τ_y	屈服应力，Pa
τ_a	表观剪切应力，Pa
τ_{ij}	偏应力张量
Ω	空间区域
$\boldsymbol{\omega}$	转动角速度矢量
ω	转动角速度，r/min；振荡频率；交变圆频率，s^{-1}
ξ	标量参数
$\Psi_1(\dot{\gamma}^2)$	第一法向应力差系数
$\Psi_2(\dot{\gamma}^2)$	第二法向应力差系数
∇	哈密顿算子，矢量微分算子
$\nabla\cdot$	散度，div
$\nabla\times$	旋度，rot

附录4 索 引

按照辞海汉语拼音字母顺序排列中文和英文开头的词

A

ANSYS CFX 软件 ANSYS CFX software 452

Arrhenius-Frekel-Eyring（AFE）方程 Arrhenius-Frekel-Eyring equation 207

安德雷德黏度-温度关系 Andrade Viscosity-temperature relationship 225

B

Bagley 修正 Bagley correction 396-398

本构方程 Constitutive equation 111，229

本构关系 Constitutive relation 230

Bingham（宾汉）模型 245

Carreau 模型 243

Cross 模型 244

Cross-Williamsonmoxing 模型 245

Ellis 模型 243

Glesekus 模型 250

Herschel-Bulkley（HB）模型 246

Herschel-Bulkley-Arrhenius（HBA）模型 246

积分型本构方程 Integral constitutive equation 231

幂律模型 Power law（Oswald-de Waele Law） 241

Maxwell（麦克斯韦）模型 247

Oldroyd-Maxwell（奥尔德罗伊德-麦克斯韦）模型 249

Phan Phien-Tanner 模型 250

微商型（速率型）本构方程 Derivative（Rate type）constitutive equation 232

White-Metzner（W-M）模型 249

本构方程比较 Comparison of constitutive equation 259

壁面滑移修正 Wall slip correction 435

边界条件 boundary conditions 160-165

壁面的无滑移条件或黏附条件 Wall slip-free conditions or adhesion conditions 163

狄利克雷边界条件 Dirichlet boundary condition 160

非齐次边界条件 Non-homogeneous boundary conditions 161

混合边界条件（Robin 条件） mixed boundary condition（Robin condition） 161

两介质界面处的衔接条件 Joining conditions at the interface of two media 163

诺埃曼条件 Neumann condition 161

齐次边界条件 Homogeneous boundary conditions 161

无穷远处的边界条件 Boundary conditions at infinity 162

无界问题 Unbounded problem 165

自由表面 Free surface 164

变分 variation 457

变形速度（速率）张量 Deformation rate tensor 99，108

变形速度张量三个不变量 Three invariants of deformation rate tensor 99

表观黏度 Apparent viscosity 176

表观拉伸黏度 Apparent tensile viscosity 369

表面传热系数 Surface heat transfer coefficient 141

表面力 Surface force 103

宾汉流体 Bingham flow 176

玻璃化温度 Glass transition temperature 201

不变量 invariant 28

不均匀场 Uneven field 91

不可压缩流体 Incompressible fluid 40

补强系数 Reinforcement coefficient 206

C

残余应力 Residual Stress 344

参考标架 Reference frame 234

缠结 Entanglement 188-189

长链支化 Long chain branching 187

Cauchy 应力定律 Cauchy stress law 107

测黏流动 viscometric flow 381

充分发展稳定层流 Fully develop stable laminar flow 266

充模压力 Injection Pressure 337

Couette 测定系统 Couette measurement system 410

Cox-Merz 关系式 Cox-Merz relationship 424

触变性流体 Thixotropic fluid 179

出口压力降 Export pressure drop 186，395，403-404

储能模量 Storage modulus 423

初始条件 Initial condition 159
初值问题 Initial value problem 159
纯聚合物和纯溶剂的体积分数 Pure polymer and pure solvent volume fraction 201

D

单连域 Single domain 61
单位矢量 unit vector，vector of unit length 64
单位张量 unit tensor 35
单轴拉伸 Uniaxial stretching，Elongation in one-coordinate 362
单聚合物复合材料 Single Polymer Composite，SPCs 第10章未定
挤出成型制备与 SPCs 性能 Extrusion preparation and SPCs properties 未定
挤出辊压过程 Extrusion-Calendering Process 未定
冷模压烧结法 Combining the Processes of Compression molding and Free Sintering 未定
热压制备 Undercooling Melt Film Stacking Method 未定
SPCs 应用的实例 未定
注塑成型制备与 SPCs 性能 Injection molding preparation and SPCs performance 未定
当地导数（局部导数或时变导数）Local derivative（local derivative or time-varying derivative） 56
等值面 Isosurface 62
等值线 Contour 62
等温纺丝实验 Isothermal spinning experiment 370
第一不变量 first invariant 114，240
第二不变量 second invariant 240
第三不变量 third invariant 240
第一法向应力差函数 First normal stress difference function 118
第二法向应力差函数 Second normal stress difference function 118
迭代方法 Iterative method 465
定常场（稳定）场 Stationary field 61
定解条件 conditions for determining solution 47
定解问题 problem for determining solution 47
定义域 domain of definition，domain 44，214，225
动量传递 Momentum transfer 49
动量方程 Momentum equation 132
动量通量 Momentum flux 52
对流传热 Convection heat transfer 140
多辊压延机 Calender 346-356

E

二阶张量 Second order tensor 31，33，104
二阶张量的变换关系式 Second Order Tensor Transformation Relation 34
二阶对称张量 Second-order symmetric tensor 35
二阶应力张量 Second-order stress tensor 106
二阶应变速率张量 Second-order strain rate tensor 240

F

法向应力 Normal stress 110
法向应力差函数 Normal stress differences 118
法向应力差系数 Normal stress differences coefficients 241
反触变性 Anti-thixotropic 179
泛函 functional 44，44，225
纺丝拉伸流动 Spinning flow 261
纺丝成型过程 Spinning process 360-374
方向导数 Directional derivative 62
非定常张量场 Unsteady Tensor Field 77
非定常（不稳定）场 Unsteady（unstable）field 92
非等温流动 Non-isothermal flow 294-300
非等温拖曳流动 Non-isothermal drag flow 295-297
非等温压力流 Non-isothermal pressure flow 297-300
非牛顿流体 Non-Newtonian fluid 50，173
非稳态流动 Unsteady flow 301-309
非定常的单向流动 Transient Unidirectional Flows 302-304
费克定律（扩散定律）Fick's Law（Law of diffusion） 51
分子理论 Molecular theory 187
分子量分布 Molecular weight distribution 188
分子缠结 Molecular entanglement 189
分子传递 Molecular transfer 48
分子论法 Molecular Method 232
分子特征 Molecular characteristics 423
分散性 Dispersion 191
FLUENT 软件 FLUENT software 451
傅立叶定律 Fourie's Law 50
傅里叶级数 Fourier series 224
傅里叶系数 Fourier coefficient 224
复连域 Multiple domains 61
复数黏度 Complex viscosity 420
复数模量 Complex modulus 420
负通量 Negative flux 69
辐射传热 Radiation heat transfer 141

G

高分子稀溶液 Polymer dilute solution 233
高分子浓厚体系 Polymer concentrated system 233
GAUSSIAN 量子化学软件 GAUSSIAN quantum Chemistry software 452
格林定理 Green's theorem 74
各向同性压力 Isotropic pressure 112

工作特性曲线 Operating characteristic curve 321
管壁无滑移 Non-slip at wail 390
辊筒上的加工过程 Processes on the rolls 347

H

哈密顿算子 Hamilton operator 65
亥姆霍兹速度分解定理 Helmholtz velocity decomposition theorem 92
Han 公式 Han formula 187
后处理器 Fieldview Fieldview post processor 458
虎克定律 Hooke's law 3
环量 circulation 72
环量面密度 circulation surface density 73
环流密度或环流强度 Circulation density or circulation intensity 73
汇 converge, remit 69
活化理论 Activation theory 206

J

挤出胀大比 Extrudate swell ratio 186
挤出胀大现象 Extrusion swell 185, 401
挤出成型过程 Extrusion process 317-337, 第9章未定
挤出注塑成型过程 Extrusion injection molding process 337-349, 第9章未定
挤出吹塑成型过程 Extrusion blow molding process Film blowing 第9章未定
螺杆挤出成型过程 Screw extrusion process 317-323, 第9章未定
模具挤出成型过程 Mold extrusion process 323-337 第9章未定
迹 trace 112
迹线或轨迹方程 Trace or trajectory equation 7, 77
计算流体动力学 Computational Fluid Dynamics, CFD 451
计算精度 Calculation accuracy 465
记忆流体 Memory fluid 235
假塑性流体 Pseudoplastic fluid 175-178
简单流体 Simple fluid 235
简单剪切流动 Simple shearing flow 240
剪切速率 Shear rate 49, 154
剪切变形（角变形）Shear deformation (corner deformation) 94
剪切应力 Shear stress 110
剪切变稀 Shear-thinning 177
解算器 Polyflow Polyflow Solver 457
结构黏性 Structure viscosity 218
局部作用原理 Local action principle 235
绝对反应速率理论 Absolute reaction rate theory 206
均匀场 Uniform field 91

K

可纺性 Spinnability 372
可恢复弹性形变 Recoverable elastic strain 51
可恢复剪切应变 Recoverable shear strain 184, 251
可恢复变形量 Recoverable deformation 184
可压缩流体 Compressible fluid 41
Kelley-Bueohe 理论 Kelley-Bueohe theory 201
孔压误差 Pressure-hole error 409
控制方程 Control equation 153-158
Kraus 公式 Kraus formula 203
库特流动 Couette Flow 284
扩散方程 Diffusion equation 151

L

拉格朗日法 Lagrange method 41
拉格朗日变数 Lagrangian variables 41
拉梅系数或度规系数 Lame factor 82
拉普拉斯算子, Laplace 算符 Laplace operator 79
拉普拉斯方程 Laplace equation 80
拉普拉斯变换 Laplace transform 302
拉普拉斯逆变换 Laplace inverse transformation 303
拉伸流动 Elongation flow 364
拉伸比 Extensional ratio 367
拉伸共振 Draw resonance 374-377
拉伸流动测试装置 Extensional flow rheometer 368
拉伸黏度 Extensional viscosity 365-367
拉伸速率 Extensional rate 366
雷诺数 Reynolds number 138
理想流体 Ideal fluid 40
理想气体 Ideal gas 136
离模膨胀 183
粒径 Particle size 178, 293
连续介质的假设 Continuum hypothesis 38
连续性方程 Continuity equation 123-131
临界分子量 Critical molecular weight 203
流变性确定性原理 Rheological Determinism, Rheological certainty principle 233
流线方程 Stream line equation 46
流线 Streamline 77
流动不稳定性 Flow instability 92
流变主曲线 Rheological master curves 445
流量通量 Flow flux 68
流动曲线 Flow curve 173
流变 Rheology 23,
流变测量学 Rheometry 381-384
流变测量原理 Rheology measurement principle 383-384
流变测量 Rheological measurement 369-372, 382-386

等温纺丝实验 Isothermal spinning experiment 369-372
动态流变实验 Dynamic rheological experiment 386
恒拉伸速率实验 Constant tensile rate experiment 368-369
剪切流场测量 Shear flow field measurement 386
拉伸流场测量 Tensile flow field measurement 386
瞬态流变实验 Transient rheological experiment 386
稳态流变实验 Steady rheological experiment 386
流变仪 Rheometer 381
混炼机型转矩流变仪 Mixer type torque rheometer 412-416
毛细管流变仪 Capillary rheometer 385，387-404
双筒毛细管流变仪 Double capillary rheometer 400
振荡型流变仪 Oscillating rheometer 385
转矩流变仪 Torque rheometer 413
罗宾问题 Robin Problem 225
Lyons-Tobolsky 方程 Lyons-Tobolsky equation 203

M

Mark-Houwink-Sakurada 方程 Mark-Houwink-Sakurada equation 187
MATERIALS STUDIO（材料工作室）材料模拟软件 MATERIALS STUDIO simulation software 453
梅林公式 Merlin formula 303
幂律流体 Power-law fluid 269
面单连域 Faceted Domain 61
面复连域 Facet 61

N

纳维—斯托克斯方程 Navier-Stokes faction 131
能量传递 Energy transfer 50
能量方程 Energy equation 142-152
能量耗散 Energy dissipation 175
黏度 Viscosity 381
黏度计 Viscometer 381
锥-板转子黏度计 Cone-plate rheometer 405-408
平行平板转子黏度计 Parallel plate rotor viscometer 409
同轴圆筒黏度计 Coaxial cylinder viscometer 409
落球式黏度计 Falling ball viscometer 410
黏度—温度关系 Viscosity-Temperature relationship 207
黏流态 Viscous state 205，314
黏流活化能 Flow activation energy 210-211
黏弹性流体 Viscoelastic fluid 181，458
黏性流体 Viscous fluid 40
凝胶化 Gelation 399
牛顿流体 Newtonian fluid 116，170
牛顿黏性定律 Newton’s Viscosity Law 49
牛顿黏性公式 Newtonian viscosity formula 49
牛顿冷却定律 Newton’s law of cooling 140
诺埃曼条件 Neumann condition 161

O

Ostwald（奥斯特瓦尔德）公式 Ostwald formula 178
奥-高公式（奥斯特罗格拉茨基-高斯）Ostrogradski-Gauss formula 59，70
欧拉方程 Euler equation 136-137
欧拉变数 Euler variables 44
欧拉法 Euler method 44

P

膨胀型流体 Dilatant fluid 179，216
膨胀黏性系数 Dilatant viscosity coefficient 115
PHOENICS 软件 PHOENICS software 452
偏应力张量 Extra stress tensor 112
POLYFLOW（高分子材料流动）软件 POLYFLOWsoftware 453，456～457

Q

迁移导数（位变导数）Migration derivative（bit-dependent derivative） 56
前处理器 Gambit Gambit Solver，GAMBIT Preprocessor 458，457
求解域 Solving domain 463
球坐标系 Spherical coordinate system 83
球坐标系对流传热方程 Spherical coordinate system convection heat transfer equation 152
屈服应力 Yield stress 175，245
泉源（源）Spring source（source） 69

R

热传导方程 Heat Conduction faction，Heat conduction equation 140，151
热传导率 Thermal conductivity 50
热流通量 Heat flux 51
熔融纺丝成型过程 Spinning process 356-360
熔体破裂现象 Melt fracture 323-325
入口压力降 Entrance pressure drop，Inlet pressure drop 397-398，400
润滑近似假定 Lubrication approximation 350

S

散度 Divergence 70
散度场 Scatter field 70
散度基本运算公式 Divergence basic operation formula 71
Searle 测定系统 Searle measurement system 410
矢量函数 Vector function 24
单位矢量 Unit vector 25
矢端曲线 Yad curve 25

矢量场的通量 Vector field flux 68
矢量场的环量 Loops of vector fields 72
矢量场的旋度 curls of vector fields 74，84，85
矢量场的梯度 Gradient of vector field 77
矢量管 Vector tube 67
矢量函数连续性 Vector function continuity 25
矢量函数的导数，导矢量 Derivatives of vector functions 28
矢量函数的积分 Integration of vector functions 30
矢量面 Vector surface 6，66
矢量坐标变换 Vector coordinate transformation 30
矢量线 Vector line 46，66
矢量线方程 Vector line equation 67
时温等效原理 Time-temperature equivalent principle 444
时间依赖性流体 Time dependent fluid 179
数量场 Quantity field 61
数量场的梯度 Quantity field gradient 84
数值模拟的对象 Numerical simulation object 401
斯蒂芬—波尔茨曼定律 Stephen Boltzmann' s law 141
斯托克斯假设 Stokes hypothesis 116
斯托克斯第一问题 Stokes first Problem 308-310
斯托克斯第二问题 Stokes 2nd Problem 310-312
松弛时间 Relaxation time 192
速度梯度张量 Velocity gradient tensor 93
速度势 Speed potential 77
塑性流体 Plastic fluid 176
随体导数 Dependent derivative，随流微商 Convected derivative 56，86
损耗模量 Loss modulus 420

T

Tanner 公式 Tanner（坦纳） formula 186
炭黑 Carbon black 204
弹性贮能 Elastic energy storage 329
弹性柔量 Elastic compliance 184
特鲁顿黏度 Trouton Viscosity 362
梯度 gradient 40，62
梯度的基本运算公式 Gradient calculation formula 65
调和场 Harmony field 76
停留体积分布 Residence Distributions，RxD 380，第9章未定
统计分析 PolySTAT Statistical Analysis PolySTAT 457
通量 Flux 68
拖曳流 Drag flow 286-291
库特流动 Couette flow 286
长圆管流道的拖曳流 Drag flow of long circular tube runner 289-294
内筒旋转的环形导管拖曳流 Drag flow of annular tube with inner tube rotating 289-291
圆柱环隙轴向拖曳流 Axial drag flow of cylindrical annulus 291-294
平行板流道拖曳流 Drag flow of parallel plate runner 286-287
矩形流道的拖曳流 Drag flow of rectangular flow channel 287

W

完全发展流 Fully developed flow 388
网格划分 Meshing 463
网络叠加技术 Mesh superposition technique 463
微分黏度（稠度） Differential viscosity（consistency） 425
唯象性法，唯象理论 Phenomenological theory 232
White-Metzner 模型 White-Metzner model 249
WLF 方程 Williams-Landel-Ferry equation 209
WLF 时间—温度等效原理 WLF Time-temperature equivalence principle 441-442
物质积分的随体导数 Substance derivative of material integral 57
物质线积分的随体导数 Substance Derivatives of Material Line Integral 59
物质体积分的随体导数 Substance derivative of material volume fraction 60
物质客观性原理 Principle of material objectivity 234
无源又无汇 Passive and no sink 69
无旋场 Spin-free field，irrotational field 75
无源场 Passive field 75
无旋流动 Irrotational flow No swirling flow 91

X

线单连域 Single Line Domain 61
线复连域 Line reconnection domain 61
纤维纺丝 Fiber spinning 356
现代理论 Modern theory 210
相对分子质量 Relative molecular mass 189，190
旋度基本运算公式 Rotational basic operation formula 74
旋度矢量 Curl vector 98
旋转矩阵 Rotation matrix 31
旋转速率张量 Rotation rate tensor 99
旋转黏度计 Rotating viscometer 406

Y

压力流 Pressure flow，Poiseuille Flow 266-285
单向流动 Unidirectional Flow 266-268
平行平板流道的压力流 Pressure flow in parallel plate runners 268-277

等截面矩形狭缝压力流 Equal section rectangular slit pressure flow 74-276
矩形流道流体的压力流 Pressure flow of rectangular flow channel fluid 272-274
质量力驱动的流动 Mass driven flow 277
圆管流道的压力流 Pressure flow in circular tube flow 278-285
长圆管流道的压力流 Pressure flow in long circular tube flow 278-284
环形导管轴向压力流 Annular pressure flow in the annular duct 284
锥形管道的压力流 Conical pipe pressure flow 285
压力-温度等效性 Pressure-temperature equivalence 223
压延成型过程 Calendering process 350-359
易流动性 Mobility 39
异径辊筒压延机 Calender with different sizes rolls 347
移动因子 Shift factor 445
应力张量 Stress tensor 112
应变速率张量 Strain rate tensor 118-119，239
应变速率张量的不变量 Invariant of Strain rate tensor 240
应力生长函数 Stress growth function 252
运动方程 Motion equation 131-139
有限差分法 Finite Difference Method，FDM 455
有限单元法 Limit elements method，FEM 456
有限体积法 Finite volume method，FVM 456
有旋流动 Swirling flow，Rotational Flow 91

Z

张量场 Tensile field 77
对称张量 Symmetric tensor
反对称张量 Anti-symmetric tensor，Inverse symmetric tensor 35
非对称张量 Asymmetric tensor 99
张量场的散度 Divergence of tensor field 79
正通量 Positive flux 69
震凝性流体 rheopectic fluid，rheopexic fluid 180
支化结构 Branched structure 194
质量传递 Mass transfer 51
质量通量 Mass flux 53
质点导数或随体导数 Particle or satellite derivative 55-56
质量力 Mass force，Quality power 101
直线变形速度 Linear deformation speed 94
注塑成型过程 Injection molding 334-349
柱坐标系 Cylindrical coordinate system 82
柱坐标系对流传热方程 Cylindrical coordinate system convection heat transfer equation 152
转动角速度 Rotary speed 94
自由体积理论 Free-Volume theory 208-209
坐标不变性原理 Coordinate invariance principle 234